DELIUS KLASING

AF543681

Herausgeber: R. Etzold

Matthew Minter, John Mead

So wird's gemacht

pflegen – warten – reparieren

Band 159

Volvo 740 & 760
Limousine/Kombi, Benziner

Vierzylinder (Hubraum/
Motorenbezeichnung)
2,3 l/B 23 ET bis 1984
2,3 l/B230 E ab 1985
2,3 l/B230 ET ab 1985
2,3 l/B230 K ab 1985
2,0 l/B200 E ab 1987
2,3 l/B234 F ab 1988

Sechszylinder (Hubraum/
Motorenbezeichnung)
2,8 l/B28 E bis 1987
2,8 l/B280 E ab 1987

Delius Klasing Verlag

Die englische Originalausgabe mit dem Titel »Volvo 740 & 760 Owners Workshop Manual« erschien 2003 bei Haynes Publishing.

Autoren: Matthew Minter, John Mead
Werkstattleitung: Paul Buckland
Fotoscans: John Martin, Paul Tanswell
Grafiken: Roger Healing

Bibliografische Information der Deutschen Nationalbibliothek
Die Deutsche Nationalbibliothek verzeichnet diese Publikation in der Deutschen Nationalbibliografie; detaillierte bibliografische Daten sind im Internet über http://dnb.dnb.de abrufbar.

1. Auflage
ISBN 978-3-667-11252-1
Die Rechte für die deutsche Ausgabe liegen beim Verlag Delius Klasing & Co. KG, Bielefeld.

Übertragen und bearbeitet von Udo Stünkel
Lektorat: Hanno Vienken
Umschlaggestaltung: Gabriele Engel
Satz: Bernd Pettke · Digitale Dienste, Bielefeld
Printed in Malaysia 2018

Delius Klasing Verlag, Siekerwall 21, D - 33602 Bielefeld
Tel.: 0521/559-0, Fax: 0521/559-115
E-Mail: info@delius-klasing.de
www.delius-klasing.de

Inhalt

Vorwort

Der Volvo 760 war seit Frühjahr 1982 als Limousine erhältlich, die 740-Limousine folgte im Frühjahr 1984, ein Jahr später erschienen beide Modelle auch als Kombi.

Als Motorisierung für den 760 waren ein 2,8-Liter-V6 und ein 2,3-Liter-Vierzylinder mit Turbolader vorgesehen – beide mit Einspritzung. Der Turbomotor war auch für den 740 erhältlich; des weiteren gab es hier diesen Motor auch ohne Turbo sowie als Vergaserversion. Im August 1987 wurde beim 740 auch ein Zweiliter-Vierzylinder mit Einspritzung eingeführt; ein Jahr später folgte eine 2,3-Liter-Version mit DOHC-Vierventil-Zylinderkopf.

Alle Modelle waren mit Automatik- oder Schaltgetriebe erhältlich – letzteres entweder mit normalen fünf Getriebestufen oder mit vier Gängen plus Overdrive. Die Automatikgetriebe waren mit vier Stufen oder mit drei Stufen plus Overdrive ausgeführt. Der Antrieb erfolgte über eine Kardanwelle auf die starre Hinterachse, nur spätere 760-Limousinen verfügten hinten über Einzelradaufhängung. Ein Selbstsperrdifferenzial war gegen Aufpreis erhältlich.

Alle vier Räder waren mit Scheibenbremsen ausgerüstet, während die Handbremse auf separate Trommeln an den Hinterrädern wirkte. ABS war ab 1984 optional erhältlich – oft in Verbindung mit einer elektronischen Traktionskontrolle (TRACS). Alle Modelle waren mit einer Servolenkung ausgerüstet.

Über dieses Handbuch

Der Sinn dieses Buches ist es, Ihnen dabei zu helfen, mit Ihrem Fahrzeug viel Freude zu haben. Diese Hilfe kann auf verschiedenen Wegen geschehen: Sie können entscheiden, welche Arbeiten erledigt werden müssen und was Sie davon selbst ausführen können; Ihnen werden Informationen zur Instandhaltung und Pflege Ihres Autos gegeben; es werden Ihnen Diagnosen und Reparatur-Reihenfolgen angeboten, um Störungen zu beseitigen.

Wir wünschen uns, dass Sie mit diesem Handbuch viele Arbeiten selber erledigen können. Bei vielen simplen Arbeiten kann es einfacher sein, sie selber auszuführen, als einen Werkstatt-Termin auszumachen und das Auto zum Händler zu bringen und wieder abzuholen. Noch wichtiger ist, dass man schon viel Geld sparen kann, wenn man auch nur einige Vorarbeiten erledigt – noch mehr, wenn man alle Reparaturen selber erledigt. Ebenfalls ein wichtiger Punkt ist das gute Gefühl, das entsteht, wenn man eine Arbeit erfolgreich zu Ende gebracht hat.

Angaben für die rechte oder linke Seite beziehen sich – soweit nicht anders angegeben – auf die Fahrtrichtung.

Danksagung

Dank an die Volvo Car Corporation, die Rechteinhaber von zahlreichen in diesem Buch verwendeten Illustrationen ist. Dank auch an Draper Tools, die uns einige der gezeigten Werkzeuge zur Verfügung gestellt haben. Wir möchten auch allen Menschen in Sparkford danken, die uns bei der Produktion dieses Handbuchs geholfen haben.

Wir sind stets sehr um die Richtigkeit der Informationen in allen unseren Büchern bemüht, doch es kommt immer wieder vor, dass Fahrzeughersteller während der Produktion technische Veränderungen vornehmen, von denen wir nichts wissen. Autor und Verlag können deshalb keine Verantwortung für fehlende oder falsche Informationen übernehmen, die dem Kunden Schaden oder Verletzungen zugefügt haben.

Volvo 760 Turbo Limousine

Volvo 740 Turbo Kombi

Sicherheit geht vor!

Professionelle Mechaniker haben während ihrer Ausbildung viel über Arbeitssicherheit gelernt. Doch auch der Enthusiast sollte sich bei seinen Tätigkeiten die Zeit nehmen, um sicherzustellen, dass er sich nicht unnötig in Gefahr begibt. Eine kurze Unachtsamkeit kann genauso zu einem Unfall führen wie die Nichtbeachtung simpler Vorsichtsmaßnahmen.
Es gibt unendlich viele Möglichkeiten, einen Unfall herbeizuführen – und es kann hier keine umfassende Liste aller Gefahren wiedergegeben werden; vielmehr soll auf das Risiko hingewiesen und auf eine sichere Herangehensweise an alle Arbeiten am Auto aufmerksam gemacht werden.

Asbest

• Verschiedene Reibmaterialien, Isolierungen und Dichtungen (z.B. Brems- und Kupplungsbeläge, Kopfdichtungen, Hitzeschilde, usw.) können Asbest enthalten. Absolute Vorsicht ist beim Einatmen des Staubs solcher Teile geboten, da dieser äußerst gesundheitsschädlich ist. Im Zweifelsfall sollte man immer davon ausgehen, dass Asbest enthalten ist.

Feuer

• Denken Sie immer daran, dass Benzin leicht entzündbar ist. Rauchen Sie niemals bei der Arbeit am Fahrzeug, und lassen Sie keine offenen Flammen in die Nähe kommen. Hiermit ist das Feuer-Risiko jedoch noch nicht gebannt, denn Funken durch einen elektrischen Kurzschluss, das Aufeinanderschlagen zweier Metallteile, der unbedachte Einsatz von Werkzeugen oder die statische Aufladung des Körpers oder der Kleidung können in geschlossenen Räumen die zu einem hochexplosiven Gemisch entwickelten Benzindämpfe entzünden. Verwenden Sie Benzin niemals als Reinigungsmittel, sondern benutzen Sie ungefährlichere Lösungsmittel.
• Trennen Sie vor jeder Arbeit am Kraftstoff- oder Zündsystem den Masse-Anschluss (–) von der Batterie. Lassen Sie niemals Benzin auf den heißen Motor oder Auspuff tropfen.
• Es wird empfohlen, in der Garage oder der Werkstatt einen für brennende Flüssigkeiten geeigneten Feuerlöscher griffbereit zu halten. Löschen Sie niemals brennendes Benzin oder unter Strom stehende Teile mit Wasser!

Dämpfe

• Manche Dämpfe sind hochgiftig und können schnell zur Bewusstlosigkeit oder gar zum Tod führen, wenn sie in einer bestimmten Konzentration eingeatmet werden. Benzindämpfe gehören genauso dazu wie Dämpfe von Lösungsmitteln wie Trichlorethylen. Sämtlicher Umgang mit solch flüchtigen Stoffen darf nur in gut belüfteten Bereichen geschehen.
• Bei der Verwendung von Reinigungs- oder Lösungsmitteln müssen stets sorgfältig die Anwendungshinweise durchgelesen werden. Benutzen Sie niemals Stoffe aus unbeschrifteten Behältern, und mischen Sie niemals verschiedene an sich harmlose Lösungsmittel – sie können giftige Dämpfe freisetzen.
• Lassen Sie niemals einen Verbrennungsmotor in geschlossenen Räumen laufen. Auspuffgase enthalten Kohlenmonoxid, das extrem giftig ist. Wenn ein Motor gestartet werden muss, hat dies möglichst im Freien zu geschehen, zumindest ist das Auto so hinzustellen, dass der Auspuff nach draußen zeigt.

Batterie

• Setzen Sie die Batterie nie offenem Feuer oder Funken aus, da sie immer etwas Wasserstoff abgibt, der hochexplosiv ist.
• Trennen Sie vor der Arbeit am Kraftstoff- oder Zündsystem den Masse-Anschluss (–) von der Batterie – außer, die Stromzufuhr wird ausdrücklich verlangt.
• Lockern Sie beim Laden der Batterie die Einfüllstopfen. Laden Sie die Batterie nicht mit einer zu hohen Rate, da sie hierdurch beschädigt wird.
• Seien Sie beim Auffüllen, Reinigen und Tragen der Batterie vorsichtig. Die Batteriesäure ist auch im verdünnten Zustand stark ätzend. Haut- und Augen-Kontakt muss durch das Tragen von Gummihandschuhen und einer Schutzbrille mit Gesichtsschutz vermieden werden. Muss die Batteriesäure selber vorbereitet werden, darf nur die Säure langsam dem Wasser zugefügt werden – kippen Sie niemals das Wasser in die Säure!

Elektrizität

• Beim Einsatz von Elektrowerkzeugen, Lampen, usw. muss immer ein korrekter Stromanschluss und ggf. Masseanschluss sichergestellt sein. Verwenden Sie keine Elektrogeräte in feuchter Umgebung oder in der Nähe von Benzin oder Benzindämpfen. Achten Sie darauf, dass alle Geräte und das Stromnetz den Sicherheitsstandards entsprechen.
• Einen starken Stromschlag kann man beim Berühren bestimmter Teile der elektrischen Anlage bekommen, so zum Beispiel beim Anfassen der Zündkabel bei laufendem oder durchgedrehtem Motor – und besonders, wenn Bauteile feucht sind oder eine defekte Isolierung haben. Bei elektronischen Zündanlagen kann die Zündspannung lebensgefährlich sein!

Niemals ...

• den Motor starten, ohne geprüft zu haben, dass sich das Getriebe im Leerlauf befindet.
• plötzlich den Deckel eines heißen Kühlsystems entfernen – sondern ihn mit Lappen abdecken und langsam den Druck ablassen, um sich nicht durch austretendes Kühlmittel zu verbrühen.
• aus einem heißen Motor Öl ablassen, sondern ihn erst etwas abkühlen lassen, um sich nicht zu verbrennen.
• Teile eines heißen Motors oder Auspuffs anfassen, um sich nicht zu verbrennen.
• Bremsflüssigkeit oder Kühlmittel auf Lack oder Kunststoffteile gelangen lassen.
• giftige Flüssigkeiten wie Benzin, Bremsflüssigkeit oder Frostschutzmittel mit dem Mund ansaugen oder auf die Haut gelangen lassen.
• Staub einatmen, der gesundheitsschädlich sein kann (siehe oben unter Asbest).
• Öl oder Fett auf dem Boden belassen, sondern es aufwischen, bevor jemand darauf ausrutscht.
• verschlissene Werkzeuge benutzen, da man damit abrutschen und sich verletzen kann.
• schwere Bauteile alleine heben, sondern einen Assistenten zu Hilfe holen.
• in Zeitnot arbeiten oder die Arbeit auf gefährlichen Wegen abkürzen.
• Kinder oder Tiere ermöglichen, sich in der Nähe eines unbeobachteten Fahrzeugs aufzuhalten.
• einen Reifen über den erlaubten Maximaldruck aufpumpen. Abgesehen von der Überlastung der Karkasse kann er in Extremfällen platzen.

Stets ...

• dafür sorgen, dass das Fahrzeug sicher steht. Besonders wichtig ist dies, wenn das Auto für den Ausbau eines Rades, oder einer Radaufhängung aufgebockt wird.

• festsitzende Schrauben oder Muttern vorsichtig lockern. An einem Schlüssel zu ziehen ist immer besser als ihn zu drücken, damit man beim Abrutschen nicht gegen das Bauteil stößt fällt.

• beim Einsatz von Bohrern, Schleifern und anderen Maschinen eine Schutzbrille tragen.

• beim Arbeiten in schmutzigen Bereichen die Hände mit Schutzcreme versehen, die nicht nur vor Infektionen schützt, sondern auch das Reinigen erleichtert. Längerer Kontakt mit Motoröl kann ein Gesundheitsrisiko sein. Passen Sie auf, dass die Hände durch die Creme nicht rutschig werden.

• Kleidungsstücke wie Ärmel, Halstücher oder lange Haare außerhalb des Arbeitsbereichs beweglicher Teile halten.

• Schmuck und Uhren vor der Arbeit – besonders an elektrischen Bauteilen – ablegen.

• den Arbeitsbereich sauber und geordnet halten, um nicht über herumliegende Teile zu fallen.

• beim Zusammendrücken von Federn für den Aus- oder Einbau, Spannen und Entspannen vorsichtig sein.

• Federn nur mit geeigneten Werkzeugen, die die Feder nicht plötzlich wegspringen lassen.

• aufpassen, dass Hebevorrichtungen genügend Tragkraft für die zu verrichtende Arbeit haben.

• jemanden regelmäßig die Arbeit kontrollieren lassen, wenn man alleine am Fahrzeug arbeitet.

• die Arbeit in einer logischen Reihenfolge ausführen und anschließend prüfen, ob alles korrekt montiert und gesichert ist.

• daran denken, dass die Sicherheit des Fahrzeugs auch Ihre eigene Sicherheit und die anderer bedeutet. Bei jedem Zweifel muss professioneller Rat eingeholt werden.

• Da man sich trotz des Befolgens dieser Hinweise verletzen kann, muss dafür gesorgt werden, dass immer jemand (nötigenfalls per Telefon) erreichbar ist, der einem zur Hilfe kommen kann.

Straßenrand-Reparaturen

Auf den folgenden Seiten werden typische Pannen und Startprobleme behandelt. Detailliertere Fehlersuchen finden sich im Anhang dieses Buchs; Inforationen zu Reparaturen sind in den entsprechenden Kapiteln zu finden.

Motor startet nicht und Anlasser dreht nicht

☐ Bei Modellen mit Automatikgetriebe muss dies auf P oder N stehen.

☐ Öffnen Sie die Motorhaube und prüfen Sie, ob die Batteriekabel sauber sind und fest sitzen.

☐ Schalten Sie das Fahrlicht ein und versuchen Sie den Motor zu starten – wenn das Licht dabei sehr schwach wird, wird die Batterie wahrscheinlich stark entladen sein. Lassen Sie sich Starthilfe geben (siehe nächste Seite).

Motor startet nicht, obwohl der Anlasser normal dreht

☐ Befindet sich Kraftstoff im Tank?

☐ Sind elektrische Komponenten im Motorraum feucht? Schalten Sie die Zündung aus und wischen Sie Feuchtigkeit mit einem trockenen Lappen ab. Sprühen Sie Kontakte des Zündsystems und der Kraftstoffversorgung mit wasserverdrängendem Mittel (z.B. WD 40) ein (siehe Abbildungen) – achten Sie dabei besonders auf den Zündspulenstecker und die Zündkabel. Anmerkung: Dieselmotoren leiden üblicherweise nicht unter Feuchtigkeit.

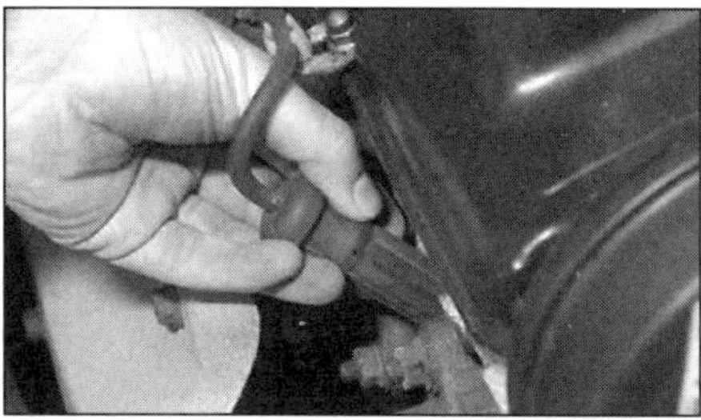

A Die Zündkerzenstecker müssen fest auf den Zündkerzen sitzen.

C Das Zündkabel und die Versorgungskabel müssen korrekt mit der Zündspule verbunden sein.

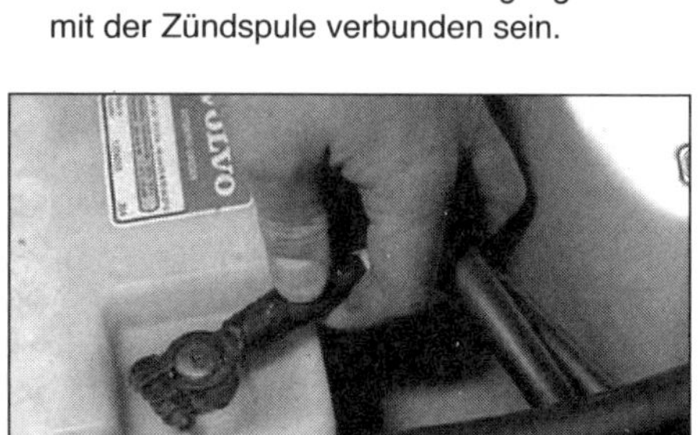

E Prüfen Sie, ob die Batteriekabel sauber sind und fest sitzen.

B Die Zündkabel müssen sicher mit dem Zündverteiler (falls vorhanden) verbunden sein. Die Hochspannungskabel müssen sicher mit den Steckern verbunden sein.

D Bei ausgeschalteter Zündung muss der Stecker des Luftmengenmessers (falls vorhanden) geprüft werden.

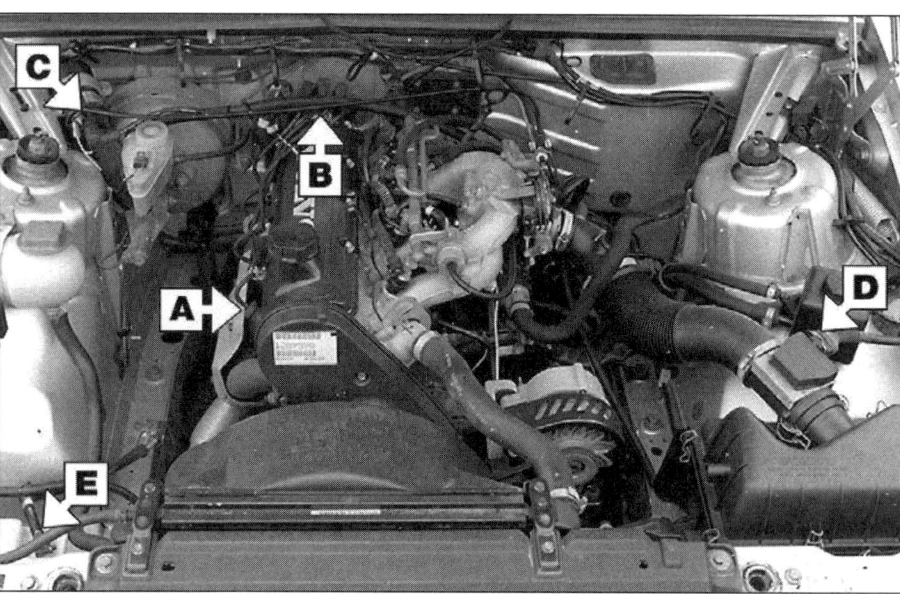

Bei ausgeschalteter Zündung muss geprüft werden, ob alle elektrischen Anschlüsse sicher verbunden sind. Sprühen Sie alle Kontakte mit wasserverdrängendem Mittel (z.B. WD 40) ein, falls Feuchtigkeit das Problem sein kann.

Praxis-Tipp

Starthilfe bringt den Wagen zwar erst einmal wieder in Fahrt, doch muss der Fehler umgehend behoben werden, der die Batterie zum Schwächeln brachte. Es gibt drei Möglichkeiten:

1. ***Die Batterie wurde durch wiederholte Startversuche oder Anlassen der Beleuchtung entleert.***
2. ***Das Ladesystem funktioniert nicht richtig (Lichtmaschinen-Keilriemen locker oder gerissen, Kabel mit Kontaktproblemen, Lichtmaschine selbst defekt).***
3. ***Die Batterie ist defekt (Säurepegel niedrig oder physikalische Schäden).***

Starthilfe

Beim Überbrücken eines Fahrzeugs mithilfe einer Fremdbatterie müssen die folgenden Vorsichtsmaßnahmen berücksichtigt werden:

- ✓ Vor dem Anklemmen der Fremdbatterie muss die Zündung ausgeschaltet werden.
- ✓ Sämtliche elektrischen Verbraucher (Licht, Lüftung, Scheibenwischer etc.) müssen abgeschaltet sein.
- ✓ Alle auf der Batterie zu findenden Sicherheitshinweise müssen beachtet werden.
- ✓ Die Fremdbatterie muss die gleiche Spannung haben wie die Fahrzeugbatterie.
- ✓ Falls die Fremdbatterie in einem anderen Auto eingebaut ist, dürfen sich die beiden Autos keinesfalls berühren.
- ✓ Das Getriebe muss im Leerlauf bzw. die Automatik muss auf P oder N stehen.

1 Eine Klemme des roten Überbrückungskabels wird mit dem Pluspol (+) der leeren Batterie verbunden.

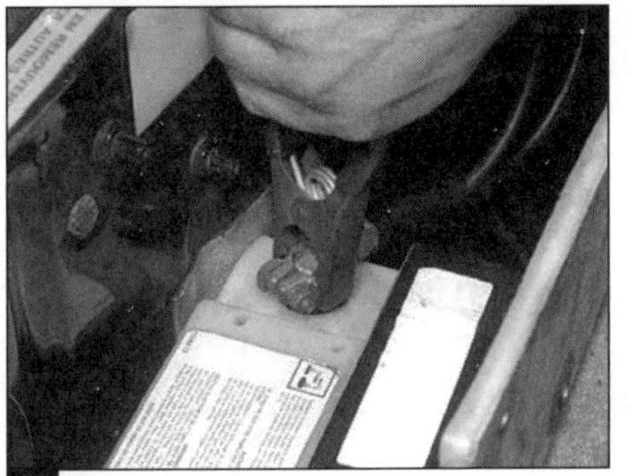

2 Die andere Klemme des roten Überbrückungskabels wird mit dem Pluspol (+) der Starthilfebatterie verbunden.

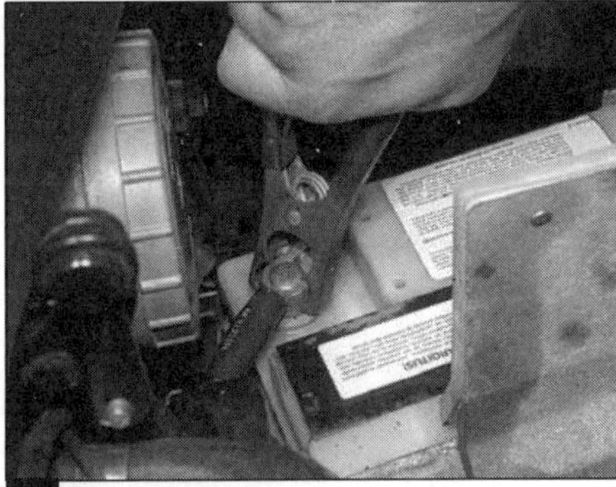

3 Eine Klemme des schwarzen Überbrückungskabels wird mit dem Minuspol (–) der Starthilfebatterie verbunden.

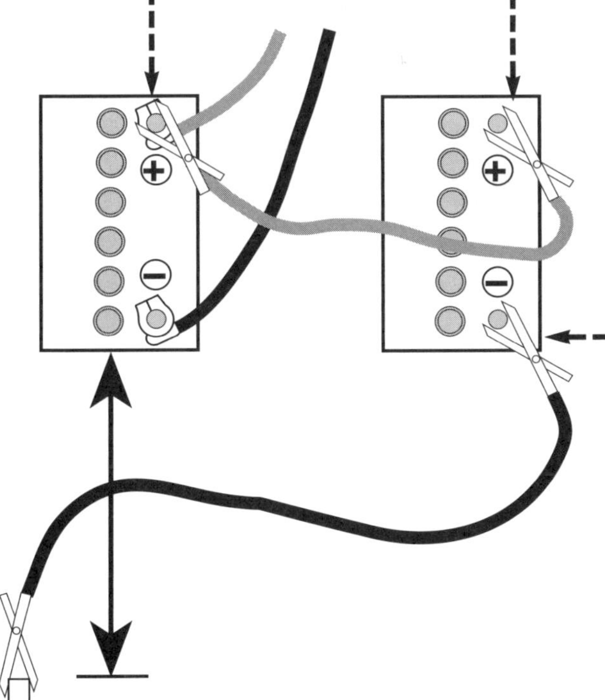

4 Die andere Klemme des schwarzen Überbrückungskabels wird möglichst weit entfernt von der Batterie mit einer Schraube oder einem blanken Halter des zu startenden Motors verbunden.

5 Die Überbrückungskabel dürfen nicht mit dem Kühlventilator, Antriebsriemen oder anderen beweglichen Teilen in Berührung kommen.

6 Starten Sie den Motor mithilfe der Fremdbatterie und lassen Sie ihn im Standgas laufen. Schalten Sie alle Lampen, die Heckscheibenheizung und das Gebläse an, bevor die Überbrückungskabel in exakt der umgekehrten Anschluss-Reihenfolge wieder getrennt werden. Alle elektrischen Verbraucher können jetzt wieder ausgeschaltet werden.

Radwechsel

Einige der hier gezeigten Details können je nach Modell variieren. Beispielsweise sind das Reserverad und der Wagenheber nicht bei allen Autos an der gleichen Stelle zu finden. Die Grundprinzipien sind jedoch bei allen Autos gleich.

Warnung: Ein Radwechsel darf niemals in Situationen durchgeführt werden, wo ein Gefährdungsrisiko durch andere Verkehrsteilnehmer besteht. An belebten Straßen muss versucht werden, in einer Parkbucht oder einer Einfahrt zu halten. Bei Radwechsel muss der Verkehr stets beobachtet werden – bei der Arbeit kann man leicht abgelenkt werden.

Vorbereitung

- ☐ Sobald ein Druckverlust bemerkt wird, muss angehalten werden, solange dies gefahrlos möglich ist.
- ☐ Gestoppt werden muss möglichst auf einem ebenen Untergrund und abseits des Verkehrs.
- ☐ Falls nötig, muss die Warnblinkanlage eingeschaltet werden.
- ☐ Falls das Fahrzeug am Straßenrand steht, müssen andere Verkehrsteilnehmer mithilfe des Warndreiecks gewarnt werden.
- ☐ Ziehen Sie die Handbremse an und legen Sie den ersten oder den Rückwärtsgang (oder P bei Automatikmodellen) ein.
- ☐ Das dem Plattfuß diagonal gegenüberliegende Rad muss verkeilt werden – ein paar größere Steine reichen aus.
- ☐ Auf weichem Untergrund muss die Last unterhalb des Wagenhebers mit einem Stück Holz oder ähnlichem verteilt werden.

Austausch der Räder

1 Das Reserverad und der Wagenheber werden aus dem Kofferraum genommen.

2 Um an die Radmuttern zu gelangen, muss ggf. die Radkappe mit einem geeigneten Werkzeug abgehebelt werden.

3 Mithilfe des Radmutternschlüssels werden alle Muttern eine halbe Umdrehung gelockert. Manche Räder werden mithilfe eines Zentrierbunds in Position gehalten, der auch die Montage erleichtert.

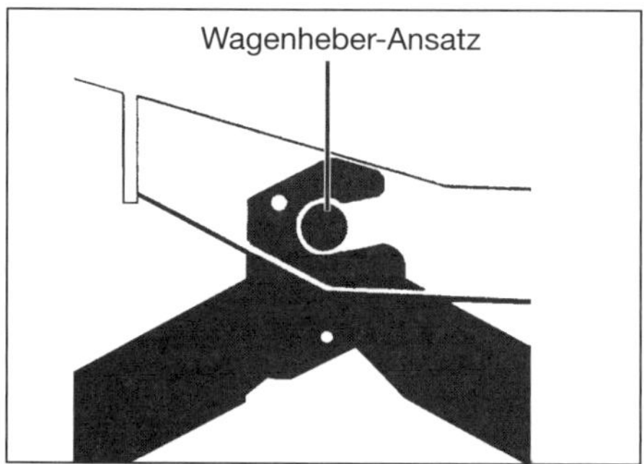

4 Der Wagenheber-Kopf wird unterhalb des Schwellers nahe am zu demontierenden Rad angesetzt. Die Kurbel wird im Uhrzeigersinn gedreht, bis der Fuß des Hebers auf dem Boden steht. Jetzt wird das Fahrzeug angehoben, bis das Rad nicht mehr den Boden berührt. Die Radmuttern werden entfernt und das Rad von den Stehbolzen gehoben.

5 Das neue Rad wird auf die Stehbolzen gesteckt und mit den Muttern gesichert, die zunächst nur handfest angezogen werden. Das Fahrzeug wird abgesenkt und der Wagenheber entfernt.

6 Der Endanzug der Radmuttern erfolgt über Kreuz. Es wird empfohlen, die Radmuttern mithilfe eines Drehmomentschlüssels mit 85 Nm anzuziehen – dies gilt besonders für Alufelgen. Anschließend wird ggf. die Radkappe aufgesteckt.

Zum Schluss . . .

- ☐ . . . werden die Keile entfernt.
- ☐ . . . werden der Wagenheber, das Werkzeug und das defekte Rad an den korrekten Positionen im Fahrzeug verstaut.
- ☐ . . . wird der Luftdruck des soeben montierten Rades geprüft. Falls er niedrig ist oder kein Messgerät zur Hand ist, muss langsam zur nächsten Werkstatt oder Tankstelle gefahren werden, um dort den Reifen aufzupumpen.
- ☐ . . . wird der defekte Reifen möglichst bald repariert oder ausgetauscht.

Undichtigkeiten

Pfützen auf dem Garagenboden oder in der Einfahrt, eine triefende Motorhaube und eine komplett durchfeuchtete Fahrzeug-Unterseite weisen auf Leckagen hin, die abgedichtet werden müssen. Manchmal ist es nicht einfach, die Quelle zu entdecken (vor allem, wenn der Motorraum und die Unterseite stark verschmutzt sind. Fahrtwind-Verwirbelungen tragen ebenfalls dazu bei, die Ursache zu verschleiern.

Warnung: Die meisten im Fahrzeug verwendeten Schmiermittel und Flüssigkeiten sind giftig! Falls man mit ihnen in Berührung kommt, muss kontaminierte Bekleidung unverzüglich ausgezogen und verunreinigte Haut abgewaschen werden.

Praxis-Tipp

Der Geruch der aus dem Auto tropfenden Flüssigkeit kann Hinweise auf deren Ursprung geben. Manche Flüssigkeiten haben auch eine spezielle Farbe. Um den Austrittspunkt zu bestimmen, kann hilfreich sein, den Motorraum und den Unterboden sorgfältig zu reinigen und über Nacht saubere Papiere unter das Auto zu legen.

Manche Flüssigkeiten treten allerdings nur aus, wenn der Motor läuft und/oder das Fahrzeug bewegt wird.

Ölwanne

Motoröl kann an der Ablassschraube . . .

Ölfilter

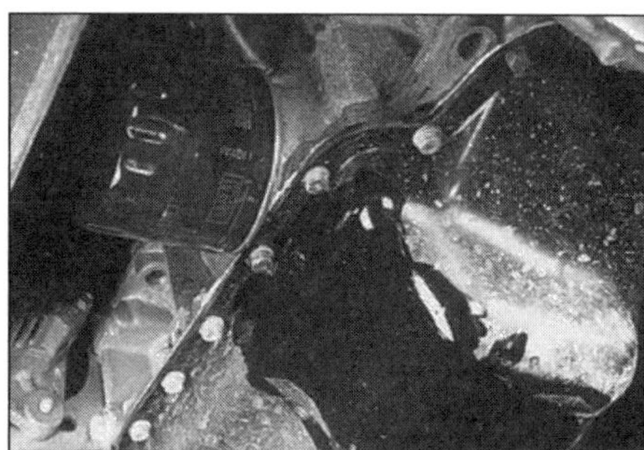

. . . oder am Ölfilter austreten.

Getriebeöl

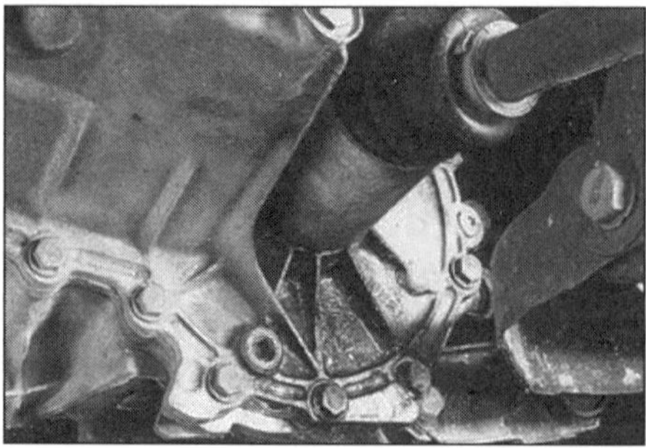

Getriebeöl hat einen speziellen Geruch. Es kann durch die Dichtringe am Anfang der Kardanwelle austreten.

Frostschutzmittel

Ausgetretenes Kühlmittel hinterlässt oft kristalline Ablagerungen.

Bremsflüssigkeit

Flüssigkeit im Bereich der Radaufhängungen stammt mit großer Sicherheit aus der Bremse.

Servolenkung-Hydraulikflüssigkeit

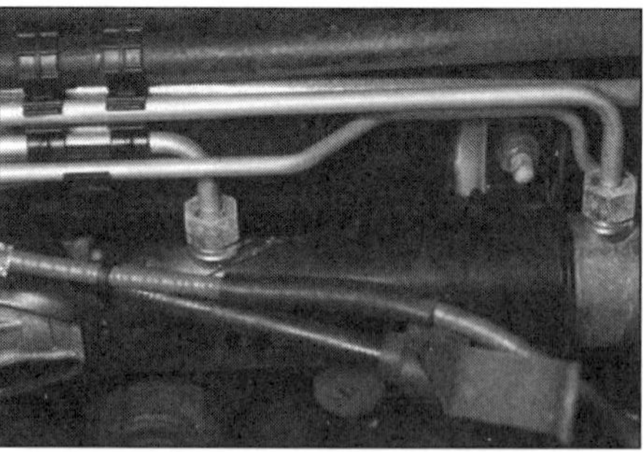

Diese Flüssigkeit tritt zumeist an den Anschlüssen am Lenkgetriebe aus.

Abschleppen

Wenn nichts mehr geht, muss das Auto abgeschleppt werden. Lange Strecken sollten nur von einem professionellen Abschleppdienst bewältigt werden. Kurze Strecken können mithilfe eines anderen Autos erledigt werden – dabei sind folgende Hinweise zu beachten:

☐ Abschleppen darf nur mit einem speziellen Abschleppseil oder einer Abschleppstange erfolgen. Beide Fahrzeuge müssen die Warnblinkanlagen eingeschaltet sein.

☐ Beim gezogenen Fahrzeug muss der Zündschlüssel so weit gedreht werden, bis das Lenkschloss entriegelt ist und die Bremsleuchten funktionieren.

☐ Das Abschleppseil oder die Abschleppstange darf nur an dafür vorgesehenen Vorrichtungen befestigt werden.

☐ Vor dem Abschleppen muss die Handbremse gelöst und der Leerlauf eingelegt sein.

☐ Weil die Bremskraftverstärkung des Motors fehlt, muss mit erhöhtem Pedaldruck beim Bremsen gerechnet werden.

☐ Auch die Lenkung wird bei einer nicht funktionierenden Servolenkung deutlich schwergängiger.

☐ Der Fahrer des gezogenen Fahrzeugs muss stets dafür sorgen, dass das Abschleppseil gespannt ist.

☐ Beide Fahrer müssen vor Abfahrt die Route besprechen.

☐ Das Tempo muss moderat sein, die abzuschleppende Distanz möglichst gering. Der Fahrer des Zugfahrzeugs darf nur sanft an Kreuzungen usw. heranfahren.

☐ Bei Modellen mit Automatikgetrieben gelten besonders Vorsichtsmaßnahmen. Bei falscher Bedienung, zu schnellem oder zu weitem Abschleppen können Getriebeschäden auftreten.

Einleitung

Es gibt einige sehr simple Checkpunkte, die nur wenige Minuten dauern – aber vor reichlich Unannehmlichkeiten und hohen Kosten schützen können.

Diese »Wöchentlichen Kontrollen« erfordern keine großen Kenntnisse oder Spezialwerkzeuge; und das bisschen Zeit für ihre Ausführung kann eine sehr gute Investition sein. Zum Beispiel:

☐ Ein gelegentlicher Blick auf den Zustand und den Luftdruck der Reifen schützt nicht nur vor frühzeitigem Verschleiß und höherem Kraftstoffverbrauch, sondern kann tatsächlich Leben retten.

☐ Viele Pannen sind auf Elektrikprobleme zurückzuführen. Besonders häufig sind defekte Batterien die Ursache. Regelmäßige Schnell-Checks können die Mehrzahl dieser Pannen verhindern.

☐ Falls im Bremssystem eine Undichtigkeit auftritt, merkt man dies möglicherweise erst, wenn die Bremse nicht mehr korrekt funktioniert. Eine regelmäßige Kontrolle des Flüssigkeitspegels kann vorzeitig auf Probleme hinweisen.

☐ Falls Öl oder Kühlmittel austritt, ist eine Abdichtung des Lecks deutlich billiger als die Reparatur eines Motorschadens.

Motorraum-Checkpunkte

(abgebildet sind Rechtslenker-Modelle – einige Bauteile sind bei Linkslenkern anders positioniert.)

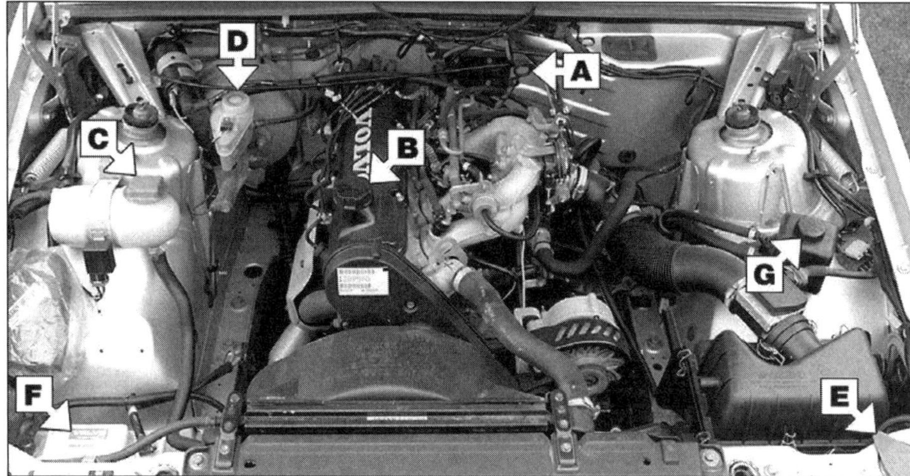

◀ Volvo 740

A *Motoröl-Peilstab*
B *Motoröl-Einfülldeckel*
C *Kühlmittel-Ausgleichsbehälter*
D *Bremsflüssigkeitsbehälter (bei Linkslenkern auf der anderen Seite)*
E *Wischwasserbehälter*
F *Batterie*
G *Servolenkungs-Hydraulikbehälter*

◀ Volvo 760 GLE (Modelle bis 1988)

A *Motoröl-Peilstab*
B *Motoröl-Einfülldeckel*
C *Kühlmittel-Ausgleichsbehälter*
D *Bremsflüssigkeitsbehälter (bei Linkslenkern auf der anderen Seite)*
E *Wischwasserbehälter*
F *Batterie*
G *Servolenkungs-Hydraulikbehälter*

Volvo 760 GLE (Modelle ab 1989)

A *Motoröl-Peilstab*
B *Motoröl-Einfülldeckel*
C *Kühlmittel-Ausgleichsbehälter*
D *Bremsflüssigkeitsbehälter (bei Linkslenkern auf der anderen Seite)*
E *Wischwasserbehälter*
F *Batterie*

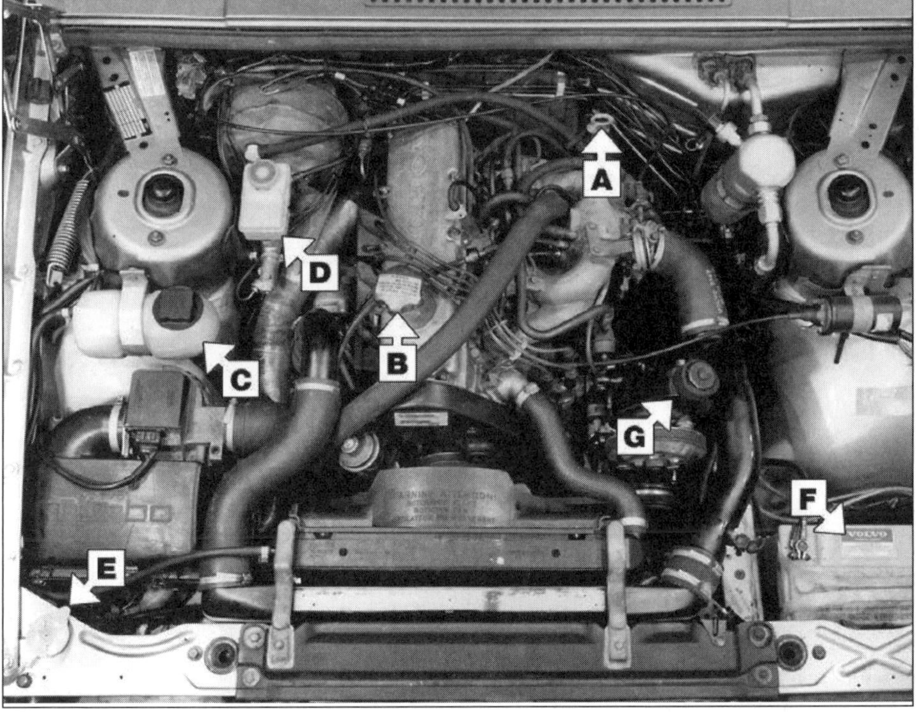

Volvo 760 Turbo

A *Motoröl-Peilstab*
B *Motoröl-Einfülldeckel*
C *Kühlmittel-Ausgleichsbehälter*
D *Brems/Kupplungsflüssigkeitsbehälter (bei Linkslenkern auf der anderen Seite)*
E *Wischwasserbehälter*
F *Batterie*
G *Servolenkungspumpe und Hydraulikbehälter*

Motorölpegel

Vor Beginn:

✓ Das Fahrzeug muss auf einem ebenen Untergrund stehen.
✓ Der Ölpegel sollte vor Fahrtantritt oder mindestens fünf Minuten nach dem Abschalten des Motors kontrolliert werden.

Falls das Öl direkt nach dem Abschalten des Motor kontrolliert wird, sorgt das noch im oberen Bereich des Motors befindliche Öl dafür, dass am Peilstab möglicherweise ein niedriger Pegel festgestellt wird.

Das richtige Öl

Moderne Motoren stellen hohe Ansprüche an ihr Öl. Volvo schreibt Mehrbereichsöl der Viskosität SEA 10W/30 bis 15W/50 der API-Klasse SG/CD oder höher vor.

Vorsichtsmaßnahmen:

• Ein geringer Ölverbrauch ist normal. Falls jedoch regelmäßig Öl nachgefüllt werden muss, sollten die Gründe des Ölverlustes gefunden werden (siehe Praxis-Tipp auf Seite 0.9). Sind keine Anzeichen von Lecks an Verbindungen und Dichtungen festzustellen, wird das Öl vom Motor verbrannt (siehe Fehlersuche).
• Der Ölpegel muss stets zwischen den beiden Markierungen am Peilstab stehen (Abb. 3). Bei zu niedrigem Pegel können schwere Motorschäden entstehen. Falls der Motoröl überfüllt wird, können Dichtringe und Dichtungen beschädigt werden.

1 Die Position des Peilstabs variiert je nach Modell (siehe Motorraum-Checkpunkte auf den Seiten 0.10 und 0.11). Ziehen Sie den Peilstab heraus.

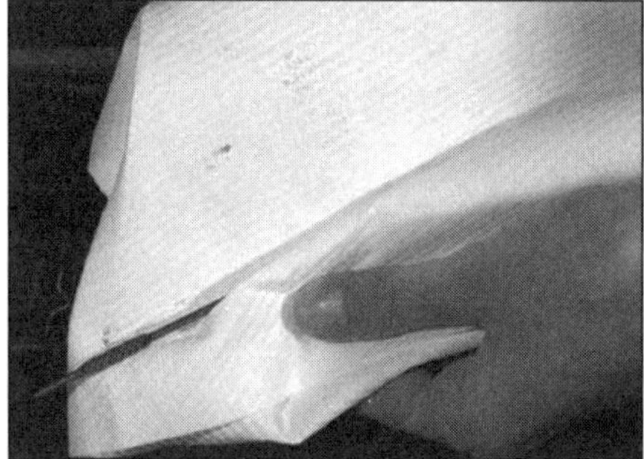

2 Der Peilstab wird mithilfe eines sauberen Lappens oder Papiertuchs abgewischt und wieder bis zum Anschlag in sein Rohr gesteckt.

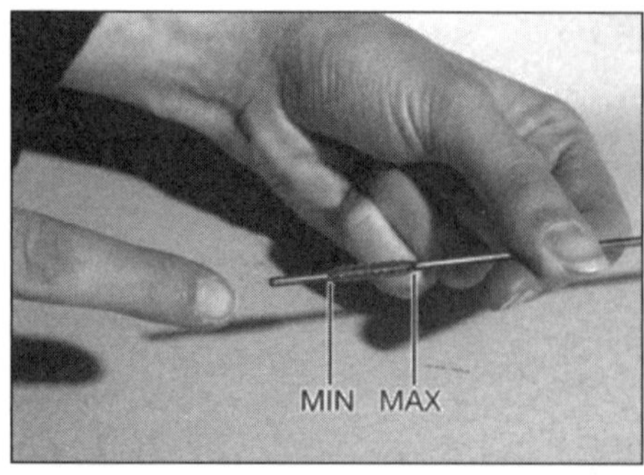

3 Am unteren Ende des wieder herausgezogenen Peilstabs wird kontrolliert, ob der Ölpegel im gestrichelten Bereich steht. Die Differenz zwischen der unteren und der oberen Markierung beträgt etwa einen Liter.

4 Falls Öl nachgefüllt werden muss, geschieht dies über den Einfülldeckel am Zylinderkopf – nötigenfalls mithilfe eines Trichters. Da das Öl erst durch den Motor laufen muss, sollte vor der erneuten Kontrolle ein Moment gewartet werden. Der Motor darf nicht überfüllt werden (siehe oben)

Kühlmittelpegel

Warnung: NIEMALS darf bei heißem Motor der Deckel des Ausgleichsbehälters entfernt werden, da eine hohe Verbrühungsgefahr besteht. Kühlmittel darf niemals in offenen Behältern gelagert werden – es ist giftig und kann durch seinen süßlichen Geruch Kindern und Tieren zum Verhängnis werden.

Vorsichtsmaßnahmen

• Bei einem abgedichteten Kühlsystem sollte nicht regelmäßig Kühlflüssigkeit nachgefüllt werden müssen. Falls der Pegel stetig abfällt, wird wahrscheinlich ein Leck entstanden sein. Überprüfen Sie den Kühler, alle Schläuche und Anschlüsse auf Flecken und Feuchtigkeit. Alle Schäden müssen umgehend behoben werden.
• Es ist wichtig, Frostschutz das ganze Jahr über zu verwenden und nicht nur im Winter. Füllen Sie bei gesunkenem Pegel nicht nur Wasser auf, um die Flüssigkeit nicht zu verdünnen.

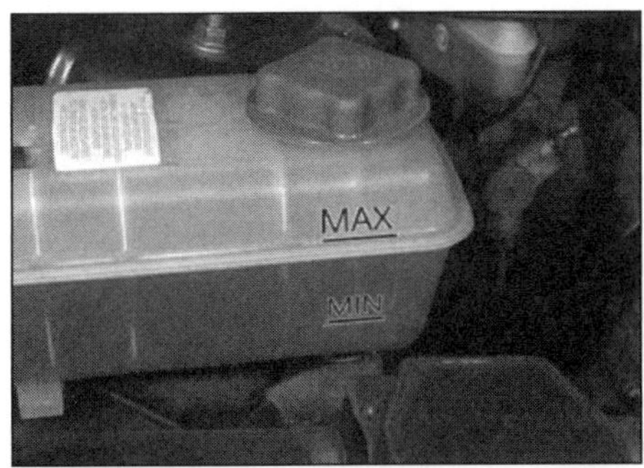

1 Der Kühlmittelpegel variiert mit der Motortemperatur. Im kalten Zustand muss der Pegel zwischen den MIN- und MAX-Markierungen liegen; im heißen Zustand darf der Pegel leicht über die MAX-Markierung steigen.

2 Falls Kühlmittel nachgefüllt werden soll, muss gewartet werden, bis der Motor abgekühlt ist. Der Deckel darf nur langsam aufgeschraubt werden, um möglichen Druck abzulassen.

3 Füllen Sie das aus Wasser und Frostschutzmittel bestehende Kühlmittel bis zur MAX-Markierung auf. Drehen Sie den Deckel fest auf.

Brems- und Kupplungsflüssigkeit

Warnung:

• Bremsflüssigkeit kann zu Augenverletzungen führen und Lackoberflächen angreifen, bewahren Sie deshalb beim Umgang hiermit größte Sorgfalt.

• Benutzen Sie keine Bremsflüssigkeit, die längere Zeit offen gestanden hat, da sie Feuchtigkeit aus der Luft absorbiert, was zu einem gefährlichen Verlust an Bremswirkung führen kann.

Der Hauptbremszylinder und der Ausgleichsbehälter sitzen vorne an der Bremskraftverstärker-Einheit im Motorraum. Bei Modellen mit hydraulisch betätigter Kupplung ist deren Geberzylinder ebenfalls mit dem Ausgleichsbehälter der Bremse verbunden.

Sicherheit geht vor!

• Falls der Ausgleichsbehälter regelmäßig aufgefüllt werden muss, ist dies ein Hinweis auf ein Leck im Hydrauliksystem, das unverzüglich abgedichtet werden muss.
• Falls ein Leck vermutet wird, darf das Fahrzeug nicht gefahren werden, solange das Bremssystem nicht kontrolliert wurde. Schadhafte Bremsen stellen ein extrem hohes Sicherheitsrisiko dar.

Praxis-Tipp

• Das Fahrzeug muss auf ebenem Untergrund stehen.
• Der Pegel im Ausgleichsbehälter sinkt langsam ab, da die Bremsbeläge verschleißen. Der Pegel darf jedoch NIEMALS unter den MIN-Pegel sinken!

1 Die MIN- und MAX-Markierungen sind seitlich am Ausgleichsbehälter zu sehen. Der Bremsflüssigkeitspegel muss stets zwischen diesen beiden Markierungen stehen.

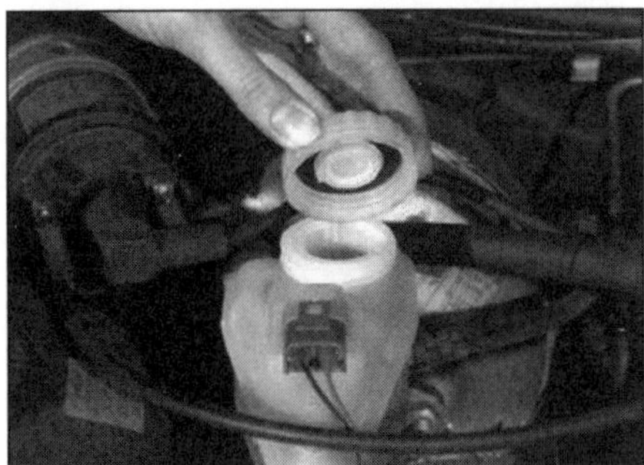

2 Falls Hydraulikflüssigkeit nachgefüllt werden muss, sollte zuerst der Bereich um den Einfülldeckel herum abgewischt werden, damit kein Schmutz ins Hydrauliksystem gerät. Schrauben Sie den Deckel auf.

3 Füllen Sie vorsichtig frische Hydraulikflüssigkeit auf, ohne dass dabei Spritzer auf umliegende Bauteile gelangen. Verwenden Sie ausschließlich die von Volvo vorgeschriebene Bremsflüssigkeit – das Mischen unterschiedlicher Typen kann dem Bremssystem schaden! Nach dem Auffüllen werden der Deckel aufgeschraubt und mögliche Spritzer abgewischt.

Servolenkungs-Flüssigkeitspegel

Vor Beginn:

✓ Das Fahrzeug muss auf einem ebenen Untergrund stehen.
✓ Die Lenkung muss in die Geradeaus-Position gestellt werden.
✓ Der Motor muss abgeschaltet sein.

Für eine akkurate Kontrolle darf die Lenkung nach dem Abschalten des Motors nicht mehr bewegt werden.

Sicherheit geht vor!

• Falls der Ausgleichsbehälter regelmäßig aufgefüllt werden muss, ist dies ein Hinweis auf ein Leck im Hydrauliksystem, das unverzüglich abgedichtet werden muss.

1 Der Ausgleichsbehälter der Servolenkung kann abseits der Servopumpe am Kühler oder am Innenkotflügel montiert sein. Bei Typen mit seitlich am Behälter sichtbaren Markierungen darf der Pegel nicht über der MAX-Markierung liegen.

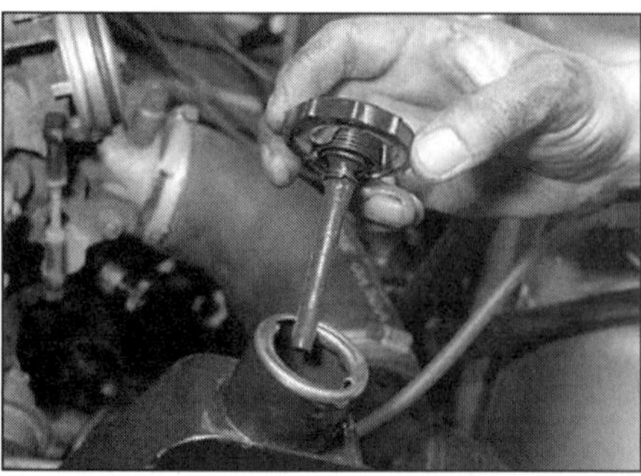

2 Alternativ kann der Behälter auch direkt an der Servopumpe sitzen. Am Peilstab können Markierungen für kalte und heiße Hydraulikflüssigkeit angebracht sein – je nach Temperatur müssen die entsprechenden Linien beachtet werden.

3 Zum Nachfüllen darf nur die vorgeschriebene Hydraulikflüssigkeit verwendet werden. Der Ausgleichsbehälter darf nicht über die MAX-Markierung hinaus aufgefüllt werden. Zum Schluss wird der Deckel sorgfältig aufgeschraubt bzw. gesichert.

Reifen – Zustand und Luftdruck

Die Reifen müssen sich stets in einem guten Zustand befinden und den korrekten Luftdruck aufweisen – ein Reifenschaden kann bei jeder Geschwindigkeit ein hohes Risiko darstellen. Der Reifenverschleiß hängt stark von der Fahrweise ab – starkes Beschleunigen und Bremsen sowie hohe Kurvengeschwindigkeiten beschleunigen den Verschleiß. Da die hier beschriebenen Volvo-Modelle über Heckantrieb verfügen, verschleißen die Hinterreifen schneller als Vorderreifen. Gleichzeitig gilt, dass bei unterschiedlich abgefahrenen Reifen diejenigen mit der größeren Profiltiefe hinten montiert sein sollten, sodass für einen gleichmäßigen Verschleiß die Räder gelegentlich ausgetauscht werden sollten.

Entfernen Sie alle Nägel, scharfkantigen Steine und andere Fremdkörper aus dem Reifenprofil, bevor sie sich nach innen arbeiten können. Falls nach dem Entfernen eines Nagels Luft entweicht, muss er wieder hineingesteckt werden, um die Stelle für eine Reparatur zu markieren. Tauschen Sie das Rad gegen das Reserverad aus und lassen Sie den Reifen unverzüglich reparieren.

Die Seitenwände der Reifen müssen regelmäßig auf Risse oder Beulen überprüft werden. Demontieren Sie die Räder gelegentlich, um sie innen und außen zu reinigen. Kontrollieren Sie regelmäßig die Felgen auf Korrosion und Beschädigungen. Leichtmetallfelgen können leicht beim Überfahren von Bordsteinen beschädigt werden; auch Stahlfelgen können hier verbeult werden. Bei größeren Schäden hilft meistens nur der Austausch der Felge.

Neue Reifen müssen nach der Montage ausgewuchtet werden. Allerdings müssen sie manchmal bei einem gewissen Verschleiß neu gewuchtet werden; das gleiche gilt, wenn Gewichte verloren gegangen sind. Nicht ausgewuchtete Reifen beeinträchtigen nicht nur den Fahrkomfort, sondern lassen auch Federelemente, die Lenkung und die Reifen selbst schneller verschleißen. Eine Unwucht zeigt sich üblicherweise durch Vibrationen – meistens bei Geschwindigkeiten um 80 km/h herum. Falls diese Vibrationen lediglich im Lenkrad fühlbar sind, sind wahrscheinlich nur die Vorderräder nicht ausgewuchtet. Sind die Vibrationen im gesamten Auto spürbar, werden die Hinterräder nicht ausgewuchtet sein. Räder können bei jedem Reifenhändler ausgewuchtet werden.

1 Profiltiefe – Sichtkontrolle

Die meisten Reifen besitzen Profiltiefen-Indikatoren (B), auf die an den Flanken mit Dreiecken oder der Bezeichnung TWI hingewiesen wird (A). Diese Indikatoren müssen nicht den vorgeschriebenen 1,6 mm entsprechen!

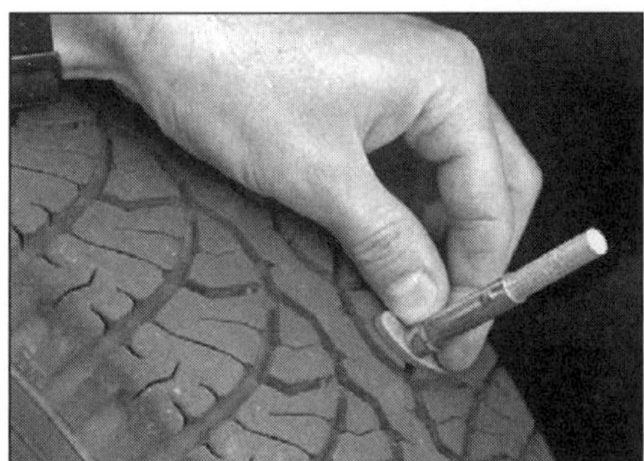

2 Profiltiefe – Messen

Mithilfe eines einfachen und preiswerten Profiltiefen-Messgeräts wird die Profiltiefe an der am stärksten verschlissenen Stelle des Reifens ermittelt – die Polizei wird es bei einer Kontrolle ebenso tun.

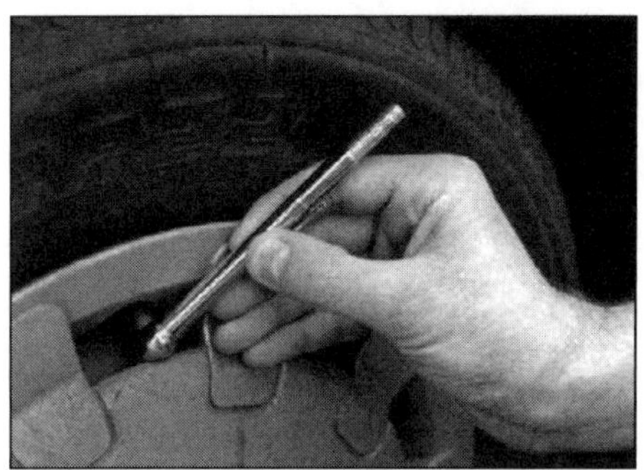

3 Luftdruck – Kontrolle

Der Luftdruck muss bei kaltem Reifen überprüft werden – also nicht direkt nach längerer Fahrt, denn hierbei wird der Reifen warm und der Luftdruck steigt. Der korrekte Druck ist auf Seite 24 angegeben.

Reifenverschleiß-Muster

Seitlicher Verschleiß

Zu niedriger Luftdruck (Verschleiß an beiden Rändern)
Geringer Luftdruck sorgt für starke Erwärmung des Reifens, da er während der Fahrt zu stark walkt. Überhitzung kann zum plötzlichen Ausfall des Reifens führen! Da die Lauffläche nicht korrekt auf der Fahrbahn aufliegt, wird die Traktion vermindert und der Verschleiß stark erhöht. *Der Luftdruck muss sofort auf den korrekten Wert gebracht werden!*

Unkorrekter Sturz (Verschleiß an einer Seite)
Der Sturzwinkel des Fahrzeugs muss eingestellt werden. Beschädigte Teile des Fahrwerks müssen ersetzt werden.

Hohe Kurvengeschwindigkeiten
Der Reifen kann von der Felge springen! Langsam fahren und bei nächster Gelegenheit den Luftdruck erhöhen!

Mittiger Verschleiß

Zu hoher Luftdruck

Zu hoher Reifendruck erhöht den Verschleiß in der Laufflächen-Mitte, verringert die Traktion, verschlechtert den Fahrkomfort und erhöht die Gefahr eines plötzlichen Schadens an der Reifenstruktur.
Der Luftdruck muss sofort auf den korrekten Wert gebracht werden!

Falls die Reifen manchmal wegen höherer Beladung oder hoher Reisegeschwindigkeiten stärker aufgepumpt werden müssen, darf nicht vergessen werden, den Druck anschließend wieder auf die normalen Werte abzusenken.

Ungleichmäßiger Verschleiß

Vorderreifen verschleißen manchmal aufgrund falscher Spureinstellungen ungleichmäßig. Viele Reifenhändler und Werkstätten sind in der Lage, die Spur zu kontrollieren und korrekt einzustellen.

Unkorrekter Sturz oder Nachlauf
Verschlissene oder beschädigte Teile des Fahrwerks müssen ersetzt werden.

Ungewuchtete Räder
Die Räder müssen ausgewuchtet werden.

Unkorrekte Spureinstellung
Die Spur der Vorderräder muss eingestellt werden.

Anmerkung: *Ungleichmäßig verschlissene Profilblöcke, die auf eine unkorrekte Spureinstellung hinweisen, lassen sich am besten per Auge und Fingergefühl ermitteln.*

Scheibenwischer

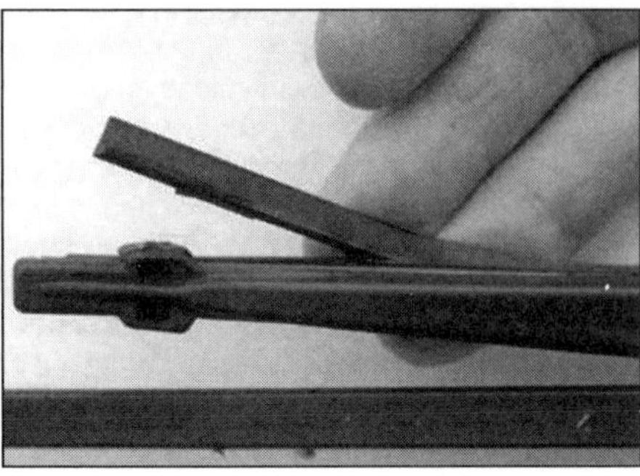

1 Kontrollieren Sie den Zustand der Wischerblätter. Ist ein Blatt eingerissen oder spröde, oder erzeugt es auf der Windschutzscheibe Schlieren, muss es ersetzt werden. Wischerblätter sollten jährlich erneuert werden.

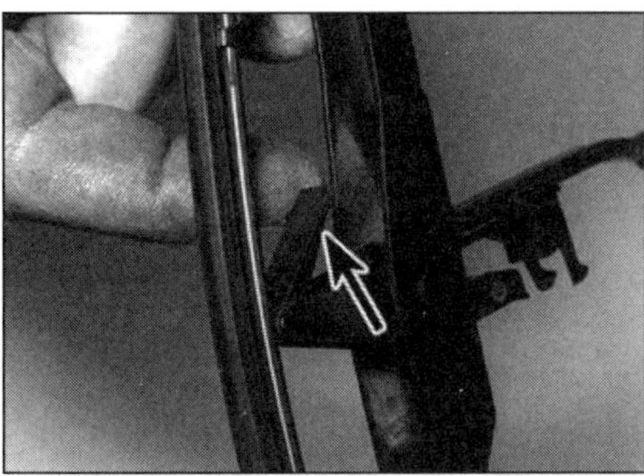

2 Um ein Wischerblatt zu demontieren, muss der Scheibenwischer bis zum Anschlag von der Windschutzscheibe abgezogen werden. Schwenken Sie nun das Wischerblatt um 90° nach oben, drücken Sie die Arretierlasche von Hand ein und ziehen Sie den Wischer aus dem umgebogenen Ende des Hebels.

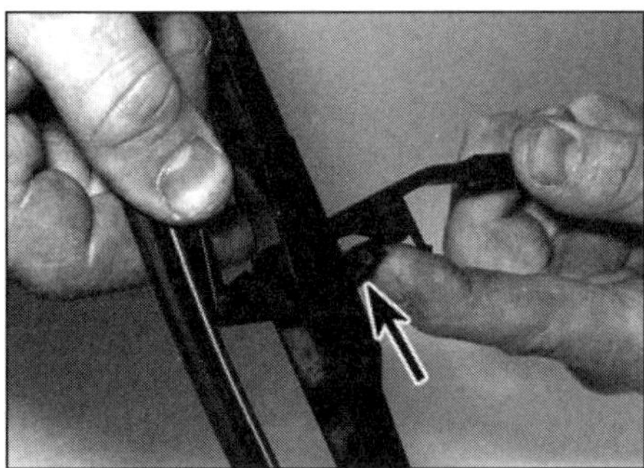

3 Auch der Heckscheibenwischer muss kontrolliert werden. Die Demontage erfolgt auf gleiche Weise wie vorne.

Batterie

Achtung: *Bevor an der Fahrzeugbatterie gearbeitet wird, müssen die Hinweise in der Sektion »Sicherheit geht vor!« am Anfang dieses Kapitels durchgelesen werden.*

✓ Der Batteriehalter muss sich in einem guten Zustand befinden und die Halterung muss fest sitzen. Korrosion am Halter, der Klemme und der Batterie selbst kann mithilfe von Sodalauge entfernt werden, anschließend werden alle gereinigten Bereiche mit Wasser abgespült. Durch Korrosion beschädigte Metallteile sollten umgehend mit Zink-Grundierung behandelt und anschließend lackiert werden.
✓ Etwa vierteljährlich sollte der Ladezustand der Batterie überprüft werden (siehe Kapitel 5A).
✓ Muss das Fahrzeug wegen einer entladenen Batterie überbrückt werden, sind die Hinweise auf Seite 0.7 beachtet werden.

Praxis-Tipp

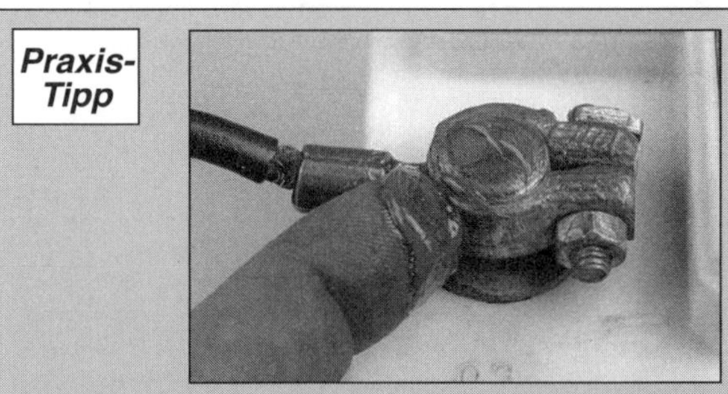

Korrosion der Batteriepole kann auf ein Minimum reduziert werden, wenn man sie nach dem Anschließen der Kabel mit Polfett oder Vaseline versieht. Für diesen Zweck sind auch Sprays erhältlich. Verwenden Sie kein Fett auf Mineral-Basis.

1 Je nach Modell ist die Batterie an der linken oder rechten Seite des Motorraums untergebracht. Kontrollieren Sie regelmäßig das Batteriegehäuse auf starke Verschmutzung (die zu Entladung durch Kriechstrom führen kann) sowie Risse und andere Schäden.

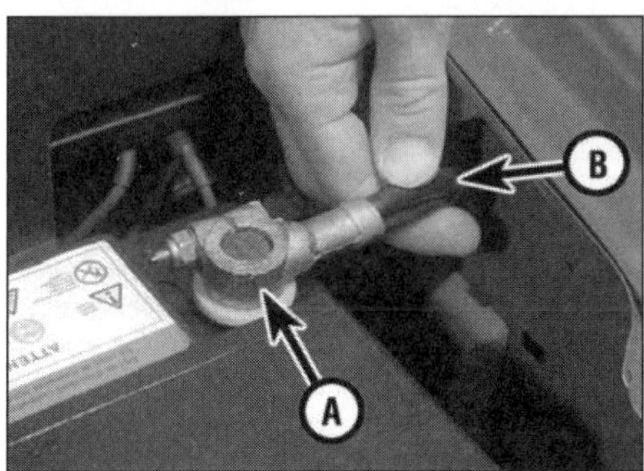

2 Prüfen Sie die Festigkeit der Batterieklemmen (A), um eine gute elektrische Verbindung sicherzustellen. Alle Batteriekabel (B) müssen auf Risse in der Isolierung und abgerissene Litzen überprüft werden.

3 Falls Korrosion (weiße, flockige Ablagerungen) festgestellt wird, müssen die Kabelklemmen von den Batteriepolen befreit, die Pole mit einer kleinen Drahtbürste gereinigt und die Klemmen wieder gesichert werden. Im Autozubehörhandel sind Werkzeuge erhältlich, mit denen sich sowohl die Batteriepole . . .

4 . . . als auch die Kabelklemmen reinigen lassen.

Scheibenwischwasser-Pegel

Wischwasser-Zusätze sorgen nicht nur für klare Sicht durch die Windschutzscheibe, sondern verhindern auch, dass das Wischwasser im Winter einfriert – eine Zeit, in der es am häufigsten gebraucht wird. Daher darf der Behälter niemals mit klarem Wasser nachgefüllt werden.
Auf keinen Fall darf Kühler-Frostschutzmittel für die Scheibenwaschanlage verwendet werden, da es den Lack des Fahrzeug angreift!

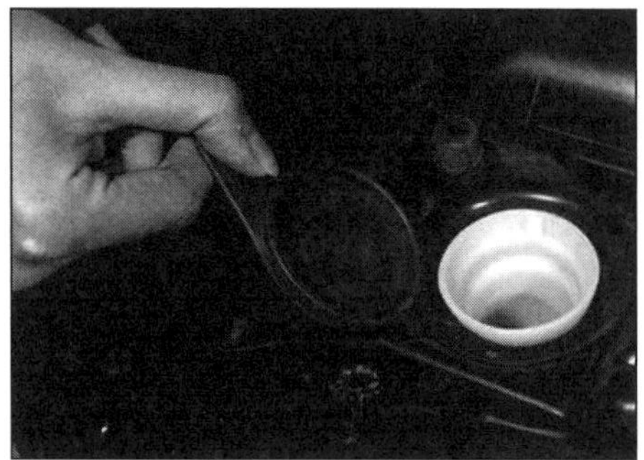

1 Das Wischwasser für die Waschanlagen der Windschutzscheibe, der Heckscheibe und der Scheinwerfer befindet sich in einem Kunststoffbehälter, dessen Einfüllstutzen bei Modellen mit Vierzylindermotoren rechts vorne sitzt; bei V6-Motoren findet er sich links vorne. Für die Kontrolle des Pegels muss der Deckel geöffnet und hinein geschaut werden.

2 Zum Auffüllen des Behälters muss das korrekte Gemisch aus Wasser und Zusatzmittel verwendet werden.

Schmierstoffe und Flüssigkeiten

Motoröl	Mehrbereichsöl SAE 10W/30 bis 15W/50, API-Klasse SG oder höher
Kühlmittel	50 % destilliertes Wasser und 50 % Ethylen-Glykol
Brems/Kupplungs-Flüssigkeit	DOT 4-Bremsflüssigkeit
Servolenkung-Hydraulik	Automatik-Getriebeöl Typ A, F oder G
Schaltgetriebe	Volvo-Thermo-Öl
Automatikgetriebe	
bis 1983	Automatik-Getriebeöl Typ A, F oder G
ab 1983	Dextron IID
Hinterachse	
mit offenem Differenzial	Hypoid-Getriebeöl SAE 90 EP, API GL 5 oder 6
mit selbstsperrendem Differenzial	Volvo-Öl Nr. 1 161 276-9

Reifen-Luftdruck (kalt)

	Vorne	**Hinten**
Limousine, bis 3 Passagiere	1,9 bar	1,9 bar
Limousine, voll beladen	2,1 bar	2,3 bar
Kombi, bis 3 Passagiere	1,9 bar	1,9 bar
Kombi, voll beladen	2,1 bar	2,8 bar
Für Dauergeschwindigkeiten über 115 km/h sollten jeweils 0,3 bar hinzugefügt werden.		
Not-Reserverad		
155/R15	3,5 bar	3,5 bar
165/14	2,8 bar	2,8 bar

Anmerkung: *An der Fahrertür ist ein Aufkleber mit den Reifendrücken für das spezielle Fahrzeug angebracht. Alle Angaben beziehen sich auf die ab Werk montierten Reifen und können bei anderen Marken oder Typen abweichen. Reifenhersteller und Reifenhändler können genauere Hinweise geben.*

Kapitel 1

Erstellungs- und Wartungsarbeiten

Inhalt   Sektion

Schwierigkeitsgrade

Leicht. Geeignet für Anfänger mit wenig Erfahrung.		**Relativ leicht.** Geeignet für Anfänger mit etwas Erfahrung.		**Relativ schwierig.** Geeignet für geübte Selbstschrauber.		**Schwer.** Geeignet für Selbstschrauber mit viel Erfahrung.		**Sehr schwer.** Geeignet für Experten und Profis.	

Spezifikationen

Schmiermittel und Flüssigkeiten .... siehe »Wöchentlichen Kontrollen«

Füllmengen

Motoröl (Öl- und Filterwechsel)

B 23 / B 200 / B 320-Motoren .... 3,85 Liter (ggf. + 0,6 l für Turbo-Ölkühler)
B 234F-Motoren .... 4,0 Liter
B 28-Motoren .... 6,5 Liter
B 280-Motoren .... 6,0 Liter

Kühlsystem

B 23 / B 230-Motoren .... 9,5 Liter
B 200-Motoren .... 8,5 Liter
B 28 / B 280-Motoren .... 10,0 Liter
B 234F-Motoren
  mit Schaltgetriebe .... 9,5 Liter
  mit Automatikgetriebe .... 9,3 Liter

Getriebe

Schaltgetriebe
  M 46 .... 2,3 Liter
  M 47 .... 1,3 Liter
  M 47 II .... 1,6 Liter
Automatikgetriebe
  bei Ölwechsel
    AW 71 / 72 .... 3,9 Liter
    ZF4 HP 22 .... 2,0 Liter
  nach Zusammenbau
    AW 71 / 72 .... 7,5 Liter
    ZF4 HP 22 .... 7,7 Liter

Hinterachs-Differenzial

  Modelle mit Starrachse .... 1,3 bis 1,6 Liter
  Modelle mit Einzelradaufhängung .... 1,4 Liter

Kraftstofftank .... 60 oder 82 Liter – je nach Modell und Baujahr

Motor

Ventilspiel
Vierzylindermotoren (Einlass und Auslass)
  Messwert
    Motor kalt .... 0,30 bis 0,40 mm
    Motor warm .... 0,35 bis 0,45 mm
  Einstellwert
    Motor kalt .... 0,35 bis 0,40 mm
    Motor warm .... 0,40 bis 0,45 mm
Verfügbare Einstellplättchen .... 3,30 bis 4,50 mm in 0,05-mm-Schritten
B 234F-Motoren sind mit Hydrostößeln ausgerüstet, sodass keine Ventilspielkontrolle nötig ist
V6-Motoren
  Einlass
    Motor kalt .... 0,10 bis 0,15 mm
    Motor warm .... 0,15 bis 0,20 mm
  Auslass
    Motor kalt .... 0,25 bis 0,30 mm
    Motor warm .... 0,30 bis 0,35 mm

Kühlsystem

Frostschutzmittel .... 50 % destilliertes Wasser und 50 % Ethylen-Glykol

Spezifikationen

Kraftstoffsystem

Vergasermodelle
Standgasdrehzahl
  Modelle mit Schaltgetriebe 800/min
  Automatikmodelle 900/min
Standgasgemisch – CO-Gehalt
  Pierburg-Vergaser 2B5
    Einstellwert . . . . 1 %
    Messwert . . . . 0,5 bis 2,0 %
  Pierburg-Vergaser 2B7
    Einstellwert . . . . 1 %
    Messwert . . . . 0,5 bis 1,5 %
Einspritzmodelle
Standgasdrehzahl
  B 200 / 230 E-Motoren 900/min
  B 23 ET-Motoren 900/min
  B 280 E-Motoren . . . . 700/min (Basis-Drehzahl)
Standgasdrehzahl, gesteuert durch Leerlaufregelungssystem
  B 28 E / B 230 ET-Motoren . . . . 900/min (eingestellt auf 850/min)
  B 234 F-Motoren . . . . 850/min (nicht einstellbar)
Standgasdrehzahl für LH2.4-Jetronic im Not-Modus . . . . 480 bis 520/min

Standgasgemisch – CO-Gehalt	**Einstellwert**	**Messwert**
B 28 E-Motoren	2,0 %	1,0 bis 3,0 %
B 200 E / B 230 E / B 230 ET-Motoren	1,0 %	0,5 bis 2,0 %
B 23 ET-Motoren	1,5 %	1,0 bis 2,5 %
B 234 F-Motoren	0,8 % (nicht einstellbar)	0,2 bis 1,0 % (Lambdasonde getrennt)

Zündsystem

Zündzeitpunkt . . . . siehe Kapitel 5B
Zündkerzen
  B 23 ET-Motoren . . . . Bosch W 6 DC
  B 230 E / B 200 E / B 234 F-Motoren . . . . Bosch WR 6 D+
  B 230 ET / B 230 K / B 28 E-Motoren . . . . Bosch WR 7 D+
  B 280 E . . . . Bosch HR 7 DC
Elektrodenabstand (alle Typen) . . . . 0,8 mm

Kupplung

Kupplungszug-Spiel an Ausrück-Gabel . . . . 1 bis 3 mm

Bremsen

Bremsbelag-Stärke (min.)
  Vorderräder . . . . 3,0 mm
  Hinterräder
    Modelle mit Starrachse . . . . 2,0 mm
    Modelle mit Einzelradaufhängung . . . . 3,0 mm
Handbremshebel-Weg
  nach Einstellung . . . . 3 bis 5 Klicks
  maximal . . . . 11 Klicks

Reifen-Luftdruck . . . . siehe »Wöchentlichen Kontrollen«

Anzugsdrehmomente

Radmuttern . . . . 85 Nm
Zündkerzen (trockene Gewinde)
  Reihenvierzylinder . . . . 25 Nm
  V6-Motoren . . . . 12 Nm

Volvo 740 & 760

Wartungsplan

Die in diesem Handbuch angegebenen Wartungsintervalle beziehen sich darauf, dass der Fahrzeugbesitzer – und nicht die Werkstatt – die Arbeiten durchführt. Es sind die von Volvo empfohlenen Minimum-Wartungsintervalle für täglich bewegte Fahrzeuge. Wer sein Auto in einem hervorragenden Zustand erhalten will, muss einige dieser Punkte öfter ausführen. Wir empfehlen, alle Wartungen regelmäßig durchzuführen, da hierdurch die Wirtschaftlichkeit, die Leistungsfähigkeit und der Wiederverkaufswert des Fahrzeugs erhalten bleiben. Falls der Wagen vor allem im Winter, mit geringem Tempo (viel Stadtverkehr), auf kurzen Strecken oder mit Anhänger gefahren wird, empfiehlt es sich, die Wartungsintervalle zu verkürzen.

Alle 400 km oder wöchentlich

☐ Alle auf den Seiten 0.10 bis 0.16 beschriebenen Punkte

Alle 10 000 km oder spätestens nach 6 Monaten

Neben den oben aufgelisteten Punkten müssen die folgenden durchgeführt werden:

☐ Wechsel des Motoröls und des Ölfilters (Sektion 3)
☐ Kontrolle der Bremsbeläge (Sektion 4)
☐ Kontrolle des Kühlmittel-Frostschutzgehalts (Sektion 5)
☐ Ersetzen der Zündkerze (Sektion 6)
☐ Kontrolle der Standgasdrehzahl und des CO-Gehalts (Sektion 7)

Alle 20 000 km oder spätestens nach 12 Monaten

Neben den oben aufgelisteten Punkten müssen die folgenden durchgeführt werden:

☐ Kontrolle des Benzinschlauch-Filters (Vergasermodelle) (Sektion 8)
☐ Kontrolle des Zustands und der Spannung des Antriebsriemen für Nebenaggregate (Sektion 9)
☐ Schmieren des Zündverteiler-Filzkissens (B 28-E-Motoren) (Sektion 10)
☐ Kontrolle der Zündverteilerkappe, des Verteilerfingers und der Zündkabel (Sektion 10)
☐ Kontrolle der Turbolader-Ladedruckschalter (falls vorhanden) (Sektion 11)
☐ Sorgfältige Untersuchung des Motors auf Undichtigkeiten (Sektion 12)
☐ Kontrolle der Handbremsen-Einstellung (Sektion 13)
☐ Kontrolle der Vorderradlager-Einstellung (Sektion 14)
☐ Kontrolle der Lenkung und der Radaufhängungen (Sektion 15)
☐ Kontrolle der Kupplungshydraulik-Komponenten (falls vorhanden) (Sektion 16)
☐ Kontrolle und Einstellung des Kupplungszuges (falls vorhanden) (Sektion 16)
☐ Kontrolle des Schaltgetriebe-Ölpegels (Sektion 17)
☐ Kontrolle des Unterbodens und der Bremsleitungen (Sektion 18)
☐ Kontrolle der Kraftstoffleitungen (Sektion 18)
☐ Kontrolle der Kardanwelle, des Mittellagers und des Kreuzgelenks (Sektion 19)
☐ Kontrolle der Auspuffanlage (Sektion 20)
☐ Kontrolle des Hinterachsdifferenzial-Ölpegels (Sektion 21)
☐ Kontrolle der Sicherheitsgurte (Sektion 22)
☐ Schmieren aller Schlösser und Scharniere (Sektion 23)
☐ Kontrolle des Unterbodenschutzes und des Lacks (Sektion 24
☐ Funktionskontrolle des Kickdown-Seilzugs (Automatikmodelle) (Sektion 25)
☐ Kontrolle der Automatikwählhebel-Einstellung (Sektion 25)
☐ Straßenversuch (Sektion 26)
☐ Funktionsprüfung des Bremskraftverstärkers (Sektion 26)
☐ Kontrolle des Automatikgetriebe-Ölpegels (Sektion 27)

Alle 40 000 km oder spätestens nach 2 Jahren

Neben den oben aufgelisteten Punkten müssen die folgenden durchgeführt werden:

☐ Wechsel des Automatikgetriebe-Öls (Sektion 28)
☐ Ersetzen des Kraftstofffilters (Sektion 29)
☐ Ersetzen des Luftfilterelements (Sektion 30)
☐ Kontrolle der Schadstoffregelungs-Komponenten (Sektion 31)
☐ Kontrolle und ggf. Einstellung des Ventilspiels (Sektion 32)
☐ Kompressionsprüfung (Sektion 33)
☐ Austausch des Kühlmittels (Sektion 34)
☐ Austausch der Bremsflüssigkeit (Sektion 35)

Alle 80 000 km oder spätestens nach 4 Jahren

Neben den oben aufgelisteten Punkten müssen die folgenden durchgeführt werden:

☐ Wechsel des Steuerriemens (Vierzylindermotoren) (Sektion 36)

Lage der Baugruppen

Motorraum Volvo 760 GLE

1 Batterie
2 Zündbox
3 Zündspule
4 Klimaanlagen-Kompressor
5 Motoröl-Peilstab
6 Federbein-Dom
7 Typenschild
8 Zündverstellungs-Unterdruckventil
9 Bremsflüssigkeitsbehälter (bei Linkslenkern auf der anderen Seite)
10 Bremskraftverstärker (bei Linkslenkern auf der anderen Seite)
11 Motoröl-Einfülldeckel
12 Luft-Steuerventil
13 Kraftstoffverteiler
14 Automatikgetriebe-Peilstab
15 Unterdruckpumpe
16 Klimaanlagen-Kessel/Luftentfeuchter
17 Kraftstofffilter
18 Kühlmittel-Ausgleichsbehälter
19 Luftfilter
20 Wischwasser-Einfülldeckel
21 Motorhauben-Arretierung
22 Kühler
23 Servolenkungs-Hydraulikbehälter
24 Linker Ventildeckel
25 Motor-Einlassstutzen
26 Luftansaugstutzen
27 Kompressor-Riemen
28 Oberer Kühlerschlauch
29 Gaszug

Motorraum Volvo 760 Turbo

1 Wischwasser-Einfülldeckel
2 Luftfilter
3 Luftmengenmesser
4 Kühlmittel-Ausgleichsbehälter
5 Federbein-Dom
6 Typenschild
7 Brems-/Kupplungsflüssigkeitsbehälter (bei Linkslenkern auf der anderen Seite)
8 Bremskraftverstärker (bei Linkslenkern auf der anderen Seite)
9 Turbolader
10 Turbolader-Luftauslass
11 Bypassventil
12 Bypassventil-Schlauch
13 Motoröl-Einfülldeckel
14 Zündkabel
15 Kupplungs-Geberzylinder
16 Zusatzluftschieber
17 Unterdruck-Verzögerungsventil
18 Motoröl-Peilstab
19 Gasgestänge
20 Klimaanlagen-Kessel/Luftentfeuchter
21 Zündspule
23 Servolenkungspumpe und Hydraulikbehälter
24 Zündverteiler
25 Oberer Kühlerschlauch
26 Batterie
27 Motorhauben-Arretierung
28 Ladeluftkühler
29 Kühler

Motorraum Volvo 760 GLE (1989)

1 *Batterie*
2 *ABS-Hydraulikmodulator*
3 *Ausdehnungsbehälter*
4 *Federbein-Dom*
5 *Motorhauben-Abstützung*
6 *Bremsflüssigkeitsbehälter (bei Linkslenkern auf der anderen Seite)*
7 *Motoröl-Einfülldeckel*
8 *Klimaanlagen-Kompressor*
9 *Thermostatgehäuse*
10 *Kraftstoffdruckregler*
11 *Gaszugbetätigung*
12 *Kraftstoff-Druckrohre*
13 *Luft-Steuerventil*
14 *Unterdruck-Rückschlagventil*
15 *Getriebeöl-Peilstab*
16 *Klimaanlagen-Kessel/Luftentfeuchter*
17 *Kraftstoff-Rücklaufleitung*
18 *Zündspule*
19 *Luftmengenmesser*
20 *Elektrische Steckverbinder*
21 *Luftfilter*
22 *Wischwasser-Einfülldeckel*
23 *Oberer Kühlerschlauch*
24 *Zündverteilerkappe*
25 *Motoröl-Peilstab*
26 *Typenschild*
27 *Fahrgestellnummer*

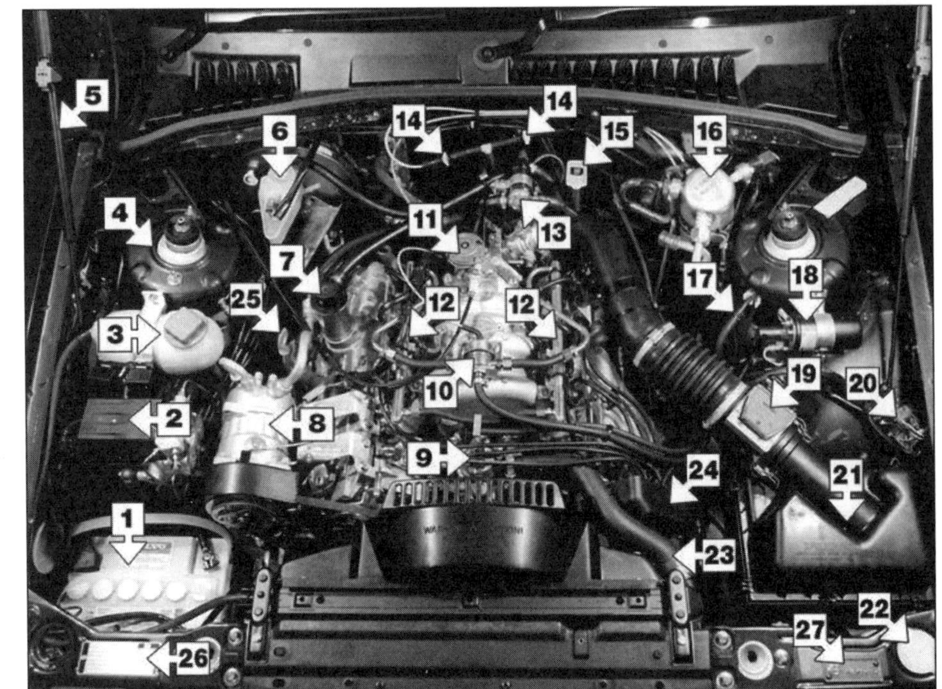

Unterseite Volvo 760 Turbo – Frontbereich

1 *Hupe*
2 *Kältemittel-Leitung (Klimaanlage)*
3 *Ölkühlerschläuche*
4 *Unterdrucktank*
5 *Querstabilisator*
6 *Lenkgestänge-Faltenbalg*
7 *Spurstange*
8 *Querlenker*
9 *Querlenker-Strebe*
10 *Bremssattel*
11 *Motoröl-Ablassschraube*
12 *Strebe*
13 *Kupplungs-Ausrückzylinder*
14 *Getriebeöl-Einfüll/Kontrollstopfen*
15 *Getriebeöl-Ablassschraube*
16 *Getriebehalterung*
17 *Overdrive-Magnetschalter*
18 *Overdrive*
19 *Ruckdämpfer*
20 *Kardanwellenflansch*
21 *Auspuffrohr*
22 *Lenksäulen-Zwischenstück (bei Linkslenkern auf der anderen Seite)*
23 *Servolenkungs-Hydraulikanschlüsse (bei Linkslenkern auf der anderen Seite)*
24 *Wagenheber-Ansatzpunkt*
25 *Unterer Kühlerschlauch*

Unterseite Volvo 760 GLE – Frontbereich

1 *Hupe*
2 *Unterer Kühlerschlauch*
3 *Servolenkungspumpe*
4 *Querstabilisator*
5 *Lenkgestänge-Faltenbalg*
6 *Spurstange*
7 *Querlenker*
8 *Querlenker-Strebe*
9 *Bremssattel*
10 *Getriebeöl-Einfüll/ Kontrollstopfen*
11 *Getriebeöl-Ablassschraube*
12 *Auspuffrohr*
13 *Getriebeölkühler-Leitungen*
14 *Servolenkungs-Hydraulikanschlüsse (bei Linkslenkern auf der anderen Seite)*
15 *Wagenheber-Ansatzpunkt*
16 *Motoröl-Ablassschraube*
17 *Kältemittel-Leitung (Klimaanlage)*

Unterseite Volvo 760 Turbo – Heckbereich

1 *Schmutzabweiser*
2 *Kraftstofftank*
3 *Längslenker-Halterung*
4 *Hintere Wagenheberaufnahmen*
5 *Längslenker*
6 *Untere Stoßdämpferaufnahmen*
7 *Federsitze*
8 *Reserveradmulde*
9 *Querstabilisator*
10 *Panhardstab*
11 *Hinterachse mit Differenzial*
12 *Differenzial-Ablassschraube*
13 *Schubstrebe*
14 *Auspuffrohr*
15 *Schalldämpfer*
16 *Hilfsrahmen*
17 *Kardanwelle*
18 *Tankentlüftung*

Unterseite Volvo 760 GLE mit Einzelradaufhängung – Heckbereich

1 Untere Stoßdämpferaufnahmen
2 Längslenker
3 Vorschalldämpfer
4 Längslenker-Halterung
5 Kraftstofftank
6 Spannband
7 Kardanwelle
8 Ruckdämpfer
9 Differenzial
10 Unterer Hinterachseträger
11 Unterer Querlenker
12 Spurstange
13 Kofferraum-Ablaufbohrung
14 Endschalldämpfer
15 Antriebswelle

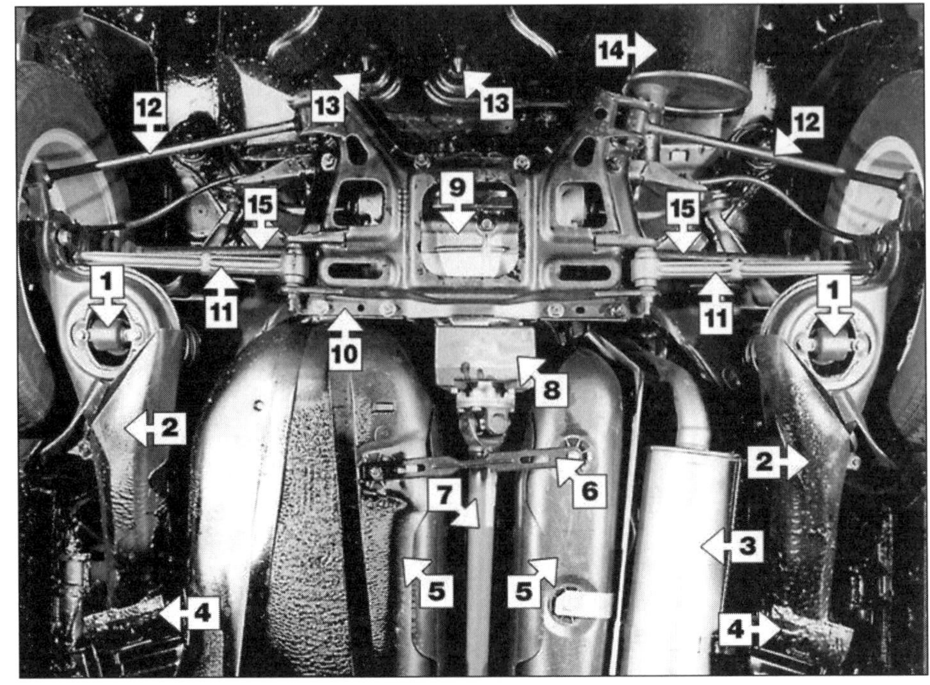

Wartungsprozedur

1 Einleitung

1 Dieses Kapitel soll dem Hobbyschrauber helfen, sein Fahrzeug in einem sicheren und technisch guten Zustand zu halten, sodass es immer voll leistungsfähig ist und eine lange Lebensdauer erreicht.
2 Dieses Kapitel beinhaltet einen Master-Wartungsplan und Sektionen, die sich im einzelnen mit jeder Aufgabe in diesem Plan beschäftigt; darin finden sich Sichtkontrollen, Einstellungen, der Austausch von Komponenten und andere hilfreiche Dinge. Das Auffinden der diversen Komponenten wird mithilfe der Motorraum- und Unterseiten-Bilder auf den vorherigen Seiten erleichtert.
3 Arbeiten am Fahrzeug entsprechend des Wartungsplans auf Seite 28 und den folgenden Sektionen bieten ein planmäßiges Wartungsprogramm, das zu einem lange und zuverlässig funktionierendem Fahrzeug führen sollte. Es handelt sich um einen sehr umfangreichen Plan – und das regelmäßige Warten einiger Komponenten, aber die Vernachlässigung anderer Baugruppen bringt nicht die gleichen Ergebnisse.
4 Während der Wartungsarbeiten wird auffallen, dass viele Prozeduren gemeinsam erledigt werden können – entweder wegen der speziellen Prozeduren oder der unmittelbaren Nähe zweier ansonsten nicht zusammenhängender Komponenten. Wird das Fahrzeug beispielsweise aus einem bestimmten Grund angehoben, kann neben einer Kontrolle der Lenkung und Radaufhängungen auch gleich eine Inspektion des Auspuffs durchgeführt werden.
5 Der erste Schritt dieses Wartungsprogramms ist, sich selbst vor der eigentlichen Arbeit korrekt vorzubereiten. Alle relevanten Sektionen müssen sorgfältig durchgelesen werden. Dann wird eine Liste erstellt und alle erforderlichen Teile und Werkzeuge beschafft. Falls ein Problem auftritt, muss Rat bei einem Ersatzteilhändler oder einer Fachwerkstatt gesucht werden.

2 Große Inspektion

1 Wenn das Fahrzeug von Beginn an entsprechend des Wartungsplans inspiziert wurde und entsprechend der Hinweise in diesem Handbuch regelmäßig Flüssigkeitspegel und Verschleißteile überprüft wurden, kann davon ausgegangen werden, dass sich der Motor in einem relativ guten Zustand befindet und kaum zusätzliche Arbeiten nötig sind.
2 Möglicherweise lief der Motor mangels regelmäßiger Wartung nicht korrekt. Dies kann bei Gebrauchtwagen, die nicht regelmäßig gewartet wurden, durchaus auftreten. In solchen Fällen können neben den üblichen Wartungsintervallen zusätzliche Arbeiten auftreten.
3 Bei Verdacht auf erhöhten Motorverschleiß kann ein Kompressionstest (siehe Kapitel 2A oder B, Sektion 2) wertvolle Informationen über die Gesamtperformance wichtiger Motorinnereien liefern. Solch ein Test kann als Grundlage genutzt werden, um zu entscheiden, wie umfangreich die Arbeit ausfallen wird. Falls ein Kompressionstest beispielsweise auf einen hochgradigen Verschleiß von Motorkomponenten hinweist, würde die in diesem Kapitel beschriebene konventionelle Wartung die Leistungsfähigkeit des Motors kaum verbessern und sich stattdessen als Zeit- und Geldverschwendung

erweisen, solange nicht zuvor umfangreiche Überholungen (siehe Kapitel 2C) stattgefunden haben.

4 Die folgenden Arbeitsabläufe sind oft nötig, um die Leistungsfähigkeit eines generell schlecht laufenden Motors zu verbessern:

Primär-Tätigkeiten

a) Reinigung, Kontrolle und Testen der Batterie (siehe »Wöchentliche Kontrollen«).

b) Kontrolle aller für den Motor wichtigen Betriebsflüssigkeiten (siehe »Wöchentliche Kontrollen«).

c) Kontrolle des Zustands und der Spannung des Nebenaggregate-Antriebsriemens (Sektion 9).

d) Kontrolle und Einstellung des Ventilspiels (Sektion 32).

e) Austausch der Zündkerzen (Sektion 6).

f) Kontrolle der Zündverteilerkappe, des Verteilerfingers und der Zündkabel (Sektion 10).

g) Kontrolle und ggf. Austausch des Luftfilterelements (Sektion 30).

h) Kontrolle des Kraftstofffilters (Sektion 8 und 29 – je nach Modell)

i) Kontrolle aller Schläuche auf Undichtigkeit (Sektion 12).

j) Kontrolle der Standgasdrehzahl und des Kraftstoffgemischs (Sektion 7).

5 Falls die oben beschriebenen Tätigkeiten nicht das gewünschte Ergebnis bringen, müssen die folgenden Arbeiten durchgeführt werden:

Sekundär-Tätigkeiten

a) Kontrolle des Batterieladesystems (siehe Kapitel 5A).

b) Kontrolle des Zündsystems (siehe Kapitel 5B).

c) Kontrolle des Kraftstoffsystems (siehe Kapitel 4).

d) Ersetzen der Zündverteilerkappe und des Verteilerfingers (Sektion 10).

e) Ersetzen der Zündkabel (Sektion 10).

Alle 10 000 km oder spätestens nach 6 Monaten

3 Motoröl und Ölfilter – Austausch

Anmerkung: *Zum Lösen der Motoröl-Ablassschraube bei V6-Motoren wird ein 8-mm-Vierkantschlüssel benötigt; er kann im Autozubehörhandel oder beim Volvo-Händler beschafft werden.*

1 Ein regelmäßiger Öl- und Filterwechsel ist die wichtigste präventive Wartungsarbeit, die ein Hobbyschrauber zum Erhalt seines Fahrzeugs erledigen kann. Motoröl wird mit der Zeit schlecht und verunreinigt, sodass vorzeitiger Motorverschleiß einsetzt.

2 Bevor mit dieser Prozedur begonnen wird, müssen alle erforderlichen Werkzeuge beschafft sein. Um Spritzer aufzuwischen werden Lappen oder Zeitungspapier benötigt. Motoröl sollte möglichst gewechselt werden, wenn der Motor nach einer Fahrt auf Betriebstemperatur ist; warmes Öl und Ölschlamm fließen so leichter ab. Bei Arbeiten unter dem Fahrzeug dürfen allerdings weder der Auspuff noch andere heiße Komponenten berührt werden. Um Verbrühungen vorzubeugen und sich selbst vor Hautreizungen und im Öl enthaltenen giftigen Stoffen zu schützen, sollten bei dieser Arbeit Handschuhe getragen werden. Der Zugang zur Unterseite des Autos wird deutlich besser, wenn es angehoben, auf Rampen gefahren oder mit Böcken abgestützt wird (siehe Seite 353). Bei allen Methoden muss sichergestellt sein, dass das Fahrzeug waagerecht steht, damit sämtliches Öl aus der Ablassbohrung fließen kann.

3 Stellen Sie einen geeigneten Sammelbehälter unter die Ablassschraube und lösen Sie diese – während der letzten Umdrehungen sollte sie von Hand gegen die Ölwanne gedrückt werden (siehe Abbildung).

> ***Praxis-Tipp*** *Sobald die Ablassschraube frei ist, muss sie rasch entfernt werden, damit das austretende Öl in den Behälter fließt – und nicht auf den Ärmel.*

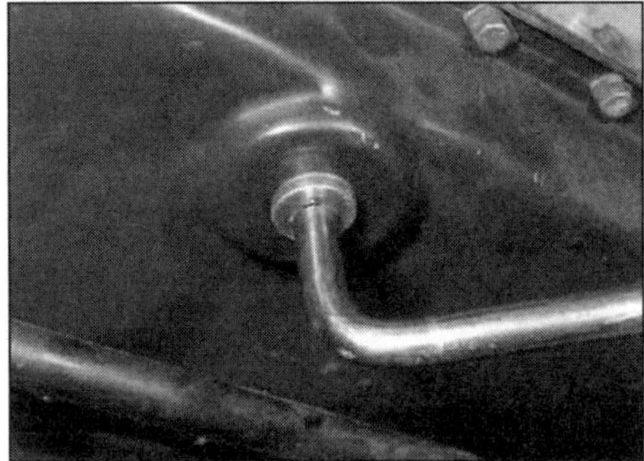

3.3 Lösen Sie die Ölwannen-Ablassschraube.

4 Lassen Sie das Öl in den Behälter ablaufen und kontrollieren Sie den Dichtring der Ablassschraube; falls er beschädigt oder stark gequetscht ist, muss er ersetzt werden.

5 Geben Sie dem Öl genug Zeit zum Ablaufen – nötigenfalls muss der Behälter umgesetzt werden, wenn es nur noch tröpfelt. Wenn das Öl vollständig abgelassen ist, wird die Ablassschraube und ihr Gewinde in der Ölwanne gesäubert und die mit der – ggf. neuen – Dichtung ausgerüstete Schraube sorgfältig angezogen.

6 Bei Vierzylindermotoren sitzt der Ölfilter rechts unterhalb des Zylinderblocks; bei Turbo-Modellen ist der Zugang etwas beengt. Bei V6-Motoren sitzt der Ölfilter unterhalb des linken Zylinderblocks und ist relativ leicht zugänglich.

7 Stellen Sie den Auffangbehälter jetzt unter den Ölfilter und lösen Sie diesen mithilfe eines Ölfilterschlüssels. Drehen Sie den Filter von Hand ab – seien Sie dabei auf austretendes Öl vorbereitet (siehe Abbildung). Das im Filter befindliche Öl wird in den Auffangbehälter gegossen.

3.7 Entfernen Sie den Ölfilter.

8 Wischen Sie die Ölfilter-Dichtfläche am Motorblock mit einem Lappen sauber (die Gummidichtung des alten Filters darf nicht dort kleben geblieben sein).

9 Benetzen Sie den Gummi-Dichtring des neuen Filters mit sauberem Motoröl und füllen Sie die Filter-Patrone mit etwas frischem Öl auf. Schrauben Sie den Filter dann auf seinen Stutzen – nur so fest, wie dies von Hand möglich ist.

10 Entfernen Sie den Sammelbehälter und sämtliches unter dem Fahrzeug liegendes Werkzeug und senken Sie den Wagen ab.

11 Ziehen Sie den Peilstab aus dem Motor und entfernen Sie den Öleinfülldeckel. Füllen Sie etwa die Hälfte des vorgeschriebenen Motoröls ein (siehe »Wöchentliche Kontrollen«). Warten Sie ein paar Minuten, damit das Öl in die Ölwanne sickern kann. Füllen Sie dann Öl in kleinen Mengen nach, bis der Pegel an der unteren Markierung des Peilstabs erreicht ist. Bis zur oberen Markierung muss jetzt noch etwa ein Liter nachgefüllt werden. Installieren Sie den Einfülldeckel.

12 Starten Sie den Motor. Die Öldruck-Warnlampe wird noch einige Sekunden leuchten, bis der Ölfilter gefüllt ist. Die Drehzahl darf in diesem Zeitraum nicht erhöht werden. Lassen Sie den Motor einige Minuten laufen und kontrollieren Sie die Bereiche um den Ölfilter und die Ablassschraube auf Undichtigkeiten.

13 Schalten Sie den Motor ab und warten Sie einige Minuten, damit sich das Öl wieder in der Ölwanne gesammelt hat. Kontrollieren Sie erneut den Pegel und füllen Sie nötigenfalls etwas Öl nach.

14 Das alte Motoröl kann nicht mehr verwendet werden und muss in einen auslaufsicheren Behälter gefüllt werden. Jeder Händler, der technische Öle verkauft, ist auch dazu verpflichtet, entsprechende Mengen Altöl zurückzunehmen und zur fachgerechten Entsorgung oder zum Recycling zu bringen. Lassen Sie nie Altöl in die Kanalisation gelangen oder im Boden versickern!

4 Bremsbeläge – Verschleißkontrolle

1 Heben Sie das Fahrzeug nacheinander vorne und hinten an und stützen Sie es sicher ab (siehe Seite 353).

2 Zur Verbesserung des Zugangs zu den Bremssätteln sollten die Räder demontiert werden.

3 Beim Blick durch die Inspektionsöffnung des Sattels kann festgestellt werden, ob das Belagmaterial der Bremsbeläge dicker als die in den technischen Daten angegebenen Verschleißgrenzen ist. Falls einer der Beläge nahe oder unter der Verschleißgrenze liegt, müssen alle vier Bremsbeläge der entsprechenden Achse (also vorne oder hinten) als Set ausgetauscht werden.

4 Für eine umfangreiche Kontrolle müssen die Bremsbeläge ausgebaut und gereinigt werden. Die Funktion des Bremssattels kann dann ebenfalls kontrolliert werden, zudem kann die Bremsscheibe begutachtet werden. Details hierzu finden sich in Kapitel 9.

5 Kühlflüssigkeit – Kontrolle des Frostschutzgehalts

1 Das Kühlsystem muss das ganze Jahr mit einem Gemisch aus gleichen Teilen weichem Wasser und Frostschutzmittel auf Ethylen-Glykol-Basis befüllt sein. Der Frostschutzgehalt muss dabei stets ausreichen, um das Kühlmittel bis -25 °C flüssig zu halten. Frostschutzmittel schützt auch vor Korrosion und hebt den Siedepunkt an.

2 Der Frostschutzgehalt kann mithilfe eines im Zubehörhandel erhältlichen Hydrometers ermittelt werden – beachten Sie dabei die Hinweise des Herstellers. Falls dabei herauskommt, dass der Frostschutzgehalt deutlich zu niedrig ist, muss das Kühlsystem entleert, gespült und mit einem frischem Wasser-Frostschutz-Gemisch befüllt werden. Wenn der Frostschutzgehalt in Ordnung ist, kann nötigenfalls Gemisch aufgefüllt werden.

3 Vor dem Auffüllen des Kühlmittel müssen alle Schläuche und ihre Anschlüsse überprüft werden. Frostschutzmittel neigt dazu, durch kleinste Öffnungen zu kriechen. Kühlmittel wird normalerweise nicht vom Motor »verbraucht«, sodass bei einem stetig sinkenden Pegel die Ursache gefunden werden muss.

4 Mischen Sie das benötigte Gemisch in einem sauberen Behälter und füllen Sie entweder den Ausgleichsbehälter bis zum korrekten Pegel (siehe »Wöchentliche Kontrollen«) oder das gesamte Kühlsystem auf (siehe Sektion 34) auf.

6 Zündkerzen – Ersetzen

Anmerkung: *Dieses Austausch-Intervall wird von Volvo empfohlen. Moderne Zündkerzen erlauben normalerweise deutlich längere Intervalle. Erkundigen Sie sich hierzu nötigenfalls bei einer Volvo-Werkstatt.*

1 Damit ein Motor rund, leistungsfähig und wirtschaftlich läuft, müssen die Zündkerzen mit maximaler Effizienz funktionieren. Der wichtigste Faktor hierfür ist, dass die von Volvo empfohlenen Zündkerzen installiert sind (siehe technische Daten). Befindet sich der Motor in einem guten Zustand und sind die korrekten Zündkerzen installiert, sollten diese zwischen den Wechselintervallen keine Aufmerksamkeit verlangen. Zündkerzen müssen – besonders bei Modellen mit Einspritzung – nur selten gereinigt werden. Solange nicht die nötigen Hilfsmittel zur Hand sind, sollten Reinigungsversuche auch unterbleiben, damit die Elektroden nicht beschädigt werden.

2 Der Austausch von Zündkerzen erfordert einen geeigneten Schlüssel samt Verlängerung und Knarre – möglichst auch einen Drehmomentschlüssel. Ein Zündkerzenschlüssel ist innen mit einem Gummiring ausgerüstet, damit der aus Porzellan bestehende Isolator nicht beschädigt wird und die Kerze aus ihrem Sitz im Zylinderkopf herausgehoben werden kann. Zur Ermittlung des Elektrodenabstands wird eine Drahtlehre benötigt (siehe Abbildung). Zum Säubern der Zündkerzenkanäle sollte Druckluft verwendet werden.

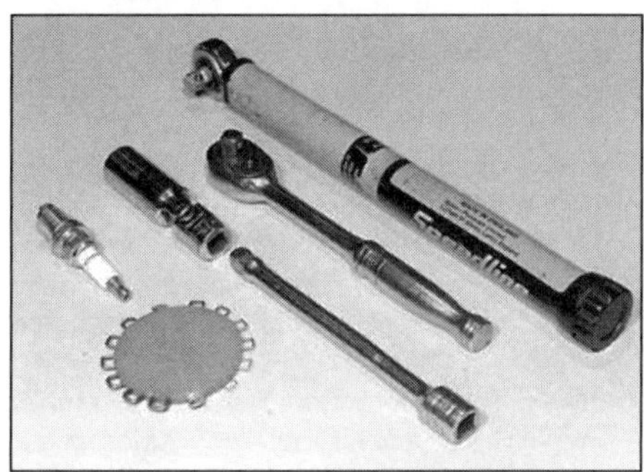

6.2 Für den Austausch und das Einstellen der Zündkerzen erforderliche Werkzeuge

3 Zum Austausch der Zündkerzen muss die Motorhaube geöffnet und der Luftfilter sowie ggf. andere Teile entfernt werden, die den Zugang behindern. Merken Sie sich die Verlegung und Sicherung der Zündkabel – bei manchen Motoren sind sie entlang des Ventildeckels verlegt. Um Zündkabel nicht zu vertauschen, ist es ratsam, zur Zeit immer nur an einer Zündkerze zu arbeiten. Bei B 234 F-Motoren sitzen die Zündkerzen und ihre Zündkabel unterhalb einer zentral auf dem Zylinderkopf montierten Abdeckung. Blasen Sie die Kerzenkanäle möglichst mit Druckluft aus, damit nach dem Ausbau der Zündkerzen kein Schmutz in den Motor fällt.

4 Falls alle Zündkerzen gleichzeitig ausgebaut werden sollen und die Zündkabel sind nicht markiert, sollten sie entsprechend der Zylinder markiert werden.

5 Ziehen Sie den Kerzenstecker von der Zündkerze – an der Gummikappe und nicht am Zündkabel, da dies dabei abreißen kann (siehe Abbildung).

6 Schrauben Sie die Zündkerze heraus – der Schlüssel muss dabei senkrecht aufgesetzt werden, andernfalls kann bei einem kraftvollen Einsatz der Isolator abbrechen. Falls sich eine Zündkerze nur sehr schwierig herausdrehen lässt, müssen anschließend die Gewindegänge und Dichtflächen im Zylinderkopf genau auf Schäden und übermäßige Korrosion untersucht werden. Eine Werkstatt kann Ratschläge geben, wie ein Zylinderkopf am besten repariert werden kann.

7 Begutachten Sie die Zündkerzen.

Hellbraune oder grau-braune Ablagerungen weisen darauf hin, dass das Gemisch korrekt ist und der Motor sich in einem guten Zustand befindet.

6.5 Ziehen Sie den Kerzenstecker von der Zündkerze.

Praxis-Tipp

Zündkerzen können für viele Symptome verantwortlich sein: Schlechtes Anspringen, ungleichmäßiges Standgas, Fehlzündungen, hoher Verbrauch, mangelnde Leistung, usw. Ein Kerzenwechsel bewirkt hier oft Wunder.

8 Falls die in den Brennraum ragende Isolatorspitze weiß und ohne Ablagerungen ist, kann dies an einem zu mageren Gemisch liegen. Möglicherweise zieht der Motor Nebenluft und magert dadurch ab – mögliche Folgen sind zu heiße Verbrennungen bis hin zu in den Kolbenboden gebrannten Löchern.

9 Angebrannte schwarze Ablagerungen weisen auf ein zu fettes Gemisch hin – möglicherweise aufgrund eines zugesetzten Luftfilters. Ölig schwarze Ablagerungen weisen darauf hin, dass der Motor Öl verbrennt und überholt werden muss.

10 Der Elektrodenabstand bestimmt die Länge des Zündfunkens, die wiederum für eine korrekte Verbrennung sehr wichtig ist. Für einen optimalen Zündfunken muss der Abstand zwischen der Mittelelektrode und dem Masseelektroden-Bügel 0,8 mm betragen.

11 Messen Sie den Abstand mithilfe einer Drahtlehre und verbiegen Sie dann ggf. vorsichtig die Masseelektrode, um den korrekten Wert zu erhalten (siehe Abbildungen). Niemals darf die Mittelelektrode verbogen werden – hierbei würde der Isolator brechen und schlimmstenfalls im laufenden Betrieb in den Brennraum fallen. Das Ende der Masseelektrode muss exakt über der Mittelelektrode liegen – nötigenfalls muss es dort hin gebogen werden.

6.11a Messen Sie den Elektrodenabstand mit einer Drahtlehre . . .

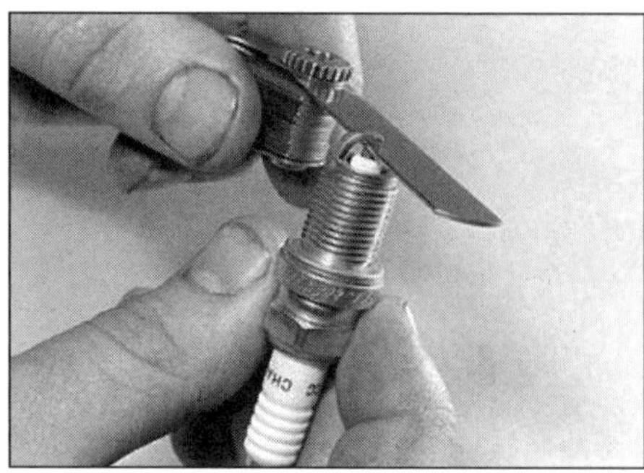

6.11b . . . oder nötigenfalls mit einer Fühlerlehre.

12 Vor dem Einbau der Zündkerze muss ggf. geprüft werden, ob die Hülse fest auf die Gewindespitze geschraubt ist. Die Zündkerze und ihr Gewinde muss sauber sein.

13 Das Gewinde und die Dichtfläche im Zylinderkopf müssen absolut sauber sein – umwickeln Sie einen Pinsel mit einem Lappen, um die Dichtfläche zu reinigen. Versehen Sie das Zündkerzengewinde zum Schutz vor Korrosion dünn mit Kupferpaste und drehen Sie die Kerze möglichst weit per Hand in den Motor – so wird verhindert, dass die Zündkerze verkantet.

14 Sobald die Zündkerze handfest eingeschraubt ist, wird sie mithilfe des Drehmomentschlüssels mit dem korrekten Wert (siehe Technische Daten) angezogen.

15 Stecken Sie den korrekten Kerzenstecker auf die Zündkerze, bis er einrastet.

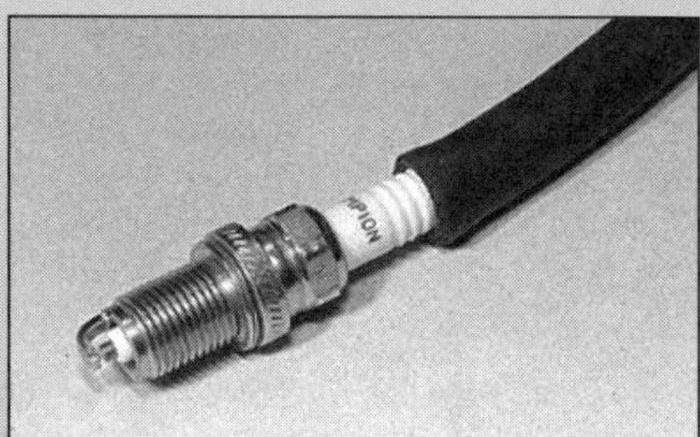

Zündkerzen lassen sich oft nur schwierig in den Motor schrauben. Damit sie auch in tiefere Kanäle von Hand geschraubt werden können (sodass sie nicht verkanten), wird ein Schlauch aufgeschoben, der flexibel genug ist, die Kerze senkrecht zu ihrem Gewinde aufzusetzen. Sollte die Zündkerze beim Einschrauben verkanten, wird der Schlauch überrutschen, und es muss ein neuer Versuch gestartet werden.

7 Standgasdrehzahl und CO-Prüfung

1 Erfahrene Hobbyschrauber mit etwas Geschick und einer geeigneten Ausrüstung (einschließlich eines Drehzahlmessers und eines akkurat kalibrierten Abgas-Analysegeräts) können den CO-Gehalt des Abgases und die Standgasdrehzahl ihres Fahrzeugs selbst ermitteln. In der Praxis müssen diese Systeme nur selten eingestellt werden und weichen nur aufgrund mangelhafter Wartung bei anderen zum Kraftstoffsystem gehörenden Baugruppen von den Vorgaben ab.

2 Falls der Verdacht besteht, dass der CO-Gehalt und die Standgasdrehzahl eingestellt werden müssen, muss das Fahrzeug normalerweise von einer Fachwerkstatt untersucht werden. Wer die benötigte Ausrüstung samt Erfahrung hat, kann die Einstellungen wie folgt vornehmen:

3 Zunächst muss sichergestellt sein, dass das Ventilspiel des Motors korrekt ist, dass alle Schläuche der Motorentlüftung verbunden sind, und dass sich das Luftfilterelement und alle Zündungs-Bauteile in einem guten Zustand befinden. Die Klimaanlage und alle größeren Stromverbraucher müssen abgeschaltet sein. Der Gaszug muss korrekt eingestellt sein (siehe Kapitel 4).

4 Nachdem der Motor auf Betriebstemperatur gebracht ist, werden der Drehzahlmessers und das Abgas-Analysegerät entsprechend der beigefügten Anleitungen angeschlossen. Lassen Sie den Motor im Standgas laufen.

5 Die meisten B 28 E- sowie alle B 230 ET- und B 234 F-Motoren sind mit einem Standgasdrehzahl-Überwachungssystem ausgerüstet. Bei B 28 E- und B 230 ET-Motoren wird dieses System durch das Erden der schwarzen und weißen Prüfkabel nahe des rechten Stoßdämpferdoms deaktiviert (siehe Abbildung). Das Standgas sinkt dann auf einen niedrigeren Wert als üblich ab. Für B 234 F-Motoren muss die Anmerkung vor Schritt 13 beachtet werden.

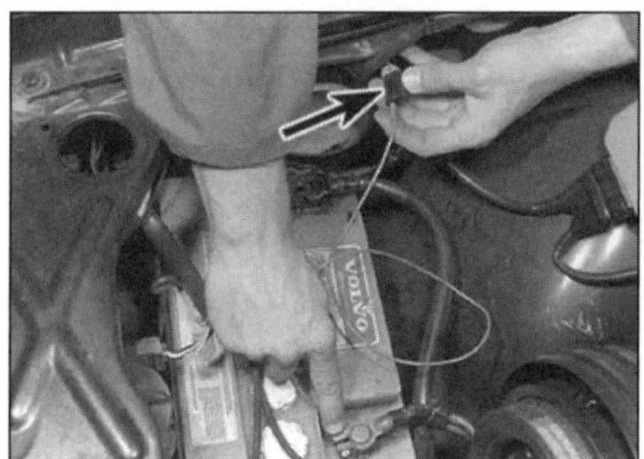

7.5 Verbinden Sie das Standgasdrehzahl-Überwachungssystem mit Masse.

Vergasermodelle

6 Die Standgasdrehzahl kann nötigenfalls durch Drehen an der Standgas-Einstellschraube (Modelle ohne Klimaanlage) bzw. an der Standgas-Kompensationsvorrichtung (Modelle ohne Klimaanlage) verändert werden (siehe Abbildung).

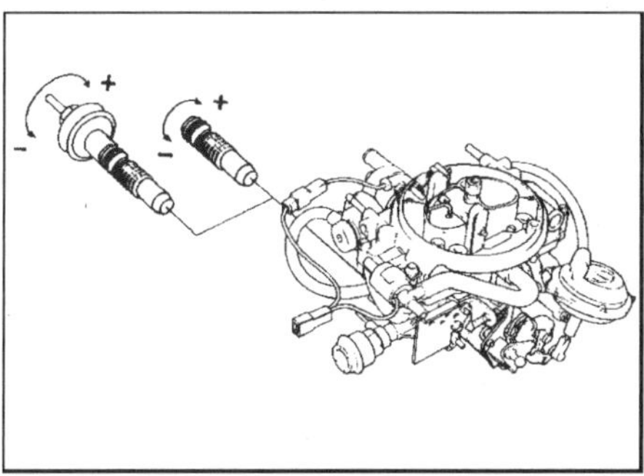

7.6 Standgasdrehzahl-Einstellschraube des Vergasers. Links ist eine Ausgleichsvorrichtung bei Modellen mit Klimaanlage zu sehen.

7 Bei mit einem Sekundärluft-Ansaugventil ausgerüsteten Modellen muss dies bei der Kontrolle oder der Einstellung des CO-Werts blockiert werden, da ansonsten falsche Messwerte entstehen. Dies geschieht am einfachsten durch Abklemmen des zwischen dem Luftfilter und den Rückschlagventilen verlaufenden Schlauchs.

8 Lesen Sie den CO-Wert ab und stellen Sie ihn nötigenfalls durch Drehen der Standgasgemischschraube ein – diese kann ggf. unter einem Manipulationsschutz-Stopfen sitzen (siehe Abbildung).

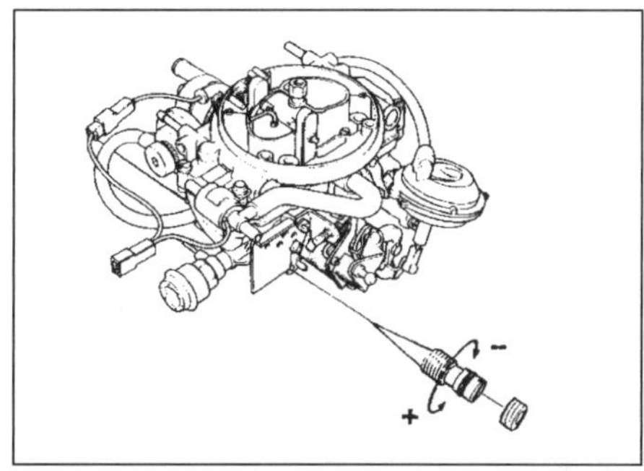

7.8 Standgasgemisch-Schraube des Vergasers – hier mit Manipulationsschutz-Stopfen.

9 Stellen Sie nötigenfalls erneut die Standgasdrehzahl ein.

Einspritzmodelle ohne Turbolader

Kontinuierliche Benzineinspritzung (K-Jetronic) und Motronic-Systeme

10 Stellen Sie die Standgasdrehzahl mithilfe der Einstellschraube am Einlassstutzen ein (siehe Abbildung) (Bei B 28 E-Modellen dürfen die beiden anderen Schrauben nicht berührt werden).

7.10 Standgasdrehzahl-Einstellung bei Modellen mit kontinuierlicher Benzineinspritzung und Motronic-System. Bei B 28 E-Modellen dürfen die beiden anderen Schrauben nicht berührt werden.

11 Lesen Sie den CO-Wert ab und stellen Sie ihn nötigenfalls durch Drehen der Standgasgemischschraube neben dem Kraftstoffverteiler ein (siehe Abbildung) – hierzu wird ein langer Inbusschlüssel benötigt. Nach jeder Einstellung wird der Schlüssel entfernt, kurz die Motordrehzahl erhöht und gewartet, bis sich der CO-Wert stabilisiert hat; dann kann ggf. nachjustiert werden.

12 Stellen Sie nötigenfalls erneut die Standgasdrehzahl ein.

LH-Jetronic-Systeme

Anmerkung: *Bei den in B 234 F-Motoren installierten LH-Jetronic-Systemen werden die Standgasdrehzahl und der*

CO-Wert anhand der gesammelten Daten über die bisherigen Fahrzustände adaptiv überwacht, sodass keine manuelle Einstellung möglich ist (außer für die Standgasdrehzahl im Not-Modus. Falls weder die Standgasdrehzahl noch der CO-Wert korrekt ist, wird dies wahrscheinlich an einer defekten Baugruppe liegen, sodass das Diagnosegerät auf Fehlercodes überprüft werden muss (siehe Kapitel 4B). Falls es sich um ein das Abgas betreffende Problem handelt, wird im Cockpit eine Warnlampe aufleuchten. Falls das Steuergerät unkorrekte Signale empfängt, kann es unter Umständen in einen Not-Modus umschalten, sodass die Standgasdrehzahl mit der Standgas-Einstellschraube justiert werden kann; diese Standgasdrehzahl ist mit 500/min deutlich niedriger als üblich. Nötigenfalls kann von Hand in den Not-Modus gewechselt werden, indem ein Überbrückungskabel mit den Kontakten 1 und 2 des Drosselklappen-Steckers verbunden wird.

7.11 Standgasgemisch-Einstellung mithilfe eines langen Inbusschlüssels bei Modellen mit kontinuierlicher Benzineinspritzung und Motronic-System.

13 Für die Kontrolle des CO-Werts muss der Öleinfülldeckel entfernt werden.

14 Nachdem der unter dem Kühlmittel-Ausgleichsbehälter versteckte Luft-Steuerventil-Diagnosestecker gefunden ist (ein kleiner Zweistift-Stecker), wird das Ventil übergangsweise deaktiviert, indem das rote und das weiße Kabel mit dem Masseanschluss der Batterie verbunden wird (siehe Abbildung).

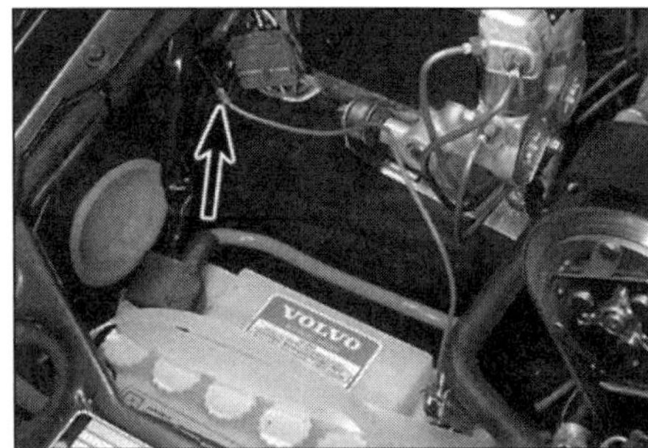

7.14 Der mit dem Minuspol der Batterie verbundene Luft-Steuerventil-Diagnosestecker – LH-Jetronic-Systeme

15 Die Basis-Standgasdrehzahl muss jetzt bei 700/min liegen. Einstellungen erfolgen nötigenfalls durch Drehen der Rändelschraube am Drosselklappengehäuse (siehe Abbildung).

16 Nachdem das Massekabel vom Diagnosestecker getrennt ist, muss die Standgasdrehzahl wieder auf den normalen Wert ansteigen und konstant bleiben. Schwankungen können durch Undichtigkeiten am Drosselklappengehäuse oder am Luft-Steuerventil entstehen.

7.15 Standgasdrehzahl-Einstellschraube – LH-Jetronic-Systeme

17 Lesen Sie den CO-Wert ab. Einstellungen dürfen nur unternommen werden, wenn der Wert außerhalb der Vorgaben für die Messwerte liegt (STD). Die Einstellschraube sitzt unterhalb eines Manipulationsschutz-Stopfens neben dem Mehrfachstecker im Luftmengenmesser (siehe Abbildung).

Anmerkung: *Bei LH2.4-Jetronic ist keine Einstellung möglich und daher auch keine Einstellschraube zu finden. In den Stopfen können zwei kleine Löcher gebohrt werden, um ihn mit einer Seegerringzange zu entfernen.*

7.17 Die Standgasgemisch-Einstellschraube sitzt unter einem Manipulationsschutz-Stopfen – LH-Jetronic-Systeme

18 Drehen Sie die CO-Einstellschraube im Uhrzeigersinn, um den CO-Wert zu erhöhen, und gegen den Uhrzeigersinn, um ihn zu verringern, bis der vorgegebene Wert angezeigt wird.

Einspritzmodelle mit Turbolader

19 Stellen Sie nötigenfalls die Standgasdrehzahl mithilfe der Rändelschraube am Drosselklappengehäuse ein (siehe Abbildung).

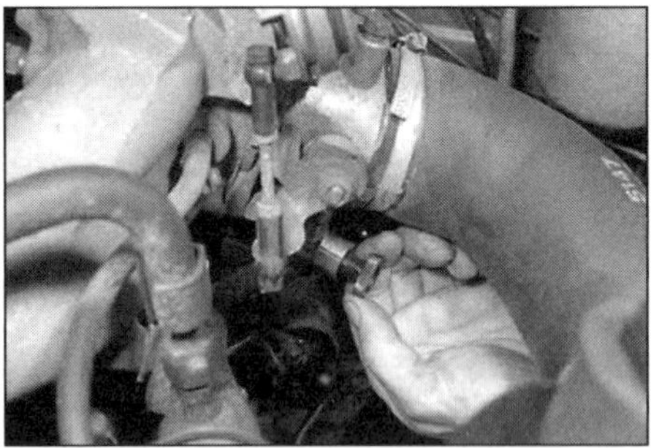

7.19 Standgasdrehzahl-Einstellung bei Turbo-Modellen

20 Lesen Sie den CO-Wert ab und stellen Sie ihn nötigenfalls durch Drehen der Einstellschraube am Luftmengenmesser ein (siehe Abbildung).

7.20 Standgasgemisch-Einstellung bei Turbo-Modellen

21 Stellen Sie nötigenfalls erneut die Standgasdrehzahl ein.

Alle Modelle

22 Falls der CO-Wert anfangs zu hoch ist, aber deutlich abfällt, sobald bei Vierzylindermotoren der Schlauch der Motorentlüftung vom Ölabscheider gezogen oder bei V6-Motoren der Öleinfülldeckel entfernt wird, weist dies darauf hin, dass mit Kraftstoffresten versetzter Ölnebel in die Ansaugluft gerät und die Messergebnisse beeinflusst. Wechseln Sie das Motoröl, bevor weitere Messungen durchgeführt werden.

23 Wenn die Standgasdrehzahl und das Kraftstoff/Luft-Gemisch in Ordnung sind, werden der Motor abgeschaltet und die Prüfausrüstung entfernt.

24 Bei mit einem Standgasdrehzahl-Überwachungssystem ausgerüsteten Modellen wird das Massekabel entfernt.

25 Installieren Sie ggf. alle entfernten Manipulationsschutz-Stopfen.

Alle 20 000 km oder spätestens nach 12 Monaten

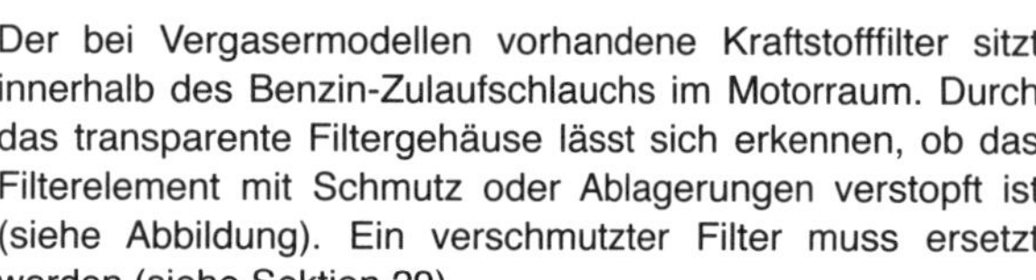

8 Benzinschlauch-Filter (Vergasermodelle) – Kontrolle

Der bei Vergasermodellen vorhandene Kraftstofffilter sitzt innerhalb des Benzin-Zulaufschlauchs im Motorraum. Durch das transparente Filtergehäuse lässt sich erkennen, ob das Filterelement mit Schmutz oder Ablagerungen verstopft ist (siehe Abbildung). Ein verschmutzter Filter muss ersetzt werden (siehe Sektion 29).

8.1 Der in der Benzinleitung sitzende Benzinfilter. Der Pfeil zeigt die Strömungsrichtung an.

9 Antriebsriemen für Nebenaggregate – Kontrolle und Ersetzen

1 Die von der Kurbelwelle angetriebenen Riemen treiben die Lichtmaschine, die Wasserpumpe, die Visco-Kupplung des Kühlerventilators, die Servolenkungspumpe und ggf. den Klimaanlagen-Kompressor an. Je nach Motor und Ausstattung kommen verschiedene Riemen-Anordnungen und Spannvorrichtungen zum Einsatz. Gezeigt ist eine repräsentative Auswahl (siehe Abbildung).

Kontrolle

2 Öffnen Sie bei abgeschaltetem Motor die Motorhaube und stützen Sie sie ab. Falls der Motor gerade lief, sollten Handschuhe getragen werden, damit man sich nicht die Hände an heißen Bauteilen verbrennt. Die Riemen sind vorne am Motor angeordnet.

3 Während der Motor mithilfe eines an der Kurbelwellenrad-Schraube angesetzten Schlüssels langsam durchgedreht wird, kann er auf der gesamten Länge auf Risse, abgetrenntes Gummi und abgerissene oder verschlissene Rippen untersucht werden. Auch ist der Riemen auf ausgefranstes Gewebe und Verglasung (glänzende Bereiche) zu überprüfen. Die Kontrolle muss auf beiden Seiten durchgeführt werden, sodass der Riemen verdreht werden muss. Wo keine Sicht besteht, muss der Zustand mit den Fingern erfühlt werden. Bei jedem Zweifel über den Zustand des Riemens sollte er ausgetauscht werden.

Ersetzen und Einstellen

4 Zum Austausch des hinteren Riemens muss auch der vordere demontiert werden.

5 Doppel-Riemen müssen immer paarweise ersetzt werden – auch wenn nur einer beschädigt ist.

Wasserpumpen/Lichtmaschinen-Riemen

6 Lockern Sie am Lichtmaschinen-Gelenk und an der Spannstrebe die Schrauben und Muttern (siehe Abbildung).

9.6 Lichtmaschinen-Spannstrebe – ohne Spannvorrichtung

7 Schwenken Sie die Lichtmaschine zum Motor, um den Riemen zu entspannen. Bei manchen Modellen findet sich eine

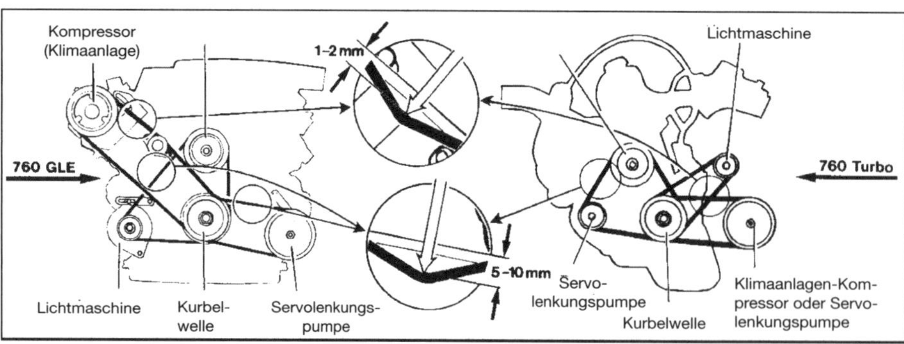

9.1 Typische Antriebsriemen-Arrangements

Spannvorrichtung: Lösen Sie die Spannerschraube, um die Lichtmaschine nach innen zu schwenken (siehe Abbildung).

9.7 Lichtmaschinen-Spannstrebe mit Spannvorrichtung und Einstellschraube (Pfeil)

8 Heben Sie den Riemen von den Riemenrädern und entfernen Sie ihn.
9 Nachdem der neue Riemen aufgelegt ist, wird die Lichtmaschine vom Motor weg geschwenkt, bis der Riemen mit festem Daumendruck in der Mitte des längsten Trums um 5–10 mm bewegt werden kann. Ziehen Sie die Gelenk- und Arretierschrauben und -Muttern in dieser Position an und prüfen Sie die Spannung erneut.
10 Bei Modellen mit Spannerschraube darf der Riemen nicht zu stark gespannt werden. Bei Modellen ohne eine solche Vorrichtung kann es hilfreich sein, die Lichtmaschine mit einem Hebel vom Motor weg zu drücken, um die gewünschte Spannung zu erreichen – nutzen Sie hierzu nur Hebel aus Holz oder Kunststoff und setzen Sie ihn nahe der Spannstreben-Verbindung an.

Servolenkungspumpen-Riemen

11 Der Prozess ähnelt dem Wasserpumpen/Lichtmaschinen-Riemen, beachten Sie dabei die Positionen der Gelenk- und Arretierungs-Schrauben und -Muttern (siehe Abbildungen). Bei V6-Motoren ist der Zugang von unten besser.

9.11a Servolenkungspumpen-Spannstrebe – Vierzylindermotoren

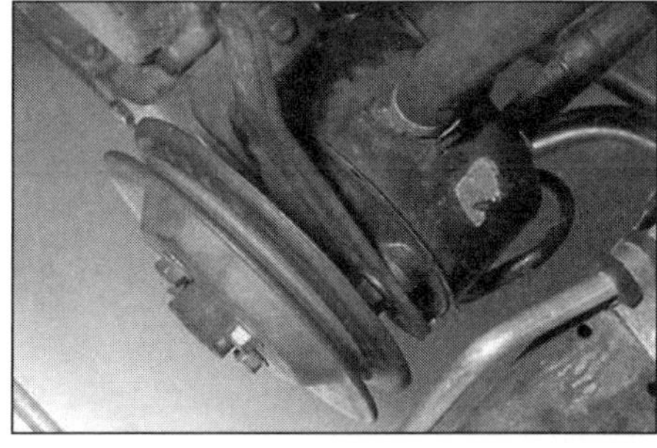

9.11b Servolenkungspumpen-Spannstrebe – V6-Motoren

Klimaanlagenkompressor-Riemen

12 Bei Modellen, wo die Kompressor-Befestigung ein Schwenken erlaubt, wird wie beim Wasserpumpen/Lichtmaschinen-Riemen vorgegangen – der Bewegungsspielraum darf hier allerdings nur 1–2 mm betragen.
13 Wo der Kompressor fest montiert ist, erfolgt die Einstellung der Riemenspannung durch unterschiedlich viele Distanzscheiben zwischen den Segmenten des Kurbelwellen-Riemenrades (siehe Abbildung).

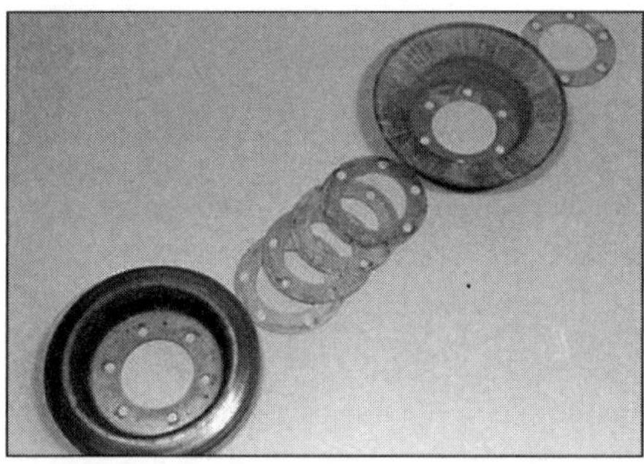

9.13 Segmente und Distanzscheiben des Kurbelwellen-Riemenrads

14 Um den Riemen zu entfernen, wird das Riemenrad von seiner Nabe geschraubt. Entnehmen Sie die Riemenrad-Segmente und die Distanzscheiben. Der Riemen kann jetzt abgenommen werden (siehe Abbildung).

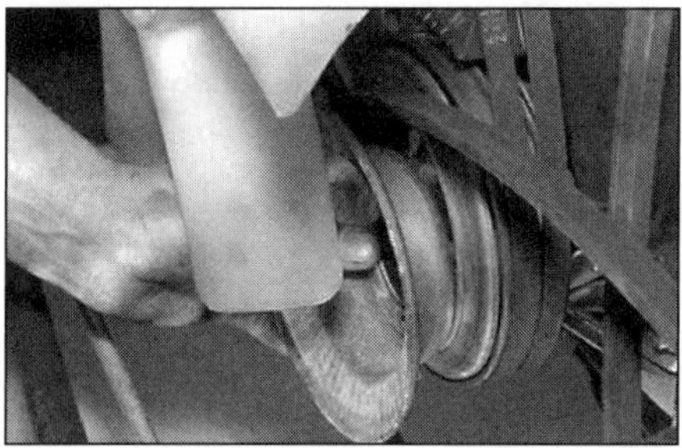

9.14 Ausbau des vorderen Riemenrad-Segments

15 Bei der Montage des neuen Riemens muss mit der Anzahl der Distanzscheiben zwischen den Segmenten experimentiert werden, bis die Spannung korrekt ist. Mehr Distanzscheiben verringern die Spannung und umgekehrt. Nicht benutzte Distanzscheiben können vorne am Riemenrad befestigt werden, um sie später zu nutzen.

Alle Antriebsriemen

16 Die Spannung eines neuen Riemens sollte nach einigen hundert Kilometern überprüft werden.

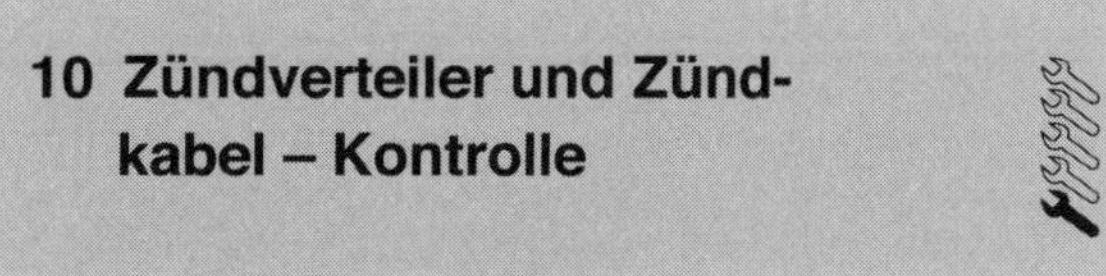

10 Zündverteiler und Zündkabel – Kontrolle

Warnung: Die in einer elektronischen Zündung entwickelte Spannung ist deutlich höher als bei konventionellen Zündanlagen. Besondere Vor-

sicht ist bei eingeschalteter Zündung geboten. Personen mit Herzschrittmachern sollten sich von Bauteilen und Testausrüstungen des Zündsystems fernhalten.

1 Um die Zündkabel – und damit die Zündfolge des Motors – nicht zu vertauschen, sollten sie nacheinander kontrolliert werden. Verschaffen Sie sich Zugang zu den Zündkabeln und trennen Sie sie wie in Sektion 6 beschrieben von den Zündkerzen.
2 Kontrollieren Sie den Innenbereich des Zündkerzensteckers auf Korrosion, die wie weißes verkrustetes Pulver aussieht. Entfernen Sie dies so gut wie möglich; bei extremer Korrosion sollte das Zündkabel samt Stecker ersetzt werden. Drücken Sie den Kerzenstecker wieder auf die Zündkerze, bis er einrastet. Falls der Stecker nicht fest sitzt, muss er abgenommen und sein Kontakt vorsichtig mit einer Zange zusammengedrückt werden, bis er auf der Zündkerze einrastet.
3 Wischen Sie mit einem Lappen Fett und Schmutz von den Zündkabeln und kontrollieren Sie sie auf verbrannte Stellen, Risse und andere Schäden. Ein Zündkabel darf nicht scharf geknickt werden, da hierbei die Ader brechen kann.
4 Nach Beendigung der Kontrolle muss sichergestellt sein, dass alle Zündkabel fest mit ihren korrekten Zündkerzen verbunden sind. Bei jeglichem Zweifel über den Zustand der Zündkabel und Kerzenstecker sollten sie als Set ausgetauscht werden. Ausfälle treten zumeist bei feuchtem Wetter auf, sodass der Wagen ggf. genau dann liegenbleibt, wenn es am unangenehmsten und gefährlichsten ist.

Praxis-Tipp

Falls neue Zündkabel installiert werden sollen, sollten sie nacheinander ausgetauscht werden, um Verwechslungen an den Anschlüssen zu vermeiden.

5 Entfernen Sie die Zündverteilerkappe (siehe Kapitel 5B) und reinigen Sie den Innenbereich mit einem trockenen und fusselfreien Lappen.
6 Begutachten Sie die Zündkabel-Kontakte innerhalb der Kappe. Kontrollieren Sie auch die Kohlebürste in der Mitte der Kappe – sie muss sich frei bewegen lassen und aus ihrem Halter herausragen. In der Kappe dürfen keine Risse oder schwarze Spuren festgestellt werden, die auf einen Austausch hinweisen.
7 Bei B 28 E-Motoren muss das unter dem Verteilerfinger liegende Filzkissen mit ein paar Tropfen Motoröl benetzt werden – der Filz darf aber nicht triefen.
8 Montieren Sie zum Schluss die Zündverteilerkappe (siehe Kapitel 5B).

11 Turbolader – Kontrolle der Ladedruck-Schalter

Die Funktionskontrolle der Druckschalter von Turbo-Modellen erfordert spezielle Messgeräte und eine Druckpumpe, sodass sie von einer Volvo-Werkstatt durchgeführt werden sollte.

12 Motorraum – Kontrolle auf Undichtigkeiten und Zustand aller Schläuche

Warnung: Der Ausbau von Klimaanlagen-Schläuchen muss einer Fachwerkstatt überlassen werden, die über eine Ausrüstung zum sicheren Druckabbau verfügt. NIEMALS dürfen Bauteile oder Schläuche der Klimaanlage demontiert werden, solange das System unter Druck steht!

Allgemeines

1 Die hohen Temperaturen im Motorraum können zusammen mit Öl- und Benzindämpfen dafür sorgen, dass die Gummi- und Kunststoffschläuche des Motors, der Nebenaggregate und des Abgassystems spröde und porös werden. Alle Schläuche und Anschlüsse müssen daher regelmäßig auf Risse, lockere Schellen, Verhärtungen und Undichtigkeit überprüft werden.
2 Alle Schläuche und Rohre des Kühlsystems müssen sorgfältig überprüft werden; auch die vom Motor zur Spritzwand verlaufenden Heizungsschläuche und Rohre dürfen nicht vergessen werden. Alle Schläuche müssen auf der gesamten Länge auf Risse, Beulen und andere Hinweise auf Alterung untersucht und ggf. ersetzt werden. Risse zeigen sich besser, wenn der Schlauch von Hand gequetscht wird.

Praxis-Tipp

Ein Leck im Kühlsystem zeigt sich normalerweise als weiße oder rostbraune Ablagerung.

3 Alle Schlauchverbindungen müssen fest sein. Falls eine Federklemme ermüdet zu sein scheint, sollte sie ersetzt werden, bevor Flüssigkeit austritt.
4 Manche Schläuche sind geklemmten Schellen gesichert, die nicht ihre Spannung verlieren dürfen. Falls keine Schellen verwendet werden, muss geprüft werden, ob der Schlauch sich nicht geweitet hat oder im Bereich des Stutzens verhärtet ist.
5 Alle Flüssigkeitsbehälter, ihre Deckel, Ablaufstopfen und Befestigungen müssen auf Undichtigkeit überprüft werden. Falls das Fahrzeug stets an der gleichen Stelle geparkt wird, kann der Untergrund auf verdächtige Flecken untersucht werden – das von der Klimaanlage ausgeschiedene Wasser darf dabei ignoriert werden. Sobald ein Leck entdeckt wurde, muss dessen Ursache gefunden und behoben werden. Falls Öl längere Zeit austritt, muss ggf. der umliegende Bereich

mit einem Dampfstrahler oder Hochdruckreiniger gesäubert werden, um nach dem Entfernen von angesammeltem Schmutz die genaue Quelle zu entdecken.

Unterdruckschläuche

6 Unterdruckschläuche – besonders diejenigen des Abgassystems – sind oft nummeriert, mit Farbcodes versehen oder mit eingearbeiteten Farbstreifen versehen. Verschiedene Systeme erfordern Schläuche mit unterschiedlichen Wandstärken sowie ausreichender Druck- und Temperaturbeständigkeit. Beim Austausch von Schläuchen muss darauf geachtet werden, dass sie aus dem gleichen Material bestehen.

7 Oft besteht die einzige wirksame Kontrollmöglichkeit darin, einen Schlauch zunächst komplett auszubauen. Falls mehr als ein Schlauch demontiert wird, müssen alle markiert werden, damit sie wieder korrekt angeschlossen werden können.

8 Bei der Kontrolle von Unterdruckschläuchen müssen alle Verbindungs- und T-Stücke mit einbezogen werden. Kontrollieren Sie alle Anschlüsse auf Risse. Der Schlauch darf im Bereich des Stutzens nicht geweitet sein, da hierdurch die Spannung nachlässt und Undichtigkeit entsteht.

9 Ein kleiner Schlauch kann kann als Stethoskop genutzt werden, um Unterdruck-Undichtigkeiten zu entdecken. Halten Sie ein Ende des Schlauchs ans Ohr und führen Sie das andere bei laufendem Motor an Schläuchen und Anschlüssen entlang, um das charakteristische Zischen beim Ansaugen von Nebenluft zu erkunden.

Warnung: Bei der Stethoskop-Methode darf man nicht in Kontakt mit beweglichen Motor-Komponenten (Antriebsriemen, Kühlerventilator usw.) kommen.

Kraftstoffschläuche

Warnung: Bevor die folgenden Prozeduren durchgeführt werden, müssen die Hinweise in »Sicherheit geht vor!« auf Seite 0.5 durchgelesen – und befolgt – werden. Benzin ist hochgradig gefährlich, verdampft schnell und ist leicht entflammbar, sodass die Vorsichtsmaßnahmen bei der Handhabung unbedingt eingehalten werden müssen.

10 Kontrollieren Sie alle Benzinschläuche auf Alterungserscheinungen und Scheuerstellen. Prüfen Sie die Schläuche besonders in Biegungen und an Anschlüssen auf Risse.

11 Zum Austausch alter Benzinschläuche sollten hochwertige Kraftstoffleitungen aus Flourelastomer (FMP) verwendet werden. Unter keinen Umständen dürfen Unterdruckschläuche, transparente Plastikschläuche oder Wasserschläuche verwendet werden.

12 Kraftstoffschläuche werden üblicherweise mit Federklemmen gesichert. Diese Klemmen verlieren mit der Zeit ihre Spannung und sollten beim Austausch von Schläuchen pauschal ausgetauscht werden; ersetzen Sie sie nötigenfalls durch Schraubschellen.

Metallrohre

13 Zwischen dem Kraftstofffilter und dem Motor kommen oft Kraftstoffrohre zum Einsatz. Diese dürfen nicht verbogen oder gequetscht sein.

14 Falls ein Stück Rohr ersetzt werden muss, darf nur nahtloses Stahlrohr verwendet werden, da Rohre aus Kupfer oder Aluminium nicht lange die normalen Motorvibrationen aushalten.

15 Die mit dem Hauptbremszylinder und dem ABS-Modulator verbundenen Metallrohre müssen auf Risse und lockere Anschlüsse überprüft werden. Jedem Hinweis auf ausgetretene Bremsflüssigkeit muss eine unverzügliche und sorgfältige Überprüfung des Bremssystems folgen.

13 Handbremse – Kontrolle und Einstellung

1 Die Handbremse muss nach fünf bis zehn Klicks vollständig angezogen sein. Eine regelmäßige Einstellung soll Bremsbacken-Verschleiß und sich längende Seilzüge ausgleichen.

2 Entfernen Sie den hinteren Aschenbecher und die Konsole mit dem Zigarettenanzünder und der Sicherheitsgurt-Warnleuchte, um Zugang zum Bremszug-Einsteller zu erhalten (siehe Abbildung).

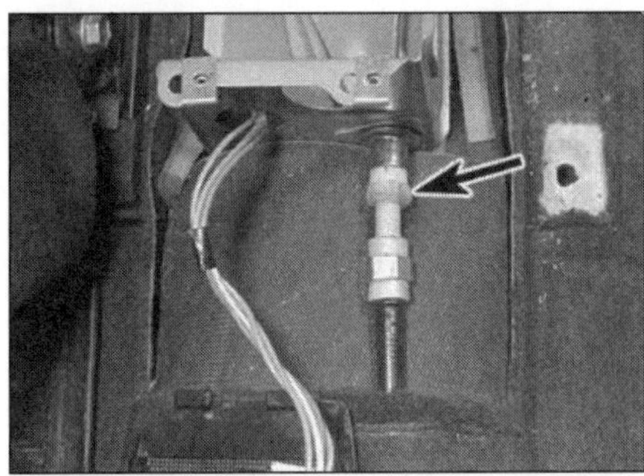

13.2 Handbremszug-Einsteller – alle Abdeckungen sind entfernt.

3 Lösen Sie die Arretierhülse vorne am Einsteller – entweder durch Treiben der Hülse nach vorne oder durch Ziehen des Einstellers nach hinten. Drehen Sie die Einstellmutter, bis die Handbremse bereits nach dem 3. bis 5. Klick angezogen ist. Prüfen Sie, ob die Bremse nach dem Lösen des Hebels nicht schleift.

4 Lassen Sie die Arretierhülse wieder einrasten und montieren Sie die Konsole samt Aschenbecher.

14 Vorderradlager – Einstellung

Beachten Sie die Hinweise in Kapitel 10.

15 Lenkung und Radaufhängungen – Kontrolle

Kontrolle der Vorderradfederung und Lenkung

1 Aktivieren Sie die Handbremse, heben Sie das Fahrzeug vorne an und stützen Sie es sicher ab (siehe Seite 352).

2 Begutachten Sie die Staubkappen der Kugelgelenke und die Lenkgetriebe-Manschetten auf Risse, Scheuerstellen und Alterungserscheinungen. Jeder Schaden an diesen Komponenten lässt Schmutz und Wasser eindringen und Schmier-

mittel verschwinden, sodass die Kugelgelenke und das Lenkgetriebe rapide verschleißen.

3 Kontrollieren Sie die Servolenkungs-Schläuche auf Scheuerstellen und Alterungserscheinungen. Prüfen Sie die Rohr- und Schlauchanschlüsse auf Undichtigkeit. Auch an den Lenkgetriebe-Manschetten muss darauf geachtet werden, ob Hydraulikflüssigkeit unter Druck durch den Dichtring sickert.

4 Inspizieren Sie das Stoßdämpfergehäuse und die Gummimuffe der Dämpferstange (falls vorhanden) auf ausgetretenes Öl. Falls irgendwo Undichtigkeiten festgestellt werden, ist der Stoßdämpfer defekt und muss ersetzt werden.

5 Greifen Sie das Rad in der Zwölf-Uhr- und der Sechs-Uhr-Position und versuchen Sie, daran zu wackeln. Sehr geringes Spiel ist normal, doch wenn deutliche Bewegung spürbar ist, müssen weitere Untersuchungen die Ursache ermitteln. Wackeln Sie weiter am Rad, während ein Assistent das Bremspedal betätigt. Wenn die Bewegung jetzt verschwunden oder deutlich verringert ist, werden wahrscheinlich die Radlager defekt sein oder ggf. Einstellungen benötigen. Ist das Spiel auch bei betätigter Bremse vorhanden, wird der Verschleiß an den Radaufhängungen oder Federsystemen zu suchen.

6 Greifen Sie jetzt das Rad in der Neun-Uhr- und der Drei-Uhr-Position und versuchen Sie erneut, daran zu wackeln. Jede jetzt fühlbare Bewegung kann wieder auf defekte Radlager zurückzuführen sein – oder auf Verschleiß in den Lenkgestänge-Kugelgelenken. Falls das äußere Lenkgestänge-Kugelgelenk verschlissen ist, wird seine Bewegung deutlich zu beobachten sein. Falls das innere Kugelgelenk schadhaft zu sein scheint, kann dies mit einer auf die Zahnstangen-Gummimanschette gelegten Hand, mit der das Lenkgestänge gegriffen wird, erfühlt werden; wenn jetzt am Rad gewackelt wird, lässt sich am inneren Kugelgelenk Bewegung erfühlen, falls es verschlissen ist.

7 Mithilfe eines zwischen die Federelemente und ihren Befestigungspunkten eingesetzten großen Schraubendrehers oder einer flachen Stange kann durch Hebeln Verschleiß in den Lagerbuchsen ermittelt werden. Da die Buchsen aus Gummi bestehen, ist etwas Bewegung normal, doch übermäßiger Verschleiß sollte deutlich fühlbar sein. Kontrollieren Sie auch den Zustand aller sichtbaren Gummibuchsen; achten Sie auf Risse und sprödes Gummi.

8 Während das Fahrzeug wieder auf seinen Rädern steht, dreht ein Assistent das Lenkrad etwa eine achtel Umdrehung hin und her – die Räder müssen sich ein kleines Stück bewegen. Ist dies nicht der Fall, müssen alle zuvor beschriebenen Gelenke und Halterungen genau untersucht werden, zusätzlich müssen auch die Kreuzgelenke und das Zahnstangengetriebe auf Verschleiß überprüft werden.

9 Die Funktion der Stoßdämpfer kann geprüft werden, indem das Fahrzeug vorne an beiden Seiten heruntergedrückt werden. Die Karosserie sollte in ihre normale Position zurückkehren und dort verbleiben; falls sie sich über die ursprüngliche Lage hinaus anhebt und wieder einsackt, wird der Stoßdämpfer wahrscheinlich defekt sein. Kontrollieren Sie auch die oberen und unteren Stoßdämpferaufnahmen auf Verschleiß.

Kontrolle der Hinterradfederung

10 Heben Sie das Fahrzeug hinten an und stützen Sie es sicher ab (siehe Seite 353).

11 Kontrollieren Sie die Hinterradlager auf die gleiche Weise wie die Vorderradlager auf Verschleiß (siehe Schritte 5 und 6).

12 Mithilfe eines zwischen die Federelemente und ihren Befestigungspunkten eingesetzten großen Schraubendrehers oder einer flachen Stange kann durch Hebeln Verschleiß in den Lagerbuchsen ermittelt werden. Da die Buchsen aus Gummi bestehen, ist etwas Bewegung normal, doch übermäßiger Verschleiß sollte deutlich fühlbar sein. Kontrollieren Sie den Zustand der Stoßdämpfer wie oben beschrieben.

16 Kupplung – Kontrolle der Hydraulik / Einstellung des Seilzugs

Kontrolle der Hydraulik

1 Bei Modellen mit einer hydraulisch betätigten Kupplung muss geprüft werden, ob das Kupplungspedal sich sanft und frei durch seinen gesamten Weg bewegen lässt, und die Kupplung selbst ohne Schleifen oder Rutschen korrekt funktioniert.

2 Entfernen Sie die Abdeckung unter dem Armaturenbrett, um Zugang zum Kupplungspedal zu erhalten, und geben Sie ein paar Tropfen Öl auf sein Gelenk. Montieren Sie die Abdeckung wieder.

3 Kontrollieren Sie im Motorraum die zur Kupplung gehörenden Schläuche und Rohre. Unter dem Auto und am Ausrückzylinder darf keine Flüssigkeit erkennbar sein. Kontrollieren Sie den Bereich um die Gummimanschette und prüfen Sie die Festigkeit des Gestänges. Geben Sie ein paar Tropfen Öl an den Druckstangen-Gelenkstift und das Gestänge.

Kupplungszug-Einstellung

4 Bei Modellen mit einer per Seilzug betätigten Kupplung muss deren allgemeine Funktion wie in den Schritten 1 und 2 kontrolliert werden. Prüfen Sie zusätzlich, ob der Kupplungszug korrekt eingestellt ist. Die Einstellung ist korrekt, wenn das Spiel an der Ausrückgabel zwischen 1 und 3 mm beträgt. Stellen Sie das Spiel nötigenfalls ein, indem Sie die Kontermuttern und Einsteller am Ende der Seilzughülle entsprechend verdrehen (siehe Abbildung).

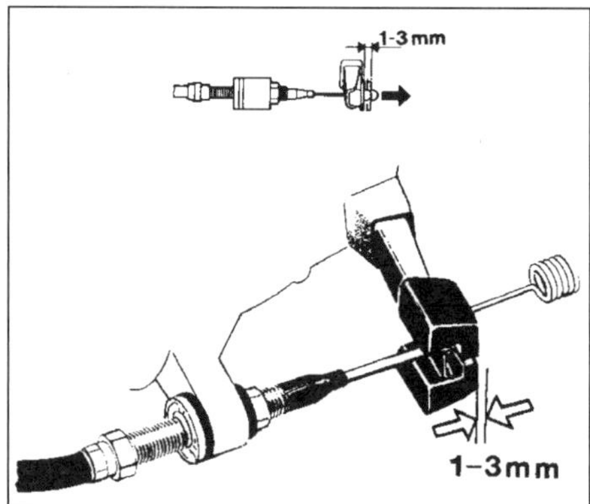

16.4 Kupplungszug-Einsteller an der Ausrückgabel – mit Rückholfeder (unten) oder ohne (oben)

17 Schaltgetriebe – Ölpegelkontrolle

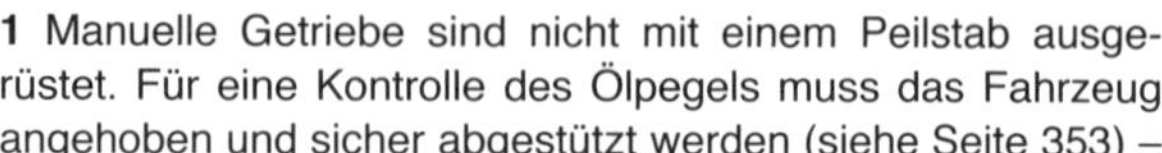

1 Manuelle Getriebe sind nicht mit einem Peilstab ausgerüstet. Für eine Kontrolle des Ölpegels muss das Fahrzeug angehoben und sicher abgestützt werden (siehe Seite 353) –

achten Sie darauf, dass es absolut waagerecht steht. Links am Getriebegehäuse finden sich zwei Schrauben – die obere ist gleichzeitig Einfüll- und Kontrollschraube, unten sitzt die Ablassschraube (siehe Abbildung). Wischen Sie den Bereich um die obere Schraube sauber und drehen Sie sie heraus. Wenn der Ölpegel korrekt ist, muss er bis unten an die Gewindebohrung stehen. Die Kontrolle kann z.B. mithilfe eines kleinen Holzstäbchens erfolgen, das in die Bohrung gesteckt wird.

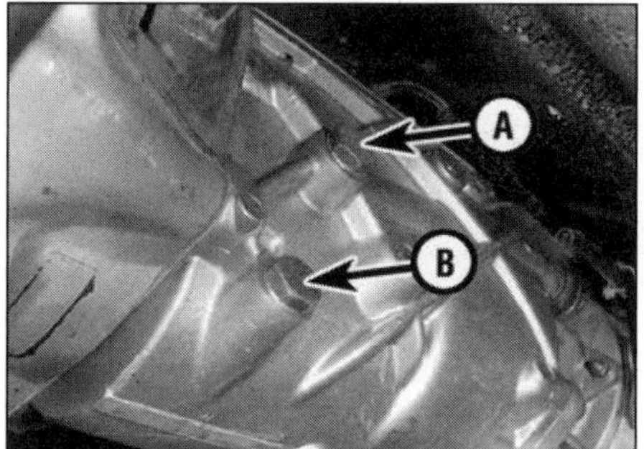

17.1 Schaltgetriebeöl-Einfüll/Kontrollschraube (A), Ablassschraube (B)

2 Falls das Getriebeöl nicht bis zur Bohrung steht, muss mithilfe einer größeren Spritze oder einer Flasche mit Schlauch das vorgeschriebene Volvo Thermo-Öl aufgefüllt werden (siehe Abbildung) – sobald Öl ausläuft, muss das Auffüllen beendet werden.

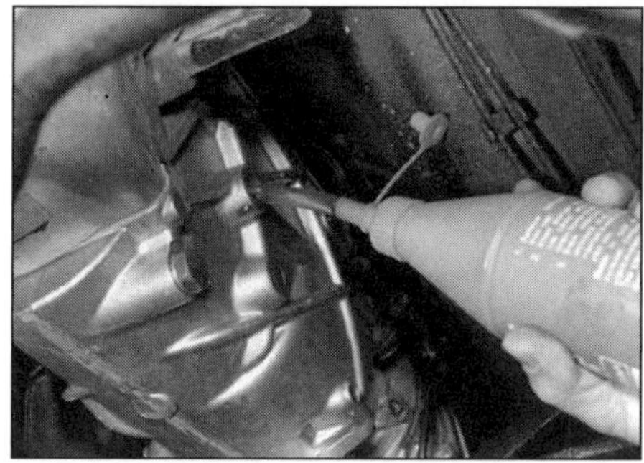

17.2 Füllen Sie das Getriebe bis zum Rand der Gewindebohrung auf.

3 Installieren Sie die Verschlussschraube und ziehen Sie sie sorgfältig an. Fahren Sie eine kurze Strecke und kontrollieren Sie den Bereich um die Schraube auf Undichtigkeit.
4 Falls regelmäßig Getriebeöl aufgefüllt werden muss, muss unverzüglich die Ursache dafür gefunden und repariert werden, damit das Getriebe keinen Schaden erleidet.

18 Unterboden, Brems- und Kraftstoffleitungen – Kontrolle

1 Kontrollieren Sie beim angehobenen und sicher abgestützten (siehe Seite 353) oder über der Grube stehendem Fahrzeug den Unterboden und die Radkästen sorgfältig auf Beschädigungen und Korrosion. Inspizieren Sie besonders die Unterseiten und inneren Bereiche der Schweller und andere versteckte Bereiche, wo sich Schmutz ablagern kann. Wo Korrosion festgestellt wird, muss z. B. mithilfe eines Schraubendrehers ermittelt werden, ob das Metall bereits stark geschwächt ist und repariert oder ersetzt werden muss. Wo nur oberflächlicher Rost festgestellt wird, wird dieser mit einer Drahtbürste entfernt und frischer Unterbodenschutz aufgetragen. Details zu Reparaturen an Karosserieteilen finden sich in Kapitel 11.
2 Kontrollieren Sie auch alle mit PVC beschichteten unteren Karosserieteile auf Beschädigungen durch Steinschlag und andere Hinweise auf Alterung.
3 Kontrollieren Sie alle unter dem Wagen verlegten Brems- und Kraftstoffleitungen auf Beschädigungen, Korrosion und Undichtigkeit. Alle Leitungen müssen korrekt in ihren Clips gesichert sein. Falls vorhanden, müssen die PVC-Ummantelungen aller Leitungen auf Schäden untersucht werden.
4 Inspizieren Sie die flexiblen Bremsschläuche in der Nähe der Bremssättel – vor allem in den Bereichen, die am meisten durch Lenken und Federn bewegt werden. Kneten Sie die Schläuche von Hand (Knicken Sie sie dabei nicht ab!) und kontrollieren Sie sie auf versteckte Risse oder Brüche.

19 Kardanwelle, Mittellager und Kreuzgelenk – Kontrolle

1 Das Fahrzeug sollte möglichst vorne und hinten angehoben und sicher abgestützt sein (siehe Seite 353).
2 Kontrollieren Sie den Gummisitz des Mittellagers auf Risse, Verölung und Verformung – bei Hinweisen darauf, muss das Mittellager ersetzt werden (siehe Kapitel 8).
3 Begutachten Sie die Kreuzgelenke, indem Sie mit einer Hand die Kardanwelle und mit der anderen den Getriebe- oder Differenzial-Flansch halten. Versuchen Sie, die beiden Teile gegeneinander zu verdrehen und achten Sie auf Bewegungen innerhalb des Kreuzgelenks. Wiederholen Sie die Kontrolle am Mittellager und anderen Bereichen, wo die Einzelteile der Kardanwelle und des Kreuzgelenks mit anderen Teilen verbunden sind. Wird irgendwo Verschleiß ermittelt, müssen entsprechende Reparaturen durchgeführt werden (siehe Kapitel 8). Falls unter dem Fahrzeug knirschende oder quietschende Geräusche zu hören waren oder im Bereich des Kreuzgelenks rostfarbene Ablagerungen festgestellt werden, weist dies auf erhöhten Verschleiß hin, sodass das Kreuzgelenk umgehend ersetzt werden muss.
4 Inspizieren Sie den Zustand des Gummi-Ruckdämpfers; achten Sie auf Quetschungen und Öl-Kontamination sowie Risse oder Brüche im Gummi, besonders im Bereich der Schraubenbohrungen.
5 Bei Modellen mit Einzelradaufhängung müssen die Achsmanschetten und Gleichlaufgelenke wie folgt überprüft werden:
6 Die Achsmanschetten sorgen dafür, dass kein Schmutz und Wasser in die Gleichlaufgelenke eindringt, und sind daher sehr wichtig. Äußere Verunreinigungen können für vorzeitigen Verschleiß der Manschetten sorgen, sodass es nicht schaden kann, diese regelmäßig mit Seifenwasser zu reinigen.
7 Drehen Sie langsam ein Hinterrad und kontrollieren Sie den Zustand des äußeren Gleichlaufgelenk-Faltenbalgs; kneten Sie ihn dabei, um ggf. Risse in den inneren Falten zu entdecken. Risse und Brüche lassen Schmutz und Wasser eindringen und Fett austreten. Prüfen Sie auch die Festigkeit

aller Halteclips. Wiederholen Sie die Kontrolle am inneren Gleichlaufgelenk-Flansch – und natürlich ebenso am anderen Hinterrad. Falls Schäden oder Alterungen festgestellt werden, muss die Antriebswelle zunächst ausgebaut werden (siehe Kapitel 8, Sektion 13).

8 Kontrollieren Sie auch den allgemeinen Zustand der äußeren Gleichlaufgelenke, indem Sie die Antriebswelle halten und versuchen, das Hinterrad zu drehen. Wiederholen Sie die Prüfung an den inneren Gleichlaufgelenken, indem Sie deren inneren Flansch halten und versuchen, die Antriebswelle zu drehen.

9 Jede fühlbare Bewegung in Gleichlaufgelenken weist auf Verschleiß in den Gelenken oder den Mitnehmerverzahnungen oder auf eine lockere Antriebswellen-Mutter hin.

20 Auspuffanlage – Kontrolle

1 Kontrollieren Sie die (mindestens drei Stunden lang) abgekühlte Auspuffanlage vom Krümmerflansch bis zur Öffnung am Heck. Dies sollte möglichst beim vorne und hinten angehobenen und sicher abgestützten Fahrzeug geschehen (siehe Seite 353).

2 Überprüfen Sie alle Rohre und Anschlüsse auf Undichtigkeit, starke Korrosion und Beschädigungen. Alle Halterungen und Gummis müssen in Ordnung sein und den Auspuff sicher halten. Falls eine der Halterungen ersetzt werden muss, ist sicherzustellen, dass baugleiche Ersatzteile beschafft werden. Undichtigkeiten an Anschlüssen oder anderen Bereichen des Auspuffsystems zeigen sich üblicherweise durch schwarze Ablagerungen.

3 Inspizieren Sie gleichzeitig den Unterboden der Karosserie auf Löcher, Korrosion und offene Nähte, die Abgase in den Innenraum gelangen lassen können. Dichten Sie alle Öffnungen mit Silikon oder Spachtelmasse ab.

4 Klappern und andere Geräusche weisen oft auf Defekte an der Auspuffanlage hin – meistens auf schadhafte Haltegummis. Versuchen Sie, an den Schalldämpfern und am Katalysator zu wackeln; falls dabei Auspuffteile gegen die Karosserie schlagen, müssen sie mit neuen Halterungen gesichert werden.

21 Hinterachs-Differenzial – Ölpegelkontrolle

1 Das Fahrzeug sollte für diese Kontrolle möglichst auf seinen Rädern stehen. Falls jedoch keine Grube zur Verfügung steht und der Platz unter dem Wagen zu beengt ist, kann er auch vorne und hinten angehoben und sicher abgestützt werden (siehe Seite 353).

2 Der gleichzeitig als Einfüll- und Kontrollschraube dienende Verschluss sitzt bei Modellen mit Starrachse hinten und bei Modellen mit Einzelradaufhängung vorne am Differenzialgehäuse. Wischen Sie den Bereich um die Schraube sauber und drehen Sie sie heraus. Wenn der Ölpegel korrekt ist, muss er bis unten an die Gewindebohrung stehen. Die Kontrolle kann z.B. mithilfe eines kleinen Holzstäbchens erfolgen, das in die Bohrung gesteckt wird.

3 Falls das Öl nicht bis zur Bohrung steht, muss mithilfe einer größeren Spritze oder einer Flasche mit Schlauch das auf Seite 24 angegebene Öl aufgefüllt werden (siehe Abbildung) – sobald Öl ausläuft, muss das Auffüllen beendet werden.

21.3 Füllen Sie das Differenzial bis zum Rand der Gewindebohrung auf.

4 Installieren Sie die Verschlussschraube und ziehen Sie sie sorgfältig an.

5 Falls regelmäßig Differenzialöl aufgefüllt werden muss, muss unverzüglich die Ursache dafür gefunden und repariert werden.

22 Sicherheitsgurte – Kontrolle

1 Überprüfen Sie die Gurte auf korrekte Funktion und ihren Zustand. Kontrollieren Sie das Gewebe auf Ausfransungen und Risse oder Schnitte. Sie müssen sich sanft zurückziehen und dürfen nicht klemmen.

2 Kontrollieren Sie alle Befestigungen. Sämtliche Schrauben müssen fest angezogen sein.

23 Tür- und Hauben-Scharniere – Kontrolle und Schmieren

1 Alle Türen, die Motorhaube, die Heckklappe oder der Kofferraumdeckel müssen sicher in ihre Arretierungen oder Schlösser einrasten. Die Sicherheitslasche der Motorhaube muss korrekt funktionieren. Prüfen Sie die Funktion der Anschlagbänder der Türen.

2 Schmieren Sie die Gelenke, die Türbänder, die Schlossfallen und die Motorhauben-Lasche sparsam mit einigen Tropfen Motoröl oder etwas Fett.

24 Karosserie, Lack und Anbauteile – Kontrolle

1 Diese Kontrolle sollte möglichst nach einer Autowäsche durchgeführt werden, damit Flecken und Kratzer auf der Oberfläche gut sichtbar und nicht unter einem Schmutzfilm versteckt sind.

2 An einer der vorderen Ecken beginnend wird rundherum die Lackierung des Autos überprüft – achten Sie dabei auf kleinste Kratzer und Beulen. Vor allem aufquellender Lack weist auf Rostbefall am darunter liegenden Blech hin. Kontrollieren Sie, ob alle Zierleisten und andere Dinge fest mit der Karosserie verbunden sind.

3 Prüfen Sie die Sicherheit und Festigkeit aller Türschlösser, der Außenspiegel, der Stoßstangen, des Kühlergrills und der Radkappen. Alle lockeren oder reparaturbedürftigen Teile müssen entsprechend der Hinweise in den entsprechenden Kapiteln bearbeitet werden.

4 Details zu Problemen mit Lack oder Karosserieteilen finden sich in Kapitel 11.

25 Automatikgetriebe – Kickdown- und Wählhebel-Bowdenzüge

Beachten Sie die Hinweise in Kapitel 7B.

26 Straßenversuch

Kontrolle der Bremsleistung

1 Prüfen Sie, ob das Fahrzeug beim Bremsen nicht zu einer Seite zieht, und die Räder bei Vollbremsungen nicht frühzeitig blockieren.

2 Beim Bremsen dürfen in der Lenkung keine Vibrationen auftreten.

3 Prüfen Sie, ob die Handbremse korrekt funktioniert – sie muss das Fahrzeug allerspätestens nach zehn Klicks an einem Gefälle halten können.

4 Prüfen Sie die Funktion der Servobremse bei ausgeschaltetem Motor wie folgt: Treten Sie vier- bis fünfmal auf die Bremse, um den Unterdruck zu entfernen. Starten Sie dann den Motor – das Bremspedal muss sich unverzüglich durch den aufgebauten Unterdruck weiter herunter drücken lassen. Lassen Sie den Motor mindestens zwei Minuten laufen und schalten Sie ihn wieder ab. Wird die Bremse nun erneut gedrückt, sollte dabei ein Zischen aus der Servopumpe zu hören sein. Nach vier bis fünf Tritten auf die Bremse sollte kein Zischen mehr hörbar sein und der Pedaldruck deutlich härter werden.

Lenkung und Radaufhängungen

5 Vergewissern Sie sich, dass die Lenkung, die Federung, das Handling und die Straßenlage keine Auffälligkeiten aufweisen.

6 Kontrollieren Sie beim Fahren, ob keine ungewöhnlichen Vibrationen oder Geräusche auftreten.

7 Die Lenkung darf sich nicht schwammig oder rau anfühlen. Beim Durchfahren von Kurven oder auf schlechten Straßen dürfen die Federelementen keine Geräusche erzeugen.

Antrieb

8 Kontrollieren Sie die Leistungsfähigkeit des Motors, des Getriebes und der Antriebswellen.

9 Der Motor muss sich warm und kalt problemlos starten lassen.

10 Aus dem Motor und dem Antrieb dürfen keine ungewöhnlichen Geräusche zu hören sein.

11 Der Motor muss im Standgas rund laufen und verzögerungsfrei beschleunigen.

12 Prüfen Sie bei Modellen mit Schaltgetriebe, ob sich alle Gänge sanft und geräuschfrei einlegen lassen. Im Schalthebel muss das Einrasten der Gänge deutlich fühlbar sein.

13 Prüfen Sie bei Modellen mit Automatikgetriebe, ob der Antrieb ohne Ruckeln oder hochschnellende Drehzahlen durchschaltet. Alle Wahlhebel-Positionen müssen sich bei stehendem Fahrzeug einlegen lassen. Bei irgendwelchen Problemen sollte eine Volvo-Werkstatt zu Rate gezogen werden.

Kupplung

14 Das Kupplungspedal muss sich sanft durch den gesamten Arbeitsweg drücken lassen. Die Kupplung muss korrekt funktionieren und darf weder schleifen noch rutschen. Bei Problemen mit der Kupplung müssen die Hinweise in Kapitel 6 beachtet werden.

Instrumente und Elektrik

15 Kontrollieren Sie die Funktion aller Instrumente, aller Lampen und anderen elektrischen Bauteilen.

16 Stellen Sie sicher, dass alle Instrumente korrekt anzeigen und sämtliche Schalter korrekt funktionieren.

27 Automatikgetriebe – Ölkontrolle

1 Der Pegel im Automatikgetriebe muss sorgfältig überwacht werden. Zu wenig Öl kann zum Durchrutschen und mangelndem Vortrieb führen, wogegen zu viel Öl zur Schaumbildung führt, die wiederum für Schmiermangel und Getriebeschäden sorgen kann.

2 Der Ölpegel im Automatikgetriebe darf nur geprüft werden, wenn das Getriebe auf Betriebstemperatur ist. Wenn das Fahrzeug etwa 15 km (bei kaltem Wetter: 25 km) gefahren wurde und das Öl eine Temperatur von 70 bis 80 °C erreicht hat, ist Betriebstemperatur erreicht.

3 Parken Sie das Fahrzeug auf ebenem Untergrund, ziehen Sie die Handbremse, starten Sie den Motor und lassen Sie ihn im Standgas laufen. Drücken Sie die Bremse und bewegen Sie den Wahlhebel durch alle Positionen, bevor Sie ihn auf »P« zurück stellen.

4 Lassen Sie den Motor weiter im Standgas laufen und warten Sie zwei Minuten. Ziehen Sie dann den Peilstab aus dem Rohr hinten am Motor (siehe Abbildung).

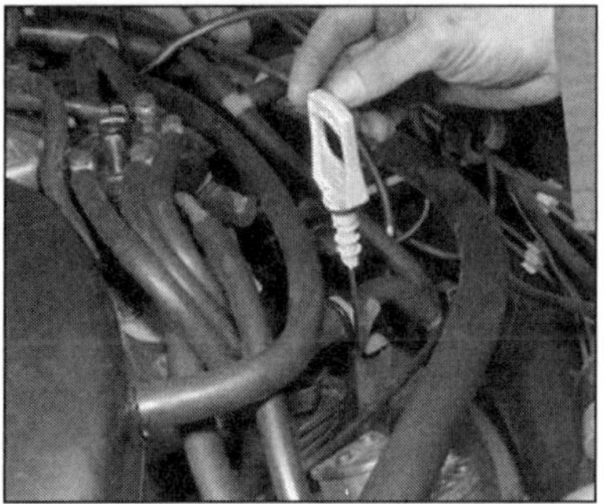

27.4 Ziehen Sie den Peilstab des Automatikgetriebes heraus.

5 Wischen Sie das Öl vom Peilstab und stecken Sie diesen bis zum Anschlag zurück in sein Rohr.

6 Ziehen Sie den Peilstab wieder heraus und achten Sie auf den Ölpegel – er muss zwischen den MIN- und MAX-Markierungen auf der mit HOT markierten Seite liegen. Falls der Pegel an der MIN-Marke liegt, wird der Motor abgeschaltet und vorgeschriebenes Automatik-Öl in das Peilstab-Rohr gegossen – verwenden Sie hierzu nötigenfalls einen sauberen Trichter (siehe Abbildungen). Wichtig ist, dass beim Auffüllen kein Schmutz in das Getriebe gerät.

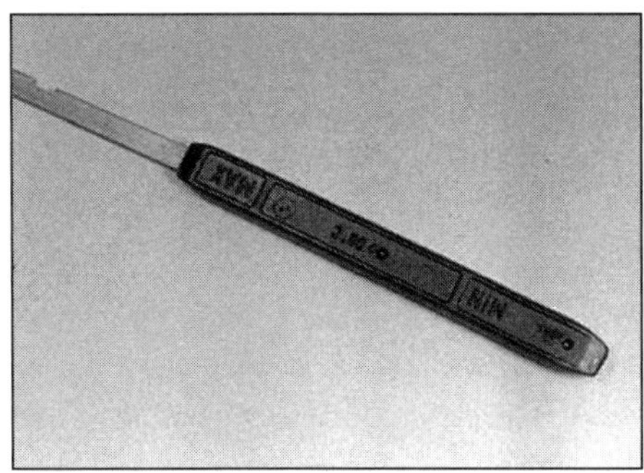

27.6a Markierungen am Automatikgetriebe-Peilstab

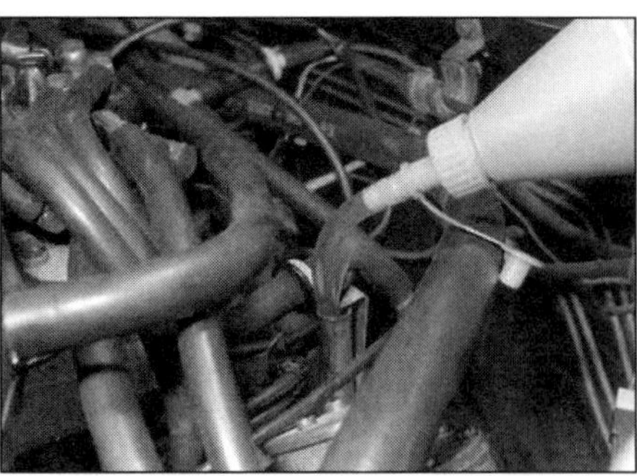

27.6b Füllen Sie das Automatikgetriebes über das Peilstabrohr auf.

7 Füllen Sie immer nur eine kleine Menge Öl nach und kontrollieren Sie stets den Pegel. Die Differenz zwischen den MIN- und MAX-Markierungen beträgt etwa einen halben Liter.
8 Falls regelmäßig Getriebeöl aufgefüllt werden muss, muss unverzüglich die Ursache dafür gefunden und repariert werden, damit das Getriebe keinen Schaden erleidet.
9 Beachten Sie neben dem Pegel auch die Farbe des Öls am Peilstab. Falls das Öl schwarz oder dunkel-rotbraun ist oder verbrannt riecht, muss das Getriebeöl gewechselt werden (siehe Schritt 28). Wer im Zweifel über den Zustand des Öls ist, kauft sich neues Automatiköl und vergleicht Farbe und Geruch beider Öle.

Alle 40 000 km oder spätestens nach 2 Jahren

28 Automatikgetriebe – Ölwechsel

1 Das Fahrzeug muss angehoben und sicher abgestützt sein (siehe Seite 353).

Achtung: Der Motor muss bei angehobenem Fahrzeug gestartet werden. Sorgen Sie für entsprechende Sicherheitsvorkehrungen und eine gute Belüftung des Arbeitsplatzes.

AW 71 / AW 72-Getriebe

2 Falls keine Ablassschraube vorhanden ist, muss mit Schritt 3 fortgefahren werden. Ansonsten wird die Ablassschraube herausgedreht und das Öl in einen geeigneten Behälter abgelassen.

Achtung: Falls das Fahrzeug gerade gefahren wurde, ist das Öl sehr heiß!

Installieren Sie die Ablassschraube und ziehen Sie sie sorgfältig an (siehe Abbildung). Füllen Sie 2,0 Liter frisches Automatiköl des vorgeschriebenen Typs (siehe Seite 24) durch das Peilstabrohr auf.

28.2 Automatikgetriebe-Ablassschraube

3 Reinigen Sie den Ölkühler-Rücklaufstutzen hinten am Getriebe (siehe Abbildung). Trennen Sie den Anschluss und stecken Sie einen transparenten Schlauch auf das vom Kühler kommende Rohr und halten Sie dessen anderes Ende in den Sammelbehälter.

28.3 Ölkühler-Rücklaufstutzen – AW 71-Getriebe

4 Starten Sie den Motor und lassen Sie ihn im Standgas laufen – das Automatiköl wird in den Behälter ablaufen; sobald Luftblasen im Öl erscheinen, wird der Motor abgeschaltet.

5 Füllen Sie zum Spülen 2,0 Liter frisches Automatiköl des vorgeschriebenen Typs (siehe Seite 24) durch das Peilstabrohr auf.

6 Wiederholen Sie Schritt 4, entfernen Sie den Schlauch und verbinden Sie den Ölkühler-Anschluss.

7 Füllen Sie erneut 2,0 Liter frisches Automatiköl des vorgeschriebenen Typs (siehe Seite 24) durch das Peilstabrohr auf.

8 Senken Sie das Fahrzeug auf den Boden ab und kontrollieren Sie den Ölpegel (siehe Schritt 27) – diesmal jedoch auf der COLD- oder »+40 °C«-Seite am Peilstab.

9 Entsorgen Sie das gebrauchte Öl vorschriftsmäßig.

ZFHP 422-Getriebe

10 Die Prozedur entspricht derjenigen für AW 71 / AW 72-Getriebe – beachten Sie jedoch die folgenden Punkte:

a) Die Füllmenge beträgt 2,5 Liter

b) Der Ölkühler-Rücklaufstutzen ist der untere der beiden Stutzen (siehe Abbildung).

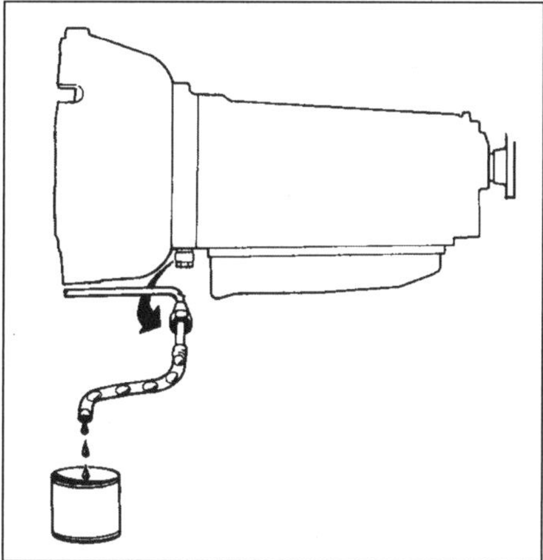

28.10 Der zum Wechsel des Getriebeöls getrennte Ölkühler-Rücklaufstutzen bei ZF-Getrieben

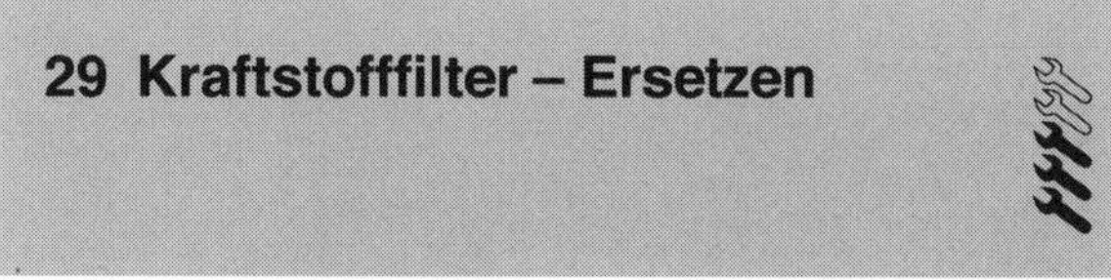

29 Kraftstofffilter – Ersetzen

Warnung: Bevor die folgenden Prozeduren durchgeführt werden, müssen die Hinweise in »Sicherheit geht vor!« auf Seite 8 durchgelesen – und befolgt – werden. Benzin ist hochgradig gefährlich, verdampft schnell und ist leicht entflammbar, sodass die Vorsichtsmaßnahmen bei der Handhabung unbedingt eingehalten werden müssen.

1 Trennen Sie das Massekabel (–) von der Batterie.

Vergasermodelle

2 Der Kraftstofffilter sitzt innerhalb des Benzin-Zulaufschlauchs im Motorraum (siehe Abb. 8.1 auf Seite 40).

Lockern Sie die Schlauchschellen und ziehen Sie die Schläuche vom Filter – seien Sie dabei auf austretendes Benzin vorbereitet.
3 Installieren Sie den neuen Filter, richten Sie ihn dabei entsprechend des darauf zu sehenden Pfeils zur Strömungsrichtung aus. Schadhafte Schläuche und Schellen müssen ersetzt werden.

Einspritzmodelle

4 Der Kraftstofffilter sitzt entweder im Motorraum oder an der im Tank sitzenden Haupt-Benzinpumpe (unter dem Auto).

Motorraum-Filter

5 Lockern Sie den Kraftstoff-Auslassstutzen oben am Filter – seien Sie dabei auf austretendes Benzin vorbereitet (siehe Abbildung).

29.5 Lockern Sie den Kraftstofffilter-Auslassstutzen – Filter im Motorraum.

6 Lockern Sie die Filterklemme. Heben Sie den Filter an und trennen Sie den Einlassstutzen – seien Sie auch jetzt auf austretendes Benzin vorbereitet.
7 Entfernen Sie den alten Filter.
8 Installieren Sie den neuen Filter – achten Sie auf die korrekte Einbaurichtung. Verwenden Sie an den Anschlüssen ggf. neue Kupferscheiben und sichern Sie den Filter mit der Schelle.

Benzinpumpen-Filter

9 Heben Sie das Fahrzeug an oder fahren Sie es über eine Grube (siehe Seite 353).
10 Lösen Sie unten am Fahrzeug die Benzinpumpen-Halterung und ziehen Sie diese von den Gummistopfen.

29.10 Der bei Turbo-Modellen am Tank sitzende Benzinfilter (rechts) und die Benzinpumpe (links). Der Pfeil zeigt die Strömungsrichtung an.

11 Trennen Sie die Zulauf- und Ablaufrohre vom Filter – seien Sie dabei auf austretendes Benzin vorbereitet.
12 Lösen Sie die Filterklemme und heben Sie den Filter heraus.
13 Installieren Sie den neuen Filter – achten Sie auf die korrekte Einbaurichtung; ein Pfeil zeigt die Strömungsrichtung an. Verwenden Sie an den Anschlüssen ggf. neue Kupferscheiben und sichern Sie den Filter mit der Schelle.
14 Richten Sie die Halterung zu den Gummistopfen aus und sichern Sie. Senken Sie ggf. das Fahrzeug ab.

Alle Modelle

15 Verbinden Sie das Massekabel (–) mit der Batterie. Starten Sie den Motor und kontrollieren Sie den Bereich um den Filter auf Undichtigkeiten.
16 Entsorgen Sie den alten Filter.

30 Luftfilterelement – Ersetzen

1 Lösen Sie die Bügel des Luftfilterdeckels (siehe Abbildung).

30.1 Öffnen Sie die Bügel des Luftfilterdeckels.

2 Lösen Sie bei Turbo-Modellen den Mehrfachstecker des Luftmengenmessers und den von dort zum Turbolader führenden Schlauch (siehe Abbildungen). Der Stecker kann nach dem Abhebeln des Sicherungsdrahts befreit werden.

30.2a Trennen Sie den Mehrfachstecker des Luftmengenmessers.

3 Lösen Sie bei B 280-Motoren die Clips, die den Luftmengenmesser mit dem Luftfilterdeckel verbinden.
4 Heben Sie den Deckel ggf. zusammen mit dem Luftmengenmesser ab und entnehmen Sie das Filterelement (siehe Abbildung).
5 Wischen Sie das Luftfiltergehäuse und den Deckel mit einem Lappen sauber – dabei darf kein Schmutz in den Luftmengenmesser oder den Ansaugtrakt gelangen.

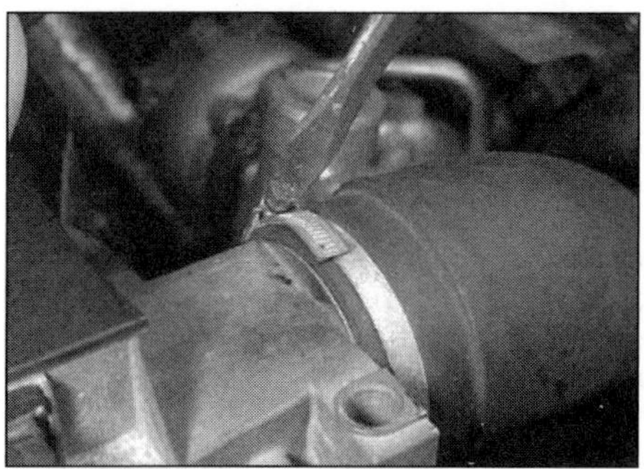

30.2b Befreien Sie den zum Turbolader führenden Schlauch.

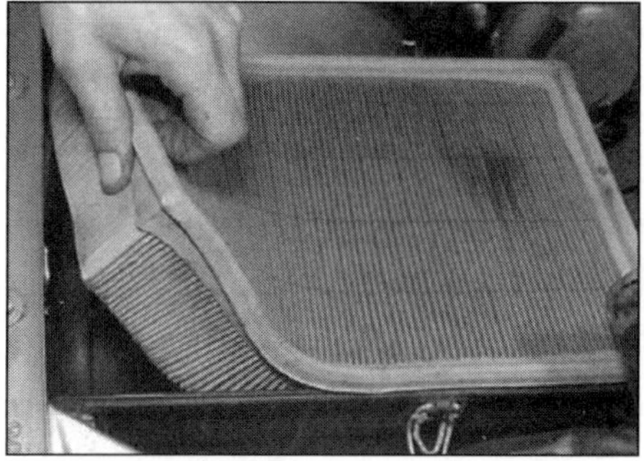

30.4 Entnehmen Sie das Luftfilterelement.

6 Legen Sie das neue Filterelement richtig herum in das Gehäuse und drücken Sie seinen Rand in die Gehäusenut.
7 Setzen Sie den Deckel auf und sichern Sie ihn mit den Bügeln.
8 Verbinden Sie alle getrennten Stecker und Schläuche.

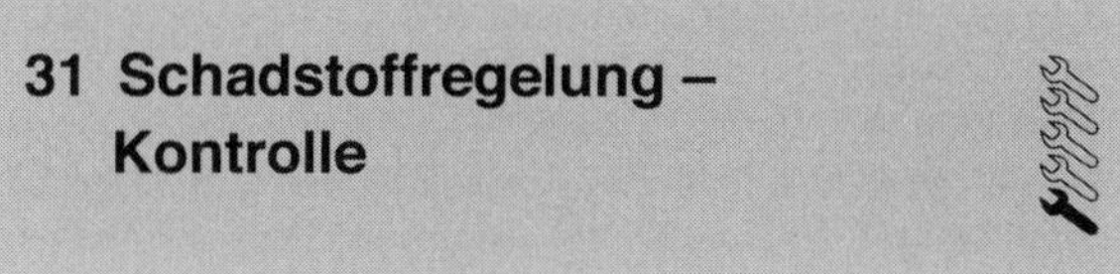

31 Schadstoffregelung – Kontrolle

1 Von den im Fahrzeug vorhandenen Schadstoffregelungs-Systemen erfordert lediglich die Motorentlüftung regelmäßige Kontrollen – und auch diese beziehen sich lediglich auf Prüfungen, ob die Schläuche frei und unbeschädigt sind.
2 Sollte an einem anderen Teil (falls vorhanden) ein Schaden vermutet werden, muss eine Fachwerkstatt aufgesucht werden.

32 Ventilspiel – Kontrolle und Einstellung

Anmerkung: *B 234 F-Motoren sind mit Hydrostößeln ausgerüstet, sodass hier keine regelmäßige Ventilspiel-Kontrolle nötig ist. Sollten bei einem solchen Motor jedoch im Ventiltrieb Geräusche auftreten, müssen die Stößel kontrolliert und ersetzt werden (siehe Kapitel 2A). Lassen Sie einen klappernden Motor nicht höher als 3000/min drehen.*

Vierzylindermotoren

1 Trennen oder entfernen Sie Bauteile wie die Zündkabel, die Unterdruck-, Entlüftungs- und Ladeluft-Schläuche und nötigenfalls auch den Gaszug, um Zugang zum Ventildeckel zu erhalten. Schrauben Sie nötigenfalls auch das Sekundärluftventil aus dem Ventildeckel.
2 Lösen Sie die Sicherungsmuttern und heben Sie den Ventildeckel ab. Beachten Sie die Position des Massekabels, der Zündkabel-Klemme und anderer Bauteile – wechseln Sie nötigenfalls zu Kapitel 2A. Stellen Sie die Ventildeckeldichtung sicher.
3 Bringen Sie mithilfe eines an der Riemenradschraube der Kurbelwelle angesetzten Schlüssel den Motor in den Verdichtungs-OT (oberer Totpunkt) von Zylinder Nr. 1 – dies geht bei ausgebauten Zündkerzen deutlich einfacher. Der vordere Kolben steht im OT, wenn die Nut am Kurbelwellen-Riemenrad zur »0« an der Steuerzeiten-Skala ausgerichtet ist. Wenn dann noch die Nockenspitzen über Zylinder Nr. 1 schräg nach oben zeigen, steht der Kolben im Verdichtungs-OT – andernfalls muss die Kurbelwelle eine volle Umdrehung (360°) weitergedreht werden, bis die Nocken in dieser Stellung stehen (siehe Abbildung).

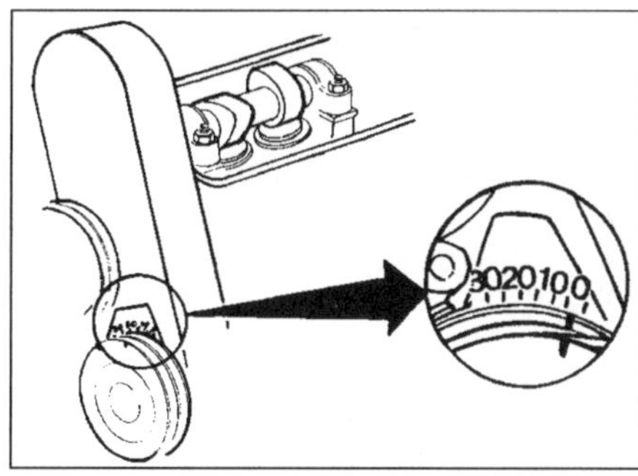

32.3 Die Kerbe im Kurbelwellen-Riemenrad muss zur 0 auf der Steuerzeiten-Skala ausgerichtet sein und die Nocken wie gezeigt stehen – Vierzylindermotoren

4 Messen Sie jetzt das Spiel zwischen dem vorderen Nockenkreis und dem darunter liegenden Einstellplättchen (»Shim«). Schieben Sie unterschiedliche Fühlerlehrenblätter ein, bis sich ein Blatt mit leichtem Zug hindurchziehen lässt und das vorhandene Spiel angibt (siehe Abbildung). Notieren Sie diesen Wert für das Auslassventil von Zylinder Nr. 1.

32.4 Messen Sie das Ventilspiel zwischen Nockenwelle und Stößel – Auslassventil von Zylinder Nr. 1

5 Wiederholen Sie die Messung am zweiten Nocken von vorne – dieser liegt über dem Einlassventil von Zylinder Nr. 1.
6 Drehen Sie die Kurbelwelle eine halbe Umdrehung (180°) im Uhrzeigersinn, sodass die Nocken über Zylinder Nr. 3 schräg nach oben stehen. Messen und notieren Sie auch hier das Ventilspiel – die Auslassventile liegen stets vorne.

7 Drehen Sie die Kurbelwelle jeweils eine halbe Umdrehung (180°) im Uhrzeigersinn weiter, um zunächst die Ventile von Zylinder Nr. 2 und dann von Nr. 4 zu vermessen.

8 Vergleichen Sie die notierten Werte mit den Angaben in den technischen Daten; wenn alle Ventile innerhalb der vorgegebenen Messwerte liegen, kann alles wieder zusammengebaut werden (ab Schritt 16). Andernfalls muss das Ventilspiel wie folgt eingestellt werden:

9 Beschaffen Sie sich einen kleinen Schraubendreher oder eine Reißnadel, eine Spitzzange und einen kräftigen Hakenschlüssel oder stabilen Schraubendreher mit Vierkant-Schaft. So lässt sich das normalerweise benötigte Spezialwerkzeug ersetzen, um die Shims bei eingebauter Nockenwelle zu wechseln. Alternativ kann die Nockenwelle auch ausgebaut werden, doch dies erfordert deutlich mehr Arbeit.

10 Während die Nocken genauso stehen wie bei der Kontrolle, wird der Stößel mithilfe des Hakenschlüssels oder Schraubendrehers gegen die Kraft der Ventilfeder heruntergedrückt; drücken Sie dabei nur auf den Rand des Stößels. Befreien Sie den Shim mithilfe des kleinen Schraubendrehers oder der Reißnadel oben aus dem Stößel und entnehmen Sie ihn mit der Spitzzange. Entlasten Sie vorsichtig den Stößel.

32.10a Der Stößel wird heruntergedrückt (hier mit einem Vierkantstab) und der Shim befreit.

32.10b Befreien Sie den Shim mit der Spitzzange – dieser Stößel wird mit einem Hakenschlüssel heruntergedrückt.

11 Die korrekte Shimstärke muss jetzt errechnet werden. Zuerst muss die Stärke des vorhandenen Shims bekannt sein. An der Unterseite wird ein Wert eingeätzt sein, doch die tatsächliche Stärke sollte mit einer Mikrometerschraube oder einer Feinmesslehre nachgemessen werden – so wird auch möglicher Verschleiß berücksichtigt.

12 Die erforderliche Shimstärke kann jetzt wie in diesem Beispiel errechnet werden:

Vorgegebenes Ventilspiel (A):	0,40 mm
Gemessenes Ventilspiel (B):	0,28 mm
Vorhandene Shimstärke (C):	3,95 mm
Benötigte Shimstärke = C – A + B:	*3,83 mm*

In diesem Fall muss ein neuer Shim der Stärke 3,85 oder 3,80 mm installiert werden, um das Ventilspiel auf 0,38 oder 0,43 mm zu bringen.

13 Schmieren Sie den neuen Shim der erforderlichen Stärke. Drücken Sie den Stößel wieder herunter und installieren Sie den Shim mit der beschrifteten Seite nach unten. Lösen Sie den Stößel und kontrollieren Sie, ob der Shim korrekt sitzt.

14 Wiederholen Sie die Prozedur nötigenfalls bei allen anderen einzustellenden Ventilen, drehen Sie dabei die Kurbelwelle stets so, dass die Nocken nach schräg oben zeigen. Drehen Sie nicht die Kurbelwelle, während Shims aus Stößeln entfernt sind, da die Nocken Schäden an deren Bund anrichten können.

15 Wenn alle erforderlichen Shims ausgewechselt sind, wird die Kurbelwelle einige Umdrehungen gedreht, damit sich alles setzt. Prüfen Sie erneut das Ventilspiel.

16 Prüfen Sie, ob bei B 23-Motoren der Gummistopfen fest im halbkreisförmigen Ausschnitt hinter der Nockenwelle sitzt; ersetzen Sie ihn, falls er locker sitzt.

17 Installieren Sie den Ventildeckel mit einer neuen Dichtung. Installieren Sie die Muttern und ziehen Sie sie an – vergessen Sie nicht den Zündkabel-Halter und das Masseband.

18 Verbinden Sie die Zündkabel, alle Schläuche usw. Starten Sie den Motor und prüfen Sie, ob die Ventildeckeldichtung dicht hält.

V6-Motoren

19 Trennen Sie das Massekabel (–) von der Batterie.

20 Trennen Sie rechts am Innenkotflügel den Zündanlagen-Stecker.

21 Lösen Sie den Steuerdruck-Regler (ohne ihn zu entfernen) und legen Sie ihn auf den Einlassstutzen.

22 Entfernen Sie den Ansaugschlauch, den Öleinfülldeckel und die Schläuche der Motorentlüftung.

23 Lösen und entfernen Sie die Unterdruckpumpe.

24 Entfernen Sie den Riemen des Klimaanlagen-Kompressors (siehe Sektion 9). Lösen Sie die Kompressor-Halterungen vom Motor und manövrieren Sie den Kompressor samt seiner Halter beiseite; trennen Sie keine Kühlmittel-Schläuche und lassen Sie den Kompressor nicht daran hängen.

25 Lösen und entnehmen Sie beide Ventildeckel. Stellen Sie deren Dichtungen sicher.

32.26 Zylinder Nr. 1 steht im oberen Totpunkt – V6-Motoren

26 Bringen Sie den Zylinder Nr. 1 in den Verdichtungs-OT (oberer Totpunkt) – entweder mit einem an der Riemenradschraube der Kurbelwelle angesetzten 36er-Schlüssel oder (nur bei Schaltgetriebe möglich) durch Schieben des Wagens bei eingelegtem Gang. Der hintere linke Kolben steht im OT, wenn die Nut am Kurbelwellen-Riemenrad zur »0« an der Steuerzeiten-Skala ausgerichtet ist. Wenn dann noch beide Kipphebel über Zylinder Nr. 1 etwas Spiel aufweisen, steht der Kolben im Verdichtungs-OT – andernfalls muss die Kurbelwelle eine volle Umdrehung /360°) weitergedreht werden, bis diese Position erreicht ist und beide Ventile geschlossen sind (siehe Abbildung).

27 Schieben Sie eine Fühlerlehre mit der Stärke der vorgegebenen Ventilspiels (siehe technische Daten) zwischen die Einstellschraube und den Ventilschaft des Auslassventils von Zylinder 1 (das hintere Ventil des linken Zylinderblocks) – es muss sich wie durch ein dickes Buch hindurchziehen lassen.

28 Falls eine Einstellung erforderlich ist, muss die Kontermutter der Einstellschraube gelockert und die Schraube entsprechend verdreht werden, bis das Spiel korrekt ist. Halten Sie die Schraube und ziehen Sie die Kontermutter wieder an. Kontrollieren Sie anschließend erneut das Ventilspiel (s. Abb.).

32.28 Einstellen des Ventilspiels mithilfe der Einstellschraube

29 Kontrollieren Sie genauso das Ventilspiel der Auslassventile von Zylinder 3 und 6 sowie der Einlassventile von Zylinder 1, 2 und 4. Beachten Sie, dass Ein- und Auslassventile unterschiedliche Ventilspiel-Werte haben. Einlassventile sitzen zur Mittelachse des Motors hin, wogegen Auslassventile außen sitzen (siehe Abbildung).

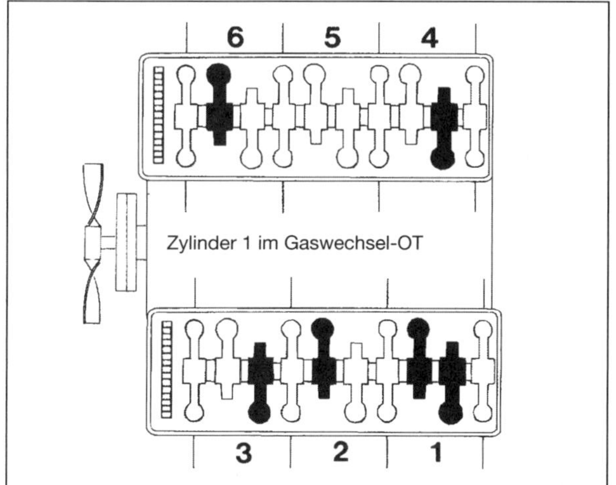

32.29 Wenn Zylinder Nr. 1 im Verdichtungs-OT steht, kann an allen schwarz markierten Kipphebeln das Ventilspiel eingestellt werden.

30 Drehen Sie die Kurbelwelle eine volle Umdrehung (360°) im Uhrzeigersinn, sodass die Nut am Kurbelwellen-Riemenrad wieder zur »0« an der Steuerzeiten-Skala ausgerichtet ist, diesmal die Kipphebel über Zylinder Nr. 1 jedoch kein Spiel aufweisen. In dieser Position kann das Ventilspiel der Auslassventile von Zylinder 2, 4 und 5 sowie der Einlassventile von Zylinder 3, 5 und 6 kontrolliert werden (siehe Abbildung).

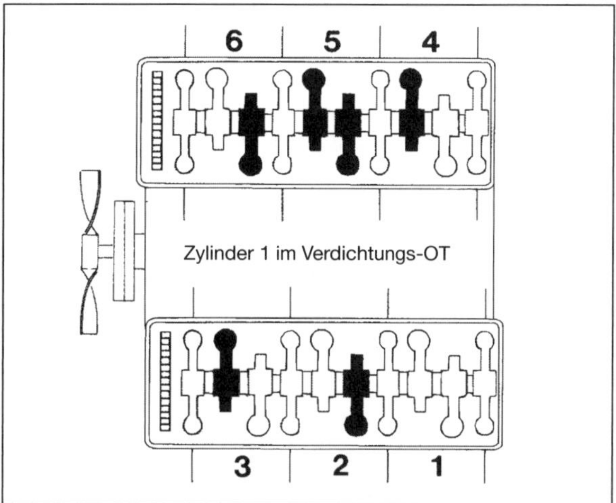

32.30 Wenn Zylinder Nr. 1 im Gaswechsel-OT steht (beide Ventile leicht geöffnet, kann an allen schwarz markierten Kipphebeln das Ventilspiel eingestellt werden.

31 Kontrollieren Sie zum Schluss noch einmal das Spiel aller Ventile, drehen Sie dazu die Kurbelwelle jeweils eine volle Umdrehung weiter.

32 Installieren Sie die Ventildeckel mit neuen Dichtungen.

33 Montieren Sie alle entfernten Baugruppen in der umgekehrten Ausbaureihenfolge. Spannen Sie ggf. den Riemen des Klimaanlagen-Kompressors (siehe Sektion 9).

34 Starten Sie den Motor und prüfen Sie, ob die Ventildeckeldichtungen dicht halten.

33 Motor – Kompressionsprüfung

Wechseln Sie hierfür je nach Motortyp zu Kapitel 2A oder 2B.

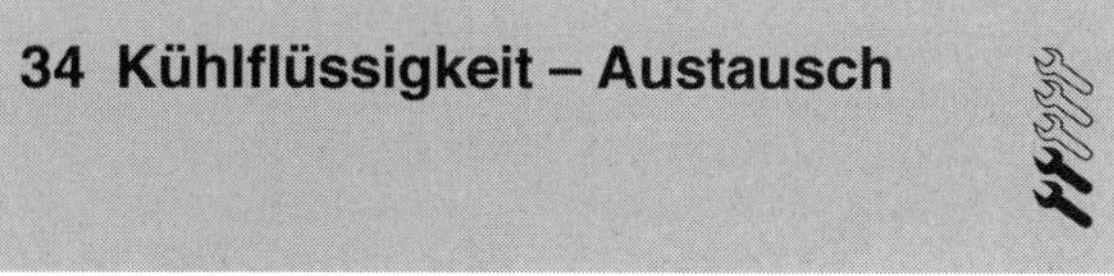

34 Kühlflüssigkeit – Austausch

Warnung: Diese Arbeit darf erst ausgeführt werden, wenn der Motor abgekühlt ist. Lassen Sie Frostschutzmittel nicht auf die Haut oder lackierte Teile des Fahrzeugs gelangen. Spülen Sie Spritzer umgehend mit reichlich Wasser ab. Kühlmittel darf niemals in offenen Behältern gelagert werden – es ist giftig und kann durch seinen süßlichen Geruch Kindern und Tieren zum Verhängnis werden.

Ablassen

1 Um das Kühlmittel abzulassen, muss zuerst der Deckel des Ausgleichsbehälters entfernt werden (siehe Wöchentliche

Kontrollen). Schieben Sie den Heizungsregler in die »Heiß«-Position.

2 Falls mehr Platz benötigt wird, kann das Fahrzeug vorne angehoben und sicher abgestützt werden (siehe Seite 353).

3 Falls vorhanden, muss unter dem Motor die Schutzwanne entfernt werden. Stellen Sie einen ausreichend großen Behälter unter den Kühler. Lockern Sie die Schelle des unteren Kühlerschlauchs und ziehen Sie den Schlauch vom Stutzen. Lassen Sie das Kühlmittel in den Sammelbehälter ablaufen.

4 Wenn der Kühler von Vierzylindermotoren entleert ist, wird der Sammelbehälter rechts unter den Motor verschoben und die Ablassschraube am Zylinderblock gelöst. Bei frühen V6-Motoren gibt es an jedem Zylinderblock eine Ablassschraube, wogegen bei späteren V6-Motoren die Ablassschraube des linken Blocks durch eine Anschlussschraube des Ölkühlkreislaufs ersetzt wurde. Entleeren Sie den linken Zylinderblock, indem Sie diese Anschlussschraube lockern.

Spülen

5 Weil der Kühler mit der Zeit durch Rost, Rückständen aus dem Wasser und andere Ablagerungen verstopft wird und dadurch langsam seine Wirkung verliert, muss nicht nur hochwertiges Frostschutzmittel und weiches Wasser verwendet werden, sondern das Kühlsystem nach dem Austausch irgendeines seiner Bauteile oder des Kühlmittels auch gespült werden.

6 Nachdem das Kühlmittel abgelassen ist, werden der Schlauch aufgesteckt und gesichert sowie die Ablassschrauben installiert. Füllen Sie das Kühlsystem mit Frischwasser, installieren Sie den Deckel des Ausgleichsbehälters und starten Sie den Motor. Sobald der Motor Betriebstemperatur erreicht hat, wird der Motor wieder abgeschaltet und dem Kühlmittel Zeit zum Abkühlen gegeben. Entleeren Sie das Kühlsystem erneut. Wiederholen Sie diese Prozedur nötigenfalls, bis nur noch klares Wasser abgelassen wird. Füllen Sie das System anschließend mit dem vorgeschriebenen Kühlmittel auf (siehe Sektion 5)

7 Wenn stets hochwertiges Frostschutzmittel und sauberes weiches Wasser verwendet und regelmäßig gewechselt wurde, sollte die oben beschriebene Prozedur ausreichen, das Kühlsystem für lange Zeit sauber zu halten. Falls jedoch das System vernachlässigt wurde, muss die folgende gründlichere Reinigung durchgeführt werden:

8 Lassen Sie zuerst das Kühlmittel ab und befreien Sie dann auch den oberen Schlauch vom Kühler. Halten Sie jetzt einen Gartenschlauch in den Kühlerstutzen und lassen Sie solange Wasser durch den Kühler laufen, bis es unten klar austritt.

9 Zum Spülen des Motors wird der Schlauch in den Auslassstutzen des Thermostaten gehalten und solange gespült, bis am unteren Kühlerschlauch klares Wasser austritt. Falls das Wasser auch nach längerer Zeit nicht klar wird, muss das System mit speziellem Kühler-Reinigungsmittel gespült werden.

10 Bei besonders stark verschmutzten Kühlern kann ein Spülvorgang in umgekehrte Richtung nötig werden. Bauen Sie hierzu den Kühler aus (siehe Kapitel 3), drehen Sie ihn auf den Kopf und halten Sie den Gartenschlauch zum Spülen in den unteren Stutzen. Lassen Sie wieder solange Wasser durch den Kühler laufen, bis es oben klar austritt. Eine ähnliche Methode kann zum Spülen des Heizungssystems eingesetzt werden.

11 Der Einsatz chemischer Reinigungsmittel sollte nur als letzte Möglichkeit in Betracht gezogen werden. Normalerweise reicht ein regelmäßiger Wechsel des Kühlmittels aus, um keine übermäßigen Ablagerungen entstehen zu lassen.

Auffüllen

12 Nachdem das Kühlsystem entleert und gespült ist, müssen alle Schläuche wieder aufgeschoben und gesichert werden; das gleiche gilt für die Ablassschraube(n) am Zylinderblock. Montieren Sie ggf. die Schutzwanne unter dem Motor. Senken Sie ggf. das Fahrzeug wieder auf den Boden ab.

13 Bereiten Sie eine ausreichende Menge Kühlmittel vor (siehe Sektion 5) – mit etwas mehr kann das System später nachgefüllt werden.

14 Füllen Sie das Kühlsystem langsam über den Ausgleichsbehälter auf. Weil der Behälter der höchste Punkt des Kühlsystems ist, wird durch den steigenden Pegel sämtliche Luft hier hinein gedrückt. Langsames Auffüllen vermindert das Risiko, dass Luftblasen im Kühlsystem hängen bleiben.

15 Füllen Sie den Behälter auf, bis der Pegel an der MAX-Markierung liegt. Installieren Sie dann den Ausgleichsbehälter-Deckel, um kein Kühlmittel zu verspritzen.

16 Starten Sie den Motor und lassen Sie ihn im Standgas laufen, bis er Betriebstemperatur erreicht hat. Falls der Pegel im Ausgleichsbehälter deutlich abfällt, muss er bis zur MAX-Markierung aufgefüllt werden, damit keine neue Luft ins Kühlsystem gelangt.

17 Schalten Sie den Motor ab und lassen Sie ihn (möglichst über Nacht) abkühlen. Öffnen Sie den Ausgleichsbehälter-Deckel und füllen Sie den Behälter bis zur MAX-Markierung auf. Installieren Sie den Deckel und drehen Sie ihn sorgfältig fest. Waschen Sie im Motorraum und auf der Karosserie verschüttetes Kühlmittel ab.

18 Kontrollieren Sie alle Komponenten des Kühlsystems sorgfältig auf Undichtigkeiten – achten Sie besonders auf zuvor gelöste Schläuche und Schrauben. Frisches Kühlmittel hat gute Kriecheigenschaften, sodass sich rasch jedes Leck im Kühlsystem zeigt.

Anmerkung: *Falls das Kühlsystem nach dem Wechsel des Kühlmittels überhitzt (und dies vorher nicht geschah), wird dies mit Sicherheit an Luftblasen liegen, die nicht entweichen können und den Kreislauf der Flüssigkeit behindern. Luftblasen entstehen zumeist durch zu schnelles Auffüllen des Systems. Manchmal lassen sie sich durch Abklopfen oder Quetschen der Kühlerschläuche entfernen. Falls das Problem weiter besteht, muss der Motor abgeschaltet und nach dem Abkühlen des Kühlmittels der Ausgleichsbehälter-Deckel entfernt oder Schläuche abgezogen werden, um Luft entweichen zu lassen.*

35 Bremsflüssigkeit – Austausch

Warnung:

• Bremsflüssigkeit kann zu Augenverletzungen führen und Lackoberflächen angreifen, bewahren Sie deshalb beim Umgang hiermit größte Sorgfalt.

• Benutzen Sie keine Bremsflüssigkeit, die längere Zeit offen gestanden hat, da sie Feuchtigkeit aus der Luft absorbiert, was zu einem gefährlichen Verlust an Bremswirkung führen kann.

Die Prozedur ähnelt dem Entlüften der Bremse, wie in Kapitel 9 beschrieben. Nur wird hier der Ausgleichsbehälter entleert – möglichst durch Abpumpen. Füllen Sie frische Bremsflüssigkeit auf und pumpen Sie sie solange durch, bis sämtliche alte Flüssigkeit aus dem System gepumpt ist. Füllen Sie dabei regelmäßig frische Bremsflüssigkeit nach.

Alte Bremsflüssigkeit ist deutlich dunkler als frische. Pumpen Sie solange Bremsflüssigkeit heraus, bis helle Flüssigkeit austritt.

Alle 80 000 km oder spätestens nach 4 Jahren

36 Wechsel des Steuerriemens (Vierzylindermotoren)

Bei allen Vierzylindermotoren wird die Nockenwelle mithilfe eines abgedeckten Zahnriemens angetrieben. Nachdem dieser Steuerriemen ersetzt und gespannt ist, muss er je nach Motortyp zu einem bestimmten Zeitpunkt nachgespannt werden. B 234 F-Motoren sind zudem mit einem Ausgleichswellen-Zahnriemen ausgerüstet, der zusammen mit dem Steuerriemen gewechselt werden sollte. Details zum Austausch und Spannen der Riemen finden sich in Kapitel 2A, Sektion 4).

Kapitel 2, Teil A

Reparaturen am eingebauten Vierzylindermotor

Inhalt **Sektion**

Schwierigkeitsgrade

Leicht. Geeignet für Anfänger mit wenig Erfahrung. 	**Relativ leicht.** Geeignet für Anfänger mit etwas Erfahrung. 	**Relativ schwierig.** Geeignet für geübte Selbstschrauber. 	**Schwer.** Geeignet für Selbstschrauber mit viel Erfahrung. 	**Sehr schwer.** Geeignet für Experten und Profis. 

Technische Daten

Motor (allgemein)

Identifikation
- B 23 ET . . . . OHC, Einspritzung, Turbolader, bis 1984
- B 230 E . . . . OHC, Einspritzung, Saugmotor, ab Modelljahr 1985
- B 230 ET . . . . OHC, Einspritzung, Turbolader, ab Modelljahr 1985
- B 230 K . . . . OHC, Vergaser, Saugmotor, ab Modelljahr 1985
- B 200 E . . . . OHC, Einspritzung, Saugmotor, ab Modelljahr 1987
- B 234 F . . . . DOHC-Vierventiler, Einspritzung, Saugmotor, ab Modelljahr 1988

Bohrung
- Alle, außer B 200 E . . . . 96,0 mm
- B 200 E . . . . 88,9 mm

Hub . . . . 80 mm

Hubraum
- Alle, außer B 200 E . . . . 2216 cm³
- B 200 E . . . . 1986 cm³

Verdichtungsverhältnis
- B 23 ET und B 230 ET . . . . 9,0 : 1
- B 230 E und B 230 K . . . . 10,3 : 1
- B 200 E und B 234 F . . . . 10,0 : 1

Verdichtungsdruck
- Messwert . . . . 9 bis 11 bar
- Unterschiede zwischen Zylindern . . . . 2 bar (max.)

Zündfolge . . . . 1-3-4-2 (Nr. 1 vorne)

Kurbelwellen-Drehrichtung . . . . im Uhrzeigersinn (von vorne betrachtet)

Ventilspiel . . . . siehe Kapitel 1

Technische Daten

Nockenwellen

Identifikationsbuchstaben (angebracht am Ende)

B 23 ET	B
B 230 E	V
B 230 ET	A
B 230 K	X
B 200 E	V
B 234 F	U1 (Einlass), U (Auslass)

Ventilhub (max.)

A	10,50 mm
B	10,60 mm
V	11,37 mm
X	10,65 mm
U1/U	9,38 mm
Lagerzapfen-Durchmesser	29,95 bis 29,97 mm

Lager – Radialspiel

Neu	0,030 bis 0,071 mm
Verschleißgrenze (max.)	0,15 mm

Axialspiel

B 23 / 200 / 230	0,1 bis 0,4 mm
B 234 F	0,05 bis 0,4 mm

Stößel

Durchmesser	36,975 bis 36,995 mm
Höhe	30,000 bis 31,000 mm
Shim-Spiel im Sitz	0,009 bis 0,064 mm

(B 234 F-Motoren sind mit Hydrostößeln ausgerüstet, die keine Shims erfordern)

Ausgleichswelle (nur B 234 F)

Axialspiel	0,06 bis 0,09 mm

Schwungscheibe

Verzug	0,02 mm pro 100 mm Durchmesser

Schmiersystem (B 23 / 200 / 230)

Ölpumpe – Typ	Außenzahnradpumpe, über Zwischenwelle angetrieben
Öldruck (Motor warm, bei 2000/min)	2,5 bis 6,0 bar

Ölpumpen-Spiel

Axialspiel	0,02 bis 0,12 mm
Radialspiel	0,02 bis 0,09 mm
Totgang	0,15 bis 0,35 mm
Antriebsrad-Lagerspiel	0,032 bis 0,070 mm
Zwischenrad-Lagerspiel	0,014 bis 0,043 mm
Überdruckventil – freie Federlänge	39,2 mm

Schmiersystem (B 234 F)

Ölpumpe – Typ	Eaton-Rotorpumpe, über Nockenwellen-Steuerriemen angetrieben

Öldruck

bei 900/min	1,0 bar (min.)
bei 2000/min	2,5 bar (min.)
bei 3000/min	5,0 bar (min.)
Maximal (Überdruckventil öffnet)	8,0 bar
Ölpumpen-Axialspiel (Pumpe trocken)	0,05 bis 0,10 mm

Überdruckventilfeder

Freie Länge	47,6 mm
Länge bei 44 ± 4 N	32 mm
Länge bei 61 ± 6 N	26 mm

Anzugsdrehmomente*

Zylinderkopfschrauben

Schritt 1	20 Nm

Technische Daten

B 23 / 200 / 230	
Schritt 2	60 Nm
Schritt 3	um 90° weiter
B 234 F	
Schritt 2	40 Nm
Schritt 3	um 115° weiter
Hauptlagerdeckel	110 Nm
Pleuellagerdeckel (B 23-Motor)	
Neue Schrauben	70 Nm
Gebrauchte Schrauben	63 Nm
Pleuellagerdeckel (B 200 /230 / 234 F)**	
Schritt 1	20 Nm
Schritt 2	um 90° weiter
Schwungscheibe/Antriebsflansch (mit neuen Schrauben!)	70 Nm
Nockenwellenrad	50 Nm
Zwischenwellenrad (B 23 / 200 / 230)	50 Nm
Ölpumpen-Riemenrad (B 234 F)	
Schritt 1	20 Nm
Schritt 2	um 60° weiter
Nockenwellen-Lagerdeckel	20 Nm
Nockenwellenträger, zentral verschraubte Verbindung (B 234 F)	20 Nm
Kurbelwellenrad/Riemenrad-Schraube (B 23)	165 Nm
Kurbelwellenrad/Riemenrad-Schraube (B 200 / 230 / 234 F)	
Schritt 1	60 Nm
Schritt 2	um 60° weiter
Nockenwellen-Steuerriemen	
Zwischen-Riemenräder	25 Nm
Spanner-Kontermutter (B 23 / 200 / 230)	50 Nm
Automatischer Spanner (B 234 F)	
Riemenrad-Arm	40 Nm
Befestigungsschrauben	
oben	25 Nm
unten	50 Nm
Ausgleichswelle (B 234 F)	
Riemenrad-Schraube	50 Nm
Riemenspanner-Sicherungsschraube	40 Nm
Schraubverbindung zwischen zwei Gehäusehälften	
Schritt 1 (Gehäuse vom Zylinderblock entfernt)	5 Nm
Schritt 2 (Gehäuse am Zylinderblock)	8 Nm
Zylinderblockschrauben	
Schritt 1	20 Nm
Schritt 2 (lockern, dann wieder anziehen)	10 Nm
Schritt 3	um 90° weiter
Ölpumpe, Zylinderblock-Schrauben (B 234 F)	10 Nm
Öl-Überdruckventil (B 234 F)	40 Nm
Ölwannenschrauben	11 Nm

* *mit geölten Gewinden, wenn nicht anders erwähnt.*
** *Schrauben, die länger als 55,5 mm sind, müssen erneuert werden.*

1 Allgemeine Informationen

Der Zweck dieses Kapitels

Dieser Teil von Kapitel 2 beinhaltet Reparaturen, die bei im Fahrzeug montierten Vierzylindermotoren (2,0 und 2,3 Liter Hubraum) durchgeführt werden können. Falls der Motor ausgebaut und entsprechend freigelegt ist, können nicht zutreffende Schritte ignoriert werden. Arbeiten an V6-Motoren sind in Kapitel 2B beschrieben.

Obwohl es technisch möglich ist, Bauteile wie Kolben und Pleuelstangen bei eingebauten Motor zu überholen, werden solche Tätigkeiten normalerweise nicht als separate Arbeiten durchgeführt. Üblicherweise müssen verschiedene weitere Prozeduren (nicht zu vergessen die Reinigung von Bauteilen und Ölkanälen) durchgeführt werden, sodass solche Aufgaben zu den größeren Überholprozessen gezählt werden, die in Kapitel 2C beschrieben sind.

Teil C beinhaltet den Ausbau des Motors samt Getriebe aus dem Fahrzeug und die dann mögliche Komplettüberholung.

Motoren – Beschreibung

Alle Vierzylindermotoren sind wassergekühlt und längs stehend im Fahrzeug montiert.

Motoren der Serien B 23, B 230 und B 234 F haben 2316 cm³ Hubraum, wogegen B 200-Triebwerke über 1986 cm³ Hubraum verfügen; erreicht wird dies mit kleineren Zylinderbohrungen.

Der Antrieb der einzelnen obenliegenden Nockenwelle (OHC) bei B 23 / 200 / 230-Motoren und der zwei obenliegenden Nockenwellen (DOHC) bei B 234 F-Motoren erfolgt über einen Zahnriemen. Dieser Steuerriemen greift auch über ein Riemenrad, das die Ölpumpe antreibt, das außer bei B 234 F-Motoren auf einer Zwischenwelle sitzt, die im Motorblock die Ölpumpe und bei B 23-Motoren zudem den Zündverteiler antriebt. B 234 F-Motoren haben keine Zwischenwelle; ihre Ölpumpe sitzt außen am Motor und wird direkt angetrieben. Andere Aggregate werden von der Kurbelwelle aus über Keilriemen angetrieben.

B 234 F-Motoren verfügen an beiden Seiten des Motors über je eine Ausgleichswelle, die Vibrationen reduzieren soll. Diese werden über einen weiteren Zahnriemen angetrieben, der hinter dem Steuerriemen liegt.

Der Zylinderblock besteht aus Gusseisen, in den aus einer Aluminium-Legierung bestehenden Querstrom-Zylinderkopf sind die Ventilführungen und Ventilsitze eingepresst. Die Einlasskanäle befinden sich links, die Auslasskanäle rechts. Die zwei Nockenwellen des B 234 F-Motors liegen in einem eigenen Gehäuse, das oben auf den Zylinderkopf geschraubt ist; bei den anderen Motoren liegt die einzelne Nockenwelle direkt im Zylinderkopf.

Die Kurbelwelle des komplett gleitgelagerten Motors läuft in fünf Lagerschalen. Ihr Axialspiel wird durch Anlauf-Flansche am Lager Nr. 5 (B 23 und B 234 F) bzw. durch eine separate Anlaufscheibe am Hauptlager Nr. 3 (B 200 / 230) begrenzt. Auch im unteren Pleuelauge sitzen Lagerschalen, die auf den Hubzapfen drehen.

Die Nockenwelle wirkt direkt über Stößel auf die Ventile. Oben auf den Stößeln liegen Shims, mit denen das Ventilspiel bestimmt wird; bei B 234 F-Motoren sind Hydrostößel montiert, die das Ventilspiel selbstständig per Öldruck ausgleichen.

Das Schmiersystem besteht aus einem Druckumlaufsystem. Die Ölpumpe ist bei B 23 / 200 / 230-Motoren eine Außenzahnradpumpe, wogegen bei B 234 F-Motoren eine Eaton-Rotorpumpe zum Einsatz kommt. Das Öl wird in der Ölwanne angesaugt und durch einen Hauptstromfilter gepumpt, bevor es zu den diversen Lagerstellen und in den Ventiltrieb gelangt. Manche Modelle sind mit einem externen Ölkühler ausgerüstet, der neben dem Wasserkühler sitzt. Turbo-Modelle verfügen zudem über ein Schmiersystem für die Turbolader-Lager.

Obwohl B 200 / 230-Motoren dank zahlreicher neu konstruierter Teile deutlich moderner sind als B 23-Triebwerke, sind sie nahezu identisch aufgebaut. Signifikante Unterschiede finden sich in den technischen Daten der entsprechenden Kapitel.

Der extrem sanft laufende B 234 F-Motor stellt mit seinem DOHC-Vierventil-Zylinderkopf samt Hydrostößeln und Ausgleichswellen einen echten technischen Fortschritt dar.

Reparaturen, die bei eingebautem Motor möglich sind

Die folgenden Arbeiten können erledigt werden, ohne dass der Motor dafür aus dem Fahrzeug ausgebaut werden muss:

a) Kompressionsprüfung
b) Ventildeckel – Ausbau und Einbau
c) Steuerriemen – Ausbau, Einbau und Spannen
d) Nockenwellen- / Ausgleichswellen- / Zwischenwellen-Dichtringe – Ersetzen
e) Nockenwelle(n) und Stößel – Ausbau, Kontrolle und Einbau
f) Zylinderkopf – Ausbau und Einbau
g) Zylinderkopf und Kolben – Ablagerungen entfernen
*h) Ölwanne – Ausbau und Einbau**
*i) Ölpumpe – Ausbau, Kontrolle und Einbau**
j) Kurbelwellen-Dichtringe – Ersetzen
k) Schwungscheibe / Antriebsflansch – Ausbau, Kontrolle und Einbau
l) Ausgleichswellen – Ausbau, Kontrolle und Einbau
m) Motorhalterungen – Ausbau und Einbau

** Die Demontage der Ölwanne ist bei eingebautem Motor möglich, doch dies erfordert eine immense Vorbereitung – siehe Sektion 8. Außer bei B 234 F-Motoren muss für den Zugang zur Ölpumpe die Ölwanne entfernt werden.*

2 Kompressionsprüfung – Beschreibung und Auswertung

1 Wenn die Motorleistung sinkt oder Fehlzündungen entstehen, die nicht auf das Zünd- oder Kraftstoffsystem zurückzuführen sind, kann eine Kompressionsprüfung Hinweise auf den Zustand des Motors liefern. Wenn dieser Test regelmäßig durchgeführt wird, kann er vor Problemen warnen, bevor andere Symptome offensichtlich werden.

2 Der Motor muss vollständig auf Betriebstemperatur gebracht werden und die Batterie muss komplett geladen sein. Für den Test wird ein Assistent benötigt.

3 Bauen Sie alle Zündkerzen aus (siehe Kapitel 1). Deaktivieren Sie das Zündsystem, indem Sie die Stromversorgung der Zündspule trennen.

4 Drehen Sie den passenden Adapter in das Zündkerzengewinde von Zylinder Nr. 1 und schließen Sie den Kompressionsprüfer an.

5 Lassen Sie den Assistenten auf dem Fahrersitz Platz nehmen und das Gaspedal durchdrücken. Gleichzeitig muss er den Motor mit dem Anlasser durchdrehen – nach ein bis zwei Umdrehungen sollte der Kompressionsdruck seinen maximalen Wert erreicht haben und sich dort stabilisieren. Notieren Sie den höchsten gemessenen Wert.
6 Wiederholen Sie den Test an den anderen Zylindern und notieren Sie alle Messwerte.
7 Alle Zylinder sollten ähnliche Kompressionswerte erreichen – Unterschiede von mehr als 2 bar weisen auf einen Defekt hin. Beachten Sie, dass sich die Kompression in einem gesunden Motor sehr schnell aufbaut; niedrige Kompression im ersten Kolbenhub gefolgt von schrittweisen Anstiegen in den folgenden Hüben weist auf verschlissene Kolbenringe hin. Niedrige Kompression im ersten Kolbenhub, der auch in den folgenden Hüben keine höheren Werte folgen, weisen auf verschlissene Ventile oder eine durchgebrannte Zylinderkopfdichtung hin (ein Riss im Zylinderkopf kann auch möglich sein). Ablagerungen an den Ventilen können ebenfalls zu niedriger Kompression führen.
8 Falls der Druck in einem Zylinder zu niedrig ist, muss der folgende Test durchgeführt werden, um den Grund herauszufinden: Füllen Sie einen Teelöffel Motoröl durch das Zündkerzenloch ein und wiederholen Sie den Test.
9 Wenn das zugegebene Öl den Kompressionsdruck zeitweise erhöht, werden der Kolben oder die Zylinderbohrung verschlissen sein. Keine Druckveränderung lässt auf undichte oder verbrannte Ventile oder auf eine schadhafte Zylinderkopfdichtung schließen.
10 Niedrige Drücke in zwei benachbarten Zylindern weist fast immer darauf hin, dass die Kopfdichtung zwischen ihnen durchgebrannt ist – Kühlmittel im Motoröl bestätigt dies.
11 Wenn ein Zylinder um etwa 20% unter den anderen liegt und der Motor im Standgas etwas unrund läuft, kann ein verschlissener Nocken die Ursache hierfür sein.
12 Falls die Kompression ungewöhnlich hoch ist, haben sich wahrscheinlich Kohleablagerungen in den Brennräumen gebildet. In diesem Fall muss der Zylinderkopf demontiert und samt Kolbenboden gereinigt werden.
13 Nach Beendigung des Tests werden die Zündkerzen installiert und das Kabel der Zündspule wieder angeschlossen.

3 Ventildeckel – Ausbau und Einbau

Ausbau

1 Trennen Sie das Massekabel (–) der Batterie.
2 Die Zündkabel müssen markiert sein, um wieder korrekt angeschlossen zu werden (bringen Sie nötigenfalls eigene Markierungen an); ziehen Sie sie dann von den Zündkerzen. Befreien Sie auch den Zündkabel-Halter, falls dieser mit dem Ventildeckel verbunden ist.
3 Je nach Motortyp müssen die verschiedenen Unterdruck-, Entlüftungs- und Ladeluft-Schläuche und nötigenfalls auch der Gaszug entfernt werden, um Zugang zum Ventildeckel zu erhalten. Schrauben Sie ggf. auch das Sekundärluft-Ventil vom Ventildeckel.
4 Lösen Sie die Haltemuttern und heben Sie den Ventildeckel ab – beachten Sie die Positionen des Massebands, aller Halterungen und anderer Dinge (siehe Abbildungen). Stellen Sie die Ventildeckeldichtung sicher und kontrollieren Sie sie auf Schäden und Alterungserscheinungen – ersetzen Sie sie nötigenfalls.

3.4a Ventildeckel eines OHC-Motors

3.4b Ventildeckel des DOHC-Motors (B 234 F)

Einbau

5 Reinigen Sie die Dichtflächen des Zylinderkopfes und des Ventildeckels mit Lösungsmittel.
6 Legen Sie die Dichtung auf den Zylinderkopf – sie muss überall korrekt sitzen. 1987 wurde eine asbestfreie Ventildeckeldichtung eingeführt, bei der Silikon-Dichtmasse an den vorderen und hinteren Nockenwellen-Lagerdeckeln aufgetragen werden muss. Installieren Sie bei B 234 F-Motoren die Zündkerzenkanal-Dichtung mit der Markierung nach oben und dem Pfeil nach vorne.
7 Beim B 23-Motor und an der Auslass-Nockenwelle des B 234 F-Motors sitzt hinten in einem halbkreisförmigen Ausschnitt ein Gummistopfen – ersetzen Sie ihn, falls er locker sitzt.

3.7 Stecken Sie den Gummistopfen hinter der Nockenwelle ins Gehäuse.

8 Richten Sie den Ventildeckel über dem Zylinderkopf aus und installieren Sie die Muttern – vergessen Sie nicht den Zündkabelhalter und das Masseband.
9 Verbinden Sie die Zündkabel, Schläuche und alle anderen entfernten Bauteile. Schließen Sie die Batterie an und starten

Sie den Motor, um zu prüfen, ob die Ventildeckeldichtung ihren Zweck erfüllt.

4 Steuerriemen – Ausbau, Einbau und Spannen

Werkzeug-Tipp: *Zum Spannen der Riemen bei B 234 F-Motoren wird eine spezielle Messuhr benötigt, die bei Volvo unter der Teilenummer 998 8500 erhältlich ist.*

Ausbau

1 Trennen Sie das Massekabel (–) der Batterie.
2 Entfernen Sie den Nebenaggregate-Riemen (siehe Kapitel 1).
3 Wechseln Sie zu Kapitel 3 und demontieren Sie den per Visco-Kupplung angetriebenen Ventilator samt Lüfterhaube. Entfernen Sie ggf. den Spritzschutz unter dem Motor. Entfernen Sie bei B 200 / 230 / 234 F-Motoren auch das Wasserpumpen-Riemenrad.

Steuerriemen – B 23 / 200 / 230

4 Demontieren Sie die Steuerriemen-Abdeckung (bei B 200 / 300-Motoren muss zunächst nur die obere Hälfte entfernt werden).
5 Bringen Sie mithilfe eines an der Riemenradschraube der Kurbelwelle angesetzten Schlüssel den Motor in den Verdichtungs-OT (oberer Totpunkt) von Zylinder Nr. 1. Dies wird angezeigt, wenn sowohl die Markierung am Nockenwellenrad mit der Markierung an Ventildeckel oder der hinteren Riemenabdeckung als auch die Markierung an der Kurbelwellenrad-Führungsplatte und dem Dichtringgehäuse fluchtet (die untere Riemenradmarkierung kann auch nicht bei montiertem Riemenrad verwendet werden, da sich die Steuerzeiten-Skala an der Steuerriemen-Abdeckung befindet). Obwohl nicht von entscheidender Bedeutung, sollte auch die Position der Markierung am Zwischenwellenrad notiert werden (siehe Abbildung).

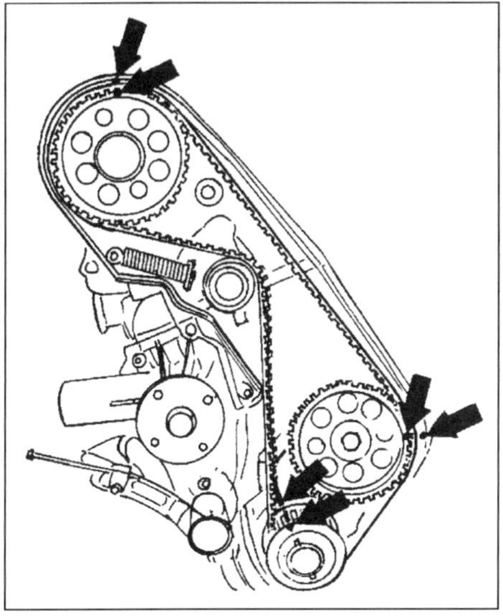

4.5 Riemenrad-Markierungen bei im Verdichtungs-OT stehenden Zylinder Nr. 1. Die Markierungen am Zwischenrad sind nicht entscheidend.

6 Bei B 200 / 230-Motoren muss der Anlasser (siehe Kapitel 5) oder die untere Schwungscheiben-Abdeckung demontiert werden. Lassen Sie einen Assistenten den Anlasserzahnkranz blockieren und lockern Sie an der Kurbelwelle die Riemenradschraube, ohne dabei die Kurbelwelle zu verdrehen. Entfernen Sie die Schraube und das Riemenrad, um dann die untere Hälfte der Zahnriemen-Abdeckung zu entfernen.
7 Falls bei B23-Motoren die Kurbelwellen-Riemenscheibe noch nicht zusammen mit dem Nebenaggregate-Riemen entfernt wurde, muss dies jetzt geschehen.
8 Lockern Sie die Riemenspanner-Mutter. Ziehen Sie am Riemen, um die Spannerfeder zu komprimieren und blockieren Sie den Spanner in dieser Position – entweder durch Anziehen der Mutter dagegen oder mithilfe eines in die Bohrung der Spannerschafts gesteckten Nagels oder Stifts (siehe Abbildungen).

4.8a Lockern Sie die Spannermutter . . .

4.8b . . . und stecken Sie einen Nagel oder Stift hinein, um die Feder zurückzuhalten.

9 Markieren Sie die Laufrichtung des Riemens, falls er wiederverwendet werden soll. Ziehen Sie ihn dann von den Riemenrädern und der Spannerrolle, um ihn zu entfernen. Drehen Sie danach nicht an der Kurbelwelle, der Nockenwelle oder der Zwischenwelle.
10 Drehen Sie die Spannerrolle, um sie auf rauen Lauf oder Wackeln zu prüfen – ersetzen Sie sie nötigenfalls.
11 Inspizieren Sie den Steuerriemen und ersetzen Sie ihn nötigenfalls – siehe Schritt 28.

Steuerriemen – B 234 F

12 Prüfen Sie zuerst, ob die obere Steuerriemen-Abdeckung auf einen automatischen Spanner hinweist (siehe Abbildung).
13 Lösen und entfernen Sie alle drei Steuerriemen-Abdeckungen, beginnen Sie mit der oberen (siehe Abbildung).

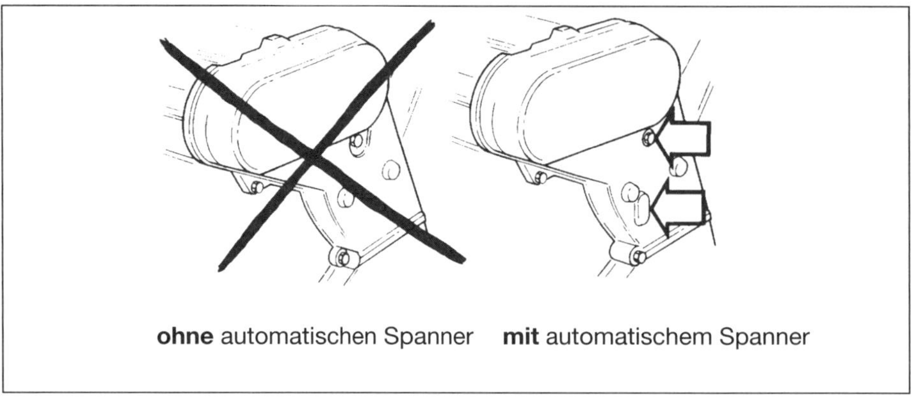

4.12 Steuerriemen-Abdeckungen des DOHC-Motors (B 234 F)

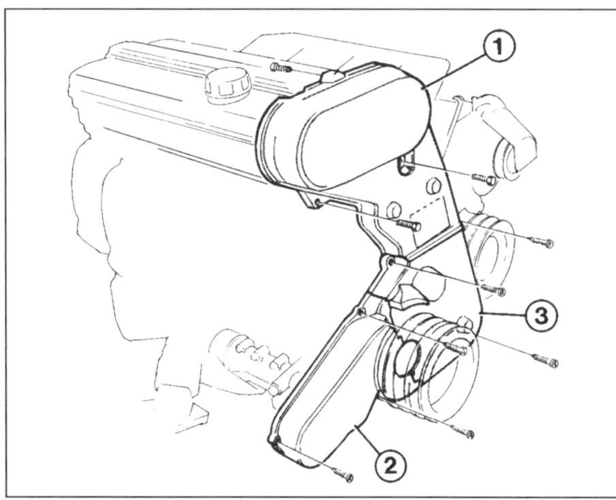

4.13 Die drei Steuerriemen-Abdeckungen des DOHC-Motors (B 234 F)

14 Bringen Sie mithilfe eines an der Riemenradschraube der Kurbelwelle angesetzten Schlüssel den Motor in den Verdichtungs-OT (oberer Totpunkt) von Zylinder Nr. 1. Dies wird angezeigt, wenn sowohl die Markierungen an den Nockenwellenrädern mit den Markierungen an der hinteren Riemenabdeckung fluchten und gleichzeitig die Markierungen an der Kurbelwellenrad-Führungsplatte gegenüber der OT-Markierung am Zylinderblock liegen (siehe Abbildung).

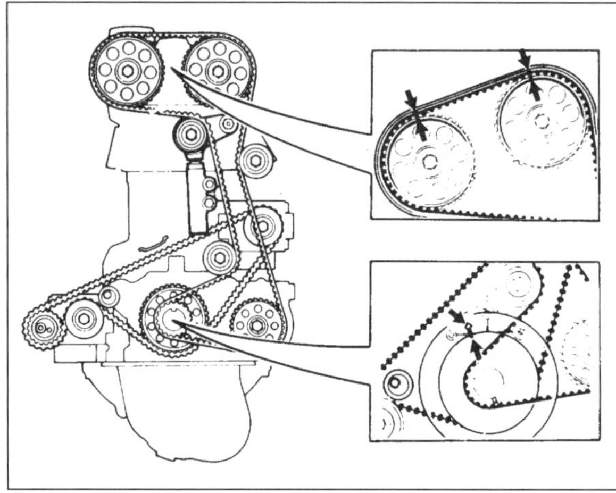

4.14 Riemenrad-Markierungen bei im Verdichtungs-OT stehenden Zylinder Nr. 1. (B 234 F)

15 Warten Sie bei Modellen mit automatischem Riemenspanner nach dem Drehen der Kurbelwelle etwa fünf Minuten, damit der Spanner sich setzt; kontrollieren Sie dann mit der Spezial-Messuhr 998 8500 die Riemenspannung, indem Sie diese zwischen dem Auslassnockenwellenrad und dem Spanner ansetzen. Notieren Sie das Ergebnis (siehe Abbildung). Wenn die Spannung in Ordnung ist, müssen an der Messuhr 3,0 bis 4,6 Einheiten abgelesen werden; bei anderen Ergebnissen muss der Spanner durch ein Neuteil ersetzt werden.

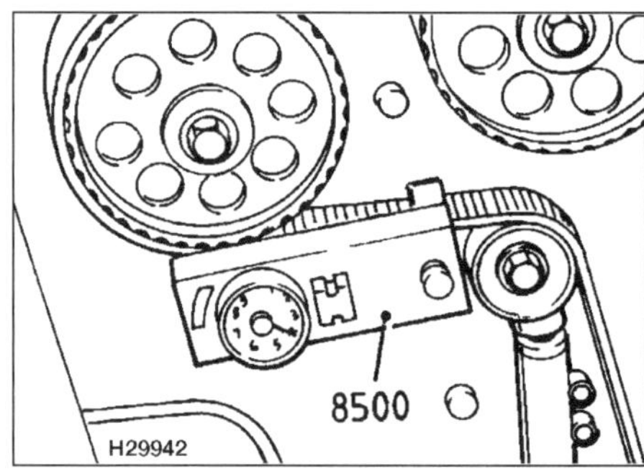

4.15 Messen Sie die Riemenspannung mithilfe eines Spannungs-Messgeräts.

16 Entfernen Sie bei Modellen mit automatischem Riemenspanner dessen obere Schraube, lockern Sie die untere Schraube und verdrehen Sie den Spanner, bis er frei ist und samt Schraube entfernt werden kann.

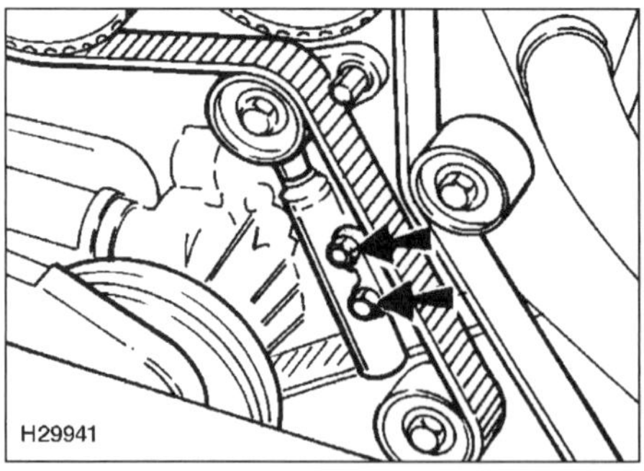

4.16 Ausbau des automatischen Spanners bei B 234 F-Motoren

17 Lockern Sie bei Modellen ohne automatischen Riemenspanner die Riemenspanner-Kontermutter (siehe Abbildung).

Ziehen Sie am Riemen, um die Spannerfeder zu komprimieren und blockieren Sie den Spanner in dieser Position – entweder durch Anziehen der Mutter dagegen oder mithilfe eines in die Bohrung der Spannerschafts gesteckten Nagels oder Stifts.

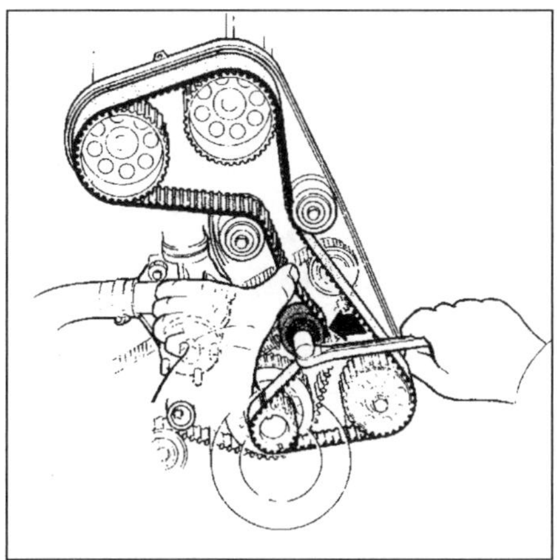

4.17 Lockern Sie die Riemenspanner-Kontermutter – B 234 F-Motoren ohne automatischen Spanner

18 Markieren Sie die Laufrichtung des Riemens, falls er wiederverwendet werden soll. Ziehen Sie ihn dann von den Riemenrädern und der Spannerrolle, um ihn zu entfernen. Drehen Sie danach nicht an der Kurbelwelle oder den Nockenwellen.
19 Drehen Sie die Spannerrolle und die Zwischenräder, um sie auf rauen Lauf oder Wackeln zu prüfen – ersetzen Sie sie nötigenfalls. Kontrollieren Sie die Zwischenrad-Befestigungen – sie müssen mit 50 Nm angezogen sein.
20 Ein Automatischer Riemenspanner muss überprüft und ggf. ersetzt werden. Klemmen Sie den Spanner in einen Schraubstock und pressen Sie den Kolben hinein, indem Sie die Kurbel alle fünf Sekunden um etwa 20° weiterdrehen. Der Kolben muss etwas Widerstand bieten. Ersetzen Sie den Spanner, wenn sich der Kolben widerstandslos eindrücken lässt, blockiert oder undicht ist. Stecken Sie einen 2 mm starken Arretierstift in den Kolben.
21 Inspizieren Sie den Steuerriemen und ersetzen Sie ihn nötigenfalls – siehe Schritt 28.

Ausgleichswellen-Riemen – B 234 F

22 Entfernen Sie den Nockenwellen-Steuerriemen (Schritt 12 ff.).
23 Demontieren Sie das Ausgleichswellenriemen-Zwischenrad (siehe Abbildung) und kontrollieren Sie die Oberfläche und sein Lager auf Verschleiß.
24 Lockern Sie die Riemenspanner-Kontermutter (siehe Abbildung).
25 Markieren Sie die Laufrichtung des Riemens, falls er wiederverwendet werden soll. Ziehen Sie ihn dann von den Riemenrädern und der Spannerrolle, um ihn zu entfernen.
26 Kontrollieren Sie das Lager des Spanners und inspizieren Sie die Wellendichtringe auf Undichtigkeit.
27 Prüfen Sie, ob die Ausgleichswellenmarkierungen mit dem Markierungen an der Rückwand fluchten (siehe Abbildung). Gleichzeitig müssen die Markierungen der Kurbelwelle gegenüber der OT-Markierung am Zylinderblock liegen.

Kontrolle – alle Modelle

28 Kontrollieren Sie den Steuerriemen – bei B 234 F-Modellen auch den Ausgleichswellenriemen – auf ungleichmäßigen Verschleiß, Risse oder Verölung. Achten Sie besonders auf die »Wurzeln« der Zähne. Beim geringsten Zweifel über den Zustand des Riemens muss er ersetzt werden. Falls der Motor überholt werden soll und mit dem vorhandenen Riemen mehr als 60 000 km gefahren wurde, sollte der Steuerriemen und ggf. der Ausgleichswellenriemen ungeachtet seines Zustands ersetzt werden. Die Kosten eines neuen Riemens sind nichts im Vergleich zum Preis eines Austauschmotors, da ein reißender Riemen schwere Motorschäden hervorrufen kann. Falls Hinweise auf Ölkontamination sichtbar werden, müssen die Ursachen hierfür gefunden und repariert werden. Waschen Sie die Umgebung des Riemen und alle anderen verölten Komponenten ab, um Ölreste zu beseitigen.

Einbau und Spannen

Ausgleichswellenriemen – B 234 F

29 Beachten Sie die Positionen der Markierungen A, B und C am Ausgleichswellenriemen (siehe Abbildung). Zwischen dem gelben Punkt A und dem blauen Punkt B liegen 18 Zähne, zwischen B und dem gelben Punkt C liegen 34 Zähne. Schieben Sie den Riemen vorsichtig unter das Kurbelwellenrad und stellen Sie sicher, dass der blaue Punkt B zur unten liegenden OT-Markierung an der Kurbelwellenrad-Führungsplatte fluchtet. Legen Sie den Riemen um die obere Ausgleichswelle an der Einlassseite, sodass der gelbe Punkt C zur Markierung des Rades fluchtet. Legen Sie den Riemen nun von oben über die untere Ausgleichswelle der Auslassseite, sodass der gelbe Punkt C zur Markierung des Rades fluchtet. Jetzt wird der Riemen um den Spanner gelegt. Kontrollieren Sie anschließend, ob alle Markierungen korrekt positioniert sind.
30 Spannen Sie den Riemen mithilfe eines in die Einstellbohrung (1) gesteckten Inbusschlüssels (siehe Abbildung). Drehen Sie die Kurbelwelle vorsichtig beide Richtungen einige Grade in vom OT weg, um sicherzugehen, dass der Riemen korrekt in die Riemenräder greift, bringen Sie sie dann wieder in die exakte OT-Position. Überprüfen Sie, ob die Einstellbohrung (1) ganz knapp unter der 3-Uhr-Position liegt, stecken Sie den Inbusschlüssel zum kontern hinein und ziehen Sie die Sicherungsschraube mit 40 Nm an.
31 Kontrollieren Sie die Riemenspannung mit der Spezial-Messuhr 998 8500 im Bereich des entfernten Zwischenrades (siehe Abbildung). Wenn die Spannung in Ordnung ist, müssen an der Messuhr 1 bis 4 Einheiten abgelesen werden. Liegt die Spannung außerhalb dieses Bereichs, muss der Riemen durch Wiederholung von Schritt 30 erneut gespannt werden. Installieren Sie noch nicht das Zwischenrad, da der Ausgleichswellenriemen nach der Montage des Steuerriemens ggf. noch einmal gespannt werden muss.

Steuerriemen – B 234 F

32 Stellen Sie zunächst sicher, dass das Kurbelwellenrad und beide Nockenwellenräder so positioniert sind, dass Zylinder Nr. 1 im Verdichtungs-OT steht (siehe Schritt 14). Schieben Sie den Riemen über die Räder und um die Rollen – achten Sie beim ggf. wiederverwendeten alten Riemen auf die korrekte Drehrichtung. Prüfen Sie anschließend die korrekte Ausrichtung der Steuerzeitenmarkierungen.

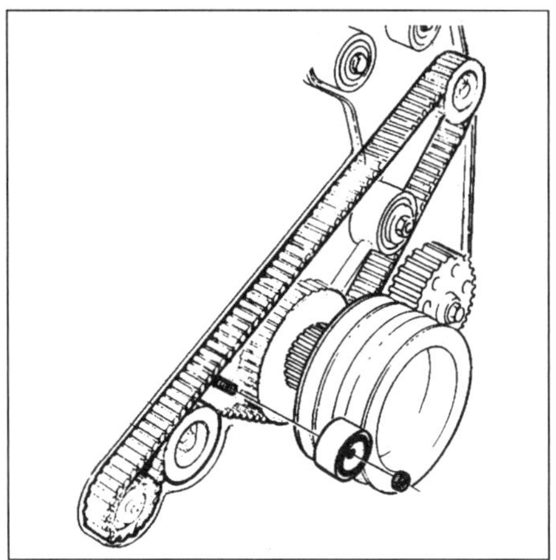

4.23 Ausbau des Ausgleichswellenriemen-Zwischenrads

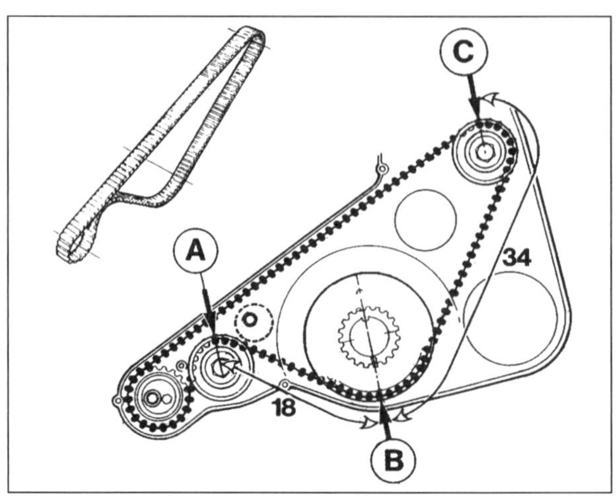

4.29 Ausgleichswellenriemen- und Riemenradmarkierungen

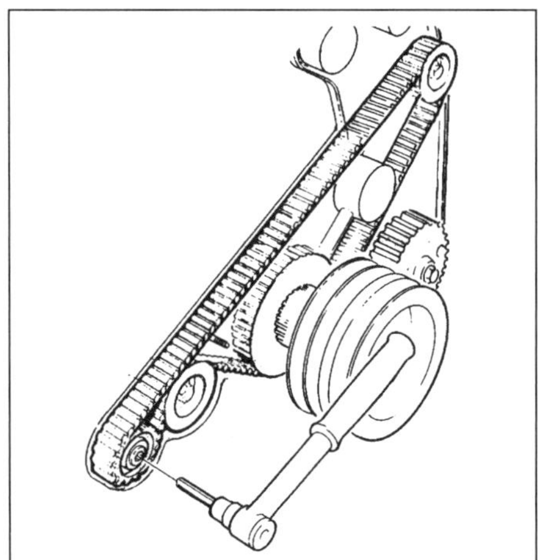

4.24 Lockern Sie die Riemenspanner-Kontermutter.

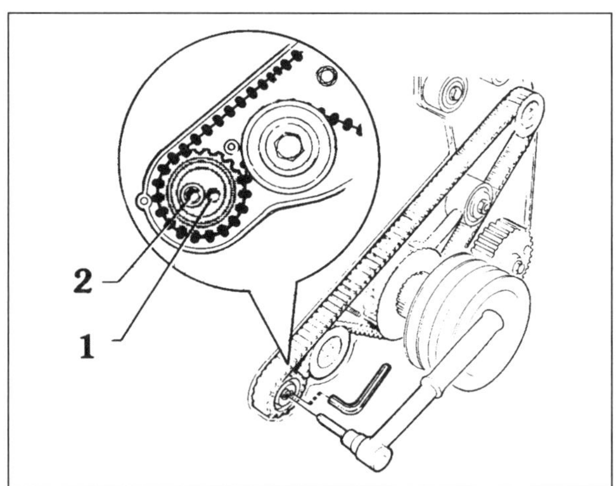

4.30 Ausgleichswellen-Riemenspanner

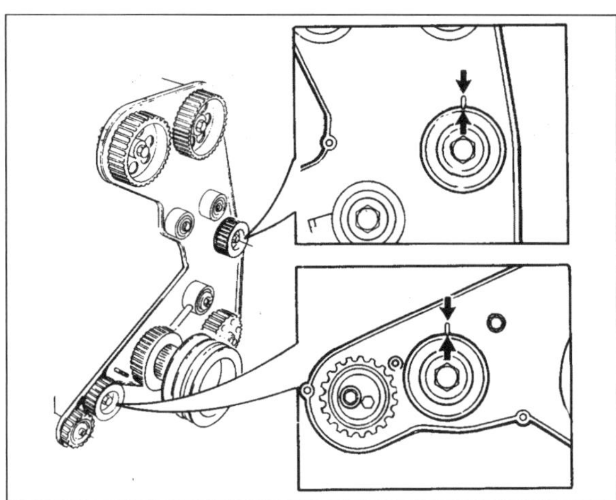

4.27 Ausgleichswellen-Markierungen

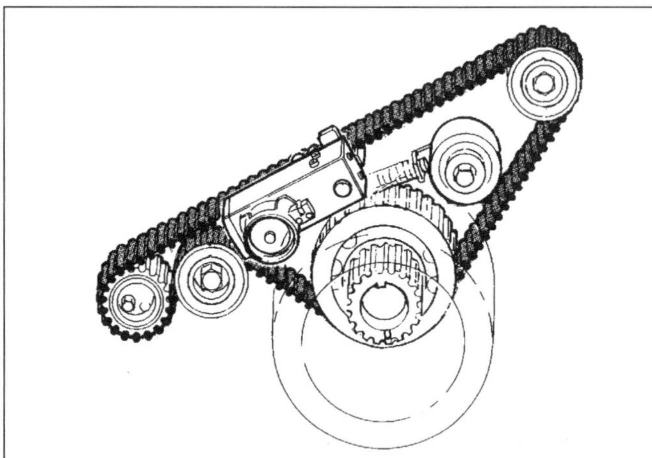

4.31 Kontrolle der Ausgleichswellenriemen-Spannung

33 Montieren Sie bei Modellen mit automatischem Spanner dieses Bauteil und installieren Sie die beiden Schrauben. Ziehen Sie die obere Schraube mit 25 und die untere mit 50 Nm an, entfernen Sie dann den Arretierstift. Drehen Sie die Kurbelwelle zwei Umdrehungen im Uhrzeigersinn und überprüfen Sie erneut die korrekte Ausrichtung der Steuerzeitenmarkierungen.

34 Lockern Sie bei Modellen ohne automatischen Spanner die Kontermutter des Spanners, sodass dieser entspannt ist. Drehen Sie die Kurbelwelle zwei Umdrehungen im Uhrzeigersinn und überprüfen Sie erneut die korrekte Ausrichtung der Steuerzeitenmarkierungen. Drehen Sie dann die Kurbelwelle ein kleines Stück weiter, bis die Nockenwellenmarkierungen 1,5 Zähne hinter den Gehäusemarkierungen liegen (siehe Abbildung); ziehen Sie die Spanner-Kontermutter an.

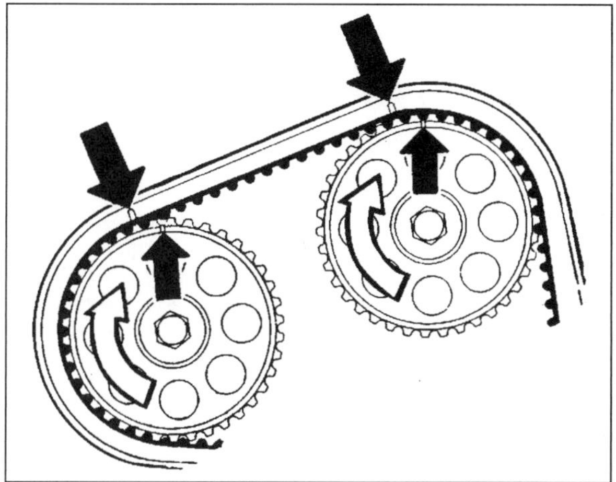

4.34 Nockenwellenrad-Markierungen 1,5 Zähne hinter den Gehäusemarkierungen

35 Kontrollieren Sie erneut die Spannung des Ausgleichswellenriemens (Schritt 31) – bei 20° C müssen 3,6 bis 4,0 Einheiten festgestellt werden. Ist die Spannung zu gering, muss sie durch Einstellen des Spanners im Uhrzeigersinn eingestellt werden; ist sie zu hoch, muss sie wie in Schritt 30 beschrieben angepasst werden.

36 Die Ausgleichswellenriemen-Führung muss an ihrem Platz sein (siehe Abbildung). Installieren Sie den mittleren Steuerriemen-Deckel, die Lüfterhaube, den Heizungsschlauch-Verbinder, den Kühlerventilator samt Kupplung und alle Nebenaggregat-Riemen. Schließen Sie das Massekabel an die Batterie an.

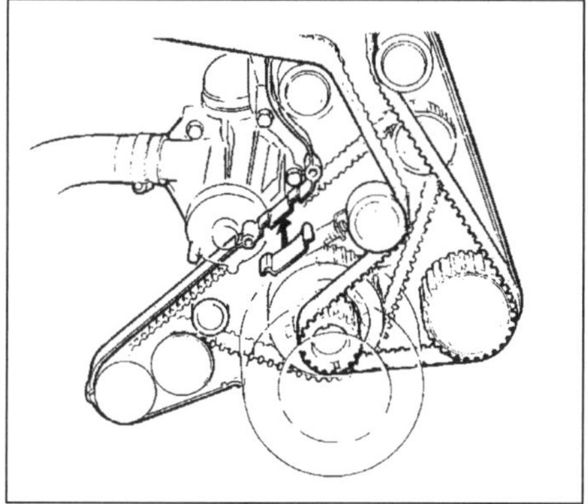

4.36 Ausgleichswellenriemen-Führung

37 Starten Sie den Motor und bringen Sie ihn auf Betriebstemperatur, schalten Sie ihn wieder ab. Bringen Sie den Motor noch einmal in den Verdichtungs-OT von Zylinder Nr. 1.

38 Kontrollieren Sie bei Modellen ohne automatischen Spanner erneut die Spannung des Steuerriemens, indem Sie die Messuhr zwischen dem Riemenrad der Auslassnockenwelle und dem Zwischenrad ansetzen – die Spannung muss bei 5,3 bis 5,7 Einheiten liegen; bei anderen Ergebnissen muss der Inspektionsstopfen vorne aus der Riemenabdeckung entfernt werden (siehe Abbildung). Lockern Sie erneut die Spannermutter und stecken Sie einen Schraubendreher zwischen das Spannerrad und den Stift des Federhalters. Wenn die Spannung zu gering ist, muss die Rolle bewegt werden, bis die Spannung bei 5,8 bis 6,2 Einheiten liegt. Wenn die Spannung zu hoch ist, muss sie auf 4,8 bis 5,2 Einheiten eingestellt werden. Ziehen Sie die Einsteller-Kontermutter wieder an. Drehen Sie die Kurbelwelle zwei volle Umdrehungen, bis der Motor erneut im Verdichtungs-OT von Zylinder Nr. 1 steht. Messen Sie wieder die Spannung – sie muss jetzt bei 5,3 bis 5,7 Einheiten liegen. Ist dies immer noch nicht der Fall, muss weiter justiert werden, bis dieser Wert erreicht ist – drehen Sie dabei jedes mal die Kurbelwelle zwei Umdrehungen weiter.

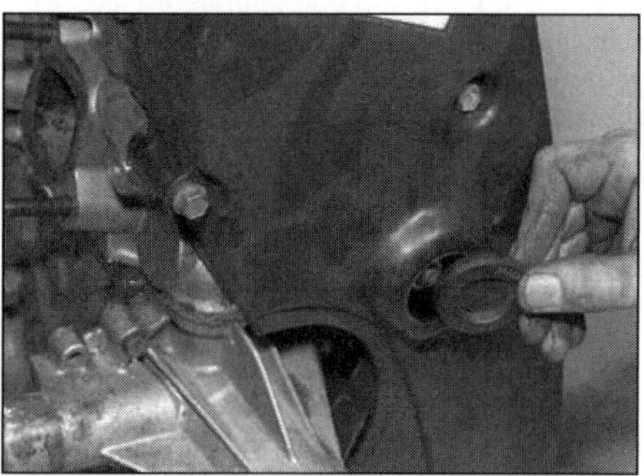

4.38 Inspektionsstopfen für die Spannermutter

39 Überprüfen Sie die Spannung des Ausgleichswellenriemens – es müssen 4,7 bis 5,1 Einheiten festgestellt werden. Ist die Spannung zu gering, muss sie durch Einstellen des Spanners im Uhrzeigersinn eingestellt werden; ist sie zu hoch, muss sie wie in Schritt 30 beschrieben angepasst werden. Drehen Sie nach jeder Einstellung die Kurbelwelle zwei volle Umdrehungen, bis der Motor erneut im Verdichtungs-OT von Zylinder Nr. 1 steht, und messen Sie die Spannung erneut. Liegt sie immer noch nicht bei 4,7 bis 5,1 Einheiten , muss weiter justiert werden, bis dieser Wert erreicht ist – drehen Sie dabei jedes mal die Kurbelwelle zwei Umdrehungen weiter.

40 Installieren Sie das zuvor entfernte Ausgleichswellenriemen-Zwischenrad (siehe Schritt 23) – verwenden Sie ein neues, falls die Oberfläche oder das Lager verschlissen ist.

41 Montieren Sie die obere und untere Steuerriemen-Abdeckung. Installieren Sie alle anderen entfernten Bauteile.

42 Falls ein Motor ohne automatischen Riemenspanner mit einem neuen Steuerriemen ausgerüstet wurde, muss dessen Spannung nach etwa 10 000 km bei handwarmem Motor (ca. 40 °C) erneut überprüft werden. Entfernen Sie die obere Riemenabdeckung und drehen Sie die Kurbelwelle im Uhrzeigersinn, bis der Motor im Verdichtungs-OT von Zylinder Nr. 1 steht. Prüfen Sie die Spannung des Steuerriemens, indem Sie die Messuhr zwischen dem Riemenrad der Auslassnockenwelle und dem Zwischenrad ansetzen – die Spannung muss bei 3,2 bis 4,2 Einheiten liegen; bei anderen Ergebnissen muss der Inspektionsstopfen vorne aus der Riemenabdeckung entfernt werden (Abb. 4.38). Lockern Sie erneut die Spannermutter und drehen Sie die Kurbelwelle zwei volle Umdrehungen, bis der Motor erneut im Verdichtungs-OT von Zylinder Nr. 1 steht. Drehen Sie dann die Kurbelwelle ein kleines Stück weiter, bis die Nockenwellenmarkierungen 1,5 Zähne hinter den Gehäusemarkierungen liegen(Abb. 4.34);

ziehen Sie die Spanner-Kontermutter an. Drehen Sie die Kurbelwelle wieder im Uhrzeigersinn in den Verdichtungs-OT von Zylinder Nr. 1 und kontrollieren Sie die Riemenspannung – sie muss jetzt bei 3,5 bis 4,1 Einheiten liegen. Bei anderen Ergebnissen muss die Spannermutter gelockert und ein Schraubendreher zwischen das Spannerrad und den Stift des Federhalters gesteckt werden. Wenn die Spannung zu gering ist, muss die Rolle bewegt werden, bis die Spannung bei 4,3 bis 4,7 Einheiten liegt. Wenn die Spannung zu hoch ist, muss sie auf 3,1 bis 3,7 Einheiten eingestellt werden. Ziehen Sie die Einsteller-Kontermutter wieder an. Drehen Sie die Kurbelwelle zwei volle Umdrehungen, bis der Motor erneut im Verdichtungs-OT von Zylinder Nr. 1 steht. Messen Sie wieder die Spannung – sie muss jetzt bei 3,6 bis 4,2 Einheiten liegen. Ist dies immer noch nicht der Fall, muss weiter justiert werden, bis dieser Wert erreicht ist – drehen Sie dabei jedes mal die Kurbelwelle zwei Umdrehungen weiter. Ziehen Sie schließlich die Spannermutter mit 50 Nm an und montieren Sie den Inspektionsstopfen.

Steuerriemen – B 23 / 200 / 230

43 Stellen Sie zunächst sicher, dass das Kurbelwellenrad, das Nockenwellenrad und das Zwischenwellenrad wie in Schritt 5 beschrieben stehen. Schieben Sie den Riemen über die Räder und um die Rolle – achten Sie beim ggf. wiederverwendeten alten Riemen auf die korrekte Drehrichtung.
44 Überprüfen Sie die Ausrichtung der Riemenradmarkierungen und lösen Sie dann den Spanner, indem Sie die Mutter lockern oder den Nagel oder Stift herausziehen. Ziehen Sie die Spannermutter an.
45 Montieren Sie bei B 200 / 300-Motoren die untere Riemenabdeckung und das Kurbelwellen-Riemenrad; achten Sie darauf, dass der Passstift im Zahnriemenrad in die Bohrung der Keilriemenscheibe greift. Blockieren Sie den Anlasserzahnkranz und ziehen Sie die Riemenscheiben-Schraube mit dem vorgeschriebenen Drehmoment an. Installieren Sie den Anlasser oder die Schwungscheiben-Abdeckung.
46 Drehen Sie bei allen Motoren die Kurbelwelle um zwei volle Umdrehungen im Uhrzeigersinn, bis der Motor im Verdichtungs-OT von Zylinder Nr. 1 steht. Prüfen Sie, ob weiterhin alle Steuerzeitenmarkierungen korrekt ausgerichtet sind. Lockern Sie die Spannermutter und ziehen Sie sie wieder an.
47 Montieren Sie die Riemenabdeckung bzw. deren obere Sektion. Installieren Sie den Nebenaggregat-Riemen samt der Riemenscheiben sowie den Lüfter und alle anderen entfernten Teile – beachten Sie dazu ggf. die entsprechenden Kapitel in diesem Buch. Verbinden Sie das Massekabel mit der Batterie.
48 Starten Sie den Motor und bringen Sie ihn auf Betriebstemperatur, schalten Sie ihn wieder ab. Bringen Sie den Motor noch einmal in den Verdichtungs-OT von Zylinder Nr. 1. Entfernen Sie den Inspektionsstopfen vorne aus der Riemenabdeckung (Abb. 4.38), lockern Sie erneut die Spannermutter und ziehen Sie sie wieder an. Installieren Sie den Stopfen wieder.
49 Falls ein neuer Steuerriemen installiert wurde, muss Schritt 48 nach etwa 1000 km wiederholt werden.

5 Dichtringe der Nockenwelle(n)-, Ausgleichswellen und Zwischenwellen – Ersetzen

Anmerkung 1: *Bevor ein Dichtring ersetzt wird, muss geprüft werden, ob Flammensperre nicht verstopft ist. Die Flammensperre ist ein Teil der Motorentlüftung (siehe Kapitel 4C) und zu den Symptomen einer Verstopfung gehören Ölundichtigkeiten, klopfende Geräusche und ein aus seinem Rohr heraus gedrückter Peilstab. Reinigen Sie zuerst die Flammensperre und ersetzen Sie den Dichtring, wenn weiterhin Öl austritt.*

Anmerkung 2: *Bei B 234 F-Motoren gibt es keine Zwischenwelle, die eine integrierte Ölpumpe antreibt. Stattdessen wird eine außen angebrachte Ölpumpe direkt mit dem Steuerriemen angetrieben; nachdem deren Riemenrad entfernt ist, kann der Dichtring ersetzt werden.*

1 Entfernen Sie den Steuerriemen (siehe Sektion 4).
2 Lösen und entfernen Sie das entsprechende Riemenrad, um Zugang zum defekten Dichtring zu erhalten – blockieren Sie das Riemenrad mit einem eingesteckten Werkzeug oder mithilfe des herum gelegten alten Zahnriemens (siehe Abbildung). Bei der Demontage des Nockenwellenrades darf nicht die Welle gedreht werden, damit keine Ventile mit dem Kolben in Kontakt geraten. Beachten Sie die Positionen aller vorhandenen Platten oder Scheiben vor und hinter den Riemenrädern. Entfernen Sie nötigenfalls auch den Riemenspanner, Zwischenräder und die Rückplatte.

5.2 Blockieren Sie das Zwischenrad, während Sie seine Schraube lockern.

3 Hebeln Sie den Dichtring vorsichtig mit einem kleinen Schraubendreher oder Haken heraus – beschädigen Sie dabei nicht die Gehäuse-Dichtfläche.
4 Reinigen Sie den Dichtring-Sitz. Begutachten Sie die Dichtfläche der Welle auf Verschleiß und Beschädigungen, die dafür sorgen könnten, dass auch der neue Dichtring rasch verschleißt.
5 Schmieren Sie den neuen Dichtring und schieben Sie ihn mit der Dichtlippe voran auf die Welle; klopfen Sie ihn vorsichtig mit einem geeigneten Rohr bündig in seinen Sitz.
6 Montieren Sie alle entfernten Komponenten. Installieren und spannen Sie den/die Steuerriemen (siehe Sektion 4) – verölte Riemen müssen erneuert werden.

6 Nockenwelle(n) und Stößel – Ausbau, Kontrolle und Einbau

Anmerkung: *Falls eine neue Nockenwelle installiert werden soll, muss zuvor der Ölkreislauf durch zwei aufeinander folgende Ölwechsel (samt Filter) gespült werden. Lassen Sie dazu das Öl ab und ersetzen Sie den Filter; lassen Sie den Motor zehn Minuten laufen. Läuft eine neue Nockenwelle nicht in frischem Öl, kann sie rasch verschleißen.*

Hydrostößel (B 234 F) – Kontrolle

Anmerkung: *B 234 F-Motoren sind mit Hydrostößeln ausgerüstet, die bei normalen Wartungsarbeiten nicht beachtet werden müssen. Falls jedoch Geräusche auftreten, müssen sie kontrolliert und ggf. ausgetauscht werden. Lassen Sie den Motor etwa eine Viertelstunde mit 2000 bis 3000/min laufen und wechseln Sie zweimal das Öl samt Filter (wie beim Austausch einer Nockenwelle). Bei Geräuschen aus dem Ventiltrieb darf der Motor nicht über 3000/min drehen.*

1 Entfernen Sie den Ventildeckel (siehe Sektion 3).

2 Jeder Hydrostößel muss geprüft werden, während der Grundkreis der Nockenwelle darüber liegt – also nicht der Nocken. Drehen Sie den Motor so, dass Zylinder Nr. 1 im Verdichtungs-OT steht und die Nocken der Einlass- und der Auslass-Seite über dem vorderen Zylinder schräg nach oben zeigen.

3 Drücken Sie die folgenden Stößel fest per Daumen oder einer Messingstange herunter, um zu prüfen, ob sie sich schwammig anfühlen (siehe Abbildung):

Zylinder Nr. 1: Einlass / Auslass
Zylinder Nr. 2: Einlass
Zylinder Nr. 3: Auslass

6.3 Kontrolle der Hydrostößel mit Zylinder Nr. 1 im Verdichtungs-OT

4 Drehen Sie den Motor so, dass Zylinder Nr. 4 im Verdichtungs-OT steht und die Nocken der Einlass- und der Auslass-Seite über dem hinteren Zylinder schräg nach oben zeigen.

5 Drücken Sie die folgenden Stößel herunter (siehe Abbildung):

Zylinder Nr. 2: Auslass
Zylinder Nr. 3: Einlass
Zylinder Nr. 4: Einlass / Auslass

Falls sich ein Stößel schwammig anfühlt, muss er ausgetauscht werden.

6.5 Kontrolle der Hydrostößel mit Zylinder Nr. 4 im Verdichtungs-OT

Ausbau

6 Entfernen Sie den Steuerriemen (siehe Sektion 4). Der Riemen kann auf dem Kurbelwellenrad verbleiben.

7 Blockieren Sie das Nockenwellenrad mit einem eingesteckten Werkzeug (Abb. 5.2) oder mithilfe des herum gelegten alten Zahnriemens. Bei der Demontage des Nockenwellenrades darf nicht die Welle gedreht werden, damit keine Ventile mit dem Kolben in Kontakt geraten.

8 Entfernen Sie die Riemenrad-Schraube und das Riemenrad selbst – beachten Sie die Positionen der Front- und Rückplatte sowie aller Scheiben (siehe Abbildungen).

6.8a Entfernen Sie die Schraube, die Scheibe und die Frontplatte, . . .

6.8b . . . dann das Riemenrad selbst . . .

6.8c . . . und die Rückplatte. Der Aufbau kann sich bei anderen Motoren unterscheiden.

9 Entfernen Sie bei B 200 /300 /234 F-Motoren den Zündverteiler (siehe Kapitel 5B). Entfernen Sie bei B 234 F-Motoren nötigenfalls den Steuerriemenspanner und die Zwischenräder, entfernen Sie dann die obere Rückplatte.
10 Entfernen Sie den Ventildeckel (siehe Sektion 3).
11 Bringen Sie nötigenfalls Identifizierungs-Markierungen an. Lockern Sie schrittweise die Muttern der Nockenwellen-Lagerdeckel (siehe Abb.). Die Nockenwelle wird durch den Druck der Ventilfedern ansteigen. Achten Sie darauf, dass sie nicht klemmt oder hochspringt. Entfernen Sie die Lagerdeckel.

6.11 Lockern einer Nockenwellendeckel-Mutter

12 Heben Sie die Nockenwelle mitsamt des vorderen Dichtrings heraus. Vorsicht: Die Ränder der Nocken können scharfkantig sein.
13 Halten Sie Behälter oder kleine Tüten bereit, um Baugruppen zusammenzuhalten und sicherzustellen, dass alles wieder an seine ursprüngliche Position gelangt.
14 Heben Sie den Stößel (bei OHC-Motoren samt der Ventilspiel-Shims) heraus und stellen Sie sicher, dass er später wieder in seine ursprüngliche Bohrung gelangt (siehe Abbildung). Hydrostößel sollten auf dem Kopf stehend gelagert werden, damit das Öl nicht herausläuft.

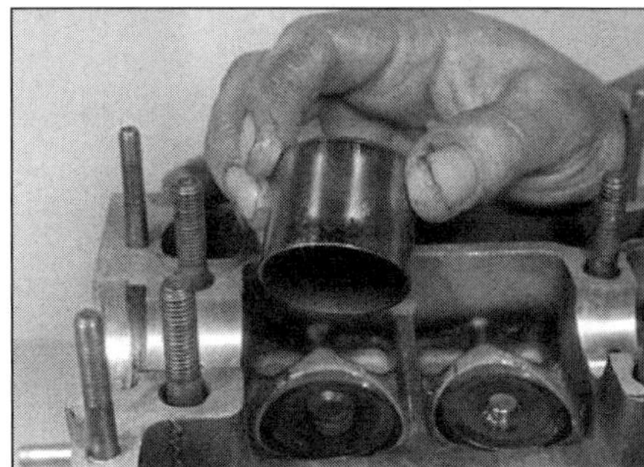

6.14 Ausbau eines Stößels

Kontrolle

15 Inspizieren Sie die Nocken und die Lagerflächen der Nockenwelle auf Riefen und andere Verschleißmerkmale. Sobald die gehärtete Oberfläche der Nocken angegriffen wurde, nimmt der Verschleiß massiv zu.
16 Messen Sie mit einer Mikrometerschraube den Durchmesser der Lager und kontrollieren Sie sie auf Ovalität und Kegelförmigkeit. Das Radialspiel der Nockenwelle in ihren Lagern kann mit Quetschmessstreifen ermittelt werden – siehe Kapitel 2C. Falls die Lagerdeckel oder die Lagerflächen im Zylinderkopf beschädigt sind, muss ein neuer Zylinderkopf beschafft werden.
17 Kontrollieren Sie die Stößel auf Riefen, Risse und andere Schäden. Messen Sie mit einer Mikrometerschraube an mehreren Stellen den Durchmesser. Das Spiel der Stößel in ihren Bohrungen kann ermittelt werden: subtrahieren Sie das Maß des Stößels vom Innendurchmesser der Bohrung. Verschlissene oder beschädigte Stößel müssen ersetzt werden.
18 Kontrollieren Sie bei OHC-Motoren die Ventilspiel-Shims auf Schäden und ersetzen Sie sie bei offensichtlichem Verschleiß. Zur Einstellung des Ventilspiels sollte eine Auswahl an neuen Shims beschafft werden.
19 Falls das Axialspiel der Nockenwelle gemessen werden soll, muss sie zusammen mit dem hinteren Lagerdeckel installiert werden, sodass zwischen dem Deckel und dem Bund der Welle das Spiel gemessen werden kann (siehe Abbildung). Übermäßiger Verschleiß kann – soweit nicht durch die Welle selbst hervorgerufen – durch den Austausch des hinteren Lagerdeckels ausgeglichen werden.

6.19 Messen Sie das Axialspiel der Nockenwelle

Zusammenbau

20 Zunächst müssen alle Stößel, Shims, Lagerflächen, Lagerdeckel und Nocken ausgiebig geschmiert werden – entweder mit frischem Motoröl oder mit dem neuen Nockenwellen beigefügten Spezialschmierstoff.
21 Alte Stößel müssen unbedingt wieder in ihre ursprüngliche Bohrungen gesteckt werden. Messen Sie bei OHC-Motoren die Stärke aller Shims und notieren Sie die Werte für später. Legen Sie die Shims in ihre ursprünglichen Stößel.
22 Legen Sie die Nockenwelle(n) so ein, dass die Nocken über Zylinder Nr. 1 schräg nach oben stehen. Tragen Sie an den Kontaktflächen der vorderen und hinteren Lagerdeckeln Dichtmasse auf (siehe Abbildung). Setzen Sie alle Lagerdeckel korrekt positioniert auf und ziehen Sie schrittweise die Muttern an. Wenn alle Deckel richtig sitzen, werden die Muttern mit 20 Nm angezogen.
23 Schmieren Sie den neuen Dichtring und schieben Sie ihn mit der Dichtlippe nach innen vorne auf die Nockenwelle. Klopfen Sie ihn nötigenfalls mit einem Rohr in seinen Sitz.

6.22 **Aufsetzen des vorderen Nockenwellendeckels**

24 Montieren Sie das Nockenwellenrad und dazugehörige Bauteile. Blockieren Sie das Rad und ziehen Sie die Schraube mit dem vorgeschriebenen Drehmoment an.
25 Montieren Sie ggf. den Zündverteiler mit einem neuen O-Ring.
26 Installieren Sie den Steuerriemen und spannen Sie ihn (siehe Sektion 4).
27 Kontrollieren Sie bei OHC-Motoren das Ventilspiel (siehe Kapitel 1).
28 Montieren Sie den Ventildeckel (siehe Sektion 3).
29 Falls eine neue Nockenwelle installiert wurde, muss der Motor einige Minuten mit moderaten Drehzahlen (weder Standgas noch Vollgas) betrieben werden. Bei B 234 F-Motoren können die Hydrostößel nach dem Start Geräusche verursachen, doch sobald sie mit Öl gefüllt sind, sollte dies verschwinden. Bei Geräuschen aus dem Ventiltrieb darf der Motor nicht über 3000/min gedreht werden.

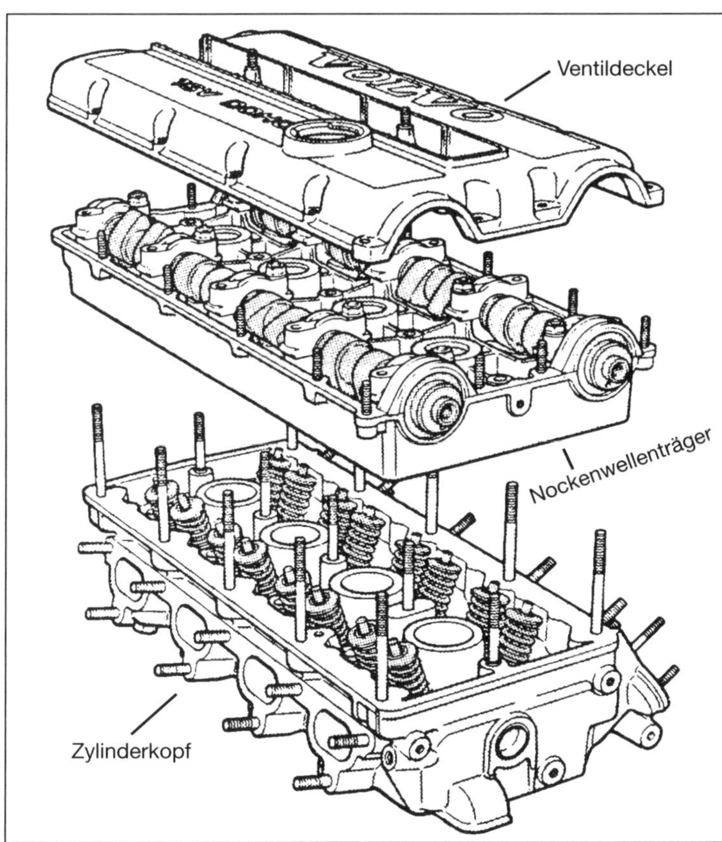

7.13 Nockenwellenträger des B 234 F-Motors

7 Zylinderkopf – Ausbau und Einbau

Ausbau

1 Trennen Sie das Massekabel (–) der Batterie.
2 Entleeren Sie das Kühlsystem (siehe Kapitel 1).
3 Befreien Sie den oberen Kühlerschlauch vom Thermostatgehäuse.
4 Entfernen Sie den Ventilator samt Lüfterhaube.
5 Entfernen Sie alle Nebenaggregate-Riemen und das Wasserpumpenrad (siehe Kapitel 1).
6 Entfernen Sie bei B 230-Motoren die Zündverteilerkappe.
7 Entfernen Sie die Steuerriemen-Abdeckung bzw. deren obere Sektion.
8 Drehen Sie den Motor so, dass Zylinder Nr. 1 im Verdichtungs-OT steht. Entfernen Sie den Steuerriemen und dessen Spanner (siehe Sektion 4). Der Riemen kann auf dem Kurbelwellenrad verbleiben. Von nun an dürfen weder die Nockenwelle(n) noch die Kurbelwelle gedreht werden.
9 Lösen und entfernen Sie bei B 200 / 230 / 234 F-Motoren das/die Nockenwellenritzel samt Distanzscheibe(n). Entfernen Sie alle anderen mit der Rückplatte am Zylinderkopf befestigten Bauteile (Riemenspanner, Zwischenräder usw.).
10 Entfernen Sie die Schrauben der Rückplatte am Zylinderkopf, aber belassen Sie die Platte am Motorgehäuse verschraubt.
11 Lösen Sie die Muttern, mit denen die Ansaug- und Krümmer-Stutzen am Zylinderkopf gesichert sind. Trennen Sie ggf. Sensorstecker und Heizungsschläuche vom Einlassstutzen. Ziehen Sie die Stutzen von ihren Stehbolzen und stellen Sie alle Dichtungen sicher.
12 Entfernen Sie den Ventildeckel samt Dichtung (siehe Sektion 3).
13 Bei B 234 F-Motoren liegen die beiden Nockenwellen in einem mit dem Kopf verschraubten Träger (siehe Abbildung). Entfernen Sie die Nockenwellen und Stößel (siehe Sektion 6), lösen Sie die fünf Muttern der zentralen Verschraubung und heben Sie den Träger ab – nötigenfalls muss er mit einem Kunststoffhammer vorsichtig abgeklopft werden. Entfernen Sie die um die Zündkerzenkanäle liegenden O-Ringe.
14 Lockern Sie entgegen der in Abb. 7.26 gezeigten Anzugsreihenfolge die Zylinderkopfschrauben jeweils um eine halbe Umdrehung. Wenn alle locker sind, können sie entfernt werden.
15 Heben Sie den Zylinderkopf ab – bei B 200 / 230 / 234 F-Motoren muss dazu die Steuerriemen-Rückplatte ein kleines Stück nach vorne gebogen werden.
16 Legen Sie den Zylinderkopf auf Hölzern ab, um nicht die vorstehenden Ventile zu beschädigen. Stellen Sie die alte Zylinderkopfdichtung sicher.
17 Falls der Zylinderkopf für eine Überholung zerlegt werden soll, muss bei OHC-Motoren die Nockenwelle ausgebaut werden (siehe Sektion 6) (bei B 234 F-Motoren können die Nockenwellen im Träger verbleiben). Wechseln Sie anschließend zu Kapitel 2C, Sektionen 9 bis 11.

Vorbereitung für den Einbau

18 Die Dichtflächen des Zylinderkopfes und des Zylinderblocks müssen absolut sauber sein. Entfernen Sie dazu Dichtungsreste und Kohleablagerungen mithilfe eines Hartplastik- oder Holzschabers; reinigen Sie auch die Kolbenböden. Beachten Sie dabei, nicht das relativ weiche Aluminium abzutragen. Die Ablagerungen dürfen keinesfalls in Öl- oder Wasserkanäle gelangen – bereits kleinste Partikel können Öldüsen verstopfen! Kleben Sie daher alle Bohrungen des Zylinderkopfs/Motorgehäuses mit Kreppband ab. Damit keine Ablagerungen zwischen die Kolben und Zylinderwände gelangen, muss hier etwas Fett aufgetragen werden (anschließend kann es samt anhaftender Partikel mit einem sauberen Lappen abgewischt werden).

19 Kontrollieren Sie die Dichtflächen des Zylinderkopfes und des Zylinderblocks auf Riefen, tiefe Kratzer und andere Schäden. Kleine Unebenheiten können mit einer Feile geschlichtet werden; größere erfordern jedoch maschinelles Planen oder den Austausch.

20 Falls ein Verzug des Zylinderkopfes vermutet wird, muss dieser mit einem Richtwinkel geprüft werden (siehe Kapitel 2C).

21 Kontrollieren Sie alle Zylinderkopfschrauben und ihre Gewinde. Waschen Sie die Schrauben mit Lösungsmittel und wischen Sie sie trocken. Begutachten Sie jede Schraube auf Verschleiß und Beschädigungen und ersetzen Sie sie nötigenfalls. Prüfen Sie, ob sich Schrauben gelängt haben (was kaum möglich ist, wenn dies bei allen Schrauben geschehen ist). Volvo empfiehlt, die Schrauben nach jeder Demontage durch Neuteile zu ersetzen.

22 Bei B 234 F-Motoren wird der Nockenwellenträger mit Flüssig-Dichtmasse auf den Zylinderkopf gesetzt. Verstopfen Sie die Öffnungen des Zylinderkopfes mit Papiertüchern und entfernen Sie Reste der Dichtmasse mit Lösungsmittel. Kratzen Sie die Dichtflächen vorsichtig mithilfe eines Hartplastik- oder Holzschabers sauber und blasen Sie den Nockenwellenträger mit Druckluft ab. Wischen Sie die Oberfläche mit einem Entfettungsmittel ab. Reinigen Sie auf die gleiche Weise die Dichtflächen der Nockenwellen-Lagerdeckel.

Einbau

23 Legen Sie eine neue Zylinderkopfdichtung richtig herum auf den Block – alle Schraubenbohrungen und Ölkanäle müssen korrekt fluchten. Bei B 234 F-Motoren muss ein neuer O-Ring für die Wasserpumpe installiert werden.

24 Drehen Sie bei OHC-Motoren die Nockenwelle so, dass die Nocken über Zylinder Nr. 1 nach schräg oben zeigen.

25 Senken Sie den Zylinderkopf vorsichtig über dem Zylinderblock ab, beschädigen Sie dabei nicht die Dichtung.

26 Ölen Sie die Gewinde der Zylinderkopfschrauben, installieren Sie sie und ziehen Sie sie in der gezeigten Reihenfolge mit 20 Nm an (siehe Abbildung).

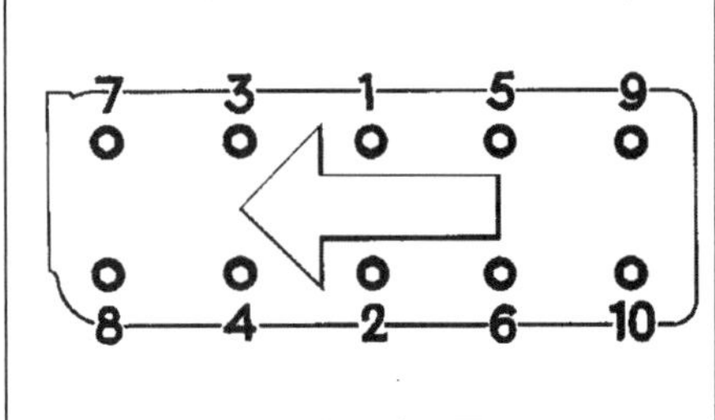

7.26 Zylinderkopfschrauben-Anzugsreihenfolge

27 Ziehen Sie dann die Schrauben in der gleichen Reihenfolge bei OHC-Motoren mit 60 Nm und bei B 234 F-Motoren mit 40 Nm an. Ziehen Sie die Schrauben anschließend im dritten Schritt ggf. mithilfe einer Winkelscheibe um 90° (OHC-Motoren) bzw. 115° (B 234 F) weiter. Falls der Motor ausgebaut ist, kann der dritte Schritt auch nach dem Einbau ins Fahrzeug erfolgen.

28 Tragen Sie bei B 234 F-Motoren mithilfe einer kleinen Farbrolle Dichtmasse auf die Kontaktfläche zum Nockenwellenträger sowie unter den Nockenwellen-Lagerdeckeln auf. Legen Sie neue O-Ringe in die Nuten um die Zündkerzenkanäle und setzen Sie vorsichtig den Träger auf den Zylinderkopf. Drehen Sie die fünf Muttern auf die zentralen Stehbolzen. Installieren Sie die Stößel und die Nockenwellen (siehe Sektion 6). Ziehen Sie die Muttern der Nockenwellen-Lagerdeckel und des Nockenwellenträgers mit jeweils 20 Nm an.

29 Der Rest des Einbaus entspricht der umgekehrten Ausbaureihenfolge – verwenden Sie nötigenfalls neue Dichtungen.

30 Kontrollieren Sie bei OHC-Motoren vor dem ersten Start das Ventilspiel (siehe Kapitel 1). Bei B 234 F-Motoren können die Hydrostößel nach dem Start Geräusche verursachen, doch sobald sie mit Öl gefüllt sind, sollte dies verschwinden. Bei Geräuschen aus dem Ventiltrieb darf der Motor nicht über 3000/min gedreht werden.

8 Ölwanne – Ausbau und Einbau

Anmerkung: *Auch wenn die Ölwanne bei eingebautem Motor demontiert werden kann, ist dies eine komplizierte Operation. Lesen Sie zuerst die gesamte Sektion durch, um ein Bild über das Ausmaß zu bekommen. Je nach Ausrüstung und Fähigkeiten kann es besser sein, den Motor zuvor auszubauen.*

Ausbau

1 Heben Sie das Fahrzeug vorne an oder fahren Sie über eine Grube.

2 Trennen Sie das Massekabel (–) der Batterie.

3 Lassen Sie das Motoröl ab (siehe Kapitel 1).

4 Entfernen Sie den unter dem Motor angebrachten Spritzschutz.

5 Trennen Sie das vordere Auspuffrohr vom Schalldämpfer oder Katalysator.

6 Lösen Sie die Muttern, die die Motorhalterungen am Querträger sichern.

7 Lösen Sie die Klemmschrauben und befreien Sie die Lenkwelle aus dem Lenkgetriebe.

8 Sichern Sie den Motor von oben – z.B. mit einem Werkstattkran oder einer einstellbaren Halterung, die auf den Innenkotflügeln oder den Stoßdämpferdomen abgestützt ist. Vergewissern Sie sich von der Sicherheit dieser Halterung, bevor Sie mit der Arbeit fortfahren.

9 Befreien Sie die Lüfterhaube und entfernen Sie den Motoröl-Peilstab. Entfernen Sie ggf. den Luftmengenmesser vom Lufteinlass. Heben Sie den Motor etwas an, um seine Halterungen zu entlasten. Achten Sie bei B 200 / 230 / 234 F-Motoren darauf, den Zündverteiler nicht an der Spritzwand zu zerdrücken.

10 Entfernen Sie die linke Motorhalterung. Schneiden Sie den Kabelbinder auf, der den benachbarten Schlauch der Servolenkung sichert. Entfernen Sie bei Einspritzmodellen auch die Haltestrebe des Einlassstutzens.
11 Lösen Sie die Schrauben, mit denen die vordere Querstrebe an der Karosserie gesichert ist.
12 Entfernen Sie die untere Abdeckung der Schwungscheibe bzw. des Antriebsflanschs.
13 Ziehen Sie die vordere Querstrebe herunter, um unter der Ölwanne ausreichend Platz zu erzeugen. Manövrieren Sie alle störenden Servolenkungs-Schläuche beiseite oder trennen Sie sie.
14 Lösen Sie die Ölwannenschrauben und trennen Sie die Wanne vom Motorblock – klopfen Sie sie nötigenfalls mit einem Kunststoffhammer ab, um sie zu lockern. Auf keinen Fall darf sie an der Dichtfläche abgehebelt werden.
15 Senken Sie die Ölwanne ab, verdrehen Sie sie dabei, um sie vom Ölansaugstutzen zu befreien.

Einbau

16 Reinigen Sie die Ölwanne von innen. Befreien Sie die Dichtflächen der Wanne und des Motorblocks von alten Dichtungsresten.
17 Mit etwas Fett wird eine neue Ölwannendichtung auf die Dichtfläche der Wanne »geklebt«.
18 Setzen Sie die Ölwanne am Motorblock an, ohne die Dichtung zu verschieben. Sichern Sie die Wanne mit zwei diagonal gegenüberliegenden Schrauben.
19 Installieren Sie alle Ölwannenschrauben und ziehen Sie sie nach und nach mit 11 Nm an.
20 Der Rest des Einbaus entspricht der umgekehrten Ausbaureihenfolge. Achten Sie darauf, dass die Ölablassschraube fest sitzt, und füllen Sie den Motor zum Schluss mit Öl auf (siehe Kapitel 1).

9 Ölpumpe – Ausbau, Kontrolle und Einbau (B 23 / 200 / 230-Motor)

Ausbau

1 Demontieren Sie die Ölwanne (siehe Sektion 8).
2 Lösen Sie die zwei Schrauben, mit denen die Ölpumpe gesichert ist – eine von ihnen sichert auch die Führung des Ölabscheider-Schlauchs. Entfernen Sie die Pumpe und die Führung.
3 Trennen Sie das Versorgungsrohr von der Ölpumpe und entfernen Sie an beiden Enden die Dichtringe (Abb. 9.12).

Kontrolle

4 Lösen Sie die Inbusschrauben des Ölpumpendeckels.
5 Entfernen Sie den Ansaugstutzen samt Deckel vom Pumpengehäuse – seien Sie darauf vorbereitet, dass sich die Feder des Überdruckventils entspannt (siehe Abbildung).

9.5 Der von der Ölpumpe befreite Deckel samt Ansaugstutzen

6 Entfernen Sie die Feder und den Kolben (bei frühen Modellen die Kugel) des Überdruckventils sowie die Pumpenräder.
7 Reinigen Sie alle Komponenten, achten Sie dabei besonders auf das teilweise versteckt liegende Ansaugsieb. Inspizieren Sie das Pumpengehäuse und den Deckel auf Verschleiß oder Beschädigungen.
8 Messen Sie die freie Länge der Überdruckfeder – wenn sie kürzer als 39,2 mm oder anderweitig beschädigt ist, muss sie ersetzt werden. Kontrollieren Sie auch den Kolben oder die Kugel auf Riefen und andere Schäden.
9 Installieren Sie die Zahnräder wieder ins Gehäuse. Prüfen Sie mithilfe eines Richtwinkels und einer Fühlerlehre das Radial- und Axialspiel (siehe Abbildung) sowie den Totgang zwischen den Rädern. Falls Werte außerhalb der Vorgaben in den technischen Daten liegen, muss die Ölpumpe durch ein Neuteil ersetzt werden.

9.9 Messen Sie das Axialspiel der Pumpenräder.

10 Wenn die Pumpe in Ordnung ist, werden die Zahnräder ausgiebig mit Öl geschmiert. Ölen und installieren Sie auch die Bauteile des Überdruckventils.
11 Setzen Sie den Deckel samt Ansaugstutzen an und sichern Sie ihn mit den Inbusschrauben.

Einbau

12 Montieren Sie das mit neuen Dichtringen ausgerüstete Versorgungsrohr an die Ölpumpe (siehe Abbildung).

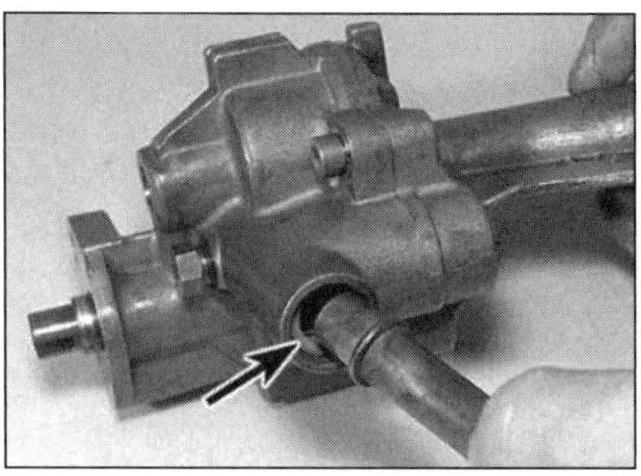

9.12 Installieren Sie das Versorgungsrohr in die Ölpumpe – eine neue Dichtung (Pfeil) ist bereits installiert.

13 Installieren Sie die Ölpumpe an den Motorblock – richten Sie dabei ihr Antriebsrad und das Versorgungsrohr aus (siehe Abbildung).

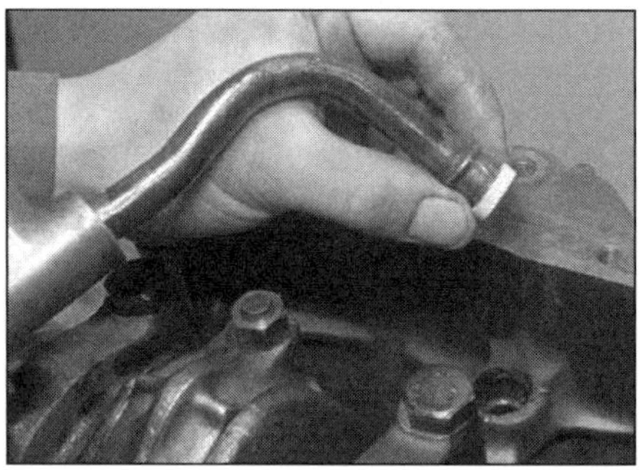

9.13 Installieren Sie das Versorgungsrohr mit einer neuen Dichtung an den Motorblock

14 Setzen Sie die zwei Schrauben und die Führung des Ölabscheider-Schlauchs an. Ziehen Sie die Schrauben sorgfältig an.
15 Prüfen Sie, ob der Ölabscheider-Schlauch korrekt positioniert ist, und montieren Sie die Ölwanne (siehe Abbildung).

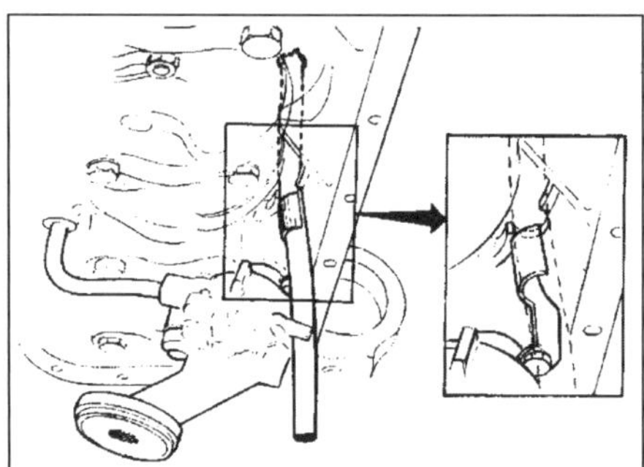

9.15 Die korrekte Position des Öl-Rücklaufschlauchs

10 Ölpumpe – Ausbau, Kontrolle und Einbau (B 234 F-Motor)

Anmerkung: *Um die Ausgleichswellen, die zweite Nockenwelle und alle 16 Hydrostößel auch bei hohen Öltemperaturen zuverlässig mit Öl zu versorgen, benötigt der B 234 F-Motor eine deutlich stärkere Ölpumpe. Daher kommt eine sogenannte Eatonpumpe zum Einsatz, bei der sich ein Innenrotor mit vier Nocken in einem Außenrotor mit fünf Innennocken dreht. Die Pumpe sitzt außen am Motorblock, sodass sie ohne die Demontage der Ölwanne zugänglich ist.*
Spezialwerkzeug: *Zum Blockieren des Ölpumpenrades kann das Volvo-Werkzeug mit der Teilenummer 5039 nützlich sein. Zum Einbau des Wellendichtrings kann der Eintreiber 5361 verwendet werden*

Ausbau

1 Entfernen Sie den Steuerriemen (siehe Sektion 4).
2 Verwenden Sie möglichst das Volvo-Werkzeug 5039 oder ein anderes geeignetes Hilfsmittel, um das Ölpumpen-Antriebsrad zu blockieren. Lösen Sie die Schraube und nehmen Sie das Rad ab (siehe Abbildung). Reinigen Sie die Bereiche um den Pumpensitz.

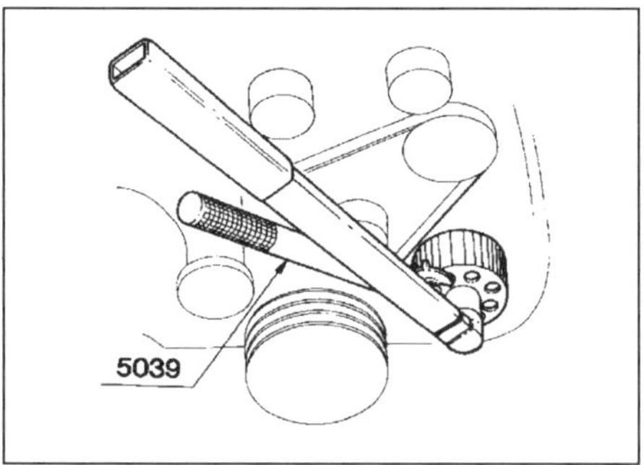

10.2 Demontage des Ölpumpenrades mithilfe des Volvo-Blockierwerkzeugs

3 Platzieren Sie saugfähiges Papier oder einen geeigneten Behälter auf den Spritzschutz, um austretendes Öl aufzunehmen. Lösen Sie die Ölpumpenschrauben und nehmen Sie die Pumpe ab (siehe Abbildung).

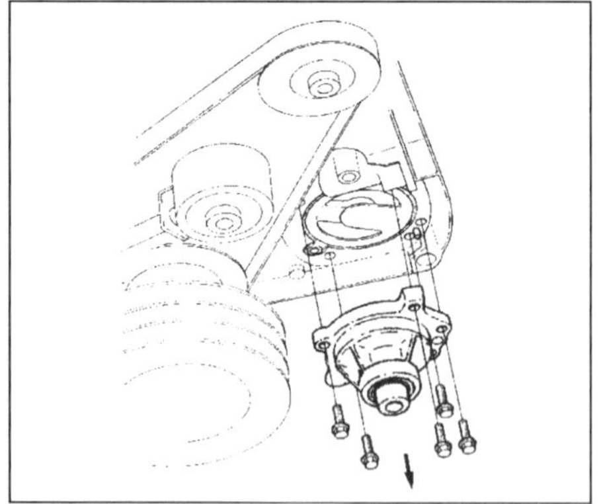

10.3 Lösen Sie die fünf Schrauben, um die Ölpumpe zu befreien.

4 Entfernen Sie den Dichtring aus dem Sitz im Motorblock (siehe Abbildung). Reinigen Sie die Dichtfläche und die Nut.

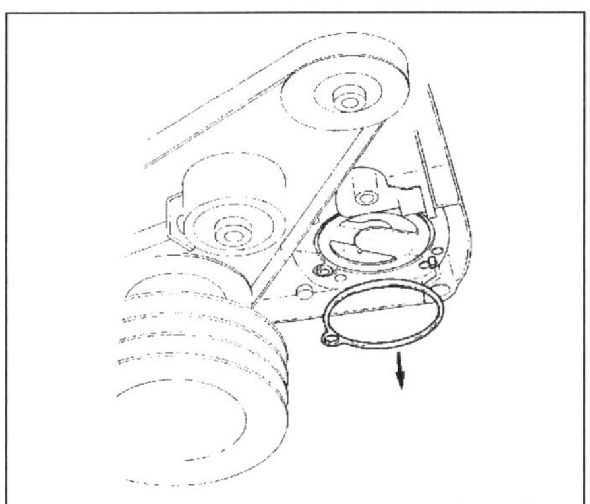

10.4 Entfernen Sie die Dichtung aus dem Motorblock.

Kontrolle

5 Markieren Sie den Außenrotor mit einem Filzstift, um die Einbaurichtung sicherzustellen. Entfernen Sie die Rotoren und den Wellendichtring aus dem Ölpumpengehäuse (siehe Abbildung). Reinigen Sie alle Komponenten und begutachten Sie sie auf Beschädigungen und offensichtlichen Verschleiß.

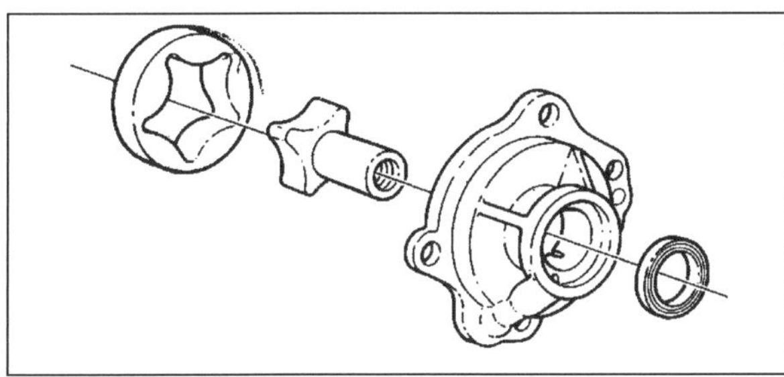

10.5 Bauteile der Ölpumpe

6 Legen Sie einen Richtwinkel über die Dichtfläche des Pumpengehäuses und prüfen Sie es auf Verzug. Installieren Sie dann die Rotoren – beachten Sie die Einbaurichtung des Außenrotors – und prüfen Sie das Axialspiel beider Rotoren (siehe Abb.). Wenn das Gehäuse verzogen ist oder ein Rotor mehr als 0,1 mm Spiel hat, muss die Pumpe ersetzt werden.

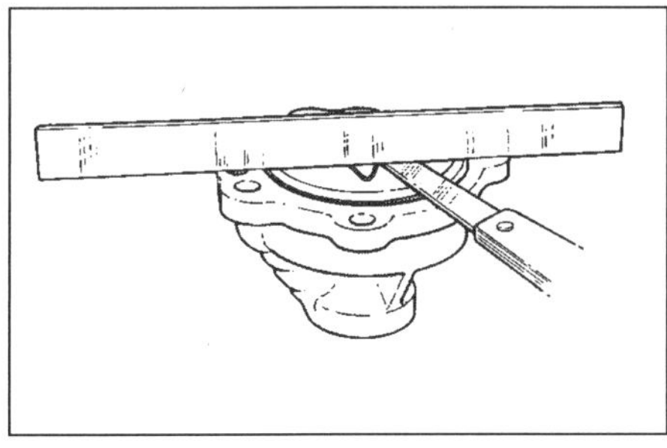

10.6 Messen Sie das Axialspiel der Pumpenrotoren.

Einbau

7 Legen Sie einen neuen Dichtring in die Nut des Motorgehäuses.

8 Nehmen Sie die Rotoren aus dem Gehäuse, versehen Sie alles mit reichlich Motoröl und installieren Sie die Rotoren wieder – beachten Sie erneut die Einbaurichtung des Außenrotors!

9 Setzen Sie die Pumpe ans Motorgehäuse und installieren Sie die Schrauben. Drehen Sie die Pumpe nicht, da die Rotorwelle im Gehäuse aus ihrer Position fallen kann. Ziehen Sie die Schrauben mit 10 Nm an.

10 Installieren Sie einen neuen Ölpumpen-Dichtring – möglichst mit dem von Volvo angebotenen Eintreiber mit der Teilenummer 5361 (siehe Abbildung). Normalerweise muss der Dichtring bündig zum Bund des Gehäuses liegen; wenn das Wellen-Ende jedoch Verschleißerscheinungen aufweist, kann der Dichtring auch 2 mm tief eingetrieben werden.

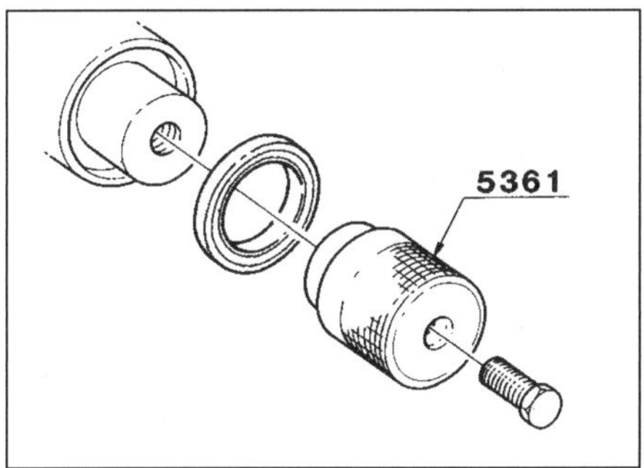

10.10 Einbau des Ölpumpen-Dichtrings mit dem Volvo-Spezialwerkzeug

11 Setzen Sie das zur Fase ausgerichtete Ölpumpenrad auf die Welle. Blockieren Sie das Ölpumpenrad (z.B. mit dem Volvo-Werkzeug 5039) und ziehen Sie die Schraube zunächst mit 20 Nm an, ziehen Sie sie anschließend 60° weiter.

12 Installieren Sie den Steuerriemen (siehe Sektion 4) und spannen Sie ihn, falls kein automatischer Spanner vorhanden ist.

13 Installieren Sie die Nebenaggregat-Riemen und alle anderen entfernten Komponenten. Entfernen Sie das Papier oder den Behälter vom Spritzschutz unten im Motorraum.

11 Kurbelwellen-Dichtringe – Ersetzen

Anmerkung: *Bevor ein Dichtring ersetzt wird, muss geprüft werden, ob Flammensperre nicht verstopft ist. Die Flammensperre ist ein Teil der Motorentlüftung (siehe Kapitel 4C) und zu den Symptomen einer Verstopfung gehören Ölundichtigkeiten, klopfende Geräusche und ein aus seinem Rohr heraus gedrückter Peilstab. Reinigen Sie zuerst die Flammensperre und ersetzen Sie den Dichtring, wenn weiterhin Öl austritt.*

Vorderer Dichtring

1 Die Austauschprozedur beim vorderen Kurbelwellendichtring entspricht im Wesentlichen derjenigen bei den Nockenwellen- und Zwischenwellen-Dichtringen – beachten Sie für Details die Hinweise in Sektion 5.

Hinterer Dichtring

2 Entfernen Sie die Schwungscheibe oder den Antriebsflansch (siehe Sektion 12).

3 Merken Sie sich, ob der alte Dichtring bündig zu seinem Sitz oder tiefer installiert ist.

4 Hebeln Sie den alten Dichtring vorsichtig heraus – beschädigen Sie dabei nicht den Sitz oder die Oberfläche der Kurbelwelle (siehe Abbildung). Alternativ können zwei gegenüberliegende kleine Löcher in den Ring gebohrt oder gestanzt und Blechschrauben hineingedreht werden, um hier eine Zange anzusetzen und den Dichtring herauszuziehen.

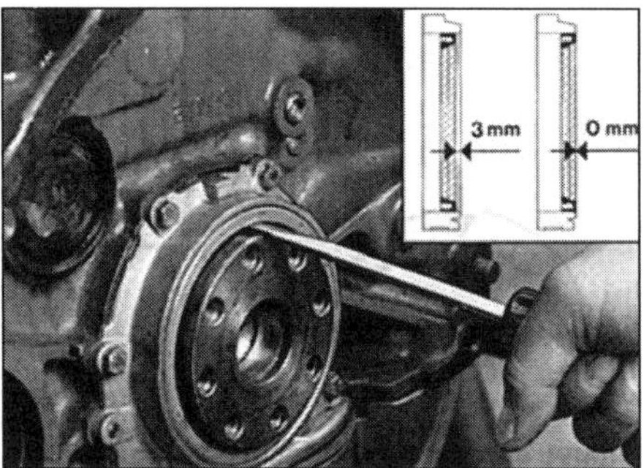

11.4 Hebeln Sie den hinteren Kurbelwellendichtring heraus; beachten Sie die Einbautiefe (kleines Bild)

5 Reinigen Sie den Dichtring-Sitz und die Kurbelwelle. Kontrollieren Sie die Welle auf eine vom Dichtring hinterlassene Nut.
6 Schmieren Sie den Sitz, die Kurbelwelle und den neuen Dichtring. Installieren Sie den Dichtring mit der Dichtlippe nach innen zeigend und klopfen Sie ihn mithilfe eines passenden Rohrs oder des umgedrehten alten Dichtrings in seinen Sitz. Falls an der Dichtfläche der Kurbelwelle Verschleiß – die Nut – festgestellt wurde, muss der neue Dichtring etwas tiefer als der alte Dichtring eingetrieben werden; bis zu 6 mm sind möglich.
7 Montieren Sie die Schwungscheibe oder den Antriebsflansch (siehe Sektion 12).

12 Schwungscheibe/Antriebsflansch – Ausbau, Kontrolle und Einbau

Anmerkung: *Beim Einbau der Schwungscheibe oder des Antriebsflanschs werden neue Schrauben benötigt.*

Ausbau

Schwungscheibe (Modelle mit Schaltgetriebe)

1 Demontieren Sie das Getriebe (siehe Kapitel 7A).
2 Entfernen Sie die Kupplungs-Druckplatte und die Antriebsplatte (siehe Kapitel 6).
3 Bringen Sie Markierungen an, damit die Schwungscheibe wieder in der alten Ausrichtung zur Kurbelwelle angebaut werden kann (falls sie anders positioniert wird, funktioniert die elektronische Zündung nicht korrekt).
4 Schrauben Sie die Schwungscheibe ab und entnehmen Sie sie – sie ist sehr schwer, also lassen Sie sie nicht fallen. Beschaffen Sie für die Montage neue Schrauben.

Antriebsflansch (Modelle mit Automatikgetriebe)

5 Demontieren Sie das Automatikgetriebe (siehe Kapitel 7B).
6 Bringen Sie Markierungen an, damit der Antriebsflansch wieder in der alten Ausrichtung zur Kurbelwelle angebaut werden kann (falls er anders positioniert wird, funktioniert die elektronische Zündung nicht korrekt).
7 Schrauben Sie den Antriebsflansch ab und entnehmen Sie ihn – beachten Sie die Positionen der großen Scheiben an beiden Seiten. Beschaffen Sie für die Montage neue Schrauben.

Kontrolle

8 Falls bei Modellen mit Schaltgetriebe die Schwungscheiben-Kontaktfläche zur Kupplung stark riefig ist, Risse oder andere Schäden aufweist, muss die Schwungscheibe ersetzt werden. Holen Sie jedoch zuvor bei einer Volvo-Werkstatt oder einem Motorenspezialisten Rat ein, ob sie geschliffen werden kann.
9 Falls der Anlasserzahnkranz stark verschlissen ist oder Zähne fehlen, muss er erneuert werden – eine Arbeit, die besser einer Volvo-Werkstatt oder einem Motorenspezialisten überlassen werden sollte, da die Temperatur, auf die der neue Zahnkranz für den Einbau gebracht werden muss, sehr entscheidend ist (zu viel Hitze zerstört die Härte der Zähne).
10 Bei Modellen mit Automatikgetriebe muss der Drehmomentwandler-Antriebsflansch sorgfältig auf Verformung überprüft werden. Achten Sie auf Haarrisse um die Schraubenbohrungen oder vom Zentrum nach außen führend. Kontrollieren Sie den Anlasserzahnkranz auf Verschleiß oder Ausbrüche. Bei jedem Hinweis auf Verschleiß oder Schäden muss der Antriebsflansch durch ein Neuteil ersetzt werden.

Einbau

Schwungscheibe (Modelle mit Schaltgetriebe)

11 Reinigen Sie die Kontaktfläche der Schwungscheibe und der Kurbelwelle. Beseitigen Sie mit einem Gewindebohrer sämtliche Reste alter Sicherungspaste aus den Gewindebohrungen der Kurbelwelle.

Falls kein passender Gewindebohrer zur Hand ist, können zwei Nuten in eine der alten Schwungscheiben-Schrauben geschnitten werden, um diese zum Entfernen alter Sicherungspaste aus den Gewindebohrungen zu nutzen.

12 Der weitere Einbau entspricht der umgekehrten Ausbaureihenfolge. Falls die neuen Schwungscheiben-Schrauben nicht bereits mit Sicherungspaste überzogen sind, muss welche aufgetragen werden. Ziehen Sie die Schrauben mit 70 Nm an.
13 Montieren Sie die Kupplung (siehe Kapitel 6).
14 Bevor das Getriebe angesetzt wird, muss sichergestellt sein, dass der im Rand der Schwungscheibe sitzende Auslöser der elektronischen Zündung mit dem »OT-Sensor« fluchtet, wenn der Kolben des vorderen Zylinders (Nr. 1) 90° vor OT steht.

Antriebsflansch

15 Die Prozedur entspricht derjenigen für die Schwungscheibe, nur müssen Hinweise auf die Kupplung ignoriert werden. Beachten Sie die Positionen und Ausrichtungen der großen Scheiben auf beiden Seiten des Antriebsflanschs (siehe Abbildung).

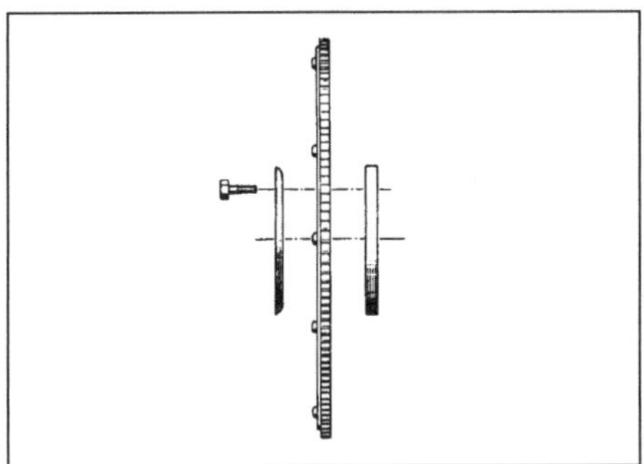

12.15 Antriebsflansch mit Scheiben

13 Ausgleichswellen – Ausbau, Kontrolle und Einbau (B 234 F-Motor)

Spezialwerkzeug: *Zum Blockieren des Ausgleichswellenrades kann das Volvo-Werkzeug mit der Teilenummer 5362 nützlich sein. Zum Abziehen der Wellengehäuse sind die beiden Werkzeuge mit den Teilenummern 5376 und 5196 hilfreich.*

Ausbau

1 Entfernen Sie beide Steuerriemen (siehe Sektion 4).
2 Demontieren Sie das entsprechende Ausgleichswellenrad – blockieren Sie es mit dem Volvo-Spezialwerkzeug 5362 oder einem anderen Hilfsmittel und lösen Sie die Schraube.
3 Entfernen Sie den Luftmengenmesser und den Einlassschlauch.

Linke Ausgleichswelle (Einlassseite)

4 Lösen Sie den Lichtmaschinen- und Servolenkungspumpen-Halter (siehe Abbildung). Sichern Sie den Halter und seine Baugruppen am mit Lappen vor Kratzern geschützten Innenkotflügel.

13.4 Demontage des Lichtmaschinen- und Servopumpen-Halters

5 Platzieren Sie einen Behälter unter dem Ausgleichswellen-Sitz oder legen Sie saugfähiges Papier auf den Querträger, um austretendes Öl aufzunehmen. Lösen Sie die vier Schrauben des Ausgleichswellengehäuses (siehe Abbildung).

13.5 Lösen Sie die vier Ausgleichswellengehäuse-Schrauben (Pfeile)

6 Setzen Sie den Abzieher 5376 am hinteren Befestigungspunkt an (siehe Abbildung); vorne kann der Abzieher 5196 angesetzt werden. Hebeln Sie gleichzeitig mit beiden Abziehern das Gehäuse an beiden Seiten ab – beschädigen Sie es dabei nicht.

13.6 Das Ausgleichswellengehäuse kann mit den Volvo-Abziehern befreit werden.

Rechte Ausgleichswelle (Auslassseite)

7 Entfernen Sie den Spanner des Ausgleichswellenriemens sowie die Schraube, die durch die Rückplatte in das Ausgleichswellengehäuse führt (siehe Abbildung).

13.7 Entfernen Sie den Riemenspanner und die durch die Rückplatte ins Ausgleichswellengehäuse führende Schraube.

8 Entfernen Sie den Luftvorwärmungs-Schlauch vom unteren Hitzeschild unter dem Auspuffkrümmer, lösen Sie dann die vier Muttern, mit denen die rechte Motorhalterung an der Querstrebe gesichert ist.
9 Heben Sie den Motor mit einer an der rechten Halteöse befestigten Vorrichtung an – beachten Sie den Abstand zwi-

schen dem Hauptbremszylinder und dem Einlassstutzen. Entfernen Sie die komplette Motorhalterung (einschließlich des Gummipuffers und der unteren Halteplatte) vom Motorblock (siehe Abbildung).

13.9 Rechte Motorhalterung

10 Platzieren Sie einen Behälter oder saugfähiges Papier unter dem Ausgleichswellen-Sitz, um austretendes Öl aufzunehmen. Lösen Sie die vier Schrauben des Ausgleichswellengehäuses und hebeln es wie in Schritt 6 beschrieben ab.

Kontrolle

11 Entfernen Sie die zwei O-Ringe aus den Ölkanälen des Ausgleichswellengehäuses. Lösen Sie die Gehäuseschrauben und hebeln Sie die Gehäusehälften mithilfe eines an den vier dafür vorgesehenen Punkten angesetzten großen Schraubendrehers auseinander (siehe Abb.). Hebeln Sie das Gehäuse vorsichtig und gleichmäßig auf, sodass der Spalt möglichst parallel größer wird und der Verzug nie 1 mm übersteigt.

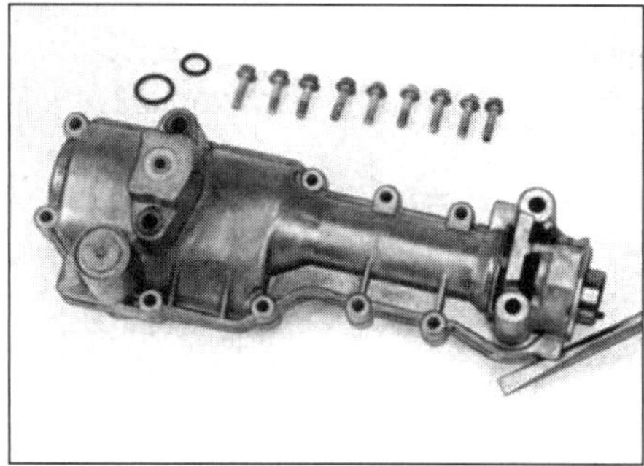

13.11 Verbindungsschrauben und O-Ringe des Ausgleichswellengehäuse

12 Heben Sie die Ausgleichswelle aus dem Gehäuse und ziehen Sie den vorderen Dichtring von der Welle (siehe Abb.).

13.12 Die Ausgleichswelle und der vordere Dichtring ist aus dem Gehäuse befreit.

13 Entfernen Sie die hintere Dichtplatte und entfernen Sie den O-Ring aus deren Nut (siehe Abbildung).

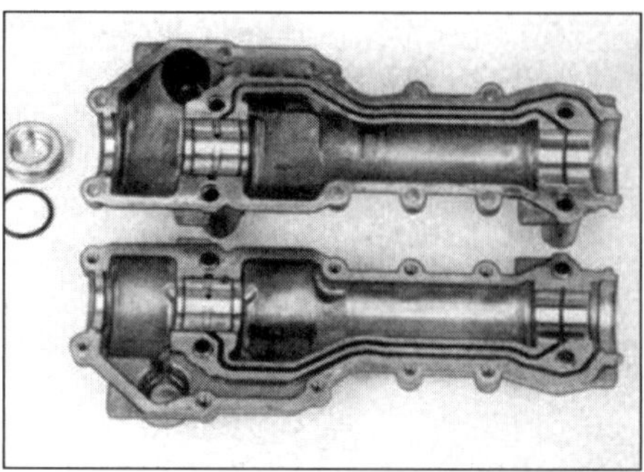

13.13 Die hintere Dichtplatte ist samt O-Ring aus dem Gehäuse befreit.

14 Entfernen Sie die hinteren Lagerschalen aus den Gehäusehälften (siehe Abbildung).

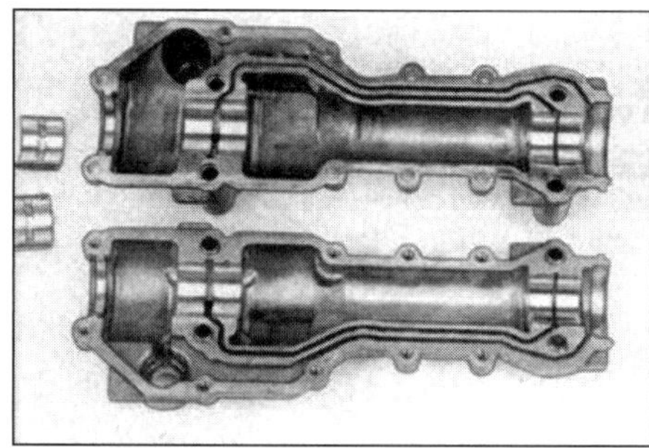

13.14 Die hinteren Lagerschalen sind aus dem Gehäuse befreit.

15 Entfernen Sie mit Lösungsmittel die Reste der Dichtmasse von den Kontaktflächen und kratzen Sie sie mit einem Plastik- oder Holzspachtel sauber. Wischen Sie die Oberflächen mit Entfetter sauber und blasen Sie alles mit Druckluft aus. Inspizieren Sie die Kontakt- und Lagerflächen und ersetzen Sie alle offensichtlich verschlissenen Bauteile.

16 Installieren Sie die hinteren Lagerschalen. Tragen Sie an der Gehäusehälfte, aus die die Welle entnommen wurde, Dichtmasse auf – hiervon darf nichts in Ölkanäle geraten. Ölen Sie die Ausgleichswellenlager beider Hälften – hierbei darf kein Öl mit der Dichtmasse in Kontakt kommen.

17 Legen Sie die Welle in die mit Dichtmasse versehene Gehäusehälfte. Installieren Sie die mit einem neuen O-Ring ausgerüstete hintere Dichtplatte.

18 Setzen Sie vorsichtig die beiden Gehäusehälften zusammen. Installieren Sie die Schrauben und ziehen Sie sie gleichmäßig mit 5 Nm an (Schritt 1) – prüfen Sie dabei, ob sich die Welle frei drehen lässt.

Einbau

19 Reinigen Sie die Kontaktflächen am Motorgehäuse. Rüsten Sie die Ölkanäle des Ausgleichswellengehäuses mit neuen O-Ringen aus – »kleben« Sie diese mit etwa Fett in ihre Nuten (siehe Abbildung). Bestreichen Sie die Kontaktflächen der Gehäuse dünn mit Fett.

13.19 Die Ölkanäle müssen mit neuen O-Ringen ausgerüstet werden.

20 Setzen Sie das Gehäuse an den Motorblock und installieren Sie die vier Schrauben. Das Gehäuse muss möglichst senkrecht gegen den Motor gezogen werden (am Spalt darf die Differenz zwischen vorne und hinten nicht mehr als 1 mm betragen). Ziehen Sie die Schrauben über Kreuz nicht mehr eine halbe Umdrehung zur Zeit an. Ziehen Sie die Schrauben zunächst mit 20 Nm an, lockern Sie sie dann wieder und ziehen Sie sie mit 10 Nm an. Zum Schluss werden sie mithilfe einer Winkelscheibe 90° weiter gedreht – prüfen Sie dabei stets, ob sich die Welle frei drehen lässt.
21 Ziehen Sie jetzt alle Gehäuseschrauben im zweiten Schritt mit 8 Nm an.
22 Installieren Sie das Riemenrad an die Ausgleichswelle, sodass die Nut in der Radnabe zum Führungsstift am Wellenende ausgerichtet ist und die flachere Seite des Rades innen liegt. Blockieren Sie das Rad mit dem Volvo-Spezialwerkzeug 5362 oder einem anderen Hilfsmittel und ziehen Sie die Schraube mit 50 Nm an.
23 Prüfen Sie das Axialspiel der Ausgleichswelle – verwenden Sie dazu möglichst eine an einem Magnetstativ befestigte Messuhr.

Linke Ausgleichswelle (Einlassseite)

24 Montieren Sie den Lichtmaschinen- und Servolenkungspumpen-Halter mitsamt des Kabelbinders, der mit der Schraube verbunden wird, von der der Halter entfernt wurde. Kontrollieren Sie alle Anschlüsse der Lichtmaschine und der Servopumpe.
25 Montieren Sie den Luftmengenmesser, den Einlassschlauch und alle Anschlüsse. Senken Sie den Motor ab, falls er für den Zugang zur rechten Ausgleichswelle angehoben wurde.
26 Installieren Sie beide Steuerriemen (siehe Sektion 4). Montieren Sie die Nebenaggregate-Riemen und alle anderen entfernten Bauteile.

Rechte Ausgleichswelle (Auslassseite)

27 Montieren Sie die Motorhalterung samt Gummipuffers und der unteren Halteplatte an den Motorblock. Senken Sie den Motor über der vorderen Querstrebe ab, sodass die untere Halteplatte über den Stehbolzen sitzt. Drehen Sie die Muttern auf und entfernen Sie die Hebevorrichtung.
28 Montieren Sie den Luftmengenmesser, den Einlassschlauch und alle Anschlüsse. Ziehen Sie die Muttern der Motorhalterung an und verbinden Sie den Luftvorwärmungs-Schlauch mit dem unteren Hitzeschild.
29 Montieren Sie den Spanner des Ausgleichswellenriemens und die durch die Rückplatte in das Ausgleichswellengehäuse führende Schraube (Abb. 13.7).
30 Installieren Sie beide Steuerriemen (siehe Sektion 4). Montieren Sie die Nebenaggregate-Riemen und alle anderen entfernten Bauteile.

14 Motorhalterungen – Ausbau und Einbau

Ausbau

1 Trennen Sie das Massekabel (–) der Batterie.
2 Lösen Sie die Muttern der zu entfernenden Motorhalterung.
3 Befestigen Sie einen Werkstattkran oder andere Vorrichtungen am Motor, um ihn anheben zu können. Setzen Sie nicht direkt unter der Ölwanne einen Heber an, da hierbei die Ölwanne beschädigt wird.
4 Entlasten Sie die Motorhalterung und entfernen Sie sie. Möglicherweise müssen Servolenkungs-Schläuche und bei Einspritzmodellen die Halterung des Einlassstutzens beiseite genommen werden.

Einbau

5 Der Einbau entspricht der umgekehrten Ausbaureihenfolge.

Kapitel 2, Teil B

Reparaturen am eingebauten V6-Motor

Inhalt **Sektion**

Schwierigkeitsgrade

Leicht. Geeignet für Anfänger mit wenig Erfahrung.

Relativ leicht. Geeignet für Anfänger mit etwas Erfahrung.

Relativ schwierig. Geeignet für geübte Selbstschrauber.

Schwer. Geeignet für Selbstschrauber mit viel Erfahrung.

Sehr schwer. Geeignet für Experten und Profis.

Technische Daten

Motor (allgemein)

Identifikation
B 28 E . . . . OHC, Einspritzung, Saugmotor, bis 1987
B 280 E . . . . OHC, Einspritzung, Saugmotor, ab Modelljahr 1987
Bohrung . . . . 91 mm (nominell)
Hub . . . . 73 mm
Hubraum . . . . 2849 cm³
Verdichtungsverhältnis
B 28 E . . . . 9,5 : 1
B 280 E . . . . 10,0 : 1
Verdichtungsdruck
Messwert . . . . 9 bis 11 bar
Unterschiede zwischen Zylindern . . . . 2 bar (max.)
Zündfolge . . . . 1-6-3-5-2-4 (Nr. 1 links hinten)
Kurbelwellen-Drehrichtung . . . . im Uhrzeigersinn (von vorne betrachtet)
Ventilspiel . . . . siehe Kapitel 1

Zylinderkopf
Verzug – legitim . . . . 0,05 mm auf 100 mm Länge
Höhe (neu) . . . . 111,07 mm

Nockenwellen
Identifikationsbuchstaben (angebracht am Ende)
B 28 E . . . . F
B 280 E . . . . R
Identifikationsnummern
B 28 E
Links . . . . 615 oder 977
Rechts . . . . 616 oder 978
B 280 E
Links 957

Technische Daten

Rechts	959
Ventilhub (max.)	
B 28 E	5,96 mm
B 280 E	
Einlass	6,08 mm
Auslass	5,85 mm

Lagerzapfen-Durchmesser

1	40,440 bis 40,465 mm
2	41,040 bis 41,065 mm
3	41,640 bis 41,665 mm
4	42,240 bis 42,265 mm
Radialspiel	0,035 bis 0,085 mm
Axialspiel:	
Neu	0,070 bis 0,144 mm
Verschleißgrenze	0,5 mm

Schwungscheibe

Verzug (max.)	0,05 mm

Schmiersystem

Ölpumpe – Typ	Außenzahnradpumpe, über Kette angetrieben
Öldruck (Motor warm, bei 2000/min)	
bei 900/min	1,0 bar (min.)
bei 3000/min	4,0 bar (min.)
Ölpumpen-Spiel	
Axialspiel	0,025 bis 0,084 mm
Radialspiel	0,110 bis 0,185 mm
Totgang	0,17 bis 0,27 mm
Antriebsrad-Lagerspiel	0,015 bis 0,053 mm
Zwischenrad-Lagerspiel	0,015 bis 0,051 mm
Überdruckventil – freie Federlänge	89,5 mm
Überdruckventil - Federlänge bei 88 N	56,5 bis 60,5 mm

Anzugsdrehmomente*

Pleuelfuß-Lagerdeckel	45 bis 50 Nm
Kurbelwellen-Riemenscheibenmutter	240 bis 280 Nm
Nockenwellenritzel	70 bis 90 Nm
Schwungscheibe (mit neuen Schrauben)	45 bis 50 Nm
Ventildeckel	15 Nm
Zylinderkopfschrauben (siehe Text)	
Frühe Ausführung mit separaten Scheiben	
Schritt 1	60 Nm
Lockern, dann Schritt 2A	20 Nm
Schritt 2B	Um 106° weiter
Schritt 3 (nach Aufwärmen und Abkühlen)	Um 45° weiter
Spätere Ausführung mit integrierten Scheiben	
Schritt 1	60 Nm
Lockern, dann Schritt 2A	40 Nm
Schritt 2B	Um 160 bis 180° weiter
Hauptlagermuttern (siehe Text)	
Schritt 1	30 Nm
Lockern, dann Schritt 2A	30 bis 35 Nm
Schritt 2B	Um 73 bis 77° weiter
Hauptlagerdeckel – seitliche Schrauben (B280E)	20 bis 25 Nm
Ölpumpe an Motorblock	10 bis 15 Nm
Steuerkettendeckel-Schrauben	10 bis 15 Nm

* *mit geölten Gewinden, wenn nicht anders erwähnt.*

1 Allgemeine Informationen

Der Zweck dieses Kapitels

Dieser Teil von Kapitel 2 beinhaltet Reparaturen, die bei im Fahrzeug montierten V6-Motoren (2,8 Liter Hubraum) durchgeführt werden können. Falls der Motor ausgebaut und entsprechend freigelegt ist, können nicht zutreffende Schritte ignoriert werden. Arbeiten an Vierzylinder-Motoren mit 2,0 und 2,3 Liter Hubraum sind in Kapitel 2A beschrieben.
Teil C beinhaltet den Ausbau des Motors samt Getriebe aus dem Fahrzeug und die dann mögliche Komplettüberholung.

Motoren – Beschreibung

Die in einer Gemeinschaftsproduktion von PRV (Peugeot-Renault-Volvo) entwickelten V6-Motoren gelten als standfest und finden sich in zahlreichen europäischen Oberklasse-Fahrzeugen. Alle V6-Motoren sind wassergekühlt und längs stehend im Fahrzeug montiert.
Das Motorgehäuse samt Zylindern und die Zylinderköpfe bestehen aus einer Aluminiumlegierung. Das Gehäuse ist in Höhe der Kurbelwelle horizontal geteilt. Eine aus Stahlblech bestehende Ölwanne ist unten ans Motorgehäuse geschraubt. Die Zylinderbänke stehen im Winkel von 90° zueinander. Im Gehäuse stecken in alter französischer Tradition »nasse« Laufbuchsen aus Gusseisen, die vom Kühlwasser umspült sind. Die Buchsen stoßen oben gegen die Zylinderkopfdichtung, wogegen unten individuell angepasste Dichtungen zum Einsatz kommen.
Die Kurbelwelle dreht sich in vier austauschbaren Gleitlagerschalen und ihr Axialspiel wird durch Anlaufscheiben am Schwungscheiben-Ende eingestellt. Auf jedem Hubzapfen drehen sich zwei Pleuel – ebenfalls in Gleitlagerschalen.
Die Querstrom-Zylinderköpfe werden vom zwischen ihnen sitzenden gemeinsamen Einlassstutzen »beatmet«, während die Auspuffstutzen jeweils außen sitzen. In jedem Kopf stecken sechs Ventile, die von einer Nockenwelle über sechs Kipphebel gesteuert werden. Die Nockenwellen werden per separater Steuerketten angetrieben, die wieder hydraulisch gespannt werden.
Das Schmiersystem besteht aus einem Druckumlaufsystem. Die Außenzahnrad-Ölpumpe wird über eine dritte Kette direkt von der Kurbelwelle angetrieben. Das Öl wird in der Ölwanne angesaugt und durch einen Hauptstromfilter gepumpt, bevor es zu den diversen Lagerstellen und in den Ventiltrieb gelangt. Die Kolben werden von unten mit Spritzöl geschmiert und gekühlt. Die Steuerketten werden durch Spritzöl vom vorderen Kurbelwellenlager und aus dem Kettenspanner geschmiert.

Reparaturen, die bei eingebautem Motor möglich sind

Die folgenden Arbeiten können erledigt werden, ohne dass der Motor dafür aus dem Fahrzeug ausgebaut werden muss:

a) Kompressionsprüfung
b) Ventildeckel – Ausbau und Einbau
c) Steuerketten – Ausbau, Kontrolle und Einbau
d) Zylinderköpfe – Ausbau und Einbau
e) Zylinderkopf und Kolben – Ablagerungen entfernen
f) Nockenwellen und Kipphebel – Ausbau, Kontrolle und Einbau
g) Kurbelwellen-Dichtringe – Ersetzen
h) Ölpumpe – Ausbau, Kontrolle und Einbau
i) Schwungscheibe / Antriebsflansch – Ausbau, Kontrolle und Einbau
j) Motorhalterungen – Ausbau und Einbau

2 Kompressionsprüfung – Beschreibung und Auswertung

1. Der Test entspricht der Beschreibung in Kapitel 2A, Sektion
2. Zunächst müssen entsprechend der Hinweise in Kapitel 4B die folgenden Punkte beachtet werden:

a) Entfernen Sie die Lufteinlässe.
b) Ziehen Sie das Sekundärluftventil oder den Luft-Steuerventilstecker ab.
c) Trennen Sie den Schlauch, der das Sekundärluftventil mit dem Start-Injektor verbindet

3 Ventildeckel – Ausbau und Einbau

Ausbau

Anmerkung: Führen Sie die folgende Arbeit jeweils am Ventildeckel einer Seite aus.

B 28-Motoren

1 Trennen Sie das Massekabel (–) der Batterie.
2 Schrauben Sie am rechten Ventildeckel den Steuerdruck-Regler ab (ohne ihn zu trennen) und legen Sie ihn auf den Einlassstutzen.
3 Entfernen Sie den Lufteinlass, den Öleinfülldeckel und die Schläuche der Motorentlüftung.
4 Schrauben Sie am linken Ventildeckel die Unterdruckpumpe ab und manövrieren Sie sie beiseite.
5 Entfernen Sie den Antriebsriemen des Klimaanlagen-Kompressors (siehe Kapitel 1). Lösen Sie die Kompressorhalterungen vom Motor und manövrieren Sie den Kompressor samt Halter zu einer Seite. Trennen Sie keine Kühlmittelschläuche und lassen Sie den Kompressor nicht daran hängen.
6 Lösen Sie die zehn Schrauben des Ventildeckels – beachten Sie ihre unterschiedlichen Längen.
7 Heben Sie den Ventildeckel ab und entnehmen Sie die Dichtung.

B 280-Motoren

8 Trennen Sie das Massekabel (–) der Batterie. Bedecken Sie die Batterie mit einem Brett oder einem Plastikdeckel oder demontieren Sie sie, damit nicht mit dem Kompressor die Pole kurzgeschlossen werden.
9 Entfernen Sie den Antriebsriemen des Klimaanlagen-Kompressors (siehe Kapitel 1).
10 Entfernen Sie den Öleinfülldeckel und die daran angeschlossenen Schläuche der Motorentlüftung.
11 Trennen Sie das Steuerkabel des Klimaanlagen-Kompressors.
12 Lösen Sie die Kompressorhalterungen vom Motor und manövrieren Sie den Kompressor samt Halter und Riemenspannerrad zu einer Seite. Trennen Sie keine Kühlmittelschläuche und lassen Sie den Kompressor nicht daran hängen.

13 Schrauben Sie am rechten Ventildeckel das Kompressorriemen-Zwischenrad ab. Lockern Sie die Schraube, die das Zwischenrad am Steuerkettendeckel sichert, und bewegen Sie es aus dem Arbeitsbereich heraus.
14 Entfernen Sie den Motoröl-Peilstab.
15 Schrauben Sie am rechten Ventildeckel alle verbliebenen Seilzugklemmen ab.
16 Entfernen Sie den Luftfilter und den Luftmengenmesser (siehe Kapitel 4B). Entfernen Sie auch den Luftschlauch, der den Luftmengenmesser mit dem Drosselklappengehäuse verbindet.
17 Ziehen Sie die Zündkabel von den Zündkerzen des linken Zylinderkopfs und legen Sie sie beiseite. Beachten Sie die Induktivgeber am Zündkabel von Zylinder Nr. 1.
18 Schrauben Sie am linken Ventildeckel die Zündkabel-Klemme ab.
19 Befreien Sie die verbliebenen Kabel und Benzinschläuche aus ihren Halterungen, schneiden Sie dazu nötigenfalls Kabelbinder auf (sie müssen später ersetzt werden).
20 Lösen Sie die Ventildeckelschrauben – beachten Sie die unterschiedlichen Längen sowie das Masseband unter einer der linken Schrauben.
21 Heben Sie den Ventildeckel ab und entnehmen Sie die Dichtung.

Einbau (alle Motoren)

22 Reinigen Sie die Dichtflächen des Zylinderkopfes und des Ventildeckels mit Lösungsmittel und entfernen Sie Ölreste.
23 Legen Sie die Dichtung auf den Zylinderkopf – sie muss überall korrekt sitzen.
24 Richten Sie den Ventildeckel über dem Zylinderkopf aus und installieren Sie die Schrauben – vergessen Sie bei B 280-Motoren nicht das Masseband.
25 Verbinden Sie alle beim Ausbau entfernten Bauteile. Schließen Sie die Batterie an und starten Sie den Motor, um zu prüfen, ob die Ventildeckeldichtung ihren Zweck erfüllt.

4 Steuerkette und Ritzel – Ausbau, Kontrolle und Einbau

Ausbau

1 Trennen Sie das Massekabel (–) der Batterie.
2 Entfernen Sie alle Nebenaggregate-Riemen (siehe Kapitel 1).
3 Entfernen Sie den Kühler, die Lüfterhaube und den Ventilator. Falls vorhanden, muss auch der Ölkühler des Automatikgetriebes entfernt werden (siehe Kapitel 3).
4 Demontieren Sie beide Ventildeckel (siehe Sektion 3).
5 Lösen Sie die Servolenkungspumpe und manövrieren Sie sie samt Halterung beiseite.
6 Entfernen Sie bei B 280-Motoren den Zündverteiler (siehe Kapitel 5B).
7 Bringen Sie mit einem an der Riemenradschraube der Kurbelwelle angesetzten 36er-Schlüssel den Zylinder Nr. 1 in den Verdichtungs-OT (oberer Totpunkt). Der hintere linke Kolben steht im OT, wenn die Nut am Kurbelwellen-Riemenrad zur »0« an der Steuerzeiten-Skala ausgerichtet ist. Wenn dann noch beide Kipphebel über Zylinder Nr. 1 etwas Spiel aufweisen, steht der Kolben im Verdichtungs-OT – andernfalls muss die Kurbelwelle eine volle Umdrehung/360°) weitergedreht werden, bis diese Position erreicht ist und beide Ventile geschlossen sind.
8 Entfernen Sie den Stopfen aus der ungenutzten Anlasser-Öffnung und blockieren Sie hierdurch den Zahnkranz – entweder indem ein Assistent ein Montiereisen oder einen großen Schraubendreher hineinsteckt oder (besser) indem ein in die Zähne greifendes Segment angeschraubt wird.
9 Lösen Sie mit einem 36er-Steckschlüssel die Mutter des Kurbelwellen-Riemenscheibe – sie sitzt sehr fest. Entfernen Sie die Anlasserzahnkranz-Blockierung.
10 Die Keilnut in der Kurbelwellen-Riemenscheibe muss oben liegen, dann wird die Scheibe abgezogen (würde die Nut unten liegen, könnte der Keil herausfallen).
11 Lösen Sie die 25 Schrauben des Steuerketten-Deckels. Entfernen Sie auch einige der Antriebsriemen-Zwischenräder, die mit Deckelschrauben gesichert sind. Beachten Sie die unterschiedlichen Längen der Schrauben.
12 Manövrieren Sie den vorne durch den Steuerkettendeckel geführten Kabelbaum beiseite.
13 Ziehen sie den Steuerkettendeckel von seinen Passhülsen und entnehmen Sie ihn. Bedecken Sie die zur Ölwanne führenden Bohrungen mit Lappen und entfernen Sie die Deckeldichtung.
14 Blockieren Sie die Nockenwellenritzel und lockern Sie ihre Schrauben mit einem 10er-Inbusschlüssel.
15 Bevor die Ketten und Spanner komplett entfernt werden, sollten an den Spannerkolben beobachtet werden, wie weit sie aus dem Spannergehäuse heraus ragen. Hierdurch ergibt sich ein Hinweis auf den Verschleiß der Ketten und einen möglichen Austausch derselben. Ragt der Kolben vier Kerben (8 mm) oder mehr heraus, ist die Kette verschlissen und muss ersetzt werden (siehe Abbildung).

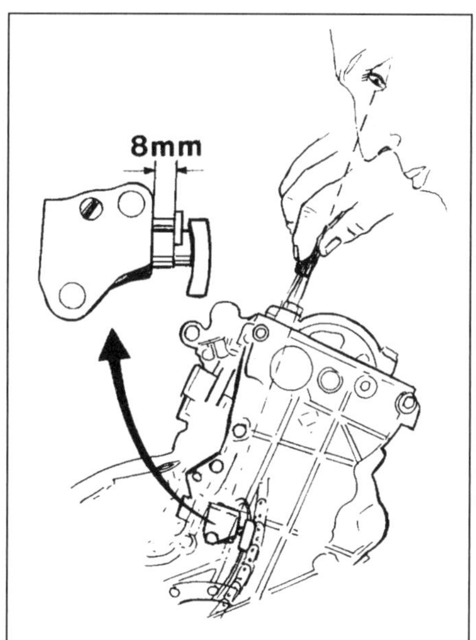

4.15 Falls der Spannerkolben mehr als 8 mm aus dem Gehäuse ragt, ist die Steuerkette verschlissen.

16 Ziehen Sie beide Kettenspanner zurück, indem Sie die Arretierung mit einem kleinen Schraubendreher gegen den Uhrzeigersinn drehen, während Sie den Kolben eindrücken (siehe Abbildung).
17 Lösen Sie die Schraube des Ölpumpenritzels und entnehmen Sie das Ritzel samt Kette (Abb. 5.2).

4.16 Zurücksetzen des Steuerkettenspanners

18 Lösen und entfernen Sie die Steuerkettenspanner – falls sie wiederverwendet werden sollen, müssen sie entsprechend ihrer Einbauposition markiert werden. Stellen Sie das hinter jedem Spanner sitzende Sieb sicher.
19 Lösen und entfernen Sie die Führungs- und Spannerschienen.
20 Prüfen Sie, ob an den Kettengliedern irgendwelche Markierungen erkennbar sind. Falls nicht, und die alten Ketten sollen wiederverwendet werden, müssen zuerst die Schritte 32 bis 37 durchgelesen und an den Ketten in den vorgegebenen Positionen der Kurbelwelle und der Nockenwellen Markierungen angebracht werden.
21 Lösen Sie die Schrauben der Nockenwellenritzel und ziehen Sie diese ab, heben Sie dann die Ketten ab. Legen Sie alle Bauteile entsprechend ihrer Einbaulage ab.
22 Entfernen Sie das Ölpumpen-Antriebsritzel von der Kurbelwelle und stellen Sie den äußeren Keil sicher. Ziehen Sie die Distanzhülse und das doppelte Steuerkettenritzel ab und stellen Sie auch den inneren Keil sicher. Eventuell wird ein Abzieher benötigt.

4.22 Ziehen Sie das doppelte Steuerkettenritzel ab.

Kontrolle

23 Verschlissene Steuerketten erzeugen ein charakteristisches rasselndes Geräusch. Der Verschleiß selbst ist kein großes Problem, doch wenn eine Kette allzu lang geworden ist, kann der Spannerkolben herausfallen, sodass der Öldruck zusammenbricht und schwere Motorschäden entstehen können.
24 Ketten und Ritzel verschleißen gemeinsam, sodass sie stets zusammen ausgetauscht werden müssen – andernfalls ist rapider Verschleiß die Folge. Ein Hinweis auf Kettenverschleiß wurde bereits in Schritt 15 gegeben, doch sollten auch die folgenden Kontrollen durchgeführt werden:
25 Inspizieren Sie die Führungs- und Spannerschienen – ersetzen Sie stark riefige oder anderweitig beschädigte Teile.
26 Kontrollieren Sie die Kettenspanner, aber zerlegen Sie sie nicht – falls ein Kolben aus dem Spanner befreit wurde, muss der gesamte Spanner ersetzt werden. Prüfen Sie, ob die Ölkanäle des Spanners frei sind.
27 Ersetzen Sie die Kettenspanner-Siebe, die Dichtung des Steuerkettendeckels und die Ventildeckeldichtung auf jeden Fall durch Neuteile. Der vordere Kurbelwellendichtring sollte bei jedem Zweifel über seinen Zustand ebenfalls ausgetauscht werden (siehe Sektion 8).

Einbau

28 Installieren Sie neue Ölsiebe in die Kettenspanner-Sitze des Motorblocks. Setzen Sie dann die Kettenspanner an, versehen Sie ihre Schrauben mit Sicherungspaste und sichern Sie sie damit (siehe Abbildungen).

4.28a Installieren Sie neue Ölsiebe . . .

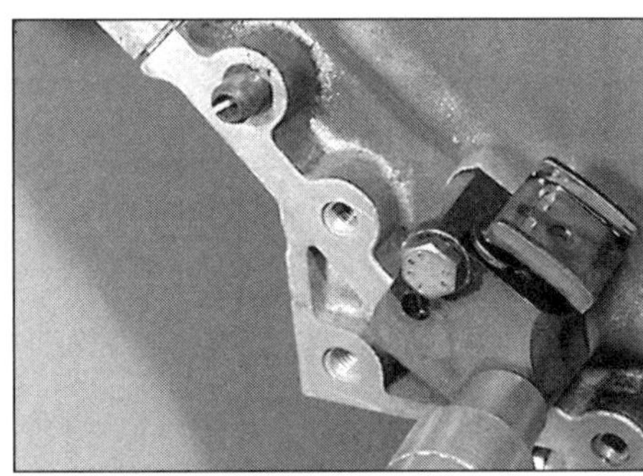

4.28b . . . und schrauben Sie den Kettenspanner an.

29 Montieren Sie die Führungs- und Spannerschienen – wieder müssen die Gewinde der Schrauben mit Sicherungspaste versehen werden (siehe Abbildungen).
30 Ölen Sie den Kurbelwellenstumpf und installieren Sie den inneren Keil in seine Nut.

4.29a Einbau der Spannerschiene

4.29b Montage einer Führungsschiene

31 Schieben Sie das doppelte Steuerkettenritzel mit der Markierung nach außen und korrekt ausgerichtet auf die Kurbelwelle – nötigenfalls muss es mit einem passenden Rohr aufgepresst werden (siehe Abbildung). Achten Sie darauf, dass der Keil in Position bleibt.

4.31 Treiben Sie das doppelte Steuerkettenritzel auf die Kurbelwelle.

32 Bereiten Sie den Einbau der linken Steuerkette vor. (Bedenken Sie, dass sich links und rechts auf die Einbaulage in Fahrtrichtung und nicht auf den Blick von vorne bezieht.) Installieren Sie übergangsweise die Kurbelwellenmutter und drehen Sie die Welle, bis die Keilnut zur linken Nockenwelle zeigt. Drehen Sie die linke Nockenwelle so, dass die Nut zur Arretierung des Ritzels gerade nach oben zeigt (siehe Abbildung).

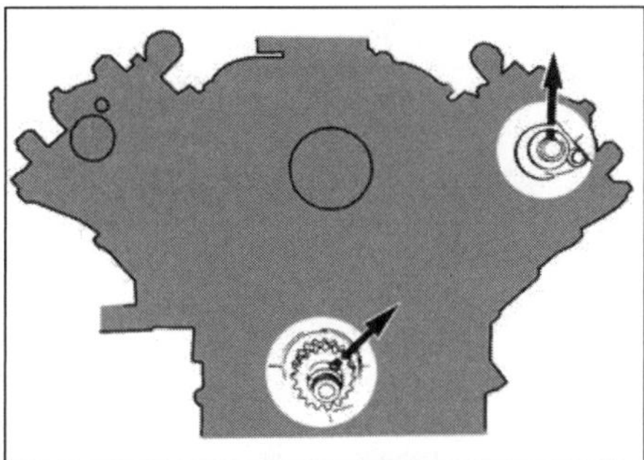

4.32 Die Keilnute müssen zur Montage der linken Steuerkette wie gezeigt positioniert sein.

33 Legen Sie die linke Steuerkette so über das Nockenwellenritzel, dass die zwei markierten Glieder der Kette links und rechts der Ritzel-Markierung liegen. Legen Sie die Kette so über das hintere Kurbelwellenritzel, dass das einzelne markierte Glied mit der Markierung am Ritzel fluchtet. Ziehen Sie die Kette an der Zugseite (mit der geraden Führung) stramm und schieben Sie das Nockenwellenritzel auf die Welle – deren Nut muss entsprechend ausgerichtet sein (siehe Abbildungen).

4.33a Die einzelne Markierung an der Kette muss mit der Markierung am Kurbelwellenritzel fluchten . . .

4.33b . . . und die doppelt markierten Kettenglieder rechts und links der Nockenwellenritzel-Markierung liegen.

34 Sichern Sie das Ritzel mit der Schraube, aber ziehen Sie sie noch nicht fest an.

35 Bereiten Sie den Einbau der rechten Steuerkette vor. Drehen Sie die Kurbelwelle im Uhrzeigersinn, bis die Keilnut senkrecht nach unten zeigt. Drehen Sie die rechte Nockenwelle so, dass die Nut zur Arretierung des Ritzels parallel zur Dichtfläche nach rechts unten zeigt (siehe Abbildung).

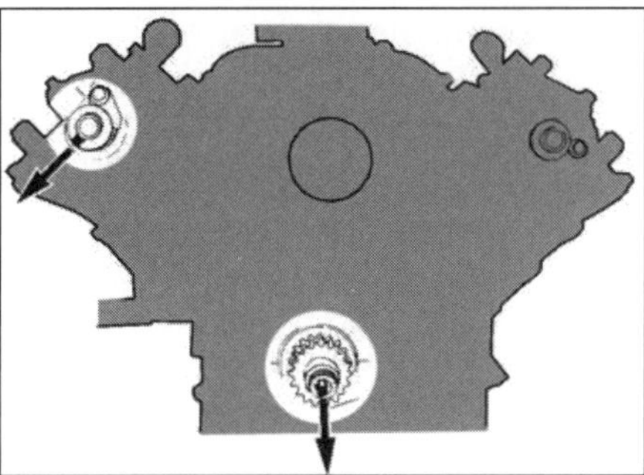

4.35 Die Keilnute müssen zur Montage der rechten Steuerkette wie gezeigt positioniert sein.

36 Installieren Sie die rechte Steuerkette und das Nockenwellenritzel genauso wie das linke – wieder, müssen die doppelt markierten Glieder beidseitig der Markierung am Nockenwellenritzel liegen und das einzelne markierte Glied mit der Markierung am Kurbelwellenritzel fluchten. Drehen

Sie die Kurbelwelle nötigenfalls ein kleines Stück, um die Ausrichtungen sicherzustellen.

37 Installieren Sie die Schraube des rechten Nockenwellenritzels. Ziehen Sie beide Nockenwellenritzel-Schrauben mit 70 bis 90 Nm an – blockieren Sie die Ritzel dabei mit einem Schraubendreher.

38 Lösen Sie die Steuerkettenspanner, indem Sie die Arretierung eine Viertelumdrehung im Uhrzeigersinn drehen; zwingen Sie dabei nicht den Kolben heraus.

39 Drehen Sie die Kurbelwelle zwei volle Umdrehungen im Uhrzeigersinn, damit sich die Steuerketten setzen (die Markierungen werden nicht mehr fluchten – siehe Schritt 20). Drehen Sie die Kurbelwelle eine halbe Umdrehung weiter, sodass die Keilnut wieder nach oben zeigt.

40 Entfernen Sie die Kurbelwellenmutter. Legen Sie die Distanzhülse auf und installieren Sie den äußeren Keil sowie das Ölpumpen-Antriebsritzel (siehe Abbildungen).

4.40a Schieben Sie die Distanzhülse auf . . .

4.40b . . . und installieren Sie den äußeren Keil.

41 Installieren Sie das Ölpumpenritzel samt Kette. Versehen Sie die Ritzelschrauben vor dem Anziehen mit Sicherungspaste.

42 Ölen Sie die Ketten und entnehmen Sie den Lappen aus den Ölwannenlöchern. Prüfen Sie noch einmal, ob nichts vergessen wurde.

43 Setzen Sie den Steuerkettendeckel mit einer neuen Dichtung an. Versehen Sie die unteren vier Deckelschrauben mit Sicherungspaste und ziehen Sie alle 25 Schrauben mit 10 bis 15 Nm an. Verlegen Sie den Kabelbaum hinter den Zwischenrädern.

44 Rüsten Sie den Steuerkettendeckel nötigenfalls mit einem neuen Wellendichtring aus (siehe Sektion 8) und montieren Sie die Kurbelwellen-Riemenscheibe – achten Sie auf die korrekte Position des Keils.

45 Blockieren Sie den Anlasserzahnkranz ggf. in die andere Richtung, drehen Sie die Kurbelwellenmutter auf und ziehen Sie sie mit 240 bis 280 Nm an.

46 Installieren Sie den Stopfen in die ungenutzte Anlasser-Öffnung.

47 Schneiden Sie den vorstehenden Rand der Steuerkettendeckel-Dichtung bündig zu den Zylinderköpfen ab.

48 Montieren Sie die Ventildeckel (siehe Sektion 3).

49 Installieren Sie die verbliebenen Bauteile in der umgekehrten Ausbaureihenfolge.

50 Falls ein neuer Steuerkettendeckel montiert oder die Position der Steuerzeiten-Skala verändert wurde, muss deren Position kontrolliert werden (siehe Sektion 11).

51 Prüfen Sie die Steuerzeiten (siehe Kapitel 5B) sowie die Standgasdrehzahl und das Standgasgemisch (siehe dazu Kapitel 1).

5 Ölpumpe – Ausbau, Kontrolle und Einbau

Ausbau

1 Führen Sie die ersten 13 Schritte von Sektion 4 aus, um die Ölpumpe freizulegen.

2 Schrauben Sie die Ölpumpenritzel ab und entfernen Sie es samt Kette (siehe Abbildung).

5.2 Demontage des Ölpumpenritzels samt Kette

3 Entfernen Sie die vier Schrauben, mit denen die Ölpumpe am Motorblock gesichert ist, ziehen Sie die Pumpe heraus und stellen Sie das untere Pumpenzahnrad sicher (siehe Abbildung).

5.3 Ausbau der Ölpumpe aus dem Motorblock – das untere Pumpenrad bleibt zurück.

Kontrolle

4 Entfernen Sie die Bauteile des Überdruckventils, indem Sie die Kappe herunterdrücken und den Splint entfernen.

Entnehmen Sie dann die Kappe, die Feder und den Kolben (siehe Abbildung).

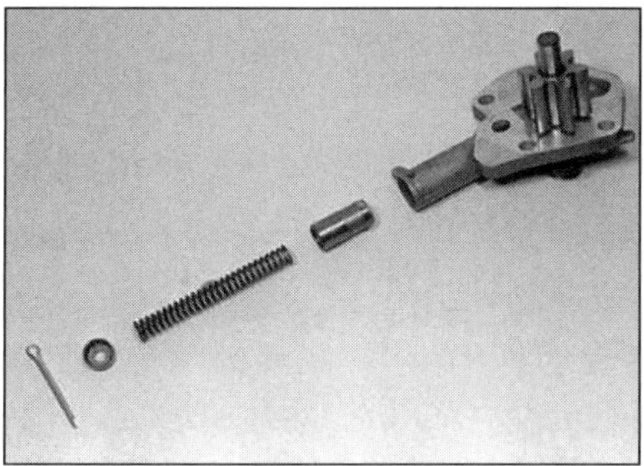

5.4 Bauteile der Ölpumpe und des Überdruckventils

5 Reinigen Sie das Pumpengehäuse und die Zahnräder, inspizieren Sie alles auf Verschleiß und Beschädigungen – nötigenfalls muss die gesamte Pumpe ersetzt werden. Obwohl für die Pumpe Daten zur Verschleißermittlung vorhanden sind, können diese aufgrund ihrer Konstruktion nicht so einfach ermittelt werden. Bei jedem Zweifel sollte die Pumpe ersetzt werden.
6 Inspizieren Sie den Kolben des Überdruckventils auf Riefen. Messen Sie die freie Länge der Feder – sie sollte 89,5 mm lang sein. Komprimieren Sie sie möglichst mit 80 Newton (oder belasten Sie sie mit 8160 g) – jetzt muss sie zwischen 56,5 und 60,5 mm lang sein. Für das Überdruckventil sind Ersatzteile erhältlich.
7 Bauen Sie die Ölpumpe und das Überdruckventil wieder zusammen – verwenden Sie einen neuen Splint.

Einbau

8 Reinigen Sie die Kontaktflächen des Motorgehäuses und der Pumpe sowie entsprechenden Vertiefungen im Block.
9 Versehen Sie zunächst alle Bauteile mit reichlich Motoröl. Installieren Sie das untere Ölpumpenrad in seinen Sitz, setzen Sie die Pumpe an und sichern Sie sie mit den vier Schrauben, die mit 10 bis 15 Nm angezogen werden müssen.
10 Installieren Sie die Kette und das Ölpumpenritzel. Versehen Sie die Ritzelschrauben mit Sicherungspaste.
11 Montieren Sie den Steuerkettendeckel und alle anderen Komponenten (siehe Sektion 4).

6 Zylinderköpfe und Kipphebel – Ausbau und Einbau

Anmerkung 1: *Lesen Sie zunächst die gesamte Sektion durch, um ein Verständnis über alle zusammenhänge zu erhalten. Speziell muss beachtet werden, dass versehentlich bewegte Laufbuchsen den Ausbau des Motors und eine komplette Zerlegung zur Folge hat, damit alles wieder in Ordnung gebracht werden kann.*
Werkzeug-Tipp: *Für diese Arbeit wird das Volvo-Spezialwerkzeug 5213 (oder eine ähnliche Vorrichtung) benötigt, um das/die Nockenwellenritzel in Position und die Steuerkette(n) stramm zu halten.*

Ausbau

1 Trennen Sie das Massekabel (–) der Batterie.
2 Entleeren Sie das Kühlsystem (siehe Kapitel 1).
3 Entfernen Sie den Einlassstutzen und alle damit verbundenen Komponenten (siehe Kapitel 4B).
4 Trennen Sie am zu demontierenden Zylinderkopf den Kühlerschlauch. Entfernen Sie auch den oberen und/oder unteren Kühlerschlauch von der Wasserpumpe bzw. dem Thermostatgehäuse.
5 Zur Demontage des rechten Zylinderkopfs müssen folgende Bauteile getrennt oder entfernt werden:
a) OT-Sensor samt Verkabelung
b) Zündverteiler (siehe Kapitel 5B)
c) Klimaanlagen-Kompressor (ohne die Schläuche zu trennen)
d) Motoröl-Peilstab samt Rohr
6 Zur Demontage des linken Zylinderkopfs müssen folgende Bauteile getrennt oder entfernt werden:
a) Unterdruckpumpe
b) Heißluft-Schlauch
7 Trennen Sie die Krümmerrohre von beiden Stutzen. Befreien Sie die Auspuffhalterung vom Getriebe und manövrieren Sie die Auspuffanlage nach hinten, um die Krümmerrohre von den Stehbolzen zu befreien.
8 Führen Sie die folgenden Arbeiten jeweils an einem Zylinderkopf zur Zeit durch:
9 Lösen und entfernen Sie den Ventildeckel (siehe Sektion 3).
10 Entfernen Sie die Nockenwellen-Abdeckung an der Rückseite des Zylinderkopfs (siehe Abbildung).

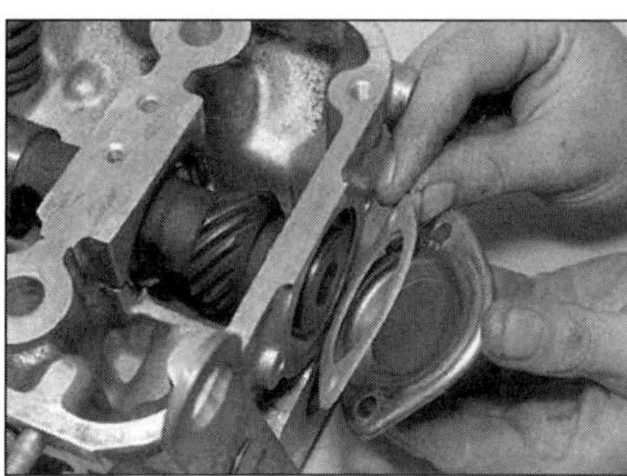

6.10 Entfernen Sie die Deckelplatte samt Dichtung von der Rückseite des Zylinderkopfs.

11 Lösen Sie die vier Schrauben, die den Steuerkettendeckel am Zylinderkopf sichern.
12 Entfernen Sie die Nockenwellen-Abdeckung (rechter Kopf) bzw. den Verschlussstopfen (linker Kopf), um Zugang zu den Ritzelschrauben zu erhalten (siehe Abbildungen).

6.12a Schrauben der Abdeckung der rechten Nockenwellenritzel-Schraube

6.12b Lösen Sie den Gewindestopfen, um Zugang zur linken Nockenwellenritzel-Schraube zu erhalten.

13 Blockieren Sie das Nockenwellenritzel und lockern Sie mit einem 10er-Inbusschlüssel seine Schraube.
14 Lockern Sie schrittweise und in der gezeigten Reihenfolge die (auch die Kipphebelböcke sichernden) Zylinderkopfschrauben (siehe Abbildung). Entfernen Sie die Schrauben und die Kipphebel-Baugruppe – markieren Sie sie, falls beide Zylinderköpfe demontiert werden.

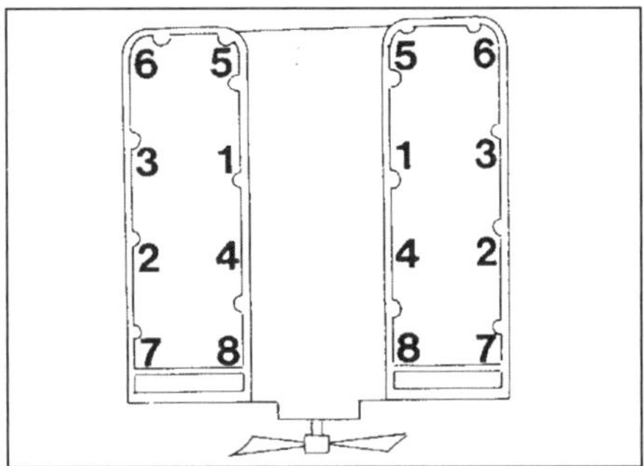

6.14 Lockerungs- und Anzugs-Reihenfolge der Zylinderkopfschrauben

15 Lockern Sie die Schraube der Nockenwellen-Anlaufplatte und bewegen Sie diese zur Seite.
16 Jetzt muss mithilfe des Volvo-Werkzeugs 5213 oder ähnlichem das Nockenwellenritzel gehalten und die Steuerkette stramm gehalten werden (siehe Abbildung). Falls eine Steuerkette auch nur für kurze Zeit nicht gespannt ist, muss der Steuerkettendeckel entfernt (siehe Sektion 4) und der Spanner zurückgesetzt werden. Falls kein geeignetes Werkzeug zur Hand ist, müssen jetzt die Steuerketten entfernt werden.

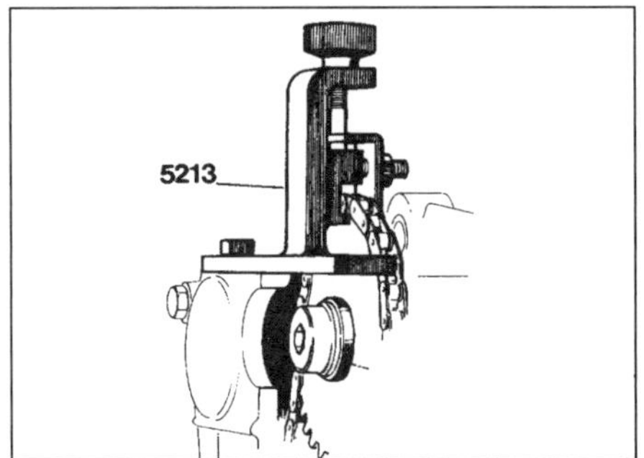

6.16 Das Volvo-Spezialwerkzeug 5213 zum Halten des Nockenwellenritzels

17 Bei sorgfältig gesichertem Nockenwellenritzel und auf Spannung gehaltener Kette wird die zentrale Ritzelschraube gelöst. Achten Sie beim Entfernen der rechten Nockenwellenritzel-Schraube darauf, dass diese nicht ins Steuerkettengehäuse fällt. Links besteht nicht genug Platz, um die Schraube vollständig zu entfernen.
18 Schieben Sie die Nockenwelle nach hinten, um sie vom Ritzel zu befreien.
19 Stecken Sie einen aus Holz oder Plastik bestehenden Hebel zwischen den Zylinderkopf und das Kühlwasser-Abzweigrohr und hebeln Sie den Kopf mit rüttelnden Bewegungen ab, um ihn zu befreien; versuchen Sie nicht, den Kopf zu schwenken (er ist mit Passhülsen gesichert) oder gerade abzuheben (dies würde ggf. die Laufbuchsen mitziehen). Anmerkung: Bei ungenügender Sorgfalt können die Zylinder-Buchsen bewegt werden, was zu Undichtigkeiten an deren Unterseite führen kann. Sobald die Verbindung gelockert ist, kann der Zylinderkopf abgehoben werden (er ist sehr schwer, sodass ggf. ein Assistent dabei helfen sollte).
20 Entfernen Sie die Zylinderkopfdichtung – von der Unterseite des Kopfes oder vom Motorblock. Stellen Sie lockere Passhülsen sicher.
21 Installieren Sie Laufbuchsen-Sicherungsklemmen – hierzu werden die Zylinderkopfschrauben mit Distanzhülsen und großen Scheiben oder Blechen ausgerüstet. Solange keine Kolben ausgebaut werden sollen, ist die Größe der Scheiben oder Bleche egal, andernfalls dürfen sie nur den Rand der Buchsen bedecken (siehe Abbildung).

6.21 Selbstgebaute Halteklemmen für die Zylinder-Laufbuchsen

22 Falls die Kurbelwelle bei demontiertem Zylinderkopf gedreht werden soll oder auch der andere Zylinderkopf demontiert werden soll, muss das Haltewerkzeug für das Nockenwellenritzel gegen das Teil mit der Nummer 5105 getauscht werden, das ein Drehen des Ritzels erlaubt.
23 Wiederholen Sie ggf. die Schritte 9 bis 21 am anderen Zylinderkopf.
24 Falls der Zylinderkopf für eine Überholung zerlegt werden soll, muss die Nockenwelle ausgebaut werden (siehe Sektion 7); wechseln Sie dann zu Kapitel 2C.

Vorbereitung für den Einbau

25 Die Dichtflächen des Zylinderkopfes und des Zylinderblocks müssen absolut sauber sein. Entfernen Sie dazu Dichtungsreste und Kohleablagerungen mithilfe eines Hartplastik- oder Holzschabers; reinigen Sie auch die Kolbenböden. Beachten Sie dabei, nicht das relativ weiche Aluminium abzutragen. Die Ablagerungen dürfen keinesfalls in Öl- oder Wasserkanäle gelangen – bereits kleinste Partikel können Öldüsen verstopfen! Kleben Sie daher alle Bohrungen des Zylinderkopfs/Motorgehäuses mit Kreppband ab. Damit keine Ablagerungen zwischen die Kolben und Zylinderwände gelangen, muss hier etwas Fett aufgetragen werden (anschließend kann es samt anhaftender Partikel mit einem sauberen Lappen abgewischt werden).

26 Kontrollieren Sie die Dichtflächen des Zylinderkopfes und des Zylinderblocks auf Riefen, tiefe Kratzer und andere Schäden. Kleine Unebenheiten können mit einer Feile geschlichtet werden; größere erfordern jedoch maschinelles Planen oder den Austausch.

27 Falls ein Verzug des Zylinderkopfes vermutet wird, muss dieser mit einem Richtwinkel geprüft werden (siehe Kapitel 2C).

28 Kontrollieren Sie alle Zylinderkopfschrauben und ihre Gewinde. Waschen Sie die Schrauben mit Lösungsmittel und wischen Sie sie trocken. Begutachten Sie jede Schraube auf Verschleiß und Beschädigungen und ersetzen Sie sie nötigenfalls. Prüfen Sie, ob sich Schrauben gelängt haben (was kaum möglich ist, wenn dies bei allen Schrauben geschehen ist). Volvo empfiehlt, die Schrauben nach jeder Demontage durch Neuteile zu ersetzen. Laut Volvo müssen neue Schrauben nach dem ersten Aufwärmen des Motors nicht erneut angezogen werden – fragen Sie hierzu beim Volvo-Händler nach.

Einbau

29 Zunächst müssen die Laufbuchsen-Klemmen entfernt werden. Montieren Sie (falls entfernt) wieder das Haltewerkzeug für das Nockenwellenritzel – halten Sie sorgfältig die Kette stramm.

30 Stecken Sie die Passhülsen in den Zylinderblock – sichern Sie sie mit in die Löcher darunter gesteckten Nägeln oder 3-mm-Spiralbohrern vor dem Verschwinden in ihren Sitzen (siehe Abbildung).

6.30 Diese Passhülse wird mit einem Blindniet in Position gehalten.

31 Die freiliegenden Bereiche des Steuerkettendeckels müssen sich in einem guten Zustand befinden – reparieren Sie sie nötigenfalls mit Fragmenten, die aus einer neuen Dichtung herausgeschnitten wurden. Tragen Sie an den Dichtflächen eine dünne Schicht Dichtmasse auf.

32 Legen Sie eine neue Zylinderkopfdichtung richtig herum auf den sauberen und trockenen Block – alle Schraubenbohrungen und Ölkanäle müssen korrekt fluchten.

33 Senken Sie den Zylinderkopf samt Nockenwelle auf der Dichtung ab. Drehen Sie die Nockenwelle, bis der Arretierstift zur Bohrung im Ritzel ausgerichtet ist, und schieben Sie nach vorne, um beide Teile zu verbinden. Drehen Sie die Ritzelschraube zunächst locker ein.

34 Entfernen Sie die unter den Passhülsen sitzenden Nägel oder Bohrer. Installieren Sie die Kipphebel-Baugruppe und die Zylinderkopfschrauben – deren Gewinde müssen gesäubert und mit frischem Öl versehen sein.

35 Ziehen Sie die Zylinderkopfschrauben schrittweise und in der korrekten Reihenfolge bis zum Erstanzugswert von 60 Nm an (Abb. 6.14).

36 Lockern Sie Schraube Nr. 1 und ziehen Sie sie erst mit 20 Nm (Schrauben mit separaten Scheiben) bzw. 40 Nm (Schrauben mit integrierten Scheiben) und dann mithilfe einer Gradscheibe oder einer aus Pappe selbst angefertigten Schablone (siehe Abbildung) um den vorgeschriebenen Winkel weiter (106° mit separaten Scheiben; 160 bis 180° mit integrierten Scheiben).

6.36 Anziehen einer Zylinderkopfschraube mithilfe einer selbstgebauten Gradscheibe

37 Wiederholen Sie Schritt 36 nacheinander mit den verbliebenen sieben Schrauben des Zylinderkopfs in der in Abb. 6.14 gezeigten Reihenfolge.

38 Entfernen Sie das Haltewerkzeug für das Nockenwellenritzel. Positionieren Sie die Nockenwellen-Anlaufplatte und ziehen Sie ihre Sicherungsschraube an.

39 Blockieren Sie das Nockenwellenritzel und ziehen Sie seine Schraube mit 70 bis 90 Nm an.

40 Installieren Sie die Nockenwellen-Abdeckung (mit einem neuen O-Ring) bzw. den Verschlussstopfen in den Steuerkettendeckel.

41 Installieren Sie die vier Schrauben in den Steuerkettendeckel und ziehen Sie sie an (Abb. 6.12a und b).

42 Montieren Sie die hintere Nockenwellen-Abdeckung an die Rückseite des Zylinderkopfs (Abb. 6.10).

43 Installieren Sie ggf. den anderen Zylinderkopf.

44 Kontrollieren Sie das Ventilspiel und stellen Sie es ggf. ein (siehe Kapitel 1).

45 Montieren Sie provisorisch die Ventildeckel mit neuen Dichtungen (siehe Sektion 3), aber sichern Sie sie zunächst nur mit zwei gegenüberliegenden Schrauben, da sie bald wieder entfernt werden müssen.

46 Verbinden Sie die Krümmerrohre mit den Auspuffstutzen und befestigen Sie den Auspuff.

47 Installieren Sie alle in Schritt 6 und 5 erwähnten Bauteile – nur noch nicht den Klimaanlagen-Kompressor.

48 Verbinden Sie die Kühlerschläuche und füllen Sie das Kühlsystem auf (siehe Kapitel 1).

49 Montieren Sie den Einlassstutzen und alle Teile der Einspritzanlage (siehe Kapitel 4B).

50 Schließen Sie die Batterie an. Starten Sie den Motor und bringen Sie ihn auf Betriebstemperatur.

51 Schalten Sie den Motor ab und lassen Sie ihn mindestens zwei Stunden abkühlen.

52 Entfernen Sie die Ventildeckel und ziehen Sie die Zylinderkopfschrauben um weitere 45° weiter. Anmerkung: Falls neue Schrauben verwendet werden, empfiehlt Volvo hierbei, diesen letzten Anzug nicht durchzuführen – holen Sie sich entsprechenden Rat beim Volvo-Händler.

53 Montieren Sie die Ventildeckel – diesmal mit allen Schrauben. Installieren Sie alle anderen entfernten Teile.
54 Montieren Sie den Klimaanlagen-Kompressor.
55 Überprüfen Sie die Steuerzeiten (siehe Kapitel 5B) sowie die Standgasdrehzahl und das Leerlaufgemisch (siehe Kapitel 1).

7 Nockenwelle – Ausbau, Kontrolle und Einbau

Ausbau

1 Demontieren Sie den entsprechenden Zylinderkopf samt Kipphebel-Baugruppe (siehe Sektion 6).
2 Falls noch nicht erledigt, müssen die Nockenwellen-Anlaufplatte und die Abdeckung an die Rückseite des Zylinderkopfs entfernt werden (siehe Abbildung).

7.2 Entfernen Sie die Nockenwellen-Druckplatte

3 Ziehen Sie die Nockenwelle durch das Loch nach hinten aus dem Zylinderkopf, ohne dabei mit den scharfkantigen Nocken die Lagerflächen (oder die Finger) zu beschädigen (siehe Abbildung).

Kontrolle

4 Inspizieren Sie die Nocken und die Lagerflächen der Nockenwelle auf Riefen und andere Verschleißmerkmale. Sobald die gehärtete Oberfläche der Nocken angegriffen wurde, nimmt der Verschleiß massiv zu.

7.3 Ausbau einer Nockenwelle

5 Messen Sie mit einer Mikrometerschraube den Durchmesser der Lager und kontrollieren Sie sie auf Ovalität und Kegelförmigkeit. Zum Ermitteln des Lagerspiels müssen die Innendurchmesser der Lager im Zylinderkopf gemessen und der Durchmesser der Welle subtrahiert werden. Bei übermäßigem Verschleiß oder Beschädigungen hilft nur der Austausch der Nockenwelle oder des Zylinderkopfs.
6 Messen Sie bei eingebauter Nockenwelle deren Axialspiel (siehe Abbildung) – wird mehr als 0,5 mm festgestellt, muss die Anschlagplatte ersetzt werden.

7.6 Messen Sie das Axialspiel der Nockenwelle.

Einbau

7 Der Einbau entspricht der umgekehrten Ausbaureihenfolge; ölen Sie dabei ausgiebig die Lager und die Nocken. Falls eine neuen Nockenwelle mit Spezial-Schmiermittel geliefert wird, sollte dies auch verwendet werden.
8 Falls eine neue Nockenwelle installiert wurde, muss der Motor einige Minuten mit moderaten Drehzahlen (ca. 1500 bis 2000/min) betrieben werden.

8 Kurbelwellen-Dichtringe – Ersetzen

Vorderer Dichtring

1 Trennen Sie das Massekabel (–) der Batterie.
2 Demontieren Sie den Kühler, die Lüfterhaube und den Ventilator. Entfernen Sie ggf. auch den Ölkühler des Automatikgetriebes (siehe Kapitel 3).
3 Entfernen Sie sämtliche Nebenaggregate-Riemen (siehe Kapitel 1).
4 Drehen Sie die Kurbelwelle, bis die Riemenscheiben-Nut Nr. 1 etwa zur 20°-Marke auf der Steuerzeiten-Skala fluchtet – so sind die Keilnuten korrekt positioniert.
5 Entfernen Sie die Kurbelwellen-Riemenscheibe (siehe Sektion 4, Schritte 8 bis 10).
6 Hebeln Sie vorsichtig den Dichtring aus seinem Sitz, ohne diesen dabei zu beschädigen. Alternativ können zwei gegenüberliegende kleine Löcher in den Ring gebohrt oder gestanzt und Blechschrauben hineingedreht werden, um hier eine Zange anzusetzen und den Dichtring herauszuziehen.

7 Reinigen Sie den Dichtring-Sitz im Steuerkettendeckel und kontrollieren Sie die Gleitfläche an der Riemenscheibe – wenn sie nicht völlig glatt ist, muss eine neue Riemenscheibe beschafft werden, da sonst ein neuer Dichtring rasch verschleißen würde.
8 Schmieren Sie die Dichtlippe des neuen Dichtrings mit Fett. Installieren Sie den Dichtring mit der Dichtlippe nach innen zeigend und klopfen Sie ihn mithilfe eines passenden Rohrs oder des umgedrehten alten Dichtrings in seinen Sitz.
9 Montieren Sie die Riemenscheibe – verschieben Sie dabei nicht den Keil.
10 Blockieren Sie den Anlasserzahnkranz und ziehen Sie die Riemenscheibenmutter 240 bis 280 Nm an. Entnehmen Sie die Blockiervorrichtung wieder.
11 Installieren Sie alle anderen entfernten Komponenten in der umgekehrten Ausbaureihenfolge.

Hinterer Dichtring

12 Entfernen Sie die Schwungscheibe oder den Antriebsflansch (siehe Sektion 9).
13 Hebeln Sie den alten Dichtring vorsichtig heraus – beschädigen Sie dabei nicht den Sitz oder die Oberfläche der Kurbelwelle. Alternativ können zwei gegenüberliegende kleine Löcher in den Ring gebohrt oder gestanzt und Blechschrauben hineingedreht werden, um hier eine Zange anzusetzen und den Dichtring herauszuziehen.
14 Reinigen Sie den Dichtring-Sitz und die Kurbelwelle. Kontrollieren Sie die Welle auf eine vom Dichtring hinterlassene Nut.
15 Schmieren Sie den Sitz, die Kurbelwelle und den neuen Dichtring. Installieren Sie den Dichtring mit der Dichtlippe nach innen zeigend und klopfen Sie ihn mithilfe eines passenden Rohrs oder des umgedrehten alten Dichtrings in seinen Sitz.
16 Montieren Sie die Schwungscheibe oder den Antriebsflansch (siehe Sektion 9).

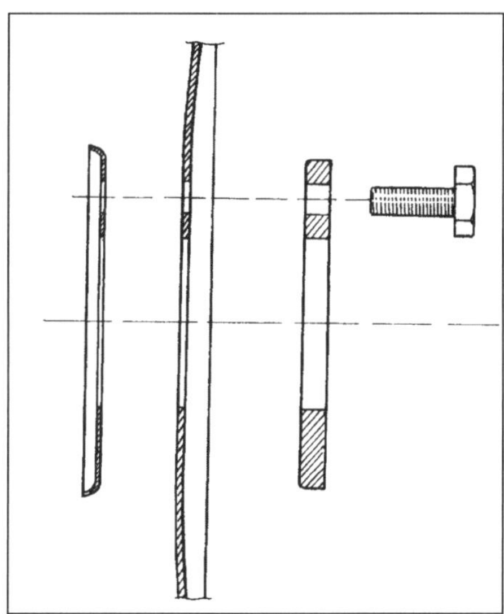

9.1 Antriebsflansch und Scheiben

9 Schwungscheibe/Antriebsflansch – Ausbau, Kontrolle und Einbau

Die Prozedur entspricht weitgehend derjenigen für Vierzylindermotoren (siehe Kapitel **2A**, Sektion 12. Lediglich die Hinweise auf die Zündung und die Anordnung der Antriebsflansch-Scheiben unterscheiden sich (siehe Abbildung).

10 Motorhalterungen – Ausbau und Einbau

B 28-Motoren

Ausbau

1 Trennen Sie das Massekabel (–) der Batterie.
2 Heben Sie das Fahrzeug vorne an. Lösen Sie von unten die durchgehende Schraube samt Mutter und die Überwurfmuttern vom Unterteil der zu entfernenden Motorhalterung.
3 Befestigen Sie einen Werkstattkran oder andere Vorrichtungen am Motor, um ihn anheben zu können. Setzen Sie nicht direkt unter der Ölwanne einen Heber an, da hierbei die Ölwanne beschädigt wird. Entlasten Sie die Motorhalterung und entfernen Sie deren Unterteil.
4 Jetzt kann das Oberteil der Halterung samt Gummiblock entfernt werden.

Einbau

5 Der Einbau entspricht der umgekehrten Ausbaureihenfolge.

B 280-Motoren

Ausbau

6 Trennen Sie das Massekabel (–) der Batterie.
7 Lösen Sie die zwei Sicherungsschrauben oben aus der Lüfterhaube und befreien Sie dies aus der unteren Halterung – sie muss nicht vollständig entfernt werden.
8 Befestigen Sie einen Werkstattkran oder andere Vorrichtungen am Motor, um ihn anheben zu können. Setzen Sie nicht direkt unter der Ölwanne einen Heber an, da hierbei die Ölwanne beschädigt wird. Entlasten Sie die Motorhalterung und entfernen Sie deren Unterteil.
9 Lösen Sie die Auspuff-Flansche hinter dem Vorschalldämpfer.
10 Lösen Sie die Motordämpfer an einer Seite ihrer Halterungen. Komprimieren Sie die Dämpfer etwas und schwenken Sie sie beiseite.
11 Falls noch nicht geschehen, muss der Ölwannenschutz entfernt werden. Für Arbeiten an der rechten Seite muss der Halter der Getriebeölleitung von der Kupplungsglocke befreit werden.
12 Lösen Sie die drei Muttern und zwei Schrauben der jeweiligen Halterung. Eine der Muttern ist nur von der Unterseite des Motorhalte-Querträgers erreichbar.
13 Heben Sie den Motor etwas an und ziehen Sie die Halterung heraus; stellen Sie das Distanzstück sicher.

Einbau

14 Der Einbau entspricht der umgekehrten Ausbaureihenfolge.

11 Steuerzeiten – Kontrolle und Einstellung

Kontrolle

1 Die Position der oberhalb der Kurbelwellen-Riemenscheibe am Steuerkettendeckel angebrachten Steuerzeiten-Skala kann innerhalb des von den zwei Schrauben-Langlöchern vorgegebenen Bereichs eingestellt werden. Obwohl es normalerweise keinen Grund gibt, die Genauigkeit dieser Skala anzuzweifeln, muss sie natürlich überprüft werden, falls sie jemals entfernt wurde oder neue Komponenten installiert wurden (z.B. ein neuer Steuerkettendeckel).
2 Um die Exaktheit der Steuerzeiten-Skala zu überprüfen, müssen der Steuerkettendeckel und das Kurbelwellen-Riemenrad montiert sein, der Einlassstutzen muss jedoch demontiert werden (siehe Kapitel 4B). Es kann zudem nötig sein, die Wasserpumpe zu demontieren (siehe Kapitel 3).
3 Drehen Sie die Kurbelwelle so, dass Zylinder Nr. 1 etwa 20° vor dem oberen Totpunkt (OT) steht.
4 Lösen Sie den Inspektionsstopfen oben aus dem Motorblock – hierzu wird ein 8-mm-Vierkant benötigt (der gleiche wie für die Ölablassschraube). Stellen Sie die Kupferscheibe sicher (siehe Abbildung).

11.4 Inspektionsstopfen zur Kontrolle der OT-Markierung

5 Stecken Sie eine etwa 8 mm starke Stange oder einen entsprechenden Bohrer in die Bohrung (siehe Abbildung). Drehen Sie die Kurbelwelle langsam im Uhrzeigersinn, bis die Stange oder der Bohrer im Ausschnitt der Kurbelwelle arretiert – jetzt steht Zylinder Nr. 1 im OT.

11.5 Wenn der Bohrer (oder eine Stange) in die Nut der Kurbelwelle einrastet, steht Zylinder Nr. 1 im Oberen Totpunkt.

6 In dieser Position muss die »O«-Markierung an der Steuerzeiten-Skala exakt mit der »1«-Nut des Riemenrades fluchten.

Einstellung

7 Falls die Skala nicht korrekt positioniert ist, müssen ihre Schrauben gelockert und die Skala entsprechend verschoben werden. Ziehen Sie die Schrauben an und markieren Sie sie mit einem Tropfen Farbe.
8 Entfernen Sie die Stange oder den Bohrer. Installieren Sie den Stopfen mit einer neuen Kupferscheibe und ziehen Sie ihn sorgfältig an.
9 Installieren Sie alle entfernten Komponenten in der umgekehrten Ausbaureihenfolge.

Kapitel 2, Teil C

Motor – Ausbau und Überholarbeiten

Inhalt — Sektion

Schwierigkeitsgrade

Leicht. Geeignet für Anfänger mit wenig Erfahrung.	**Relativ leicht.** Geeignet für Anfänger mit etwas Erfahrung.	**Relativ schwierig.** Geeignet für geübte Selbstschrauber. 	**Schwer.** Geeignet für Selbstschrauber mit viel Erfahrung. 	**Sehr schwer.** Geeignet für Experten und Profis. 

Technische Daten

Vierzylindermotoren

Zylinderkopf

Verzugsgrenze – akzeptabel zur Wiederwendung
- Längs . . . 0,5 mm
- Quer . . . 0,25 mm

Verzugsgrenze – akzeptabel zum Planen
- Längs . . . 1,0 mm
- Quer . . . 0,5 mm

Höhe
- B 20 / 200 / 230
  - Neu . . . 146,1 mm
  - Minimum nach Planen . . . 145,6 mm
- B 234 F
  - Neu . . . 103,0 bis 104,0 mm
  - Minimum nach Planen . . . 102,7 mm
  - Maximaler Abtrag beim Planen . . . 0,3 mm

Einlassventile

B 23 / 200 / 230
- Tellerdurchmesser . . . 44 mm
- Schaftdurchmesser
  - neu . . . 7,955 bis 7,970 mm
  - Verschleißgrenze . . . 7,935 mm

B 234F
- Schaftdurchmesser . . . 6,95 mm min

Technische Daten

Schafthöhe (muss für Hydrostößel korrekt sein)	49,0 bis 49,8 mm
Schafthöhe, maximaler Abtrag	0,4 mm
Schaftlänge, neu	122,25 bis 122,65 mm
Tellerrand-Breite, neu	1,5 mm
Tellerrand-Breite nach Schleifen	1,2 mm (min.)
Ventilteller-Winkel	44° 30'

Auslassventile

Tellerdurchmesser (B 23 / 200 / 230)	35 mm
Schaftdurchmesser (B 200/ 230A, E, F und K)	
neu	7,945 bis 7,960 mm
Verschleißgrenze	7,925 mm
Schaftdurchmesser (B 23 und B 230 ET)	
32 mm über Teller	wie bei B230A, E, F und K
16 mm unter Schaft-Ende	
neu	7,965 bis 7,980 mm
Verschleißgrenze	7,945 mm
B 234F	
Schaftdurchmesser	6,94 mm min
Schafthöhe (muss für Hydrostößel korrekt sein)	49,0 bis 49,8 mm
Schafthöhe, maximaler Abtrag	0,4 mm
Schaftlänge, neu	122,05 bis 122,45 mm
Ventilteller-Winkel	44° 30'

Ventilsitzringe

B 23 / 200 / 230	
Durchmesser (Standard)	
Einlass	46,00 mm
Auslass	38,00 mm
Erhältliche Übermaße	+ 0,25 und 0,50 mm
Ventilsitzwinkel	45° 00'
B 234F	
Durchmesser (Standard)	
Einlass	36,14 mm
Auslass	33,14 mm
Erhältliches Übermaß	+ 0,50 mm
Ventilsitzwinkel	45° 00'
Ventilsitz – oberer Freiwinkel	15° 00'
Ventilsitz – unterer Freiwinkel	70° 00'
Ventilsitzbreite (Dichtfläche ohne Freiwinkel)	
Einlass	1,3 bis 1,9 mm
Auslass	1,7 bis 2,3 mm
Sitz im Zylinderkopf	Presspassung

Ventilführungen

B 23 / 200 / 230	
Länge	52 mm
Innendurchmesser	8,000 bis 8,022 mm
Höhe über Zylinderkopf	
Einlass	15,4 bis 15,6 mm
Auslass	17,9 bis 18,1 mm
Spiel zwischen Schaft und Führung	
neu (Einlass)	0,030 bis 0,060 mm
neu (Auslass)	0,060 bis 0,090 mm
Verschleißgrenze (Einlass und Auslass)	0,15 mm
Erhältliche Außen-Übermaße	3 (markiert mit Nuten)
B 234F	
Höhe über Zylinderkopf (Einlass und Auslass)	14,8 bis 15,2 mm
Spiel zwischen Schaft und Führung	
neu (Einlass)	0,030 bis 0,060 mm
neu (Auslass)	0,040 bis 0,070 mm

Technische Daten

Verschleißgrenze (Einlass und Auslass)	0,15 mm
Außendurchmesser	12,0 mm
Übermaß (markiert mit Nut)	12,1 mm
Sitz im Zylinderkopf	Presspassung

Ventilfedern

B 23 / 200 / 230	
Durchmesser	32,5 mm
Freie Länge – alle außer B 230F	45,0 mm
Freie Länge – B 230F	45,5 mm
Länge unter Last	
280 bis 320 N	38,0 mm
710 bis 790 N	27,0 mm
B 234F	
Durchmesser	26,2 mm
Freie Länge	43,0 mm
Länge unter Last	
212 bis 252 N	37,0 mm
600 bis 680 N	26,5 mm

Zylinderbohrungen

B 23 / 230 / B 234F	
Standard	
C	96,00 bis 96,01 mm
D	96,01 bis 96,02 mm
E	96,02 bis 96,03 mm
G	96,04 bis 96,05 mm
Erstes Übermaß	96,30 mm
Zweites Übermaß	96,60 mm
Verschleißgrenze	0,1 mm
B 200	
Standard	
C	88,90 bis 88,91 mm
D	88,91 bis 88,92 mm
E	88,92 bis 88,93 mm
G	88,94 bis 88,95 mm
Erstes Übermaß	89,29 mm
Zweites Übermaß	89,67 mm
Verschleißgrenze	0,1 mm

Kolben

Höhe	
B 23	75,4 mm
B 200 / 230	64,7 mm
B 234F	68,7 mm
Gewicht	
B 23	562 ± 7 g
B 200/B230	535 ± 7 g
B 234F	530 ± 7 g
Gewicht-Abweichungen innerhalb des Motors	
B 23 / 200 / 230 außer B 230A und B 230F	max. 12 g
B 230A und B230F	max. 16 g
B 234F	max. 14 g
Spiel in Bohrung	
B 23	0,05 bis 0,07 mm
B 200 / 230 / B 234F	0,01 bis 0,03 mm
Kolbendurchmesser (B 234F)	
Standard	
C	95,98 bis 95,99 mm
D	95,99 bis 96,00 mm
E	96,00 bis 96,01 mm
G	96,02 bis 96,03 mm

Technische Daten

Erstes Übermaß	96,28 bis 96,29 mm
Zweites Übermaß	96,58 bis 96,59 mm

Kolbenringe

Höhe	
Oberer Kompressionsring (B 23 / 200 / 230)	1,728 bis 1,740 mm
Zweiter Kompressionsring (B 23)	1,978 bis 1,990 mm
Zweiter Kompressionsring (B 200 / 230)	1,728 bis 1,740 mm
Ölabstreifring (B 23)	3,975 bis 3,990 mm
Ölabstreifring (B 200 / 230)	3,475 bis 3,490 mm
B 234F	keine Angaben
Spiel in Ringnut (B 23 / 230 / B234F)	
Oberer Kompressionsring	0,060 bis 0,092 mm
Zweiter Kompressionsring	0,040 bis 0,072 mm
Ölabstreifring	0,030 bis 0,065 mm
Spiel in Ringnut (B 200)	
Oberer Kompressionsring	0,060 bis 0,092 mm
Zweiter Kompressionsring	0,030 bis 0,062 mm
Ölabstreifring	0,020 bis 0,055 mm
Stoßspiel (96 mm tief in Bohrung)	
Kompressionsringe B 23	0,40 bis 0,65 mm
Kompressionsringe B 230 / B234F	0,30 bis 0,55 mm
Ölabstreifring	0,30 bis 0,60 mm
Stoßspiel (88,9 mm tief in Bohrung)	
Oberer Kompressionsring	0,30 bis 0,50 mm
Zweiter Kompressionsring	0,30 bis 0,55 mm
Ölabstreifring	0,25 bis 0,50 mm

Kolbenbolzen

Durchmesser, Standard	
B 23	24,00 mm
B 200 / 230 / B234F	23,00 mm
Erhältliches Übermaß	+ 0,05 mm
Passung im Pleuel	Leichter Daumendruck
Passung im Kolben	Fester Daumendruck

Zwischenwelle – B 23 / 200 / 230

Lagerdurchmesser	
Vorne	46,975 bis 47,000 mm
Mitte	43,025 bis 43,050 mm
Hinten	42,925 bis 42,950 mm
Lagerspiel	0,020 bis 0,075 mm
Axialspiel	0,20 bis 0,46 mm

Ausgleichswelle – B 234F

Axialspiel	0,06 bis 0,19 mm

Kurbelwelle – B 23

Verzug	max. 0,05 mm
Axialspiel	max. 0,25 mm
Hauptlagerdurchmesser	
Standard	63,451 bis 63,464 mm
Erstes Untermaß	63,197 bis 63,210 mm
Zweites Untermaß	62,943 bis 62,956 mm
Hauptlagerspiel	0,028 bis 0,083 mm
Hauptlager-Verzug	0,07 mm (max.)
Hauptlager – Kegelförmigkeit	0,05 mm (max.)
Hubzapfendurchmesser	
Standard	53,987 bis 54,000 mm
Erstes Untermaß	53,733 bis 53,746 mm
Zweites Untermaß	53,479 bis 53,492 mm

Technische Daten

Pleuelfußlagerspiel	0,024 bis 0,070 mm
Pleuelfußlager-Verzug	0,5 mm (max.)
Pleuelfußlager – Kegelförmigkeit	0,05 mm (max.)

Kurbelwelle – B 200 / 230 außer B 230A und B 230F

Verzug	0,025 mm (max.)
Axialspiel	0,080 bis 0,270 mm
Hauptlagerdurchmesser:	
Standard	54,987 bis 55,000 mm
Erstes Untermaß	54,737 bis 54,750 mm
Zweites Untermaß	54,487 bis 54,500 mm
Hauptlagerspiel	0,024 bis 0,072 mm
Hauptlager-Verzug	0,004 mm (max.)
Hauptlager – Kegelförmigkeit	0,004 mm (max.)
Hubzapfendurchmesser	
Standard	48,984 bis 49,005 mm
Erstes Untermaß	48,734 bis 48,755 mm
Zweites Untermaß	48,484 bis 48,505 mm
Pleuelfußlagerspiel	0,023 bis 0,067 mm
Pleuelfußlager-Verzug	0,004 mm
Pleuelfußlager – Kegelförmigkeit	0,004 mm

Kurbelwelle – B 230A und B 230F

Verzug	Keine Angaben
Axialspiel	0,080 bis 0,270 mm
Hauptlagerdurchmesser	
Standard	63,464 bis 63,451 mm
Erstes Untermaß	63,210 bis 63,197 mm
Zweites Untermaß	62,943 bis 62,956 mm
Lagerzapfen-Länge	
Standard	38,960 bis 39,000 mm
Erstes Übermaß	39,061 bis 39,101 mm
Zweites Übermaß	39,163 bis 39,203 mm
Hauptlagerspiel	0,024 bis 0,072 mm
Maximaler Verzug	0,07 mm
Maximale Kegelförmigkeit	0,05 mm
Hubzapfendurchmesser	
Standard	49,00 mm
Erstes Untermaß	48,75 mm
Zweites Untermaß	48,50 mm
Pleuelfußlagerspiel	0,023 bis 0,067 mm
Pleuelfußlager-Verzug	0,004 mm (max.)
Pleuelfußlager – Kegelförmigkeit	0,004 mm (max.)

Kurbelwelle – B 234F

Verzug	0,040 mm (max.)
Axialspiel	0,080 bis 0,270 mm
Hauptlagerdurchmesser:	
Standard	62,987 bis 63,000 mm
Erstes Untermaß	62,737 bis 62,750 mm
Zweites Untermaß	62,487 bis 62,500 mm
Hauptlagerspiel	0,024 bis 0,064 mm
Hauptlager-Verzug	0,006 mm (max.)
Hauptlage – Kegelförmigkeit	0,006 mm (max.)
Hubzapfendurchmesser	
Standard	48,984 bis 49,005 mm
Erstes Untermaß	48,734 bis 48,755 mm
Zweites Untermaß	48,484 bis 48,505 mm
Pleuelfußlagerspiel	0,023 bis 0,067 mm
Pleuelfußlager-Verzug	0,025 mm (max.)
Pleuelfußlager – Kegelförmigkeit	0,025 mm (max.)

Technische Daten

Pleuel
Länge zwischen Hubzapfen- und Kolbenbolzen-Mitte
B 23 . . . . 145 mm
B 200 / 230 . . . . 152 mm
B 234F . . . . keine Angaben
Axialspiel auf Kurbelwelle
B 23 . . . . 0,15 bis 0,35 mm
B 200/ 230 . . . . 0,25 bis 0,45 mm
B 234F . . . . 0,25 bis 0,45 mm (empfohlen)
Gewicht-Abweichungen innerhalb des Motors
B 23 . . . . 10 g max.
B 200 / 230 / B 234F . . . . 20 g max.

Anzugsdrehmomente
Siehe technische Daten in Kapitel 2A

V6-Motoren

Zylinderkopf
Verzugsgrenze – akzeptabel zur Wiederwendung . . . . 0,05 mm pro 100 mm Länge
Verzugsgrenze – akzeptabel zum Planen . . . . kein Planen erlaubt
Höhe (neu) . . . . 111,07 mm
Einlassventile (B 28E)
Tellerdurchmesser . . . . 44 mm
Schaftdurchmesser
26,5 mm über Teller . . . . 7,965 bis 7,980 mm
Direkt unter Keilnut . . . . 7,975 bis 7,990 mm
Ventiltellerwinkel . . . . 29° 30'

Einlassventile (B 280E)
Tellerdurchmesser . . . . 45,3 mm
Schaftdurchmesser:
26,5 mm über Teller . . . . 7,958 bis 7,980 mm
Direkt unter Keilnut . . . . 7,973 bis 7,995 mm
Ventiltellerwinkel . . . . 44° 30'

Auslassventile
Tellerdurchmesser
B 28E . . . . 37 mm
B 280E . . . . 38,5 mm
Schaftdurchmesser
32 mm über Teller . . . . 7,945 bis 7,960 mm
Direkt unter Keilnut . . . . 7,965 bis 7,980 mm
Ventiltellerwinkel . . . . 44° 30'

Ventilführungen
Innendurchmesser . . . . 8,000 bis 8,022 mm
Passung in Zylinderkopf . . . . Presspassung
Erhältliche Außen-Übermaße . . . . 3 (markiert durch Nuten)

Ventilsitzringe
Passung in Zylinderkopf . . . . Presspassung
Erhältliche Übermaße 3
Ventilsitzwinkel:
B 28E
Einlass . . . . 60° - 30° - 15°
Auslass . . . . 45°
B 280E
Einlass und Auslass . . . . 45°

Ventilfedern
Freie Länge . . . . 47,1 mm

Technische Daten

Länge unter Last

230 bis 266 N	40,0 mm
613 bis 689 N	30,0 mm

Kipphebel

Spiel auf Welle	0,012 bis 0,054 mm

Zylinder-Laufbuchsen

Bohrung	
Größe 1 (mit Kolbengröße A)	91,00 bis 91,01 mm
Größe 2 (mit Kolbengröße B)	91,01 bis 91,02 mm
Größe 3 (mit Kolbengröße C)	91,02 bis 91,03 mm
Höhe über Block (abhängig von der Dichtung – Rat bei Volvo-Werkstatt suchen)	
Messwert (gebrauchte Dichtungen)	0,14 bis 0,23 mm
Einstellwert (neue Dichtungen)	0,16 bis 0,23 mm
Laufbuchsen-Dichtung – Stärke (B 28E)	
Blaue Markierung	0,070 bis 0,105 mm
Weiße Markierung	0,085 bis 0,120 mm
Rote Markierung	0,105 bis 0,140 mm
Gelbe Markierung	0,130 bis 0,165 mm
Laufbuchsen-Dichtung – Stärke (B 280E)	
Frühere Ausführung	
1 Lasche	0,10 ± 0,01 mm
2 Laschen	0,12 ± 0,01 mm
3 Laschen	0,15 ± 0,02 mm
Spätere Ausführung	
Orange	0,116 ± 0,018 mm
Klar	0,136 ± 0,018 mm
Blau	0,166 ± 0,028 mm

Kolben

Durchmesser (passend zu Laufbuchsen)	
B 28E	
Größe A	90,970 bis 90,980 mm
Größe B	90,980 bis 90,990 mm
Größe C	90,990 bis 91,000 mm
Spiel in Bohrung	0,020 bis 0,040 mm
B280E	
Größe A	90,920 bis 90,930 mm
Größe B	90,930 bis 90,940 mm
Größe C	90,940 bis 90,950 mm
Spiel in Bohrung	0,070 bis 0,090 mm
Höhe	65,3 mm
Gewicht	455 ± 39 g
Kolbenbolzen-Bohrung (B 28E)	
Blaue Markierung	23,510 bis 23,573 mm
Weiße Markierung	23,507 bis 23,510 mm
Rote Markierung	23,504 bis 23,507 mm

Kolbenbolzen (B 28E)

Durchmesser	
Blaue Markierung	23,497 bis 23,500 mm
Weiße Markierung	23,494 bis 23,497 mm
Rote Markierung	23,491 bis 23,494 mm
Spiel im Pleuel	0,020 bis 0,041 mm
Spiel im Kolben	0,010 bis 0,016 mm

Kolbenbolzen (B 280E)

Anzahl Größen	Nur eine
Spiel im Kolben	0,007 bis 0,017 mm
Spiel im Pleuel	nicht messbar (fest eingedrückt)
Sicherungsmethode	Seegerringe

Technische Daten

Kolbenringe

Spiel in Kolbennut	
Oberer Kompressionsring	0,045 bis 0,074 mm
Zweiter Kompressionsring	0,025 bis 0,054 mm
Ölabstreifring	0,009 bis 0,233 mm
Stoßspiel (91 mm tief in Bohrung)	
Oberer und zweiter Kompressionsring	0,40 bis 0,60 mm
Ölabstreifring	0,40 bis 1,45 mm

Kurbelwelle

Verzug (gemessen am mittleren Lager)	0,02 mm
Axialspiel	0,070 bis 0,270 mm
Hauptlagerspiel	0,038 bis 0,088 mm
Pleuelfußlagerspiel	0,030 bis 0,080 mm
Gleitfläche des hinteren Dichtrings – Durchmesser	
Standard	79,926 bis 80,000 mm
Untermaß	79,726 bis 79,800 mm
Hauptlagerdurchmesser	
B 28E	
Standard	0,043 bis 70,062 mm
Untermaß	69,743 bis 69,762 mm
B 280E	
Standard	70,043 bis 70,062 mm
Untermaß	Nicht vorhanden
Hauptlager-Verzug	0,007 mm (max.)
Hauptlager – Kegelförmigkeit	0,01 mm (max.)
Hauptlagerschalen-Stärke	
Standard	1,961 bis 1,967 mm
Übermaß	2,111 bis 2,117 mm
Hinterer Hauptlagerzapfen – Breite	
Standard	29,20 bis 29,25 mm
Erstes Übermaß	29,40 bis 29,45 mm
Zweites Übermaß	29,50 bis 29,55 mm
Drittes Übermaß	29,60 bis 29,65 mm
Anlaufscheiben-Stärke	
Standard	2,30 bis 2,35 mm
Erstes Übermaß	2,40 bis 2,45 mm
Zweites Übermaß	2,45 bis 2,50 mm
Drittes Übermaß	2,50 bis 2,55 mm
Pleuelfußlager-Durchmesser:	
B 28E	
Standard	52,267 bis 52,286 mm
Untermaß	51,967 bis 51,986 mm
B 280E	
Standard	59,971 bis 59,990 mm
Untermaß	Nicht vorhanden
Pleuelfußlager-Verzug	0,007 mm (max.)
Pleuelfußlager - Kegelförmigkeit	0,01 mm (max.)
Pleuelfußlagerschalen-Stärke	
B 28E	
Standard	1,842 bis 1,848 mm
Übermaß	1,992 bis 1,998 mm
B 280E	1,838 bis 1,848 mm

Pleuel

Länge zwischen Hubzapfen- und Kolbenbolzen-Mitte	146,15 mm
Axialspiel auf Kurbelwelle (zwischen dem Pleuel-Paar	0,20 bis 0,38 mm
Gewicht-Abweichungen innerhalb des Motors	max. 2,5 g

Anzugsdrehmomente

Siehe technische Daten in Kapitel 2B

1 Allgemeine Informationen

In diesem Teil von Kapitel 2 werden der Ausbau des Motors (mit oder ohne Getriebe) sowie dessen allgemeine Überholung (Zylinderkopf, Zylinder, Kurbelwelle und alle anderen beteiligten Komponenten) detailliert beschrieben.
Die Informationen reichen von Hinweisen bezüglich der Vorbereitung einer Überholung über die Beschaffung von Ersatzteilen bis hin zu detaillierten Schritt-für-Schritt-Anleitungen zum Ausbau, Kontrollieren, Erneuern und Einbau interner Motor-Komponenten.
Ab Sektion 8 basieren alle Anleitungen auf die Annahme, dass der Motor aus dem Fahrzeug ausgebaut ist. Informationen zu Reparaturen bei eingebautem Motor sowie den Aus- und Einbau externer Komponenten, die zu einer Komplett-Überholung gehören, finden sich je nach Motortyp in Kapitel 2A oder 2B – außerdem in Sektion 8 dieses Kapitels. Wenn der Motor bereits ausgebaut ist, müssen alle nicht zutreffenden Zerlegungs-Anweisungen in Kapitel 2A oder B ignoriert werden.
Abgesehen von den in den technischen Daten der Kapitel 2A oder B zu findenden Anzugsdrehmomente finden sich alle zum Überholen benötigten Daten am Anfang dieses Kapitels.

2 Motorüberholung – Allgemeine Informationen

Es ist nicht immer einfach, wann oder ob ein Motor vollständig überholt werden muss. Eine Vielzahl an Faktoren müssen hierbei berücksichtigt werden.
Eine hohe Laufleistung ist nicht zwingend ein Hinweis auf eine erforderliche Überholung – genauso wie eine geringe Laufleistung eine Motorüberholung nicht ausschließt. Eine regelmäßige Wartung ist hierbei der wichtigste Punkt. Ein Motor, bei dem regelmäßig das Motoröl und der Filter gewechselt und auch andere Wartungspunkte durchgeführt wurden, wird wahrscheinlich mehrere hunderttausend Kilometer problemlos durchhalten. Umgekehrt wird ein vernachlässigter Motor wesentlich früher eine Überholung benötigen.
Übermäßiger Ölverbrauch weist darauf hin, dass Kolbenringe, Ventilschaftdichtungen und/oder Ventilführungen nach Aufmerksamkeit verlangen. Mithilfe eines in Kapitel 2A oder B durchgeführten Kompressionstests kann herausgefunden werden, ob die Kolbenringe und/oder die Ventilführungen für den Ölverlust verantwortlich sind.
Ermitteln Sie den Öldruck mithilfe eines statt des Öldruckschalters in den Ölkanal geschraubten Messgeräts und vergleichen Sie das Ergebnis mit den technischen Daten. Falls extrem geringer Druck festgestellt wird, werden die Haupt- und Pleuelfußlager und/oder die Ölpumpe verschlissen sein.
Leistungsmangel, rauer Motorlauf, klopfende oder metallisch klingende Motorgeräusche, ein klappernder Ventiltrieb und hoher Benzinverbrauch können ebenfalls auf eine Überholung hinweisen – besonders, wenn alles gleichzeitig auftritt. Falls eine große Inspektion die Probleme nicht behebt, können nur größere Überholmaßnahmen die Lösung sein.
Eine Motorüberholung beinhaltet die Wiederherstellung aller internen Motorkomponenten auf die Vorgaben für einen neuen Motor.
Während einer Überholung werden die Zylinderlaufbuchsen (falls vorhanden), die Kolben und deren Ringe erneuert. Neue Haupt- und Pleuellagerschalen werden generell eingebaut und die Kurbelwelle wird nötigenfalls geschliffen (oder ausgetauscht), um die Lagerzapfen zu restaurieren. Die Ventile werden ebenfalls behandelt, da sie zu diesem Zeitpunkt üblicherweise ebenfalls nicht mehr perfekt sind. Während der Motor überholt wird, können auch andere Bauteile wie der Zündverteiler, der Anlasser oder die Lichtmaschine kontrolliert und überarbeitet werden. Das Endergebnis soll ein absolut neuwertiger Motor sein, der viele pannenfreie Kilometer garantiert.
Anmerkung: *Wichtige Komponenten des Kühlsystems (Schläuche, Antriebsriemen, Thermostat, Wasserpumpe) sollten bei einer Motorüberholung ebenfalls erneuert werden. Der Kühler selbst muss sorgfältig überprüft werden, um sicherstellen zu können, dass er weder blockiert noch undicht ist. Ebenfalls ist es eine gute Idee, im Zuge einer Motorüberholung auch die Ölpumpe zu ersetzen.*
Vor einer Motorüberholung muss die gesamte Prozedur durchgelesen werden, um sich mit dem Umfang und den Anforderungen vertraut zu machen. Das Überholen eines Motors ist nicht schwierig, wenn man sorgfältig den Anweisungen folgt, die benötigten Werkzeuge und Ausrüstungsgegenstände zur Hand hat und sich genau an alle Vorgaben hält. Sie kann jedoch zeitaufwändig sein. Planen Sie mindestens zwei Wochen ein, wenn Teile von einer Werkstatt repariert oder aufgearbeitet werden müssen. Prüfen Sie die Verfügbarkeit von Teilen und beschaffen Sie sämtliche Spezialwerkzeuge und andere Hilfsmittel im Voraus. Die meisten Arbeiten können mit typischen Hand-Werkzeugen verrichtet werden, doch viele Teile müssen präzise vermessen werden, um ihre Wiederverwendbarkeit bestimmen zu können. Ein Großteil der Arbeit besteht in der Kontrolle von Teilen und der Entscheidung, ob Teile aufgearbeitet oder ersetzt werden müssen.
Anmerkung: *Warten Sie stets, bis der Motor komplett zerlegt und alle Komponenten (besonders Zylinderblock/Motorgehäuse und Kurbelwelle) begutachtet wurden, bevor entschieden wird, welche Wartungs- und Reparaturarbeiten durchgeführt werden müssen. Der Zustand dieser Baugruppen ist der wesentliche Faktor, wenn es darum geht, ob der ursprüngliche Motor überholt oder ein aufgearbeitetes Triebwerk gekauft werden soll. Kaufen Sie daher noch keine Einzelteile und lassen sie noch nichts überholen, solange nicht alles sorgfältig inspiziert wurde.*
Generell bildet Zeit die größten Kosten einer Überholung, sodass es sich nicht lohnt, verschlissene oder grenzwertige Teile einzubauen.
Schließlich muss für ein möglichst langes Leben eines aufgearbeiteten Motor sichergestellt sein, dass alles mit größter Sorgfalt in einer lupenreinen Umgebung wieder zusammengebaut wird.

3 Motor/Getriebe – Ausbaumethoden und Vorsichtsmaßnahmen

1 Wenn entschieden wurde, das ein Motor für eine Überholung oder größere Reparatur ausgebaut werden soll, müssen einige einleitende Schritte durchgeführt werden.
2 Ein geeigneter Arbeitsplatz ist extrem wichtig. Es wird ausreichend Platz für Arbeiten und das Fahrzeug selbst benötigt.

Falls keine Werkstatt oder ausreichend große Halle zur Verfügung steht, wird mindestens eine ebene und saubere Arbeitsfläche gebraucht.

3 Reinigen Sie vor Arbeitsbeginn den Motorraum und die Antriebseinheit, um Werkzeug sauber und gut organisiert zu halten.

4 Ein Werkstattkran oder eine andere Vorrichtung zum Herausheben des Motors ist zwingend notwendig. Die Ausrüstung muss dafür ausgelegt sein, den Motor samt Getriebe heben und tragen zu können. Angesichts der Gefahren beim Herausheben der Motor/Getriebeeinheit aus dem Fahrzeug ist Sicherheit der wichtigste Punkt.

5 Falls dieser Motor-Ausbau eine persönliche Premiere ist, sollte auf jeden Fall ein Assistent dabei sein. Rat bei erfahrenen Autoschraubern einzuholen, kann ebenfalls sehr hilfreich sein. Beim Anheben eines Motors gibt es immer wieder Situationen, in denen eine Person nicht gleichzeitig alle erforderlichen Operationen durchführen kann.

6 Planen Sie alle Arbeiten weit voraus. Sorgen Sie vor Arbeitsbeginn dafür, dass alle erforderlichen Werkzeuge und Teile gekauft oder gemietet sind. Zu den Ausrüstungsgegenständen, die für einen sicheren und unkomplizierten Aus- und Einbau benötigt werden, gehören (neben einem Werkstattkran) ein ausreichend dimensionierter Rangierwagenheber, ein komplettes Set an Schraubenschlüsseln, ein Knarrenkasten, Holzblöcke, eine ausreichende Menge an Lappen und Lösungsmittel zum Aufwischen von Ölspritzern, Kühlmittel und Lösungsmittel. Falls der Kran gemietet wird, sollten alle Arbeiten, die ohne ihn möglich sind, bereits erledigt sein – das spart Zeit und Geld.

7 Planen Sie ein, dass das Auto längere Zeit nicht benutzt werden kann. Viele Arbeiten kann der Hobbyschrauber ohne Spezialausrüstungen nicht erledigen, sodass sie Fachwerkstätten überlassen werden müssen. Hier herrscht oft rege Betriebsamkeit, sodass es hilfreich sein kann, sie vor dem Ausbau des Motors zu konsultieren, damit Arbeiten in den Terminplan aufgenommen werden können und ein entsprechender Zeitrahmen aufgestellt werden kann.

8 Seien Sie beim Aus- und Einbau der Motor/Getriebe-Einheit stets sehr vorsichtig. Leichtsinnige Aktionen können schnell zu ernsthaften Verletzungen führen. Planen Sie gut voraus und lassen Sie sich Zeit, um diese umfangreiche Tätigkeit erfolgreich abzuschließen.

4 Vierzylindermotor ohne Getriebe – Ausbau und Einbau

Ausbau

Anmerkung: *Der Motor kann separat oder zusammen mit dem Getriebe ausgebaut werden. Der separate Ausbau ist in dieser Sektion beschrieben; Der Ausbau mit angeflanschtem Getriebe wird in Sektion 5 behandelt.*

1 Trennen Sie das Massekabel (–) der Batterie.

2 Demontieren Sie die Motorhaube (siehe Kapitel 11) oder öffnen Sie sie bis zum Anschlag.

3 Entfernen Sie den Kühler (siehe Kapitel 3).

4 Entfernen Sie bei Turbo-Modellen den Ladeluftkühler samt seiner Schläuche (siehe Kapitel 4B). Befreien Sie auch den Schlauch zwischen dem Luftmengenmesser und dem Turbolader.

5 Demontieren Sie bei Vergasermodellen den Luftfilter (siehe Kapitel 4)

6 Entfernen Sie bei B 234F-Modellen den Luftmengenmesser und den Lufteinlass-Schlauch. Entfernen Sie bei allen Modellen den zum Luftfilter führenden Warmluft-Ansaugschlauch.

7 Befreien Sie bei B 200 / 230 und 234F-Modellen die Zündverteilerkappe und die Zündkabel. Entfernen Sie bei B 23-Modellen das von der Zündspule zum Zündverteiler führende Hochspannungs-Kabel.

8 Trennen Sie den Gaszug.

9 Trennen Sie den Bremskraftverstärker-Unterdruckschlauch.

10 Trennen Sie die Kraftstoff-Zulauf- und Rücklauf-Rohre – seien Sie dabei auf austretendes Benzin vorbereitet.

11 Ziehen Sie alle Motorentlüftungs-, Unterdruck- und Sensorschläuche ab. Markieren Sie die Schläuche entsprechend oder notieren Sie deren Verlegung.

12 Trennen Sie den/die mit dem Motor verbundenen Mehrfachstecker – notieren Sie die Verlegung der Kabel und beachten Sie die Schaltpläne am Ende von Kapitel 12 (siehe Abbildung).

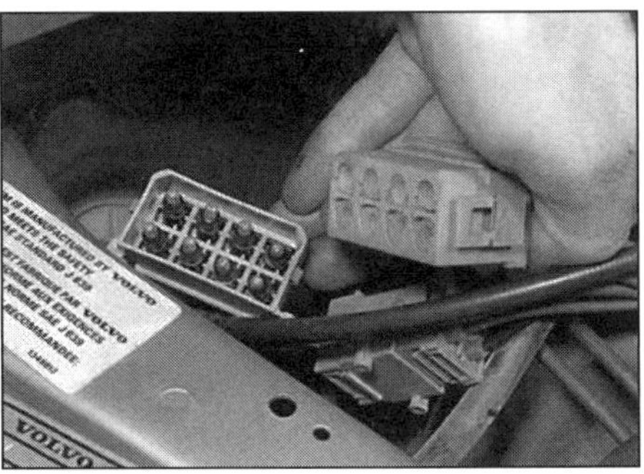

4.12 Trennen Sie den Mehrfachstecker des Motor-Kabelbaums.

13 Trennen Sie das Anlasserkabel an der Batterie und bauen Sie diese aus.

14 Lösen Sie alle Massebänder am Motor.

15 Lösen Sie das Kabel der Klimaanlagenkompressor-Kupplung.

16 Demontieren Sie die Servolenkungs-Pumpe, ohne ihre Schläuche zu trennen. Sichern Sie die Pumpe außerhalb des Arbeitsbereichs – beachten Sie nötigenfalls die Hinweise in Kapitel 10.

17 Befreien Sie hinten am Motor die Heizungsschläuche.

18 Demontieren Sie den Anlasser (siehe Kapitel 5A).

19 Befreien Sie das Krümmerrohr vom Flansch des Zylinderkopfs oder Turboladers.

20 Falls ein Ölkühler vorhanden ist, muss seine Halterung abgeschraubt werden.

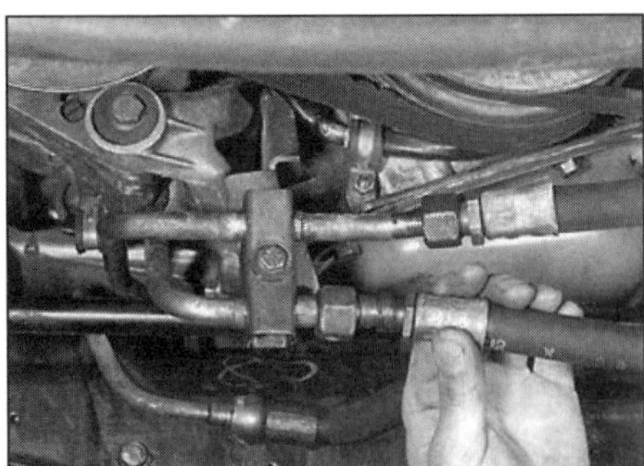

4.23 Lösen Sie die Ölkühlerschläuche.

21 Heben Sie das Fahrzeug an und stützen Sie es sicher ab. Demontieren Sie die Motorwanne (falls noch nicht geschehen).

22 Lassen Sie das Motoröl ab und entfernen Sie den Ölfilter (siehe Kapitel 1).

23 Falls ein Ölkühler vorhanden ist, müssen die Schläuche an den Rohranschlüssen getrennt werden (siehe Abbildung) – hierbei wird das im Ölkühler vorhandene Öl austreten. Entfernen Sie den Ölkühler.

24 Ziehen Sie den Schlauch vom Unterdruckbehälter und demontieren Sie diesen.

25 Lösen Sie die von unten zugänglichen Schrauben und Muttern, die den Motor mit dem Getriebe verbinden. Entfernen Sie auch die untere Abdeckung der Schwungscheibe bzw. des Antriebsflanschs.

26 Schrauben Sie bei Automatikmodellen den Drehmomentwandler vom Antriebsflansch – drehen Sie nötigenfalls die Kurbelwelle, um den Zugang zu verbessern. Bringen Sie Ausrichtmarkierungen an, um den Einbau zu erleichtern.

27 Entfernen Sie den Antriebsriemen des Klimaanlagenkompressors (siehe Kapitel 1).

28 Lösen Sie die Muttern, die den Klimaanlagenkompressor-Halter am Motor sichern. Verlagern Sie den Kompressor zur Seite, ohne dabei Kühlmittelschläuche zu trennen (er kann im Batteriefach abgelegt werden).

29 Bei Modellen mit elektronischer Zündung müssen alle Multistecker (einer oder zwei) der Zündungs-Sensoren an der Spritzwand getrennt und ggf. entsprechend ihrer Positionen markiert werden. Trennen Sie das Klopfsensor-Kabel.

30 Stützen Sie das Getriebe von unten ab; verwenden Sie dazu möglichst einen Rangierwagenheber und ein dazwischen gelegtes Holz.

31 Verbinden Sie den Werkstattkran mit den dafür am Motor vorgesehenen Laschen und nehmen Sie damit das Gewicht des Motors auf.

32 Lösen Sie die Muttern, die den Motor mit den Motorhalterungen verbinden.

33 Lösen Sie alle anderen Muttern und Schrauben, die den Motor mit dem Getriebe verbinden.

34 Kontrollieren Sie, ob keine Kabel, Schläuche oder anderen Dinge übersehen wurden. Heben Sie den Motor an und ziehen Sie ihn nach vorne vom Getriebe, das gleichzeitig mit dem Heber angehoben wird. Lassen Sie das Getriebe nicht mit seinem vollen Gewicht an der Eingangswelle hängen.

4.35 Heben Sie den (Vierzylinder-) Motor vorsichtig heraus.

35 Sobald der Motor vom Getriebe befreit ist, wird er aus dem Motorraum gehoben und auf der Werkbank abgesetzt (siehe Abbildung).

Einbau

36 Die Kupplung muss korrekt zentriert sein bzw. der Drehmomentwandler muss vollständig in das Getriebe greifen. Versehen Sie die Getriebe-Eingangswelle bzw. den Drehmomentwandler-Arretierzapfen mit etwas Fett.

37 Senken Sie den Motor im Motorraum ab – ein Assistent muss dabei beobachten, ob keine Rohre, Kabel oder andere Dinge gequetscht werden.

38 Bei Modellen mit Schaltgetriebe muss der Motor hin und her geschwenkt oder die Kurbelwelle etwas verdreht werden, damit die Eingangswelle in den Kupplungsmitnehmer greifen kann. Lassen Sie den Motor nicht an der Eingangswelle hängen.

39 Sobald die Kupplungsglocke über die Passhülsen am Motorgehäuse geschoben ist, werden einige der Muttern und Schrauben auf- und eingedreht, um die beiden Baugruppen zu sichern.

40 Der Rest des Einbaus entspricht der umgekehrten Ausbaureihenfolge – beachten Sie folgende Punkte:

a) *Füllen Sie zum Schluss Motoröl und Kühlmittel auf (siehe Kapitel 1).*

b) *Beachten Sie die Hinweise in Sektion 25, bevor Sie den Motor starten.*

5 Vierzylindermotor mit Getriebe – Ausbau und Einbau

Anmerkung: *Der Motor kann separat oder zusammen mit dem Getriebe ausgebaut werden. Der gemeinsame Ausbau ist in dieser Sektion beschrieben; Der Ausbau ohne Getriebe wird in Sektion 5 behandelt.*

Ausbau

1 Führen Sie die in Sektion 4 beschriebenen Schritte 1 bis 17, 19 bis 24 und 27 bis 29 durch.

2 Trennen Sie das Anlasserkabel von dessen Magnetschalter.

3 Entfernen Sie das komplette Krümmerrohr des Auspuffs.

Modelle mit Schaltgetriebe

4 Entfernen Sie je nach Modell den Kupplungs-Geberzylinder (ohne die Hydraulikleitung zu trennen) oder befreien Sie den Kupplungszug (siehe Kapitel 6).

5 Trennen Sie den Schalthebel vom Getriebe (siehe dazu Kapitel 7A).

Modelle mit Automatikgetriebe

6 Trennen Sie die Kickdown- und Wahlhebel-Gestänge (siehe Kapitel 7B).

Alle Modelle

7 Trennen Sie alle elektrischen Verbindungen vom Getriebe.

8 Lösen Sie die Kardanwelle hinten am Getriebe.

9 Stützen Sie das Getriebe ab. Lösen Sie die Querstrebe vom Getriebe und von den Längsträgern und entfernen Sie sie.

10 Schrauben Sie die ggf. unter der Kupplungsglocke sitzende Strebe ab.

11 Verbinden Sie den Werkstattkran mit den dafür am Motor vorgesehenen Laschen und nehmen Sie damit das Gewicht des Motors auf.

12 Lösen Sie die Muttern, die den Motor mit den Motorhalterungen verbinden.
13 Kontrollieren Sie, ob keine Kabel, Schläuche oder anderen Dinge übersehen wurden. Heben Sie den Motor an und senken Sie gleichzeitig die Abstützung unter dem Getriebe ab, bis die gesamte Baugruppe aus dem Motorraum gehoben werden kann.

Trennen

14 Stützen Sie die ausgebaute Baugruppe mit Hölzern auf einer ausreichend tragfähigen Werkbank oder dem sauberen Werkstattboden ab.
15 Demontieren Sie den Anlasser.
16 Lösen Sie alle Schrauben und Muttern, die den Motor mit dem Getriebe verbinden. Entfernen Sie auch die untere Abdeckung der Schwungscheibe bzw. des Antriebsflanschs.

Modelle mit Schaltgetriebe

17 Ziehen Sie mithilfe eines Assistenten das Getriebe vom Motor ab. Sobald es von den Passhülsen befreit ist, darf sein Gewicht nicht auf der Eingangswelle liegen.

Modelle mit Automatikgetriebe

18 Schrauben Sie den Drehmomentwandler vom Antriebsflansch – drehen Sie nötigenfalls die Kurbelwelle, um den Zugang von unten oder durch das Anlasser-Loch zu verbessern. Bringen Sie Ausrichtmarkierungen an, um den Einbau zu erleichtern.
19 Ziehen Sie mithilfe eines Assistenten das Getriebe vom Motor ab. Achten Sie darauf, dass der Drehmomentwandler in der Getriebeglocke verbleibt.

Zusammenbau

Modelle mit Schaltgetriebe

20 Die Kupplung muss korrekt zentriert und die Bauteile des Ausrückmechanismus an der Kupplungsglocke montiert sein. Versehen Sie die Getriebe-Eingangswelle mit etwas Fett oder Montagepaste.
21 Setzen Sie das Getriebe an den Motor. Drehen Sie nötigenfalls die Kurbelwelle oder Eingangswelle, um die Verzahnungen der Welle und der Kupplungsscheiben zueinander auszurichten. Lassen Sie nicht das Gewicht des Getriebes auf der Eingangswelle lagern.
22 Schieben Sie das Getriebe über die im Motorgehäuse steckenden Passhülsen. Installieren Sie einige Muttern und Schrauben, um beide Baugruppen miteinander zu verbinden.

Modelle mit Automatikgetriebe

23 Der Drehmomentwandler muss vollständig in das Getriebe greifen; versehen Sie seinen Arretierzapfen mit etwas Fett oder Montagepaste.
24 Schieben Sie das Getriebe über die im Motorgehäuse steckenden Passhülsen. Installieren Sie einige Muttern und Schrauben, um beide Baugruppen miteinander zu verbinden.
25 Installieren Sie die Schrauben, die den Drehmomentwandler mit dem Antriebsflansch verbinden – drehen Sie dabei die Kurbelwelle, um Zugang zu erhalten. Zuerst werden alle Schrauben handfest eingedreht, dann schrittweise und über Kreuz bis zum in den technischen Daten von Kapitel 7B angegebenen Drehmoment.

Alle Modelle

26 Installieren Sie alle verbliebenen Verbindungsschrauben und Muttern sowie ggf. die untere Schwungscheiben/Antriebsflansch-Abdeckung. Ziehen Sie alle Muttern und Schrauben schrittweise an.
27 Installieren Sie den Anlasser.
28 Der Rest des Einbaus entspricht der umgekehrten Ausbaureihenfolge – beachten Sie folgende Punkte:
a) Stellen Sie bei Automatikmodellen den Wahlhebel-Mechanismus ein (siehe Kapitel 7B).
b) Füllen Sie zum Schluss Motoröl und Kühlmittel auf (siehe Kapitel 1).
c) Füllen Sie das Getriebe ggf. mit Getriebeöl auf (siehe Kapitel 1).
d) Beachten Sie die Hinweise in Sektion 25, bevor Sie den Motor starten.

6 V6-Motor ohne Getriebe – Ausbau und Einbau

1 Volvo empfiehlt, den Motor zusammen mit dem Getriebe auszubauen (siehe Sektion 7) – soweit eine geeignete Hebevorrichtung vorhanden ist.
2 Der Ausbau nur des Motors ist relativ einfach, solange er mit einem Automatikgetriebe verbunden ist. Der Einbau ist jedoch schwierig, weil der Winkel des aufgehängten Motors exakt zum Getriebe passen muss. Daher müssen beim Aufhängen des Motors entsprechende Überlegungen angestellt werden: die Ketten sollten möglichst mit einer längs liegenden Stange verbunden sein, zudem muss der Motor über dem Schwerpunkt schwenkbar sein, sodass sein Winkel leicht angepasst werden kann.
3 Der Ausbau nur des Motors wird bei Schaltmodellen nicht empfohlen. Dies heißt nicht, dass es unmöglich ist, doch die oben erwähnten Probleme werden dadurch vergrößert, dass die Kupplung zur Getriebeeingangswelle ausgerichtet werden muss.
4 Die folgenden Prozeduren beziehen sich daher vorwiegend auf Automatikmodelle. Falls sie auch bei Modellen mit Schaltgetrieben angewendet werden soll, müssen die oben erwähnten Punkte berücksichtigt und die gesamte Prozedur durchgelesen werden, um sicherzustellen, dass die erforderliche Ausrüstung und Ausstattung vorhanden ist.

Ausbau

5 Demontieren Sie die Motorhaube (siehe Kapitel 11) oder öffnen Sie sie bis zum Anschlag.
6 Entfernen Sie die Batterie (siehe Kapitel 5A).
7 Lassen Sie das Kühlmittel ab (siehe Kapitel 1) und entfernen Sie den Kühler, die Lüfterhaube und den Ventilator (siehe Kapitel 3). Befreien Sie den oberen und unteren Kühlerschlauch vom Motor.
8 Lösen Sie den Einlassschlauch vom Luftfilter und vom Luftmengenmesser; entfernen Sie dabei auch den Öleinfülldeckel und die Schläuche der Motorentlüftung.
9 Trennen Sie die Krümmerrohre von den Stutzen (diese können später von unten gelöst werden). Stellen Sie die Dichtungen sicher.
10 Entfernen Sie ggf. den Getriebeölkühler (siehe Kapitel 3).
11 Schrauben Sie die Querstrebe ab, die oben die Kühlerhalterungen trägt. Vier Schrauben der Motorhauben-Arretierung sind durch diese Strebe geführt. Befreien Sie die Strebe vom Motorhauben-Öffnerzug und entnehmen Sie sie.

12 Lösen Sie die unteren Befestigungen des Klimaanlagen-Kondensators und verlagern Sie diesen nach vorne, ohne die Kühlmittelrohre zu trennen oder unter Last zu setzen.
13 Entfernen Sie den Antriebsriemen des Klimaanlagenkompressors (siehe Kapitel 1). Lösen Sie das Kabel der Kompressor-Kupplung. Schrauben Sie den Kompressor und seine Halter ab. Legen Sie den Kompressor im Batteriefach ab, ohne dabei Kühlmittelschläuche zu trennen oder zu belasten.
14 Trennen Sie oben am Motor und nahe am Expansionsbehälter die mit dem Motor und der Einspritzanlage verbundenen Mehrfachstecker. Befreien Sie das Impuls-Relais vom Expansionsbehälter, sodass es am Kabelbaum verbleibt. Legen Sie den Kabelbaum auf den Motor.
15 Schrauben Sie den Masseanschluss des Klimaanlagen-Kabelbaums vom Einlassstutzen ab. Verlagern Sie den Kabelbaum beiseite.
16 Öffnen Sie den Tankdeckel, um jeglichen Druck abzulassen. Trennen Sie dann das Kraftstoff-Zulaufrohr oben vom Benzinfilter – seien Sie auf austretenden Kraftstoff vorbereitet.
17 Trennen Sie das Rücklaufrohr vom Stutzen am linken Innenkotflügel oder vom Kraftstoffverteiler.
18 Trennen Sie den Gas- sowie je nach Ausführung den Kickdown- und Tempomat-Seilzug und verlagern Sie ihn/sie zur Seite.
19 Entfernen Sie den Warmluft-Ansaugschlauch vom Luftfilter und der Krümmer-Abdeckung.
20 Lösen Sie ein Ende des Massebands, das den Kraftstoffverteiler mit der Spritzwand verbindet.
21 Entfernen Sie das von der Zündspule zum Zündverteiler führende Hochspannungs-Kabel sowie den Mehrfachstecker am Zündverteiler.
22 Befreien Sie die Zündverstellungs-Unterdruckrohre vom Steuerventil hinter dem rechten Federbeindom (falls vorhanden). Markieren Sie sie, um sie später korrekt installieren zu können.
23 Trennen Sie den Unterdruckschlauch des Bremskraftverstärkers und der Heizungsregelung vom T-Stück nahe der Unterdruckpumpe.
24 Befreien Sie hinten am Motor die Heizungsschläuche.
25 Entfernen Sie den Ölfilter (siehe Kapitel 1).
26 Heben Sie das Fahrzeug an und stützen Sie es sicher ab. Demontieren Sie die Motorwanne (falls noch nicht geschehen).
27 Lassen Sie das Motoröl ab und installieren Sie die Ablassschraube wieder in die Ölwanne.
28 Entfernen Sie die untere Abdeckung der Schwungscheibe bzw. des Antriebsflanschs.
29 Demontieren Sie den Anlasser (siehe Kapitel 5A).
30 Entfernen Sie den Servolenkungspumpen-Antriebsriemen (siehe Kapitel 1). Demontieren Sie die Pumpe und ihre Halterung – manche ihrer Schrauben sind besser von oben zugänglich. Sichern Sie die Pumpe außerhalb des Arbeitsbereichs, ohne ihre Schläuche zu trennen.

31 Lösen und entfernen Sie den Stopfen aus der ungenutzten Anlasser-Öffnung.

32 Lösen Sie das Massekabel hinten an der rechten Motorhalterung.

33 Bringen Sie bei Automatikmodellen Ausrichtmarkierungen zwischen dem Drehmomentwandler und dem Antriebsflansch an. Lösen Sie durch die untere oder Anlasser-Öffnung hindurch die Verbindungsschrauben beider Bauteile – drehen Sie nötigenfalls die Kurbelwelle, um den Zugang zu verbessern. Hebeln Sie den Drehmomentwandler nach hinten, um sicherzugehen, dass er vom Antriebsflansch gelöst ist.

34 Lösen Sie bei allen Modellen die von unten zugänglichen Schrauben und Muttern, die den Motor mit dem Getriebe verbinden.
35 Lockern Sie die Auspuffhalterung hinten am Getriebe.
36 Entfernen Sie die durchgehenden Schrauben an allen Motorhalterungen sowie die einzelne Mutter, mit denen jede Halterung an der vorderen Querstrebe gesichert ist.
37 Senken Sie das Fahrzeug ab. Entfernen Sie die Lichtmaschine samt ihrer Antriebsriemen (siehe Kapitel 5A). Befreien Sie das jetzt freie Wasserpumpen-Riemenrad.
38 Lösen Sie alle anderen Muttern und Schrauben, die den Motor mit dem Getriebe verbinden; bei Automatikmodellen sichert eine dieser Schrauben auch das Rohr des Getriebe-Peilstabs.
39 Verbinden Sie den Werkstattkran mit den dafür am Motor vorgesehenen Laschen und nehmen Sie damit das Gewicht des Motors auf.
40 Stützen Sie das Getriebe vorne an der Glocke ab; verwenden Sie dazu möglichst einen Rangierwagenheber und ein dazwischen gelegtes Holz.
41 Kontrollieren Sie, ob keine Kabel, Schläuche oder anderen Dinge übersehen wurden.
42 Heben Sie den Motor an, bis alle Stehbolzen aus der Querstrebe befreit sind. Heben Sie den Rangierwagenheber so weit an, bis das Getriebe wieder abgestützt ist; ziehen Sie dann den Motor nach vorne vom Getriebe ab – lassen Sie ein Schaltgetriebe nicht mit seinem vollen Gewicht an der Eingangswelle hängen.
43 Heben Sie den Motor aus dem Motorraum (siehe Abbildung) – hierbei muss ein Assistent aufpassen, dass keine Bauteile wie der Klimaanlagen-Kompressor oder dessen Kondensator (durch die Wasserpumpenrad-Stehbolzen) beschädigt werden.
44 Setzen Sie den Motor auf der Werkbank oder auf Holzblöcken ab – sorgen Sie dafür, dass er sicher steht.
45 Sichern Sie bei Automatikmodellen den Drehmomentwandler mit einer Stange oder einem Brett an seinem Platz (siehe Abbildung).

Einbau

46 Die Kupplung muss korrekt zentriert sein bzw. der Drehmomentwandler muss vollständig in das Getriebe greifen. Versehen Sie die Getriebe-Eingangswelle bzw. den Drehmomentwandler-Arretierzapfen mit etwas Fett oder Montagepaste.
47 Senken Sie den Motor im Motorraum ab – ein Assistent muss dabei beobachten, ob keine Rohre, Kabel oder andere Dinge gequetscht werden.
48 Bei Modellen mit Schaltgetriebe muss der Motor hin und her geschwenkt oder die Kurbelwelle etwas verdreht werden, damit die Eingangswelle in den Kupplungsmitnehmer greifen kann. Lassen Sie den Motor nicht an der Eingangswelle hängen.
49 Sobald die Getriebeglocke über die Passhülsen am Motorgehäuse geschoben ist, werden einige der Muttern und Schrauben auf- und eingedreht, um die beiden Baugruppen zu sichern.
50 Der Rest des Einbaus entspricht der umgekehrten Ausbaureihenfolge – beachten Sie folgende Punkte:
a) Füllen Sie zum Schluss Motoröl und Kühlmittel auf (siehe Kapitel 1).
b) Beachten Sie die Hinweise in Sektion 25, bevor Sie den Motor starten.

6.43 Heben Sie den (V6-) Motor vorsichtig heraus.

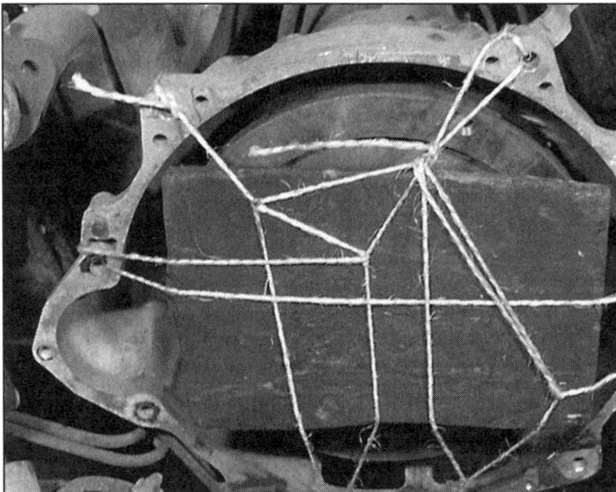

6.45 Sichern Sie den Drehmomentwandler mit einem Holz am Getriebe.

7 V6-Motor mit Getriebe – Ausbau und Einbau

Ausbau

1 Führen Sie die in Sektion 6 beschriebenen Schritte 5 bis 8 und 10 bis 24 durch.
2 Heben Sie das Fahrzeug an und stützen Sie es ab. Entfernen Sie die Motorwanne.
3 Entfernen Sie den Servolenkungspumpen-Antriebsriemen (siehe Kapitel 1). Demontieren Sie die Pumpe und ihre Halterung – manche ihrer Schrauben sind besser von oben zugänglich. Sichern Sie die Pumpe außerhalb des Arbeitsbereichs, ohne ihre Schläuche zu trennen.
4 Lösen Sie das hinten an der rechten Motorhalterung befestigte Massekabel.
5 Bei Modellen mit Schaltgetriebe muss je nach Ausführung der Kupplungszug ausgehängt oder der Kupplungs-Ausrückzylinder (ohne die Hydraulikleitung zu trennen) demontiert werden. Entfernen Sie den Schalthebel (siehe Kapitel 6 und 7A).
6 Bei Automatikmodellen werden das Wahlhebel-Gestänge unten vom Hebel geschraubt sowie alle Kabelstecker getrennt.
7 Trennen Sie bei allen Modellen die Auspuffrohre vom Rest des Systems.
8 Befreien Sie die Kardanwelle vom Getriebeflansch – bringen Sie Markierungen an, um sie später wieder ausrichten zu können.
9 Stützen Sie den Motor hinten mit dem Werkstattkran oder einem mit einem Stück Holz ausgerüsteten Rangierwagenheber ab. Entfernen Sie dann die hintere Getriebe-Querstrebe und alle damit verbundenen Komponenten.
10 Entfernen Sie an jeder Motorhalterung die durchgehende Schraube und die einzelne Mutter, die sie mit der vorderen Querstrebe verbindet.
11 Senken Sie das Fahrzeug ab. Stützen Sie das Getriebe mit einem mit einem Stück Holz ausgerüsteten Rangierwagenheber ab.
12 Verbinden Sie den Werkstattkran mit den vier dafür am Motor vorgesehenen Laschen.
13 Heben Sie den Motor an, bis sein Gewicht nicht mehr auf den Halterungen liegt. Kontrollieren Sie, ob keine Kabel, Schläuche oder anderen Dinge übersehen wurden. Heben Sie den Motor dann aus dem Motorraum, senken Sie dabei das Getriebe ab. Lassen Sie einen Assistenten den Motor führen und kontrollieren, dass nichts eingeklemmt wird.
14 Setzen Sie den Motor auf der Werkbank oder auf Holzblöcken ab – sorgen Sie dafür, dass er sicher steht.

Trennen

15 Richten Sie sich nach den Hinweisen in Sektion 5 – beachten Sie dabei die folgenden Zusatzpunkte:
a) Bevor der Anlasser demontiert werden kann, muss der Ölfilter entfernt werden.
b) Lösen und entfernen Sie den Stopfen aus der ungenutzten Anlasser-Öffnung.
c) Entfernen Sie die Auspuffkrümmer.

Zusammenbau

Modelle mit Schaltgetriebe

16 Die Kupplung muss korrekt zentriert und die Bauteile des Ausrückmechanismus an der Kupplungsglocke montiert sein. Versehen Sie die Getriebe-Eingangswelle mit etwas Fett oder Montagepaste.
17 Setzen Sie das Getriebe an den Motor. Drehen Sie nötigenfalls die Kurbelwelle oder Eingangswelle, um die Verzahnungen der Welle und der Kupplungsscheiben zueinander auszurichten. Lassen Sie nicht das Gewicht des Getriebes auf der Eingangswelle lagern.
18 Schieben Sie das Getriebe über die im Motorgehäuse steckenden Passhülsen. Installieren Sie einige Muttern und Schrauben, um beide Baugruppen miteinander zu verbinden.

Modelle mit Automatikgetriebe

19 Der Drehmomentwandler muss vollständig in das Getriebe greifen; versehen Sie seinen Arretierzapfen mit etwas Fett oder Montagepaste.
20 Schieben Sie das Getriebe über die im Motorgehäuse steckenden Passhülsen. Installieren Sie einige Muttern und Schrauben, um beide Baugruppen miteinander zu verbinden.
21 Installieren Sie die Schrauben, die den Drehmomentwandler mit dem Antriebsflansch verbinden – drehen Sie dabei die Kurbelwelle, um Zugang zu erhalten. Zuerst werden alle Schrauben handfest eingedreht, dann schrittweise und über

Kreuz bis zum in den technischen Daten von Kapitel 7B angegebenen Drehmoment.

Alle Modelle

22 Installieren Sie alle verbliebenen Verbindungsschrauben und Muttern sowie ggf. die untere Schwungscheiben/Antriebsflansch-Abdeckung. Ziehen Sie alle Muttern und Schrauben schrittweise an.
23 Installieren Sie den Anlasser.
24 Montieren Sie die Krümmerrohre.
25 Installieren Sie den Stopfen in die ungenutzte Anlasser-Öffnung.
26 Installieren Sie einen neuen Ölfilter.
27 Der Rest des Einbaus entspricht der umgekehrten Ausbaureihenfolge – beachten Sie folgende Punkte:
a) Stellen Sie bei Automatikmodellen den Wahlhebel-Mechanismus ein (siehe Kapitel 7B).
b) Füllen Sie zum Schluss Motoröl und Kühlmittel auf (siehe Kapitel 1).
c) Füllen Sie das Getriebe ggf. mit Getriebeöl auf (siehe Kapitel 1).
d) Beachten Sie die Hinweise in Sektion 25, bevor Sie den Motor starten.

8 Motorüberholung – Zerlegungsreihenfolge

1 Das Zerlegen und die Arbeit am Motor wird deutlich einfacher, wenn dieser am einem transportablen Motorständer befestigt ist. Damit er daran befestigt werden kann, muss die Schwungscheibe bzw. der Mitnehmerflansch entfernt werden.
2 Falls kein Motorständer zur Hand ist, kann der Motor auf einer ausreichend stabilen Werkbank oder dem Boden zerlegt werden – lassen Sie ihn dabei nicht umkippen oder gar herunterfallen.
3 Falls ein Austauschmotor beschafft werden soll, müssen zunächst – wie bei einer selbst durchgeführten Überholung) sämtliche externen Komponenten vom vorhandenen Motor demontiert werden, um sie mit dem »neuen« Triebwerk zu verbinden. Je nach Motortyp gehören hierzu:

Vierzylindermotor

a) Motorhalterungen (Kapitel 2A)
b) Lichtmaschine mit Halterung (Kapitel 5A)
c) Krümmerflansch, ggf. samt Turbolader (Kapitel 4)
d) Ventilator und Visco-Kupplung (Kapitel 3)
e) Zündverteiler (Kapitel 5B)
f) Einlassstutzen mit Vergaser oder Einspritzanlagen-Komponenten (Kapitel 4)
g) Turbolader-Ladedruckregelventil (Kapitel 4)
h) Zündkerzen (Kapitel 1)
i) Kupplung (Kapitel 6)
j) Zündungs-Sensoren und Halterung (Kapitel 5B)
k) Sekundärluftventil oder Luftregelventil (Einspritz-Modelle) (Kapitel 4)
l) Schwungscheibe/Mitnehmerflansch (Kapitel 2A)
m) Ölfilter (Kapitel 1)
n) Ölkühler mit Leitungen (Kapitel 3)
o) Wasserpumpe samt Schläuchen und Verteilerrohr (Kapitel 3)
p) Peilstab, Rohr und Halter
q) Ölabscheider und Flammensperre (Kapitel 4C)

V6-Motoren

a) Motorhalterungen (Kapitel 2B)
b) Krümmerflansch (Kapitel 4)
c) Peilstab, Rohr und Halter
d) Kupplung (Kapitel 6)
e) Lichtmaschine, Antriebsriemen und Riemenscheiben (Kapitel 1 und 5)
f) Einlassstutzen mit Einspritzanlagen-Komponenten (Kapitel 4)
g) Zündverteiler (Kapitel 5B)
h) Zündkerzen (Kapitel 1)
i) Wasserpumpe samt Schläuchen und Verteilerrohr (Kapitel 3)
j) Zündungs-Sensoren und Halterung (Kapitel 5B)
k) Unterdruckpumpe (Kapitel 9)
l) Schwungscheibe/Mitnehmerflansch (Kapitel 2B)
m) Ölfilter (Kapitel 1)
n) Sensoren, Halter und Geber-Baugruppen (Kapitel 3 und 5)

Anmerkung: *Bei der Demontage der externen Komponenten vom Motor müssen alle Details genau beachtet werden, die für den Einbau hilfreich und wichtig sein können. Achten Sie auf die Einbaupositionen von Dichtungen, Dichtringen, Scheiben, Schrauben und anderer Kleinteile.*

4 Falls Sie als Ersatz einen Rumpfmotor (Motorgehäuse mit Zylindern, Kolben, Pleuel und Kurbelwelle) beschafft haben, müssen auch die Ölwanne, die Ölpumpe, der/die Zylinderkopf/köpfe und der/die Steuerriemen oder -Ketten umgebaut werden.
5 Falls eine Komplett-Überholung geplant ist, kann der Motor zerlegt werden; dabei sind die internen Komponenten in der folgenden Reihenfolge auszubauen:
a) Nockenwellen-Steuerriemen, Spanner und Riemenräder (Vierzylindermotoren)
b) Steuerketten, Ritzel und Kettenspanner (V6-Motoren)
c) Zylinderkopf/köpfe
d) Schwungscheibe/Mitnehmerflansch
e) Zwischenwelle (Vierzylinder außer B 234F)
f) Ölwanne
g) Ölpumpe
h) Kolben und Pleuel
i) Kurbelwelle

Anmerkung: *Bei B 234F-Motoren sitzt die Ölpumpe hinter dem Zahnriemendeckel außen am Motorblock und ist ohne die Demontage der Ölwanne zugänglich.*

6 Bevor mit dem Zerlegen und Überholen begonnen wird, muss dafür gesorgt werden, dass alle erforderlichen Werkzeuge vorhanden sind – beachten Sie hierzu die Hinweise auf den Seiten 354 bis 356.

9 Zylinderkopf – Zerlegen

1 Demontieren Sie den Zylinderkopf bzw. die Zylinderköpfe (siehe Kapitel 2A oder B).
2 Entfernen Sie die Nockenwelle(n), die Stößel samt Shims (siehe Kapitel 2A) oder die Kipphebel-Baugruppe (siehe Kapitel 2B). Anmerkung: Bei B 234F-Motoren liegen die zwei Nockenwellen in einem oben auf dem Zylinderkopf verschraubten Nockenwellenträger. Entfernen Sie zuerst die Nockenwellen, dann die Hydrostößel und anschließend den Träger; anschließend kann der Träger demontiert werden.

3 Je nach Motortyp und noch daran befindlichen Baugruppen müssen die Einlass- und Auspuff-Stutzen (Kapitel 4), das Thermostatgehäuse (Kapitel 3), die Zündkerzen (Kapitel 1) und alle anderen Stutzen, Rohre, Sensoren oder Halterungen demontiert werden.

4 Stellen Sie bei Vierzylindermotoren ggf. die oben um die Ventilschäfte liegenden Gummiringe sicher (siehe Abbildung).

9.4 Entnehmen Sie die Gummiringe oben von den Ventilschäften.

5 Klopfen Sie alle Ventilschäfte sanft mit einem kleinen Hammer und einem Treibdorn ab, um die Feder und alle dazugehörigen Teile zu lockern.

6 Setzen Sie nacheinander an allen Ventilen eine Ventilfederpresse an und komprimieren Sie mit dem Federteller die Feder, bis die Keile entnommen werden können – hierzu kann ein kleiner Schraubendreher, ein Magnet oder eine Spitzzange benutzt werden (siehe Abbildung). Entspannen Sie die Ventilfeder langsam wieder und entfernen Sie die Ventilfederpresse.

9.6 Entfernen Sie die Keile z.B. mit einem Magneten.

7 Entfernen Sie den Federteller und die Ventilfeder. Ziehen Sie das Ventil nach unten aus seiner Führung (siehe Abbildung).

9.7 Ziehen Sie die Ventile nach unten heraus.

8 Ziehen Sie mit einer Spitzzange die Ventilschaftdichtung von der Ventilführung (siehe Abbildung). Bei OHC-Vierzylindermotoren sind nur die Führungen der Einlassventile mit Schaftdichtungen ausgerüstet; bei B 234F- sowie V6-Motoren sitzen sie auf allen Ventilführungen.

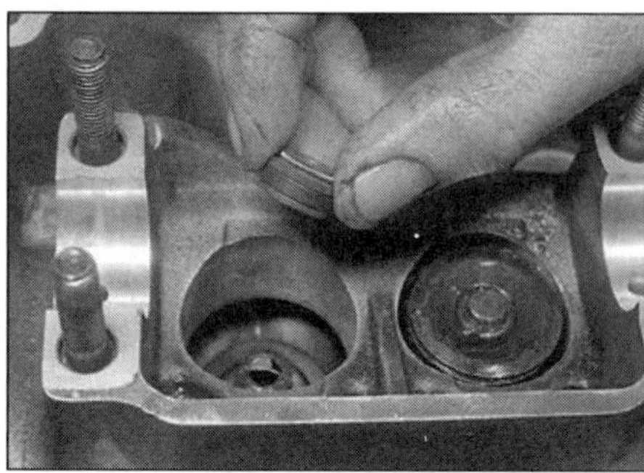

9.8 Ziehen Sie die Ventilschaftdichtung von der Führung.

9 Stellen Sie die Ventilfedersitze sicher. Falls sich außen an den Ventilführungen Kohleablagerungen gebildet haben, müssen diese zuvor abgekratzt werden.

10 Solange die Bauteile nicht allzu sehr verschlissen sind, dass sie nicht wiederverwendet werden können, muss jedes Ventil zusammen mit seinem Federteller, seinen Keilen, der Feder und deren Sitz so abgelegt werden, dass später alles wieder an seinen ursprünglichen Platz gelangt. Packen Sie die Teile dazu in markierte Tüten oder z.B. einen Eierkarton. Falls beim V6-Motor beide Zylinderköpfe zerlegt werden, müssen die Teile auch entsprechend derer Positionen markiert sein.

10 Zylinderkopf und Ventile – Reinigung und Kontrolle

1 Reinigen Sie sorgfältig den Zylinderkopf und die Ventil-Bauteile, bevor Sie sie genau untersuchen und entscheiden, ob und wie umfangreich im Zuge der Motorüberholung auch die Ventile bearbeitet werden müssen. Anmerkung: Falls der Motor stark überhitzt war, wird wahrscheinlich der Zylinderkopf verzogen sein – kontrollieren Sie ihn sorgfältig auf Verzug.

Reinigung

2 Schaben Sie altes Dichtungsmaterial vom Zylinderkopf.

3 Schaben Sie Kohleablagerungen aus den Brennräumen und Kanälen, waschen Sie den Zylinderkopf dann mit Petroleum oder geeignetem Lösungsmittel.

4 Schaben Sie alle Kohleablagerungen von den Ventilen. Reinigen Sie Ventilteller und Schaft anschließend mit einem Drahtbürstenaufsatz für die Bohrmaschine.

Kontrolle

Anmerkung: Führen Sie alle folgenden Kontrollen durch, bevor Sie entscheiden, ob der Motor überholt werden muss. Erstellen Sie eine Liste aller Bauteile, die Aufmerksamkeit benötigen.

Zylinderkopf

5 Inspizieren Sie den Zylinderkopf sorgfältig auf Risse und andere Beschädigungen. Wenn Risse festgestellt werden, muss der Zylinderkopf ausgetauscht werden.

6 Mithilfe einem Präzisions-Richtwinkel und einer Fühlerlehre wird geprüft, ob die Dichtfläche des Zylinderkopfs verzogen ist; mithilfe der Angaben in den technischen Daten kann ermittelt werden, ob die Dichtfläche geplant werden kann (siehe Abbildung).

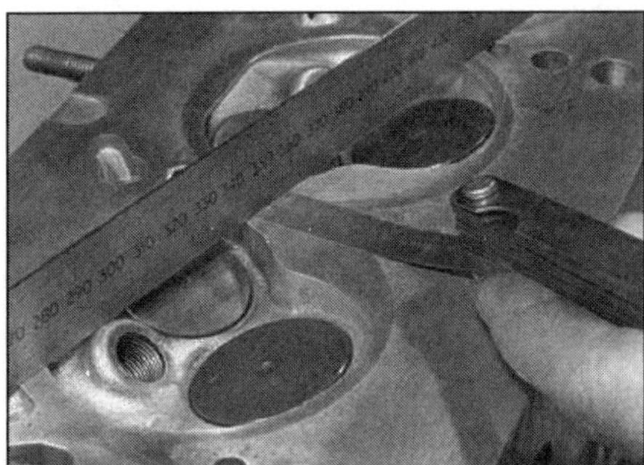

10.6 Prüfen Sie die Dichtfläche des Zylinderkopfs auf Verzug.

7 Begutachten Sie die Ventilsitze im Brennraum. Falls sie Ausbrüche, Risse oder Verbrennungen zeigen, müssen sie ausgetauscht werden – dies übersteigt dies die notwendige Arbeit die Möglichkeiten eines Hobbyschraubers. Wenn sie nur leicht erodiert sind, kann dies durch Einschleifen beseitigt werden (siehe unten). Anmerkung: Bei B 234F-Motoren sind die Ventilsitze mit mehreren Winkeln versehen; die Breite des Ventilsitzes (a) muss innerhalb der Vorgaben (siehe technische Daten) liegen (siehe Abbildung).

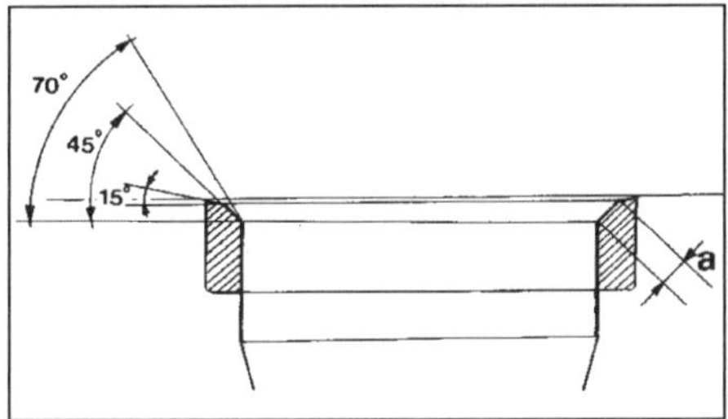

10.7 Die Ventilsitze der B 234F-Vierventilmotoren sind mit verschiedenen Winkeln geschliffen; Ventilsitz-Breite (a)

8 Falls die Ventilführungen verschlissen sind (erkennbar an einem seitlichen Bewegungsspielraum der Ventile), müssen sie ausgetauscht werden. Messen Sie den Durchmesser der vorhandenen Ventilschäfte (siehe unten) und den Innendurchmesser der Führungen, errechnen Sie das Spiel, vergleichen Sie den Wert mit den Angaben in den technischen Daten und ersetzen Sie ggf. die Ventile oder die Führungen.
9 Der Austausch der in den Zylinderkopf gepressten Ventilführungen sollte besser einem Fachbetrieb überlassen werden.
10 Falls die Ventilsitze nachgeschnitten werden müssen, darf dies erst nach dem Austausch der Ventilführungen geschehen.

Ventile

11 Inspizieren Sie sorgfältig den Ventilteller auf Risse, Löcher sowie verbrannte Stellen. Drehen Sie das Ventil und prüfen Sie dabei, ob es verzogen sein könnte. Kontrollieren Sie das Ende des Ventilschafts und die Keilnuten auf Ausbrüche und übermäßigen Verschleiß. Schadhafte Ventile müssen ersetzt werden.

Achtung: Auslassventile von Turbo-Motoren sind mit Natrium gefüllt und dürfen nicht zum normalen Metallschrott gegeben werden. Holen Sie Rat bei einem Volvo-Händler, um diese Ventile sicher zu entsorgen.

Anmerkung: *Bei B 234F-Motoren dürfen die Sitze der Einlassventile mit einer Maschine geschliffen werden, solange die Tellerrand-Breite nicht unter 1,2 mm sinkt. Die Auslassventile sind mit Stellit beschichtet und dürfen nur mit Schleifpaste bearbeitet werden.*

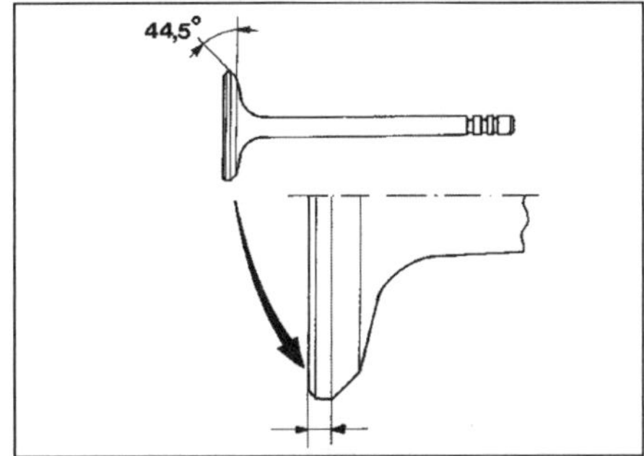

10.11 Der Einlass-Ventilteller muss bei B 234F-Motoren mindestens eine Breite von 1,2 mm aufweisen.

12 Wenn die Ventile bis hierher gut aussehen, wird der Schaft-Durchmesser an mehreren Stellen mit einer Mikrometerschraube ermittelt (siehe Abbildung). Jede Differenz zwischen den Messungen weist auf Verschleiß am Schaft hin, sodass das Ventil ersetzt werden muss.

10.12 Messen Sie den Ventilschaft-Durchmesser.

13 Sind die Ventile in einem zufriedenstellenden Zustand, müssen sie in ihren jeweiligen Sitzen geschliffen (»geläppt«) werden, um Dichtigkeit zu garantieren. Wenn der Sitz nur leicht erodiert ist oder nachgeschnitten wurde, sollte nur Feinschleifpaste verwendet werden. Grobe Schleifpaste darf nur benutzt werden, wenn ein Sitz stark verbrannt oder tief vernarbt ist; in diesem Fall sollten der Zylinderkopf und die Ventile von einem Experten untersucht werden, der entscheiden kann, ob ein Sitz nachgeschnitten oder ggf. samt Ventil erneuert werden muss.
14 Das Läppen der Ventile wird wie folgt ausgeführt: Legen Sie den Zylinderkopf verkehrt herum auf die Werkbank – unterlegen Sie ihn mit Hölzern, um Platz für die Ventilschäfte zu erhalten.
15 Geben Sie etwas von der Schleifpaste auf die Ventildichtfläche (siehe Abbildung) sowie etwas von einem Gemisch aus Molybdänfett und Motoröl an den Ventilschaft, und stecken Sie das Ventil in die Führung. Befestigen Sie einen Ventildreher am Ventil und drehen sie ihn zwischen den Handflächen. Hin-

und herdrehen ist dem Drehen in eine Richtung vorzuziehen. Heben Sie das Ventil gelegentlich an, um die Schleifpaste neu zu verteilen (siehe Abbildung).

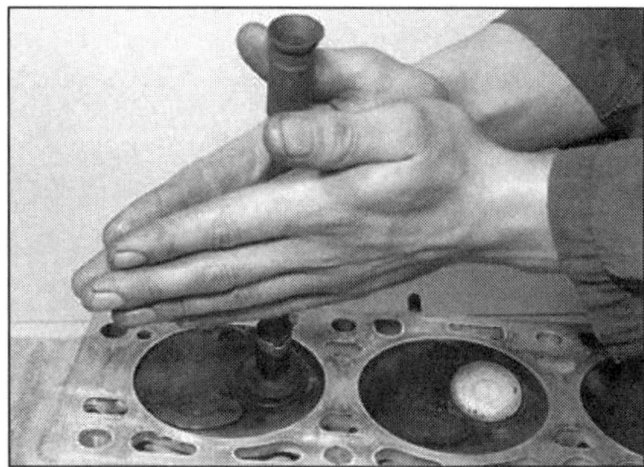

10.15 Einschleifen der Ventile

16 Falls grobe Schleifpaste benutzt wird, darf damit nur so lange gearbeitet werden, bis am Ventilsitz und am Ventilteller eine trübe, matte und gleichmäßige Oberfläche entstanden ist. Wischen Sie dann die Schleifpaste ab und wiederholen Sie den Prozess mit der Feinschleifpaste. Sobald ein gleichmäßiger und ununterbrochener matt-hellgrauer Ring am Ventilsitz und am Ventil entstanden ist, wird das Läppen beendet – schleifen Sie die Ventile nicht weiter als nötig ein, da sonst der Sitz vorzeitig in den Zylinderkopf gedrückt werden kann.

17 Wiederholen Sie den Arbeitsgang mit den anderen Ventilen. Reinigen Sie anschließend das Ventil und seine Führung sorgfältig mit Lösungsmittel. Blasen Sie alle Kanäle mit Druckluft aus – vor der Montage müssen alle Schleifmittel-Reste entfernt sein.

Ventil-Komponenten

18 Begutachten Sie die Ventilfedern auf Beschädigungen und Verfärbung. Messen Sie ihre freie Länge und vergleichen Sie die Werte mit den Vorgaben in den technischen Daten.

19 Stellen Sie die Federn auf eine ebene Fläche und prüfen Sie auf Verzug. Falls eine Feder schief steht, beschädigt ist oder Ermüdungserscheinungen zeigt, müssen alle Ventilfedern als Set ausgetauscht werden – bei einer Motorüberholung werden generell alle Ventilfedern ausgetauscht.

20 Ersetzen Sie die Ventilschaftdichtungen ungeachtet ihres Zustands.

10.21 Messen Sie die Ventilschaft-Höhe bei B 234F-Motoren mithilfe des Volvo-Spezialwerkzeugs 5222.

Ventilschaftlänge – B 234F-Motoren

21 Bei B 234F-Motoren können die Hydrostößel nur korrekt funktionieren, wenn die Ventilschäfte eine vorgeschriebene Länge aufweisen. Gemessen wird hier mithilfe des Volvo-Spezialwerkzeugs 5222 der Abstand zwischen dem Nockenwellenlager und der Oberseite des Ventilschafts. Setzen Sie den Nockenwellenträger auf den Zylinderkopf und legen Sie das Werkzeug 5222 in die Nockenwellenlagersitze (siehe Abbildung). Stecken Sie jetzt den Tiefenmesser eines Messschiebers in die Bohrung des Werkzeugs und vergleichen Sie das Messergebnis mit den Angaben in den technischen Daten. Nötigenfalls kann der Ventilschaft etwas abgeschliffen werden – aber nicht mehr als 0,4 mm.

11 Zylinderkopf – Zusammenbau

1 Ölen Sie den Schaft jedes Ventils und schieben Sie es in seine Führung. Installieren Sie den Federsitz – bei Vierzylindermotoren mit dem erhabenen Innenrand nach oben (siehe Abbildung).

11.1 Legen Sie den Federsitz ein.

2 Installieren Sie die neuen Ventilschaftdichtung auf die Ventilführung – bei OHC-Vierzylindermotoren werden nur die Führungen der Einlassventile mit Schaftdichtungen ausgerüstet; bei B 234F- sowie V6-Motoren kommen sie auf allen Ventilführungen. Drücken Sie sie mit dem Daumen oder einem geeigneten Steckschlüssel auf die Führung – beschädigen Sie dabei nicht ihre Dichtlippen am Ventilschaft. Falls die Dichtungen mit einer Schutzhülse ausgeliefert werden, muss die Keilnut damit bedeckt werden.

3 Setzen Sie die Ventilfeder und den Federteller ein (siehe Abbildungen). Komprimieren Sie die Feder mit der Ventilfederpresse und installieren Sie die Keile in ihre Nut im Ventilschaft. Entlasten Sie die Presse vorsichtig.

> ***Praxis-Tipp*** ***Um die Keile beim Entspannen der Presse am Ventilschaft in Position zu halten, sollten sie mit etwas Fett »angeklebt« werden.***

4 Schützen Sie den Ventilschaft mit einem Lappen und klopfen Sie ihn sanft mit einem kleinen Hammer ab, damit sichergestellt wird, dass die Keile korrekt sitzen.

5 Wiederholen Sie die Prozedur mit den anderen Ventilen.

6 Rüsten Sie bei Vierzylindermotoren die Ventischaft-Spitzen mit neuen Gummiringen aus.

7 Installieren Sie die Nockenwelle(n), die Stößel samt Shims (siehe Kapitel 2A) oder die Kipphebel-Baugruppe (siehe Kapitel 2B).

11.3a Installieren Sie die Ventilfeder . . .

11.3b . . . und den Federteller.

8 Montieren Sie alle anderen entfernten Komponenten und montieren Sie den Zylinderkopf bzw. die Zylinderköpfe (siehe Kapitel 2A oder B).

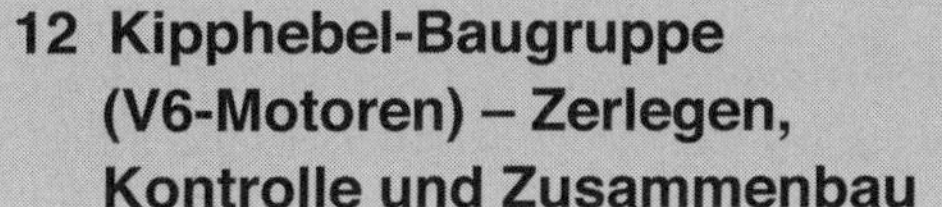

12 Kipphebel-Baugruppe (V6-Motoren) – Zerlegen, Kontrolle und Zusammenbau

Zerlegen

1 Lösen Sie die Schraube aus dem am weitesten vom Seegerring entfernten Sockel – halten Sie diesen dabei gegen den Federdruck herunter.
2 Ziehen Sie die Sockel, Kipphebel, Federn und Distanzscheiben von der Welle und legen Sie sie so ab, dass alles wieder korrekt ausgerichtet installiert werden kann (siehe Abbildung). Entfernen Sie den Seegerring vom Ende der Welle.

Kontrolle

3 Begutachten Sie die auf der Nockenwelle gleitende Kontaktfläche des Kipphebels auf Verschleiß-Grate und Riefen. Ersetzen Sie alle auffälligen Kipphebel. Falls die Gleitfläche eines Kipphebels stark riefig ist, muss auch der entsprechende Nocken überprüft werden, da er wahrscheinlich ebenfalls verschlissen ist. Ersetzen Sie alle schadhaften Bauteile.
4 Kontrollieren Sie die Kontaktflächen der Ventilspiel-Einstellschrauben und ersetzen Sie diese nötigenfalls.
5 Inspizieren Sie die Gleitflächen der Kipphebel und ihrer Welle auf Verschleiß-Grate und Riefen. Bei Hinweisen auf Verschleiß müssen alle entsprechenden Kipphebel und die Welle ausgetauscht werden.

12.2 Die ausgebauten Teile der Kipphebelwelle

Zusammenbau

6 Der Zusammenbau erfolgt in der umgekehrten Zerlegungsreihenfolge. Ölen Sie dabei alle Bauteile ausgiebig. Die flachen Seiten der Sockel müssen zum Seegerring-Ende der Welle zeigen, die Ölbohrungen der Welle müssen unten liegen.

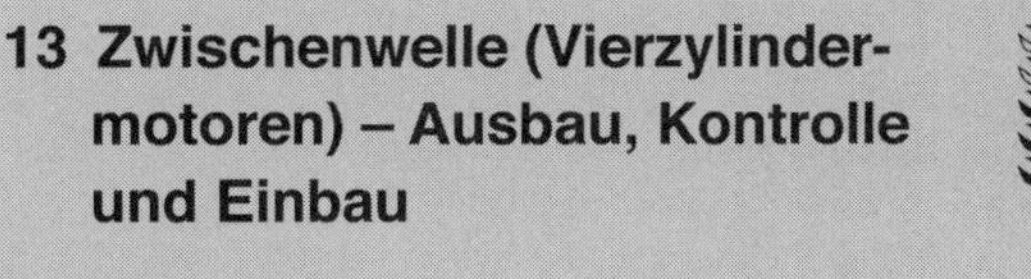

13 Zwischenwelle (Vierzylindermotoren) – Ausbau, Kontrolle und Einbau

Anmerkung: *Bei B 234F-Motoren gibt es keine in den Motorblock ragende Zwischenwelle. Stattdessen sitzt die Ölpumpe hinter dem Zahnriemendeckel außen am Motorblock und ihr Riemenrad sitzt direkt an der Pumpe.*

Ausbau

1 Entfernen Sie den Steuerriemen, die Riemenräder, den Spanner und die Rückplatte, außerdem die Ölwanne, den Verteiler und alle anderen für den Ausbau notwendigen externen Komponenten.
2 Schrauben Sie den Ölabscheider der Motorentlüftung ab und ziehen Sie den langen Rücklaufschlauch heraus. Heben Sie durch diese Bohrung das Ölpumpen-Antriebsrad samt der Welle heraus (siehe Abbildung).

13.2 Ziehen Sie das Ölpumpen-Antriebsrad heraus.

3 Lösen und entfernen Sie die vordere Dichtringplatte (siehe Abbildung). Beachten Sie die mit den unteren Stehbolzen verbundenen Kabelschellen. Entnehmen Sie die Dichtung. Entfernen Sie die Dichtringe aus der Platte.

13.3 Entfernen Sie die vordere Dichtring-Platte.

4 Ziehen Sie die Zwischenwelle heraus, ohne dabei die Lager im Motorblock zu beschädigen (siehe Abbildung).

13.4 Ziehen Sie die Zwischenwelle heraus.

Kontrolle

5 Inspizieren Sie die Lagerflächen und Verzahnung der Welle auf Verschleiß. Messen Sie die Durchmesser der Lager und ersetzen Sie die Welle, falls sie verschlissen oder beschädigt ist.
6 Falls die Zwischenwellenlager im Motorblock beschädigt sind, müssen sie von einer Volvo-Werkstatt oder einem Motorenspezialisten ersetzt werden.

Einbau

7 Schmieren Sie die Lagerflächen der Zwischenwelle mit Öl und führen Sie die Welle in den Motor ein, ohne die Lager zu beschädigen.
8 Montieren Sie die vordere Dichtringplatte mit einer neuen Dichtung; schneiden Sie deren Rand bündig zur Dichtfläche der Ölwanne zurecht. Einige der Gehäuseschrauben können jetzt noch nicht installiert werden, weil sie auch die Rückplatte der Steuerriemen-Abdeckung sichern.
9 Installieren Sie neue Dichtringe (die geölte Dichtlippe nach innen) in die Dichtringplatte; treiben Sie sie nötigenfalls mit einem Rohr bündig ein.
10 Montieren Sie das Ölpumpen-Antriebsrad samt Welle – das Rad muss in die Zähne der Zwischenwelle greifen.
11 Installieren Sie den Rücklaufschlauch vollständig in seine Bohrung; unten muss er mit der Führung gesichert sein.
12 Rüsten Sie den Ölabscheider der Motorentlüftung mit einem neuen O-Ring aus und montieren Sie die Baugruppe.
13 Montieren Sie alle zuvor entfernten Komponenten.

14 Ölwanne (V6-Motoren) – Ausbau und Einbau

Ausbau

1 Entfernen Sie die 23 Schrauben samt Scheiben, mit denen die Ölwanne gesichert ist.
2 Nehmen Sie die Ölwanne ab – nötigenfalls muss sie rundherum vorsichtig abgeklopft werden, um sie zu lösen. Stellen Sie die Dichtung sicher.
3 Jetzt ist das Ölleitblech und das Ölpumpen-Ansaugsieb zugänglich. Falls der Ansaugstutzen entfernt wird, muss sein O-Ring erneuert werden.

Einbau

4 Reinigen Sie die Ölwanne sorgfältig von innen und außen mit Lösungsmittel, trocknen Sie sie anschließend. Entfernen Sie sämtliche Dichtungsreste.
5 Der Einbau entspricht der umgekehrten Ausbaureihenfolge. Verwenden Sie eine neue Dichtung und ziehen Sie die Schrauben schrittweise und über Kreuz an.

15 Kolben und Pleuel – Ausbau

Vierzylindermotoren

1 Demontieren Sie den Zylinderkopf und die Ölwanne. Entfernen Sie bei OHC-Motoren die Ölpumpe (siehe Kapitel 2A).
2 Erfühlen Sie oben in den Zylinderbohrungen, ob die Kolbenringe im oberen Totpunkt bereits eine Kante erzeugt haben. Manchmal wird empfohlen, diese vor dem Ausbau des Kolbens mit einem Schaber oder einer Reibahle zu entfernen. Ist jedoch eine Kante so groß, dass sie den Kolben beschädigen kann, muss der Zylinder jedoch auf jeden Fall aufgebohrt und mit einem neuen Kolben bestückt werden.
3 Drehen Sie die Kurbelwelle, um zwei der Pleuelfußlager in eine gut zugängliche Position zu bringen. Prüfen Sie, ob am Pleuel und dem Lagerdeckel Ziffern oder Markierungen angebracht sind – bringen Sie nötigenfalls selbst welche an; jedes Pleuel muss später korrekt ausgerichtet an seinen ursprünglichen Hubzapfen gelangen.
4 Lösen Sie die zwei Pleuelfußmuttern oder -schrauben und klopfen Sie den Deckel mit einem weichen Hammer an, um ihn zu befreien. Entfernen Sie den Deckel samt Lagerschale (siehe Abbildung).

15.4 Ausbau eines Pleuelfußdeckels bei Vierzylindermotoren

5 Schieben Sie das Pleuel samt Kolben nach oben aus der Bohrung. Befreien Sie ggf. die zweite Lagerschale aus dem Pleuel.
6 Verbinden Sie den Pleuelfußdeckel mit der Pleuelstange, damit nichts durcheinander gerät. Falls eine Chance besteht, dass die Lagerschalen wiederverwendet werden können, sollten sie sich an ihren ursprünglichen Positionen befinden.
7 Wiederholen Sie die Prozedur mit den anderen Pleuelstangen und Kolben – drehen Sie die Kurbelwelle entsprechend, um Zugang zu den Pleuelfüßen zu erhalten.

V6-Motoren

8 Demontieren Sie den Zylinderkopf, die Ölwanne, das Ölleitblech und das Ölpumpen-Ansaugsieb – stellen Sie den O-Ring sicher.
9 Lösen Sie die 14 kleinen Schrauben und die 8 Hauptlager-Muttern, die die untere Motorgehäusehälfte sichern, und heben Sie diese ab – stellen Sie dabei den O-Ring des Ölansaugrohrs sicher. Achtung: Bei B 280-Motoren gibt es an jeder Seite des Zylinderblocks zwei zusätzliche Schrauben, mit denen die Hauptlagerdeckel Nr. 2 und 3 gesichert sind. Lockern Sie diese Schrauben, bevor Sie die Hauptlager-Muttern lösen!
10 Stecken Sie Distanzstücke auf die Lagerdeckel-Stehbolzen und drehen Sie die Hauptlagermuttern wieder auf, sodass die Hauptlager und die Kurbelwelle für weitere Operationen gesichert sind. Dies ist besonders wichtig, wenn die Hauptlager nicht beschädigt sind. Auf jeden Fall ist es nicht wünschenswert, dass die Kurbelwelle unerwartet herausfällt.
11 Falls Chancen bestehen, dass die vorhandenen Zylinder-Laufbuchsen wiederverwendet werden können, dürfen sie nicht aus ihrer Klemmung befreit werden.
12 Positionieren Sie den Motor so, dass sowohl die Oberseiten als auch die Unterseite zugänglich sind und die Kurbelwelle gedreht werden kann.
13 Begutachten Sie die Pleuelstangen und -Deckel, um zu sehen, ob Identifikationsmarkierungen oder Nummern angebracht sind. Das hier verwendete Nummernsystem hat jedoch nichts mit der Zylinder-Nummerierung zu tun (siehe Abb.).

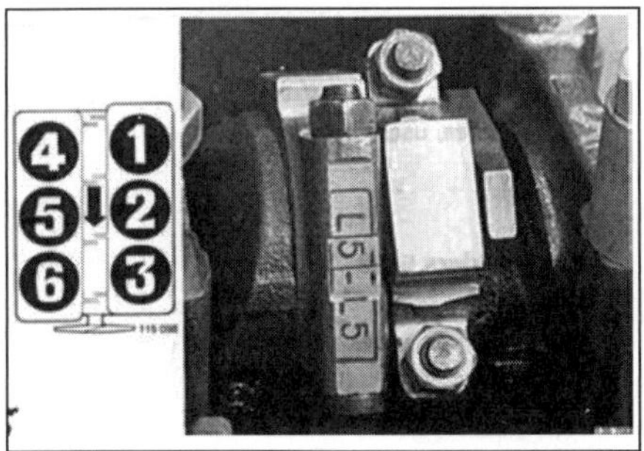

15.13 Der verbundene Pleuelfuß beim V6-Motor. Der Buchstabe (hier das »L« an beiden Lagerhälften) ist willkürlich.

14 Kontrollieren Sie das Axialspiel zwischen den Pleuelstangen eines Hubzapfens – wenn irgendwo mehr als 0,38 mm festgestellt werden, müssen alle Pleuel ausgetauscht werden.
15 Lösen Sie die zwei Pleuelfußmuttern und klopfen Sie den Deckel mit einem weichen Hammer an, um ihn zu befreien. Entfernen Sie den Deckel samt Lagerschale (siehe Abbildung).
16 Schieben Sie das Pleuel samt Kolben nach oben aus der Bohrung. Lassen Sie einen Assistenten den Kolben mit einem Lappen auffangen. Klopfen Sie das Pleuel nötigenfalls mit einem Hammerstiel hoch, falls der Kolben schwergängig ist. Befreien Sie ggf. die zweite Lagerschale aus dem Pleuel.

15.15 Demontage der Pleuelfußdeckel beim V6-Motor

17 Verbinden Sie den Pleuelfußdeckel mit der Pleuelstange, damit nichts durcheinander gerät. Falls eine Chance besteht, dass die Lagerschalen wiederverwendet werden können, sollten sie sich an ihren ursprünglichen Positionen befinden.
18 Wiederholen Sie die Prozedur mit den anderen Pleuelstangen und Kolben – drehen Sie die Kurbelwelle entsprechend, um Zugang zu den Pleuelfüßen zu erhalten.

16 Kurbelwelle – Ausbau

1 Demontieren Sie die Kolben samt Pleuelstangen, die Ölpumpe (V6-Motoren) und die vorderen und hinteren Dichtring-Platten (falls noch nicht geschehen.
2 Vor dem Ausbau der Kurbelwelle sollte ihr Axialspiel überprüft werden. Montieren Sie dazu eine Messuhr längs zur Kurbelwelle, sodass ihr Taster gerade die Welle berührt.
3 Drücken Sie die Kurbelwelle von der Messuhr weg und nullen Sie die Messuhr. Hebeln Sie jetzt die Kurbelwelle so weit wie möglich gegen die Messuhr und notieren Sie das Messergebnis – wenn es größer als in den technischen Daten angegeben ist, muss die Anlauffläche der Kurbelwelle auf Verschleiß überprüft werden; wird kein Verschleiß festgestellt, werden neue Anlaufscheiben das Axialspiel korrigieren.
4 Ist keine Messuhr zur Hand, kann das Axialspiel auch mit einer Fühlerlehre ermittelt werden. Hebeln oder drücken Sie die Kurbelwelle dazu gegen das rechte Motorende. Schieben Sie Fühlerlehrenblätter zwischen die Kurbelwelle und die im Hauptlager sitzende Anlaufscheibe, um das Spiel zu ermitteln.
5 Überprüfen Sie die Hauptlagerdeckel auf Identifikationsnummern oder Markierungen – bringen Sie nötigenfalls selbst welche an.
6 Entfernen Sie die Hauptlagerdeckel-Schrauben (Vierzylinder) bzw. -Muttern und Distanzstücke (V6-Motoren). Heben Sie die Lagerdeckel ab – klopfen Sie sie nötigenfalls mit eine weichen Hammer ab, um sie zu lockern. Falls eine Chance besteht, dass die Lagerschalen wiederverwendet werden können, sollten sie sich an ihren ursprünglichen Positionen befinden. Stellen Sie bei V6-Motoren an beiden Seiten des hinteren Lagerdeckels die zwei Anlauf-Halbringe sicher (siehe Abbildung).
7 Heben Sie die Kurbelwelle heraus – sie ist sehr schwer!
8 Bei B 200 / 230-Motoren müssen die zwei Anlauf-Halbringe von beiden Seiten des mittleren Hauptlagers entnommen wer-

den (B 23- und B 234F-Motoren sind an Hauptlager Nr. 4 mit in die Lagerschalen integrierten Anlauf-Flanschen ausgerüstet. Entnehmen Sie bei V6-Motoren von beiden Seiten des hinteren Lagersitzes die oberen Hälften der Anlaufscheiben.

16.6 Entfernen Sie den hinteren Hauptlagerdeckel samt der zwei Anlauf-Halbringe.

9 Entfernen Sie die Lagerschale der oberen Hauptlagerhälfte aus den Sitzen im Motorgehäuse, indem Sie ihr von der Arretierlasche entfernt liegende Ende eindrücken. Falls sie wiederverwendet werden können, müssen sie entsprechend ihrer Einbaulage ausgelegt werden.

17 Zylinderblock/Motorgehäuse – Reinigung und Kontrolle

Reinigung

1 Zuvor müssen sämtliche Teile wie Sensoren, Ölkanalstopfen u.ä. entfernt werden.
2 Bei V6-Motoren müssen die Zylinder-Laufbuchsen ausgebaut werden – siehe Schritte 20 und 21.
3 Sind Teile des Motorgehäuses extrem verschmutzt, sollte zunächst alles mit einem Dampfstrahler gesäubert werden.
4 Nach dem Dampfstrahlen müssen alle Ölbohrungen und -Kanäle gereinigt werden. Spülen Sie alle Kanäle mit warmen Wasser durch, bis es klar wieder austritt. Trocknen Sie anschließend alles sorgfältig und ölen Sie alle bearbeiteten Flächen dünn ein, um sie vor Rost zu schützen. Falls Zugang zu Druckluft besteht, kann damit der Trocknungsprozess beschleunigt werden; außerdem sollten damit alle Ölbohrungen und -Kanäle ausgeblasen werden.

Warnung: Tragen Sie beim Einsatz von Druckluft stets eine Schutzbrille!

5 Falls die Gehäuse nicht stark verschmutzt sind, kann eine Reinigung mit möglichst warmem Seitenwasser sowie einer harten Bürste erfolgen – nehmen Sie sich genügend Zeit und erledigen Sie es sorgfältig. Ungeachtet der Reinigungsmethode müssen alle Ölbohrungen und -Kanäle besonders sorgfältig gereinigt werden. Trocknen Sie alle sorgfältig und und schützen Sie bearbeiteten Flächen wie oben beschrieben.
6 Alle Gewindebohrungen müssen sauber und trocken sein, um beim Zusammenbau korrekte Anzugswerte sicherzustellen. Zum Reinigen von Innengewinden sollte ein passender Gewindebohrer eingedreht und damit Korrosion, alte Sicherungspaste oder andere Verunreinigungen entfernt werden; zudem können Schäden an Gewindegängen beseitigt werden (siehe Abbildung). Reinigen Sie anschließend die Bohrungen möglichst mit Druckluft.

Warnung: Tragen Sie beim Einsatz von Druckluft stets eine Schutzbrille!

Praxis-Tipp ***Eine Alternative zu Druckluft ist wasserverdrängendes Schmiermittel wie WD40, das mit dem üblicherweise beigefügten Röhrchen ins Gewindeloch gesprüht wird.***

17.6 Reinigen Sie die Gewindebohrungen im Zylinderblock mit einem Gewindebohrer.

7 Falls der Motor nicht gleich wieder zusammengebaut werden soll, muss er mit einer Abdeckplane vor Staub und Schmutz geschützt werden. Schützen Sie bearbeiteten Flächen mit Öl vor Korrosion.

Kontrolle

Vierzylindermotoren

8 Begutachten Sie das Gehäuse auf Risse und Korrosion. Kontrollieren Sie alle Gewindebohrungen auf ausgerissene Gewinde. Falls es Hinweise auf interne Kühlwasserverluste gibt, sollte ein Motorenspezialist den gesamten Motorblock mit einer Spezialausrüstung auf Risse untersuchen. Falls Defekte gefunden werden, müssen sie möglichst repariert werden – andernfalls muss ein neues Gehäuse (oder ein neuer Motor) gekauft werden.
9 Inspizieren Sie jede Zylinderbohrung auf Scheuerstellen und Riefen. Falls die Kolbenringe im oberen Totpunkt bereits eine Kante erzeugt haben, ist dies ein Hinweis auf eine verschlissene Bohrung.
10 Mit Präzisionsmessgeräten kann der Verschleiß, die Kegel- und Ovalförmigkeit der Zylinderbohrungen überprüft werden. Messen Sie dazu im oberen Bereich (aber noch unterhalb der Position des oberen Kolbenrings im OT) in der Mitte und unten (aber noch oberhalb der Position des Ölabstreifrings im UT) – je einmal quer und einmal parallel zur Kurbelwelle. Notieren Sie die Messergebnisse.
11 Messen Sie den Durchmesser jedes Kolbens direkt oberhalb des unteren Randes quer zur Kolbenbolzenbohrung; notieren Sie auch diese Werte.
12 Falls das Kolbenspiel im Zylinder ermittelt werden soll, müssen die Bohrung und der Kolben wie oben beschrieben vermessen und der Kolben-Durchmesser vom Wert des Zylinders subtrahiert werden. Falls keine Präzisionsmessgeräte zur Hand sind, kann der Zustand der Kolben und

der Bohrungen wie folgt mit einer Fühlerlehre bewertet werden: Installieren Sie den Kolben in seine Bohrung, wählen Sie das Fühlerlehrenblatt des vorgeschriebenen Kolbenspiels und schieben Sie es zwischen den normal positionierten Kolben und die Zylinderwand im rechten Winkel zum Kolbenbolzen ein. Der Kolben muss sich dabei noch mit moderatem Druck durch den Zylinder schieben lassen. Gleitet er leicht oder fällt gar in die Bohrung, ist das Spiel zu groß und es muss mindestens ein neuer Kolben beschafft werden. Falls der Kolben unten in der Bohrung klemmt aber oben frei gleitet, ist die Bohrung kegelförmig verschlissen. Falls beim Verschieben der Fühlerlehre um den Kolben herum ungleichmäßiger Druck festgestellt wird, ist der Zylinder oval ausgeschlagen.

13 Wiederholen Sie die Prozedur mit den anderen Kolben und Zylindern.

14 Vergleichen Sie die Messergebnisse mit den technischen Daten am Anfang dieses Kapitels; falls Werte außerhalb der Vorgaben liegen oder sich die Werte eines Zylinders deutlich von den anderen unterscheiden, sind hier der Kolben und der Zylinder stark verschlissen.

15 Falls eine der Zylinderbohrungen riefig oder stark verschlissen ist oder Kegelförmigkeit bzw. Ovalität festgestellt werden, werden bei einer Motorüberholung die Zylinder auf neue Übermaße aufgebohrt und mit entsprechenden Übermaßkolben ausgerüstet. Holen Sie sich ggf. Rat bei einer Volvo-Werkstatt oder einem Motoren-Instandsetzungsbetrieb.

16 Falls sich alle Bohrungen in einem einigermaßen guten Zustand befinden und nicht übermäßig verschlissen sind, kann es ausreichen, die Kolbenringe auszutauschen.

17 In diesem Fall sollten die Bohrungen gehont werden, um die neuen Kolbenringe korrekt einzubetten und eine möglichst gute Abdichtung sicherzustellen. Das Honen muss von einer Fachwerkstatt durchgeführt werden.

18 Nachdem alle Bearbeitungsprozeduren erledigt sind, muss der Zylinder- bzw. Motorblock sorgfältig mit warmem Seifenwasser gewaschen werden, um sämtliche Bearbeitungsrückstände zu entfernen. Sobald der Block vollständig gereinigt ist, wird er gut ausgespült, getrocknet und an bearbeiteten Bereichen eingeölt, damit kein Rost entsteht.

19 Der Zylinderblock bzw. das Motorgehäuse ist jetzt komplett gesäubert und trocken und alle Komponenten sind auf Verschleiß und Beschädigungen überprüft und ggf. repariert oder überholt worden. Montieren Sie möglichst viele Komponenten wie möglich an den Motor, um sie nicht zu verlieren. Falls der endgültige Zusammenbau nicht unverzüglich beginnt, muss der Block mit einer Abdeckplane vor Staub und Schmutz geschützt werden. Schützen Sie bearbeiteten Flächen mit Öl vor Korrosion.

V6-Motoren

20 Markieren Sie die Position jeder Laufbuchse relativ zum Motorblock. Markieren Sie die Buchsen auch entsprechend der Zylinder-Nummer (Abb. 32.30 in Kapitel 1).

21 Entfernen Sie die Laufbuchsen-Klemmen (falls vorhanden) und heben Sie die Buchsen aus dem Motorblock (siehe Abbildung).

22 Reinigen Sie die Dichtlippe außen an der Laufbuchse und die Dichtfläche im Motorblock.

23 Entfernen Sie die verschiedenen Stopfen aus dem Zylinderblock. Reinigen Sie den Block innen und außen, vergessen Sie dabei nicht die Öl- und Wasserkanäle. Blasen Sie alles mit Druckluft aus.

24 Begutachten Sie das Gehäuse auf Risse und Korrosion. Kontrollieren Sie alle Gewindebohrungen auf ausgerissene Gewinde. Falls es Hinweise auf interne Kühlwasserverluste gibt, sollte ein Motorenspezialist den gesamten Motorblock mit einer Spezialausrüstung auf Risse untersuchen. Falls Defekte gefunden werden, müssen sie möglichst repariert werden – andernfalls muss ein neues Gehäuse (oder ein neuer Motor) gekauft werden.

17.21 Ausbau einer Laufbuchse aus dem Motorblock

25 Installieren Sie die Stopfen mit neuen Dichtringen oder Kupferscheiben.

26 Inspizieren Sie die Laufbuchsen auf Risse, Riefen in der Bohrung und andere sichtbare Beschädigungen.

27 Kontrollieren Sie die Laufbuchsen wie in den Schritten 9 bis 14 beschrieben auf Verschleiß. Laufbuchsen können nicht aufgebohrt werden, sondern es müssen jeweils alle sechs Buchsen samt Kolben durch Neuteile ersetzt werden, falls übermäßiger Verschleiß festgestellt wird.

28 Die Höhe der Laufbuchsen über der Zylinderblock-Dichtfläche muss exakt abgestimmt werden, damit sie oben und unten gut abdichten. Fußdichtungen sind in unterschiedlichen Stärken erhältlich, und für diesen Prozess muss eine entsprechende Auswahl zur Hand sein. Anmerkung: Manche Zylinderdichtungen erfordern andere Überstände – konsultieren Sie dazu ihren Händler.

29 Die Laufbuchsen und ihre Sitze müssen absolut sauber sein.

30 Setzen Sie eine Laufbuchse ohne Dichtung an den Block – achten Sie dabei bei wiederzuverwendenden Buchsen auf Positions- und Ausrichtmarkierungen. Klemmen Sie die Laufbuchse leicht mithilfe der Zylinderkopfschrauben, Distanzhülsen und großen Scheiben in ihren Sitz.

31 Mithilfe eines Richtwinkels und einer Fühlerlehre (oder besser noch einer Messuhr samt Halter) wird nun ermittelt, wie weit die Laufbuchse über die obere Dichtfläche hinaus ragt (siehe Abbildung); messen Sie an drei verschiedenen Stellen und notieren Sie die Ergebnisse.

17.31 Ermitteln Sie, wie weit die Laufbuchse aus dem Motorgehäuse ragt.

32 Die Unterschiede zwischen den drei Messungen dürfen nicht höher als 0,05 mm betragen – andernfalls muss die Laufbuchse ausgebaut und ihr Sitz auf Verschmutzung überprüft werden. Wenn die Differenzen innerhalb des Limits liegen, wird der größte der drei Messwerte als Basis für die Berechnung verwendet.

Ein Beispiel:

Messung 1:	0,10 mm
Messung 2:	0,06 mm
Messung 3:	0,07 mm
Maximale Differenz:	0,40 mm
Größter Wert:	0,10 mm

33 Wählen Sie eine Fußdichtung aus, die dafür sorgt, dass die endgültige Höhe der Laufbuchse innerhalb der Vorgabe liegt – wählen Sie dabei den höchsten Wert (0,23 mm) aus.

Ein Beispiel:

Gewünschte Höhe:	0,23 mm
Messung 1 (s.o.):	0,10 mm
Differenz (erforderliche Dichtungs-Stärke:	0,13 mm

34 Die Stärken der Laufbuchsen-Dichtungen werden je nach Motortyp entweder durch Farbcodierungen oder die Anzahl an Laschen angegeben (siehe Technische Daten). Wird beispielsweise an einem B 28-Motor gearbeitet, trägt die Dichtung, die der gewünschten Stärke am nächsten kommt, eine rote Markierung. Sie kann mit 0,105 bis 0,140 mm allerdings etwas zu dick sein, sodass in diesem Fall eine weiß markierte Dichtung verwendet werden sollte.

35 Entfernen Sie die Laufbuchse aus dem Motorblock.

36 Rüsten Sie alle Laufbuchsen mit den errechneten Dichtungen aus. Die mit der Farbmarkierung versehene Lasche muss so positioniert sein, dass sie bei installierter Laufbuchse sichtbar bleibt. Die Lasche am Innenrand der Dichtung muss in die Nut am Laufbuchsen-Fuß greifen (siehe Abbildung).

17.36 Laufbuchse mit montierter Dichtung. Identifikations-Lasche (Pfeil)

37 Installieren Sie alle Laufbuchsen in den Block – achten Sie bei wiederzuverwendenden Buchsen wieder auf Positions- und Ausrichtmarkierungen.

38 Arbeiten Sie zurzeit an einem Zylinderblock und messen Sie, wie weit die Laufbuchsen im Verhältnis zur Dichtfläche des Blocks und zu den anderen Laufbuchsen herausragen. Die Höhe über dem Block muss zwischen 0,16 und 0,23 mm liegen; die Differenz zur benachbarten Laufbuchse darf 0,04 mm nicht übersteigen.

39 Rüsten Sie ggf. die Laufbuchsen mit unterschiedlich starken Dichtungen aus, um die gewünschten Werte zu erreichen (jede Laufbuchse darf nur mit einer Dichtung ausgerüstet sein). Neue Laufbuchsen dürfen gedreht oder ausgetauscht werden. Klemmen Sie die Laufbuchsen anschließend sicher in den Block.

18 Kolben und Pleuel – Kontrolle

1 Zunächst müssen die aus dem Kolben und dem Pleuel bestehenden Baugruppen gereinigt werden, dann werden die alten Kolbenringe entfernt.

2 Spannen Sie die alten Ringe vorsichtig auseinander, um sie aus ihren Nuten zu befreien und nach oben zu entfernen; mithilfe zwei oder drei alter Fühlerlehrenblätter können die Ringe daran gehindert werden, in leeren Nuten einzurasten. Der Kolben darf nicht mit den Ring-Enden zerkratzt werden. Kolbenringe sind gehärtet und können leicht brechen, wenn sie zu sehr gespannt werden. Sie sind außerdem sehr scharfkantig, sodass Schutzhandschuhe getragen werden sollten. Der unten liegende Ölabstreifring beinhaltet einen Expander. Entfernen Sie Kolbenringe stets nach oben. Halten Sie die Ringe und den Kolben zusammen, falls sie wiederverwendet werden sollen – markieren Sie sie, sodass sie richtig herum montiert in ihre ursprüngliche Nuten gelangen.

3 Schaben Sie die Ölkohle vom Kolbenboden. Eine weiche Drahtbürste oder feines Schmirgelleinen kann zur Nacharbeit verwendet werden. Benutzen Sie keinesfalls einen Drahtbürstenaufsatz auf einer Bohrmaschine, das Kolbenmaterial ist sehr weich und würde abgetragen werden.

4 Die Kolbenring-Nuten können mit einem Spezialwerkzeug, aber auch mit einem abgebrochenen Stück eines alten Kolbenringes von Kohleresten befreit werden. Seien Sie vorsichtig, dass kein Kolben-Metall entfernt wird oder die Seiten der Nut gequetscht oder eingekerbt werden (siehe Abbildung).

18.4 Reinigung einer Kolbenring-Nut

5 Wenn die Kohleablagerungen entfernt sind, wird der Kolben mit Lösungsmittel gereinigt und anschließend getrocknet. Gehen Sie sicher, dass die Ölrücklaufbohrungen in der Nut des Ölabstreifrings sauber sind.

6 Wenn die Kolben und Zylinder (oder Laufbuchsen) weder beschädigt noch übermäßig verschlissen sind, können die alten Kolben wiederverwendet werden. Normaler Kolbenverschleiß sind leichte Laufspuren an den Kolbenhemden und ein mit leichtem Spiel in seiner Nut sitzender oberer Kolbenring. Nach jedem Zerlegen des Motors sollten ungeachtet ihres Zustands neue Kolbenringe installiert werden.

7 Begutachten Sie jeden Kolben sorgfältig auf Brüche am Hemd, an den Bolzenaugen und zwischen den Kolbenringnuten.

8 Achten Sie auf Riefen und Schleifspuren am Hemd, Löcher im Kolbenboden sowie Verbrennungen an dessen Rand. Wenn das Hemd Riefen oder Klemmspuren zeigt, kann der

Motor an Überhitzung gelitten haben und/oder eine abnormale Verbrennung sorgte für extrem hohe Arbeitstemperatur. Kontrollieren Sie sorgfältig das Kühl- und das Schmiersystem. Brandspuren an den Seiten des Kolbens weisen auf Leckgas hin. Ein Loch im Kolbenboden oder verbrannte Stellen am Rand des Bodens weisen auf Klingeln oder Klopfen hin. Wenn eines dieser Probleme existiert, müssen die Gründe beseitigt werden, damit die Schäden sich nicht fortsetzen. Ursachen können Nebenluft, ein zu mager abgestimmtes Kraftstoff/Luft-Gemisch oder eine falsch eingestellte Zündung sein.

9 Korrosion (in Form von Lochfraß) am Kolben weist darauf hin, dass Kühlmittel in den Brennraum und/oder das Kurbelgehäuse gelangt. Wieder muss das Problem beseitigt werden, bevor der Motor zusammengebaut wird.

10 Bei V6-Motoren ist es nicht möglich, einen einzelnen Kolben auszutauschen; sie sind hier nur zusammen mit Kolbenringen, Kolbenbolzen und Laufbuchse erhältlich. Bei Vierzylindermotoren sind Kolben dagegen als Einzelteile zu bekommen.

11 Begutachten Sie sorgfältig das Pleuel auf Beschädigungen wir Risse im Bereich der oberen und unteren Pleuelaugen. Die Pleuelstange darf nicht verbogen oder verzogen sein. Solange der Motor nicht festgegangen oder überhitzt ist, sind Schäden unwahrscheinlich. Eine detaillierte Kontrolle des Pleuels kann nur eine Fachwerkstatt durchführen.

12 Beim V6-Motor vom Typ B 28E ist der Kolbenbolzen ins obere Pleuelauge eingepresst, daher sollte der Austausch des Kolbens oder das Verbinden neuer Einzelteile von einer entsprechend ausgerüsteten Fachwerkstatt vorgenommen werden. Bei allen Vierzylindermotoren und dem B 280E (V6) gleitet der Kolbenbolzen im Pleuel und wird mit zwei Sicherungsringen im Kolben in Position gehalten – hier können Kolben und Pleuel wie folgt getrennt werden:

13 Kontrollieren Sie, ob der Kolben und das Pleuel Identifizierungs- und Ausrichtmarkierungen aufweise; notieren Sie alle vorhandenen Markierungen, die auf die Einbaurichtung des neuen Kolbens hinweisen.

14 Entfernen Sie mit einem spitzen Werkzeug vorsichtig einen der Kolbenbolzen-Sicherungsringe. Drücken Sie den Kolbenbolzen aus dem Kolben und dem Pleuel (siehe Abbildungen).

15 Falls bei Vierzylindermotoren neue Kolben mit Standardmaß benötigt werden, muss darauf geachtet werden, dass diese in verschiedenen Größen angeboten werden (siehe technische Daten) – der entsprechende Buchstabe ist auf dem Kolbenboden und nahe der Zylinderbohrung eingeschlagen.

16 Prüfen Sie den Sitz des Kolbenbolzens im Pleuel und im Kolben. Falls fühlbares Spiel vorhanden ist, muss das obere Pleuelauge mit einer neuen Buchse ausgerüstet oder ein Übermaß-Kolbenbolzen muss beschafft werden – holen Sie dazu Rat in einer Fachwerkstatt ein.

18.14a Ausbau eines Kolbenbolzen-Sicherungsrings

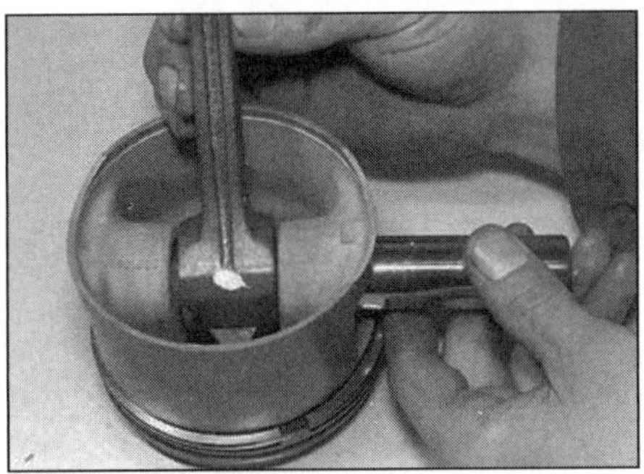

18.14b Ziehen Sie den Kolbenbolzen heraus.

17 Begutachten Sie alle Bauteile und beschaffen Sie alle erforderlichen Neuteile. Neue Kolben müssen stets mit neuen Kolbenbolzen bestückt werden – neue Kolbenringe und Sicherungsringe sind obligatorisch.

18 Ölen Sie den Kolbenbolzen und verbinden Sie damit das Pleuel mit dem Kolben – das Pleuel muss richtig herum montiert werden. Sichern Sie den Kolbenbolzen mit dem neuen Sicherungsring.

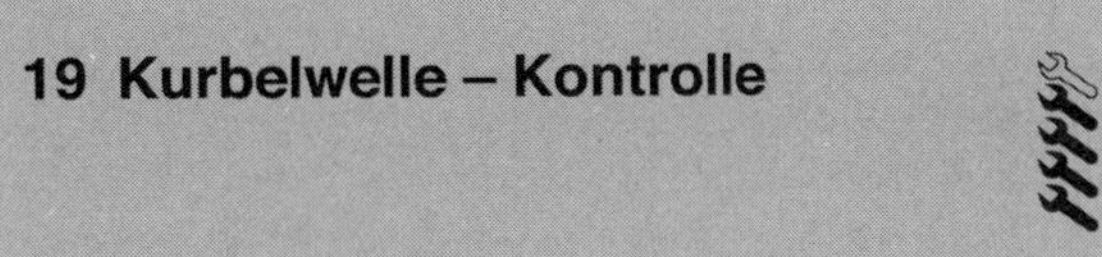

19 Kurbelwelle – Kontrolle

1 Reinigen Sie die Kurbelwelle mit Petroleum oder Lösungsmittel und trocknen Sie sie möglichst mit Druckluft. Reinigen Sie alle Ölbohrungen mit einem Pfeifenreiniger oder ähnlichem, um sicherzugehen, dass sie nicht verstopft sind.

Warnung: Tragen Sie beim Einsatz von Druckluft stets eine Schutzbrille!

2 Kontrollieren Sie die Gleitlagerflächen der Haupt- und Pleuellager auf ungleichmäßigen Verschleiß, Riefen, Lochfraß und Risse.

3 Verschlissene Pleuelfußlager machen sich durch metallisches Klopfen bemerkbar – besonders wenn der Motor bei geringen Drehzahlen unter Last gesetzt wird; zudem sinkt der Öldruck.

4 Verschlissene Hauptlager machen sich durch starke Motorvibrationen und rumpelnde Geräusche bemerkbar – je höher die Drehzahl, desto stärker; zudem sinkt auch hier der Öldruck.

5 Kontrollieren Sie die Lagerzapfen auf raue Oberflächen, indem Sie sanft mit einem Finger darüber streichen. Raue Stellen weisen auf Lagerverschleiß hin, sodass die Kurbelwelle eventuell auf ein Untermaß geschliffen oder ersetzt werden muss.

6 Wenn die Welle geschliffen wurde, müssen die Ölbohrungen auf Grate überprüft werden (normalerweise sind sie angefast, sodass Grate kein Problem darstellen, solange nicht sorglos gearbeitet wurde. Entfernen Sie sämtliche Grate mit einer feinen Feile oder einem Schaber.

7 Messen Sie mithilfe einer Mikrometerschraube den Durchmesser der Haupt- und Pleuellager und vergleichen Sie die Ergebnisse mit den Angaben in den technischen Daten. Durch Ermittlung des Durchmessers an verschiedenen Stellen kann festgestellt werden, ob die Lager unrund sind. Messen Sie jeden Lagerzapfen an beiden Enden und in der Mitte, um herauszufinden, ob er kegelförmig verschlissen ist.

8 Kontrollieren Sie an beiden Enden der Kurbelwelle die Laufflächen des Dichtrings auf Verschleiß und Beschädigungen. Falls einer der Dichtringe eine tiefe Nut in die Welle geschliffen hat, muss eine Fachwerkstatt entscheiden, ob die Welle repariert oder ersetzt werden muss.

20 Hauptlager und Pleuelfußlager – Kontrolle

1 Auch wenn die Haupt- und Pleuelfuß-Lagerschalen bei einer Motorüberholung generell ausgetauscht werden, sollten die alten Bauteile für eine genaue Begutachtung aufbewahrt werden, um aus Ihnen wertvolle Informationen über den Zustand des Motors zu ziehen.

2 Lagerschäden beruhen zumeist auf Ölmängel, Schmutz oder Fremdkörper im Motor, Motorüberlastung und/oder Korrosion (siehe Abbildung). Ungeachtet des Grundes für die Lagerschäden muss dieser vor der Motormontage korrigiert werden, um eine Wiederholung auszuschließen.

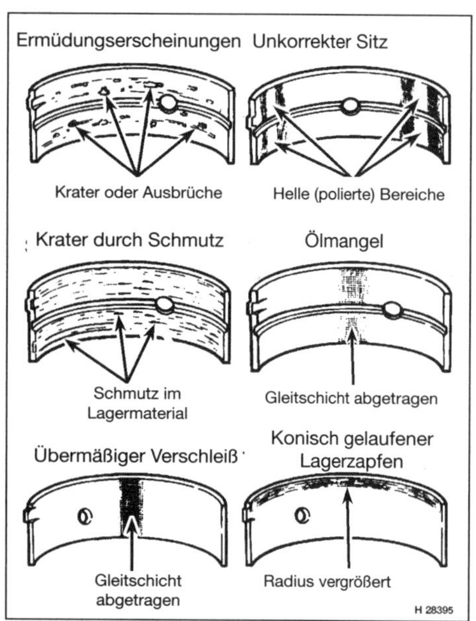

20.2 Typische Verschleißerscheinungen an Lagerschalen

3 Zu einer Begutachtung der Lager werden alle Lagerschalen aus dem Motorblock, den Pleuel und allen Lagerdeckeln ausgebaut und entsprechend ihrer Positionen an der Kurbelwelle auf eine saubere Oberfläche gelegt. Dieses erlaubt Ihnen, ein erkanntes Lagerproblem dem entsprechenden Kurbelzapfen zuzuordnen.

4 Schmutz und andere Fremdkörper können auf unterschiedliche Weise in den Motor gelangen. Sie können beim Zusammenbau zurückgelassen werden oder durch den Filter bzw. die Motorentlüftung eindringen. Die Partikel gelangen mit dem Öl in die Lager. Oftmals finden sich Metallsplitter als Bearbeitungsrückstände oder Verschleißspuren. Ablagerungen verbleiben auch nach Überholungen in Motorkomponenten, besonders wenn die Teile nicht sorgfältig gereinigt wurden. Solche Teilchen arbeiten sich auf jeden Fall in das weiche Lagermaterial ein und können leicht erkannt werden. Große Partikel werden jedoch nicht in das Lager eingebettet, sondern kerben und zerkratzen die Lager und Zapfen. Der beste Schutz gegen diese Lager-Ausfälle ist sorgfältiges Reinigen und absolute Sauberkeit bei der Motormontage. Ebenso müssen natürlich regelmäßig das Öl und der Ölfilter gewechselt werden.

5 Ölmangel und eine Unterbrechung der Schmierung haben eine Reihe von zusammenhängenden Gründen: Extreme Hitze verdünnt das Öl, Überlastung drückt das Öl aus den Lagern und überhöhtes Lagerspiel oder eine verschlissene Ölpumpe lässt den nötigen Druck des Schmiersystems zusammenbrechen. Blockierte Ölleitungen lassen ein Lager trocken laufen und schnell zerstören. Lagerschalen besitzen zwar so genannte »Notlaufeigenschaften«, aber nur für die jeweils ersten Sekunden nach dem Anlassen – wird jedoch bei hohen Drehzahlen einmal die Schmierung für Zehntelsekunden unterbrochen, können Schalen und Zapfen bereits schrottreif sein. Das Lagermaterial wird abgetragen und die durch die Reibung entstehende starke Hitze zerstört den Wellenzapfen.

6 Auch die Fahrweise hat einen direkten Einfluss auf die Laufzeiten von Lagern. Vollgas bei niedrigen Drehzahlen und hohe Belastung beanspruchen die Lager stark, da diese dazu neigen, den Ölfilm abzuquetschen. Diese Zustände belasten die Lager stark und erzeugen feine Ermüdungsbrüche in der Oberfläche. Eventuell kann das Lagermaterial ausbrechen und selbst weitere Schäden erzeugen.

7 Kurzstreckenbetrieb führt zu Korrosion der Lager, da der Motor keine ausreichende Betriebstemperatur erreicht, um Kondenswasser und aggressive Gase zu vertreiben. Diese Produkte sammeln sich im Motoröl und bilden Säure und Schlamm. Wenn dieses Öl in die Lager gelangt, greift die Säure die Lager an und lässt das Material korrodieren.

8 Eine nachlässige Lagermontage während des Motorzusammenbaus kann ebenso zu Problemen führen. Fest sitzende Lager führen zu geringem Lagerspiel und einem unzureichenden Schmierfilm. Hinter einer Lagerschale verbleibender Schmutz oder Fremdteile verbiegen die Schale und sorgen für punktuellen Verschleiß.

9 Die Gleitflächen der Lagerschalen dürfen unter keinen Umständen mit den Fingern berührt werden, da die empfindliche Oberfläche beschädigt werden kann oder kleinste Schmutzpartikel daran haften bleiben.

21 Motorüberholung – Zusammenbaureihenfolge

1 Bevor der Zusammenbau beginnt, muss sichergestellt sein, dass alle neuen Teile und notwendigen Werkzeuge beschafft sind. Lesen Sie die gesamte Arbeitsprozedur durch, um sich mit der anstehenden Arbeit vertraut zu machen und sicher zu sein, dass alle für den Zusammenbau benötigten Dinge vorhanden sind. Neben allen normalen Werkzeugen und Materialien werden in manchen Fällen Schrauben-Sicherungspaste (»Loctite«) und Dichtmasse benötigt. In anderen Bereichen müssen Dichtflächen absolut sauber und fettfrei sein, bevor Dichtungen aufgelegt werden dürfen.

2 Um Zeit zu sparen und Probleme zu vermeiden, sollte der Zusammenbau in der folgenden Reihenfolge durchgeführt werden (soweit zutreffend):

a) Kurbelwelle (Sektion 23).
b) Kolben/Pleuel (Sektion 24)
c) Ölpumpe (Kapitel 2A oder B)
d) Zwischenwelle – OHC-Vierzylinder (Sektion 13).
e) Ölwanne (Kapitel 2A oder B)
f) Schwungscheibe/Antriebsflansch (Kapitel 2A oder B)
g) Zylinderkopf/köpfe (Kapitel 2A oder B)
h) Steuerketten, Ritzel und Spanner – V6-Motoren (Kapitel 2B)
i) Steuerriemen, Spanner und Riemenräder – Vierzylindermotoren (Kapitel 2A)
j) Externe Motorkomponenten

Anmerkung: *Bei B 234F-Motoren sitzt die Ölpumpe hinter dem Zahnriemendeckel außen am Motorblock und ist kann nach der Ölwanne montiert werden.*

3 Zu diesem Zeitpunkt müssen alle Motorkomponenten absolut sauber und trocken und alle Schäden repariert sein. Alle Bauteile müssen auf einer absolut sauberen Arbeitsfläche ausgelegt oder in Behältern bereitgehalten werden.

22 Kolbenringe – Einbau

1 Es ist ratsam, die Kolbenringe bei jeder Motorüberholung zu erneuern. Vor der Montage neuer Ringe an die Kolben muss ihr Stoßspiel in den Zylinderbohrungen ermittelt werden.

2 Sortieren Sie zum Messen den Kolben samt Ringen dem korrekten Zylinder zu, sodass die Ringe mit dem korrekten Kolben und Zylinder gemessen und später auch hier installiert werden.

3 Installieren Sie den oberen Ring in die erste Bohrung und drücken Sie ihn mit der Oberseite des Kolbens herunter, damit er senkrecht im Zylinder sitzt. Positionieren Sie den Ring knapp über dem unteren Totpunkt der Kolbenringe. Beachten Sie, dass die beiden (oberen) Kompressionsringe unterschiedlich gestaltet sind. Der zweite Ring kann leicht an der Abstufung an seiner Unterseite oder der Abschrägung identifiziert werden (Abb. 22.10a und b).

4 Messen Sie das Stoßspiel mit einer Fühlerlehre (siehe Abbildung).

22.4 Ermittlung des Kolbenring-Stoßspiels

5 Wiederholen Sie die Messung, während der Ring kurz vor dem oberen Totpunkt der Kolbenringe positioniert ist, und vergleichen Sie die Ergebnisse mit den Angaben in den technischen Daten.

6 Falls das Stoßspiel zu gering ist, können die Enden im Betrieb zusammenstoßen und schwere Motorschäden hervorrufen. Im Idealfall weisen neue Kolbenringe das korrekte Stoßspiel auf, notfalls kann das Spiel äußerst vorsichtig mit einer feinen Feile vergrößert werden: Klemmen Sie dazu die Feile in einen mit weichen Backen ausgerüsteten Schraubstock, schieben Sie den Kolbenring darüber, sodass seine Enden die Feile berühren, und schieben Sie ihn langsam hin und her, um Material abzutragen. Vorsicht: Kolbenringe sind scharfkantig und brechen leicht ab.

7 Bei neuen Kolbenringen ist zu viel Stoßspiel unwahrscheinlich – kontrollieren Sie ggf., ob die korrekten Kolbenringe für die Zylinderbohrung beschafft sind.

8 Wiederholen Sie die Kontrollen mit allen drei Kolbenringen des ersten Zylinders, dann mit den Ringen der anderen Zylinder – beachten Sie stets, Ringe, Kolben und Zylinder zusammenzuhalten.

9 Sobald die Ringe und Spaltmaße kontrolliert und ggf. korrigiert wurden, können die Ringe an die Kolben montiert werden.

10 Installieren Sie die Kolbenringe genauso, wie sie entfernt wurden. Setzen Sie zuerst den unteren Ölabstreifring in seine Nut – seine Einbaurichtung ist nicht vorgegeben. Beachten Sie jedoch die »TOP«-Markierung auf dem zweiten Kompressionsring, die oben zu lesen sein muss. Der obere Kompressionsring hat bei Vierzylindermotoren keine Einbaurichtung, bei V6-Motoren ist er jedoch leicht angeschrägt und trägt oben ein »O« (siehe Abbildungen). Spannen Sie die Ringe nicht zu weit auseinander, da sie leicht brechen.

Anmerkung: *Folgen Sie stets den mit den Kolbenring-Sets gelieferten Hinweisen – verschiedene Hersteller können unterschiedliche Prozeduren vorschreiben. Vertauschen Sie nicht die beiden oberen Kolbenringe – sie haben unterschiedliche Querschnitte.*

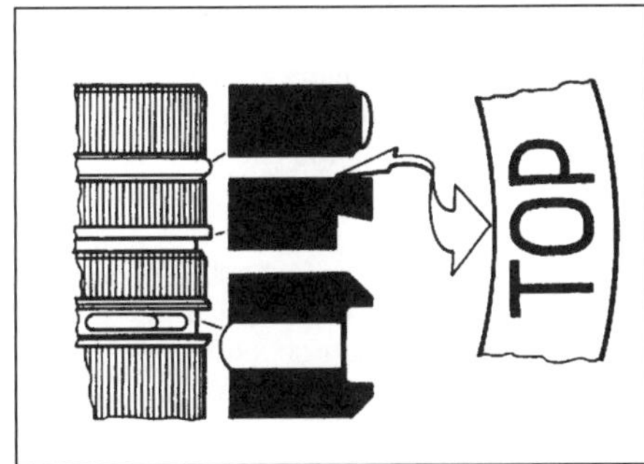

22.10a Kolbenring-Profile – Vierzylindermotoren

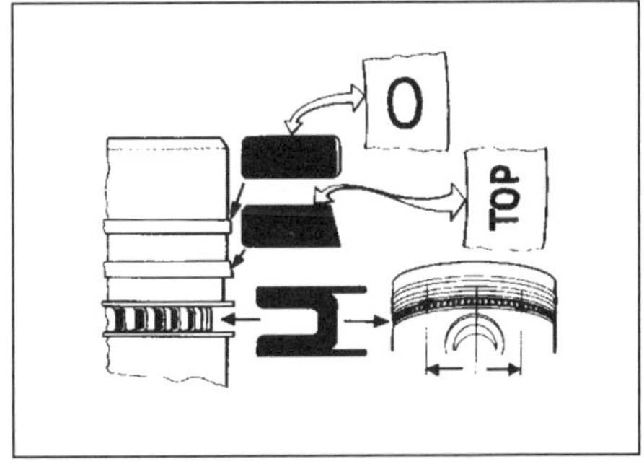

22.10b Kolbenring-Profile – V6-Motoren – beachten Sie den Versatz der Ölabstreifring-Öffnungen.

23 Kurbelwelle – Einbau und Kontrolle des Hauptlagerspiels 

1 An dieser Stelle wird angenommen, dass der Zylinderblock bzw. das Motorgehäuse und die Kurbelwelle gereinigt, inspiziert und repariert bzw. überholt sind. Stellen Sie den Motorblock verkehrt herum auf die Werkbank.
2 Entfernen Sie die Muttern oder Schrauben der Hauptlagerdeckel und heben Sie diese ab. Legen Sie alle Deckel so ab, dass sie genauso wieder montiert werden können.
3 Falls die Lagerschalen noch im Motorblock und den Deckeln stecken, müssen sie entnommen werden. Wischen Sie die Lagerschalensitze im Block und den Deckeln mit einem sauberen und fusselfreien Tuch sauber – sie müssen makellos sauber sein!

Kontrolle des Hauptlagerspiels

Vierzylindermotoren

4 Säubern Sie die Lagerschalensitze und die Rückseiten der Lagerschalen. Installieren Sie die oberen Lagerschalen in das Motorgehäuse und die unteren in die Hauptlagerdeckel – falls sie wiederverwendet werden, müssen sie an ihre ursprüngliche Positionen gelangen. Drücken Sie die Lagerschalen ein, bis ihre Laschen in die dafür vorgesehenen Vertiefungen einrasten. Alle Lagerschalen sind gleich, nur bei B 23- und B 234F-Motoren sind die Schalen für Hauptlager Nr. 5 mit Anlauf-Flanschen ausgerüstet.
5 Die akkurateste Methode zum Ermitteln des Hauptlagerspiels erfolgt mit einem Produkt namens »Plastigauge«. Hierbei handelt es sich um Kunststoff-Messstreifen, die zwischen den Lagerschalen und den Lagerzapfen gelegt und dann beim Zusammenbau zerquetscht werden; mithilfe einer beigefügten Skala kann anhand der Breite des gequetschten Streifens das Radialspiel ermittelt werden. Plastigauge ist im gut sortierten Autozubehörhandel erhältlich. Es wird folgendermaßen verwendet:
6 Reinigen Sie die Oberflächen der Lagerschalen und der Lagerzapfen mit einem sauberen fusselfreien Lappen. Kontrollieren oder reinigen Sie die Ölbohrungen, da jeder hier sitzende Schmutz nur in eine Richtung reisen kann: direkt durch das neue Lager.
7 Legen Sie die saubere Kurbelwelle vorsichtig in die Lagerschalen des Motorblocks. Schneiden Sie passende »Plastigauge«-Quetschmessstreifen ab, die etwas kürzer sind als das Hauptlager lang ist, und legen Sie sie parallel zur Drehachse der Welle auf jeden Lagerzapfen (siehe Abbildung).
8 Reinigen Sie die Gleitflächen der Lagerdeckel-Schalen und installieren Sie die Deckel auf das entsprechende Hauptlager – verschieben Sie dabei nicht die Messstreifen und drehen Sie auf keinen Fall die Kurbelwelle.
9 Beginnen Sie am Hauptlager in der Mitte der Welle und ziehen Sie die Schrauben schrittweise an, damit sich der Deckel senkrecht setzt. Wenn alle Deckel sitzen, werden die Schrauben mit dem vorgeschriebenen Drehmoment angezogen (siehe Technische Daten von Kapitel 2A).
10 Entfernen Sie die Schrauben und heben Sie die Hauptlagerdeckel vorsichtig ab (legen Sie sie in der korrekten Position ab) – achten Sie wieder darauf, nicht die Messstreifen zu verschieben oder die Kurbelwelle zu drehen.

23.7 Plastigauge-Messstreifen auf einem Hauptlagerzapfen

11 Vergleichen Sie die Breite der gequetschten Streifen mit der beigefügten Skala, um das Lagerspiel zu ermitteln; vergleichen Sie diesen Wert mit den Angaben in den technischen Daten, um festzustellen, ob das Lagerspiel korrekt ist.

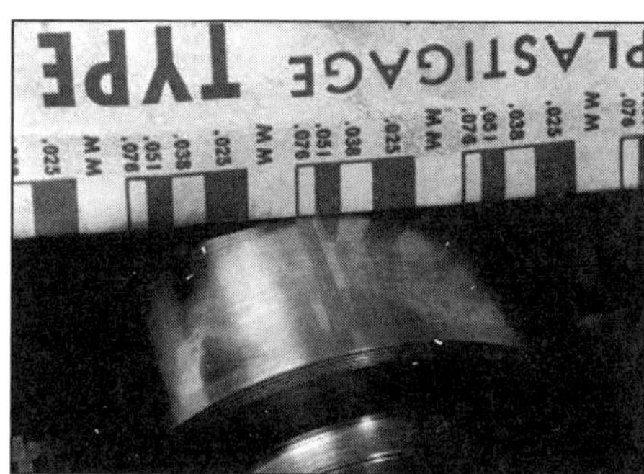

23.11 Messen Sie die Breite des gequetschten Messstreifens mithilfe der beigefügten Skala.

12 Falls sich das Spiel deutlich von den Erwartungen unterscheidet, können die Lagerschalen die falsche Größe aufweisen (oder stark verschlissen sein, falls die alten Schalen wiederverwendet werden sollten). Bevor entschieden wird, neue Lagerschalen mit anderen Größen zu beschaffen, muss geprüft werden, ob beim Messen nicht Schmutz oder Öl zwischen den Lagerschalen und den Deckeln oder dem Motorblock vorhanden waren. Falls die Messstreifen an einem Ende deutlich breiter sind als am anderen, kann das entsprechende Lager konisch eingelaufen sein.
13 Schaben Sie die Reste der Messstreifen von den Lagerflächen – verwenden Sie hierzu ihre Fingernägel oder ein Werkzeug aus Holz oder Kunststoff, um nicht die Lager zu beschädigen.

V6-Motoren

14 Die Prozedur ähnelt derjenigen für Vierzylindermotoren, nur müssen hier Distanzhülsen unter die Lagerdeckel-Muttern gelegt werden, damit diese angezogen werden können.
15 Achten Sie beim Einsetzen der Lagerschalen darauf, dass diejenigen im Motorblock Ölbohrungen aufweisen, während die in den Deckeln glatt sind.

Endgültiger Einbau der Kurbelwelle

Vierzylindermotoren

16 Heben Sie vorsichtig die Kurbelwelle aus dem Motor und reinigen Sie die Lager-Gleitflächen im Block.
17 Versehen Sie bei B 200 / 230-Motoren die glatten Seiten der Anlauf-Halbringe mit Fett. Bringen Sie die Halbringe an

beiden Seiten des mittleren Hauptlagers im Motorgehäuse in Position – die geschlitzten Seiten der Seiten müssen nach außen zeigen. Bei B 23- und B 234F-Motoren müssen die Seiten der Anlaufflansche an den Lagerschalen von Lager Nr. 5 mit Fett versehen werden.

18 Schmieren Sie die Lagerschalen im Motorgehäuse ausgiebig mit frischem Motoröl.

19 Wischen Sie die Lagerzapfen der Kurbelwelle sauber und senken Sie die Welle in ihre Lager ab – die Lagerschalen und ggf. Anlaufscheiben dürfen dabei nicht verschoben werden.

20 Spritzen Sie Öl in die Ölkanäle. Ölen Sie die Lagerschalen in den Hauptlagerdeckeln und setzen Sie diese korrekt positioniert auf.

21 Installieren Sie die Hauptlager-Schrauben und ziehen Sie sie schrittweise bis zum Wert von 110 Nm an.

22 Drehen Sie die Kurbelwelle; mit neuen Bauteilen ist eine gewisse Steifigkeit zu erwarten, doch keinesfalls darf die Welle klemmen.

23 Zu diesem Zeitpunkt empfiehlt es sich, erneut das Axialspiel der Kurbelwelle zu überprüfen (siehe Sektion 16).

24 Installieren Sie die hintere Dichtring-Platte mit einer neuen Dichtung; schneiden Sie deren Rand bündig zur Ölwannendichtfläche ab.

25 Installieren Sie einen neuen Dichtring in die hintere Dichtring-Platte (siehe Kapitel 2A).

26 Montieren Sie die Kolben/Pleuel-Baugruppe an die Kurbelwelle (siehe Sektion 24).

V6-Motoren

27 Heben Sie vorsichtig die Kurbelwelle aus dem Motor und reinigen Sie die Lager-Gleitflächen im Block.

28 Legen Sie die oberen Anlauf-Halbringe an beiden Seiten des hinteren Lagersitzes im Block ab – die Nuten müssen nach außen zeigen; »kleben« Sie mit etwas Fett in ihre Position.

29 Schmieren Sie die Lagerschalen im Motorgehäuse ausgiebig mit frischem Motoröl. Senken Sie die Kurbelwelle ab, ohne dabei die Anlaufscheiben zu verschieben.

30 Spritzen Sie Öl in die Ölkanäle. Ölen Sie die Lagerschalen in den Hauptlagerdeckeln und setzen Sie die Anlaufscheiben an den hinteren Lagerdeckel – die Nuten kommen nach außen. Installieren Sie die Lagerdeckel korrekt positioniert und klopfen Sie sie nötigenfalls sanft auf.

31 Sichern Sie die Lagerdeckel mit einem Distanzstück und einer Mutter. Installieren Sie zwei Distanzstücke an den hinteren Deckel und ziehen Sie seine Muttern mit 40 Nm an.

32 Drehen Sie die Kurbelwelle; mit neuen Bauteilen ist eine gewisse Steifigkeit zu erwarten, doch keinesfalls darf die Welle klemmen.

33 Zu diesem Zeitpunkt empfiehlt es sich, erneut das Axialspiel der Kurbelwelle zu überprüfen (siehe Sektion 16).

34 Installieren Sie die hintere Dichtring-Platte mit einer neuen Dichtung; die flache Seite der Platte muss bündig zum Block sitzen, bevor die fünf Inbusschrauben angezogen werden. Schneiden Sie den Rand der Dichtung bündig zur Dichtfläche ab.

35 Installieren Sie einen neuen Dichtring in die hintere Dichtring-Platte (siehe Kapitel 2B).

36 Montieren Sie die Kolben/Pleuel-Baugruppe an die Kurbelwelle (siehe Sektion 24).

24 Kolben und Pleuel – Einbau und Kontrolle des Pleuelfußlagerspiels

1 Bevor die Kolben/Pleuel-Baugruppen installiert werden, müssen die Zylinderbohrungen perfekt gesäubert werden. Der obere Rand jeder Bohrung muss eine Fase aufweisen und die Kurbelwelle muss eingebaut sein.

2 Entfernen Sie den Pleuelfußdeckel vom (anhand der beim Ausbau angebrachten Markierungen zu erkennenden) Pleuel Nr. 1. Entfernen Sie die alten Lagerschalen und wischen Sie ihre Sitze mit einem sauberen und fusselfreien Lappen perfekt sauber.

Kontrolle des Pleuelfußlagerspiels

3 Bei der folgenden Prozedur wird davon ausgegangen, dass die Zylinderlaufbuchsen (V6-Motoren) sowie die Kurbelwelle samt ihrer Hauptlagerdeckel installiert sind.

4 Reinigen Sie die Rückseiten der neuen Lagerschalen und stecken Sie sie in ihre Sitze in der Pleuelstange und im Pleuelfußdeckel – Die Lasche muss in die Nut des Pleuels oder des Deckels greifen.

5 Wichtig ist, dass alle Kontaktflächen der Lager-Komponenten beim Zusammenbau absolut sauber und ölfrei sind.

6 Positionieren Sie die Öffnungen der Kolbenringe gleichmäßig um den Kolben verteilt und schmieren Sie die Ringe mit frischem Motoröl. Setzen Sie den Kolbenring-Spanner von oben über den Ringen an, sodass das Kolbenhemd in den Zylinder gleiten kann. Die Kolbenringe müssen damit komplett in ihre Nuten gedrückt werden.

7 Drehen Sie die Kurbelwelle, bis der Hubzapfen von Zylinder Nr. 1 im unteren Totpunkt steht.

8 Schmieren Sie die Zylinderwandungen mit Motoröl.

9 Richten Sie die Kolben/Pleuel-Baugruppe von Zylinder Nr. 1 so aus, dass der Pfeil auf dem Kolbenboden zur Vorderseite des Motors zeigt. Schieben Sie die Baugruppe vorsichtig in die Zylinderbohrung, bis der untere Rand des Kolbenring-Spanners oben am Zylinder anliegt. Klopfen Sie den oberen Rand des Kolbenring-Spanners sanft ab, bis er rundherum am Zylinder anliegt.

10 Klopfen Sie vorsichtig mit einem hölzernen Hammerstiel auf den Kolbenboden (siehe Abbildung), während Sie unten den Pleuelfuß zum Hubzapfen führen. Die Kolbenringe werden kurz vor dem Eintritt in den Zylinder versuchen, aus dem Kolbenring-Spanner herauszuspringen, sodass dieser stets heruntergedrückt werden muss. Arbeiten Sie langsam; sobald beim Einführen des Kolbens in den Zylinder Widerstand fühlbar ist, muss unverzüglich gestoppt werden. Finden Sie die Ursache heraus und beseitigen Sie sie, bevor Sie fortfahren. Auf keinen Fall darf der Kolben in den Zylinder mit Gewalt gezwungen werden – sehr wahrscheinlich würde der Kolbenring oder sogar der Kolben brechen.

11 Die akkurateste Methode zum Ermitteln des Hauptlagerspiels erfolgt mit einem Produkt namens »Plastigauge« (siehe Sektion 23).

12 Schneiden Sie einen passende »Plastigauge«-Quetschmessstreifen ab, der etwas kürzer als das Pleuelfußlager breit ist, und legen Sie ihn parallel zur Drehachse der Welle auf den Hubzapfen (siehe Abbildung).

24.10 Einbau eines Kolbens mithilfe des Kolbenring-Spanners

13 Reinigen Sie die Kontaktflächen der Pleuel-Hälften und installieren Sie den Deckel an die Pleuelstange. Ziehen Sie die Pleuelschrauben schrittweise bis zum vorgeschriebenen Drehmoment an – drehen Sie dabei auf keinen Fall die Kurbelwelle.
14 Lösen Sie die Schrauben und entnehmen Sie den Lagerdeckel – verschieben Sie dabei nicht den Messstreifen.
15 Vergleichen Sie die Breite der gequetschten Streifen mit der beigefügten Skala, um das Lagerspiel zu ermitteln; vergleichen Sie diesen Wert mit den Angaben in den technischen Daten, um festzustellen, ob das Lagerspiel korrekt ist.
16 Falls sich das Spiel deutlich von den Erwartungen unterscheidet, können die Lagerschalen die falsche Größe aufweisen (oder stark verschlissen sein, falls die alten Schalen wiederverwendet werden sollten). Bevor entschieden wird, neue Lagerschalen mit anderen Größen zu beschaffen, muss geprüft werden, ob beim Messen nicht Schmutz oder Öl zwischen den Lagerschalen und den Deckeln oder dem Motorblock vorhanden waren. Falls die Messstreifen an einem Ende deutlich breiter sind als am anderen, kann der entsprechende Hubzapfen konisch eingelaufen sein.
17 Schaben Sie die Reste der Messstreifen von den Lagerflächen – verwenden Sie hierzu ihre Fingernägel oder ein Werkzeug aus Holz oder Kunststoff, um nicht die Lager zu beschädigen.

Endgültiger Einbau der Kolben/Pleuel-Baugruppen

Vierzylindermotoren

18 Wenn alle Lagerflächen absolut sauber sind, werden beide Seiten gleichmäßig mit frischem Öl geschmiert. Der Kolben muss in den Zylinder geschoben werden (aber nicht wieder nach oben heraus!), um die Lagerfläche im Pleuel freizulegen.
19 Schieben Sie das Pleuel wieder zum Hubzapfen zurück, installieren Sie den Pleuelfuß-Lagerdeckel und ziehen Sie die Muttern mit den in den technischen Daten von Kapitel 2A angegebenen Drehmomenten an.
20 Wiederholen Sie die gesamte Prozedur mit den anderen Kolben/Pleuel-Baugruppen.
21 Die folgenden wichtigen Punkte müssen berücksichtigt werden:

a) Die Rückseiten der Lagerschalen und ihre Sitze im Pleuel und dessen Deckel müssen beim Zusammenbau absolut sauber sein.
b) Jede Kolben/Pleuel-Baugruppe muss ihrem korrekten Zylinder zugeordnet werden.
c) Der Pfeil auf dem Kolbenboden muss zur Vorderseite des Motors zeigen.
d) Schmieren Sie die Zylinderwandungen mit Motoröl.
e) Schmieren Sie die Lager-Gleitflächen nach der Kontrolle des Lagerspiels erneut mit Motoröl.

22 Nachdem alle Kolben/Pleuel-Baugruppen korrekt installiert sind, wird die Kurbelwelle einige Umdrehungen von Hand gedreht, um zu prüfen, ob irgendwas klemmt.
23 Fahren Sie mit dem Zusammenbau des Motors in der empfohlenen Reihenfolge fort (siehe Sektion 21).

V6-Motoren

24 Wenn alle Lagerflächen absolut sauber sind, werden beide Seiten gleichmäßig mit frischem Öl geschmiert. Der Kolben muss in den Zylinder geschoben werden (aber nicht wieder nach oben heraus!), um die Lagerfläche im Pleuel freizulegen.
25 Schieben Sie das Pleuel wieder zum Hubzapfen zurück, installieren Sie den Pleuelfuß-Lagerdeckel und ziehen Sie die Muttern zunächst nur handfest an.
26 Wiederholen Sie die gesamte Prozedur mit den anderen Kolben/Pleuel-Baugruppen – beachten Sie die Informationen aus Sektion 21. Ziehen Sie die Pleuelfußmuttern erst mit 45 bis 50 Nm an, wenn beide Pleuel mit dem Hubzapfen verbunden sind; andernfalls kann das Pleuel verdrehen und die Ergebnisse verfälschen.
27 Prüfen Sie, ob die Kurbelwelle frei drehbar ist (die in den Zylindern gleitenden Kolben leisten einen gewissen Widerstand).
28 Entfernen Sie die Hauptlager-Muttern und Distanzstücke. Legen Sie einen neuen O-Ring auf das korrekt positionierte Öl-Ansaugrohr (siehe Abbildung).

24.28 Der O-Ring muss über dem Ölansaugrohr liegen.

29 Reinigen Sie die Dichtflächen der Motorgehäusehälften und tragen Sie an einer Fläche Dichtmasse auf – vergessen Sie nicht die Bereiche um die Hauptlager-Stehbolzen.
30 Setzen Sie die untere Gehäusehälfte auf. Installieren Sie die Hauptlagermuttern und die 14 kleinen Schrauben zunächst handfest. Bei B 280E-Motoren müssen auch die zwei zusätzlichen Schrauben der Hauptlagerdeckel handfest eingedreht werden.
31 Prüfen Sie mit einem Richtwinkel, ob die hinteren Ränder der Motorgehäusehälften bündig zueinander liegen (siehe Abbildung) – lockern Sie nötigenfalls alle Schrauben und Muttern und versetzen Sie die untere Hälfte entsprechend.
32 Ziehen Sie die Hauptlagermuttern zunächst schrittweise in der angegebenen Reihenfolge bis zum Drehmoment von 30 Nm an (siehe Abbildung).

24.31 Kontrollieren Sie an der Rückseite von V6-Motoren die Flucht der Motorgehäusehälften

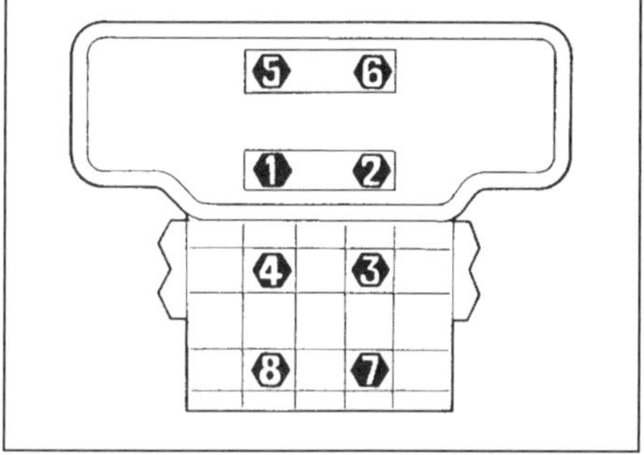

24.32 Anzugsreihenfolge der Hauptlager-Muttern bei V6-Motoren

33 Kontrollieren Sie erneut die Ausrichtung der Gehäusehälften – lockern Sie ggf. die Muttern wieder und beginnen sie von vorne.
34 Lockern Sie Mutter Nr. 1 und ziehen Sie sie erst mit 40 Nm an und dann um 75° weiter – verwenden Sie dazu eine Gradscheibe oder eine selbst angefertigte Schablone (siehe Abbildung).

24.34 Im letzten Durchgang werden die Muttern um 75° weitergedreht.

35 Wiederholen Sie die Lockerungs- und Anzugs-Prozedur nacheinander an den in Abb. 24.32 vorgegebenen Reihenfolge.
36 Prüfen Sie erneut, ob die Kurbelwelle frei drehbar ist.
37 Ziehen Sie die 14 kleinen Schrauben sorgfältig an, ziehen Sie bei B 280E-Motoren dann die vier zusätzlichen Schrauben mit 20 bis 25 Nm an.
38 Installieren Sie das Ölpumpen-Ansaugsieb mithilfe eines neuen O-Rings sowie das Ölleitblech.
39 Fahren Sie mit dem Zusammenbau des Motors in der empfohlenen Reihenfolge fort (siehe Sektion 21).

25 Motor – Erstinbetriebnahme nach Überholen

1 Wenn der Motor ins Fahrzeug eingebaut ist, werden der Motoröl- und der Kühlmittel-Pegel kontrolliert. Überprüfen Sie erneut, ob alles angeschlossen ist und keine Werkzeuge oder Lappen im Motorraum zurückgelassen wurden.
2 Installieren Sie die Zündkerzen und verbinden Sie die Kerzenstecker.
3 Starten Sie den Motor – aufgrund der entleerten Kraftstoff-Komponenten kann es länger dauern, bis er anspringt.
4 Lassen Sie den Motor im Standgas laufen und kontrollieren Sie alles auf austretendes Benzin, Motoröl oder Kühlmittel. Falls bei der Montage Öl oder Fett auf jetzt heiß werdende Teile gelangt sind, werden diese verdampfen, sodass eine gewisse Rauchentwicklung normal ist.
5 Lassen Sie den Motor im Standgas laufen, bis im oberen Kühlerschlauch heißes Kühlwasser erfühlt werden kann. Der Motor muss relativ ruhig und mit der vorgeschriebenen Standgasdrehzahl laufen. Schalten Sie den Motor anschließend ab.
6 Kontrollieren Sie nach einigen Minuten erneut den Motoröl- und der Kühlmittel-Pegel und füllen Sie ggf. Flüssigkeiten nach (siehe Wöchentliche Kontrollen).
7 Falls Neuteile wie Kolben, Kolbenringe und Lagerschalen installiert wurden, muss der Motor auf den ersten 800 km eingefahren werden, als wäre er neu. Fahren Sie den Wagen nicht mit Vollgas und setzen Sie ihn bei niedrigen Drehzahlen unter große Last. Volvo empfiehlt, nach diesen 800 km das Motoröl samt Filter zu wechseln (siehe Kapitel 1).

Kapitel 3

Kühlsystem, Heizung und Klimaanlage

Inhalt — Sektion

Schwierigkeitsgrade

Leicht. Geeignet für Anfänger mit wenig Erfahrung. 	**Relativ leicht.** Geeignet für Anfänger mit etwas Erfahrung. 	**Relativ schwierig.** Geeignet für geübte Selbstschrauber. 	**Schwer.** Geeignet für Selbstschrauber mit viel Erfahrung. 	**Sehr schwer.** Geeignet für Experten und Profis. 

Technische Daten

Allgemein

Kühlsystem .... Wasserkühlung mit Umlaufpumpe und Thermostat-Regelung

Thermostat

Öffnet bei
- B 23 / 230 (Typ 1), B 234F, B 280E .... 86 bis 88 °C
- B 23 / 230 (Typ 2), B 28 .... 91 bis 93 °C

Vollständig geöffnet bei
- B 23 / 230 (Typ 1), B 234F, B 280E .... 97 °C
- B 23 / 230 (Typ 2), B 28 .... 102 °C

Modelle mit Thermostat am Zylinderkopf:
- Spalt zwischen Thermostatschlauch und Steuerriemen .... 25 mm (min.)

Anzugsdrehmomente

Wasserpumpenschrauben
- B 28 .... 15 bis 20 Nm
- alle anderen Modelle .... keine Angaben

1 Allgemeine Informationen und Warnhinweise

Allgemeine Informationen

Das Kühlsystem arbeitet mit einem Wasser/Frostschutz-Gemisch, welches die Aufgabe hat, die beim Verbrennungsvorgang entstehende Wärme abzuleiten und die Temperatur im Motor möglichst konstant zu halten. Dazu werden die Zylinder und der/die Zylinderkopf/köpfe von Kühlmittel umspült, das heiße Kühlmittel steigt mit Unterstützung der per Riemen angetriebenen Wasserpumpe durch den Thermostaten in den vorne im Motorraum untergebrachten Wasserkühler.

Der Kühler wird vom Fahrtwind durchströmt; ggf. unterstützt ein per am Wasserpumpen-Riemenrad sitzender Visco-Kupplung angetriebener Ventilator den Luftstrom. Die Konstruktion der Visco-Kupplung sorgt dafür, dass der Ventilator bei kaltem Luftstrom nur langsam mitläuft, bei zunehmender Temperatur jedoch immer schneller läuft – so wird mit minimalem Leistungsverlust und geringer Geräuschentwicklung ein Überhitzen des Motors verhindert. Bei manchem Modellen befindet sich vor dem Klimaanlagen-Kondensator (der wiederum vor dem Wasserkühler sitzt) ein elektrische angetriebener Ventilator, der hier den Luftstrom unterstützt.

Das Kühlsystem steht unter Druck, um den Siedepunkt und damit seine Wirksamkeit zu erhöhen. Zum Ausgleich des variierenden Volumens bei unterschiedlichen Temperaturen ist ein Ausgleichsbehälter ins Kühlsystem integriert.

Weil das Kühlsystem abgedichtet ist, treten nur geringe Verdunstungs-Verluste auf.

Die Wärme des Kühlsystems wird für die Heizung des Fahrzeug-Innenraums genutzt. Die Heizung und die Klimaanlage werden in den Sektionen 11 und 13 beschrieben.

Warnung: Solange der Motor heiß ist, darf weder der Ausgleichsbehälterdeckel noch irgendein anderes Teil des Kühlsystems entfernt oder getrennt werden – das unter Druck stehende Kühlmittel kann bei Druckverlust plötzlich aufkochen, sodass heißer Dampf austritt und ernsthafte Verbrennungen verursacht. Falls der Ausgleichsbehälterdeckel im Notfalls vor dem Abkühlen des Motors und des Kühlers entfernt werden soll, muss zunächst vorsichtig der Druck abgelassen werden. Legen Sie dazu einen dicker Lappen oder ein Handtuch um den Deckel und entfernen Sie diesen durch vorsichtiges Drehen nach links bis zum Anschlag. Wenn ein zischendes Geräusch hörbar wird, muss gewartet werden, bis es aufhört. Jetzt wird der Deckel heruntergedrückt und weiter nach links gedreht, bis er abgenommen werden kann. Achtung: Siedendes Wasser kann auch mit etwas Verzögerung herausspritzen!

Warnung: Frostschutzmittel darf nicht mit der Haut oder Lackoberflächen in Berührung kommen. Wischen Sie Spritzer unverzüglich mit reichlich Wasser ab. Frostschutz kann giftige und explosive Gase produzieren, wenn es in offenen Behältern gelagert oder auf den Boden verschüttet wird. Kinder und Tiere können durch den süßen Geschmack irritiert werden und das Mittel trinken. Fragen Sie Ihren Fachhändler, wo Sie altes Frostschutzmittel entsorgen können.

Warnung: Beachten Sie vor der Arbeit an Klimaanlagen-Komponenten die Warnhinweise in Sektion 13.

2 Kühlsystem-Schläuche – Trennen und Verbinden

Anmerkung: *Beachten Sie vor Arbeitsbeginn die Warnhinweise in Sektion 1. Schläuche dürfen erst abgezogen werden, wenn der Motor ausreichend abgekühlt ist.*

1 Falls bei den in Kapitel 1 beschriebenen Kontrollen ein defekter Schlauch festgestellt wird, muss dieser wie folgt ersetzt werden:

2 Entleeren Sie zuerst das Kühlsystem (siehe Kapitel 1) – falls das Frostschutzmittel nicht erneuert werden muss, kann es später wiederverwendet werden, wenn es in einem sauberen Behälter gelagert wird.

3 Lockern Sie zunächst die Schelle – entweder mit einem Schraubendreher oder einer Zange – und ziehen Sie den Schlauch von seinen Stutzen; seien Sie dabei vorsichtig: neue Schläuche lassen sich relativ einfach abziehen, alte Schläuche können ausgehärtet sein und sehr fest sitzen.

4 Wenn ein Schlauch sich nicht lösen lässt, muss versucht werden, ihn drehend abzuziehen. Wenn das auch nicht klappt, muss mit einem scharfen Messer ein Längsschnitt über dem Flansch gezogen werden, sodass der Schlauch abgeschält werden kann. Es ist immer besser, nur einen neuen Schlauch zu beschaffen als den ganzen Kühler zu ersetzen.

5 Vor der Montage eines Schlauchs müssen die Schellen aufgeschoben sein. Stecken Sie den Schlauch auf seinen Stutzen – richten Sie ihn dabei korrekt aus. Schieben Sie die Schelle über den Stutzen und ziehen Sie sie ggf. an.

Wenn ein Schlauch schwer aufzuschieben ist, kann er zum Erweichen in heißes Wasser gehalten werden. Alternativ hilft die Verwendung von Seifenwasser als Schmiermittel.

6 Füllen Sie das Kühlsystem auf (siehe Kapitel 1).

7 Kontrollieren Sie das Kühlsystem umgehend auf Undichtigkeiten.

3 Frostschutzmittel – Allgemeine Informationen

Anmerkung: *Beachten Sie vor Arbeitsbeginn die Warnhinweise in Sektion 1.*

1 Das Kühlsystem muss das ganze Jahr über mit einem aus Wasser und Frostschutzmittel bestehendem Gemisch befüllt sein, das mindestens bis zu einer Temperatur von -25 °C flüssig bleibt – bei entsprechenden klimatischen Anforderungen auch tiefer. Frostschutzmittel schützt die Bauteile des Kühlsystems auch vor Korrosion und setzt den Siedepunkt hinauf.

2 Das Kühlsystem muss entsprechend des Wartungsplans in Kapitel 1 gewartet werden. Falls nicht von Volvo vorgeschriebenes, altes oder verunreinigtes Frostschutzmittel verwendet wird, können Korrosion und Ablagerungen zu einer verminderten Kühlwirkung führen. Verwenden Sie möglichst destilliertes oder zumindest weiches Wasser (z.B. reines Regenwasser).

3 Vor dem Auffüllen des Kühlsystems müssen alle Schläuche und ihre Anschlüsse kontrolliert werden – Frostschutzmittel kriecht durch kleinste Öffnungen und hinterlässt verräterische Spuren. Kühlmittel wird normalerweise nicht vom Motor »verbraucht«, sodass bei einem stetig sinkenden Pegel zunächst die Ursache gefunden und behoben werden muss.

4 Das vorgeschriebene Gemisch besteht aus 50 % destilliertem Wasser und 50 % Ethylen-Glykol – die Anteile beziehen sich auf das Volumen. Mischen Sie das Kühlmittel in einem sauberen Behälter und füllen Sie es dann ins Kühlsystem – siehe Kapitel 1 und Wöchentliche Kontrollen. Überschüssiges Mittel kann zum Nachfüllen aufgehoben werden.

4 Wasserkühler – Ausbau und Einbau

Anmerkung: *Beachten Sie vor Arbeitsbeginn die Warnhinweise in Sektion 1. Falls der Kühler wegen eines kleinen Lecks ausgebaut werden soll, muss bedacht werden, dass dies oft im eingebauten Zustand mithilfe von Kühler-Dichtmittel verschlossen werden kann.*

Ausbau

1 Entleeren Sie das Kühlsystem (siehe Kapitel 1).

2 Ziehen Sie den oberen Kühlerschlauch, den Ausgleichsbehälterschlauch und den Entlüftungsschlauch vom Kühler ab.

3 Trennen Sie bei Automatikmodellen die Getriebeölkühler-Leitungen vom Wasserkühler – seien Sie auf austretendes Öl vorbereitet. Schützen Sie die Leitungen vor eindringendem Schmutz.

4 Trennen Sie die Kabel aller am Kühler sitzenden Thermoschalter und Sensoren.

5 Lösen Sie den am Kühler sitzenden Ausgleichsbehälter der Servolenkung und verlagern Sie ihn beiseite.

6 Schrauben Sie die Lüfterhaube ab und verlagern Sie sie nach hinten (siehe Abbildung).

7 Schrauben Sie die oberen Kühlerhalter ab (siehe Abbildung).

8 Heben Sie den Kühler heraus – stellen Sie ggf. die unteren Halterungen sicher.

Einbau

9 Der Einbau entspricht der umgekehrten Ausbaureihenfolge. Füllen Sie anschließend das Kühlsystem auf. Kontrollieren Sie bei Automatikmodellen den Getriebeölpegel und füllen Sie ggf. Öl nach. Beide Prozeduren sind in Kapitel 1 beschrieben.

4.6 Schrauben Sie die Lüfterhaube ab.

4.7 Entfernen Sie die obere Kühler-Halterung.

5 Ventilator (per Visco-Kupplung angetrieben) – Ausbau und Einbau

Ausbau

1 Lösen Sie die Muttern, mit denen die Visco-Kupplung an den den Stehbolzen des Wasserpumpen-Riemenrades befestigt ist.

2 Ziehen Sie den Ventilator samt Kupplung von den Stehbolzen (siehe Abbildung). Holen Sie die Baugruppe hinter die Kühlerhaube hervor und entfernen Sie sie – die Haube muss eventuell dafür gelöst werden.

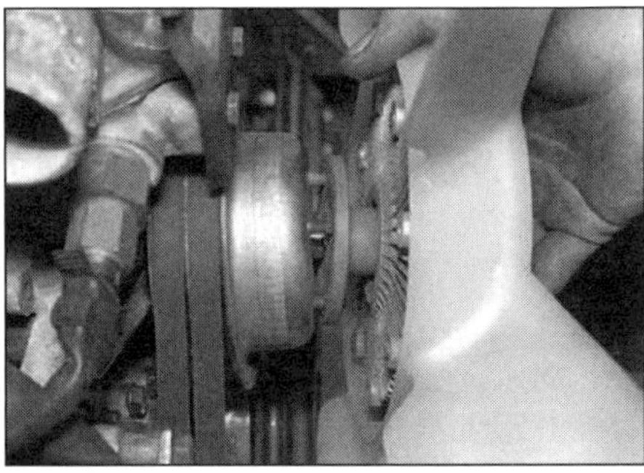

5.2 Entfernen Sie den Ventilator samt Visco-Kupplung.

3 Der Ventilator kann jetzt nötigenfalls von der Kupplung befreit werden.

Einbau

4 Der Einbau entspricht der umgekehrten Ausbaureihenfolge.

6 Ventilator (elektrisch angetrieben) – Ausbau und Einbau

Ausbau

1 Entfernen Sie die Kühlergrill-Abdeckung (siehe Kapitel 11).
2 Lösen Sie die vier Schrauben der Ventilator-Halterungen. Trennen Sie den Mehrfachstecker.
3 Entnehmen Sie den Ventilator samt seiner Halterungen – nötigenfalls kann der Motor abgeschraubt werden.

Einbau

4 Der Einbau entspricht der umgekehrten Ausbaureihenfolge.

7 Kühlsystem-Elektrik – Test, Ausbau und Einbau

Thermoschalter des elektrischen Ventilators

Ausbau

1 Lassen Sie das Kühlmittel soweit ab, bis der Pegel unter dem Thermoschalter liegt – dieser sitzt im seitlichen Tank des Kühlers oder in einem Schlauch-Adapter nahe des Kühlers (siehe Abbildung).

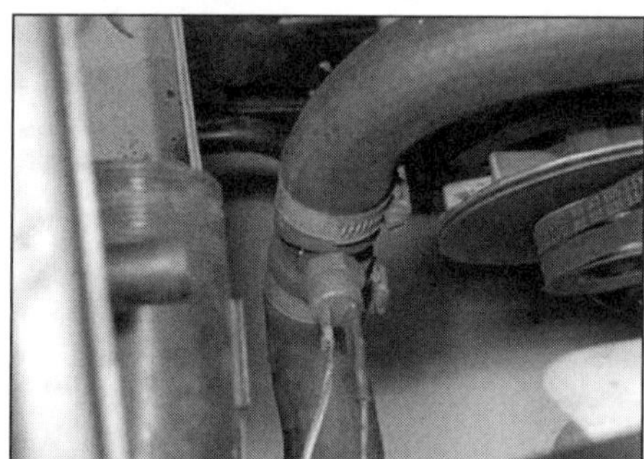

7.1 Dieser Thermoschalter sitzt in einem Schlauch-Adapter; andere können sich im seitlichen Kühlertank befinden.

2 Trennen Sie die Thermoschalter-Kabel und schrauben Sie den Schalter heraus.

Testen

3 Für den Test des Schalters müssen eine Batterie und eine Prüflampe mit den Schalterkontakten verbunden werden. Erwärmen Sie den Schalter in heißem Wasser – bei der auf ihm angegebenen Temperatur muss der Schalter schließen (die Prüflampe leuchten); nach dem Abkühlen muss der Schalter wieder öffnen (Lampe aus). Bei anderen Ergebnissen muss der Schalter ersetzt werden.

Einbau

4 Installieren Sie den Thermoschalter mit frischer Dichtmasse am Gewinde und schließen Sie seine Kabel an.
5 Füllen Sie das Kühlsystem auf (siehe Kapitel 1).

Temperaturanzeige-Geber

Testen

6 Falls die Temperaturanzeige ständig hohe Temperatur anzeigt, müssen mithilfe der Fehlersuche am Ende dieses Buchs mögliche Defekte im Kühlsystem ergründet werden. Falls sowohl die Tankuhr als auch die Temperaturanzeige falsche Werte liefern, wird der Fehler wahrscheinlich im Spannungsstabilisator der Instrumentenplatine liegen (siehe Kapitel 12).
7 Falls die Temperaturanzeige offensichtlich falsch anzeigt oder gar nicht funktioniert, muss der Geber wie folgt überprüft werden:
8 Trennen Sie das Kabel vom Geber, der entweder am Zylinderkopf oder an der Wasserpumpe sitzt. Bei B 234F-Motoren finden sich zwei Temperaturanzeige-Geber unter dem Einlassstutzen am Zylinderkopf. Der vordere Geber sendet ein Signal an das Motorsteuergerät, während der hintere die Temperaturanzeige steuert (siehe Abbildung).
Anmerkung: *Falls bei B 234F-Motoren der vordere Geber ausfällt, wird im Diagnosesystem ein Fehlercode gespeichert (siehe Kapitel 4B und 5B).*

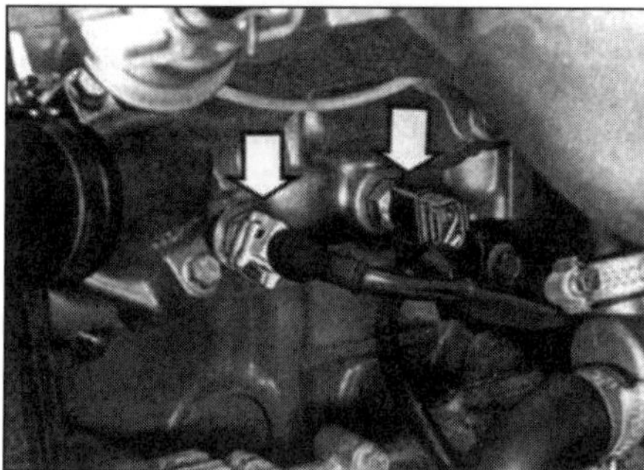

7.8 Temperatursensor an B 234F-Motoren

9 Verbinden Sie einen Widerstand mit etwa 68 Ohm zwischen den den Geber-Kontakt und Masse (Metall am Fahrzeug). Schalten Sie die Zündung ein – die Anzeige muss auf etwa dreiviertel ihres Bereichs ansteigen – andernfalls ist der Kontakt oder der Geber defekt. Schalten Sie die Zündung wieder aus.
10 Demontieren Sie den Geber und messen Sie den Widerstand, während er in ein Wasserbad mit Thermometer gehalten wird. Der Widerstand muss wie folgt variieren:

Modelle bis 1987

Temperatur	Widerstand
60° C	217 ± 35 Ω
90° C	87 ± 15 Ω
100° C	67 ± 11 Ω

Modelle ab 1987

Temperatur	Widerstand
60° C	560 Ω
90° C	206 Ω
100° C	153 Ω

11 Falls die Anzeige oder der Geber nicht wie beschrieben funktioniert, muss das Bauteil ersetzt werden. Wenn der Geber in Ordnung ist, wird er wieder montiert bzw. angeschlossen.

Ausbau

12 Lassen Sie das Kühlmittel soweit ab, bis es unter dem Geber steht.

13 Trennen Sie das Kabel des Gebers und schrauben Sie diesen heraus.

Einbau

14 Versehen Sie das Gewinde des Gebers mit Dichtmasse und schrauben Sie ihn ein; verbinden Sie das Kabel.
15 Füllen Sie das Kühlsystem auf (siehe Kapitel 1).

Kühlmittelpegel-Geber

Testen

16 Bei späteren Modellen sitzt im Ausgleichsbehälter ein mit einem Schwimmer ausgerüsteter Geber, der eine Warnlampe im Armaturenbrett steuert.
17 Falls der Geber nicht korrekt zu funktionieren scheint, muss er aus dem Ausgleichsbehälter geschraubt und in einen mit Wasser gefüllten Behälter gehalten werden; nach dem Einschalten der Zündung muss die Warnleuchte ausgeschaltet bleiben. Ziehen Sie den Geber aus dem Behälter – die Warnleuchte muss aufleuchten. Ersetzen Sie den Geber bei anderen Ergebnissen.

Ausbau

18 Trennen Sie das Kabel und schrauben Sie den Geber aus dem Ausgleichsbehälter.

Einbau

19 Der Einbau entspricht der umgekehrten Ausbaureihenfolge.

8 Wasserpumpe – Ausbau und Einbau

Anmerkung: *Beachten Sie vor Arbeitsbeginn die Warnhinweise in Sektion 1.*

Ausbau

1 Trennen Sie das Massekabel (–) der Batterie.
2 Entfernen Sie nötigenfalls die Nebenaggregate-Riemen, um Zugang zum Wasserpumpen-Riemenrad zu erhalten (siehe Kapitel 1).
3 Entleeren Sie das Kühlsystem (siehe Kapitel 1).
4 Demontieren Sie den Kühler und die Lüfterhaube (siehe Sektion 4).
5 Entfernen Sie den Ventilator von der Wasserpumpe (siehe Sektion 5) und dann das Riemenrad (siehe Abbildung).

Vierzylindermotoren

6 Trennen Sie den unteren Kühlerschlauch und das Heizungsrohr von der Pumpe.
7 Lösen Sie die Schrauben der Wasserpumpe, schieben Sie sie herunter und entfernen Sie sie (siehe Abbildung).

V6-Motoren

8 Entfernen Sie den Einlassstutzen (siehe Kapitel 4B).
9 Entfernen Sie die zwei von der Pumpe zu den Zylinderköpfen verlaufenden Schläuche. Trennen Sie die verbliebenen Schläuche von der Pumpe und dem Thermostatgehäuse. Trennen Sie auch den Sensor und den Schalter an den Seiten der Pumpe (siehe Abbildungen).

8.5 Ausbau des Wasserpumpen-Riemenrades

8.7 Schrauben Sie die Wasserpumpe ab (Vierzylindermotor).

10 Lösen Sie die drei Schrauben, mit denen die Pumpe am Motorblock gesichert ist, und heben Sie sie ab (siehe Abbildung).

Einbau

Vierzylindermotoren

11 Erneuern Sie den oberen Pumpen-Dichtring und die Dichtung (siehe Abbildung). Drücken Sie die Pumpe von unten gegen den Zylinderkopf, während die Muttern und Schrauben angezogen werden. Rüsten Sie das Heizungsrohr mit einer neuen Dichtung aus.

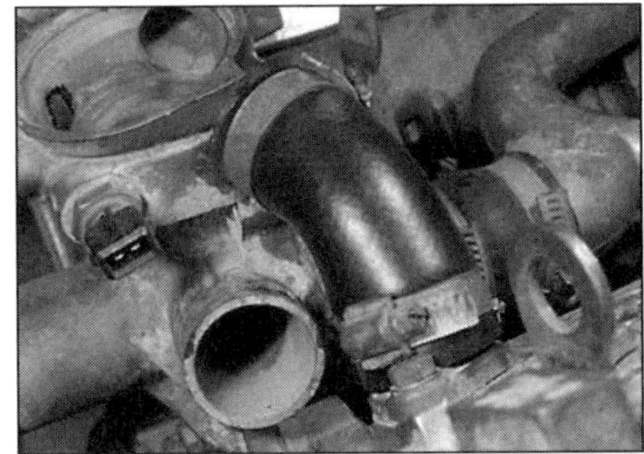

8.9a Einer der Zylinderkopf-Kühlerschläuche

8.9b Hinten an der Pumpe sitzen zwei Schläuche.

8.9c Trennen Sie den Stecker des Temperatursensors.

8.10 Schrauben Sie die Wasserpumpe ab (V6-Motor).

8.11 Legen Sie oben einen neuen Dichtring auf.

12 Der Rest des Einbaus entspricht der umgekehrten Ausbaureihenfolge. Prüfen Sie nach der Montage der Antriebsriemen deren Spannung und füllen Sie das Kühlsystem wieder auf (siehe Kapitel 1).

V6-Motoren

13 Falls eine neue Pumpe montiert werden soll, müssen das hintere Gehäuse, der Thermostat samt Gehäuse, die Gebereinheit, Stopfen usw. von der alten Pumpe auf die neue übertragen werden. Dichtungen und Dichtringe müssen erneuert werden. Tauschen Sie auch die Pumpenschläuche aus, falls sie sich nicht in einem perfekten Zustand befinden.

14 Setzen Sie die Pumpe ans Gehäuse und sichern Sie sie mit den drei Schrauben.

15 Der Rest des Einbaus entspricht der umgekehrten Ausbaureihenfolge. Prüfen Sie nach der Montage der Antriebsriemen deren Spannung und füllen Sie das Kühlsystem wieder auf (siehe Kapitel 1).

9 Thermostat – Ausbau, Test und Einbau

Anmerkung: *Beachten Sie vor Arbeitsbeginn die Warnhinweise in Sektion 1.*

Ausbau

1 Entleeren Sie das Kühlsystem (siehe Kapitel 1). Ziehen Sie den Kühlerschlauch vom Thermostatgehäuse.

2 Schrauben Sie den Thermostaten vom Zylinderkopf oder der Wasserpumpe. Bei manchen Modellen ist hier auch eine Öse zum Ausbau des Motors angebracht; bei V6-Motoren muss ggf. ein Gaszug-Halter abgeschraubt werden. Heben Sie den Thermostaten heraus (siehe Abbildungen).

Testen

3 Halten Sie den an einem Seil befestigten (geschlossenen) Thermostaten in einen Topf mit kaltem Wasser und einem Thermometer – er darf weder den Rand noch den Boden des Topfes berühren.

4 Erhitzen Sie das Wasser und kontrollieren Sie, bei welcher Temperatur der Thermostat öffnet bzw. vollständig geöffnet ist. Vergleichen Sie die abgelesenen Temperaturen mit den Angaben in den technischen Daten. Nehmen Sie den Thermostaten aus dem Topf und lassen Sie ihn abkühlen – prüfen Sie, ob er wieder schließt.

5 Falls sich der Thermostat nicht wie vorgeschriebenen öffnet und schließt oder in einer Position verbleibt oder bei anderen Temperaturen öffnet, muss er durch ein Neuteil ersetzt werden.

Einbau

6 Rüsten Sie den Thermostaten mit einem neuen Dichtring aus (siehe Abbildung).

9.2a Schrauben Sie das Thermostatgehäuse ab . . .

9.2b . . . und entfernen Sie den Thermostaten (Vierzylindermotor).

9.2c Schrauben Sie das Thermostatgehäuse ab . . .

9.2d . . . und entfernen Sie den Thermostaten (V6-Motor).

9.6 Installieren Sie einen neuen Dichtring an den Thermostaten.

7 Installieren Sie den Thermostaten und sein Gehäuse (und ggf. die Hebe-Öse). Installieren Sie die Gehäusemuttern und ziehen Sie sie sorgfältig an.
8 Stecken Sie den Kühlerschlauch auf den Thermostaten. Wo der Thermostat am Zylinderkopf befestigt ist, muss geprüft werden, ob er zum normal eingestellten Steuerriemen mindestens 25 mm Abstand hat.
9 Füllen Sie das Kühlsystem auf (siehe Kapitel 1).

10 Ölkühler – Ausbau und Einbau

Motorölkühler (alle Motoren außer B 280)

Ausbau

1 Falls vorhanden, sitzt der Ölkühler an einer Seite hinter dem Wasserkühler.
2 Trennen Sie die Ölkühlerleitung – entweder am Kühler selbst oder an den Schläuchen. Seien Sie auf austretendes Öl vorbereitet.
3 Schrauben Sie den Ölkühlerhalter ab und entnehmen Sie ihn (siehe Abbildung) – der Ölkühler kann nötigenfalls von seinem Halter getrennt werden.

10.3 Lösen Sie den Ölkühler-Halter.

4 Falls der Ölkühler wiederverwendet werden soll, muss er mit Lösungsmittel gespült und mit Druckluft ausgeblasen werden. Reinigen Sie ihn auch äußerlich.

Einbau

5 Der Einbau entspricht der umgekehrten Ausbaureihenfolge. Starten Sie den Motor und kontrollieren Sie den Ölkühler und seine Leitungen auf Undichtigkeit. Schalten Sie den Motor ab und prüfen Sie den Ölpegel (siehe Wöchentliche Kontrollen).

Motorölkühler (B 280-Motoren)

Ausbau

6 Der Ölkühler sitzt zwischen dem Ölfilter und der linken Seite des Zylinderblocks.
7 Trennen Sie das Massekabel (–) der Batterie.
8 Lassen Sie das Motoröl ab und entfernen Sie den Ölfilter (siehe Kapitel 1).
9 Entfernen Sie die Motor-Unterwanne.
10 Entleeren Sie das Kühlsystem (siehe Kapitel 1).
11 Entfernen Sie die Luftfilter-Baugruppe (siehe Kapitel 4B).
12 Drehen Sie den zentralen Bolzen aus dem Ölkühler.
13 Trennen Sie die Kühlerschläuche vom Ölkühler.
14 Entfernen Sie den Ölkühler – seien Sie auf austretendes Öl und Kühlmittel vorbereitet.

Einbau

15 Der Einbau entspricht der umgekehrten Ausbaureihenfolge. Starten Sie den Motor und kontrollieren Sie den Ölkühler und seine Leitungen auf Undichtigkeit. Schalten Sie den Motor ab und prüfen Sie den Ölpegel (siehe Wöchentliche Kontrollen).

Automatikgetriebe-Ölkühler

Ausbau

16 Falls vorhanden, sitzt dieser Getriebeölkühler zwischen dem Wasserkühler und dem Klimaanlagen-Kondensator.

17 Trennen Sie die Schläuche von den Anschlüssen am Wasserkühler (siehe Abbildung) – seien Sie auf austretendes Öl vorbereitet. Verschließen Sie offene Anschlüsse, um keinen Schmutz eindringen zu lassen.

10.17 Trennen Sie die Schläuche vom Getriebeölkühler.

18 Demontieren Sie den Wasserkühler (siehe Sektion 4).

19 Schrauben Sie den Ölkühler ab. Führen Sie die Schläuche durch die Gummis der seitlichen Abdeckung und entnehmen Sie den Ölkühler samt seiner Schläuche.

20 Reinigen Sie die Kühlrippen und spülen Sie ihn mit frischem ATF-Öl aus. Ersetzen Sie schadhafte Schläuche.

Einbau

21 Der Einbau entspricht der umgekehrten Ausbaureihenfolge. Füllen Sie das Kühlsystem auf (siehe Kapitel 1). Starten Sie den Motor und kontrollieren Sie den Ölkühler und seine Leitungen auf Undichtigkeit. Schalten Sie den Motor ab und prüfen Sie den Getriebeölpegel (siehe Kapitel 1).

11 Heizung und Lüftung – Allgemeine Informationen

1 Je nach Modell und Ausstattung gibt es nur eine Heizung oder auch eine Klimaanlage – in allen Fällen werden die gleichen Gehäuse und Heizungs-Komponenten verwendet. Die Klimaanlage ist in Sektion 13 beschrieben.

2 Die zum Heizen verwendete Luft wird durch den Grill vor der Windschutzscheibe angesaugt. Auf seinem Weg zu den verschiedenen Lüftungsdüsen wird ein variabler Anteil der Luft durch einen vom heißen Kühlmittel durchspülten Wärmetauscher geleitet.

3 Die Verteilung der Luft durch die Düsen und den Wärmetauscher wird durch Klappen kontrolliert, die durch Unterdruck-Motoren gesteuert werden (nur die Luftgemisch-Klappe bei Modellen ohne Klimaanlage wird per Bowdenzug geregelt). Bei einigen Modellen sitzt unter dem Wagenboden ein Unterdrucktank.

4 Mit einem vierstufigen elektrischen Lüfter wird die Luft durch die Heizung geblasen. Bei älteren Modellen läuft das Gebläse bei eingeschalteter Zündung stets auf niedrigster Stufe.

12 Heizungs- und Lüftungs-Komponenten – Ausbau und Einbau

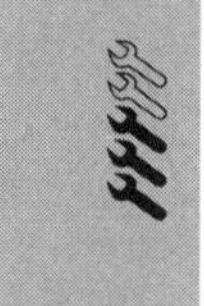

Heizungs- und Klimaanlagen-Bedienfeld

Ausbau

1 Für einen besseren Zugang können die Seitenteile der Mittelkonsole entfernt werden (siehe Kapitel 11, Sektion 33).

2 Entfernen Sie die um das Bedienfeld sitzende Verkleidung. Lösen Sie die Schrauben des Bedienfelds (siehe Abbildung).

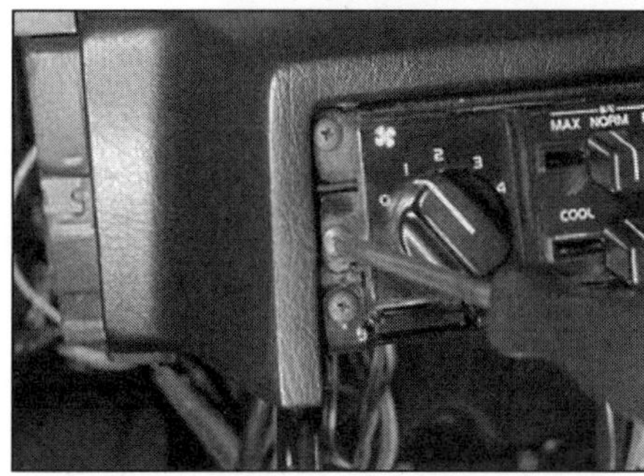

12.2 Lösen Sie die Schrauben des Bedienfelds.

3 Ziehen Sie das Bedienfeld ab und trennen Sie die Bowdenzüge, Mehrfachstecker und Unterdruck-Stutzen von ihm – notieren Sie ggf. die Positionen.

Einbau

4 Der Einbau entspricht der umgekehrten Ausbaureihenfolge. Falls die Temperaturregelung über einen Bowdenzug erfolgt, muss dieser wie unten beschrieben eingestellt werden.

Temperaturregelungs-Bowdenzug

Anmerkung: *Eine solche Regelung findet sich nur an Fahrzeugen ohne Klimaanlage.*

Ausbau

5 Bei auf »WARM« stehender Temperaturregelung wird das entfernt liegende Ende des Bowdenzuges vom Hebel der Mischklappe getrennt (siehe Abbildung).

12.5 Bowdenzug-Anschlüsse am Hebel der Mischklappe

6 Entfernen Sie die um das Heizungs-Bedienfeld sitzende Verkleidung. Lösen Sie die Schrauben, die das Bedienfeld an der Mittelkonsole sichern.

7 Ziehen Sie das Heizungs-Bedienfeld von der Mittelkonsole ab, bis der Bowdenzug zugänglich ist. Befreien Sie den Bowdenzug vom Bedienfeld, hebeln Sie dabei die Hülse mithilfe eines Schraubendrehers heraus (siehe Abbildung).

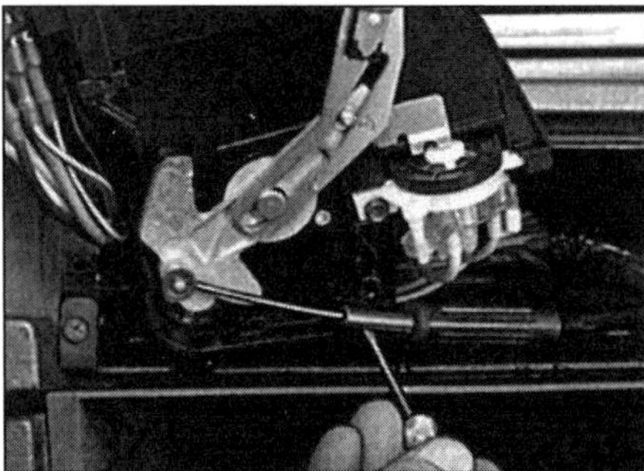

12.7 Hebeln Sie die Hülse des Temperaturregler-Zuges heraus.

8 Der Bowdenzug kann jetzt entfernt werden.

Einbau

9 Der Einbau entspricht der umgekehrten Ausbaureihenfolge – beachten Sie dabei folgende Punkte:

a) *Falls die Bowdenzug-Hülse beim Ausbau beschädigt wurde, muss sie mit einer selbstschneidenden Schraube gesichert werden (siehe Abbildung).*

b) *Stellen Sie die Position der Bowdenzughülse so ein, dass sich die Mischklappe beim Bedienen der Temperaturregelung durch ihren gesamten Bewegungsraum verschieben kann.*

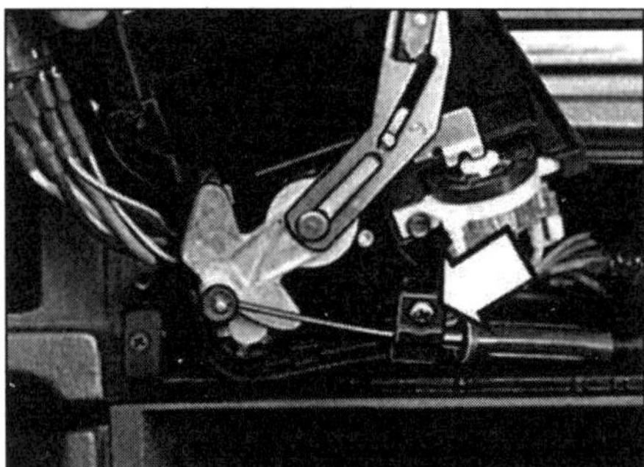

12.9 Sichern Sie die Hülse ggf. mit einer selbstschneidenden Schraube.

Heizungs-Wärmetauscher

Ausbau

10 Trennen Sie das Massekabel (–) der Batterie.

11 Machen Sie das Kühlsystem drucklos, indem Sie bei abgekühltem Motor den Deckel des Ausgleichsbehälters entfernen.

12 Klemmen Sie die zu den Wärmetauscher-Stutzen an der Spritzwand führenden Kühlerschläuche ab. Lösen Sie die Schellen und ziehen Sie die Schläuche von den Stutzen – seien Sie auf austretendes Kühlmittel vorbereitet.

13 Entfernen Sie das Handschuhfach, die Mittelkonsole und die hintere Konsole (siehe Kapitel 11, Sektionen 32 bis 34).

14 Lösen Sie die Zentralelektrik-Einheit und verschieben Sie sie zur Seite.

15 Entfernen Sie die Luftdüse der Mittelverkleidung. Lösen Sie die Schraube aus der Verteilereinheit und trennen Sie alle Luftkanäle von der Einheit. Entfernen Sie auch die hinteren Luftverteilungs-Kanäle.

16 Ziehen Sie die Unterdruckschläuche von den Unterdruckmotoren (siehe Abbildung). Bei Modellen mit Klima-Automatik muss auch der zum Innen-Sensor führende Absaugschlauch entfernt werden.

12.16 Unterdruck-Motoren der Verteilereinheit.

17 Entfernen Sie die Verteilereinheit.

18 Entfernen Sie die Klemmen des Wärmetauschers und ziehen Sie diesen heraus – seien Sie auf austretendes Kühlmittel vorbereitet.

Einbau

19 Der Einbau entspricht der umgekehrten Ausbaureihenfolge – schließen Sie alle Unterdruckschläuche wieder korrekt an.

20 Füllen Sie das Kühlsystem auf (siehe Wöchentliche Kontrollen). Starten Sie den Motor und kontrollieren Sie alles auf Undichtigkeit; lassen Sie den Motor abkühlen und kontrollieren Sie erneut den Kühlmittelpegel.

Heizungs-Unterdruckmotoren in der Verteilereinheit

Ausbau

21 Entfernen Sie die Verteilereinheit wie oben beschrieben, aber trennen Sie nicht die Kühlerschläuche vom Wärmetauscher.

22 Entfernen Sie die entsprechende Verkleidung von der Verteilereinheit, um Zugang zu den Motoren zu erhalten und diese nötigenfalls zu demontieren.

Einbau

23 Der Einbau entspricht der umgekehrten Ausbaureihenfolge.

Luftumwälzklappen-Motor

Ausbau

24 Entfernen Sie das Handschuhfach (siehe Kapitel 11, Sektion 32). Entfernen Sie auch die Luftdüse und den Luftkanal der Außenverkleidung.

25 Schrauben Sie die Regelstange vom Motor. Lösen Sie die zwei Muttern, ziehen Sie den Motor ab und trennen Sie den Unterdruckschlauch (siehe Abbildung).

Einbau

26 Achten Sie bei der Montage darauf, dass sowohl die Klappe als auch der Unterdruckmotor in der Grundposition stehen, bevor die Regelstangen-Schraube angezogen wird.

27 Der Rest des Einbaus entspricht der umgekehrten Ausbaureihenfolge.

12.25 Umwälzklappen-Unterdruckmotor

Heizgebläsemotor

Ausbau

28 Entfernen Sie die Abdeckung unterhalb des Handschuhfachs.
29 Lösen Sie die Schrauben, die den Motor am Gehäuse sichern.
30 Senken Sie den Motor ab und trennen Sie Kühlschlauch. Trennen Sie den Kabelstecker und entnehmen Sie den Motor samt Zentrifugal-Ventilator (siehe Abbildung).

12.30 Entfernen Sie den Heizgebläsemotor.

31 Entfernen Sie keine Metall-Clips von den Lüfterflügeln – sie dienen der korrekten Auswuchtung.

Einbau

32 Tragen Sie bei der Montage Dichtmasse zwischen dem Motorflansch und dem Gehäuse auf. Verbinden Sie den Kabelstecker und sichern Sie den Motor.
33 Stecken Sie den Kühlschlauch auf – dieser ist wichtig für eine lange Lebensdauer des Motors.
34 Prüfen Sie die Funktion des Motors und montieren Sie die Abdeckung unter das Handschuhfach.

Heizgebläsemotor-Widerstand

Ausbau

35 Entfernen Sie das Handschuhfach (siehe Kapitel 11, Sektion 32).
36 Trennen Sie den Mehrfachstecker vom Widerstand.
37 Lösen Sie die zwei Schrauben vom Widerstand und ziehen Sie diesen heraus (siehe Abbildung) – beschädigen Sie dabei nicht die Drahtwicklungen.

Einbau

38 Der Einbau entspricht der umgekehrten Ausbaureihenfolge. Prüfen Sie die Funktion des Gebläses auf allen vier Stufen, bevor das Handschuhfach installiert wird.

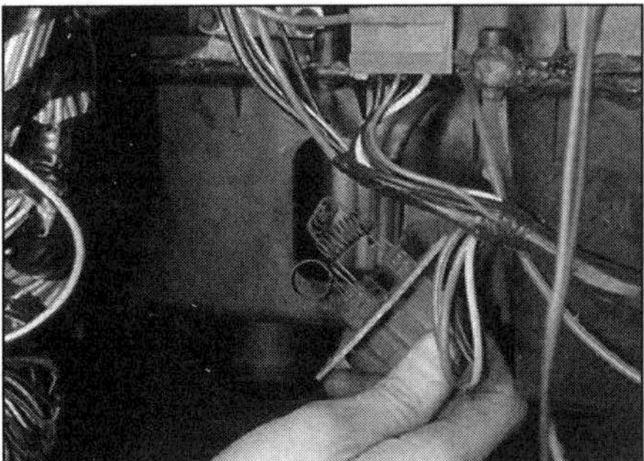

12.37 Ausbau des Motor-Widerstands

Heizungswasser-Ventil

Ausbau

Anmerkung: *Beachten Sie vor Arbeitsbeginn die Warnhinweise in Sektion 1.*
39 Machen Sie das Kühlsystem drucklos, indem Sie bei abgekühltem Motor den Deckel des Ausgleichsbehälters entfernen.
40 Klemmen Sie an beiden Seiten des Ventils die Kühlerschläuche ab.
41 Trennen Sie den Unterdruck- und den Kühlmittelschlauch vom Ventil und entfernen Sie es (siehe Abbildung).

12.41 Trennen Sie das Heizungswasser-Ventil.

Einbau

42 Der Einbau entspricht der umgekehrten Ausbaureihenfolge. Füllen Sie ggf. Kühlmittel nach (siehe Wöchentliche Kontrollen).

13 Klimaanlage – Allgemeine Informationen und Warnhinweise

Allgemeine Informationen

Klimaanlage

1 Die meisten Modelle sind serienmäßig mit einer Klimaanlage ausgerüstet, bei anderen war sie optional erhältlich. Zusammen mit der Heizung ermöglicht die Klimaanlage die Anpassung der Innenraumtemperatur. Sie reduziert auch die Luftfeuchtigkeit der einströmenden Frischluft und hindert so die Fenster am Beschlagen.
2 Die Kühlfunktion der Klimaanlage arbeitet ähnlich wie ein gewöhnlicher Kühlschrank. Ein von der Kurbelwelle über einen Riemen angetriebener Kompressor saugt gasförmiges

Kühlmittel aus dem Verdampfer an. Es durchströmt einen Kondensator, wo es Wärme abgibt und verflüssigt wird. Danach kehrt es in den Verdampfer zurück, wo es die Wärme der über die Verdampfer-Kühlrippen strömenden Luft aufnimmt und wieder gasförmig wird, sodass der Kreislauf von vorne beginnen kann.
3 Verschiedene Regler und Sensoren schützen das System vor extremen Temperaturen und Drücken. Um die durch den laufenden Kompressor erzeugte Last auf den Motor zu kompensieren, ist das System zusätzlich mit einer Standgas-Anhebung ausgerüstet.

Klimaautomatik (ACC)

4 Bei Modellen mit einer Klimaautomatik (ACC) wird die Temperatur der einströmenden Luft automatisch geregelt, um die gewählte Innenraumtemperatur zu halten. Eine elektromechanisch programmierbare Regelung steuert die Heizung, die Klimaanlage und die Lüftung, um dies zu erreichen.
5 Für die korrekt Funktion Klimaautomatik sind der Bedienfeld-Sensor, der Kühlmittel-Thermoschalter, ein Innensensor und ein Außensensor zuständig.
6 Der Bedienfeld-Sensor arbeitet zusammen mit dem Kühlmittel-Thermoschalter. Wenn die Innenraumtemperatur unter 18 °C sinkt und die Kühlmitteltemperatur unter 35 °C liegt, wird die Lüftung blockiert (außer es wurde »Defrost« gewählt). Dies schützt davor, dass die Klimaautomatik kalte Luft einbläst, während das Kühlmittel aufgewärmt wird.
7 Der über dem Handschuhfach sitzende Innensensor ermittelt die Innenraumtemperatur.
8 Der Außensensor sitzt im Lüftergehäuse und ermittelt die Temperatur der einströmenden Luft.
9 Anhand der von dem Innen- und Außensensor erhaltenen Information berechnet die Steuerung die zum Erreichen der gewünschten Temperatur erforderliche Heizung oder Kühlung sowie die Gebläsestufe.

Elektronische Klimaautomatik (ECC)

10 Die bei 760-Modellen ab 1988 zum Einsatz kommende Elektronische Klimaautomatik (ECC) ist eine Weiterentwicklung der oben beschriebenen ACC. Der wesentliche Unterschied liegt in der Steuerung, die jetzt einen Mikroprozessor, Magnetventile und einen Servomotor beinhaltet. Weil weniger Unterdrucksysteme als beim ACC verwendet werden, konnte so die Zuverlässigkeit des Systems erhöht werden.
11 Aus Sicht des Fahrers sind die zwei Systeme sich sehr ähnlich. Sobald die Automatikfunktion aktiviert wird, hält das System die gewünschte Temperatur durch Mischen von kalter und warmer Luft aus der Klimaanlage und der Heizung.
12 Die hinten im Bedienfeld sitzende Mikroprozessor-Einheit ist mit einem Fehlerdiagnosesystem ausgerüstet. Ein Fehler wird dem Fahrer durch einen blinkenden Klimaanlagen-Steuerknopf angezeigt. Bei einem ernsthaften Problem blinkt der Knopf bei laufendem Motor ständig. Liegt ein unbedeutender Fehler vor, blinkt der Knopf nur in den ersten 20 Sekunden nach dem Starten des Motors. Die vier beteiligten Sensoren sind der Solarsensor, der Wassertemperatursensor, der Innenraumtemperatursensor und der Außentemperatursensor.
13 Der Solarsensor sitzt oben am Armaturenbrett im linken Lautsprecher-Gitter. Er sorgt dafür, dass bei Sonnenschein die Innenraumtemperatur um 3° C gesenkt wird.
14 Der Innenraumtemperatursensor sitzt innerhalb der Innenraumleuchte. Ein vom Sensor zum Einlassstutzen des Motors verlaufender Schlauch sorgt dafür, dass bei laufendem Motor ständig Luft durch den Sensor strömt.
15 Der Wassertemperatursensor sitzt neben dem Heizungs-Wärmetauscher und misst tatsächlich die Lufttemperatur am Wärmetauscher. Wenn die Automatikfunktion gewählt wurde, sorgt der Sensor dafür, dass der Lüfter nicht mit maximaler Drehzahl läuft, bevor der Wärmetauscher aufgeheizt ist.
16 Der Außentemperatursensor sitzt am Gehäuse des Gebläsemotors und ermittelt die Temperatur der hindurchströmenden Luft – bei gewählter Umwälz-Funktion also die der Innenluft, ansonsten die der einströmenden Frischluft.

Warnhinweise

17 Bei der Arbeit an der Klimaanlage oder damit verbundener Komponenten müssen besondere Warnhinweise beachtet werden. Falls die Anlage aus irgendwelchen Gründen entleert werden soll, muss dies von einer Volvo-Werkstatt oder einem Klimaanlagen-Spezialisten erledigt werden.

Warnung: Der Kühlkreis enthält ein spezielles Kühlmittel (Freon), daher dürfen keine Teile des Systems ohne Spezialkenntnisse und geeignete Ausrüstung getrennt werden!

18 Das Kühlmittel birgt potentielle Gefahren und daher darf nur qualifiziertes Personal damit hantieren. Falls es auf die Haut gerät, kann es Erfrierungen verursachen. Es ist selbst nicht giftig, doch in Anwesenheit einer offenen Flamme (auch einer Zigarette) bildet es giftige Gase. Unkontrolliert austretendes Kühlmittel ist gefährlich und umweltschädlich.
19 Angesichts der oben beschriebenen Punkte sollte abgesehen von Sensoren und anderen in diesem Kapitel beschriebenen Teilen der Aus- und Einbau von Klimaanlagen-Komponenten einem Fachbetrieb überlassen werden.

14 Klimaanlagen-Komponenten – Test, Ausbau und Einbau

1 Der Inhalt dieser Sektion ist auf diejenigen Arbeiten begrenzt, die ohne das Ablassen des Kühlmittels durchgeführt werden können. Die Demontage des Kompressor-Antriebsriemens ist in Kapitel 1 beschrieben, doch alle anderen Arbeiten müssen einer Volvo-Werkstatt oder einem Klimaanlagen-Spezialisten überlassen werden. Der Kompressor kann nötigenfalls abgeschraubt und beiseite gelegt werden, ohne dass dafür die Kühlmittel-Anschlüsse getrennt werden müssen.

ACC-Bedienfeld-Sensor

Ausbau

2 Entfernen Sie die um das Bedienfeld sitzende Verkleidung. Lösen Sie die Schrauben, die das Bedienfeld sichern, und ziehen Sie es heraus.
3 Trennen Sie den Mehrfachstecker des Sensors. Prüfen Sie mit einem Ohmmeter den Sensor auf Durchgang (siehe Abbildung) – diese muss bei Temperaturen von über 18 °C bestehen, wogegen darunter kein Durchgang festgestellt werden darf. Kühlen Sie den Sensor entsprechend mit Eiswürfeln ab oder wärmen Sie mit den Händen auf, um seine Funktion zu prüfen.

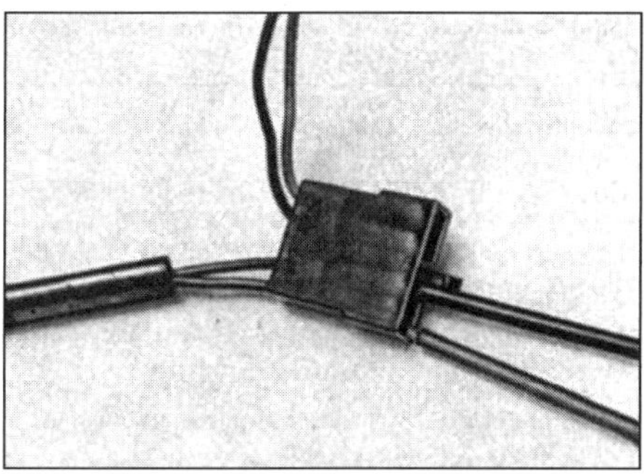

14.3 Prüfen Sie den Bedienfeld-Sensor auf Durchgang.

4 Um den Sensor zu entfernen, wird ein dünner Schraubendreher oder fester Draht in den Mehrfachstecker gesteckt und die Sensor-Kontakte herausgehebelt (siehe Abbildung).

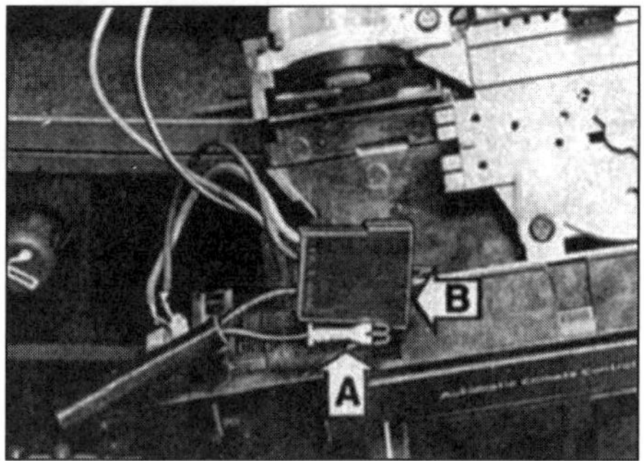

14.4 Hebeln Sie die Kontakte (A) des Bedienfeld-Sensors mithilfe eines stabilen Drahts (B) heraus.

Einbau

5 Drücken Sie den Sensor in den Mehrfachstecker. Installieren Sie das Bedienfeld und seine Verkleidung.

ACC-Kühlmittel-Thermoschalter

Ausbau

6 Der Kühlmittel-Thermoschalter sitzt unter der Motorhaube. Er ist in ein im Heizungsschlauch sitzendes T-Stück geschraubt (siehe Abbildung).

14.6 Kühlmittel-Thermoschalter

7 Ziehen Sie den Stecker ab und schrauben Sie den Schalter aus dem T-Stück.
8 Testen Sie den Schalter mit einem Ohmmeter oder einer Batterie samt Prüflampe. Halten Sie den Schalter in warmes Wasser – er muss bei Temperaturen von 30 bis 40 °C Durchgang haben; dieser muss unterbrochen werden, wenn das Wasser auf 10 °C abkühlt.

9 Falls das Kabel am Schalter versehentlich getrennt wird, arbeitet das Heizungsgebläse ungeachtet der Kühlmitteltemperatur nicht bei Innenraumtemperaturen unter 18° C.

Einbau

10 Der Einbau entspricht der umgekehrten Ausbaureihenfolge.

ACC-Innensensor

Ausbau

11 Entfernen Sie das Handschuhfach (siehe Kapitel 11, Sektion 32).
12 Ziehen Sie den Luftschlauch vom Sensor und befreien Sie diesen aus seinem Clip.
13 Dieser Sensor kann nur darauf getestet werden, ob er Durchgang anzeigt – Widerstandswerte liegen nicht vor (siehe Abbildung).

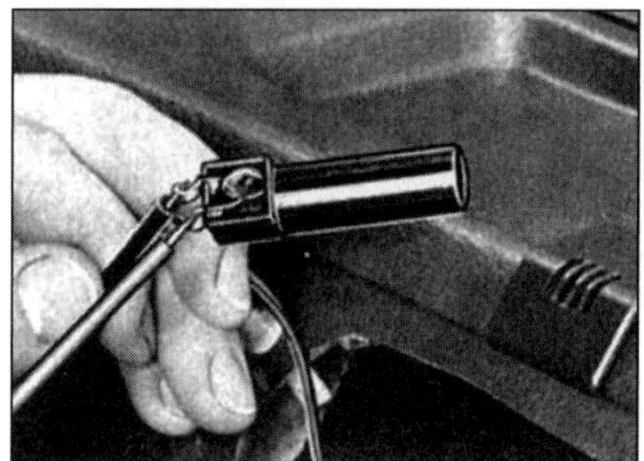

14.13 Kontrollieren Sie den Innensensor auf Durchgang.

Einbau

14 Der Einbau entspricht der umgekehrten Ausbaureihenfolge.

ACC-Außensensor

Allgemeines

15 Der Zugang zum Sensor besteht erst nach der Demontage der Scheibenwischer-Arme, der Lüftungsblech-Abdeckung und der Lufteinlass-Abdeckung (siehe Abbildung). Jetzt kann er getestet werden:

14.15 Position des Außensensors bei Modellen bis 1985

16 Messen Sie den Widerstand des Sensors: bei 20 bis 23 °C müssen 30 bis 40 Ohm ermittelt werden; je höher die Temperatur, desto geringer der Widerstand.
17 Für den Aus- und Einbau des Sensors muss auch der Luftumwälzklappen-Motor demontiert werden (siehe Sektion 12); jetzt kann der Sensor ausgetauscht werden.

18 Bei Modellen ab 1985 sitzt der Sensor tiefer im Ventilatorgehäuse. Der Zugang zum Testen und Austauschen sollte daher ohne weitere Zerlegungen möglich sein (siehe Abbildung).

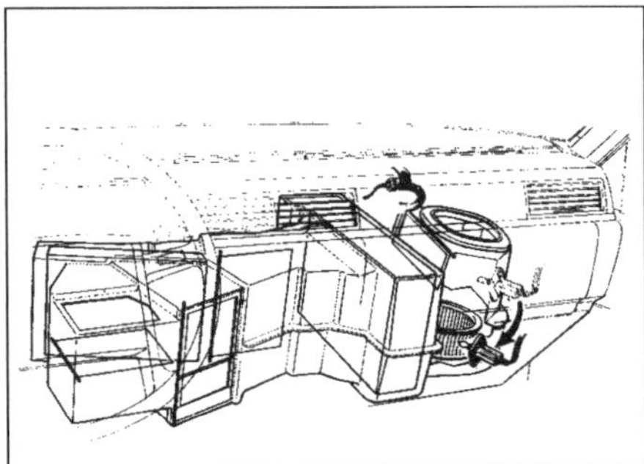

14.18 Position des Außensensors bei späteren Modellen

ACC-Programmierung

Ausbau

19 Entfernen Sie das Handschuhfach (siehe Kapitel 11, Sektion 32). Entfernen Sie auch die Luftdüse und den Luftkanal der Außenverkleidung.

20 Trennen Sie das Mischklappen-Regelgestänge, den Mehrfachstecker und die Unterdruck-Rohranschlüsse von der Programmierung.

14.21 ACC-Programmierung-Schrauben

21 Lösen Sie die drei Schrauben, mit denen die Programmierung gesichert ist, und entnehmen Sie sie (siehe Abbildung).

14.22 ACC-Programmierung-Schrauben

Einbau

22 Sichern Sie die Programmierung mit den drei Schrauben (siehe Abbildung), schließen Sie dann die Unterdruck-Rohranschlüsse und den Mehrfachstecker an. Die Unterdruckrohre dürfen nicht vollständig eingedrückt werden, da dies einen Verlust an Unterdruck zur Folge haben kann. Die Verbindung ist korrekt, wenn der Bund an der Programmierung nur bis zum Anschlussstutzen der Vakuumleitung an der Seite des Anschlussstutzens in den Anschlussstutzen eintritt.

23 Stellen Sie die Klappen-Regelstange wie folgt ein: Starten Sie den Motor, um Unterdruck zu erzeugen. Wählen Sie an der Temperaturvorwahl maximale Wärme. Ziehen Sie die Regelstange bis zum Anschlag und sichern Sie sie am Programmierer-Hebel.

24 Montieren Sie den Kanal, den Lüfter und das Handschuhfach.

ECC-Regelpumpe und Steuereinheit

Ausbau

25 Trennen Sie das Massekabel (–) der Batterie.

26 Entfernen Sie die Schaltertafel und den Rahmen des ECC-Bedienfelds.

27 Lösen Sie die vier jetzt sichtbaren Schrauben und ziehen Sie das ECC-Bedienfeld und die Steuereinheit in den Innenraum (so besteht genug Platz, um z.B. eine Lampe auszutauschen).

28 Trennen Sie die Mehrfachstecker von der Baugruppe und entfernen Sie sie.

29 Eine Zerlegung der Steuereinheit sollte unterbleiben – darin befinden sich keine reparierbaren Teile.

Einbau

30 Der Einbau entspricht der umgekehrten Ausbaureihenfolge.

Kapitel 4, Teil A

Kraftstoffsystem – Vergasermotoren

Inhalt **Sektion**

Schwierigkeitsgrade

Leicht. Geeignet für Anfänger mit wenig Erfahrung.	**Relativ leicht.** Geeignet für Anfänger mit etwas Erfahrung.	**Relativ schwierig.** Geeignet für geübte Selbstschrauber. 	**Schwer.** Geeignet für Selbstschrauber mit viel Erfahrung. 	**Sehr schwer.** Geeignet für Experten und Profis. 

Technische Daten

Vergaser

Allgemein

Typ	
Modelle bis 1987	Pierburg 2B5
Modelle ab 1987	Pierburg 2B7
Choke-Typ	Automatisch
Standgasdrehzahl	
Modelle mit Schaltgetriebe	800/min
Modelle mit Automatikgetriebe	900/min
Standgasgemisch – CO-Gehalt	
Pierburg-Vergaser 2B5	
Einstellwert	1 %
Messwert	0,5 bis 2,0 %
Pierburg-Vergaser 2B7	
Einstellwert	1 %
Messwert	0,5 bis 1,5 %

Kalibrierung	**Primär**	**Sekundär**
Luftkorrekturdüse	140	65
Leerlaufgemischdüse		
2B5-Vergaser	47,5/120	-
2B7-Vergaser	47,5/115	-
Zusatz-Gemischdüse		
2B5-Vergaser	45/145	-
2B7-Vergaser	45/130	-

Technische Daten

Anreicherungsdüse	85	
Hauptdüse		
2B5-Vergaser	X 112,5	X 137,5
2B7-Vergaser	115	142,5
Luftbypass-Düse	-	140
Kraftstoffbypass-Düse	-	100
Schwimmerhöhe	siehe Text	
Beschleunigerpumpen-Versorgung	10 bis 14 ml je 10 Hübe	

Einstelldaten

Standgasanhebungs-Spalt	
2B5-Vergaser	4,0 mm
2B7-Vergaser	
Schaltgetriebe	5,0 mm
Automatikgetriebe	5,6 mm
Gasgestänge-Spiel (siehe Text)	
Spalt »A«	0,10 bis 0,50 mm
Spalt »B«	0,15 bis 0,85 mm
Chokeklappen-Öffnung bei Unterdruck	
Oberer Anschluss blockiert (siehe Text)	3,35 bis 3,65 mm
Oberer Anschluss offen (siehe Text)	1,35 bis 1,65 mm
Chokeklappen-Öffnung bei Vollgas	5,2 bis 6,2 mm
Chokeklappen-Öffnung bei 20° C	0,55 bis 2,05 mm
Spiel zwischen Chokeklappe und Volllast-Anreicherungsrohr	0,5 mm

Empfohlener Kraftstoff

Modelle ohne grünen Tankdeckel	Super verbleit, 98 Oktan*
Modelle mit grünem Tankdeckel	Super bleifrei, 95 Oktan

** beachten Sie die Hinweise in Sektion 10.*

1 Allgemeine Informationen und Warnhinweise

Das Kraftstoffsystem besteht aus einem oder zwei im Heck untergebrachten Tanks, einer elektrischen Tank-Pumpe, einer mechanischen Haupt-Pumpe und einem Pierburg-Vergaser. Einige spätere Modelle sind zudem mit einem Abgasrückführungssystem und einem Sekundärluftsystem ausgerüstet, um Schadstoffvorschriften einzuhalten – weitere Details hierzu finden sich in Kapitel 4C.

Bei den Pierburg-Vergasern der Typen 2B5 und 2B7 handelt es sich um Fallstrom-Registervergaser mit automatischem Choke für den Kaltstart – weitere Details zu den Vergasern finden sich in Sektion 11.

Die Auspuffanlage besteht aus unterschiedlichen Sektionen, deren Anzahl je nach Modell variiert. Sie ist mit Gummisegmenten unter dem Fahrzeugboden befestigt. Spätere Modelle verfügen über einen integrierten Katalysator.

Warnung: Viele der in diesem Kapitel durchgeführten Prozeduren erfordern die Demontage von Kraftstoffleitungen und -Anschlüssen – dabei können Benzinspritzer austreten. Bevor Arbeiten am Kraftstoffsystem erledigt werden, müssen die Hinweise in der Sektion »Sicherheit geht vor!« auf Seite 8 durchgelesen werden – ihnen ist unbedingt zu folgen! Benzin ist eine hochgefährliche und flüchtige Flüssigkeit, und die beim Umgang damit erforderlichen Vorsichtsmaßnahmen müssen zwingend eingehalten werden.

2 Luftfilter-Baugruppe – Ausbau und Einbau

1 Entfernen Sie das Luftfilterelement (siehe Kapitel 1).

2 Trennen Sie den Warmluft-Ansaugstutzen vom Luftfiltergehäuse. Trennen Sie auch den Schlauch der Motorentlüftung (siehe Abbildungen).

2.2a Ziehen Sie den Warmluft-Schlauch ab.

3 Jetzt können nötigenfalls der Vorwärm-Thermostat und die Luftklappe entfernt werden. Die Funktion des Thermostaten kann mithilfe eines Kühlschranks oder eines Haartrockners getestet werden – die Markierung am Thermostaten gibt die Temperatur an, bei der er etwa auf der »Halb«-Position steht (siehe Abbildungen).

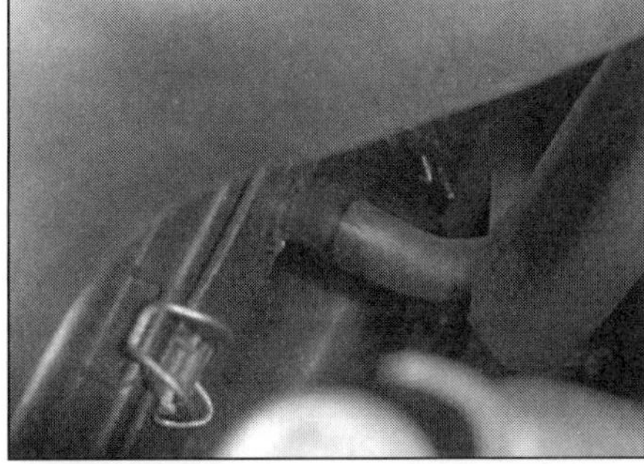

2.2b Einer der Motorentlüftungsschläuche am Luftfiltergehäuse

2.3a Demontage der Luftfilter-Vorheizungs-Baugruppe

2.3b Der Vorheizungs-Thermostat (Pfeil) in der Einstellung zum Ansaugen vorgewärmter Luft

4 Um das gesamte Luftfiltergehäuse zu entfernen, müssen die Schrauben oder Clips gelöst werden (siehe Abbildung). Heben Sie das Gehäuse an und befreien Sie den Kaltluft-Ansaugstutzen von der Öse am Innenkotflügel.

2.4 Eine Luftfiltergehäuse-Befestigungsschraube

Einbau

5 Der Einbau entspricht der umgekehrten Ausbaureihenfolge.

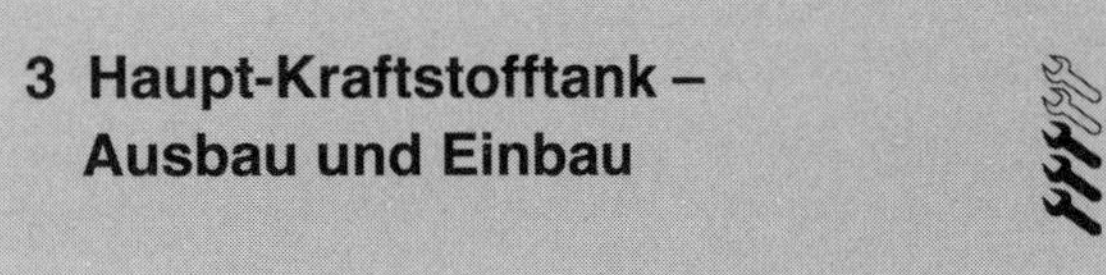

3 Haupt-Kraftstofftank – Ausbau und Einbau

Anmerkung: *Beachten Sie vor Arbeitsbeginn die Warnhinweise in Sektion 1*

Ausbau

1 Trennen Sie das Massekabel (–) der Batterie.
2 Entleeren Sie den Tank. Lagern Sie Benzin nur in dafür geeigneten und abgedichteten Behältern.
3 Bei Modellen mit Zusatztank muss zunächst dieser demontiert werden (siehe Sektion 4); bei allen anderen Modellen muss die Zugangsklappe aus dem Boden des Kofferraums entfernt werden.
4 Trennen Sie die Kraftstoffschläuche, den Einfüllstutzen, alle vorhandenen Belüftungsschläuche und den Tankpumpen-Stecker (siehe Sektion 5, Schritt 5).
5 Heben Sie das Fahrzeug hinten an und stützen Sie es ab. Stützen Sie den Tank ab, lösen Sie alle Muttern, Schrauben und Verstärkungsplatten und senken Sie den Tank ab.
6 Reparaturen am Tank dürfen nur von Fachwerkstätten vorgenommen werden. Selbst ein entleerter und ausgespülter Tank kann noch explosive Gase enthalten. Versuchen Sie nicht, einen Tank selbst zu schweißen oder zu löten. Der Hobbymechaniker darf lediglich »kalte« Abdichtmethoden mit im Fachhandel erhältlichen Spezialprodukten durchführen.

Einbau

7 Wenn ein neuer Tank eingebaut werden soll, muss dieser zuvor mit Korrosionsschutzmitteln behandelt werden.
8 Der Einbau entspricht der umgekehrten Ausbaumethode – verwenden Sie ggf. neue Schläuche und Schellen.

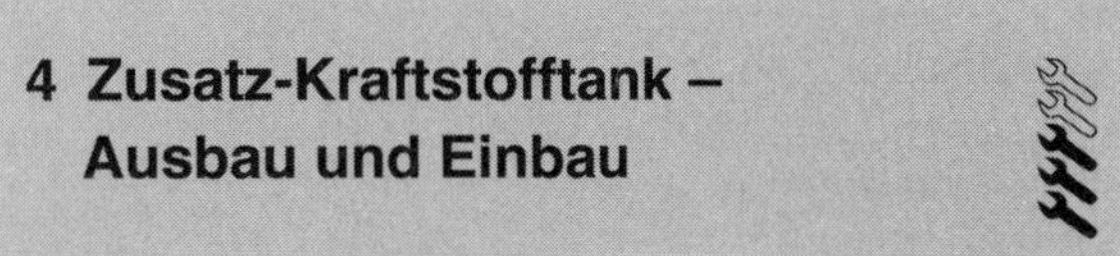

4 Zusatz-Kraftstofftank – Ausbau und Einbau

Anmerkung: *Beachten Sie vor Arbeitsbeginn die Warnhinweise in Sektion 1*

Ausbau

1 Der Zusatztank ist leer, sobald weniger als 60 Liter Kraftstoff vorhanden sind. Entleeren Sie ggf. den Haupttank, um den Zusatztank trocken zu legen.
2 Trennen Sie das Massekabel (–) der Batterie.
3 Lösen und entfernen Sie die Kofferraum-Auskleidung.
4 Schrauben Sie die Abdeckklappen des Tanks und des Einfüllrohrs ab und entfernen Sie beide.
5 Trennen Sie die Kabel vom Tankuhr-Geber (Abb. 7.6).
6 Trennen Sie den Belüftungsschlauch vom Zusatztank.
7 Lösen Sie die vier Schrauben des Zusatztanks.
8 Heben Sie den Tank so weit wie möglich an, ohne die darunter liegenden Anschlussschläuche zu belasten. Stützen Sie den angehobenen Tank mit Hölzern ab.
9 Trennen Sie links unter dem Zusatztank die zwei Schläuche, die ihn mit dem Haupttank verbinden (siehe Abbildung).

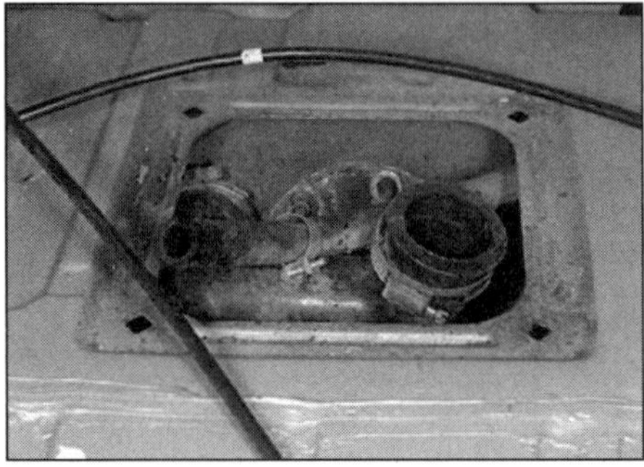

4.9 Die zwei Schläuche, mit denen der Haupt- und der Zusatztank verbunden sind

10 Heben Sie den Zusatztank heraus, befreien Sie dabei das dünne Belüftungsrohr vom vorderen Rand.

Einbau

11 Der Einbau entspricht der umgekehrten Ausbaumethode – verwenden Sie ggf. neue Schläuche und Schellen.

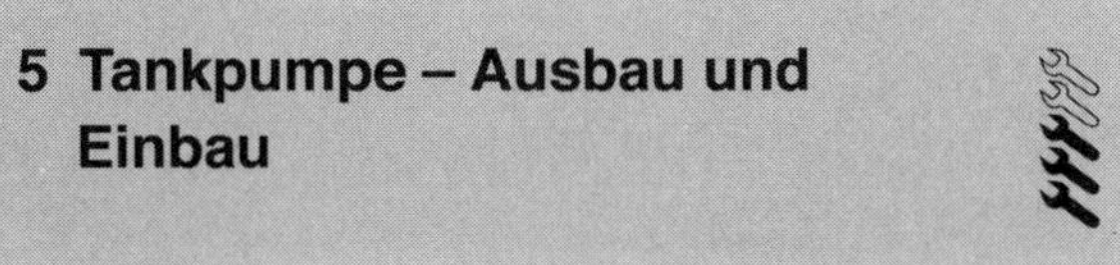

5 Tankpumpe – Ausbau und Einbau

Anmerkung: *Beachten Sie vor Arbeitsbeginn die Warnhinweise in Sektion 1*

Ausbau

1 Trennen Sie das Massekabel (–) der Batterie.
2 Verschaffen Sie sich Zugang zur Oberseite des Haupttanks – entweder durch den Ausbau des Zusatztanks (siehe Sektion 4) oder durch die Demontage der Zugangsklappe.
3 Reinigen Sie den Bereich um die Deckelplatte der Pumpe/Geber-Einheit.
4 Trennen und verstopfen Sie die Zulauf- und Rücklaufschläuche. Ziehen Sie ggf. den Belüftungsschlauch ab.
5 Verfolgen Sie die Verkabelung und trennen Sie sie am Mehrfachstecker; falls dieser bei der Durchführung zurück zum Tank nicht durch die Öffnungen der Karosserie passt, müssen die einzelnen Kabelstecker aus ihm herausgehebelt werden. Schrauben Sie die Masseverbindung ab und ziehen das Masseband ins Tank-Fach zurück.
6 Lösen Sie die Muttern, mit denen die Pumpenplatte am Tank befestigt ist. Bei späteren Modellen ist die Pumpe/Geber-Einheit mit einem großen Gewindering aus Kunststoff gesichert – lösen Sie diesen mit einem »weichen« Werkzeug wie einem Bandschlüssel.
7 Die Pumpe/Geber-Einheit kann jetzt aus dem Tank gehoben werden – gehen Sie dabei vorsichtig vor und beschädigen Sie nicht den Schwimmer (siehe Abbildung).
8 Lösen Sie das Ansaugsieb und das Rohr von der Pumpe. Lösen Sie die Klemmschraube des Kabelsteckers und entfernen Sie die Pumpe (siehe Abbildungen).
9 Falls die Pumpe defekt ist, muss sie ersetzt werden.

5.7 Ausbau der Tankpumpe

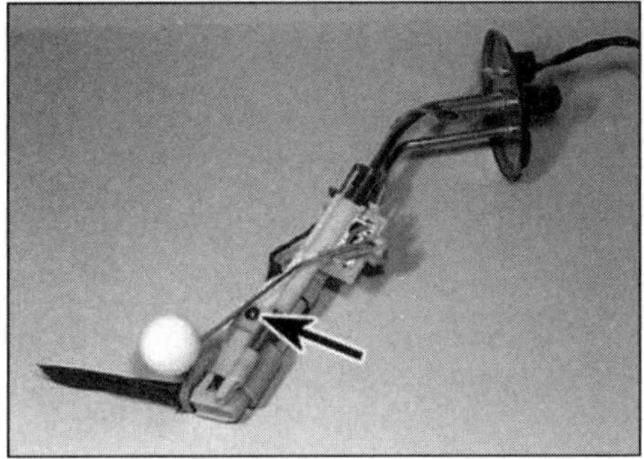

5.8a Die Tankpumpe samt Tankuhr-Geber und Kabelstecker-Klemmschraube (Pfeil)

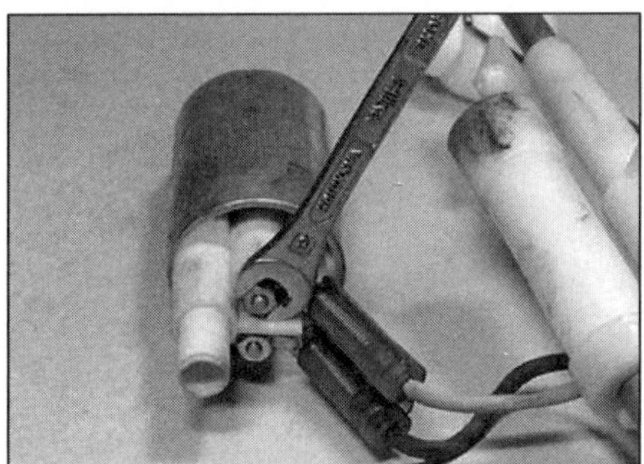

5.8b Trennen eines Anschlusses von der Pumpe

Einbau

10 Setzen Sie die Pumpe an den Tankuhr-Geber und sichern Sie die Ansaug-Komponenten – der O-Ring und das gesäuberte Sieb müssen sich in einem guten Zustand befinden (siehe Abbildung). Schließen Sie den Stecker an und sichern Sie ihn mit der Klemmschraube.

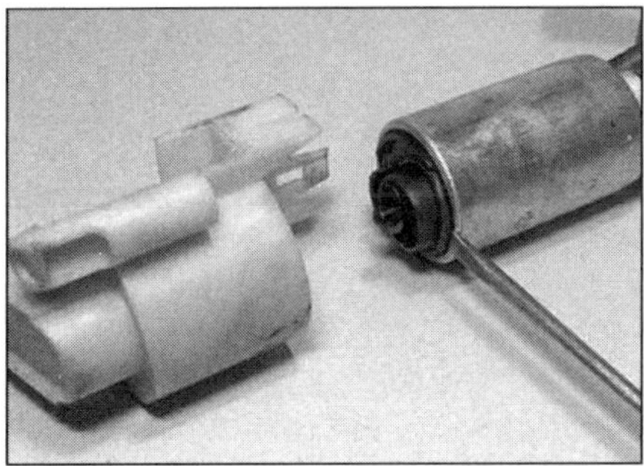

5.10 Der Schraubendreher zeigt auf den Pumpen-O-Ring

11 Die Pumpe stützt sich mit einer Feder gegen den Deckel ab, um das Ansaugsieb möglichst tief zu halten; überwinden Sie diesen Federdruck zeitweise, indem Sie die Pumpe gegen den Deckel drücken und sie in dieser Position mit einem am einem Band befestigten Zündholz festklemmen – führen Sie das Band durch die Belüftungsbohrung heraus (siehe Abbildung).

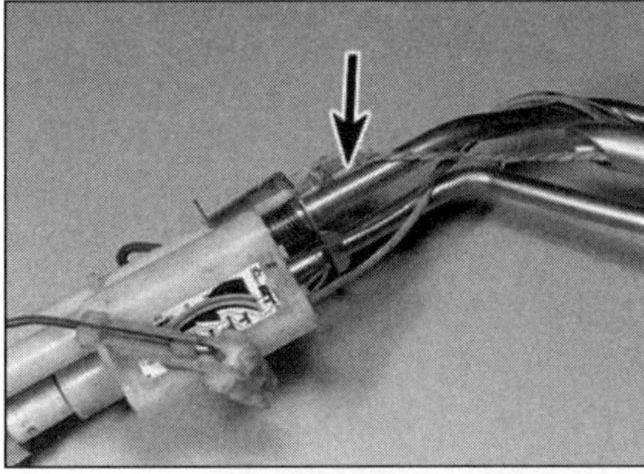

5.11 Die Pumpe ist mit einem eingeklemmten Zündholz (Pfeil) in der angehobenen Position verklemmt. Das Seil ist durch das Belüftungsrohr geführt.

12 Kontrollieren Sie den Dichtring am Tank und ersetzen Sie ihn nötigenfalls.
13 Senken Sie die Pumpe/Geber-Einheit in den Tank ab und positionieren Sie die Baugruppe. Drehen Sie die Muttern auf oder richten Sie bei späteren Modellen die Pfeile an jeder Seite der Einheit zu den Nähten des Tanks aus, bevor der Gewindering aufgedreht wird.
14 Ziehen Sie das Band mit dem Zündholz heraus, um die Feder zu entspannen und das Ansaugsieb gegen den Tankboden zu drücken. Ein verloren gegangenes Zündholz bereitet keine Probleme.
15 Installieren Sie bei Modellen mit Zusatztank die Strebe an das Belüftungsrohr.
16 Verbinden Sie den/die Kabelstecker – vergessen Sie nicht den Masseanschluss.
17 Schließen Sie die Kraftstoffschläuche und ggf. den Belüftungsschlauch an (siehe Abbildung).

5.17 Kraftstoffschläuche und Belüftungsstutzen im angeschlossenen Zustand

18 Montieren Sie den Zusatztank oder die Zugangsklappe.
19 Verbinden Sie das Massekabel mit der Batterie.

6 Haupt-Kraftstoffpumpe – Ausbau und Einbau

Anmerkung: *Beachten Sie vor Arbeitsbeginn die Warnhinweise in Sektion 1*

Ausbau

1 Trennen Sie das Massekabel (–) der Batterie.
2 Reinigen Sie die Bereiche um die Schlauchanschlüsse an der Pumpe, lockern Sie dann die Schlauchschellen und ziehen Sie die Schläuche ab (siehe Abbildung) – seien Sie auf austretende Benzinspritzer vorbereitet. Verstopfen Sie den Tank-Schlauch mit einer Schraube oder Metallstange.

6.2 Mechanische Kraftstoffpumpe mit angeschlossenen Schläuchen

3 Schrauben Sie die Benzinpumpe aus dem Block und entfernen Sie sie. Stellen Sie die Dichtung und mögliche Distanzteile sicher.
4 Der Pumpendeckel kann nötigenfalls zum Reinigen des Pumpensiebs entfernt werden. Weitere Zerlegungen dürfen erst erfolgen, wenn ein Reparaturset beschafft werden kann – da Pumpen verschiedener Hersteller verwendet werden, muss dies zunächst erfragt werden.

Einbau

5 Der Einbau entspricht der umgekehrten Ausbaumethode – verwenden Sie eine neue Dichtung.
6 Starten Sie den Motor und kontrollieren Sie alles auf Undichtigkeit.

7 Tankuhr-Geber – Ausbau, Test und Einbau

Anmerkung: *Beachten Sie vor Arbeitsbeginn die Warnhinweise in Sektion 1*

Haupttank-Gebereinheit

Ausbau und Einbau

1 Der Geber bildet zusammen mit der Tankpumpe eine Einheit – beachten Sie die Hinweise in Sektion 5.

Testen

2 Verbinden Sie ein Ohmmeter mit dem schwarzen und dem grau/weißen Kabel. Bewegen Sie den Schwimmer auf und ab – der gemessene Widerstand muss sich dabei verändern.
3 Ein defekter Tankuhr-Geber muss durch ein Neuteil ersetzt werden – Reparaturen sind nicht möglich.

Zusatztank-Gebereinheit

Ausbau

4 Trennen Sie das Massekabel (–) der Batterie.
5 Lösen und entfernen Sie die Kofferraum-Auskleidung.
6 Trennen Sie die Kabel oben vom Tankuhr-Geber (siehe Abbildung).

7.6 Zusatztank-Geber mit angeschlossener Verkabelung

7 Drehen Sie mit einem großen Schraubendreher oder einem Montiereisen den Geber gegen den Uhrzeigersinn aus dem Tank – gehen Sie beim Ausbau vorsichtig vor und beschädigen Sie nicht den Schwimmer (siehe Abbildung).

7.7 Der ausgebaute Zusatztank-Geber

Testen

8 Verbinden Sie ein Ohmmeter mit den Anschlüssen des Gebers. Bewegen Sie den Schwimmer auf und ab – der gemessene Widerstand muss sich dabei verändern.

Einbau

9 Der Einbau entspricht der umgekehrten Ausbaumethode – verwenden Sie nötigenfalls einen neuen Dichtring.

8 Gaszug – Ausbau, Einbau und Einstellung

Ausbau

1 Befreien Sie die Gaszug-Hülle durch Entfernen des Federclips, hängen Sie dann den Seilzugnippel an der Trommel aus (siehe Abbildungen).

8.1a Entfernen Sie den Federclip . . .

8.1b . . . und hängen Sie den Gaszugnippel an der Trommel aus.

2 Entfernen Sie im Innenraum die Verkleidung unterhalb der Lenksäule. Ziehen Sie den Gaszugseil durch das Ende des Pedals und befreien Sie die Spreizbuchse vom Ende des Zugseils (siehe Abbildung).

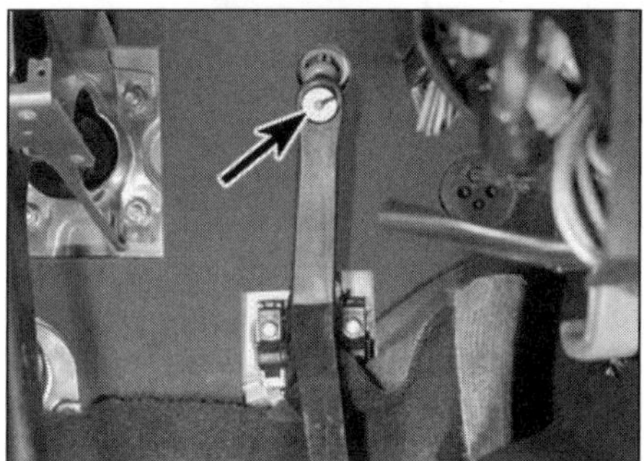

8.2 Eine Spreizbuchse (Pfeil) sichert den Gaszug am Pedal-Ende.

3 Befreien Sie die Gaszug-Buchse aus der Spritzwand und ziehen Sie den Gaszug in den Motorraum. Merken Sie sich die Verlegung des Gaszugs, befreien Sie ihn aus allen Befestigungen und entnehmen Sie ihn.

Einbau und Einstellung

4 Installieren Sie den Zug in der umgekehrten Ausbaureihenfolge. Stellen Sie ihn wie folgt ein:

5 Trennen Sie das Verbindungsgestänge zu den Drosselklappen, indem Sie das Kugelgelenk abhebeln (siehe Abbildung).

6 Bei nicht betätigtem Gaspedal muss das Gaszugseil gerade eben straff sein und die Trommel der Betätigung am Standgas-Anschlag anliegen. Bei durchgetretenem Pedal muss die Trommel am Vollgas-Anschlag anliegen. Stellen Sie den Zug nötigenfalls mithilfe der Gewindehülse ein.

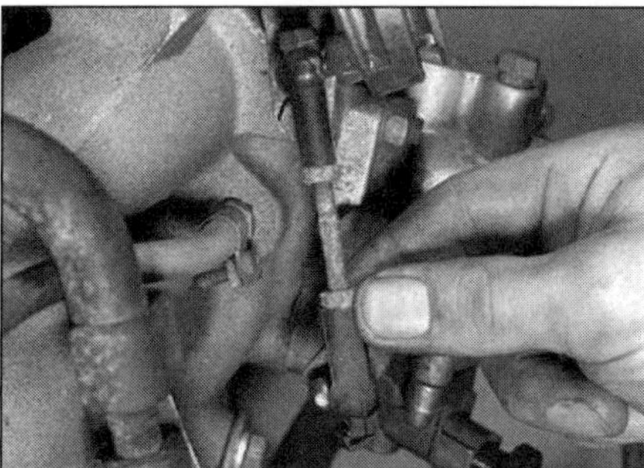

8.5 Trennen des Drosselklappen-Verbindungsgestänge

7 Bei Automatikmodellen muss zuvor die Einstellung des Kickdown-Bowdenzugs kontrolliert werden (siehe Kapitel 7B).

8 Verbinden Sie das Verbindungsgestänge und stellen Sie seine Länge nötigenfalls wie folgt ein:

9 Die Standgasanhebungs-Schraube muss sich im unteren Bereich des Nockens befinden (normale Standgasposition) – jetzt muss der Drosselklappenhebel die Anschlagschraube berühren.

10 Verbinden Sie das Verbindungsgestänge: Die Gaszug-Trommel muss 0,5 bis 1,0 mm vom Standgas-Anschlag weg gehalten werden; stellen Sie nötigenfalls das Gestänge ein, um diesen Wert zu erreichen.

9 Gaspedal – Ausbau und Einbau

Ausbau

1 Entfernen Sie die Verkleidung unterhalb der Lenksäule.

2 Drücken Sie das Pedal vollständig durch. Greifen Sie das Gaszug-Seil mit einer Zange und lassen Sie das Pedal los. Trennen Sie das Zugseil von der Spreizbuchse.

3 Lösen Sie die Schrauben der Pedalhalterung und entfernen Sie das Pedal samt Halterung.

Einbau

4 Der Einbau entspricht der umgekehrten Ausbaumethode. Kontrollieren Sie zum Schluss die Einstellung des Gaszugs (siehe Sektion 8).

10 Bleifreier Kraftstoff – Allgemeine Informationen und Hinweise

Anmerkung: *Die hier wiedergegebene Information stammt aus dem Jahr 2003. Falls aktuelle Informationen benötigt werden, muss bei einem Volvo-Händler nachgefragt werden. Erkundigen Sie sich vor Auslandsreisen bei Automobilclubs o.ä. nach Hinweisen über dort erhältliche Kraftstoffe.*

Der von Volvo empfohlene Kraftstoff ist in den technischen Daten aufgeführt. Da es heute kein verbleites Benzin mehr gibt, raten manche zur Verwendung sogenannter Blei-Addi-

tive – allerdings nur bei Fahrzeugen ohne Katalysator. Beim Überholen eines Motors sollten die Ventil-Dichtringe genau kontrolliert – und ggf. durch gehärtete Ausführungen ersetzt werden. Holen Sie sich Rat bei einer Volvo-Werkstatt.
Ab Modelljahr 1988 sind alle Modelle, die problemlos mit bleifreiem Benzin auskommen, mit einem grünen Tankdeckel ausgerüstet. Dieser Deckel verschließt einen kleinen Einfüllstutzen, der nur mit Bleifrei-Zapfpistolen betankt werden kann. Modelle ohne einen grünen Tankdeckel müssen generell mit »Super plus« mit 98 Oktan betankt werden.
Hinsichtlich der Verwendung von E10-Treibstoff gibt Volvo diesen generell bei allen Modellen ab 740 frei. Erkundigen Sie sich für ältere 760-Modelle bei einem Volvo-Händler.

11 Vergaser – Allgemeine Informationen

Der an früheren B 230K-Motoren montierte Pierburg 2B5-Vergaser ist ein Fallstrom-Registervergaser. Bei der Kaltstartvorrichtung (»Choke«) handelt es sich um ein halbautomatisches System, das durch einmaliges Drücken des Gaspedals vor dem Start aktiviert wird.
Die beiden Vergaserkanäle werden sequenziell betätigt. Im Standgas und bei geringer Last wird nur der Primärkanal benutzt. Das Öffnen der Drosselklappe im Sekundärkanal wird vom im Primärkanal entstehenden Unterdruck geregelt, wobei eine mechanische Sperrvorrichtung das Öffnen der Sekundär-Drossel verhindert, solange die Primärdrossel nicht mindestens zur Hälfte geöffnet ist. Dieses System bewirkt einen besseren Durchzug aus niedrigen Drehzahlen als ein einfaches mechanisches Gestänge.
Die Choke-Funktion wird nach dem Motorstart von einer Bimetallfeder kontrolliert, die durch ein elektrisches Element und zirkulierendes Kühlwasser erwärmt wird und so schrittweise die Choke-Klappe öffnet. Unterdruck und mechanische Vorrichtungen beeinflussen den Öffnungsgrad der Klappe während der Warmlaufphase und verhindern so eine zu starke Anreicherung des Gemischs.
Bei laufendem Motor entlüftet die Schwimmerkammer in den Lufteinlass des Vergasers. Hierdurch wird sichergestellt, dass eine beschränkte Luftzufuhr (z.B. aufgrund eines verstopften Luftfilters) sowohl die Luft- als auch die Benzinzufuhr beeinträchtigt und so eine Gemischanreicherung verhindert wird. Beim Einschalten der Zündung stellt ein Warmstart-Ventil sicher, dass die Schwimmerkammer in die Umgebungsluft entlüftet wird und eine Ansammlung von Benzindämpfen verhindert wird, die einen Warmstart erschweren könnten.
Ein Kraftstoff-Abschaltsystem verbessert den Verbrauch, indem es die Benzinzufuhr im Schiebebetrieb unterbricht, soweit der Motor warm ist und über 1610/min dreht. Das vom Zünd-Steuergerät überwachte System verwendet ein Unterdruckventil, ein Magnetventil und einen Drosselklappenschalter; die beiden Ventile sorgen auch dafür, dass der Motor nach dem Abschalten der Zündung nicht »nachdieselt«.
Zwei Schwimmer in zwei Schwimmerkammern sorgen dafür, dass auch an Steigungen und in scharf gefahrenen Kurven eine einigermaßen gleichmäßige Kraftstoffversorgung sichergestellt wird. Um die Treibstoff-Temperatur konstant zu halten und Dampfblasen zu verhindern, wird mithilfe eines Rücklaufsystems das Benzin in einem stetigen Kreislauf gehalten.
Der in diesem Kapitel auf den Abbildungen gezeigte Vergaser ist tatsächlich ein Pierburg 2B7, also eine Weiterentwicklung des 2B5, wie sie an späteren B 230K-Motoren zum Einsatz kam. Abgesehen von einer dreistufigen Choke-Unterdruckeinheit und einem nicht vorhandenen Benzin-Rücklauf-Anschluss sind beide Vergaser baugleich.

12 Vergaser – Ausbau und Einbau

Anmerkung: *Beachten Sie vor Arbeitsbeginn die Warnhinweise in Sektion 1.*

Ausbau

1 Trennen Sie das Massekabel (–) der Batterie.
2 Entfernen Sie den Lufteinlass oben vom Vergaser, indem Sie die Rändelmutter lösen und die Belüftungs- und Unterdruckleitungen trennen. Entfernen Sie den O-Ring (siehe Abbildungen).
3 Trennen Sie das Drosselklappengestänge.
4 Trennen Sie den Kabelstecker vom Vergaser (siehe Abbildung).

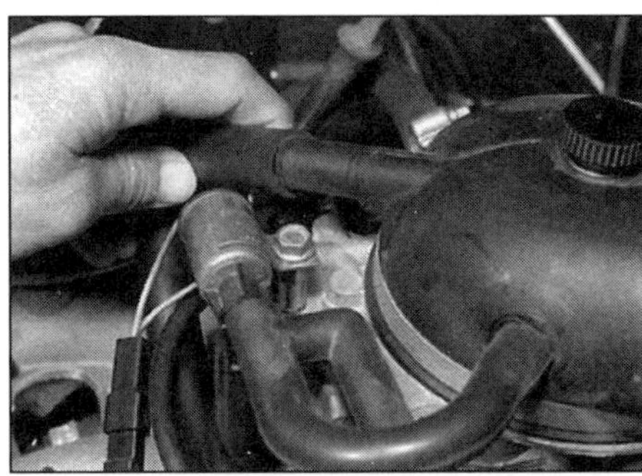

12.2a Trennen eines Vergaser-Belüftungsschlauchs

12.2b Lösen Sie den Verschluss des Ausgleichsbehälters

12.2c O-Ring am Vergaser-Einlass

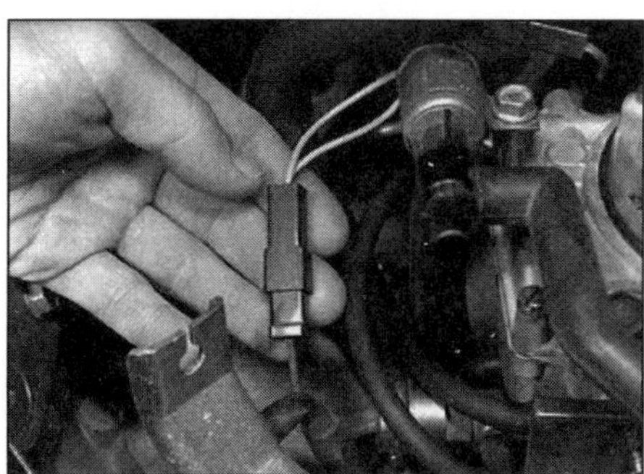

12.4 Kabelstecker am Vergaser

5 Trennen Sie die ggf. zuvor markierten Unterdruckschläuche vom Vergaser (an den Anschlussstutzen finden sich ggf. farbige Scheiben, die zu den Farben der Unterdruckschläuche passen).
6 Lockern Sie (bei abgekühltem Motor!) den Deckel des Ausdehnungsbehälters, um das Kühlsystem drucklos zu machen. Klemmen Sie die zum Choke führenden Kühlerschläuche ab und trennen Sie sie – seien Sie auf austretendes Kühlmittel vorbereitet.
7 Trennen und verstopfen Sie die Zulauf- und Rücklaufschläuche, um keinen Schmutz eindringen zu lassen – seien Sie auf austretenden Kraftstoff vorbereitet.

12.8 Lösen Sie die vier Inbusschrauben, um dem Vergaser zu befreien.

8 Lösen Sie die vier Inbusschrauben, die den Vergaser am Einlassstutzen sichern (siehe Abbildung). Heben Sie den Vergaser ab und stellen Sie das Distanzstück und die Dichtungen sicher.

Einbau

9 Der Einbau entspricht der umgekehrten Ausbaumethode. Verwenden Sie neue Dichtungen und ggf. einen neuen O-Ring für das Ansaugsegment.
10 Prüfen Sie die Einstellung der Standgasanhebung (siehe Sektion 15). Stellen Sie die Standgasdrehzahl und den CO-Gehalt ein (siehe Kapitel 1).
11 Füllen Sie ggf. das Kühlsystem auf.

13 Vergaser – Fehlerdiagnose, Überholung und Zusammenbau

Fehlerdiagnose

1 Bevor bei einem schlecht laufenden Motor ein Fehler am Vergaser vermutet wird, sollten immer zuerst der Zündzeitpunkt, die Zündkerzen, das Luftfilterelement und die Verlegung des Gaszugs überprüft werden (siehe Kapitel 1 und 5). Falls der Motor sehr rau läuft, muss zudem das Ventilspiel (siehe Kapitel 1) geprüft und ggf. ein Kompressionstest durchgeführt werden (siehe Kapitel 2A).
2 Wenn sorgfältige Kontrollen der oben erwähnen Punkte keine Verbesserungen bringen, muss der Vergaser für eine Reinigung und Überholung ausgebaut werden.
3 Vor Beginn einer Überholung muss sichergestellt sein, dass alle erforderlichen Ersatzteile vorhanden sind – die meisten Dichtungen und Verschleißteile sind als Set erhältlich. In den meisten Fällen wird es allerdings ausreichen, den Vergaser zu zerlegen und alle Düsen und Kanäle sorgfältig zu reinigen.

Überholung

Anmerkung: *Beachten Sie vor Arbeitsbeginn die Warnhinweise in Sektion 1.*
Anmerkung: *Die hier beschriebenen Arbeiten sollten als maximal mögliche Überholung betrachtet werden. Ein wirklich stark verschlissener Vergaser sollte besser komplett ersetzt werden.*
4 Der demontierte Vergaser muss zunächst entleert werden. Reinigen Sie den Vergaser äußerlich mit Petroleum und einer alten Zahnbürste, trocknen Sie ihn dann mit einem Tuch ab.
5 Betätigen Sie das Drosselklappengestänge und begutachten Sie dabei die Drosselklappen und ihre Wellen. Falls Verschleiß oder Schäden festgestellt werden, muss der Vergaser ausgetauscht werden (das Drosselklappengehäuse kann nicht separat erneuert werden, da Spezialausrüstung nötig ist, um es an den Rest des Vergasers anzupassen).

Oberer Deckel

6 Schrauben Sie das Warmstartventil ab. Trennen Sie seine Schläuche und den Kabelstecker und entfernen Sie es.

13.6 Warmstartventil-Sicherungsschraube (Pfeil)

7 Trennen Sie den Unterdruckschlauch der Sekundärdrossel – merken Sie sich seine Position (siehe Abbildung).
8 Trennen Sie das Gestänge der Beschleunigerpumpe am unteren Ende, indem Sie es heraushebeln (siehe Abbildung).
9 Trennen Sie das Chokegestänge am oberen Ende, indem Sie es vom Kunststoffhebel befreien.
10 Entfernen Sie den zentralen Stehbolzen und die vier Schrauben, die den oberen Deckel sichern (siehe Abbildung).
11 Heben Sie den Deckel ab und entnehmen Sie die Dichtung.
12 Kontrollieren Sie die Feder des Teillast-Anreicherungsventils und den Kolben auf freie Beweglichkeit im Deckel (siehe Abbildung). Falls der Kolben klemmt, muss der Vergaser ersetzt werden.

13.7 Ziehen Sie den Schlauch der Sekundärdrossel-Unterdruckeinheit ab.

13.8 Hebeln Sie das Verbindungsgestänge der Beschleunigerpumpe heraus.

13.10 Befestigungsschrauben und Stehbolzen des oberen Vergaserdeckels

13.12 Teillast-Anreicherungsventil (Pfeil)

13 Inspizieren Sie das Choke- und das Beschleunigerpumpen-Gestänge und ersetzen Sie verschlissene Bauteile.

14 Drehen Sie den oberen Deckel um, sodass die Schwimmer oben liegen. Verschließen Sie den Rücklauf-Anschluss und blasen Sie in den Zulauf-Stutzen – die Schwimmernadelventile dürfen keine Luft durchlassen. Heben Sie die Schwimmer an – jetzt müssen die Ventile öffnen.

15 Messen Sie bei auf dem Kopf stehendem Deckel die Höhen der Schwimmer (siehe Abbildung) – die Dichtungen müssen dazu entfernt sein und die Stifte der Schwimmernadelventile dürfen nicht eingedrückt sein.

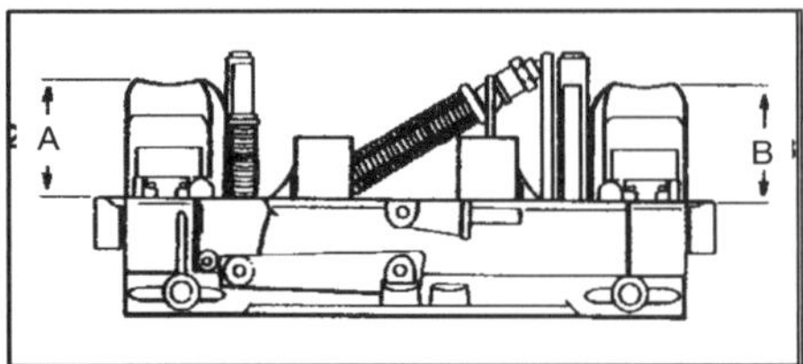

13.15 Die Schwimmer müssen die angegebenen Höhen aufweisen.
A 27–29 mm *B 29–31 mm*

16 Falls ein Ventil undicht ist oder die Schwimmerhöhe nicht korrekt ist, müssen die Ventile und die Schwimmer ersetzt werden – letztere können nach dem Herausklopfen des Lagerstifts entnommen werden.

Sekundärdrossel-Unterdruckeinheit

17 Schließen Sie eine Vakuumpumpe an die Sekundärdrossel-Unterdruckeinheit an.

18 Öffnen Sie die Primärdrossel vollständig und erzeugen Sie Unterdruck – die Sekundärdrossel muss sich öffnen. Halten Sie den Unterdruck eine Zeit lang, um sicherzustellen, dass nirgends ein Leck vorhanden ist.

19 Ersetzen Sie die Unterdruckeinheit nötigenfalls. Trennen Sie auf jeden Fall sein Verbindungsgestänge vom Kugelgelenk.

Drosselklappengehäuse und Gestänge

20 Trennen Sie den verbliebenen Schlauch von der Choke-Unterdruckeinheit – merken Sie sich die Anschlüsse.

21 Lösen Sie an der Unterseite des Drosselklappengehäuses die Schraube. Trennen Sie das Vergasergehäuse und entnehmen Sie die dicke Dichtung (siehe Abbildungen).

22 Inspizieren Sie das an der Seite des Gehäuses sitzende Drosselklappengestänge – ersetzen Sie alle schadhaften Teile. Verdrehen Sie nicht die Drosselklappen-Anschlagschrauben.

23 Prüfen Sie das Spiel der Drosselklappen-Anlenkung an der Unterseite des Kunststoffhebels zur Metallgabel – drücken Sie den Hebel dabei jeweils zu einer und dann der anderen Seite, um die Spalte A und B zu messen (siehe Abbildung). Biegen Sie die Gabel zurecht, falls die Werte nicht den Vorgaben in den technischen Daten entsprechen.

24 Schließen Sie Unterdruck am Kraftstoff-Abschalt-Unterdruckventil an und prüfen Sie, ob sich der Ventilkolben hineinbewegt, um den Leerlaufgemisch-Kanal zu blockieren. Zerlegen Sie das Ventil nötigenfalls, um es zu kontrollieren.

Choke-Komponenten

25 Kontrollieren Sie die Ausrichtmarkierungen am Gehäuse der Bimetallfeder und dem Choke-Träger (siehe Abbildung) – bringen Sie nötigenfalls selbst welche an. Lösen Sie dann die drei Schrauben, die den Klemmring sichern, und entfernen Sie diesen samt Wassermantel und Federgehäuse. Entnehmen Sie die Dichtung.

13.21a Lösen Sie die Drosselklappengehäuse-Schraube.

13.21b Entnehmen Sie die dicke Dichtung.

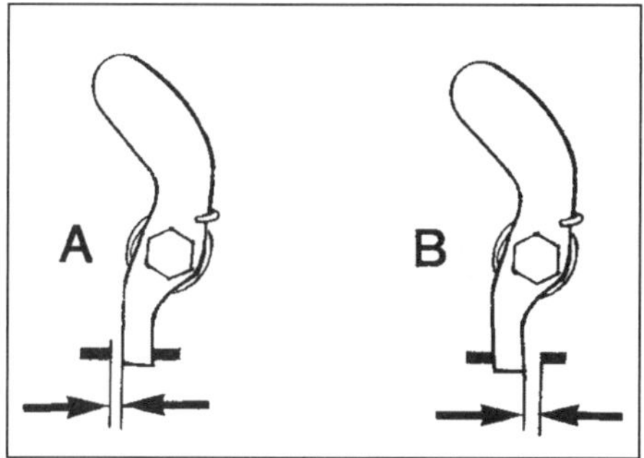

13.23 Spiel der Drosselanlenkung. A und B sind im Text erklärt.

13.25 Ausrichtmarkierungen zwischen dem Bimetallfedergehäuse und dem Choke-Träger

26 Der Wassermantel kann nach dem Lösen der zentralen Schraube vom Federgehäuse entfernt werden. Entnehmen Sie den O-Ring.

27 Schließen Sie Unterdruck am unteren Anschluss der Choke-Unterdruckeinheit an. Verschließen Sie den oberen Anschluss – die Zugstange muss den entfernt liegenden Anschlag berühren. Halten Sie den Unterdruck eine Zeit lang, um sicherzustellen, dass nirgends ein Leck vorhanden ist.

28 Ziehen Sie die Unterdruckeinheit und den Deckel vom Choke-Träger. Entfernen Sie die drei Schrauben, die den Träger sichern – die kürzere von ihnen gehört hinter die Zugstange der Unterdruckeinheit. Hebeln Sie den inneren Kunststoff-Clip ab und ziehen Sie den Choke-Träger samt Welle, Feder usw. ab. (siehe Abbildungen).

13.28a Im Choke-Träger sitzen die drei Befestigungsschrauben.

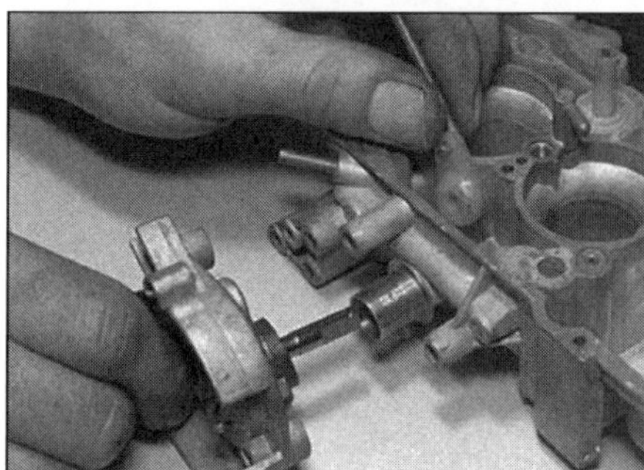

13.28b Ausbau des Choke-Trägers

29 Kontrollieren Sie alle Choke-Komponenten und ersetzen Sie schadhafte oder verschlissene Teile.

Beschleunigerpumpe

30 Entfernen Sie den um die Pumpenkolbenstange liegenden Filzring (siehe Abbildung).

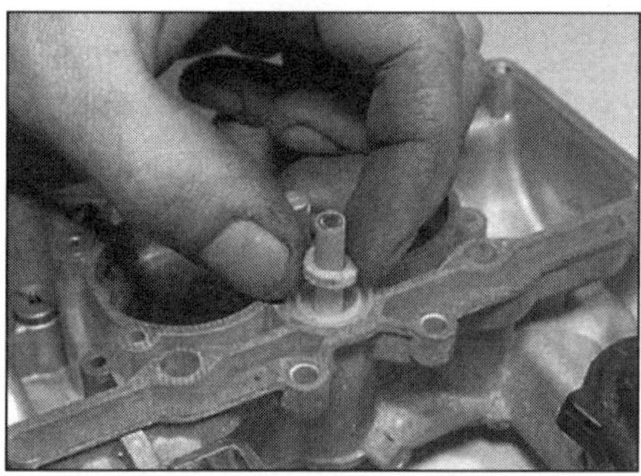

13.30 Filzring der Beschleunigerpumpe

31 Hebeln Sie den Kolbenhalter hoch.

32 Heben Sie den Kolben und die Feder heraus (siehe Abbildungen).

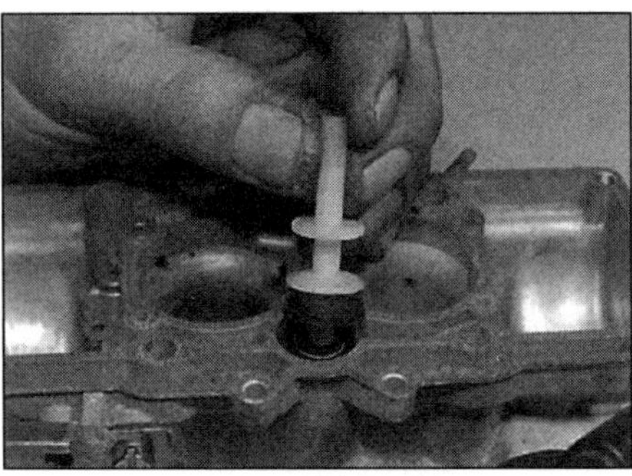

13.32a Ausbau des Beschleunigerpumpen-Kolbens . . .

13.32b . . . und seiner Feder

33 Kontrollieren Sie alle Teile und ersetzen Sie sie nötigenfalls.

Düsen

34 Entfernen Sie die Düsen und blasen Sie sie mit Druckluft aus (siehe Abbildung). Keinesfalls darf mit Draht darin herum gestochert werden, da sie hierbei geweitet würden. Die Luft-Korrekturdüsen sind eingepresst und können nicht befreit werden.

Warnung: Tragen Sie beim Einsatz von Druckluft stets eine Schutzbrille!

35 Drehen Sie die Standgasdrehzahl- und Standgasgemisch-Schrauben heraus.

36 Blasen Sie Druckluft durch alle Kanäle und Öffnungen, installieren Sie dann alle Düsen und Einstellschrauben. Drehen Sie die Schrauben zunächst handfest ein. Die Standgasdrehzahlschraube wird anschließend 2 ½ Umdrehungen wieder herausgedreht, bei der Standgasgemisch-Schraube sind es 3 ½ Umdrehungen. Feineinstellungen erfolgen nach dem Einbau.

In Sprühdosen erhältlicher Vergaserreiniger ist sehr nützlich, um interne Bereiche von hartnäckigen Ablagerungen zu befreien.

Zusammenbau

37 Beschaffen Sie ein Reparaturset mit neuen Dichtungen, Dichtringen und anderen Austauschteilen.

38 Installieren Sie die Beschleunigerpumpen-Feder samt Kolben, Halter und Filzring.

39 Montieren Sie das Drosselklappengehäuse an das Vergasergehäuse – verwenden Sie dabei eine neue dicke Dichtung und neue Schrauben.

40 Installieren Sie die Sekundärdrossel-Unterdruckeinheit (falls entfernt) und schließen Sie den Unterdruckschlauch und das Gestänge an. Stellen Sie das Gestänge so kurz wie möglich ein, ohne dass die Drossel tatsächlich geöffnet wird.

41 Montieren Sie den Choke-Träger, die Welle und alle zugehörigen Komponenten. Schieben Sie die Choke-Unterdruckeinheit und den Deckel auf.

42 Setzen Sie den oberen Deckel mit einer neuen Dichtung auf und verbinden Sie die Choke- und Beschleunigerpumpen-Gestänge.

43 Stellen Sie die Choke-Automatik (siehe Sektion 14, Schritt 3 ff.) und dann die Beschleunigerpumpe wie folgt ein:

Beschleunigerpumpen-Versorgung

44 Füllen Sie die Schwimmerkammern über das Zulaufrohr mit Benzin auf, bis es aus dem Rücklaufrohr wieder auszutreten beginnt.

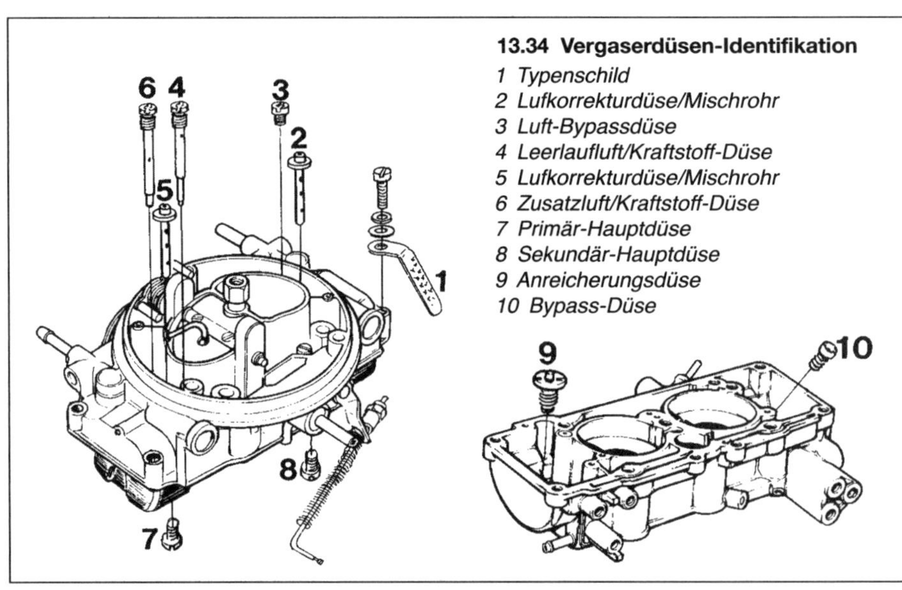

13.34 Vergaserdüsen-Identifikation
1 Typenschild
2 Lufkorrekturdüse/Mischrohr
3 Luft-Bypassdüse
4 Leerlaufluft/Kraftstoff-Düse
5 Lufkorrekturdüse/Mischrohr
6 Zusatzluft/Kraftstoff-Düse
7 Primär-Hauptdüse
8 Sekundär-Hauptdüse
9 Anreicherungsdüse
10 Bypass-Düse

45 Positionieren Sie die Unterseite des Vergasers über einen Trichter, der in einem Messzylinder steckt. Halten Sie den Standgasanhebungs-Nocken beiseite und öffnen Sie zehnmal hintereinander vollständig die Drosselklappe – das Öffnen selbst muss ungefähr eine Sekunde dauern, nach dem Schließen wird bis zum nächsten Öffnen drei Sekunden gewartet. Es müssen 10 bis 14 ml Benzin ausgetreten sein.
46 Bei anderen Ergebnissen muss die Einstellmutter des Gestänges entsprechend verdreht und der Test wiederholt werden.

Endmontage

47 Montieren Sie das Warmstart-Ventil samt Schläuchen sowie ggf. das Kraftstoff-Abschaltventil.
48 Schmieren Sie die Gestänge solange sie zugänglich sind.
49 Schließen Sie alle entfernten Unterdruckschläuche und Kabelstecker an.

14 Choke-Automatik – Einstellung

1 Demontieren Sie den Vergaser (siehe Sektion 12).
2 Bringen Sie nötigenfalls Ausrichtmarkierungen an und lösen Sie die drei Schrauben des Bimetallfedergehäuse-Klemmrings. Entfernen Sie den Klemmring und das Federgehäuse samt Wassermantel und Dichtung.
3 Falls noch nicht geschehen, muss der Spalt der Standgasanhebung eingestellt werden (siehe Sektion 15).
4 Weitere Einstellungen müssen in der vorgegebenen Reihenfolge durchgeführt werden:
5 Schließen Sie die Choke-Klappe, indem Sie ein Gummiband um das Chokegestänge und die Choke-Unterdruckeinheit wickeln.
6 Öffnen und schließen Sie die Drossel – die Einstellschraube der Standgasanhebung muss sich zur siebten (höchsten) Stufe des Nockens bewegen. Zwischen dem Chokegestänge und der Stange der Unterdruckeinheit muss ein kleiner Spalt von 0,5 bis 1,0 mm vorhanden sein. Biegen Sie die Lasche des Gestänges nötigenfalls entsprechend, um diesen Wert zu erreichen.
7 Schließen Sie Unterdruck am unteren Anschluss der Choke-Unterdruckeinheit an. Verschließen Sie den oberen Anschluss – die Chokeklappe muss sich im Spalt A um 3,35 bis 3,65 mm öffnen. Stellen Sie nötigenfalls Schraube a ein (siehe Abbildung).
8 Öffnen Sie den oberen Anschluss wieder und erhalten Sie am unteren weiterhin Unterdruck – jetzt muss die Klappe am Spalt B um 1,35 bis 1,65 mm öffnen; regulieren Sie ggf. mit Schraube B nach (Abb. 14.7).
9 Lassen Sie den Unterdruck ab, aber belassen Sie die Pumpe angeschlossen. Verdrehen Sie die Drosselklappe so, dass sich die Einstellschraube der Standgasanhebung wieder an der siebten Stufe des Nockens befindet. Verschließen Sie den oberen Unterdruck-Anschluss und erzeugen Sie am unteren Anschluss erneut Unterdruck. Öffnen und schließen Sie die Drossel – die Standgasanhebungs-Schraube muss auf die sechste Stufe zurückkehren und mindestens 1 mm Abstand zu Stufe 7 aufweisen. Biegen Sie das Gestänge nötigenfalls, um diesen Wert zu erreichen (siehe Abbildung).

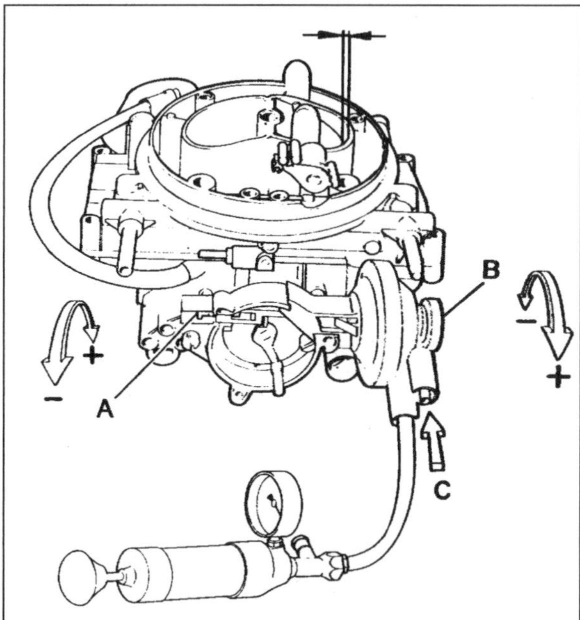

14.7 Chokeklappen-Öffnung bei Unterdruck. A und B sind im Text erklärt.
C Oberer Unterdruck-Anschluss

14.9 Position der Standgasanhebungs-Schraube am Nocken-Anschlag (kleines Bild oben) – biegen Sie nötigenfalls das Gestänge nach (kleines Bild unten).

10 Öffnen Sie den oberen Anschluss wieder und entfernen Sie die Unterdruckpumpe.
11 Bewegen Sie das Chokegestänge im Uhrzeigersinn, sodass die Chokeklappe vollständig geöffnet ist; halten Sie sie in dieser Position. Öffnen und schließen Sie die Drossel – die Standgasanhebungs-Schraube muss vollständig von allen Nocken-Stufen zurückkehren und mindestens 0,5 mm Abstand zu Stufe 1 aufweisen. Verbiegen Sie nötigenfalls die Lasche an der Chokeklappen-Welle, um diesen Wert zu erreichen.
12 Lassen Sie das Chokegestänge los, sodass das Gummiband die Klappe wieder schließt. Öffnen Sie vollständig die Drosselklappe und messen Sie die Chokeklappen-Öffnung – sie muss 5,2 bis 6,2 mm öffnen, andernfalls muss die Mutter der Drosselklappenwelle gelockert, der Nocken verstellt und

die Mutter wieder angezogen werden. Entfernen Sie das Gummiband.
13 Montieren Sie das Bimetallfedergehäuse mit den dazugehörigen Komponenten, richten Sie die Öffnung der Feder zum Ende des Gestänges aus und beobachten Sie die Ausrichtmarkierungen. Drehen Sie die drei Schrauben zunächst handfest in den Klemmring.
14 Prüfen Sie, wie weit die Chokeklappe bei 20 °C – also normaler Umgebungstemperatur – öffnet. Falls nicht 0,55 bis 2,05 mm festgestellt werden, muss das Bimetallfedergehäuse entsprechend verdreht werden. Ziehen Sie anschließend die drei Schrauben an.
15 Während die Chokeklappe in der 20 °C-Position steht, wird das Spiel zwischen dem Ende des Vollgas-Anreicherungsrohrs und der Klappe gemessen – wenn nicht 0,5 mm festgestellt werden, muss das Rohr entsprechend verbogen werden. Eine zu niedrige Einstellung würde zu erhöhtem Verbrauch führen, eine zu hohe Einstellung zu Kaltstartproblemen.

15 Standgasanhebung – Einstellung

1 Entfernen Sie den Lufteinlass oben vom Vergaser.
2 Trennen Sie das Verbindungsgestänge der Gaszug-Trommel, indem Sie sein Kugelgelenk abhebeln.
3 Öffnen Sie von Hand die Primärdrossel. Drehen Sie die Choke-Klappe so, dass die Standgasanhebungs-Schraube an der sechsten (zweithöchsten) Stufe des Nockens steht. Lassen Sie die Drosselklappe los.
4 Messen Sie in dieser Position zwischen dem Drosselklappenhebel und der Anschlagschraube den »Standgasanhebungs-Spalt«. Wenn dieser nicht dem in den technischen Daten angegebenen Wert entspricht, muss die Schraube entsprechend verstellt werden.
5 Wenn der Spalt korrekt ist, werden das Gestänge und der Lufteinlass montiert.
6 Stellen Sie die Standgasdrehzahl und den CO-Gehalt ein (siehe Kapitel 1).

16 Warmstart-Ventil – Testen

1 Inspizieren Sie die Ventilschläuche – sie dürfen nicht geknickt oder porös sein. Defekte Schläuche zwischen dem Ventil und dem Vergaser sorgen für rauen Motorlauf und erhöhten Verbrauch.
2 Der Belüftungsschlauch darf nicht blockiert sein. Sein unteres Ende befindet sich nahe der Getriebe-Querstrebe. Ein verstopfter Schlauch führt zu schlechtem Startverhalten.
3 Prüfen Sie das Ventil, indem Sie sowohl bei ein- als auch bei ausgeschalteter Zündung durch die Schläuche blasen. Bei eingeschalteter Zündung muss das Ventil geschlossen sein (Belüftungsschlauch und Vergaserschläuche sind nicht verbunden). Bei ausgeschalteter Zündung muss das Ventil den Belüftungsschlauch zum Vergaser öffnen. Bei anderen Ergebnissen ist entweder das Ventil oder seine Stromversorgung defekt.

17 Einlassstutzen – Ausbau und Einbau

Ausbau

1 Trennen Sie das Massekabel (–) der Batterie.
2 Der Vergaser muss entweder demontiert (siehe Sektion 12) oder von allen Anschlüsse befreit werden, um am Einlassstutzen verbleiben zu können.
3 Trennen Sie die Unterdruckschläuche vom Stutzen – bringen Sie nötigenfalls Identifikationsmarkierungen an. Klemmen Sie Kühlerschläuche ab und trennen Sie auch diese.
4 Schrauben Sie den Einlassstutzen ab und entnehmen Sie ihn samt seiner Dichtung.

Einbau

5 Der Einbau entspricht der umgekehrten Ausbaumethode. Erneuern Sie alle Dichtungen und O-Ringe. Manche Dichtungen müssen ggf. zurecht geschnitten werden.
6 Stellen Sie den Gaszug ein, starten Sie den Motor und stellen Sie die Standgasdrehzahl sowie den CO-Gehalt ein (siehe Kapitel 1).
7 Füllen Sie ggf. das Kühlsystem auf.

18 Auspuffstutzen – Ausbau und Einbau

Ausbau

1 Entfernen Sie den Warmluft-Einlass.
2 Trennen Sie das Krümmerrohr vom Stutzen.
3 Schrauben Sie den Auspuffstutzen vom Zylinderkopf und entnehmen Sie die Dichtungen.

Einbau

4 Verwenden Sie neue Dichtungen – deren »UT«-Markierungen müssen vom Zylinderkopf weg zeigen.
5 Versehen Sie alle Gewinde mit Kupferpaste, setzen Sie den Stutzen an den Kopf und ziehen Sie die Muttern gleichmäßig an.
6 Verbinden Sie das Krümmerrohr und den Warmluft-Einlass.
7 Starten Sie den Motor und kontrollieren Sie den Stutzen auf Undichtigkeit.

19 Auspuffanlage – Allgemeine Informationen, Ausbau und Einbau

Allgemeine Informationen

1 Die Auspuffanlage setzt sich aus der vorderen, mittleren und hinteren Sektion zusammen – ihre Anzahl unterscheidet sich je nach Modell. Die Anlage ist vorne an den gusseisernen Ansaugstutzen geschraubt und unter dem Wagenboden mit Gummis aufgehängt. Die Sektionen sind mit abgedichteten

Flanschen oder U-Rohrklemmen miteinander verbunden. Bei Modellen ab 1988 ist ein Katalysator in den Auspuff integriert – beachten Sie hierzu die Informationen in Kapitel 4C.

2 Die Auspuffanlage muss regelmäßig auf Undichtigkeit, Beschädigungen und Sicherheit überprüft werden (siehe Kapitel 1). Ziehen Sie hierzu die Handbremse an und lassen Sie den Motor in einer gut belüfteten Umgebung laufen. Legen Sie sich nacheinander an beiden Seiten neben das Auto und kontrollieren Sie die gesamte Auspuffanlage, während ein Assistent zeitweise mit einem Lappen das Endrohr verstopft. Falls ein Leck vorhanden ist, wird der Motor abgeschaltet und ein entsprechendes Reparaturset beschafft, um es zu verschließen. Ein größeres Leck oder eine Beschädigung kann ggf. nur durch den Austausch der Sektion repariert werden. Kontrollieren Sie die Haltegummis auf Alterungserscheinungen und ersetzen Sie sie nötigenfalls.

Ausbau

3 Die Verlegung und Befestigung der Auspuffanlage unterscheidet sich je nach Modell, doch die Grundlagen des Ausbaus und Einbaus gleichen sich.

4 In vielen Fällen ist es einfacher, den gesamten Auspuff vom/von den Krümmerrohr(en) zu trennen und auszubauen, um dann auf der Werkbank einzelne Sektionen auszutauschen. Falls jedoch der Auspuff über der Hinterachse verläuft, ist es besser, die Verbindungen zu trennen – bei einem stark verrosteten Auspuff nötigenfalls mit einer Säge.

5 Um die komplette Auspuffanlage zu demontieren, muss das Fahrzeug auf eine komfortable Arbeitshöhe gebracht werden. Alle Schrauben, Muttern und Schellen sollten vor dem Lösen mit Kriechöl versehen werden.

6 Lösen Sie die Flanschverbindungen am Anschluss des Auspuffs am Krümmer.

7 Falls der Auspuff über der Hinterachse verläuft, muss eine der U-Rohrschellen entfernt und die Anlage hier getrennt werden.

8 Mithilfe eines Assistenten wird der Auspuff an seinen Halterungen ausgehängt und entfernt.

9 Um den/die Krümmer zu entfernen, müssen die Halteklemme an der Getriebeglocke gelöst und die Verbindungen am/an den Auspuffstutzen gelöst werden. Trennen Sie auch den Warmluft-Einlass und schrauben Sie ggf. die Warmluft-Haube vom Stutzen.

Einbau

10 Montieren Sie den/die Krümmer mit neuen Dichtungen. Versehen Sie alle Gewinde mit Kupferpaste. Verbinden Sie die Getriebeglocken-Klemme zunächst handfest.

11 Hängen Sie den Rest der Anlage an seine Halterungen und verbinden Sie sie – verwenden Sie an den Flanschverbindungen neue Dichtringe. Tragen Sie an den aufzuschiebenden Bereichen Auspuff-Montagepaste auf und versehen Sie alle Gewinde mit Kupferpaste.

12 Ziehen Sie alle Verbindungen von vorne nach hinten an, aber ziehen Sie die Getriebeglocken-Klemme zum Schluss an. Verdrehen Sie aufgeschobene Verbindungen nötigenfalls, damit alles korrekt aufgehängt ist und nichts die Karosserie berührt.

13 Lassen Sie den Motor in einer gut belüfteten Umgebung einige Minuten laufen, kontrollieren Sie alles auf Dichtigkeit, lassen Sie den Auspuff wieder abkühlen und ziehen Sie die Verbindungen nach.

14 Senken Sie das Fahrzeug auf den Boden ab.

Kapitel 4, Teil B

Kraftstoffsystem – Einspritzmotoren

Inhalt — Sektion

Schwierigkeitsgrade

Leicht. Geeignet für Anfänger mit wenig Erfahrung. 	**Relativ leicht.** Geeignet für Anfänger mit etwas Erfahrung. 	**Relativ schwierig.** Geeignet für geübte Selbstschrauber. 	**Schwer.** Geeignet für Selbstschrauber mit viel Erfahrung. 	**Sehr schwer.** Geeignet für Experten und Profis. 

Technische Daten

System-Typen

B 28E-, B 200E- und B 230E-Motoren	K-Jetronic-Einspritzung, Saugmotor
B 23ET und B 230ET-Motoren	Motronic-Einspritzung, Turbolader
B 280E-Motoren	LH 2.2-Jetronic-Einspritzung, Saugmotor
B 234F-Motoren	LH 2.4-Jetronic-Einspritzung, Saugmotor

Kraftstoffsystem-Daten

Standgasdrehzahl		
B 200 / 230E-Motoren	900/min	
B 23ET-Motoren	900/min	
B 280E-Motoren	700/min (Basis-Drehzahl)	
Standgasdrehzahl, gesteuert durch Leerlaufregelungssystem		
B 28E / B 230ET-Motoren	900/min (eingestellt auf 850/min)	
B 234F-Motoren	850/min (nicht einstellbar)	
Standgasdrehzahl für LH2.4-Jetronic im Not-Modus	480 bis 520/min	
Standgasgemisch – CO-Gehalt	**Einstellwert**	**Messwert**
B 28E-Motoren	2,0 %	1,0 bis 3,0 %
B 200E / B 230E / B 230ET-Motoren	1,0 %	0,5 bis 2,0 %
B 23ET-Motoren	1,5 %	1,0 bis 2,5 %
B 234F-Motoren	0,8 % (nicht einstellbar)	0,2 bis 1,0 % (Lambdasonde getrennt)

Technische Daten

Empfohlener Kraftstoff

Modelle ohne grünen Tankdeckel	Super verbleit, 98 Oktan*
Modelle mit grünem Tankdeckel	Super bleifrei, 95 Oktan
B 234F	Bleifrei, 91 bis 95 Oktan

** beachten Sie die Hinweise in Sektion 10.*

Anzugsdrehmomente

Auspuffkrümmer an Turbolader-Abgasgehäuse	25 Nm
Abgasgehäuse an Turbolader	20 Nm
Turbolader an Auspuffstutzen	
Schritt 1	1 Nm
Schritt 2	45 Nm
Schritt 3	45° weiter
Lambdasonde	55 Nm
Drosselklappengestänge-Kontermutter	0,5 bis 0,75 Nm

1 Allgemeine Informationen und Warnhinweise

Das Kraftstoffsystem besteht aus einem oder zwei im Heck untergebrachten Tanks, einer oder zwei elektrischen Tank-Pumpe(n) sowie entweder einer elektromechanischen oder einer vollelektronischen Einspritzpumpe. Motoren der Typen B 200E, B 230E und B 28E sind mit einer Kontinuierlichen Einspritzung (K-Jetronic) ausgerüstet, Die Typen B 23ET und B230ET sind mit einem Turbolader und einer elektronisch gesteuerten Motronic-Einspritzung ausgerüstet. Motoren der Typen B 280E und B 234F haben ebenfalls eine elektronisch gesteuerte Motronic-Einspritzung, allerdings eine LH-Jetronic. Weitere Details zu diesen Systemen finden sich in Sektion 11. Die Auspuffanlage besteht aus unterschiedlichen Sektionen, deren Anzahl je nach Modell variiert. Sie ist mit Gummisegmenten unter dem Fahrzeugboden befestigt. Spätere Modelle verfügen über einen integrierten Katalysator.

Warnung: Viele der in diesem Kapitel durchgeführten Prozeduren erfordern die Demontage von Kraftstoffleitungen und -Anschlüssen – dabei können Benzinspritzer austreten. Bevor Arbeiten am Kraftstoffsystem erledigt werden, müssen die Hinweise in der Sektion »Sicherheit geht vor!« auf Seite 8 durchgelesen werden – ihnen ist unbedingt zu folgen! Benzin ist eine hochgefährliche und flüchtige Flüssigkeit, und die beim Umgang damit erforderlichen Vorsichtsmaßnahmen müssen zwingend eingehalten werden.

2 Luftfilter-Baugruppe – Ausbau und Einbau

1 Beachten Sie für alle Modelle außer den Typen B 280E und B 234F die Hinweise in Kapitel 4A, Sektion 2. Die Prozedur für die Typen B 280E und B 234F ist hier beschrieben.

Ausbau

2 Entfernen Sie das Luftfilterelement (siehe Kapitel 1).
3 Trennen Sie den Warmluft-Ansaugstutzen vom Luftfiltergehäuse – ggf. samt angeschlossenem Luftmengenmesser.
4 Befreien Sie die Luftfiltereinheit aus ihren Gummihalterungen, indem Sie kräftig daran ziehen. Falls sich die Halterungen zusammen mit dem Luftfilter lösen, müssen sie entfernt und an ihre ursprüngliche Positionen am Innenring und der Halterung installiert werden.

Einbau

5 Der Einbau entspricht der umgekehrten Ausbaureihenfolge.

3 Haupt-Kraftstofftank – Ausbau und Einbau

Anmerkung: *Beachten Sie vor Arbeitsbeginn die Warnhinweise in Sektion 1*

1 Beachten Sie für alle Modelle außer der 760-Limousine (ab 1988) mit Einzelradaufhängung die Hinweise in Kapitel 4A, Sektion 3. Die Prozedur für die 760-Limousine (ab 1988) mit Einzelradaufhängung ist hier beschrieben.

Ausbau

2 Trennen Sie das Massekabel (–) der Batterie.
3 Entfernen Sie das Reserverad aus dem Fach im Kofferraum. Ziehen Sie den um das Tank-Einfüllrohr verlegten Teppich ab. Entfernen Sie das linke Ablaufrohr und die Abdeckung um das Einfüllrohr.
4 Entfernen Sie die Abdeckplatte, um die Tankpumpe samt Tankuhr-Geber freizulegen. Trennen Sie die Kraftstoffschläuche und den Kabelstecker von der Baugruppe.
5 Entleeren Sie den Tank. Lagern Sie Benzin nur in dafür geeigneten und abgedichteten Behältern. Saugen Sie ggf. das Benzin durch das Loch in der Pumpen/Geber-Baugruppe ab.
6 Heben Sie das Fahrzeug hinten an und stützen Sie es ab. Lösen Sie die drei Schrauben, die vorne am Tank den Schutz sichern und entfernen Sie ihn.
7 Lösen Sie die zwei inneren Schrauben aus der vorderen Tankhalterung. Lockern Sie die äußeren Schrauben um etwa 10 mm, aber entfernen Sie sie noch nicht. Befreien Sie die Bänder von der vorderen Halterung und lassen Sie sie herunterhängen.
8 Schrauben Sie an der Unterseite des Tanks die Strebe ab. Lösen Sie auch die Mutter rechts am Tank (nahe des Schalldämpfers).
9 Befreien Sie den Tank und senken Sie ihn so ab, dass er auf der vorderen Halterung und den hinteren Federungselementen aufliegt.
10 Entfernen Sie die hintere Hälfte der Kardanwelle – bringen Sie für den korrekten Zusammenbau Markierungen an.
11 Lassen Sie einen Assistenten den Tank stützen oder bauen Sie ein Gestell, um ihn mit einem Rangierwagenheber zu stützen. Beschädigen Sie den Tank nicht – er besteht nur aus Plastik.
12 Entfernen Sie die verbliebenen Schrauben aus der vorderen Halterung und entfernen Sie diese. Senken Sie den Tank ab und ziehen Sie ihn nach vorne – trennen Sie gleichzeitig den Belüftungsschlauch an seiner Oberseite. Befreien Sie den Tank nach unten aus dem Fahrzeug heraus.
13 Falls ein neuer Tank installiert werden soll, müssen die Pumpen/Geber-Baugruppe, Hitzeschilde, Anschlaggummis usw. vom alten Tank zum neuen übertragen werden.

Einbau

14 Der Einbau entspricht der umgekehrten Ausbaumethode – verwenden Sie ggf. neue Schläuche und Schellen.

4 Zusatz-Kraftstofftank – Ausbau und Einbau

Wechseln Sie hierfür zu Kapitel 4A, Sektion 4.

5 Tankpumpe – Ausbau und Einbau

Wechseln Sie hierfür zu Kapitel 4A, Sektion 5.

6 Haupt-Kraftstoffpumpe – Ausbau und Einbau

Anmerkung: *Beachten Sie vor Arbeitsbeginn die Warnhinweise in Sektion 1*

Ausbau

1 Heben Sie das Fahrzeug an oder fahren Sie es auf Rampen oder über eine Grube.
2 Trennen Sie das Massekabel (–) der Batterie.
3 Schrauben Sie an der Unterseite des Fahrzeugs die Kraftstoffpumpen-Halterung ab (siehe Abbildung) und ziehen Sie sie von den Gummiösen.

6.3 Schrauben Sie die Benzinpumpenhalterung ab.

4 Trennen Sie die Kabelstecker von der Pumpe – notieren Sie die Kabelfarben und die entsprechenden Anschlüsse (siehe Abbildung).

6.4 Trennen eines Benzinpumpenkabels

5 Trennen Sie die Zufuhr- und Auslass-Rohre von der Pumpe – seien Sie auf austretendes Benzin vorbereitet. Verschließen Sie offene Rohrstutzen.
6 Schrauben Sie die Pumpenhalter ab und entfernen Sie die Pumpe.

Einbau

7 Der Einbau entspricht der umgekehrten Ausbaumethode – verwenden Sie ggf. neue Dichtscheiben.
8 Starten Sie vor dem Absenken des Fahrzeugs den Motor und kontrollieren Sie alles auf Undichtigkeit.

7 Tankuhr-Geber – Ausbau, Test und Einbau

Wechseln Sie hierfür zu Kapitel 4A, Sektion 7.

8 Gaszug – Ausbau, Einbau und Einstellung

Ausbau

1 Befreien Sie die Gaszug-Hülle durch Entfernen des Federclips, hängen Sie dann den Seilzugnippel an der Trommel aus.
2 Entfernen Sie im Innenraum die Verkleidung unterhalb der Lenksäule. Ziehen Sie den Gaszugseil durch das Ende des Pedals und befreien Sie die Spreizbuchse vom Ende des Zugseils.
3 Befreien Sie die Gaszug-Buchse aus der Spritzwand und ziehen Sie den Gaszug in den Motorraum. Merken Sie sich die Verlegung des Gaszugs, befreien Sie ihn aus allen Befestigungen und entnehmen Sie ihn.

Einbau und Einstellung

4 Installieren Sie den Zug in der umgekehrten Ausbaureihenfolge. Stellen Sie ihn wie folgt ein:
5 Trennen Sie das Verbindungsgestänge zur Drosselklappe, indem Sie das Kugelgelenk abhebeln.
6 Bei nicht betätigtem Gaspedal muss das Gaszugseil gerade eben straff sein und die Trommel der Betätigung am Standgas-Anschlag anliegen. Bei durchgetretenem Pedal muss die Trommel am Vollgas-Anschlag anliegen. Stellen Sie den Zug nötigenfalls mithilfe der Gewindehülse ein.
7 Bei Automatikmodellen muss zuvor die Einstellung des Kickdown-Bowdenzugs kontrolliert werden (siehe Kapitel 7B).
8 Verbinden Sie das Verbindungsgestänge und stellen Sie seine Länge nötigenfalls wie folgt ein:

B 28 / 280E-Motoren

9 Das Verbindungsgestänge muss so lang sein, dass weder die Gaszug-Trommel noch die Drosselklappenventile aus ihrer Grundposition (Standgas) gelöst werden.

B 23 / 200 / 230E / ET-Motoren

10 Verbinden Sie das Verbindungsgestänge und halten Sie eine 1,0 mm-Fühlerlehre zwischen die Gaszug-Trommel und den Leerlauf-Anschlag. In dieser Position muss das Spiel zwischen dem Drosselklappenhebel und der Einstellschraube 0,1 mm betragen; stellen Sie ggf. das Gestänge (nicht die Einstellschraube!) ein, um diesen Wert zu erreichen.

B 234F-Motoren

11 Verbinden Sie das Verbindungsgestänge und halten Sie eine Fühlerlehre zwischen die Gaszug-Trommel und den Leerlauf-Anschlag. Bei Modellen mit Schaltgetrieben sowie 1989er-Modellen mit Automatikgetrieben und den Motortyp-Nummern 1289321 und 1289407 muss die Fühlerlehre 3,3 mm stark sein, bei allen anderen Automatikgetrieben muss die Stärke 1,6 mm betragen.
12 Drehen Sie das Verbindungsgestänge, bis der Hebel die Einstellschraube verlässt und der Drosselklappen-Schalter klickt. Drehen Sie das Verbindungsgestänge in die entgegengesetzte Richtung, bis der Rückkehr-Klick hörbar ist, ziehen Sie dann die Kontermutter mit 0,5 bis 0,75 Nm an. Wiederholen Sie diesen Prozess, bis zwischen dem Drosselklappenhebel und der Einstellschraube ein Spiel von 0,1 bis 0,5 mm erreicht ist.

9 Gaspedal – Ausbau und Einbau

Wechseln Sie hierfür zu Kapitel 4A, Sektion 9.

10 Bleifreier Kraftstoff – Allgemeine Informationen und Hinweise

Wechseln Sie hierfür zu Kapitel 4A, Sektion 10.

11 Einspritzanlage – Allgemeine Informationen

K-Jetronic

Die als Kontinuierliche Einspritzung ausgeführte K-Jetronic findet sich an den Motortypen B 28E, B 200E und B 230E. Das von Bosch entwickelte System gilt als erprobt und zuverlässig und arbeitet ohne »Blackbox«. Wie der Name andeutet, findet die Einspritzung bei laufendem Motor dauerhaft statt. Die Einspritzmenge hängt von der Drehzahl und der Last ab.

Der Kraftstoff wird von der Tank-Pumpe aus dem Tank gesaugt. Er passiert die Haupt-Pumpe, wo er auf einen Druck von ca. 5 bar gebracht wird. Ein Speicher neben der Pumpe bietet ein Druck-Reservoir, um den Warmstart zu verbessern. Aus diesem Speicher fließt der Treibstoff durch einen Filter und dann zum Kraftstoffmengenteiler oben auf dem Einlassstutzen.

Der Kraftstoffmengenteiler sieht etwa so aus wie ein Zündverteiler, nur sind hier Kraftstoffleitungen statt Zündkabel angeschlossen – eine je Einspritzdüse und zusätzliche Leitungen zur Kaltstartdüse sowie zum Steuerdruck-Regler. Die Hauptfunktion des Kraftstoffmengenteiler ist die Regelung der Benzinzufuhr zu den Einspritzdüsen abhängig von der einströmenden Luft. Der Luftstrom prallt gegen die Luftmengenmesser-Stauscheibe, die einen Kolben im Kraftstoffverteiler bewegt und dadurch die Einspritzmenge steuert. Der Luftmengenmesser und der Kraftstoffmengenteiler werden zusammen manchmal »Kraftstoff-Steuergerät« genannt.

Der Steuerdruckregler reduziert in der Warmlaufphase und bei niedrigem Unterdruck im Einlassstutzen den Steuerdruck, sodass das Gemisch anreichert (Ein niedriger Steuerdruck bedeutet, dass die Luftmengenmesser-Stauscheibe weiter geschwenkt und daher die Einspritzmenge erhöht wird.

Eine elektromechanisch gesteuerte Kaltstartdüse dient der Kaltstart-Anreicherung. Bei kaltem Motor wird seine Funktion von einem Thermozeitschalter geregelt. Bei warmem Motor sorgt ein Impulsrelais dafür, dass eine kleine Menge Kraftstoff zusätzlich eingespritzt wird. Ein Zusatzluftschieber sorgt für die zusätzliche Luft, die zum Erhalten der Standgasdrehzahl bei kaltem Motor benötigt wird. Bei Modellen mit Leerlaufregelung ist ein Luftregelventil statt des Zusatzluftschiebers installiert.

Die meisten Informationen in den folgenden Sektionen beziehen sich auf die an B 28E-Motoren montierte K-Jetronic, da für die Typen B 200E und 230E nur wenige Informationen erhältlich waren. Unterschiede bestehen vor allem beim Zugang zu Komponenten – und natürlich bei der Anzahl der Zylinder.

Motronic

Das ebenfalls von Bosch gebaute Motronic-System ist im Wesentlichen eine L-Jetronic mit integrierter Zündbox. Um maximale Wirtschaftlichkeit, Fahrbarkeit und Leistungsfähigkeit des Motors zu gewährleisten, werden die Einspritz- und Zünd-Funktionen vom gleichen Steuergerät geregelt und überwacht.

Das Steuergerät empfängt Informationen über die Motordrehzahl und die Kurbelwellenstellung, den Luftstrom ins Ansaugsystem, die Kühlmitteltemperatur sowie die Drosselklappenstellung. Die Temperatur der Luft, nachdem sie den Turbolader und den Ladeluftkühler durchströmt hat, wird ggf. ebenfalls ermittelt. Ein Signalrelais informiert das Steuergerät, sobald die Klimaanlage arbeitet und die Standgasdrehzahl erhöht werden muss. Das Steuergerät gleicht die Wirkungen unterschiedlicher Batteriespannungen aus und reichert das Gemisch zusätzlich über die Kaltstartdüse an, wenn der Anlasser betätigt wird. Ein Thermozeitschalter regelt die Dauer der Kaltstart-Einspritzung.

Die Ausgänge des Steuergeräts sind mit dem Benzinpumpenrelais, den Einspritzdüsen und dem Zündsystem verbunden. Die Benzinpumpe wird nur freigeschaltet, wenn der Motor läuft oder der Anlasser betätigt wird.

Die Einspritzdüsen sind elektronisch gesteuert. Die Einspritzmenge wird durch die Öffnungszeit der Düsen festgelegt; sie ist abhängig vom Luftstrom, wird aber auch bei plötzlich öffnender Drossel oder während der Warmlaufphase verändert.

Die Standgasdrehzahl wird während der Warmlaufphase durch einen Zusatzluftschieber erhöht, der ähnlich wie bei der K-Jetronic Luft an der Drosselklappe vorbei leitet.

Der Kraftstoffdruck wird proportional zum Unterdruck oder Ladedruck im Einlassstutzen geregelt und durch die Kraftstoffmenge geregelt, die aus dem Einspritzdüsen-Rohr in den Rücklauf fließen kann. Die stetige Zirkulation des Treibstoffs sorgt für eine konstante Temperatur und verhinder Dampfblasenbildung.

Neben der Regelung dieser »Normalfunktionen« schützt das Motronic-Steuergerät auch vor dem Überdrehen des Motors, indem sie ab Drehzahlen über 6200/min die Einspritz-Impulse zeitweise unterbricht.

Falls ein Sensor ausfällt oder eine andere Fehlfunktion vorliegt, schaltet das Steuergerät auf eine voreingestellte Notfunktion um, damit das Fahrzeug mit verminderter Leistung nach Hause oder in eine Werkstatt gefahren werden kann.

Die Zündung betreffende Aspekte der Motronic sind in Kapitel 5B beschrieben.

LH-Jetronic

In den in diesem Handbuch behandelten Fahrzeugen kommen zwei Versionen der LH-Jetronic zum Einsatz: Der B 280E-Motor ist mit einer LH 2.2 ausgerüstet, wogegen der B 234F über die weiterentwickelte LH 2.4 verfügt, die am Ende dieser Sektion beschrieben ist.

Die LH-Jetronic ähnelt der oben beschriebenen Motronic. Die wesentlichen Unterschiede bestehen in einem Luftmassenmesser statt eines Luftmengenmessers im Einlassbereich und einer Lambdasonde im Auspuff.

Die Zündung wird bei diesem System von einer separaten Einheit gesteuert, doch die Einspritzungs- und Zündungs-

Steuerungen kommunizieren miteinander und sind ineinander verflochten.

Der Luftmassenmesser misst nicht das Volumen, sondern die Masse – also das Gewicht – der Luft. Dies erfolgt über die Ermittlung der Kühlwirkung der Luft auf einen erhitzten Draht. Hierdurch kann auf komplizierte und potenziell unzuverlässige Luftklappen zur Messung des Luftstroms verzichtet werden.

Der Luftmassenmesser sitzt zwischen dem Luftfilter und dem Drosselklappengehäuse. Er beinhaltet einen Platindraht, der auf eine Temperatur erwärmt wird, die 100 °C über derjenigen der einströmenden Luft liegt. Der hierfür benötigte Strom wird vom Steuergerät gemessen und zur Berechnung der Luftmasse genutzt. Bei jedem Abschalten des Motors erhitzt das Steuergerät den Draht kurzzeitig auf 1000 °C, um mögliche Ablagerungen zu verbrennen.

Der im Luftmassenmesser sitzende heiße Draht ist das empfindlichste Teil des Systems. Falls der Draht unterbrochen wird, schaltet das Steuergerät auf eine voreingestellte Notfunktion um, damit das Fahrzeug mit verminderter Leistung nach Hause oder in eine Werkstatt gefahren werden kann, wo ein neuer Luftmassenmesser installiert werden muss.

Die den Sauerstoffgehalt im Abgas ermittelnden Lambdasonde sitzt neben dem Katalysator. Das Ergebnis wird vom Steuergerät genutzt, um ggf. mit geänderten Einspritzzeiten das Gemisch im Einlassstutzen zu verändern. Falls das Abgas zu viel Sauerstoff enthält, ist das Gemisch zu mager und muss angereichert werden; zu wenig Sauerstoff bedeutet, das Gemisch ist zu fett, verbrennt nicht vollständig und muss abgemagert werden. Eine Änderung des Mischungsverhältnisses beeinflusst den Sauerstoffgehalt des Abgases, aber auch die Menge an Stickoxiden, Kohlenwasserstoffen und Ruß. Das Steuergerät kann durch diese Regelung stets dafür sorgen, dass der Motor mit dem korrekten Gemisch aus 14,7 Teilen Luft und einem Teil Kraftstoff versorgt wird – dem »stöchiometrischen Verhältnis«; bei diesem Wert wird eine optimale Verbrennung sichergestellt.

Die Lambdasonde verfügt über ein mit Platin beschichtetes Rohr aus Zirkonium-Oxid, das ein Spannungssignal an das Steuergerät sendet, welches den Sauerstoffgehalt im Abgas angibt. Sie arbeitet bei Temperaturen von ca. 285 °C und wird hierfür elektrisch erwärmt, um die Temperatur nach dem Einschalten der Zündung schnell zu erreichen.

Bei den verschiedenen Modellen gibt es bezüglich der Lambdasonden einige kleine Unterschiede:

a) *Bei manchen Modellen vor 1990 wurde die Lambdasonde 15 cm vor dem Katalysator im Auspuffrohr platziert.*
b) *Bei Turbo-Modellen sitzt die Lambdasonde direkt hinter dem Turbolader.*
c) *Bei Modellen ohne Katalysator, die für Märkte gebaut wurden, wo bleifreies Benzin nicht überall erhältlich war, wurde eine anderer Lambdasonden-Typ verwendet, der eine begrenzte Lebensdauer besaß und regelmäßig ausgetauscht werden musste.*

Die in allen Automobilen mit Einspritzung und Katalysator eingesetzte Lambdasonde ist in der LH-Jetronic eine wichtige Komponente. Obwohl sie ein Teil der Einspritzanlage ist, ist sie auch ein entscheidendes Bauteil der Schadstoffregelung – siehe Kapitel 4C.

Zu den anderen Funktionen der LH-Jetronic gehören eine Anreicherung beim Starten, Aufwärmen, Beschleunigen und Fahren und Volllast, eine Abschaltung im Schiebebetrieb, eine Standgasdrehzahl-Regelung, eine Benzinpumpen-Abschaltung beim Abschalten des Motors und eine Abschaltung bei zu hohen Drehzahlen.

LH 2.4-Jetronic

Die aus der LH 2.2 weiterentwickelte LH 2.4-Jetronic findet sich an B 234F-Motoren und arbeitet mit der elektronischen Zündung EZ 116K zusammen (siehe Kapitel 5B). Sie verfügt über die folgenden zusätzlichen Merkmale:

a) *Eine integrierte Diagnoseeinheit zum Speichern vom Fehlern. Diese Einheit wird gemeinsam mit der Zündbox genutzt – siehe Sektion 24.*
b) *Eine adaptive Systemsteuerung. Das Steuergerät speichert eine Historie der erfahrenen Zustände und passt sich entsprechend an.*
c) *Eine konstante Standgasüberwachung unter adaptiver Kontrolle des Motorsteuergeräts – siehe Sektion 16.*
d) *Eine CO-Einstellung ist aufgrund der adaptiven Funktionen nicht nötig (trifft nicht auf B 204E zu)*
e) *Eine Verdunstungsrückhaltung, um im Tank entstehende Benzindämpfe zurückzuhalten – siehe Kapitel 4C.*
f) *Eine bei einigen Modellen den Einspritzdüsen vorgeschaltete Kaltstartdüse – in diesem Handbuch nicht behandelt.*

12 Einspritzanlage – Testen und Einstellen

Anmerkung: *Das Auslesen der Diagnoseeinheit bei LH 2.4-Systemen ist in Sektion 24 beschrieben. Hierdurch lassen sich Fehler am leichtesten finden.*

Testen

1 Falls in der Einspritzanlage ein Fehler auftritt, muss zunächst überprüft werden, ob alle Kabelstecker korrekt verbunden und frei von Korrosion sind. Der Fehler sollte nicht auf schlechte Wartung zurückzuführen sein: das Luftfilterelement muss einigermaßen sauber sein, die Zündkerzen müssen sich in einem guten Zustand befinden und den korrekten Kontaktabstand aufweisen, das Ventilspiel muss korrekt eingestellt sein, die Zylinderkompression im vorgegebenen Rahmen liegen, die Steuerzeiten müssen stimmen, alle Motorentlüftungs-Schläuche sauber und unbeschädigt sein – beachten Sie für weitere Informationen die Hinweise in den Kapiteln 1, 2 und 5.

2 Falls diese Kontrollen nicht das Problem beseitigen, muss das Fahrzeug in eine mit einem Diagnosetester ausgerüstete Fachwerkstatt gebracht werden. Im Elektronik-Stromkreis der Einspritzanlage ist ein spezieller Diagnosestecker integriert, an den das Gerät angeschlossen werden kann. Hiermit kann der Fehler rasch und einfach gefunden werden, sodass nicht alle System-Komponenten einzeln getestet werden müssen – dies wäre äußerst zeitaufwändig und kann zudem das Steuergerät beschädigen.

Einstellung

3 Erfahrene Hobbyschrauber mit etwas Geschick und einer geeigneten Ausrüstung (einschließlich eines Drehzahlmessers und eines akkurat kalibrierten Abgas-Analysegeräts) können den CO-Gehalt des Abgases und die Standgasdrehzahl ihres Fahrzeugs selbst ermitteln. In der Praxis müssen diese Systeme nur selten eingestellt werden und weichen nur aufgrund mangelhafter Wartung (siehe Schritt 1) bei anderen zum Kraftstoffsystem gehörenden Baugruppen von den Vorgaben ab.

4 Falls der Verdacht besteht, dass der CO-Gehalt und die Standgasdrehzahl eingestellt werden müssen, muss das

Fahrzeug normalerweise von einer Fachwerkstatt untersucht werden. Wer die benötigte Ausrüstung samt Erfahrung hat, kann die Einstellungen wie in Kapitel 1, Sektion 7 beschrieben vornehmen.

Anmerkung: *Bei den in B 234 F-Motoren installierten LH 2.4-Jetronic-Systemen werden die Standgasdrehzahl und der CO-Wert anhand der gesammelten Daten über die bisherigen Fahrzustände adaptiv überwacht, sodass keine manuelle Einstellung möglich ist. Falls weder die Standgasdrehzahl noch der CO-Wert korrekt ist, wird dies wahrscheinlich an einer defekten Baugruppe liegen, sodass das Diagnosegerät auf Fehlercodes überprüft werden muss (siehe Sektion 24).*

13 K-Jetronic-Komponenten – Ausbau und Einbau

Anmerkung: *Beachten Sie vor Arbeitsbeginn die Warnhinweise in Sektion 1*

1 Trennen Sie das Massekabel (–) der Batterie.

Kraftstoff-Druckspeicher

2 Der Speicher wird auf die gleiche Weise ausgebaut wie die Haupt-Kraftstoffpumpe (siehe Sektion 6), nur sind hier keine Kabelstecker angeschlossen.

3 In der Praxis ist es wahrscheinlich einfacher, die Pumpe samt Speicher und Halterung zusammen auszubauen; der Speicher kann dann unter relativ sauberen Umständen auf der Werkbank demontiert werden.

Einspritzdüsen

4 Lösen Sie die Federclips und ziehen Sie die jeweilige Einspritzdüse aus ihrem Sitz (siehe Abbildungen).

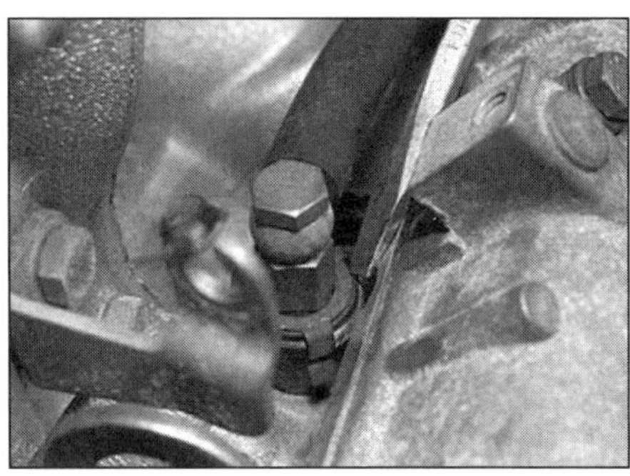

13.4a Hebeln Sie die Federklemme der Einspritzdüse hoch . . .

13.4b . . . und ziehen Sie die Einspritzdüse heraus.

5 Lösen Sie die Kraftstoffleitung von der Düse.

6 Der Einbau entspricht der umgekehrten Ausbaureihenfolge – verwenden Sie nötigenfalls eine neue Dichtung und am Schlauchanschluss neue Dichtscheiben.

7 Neue Einspritzdüsen sind mit einem Schutzwachs gefüllt, um lagerfähig zu bleiben. Dieser Wachs muss vor dem Einbau der Düse herausgespült werden – holen Sie sich dazu Rat beim Verkäufer.

Einspritz-Steuergerät

8 Lockern Sie den Tankdeckel, um jeglichen Druck abzulassen.

9 Trennen Sie die verschiedenen Kraftstoffleitungen vom Kraftstoffmengenteiler – bringen Sie nötigenfalls Markierungen an, um sie später wieder korrekt anschließen zu können (siehe Abbildungen). Seien Sie auf austretendes Benzin vorbereitet.

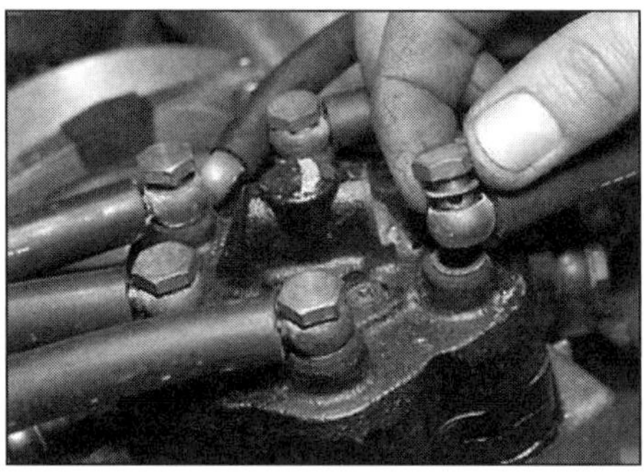

13.9a Lösen Sie den Anschluss der Einspritzdüsen-Leitung – beachten Sie die Dichtscheiben.

13.9b Lösen Sie den Zulauf-Anschluss vom Kraftstoffverteiler.

10 Entfernen Sie den Lufteinlass oben vom Luftmengensensor.

11 Trennen Sie die Kabel vom Schalter der Standgasregelung (falls damit ausgerüstet).

13.12 Einige der zwölf Inbusschrauben des Steuergeräts. Beachten Sie das Masseband (Pfeil).

12 Lösen Sie die zwölf Inbusschrauben, mit den die obere Hälfte des Steuergeräts gesichert ist. Beachten Sie die Position des Massebands (siehe Abbildung).
13 Heben Sie die obere Hälfte des Steuergeräts ab und entnehmen Sie die Dichtung. Weitere Zerlegungen werden nicht empfohlen.
14 Verwenden Sie beim Zusammenbau eine neue Dichtung und an den Schlauchanschlüssen ggf. neue Dichtscheiben.
15 Nachdem alles zusammengebaut ist, muss das System einer Druckprüfung unterzogen werden, außerdem müssen der CO-Wert und die Standgasdrehzahl eingestellt werden – lassen Sie dies von einer Fachwerkstatt erledigen.

Kaltstartdüse

16 Trennen Sie den Kabelstecker und die Kraftstoffleitung – seien Sie auf austretendes Benzin vorbereitet.
17 Lösen Sie die zwei Inbusschrauben und ziehen Sie das Ventil heraus.
18 Der Einbau entspricht der umgekehrten Ausbaureihenfolge.

Luftregelventil / Zusatzluftschieber

19 Trennen Sie den Kabelstecker.
20 Trennen Sie die Luftschläuche.
21 Lösen Sie die zwei Schrauben und entfernen Sie das Ventil.
22 Der Einbau entspricht der umgekehrten Ausbaureihenfolge.

Systemdruckregler

23 Trennen Sie den Kabelstecker und die Unterdruckschläuche vom Regler (siehe Abbildung).

13.23 Kabelstecker und die Unterdruckschläuche des Systemdruckreglers

24 Lösen Sie die Kraftstoffleitungen vom Regler; sie haben verschiedene Größen und können daher nicht vertauscht werden – seien Sie auf austretendes Benzin vorbereitet.
25 Schrauben Sie den Regler ab und entfernen Sie ihn.
26 Der Einbau entspricht der umgekehrten Ausbaureihenfolge – verwenden Sie an den Schlauchanschlüssen ggf. neue Dichtscheiben.

Thermozeitschalter

27 Schrauben Sie (bei abgekühltem Motor!) den Einfülldeckel des Ausgleichsbehälters ab, um das Kühlsystem drucklos zu machen.
28 Trennen Sie den Kabelstecker vom Thermozeitschalter (siehe Abbildung).

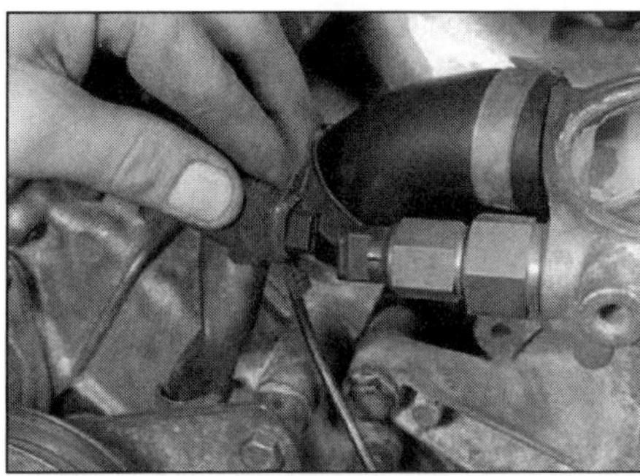

13.28 Trennen Sie den Stecker des Thermozeitschalters.

29 Schrauben Sie den Thermozeitschalter heraus und entfernen Sie ihn – verstopfen Sie die Bohrung mit einem passenden Korken oder Holzstück, um möglichst wenig Kühlmittel zu verlieren.
30 Tragen Sie am Gewinde des Thermozeitschalters Dichtmasse auf und schrauben Sie ihn ein. Verbinden Sie den Kabelstecker.
31 Füllen Sie ggf. das Kühlsystem auf.

Kraftstoffpumpen-Relais

32 Das Relais sitzt in der Position »E« in der Zentralelektrik – siehe Kapitel 12.

14 Motronic-Komponenten – Ausbau und Einbau

Anmerkung: *Beachten Sie vor Arbeitsbeginn die Warnhinweise in Sektion 1*

1 Trennen Sie das Massekabel (–) der Batterie.

Einspritzdüsen

2 Lösen Sie die Kraftstoffleitungen vom Verteilerrohr, der Kaltstartdüse und dem Druckregler (siehe Abbildung) – seien Sie auf austretendes Benzin vorbereitet.

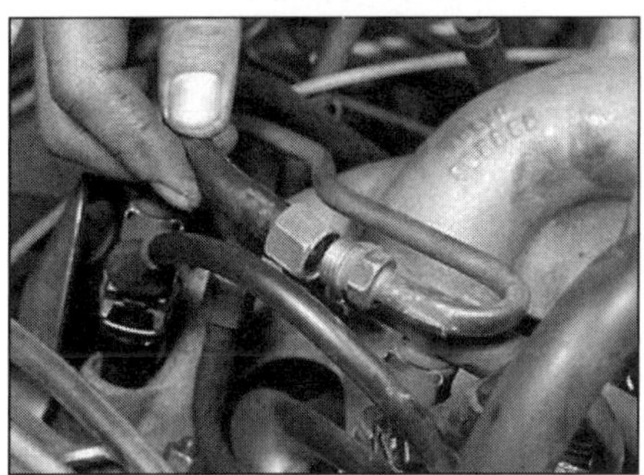

14.2 Zulauf-Anschluss am Verteilerrohr

3 Hebeln Sie an den Kabelsteckern der Einspritzdüsen die Drahtsicherungen ab und ziehen Sie die Stecker ab (siehe Abbildung).

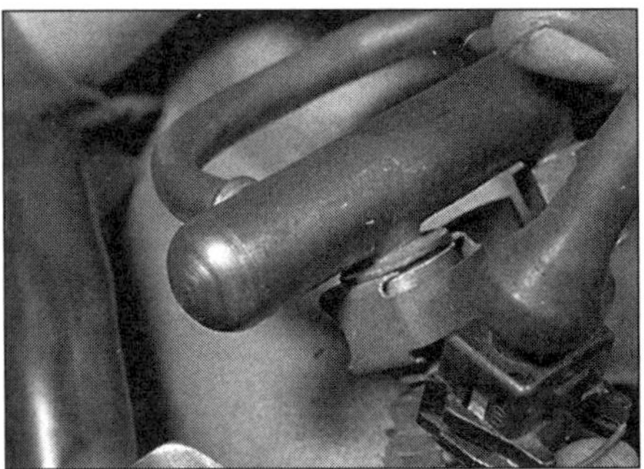

14.3 Hebeln Sie die Drahtklemme heraus, um den Stecker zu trennen.

4 Hebeln Sie an den Einspritzdüsen die Federclips ab (siehe Abbildung).

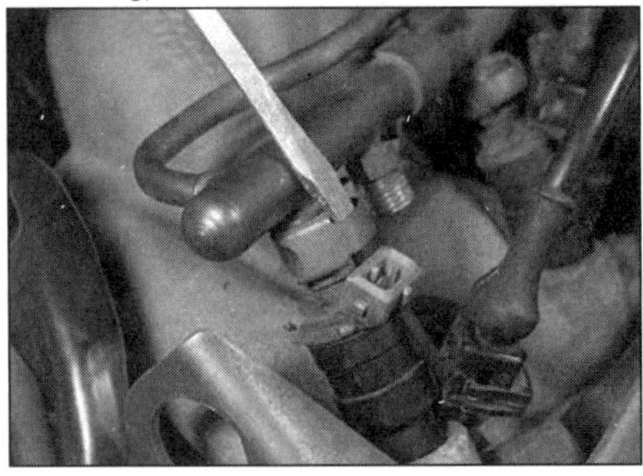

14.4 Hebeln Sie den Einspritzdüsen-Sicherungsclip heraus.

5 Schrauben Sie das Verteilerrohr vom Einlassstutzen – beachten Sie alle Massekabel. Ziehen Sie das Rohr von den Einspritzdüsen (siehe Abbildung).

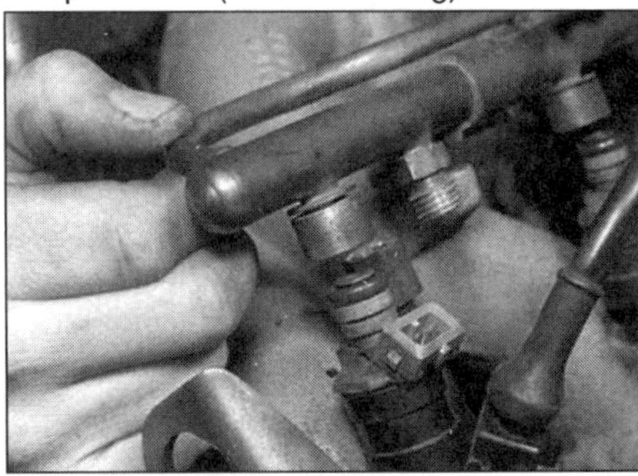

14.5 Ziehen Sie das Verteilerrohr von den Einspritzdüsen.

6 Ziehen Sie die jeweilige Einspritzdüse aus ihrem Sitz im Einlassstutzen (siehe Abbildung).

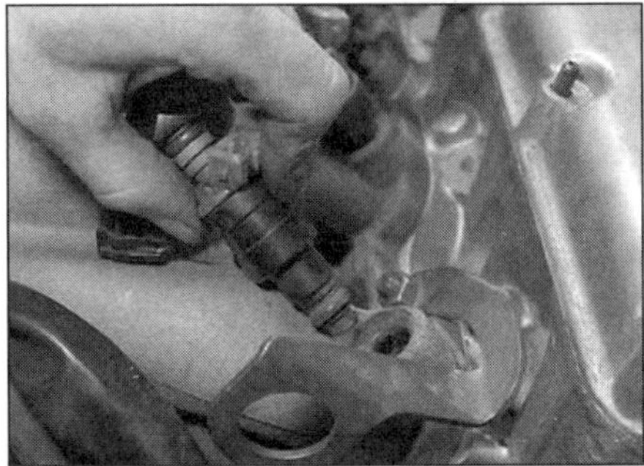

14.6 Ziehen Sie die Einspritzdüsen aus dem Einlassstutzen.

7 Der Einbau entspricht der umgekehrten Ausbaureihenfolge – verwenden Sie einen neuen mit Silikonpaste geschmierten Dichtring und neue Federclips.

Kaltstartdüse

8 Trennen Sie den Anschluss des Ventils vom Verteilerrohr (siehe Abbildung) – seien Sie auf austretendes Benzin vorbereitet.

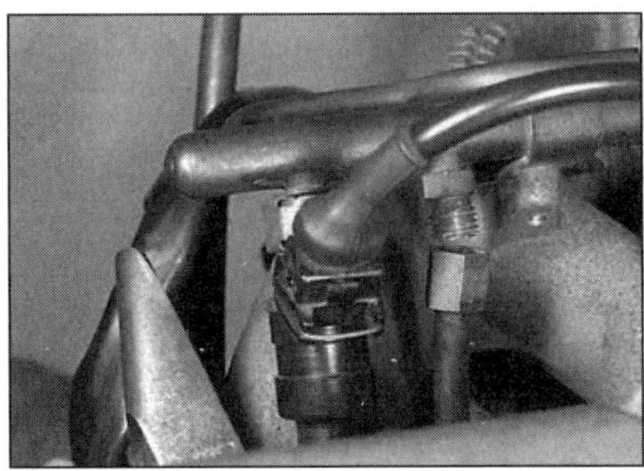

14.8 Anschluss der Kaltstartdüse

9 Trennen Sie den Kabelstecker von der Düse.

10 Schrauben Sie die Kaltstartdüse unten aus dem Einlassstutzen und entfernen Sie sie.

11 Der Einbau entspricht der umgekehrten Ausbaureihenfolge.

Systemdruckregler

12 Trennen Sie das Rücklaufrohr und den Verteilerrohr-Stutzen vom Regler (siehe Abbildungen) – seien Sie auf austretendes Benzin vorbereitet.

14.12a Trennen Sie am Druckregler das Rücklaufrohr . . .

14.12b . . . und den Verteilerrohr-Anschluss.

13 Trennen Sie das Unterdruckrohr vom Regler.

14 Lösen Sie die Haltemutter und befreien Sie den Regler aus seinem Halter.

15 Der Einbau entspricht der umgekehrten Ausbaureihenfolge.

Zusatzluftventil

16 Trennen Sie den Kabelstecker vom Ventil.
17 Trennen Sie die Luftschläuche vom Ventil.
18 Lösen Sie die Schrauben, die das Ventil am Zylinderkopf sichern, und entfernen Sie es.
19 Der Einbau entspricht der umgekehrten Ausbaureihenfolge.

Luftmengenmesser

20 Lösen Sie die Klemmen des Luftfilterdeckels.
21 Befreien Sie die Drahtsicherung des Kabelsteckers und trennen Sie ihn sowie den zum Turbolader führenden Stutzen vom Luftmengenmesser.
22 Heben Sie den Deckel mitsamt Luftmengenmesser ab.
23 Befreien Sie den Verbindungsschlauch, schrauben Sie den Luftmengenmesser vom Luftfilterdeckel und entfernen Sie ihn (siehe Abbildung) – er ist empfindlich und darf keinen Stößen ausgesetzt werden.

14.23 Lösen Sie den Schlauch des Luftmengenmessers.

24 Der Einbau entspricht der umgekehrten Ausbaureihenfolge. Falls ein neuer Luftmengenmesser montiert wird, müssen zum Schluss die Standgasdrehzahl und das Standgasgemisch eingestellt werden (siehe Kapitel 1).

Thermozeitschalter

25 Schrauben Sie (bei abgekühltem Motor!) den Einfülldeckel des Ausgleichsbehälters ab, um das Kühlsystem drucklos zu machen.
26 Trennen Sie den Kabelstecker vom Thermozeitschalter – dieser ist hinten am Motor unterhalb des Einlassstutzens in den Zylinderkopf geschraubt.
27 Schrauben Sie den Thermozeitschalter heraus und entfernen Sie ihn – verstopfen Sie die Bohrung mit einem passenden Korken oder Holzstück, um möglichst wenig Kühlmittel zu verlieren.
28 Tragen Sie am Gewinde des Thermozeitschalters Dichtmasse auf und schrauben Sie ihn ein. Verbinden Sie den Kabelstecker.
29 Füllen Sie ggf. das Kühlsystem auf.

Ladeluft-Temperatursensor

30 Trennen Sie den Kabelstecker vom Sensor (siehe Abbildung).

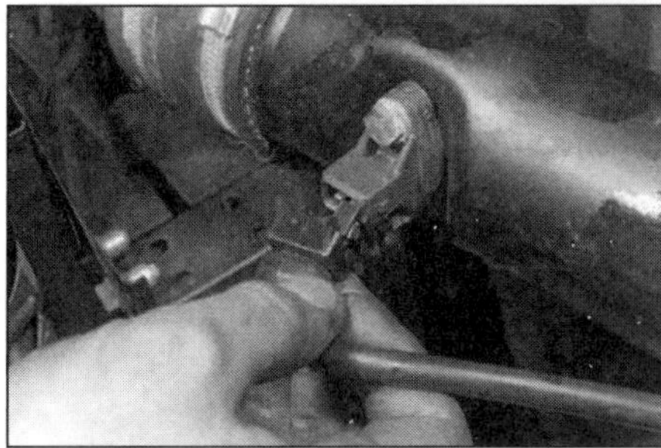

14.30 Befreien Sie den Ladeluft-Temperatursensor.

31 Schrauben Sie den Sensor aus dem Ladeluftrohr und entfernen Sie ihn.
32 Der Einbau entspricht der umgekehrten Ausbaureihenfolge.

Motorsteuergerät (ECU)

33 Beachten Sie die Hinweise in Kapitel 5B.

Bypass-Ventil

34 Trennen Sie die Schläuche vom Ventil – bringen Sie nötigenfalls Markierungen an, um sie korrekt wieder aufstecken zu können (siehe Abbildung).

14.34 Ziehen Sie die Schläuche vom Bypassventil.

35 Schrauben Sie das Ventil aus seinem Halter und entfernen Sie es.
36 Der Einbau entspricht der umgekehrten Ausbaureihenfolge. Verdrehen Sie nicht die voreingestellte Einstellschraube oben am Ventil.

15 LH-Jetronic-Komponenten – Ausbau und Einbau

Anmerkung: *Beachten Sie vor Arbeitsbeginn die Warnhinweise in Sektion 1*

1 Trennen Sie das Massekabel (–) der Batterie.

Luftmassenmesser

2 Trennen Sie den Kabelstecker vom Luftmassenmesser (siehe Abbildung).

15.2 Ziehen Sie den Stecker des Luftmassenmessers ab.

3 Lösen Sie die zwei Clips, die den Luftmassenmesser am Luftfilter sichern, sowie die Schlauchschelle, die ihn am Ansaugstutzen sichern. Nehmen Sie den Luftmassenmesser ab.
4 Der Einbau entspricht der umgekehrten Ausbaureihenfolge. Falls ein neuer Luftmassenmesser montiert wird, muss bei der LH 2.2-Jetronic zum Schluss das Standgasgemisch eingestellt werden (siehe Kapitel 1).

Einspritzdüsen

5 Trennen Sie den Kabelstecker von der jeweiligen Einspritzdüse. Befreien Sie den Kabelbaum vom Verteilerrohr – schneiden Sie dazu nötigenfalls die Kabelbinder auf.
6 Lösen Sie alle Kraftstoffleitungen vom Verteilerrohr – kontern Sie beim Lockern die Anschlüsse und seien Sie auf austretendes Benzin vorbereitet.
7 Lösen Sie die zwei Schrauben, die jedes Verteilerrohr am Einlassstutzen sichern. Ziehen Sie das Verteilerrohr hoch, um die Einspritzdüsen aus dem Einlassstutzen zu befreien; entfernen Sie das Verteilerrohr samt der Düsen (siehe Abbildung).

15.7 Ziehen Sie das Verteilerrohr samt Einspritzdüsen ab.

8 Nachdem die Sicherungsclips entfernt sind, können jetzt die einzelnen Einspritzdüsen aus dem Verteilerrohr gezogen werden (siehe Abbildung).
9 Der Einbau entspricht der umgekehrten Ausbaureihenfolge. Kontrollieren Sie die O-Ringe der Einspritzdüsen und ersetzen Sie sie gegebenenfalls – schmieren Sie sie vor dem Einbau mit Silikonpaste.
Anmerkung: Manche – nicht in diesem Buch behandelte – Modelle sind mit einer vom Motorsteuergerät überwachten Kaltstartdüse ausgerüstet, die ebenfalls zusammen mit dem Verteilerrohr entfernt wird.

15.8a Entfernen Sie den Clip . . .

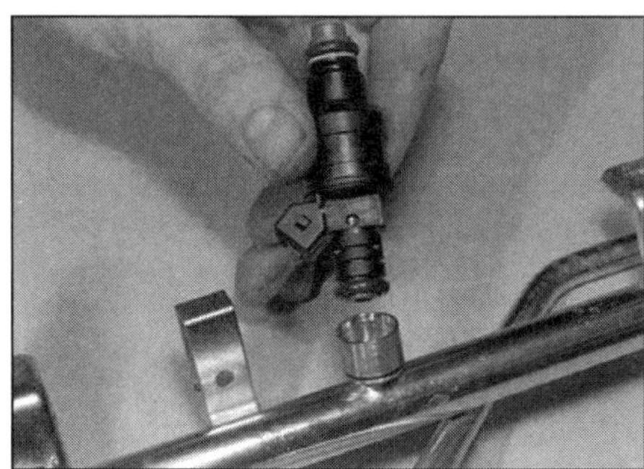

15.8b . . . und ziehen Sie die Einspritzdüse aus dem Verteilerrohr.

Systemdruckregler

10 Trennen Sie die Unterdruck- und Kraftstoffschläuche vom Regler – kontern Sie beim Lockern die Anschlüsse und seien Sie auf austretendes Benzin vorbereitet.
11 Entfernen Sie den Regler aus seinem Halter – seien Sie auf weitere Benzinspritzer vorbereitet.
12 Der Einbau entspricht der umgekehrten Ausbaureihenfolge.

Luftregelventil

13 Trennen Sie den Kabelstecker vom Ventil.
14 Ziehen Sie vorsichtig die Luftschläuche des Ventils von den Stutzen am Ansaugtrakt und am Drosselklappengehäuse.
15 Entfernen Sie das Ventil samt seiner Schläuche. Lockern Sie nötigenfalls die Schlauchschellen und ziehen Sie die Schläuche vom Ventil.
16 Der Einbau entspricht der umgekehrten Ausbaureihenfolge – verwenden Sie ggf. neue Schläuche und Schellen.

Drosselklappengehäuse

17 Trennen Sie den Kabelstecker des Drosselklappenschalters.
18 Trennen Sie den Schlauch des Luftregelventils, den Unterdruckschlauch und den Ansaugtrakt vom Gehäuse.
19 Hebeln Sie den Federclip heraus und befreien Sie das Kugelgelenk des Drosselklappengestänges vom Betätigungshebel (siehe Abbildung).
20 Bringen Sie Markierungen zwischen dem Gehäuse und dem Einlassstutzen an. Lösen Sie die drei Muttern und entfernen Sie das Gehäuse (siehe Abbildung); entnehmen Sie die Dichtung.

15.19 Lösen Sie den Federclip des Drosselklappengestänge-Kugelgelenks.

15.20 Befreien Sie das Drosselklappengehäuse.

21 Achten Sie bei der Montage des alten Gehäuses auf die korrekte Ausrichtung der Markierungen – verwenden Sie auf jeden Fall eine neue Dichtung.

22 Nach der Montage muss bei einer LH 2.2-Jetronic die Basis-Standgasdrehzahl kontrolliert und ggf. justiert werden – falls sie nicht weit genug herunter gedreht werden kann, muss die Drosselklappe wie folgt eingestellt werden:

23 Lockern Sie die Kontermutter des Drosselklappen-Einstellers und drehen Sie diesen heraus, bis die Klappe vollständig geschlossen ist. Drehen Sie den Einsteller zurück, bis er gerade den Betätigungshebel berührt; drehen Sie ihn von dieser Position aus eine weitere Viertelumdrehung (bei B 234F-Motoren eine halbe Umdrehung) ein, halten Sie ihn und ziehen Sie die Kontermutter an.

24 Prüfen Sie die Funktion des Drosselklappenschalters.

Drosselklappenschalter

25 Trennen Sie den Kabelstecker vom Drosselklappenschalter.

26 Bringen Sie am Schalter und am Drosselklappengehäuse Markierungen an, um ihn später wieder korrekt ausrichten zu können. Lösen Sie die zwei Inbusschrauben, die den Schalter sichern, und entfernen Sie ihn.

27 Der Einbau entspricht der umgekehrten Ausbaureihenfolge. Stellen Sie sicher, dass aus dem Schalter ein Klicken zu hören ist, sobald die Drosselklappe geöffnet wird – andernfalls muss der Schalter wie folgt eingestellt werden:

28 Lockern Sie die Schalterschrauben. Drehen Sie den Schalter (von hinten betrachtet) innerhalb seines Spielraums bis zum Anschlag im Uhrzeigersinn, drehen Sie ihn dann langsam wieder zurück, bis ein Klicken zu hören ist. Bei allen Modellen (außer dem mit einer LH 2.4-Jetronic ausgerüsteten B 234F-Motor) wird der Schalter in dieser Position gehalten und die Schrauben werden angezogen. Bei B 234F-Motor hängt der letzte Schritt davon ab, ob der Schalter von Bosch oder VDO stammt; bei Modellen mit Bosch-Schalter muss dieser gegen den Uhrzeigersinn gedreht werden, bis ein Klicken zu hören ist, und dann weiter bis zum Anschlag, ziehen Sie seine Schrauben an. Bei Modellen mit VDO-Schalter wird ein 0,25-mm-Fühlerleerenblatt zwischen den Drosselklappenhebel und die Anschlagschraube gehalten und der Schalter gegen den Uhrzeigersinn gedreht, bis ein Klicken zu hören ist; ziehen Sie dann die Schrauben an.

29 Prüfen Sie erneut, ob beim Öffnen der Drosselklappe ein Klicken zu hören ist, und wiederholen Sie die Einstellung nötigenfalls. Öffnen Sie bei B 234F-Modellen die Drosselklappe, bis das Klicken hörbar ist – es muss eine 0,15-mm-Fühlerlehre zwischen den Drosselklappenhebel und die Anschlagschraube passen. Schließen Sie die Drosselklappe langsam wieder, bis der Rückkehr-Klick zu hören ist – jetzt muss eine 0,45-mm-Fühlerlehre dazwischen passen.

Kühltemperatursensor

30 Lassen Sie Kühlmittel ab, bis sein Pegel und dem Kühltemperatursensor liegt.

31 Trennen Sie das Kabel vom Sensor und schrauben Sie diesen aus seinem Sitz.

32 Versehen Sie das Gewinde des Sensors mit etwas Dichtmasse, bevor Sie ihn einschrauben. Schließen Sie das Kabel an.

33 Füllen Sie das Kühlsystem auf (siehe »Wöchentliche Kontrollen«).

Lambdasonde

34 Die Lambdasonde sitzt in der Nähe des Katalysators im Auspuff – bei älteren Modellen sitzt sie direkt davor, bei Turbo-Modellen sitzt sie direkt hinter dem Turbolader. Lassen Sie die Sonde direkt nach der Fahrt lange genug abkühlen.

35 Trennen Sie den Signal- und den Heizungsstecker von der Lambdasonde.

36 Schrauben Sie die Sonde aus dem Auspuffrohr. Versehen Sie ihr Gewinde vor dem Einbau mit Kupferpaste und ziehen Sie sie mit 55 Nm an.

Motorsteuergerät (ECU)

37 Entfernen Sie die Verkleidung im Fahrerfußraum.

38 Falls mehrere Steuergeräte vorhanden sind, muss das mit »Jetronic« beschriftete Motorsteuergerät identifiziert werden.

39 Befreien Sie das Steuergerät aus seinen Befestigungen und trennen Sie den Mehrfachstecker.

40 Der Einbau entspricht der umgekehrten Ausbaureihenfolge. Anmerkung: Falls ein LH 2.4-Jetronic-Steuergerät ausgebaut und durch ein Neuteil ersetzt werden soll, gehen alle gespeicherten selbst erlernten Werte verloren. Nach dem ersten Start kann es einem daher so vorkommen, als würde der Motor nicht gut laufen, sobald jedoch das adaptive System neue Werte gesammelt hat, wird sich die Leistungsentfaltung verbessern.

16 Standgasregulierungs-System – Allgemeine Informationen

Alle B 230ET- und B 234F- sowie die meisten B 28E-Motoren sind mit einem Standgasregulierungs-System ausgerüstet,

das dafür sorgt, dass der Motor ungeachtet aller Lasten durch Nebenaggregate (vor allem die Klimaanlage und die Lichtmaschine) mit relativ konstanter Standgasdrehzahl läuft. Bei B 234F-Motoren versorgt das System zudem beim Bremsen den Motor mit Luft, um den korrekten Unterdruck im Einlassstutzen sicherzustellen.
Das System besteht aus einem Steuergerät, einem Luftregelventil, einem Drosselklappenschalter und einem Temperatursensor. Außerdem empfängt das System Daten von der Zündspule (B 28E) und dem Motronic-Steuergerät (B 230ET). Bei B 234F-Motoren gibt es kein separates Steuergerät für die Standgasregulierung und das Luftregelventil wird direkt von der LH 2.4-Jetronic gesteuert.
Das Regelventil lässt eine bestimmte Luftmenge an der Drosselklappe vorbei strömen; die Menge hängt von der Drehzahl, der Drosselstellung und der Kühlmitteltemperatur ab – beim B 234F auch vom Luftmassenmessgerät.
Wie bei allen anderen oben beschriebenen Einspritzsystemen kann auch bei der Standgasregulierung eine Einstellung nur mit Spezialisten-Wissen und einer entsprechenden Ausrüstung durchgeführt werden. Falls vermutet wird, dass eine Justierung nötig ist oder im System ein Defekt aufgetreten ist, muss eine Fachwerkstatt aufgesucht werden.
Die LH 2.4-Jetronic bei B 234F-Motoren regelt die Standgasdrehzahl adaptiv aus den Daten vorheriger Fahrzustände. Außer der Standgasdrehzahl im Notlaufbetrieb (siehe Kapitel 1) sind keine Einstellungen möglich. Falls die Standgasdrehzahl nicht korrekt ist, wird wahrscheinlich an einer der Standgasregulierungs-Komponenten oder im Steuergerät ein Defekt vorliegen, sodass mithilfe eines Diagnosegeräts die Fehlermeldungen überprüft werden müssen (siehe Sektion 24).

17 Tempomat – Allgemeine Informationen

Falls vorhanden, erlaubt der Tempomat das Einhalten einer vom Fahrer eingestellten Geschwindigkeit ungeachtet von Steigungen oder vorherrschenden Winden.
Die wichtigsten Komponenten des Systems sind das Steuergerät, ein Steuerschalter, ein Unterdruck-Servo und eine Unterdruckpumpe. Schalter an der Bremse und ggf. an der Kupplung schützen den Motor vor hohen Drehzahlen und Lasten, falls eines der Pedale bei aktiviertem Tempomaten gedrückt wird.
Der Tempomat wird eingeschaltet, indem der Fahrer auf die gewünschte Geschwindigkeit beschleunigt und dann den Schalter aktiviert. Das Steuergerät überwacht dann die (vom Tachometer-Impuls erhaltene) Geschwindigkeit und öffnet oder schließt die Drosselklappe mithilfe des Servos, um dieses Tempo zu halten. Sobald der Schalter auf »OFF« gestellt oder die Bremse oder Kupplung getreten wird, schließt der Servo unverzüglich die Drosselklappe. Die gewünschte Geschwindigkeit wird im Steuergerät gespeichert und kann mithilfe des auf »RESUME« gestellten Schalters wieder reaktiviert werden, solange das Tempo in der Zwischenzeit nicht unter 40 km/h gefallen ist.
Der Fahrer kann den Tempomaten einfach durch Druck auf das Gaspedal außer Kraft setzen (z.B. zum Überholen); sobald er wieder den Fuß vom Gaspedal nimmt, regelt der Tempomat wieder die ursprüngliche Geschwindigkeit ein.
Der Tempomat kann nicht bei Geschwindigkeiten unter 40 km/h aktiviert werden; zudem sollte er nicht auf rutschigem Untergrund oder in dichtem Verkehr eingesetzt werden.
Beim Verfassen dieses Buchs waren keine Ausbau-, Einbau- oder Einstellungsdaten für den Tempomaten erhältlich. Bei Problemen müssen Sie sich daher an eine Volvo-Werkstatt wenden.

18 Einlassstutzen – Ausbau und Einbau

Anmerkung: *Beachten Sie vor Arbeitsbeginn die Warnhinweise in Sektion 1*

1 Trennen Sie das Massekabel (–) der Batterie.

B 23 / 200 / 230E/ET / B 234F-Motoren

2 Falls der Einlassstutzen mit Kühlmittel beheizt wird, muss das Kühlsystem entleert werden (siehe Kapitel 1).
3 Trennen Sie den Ansaugtrakt vom Drosselklappengehäuse. Entfernen Sie bei B 234F-Motoren den Luftmassenmesser.
4 Befreien Sie alle Gaszüge von der Trommel.
5 Trennen Sie die Einspritzdüsen-Kabelstecker (Turbo-Modelle) und alle anderen Elektrikteile, die den Ausbau behindern.
6 Trennen Sie die Unterdruck-, Druck-, Belüftungs- und Kühlerschläuche vom Einlassstutzen – bringen Sie nötigenfalls Markierungen an.
7 Trennen Sie die Kraftstoffzufuhr- und Rücklaufleitungen vom Verteilerrohr oder Druckregler – seien Sie auf austretendes Benzin vorbereitet.
8 Trennen oder verlagern Sie ggf. die Kaltstart-Düse und das Zusatzluftventil.
9 Sichergehend, dass nichts übersehen wurde, kann der Einlassstutzen jetzt abgeschraubt und samt Drosselklappengehäuse und Einspritz-Komponenten (Turbo-Modelle) entfernt werden (siehe Abbildungen). Entnehmen Sie die Dichtung.

B 28E-Motoren

10 Lockern Sie den Tankdeckel, um sämtlichen Druck abzulassen.
11 Entfernen Sie den Öleinfülldeckel, die Motorentlüftungsschläuche und den Ansaugtrakt.
12 Trennen Sie die Gaszüge von der Trommel und verlagern Sie sie beiseite.
13 Trennen Sie den Einspritzanlagen-Kabelbaum an den Kabelsteckern neben dem Ausgleichsbehälter sowie von den Einspritzanlagen-Bauteilen am Einlassstutzen und in dessen Umgebung. Verlagern Sie den Kabelbaum aus dem Arbeitsbereich heraus.
14 Trennen Sie die Unterdruckschläuche vom Einlassstutzen – bringen Sie nötigenfalls Markierungen an, um später alle wieder richtig anzuschließen.
15 Ziehen Sie die Zündkerzenstecker ab, befreien Sie die Zündkabel und verlagern Sie sie beiseite.
16 Befreien Sie die Halteclips und ziehen Sie die Einspritzdüsen aus ihren Sitzen.
17 Trennen Sie die Kraftstoff-Zufuhrleitung oben vom Benzinfilter und die Rücklaufleitung vom Stutzen links am Innenkotflügel – seien Sie auf austretendes Benzin vorbereitet und verstopfen Sie offene Leitungen.

18.9a Lösen Sie die obere Schraube der Haltestrebe . . .

18.9b . . . und die Muttern, die den Einlassstutzen am Zylinderkopf sichern.

18 Schrauben Sie den Steuerdruckregler und legen Sie ihn auf den Einlassstutzen.

19 Lösen Sie die vier Schrauben des Einlassstutzens und heben Sie ihn samt Drosselklappengehäuse und Einspritz-Komponenten ab. Stellen Sie die O-Ringe sicher (siehe Abbildungen).

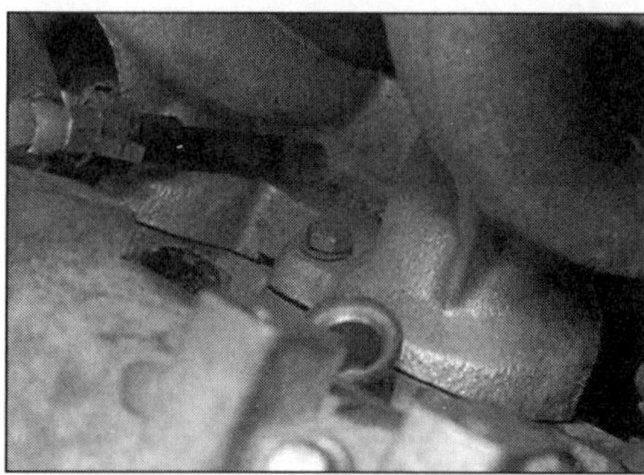

18.19a Einlassstutzen-Sicherungsschraube

18.19b Die O-Ringe unter dem Einlassstutzen müssen später erneuert werden.

B 280E-Motoren

20 Lockern Sie den Tankdeckel, um sämtlichen Druck abzulassen.

21 Schneiden Sie die Kabelbinder auf, mit denen die Kabel und Unterdruckleitungen am Verteilerrohr gesichert sind. Öffnen Sie ebenfalls die Kabelbinder, mit denen die Kraftstoff-Zufuhrleitung am Ansaugtrakt gesichert sind. Beschaffen Sie für den Einbau neue Kabelbinder.

22 Befreien Sie die Gas- und Kickdown-Bowdenzüge von der Gaszug-Trommel und aus allen Halterungen.

23 Entfernen Sie den Luftmassenmesser und den Luftkanal, der ihn mit dem Drosselklappengehäuse verbindet. Wahrscheinlich müssen das Luftregelventil und der Motorentlüftungsschlauch vom Luftkanal getrennt werden (siehe Abbildung).

18.23 Trennen Sie den Schlauch des Luftregelventils vom Ansaugtrakt.

24 Trennen Sie den Unterdruckschlauch und den Motorentlüftungsschlauch vom Drosselklappengehäuse.

25 Trennen Sie den Unterdruckschlauch und die Kraftstoff-Rücklaufleitung vom Systemdruckregler (siehe Abbildungen) – seien Sie auf austretendes Benzin vorbereitet.

26 Trennen Sie den Systemdruckregler von einem der Verteilerrohre, kontern Sie dabei den Anschluss (siehe Abbildung). Entfernen Sie die Schrauben des Systemdruckregler-Halters.

18.26 Trennen Sie den Systemdruckregler von einem Verteilerrohr.

27 Trennen Sie die Kabelstecker von den Einspritzdüsen. Trennen Sie auch den Stecker des Drosselklappenschalters vom Drosselklappengehäuse.

28 Trennen Sie die zwei Klopfsensor-Kabelstecker (siehe Abbildung). Beachten Sie, wie die Sensorkabel durch die Einlassstutzen-Rohre geführt werden, damit sie später genauso wieder verlegt werden können.

18.25a Trennen Sie am Systemdruckregler den Unterdruckschlauch . . .

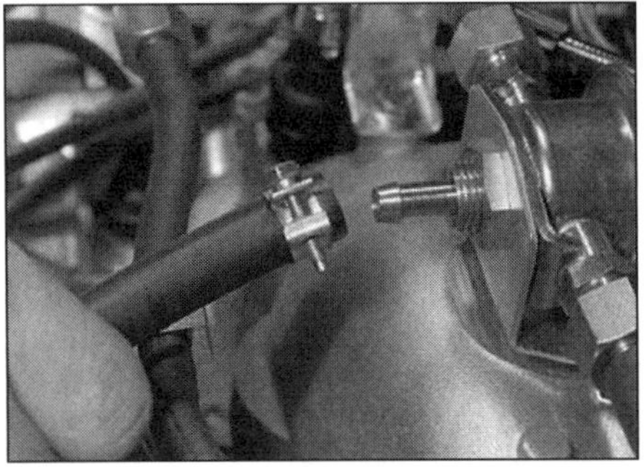

18.25b . . . und den Kraftstoff-Rücklaufschlauch

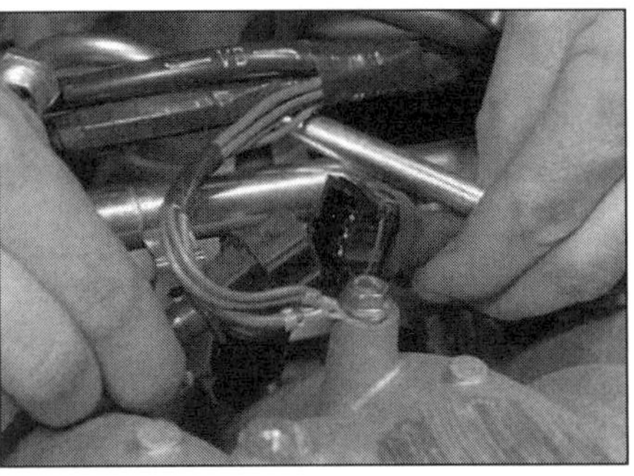

18.28 Trennen Sie die Stecker der Klopfsensoren.

29 Schrauben Sie die Massekabel vom Einlassstutzen (siehe Abbildung).

18.29 Massekabel am Einlassstutzen

30 Trennen Sie die Kraftstoff-Zufuhrleitungen vorne von den Verteilerrohren – seien Sie auf austretendes Benzin vorbereitet.

31 Schrauben Sie die Verteilerrohre ab und entfernen Sie sie, indem Sie die Einspritzdüsen aus ihren Sitzen ziehen. Verlagern Sie Einspritzanlagen-Kabelbaum beiseite.
32 Trennen Sie den Temperatursensor-Kabelstecker von der Wasserpumpe (siehe Abbildung).

18.32 Trennen Sie den Stecker des Temperatursensors.

33 Trennen Sie den Kabelstecker des Luftregelventils und befreien Sie dessen Schlauch vom Drosselklappengehäuse.
34 Verlagern Sie alle verbliebenen Kabel, Leitungen und Schläuche beiseite, die den Ausbau behindern könnten. Lösen Sie die vier Schrauben des Einlassstutzens und heben Sie ihn samt Drosselklappengehäuse und Gaszug-Trommel ab (siehe Abbildung).

18.34 Lösen Sie die Einlassstutzen-Sicherungsschrauben

Einbau (alle Modelle)

35 Der Einbau entspricht der umgekehrten Ausbaumethode – verwenden Sie ggf. neue Dichtungen und O-Ringe (siehe Abbildung). Eventuell müssen Dichtungen zurechtgeschnitten werden, um nicht an benachbarte Komponenten zu stoßen.

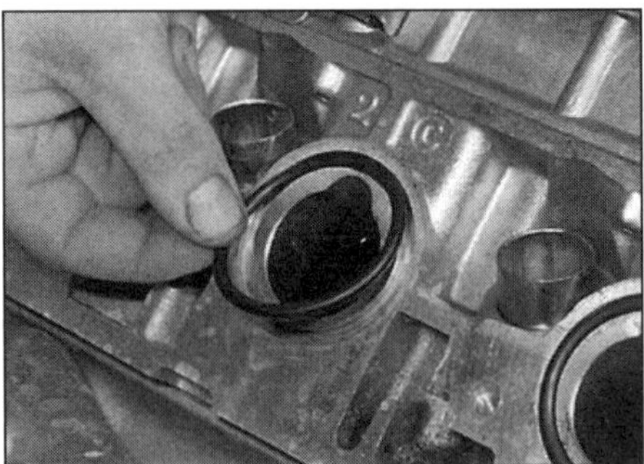

18.35 Die O-Ringe unter dem Einlassstutzen müssen später erneuert werden.

36 Stellen Sie Gas- und Kickdown-Züge ein (siehe Kapitel 7B). Starten Sie den Motor und kontrollieren Sie die Standgasdrehzahl sowie das Standgasgemisch (siehe Kapitel 1).
37 Füllen Sie ggf. das Kühlsystem auf (siehe Kapitel 1).

19 Auspuffstutzen – Ausbau und Einbau

B 23 / 230E / B 234F-Motoren

Ausbau

1 Entfernen Sie den Warmluft-Ansaugtrakt (falls vorhanden).
2 Trennen Sie das Krümmerrohr vom Auspuffstutzen.
3 Schrauben Sie den Auspuffstutzen vom Zylinderkopf und nehmen Sie ihn samt seiner Dichtungen ab.

Einbau

4 Verwenden Sie beim Einbau neue Dichtungen – die »UT«-Markierungen müssen nach außen – also vom Zylinderkopf weg – zeigen.
5 Versehen Sie die Stehbolzengewinde mit Kupferpaste, setzen Sie den Stutzen an den Zylinderkopf und ziehen Sie die Muttern gleichmäßig an.
6 Schließen Sie das Krümmerrohr und ggf. den Warmluft-Ansaugtrakt an.
7 Starten Sie den Motor und kontrollieren Sie alles auf Dichtigkeit.

B 23 / 230ET-Motoren

8 Bei diesen Motoren werden der Auspuffstutzen und der Turbolader gemeinsam als Baugruppe demontiert – beachten Sie daher die Hinweise in Sektion 21.

B 28 / 280E-Motoren

Ausbau

9 Heben Sie das Fahrzeug vorne an und stützen Sie es gut ab.
10 Trennen Sie das Massekabel (–) der Batterie.
11 Trennen Sie beide Krümmerrohre von beiden Auspuffstutzen – auch wenn nur ein Stutzen demontiert werden soll.
12 Entfernen Sie den Warmluft-Ansaugtrakt (falls im Wege).
13 Lösen Sie die vordere Auspuffhalterung am Getriebe. Verlagern Sie die Auspuffanlage nach hinten, bis die Rohre von den Auspuffstutzen befreit sind. Stützen Sie den Auspuff nötigenfalls, damit sie nicht unter Spannung steht.
14 Lösen Sie die Muttern der Auspuffstutzen und nehmen Sie diese samt ihrer Dichtungen ab – später müssen neue Dichtungen verwendet werden.

Einbau

15 Auspuffstutzen werden in Dreier-Sets angeboten. Trennen Sie die Dichtungen, indem Sie sie zerschneiden – aber nicht knicken oder zerreißen.
16 Legen Sie die Dichtungs-Sektionen über die Stehbolzen – ihr verstärkter Metallrand muss zum Zylinderkopf zeigen.
17 Versehen Sie die Stehbolzengewinde mit Kupferpaste, setzen Sie den jeweiligen Stutzen an den Zylinderkopf und ziehen Sie die Muttern gleichmäßig an.
18 Schließen Sie die mit neuen Dichtungen – Metallrand zum Auspuffstutzen – ausgerüsteten Krümmerrohre an, versehen Sie auch hier die Gewinde mit Kupferpaste und ziehen Sie die Muttern gleichmäßig an.
19 Montieren Sie die vordere Auspuffhalterung am Getriebe.
20 Montieren Sie den Warmluft-Ansaugtrakt.
21 Senken Sie das Fahrzeug ab und schließen Sie die Batterie an.
22 Starten Sie den Motor und kontrollieren Sie alles auf Dichtigkeit.

20 Turbolader – Allgemeine Informationen und Warnhinweise

Allgemeine Informationen

Der Turbolader erhöht die Motorleistung, indem er den Luftdruck im Einlassstutzen erhöht. Der Motor muss die Luft daher nicht ansaugen, sondern sie wird aktiv in ihn hineingepresst.
Die Energie für die Funktion des Turboladers entstammt den Abgasen. Das verbrannte Gas strömt durch ein speziell geformtes Gehäuse und versetzt dabei ein Turbinenrad in Rotation. Das Turbinenrad sitzt auf einer Welle, an deren anderer Seite ein weiteres Schaufelrad befestigt ist – das sog. Verdichterrad. Dieses sitzt in einem eigenen Gehäuse und komprimiert die zum Einlassstutzen strömende Luft.
Hinter dem Verdichterrad wird die bei der Kompression erwärmte Luft im vor dem Kühler sitzenden Ladeluftkühler wieder abgekühlt. Durch diese Temperaturabsenkung wird die Leistungsfähigkeit des Motors erhöht und die Gefahr von Frühzündungen verringert.
Der Ladedruck im Einlassstutzen wird durch ein Bypass-Ventil (»Wastegate«) begrenzt, das mithilfe einer druckempfindlichen Betätigung die Abgase vom Turbinenrad ableitet. Als weitere Vorsichtsmaßnahme unterbricht ein druckgesteuerter Schalter die Kraftstoffversorgung, falls der Ladedruck übermäßig ansteigt. Der Ladedruck wird im Armaturenbrett angezeigt.
Die »schwimmend« gelagerte Turbolader-Welle wird über eine Druckleitung aus dem Haupt-Ölkanal des Motors mit Öl versorgt, ein Rücklaufrohr leitet das Öl anschließend in die Ölwanne zurück.
Ab Modelljahr war der Turbolader mit einer Wasserkühlung ausgerüstet, um die Temperatur seiner Lager weiter abzusenken. Auch nach dem Abschalten des Motors zirkuliert Wasser durch Konvektion weiter, sodass der noch heiße Turbolader weiter gekühlt wird. Die Wasserkühlung kann auch an älteren Turboladern nachgerüstet werden.

Warnhinweise

Der Turbolader arbeitet mit extrem hohen Drehzahlen und Temperaturen. Um einem vorzeitigen Verschleiß des Turboladers und Verletzungen bei der Arbeit daran vorzubeugen, müssen einige Warnungen berücksichtigt werden:

a) *Lassen Sie keine Fremdkörper in den laufenden Turbolader geraten – die hochdrehenden Flügel würden extreme Schäden und im Falle eines platzenden Gehäuses auch schwere Verletzungen anrichten.*
b) *Drehen Sie einen kalten Motor nicht direkt nach dem Anlassen hoch. Geben Sie dem Öl einige Sekunden Zeit, um auch an der Turbolader-Welle genügend Druck aufzubauen.*

c) Lassen Sie den Motor einige Sekunden im Standgas laufen, bevor Sie ihn abschalten. Bei einem direkt nach höherer Last abgeschaltetem Motor würde die Turbolader-Welle ohne Schmierung nachlaufen.

d) Lassen Sie den Motor nach einer Volllast-Fahrt einige Minuten im Standgas laufen, damit der heiße Turbolader seine Wärme besser abgeben kann.

e) Achten Sie auf die vorgeschriebenen Ölwechselintervalle und verwenden Sie ausschließlich für Turbomotoren geeignetes Motoröl. Minderwertiges Öl oder überzogene Ölwechsel können an der Turbolader-Welle Ablagerungen zurücklassen, die für einen vorzeitigen Ausfall sorgen.

21 Turbolader – Ausbau und Einbau

Ausbau

1 Der Turbolader und der Auspuffstutzen werden gemeinsam demontiert. Beginnen Sie mit dem Ausbau des Ladeluftkühlers (siehe Sektion 22) und der zum Luftmengenmesser führenden Schläuche – einer von ihnen ist auch mit dem Bypassventil verbunden (siehe Abbildung).

21.1 Turbolader-Schläuche

2 Entfernen Sie den Warmluft-Ansaugtrakt des Luftfilters.

3 Falls der Turbolader wassergekühlt ist, müssen das Kühlsystem entleert (siehe Kapitel 1) und die zum Turbolader führenden Wasserleitungen getrennt werden.

4 Trennen Sie das Krümmerrohr vom Turbolader-Auslass. Entfernen Sie den Hitzeschild (siehe Abbildung).

21.4 Anschlussschrauben des Krümmerrohrs am Turbolader – eine dritte liegt versteckt unten.

5 Trennen Sie das Öl-Rücklaufrohr vom Turbolader – seien Sie auf Ölspritzer vorbereitet (siehe Abbildung).

21.5 Anschluss des Öl-Rücklaufrohrs am Turbolader

6 Schrauben Sie die unterhalb des Auspuffstutzen sitzende Verstärkungsplatte ab (siehe Abbildung).

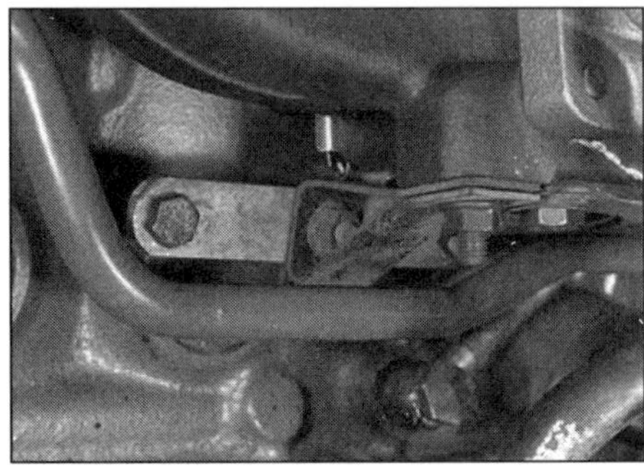

21.6 Verstärkungsplatte des Auspuffstutzens

7 Lösen Sie das Öl-Zulaufrohr vom Motorblock (siehe Abbildung).

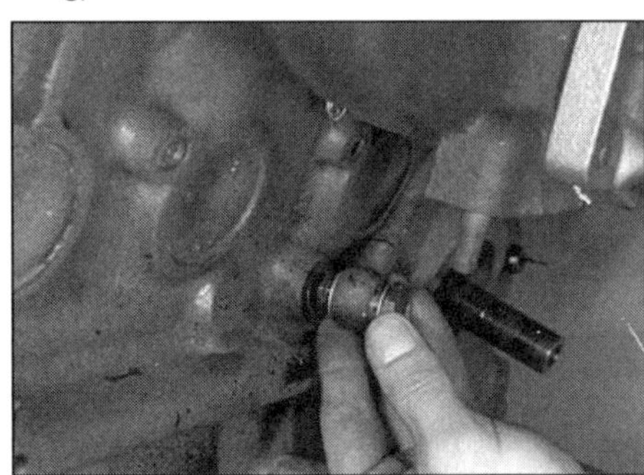

21.7 Ölleitungsanschluss des Turboladers am Motorgehäuse – beachten Sie die Dichtscheiben.

8 Lösen Sie die acht Muttern, die den Auspuffstutzen am Zylinderkopf sichern – an einer von ihnen ist auch eine Hebeöse befestigt (siehe Abbildung).

21.8 Lösen Sie die Auspuffstutzen-Muttern.

9 Heben Sie den Auspuffstutzen samt Turbolader ab. Nehmen Sie die Dichtungen aus den Auslasskanälen.
10 Entfernen Sie das Öl-Zulaufrohr und entnehmen Sie die Dichtung.
11 Entfernen Sie die Sicherungsbleche von den vier Schrauben, mit denen der Turbolader am Auspuffstutzen gesichert ist; biegen Sie dazu ihre Laschen mit einem Meißel beiseite und hebeln oder treiben Sie sie von den Schrauben. Beim Zusammenbau werden neue Bleche benötigt.
12 Klemmen Sie den Auspuffstutzen in einen Schraubstock und lösen Sie die vier Schrauben, um den Turbolader abzuheben. Entfernen Sie die anderen Hälften der Sicherungsbleche.
13 Messen Sie die Länge der Schrauben – wenn sie länger als 89 mm sind, haben sie sich zu stark gedehnt und müssen ersetzt werden.

Einbau

14 Setzen Sie den Turbolader an den Auspuffstutzen und sichern Sie ihn mit den vier mit Kupferpaste bestrichenen Schrauben – verwenden Sie neue Sicherungsblech-Sektionen.
15 Ziehen Sie die Schrauben in der vorgegebenen Anzugsreihenfolge zunächst handfest, dann mit 45 Nm an und schließlich um 45° weiter – verwenden Sie zum Schluss ggf. eine Gradscheibe (siehe Abbildungen).
16 Installieren Sie die äußeren Hälften der Sicherungsbleche. Treiben Sie sie mit einem Hammer und einem Rohr über die Schraubenköpfe, quetschen Sie die Laschen mit einer Zange und klopfen Sie sie anschließen herunter.
17 Der Rest des Einbaus entspricht der umgekehrten Ausbaureihenfolge – verwenden Sie dabei neue Dichtungen, Dichtscheiben usw.
18 Falls der Turbolader wassergekühlt ist, muss das Kühlsystem aufgefüllt werden (siehe Kapitel 1).
19 Bevor der Motor gestartet wird, wird der Versorgungsstecker der Zündspule abgezogen und der Motor mit sechs jeweils zehn Sekunden dauernden Anlasser-Aktivierungen durchgedreht, um den Turbolader mit Öl zu versorgen.
20 Verbinden Sie den Zündspulenstecker, starten Sie den Motor und prüfen Sie alles auf Öl- und ggf. Wasser-Dichtigkeit.

22 Ladeluftkühler – Ausbau und Einbau

Ausbau

1 Entfernen Sie die oberen Kühlerhalterungen und verschieben Sie den Kühler vorsichtig nach hinten.
2 Trennen Sie die Schläuche vom Ladeluftkühler und heben Sie ihn heraus.
3 Falls am Turbolader ein Defekt festgestellt wurde, wird der Ladeluftkühler eine gewisse Menge Öl enthalten – lassen Sie es über die Ölablassschraube ab.

Einbau

4 Der Einbau entspricht der umgekehrten Ausbaureihenfolge.

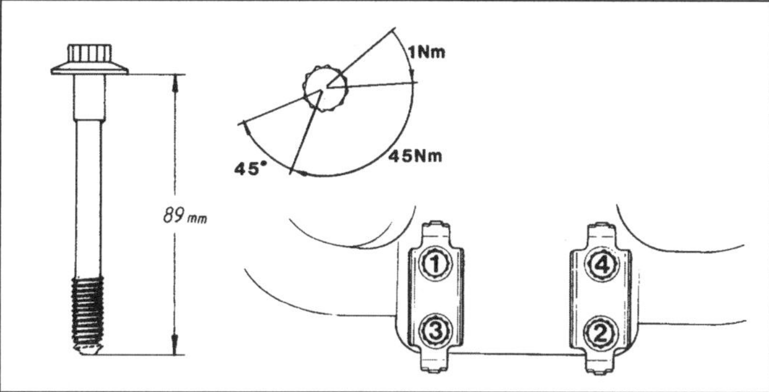

21.15a Anzugsschritte und -Reihenfolge für die Turbolader-Befestigungsschrauben. Erneuern Sie alle Schrauben, die im gezeigten Bereich länger als 89 mm sind.

21.15b Der letzte Anzug erfolgt mithilfe einer Gradscheibe.

23 Auspuffanlage – Allgemeine Informationen, Ausbau und Einbau

1 Trennen Sie ggf. den Sensor- und Heizungsstecker der Lambdasonde. Die Lambdasonde sitzt in der Nähe des Katalysators im Auspuff – bei älteren Modellen sitzt sie direkt davor, bei Turbo-Modellen sitzt sie direkt hinter dem Turbolader. Lassen Sie die Sonde direkt nach der Fahrt lange genug abkühlen.
2 Der Aus- und Einbau der Auspuffanlage ist in Kapitel 4A, Sektion 19, beschrieben. Schließen Sie zum Schluss die Stecker der Lambdasonde wieder an.

24 Kraftstoffsystem-Test mit Diagnoseeinheit – LH 2.4-Jetronic

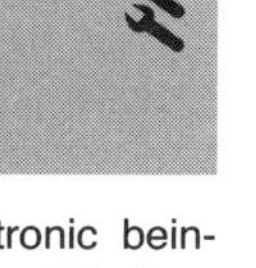

1 Die bei B 234F-Motoren montierte LH 2.4-Jetronic beinhaltet eine Diagnoseeinheit, die sowohl mit der Zündbox als auch mit der Einspritzanlagen-Steuerung verbunden ist. Die Diagnoseeinheit sitzt am linken Federbein-Gehäuse im

Motorraum und verfügt über einen Stecker, der zum Testen des Systems in verschiedene Buchsen gesteckt werden kann. Buchse Nr. 2 wird zum Testen der Einspritzanlagen-Steuerung verwendet (siehe Abbildung). Durch Drücken des Knopfs können verschiedene Tests durchgeführt werden – je nachdem, wie oft gedrückt wird:

a) *Wenn der Knopf einmal gedrückt wird, blinkt das Licht und gibt einen Fehlercode an. Bis zu drei bei laufendem Motor aufgetretenen Fehler werden gespeichert.*

b) *Wenn der Knopf zweimal gedrückt wird, führt das System am Drosselklappenschalter, dem Geschwindigkeitssensor und den Klimaanlagen-Komponenten eine Funktionsprüfung durch. Die Lampe blinkt bei jedem Funktionstest und gib dabei einen Quittierungs-Code an.*

c) *Wenn der Knopf dreimal gedrückt wird, führt das System Kontrolltests an den Einspritzdüsen, dem Standgasregelventil, dem Verdunstungsrückhalteventil und ggf. der Kaltstart-Düse durch. Die Komponenten beginnen dabei zu arbeiten, einen Quittierungs-Code gibt es nicht.*

Jeder Code besteht aus drei Nummern, die von drei Blink-Serien wiedergegeben werden. Das Licht leuchtet jeweils eine halbe Sekunde auf und erlischt dann wieder für eine halbe Sekunde. Wenn eine Ziffer beendet ist, dauert die Pause drei Sekunden und die nächste Ziffer wird auf die gleiche Weise angezeigt. In der Abbildung ist ein Beispiel illustriert (siehe Abbildung).

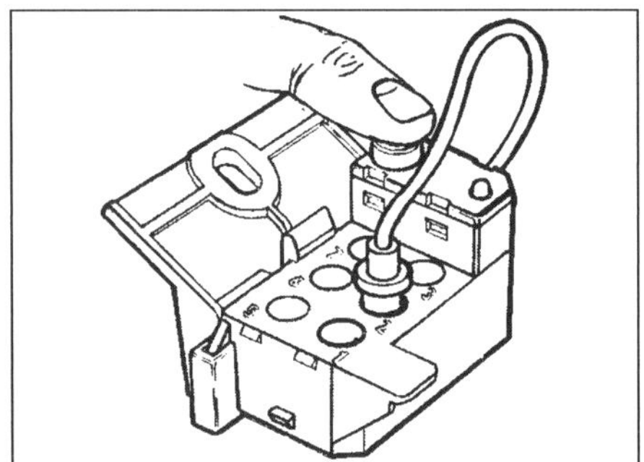

24.1a Diagnoseeinheit mit Stecker in Buchse 2.

Fehlertest

2 Öffnen Sie den Deckel der Diagnoseeinheit und verbinden Sie den Stecker mit Buchse 2.

3 Schalten Sie die Zündung ein, aber starten Sie nicht den Motor.

4 Drücken Sie einmal den Knopf und halten Sie ihn mindestens eine Sekunde gedrückt – aber nicht länger als drei Sekunden.

5 Beobachten Sie das Blinklicht und identifizieren Sie die Fehlercodes. Folgende Codes können angezeigt werden:

1-1-1 Kein Fehler
1-1-2 Steuergerät defekt – installieren Sie ein neues Steuergerät.
1-1-3 Einspritzdüsen-Kabel unterbrochen oder verstopfte Düse.
1-2-1 Kein Signal zum oder vom Luftmassenmesser – Motor läuft in Notlaufmodus.
1-2-3 Kein Signal vom Kühltemperatursensor oder Kurzschluss – Motor läuft, als wäre er zu heiß.
1-3-1 Kein Drehzahl-Signal aus der Zündbox.
1-3-2 Batteriespannung zu niedrig oder zu hoch.
1-3-3 Leerlaufposition des Drosselklappenschalters falsch eingestellt oder Kurzschluss.
2-1-2 Kein Lambdasonden-Signal.
2-1-3 Drosselklappenschalter in Volllastposition, Kurzschluss.
2-2-1 Adaptive Lambdaregelung, abgemagert, Teillast.
2-2-3 Kein Signal von oder zum Luftregelventil.
2-3-1 Adaptive Lambdaregelung, abgemagert oder angereichert, Teillast.
2-3-2 Adaptive Lambdaregelung, abgemagert oder angereichert, Standgas.
2-3-3 Luftregelventil geschlossen oder undicht.
3-1-1 Kein Signal vom Tachometer
3-1-2 Kein Klopfsignal zum Anreichern vom Zündsystem
3-2-2 Luftmassenmesser – Platindraht-Reinigungsfunktion defekt

6 Wenn der Code 1-1-1 angezeigt wird, sind keine Fehler im Systemspeicher enthalten. Falls ein anderer Code angezeigt wird, muss der Knopf anschließend erneut gedrückt werden, damit ggf. ein weiterer Fehler angezeigt wird; drücken Sie ihn dann ein drittes Mal, um einen möglichen dritten Fehler auszulesen – mehr Fehler können nicht gespeichert werden. Nachdem alle gespeicherten Fehler ausgelesen wurden, beginnt das System beim nächsten Drücken des Knopfes mit der Wiederholung der Fehlercodes.

7 Führen Sie entsprechende Tätigkeiten durch, um alle Fehler zu beseitigen.

8 Drücken Sie den Knopf erneut und halten Sie ihn mindestens fünf Sekunden gedrückt, bevor Sie ihn wieder loslassen. Nach drei bis vier Sekunden wird das Licht aufleuchten. Drücken Sie den Knopf ein zweites Mal für mindestens fünf Sekunden – hierdurch wird der Speicher gelöscht und kann neue Fehlercodes aufnehmen.

9 Entfernen Sie den Stecker aus Buchse 2, platzieren Sie ihn in seinem Halter und führen Sie eine Probefahrt durch. Wiederholen Sie anschließend den Fehlertest, um mögliche neu aufgezeichnete Fehler auszulesen – falls keine neuen Fehler gespeichert wurden, blinkt der Code 1-1-1.

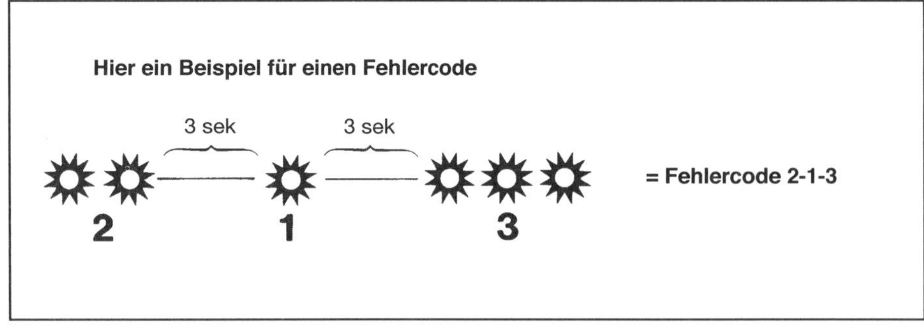

24.1b Fehlercode 2-1-3

Funktionsprüfung

10 Öffnen Sie den Deckel der Diagnoseeinheit und verbinden Sie den Stecker mit Buchse 2.

11 Schalten Sie die Zündung ein, aber starten Sie nicht den Motor.

12 Drücken Sie zweimal den Knopf und halten Sie ihn dabei jeweils mindestens eine Sekunde gedrückt – aber nicht länger als drei Sekunden – das Licht beginnt dauerhaft zu blinken. Jetzt können eine Reihe von Tests durchgeführt werden, und bei jeder Gelegenheit muss das Licht zuerst erlöschen und dann einen Quittierungs-Code anzeigen. Warten Sie mit dem nächsten Test, bis das Licht wieder dauerhaft blinkt.

13 Öffnen Sie die Drosselklappe vollständig – der Quittierungs-Code 3-3-3 muss angezeigt werden, um die Funktion der Volllast-Kontakte zu bestätigen (nicht bei Turbo-Modellen – hier gibt es diese Kontakte nicht).

14 Schließen Sie die Drosselklappe – der Quittierungs-Code 3-3-2 muss angezeigt werden, um die Funktion des Standgas-Schalters zu bestätigen.

15 Starten Sie den Motor – der Quittierungs-Code 3-3-1 muss angezeigt werden, um die Funktion des Geschwindigkeits-Signals zu bestätigen. Lassen Sie den Motor im Standgas laufen.

16 Schalten Sie die Klimaanlage ein – der Quittierungs-Code 1-1-4 muss angezeigt werden, um die Funktion des Klimaanlagen-Schalters zu bestätigen.

17 Stellen Sie die Klimaanlage so ein, dass der Kompressor einschaltet – der Quittierungs-Code 1-3-2 muss angezeigt werden, um das Einrücken der Kompressor-Kupplung zu bestätigen.

18 Betätigen Sie bei Automatikmodellen die Fußbremse und bringen Sie den Wahlhebel in die Position D und dann zurück auf N – der Quittierungs-Code 1-2-4 muss angezeigt werden, andernfalls muss eine Volvo-Werkstatt konsultiert werden.

19 Schalten Sie den Motor aus. Entfernen Sie den Stecker aus Buchse 2 und platzieren Sie ihn in seinem Halter.

Kontrolltests

20 Öffnen Sie den Deckel der Diagnoseeinheit und verbinden Sie den Stecker mit Buchse 2.

21 Schalten Sie die Zündung ein, aber starten Sie nicht den Motor.

22 Drücken Sie dreimal den Knopf und halten Sie ihn dabei jeweils mindestens eine Sekunde gedrückt – aber nicht länger als drei Sekunden – mehrere Komponenten beginnen mit einer vorgegebenen Frequenz zu arbeiten – jeweils zehn Sekunden mit Pausen von fünf Sekunden zwischen den Komponenten. Das Licht blinkt in der Frequenz der arbeitenden Komponente. Durch Fühlen von Hand oder Abhören der Geräusche können die Komponenten beobachtet werden. Die Reihenfolge ist wie folgt:

a) Die Einspritzdüsen arbeiten mit 13 Hertz (13 Impulsen pro Sekunde)

b) Das Luftregelventil arbeitet mit 1 Hertz.

c) Das Verdunstungsrückhalteventil arbeitet mit 2 Hertz (nur B 234F).

d) Die Kaltstartdüse (falls vorhanden) arbeitet mit einer nicht angegebenen Frequenz.

Der Kreislauf wiederholt sich, bis ein anderes System ausgewählt oder die Zündung abgeschaltet wird. Falls das Licht in der für die Komponente vorgegebenen Frequenz blinkt, das Bauteil aber nicht arbeitet, ist es defekt.

23 Schalten Sie die Zündung aus. Entfernen Sie den Stecker aus Buchse 2 und platzieren Sie ihn in seinem Halter.

Kapitel 4, Teil C

Schadstoff-Begrenzungssysteme

Inhalt — Sektion

Schwierigkeitsgrade

Leicht. Geeignet für Anfänger mit wenig Erfahrung. 	**Relativ leicht.** Geeignet für Anfänger mit etwas Erfahrung. 	**Relativ schwierig.** Geeignet für geübte Selbstschrauber. 	**Schwer.** Geeignet für Selbstschrauber mit viel Erfahrung. 	**Sehr schwer.** Geeignet für Experten und Profis. 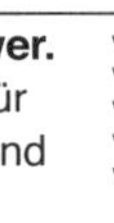

1 Allgemeine Informationen

Viele der in diesem Handbuch beschriebenen Modelle sind mit unterschiedlichen Einrichtungen versehen, die schädliche Emissionen minimieren sollen. Alle Modelle sind mit dem unten beschriebenen Kurbelgehäuse-Zwangsentlüftung ausgerüstet. Spätere Modelle verfügen über einen Katalysator, der die Abgase verbessern soll. Vergasermodelle sind mit einer Abgasrückführung sowie einem Sekundärluftsystem ausgerüstet, um die Schadstoffe weiter zu verringern.
Die Schadstoff-Begrenzungssysteme funktionieren wie folgt:

Kurbelgehäuse-Zwangsentlüftung

Um die Emission unverbrannter Kohlenwasserstoffe aus dem Kurbelgehäuse in die Umgebung zu reduzieren, kommt eine Kurbelgehäuse-Zwangsentlüftung zum Einsatz, bei der das Motorgehäuse abgedichtet ist und Leckgase sowie Ölnebel aus dem Kurbelgehäuse durch einen Ölabscheider und den Einlasstrakt geleitet, um vom Motor im normalen Betrieb mitverbrannt zu werden.
Unter hohem Einlassstutzen-Unterdruck (Standgas, Schiebebetrieb) werden die Gase aus dem Kurbelgehäuse gesaugt. Bei geringem Einlassstutzen-Unterdruck (Beschleunigen, Vollgasbetrieb) werden die Gase durch den (relativ) höheren Kurbelgehäuse-Druck aus dem Motorgehäuse herausgedrückt. Bei einem verschlissenen Motor sorgt der erhöhte Kurbelgehäusedruck (durch verstärkte Leckgase) dafür, dass ein gewisser Gasanteil unter allen Betriebszuständen wieder zurückkehrt.

Abgasreinigung

Zur Minimierung der in die Umgebung geleiteten Schadstoffe sind manche Modelle mit einem Katalysator im Auspuff ausgerüstet. Generell verfügen alle Modelle mit elektronischer Einspritzung und Katalysator auch über eine Lambdasonde, die den Sauerstoffgehalt im Abgas ermittelt, damit das korrekte Luft/Benzin-Gemisch für eine optimale Verbrennung erzeugt werden kann: 14,7 Teile Luft und ein Teil Kraftstoff (nach Gewicht). Unter diesen Umständen können die meisten Schadstoffe in harmlose Stoffe umgewandelt werden. Die Lambdasonde bildet einen wichtigen Teil der Einspritzanlage (siehe Kapitel 4B), ist aber auch wichtig für die Abgasreinigung. Bei Vergasermodellen ist aufgrund der relativ primitiven Gemischaufbereitung eine akkurate Regelung des Luft/Benzin-Gemischs unter allen Lastzuständen kaum möglich. Bei diesen Modellen findet sich neben einem ungeregelten Katalysator die unten beschriebenen zusätzlichen Abgasreinigungs-Systeme.

Abgasrückführung (AGR)

Das AGR-System ist Teil der ab 1987 an B 230K-Modellen eingesetzten Schadstoffregelung. Hierbei wird bei Teillast eine geregelte Menge Abgas in den Einlassstutzen zurückgeführt, um den Anteil von Oxyden und Stickstoff im Abgas zu verringern.
Zu den Komponenten des Systems gehören ein Regelventil, ein Unterdruck-Verstärker, ein Thermostatventil und die dazugehörigen Leitungen. Das Regelventil enthält ein Signal vom Unterdruck-Verstärker, um das Ventil zu öffnen oder zu schließen und so mehr oder weniger Abgas passieren zu lassen. Der Unterdruck-Verstärker empfängt wiederum Signale aus dem Ansaugtrakt zwischen dem Luftfilter und dem Vergaser, aus dem Venturikanal des Vergasers und aus dem Einlassstutzen. Das Einlassstutzen-Signal erfolgt über das Thermostatventil, das bei niedrigen Temperaturen schließt und so das System in der Warmlaufphase abschaltet.
Wenn das System korrekt arbeitet, werden Abgase weder im Standgas noch unter Volllast zurückgeführt. Fehlfunktionen im Standgas sorgen für rauen Lauf und Absterben des Motors; Fehlfunktionen bei Volllast sorgen für Leistungsmangel.

Sekundärluftsystem

Das Sekundärluftsystem ist ebenfalls ein Teil des an späteren B 230K-Motoren eingesetzten Abgasreinigungs-Pakets. Es nutzt Druckschwankungen im Auspuffstutzen, um Frischluft-

Impulse aus dem Luftfilter anzusaugen. Die Luft enthält Sauerstoff, der mit unverbrannten Kohlenwasserstoffen reagiert und so die Schadstoffemission verringert.
Bauteile des Systems sind ein Luft-Verteilerstutzen, zwei Rückschlagventile, ein Abschaltventil und die dazugehörigen Leitungen. Das Abschaltventil wird durch den Unterdruck im Einlassstutzen gesteuert und stoppt zu Beginn des Schiebebetriebs für einige Sekunden den Luftstrom in den Auspuffstutzen, um Fehlzündungen zu vermeiden. Die Rückschlagventile sorgen dafür, dass keine Abgase in den Luftfilter strömen.

Verdunstungs-Rückhaltesystem

Dieses System findet sich bei B 234F-Modellen und sorgt dafür, dass Benzindämpfe aus dem Tank in die Atmosphäre gelangen. Benzindämpfe können in einer Menge bis 90 Gramm in einem mit Aktivkohle gefüllten Behälter absorbiert und dann durch ein Ventil in den Einlasstrakt geleitet werden. Wenn der Motor aus ist oder im Standgas läuft, ist das Ventil geschlossen und Benzindämpfe gelangen in den Aktivkohlefilter. Sobald der Motor über Standgas läuft, wird das Ventil aktiviert und die Dämpfe werden in den Einlassstutzen entlassen. Das Ventil wird vom Motorsteuergerät überwacht; sobald es aktiviert wird, öffnet es in einem Zyklus für sieben Minuten und schließt dann für zwei Minuten. Während der »Offen«-Periode arbeitet es mit einer Frequenz von 6 Hertz, sodass es sechsmal pro Sekunde öffnet und schließt. Unter normalen Betriebsbedingungen ist das im Behälter gesammelte Benzin nach 15 bis 20 Minuten entleert.
Zwischen dem Kraftstofftank und dem Aktivkohlefilter sitzt ein Ventil, das dafür sorgt, dass bei einem Unfall kein Benzin austritt; wenn das Fahrzeug um mehr als 45° seitlich geneigt wird, schließt sich dieses Ventil.

2 Schadstoffregelung – Tests und Austausch von Komponenten

Kurbelgehäuse-Zwangsentlüftung

1 Die Komponenten dieses Systems erfordern außer einer regelmäßigen Überprüfung der Schläuche keinerlei Aufmerksamkeit (siehe Abbildungen).

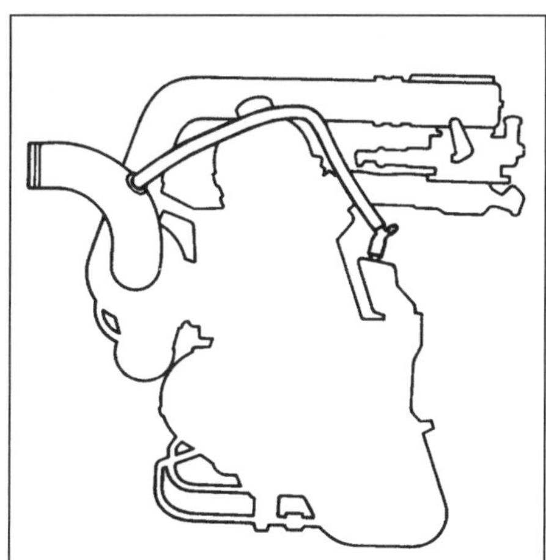

2.1a Verlegung des Kurbelgehäuse-Entüftungsschlauchs bei Turbo-Modellen

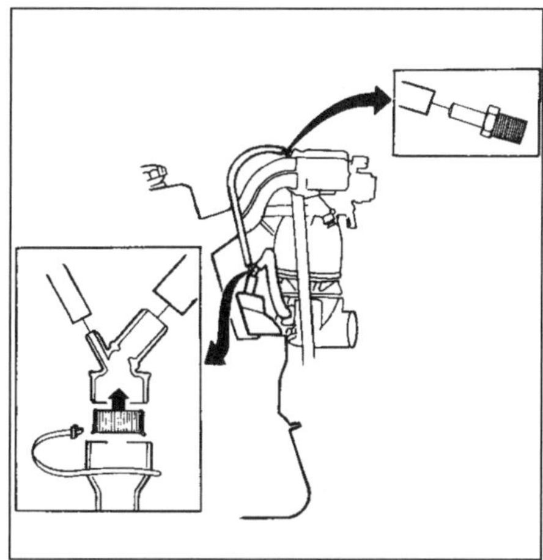

2.1b Verlegung des Kurbelgehäuse-Entüftungsschlauchs bei B 200/ 230-Saugmotoren

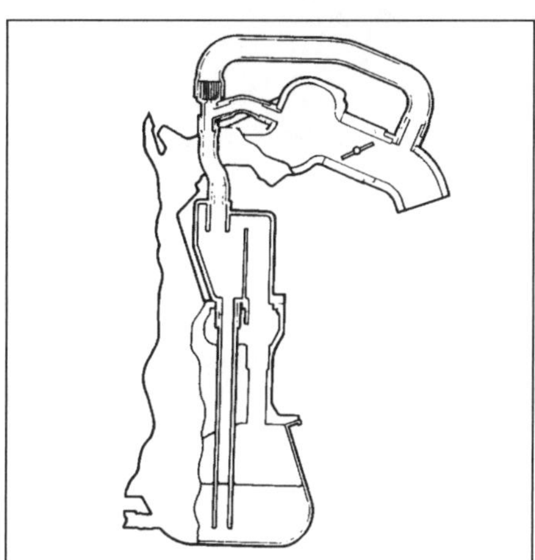

2.1c Verlegung des Kurbelgehäuse-Entüftungsschlauchs – B 234F-Motor

Abgasreinigung

Testen

2 Die Funktion des Katalysators kann nur mit einem hochwertigen und sorgfältig kalibrierten Abgas-Analysegerät überprüft werden.
3 Falls der CO-Wert im Auspuff zu hoch ist, muss eine mit Diagnosegeräten ausgerüstete Volvo-Werkstatt eine sorgfältige Kontrolle des Kraftstoff- und Zündsystems durchführen. Bei B 234F-Modellen kann die Diagnoseeinheit ausgelesen werden (siehe Kapitel 4B und 5B). Wenn im Kraftstoff- und Zündsystems keine Defekte vorliegen, kann der Katalysator beschädigt sein, sodass er ersetzt werden muss.

Katalysator – Ersetzen

4 Der Katalysator sitzt zwischen den vorderen Auspuff-Sektionen und wird auf die gleiche Weise aus- und eingebaut wie die anderen Komponenten. Trennen Sie den Sensor- und Heizungsstecker der Lambdasonde und entfernen Sie den entsprechenden Teil der Auspuffanlage (siehe Kapitel 4A, Sektion 19). In vielen Fällen ist es einfacher, den gesamten Auspuff vom/von den Krümmerrohr(en) zu trennen und auszubauen, um dann auf der Werkbank einzelne Sektionen auszutauschen. Entfernen Sie den Katalysator und ersetzen

Sie ihn durch ein Neuteil gleichen Typs – achten Sie auf die Einbaurichtung. Der Katalysator ist mit einem Typenschild ausgerüstet, auf dem auch ein Pfeil für die Strömungsrichtung angebracht ist. Ersetzen Sie die Flanschdichtungen und ziehen Sie alle Sicherungsmuttern sorgfältig an. Falls die Lambdasonde in den alten Katalysator geschraubt war, muss sie jetzt in den neuen installiert werden – ziehen Sie sie mit 55 Nm an (siehe Kapitel 4B, Sektion 15). Bauen Sie den Auspuff ein bzw. zusammen und schließen Sie die Lambdasonde an.

Anmerkung: *In Sektion 3 finden sich allgemeine Informationen über den Katalysator.*

2.1d Ölabscheider und Dichtungen – B 234F-Motor

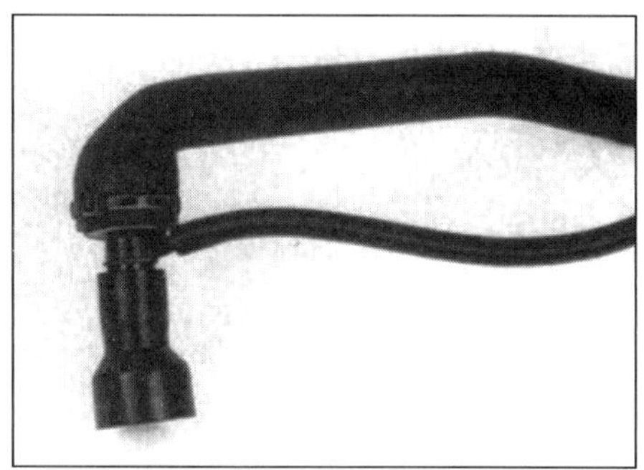

2.1e Das bei B234F-Motoren oben auf der Flammensperre sitzende T-Stück

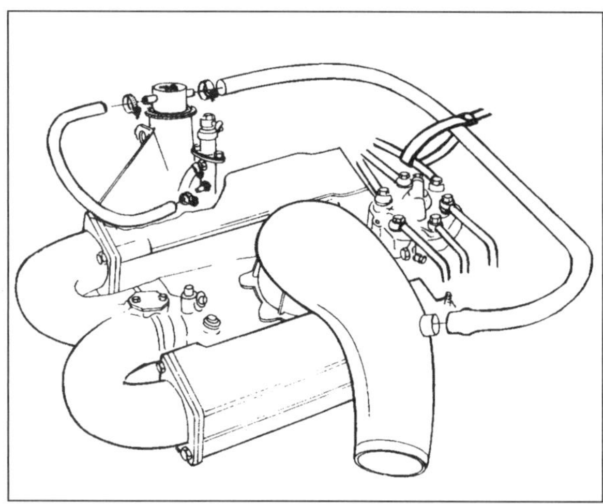

2.1f Bauteile der Kurbelgehäuseentlüftung bei V6-Motoren

Abgasrückführung (AGR)

Testen

5 Öffnen Sie die Motorhaube und achten Sie am AGR-Ventil darauf, ob sich die Ventilstange bewegt (siehe Abbildungen). Starten Sie den Motor und bringen Sie ihn auf Betriebstemperatur – in keiner Betriebs-Situation darf eine Bewegung der Ventilstange festgestellt werden, solange das Kühlmittel nicht die Temperatur von 55 °C erreicht hat. Falls sich das Ventil bei niedrigen Temperaturen bewegt, ist das Thermostatventil defekt.

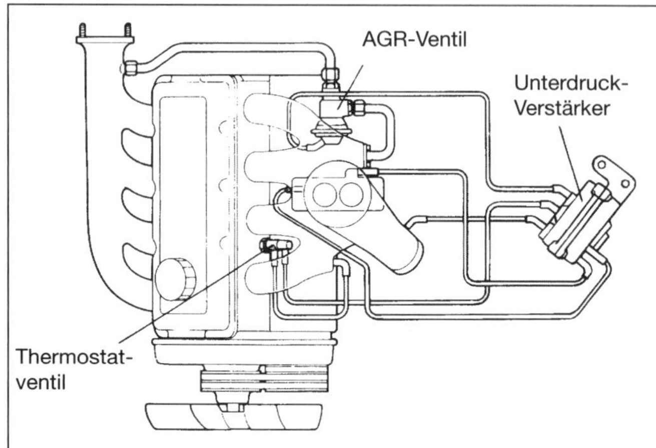

2.5a Bauteile des AGR-Systems

2.5b AGR-Regelventil

6 Sobald der Motor warm ist, muss sich die AGR-Ventilstange bei Teillast bewegen und bei Standgas wieder schließen – andernfalls wird im Ventil oder im Unterdruck-Verstärker (oder in ihren Verbindungen) ein Defekt vorliegen. Das AGR-Ventil und der Unterdruck-Verstärker werden bei der Herstellung aufeinander abgestimmt und müssen ggf. als Paar ersetzt werden.

Ersetzen

7 Volvo macht keine Angaben über den Austausch der System-Komponenten.

Sekundärluftsystem

Testen

8 Prüfen Sie zunächst, ob sich alle Schläuche und Anschlüsse des Systems in einem guten Zustand befinden.

9 Trennen Sie die Rückschlagventile vom Luftfilterschlauch. Starten Sie den Motor und erfühlen Sie das Öffnen der Ventile – es muss Luft angesaugt werden, aber es dürfen keine Abgase austreten. Bei anderen Ergebnissen ist das entsprechende Ventil defekt. Schließen Sie den Schlauch wieder an (siehe Abbildungen).

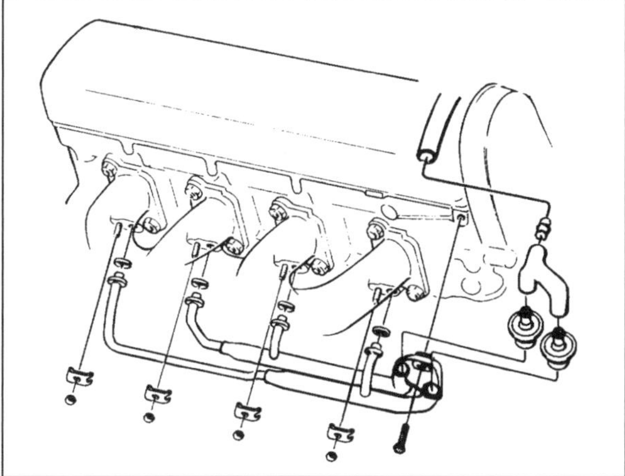

2.9a Sekundärluft-Verteilung am Auspuffkrümmer

2.9b Rückschlagventil des Sekundärluftsystems

10 Falls das Abschaltventil nicht korrekt schließt, werden im Schiebebetrieb Fehlzündungen entstehen. Um zu prüfen, ob das Ventil im Standgas öffnet, muss zunächst der CO-Wert im Abgas bei blockiertem System geprüft werden – klemmen Sie dazu den Schlauch zwischen dem Luftfilter und den Rückschlagventilen ab; messen Sie anschließend bei verbundenem System – der CO-Wert muss merklich abfallen. Bei anderen Ergebnissen ist eines der Rückschlagventile wahrscheinlich defekt (siehe Abbildung).

11 Bevor ein offensichtlich nicht öffnendes Rückschlagventil ersetzt wird, muss geprüft werden, ob die Zündzeitpunkte und das Ventilspiel korrekt eingestellt sind. Eine verzögerte Zündung oder übermäßiges Ventilspiel können Gründe für übermäßigen Unterdruck im Einlassstutzen sein.

Ersetzen

12 Volvo macht keine Angaben über den Austausch der System-Komponenten.

2.10 Abschaltventil des Sekundärluftsystems

Verdunstungs-Rückhaltesystem

Testen

13 Das Verdunstungs-Rückhaltesystem entlässt mithilfe eines Ventils die in einem Aktivkohlefilter gesammelten Benzindämpfe in den Einlasstrakt (siehe Abbildung). Zum Testen muss an der Diagnoseeinheit eine Kontrollprüfung des Kraftstoffsystems durchgeführt werden (siehe Kapitel 4B). Mehrere Komponenten beginnen dabei mit vorgegebenen Frequenzen zu arbeiten, darunter auch der Verdunstungsventil – falls es nicht arbeitet, muss es ersetzt werden.

Ersetzen

14 Volvo macht keine Angaben über den Austausch der System-Komponenten.

3 Katalysator – Allgemeine Informationen und Warnhinweise

Allgemeine Informationen

1 In der Auspuffanlage ist ein Katalysator integriert, der die im Motor entstehenden giftigen Abgase in relativ harmlose Gase umwandeln soll, bevor sie aus dem Auspuff entlassen werden.

2 Durch eine auf feinen Gittermaschen angebrachte spezielle Metallbeschichtung wandelt der Katalysator Stickoxide in Stickstoff und Sauerstoff sowie unverbrannte Kohlenwasserstoffe und Kohlenmonoxide in Wasser und Kohlendioxide um. Die Wirksamkeit des Katalysators wird durch Ablagerungen von Ölkohle, Öl oder Bleioxyd beeinträchtigt.

3 Damit der Katalysator lange Zeit wirkungsvoll arbeiten kann, müssen die aus dem Motor kommenden Abgase eine bestimmte Zusammensetzung haben – diese wird stark vom darin enthaltenen Rest-Sauerstoff bestimmt. Die Lambdasonde misst den Gehalt des Sauerstoffs und gibt diese Informationen an das Motorsteuergerät weiter, das entsprechend das Einspritzgemisch und die Zündung reguliert.

4 Beachten Sie für den Aus- und Einbau des Katalysators die Hinweise in Sektion 2.

Vorsichtsmaßnahmen

5 Der Katalysator arbeitet automatisch und erfordert praktisch keine Wartung. Trotzdem sollten folgende Hinweise beachtet werden:

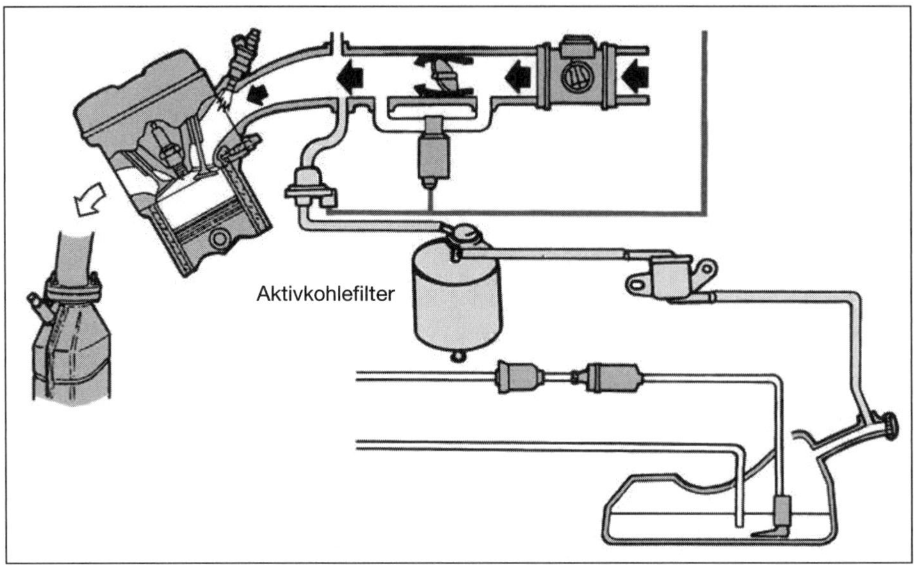

2.13 Verdunstungs-Rückhaltesystem

a) Tanken Sie IMMER bleifreien Kraftstoff und verwenden Sie keine entsprechenden Zusätze – bereits kleine Mengen verbleiten Benzins zerstören den Katalysator.

b) Halten Sie das Kraftstoff- und Zündsystem entsprechend des Wartungsplans in Kapitel 1 STETS in einem guten Zustand.

c) Wenn der Motor Fehlzündungen produziert, MUSS dies unverzüglich behoben werden, da der Katalysator dadurch zerstört wird.

d) Versuchen Sie NICHT, ein schlecht anspringendes Fahrzeug durch Anschieben oder Anschleppen zu starten – der Katalysator saugt sich mit unverbranntem Kraftstoff voll und überhitzt, sobald der Motor anspringt.

e) Schalten Sie NICHT bei hohen Drehzahlen die Zündung aus. Geben Sie keinen kurzen Gasstoß, bevor Sie die Zündung abschalten.

f) Benutzen Sie KEINE Kraftstoff- oder Öl-Zusätze (Additive) – diese können Substanzen enthalten, die den Katalysator beschädigen.

g) Wenn der Motor Öl verbrennt und blaue Abgaswolken produziert, MUSS er unverzüglich repariert werden, da der Katalysator dadurch zerstört wird.

h) Der Katalysator arbeitet mit sehr hohen Temperaturen. Parken Sie daher nach einer längeren Fahrt NICHT über trockenem Gras oder Laub.

i) Behandeln Sie die ausgebaute Auspuffanlage VORSICHTIG – der Katalysator und die Lambdasonde vertragen keine Schläge oder Stürze.

j) Manchmal riechen die Abgase nach Schwefel (verrottete Eier). Nach einigen tausend Kilometern mit einem neuen Katalysator sollte dies verschwunden sein; in der Zwischenzeit kann versucht werden, es mit einer anderen Kraftstoffmarke zu minimieren.

k) Der Katalysator eines gut gewarteten und sorgsam gefahrenen Autos sollte 80- bis 160000 km halten – ein nicht mehr wirksamer Katalysator muss ersetzt werden.

Kapitel 5, Teil A

Anlasser- und Ladesysteme

Inhalt — Sektion

Schwierigkeitsgrade

Leicht. Geeignet für Anfänger mit wenig Erfahrung.	**Relativ leicht.** Geeignet für Anfänger mit etwas Erfahrung.	**Relativ schwierig.** Geeignet für geübte Selbstschrauber.	**Schwer.** Geeignet für Selbstschrauber mit viel Erfahrung.	**Sehr schwer.** Geeignet für Experten und Profis.

Technische Daten

Technische Daten
System . . . . 12 Volt, Minus an Masse

Batterie
Typ . . . . Blei-Akkumulator
Ladezustand
schwach . . . . unter 12,5 V
normal . . . . 12,6 V
gut . . . . 12,7 V

Lichtmaschine
Typ . . . . Bosch K1 oder N1

Anlasser
Typ . . . . Bosch GF oder DW oder Hitachi

1 Allgemeine Informationen und Vorsichtsmaßnahmen

Allgemeine Informationen

Die Motor-Elektrik besteht vor allem aus dem Ladesystem und dem Anlassersystem. Aufgrund ihrer motorbezogenen Funktionen werden diese Komponenten separat von der in Sektion 12 zu findenden Karosserie-Elektrik (Beleuchtung, Instrumente usw.) behandelt. Informationen zur Zündanlage werden in Kapitel 5B gegeben.

Die Batterie wird von der Lichtmaschine geladen, die vom der Kurbelwelle mithilfe eines Riemens angetrieben wird.

Der als Schubtriebstarter ausgebildete Anlasser ist mit einem integrierten Magnetschalter ausgerüstet, der beim Starten das Antriebsrad zunächst in den Zahnkranz der Schwungscheibe bzw. des Antriebsflanschs (zwischen Motor und Getriebe) schiebt, bevor der Anlassermotor aktiviert wird. Sobald der Motor läuft, sorgt eine Freilaufkupplung dafür, dass bis zum Ausrücken des Antriebsrades nicht der Motor den Anlasser dreht.

Vorsichtsmaßnahmen

Weitere Details zu den verschiedenen Systemen finden sich in den entsprechenden Sektionen dieses Kapitels. Obwohl einige Reparaturhinweise angegeben sind, wird üblicherweise die betreffende Komponente ausgebaut und ersetzt. Wer sich für mehr als den Austausch von Bauteilen interessiert, sollte sich entsprechende Fachliteratur besorgen.

Bei der Arbeit an elektrischen Systemen ist besondere Vorsicht geboten, um keine Halbleiter (Dioden und Transistoren) zu beschädigen und sich nicht selbst zu verletzen. Neben den Hinweisen in der Sektion »Sicherheit geht vor!« am Anfang dieses Handbuchs müssen die folgenden Vorsichtsmaßnahmen beachtet werden:

Legen Sie stets Schmuck, Armbanduhren usw. ab, bevor Sie an Elektrik-Systemen arbeiten. Auch bei abgeklemmter Batterie kann eine kapazitive Entladung entstehen, sobald der Anschluss einer Komponente durch ein Metallteil mit Masse verbunden wird, und einen Schock oder eine Verbrennung auslösen.

Vertauschen Sie nicht die Batteriepole. Bauteile wie die Lichtmaschine enthalten Halbleiter-Stromkreise, die irreparabel beschädigt werden können.

Falls der Motor mit einer Fremdbatterie gestartet werden soll, müssen stets Plus an Plus und Minus an Minus geklemmt werden (siehe Seite 7); dies trifft auch beim Anschließen eines Batterie-Ladegeräts zu.

Bei laufendem Motor dürfen niemals die Batterie, die Lichtmaschine oder andere elektrischen Verbindungen getrennt werden – das gilt auch für Prüfinstrumente.

Lassen Sie niemals den Motor die Lichtmaschine drehen, wenn diese nicht angeschlossen ist.

Die Lichtmaschinen-Leistung darf niemals »getestet« werden, indem das Ausgangskabel gegen Masse gehalten wird, um Funken zu erzeugen.

Der Masseanschluss (–) der Batterie muss stets getrennt sein, bevor an elektrischen Komponenten gearbeitet wird.

Bevor am Fahrzeug Schweißarbeiten durchgeführt werden, müssen die Batterie und die Lichtmaschine abgeklemmt werden, um Schäden daran zu vermeiden.

Diverse serienmäßige Audiosysteme sind mit einem Sicherheitscode versehen, um Diebe abzuschrecken. Wenn die Stromversorgung zu diesen Geräten unterbrochen wird, aktiviert sich die Diebstahlsicherung. Auch wenn der Strom sofort wieder angeschlossen wird, funktioniert das Gerät erst wieder, wenn der Code eingegeben wurde. Wenn dieser Code unbekannt ist, darf nicht die Batterie getrennt oder das Audiosystem ausgebaut werden. Weitere Informationen dazu finden sich in Kapitel 12, Sektion 21.

2 Batterie – Testen und Laden

Anmerkung: *Bei B 234F-Modellen kann der Zustand der Batterie mithilfe der Diagnoseeinheit getestet werden. Falls die Batteriespannung in der Vergangenheit zu hoch oder zu niedrig war, wird während eines Kraftstoff-Systemtests ein Fehlercode angezeigt (siehe Kapitel 4B).*

Standard- und wartungsarme Batterien – Test

1 Falls das Fahrzeug nur eine geringe jährliche Fahrleistung erreicht, sollte die Dichte der Säure etwa alle drei Monate getestet werden, um den Ladezustand der Batterie zu ermitteln. Führen Sie die Kontrolle mit einem Hydrometer durch und vergleichen Sie das Ergebnis mit der folgenden Tabelle. Beachten Sie, dass bei den Messergebnissen von einer Temperatur von 15 °C ausgegangen wird. Bei niedrigerer Temperatur muss für jeweils 10 °C 0,007 subtrahiert werden; bei höheren Temperaturen sind für jeweils 10 °C 0,007 zu addieren.

	Über 25 °C	**Unter 25 °C**
Vollständig geladen	*1,21 bis 1,23*	*1,27 bis 1,29*
70% geladen	*1,17 bis 1,19*	*1,23 bis 1,25*
Entladen	*1,05 bis 1,07*	*1,11 bis 1,13*

2 Falls der Zustand der Batterie unklar ist, muss zuerst die Säure-Dichte in jeder Zelle geprüft werden – Unterschiede von 0,04 oder mehr zwischen den Zellen weisen auf einen Säureverlust oder Schäden an den Bleiplatten hin und die Batterie muss ersetzt werden.

3 Falls der Unterschied der Säure-Dichte zwischen den Zellen unter 0,04 liegt, die Batterie aber entladen ist, muss sie aufgeladen werden (siehe unten).

Wartungsfreie Batterien – Test

4 Bei sogenannten »Wartungsfreien« oder MF-Batterien ist ein Auffüllen der Zellen und ein Ermitteln der Dichte nicht möglich. Der Zustand der Batterie kann daher nur mit einem Batterieprüfer oder einem Voltmeter getestet werden.

5 Beim Test mit einem Voltmeter muss dieses Gerät mit den Batteriepolen verbunden werden. Vergleichen Sie die gemessene Spannung mit den Angaben für den Ladezustand in den technischen Daten. Dieser Test ist nur exakt, wenn die Batterie nicht in den letzten sechs Stunden in irgendeiner Weise geladen wurde. Ist dies nicht der Fall, müssen die Scheinwerfer für 30 Sekunden eingeschaltet werden, dann wird nach etwa fünf Minuten Wartezeit die Spannung gemessen. Alle anderen Verbraucher müssen abgeschaltet sein.

6 Falls die Spannung unter 12,2 Volt liegt, ist die Batterie entladen. 12,2 bis 12,4 Volt weisen darauf hin, dass die Batterie teilweise entladen ist.

7 Zum Laden muss die Batterie ausgebaut (Sektion 4) und mit einem Ladegerät verbunden werden (siehe unten).

Standard- und wartungsarme Batterien – Laden

Anmerkung: *Die folgenden Hinweise sind nur grobe Richtlinien. Beachten Sie stets die Hinweise des Herstellers (oft auf Aufklebern an der Batterie zu erkennen), bevor Sie die Batterie laden.*

8 Laden Sie die Batterie mit 3,5 bis 4,0 Ampere solange, bis nach jeweils vierstündigen Perioden keine höhere Dichte mehr messbar ist.

9 Alternativ kann ein Erhaltungsladegerät über Nacht angeschlossen werden, um die Batterie sicher mit 1,5 Ampere zu laden.

10 Sogenannte »Schnellladungen«, bei denen die Batterie innerhalb ein bis zwei Stunden vollständig geladen sein soll, werden nicht empfohlen, da sie die Bleiplatten überhitzen und so dauerhaft schädigen können.

11 Prüfen Sie beim Laden der Batterie die Temperatur – ihr Gehäuse darf niemals wärmer als 38 °C (etwas mehr als handwarm) werden.

Wartungsfreie Batterien – Laden

Anmerkung: *Die folgenden Hinweise sind nur grobe Richtlinien. Beachten Sie stets die Hinweise des Herstellers (oft auf Aufklebern an der Batterie zu erkennen), bevor Sie die Batterie laden.*

12 Dieser Batterietyp benötigt zum kompletten Aufladen deutlich mehr Zeit als eine Standardbatterie; die Zeit hängt von der Entladungsrate ab und kann bis zu drei Tage betragen.

13 Ein Konstantspannungs-Ladegerät muss bei 13,9 bis 14,9 Volt unter 25 Ampere Ladestrom liefern. Bei dieser Methode sollte eine teilweise entladene Batterie nach drei Stunden 12,5 Volt aufweisen und wieder einsetzbar sein; bei komplett entladenen Batterien kann dies deutlich länger dauern.

14 Falls die Batterie vollständig entladen ist (unter 12,2 V), sollte sie mit einem Spezial-Ladegerät verbunden werden, wie es beim Volvo-Händler oder einer Fachwerkstatt vorrätig sein sollte; die Laderate ist deutlich höher und das Laden muss stets überwacht werden.

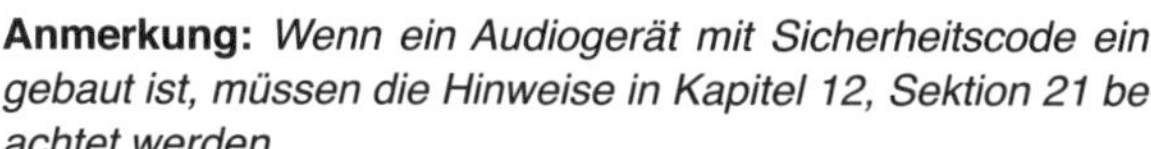

3 Batterie – Ausbau und Einbau

Anmerkung: *Wenn ein Audiogerät mit Sicherheitscode eingebaut ist, müssen die Hinweise in Kapitel 12, Sektion 21 beachtet werden.*

Ausbau

1 Trennen Sie das Massekabel (–) der Batterie (siehe Abbildung).

2 Trennen Sie das Pluskabel – dessen Anschluss kann sich unter einem Kunststoffdeckel befinden. Achten Sie darauf, die Batteriepole nicht mit dem Werkzeug kurzzuschließen.

3 Lösen Sie die Halteklemmen der Batterie und heben Sie diese heraus. Halten Sie die Batterie aufrecht und lassen Sie sie nicht fallen – sie ist ziemlich schwer.

Einbau

4 Senken Sie die Batterie richtig herum in ihre Aufnahme ab und sichern Sie sie mit den Halteklemmen.

5 Reinigen Sie nötigenfalls die Batterieanschlüsse und verbinden Sie zuerst die Plus-Klemme, dann das Massekabel.

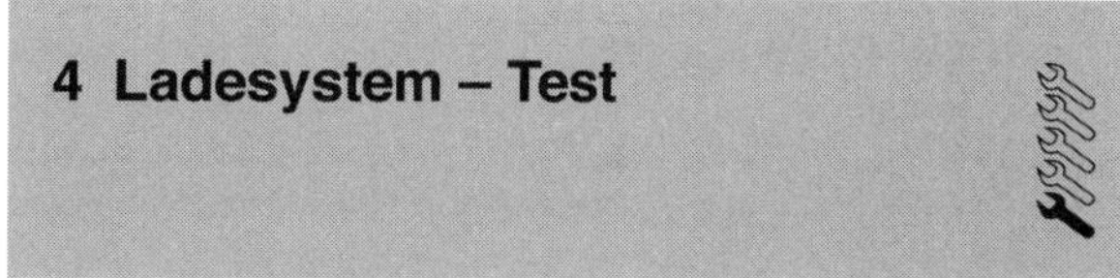

4 Ladesystem – Test

Anmerkung: *Beachten Sie vor Arbeitsbeginn die Warnhinweise in »Sicherheit geht vor!« und in Sektion 1 dieses Kapitels.*

1 Falls die Zündungs-Warnleuchte beim Einschalten der Zündung nicht aufleuchtet, müssen zuerst die Lichtmaschinenkabel auf guten Kontakt überprüft werden. Wenn hier alles in Ordnung ist, muss kontrolliert werden, ob die Lampe durchgebrannt ist und der Lampenhalter sicher in seinem Sitz im Armaturenbrett befestigt ist. Leuchtet die Lampe weiterhin nicht, muss das von der Lichtmaschine zur Warnleuchte führende Kabel auf Durchgang geprüft werden. Ist auch hier kein Fehler festzustellen, kann die Lichtmaschine defekt sein und sollte von einer Fachwerkstatt getestet und ggf. repariert werden.

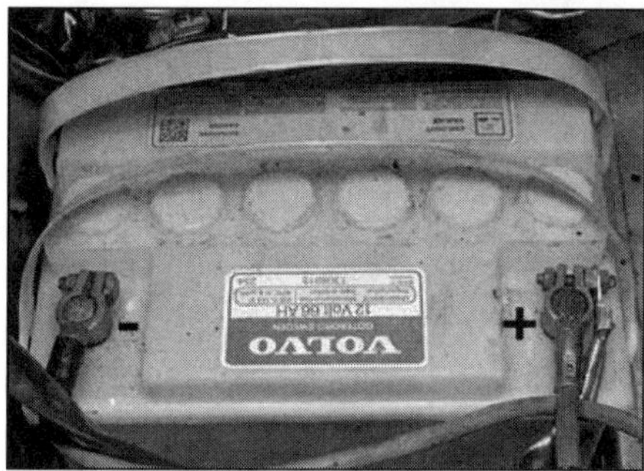

4.1 Plus- und Minus-Anschlüsse der Batterie

2 Falls die Zündungs-Warnleuchte bei laufendem Motor aufleuchtet, muss dieser abgeschaltet und geprüft werden, ob der Lichtmaschinen-Riemen korrekt gespannt ist (siehe Kapitel 1) und die Lichtmaschinenkabel sicher verbunden sind. Ist hier alles in Ordnung, kann die Lichtmaschine defekt sein und sollte von einer Fachwerkstatt getestet und ggf. repariert werden.

3 Wird trotz funktionierender Warnleuchte vermutet, dass die Lichtmaschinenleistung nicht korrekt ist, muss die geregelten Spannung wie folgt überprüft werden:

4 Verbinden Sie ein Voltmeter mit den Batteriepolen und starten Sie den Motor.

5 Erhöhen Sie die Motordrehzahl, bis eine konstante Spannung erreicht wird – es müssen zwischen 12 und 13 Volt abgelesen werden (aber nicht mehr als 14 Volt!).

6 Schalten Sie möglichst viele Verbraucher (Scheinwerfer, Heckscheibenheizung, Heizgebläse) ein und kontrollieren Sie, ob die geregelte Spannung zwischen 13 und 14 Volt liegt.

7 Falls die geregelte Spannung nicht wie beschrieben ist, können verschlissene Kohlebürsten, ermüdete Bürstenfedern, einen defekten Spannungsregler, eine schadhafte Diode, eine durchtrennte Phasenwicklung oder verschlissene bzw. beschädigte Schleifringe die Ursache sein. Die Lichtmaschine muss ggf. erneuert oder von einer Fachwerkstatt getestet und ggf. repariert werden.

5 Lichtmaschine – Ausbau und Einbau

Anmerkung: *Bei manchen Modellen ist die Lichtmaschine besser von unten erreichbar – entfernen Sie nötigenfalls die Unterwanne.*

Ausbau

1 Trennen Sie das Massekabel (–) der Batterie.
2 Lockern Sie den/die Lichtmaschinenriemen und befreien Sie ihn/sie von der Riemenscheibe (siehe Kapitel 1).
3 Trennen Sie die elektrischen Anschlüsse hinten an der Lichtmaschine – dies können Kabelstecker oder einzelne angeschraubte Kabel sein – notieren Sie ggf. deren Anschlüsse (siehe Abbildung).

5.3 Lichtmaschinen-Ausgangsanschluss – von unten betrachtet.

4 Stützen Sie die Lichtmaschine. Entfernen Sie die Muttern, Schrauben und Scheiben des Gelenks und des Einstellbands – merken Sie sich die Positionen der Scheiben. Heben Sie die Lichtmaschine vorsichtig heraus – sie ist empfindlich.

Einbau

5 Der Einbau entspricht der umgekehrten Ausbaureihenfolge. Spannen Sie den/die Riemen (siehe Kapitel 1), bevor Sie die Batterie anschließen.

6 Lichtmaschine – Testen und Überholen

Falls an der Lichtmaschine ein Defekt vermutet wird, sollte sie ausgebaut und zu einer Fachwerkstatt gebracht werden, um dort getestet und ggf. repariert zu werden. Kohlebürsten können oft relativ günstig ausgetauscht werden. Holen Sie auf jeden Fall einen Kostenvoranschlag ein und erkundigen Sie sich, was ein Neuteil oder eine Austausch-Lichtmaschine kostet.

7 Anlassersystem – Testen

Anmerkung: *Beachten Sie vor Arbeitsbeginn die Warnhinweise in »Sicherheit geht vor!« und in Sektion 1 dieses Kapitels.*
1 Falls der Anlasser beim Drehen des Zündschlüssels in die entsprechende Position nicht arbeitet, kann dies folgende Ursachen haben:
a) Die Batterie ist defekt oder entladen.
b) Die elektrischen Verbindungen zwischen dem Zündschloss, dem Magnetschalter, der Batterie und dem Anlasser sind irgendwo unterbrochen oder beschädigt, sodass der nötige Strom nicht von der Batterie zum Anlasser und über Masse wieder zurück fließen kann.
c) Der Magnetschalter ist defekt.
d) Der Anlasser selbst hat einen mechanischen oder elektrischen Defekt.
2 Zur Kontrolle der Batterie werden die Scheinwerfer eingeschaltet. Wenn sie nach wenigen Sekunden dunkler werden, weist dies auf eine entladene Batterie hin, sodass sie geladen (siehe Sektion 3) oder ersetzt werden muss. Wenn die Scheinwerfer hell leuchten, wird wieder versucht, den Motor zu starten – werden sie hierbei dunkel, weist dies darauf hin, dass der Strom den Anlasser erreicht, sodass der Defekt hier liegen muss. Leuchten die Scheinwerfer weiter (und aus dem Magnetschalter des Anlassers ist kein Klicken zu hören), weist dies darauf hin, dass der Fehler in der Verkabelung oder dem Magnetschalter liegt (siehe folgende Schritte). Falls der Anlasser beim Starten nur langsam dreht, obwohl die Batterie geladen ist, ist entweder der Anlasser selbst defekt oder im Stromkreis ist ein beträchtlicher Widerstand vorhanden.
3 Falls im Stromkreis ein Defekt vermutet wird, müssen die Batteriekabel (einschließlich der Masseanschlüsse zur Karosserie), das Anlasser/Magnetschalter-Kabel und das Masseband des Motors getrennt werden. Reinigen Sie alle Kontakte sorgfältig und verbinden Sie alle Anschlüsse wieder. Prüfen Sie mit einem Voltmeter, ob am Plus-Anschluss des Magnetschalters Batteriespannung anliegt, und Masse gut verbunden ist. Versehen Sie die Batteriepole mit Polfett, um sie vor Korrosion zu schützen – korrodierte Anschlüsse sind die häufigsten Gründe für Elektrik-Fehler.
4 Wenn die Batterie und alle Anschlüsse in Ordnung sind, muss der Stromkreis durch Trennen des Magnetschalter-Anschlusses kontrolliert werden. Verbinden Sie ein Voltmeter oder eine Prüflampe zwischen das Pluskabel und Masse (z.B. dem Minuspol der Batterie) und prüfen Sie, ob beim Drehen des Zündschlüssels in die Start-Position Spannung anliegt – ist dies nicht der Fall, müssen die Stromkreis-Kabel wie in Kapitel 12 beschrieben kontrolliert werden.
5 Die Magnetschalter-Kontakte können getestet werden, indem ein Voltmeter oder eine Prüflampe zwischen den Plus-Anschluss an der Anlasserseite des Magnetschalters und Masse geklemmt wird. Beim Drehen des Zündschlüssels in die Start-Position muss Spannung festgestellt werden – andernfalls ist der Magnetschalter defekt und muss ersetzt werden.
6 Wenn sich sowohl der Magnetschalter als auch der Stromkreis als funktionsfähig erwiesen haben, muss der Defekt im Anlasser liegen. Dieser kann von eine Spezialisten überholt werden. Kohlebürsten können oft relativ günstig ausgetauscht

werden. Holen Sie auf jeden Fall einen Kostenvoranschlag ein und erkundigen Sie sich, was ein Neuteil oder ein Austausch-Anlasser kostet.

8 Anlasser – Ausbau und Einbau

Ausbau

1 Bei manchen Modellen ist der Anlasser besser von unten erreichbar. Heben Sie das Fahrzeug nötigenfalls vorne an und entfernen Sie die Unterwanne.
2 Trennen Sie das Massekabel (–) der Batterie.
3 Entfernen Sie bei V6-Motoren den Ölfilter (siehe Kapitel 1).
4 Trennen Sie die Kabel vom Anlasser-Magnetschalter – bringen Sie nötigenfalls Markierungen an, um sie später korrekt wieder anzuschließen (siehe Abbildung).

8.4 Anschlüsse des Anlasser-Magnetschalters

5 Stützen Sie den Anlasser und lösen Sie seine Befestigungsschrauben. Falls eine hintere Halterung vorhanden ist, muss diese zuerst abgeschraubt werden (siehe Abbildung).

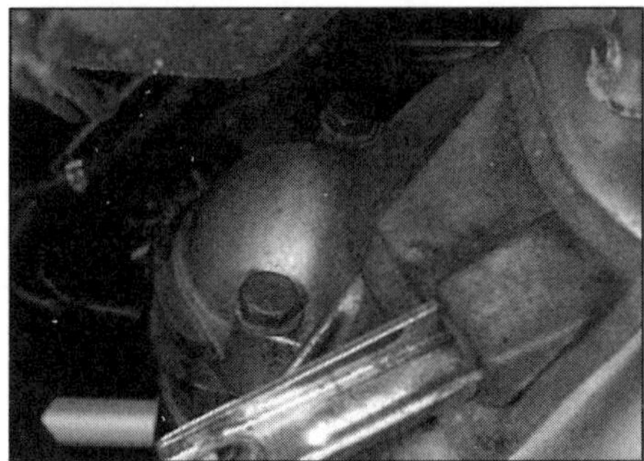

8.5 Anlasser-Befestigungsschrauben

6 Befreien Sie den Anlasser. Entfernen Sie ggf. die Adapterplatte (siehe Abbildung).

8.6 Ausbau des Anlassers samt Adapterplatte

Einbau

7 Der Einbau entspricht der umgekehrten Ausbaureihenfolge.

9 Anlasser – Testen und Überholen

Falls am Anlasser ein Defekt vermutet wird, sollte er ausgebaut und zu einer Fachwerkstatt gebracht werden, um dort getestet und ggf. repariert zu werden. Kohlebürsten können oft relativ günstig ausgetauscht werden. Holen Sie auf jeden Fall einen Kostenvoranschlag ein und erkundigen Sie sich, was ein Neuteil oder ein Austausch-Anlasser kostet.

10 Ölpegel-Sensor – Ausbau und Einbau

Ausbau

1 Falls vorhanden, ist der Sensor rechts unten ins Motorgehäuse geschraubt. Der Sensor ragt in die Ölwanne.
2 Trennen Sie den Kabelstecker und schrauben Sie den Sensor aus dem Motor – er ist empfindlich.

Einbau

3 Versehen Sie das Gewinde des Sensors mit etwas Dichtmasse, schrauben Sie ihn ein und verbinden Sie den Stecker. Prüfen Sie die Funktion des Sensors (siehe Abbildung).
4 Die Ölpegelwarnleuchten-Steuereinheit sitzt unter der Armlehne und dem hinteren Fach der Mittelkonsole.

10.3 Einbau des Ölpegel-Sensors

11 Öldruckschalter – Ausbau und Einbau

Ausbau

1 Bei Vierzylindermotoren sitzt der Öldruckschalter zwischen dem Ölfilter und der Lichtmaschine rechts im Zylinderblock; bei V6-Motoren sitzt er vorne am Motor rechts im Motorblock. Je nach Modell und Ausstattung kann der Schalter besser von unten zugänglich sein.

2 Trennen Sie das Stromkabel vom Schalter. Wischen Sie die Umgebung des Schalters sauber und schrauben Sie ihn heraus – stellen Sie ggf. die Dichtscheibe sicher. Bei V6-Motoren wurden im Laufe der Zeit unterschiedlich lange Schalter verwendet; falls er ersetzt werden soll, muss darauf geachtet werden, dass das Neuteil die gleiche Länge aufweist, andernfalls kann mangelnder Öldruck die Folge sein.

Einbau

3 Der Einbau entspricht der umgekehrten Ausbaureihenfolge. Versehen Sie das Gewinde des Schalters mit etwas Dichtmasse und legen Sie ggf. eine neue Dichtscheibe auf.

4 Starten Sie den Motor und kontrollieren Sie die Funktion der Öldruck-Warnleuchte. Kontrollieren Sie den Bereich um den Schalter auf Undichtigkeiten.

Kapitel 5, Teil B

Zündsystem

Inhalt — Sektion

Schwierigkeitsgrade

Leicht. Geeignet für Anfänger mit wenig Erfahrung.	**Relativ leicht.** Geeignet für Anfänger mit etwas Erfahrung.	**Relativ schwierig.** Geeignet für geübte Selbstschrauber.	**Schwer.** Geeignet für Selbstschrauber mit viel Erfahrung.	**Sehr schwer.** Geeignet für Experten und Profis.

Technische Daten

Allgemein

System . . . . . Unterbrecherloses Zündsystem

Verwendung nach Motortyp
- B 23ET, B 230ET . . . . . Motronic
- B 200E, B 230E, B 230K . . . . . EZ 118K
- B 234F . . . . . EZ 116K
- B 280E . . . . . EZ 115K
- B 28E TSZ-4

Zündfolge

Vierzylindermotoren . . . . . 1-3-4-2 (Zylinder Nr. 1 liegt vorne)

V6-Motoren . . . . . 1-6-3-5-2-4 (Zylinder Nr. 1 liegt links hinten – siehe Abb. 32.29 auf Seite 1.21)

Zündkerzen . . . . . siehe Technische Daten in Kapitel 1

Zündzeitpunkt*

B 23ET . . . . . 10° vor OT bei 750/min (nicht einstellbar)
B 200E . . . . . 12° vor OT bei 900/min
B 230E . . . . . 12° vor OT bei 900/min
B 230ET . . . . . 10° vor OT bei 900/min (nicht einstellbar)
B 230K . . . . . 15° vor OT bei 800/min
B 234F . . . . . 15° vor OT bei 850/min (nicht einstellbar)
B 28E . . . . . 10° vor OT bei 900/min
B 280E . . . . . 10° vor OT bei 750/min (nicht einstellbar)

* *Unterdruckeinheit getrennt (falls vorhanden)*

Zündspule

Primärwiderstand (typisch) . . . . . 0,5 bis 1,0 Ohm
Sekundärwiderstand (typisch) . . . . . 6000 bis 9000 Ohm

1 Allgemeine Informationen

Das Zündsystem ist für das Entzünden des komprimierten Benzin/Luft-Gemischs im jeweiligen Zylinder verantwortlich. Dies muss je nach Drehzahl und Lastzustand des Motors zu einem präzisen Zeitpunkt erfolgen. Die in diesem Buch behandelten Modelle haben zwar leicht unterschiedliche Systeme, doch deren Arbeitsprinzip ist gleich:
Durch ein in einem Magnetfeld rotierendes Zahnrad oder einen an der Schwungscheibe sitzenden Sensor wird ein Impuls an die Zündbox gesendet, die zum richtigen Zeitpunkt einen ausreichend verstärkten Niederspannungs-Impuls für die Zündspule erzeugt. Die Zündspule transformiert diese Niederspannung in Hochspannung, die an den Verteiler weitergeleitet wird, wo sie über den Verteilerfinger auf die an der Verteilerkappe sitzenden Zündkabel und Kerzenstecker an die jeweilige Zündkerze weitergeleitet wird.
Der Zündzeitpunkt – also der Moment, an dem der Zündfunke erzeugt wird – wird last- und drehzahlabhängig von der Zündbox eingestellt. Je schneller der Motor dreht, desto früher muss gezündet werden, damit genug Zeit für die korrekte Verbrennung bleibt. Bei V6-Motoren wird diese Frühverstellung mechanisch durch Fliehkraft-Gewichte und Federn im Verteiler geregelt. Eine Unterdruckeinheit bewirkt bei hohem Unterdruck im Einlassstutzen eine weitere Frühverstellung. Bei Vierzylindermotoren errechnet die Zündbox die Frühverstellung anhand der Informationen über Drehzahl, die Drosselklappenstellung und der Temperatur des Motors sowie ggf. der Ladeluft. Die Zündbox von B 230E- und K-Motoren erhält zudem ein Signal über den Unterdruck um Einlassstutzen.
Die Zündsysteme EZ 115/116/118K sind Varianten der von Bosch entwickelten Elektronischen Zündung mit Klopfregelung (EZ-K). Die Systeme finden sich an den Typen B 200 / B 230E/K und B 234F. Der unterhalb des Einlassstutzens sitzende Klopfsensor sendet bei unkontrollierten Frühzündungen (z.B. durch schlechten Treibstoff) ein Signal an die Zündbox, damit diese den Zündzeitpunkt zurücknimmt und so den Motor vor Schäden schützt.
Die bei Turbo-Modellen zu findende Motronic regelt als gemeinsames Steuergerät sowohl die Einspritzung als auch die Zündung – eine detaillierte Beschreibung ist in Kapitel 4B angegeben.
Die Zündsysteme EZ 115K (an B 280-Motoren) und EZ 116K (an B 234F-Motoren) sind Weiterentwicklungen früherer EZ-K-Systeme, bei denen der (nicht einstellbare) Zündzeitpunkt durch einen Sensor neben der Schwungscheibe festgelegt wird.
Mit kleineren Änderungen wurden die Zündsysteme an die V6-Motoren angepasst – so gibt es an jeder Zylinderbank einen Klopfsensor. Weil der Schwungrad-Sensor nicht anzeigen kann, an welcher Zylinderbank Fehlzündungen auftreten, sitzt am Kerzenstecker von Zündkerze Nr. 1 ein induktiver Geber, um diese Information an die Zündbox zu leiten.

2 Zündsystem – Test

Warnung: Die Zündung erzeugt eine sehr hohe Zündspannung, die schmerzhaft sein kann, wenn bei eingeschalteter Zündung irgendwelche Komponenten oder Anschlüsse berührt werden. Personen mit Herzschrittmachern müssen sich generell von Zündungs-Komponenten fernhalten. Achten Sie vor Arbeiten an der Zündanlage immer darauf, dass die Zündung ausgeschaltet ist, trennen Sie dann das Massekabel der Batterie und sichern Sie es abseits des Batteriepols.

Anmerkung: *Bei EZ 116K-Zündanlagen (an B 234F-Motoren) kann die Diagnoseeinheit Fehler im Zündsystem speichern – siehe Sektion 8.*

Allgemeines

1 Die Bauteile einer elektronischen Zündung sind üblicherweise äußerst zuverlässig. Die meisten Probleme entstehen durch lockere oder verschmutzte Anschlüsse oder durch Schmutz, Feuchtigkeit oder beschädigte Isolierungen »fehlgeleitete« Hochspannung. Kontrollieren Sie daher immer zuerst sorgfältig alle Kabel, bevor Sie eine Elektronik-Komponente verantwortlich machen; gehen Sie methodisch vor, um alle anderen Möglichkeiten auszuschließen, bevor entschieden wird, dass ein bestimmtes Bauteil defekt ist.
2 Die alte Praxis, Zündkabel mit geringem Abstand ans Motorgehäuse zu halten, um bei laufendem Motor zu prüfen, ob ein Funken überspringt, ist nicht empfehlenswert – zum einen aufgrund des hohen Risikos, einen schmerzhaften Stromschlag zu erleiden; zum anderen, weil die Zündspule und die Zündbox dauerhaft beschädigt werden können. Genauso dürfen niemals einzelne Kerzenstecker abgezogen werden, um einen ausgefallenen Zylinder zu »diagnostizieren«.

Motor springt nicht an

3 Lässt sich der Motor gar nicht oder nur langsam durchdrehen, müssen die Batterie und der Anlasser kontrolliert werden. Verbinden Sie ein Voltmeter mit den Batteriepolen (Plus an Plus und Minus an Minus) und lassen Sie einen Assistenten den Anlasser betätigen (nicht länger als 10 Sekunden). Wenn die Spannung hierbei unter 9,5 Volt fällt, müssen zunächst die Batterie, der Anlasser und das Ladesystem kontrolliert werden (siehe Kapitel 5A).
4 Wenn der Anlasser den Motor mit normaler Drehzahl antreibt, dieser jedoch nicht anspringt, muss der Hochspannungs-Stromkreis mithilfe einer Stroboskoplampe überprüft werden – folgen Sie dabei den Vorgaben des Lampen-Herstellers. Lassen Sie einen Assistenten den Anlasser betätigen – wenn die Lampe blinkt, kommt an den Zündkabeln Hochspannung an. Kontrollieren Sie zuerst die Zündkerzen, dann die Verteilerkappe, die Kohlebürsten und den Verteilerfinger (siehe Kapitel 1).
5 Liefern alle Zündkerzen Zündfunken, muss das Kraftstoffsystem auf Defekte überprüft werden (siehe Kapitel 4A oder B).
6 Sind keine Funken zu sehen, muss am Pluspol der Zündspule geprüft werden, ob Batteriespannung (mindestens

11,7 Volt) anliegt. Wird an der Zündspule über 1 Volt weniger als an der Batterie gemessen, müssen alle Kabel des Stromkreises überprüft werden – beachten Sie die Schaltpläne am Ende von Kapitel 12.

7 Wenn die Stromzufuhr zur Zündspule in Ordnung ist, muss deren Primär- und Sekundärwiderstand gemessen werden (siehe Sektion 3) – prüfen Sie zuvor jedoch genau die Kontakte der Stromversorgung, um sicherzugehen, dass der Fehler nicht auf verschmutzte oder lockere Anschlüsse zurückzuführen ist.

8 Wenn die Zündspule in Ordnung ist, kann der Defekt in der Verstärkereinheit, einem der Sensoren oder dem Steuergerät und den damit verbundenen Komponenten (falls vorhanden) liegen. Ein Test dieser Bauteile sollte von einer Fachwerkstatt durchgeführt werden.

Fehlzündungen

9 Ungleichmäßige Fehlzündungen weisen auf lockere Anschlüsse, einen zeitweise auftretenden Defekt im Primär-Stromkreis oder ein Problem am Verteilerfinger hin.

10 Bei abgeschalteter Zündung muss das System sorgfältig kontrolliert werden – alle Anschlüsse müssen sauber und fest verbunden sein. Mit der geeigneten Ausrüstung kann der Niederspannungs-Bereich kontrolliert werden (siehe oben).

11 Prüfen Sie, ob die Zündspule, die Verteilerkappe und die Zündkabel sauber und trocken sind. Kontrollieren Sie die Zündkabel und die Zündkerzen (indem Sie sie ggf. durch Neuteile austauschen). Kontrollieren Sie dann die Verteilerkappe, die Kohlebürsten und den Verteilerfinger (siehe Kapitel 1).

12 Regelmäßige Fehlzündungen sind fast immer auf eine defekte Verteilerkappe sowie schadhafte Zündkabel oder Zündkerzen zurückzuführen. Prüfen Sie mit einer Stroboskoplampe, ob an allen Zündkabeln Hochspannung ankommt (siehe Schritt 4).

13 Falls an einem Zündkabel Hochspannung festgestellt wird, kann der Defekt an diesem Kabel selbst oder in der Verteilerkappe liegen. Wird an allen Zündkabeln Hochspannung festgestellt, wird eine Zündkerze defekt sein – kontrollieren Sie sie und ersetzen Sie sie bei jedem Zweifel.

14 Wird keine Hochspannung ermittelt, muss die Zündspule überprüft werden – eventuell bricht ihre Sekundärspannung unter Last zusammen.

15 Alle weiteren Kontrollen sollten von einer Fachwerkstatt durchgeführt werden.

3 Zündspule – Ausbau, Test und Einbau

Ausbau

1 Trennen Sie das Massekabel (–) der Batterie.

2 Trennen Sie die Kabel von der Zündspule – merken Sie sich ggf., wie sie angeschlossen sind (siehe Abbildung). Lockern Sie die Schelle, um die Spule aus ihrem Halter zu ziehen.

3.2 Trennen Sie das Hochspannungskabel von der Zündspule.

3 Inspizieren Sie die Zündspule auf sichtbare Schäden, Risse, austretende Isoliermasse oder andere Schäden. Reparaturen sind nicht möglich.

Testen

4 Messen Sie mithilfe eines Ohmmeters den Primärwiderstand zwischen den Versorgungsanschlüssen – es müssen 0,5 bis 1,0 Ohm festgestellt werden.

5 Messen Sie zwischen einem der Versorgungsanschlüsse und dem Zündkabel-Ausgang den Sekundärwiderstand – es müssen 6000 bis 9000 Ohm festgestellt werden.

6 Falls die Messergebnisse stark von den Vorgaben abweichen, muss die Zündspule ersetzt werden.

Einbau

7 Der Einbau entspricht der umgekehrten Ausbaureihenfolge.

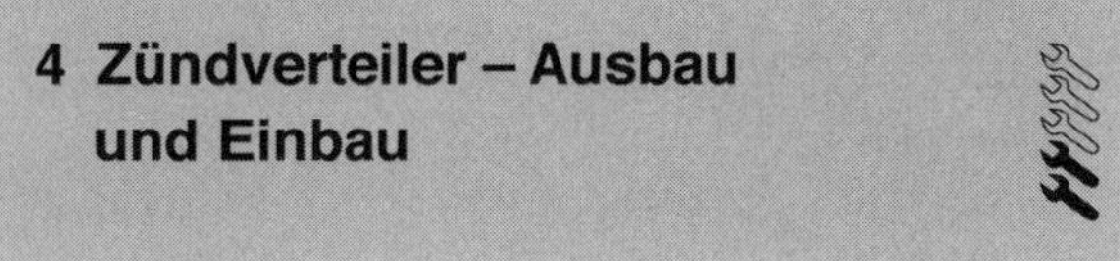

4 Zündverteiler – Ausbau und Einbau

B 23-Motoren

Ausbau

1 Befreien Sie die Verteilerkappe – entweder müssen Bügel oder Schrauben gelöst werden – und verlagern Sie sie beiseite.

2 Bringen Sie Zylinder Nr. 1 in den Verdichtungs-OT – drehen Sie dazu die Kurbelwelle an der Riemenradschraube, bis die Nut am Riemenrad zur »0«-Markierung der Steuerzeiten-Skala ausgerichtet ist (siehe Abbildung) und der Verteilerfinger zum Kontakt des Zündkabels von Zylinder Nr. 1 zeigt.

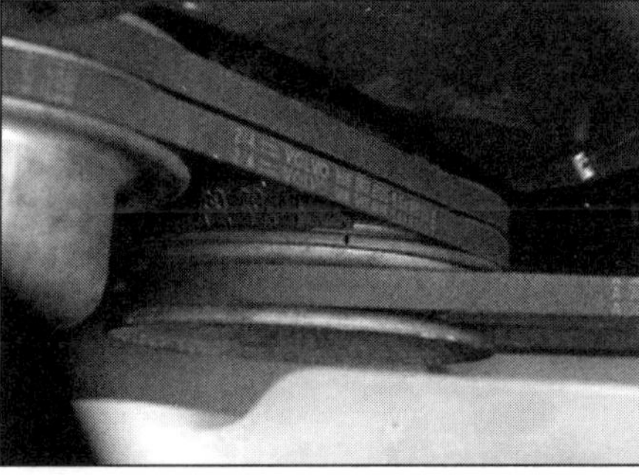

4.2 Steuerzeitenmarkierungen am Vierzylindermotor – die Riemenscheiben-Nut steht auf »0« (OT).

3 Bringen Sie Ausrichtmarkierungen zwischen der Spitze des Verteilerfingers und dem Rand des Verteilergehäuses sowie zwischen der Basis des Verteilergehäuses und dem Motorblock an.
4 Lösen Sie die Klemmplatte und heben Sie den Verteiler heraus (siehe Abbildung). Prüfen Sie, wie sich der Verteilerfinger dreht, während der Verteiler herausgezogen wird.

Einbau

5 Bringen Sie den Verteilerfinger etwa in die Position, die er nach dem Herausziehen hatte. Installieren Sie den Verteiler so, dass die die Markierungen an seinem Gehäuse zu denen am Motorblock ausgerichtet sind. Während der Verteiler in seinen Sitz geschoben wird, dreht sich der Verteilerfinger und muss schließlich in der zuvor markierten Position an Zylinder Nr. 1 stehen – falls nicht, muss der Verteiler wieder herausgezogen und ein neuer Versuch gestartet werden.

4.4 Ausbau des Zündverteilers (B 23)

6 Montieren und sichern Sie die Verteiler-Klemmplatte.

B 200 / 230 / B234F-Motoren

Ausbau

7 Identifizieren Sie die Zündkabel und trennen Sie sie von der Verteilerkappe.
8 Lösen Sie die drei Schrauben der Verteilerkappe – der Zugang ist begrenzt. Die Schrauben verbleiben an der Kappe und dürfen nicht von ihr entfernt werden (siehe Abbildung).

4.8 Verteilerkappen-Sicherungsschrauben – gezeigt bei demontiertem Verteiler

9 Heben Sie die Verteilerkappe mit dem weiterhin angeschlossenen Zündspulen-Hochspannungskabel ab.
10 Ziehen Sie den Verteilerfinger ab und entfernen Sie den Staubschutz.
11 Bringen Sie Ausrichtmarkierungen zwischen dem Verteilerflansch und dem Zylinderkopf an.
12 Lösen Sie die zwei Schrauben, die den Verteiler sichern.
13 Trennen Sie ggf. den Niederspannungs-Stecker vom Verteiler.
14 Befreien Sie den Verteiler vom Zylinderkopf (siehe Abbildung).
15 Erneuern Sie nötigenfalls den Verteiler-O-Ring.

Einbau

16 Setzen Sie den Verteiler entsprechend der Ausrichtmarkierungen an den Zylinderkopf und drehen Sie die Welle, bis ihre Mitnehmer in die Schlitze in der Nockenwelle greifen – der Antrieb ist versetzt, sodass nur eine Möglichkeit besteht.
17 Der Rest des Einbaus entspricht der umgekehrten Ausbaureihenfolge. Bei B 234F-Motoren muss beim Einbau des Verteilergehäuses auf die Zündkabel-Klemme neben der linken Schraube geachtet werden.

4.14 Ausbau des Zündverteilers (B 230)

18 Prüfen Sie bei B 230E- und B 230K-Motoren die Zündzeitpunkte (siehe Sektion 7).

B 28-Motoren

Ausbau

19 Befreien Sie den Ansaugtrakt vom Luftmengenmesser.
20 Lösen Sie die 12 Inbusschrauben, mit denen der obere Bereich der Kraftstoff-Steuereinheit gesichert ist. (Falls nur die Verteilerkappe samt Finger entfernt werden soll, kann dies ohne die Demontage der Kraftstoff-Steuereinheit geschehen. Einige der Zündkabel müssen von der noch montierten Verteilerkappe getrennt werden.)
21 Identifizieren Sie die Zündkabel. Lösen Sie die Klemmen der Verteilerkappe und entfernen Sie sie – trennen Sie dabei nötigenfalls Zündkabel (siehe Abbildung). Um genügend Platz für den Ausbau zu erhalten, muss die Kraftstoff-Steuereinheit angehoben werden, ohne Benzinleitungen zu belasten.

4.21 Eine der Verteilerkappen-Klemmen – B 28

22 Bringen Sie Zylinder Nr. 1 in den Verdichtungs-OT (siehe Schritt 2 und Abb. 7.2).

4.22 Steuerzeitenmarkierungen am V6-Motor – eine der beiden Riemenscheiben-Nuten steht auf »0« (OT).

23 Trennen Sie den Niederspannungs-Stecker vom Verteiler (siehe Abbildungen). Befreien Sie ebenfalls die Unterdruckleitung.

4.23a Hebeln Sie den Federclip hoch . . .

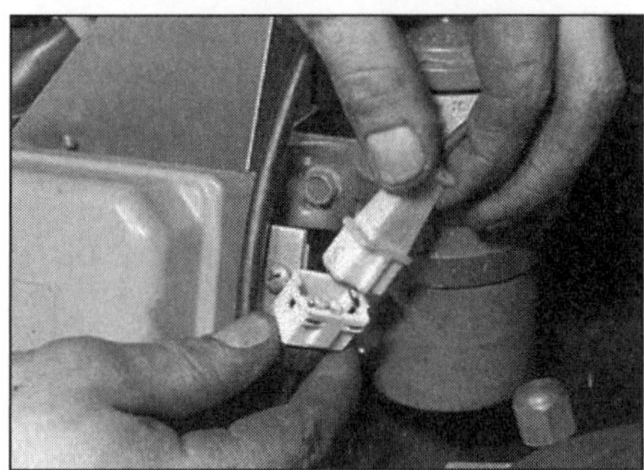

4.23b . . . und trennen Sie den Niederspannungs-Stecker.

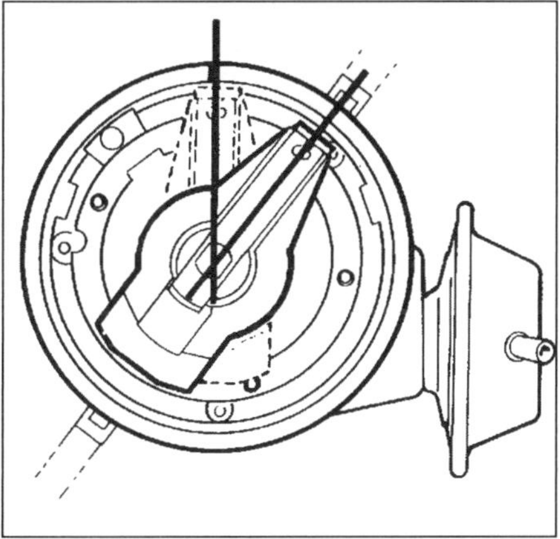

4.25 Verteilerfinger-Position vor dem Einbau (30° nach rechts) und nach dem Einbau (gerade nach oben)

24 Bringen Sie Ausrichtmarkierungen zwischen dem Verteilerflansch und dem Zylinderkopf an. Lösen Sie die Klemmmutter und heben Sie den Verteiler heraus – heben Sie wieder die Kraftstoff-Steuereinheit an, um genügend Platz zu erhalten.

Einbau

25 Richten Sie zunächst den Verteilerfinger etwa 30° rechts von der Kerbe am Rand des Verteilers aus, die für Zylinder Nr. 1 steht (siehe Abbildung).
26 Schieben Sie den Verteiler ein – beachten Sie die zuvor angebrachten Markierungen. Der Verteilerfinger muss sich dabei drehen und zur Kerbe ausrichten (siehe Abbildung). Installieren Sie die Klemmmutter und ziehen Sie sie nur leicht an.

4.26 Verteilerfinger ausgerichtet zur OT-Kerbe von Zylinder Nr. 1 – Staubschutz entfernt.

27 Verbinden Sie den Niederspannungs-Stecker.
28 Setzen Sie die Verteilerkappe auf und schließen Sie die Zündkabel an.
29 Sichern Sie die Kraftstoff-Steuereinheit und montieren Sie den Ansaugtrakt.
30 Prüfen Sie die Zündzeitpunkte (siehe Sektion 7) und ziehen Sie die Klemmmutter an.

B 280-Motoren

Ausbau

31 Trennen Sie das Massekabel (–) der Batterie.
32 Befreien Sie die Abdeckung vom Verteiler (siehe Abbildung).

4.32 Befreien Sie die Abdeckung vom Zündverteiler.

33 Lösen Sie die drei Schrauben des Verteilerdeckels und der Verteilerkappe. Nehmen Sie den Deckel ab und ziehen Sie die Kappe ab (siehe Abbildung).
34 Lösen Sie die drei Inbusschrauben, die den Verteilerfinger sichern, und entnehmen Sie den Finger samt Schrauben – diese können nicht von ihm getrennt werden (siehe Abbildung).

35 Heben Sie den Blitzschutz samt O-Ring heraus.
36 Lösen Sie die 10 mm-Inbusschraube, mit der die Verteilerwelle gesichert ist; falls die Welle locker ist, kann sie entfernt werden (siehe Abbildung).
37 Lösen Sie die zwei Schrauben, des Verteilergehäuses. Falls die Verteilerwelle noch nicht entfernt ist, muss das Gehäuse gegen die Welle nach vorne gezogen und ggf. abgeklopft werden, um die Welle zu lockern. Entfernen Sie das Gehäuse samt Welle (siehe Abbildung).

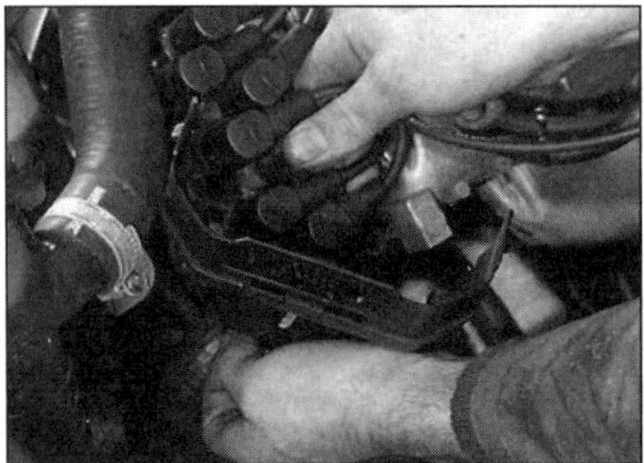

4.33 Entfernen Sie den Verteilerdeckel und die Verteilerkappe.

4.34 Ziehen Sie den Verteilerfinger ab.

4.36 Lösen Sie die Verteilerwellen-Schraube.

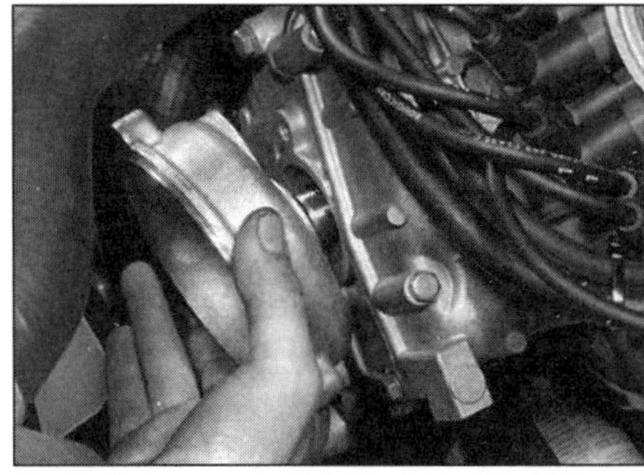

4.37 Entfernen Sie das Verteilergehäuse.

Einbau

38 Der Einbau entspricht der umgekehrten Ausbaureihenfolge. Richten Sie dabei die Bohrung der Verteilerwelle zum Stift des Antriebs aus. Verwenden Sie nötigenfalls einen neuen Blitzschutz-O-Ring.

5 Zündsystem-Sensoren – Ausbau und Einbau

Schwungscheiben-Sensor(en)

Ausbau

1 Trennen Sie den Sensorstecker nahe der Spritzwand. Identifizieren Sie die Stecker, falls beide Sensoren entfernt werden sollen (siehe Abbildung).

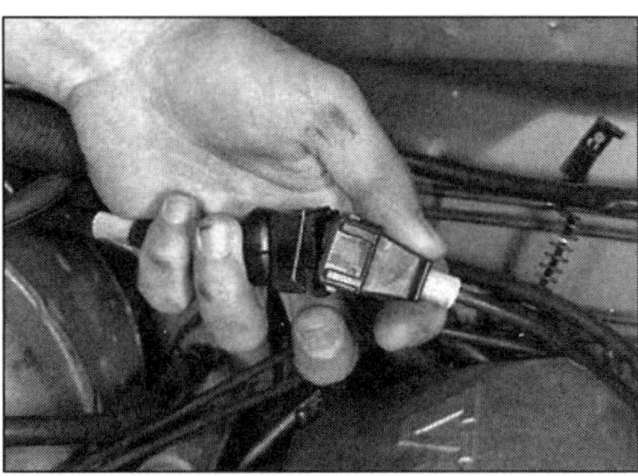

5.1 Trennen Sie den Kabelstecker des Schwungscheiben-Sensors.

2 Lösen Sie die Inbusschraube, die den Sensor an seinem Halter sichert (siehe Abbildung). Bei manchen Modellen gibt es zwei Sensoren – einen für die Drehzahl, den anderen für den oberen Totpunkt; ansonsten erledigt ein Sensor beide Aufgaben.

5.2 Die zwei Schwungscheiben-Sensoren

3 Ziehen Sie den Sensor aus seinem Halter und entfernen Sie ihn.

Einbau

4 Der Einbau entspricht der umgekehrten Ausbaureihenfolge.

Klopfsensor(en)

Ausbau

5 Um bei B 280-Motoren einen Sensor auszubauen, müssen folgende Vorarbeiten erledigt werden:

a) Entfernen Sie den Einlassstutzen (siehe Kapitel 4B).
b) Entleeren Sie das Kühlsystem (siehe Kapitel 1) und entfernen Sie das Y-Rohr.

6 Trennen Sie den Stecker vom Sensor.

5.7 Klopfsensor-Sicherungsschraube

7 Lösen Sie die Sensor-Sicherungsschraube und den Sensor selbst – er sitzt unterhalb des Einlassstutzens (siehe Abbildung).

Einbau

8 Der Einbau entspricht der umgekehrten Ausbaureihenfolge. Versehen Sie die Sensor-Sicherungsschraube mit Loctite und ziehen Sie sie sorgfältig an.

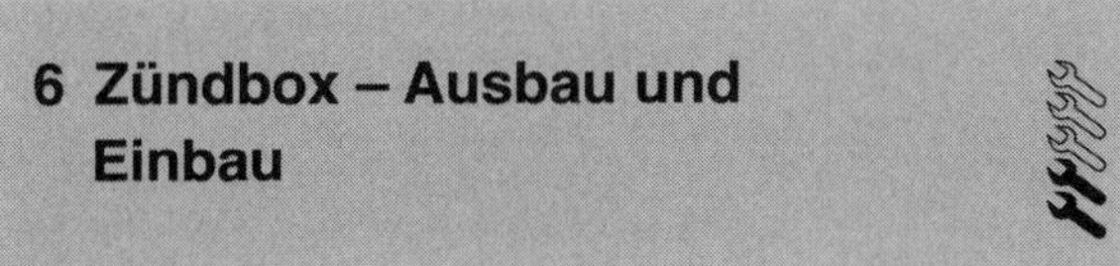

6 Zündbox – Ausbau und Einbau

B 28E-Motoren

Ausbau

1 Trennen Sie das Massekabel (–) der Batterie.
2 Die Zündbox sitzt nahe der Zündspule am rechten Innenkotflügel. Trennen Sie an der Basis der Zündbox den Mehrfachstecker (siehe Abbildung).

6.2 Zündbox – B 28E

3 Lösen Sie die Sicherungsschrauben und entnehmen Sie die Zündbox.

Einbau

4 Der Einbau entspricht der umgekehrten Ausbaureihenfolge.

B 200E- / B 280E/K- / B 234F-Motoren

Ausbau

5 Entfernen Sie die Verkleidung unterhalb der Lenksäule.

6 Lösen Sie die vier Schrauben, mit denen die Zündbox rechts am Pedalhalter gesichert ist. Drücken Sie das Gaspedal herunter, um Zugang zu zwei dieser Schrauben zu erhalten (siehe Abbildung).

6.6 Lösen Sie die Zündbox-Schraube – B 200E / B 230E/K

7 Trennen Sie den Kabelstecker und die Unterdruckleitung von der Zündbox und entnehmen Sie sie (siehe Abbildung).

6.7 Trennen Sie den Zündbox-Stecker – B 200E / B 230E/K

Einbau

8 Der Einbau entspricht der umgekehrten Ausbaureihenfolge.

B 28ET- / B 230ET-Motoren

Ausbau

9 Entfernen Sie die Verkleidung unterhalb der Lenksäule.
10 Befreien Sie das vordere Ende der Schweller/Gurtrollen-Verkleidung, indem Sie die unter Kappen versteckten Schrauben lösen.
11 Befreien Sie die rechte Fußraum-Verkleidung und entfernen Sie sie.
12 Die Zündung muss ausgeschaltet sein. Trennen Sie den Kabelstecker von der Zündbox (siehe Abbildung).
13 Lösen Sie die zwei Sicherungsschrauben und ziehen Sie die Zündbox aus dem Halter.

Einbau

14 Der Einbau entspricht der umgekehrten Ausbaureihenfolge.
15 Bei manchen späteren Modellen ist die Leistungsstufe der Zündbox separat im Motorraum vor dem linken Federbeindom installiert.

B 280E-Motoren

Ausbau

16 Trennen Sie das Massekabel (–) der Batterie.

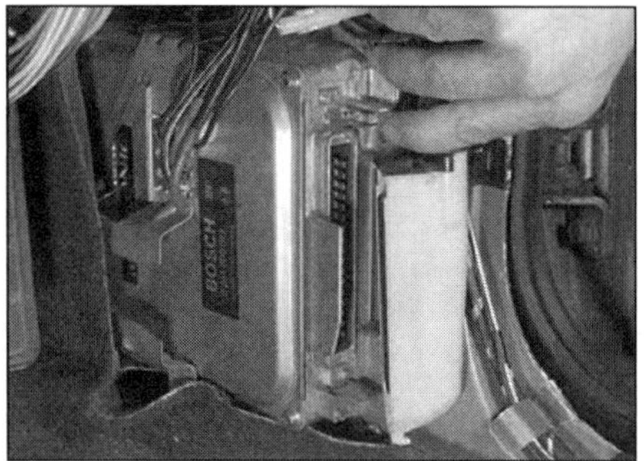

6.12 **Trennen Sie den Motronic-Stecker – B 23ET / B 230ET**

17 Entfernen Sie die Verkleidung aus dem rechten Fußraum.
18 Falls mehrere Steuergeräte beieinander liegen, muss die Zündbox identifiziert werden – sie ist fast quadratisch und schwarz (wogegen die Jetronic-Box und die ABS-Box silberfarben sind).
19 Befreien Sie die Zündbox aus ihren Halterungen und trennen Sie den Kabelstecker (siehe Abbildung).

6.19 Zündbox – B 280E

Einbau

20 Der Einbau entspricht der umgekehrten Ausbaureihenfolge.

7 Zündzeitpunkt – Kontrolle und Einstellung

Anmerkung: *Weil der Zündzeitpunkt normalerweise nicht variiert, ist dies keine Routinearbeit. Bei Turbo-Motoren mit Motronic-System sowie B 234F- und B 280E-Motoren ist der Zündzeitpunkt nicht einstellbar – kann aber auf Wunsch kontrolliert werden.*
1 Bringen Sie den Motor mit abgeschalteter Klimaanlage auf Betriebstemperatur. Schalten Sie ihn dann ab und verbinden Sie eine Stroboskoplampe und einen Drehzahlmesser entsprechend der beigefügten Anleitungen.
2 Markieren Sie die Nuten an der Kurbelwellen-Riemenscheibe und die entsprechenden Markierungen an der Steuerzeiten-Skala mit weißer Farbe oder Tipp-Ex (beachten Sie dazu die Angaben in den technischen Daten). Achten Sie bei B 28E-Motoren darauf, die richtige Riemenscheiben-Markierung zu verwenden (siehe Abbildung).
3 Trennen Sie bei B 28E- und B 230E/K-Motoren die Unterdruckleitung von Zündverteiler oder der Zündbox und verstopfen Sie den Anschluss.
4 Lassen Sie den Motor mit der entsprechenden Standgasdrehzahl laufen und richten Sie die Stroboskoplampe auf die Steuerzeiten-Skala.
Achtung: Lassen Sie keine Kabel, Kleidungsstücke oder langen Haare in die Antriebsriemen oder den Kühlventilator gelangen!
Die Riemenscheiben-Kerbe erscheint statisch und steht bei korrektem Zündzeitpunkt genau an der entsprechenden Markierung der Skala.
5 Falls eine Einstellung nötig ist, wird der Motor abgeschaltet, die Verteiler-Halterung gelockert und der Verteiler ein kleines Stück verdreht. Drehen Sie den Verteiler gegen die Drehrichtung der Welle, um mehr Frühzündung zu erreichen oder entsprechend umgekehrt. Ziehen Sie die Verteilerhalterung nach der Einstellung an, starten Sie den Motor und kontrollieren Sie erneut den Zündzeitpunkt. (Versuchen Sie nicht, den Zündverteiler der Motronic zu verdrehen – er hat keinen Einfluss auf den Zündzeitpunkt!)

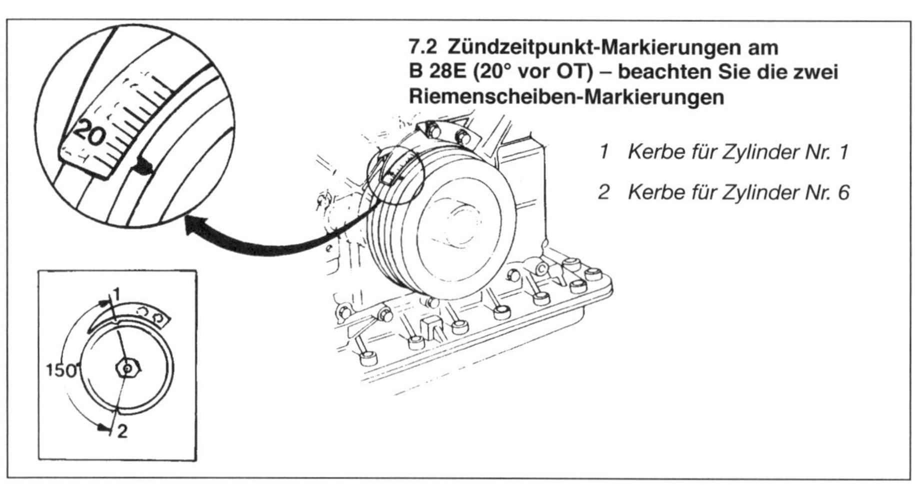

7.2 Zündzeitpunkt-Markierungen am B 28E (20° vor OT) – beachten Sie die zwei Riemenscheiben-Markierungen

1 *Kerbe für Zylinder Nr. 1*
2 *Kerbe für Zylinder Nr. 6*

6 Wenn der Zündzeitpunkt im Standgas in Ordnung ist, wird bei Modellen ohne Turbolader die Frühverstellung kontrolliert, indem die Markierungen bei höheren Drehzahlen abgeblitzt werden. Falls dies bei B 28E-Motoren nicht korrekt funktioniert, ist der mechanische Frühverstellmechanismus defekt; bei anderen Modellen liegt in der Zündbox oder ihren Eingängen ein Fehler vor (ein aktiver Klopfsensor stellt die Zündung wieder zurück).

7 Falls eine Unterdruckpumpe zur Hand ist, kann diese ggf. an die Unterdruckeinheit angeschlossen werden, um zu prüfen, ob sich der Zündzeitpunkt verschiebt.

8 Schalten Sie den Motor ab, entfernen Sie die Prüfausrüstung und schließen Sie alle Stecker und Schläuche wieder korrekt an.

8 Zündsystem-Test mit Diagnoseeinheit – EZ 116K-Zündanlage

1 Die bei B 234F-Motoren montierte EZ 116K-Zündbox beinhaltet eine Diagnoseeinheit, die auch mit der Einspritzanlagen-Steuerung verbunden ist. Die Diagnoseeinheit sitzt am linken Federbein-Gehäuse im Motorraum und verfügt über einen Stecker, der zum Testen des Systems in verschiedene Buchsen gesteckt werden kann. Buchse Nr. 6 wird zum Testen der Zündbox verwendet (siehe Abbildung). Durch Drücken des Knopfs können verschiedene Tests durchgeführt werden – je nachdem, wie oft gedrückt wird:

a) Wenn der Knopf einmal gedrückt wird, blinkt das Licht und gibt einen Fehlercode an. Bis zu drei bei laufendem Motor aufgetretenen Fehler werden gespeichert.

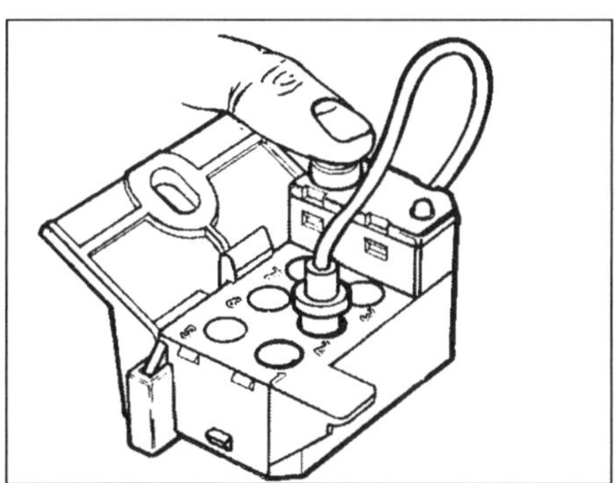

8.1a Diagnoseeinheit mit Stecker in Buchse 6.

b) Wenn der Knopf zweimal gedrückt wird, führt das System am Drosselklappenschalter und dem Geschwindigkeitssensor eine Funktionsprüfung durch. Die Lampe blinkt bei jedem Funktionstest und gib dabei einen Quittierungs-Code an.

Jeder Code besteht aus drei Nummern, die von drei Blink-Serien wiedergegeben werden. Das Licht leuchtet jeweils eine halbe Sekunde auf und erlischt dann wieder für eine halbe Sekunde. Wenn eine Ziffer beendet ist, dauert die Pause drei Sekunden und die nächste Ziffer wird auf die gleiche Weise angezeigt. In der Abbildung ist ein Beispiel illustriert (siehe Abbildung).

Fehlertest

2 Öffnen Sie den Deckel der Diagnoseeinheit und verbinden Sie den Stecker mit Buchse 6.

3 Schalten Sie die Zündung ein, aber starten Sie nicht den Motor.

4 Drücken Sie einmal den Knopf und halten Sie ihn mindestens eine Sekunde gedrückt – aber nicht länger als drei Sekunden.

5 Beobachten Sie das Blinklicht und identifizieren Sie die Fehlercodes. Folgende Codes können angezeigt werden:

1-1-1 Kein Fehler
1-4-2 Zündbox defekt – Motor läuft in Notlaufmodus mit fest auf 10° vor OT eingestellter Zündung.
1-4-3 Klopfsensor defekt – Motor läuft in Notlaufmodus mit fest auf 10° vor OT eingestellter Zündung.
1-4-4 Kein Signal zum oder vom Luftmassenmesser – Motor läuft in Notlaufmodus mit fest auf 10° vor OT eingestellter Zündung.
2-1-4 Geschwindigkeitssensor defekt.
2-2-4 Kühltemperatursensor defekt. Motor läuft, als wäre er zu heiß im Notlaufmodus.
2-3-4 Drosselklappenschalter defekt – Motor läuft in Notlaufmodus mit fest auf 10° vor OT eingestellter Zündung.
2-4-1 Abgasrückführungs-System mit Fehlfunktion (nicht zutreffend bei B 234F)
4-1-3 Abgasrückführung – Temperatursensor-Signal fehlt oder ist unkorrekt (nicht zutreffend bei B 234F)

6 Wenn der Code 1-1-1 angezeigt wird, sind keine Fehler im Systemspeicher enthalten. Falls ein anderer Code angezeigt wird, muss der Knopf anschließend erneut gedrückt werden, damit ggf. ein weiterer Fehler angezeigt wird; drücken Sie ihn dann ein drittes Mal, um einen möglichen dritten Fehler auszulesen – mehr Fehler können nicht gespeichert werden. Nachdem alle gespeicherten Fehler ausgelesen wurden, beginnt das System beim nächsten Drücken des Knopfes mit der Wiederholung der Fehlercodes.

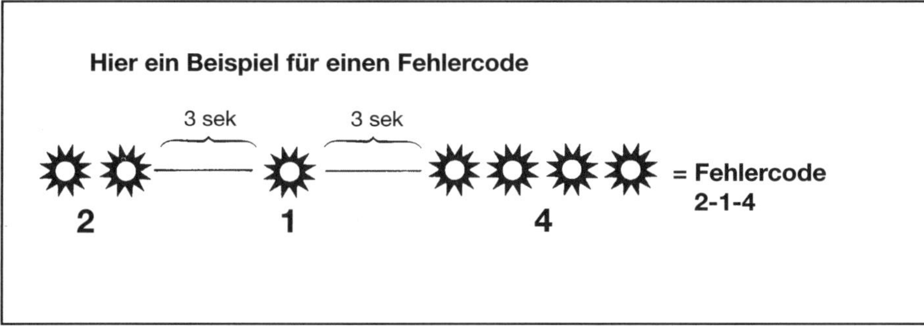

8.1b Fehlercode 2-1-3

7 Führen Sie entsprechende Tätigkeiten durch, um alle Fehler zu beseitigen.
8 Drücken Sie den Knopf erneut und halten Sie ihn mindestens fünf Sekunden gedrückt, bevor Sie ihn wieder loslassen. Nach drei bis vier Sekunden wird das Licht aufleuchten. Drücken Sie den Knopf ein zweites Mal für mindestens fünf Sekunden – hierdurch wird der Speicher gelöscht und kann neue Fehlercodes aufnehmen.
9 Entfernen Sie den Stecker aus Buchse 6, platzieren Sie ihn in seinem Halter und führen Sie eine Probefahrt durch. Wiederholen Sie anschließend den Fehlertest, um mögliche neu aufgezeichnete Fehler auszulesen – falls keine neuen Fehler gespeichert wurden, blinkt der Code 1-1-1.

Funktionsprüfung

10 Öffnen Sie den Deckel der Diagnoseeinheit und verbinden Sie den Stecker mit Buchse 6.
11 Schalten Sie die Zündung ein, aber starten Sie nicht den Motor.
12 Drücken Sie zweimal den Knopf und halten Sie ihn dabei jeweils mindestens eine Sekunde gedrückt – aber nicht länger als drei Sekunden – das Licht beginnt dauerhaft zu blinken.
13 Öffnen Sie die Drosselklappe teilweise – die Lampe muss zunächst erlöschen und dann den Quittierungs-Code 3-3-4 anzeigen, um die Funktion des Drosselklappenschalters zu bestätigen.
14 Warten Sie mit dem nächsten Test, bis das Licht wieder dauerhaft blinkt. Starten Sie den Motor – die Lampe muss zunächst erlöschen und dann den Quittierungs-Code 1-4-1 anzeigen, um die Funktion des Geschwindigkeitssensors zu bestätigen.
15 Schalten Sie die Zündung aus. Entfernen Sie den Stecker aus Buchse 6 und platzieren Sie ihn in seinem Halter.

Kapitel 6

Kupplung

Inhalt — Sektion

Schwierigkeitsgrade

Leicht. Geeignet für Anfänger mit wenig Erfahrung.	**Relativ leicht.** Geeignet für Anfänger mit etwas Erfahrung.	**Relativ schwierig.** Geeignet für geübte Selbstschrauber.	**Schwer.** Geeignet für Selbstschrauber mit viel Erfahrung.	**Sehr schwer.** Geeignet für Experten und Profis.

Technische Daten

Allgemein

Kupplungstyp	Einscheiben-Trockenkupplung mit Tellerfeder
Betätigung	Hydraulisch oder per Seilzug – je nach Modell und Markt

Mitnehmerscheibe

Scheiben-Durchmesser (nominell)	
B 230E	216 mm
B 234F	229 mm
alle anderen Modelle	keine Angaben

Druckscheibe

Maximaler Verzug	0,2 mm

1 Allgemeine Informationen

Zwischen dem Motor und dem Schaltgetriebe sitzt eine je nach Modell und Markt per Seilzug oder Hydraulik betätigte Einscheiben-Trockenkupplung mit Tellerfeder.
Die wichtigsten Komponenten der Kupplung sind die Druckscheibe, die Mitnehmerscheibe (auch Reibscheibe genannt) und das Ausrücklager. Die Mitnehmerscheibe sitzt innerhalb Schwungscheibe, während die Druckscheibe außen an dieser verschraubt ist. In die Verzahnung der Mitnehmerscheibe greift die Getriebewelle. Das Ausrücklager sitzt an der Ausrückgabel und wirkt auf die Tellerfeder-Finger in der Druckscheibe.
Bei nicht betätigter Kupplung klemmt die Druckscheibe die Mitnehmerscheibe und die Schwungscheibe fest zusammen, sodass bei laufendem Motor die Drehkraft der Schwungscheibe über die Reibflächen auf die Nabe der Mitnehmerscheibe und damit auf das Getriebe übertragen wird.
Bei gedrücktem Kupplungspedal wird das an der Ausrückgabel sitzende Ausrücklager per Seilzug oder hydraulisch gegen die Tellerfeder gedrückt, sodass dessen Druck auf die Mitnehmerscheibe entlastet wird und diese sich frei in der Schwungscheibe drehen kann und der Kraftschluss unterbrochen wird. Wird das Kupplungspedal wieder entlastet, baut die Tellerfeder wieder Druck auf und das Reibmaterial überträgt – zunächst mit Schlupf, dann mit Kraftschluss – das Drehmoment wieder.
Die Kupplungshydraulik besteht aus einem Geberzylinder und einem Nehmer- oder Ausrückzylinder sowie den beide Teile verbindenden Leitungen und Schläuchen. Das System teilt sich den Ausgleichsbehälter mit dem Hauptbremszylinder.
Verschleiß am Reibmaterial der Mitnehmerscheibe wird von der Kupplungshydraulik automatisch ausgeglichen. Eine per Seilzug betätigte Kupplung erfordert gelegentliches Nachstellen, um den Verschleiß auszugleichen.

2 Kupplungszug – Einstellung, Ausbau und Einbau

Ausbau

1 Lockern Sie hinten am Getriebe die Kontermutter der Bowdenzug-Hülle und drehen Sie den Einsteller möglichst weit ein. Hängen Sie die Rückholfeder (falls vorhanden) an der Ausrückgabel aus und befreien Sie den Seilzug-Nippel. Falls am Zugseil ein Gummipuffer vorhanden ist, muss dessen Einbaurichtung notiert werden (siehe Abbildung).
2 Entfernen Sie die Innenverkleidung unter der Lenksäule, um Zugang zu den Pedalen zu erhalten. Entfernen Sie den Halter, der den Kupplungszug innen am Pedal sichert.
3 Ziehen Sie den Kupplungszug in den Motorraum und entfernen Sie ihn – merken Sie sich seine Verlegung.

Einbau

4 Der Einbau entspricht der umgekehrten Ausbaureihenfolge – beachten Sie die korrekte Verlegung. Stellen Sie den Kupplungszug ein (siehe Kapitel 1).

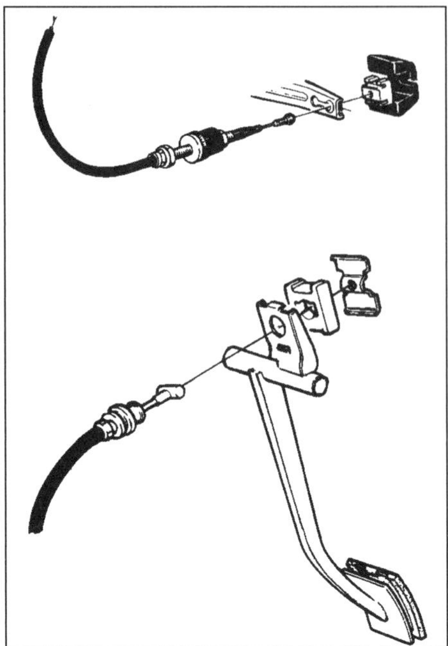

2.1 Kupplungszug-Aufhängungen

3 Kupplungspedal – Ausbau und Einbau

Ausbau

1 Trennen Sie das Massekabel (–) der Batterie.
2 Demontieren Sie die Lenksäule (siehe Kapitel 10).
3 Befreien Sie das Bremspedal vom Servogestänge, indem Sie den Gelenkstift entfernen.
4 Trennen Sie genauso das Kupplungspedal vom Geberzylinder-Gestänge – oder vom Kupplungszug (siehe oben).
5 Lösen Sie die drei Schrauben, mit denen die Oberseite des Pedaleriekastens an der Luke befestigt ist.
6 Lösen Sie die sechs Muttern, mit denen der Pedaleriekasten an der Spritzwand befestigt ist (diese Muttern sichern auch den Kupplungs-Geberzylinder und den Bremskraftverstärker).
7 Trennen Sie die Verkabelung des Bremslichtschalters. Trennen Sie ggf. auch alle Kabel und Druck- oder Unterdruckschläuche von den Ladedruck und Tempomat-Schaltern oder der Zündbox.
8 Entfernen Sie den Pedaleriekasten und die Pedale aus dem Fahrzeug. Beachten Sie, wie die Bremspedal-Rückholfeder gegen die Luke drückt.
9 Hängen Sie die Kupplungspedal-Rückholfeder aus. Lösen Sie am Gelenkbolzen die Mutter und entfernen Sie das Kupplungspedal samt Buchsen.

Einbau

10 Der Einbau entspricht der umgekehrten Ausbaureihenfolge. Versehen Sie die Pedalbuchsen und den Lagerbolzen mit Fett.

4 Kupplungs-Geberzylinder – Ausbau und Einbau

Warnung:

- ***Hydraulikflüssigkeit kann zu Augenverletzungen führen und Lackoberflächen angreifen, bewahren Sie deshalb beim Umgang hiermit größte Sorgfalt und suchen Sie nötigenfalls einen Arzt auf. Manche Hydraulikflüssigkeiten sind brennbar, sodass sie nicht mit heißen Teilen in Kontakt kommen dürfen.***
- ***Benutzen Sie keine Hydraulikflüssigkeit, die längere Zeit offen gestanden hat, da sie Feuchtigkeit aus der Luft absorbiert, was zu Korrosion und bei einem heiß werdenden Getriebe zum Ausfall der Hydraulik führen kann.***

Ausbau

1 Trennen Sie den Schlauch des Ausgleichsbehälters vom Geberzylinder – seien Sie mit einem Behälter auf austretende Flüssigkeit vorbereitet.
2 Trennen Sie die Druckleitung vom Ende des Geberzylinders – seien Sie auf weitere Flüssigkeitsspritzer vorbereitet. Verschließen Sie den offenen Anschluss mit umwickelter Folie, um keinen Schmutz eindringen zu lassen.
3 Entfernen Sie die Verkleidung unter der Lenksäule.
4 Entfernen Sie den Gelenkstift, der das Pedal an der Druckstange des Geberzylinders sichert (siehe Abbildung).

4.4 Kupplungspedal-Gelenkstift

5 Lösen Sie die zwei Muttern, die den Geberzylinder an der Spritzwand sichern.
6 Entnehmen Sie den Geberzylinder – lassen Sie dabei keine Flüssigkeit auf lackierte Flächen tropfen.

Einbau

7 Der Einbau entspricht der umgekehrten Ausbaureihenfolge – beachten Sie dabei folgende Punkte:
a) Wenn das Pedal in Ruhestellung steht, muss zwischen der Druckstange und dem Kolben 1 mm Spiel vorhanden sein – stellen Sie es ggf. ein, indem Sie das Gelenk auf der Druckstange verdrehen.
b) Entlüften Sie zum Schluss die Kupplungshydraulik (siehe Sektion 8).

5 Kupplungs-Geberzylinder – Überholen

Wechseln Sie zu Sektion 7 – der Geberzylinder wird im Grunde genauso überholt wie der Ausrückzylinder, nur gibt es hier eine Scheibe unter dem Kolben-Sicherungsring und der Kolben ist mit zwei Dichtungen ausgerüstet (siehe Abbildung).

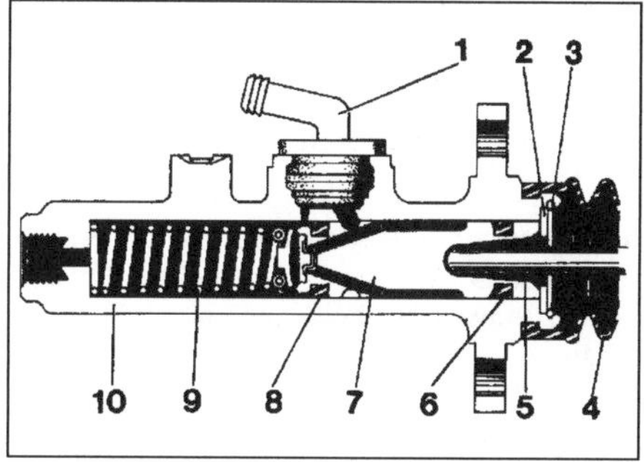

5.1 Einzelteile des Kupplungs-Geberzylinders

1 Stutzen zum Ausgleichsbehälter
2 Scheibe
3 Sicherungsring
4 Staubmanschette
5 Druckstange
6 Äußerer Dichtring
7 Kolben
8 Innerer Dichtring
9 Feder
10 Zylindergehäuse

6 Kupplungs-Ausrückzylinder – Ausbau und Einbau

Anmerkung: *Beachten Sie die Warnhinweise am Anfang von Sektion 4.*

Ausbau

1 Heben Sie das Fahrzeug an oder fahren Sie es auf eine Grube.
2 Lockern Sie den Schlauchanschluss am Ausrückzylinder (siehe Abbildung).

6.2 Lösen Sie den Hydraulikanschluss des Kupplungs-Ausrückzylinders.

3 Je nach Typ muss der Ausrückzylinder abgeschraubt oder sein Sicherungsring entfernt werden (siehe Abbildung).

6.3 Ausbau des Ausrückzylinder-Sicherungsrings

4 Ziehen Sie den Ausrückzylinder samt Druckstange heraus. Lösen Sie den Schlauchanschluss. Verschließen Sie den offenen Anschluss mit umwickelter Folie, um keinen Schmutz eindringen zu lassen.

Einbau

5 Der Einbau entspricht der umgekehrten Ausbaureihenfolge. Kontrollieren Sie nach dem Anziehen der Anschlüsse die Ausrichtung des Schlauches und korrigieren Sie ihn nötigenfalls – er darf nicht verdreht sein und sein Rohranschluss muss korrekt im Halter liegen.

6 Entlüften Sie zum Schluss die Kupplungshydraulik (siehe Sektion 8).

7 Kupplungs-Ausrückzylinder – Überholen

Anmerkung: *Beachten Sie die Warnhinweise am Anfang von Sektion 4.*

1 Entleeren Sie den Zylinder und reinigen Sie ihn äußerlich.

2 Entfernen Sie die Staubmanschette und die Druckstange (siehe Abbildung).

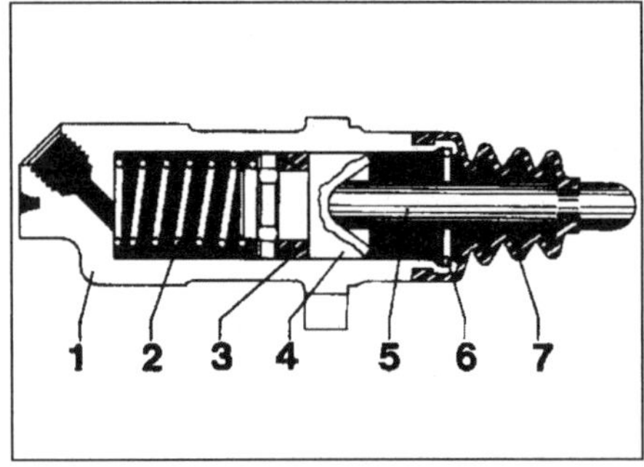

7.2 Einzelteile des Kupplungs-Ausrückzylinders

1 Zylindergehäuse
2 Feder
3 Dichtring
4 Kolben
5 Druckstange
6 Sicherungsring
7 Staubmanschette

3 Entfernen Sie ggf. den Seegerring aus der Zylinderbohrung.

4 Schütteln oder klopfen Sie den Kolben samt Feder heraus; falls er klemmt, muss vorsichtig Druckluft am Hydraulikanschluss angesetzt werden.

5 Entfernen Sie die Dichtung(en) vom Kolben.

6 Reinigen Sie den Kolben und seine Bohrung mit Stahlwolle und Spiritus. Falls Komponenten stark korrodiert oder riefig sind, muss der komplette Zylinder erneuert werden. Wenn die Teile wiederverwendbar sind, muss ein Reparaturset mit neuen Dichtungen und einer neuen Staubmanschette beschafft werden.

7 Tunken Sie die neue Dichtung in frische Hydraulikflüssigkeit und installieren Sie sie richtig herum von Hand auf den Kolben.

8 Schmieren Sie den Kolben und die Bohrung mit frischer Hydraulikflüssigkeit, installieren Sie die Feder und schieben Sie den Kolben ein.

9 Legen Sie ggf. die Scheibe auf und installieren Sie ggf. den Seegerring in seine Nut.

10 Schieben Sie die neue Staubmanschette über die Druckstange, platzieren Sie diese in die Vertiefung des Kolbens und schieben Sie den Bund der Staubmanschette über das Zylinder-Gehäuse.

8 Kupplungshydraulik – Entlüften

Anmerkung: *Beachten Sie die Warnhinweise am Anfang von Sektion 4.*

1 Füllen Sie den Ausgleichsbehälter mit frischer Hydraulikflüssigkeit auf (siehe »Wöchentliche Kontrollen«).

2 Lockern Sie die Entlüftungsschraube am Ausrückzylinder und stecken Sie einen transparenten Schlauch auf; halten Sie dessen anderes Ende in einen teilweise mit Hydraulikflüssigkeit gefüllten Behälter.

3 Lassen Sie einen Assistenten die Kupplung durchtreten und ziehen Sie die Entlüftungsschraube an. Lassen Sie den Assistenten das Pedal wieder lösen und lockern Sie die Schraube wieder.

4 Wiederholen Sie diesen Prozess, bis frische Hydraulikflüssigkeit blasenfrei aus der Schraube austritt – achten Sie dabei darauf, dass stets genug Flüssigkeit im Ausgleichsbehälter ist. Ziehen Sie die Schraube zum Schluss bei durchgetretenem Pedal sorgfältig an, und entfernen Sie den Schlauch samt Behälter.

Alte Hydraulikflüssigkeit ist deutlich dunkler als frische. Pumpen Sie solange Hydraulikflüssigkeit heraus, bis helle Flüssigkeit austritt.

5 Füllen Sie den Ausgleichsbehälter auf (siehe »Wöchentliche Kontrollen«).

6 Nötigenfalls kann die Kupplungshydraulik auch mit einer Vakuumpumpe entlüftet werden – siehe Kapitel 9.

9 Kupplung – Ausbau und Einbau

Warnung: Der durch den Abrieb in der Kupplung entstehende Staub kann Asbest enthalten und daher hochgradig gesundheitsschädlich sein. Blasen Sie die Kupplung KEINESFALLS mit Druckluft aus und inhalieren Sie diesen Staub nicht. Entfernen Sie den Staub KEINESFALLS mit Benzin oder Lösungsmittel auf Petroleumbasis. Verwenden Sie Bremsenreiniger oder Spiritus, um den Staub in einen geeigneten Behälter zu spülen. Nachdem alle Kupplungs-Komponenten mit Lappen sauber gewischt sind, müssen diese sowie der Behälter mit dem ausgewaschenen Staub bei einer Sondermüll-Annahmestelle entsorgt werden.

Ausbau

1 Bauen Sie entweder den Motor oder das Getriebe aus (siehe Kapitel 2B oder 7A).
2 Bringen Sie zwischen der Druckscheibe und der Schwungscheibe Ausrichtmarkierungen an.
3 Lockern Sie schrittweise eine halbe Umdrehung die Druckscheiben-Schrauben, bis der Federdruck abgebaut ist. Entfernen Sie die Schrauben, die Druckscheibe und die Mitnehmerscheibe (siehe Abbildungen) – merken Sie sich deren Einbaurichtung.

9.3a Ausbau der Druckscheibe . . .

9.3b . . . und der Mitnehmerscheibe.

Kontrolle

4 Begutachten Sie die Reibflächen der Schwungscheibe und der Druckscheibe auf Kerben oder Risse. Leichte Riefen dürfen ignoriert werden. Größere Unebenheiten oder Risse an der Schwungscheibe können manchmal geplant werden – fragen Sie in einer Fachwerkstatt nach. Die Druckscheibe muss erneuert werden, wenn sie stark riefig oder verzogen ist.
5 Kontrollieren Sie den Druckscheiben-Deckel und die Tellerfeder auf Beschädigungen oder Blauverfärbung, die auf Überhitzung hinweist. Inspizieren Sie genau die Spitzen der Tellerfeder-Spitzen, wo das Ausrücklager anliegt. Ersetzen Sie die Druckscheibe im Zweifelsfall.
6 Ersetzen Sie die Mitnehmerscheibe, wenn das Belagmaterial bis nahe an die Nietköpfe verschlissen ist. Falls das Material verölt oder eine harte schwarze Glasur aufweist, muss die Ursache der Verölung – der Dichtring der Kurbelwelle oder der Getriebeeingangswelle – gefunden und behoben werden, bevor die Kupplung wieder zusammengebaut wird (siehe Kapitel 2A oder 2B sowie 7A). Kontrollieren Sie auch die Federn, die Nabe und die Keilprofile der Mitnehmerscheibe.
7 Falls nur die Mitnehmerscheibe erneuert wird, können Probleme entstehen, weil sich ihre Keilnuten in die alte Druckplatte eingearbeitet haben. Von daher ist es generell besser, die Mitnehmerscheibe und die Druckscheibe stets als Set zu ersetzen.
8 Prüfen Sie den Sitz der Mitnehmerscheibe – ob alt oder neu – auf der Getriebewelle – sie darf weder klemmen noch wackeln.
9 Drehen Sie das Ausrücklager in der Kupplungsglocke und erfühlen Sie, ob es rau läuft oder Spiel hat. Das Lager sollte bei jedem Zweifel ausgetauscht werden.
10 Auch der generelle Austausch des Kurbelwellen-Führungslagers und des Dichtrings sollte in Erwägung gezogen werden (siehe Kapitel 2A oder 2B).

Einbau

11 Beginnen Sie mit der Reinigung der Reibflächen der Schwungscheibe und der Druckscheibe mit einem nicht nachfettenden Lösungsmittel und wischen Sie dies mit einem sauberen Tuch ab. Achten Sie darauf, dass Kupplungsteile nicht mit verölten oder fettigen Händen angefasst werden.
12 Setzen Sie die Mitnehmerscheibe richtig herum in die Schwungscheibe – vorne ist sie möglicherweise mit »SCHWUNGRAD« oder »FLYWHEEL SIDE« beschriftet.
13 Halten Sie die Mitnehmerscheibe mit einem geeigneten Zentrierwerkzeug in Position und setzen Sie die Druckscheibe auf. Beachten Sie die Ausrichtmarkierungen, falls die alte Druckscheibe montiert wird.

Praxis-Tipp ***Ein alternatives Zentrierwerkzeug kann aus einem Holzdübel, der gut im Kurbelwellen-Führungslager sitzt, hergestellt werden. Umwickeln Sie den Dübel mit Kreppband, sodass er gerade durch die Kerbverzahnung der Mitnehmerscheibe passt.***

14 Installieren Sie die Druckscheiben-Schrauben und ziehen Sie sie schrittweise und über Kreuz an, bis die Druckscheibe greift, aber noch bewegt werden kann. Installieren Sie das Zentrierwerkzeug (falls noch nicht in Position) und ziehen Sie die Schrauben weiter gleichmäßig an (siehe Abbildung).
15 Entfernen Sie das Zentrierwerkzeug und prüfen Sie per Auge, ob die Mitnehmerscheibe senkrecht über dem Kurbelwellen-Führungslager sitzt; falls sie nicht zentriert sitzt, wird sich die Getriebeeingangswelle niemals einschieben lassen.

16 Bauen Sie den Motor oder das Getriebe wieder ein (siehe Kapitel 2B oder 7A).

9.14 Das positionierte Kupplungs-Zentrierwerkzeug

10 Kupplungs-Ausrücklager – Ausbau und Einbau

Ausbau

1 Bauen Sie entweder den Motor oder das Getriebe aus (siehe Kapitel 2B oder 7A).

2 Befreien Sie die Staubmanschette der Ausrückgabel aus der Kupplungsglocke.

3 Trennen Sie die Ausrückgabel vom Gelenkkugel-Bolzen – sie kann ggf. mit einem Federclip daran gesichert sein.

4 Schieben Sie das Lager und die Gabel von der Führungshülse und trennen Sie die Teile (siehe Abbildung).

10.4 Ausbau des Ausrücklagers samt Gabel

5 Reinigen Sie die Führungshülse und versehen Sie diese und alle anderen beweglichen Teile dünn mit Fett.

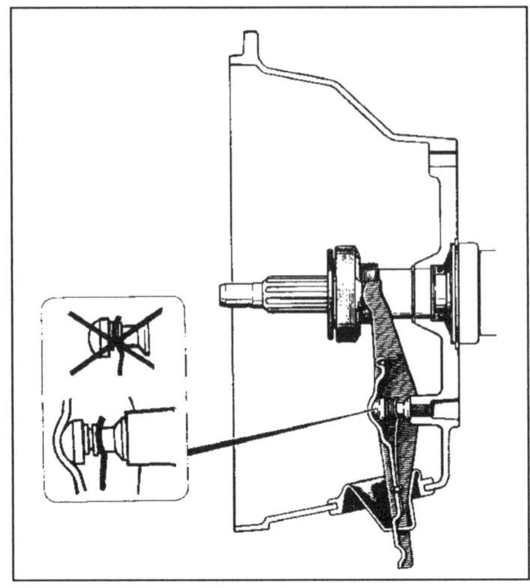

10.6 Korrekte Montage des Ausrückgabel-Federclips unter der Nut im Gelenkkugel-Bolzen

Einbau

7 Der Einbau entspricht der umgekehrten Ausbaureihenfolge. Falls die Ausrückgabel mit einem Federclip gesichert ist, muss dieser unter der Nut im Gelenkkugel-Bolzen eingeführt werden (siehe Abbildung).

Kapitel 7, Teil A

Schaltgetriebe und Overdrive

Inhalt — Sektion

Schwierigkeitsgrade

Leicht. Geeignet für Anfänger mit wenig Erfahrung. 	**Relativ leicht.** Geeignet für Anfänger mit etwas Erfahrung. 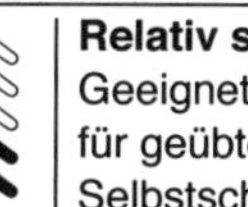	**Relativ schwierig.** Geeignet für geübte Selbstschrauber. 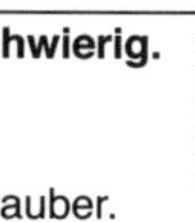	**Schwer.** Geeignet für Selbstschrauber mit viel Erfahrung. 	**Sehr schwer.** Geeignet für Experten und Profis. 

Technische Daten

Allgemein

Getriebetyp	
M 46	4 Vorwärtsgänge, »Spargang« und Rückwärtsgang; alle Vorwärtsgänge synchronisiert
M 47, M 47 II	5 Vorwärtsgänge und Rückwärtsgang; alle Vorwärtsgänge synchronisiert
Overdrive-Getriebetyp	Laycock J, P oder J/P Hybrid

Untersetzungsverhältnisse

1. Gang	4,03 : 1
2. Gang	2,16 : 1
3. Gang	1,37 : 1
4. Gang	1,00 : 1
Spargang	0,79 : 1
5. Gang (M 47)	
bis 1985	0,83 : 1
ab 1986	0,82 : 1
Rückwärtsgang	3,68 : 1

Anzugsdrehmomente

Kupplungsglocken-Schrauben und Muttern	35 bis 50 Nm
Schalthebelhalterungs-Schrauben	35 bis 50 Nm
Mitnehmerflansch-Muttern	
M 46	175 Nm
M 47 (Größe M 16)	70 bis 90 Nm
M 47 (Größe M 20)	90 bis 110 Nm
Overdrive an Zwischengehäuse	12 Nm
Overdrive-Magnetschalter	50 Nm

1 Allgemeine Informationen

Je nach Typ und Modelljahr weist das Schaltgetriebe vier Gänge mit Spargang (Overdrive) (Typ M 46) oder fünf Gänge (Typ M 47) sowie jeweils einen Rückwärtsgang auf. Beide Getriebe ähneln sich stark, sind konventionell aufgebaut und äußerst robust.

Die Kraft wird vom Motor über die Kupplung auf die Getriebeeingangswelle übertragen. Deren Verzahnung greift permanent in das vordere Rad der Vorgelegewelle; die anderen Räder dieser Welle (bis auf den Rückwärtsgang) greifen ebenfalls permanent in die Zahnräder der Hauptwelle. Nur ein Hauptwellen-Zahnrad ist auf der Welle arretiert, die anderen können sich frei darauf drehen. Die Auswahl der Gänge erfolgt durch das Verschieben von mit Synchronringen ausgerüsteten Schaltmuffen: Die Bewegung des Schalthebels wird auf Schaltgabeln übertragen, die die entsprechende Schaltmuffe zu dem Zahnrad verschiebt, das auf der Hauptwelle arretiert werden soll. Im 4. Gang ist die Eingangswelle direkt mit der Hauptwelle verbunden. Im Leerlauf ist keines der Hauptwellenräder arretiert.

Der Rückwärtsgang wird durch Verschieben eines Zwischenrades in Zahnräder auf der Vorgelegewelle und der Hauptwelle, um deren Drehrichtung zu ändern.

Eine längere Übersetzung als der 4. Gang wird je nach Typ über ein Overdrive-Getriebe oder einen 5. Gang erreicht; die jeweiligen Komponenten befinden sich in einem separaten Gehäuse hinten am Hauptgetriebe.

2 Schalthebel – Ausbau und Einbau

Ausbau

1 Heben Sie das Fahrzeug an, um Zugang zur Unterseite zu erhalten.

2 Lösen Sie die Inbusschraube, die den Stift am Ende des Schalthebels sichert. Drücken Sie den Stift aus dem Schalthebel und dem Schaltgestänge (siehe Abbildung).

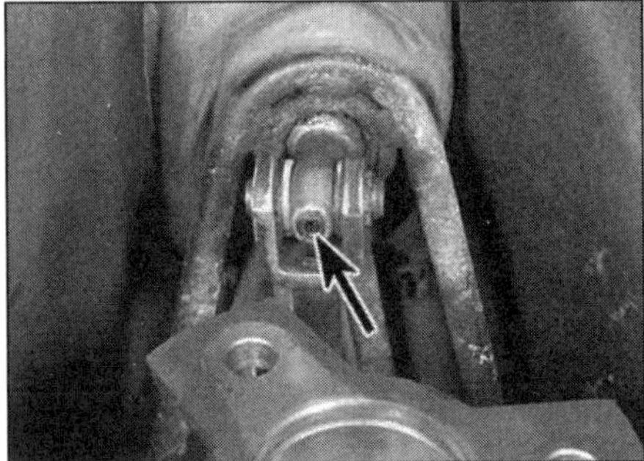

2.2 Inbusschraube des Schalthebel-Stifts

3 Entfernen Sie bei Modellen ab 1986 den großen Seegerring von der Basis des Schalthebels (siehe Abbildung).

4 Entfernen Sie im Innenraum die um den Schalthebel liegende Konsole.

2.3 Seegerring an der Basis des Schalthebels – spätere Modelle

5 Entfernen Sie den äußeren Faltenbalg. Lösen Sie die vier Schrauben, mit denen die Klemmplatte des inneren Faltenbalgs gesichert ist, und entnehmen Sie die Platte unter Beachtung ihrer Einbaurichtung, ziehen Sie dabei den inneren Faltenbalg am Schalthebel hoch.

6 Entfernen Sie bei Modellen bis 1986 den großen Seegerring von der Basis des Schalthebels (siehe Abbildung).

2.6 Ausbau des Schalthebel-Seegerrings – frühe Modelle

7 Ziehen Sie den Schalthebel nach oben heraus. Trennen Sie ggf. die Overdrive-Kabel. Die Schrauben der Rückwärtsgang-Arretierplatte dürfen nicht gelöst werden.

Einbau

8 Der Einbau entspricht der umgekehrten Ausbaureihenfolge. Prüfen Sie bei eingelegtem 1. Gang das Spiel zwischen der Rückwärtsgang-Arretierplatte und dem Schalthebel-Finger; falls nicht zwischen 0,5 und 1,0 mm festgestellt werden (siehe Abbildung), muss es durch Lockern der Arretierplatten-Schrauben eingestellt werden. Wenn die Einstellung korrekt ist, muss das seitliche Spiel des Schalthebel-Knaufs im 1. und 2. Gang zwischen 5 und 20 mm liegen.

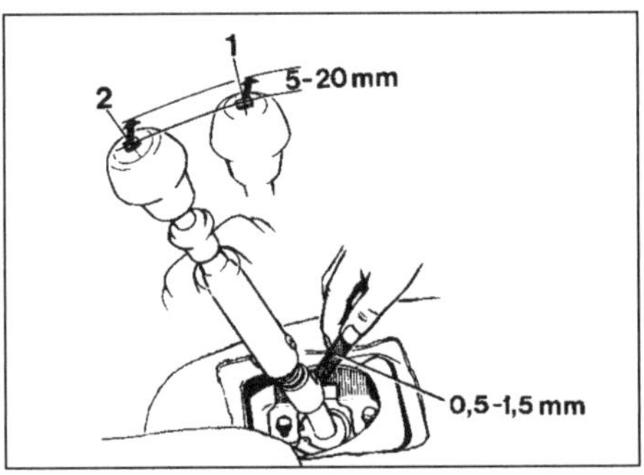

2.8 Schalthebel-Einstellung im 1. oder 2. Gang (hier von rechts betrachtet)

3 Schalthebel-Zugstange – Ersetzen

1 Die Schalthebel-Zugstange überträgt die Bewegung vom Rückwärtsgang-Ring unterhalb des Schaltknaufs zur Sperrhülse unten am Schalthebel. Bei einem Defekt ist es nicht mehr möglich, den Rückwärtsgang einzulegen. Ersetzen Sie eine schadhafte Zugstange wie folgt:
2 Bei Modellen mit Overdrive wird die Verkleidung rechts von der Mittelkonsole entfernt. Trennen Sie dort den Overdrive-Kabelstecker und binden Sie ein Band oder einen Draht an das zum Schalthebel führende Kabel.
3 Entfernen Sie bei allen Modellen die Schalthebel-Manschette. Treiben Sie die Spannhülse heraus, die den Schalthebel an seinem Sockel sichert. Heben Sie den Schalthebel ab und ziehen Sie zeitgleich das Overdrive-Kabel und das Seil hindurch; lösen Sie das Seil anschließend.
4 Entfernen Sie ggf. den Overdrive-Schalter. Entfernen Sie den Schalthebel-Knauf, indem Sie den Hebel in einen mit weichen Backen ausgerüsteten Schraubstock klemmen und den Knauf mithilfe eines Hammers und eines Maulschlüssels abklopfen (siehe Abbildung) – er ist auf einer Kerbverzahnung aufgeklebt und wird dabei möglicherweise beschädigt. Entfernen Sie Klebstoffreste.

3.4 Demontage des Schalthebel-Knaufs

5 Entfernen Sie die alte Zugstange – sie kann aus Metall oder Kunststoff bestehen. Die Metallstange ist oben mit einer Madenschraube gesichert und wird samt Feder und Sperrhülse nach unten abgezogen. Bei der Kunststoffstange muss deren Lasche an der Unterseite befreit und (bei Overdrive-Modellen) der Ring leicht angehoben werden, um die Stange oben zu befreien (siehe Abbildungen).

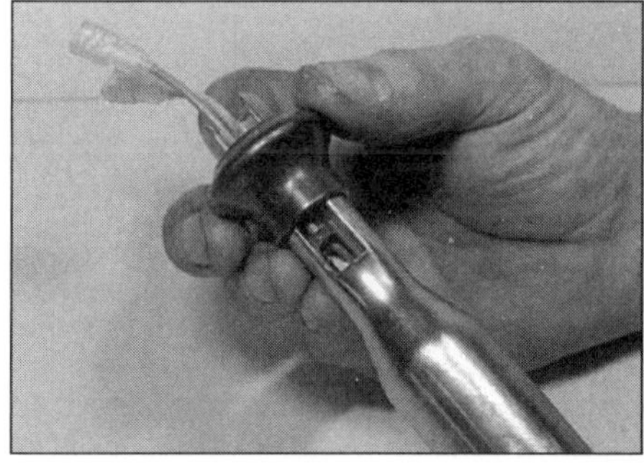

3.5a Heben Sie den Rückwärtsgang-Ring an . . .

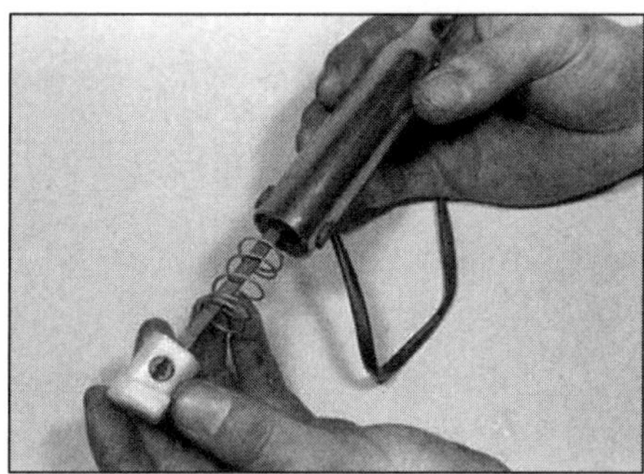

3.5b . . . und entfernen Sie die Zugstange samt Feder und Sperrhülse.

6 Legen Sie die neue Zugstange vor dem Einbau für eine Stunde in Wasser. Installieren Sie bei Overdrive-Modellen die neue Stange von unten, ohne die Gummibuchsen und Kabel zu verschieben. Achten Sie darauf, dass sie in den Rückwärtsgang-Ring greift. Bei Modellen ohne Overdrive wird die Zugstange mit dem Ring verbunden und beide von oben installiert. Bei allen Modellen wird die untere Lasche der Zugstange so positioniert, dass sie in die Sperrhülse greift.
7 Installieren Sie die Feder und die Sperrhülse, lassen Sie dabei die Zugstangen-Lasche in den Riegel der Hülse greifen.
8 Schieben Sie den Schalthebel-Knauf auf – sichern Sie ihn ggf. später mit etwas Klebstoff.
9 Verbinden Sie den Schalthebel mit dem Sockel und sichern Sie ihn dort mit der Spannhülse. Verbinden Sie bei Overdrive-Modellen das Seil mit dem Kabel und ziehen Sie dies zurück zur Mittelkonsole. Verbinden Sie die Kabel und installieren Sie die Konsolen-Verkleidung.
10 Prüfen Sie, ob sich alle Gänge einschließlich des Rückwärtsgangs korrekt einlegen lassen. Falls eine Einstellung nötig ist, muss Schritt 8 in Sektion 2 beachtet werden.
11 Wenn sich das Getriebe korrekt schalten lässt, werden die Schalthebel-Manschette, der Overdrive-Schalter und alle anderen entfernten Teile montiert.

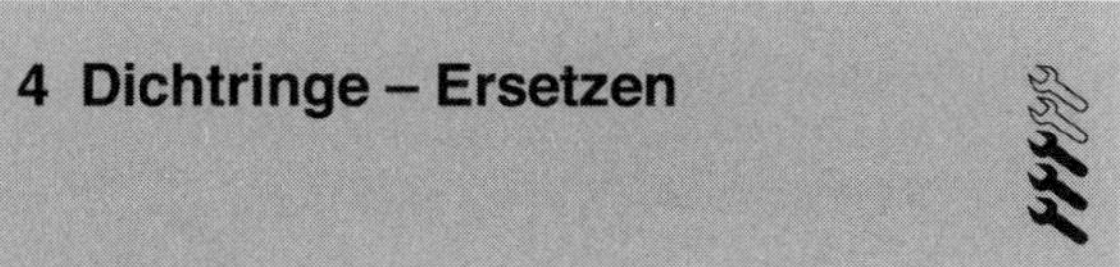

4 Dichtringe – Ersetzen

Antriebsflansch-Dichtring

1 Heben Sie das Fahrzeug an, um Zugang zur Unterseite zu erhalten.
2 Lösen Sie die Kardanwelle vom Antriebsflansch und verlagern Sie sie beiseite.
3 Kontern Sie den Flansch und lösen Sie seine Mutter (siehe Abbildung).
4 Ziehen Sie den Flansch ab – verwenden Sie nötigenfalls einen Abzieher, aber klopfen Sie ihn nicht mit einem Hammer ab. Seien Sie auf austretendes Öl vorbereitet.
5 Hebeln Sie den alten Dichtring heraus und reinigen Sie seinen Sitz. Inspizieren Sie die Dichtring-Gleitfläche auf dem Flansch – falls sie stark eingelaufen oder beschädigt ist, muss der Flansch ersetzt werden.
6 Schmieren Sie den neuen Dichtring und klopfen Sie ihn mit der Dichtlippe nach innen mit einem passenden Rohr in seinen Sitz. Bei M 47-Getrieben muss der Dichtring 2,5 mm tief sitzen.

4.3 Getriebe-Antriebsflansch

7 Tragen Sie an der Ausgangswellen-Verzahnung von M 46-Getrieben Sicherungspaste auf – sie darf nicht an den Dichtring gelangen.
8 Installieren Sie den Flansch, blockieren Sie ihn und ziehen Sie seine Mutter mit dem vorgeschriebenen Drehmoment an.
9 Montieren Sie die Kardanwelle.
10 Füllen Sie Getriebeöl auf (siehe Kapitel 1).
11 Senken Sie das Fahrzeug ab. Kontrollieren Sie nach der ersten Fahrt den Bereich um den Dichtring auf Undichtigkeiten.

Eingangswellen-Dichtring

12 Demontieren Sie das Getriebe (siehe Sektion 6).
13 Entfernen Sie die Ausrück-Komponenten der Kupplung aus der Kupplungsglocke.
14 Schrauben Sie die Kupplungsglocke ab. Stellen Sie die Eingangswellenlager-Distanzscheibe sicher und entfernen Sie die alte Dichtung.
15 Hebeln Sie den alten Dichtring aus der Kupplungsglocke und reinigen Sie seinen Sitz (siehe Abbildung).

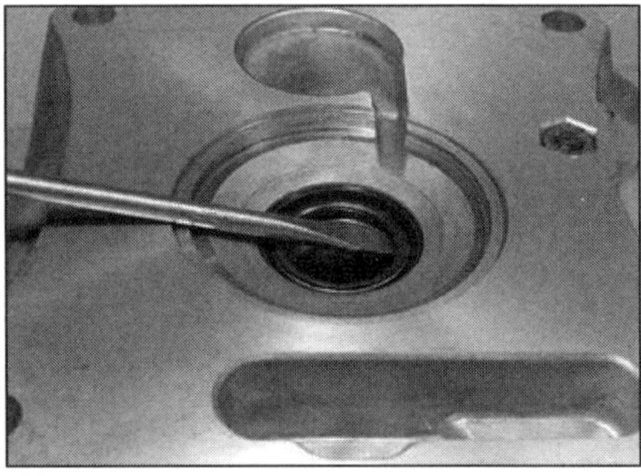

4.15 Hebeln Sie den Eingangswellen-O-Ring heraus.

16 Inspizieren Sie die Dichtring-Gleitfläche auf der Eingangswelle – falls sie stark eingelaufen oder beschädigt ist, muss die Welle ersetzt werden.
17 Schmieren Sie den neuen Dichtring und klopfen Sie ihn mit der Dichtlippe zum Getriebe zeigend mit einem passenden Rohr in seinen Sitz (siehe Abbildung).
18 Setzen Sie die Kupplungsglocke ans Getriebe, verwenden Sie dabei eine neue Dichtung und vergessen Sie nicht die Eingangswellenlager-Distanzscheibe - »kleben« Sie sie nötigenfalls mit etwas Fett an.
19 Installieren Sie die Kupplungsglocken-Schrauben und ziehen Sie sie schrittweise bis zum Drehmoment von bis 50 Nm an.

4.17 Einbau des Eingangswellen-O-Rings

20 Installieren Sie die Ausrück-Komponenten der Kupplung.
21 Montieren Sie das Getriebe (siehe Sektion 6).

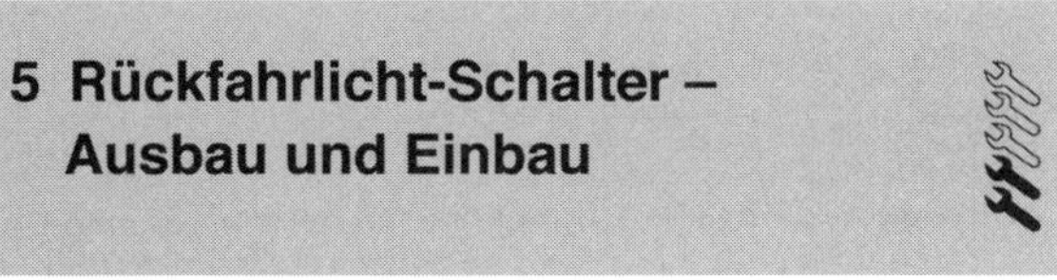

5 Rückfahrlicht-Schalter – Ausbau und Einbau

Ausbau

1 Verschaffen Sie sich Zugang zum oberen Getriebedeckel (siehe Sektion 9, Schritte 3 und 4).
2 Reinigen Sie den Bereich um den Schalter, trennen Sie die Kabel und schrauben Sie den Schalter heraus (siehe Abbildung).

5.2 Trennen Sie die Kabel des Rückfahrlicht-Schalters.

Einbau

3 Der Einbau entspricht der umgekehrten Ausbaureihenfolge.

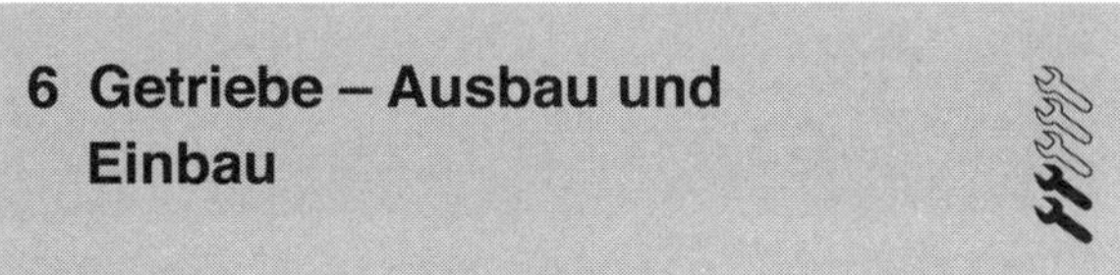

6 Getriebe – Ausbau und Einbau

Anmerkung: *Das Getriebe kann zusammen mit dem Motor ausgebaut (siehe Kapitel 2B) und dann auf der Werkbank getrennt werden. Falls jedoch nur am Getriebe selbst oder an der Kupplung gearbeitet werden soll, ist es besser, das Getriebe alleine nach unten aus dem Fahrzeug zu befreien; diese Methode ist in dieser Sektion beschrieben. Für den Ausbau (und den Einbau) werden ein Rangierwagenheber und ein Assistent benötigt.*

Ausbau

1 Falls bei einem Overdrive-Modell der Overdrive zerlegt werden soll, muss er zuerst drucklos gemacht werden (siehe Sektion 10, Schritt 1).
2 Trennen Sie das Massekabel (–) der Batterie.
3 Sorgen Sie bei B 200 / B 230 / B234F-Motoren für eine gute Abstützung von oben, damit beim Bewegen des Motors nicht der Verteiler beschädigt wird; am besten geht dies mithilfe einer über die Motorhauben-Kanäle gelegten Stange und einem einstellbaren Haken.
4 Heben Sie das Fahrzeug an, um Zugang zur Unterseite zu erhalten.
5 Lösen Sie die Kardanwelle vom Getriebeflansch (siehe Abbildung).
6 Lösen Sie die Inbusschraube, die den Stift am Ende des Schalthebels sichert. Drücken Sie den Stift aus dem Schalthebel und dem Schaltgestänge (Abb. 2.2).
7 Lockern Sie die Verbindung zwischen dem Krümmerrohr und dem Schalldämpfer, sodass das Rohr bewegt werden kann.
8 Schrauben Sie die Getriebe-Querstrebe vom Getriebe und von den Längsträgern. Entfernen Sie die Strebe.
9 Stellen Sie bei B 200 / B 230 / B234F-Motoren die Motorabstützung so ein, dass die Verteilerkappe 10 mm von der Spritzwand entfernt liegt.
10 Befreien Sie alle Kabelstecker vom Getriebe.
11 Entfernen Sie den Schalthebel (siehe Sektion 2). Alternativ kann der Schalthebel-Träger jetzt abgeschraubt und am Fahrzeug belassen werden.
12 Entfernen Sie den Anlasser (siehe Kapitel 5). Entfernen Sie bei B 28-Motoren auch die Abdeckung von der ungenutzten Anlasser-Halterung.
13 Entfernen Sie ggf. den Kupplungs-Ausrückzylinder, ohne dessen Hydraulikanschluss zu trennen; hängen Sie andernfalls den Kupplungszug aus (siehe Kapitel 6).
14 Lösen Sie bis auf zwei alle Muttern und Schrauben, die den Motor mit dem Getriebe verbinden. Beachten Sie die Positionen aller Seilzugklemmen, Auspuffhalter usw.
15 Stützen Sie das Getriebe – möglichst mit einem Rangierwagenheber und einem passenden Gestell, aber auf jeden Fall mithilfe eines Assistenten – für eine Person alleine ist es definitiv zu schwer.
16 Entfernen Sie die verbliebenen zwei Muttern oder Schrauben und ziehen Sie das Getriebe vom Motor ab – lassen Sie dabei nicht sein Gewicht von der Eingangswelle tragen.
17 Befreien Sie das Getriebe nach unten aus dem Fahrzeug.

Einbau

18 Der Einbau entspricht der umgekehrten Ausbaureihenfolge – beachten Sie dabei folgende Punkte:
a) Schmieren Sie die Kerbverzahnung der Eingangswelle mit Molybdänfett.
b) Die Mitnehmerscheibe der Kupplung muss exakt zentriert sein und die Ausrück-Komponenten müssen in der Kupplungsglocke installiert sein (siehe Kapitel 6).
c) Stellen Sie ggf. den Kupplungszug ein (siehe Kapitel 1).
d) Füllen Sie das Getriebe mit Getriebeöl auf (siehe Kapitel 1).
19 Prüfen Sie vor der ersten Fahrt die Funktion des Getriebes.

7 Getriebeüberholung – Allgemeine Informationen

Das Überholen eines Schaltgetriebes ist für den Hobbyschrauber eine sehr schwierige Arbeit. Es beinhaltet das Zerlegen und Zusammenbauen vieler Einzelteile. Es müssen zahlreiche Maße ermittelt und Spiel nötigenfalls mit ausgewählten Distanzscheiben und Sicherungsringen ausgeglichen werden. Daher kann ein kompetenter Fahrzeugbesitzer zwar das Getriebe aus- und einbauen, doch sollte er das Überholen einer Fachwerkstatt überlassen. Es sind auch fertig überholte Aus-

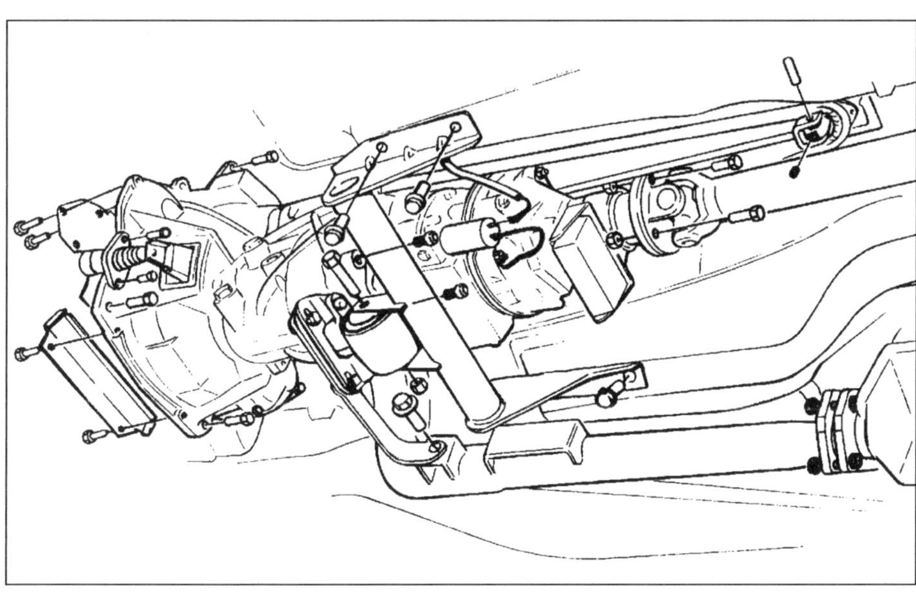

6.5 Getriebe-Befestigungen und andere Anschlüsse – gezeigt am M 46-Getriebe mit B 28-Motor

tauschgetriebe erhältlich – fragen Sie beim Volvo-Händler oder einem Getriebespezialisten nach. Der in die Überholung des eigenen Getriebes gesteckte Zeitaufwand und das Geld für Ersatzteile übersteigen fast immer die Kosten für ein Austauschgetriebe.

Dennoch ist es auch für einen wenig erfahrenen Schrauber nicht unmöglich, ein Getriebe zu reparieren – vorausgesetzt, alle Spezialwerkzeuge sind vorhanden und die Arbeit wird wohlüberlegt Schritt für Schritt durchgeführt, damit nichts übersehen wird.

Zu den für eine Überholung benötigten Werkzeuge gehören: Innen- und Außen-Seegerringzangen, ein Lagerabzieher, ein Zughammer, ein Set Treibdorne, eine Messuhr mit Halterungen und möglichst eine Hydraulikpresse. Zusätzlich werden eine große und solide Werkbank mit einem Schraubstock und ein Getriebeständer benötigt.

Beim Zerlegen des Getriebes muss sorgfältig notiert werden, wie und wo alles montiert ist und wie alle Teile in Position gehalten werden.

Bevor das Getriebe zum Reparieren zerlegt wird, sollte man wissen, wo die Fehlfunktion auftritt. Manche Probleme können eng mit bestimmten Bereichen im Getriebe in Verbindung gesetzt werden, sodass die Begutachtung und Reparatur einfacher wird. Beachten Sie die »Fehlersuche«-Sektion hinten in diesem Buch, um Informationen über mögliche Fehlerursachen zu erhalten.

8 Overdrive-Baugruppe – Allgemeine Informationen

Beim Overdrive handelt es sich im Wesentlichen um ein zusätzliches Getriebe, das von der Ausgangswelle des Schaltgetriebes angetrieben wird und seine eigene Ausgangswelle mit einem Untersetzungsverhältnis von 0,797 zu 1 antreibt. Der als hydraulisch betätigtes Planetengetriebe ausgeführte Overdrive sitzt hinten am Schaltgetriebe und kann im 4. Gang zugeschaltet werden, um bei normaler Fahrt ohne hohe Last die Drehzahl zu senken. Der Overdrive wird vom Fahrer über den im Schaltknauf sitzenden Schalter zu- oder abgeschaltet, der einen im Overdrive-Getriebe sitzenden Magnetschalter aktiviert. Ein weiterer Schalter (Sperrschalter) ist ist den Stromkreis integriert und sorgt dafür, dass der Overdrive nicht in den ersten drei Gängen oder dem Rückwärtsgang zugeschaltet werden kann.

Eine zufriedenstellende Fehlerdiagnose, die Reparatur und/oder Überholung der Overdrive-Baugruppe erfordern spezielle Kenntnisse, Spezialwerkzeug und einen absolut sauberen Arbeitsplatz. Bei möglichen Problemen mit dem Overdrive wird empfohlen, Rat bei einer Volvo-Werkstatt oder einem Getriebespezialisten zu suchen.

9 Overdrive-Schalter – Ausbau und Einbau

Ausbau

Ein/Aus-Schalter

1 Hebeln Sie oben am Schaltknauf die Abdeckung ab (siehe Abbildung).

9.1 Entfernen Sie die Abdeckung des Overdrive-Schalters.

2 Hebeln Sie den Schalter heraus und trennen Sie seinen Stecker (siehe Abbildungen).

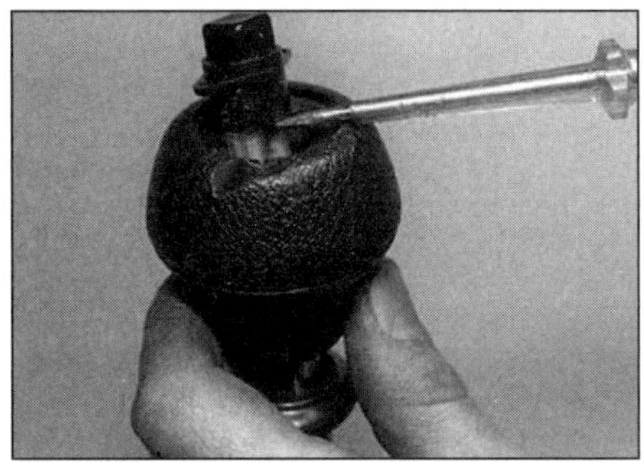

9.2a Hebeln Sie den Overdrive-Schalter heraus . . .

9.2b . . . und trennen Sie seinen Stecker.

Sperrschalter

3 Heben Sie das Fahrzeug an, um Zugang zur Unterseite zu erhalten.

4 Stützen Sie bei Vierzylindermotoren das Getriebe und entfernen Sie bei allen Modellen die Querstrebe, lockern Sie die Auspuffflansch-Verbindung und senken Sie das Getriebe etwas ab, um Zugang zum oberen Deckel zu erhalten.

5 Reinigen Sie den Bereich um den Schalter trennen Sie den Stecker und schrauben Sie den Schalter heraus (siehe Abbildungen).

Druckschalter (nur Turbo-Modelle)

6 Heben Sie das Fahrzeug an, um Zugang zur Unterseite zu erhalten.

7 Der Schalter sitzt vorne am Overdrive-Magnetschalter. Reinigen Sie den Bereich um den Schalter trennen Sie den

Stecker und schrauben Sie den Schalter heraus – seien Sie auf austretendes Getriebeöl vorbereitet.

9.5a Trennen Sie den Sperrschalter-Stecker . . .

9.5b . . . und schrauben Sie den Schalter aus dem Deckel.

Einbau

8 Der Einbau entspricht in allen Fällen der umgekehrten Ausbaureihenfolge. Füllen Sie ggf. Getriebeöl nach (siehe Kapitel 1).

10 Overdrive-Baugruppe – Ausbau und Einbau

Ausbau

1 Machen Sie den Overdrive drucklos, indem Sie das Fahrzeug mit eingeschaltetem Overdrive fahren und dann mit gedrücktem Kupplungspedal den Overdrive auskuppeln.
2 Heben Sie das Fahrzeug an, um Zugang zur Unterseite zu erhalten.
3 Lösen Sie die Kardanwelle vom Antriebsflansch.
4 Stützen Sie das Getriebe und entfernen Sie die Querstrebe. Senken Sie das Getriebe hinten ab – beschädigen Sie dabei bei B 200 / B 230 / B234F-Motoren nicht den Verteiler.
5 Trennen Sie die Verkabelung vom Overdrive-Magnetschalter und ggf. vom Druckschalter (siehe Abbildung).
6 Lösen Sie die 8 Muttern, die den Overdrive an der mittleren Sektion des Getriebes sichern, und heben Sie die Baugruppe ab (siehe Abbildungen) – seien Sie auf austretendes Öl vorbereitet. Falls sich der Overdrive nicht lösen lässt, muss er mit einem am Antriebsflansch angesetzten Zughammer befreit werden – versuchen Sie keinesfalls, am Gehäuseflansch einen Hebel anzusetzen.

10.5 Trennen Sie den Overdrive-Magnetschalter.

10.6a Lösen Sie die 8 Muttern, die den Overdrive am Getriebe sichern.

10.6b Heben Sie den Overdrive ab (das Getriebe steht auf der Werkbank).

Einbau

7 Der Einbau entspricht der umgekehrten Ausbaureihenfolge – beachten Sie dabei folgende Punkte:
a) Verwenden Sie zwischen dem Getriebe und dem Overdrive eine neue Dichtung.
b) Ziehen Sie die Muttern schrittweise bis zum Drehmoment von 12 Nm an.
c) Füllen Sie das Getriebe mit Getriebeöl auf (siehe Kapitel 1), unternehmen Sie eine Probefahrt und kontrollieren Sie erneut den Ölpegel.

11 Overdrive-Überholung – Allgemeine Informationen

Wenn am Overdrive ein Defekt auftritt, muss zuerst festgestellt werden, ob dieser elektrischer, mechanischer oder hydraulischer Natur ist; hierfür werden spezielle Prüfgeräte benötigt, sodass die Arbeit bei einer entsprechend ausgerüsteten Volvo-Werkstatt durchgeführt werden sollte.
Demontieren Sie nicht die Overdrive-Baugruppe für eine mögliche Reparatur, bevor eine professionelle Fehlerdiagnose durchgeführt wurde – für die meisten Tests muss der Overdrive eingebaut sein.

Kapitel 7, Teil B

Automatikgetriebe

Inhalt — Sektion

Schwierigkeitsgrade

Leicht. Geeignet für Anfänger mit wenig Erfahrung.	**Relativ leicht.** Geeignet für Anfänger mit etwas Erfahrung.	**Relativ schwierig.** Geeignet für geübte Selbstschrauber.	**Schwer.** Geeignet für Selbstschrauber mit viel Erfahrung.	**Sehr schwer.** Geeignet für Experten und Profis.

Technische Daten

Allgemein

Typ	4 Vorwärtsgänge, Rückwärtsgang, Drehmomentwandler, mit Wandler-Überbrückung bei einigen Modellen
Bezeichnung	AW 70, AW 71, AW 72 oder ZF 4HP22

Untersetzungsverhältnisse	**AW 70 / 71**	**AW 72**	**ZF 4HP22**
1. Gang	2,45 : 1	2,83 : 1	2,48 : 1
2. Gang	1,45 : 1	1,49 : 1	1,48 : 1
3. Gang	1,0 : 1	1,0 : 1	1,0 : 1
4. Gang (Overdrive)	0,69 : 1	0,73 : 1	0,73 : 1
Rückwärtsgang	2,21 : 1	2,70 : 1	2,09 : 1
Drehmomentwandler	1,0 bis 2,0 : 1	1,0 bis 2,0 : 1	1,0 bis 2,3 : 1

Festbremsdrehzahl

AW 70 (B 200E)	2100/min
AW 71	
B 230K	2500/min
B 28E / 280E	2100/min
AW 72 (B 234F)	
Typ 1 208 638, Farbe: schwarz	1800/min
Typ 1 208 667, Farbe: grün mit weißer Kickdown-Sperre	2450/min
ZF 4HP22	
B 230E	2150/min
B 230ET	2000 bis 2450/min

Gaszug-Einstellung

Abstand zwischen Anschlag und Hülse	
Standgas	0,25 bis 1,0 mm
Kickdown	50,4 bis 52,6 mm

Technische Daten

Anzugsdrehmomente

Wandlergehäuse an Motor

M 10	35 bis 50 Nm
M 12	55 bis 90 Nm
AW 70 / 71	
Zahnkranzscheibe an Drehmomentwandler	41 bis 50 Nm
Zentralhalterung an Gehäuse (in Schritten zu 5 Nm)	24 bis 28 Nm
Ölwanne	4 bis 5 Nm
Ölkühler-Anschluss	20 bis 30 Nm
Peilstabrohr-Mutter	65 bis 70 Nm
Ablassschraube	18 bis 23 Nm
Antriebsflansch-Mutter	45 Nm
AW 72	keine Angaben
ZF 4HP22	
Zahnkranzscheibe an Drehmomentwandler	
M 8	17 bis 27 Nm
M 10	41 bis 50 Nm
Ölwanne	7 bis 9 Nm
Einfüllrohr-Mutter	85 bis 115 Nm
Antriebsflansch-Mutter	100 Nm

1 Allgemeine Informationen

Das Automatikgetriebe hat vier Vorwärtsgänge und einen Rückwärtsgang. Der Gangwechsel erfolgt normalerweise abhängig von Tempo und Last automatisch, doch der Fahrer kann das Hochschalten verhindern. Bei den von Aisin-Warner (AW) gebauten Getrieben der Typen 70, 71 und 72 wird der höchste (4.) Gang durch einen zwischen dem Drehmomentwandler und dem Hauptgetriebe angeordneten Overdrive ausgeführt. Das von der Zahnradfabrik Friedrichshafen (ZF) gebaute Getriebe des Typs 4HP22 ist eine normale integrierte Viergang-Automatik.

Der Antrieb vom Motor erfolgt über einen hydrodynamischen Drehmomentwandler, bei dem unter bestimmten Umständen ein Drehmoment-multiplizierender Effekt auftritt. Bei späteren Modellen ist dieser Wandler im 3. und 4. Gang mechanisch mit einer Überbrückungs-Kupplung verbunden, sodass kein Schlupf-Verluste mehr auftreten und der Wirkungsgrad verbessert wird.

Der Vorwahlhebel kann in sechs oder sieben Positionen gebracht werden: P, R, N, D, 3 (nur bei einigen Modellen), 2 und 1. Der Motor kann nur in den Positionen P (Parken) und N (Neutral) gestartet werden. In Position P ist das Getriebe mechanisch blockiert; sie darf nur bei stehendem Fahrzeug eingelegt werden. In Position R ist der Rückwärtsgang eingelegt, in N der Leerlauf. In Position D (Drive) schaltet das Getriebe automatisch durch den gesamten Bereich, wogegen in den Positionen 3, 2 und 1 jeweils nur bis in den entsprechenden Gang geschaltet wird, weil beispielsweise mit Anhänger oder im Gebirge gefahren wird (diese Positionen dürfen nicht bei hohem Tempo gewählt werden, da der Motor überdrehen kann).

Wenn Position 3 im Vorwahlbereich fehlt, dient ein Knopf seitlich am Wahlhebel dazu, das Einlegen des 4. Gangs (Overdrive) zu sperren. Eine Warnleuchte erinnert den Fahrer daran, dass dieser Knopf aktiviert ist.

Die »Kickdown«-Vorrichtung am Gaspedal sorgt dafür, dass das Getriebe bei Vollgas je nach Drehzahl ggf. herunterschaltet. Dies ist z.B. bei Überholvorgängen sinnvoll. Kickdown wird mithilfe eines an der Gaszug-Trommel eingehängten Seilzugs gesteuert.

Das ATF-Öl wird durch einen seitlich in den Kühler gebauten Wärmetauscher oder einen vor dem Kühler sitzenden Ölkühler gekühlt.

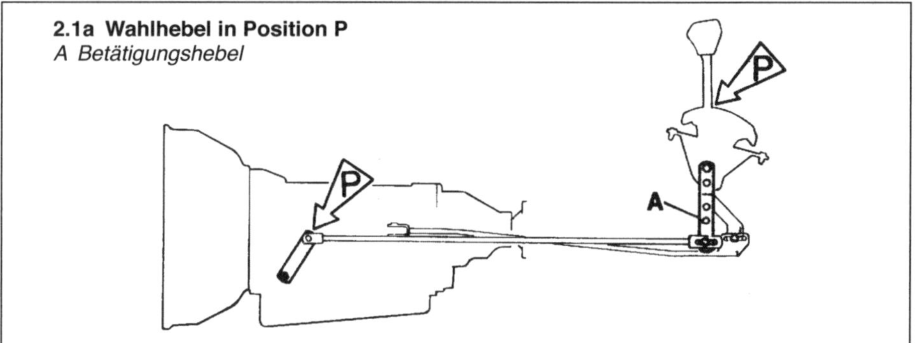

2.1a Wahlhebel in Position P
A Betätigungshebel

Das Automatikgetriebe ist eine äußerst komplexe Einheit, die bei guter Behandlung zuverlässig und langlebig ist. Reparaturen und Überholtätigkeiten übersteigen bereits die Möglichkeiten vieler Werkstätten, sodass der Hobbyschrauber völlig überfordert wäre. Falls Probleme auftreten, die nicht von den in diesem Kapitel beschriebenen Prozeduren gelöst werden können, muss Rat bei einem Spezialisten gesucht werden.

2 Wahlhebel – Kontrolle und Einstellung

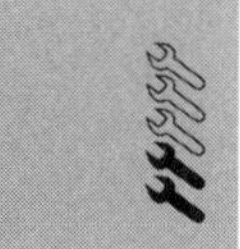

Anmerkung: *Bei B 234F-Motoren kann mithilfe der Diagnoseeinheit eine Funktionsprüfung des Automatikgetriebes durchgeführt werden – siehe Kapitel 4B.*

Kontrolle

1 Prüfen Sie, dass der Wahlhebelsenkrecht in Position P steht und nicht die Mittelkonsole berührt. Nötigenfalls muss er von unten eingestellt werden, indem die Mutter des Betätigungshebels gelockert wird (siehe Abbildungen).

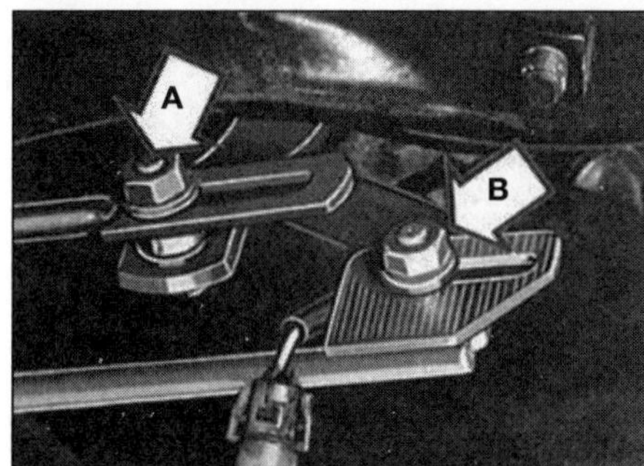

2.1b Einstellmuttern der Getriebebetätigung
A Betätigungshebel *B Reaktionshebel*

2 Prüfen Sie, ob der Motor nur in Position P und N gestartet werden kann und das Rückfahrlicht nur auf R aufleuchtet.

3 Prüfen Sie, ob das Spiel von D zu N genauso groß oder kleiner ist als das zwischen 2 und 1 (AW-Getriebe) oder zwischen 3 und 2 (ZF-Getriebe).

Einstellung

4 Falls das Spiel in D nicht korrekt ist, muss unter dem Fahrzeug die Mutter des Reaktionshebels gelockert und der Hebel etwa 2 mm nach hinten verschoben werden (siehe Abbildung).

2.4 Mutter des Reaktionshebels (unter dem Bowdenzug)

5 Falls das Spiel in 3 oder 2 nicht korrekt ist, muss die Mutter gelockert und der Hebel etwa 3 mm nach vorne verschoben werden.

6 Ziehen Sie die Mutter an und kontrollieren Sie die Einstellung.

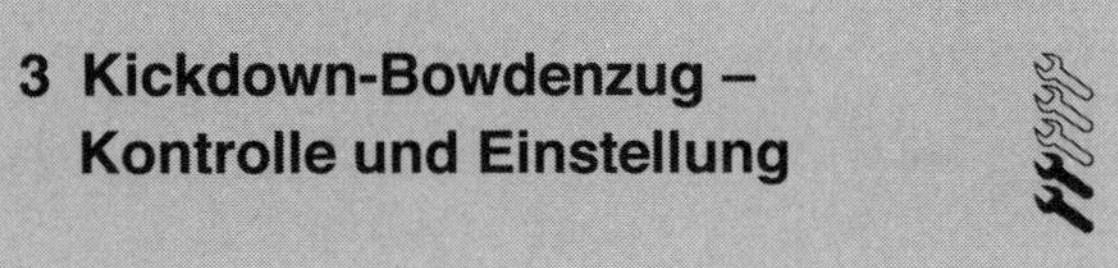

3 Kickdown-Bowdenzug – Kontrolle und Einstellung

Kontrolle

1 Wenn das Drosselklappengestänge in der Standgasposition steht, muss der Abstand zwischen dem verpressten Anschlag am Kickdown-Bowdenzug und der Einstellhülse zwischen 0,25 und 1,0 mm liegen (siehe Abbildung) – der Bowdenzug muss dabei straff sein.

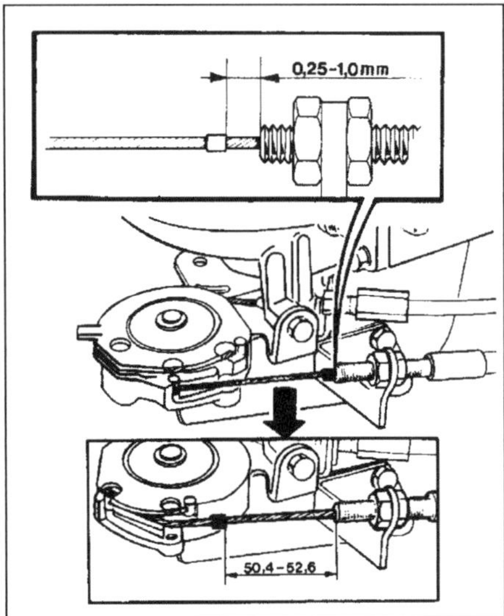

3.1 Einstellung des Kickdown-Bowdenzugs bei Standgas (kleines Bild oben) und bei Vollgas (kleines Bild unten)

2 Lassen Sie einen Assistenten das Gaspedal vollständig durchtreten und messen Sie erneut den Abstand (siehe Abbildung) – er muss jetzt 50,4 bis 52,6 mm betragen. Aus dieser Position muss sich der Zug etwa 2 mm herausziehen lassen.

3.2 Kontrolle der Kickdown-Bowdenzug-Einstellung bei Vollgas

Einstellung

3 Lockern Sie nötigenfalls die Kontermuttern, drehen Sie die Einstellhülse entsprechend und ziehen Sie die Muttern wieder an.

4 Falls eine korrekte Einstellung nicht möglich ist, ist entweder die Einstellung des Drosselklappengestänge nicht korrekt (siehe Kapitel 4A oder B) oder der verpresste Anschlag ist falsch positioniert (siehe Sektion 4).

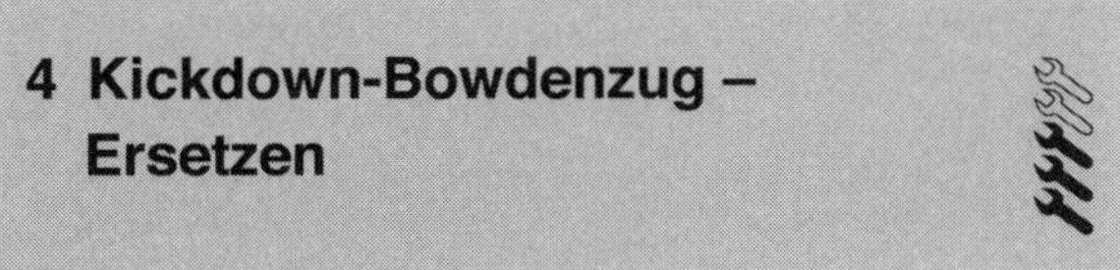

4 Kickdown-Bowdenzug – Ersetzen

1 Lockern Sie den Einsteller am Drosselklappen-Ende. Befreien Sie den Seilzugnippel aus der Trommel und die Hülle aus dem Halter (siehe Abbildung).

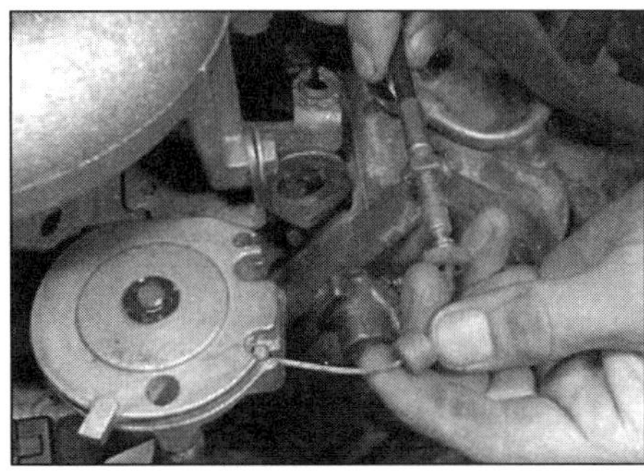

4.1 Befreien Sie den Kickdown-Bowdenzug an der Drosselklappenbetätigung.

2 Heben Sie das Fahrzeug an, um Zugang zur Unterseite zu erhalten. Lassen Sie das Getriebeöl ab, indem Sie ggf. die Ablassschraube und die Anschlussmutter des Peilstab/Einfüllrohrs lösen (siehe Abbildung). **Achtung: Das Getriebeöl wird im Betrieb sehr heiß!**

3 Reinigen Sie die Ölwanne, lösen Sie ihre Schrauben und nehmen Sie sie ab – seien Sie auf weiteres Getriebeöl vorbereitet. Entfernen Sie die Dichtung.

4 Reinigen Sie den Bereich um den Bowdenzug-Anschluss am Getriebe. Hängen Sie den Seilzugnippel am Nocken aus – drehen Sie diesen dabei mit einem Schraubendreher (siehe Abbildungen). Falls nicht genügend Platz besteht, muss der Zug unterhalb des Anschlags abgeschnitten werden. Befreien Sie die Bowdenzughülle und entfernen Sie den Zug.

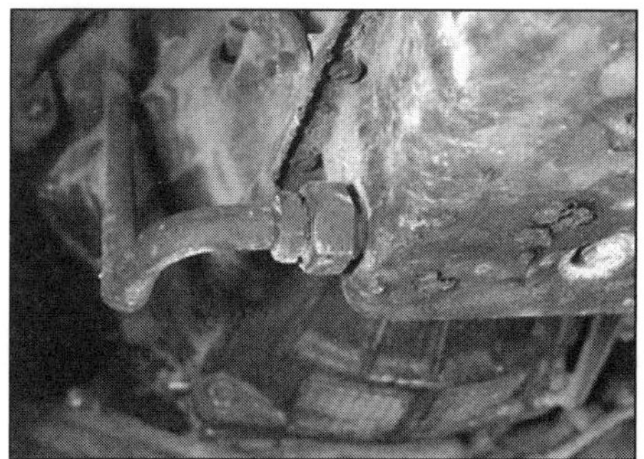

4.2 Anschlussmutter des Peilstab/Einfüllrohrs

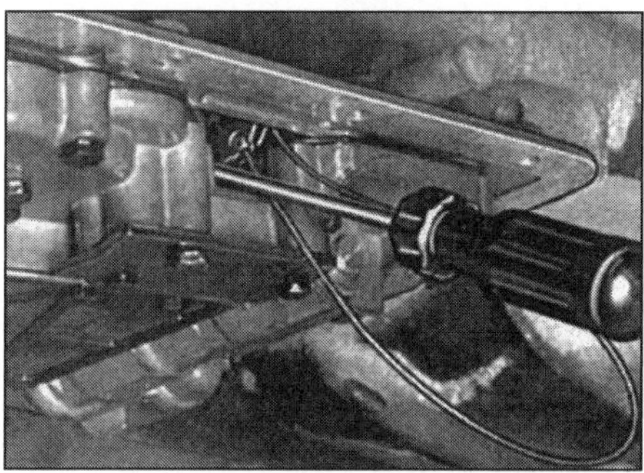

4.4a Ausbau des Kickdown-Bowdenzugs am AW-Getriebe

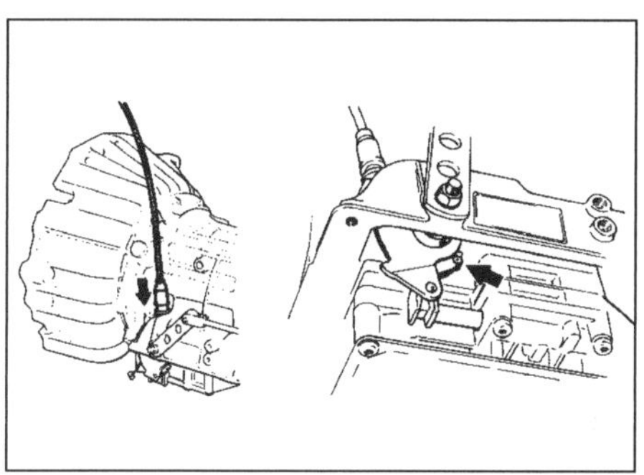

4.4b Anschluss des Kickdown-Bowdenzugs am ZF-Getriebe

5 Führen Sie den neuen Seilzug ins Getriebe ein, hängen Sie den Nippel am Nocken ein und sichern Sie die Hülle am Gehäuse. Verwenden Sie einen neuen O-Ring und fetten Sie die Hülle im Bereich des Eintritts ins Getriebe.
6 Verbinden Sie die Bowdenzughülle mit dem Halter am Drosselklappen-Ende. Ziehen Sie das Seil durch, bis leichter Widerstand spürbar ist und klemmen Sie in dieser Position den Innen-Anschlag 0,25 bis 1,0 mm vom Einsteller entfernt an.
7 Hängen Sie den Seilzugnippel an der Gaszug-Trommel ein. Stellen Sie den Bowdenzug wie in Sektion 3 beschrieben ein.
8 Reinigen Sie die Ölwanne von innen. Falls Magnete vorhanden sind, müssen diese von Metallspäne befreit werden.
9 Montieren Sie die Ölwanne mit einer neuen Dichtung. Verbunden Sie das Peilstab/Einfüllrohr (Abb. 4.2).
10 Füllen Sie ATF-Öl auf (siehe Kapitel 1).
11 Senken Sie das Fahrzeug ab und führen Sie eine Probefahrt durch. Kontrollieren Sie erneut den Ölpegel und inspizieren Sie die Ölwanne auf Undichtigkeiten.

5 Kickdown-Anzeiger – Einstellung

Frühe Modelle (Anzeiger im Boden)

1 Lösen Sie den Halter und drehen Sie den Anzeiger so weit wie möglich gegen den Boden.
2 Drücken Sie das Gaspedal von Hand bis zur Kickdown-Position (Beginn des Widerstands). Halten Sie das Pedal in dieser Position und drehen Sie den Anzeiger gegen das Pedal.
3 Montieren Sie den Halter.

Späte Modelle (Anzeiger im Pedal)

4 Drehen Sie den Anzeiger möglichst weit ins Gaspedal.
5 Drücken Sie das Gaspedal von Hand bis zur Kickdown-Position (Beginn des Widerstands). Halten Sie das Pedal in dieser Position und drehen Sie den Anzeiger gegen den Boden.

6 Anlasser-Sperrschalter/ Rückfahrlicht-Schalter – Ausbau und Einbau

Ausbau

1 Entfernen Sie den Aschenbecher und die Mittelkonsole vor dem Wahlheben.

Modelle bis 1984

2 Lösen Sie die zwei Schrauben der Wahlhebel-Abdeckung – an jedem Ende der Kulisse sitzt eine (siehe Abbildung). Heben Sie die Abdeckungs-Hälfte ab.

6.2 Lösen einer Schraube an der Wahlhebel-Abdeckung

3 Lösen Sie die Schrauben des Schalters, trennen Sie den Stecker und entnehmen Sie den Schalter (siehe Abbildung).
4 Falls ein neuer Schalter montiert wird, muss die Linse umgebaut werden.

Modelle ab 1985

5 Bauen Sie den Schalter wie oben beschrieben aus, aber beachten Sie die geänderte Befestigungen der Abdeckung (siehe Abbildung).

6.3 Der Anlasser-Sperrschalter ist mit zwei Schrauben gesichert.

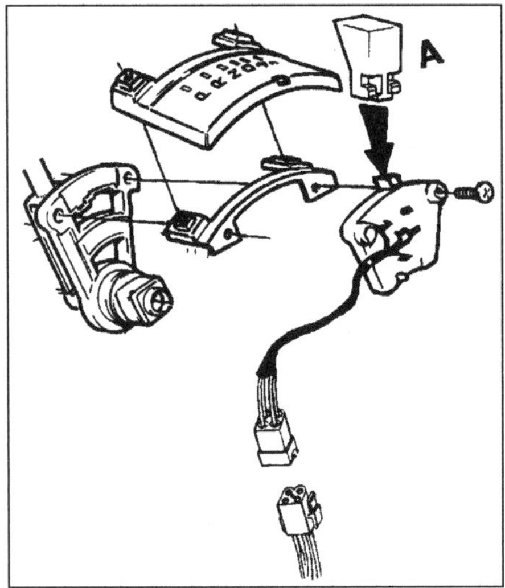

6.5 Spätere Ausführung der Wahlhebel-Abdeckung und benachbarter Komponenten
A Linse

Einbau

6 Der Einbau entspricht der umgekehrten Ausbaureihenfolge. Der Stift des Hebels muss in die Nut des Schalters greifen.

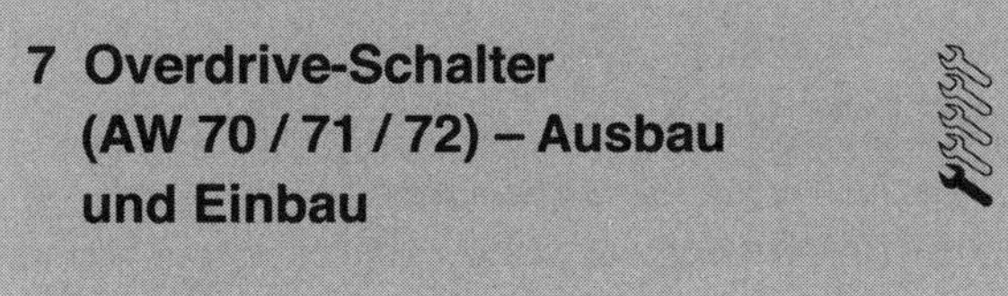

7 Overdrive-Schalter (AW 70 / 71 / 72) – Ausbau und Einbau

Ausbau

1 Hebeln Sie den Schalter seitlich aus dem Wahlhebel heraus und trennen Sie seinen Stecker (siehe Abbildung).

Einbau

2 Der Einbau entspricht der umgekehrten Ausbaureihenfolge.

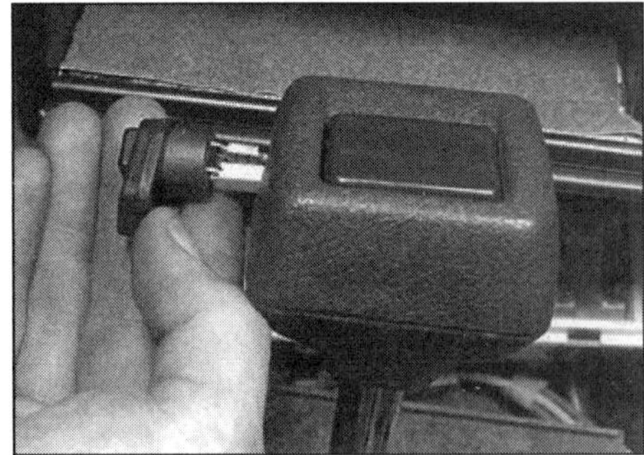

7.1 Ausbau des Overdrive-Schalters

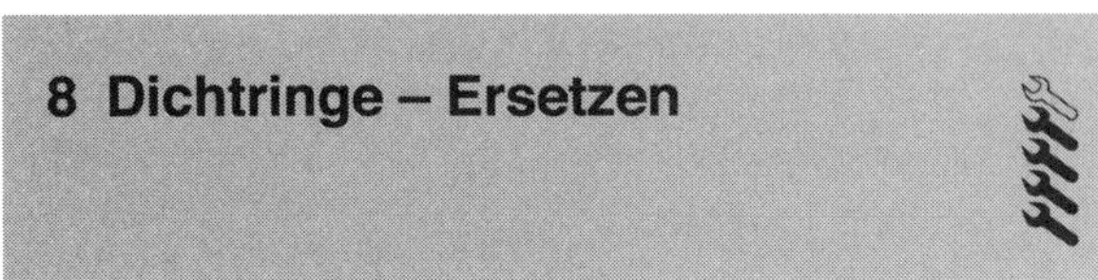

8 Dichtringe – Ersetzen

Anmerkung: *Bei der Arbeit darf auf keinen Fall Schmutz ins Getriebe gelangen.*

Antriebsflansch-Dichtring

1 Die Prozedur ist die gleiche wie bei Schaltgetrieben (siehe Kapitel 7A, Sektion 4), nur ist die Flanschmutter hier eventuell mit einem Sicherungsblech ausgerüstet.

Eingangswellen/Drehmomentwandler-Dichtring

2 Bauen Sie das Getriebe aus (siehe Sektion 9).
3 Heben Sie den Drehmomentwandler aus seinem Gehäuse – Vorsicht: er ist mit Öl gefüllt!
4 Ziehen oder hebeln Sie den alten Dichtring heraus. Inspizieren Sie die Dichtring-Gleitfläche auf dem Drehmomentwandler – falls sie stark eingelaufen oder beschädigt ist, muss der Wandler ggf. ersetzt werden (holen Sie sich Rat in einer Fachwerkstatt).
5 Schmieren Sie den neuen Dichtring mit ATF-Öl und installieren Sie ihn mit der Dichtlippe nach innen. Bringen Sie ihn mit einem passenden Rohr in Position.
6 Installieren Sie den Drehmomentwandler und montieren Sie das Getriebe.

Wahlgestängehebel-Wellendichtring

7 Lösen Sie die Mutter des Wahlgestängehebels am Getriebe und ziehen Sie den Hebel von der Welle.
8 Hebeln Sie den Dichtring mit einem kleinen Schraubendreher heraus und reinigen Sie seinen Sitz.
9 Fetten Sie den neuen Dichtring und installieren Sie ihn mit der Dichtlippe nach innen. Bringen Sie ihn mit einem passenden Rohr in Position.
10 Setzen Sie den Hebel an und sichern Sie ihn mit seiner Mutter.

Alle Dichtringe

11 Kontrollieren Sie zum Schluss den Ölpegel (siehe Kapitel 1).

9 Getriebe – Ausbau und Einbau

Anmerkung: *Falls das Getriebe für eine Reparatur ausgebaut werden soll, muss vorher herausgefunden werden, ob es nicht zuvor im eingebauten Zustand getestet werden muss.*

Ausbau

1 Bringen Sie den Wahlhebel in Position P (AW-Getriebe) bzw. N (ZF-Getriebe).

2 Trennen Sie das Massekabel (–) der Batterie.

3 Trennen Sie den Kickdown-Bowdenzug am Drosselklappen-Ende.

4 Heben Sie das Fahrzeug an und stützen Sie es sicher ab. Lassen Sie das Getriebeöl ab, indem Sie die die Anschlussmutter des Peilstab/Einfüllrohrs lösen (siehe Abbildung). **Achtung: Das Getriebeöl wird im Betrieb sehr heiß!**

5 Trennen Sie seitlich am Getriebe das Wahlhebel-Gestänge und ggf. den Overdrive-Stecker (siehe Abbildung).

6 Entfernen Sie den Anlasser (siehe Kapitel 5). Entfernen Sie bei B 28-Motoren auch die Abdeckung der anderen Anlasser-Öffnung.

7 Entfernen Sie das Peilstab/Einfüllrohr.

8 Trennen Sie die Ölkühlerleitungen vom Getriebe – seien Sie auf austretendes Öl vorbereitet. Verschließen Sie alle Anschlüsse, damit kein Schmutz eindringt.

9 Trennen Sie das Krümmerrohr und schrauben Sie die Auspuffhalterung von der Getriebe-Querstrebe. Stützen Sie den Auspuff nötigenfalls ab.

10 Schrauben Sie den Kardanwellenflansch ab.

11 Falls vorhanden, wird die Abdeckung unten vom Drehmomentwandler-Gehäuse entfernt. Entfernen Sie ebenfalls die Kühler-Gitter.

12 Blockieren Sie die Zahnkranzscheibe und entfernen Sie die Schrauben, die den Drehmomentwandler daran sichern. Drehen Sie die Kurbelwelle entsprechend, um Zugang zu den Schrauben zu erhalten. Bei manchen Modellen kann diese Arbeit durch die Anlasser-Öffnung erledigt werden.

13 Stützen Sie das Getriebe mit einer geeigneten Vorrichtung ab. Lösen und entfernen Sie den Getriebe-Querträger.

14 Senken Sie das Getriebe in eine stabile Position ab – achten Sie bei B 200 / 230 / B234F-Motoren darauf, nicht den Verteiler gegen die Spritzwand zu drücken.

15 Lösen Sie die Schrauben und Muttern, die das Wandlergehäuse am Motor sichern.

16 Ziehen Sie mithilfe eines Assistenten das Getriebe vom Motor, hebeln Sie dabei gleichzeitig den Drehmomentwandler von der Zahnkranzscheibe ab. Befreien Sie das Getriebe nach hinten geneigt aus dem Fahrzeug. **Achtung: Das Getriebe ist sehr schwer!**

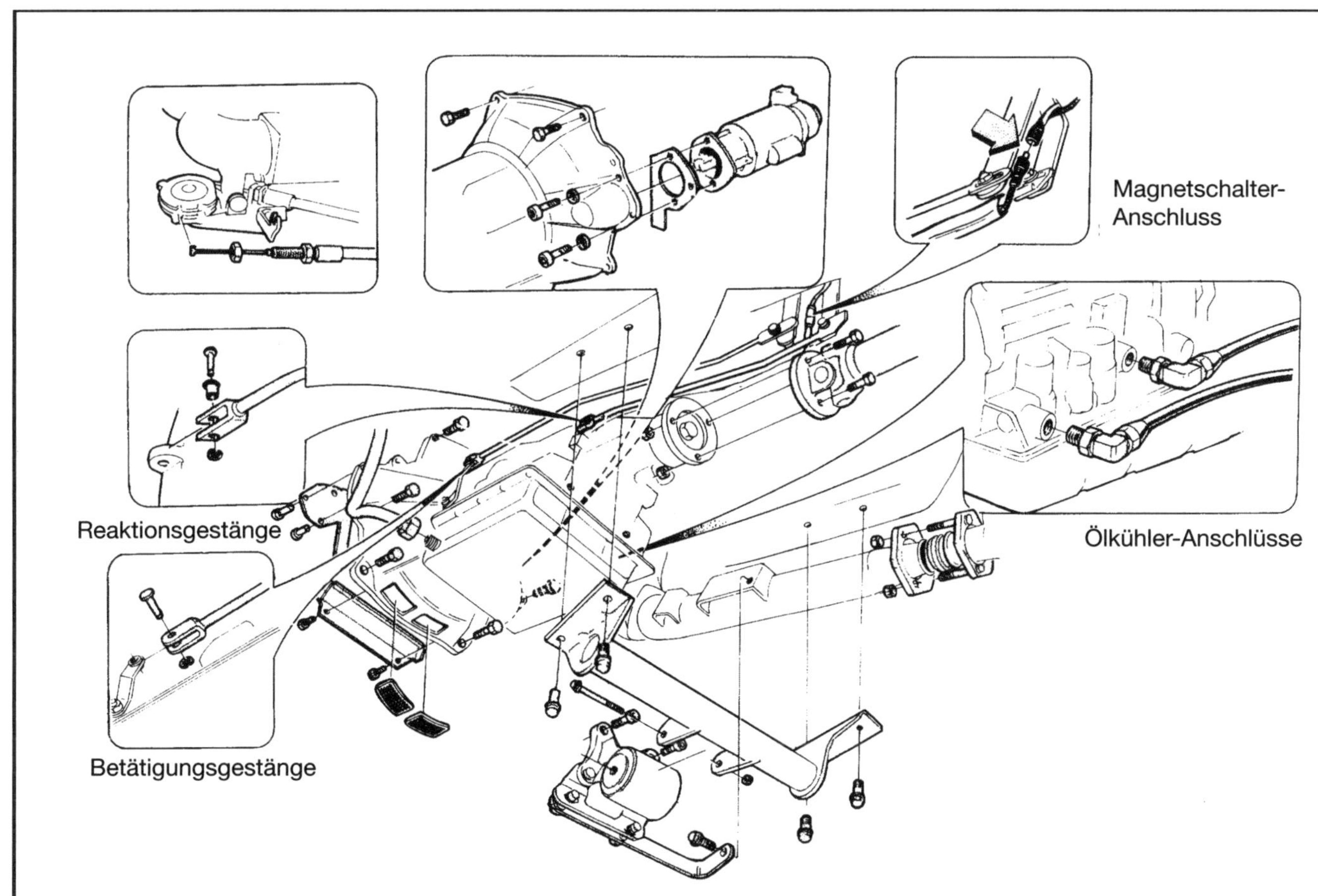

9.5 Getriebe-Befestigungen und andere Anschlüsse – gezeigt am AW 71-Getriebe mit B 28-Motor

Einbau

17 Der Einbau entspricht der umgekehrten Ausbaureihenfolge – beachten Sie dabei folgende Punkte:

a) *Schmieren Sie die Kerbverzahnung des Drehmomentwandlers mit Fett.*

b) *Ziehen Sie die Verbindungen der Zahnkranzscheibe zum Drehmomentwandler schrittweise bis zum in den technischen Daten angegebenen Drehmoment an.*

c) *Ziehen Sie die Anschlussmutter des Peilstab/Einfüllrohrs erst vorschriftsmäßig an, wenn die Halterung des Rohrs befestigt ist.*

d) *Stellen Sie den Wahlhebel-Mechanismus (siehe Sektion 2) und den Kickdown-Bowdenzug ein (siehe Sektion 3).*

e) *Füllen Sie das Getriebe mit ATF-Öl auf (siehe Kapitel 1). Falls ein neues Getriebe montiert wurde, muss das Ölkühl-System gespült werden (siehe Kapitel 1, Sektion 28). Spülen Sie zusätzlich auch den Zusatz-Ölkühler (falls vorhanden) mit einer Handpumpe. Dieser Ölkühler wird von einem Thermostaten geregelt und öffnet beim normalen Spülprozess nicht.*

Kapitel 8

Kardanwelle und Hinterachse

Inhalt — Sektion

Schwierigkeitsgrade

Leicht. Geeignet für Anfänger mit wenig Erfahrung.	**Relativ leicht.** Geeignet für Anfänger mit etwas Erfahrung.	**Relativ schwierig.** Geeignet für geübte Selbstschrauber.	**Schwer.** Geeignet für Selbstschrauber mit viel Erfahrung.	**Sehr schwer.** Geeignet für Experten und Profis.

Technische Daten

Kardanwelle

Typ	Zweiteilig mit Mittellager
Anzahl der Kreuzgelenke	2 oder 3 (plus Gummikupplung bei einigen Modellen)

Hinterachse

Typ	Differenzial mit Hypoidverzahnung, einige Modelle mit Sperre
Enduntersetzung (je nach Typ und Baujahr)	3,31, 3,54, 3,73 oder 3,91 : 1

Differenzial-Eingangswellenlager – Vorspannung

Durchdrehmoment am Kegelrad (Räder frei)	
Modelle mit Starrachse	
Neues Lager	2,5 bis 3,5 Nm
Gebrauchtes Lager	1,8 bis 3,4 Nm
Modelle mit Einzelradaufhängung	
Neues Lager	1,2 bis 2,8 Nm
Gebrauchtes Lager	1,0 bis 2,5 Nm

Anzugsdrehmomente
Kardanwelle

Gummikupplungs-Muttern und -Schrauben	80 Nm
Flanschkupplungs-Muttern und -Schrauben	
M 8	35 Nm
M 10	50 Nm

Hinterachse (Starrachse)

Kegelradflansch-Mutter	
Solide Distanzhülse	200 bis 250 Nm
Zusammenfaltbare Distanzhülse (siehe Text)	180 bis 280 Nm
Geschwindigkeitssensor-Kontermutter	25 bis 40 Nm

Technische Daten

Antriebswellen-Halteplattenschrauben	40 Nm
Längslenkerhalter-Schrauben	45 Nm
Längslenkerhalter-Muttern	85 Nm
Längslenker an Achse	45 Nm
Panhardstab	85 Nm
Stoßdämpferaufnahme unten	85 Nm
Drehmomentstützen	140 Nm

Hinterachse (Einzelradaufhängung)

Kegelradflansch-Mutter (siehe Text)	120 bis 280 Nm
ABS/Geschwindigkeitssensor-Schraube	8 bis 12 Nm
Differenzial an Achselement	160 Nm
Differenzialgehäuse-Schrauben	20 bis 28 Nm
Seitliche Halterung	40 bis 56 Nm
Sicherungsblech-Schrauben	40 bis 56 Nm
Antriebswellen-Inbusschrauben*	
Schritt 1	30 Nm
Schritt 2	90° weiter
Antriebswellen-Mutter*	
Schritt 1	190 Nm
Schritt 2	60° weiter

** Befestigungsmaterial mit Winkelgrad-Anzug muss nach jeder Demontage ersetzt werden.*

1 Allgemeine Informationen

Die Informationen in diesem Kapitel beziehen sich auf die Antriebsstrang-Komponenten vom Getriebeausgang bis zu den Hinterrädern. Die Baugruppen sind in die zwei Kategorien Kardanwelle und Hinterachse unterteilt. Separate Sektionen innerhalb dieses Kapitels bieten allgemeine Beschreibungen und Reparaturprozeduren für jede Baugruppe.
Da viele in diesem Kapitel beschriebenen Arbeiten unterhalb des Fahrzeugs stattfinden, muss generell sichergestellt sein, dass es sicher abgestützt ist (siehe Seite 353).

2 Kardanwelle – Beschreibung

Die vom Getriebe zum Differenzial verlaufende zweiteilige Kardanwelle ist mit zwei oder drei Kreuzgelenken unterteilt; bei manchen Modellen sitzt zwischen dem Getriebeausgangs-Flansch und dem Kardanwellenflansch eine Gummi-Kupplung (Hardy-Scheibe). Ein Mittellager stützt die Welle an der Verbindung der zwei Sektionen.
Die Kreuzgelenke sind für ein einfaches Überholen mit Seegerringen gesichert.

3 Gummi-Kupplung – Ausbau und Einbau

Ausbau

1 Heben Sie das Fahrzeug an und stützen Sie es sicher ab.
2 Bringen Sie Ausrichtmarkierungen zwischen der Kardanwelle und dem Getriebeausgangs-Flansch an.
3 Lösen Sie die sechs Muttern und Schrauben, mit denen die Flansche an der Kupplung gesichert sind (siehe Abbildung) – die nach vorne zeigenden Schrauben lassen sich ggf. nicht entfernen, da sie am Flansch verbleiben.

3.3 Muttern und Schrauben der Gummikupplung

4 Ziehen Sie die Welle nach hinten und senken Sie ihre vordere Sektion ab. Entfernen Sie die Gummikupplung, die zentrale Hülse und die die Fixierplatte.

Einbau

5 Der Einbau entspricht in allen Fällen der umgekehrten Ausbaureihenfolge – beachten Sie die Ausrichtmarkierungen. Versehen Sie den Fixierplattenstift mit etwas Kupferpaste.

4 Kardanwelle – Ausbau und Einbau

Ausbau

1 Heben Sie das Fahrzeug an und stützen Sie es sicher ab.
2 Bringen Sie Ausrichtmarkierungen zwischen der Kardanwelle und den Getriebe- und Differenzial-Flanschen sowie zwischen den beiden Wellen-Segmenten an.
3 Lösen Sie alle Muttern und Schrauben der Kardanwellen-Flansche (siehe Abbildung) – lassen Sie an jedem Ende eine Verbindung locker stecken, um die Welle in Position zu halten.

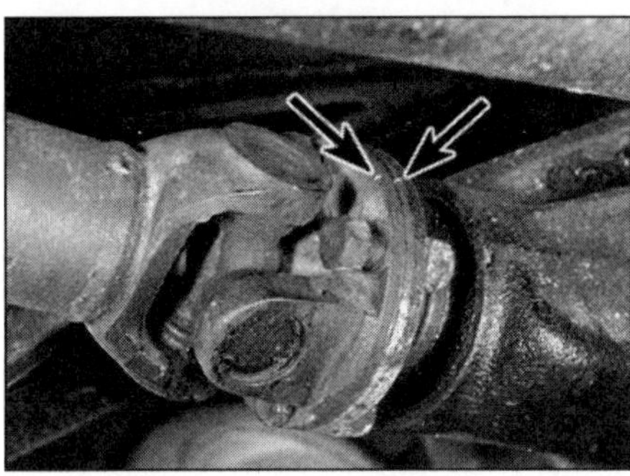

4.3 Hinterer Kardanwellenflansch – beachten Sie die Ausrichtmarkierungen (Pfeile).

4 Lassen Sie einen Assistenten die Welle halten und entfernen Sie die Schrauben des Mittellager-Trägers.
5 Entfernen Sie bei späteren Modellen mit Sattel-Kraftstofftank die unter dem Tank verlaufenden Haltebänder.
6 Entfernen Sie die verbliebenen Flanschverbindungen und heben Sie zusammen mit dem Assistenten die Welle samt Lager ab. Stellen Sie ggf. die Gummikupplung sicher.
7 Falls ohne Assistent gearbeitet wird, kann die Welle in zwei Sektionen entfernt werden – die hintere zuerst. Die Segmente werden einfach auseinander gezogen; befreien Sie hierbei das Gummi nach hinten aus dem Mittellager-Träger.

Einbau

8 Der Einbau entspricht in allen Fällen der umgekehrten Ausbaureihenfolge – beachten Sie die Ausrichtmarkierungen. Falls bei einem Modell mit Einzelradaufhängung eine neue Kardanwelle installiert wird, muss die darauf angebrachte Auswucht-Markierung (ein rosa Punkt am hinteren Ende) zur ähnlichen Markierung am Differenzialflansch ausgerichtet werden.
9 Ziehen Sie die Schrauben des Mittellager-Trägers erst an, nachdem die Flanschverbindungen angezogen sind – die Befestigungsbohrungen für den Träger sind als Langlöcher ausgeführt, damit das Lager die Welle nicht verspannt.

5 Kreuzgelenke – Überholen

1 Kreuzgelenke müssen überholt werden, wenn sie übermäßiges Spiel aufweisen. Ein schwergängiges Kreuzgelenk erzeugt Vibrationen und muss ebenfalls überholt werden.

2 Beschaffen Sie für jedes Kreuzgelenk ein aus einem Zapfenkreuz, Lagern und Seegerringen bestehendes Reparaturset (siehe Abbildung).

5.2 Kreuzgelenk-Reparaturset

3 Reinigen Sie das Gelenk und versehen Sie die Seegerringe mit Kriechöl oder Rostlöser.
4 Entfernen Sie die Seegerringe – klopfen Sie sie nötigenfalls mit einem Dorn ab.
5 Legen Sie die Kreuzgelenk-Gabel auf einen geöffneten Schraubstock. Klopfen Sie den Flansch mit einem Kunststoff- oder Kupferhammer ab oder platzieren Sie ein Rohr über das Lager und klopfen Sie darauf, bis sich das untere Lager ein kleines Stück heraus bewegt. Klopfen Sie nicht zu heftig, um das Kreuzgelenk nicht zu zerstören.
6 Greifen Sie das Lager mit einer Gripzange und ziehen Sie es heraus; stellen Sie lose Rollen sicher.
7 Wiederholen Sie den Prozess mit den anderen Lagern, bis das Zapfenkreuz aus der Gabel genommen werden kann und alle Lager entfernt sind.
8 Reinigen Sie die Lagersitze in der Gabel und auf dem Kreuz.
9 Ziehen Sie vorsichtig die Lager vom neuen Zapfenkreuz und prüfen Sie, ob alle Rollen vorhanden sind und die Dichtungen korrekt sitzen. Die Lager sollten bereits mit Fett gefüllt sein; andernfalls muss eine großzügige Menge eingearbeitet werden.
10 Positionieren Sie das Zapfenkreuz in der Gabel und installieren Sie ein Lager – es dürfen keine Rollen verloren gehen.
11 Klopfen Sie das Lager leicht in seinen Sitz in der Gabel, pressen Sie es anschließend mit dem Schraubstock und einem Rohr oder Steckschlüssel ein – es muss etwa 3 bis 4 mm tief sitzen, sodass die Seegerringnut frei liegt.
12 Installieren Sie den Seegerring in seine Nut.
13 Installieren Sie das gegenüberliegende Lager genauso und montieren Sie dann die beiden anderen Lager auf die gleiche Weise in die andere Kreuzgelenk-Gabel.
14 Prüfen Sie, ob sich das Kreuzgelenk frei bewegen lässt; falls es etwas steif ist, muss es sanft mit einem weichen Hammer abgeklopft werden.
15 Falls nach dem Überholen weiterhin Vibrationen auftreten, kann es sein, dass die Kardanwelle gewuchtet werden muss – dies muss eine Fachwerkstatt erledigen.

6 Mittellager – Ersetzen

Anmerkung: *An den in diesem Buch behandelten Modellen werden verschiedene Mittellager und Aufnahmegummis verwendet. Beim Kauf von Neuteilen muss darauf geachtet werden, dass diese korrekt sind.*
1 Demontieren Sie die Kardanwelle (siehe Sektion 4) und trennen Sie die beiden Sektionen.
2 Stützen Sie das Vorderteil des Lagers in einem Prisma oder einem halbierten Rohr und pressen oder treiben Sie die Welle aus dem Lager. Entfernen Sie die Schutzringe von beiden Seiten des Lagers.
3 Falls der Lagersitz unbeschädigt ist, kann das alte Lager ausgetrieben und ein neues eingepresst werden; andernfalls muss das Lager samt Sitz erneuert werden.
4 Schieben Sie den vorderen Schutzring auf die Welle und klopfen Sie ihn mit einem weichen Hammer auf seinen Sitz.
5 Montieren Sie das neue Lager samt Sitz – pressen Sie es mit einem nur den Innenringe berührenden Rohr auf.
6 Installieren Sie den hinteren Schutzring – klopfen Sie ihn senkrecht auf seinen Sitz.
7 Prüfen Sie, ob sich das Lager frei dreht und verbinden Sie die beiden Hälften der Kardanwelle – beachten Sie dabei die zuvor angebrachten Ausrichtmarkierungen. Verwenden Sie nötigenfalls eine neue Gummikappe und/oder Sicherungsringe.
8 Montieren Sie die Kardanwelle (siehe Sektion 4).

7 Hinterachse – Beschreibung

Modelle mit Starrachse

Bei diesen Modellen drehen sich beide Hinterräder auf einer gemeinsamen Achse. Ein festes Achsgehäuse umschließt das Differenzial und die beiden Achswellen. Dieses Gehäuse wird mit zwei an einen zentralen Hilfsrahmen geschraubten Drehmomentstützen, zwei Längslenkern und dem Panhardstab geführt.
Das für den Endantrieb zuständige Differenzial sitzt in der Mitte dieses Gehäuses. Es besteht aus dem Differenzialgetriebe, dem Tellerrad und dem Kegelrad. Das Differenzialgetriebe leitet die Kraft auf die beiden Achswellen weiter und ermöglicht unterschiedliche Drehzahlen an den Rädern, wie es beispielsweise in Kurven nötig ist.
Bei manchen Modellen ist ein »Sperrdifferenzial« installiert, bei dem eine Reibkupplung für ein Drehzahl-Limit zwischen den beiden Achswellen sorgt, sodass z.B. auf rutschigem Untergrund die Kraft nicht auf ein Rad alleine abgegeben wird.
Arbeiten an der Hinterachse sollten auf die in diesem Kapitel beschriebenen Tätigkeiten begrenzt bleiben. Falls eine Überholung des Differenzials nötig wird, sollte dies einer Volvo- oder anderen Fachwerkstatt überlassen werden.

Modelle mit Einzelradaufhängung

Hier ist die Kardanwelle mit einem separaten Differenzialgehäuse verbunden, das die Kraft über offene Antriebswellen auf die unabhängig voneinander gefederten Hinterräder verteilt.
Das für den Endantrieb zuständige Differenzial sitzt zwischen den Rädern in einem Gehäuse. Es besteht aus dem Differenzialgetriebe, dem Tellerrad und dem Kegelrad. Das Differenzialgetriebe leitet die Kraft auf die beiden angeflanschten Antriebswellen weiter und ermöglicht unterschiedliche Drehzahlen an den Rädern, wie es beispielsweise in Kurven nötig

ist. Ein Sensor hinten am Differenzialgehäuse leitet Signale über die Geschwindigkeit an den Tachometer und das ABS weiter.
Die Antriebswellen sind mit Gleichlaufgelenken ausgerüstet, um die Bewegung der Federung auszugleichen. Sie leiten die Kraft auf die Wellenstümpfe an den Hinterradträgern weiter.

8 Kegelrad-Dichtring – Ersetzen

Achtung: Falls das Differenzial vor dem Kegelrad-Lager mit einem zusammenfaltbaren Distanzstück ausgerüstet ist (alle Modelle mit Einzelradaufhängung und mit einem »S« vor der Seriennummer ausgerüstete Starrachsen-Modelle), darf die Kegelrad-Flanschmutter nicht zu fest angezogen werden. Falls die Mutter zu fest angezogen wurde, muss das Differenzial bzw. die Achse zu einer Volvo-Werkstatt gebracht werden, die eine neue Distanzhülse installiert.

1 Heben Sie das Fahrzeug hinten an und stützen Sie es sicher ab.
2 Schrauben Sie den Kardanwellen-Flansch vom Kegelrad-Flansch – bringen Sie zwischen ihnen Ausrichtmarkierungen an.
3 Bringen Sie mit Farbe oder einer Reißnadel zwischen dem Kegelrad-Flansch und der Flanschmutter Ausrichtmarkierungen an.
4 Kontern Sie den Kegelrad-Flansch mit einer Stange und einigen Schrauben. Lösen Sie die Flanschmutter – zählen Sie dabei die Umdrehungen, bis sie entnommen werden kann.
5 Ziehen Sie den Kegelrad-Flansch ab; falls er fest sitzt, muss er von hinten mit einem Kupferhammer abgeklopft werden. Seien Sie auf aus dem Differenzial austretendes Öl vorbereitet.
6 Hebeln Sie den alten Dichtring heraus. Reinigen Sie seinen Sitz und klopfen Sie den neuen Dichtring mit der Dichtlippe nach innen ein.
7 Inspizieren Sie die Dichtring-Gleitfläche auf dem Flansch – falls sie stark eingelaufen oder beschädigt ist, muss der Flansch ggf. ersetzt werden.
8 Ölen Sie die Dichtlippe und schieben Sie den Flansch ein.
9 Drehen Sie die Flanschmutter auf – falls die alte Mutter verwendet wird, muss sie um die beim Lösen gezählten Umdrehungen aufgeschraubt und bis zum Fluchten der Markierungen angezogen werden. Bei neuen Komponenten wird wie folgt vorgegangen:
a) *Differenzial mit solider Distanzhülse: Ziehen Sie die Mutter mit dem vorgeschriebenen Drehmoment an.*
b) *Differenzial mit faltbarer Distanzhülse: Ziehen Sie die Mutter mit dem niedrigsten vorgegebenen Wert an. Bestimmen Sie dann mit einer Federwaage die Vorspannung des Kegelrad-Lagers (Räder frei, Handbremse gelöst) – liegt die Vorspannung unter dem in den technischen Daten angegebenen Wert, wird die Mutter weiter angezogen, bis der Wert stimmt. Überschreiten Sie weder die maximale Vorspannung noch den maximalen Anzugswert.*
10 Montieren Sie die Kardanwelle und senken Sie das Fahrzeug ab.
11 Kontrollieren Sie den Differenzial-Ölpegel und füllen Sie ggf. nach (siehe Kapitel 1, Sektion 21).

9 Achswellen, Lager und Dichtringe (Modelle mit Starrachse) – Ausbau und Einbau

Ausbau

1 Entfernen Sie die Handbremsbacken (siehe Kapitel 9).
2 Lösen Sie die vier Schrauben, mit denen die Achswellen-Halteplatte gesichert ist (siehe Abbildung). Stellen Sie die Handbremsbacken-Clips sicher.
3 Setzen Sie die Bremsscheibe verkehrt herum auf (Trommel nach außen) und sichern Sie sie mit den Radmuttern – flache Seiten nach innen. Ziehen Sie nun an der Bremsscheibe, um die Achswelle herauszuziehen – seien Sie auf austretendes Öl vorbereitet.
4 Jetzt kann der innere (Achswellen-) Dichtring aus dem Achsrohr gehebelt werden. Reinigen Sie seinen Sitz und klopfen Sie mit einem passenden Rohr den neuen Dichtring ein.
5 Der Austausch der äußeren (Fett-) Dichtung und des Lagers sollte einer Volvo-Werkstatt überlassen werden, da spezielle Presswerkzeuge nötig sind.

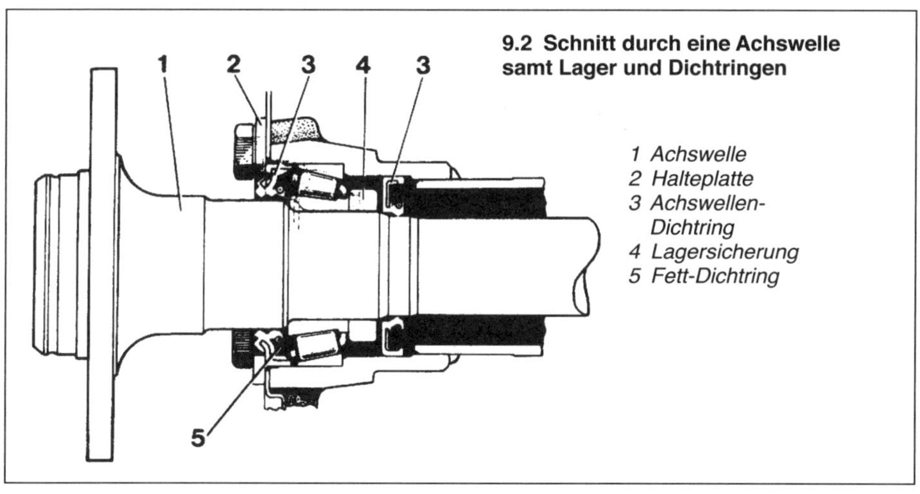

9.2 Schnitt durch eine Achswelle samt Lager und Dichtringen

1 Achswelle
2 Halteplatte
3 Achswellen-Dichtring
4 Lagersicherung
5 Fett-Dichtring

Einbau

6 Sorgen Sie zunächst dafür, dass das Lager und die Dichtlippen mit reichlich Fett versehen sind.

7 Reinigen Sie das Achsrohr und die Kontaktflächen der Halteplatte und tragen Sie Dichtmasse auf.

8 Schieben Sie die Achswelle ins Achsrohr – beschädigen Sie dabei nicht den inneren Dichtring. Sichern Sie sie mit der Halteplatte und ziehen Sie die vier Schrauben über Kreuz mit 40 Nm an. Installieren Sie die Handbremsbacken-Clips.

9 Entfernen Sie die Bremsscheibe (falls noch nicht erledigt) und installieren Sie die Handbremsbacken.

10 Kontrollieren Sie den Differenzial-Ölpegel und füllen Sie ggf. nach (siehe Kapitel 1, Sektion 21).

10 Hinterachse (Modelle mit Starrachse) – Ausbau und Einbau

Ausbau

1 Lockern Sie die Hinterradmuttern. Heben Sie das Fahrzeug an und stützen Sie es sicher ab, sodass sich die Hinterräder frei drehen lassen (siehe Seite 353).

Achtung: Falls das Fahrzeug auch vorne angehoben wird, müssen hier die Stützen unter die Querlenker-Halter, nicht unter die normalen Hebepunkte, positioniert werden, da das Fahrzeug durch den Ausbau der Hinterachse frontlastig werden kann.

2 Demontieren Sie die Hinterräder.

3 Entfernen Sie die Hinterrad-Bremssättel (ohne die Leitungen zu trennen), die Bremsscheiben und die Handbremsbacken – Details hierzu finden sich in Kapitel 9.

4 Befreien Sie die Handbremszüge von den Bremsankerplatten und den Halterungen an der Achse.

5 Schrauben Sie die Achsen-Drehmomentstützen am Hilfsrahmen ab und befreien Sie die untere Drehmomentstütze von der Achse (siehe Abbildung).

6 Stützen Sie die Achse mit einem Rangierwagenheber und einen Gestell, sodass ihr Gewicht darauf liegt.

7 Falls die Auspuffanlage unterhalb der Achse verlegt ist, muss sie demontiert werden.

8 Entfernen Sie den Panhardstab.

9 Trennen Sie den/die Stecker des Geschwindigkeits-Sensors (falls vorhanden). Der Stecker kann mit einem Sicherungsdraht und einem Dichtring gesichert sein, der beim Trennen zerstört wird.

10 Lösen Sie die Kardanwellen- und Achsflansch-Verbindungen.

11 Schrauben Sie die obere Drehmomentstütze von der Achse.

12 Lösen Sie die unteren Stoßdämpferbefestigungen.

13 Entfernen Sie die Schrauben und Muttern der vorderen Längslenker-Halterungen.

14 Senken Sie die Achse ab und befreien Sie gleichzeitig die vorderen Längslenker-Halterungen; befreien Sie die Baugruppe nach unten aus dem Fahrzeug.

15 Der Querstabilisator (falls vorhanden) und die Längslenker können jetzt ggf. von der Achse getrennt werden – die Längslenker dürfen nicht verwechselt werden.

Einbau

16 Der Einbau entspricht der umgekehrten Ausbaureihenfolge – beachten Sie dabei folgende Punkte:

a) Bei der Montage der Längslenker an die Achse müssen die Muttern schrittweise und über Kreuz bis zum Drehmoment von 45 Nm angezogen werden.

b) Ziehen Sie die Drehmomentstützen erst an, wenn das Fahrzeug wieder auf den Rädern steht (oder heben Sie die Achse an, um diesen Zustand zu simulieren).

c) Kontrollieren Sie den Differenzial-Ölpegel und füllen Sie ggf. nach (siehe Kapitel 1, Sektion 21).

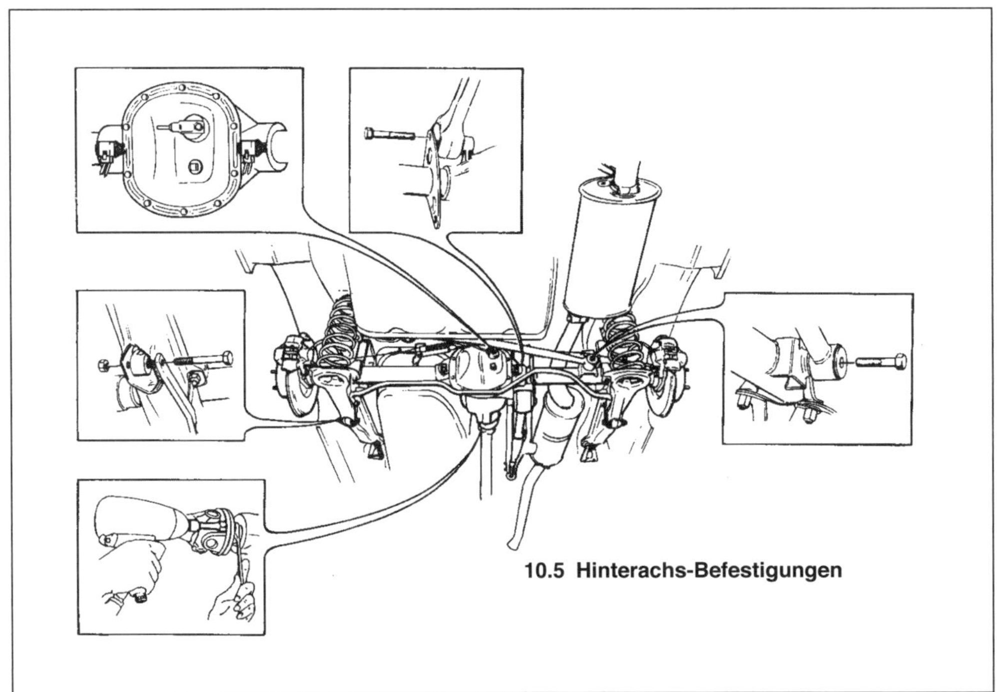

10.5 Hinterachs-Befestigungen

11 Differenzial (Modelle mit Einzelradaufhängung) – Ausbau und Einbau

Ausbau

1 Demontieren Sie die Hinterachselemente (siehe Kapitel 10).
2 Trennen Sie die Antriebswellen und die Kardanwelle vom Differenzialgehäuse – markieren Sie ggf. die Ausrichtung der Kardanwelle.
3 Stützen Sie das Gewicht des Differenzialgehäuses mit einem Rangierwagenheber. Lösen Sie die drei Schrauben, mit denen das Gehäuse am oberen Teil des Achsträgers gesichert ist.
4 Senken Sie das Differenzialgehäuse ab. Trennen oder entfernen Sie den Geschwindigkeits-/ABS-Sensor, sobald er zugänglich ist.
5 Entfernen Sie das Differenzialgehäuse nach unten aus dem Fahrzeug.

Einbau

16 Der Einbau entspricht der umgekehrten Ausbaureihenfolge. Kontrollieren Sie zum Schluss den Differenzial-Ölpegel und füllen Sie ggf. nach (siehe Kapitel 1, Sektion 21).

12 Differenzial – Seitliche Dichtringe (Modelle mit Einzelradaufhängung) – Ersetzen

Dies ist keine Arbeit für den Hobbyschrauber, da sie das Zerlegen der seitlichen Differenzialträger-Lager beinhaltet. Demontieren Sie das Differenzial und bringen Sie es zum Erneuern der Dichtringe zu einer Volvo-Werkstatt.

13 Antriebswellen (Modelle mit Einzelradaufhängung) – Ausbau und Einbau

Ausbau

1 Entfernen Sie die Radkappe des entsprechenden Rades. Betätigen Sie die Handbremse, legen Sie den ersten Gang oder »P« ein und blockieren Sie die Räder.
2 Lockern Sie die Antriebswellenmutter – sie sitzt sehr fest, sodass die 36er-Nuss mindestens mit einem 3/4-Zoll-Antrieb ausgerüstet sein muss. Entfernen Sie die Mutter.
3 Lockern Sie die Radmuttern, heben Sie das Fahrzeug hinten an und entfernen Sie das Hinterrad. Die Abstützung darf nicht die Antriebswelle oder den unteren Hinterachsträger behindern.
4 Lösen Sie die acht Muttern und Schrauben, die den oberen und unteren Hinterachsträger miteinander verbinden. Beachten Sie die Handbremsseil-Führung unter einer der hinteren Schrauben. Ziehen Sie den unteren Hinterachsträger so weit wie möglich herunter, ohne dabei die Anlenkung zu belasten.
5 Lösen und entfernen Sie die sechs Inbusschrauben, die den inneren Flansch der Antriebswelle sichern. Entnehmen Sie die drei Unterleg-Bleche (siehe Abbildung). Um die Schrauben zu erreichen, sollte ein Assistent gelegentlich die Handbremse lösen und den Leerlauf einlegen.
6 Senken Sie die Antriebswelle ab und ziehen Sie das äußere Ende aus der Nabe – klopfen Sie es nötigenfalls heraus. Befreien Sie die Antriebswelle unter dem Fahrzeug heraus.

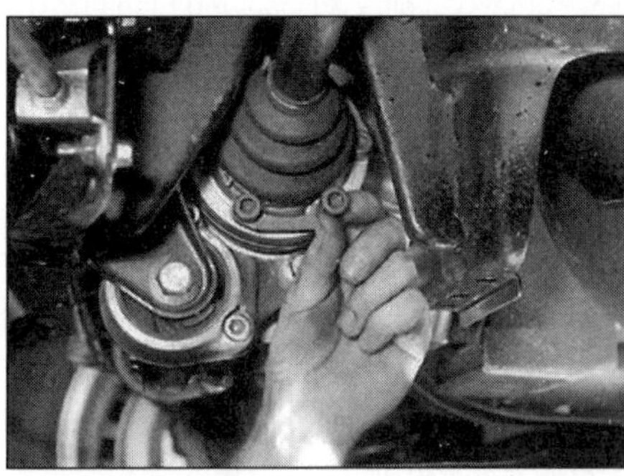

13.5 Lösen Sie die inneren Antriebswellenflansch-Schrauben – sie müssen später erneuert werden.

7 Das Überholen einer verschlissenen Antriebswelle ist wahrscheinlich nicht möglich, doch es sind Reparatursets mit neuen Gummimanschetten erhältlich.

Einbau

8 Der Einbau entspricht der umgekehrten Ausbaureihenfolge – beachten Sie dabei folgende Punkte:
a) Verwenden Sie neue Inbusschrauben und eine neue Antriebswellenmutter. Ziehen Sie die Inbusschrauben in zwei Schritten an (siehe technische Daten).
b) Richten Sie die Hinterachsträger beim Zusammenbau mit einigen Schrauben oder Treibdornen aus – siehe Kapitel 10.
c) Das Anziehen der Antriebswellenmutter in zwei Schritten sollte erst erfolgen, wenn das Gewicht des Fahrzeugs wieder auf den blockierten Rädern lastet (siehe Abbildung).

13.8 Ziehen Sie die NEUE Antriebswellenmutter zunächst mit 190 Nm an und dann um 60° weiter.

Kapitel 9

Bremsanlage

Inhalt — Sektion

Schwierigkeitsgrade

Leicht. Geeignet für Anfänger mit wenig Erfahrung. 	**Relativ leicht.** Geeignet für Anfänger mit etwas Erfahrung. 	**Relativ schwierig.** Geeignet für geübte Selbstschrauber. 	**Schwer.** Geeignet für Selbstschrauber mit viel Erfahrung.	**Sehr schwer.** Geeignet für Experten und Profis. 

Technische Daten

Allgemein

System	
Fußbremse	Hydraulische Zweikreisbremse mit Servo-Unterstützung, ABS bei manchen Modellen
Handbremse	Mechanische Trommelbremsen an den Hinterrädern
Bremskreis-Verteilung	
Modellen ohne ABS	Dreiräder-Bremssystem (LL-Aufteilung)
Modelle mit ABS	Vorne-Hinten

Vorderradbremsen

Typ	Scheibenbremsen mit Zweikolben-Schwimmsätteln
Bremsbelag-Verschleißgrenze	3,0 mm
Bremsscheiben-Durchmesser	
Standard	280 mm
Innenbelüftet	262 oder 287 mm
Bremsscheiben-Stärke – Standard-Bremsscheibe	
Neu	22,0 mm
Verschleißgrenze	20,0 mm
Bremsscheiben-Stärke – Innenbelüftete Bremsscheibe	
Neu	26,0 mm
Verschleißgrenze	23,0 mm
Maximaler Scheiben-Verzug	
Bis Modelljahr 1988	0,08 mm
Ab Modelljahr 1988	0,06 mm

Technische Daten

Hinterradbremsen

Typ . . . . Scheibenbremsen mit Zweikolben-Festsätteln oder Einkolben-Schwimmsätteln

Bremsbelag-Verschleißgrenze

Modelle mit Starrachse . . . . 2,0 mm

Modelle mit Einzelradaufhängung . . . . 3,0 mm

Bremsscheiben-Durchmesser . . . . 281 mm

Bremsscheiben-Stärke

Neu . . . . 9,6 mm

Verschleißgrenze . . . . 8,4 mm

Maximaler Scheiben-Verzug . . . . 0,10 mm

Handbremse

Bremstrommel-Durchmesser (max.) . . . . 160,45 mm

Maximaler Bremstrommel-Verzug . . . . 0,15 mm

Maximale Rundlaufabweichung . . . . 0,20 mm

Anzugsdrehmomente

Vorderrad-Bremssattelhalter . . . . 100 Nm

Hinterrad-Bremssattel oder -halter* . . . . 58 Nm

Oberer Führungszapfen an Bremssattelhalter . . . . 25 Nm

Führungszapfen-Schrauben . . . . 34 Nm

Vorderer Schmutzabweiser . . . . 24 Nm

Hinterer Schmutzabweiser . . . . 40 Nm

Hauptbremszylinder-Muttern . . . . 30 Nm

Bremsrohr-Anschlüsse . . . . 14 Nm

Bremsschlauch-Anschlüsse . . . . 17 Nm

* *Verwenden Sie nach jedem Lösen neue Schrauben*

1 Allgemeine Informationen

Mit dem Bremspedal werden per Servo-Unterstützung über eine Zweikreis-Hydraulik an allen vier Rädern Scheibenbremsen aktiviert. Die Handbremse wirkt per Bowdenzüge auf Bremstrommeln an den Hinterrädern. Manche Modelle sind mit einem Antiblockiersystem (ABS) ausgerüstet, das in Sektion 18 beschrieben ist.

Die Bremshydraulik in in zwei Kreise aufgeteilt, damit auch beim Ausfall eines Bremskreises eine ausreichende Bremswirkung erzielt werden kann (obwohl der Pedalweg und die erforderliche Kraft ansteigen kann). Bei Modellen ohne ABS sind die Bremskreise in »Dreiecke« aufgeteilt, bei dem jeweils ein Hinterrad-Bremssattel und ein Kolben der beiden Vorderradbremssättel aktiviert werden.

Die Bremskraftunterstützung erfolgt direkt zwischen dem Bremspedal und dem Hauptbremszylinder – der mit Unterdruck aus dem Ansaugtrakt (oder bei einigen Modellen per Unterdruckpumpe) betriebene Servo verstärkt dabei den Pedaldruck auf den Bremszylinder.

Eine durch das Druckdifferenz-Warnventil aktivierte Warnleuchte macht den Fahrer auf Probleme in der Bremshydraulik aufmerksam. Eine weitere Warnleuchte wird durch die gezogene Handbremse aktiviert. Die Funktion der Bremslichter wird vom Lampen-Überwachungssytem kontrolliert.

Anmerkung: *Arbeiten an der Bremsanlage müssen sorgfältig und methodisch ausgeführt werden, beim Überholen von Hydraulik-Bauteilen muss auf absolute Sauberkeit geachtet werden. Ersetzen Sie Bauteile bei jedem Zweifel über ihren Zustand (ggf. an beiden Seiten der Achse) und benutzen Sie ausschließlich originale Volvo-Ersatzteile oder hochwertige Markenprodukte. Beachten Sie bezüglich der Gefahren durch Asbeststaub und Hydraulikflüssigkeit die Warnhinweise in der Sektion »Sicherheit geht vor« auf Seite 8 und in den entsprechenden Sektionen dieses Kapitels.*

2 Hydrauliksystem – Entlüften

Warnung: Hydraulikflüssigkeit ist giftig! Waschen Sie Spritzer bei Hautkontakt unverzüglich ab und suchen Sie medizinischen Rat, falls etwas in die Augen gelangt. Hydraulikflüssigkeit kann brennbar sein und sich beim Kontakt mit heißen Bauteilen entzünden. Bei der Arbeit an der Bremshydraulik muss daher genauso vorgegangen werden wie beim Kraftstoffsystem. Hydraulikflüssigkeit ist ein wirksamer Lackentferner und greift Kunststoff an; Spritzer müssen unverzüglich mit reichlich klarem Wasser abgewaschen werden. Hydraulikflüssigkeit ist zudem hygroskopisch, absorbiert also Wasser aus der Luft. Je mehr Luftfeuchtigkeit aufgenommen wird, desto niedriger sinkt der Siedepunkt, sodass in einer heiß werdenden Bremse rasch Dampfblasen entstehen können und kein Bremsdruck mehr aufgebaut werden kann. Daher darf nur frische Bremsflüssigkeit des vorgeschriebenen Typs verwendet werden.

Allgemeines

1 Die korrekte Funktion der Bremshydraulik ist nur möglich, wenn sämtliche Luft aus dem System entfernt ist; dies wird durch Entlüften gewährleistet.

2 Während des Entlüftens darf nur frische Bremsflüssigkeit des vorgeschriebenen Typs verwendet werden – niemals bereits durch das System gespülte Flüssigkeit. Vor Arbeitsbeginn muss sichergestellt sein, dass genügend Bremsflüssigkeit vorhanden ist.

3 Falls im Bremssystem nicht dafür vorgesehene Flüssigkeit vorhanden ist, muss diese vollständig mit frischer Bremsflüssigkeit herausgespült werden, zudem sind neue Dichtungen zu verwenden.

4 Falls durch ein Leck im Bremssystem der Pegel im Ausgleichsbehälter stetig absinkt, muss zunächst dieses Problem behoben werden.

5 Stellen Sie das Fahrzeug auf eine ebene Fläche, schalten Sie die Zündung aus und legen Sie den ersten Gang ein bzw. stellen Sie den Wahlhebel auf »P«. Blockieren Sie die Räder und lösen Sie die Handbremse.

6 Prüfen Sie, ob alle Schläuche und Rohre in Ordnung, alle Anschlüsse verbunden und alle Entlüftungsschrauben verschlossen sind. Entfernen Sie die Staubkappen und reinigen Sie die Bereiche um die Entlüftungsschrauben.

7 Öffnen Sie den Deckel des Ausgleichsbehälters und füllen Sie ihn bis zur MAX-Markierung auf. Legen Sie den Deckel locker auf und achten Sie darauf, dass der Pegel während der gesamten Prozedur immer über der MIN-Markierung steht – andernfalls kann Luft ins System eindringen und die Prozedur muss wiederholt werden.

8 Auf dem Markt sind zahlreiche Entlüftungs-Hilfsmittel erhältlich, von denen möglichst eines beschafft werden sollte, da der Entlüftungsprozess deutlich vereinfacht werden kann und das Risiko, bereits ausgetretene Luft wieder anzusaugen, minimiert wird. Falls ein solches Kit nicht erhältlich ist, muss mithilfe eines Assistenten die unten beschriebene Methode durchgeführt werden.

9 Falls ein Entlüftungs-Kit verwendet wird, muss das Fahrzeug wie oben beschrieben vorbereitet und dann den beigefügten Hinweisen gefolgt werden – die Prozeduren können sich je nach Vorrichtung leicht voneinander unterscheiden, doch die allgemeinen Schritte sind unter den entsprechenden Überschriften beschrieben (siehe unten).

10 Ungeachtet der angewendeten Methode muss die korrekte Reihenfolge (Schritte 11 bis 13) eingehalten werden, um sämtliche Luft aus dem System zu entfernen.

Entlüftungs-Reihenfolge

11 Falls die Bremshydraulik nur teilweise getrennt und die Hinweise zur Minimierung von Flüssigkeitsverlusten beachtet wurden, reicht es, diesen Teil zu entlüften (d.h. den Primär- oder den Sekundär-Bremskreis).

12 Falls die gesamte Bremshydraulik entlüftet werden muss, hat dies in der folgenden Reihenfolge zu geschehen:

Modelle ohne ABS

a) Hinten rechts
b) Hinten links
c) Vorne rechts
d) Vorne links

Modelle mit ABS (bis 1988)

a) Vorne links
b) Vorne rechts

c) Hinten links
d) Hinten rechts

Modelle mit ABS (ab 1988)

a) Hinten (links oder rechts zuerst)
b) Vorne (links oder rechts zuerst)

13 Bei Modellen ohne ABS gibt es an jedem Vorderradbremssattel zwei Entlüftungsschrauben, hinten ist jeder Bremssattel mit einer Entlüftungsschraube ausgerüstet. Bei Modellen mit ABS gibt es an jedem Vorderradbremssattel zwei Entlüftungsschrauben, hinten ist bei Modellen mit Starrachse jeder Bremssattel mit einer Entlüftungsschraube ausgerüstet; bei Modellen mit Einzelradaufhängung sind es zwei. Beim Entlüften der Vorderradbremssättel wird mit den oberen Entlüftungsschrauben begonnen; bei den Hinterradbremssätteln mit zwei Entlüftungsschrauben wird nur an der oberen entlüftet.

Entlüften – Grundmethode (Zwei-Personen-Methode)

14 Beschaffen Sie ein sauberes Glasgefäß und einen ausreichend langen transparenten Schlauch, der fest über den Nippel der Entlüftungsschraube geschoben werden kann. Die Schraube selbst sollte mit einem passenden Ringschlüssel betätigt werden. Für die Arbeit wird ein Assistent benötigt.
15 Falls noch nicht geschehen, werden am zu entlüftenden Bremssattel alle Entlüftungsschrauben-Kappen abgezogen und der Schlauch auf die erste Schraube gesteckt.
16 Halten Sie das andere Schlauch-Ende in den mit etwas Bremsflüssigkeit gefüllten Behälter, sodass keine Luft angesaugt werden kann.
17 Achten Sie stets darauf, dass der Ausgleichsbehälter mindestens bis zur MIN-Markierung mit Bremsflüssigkeit gefüllt ist.
18 Lockern Sie die erste Entlüftungsschraube um etwa eine halbe Umdrehung und lassen Sie den Assistenten mit sanftem Druck die Bremse vollständig durchtreten und das Pedal dort halten. Sobald keine Flüssigkeit mehr durch den Schlauch strömt, wird die Entlüftungsschraube wieder angezogen und der Assistent löst langsam das Bremspedal.
19 Wiederholen Sie Schritt 18 solange, bis frische Hydraulikflüssigkeit blasenfrei aus der Schraube austritt – achten Sie dabei darauf, dass sich im Ausgleichsbehälter stets genug Flüssigkeit befindet.
20 Ziehen Sie die Schraube zum Schluss bei durchgetretenem Pedal sorgfältig an, und entfernen Sie den Schlauch samt Behälter. Wiederholen Sie die Prozedur ggf. am anderen Entlüftungsventil und dann an den anderen Bremssätteln, bis sämtliche Luft aus dem Hydrauliksystem entfernt ist. Zum Schluss muss die Bremse einen festen Druckpunkt haben

Alte Bremsflüssigkeit ist deutlich dunkler als frische. Pumpen Sie solange Bremsflüssigkeit heraus, bis helle Flüssigkeit austritt.

Entlüften – mit Rückschlagventil-Kit

21 Wie der Name bereits andeutet, bestehen diese Kits im Wesentlichen aus einem Schlauch mit integriertem Rückschlagventil, um einmal herausgedrückte Luft und Bremsflüssigkeit nicht wieder ins Bremssystem zu saugen. Manche Kits beinhalten einen transparenten Behälter, der so positioniert werden kann, dass die austretenden Luftblasen vom Fahrersitz aus beobachtet werden können.
22 Verbinden Sie das Kit wird mit der Entlüftungsschraube und öffnen Sie diese dann (siehe Abbildung). Setzen Sie sich ins Auto und drücken Sie mit sanftem Druck die Bremse vollständig durch, um sie dann langsam wieder zu lösen. Wiederholen Sie dies, bis frische Hydraulikflüssigkeit blasenfrei aus der Schraube austritt.

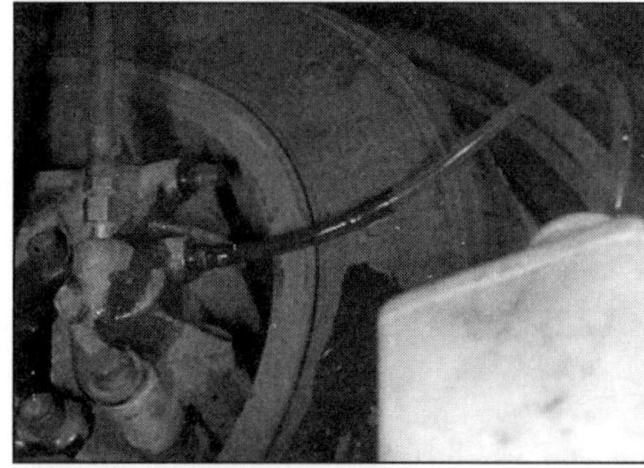

2.22 Ein Entlüftungs-Kit mit Rückschlagventil ist mit einer Entlüftungsschraube am Vorderrad-Bremssattel verbunden.

23 Diese Kits funktionieren so gut, dass man leicht den Pegel im Ausgleichsbehälter vergessen kann – achten Sie also stets darauf, dass sich in ihm stets genug Flüssigkeit befindet.

Entlüften – mit Druckentlüftungs-Kit

24 Diese Geräte arbeiten oft mit dem im Reserverad gespeicherten Luftdruck; oft muss dieser jedoch zuvor auf einen niedrigeren Wert als üblich abgesenkt werden – beachten Sie die beigefügte Anleitung.
25 Indem ein unter Druck stehender und mit Bremsflüssigkeit gefüllter Behälter an den Ausgleichsbehälter angeschlossen wird, kann das Entlüften einfach durch das Öffnen der Entlüftungsschrauben (in der oben angegebenen Reihenfolge) erledigt werden – lassen Sie die Flüssigkeit austreten, bis keine Blasen mehr enthalten sind.
26 Diese Methode hat den Vorteil, dass der große Flüssigkeitsbehälter zusätzliche Sicherheit vor in das System gesaugte Luft bietet.
27 Druckentlüften ist besonders bei »schwierigen« Systemen zu empfehlen oder wenn das gesamte System bei einem Austausch der Bremsflüssigkeit gespült werden soll (siehe Praxis-Tipp oben).

Alle Methoden

28 Prüfen Sie nach dem Entlüften den Pegel im Ausgleichsbehälter und füllen Sie ihn ggf. auf.
29 Betätigen Sie bei laufendem Motor die Bremse – falls das Pedal ein schwammiges Gefühl vermittelt oder sogar »gepumpt« werden muss, bis ein Druckpunkt entsteht, befindet sich noch Luft im Bremssystem, und es muss erneut entlüftet werden. Bringt auch eine Wiederholung keine zufriedenstellenden Ergebnisse, können defekte Dichtungen im Hauptbremszylinder die Ursache sein.
30 Die aus dem Bremssystem gespülte Bremsflüssigkeit muss fachgerecht entsorgt werden – keinesfalls darf sie wiederverwendet werden.

3 Bremsleitungen und Schläuche – Kontrolle und Ersetzen

Anmerkung: *Beachten Sie vor Arbeitsbeginn die Warnhinweise in Sektion 2.*

Kontrolle

1 Heben Sie das Fahrzeug vorne und hinten an und stützen Sie es ab (siehe Seite 353), sodass die Bremsleitungen und Schläuche in den Radläufen und an den Federelementen inspiziert werden können.
2 Kontrollieren Sie, ob alle Rohrleitungen fest in ihren Halterungen sitzen; sie müssen frei von Korrosion und Beschädigungen – z.B. durch Steinschlag – sein.
3 Kontrollieren Sie alle flexiblen Schläuche auf Risse, Brüche und Blasen. Drücken Sie die Schläuche zwischen den Fingern, um kleine Risse zu entdecken. Erneuern Sie alle zweifelhaften Schläuche. Je nach Zustand der Schläuche kann ein genereller Austausch im Zuge eines Bremsflüssigkeits-Wechsels in Betracht gezogen werden.

Ersetzen

4 Die Details des Austauschs von Rohren und Schläuchen hängt von der Position des entsprechenden Segments ab, doch die Grundlagen sind bei allen gleich.
5 Der Verlust an Bremsflüssigkeit kann minimiert werden, indem der Deckel des Ausgleichsbehälters geöffnet, ein Stück Plastikfolie über die Öffnung gelegt und der Deckel wieder aufgeschraubt wird – so ist der Behälter nicht belüftet und bei einer getrennten Leitung läuft keine Flüssigkeit nach.
6 Reinigen Sie die zu trennenden Anschlüsse. Lösen Sie die Anschlüsse – bei Schlauchanschlüssen zuerst an der Rohrleitung, dann am Hauptbremszylinder. Befreien Sie den Schlauch oder das Rohr aus allen Befestigungen.
7 Bevor ein neues Rohr oder ein neuer Schlauch installiert wird, sollte das Teil mit Druckluft durchgeblasen werden. Alle bei einem Rohr nötigen Biege-Arbeiten müssen durchgeführt werden, bevor es angeschlossen wird. Originale Volvo-Ersatzteile sollten ohne weitere Verformungen installiert werden können.
8 Wenn das Rohr oder der Schlauch korrekt verlegt ist und keine benachbarten Bauteile berührt, werden die Anschlüsse verbunden.
9 Entlüften Sie den entsprechenden Bremskreis (siehe Sektion 2).

4 Vorderrad-Bremsbeläge – Ersetzen

1 Lockern Sie die Vorderradmuttern, heben Sie das Fahrzeug vorne an und stützen Sie es sicher ab. Nehmen Sie die Räder ab.
2 Lösen Sie die Schraube des unteren Bremssattel-Führungsbolzens, kontern Sie dabei nötigenfalls den Führungszapfen mit einem Maulschlüssel (siehe Abbildung). Lockern Sie bei Girling-Bremssätteln auch die Schraube des oberen Führungszapfens.

Warnung: Ersetzen Sie immer alle Bremsbeläge beider Vorderradbremsen; der Austausch der Beläge nur an einer Seite würde zu ungleichmäßigem Bremsen führen. Der beim Verschleiß der Bremsbeläge entstehende Staub kann krebserregendes Asbest enthalten und darf daher nicht mit Druckluft ausgeblasen und eingeatmet werden. Entfernen Sie den Staub KEINESFALLS mit Benzin oder Lösungsmittel auf Petroleumbasis. Verwenden Sie Bremsenreiniger oder Spiritus, um Bremsenteile zu reinigen. Lassen Sie weder Bremsflüssigkeit noch Öle oder Fette mit den Bremsbelägen oder der Bremsscheibe in Kontakt kommen. Beachten Sie die Warnhinweise in Sektion 2, um weitere Informationen zu Bremsflüssigkeit zu erhalten.

4.2 Lösen Sie die untere Führungszapfen-Schraube.

3 Schwenken Sie den Bremssattel hoch, befreien Sie die Faltenbälge und ziehen Sie ihn vom Führungszapfen (siehe Abbildung). Stützen Sie den Bremssattel so, dass die Bremsleitung(en) nicht unter Last gesetzt werden. Betätigen Sie nicht die Bremse, solange der Bremssattel demontiert ist.

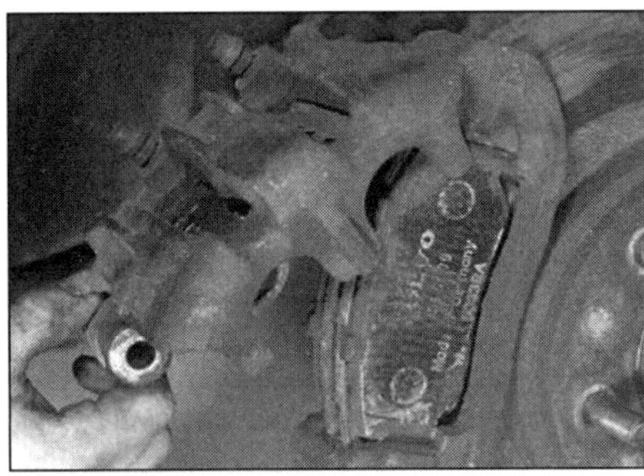

4.3 Schwenken Sie den Bremssattel hoch.

4 Befreien Sie die Bremsbeläge aus dem Bremssattelhalter, beachten Sie ihre Positionen, falls sie wiederverwendet werden sollen. Stellen Sie ggf. das Antiquietsch-Blech von der Rückseite jedes Belags sicher.
5 Messen Sie die Stärke des Belagmaterials – falls ein Belag die Verschleißgrenze von 3 mm erreicht hat, müssen alle vier Bremsbeläge der Vorderradbremsen ersetzt werden. Tauschen Sie Bremsbeläge nicht gegeneinander aus, um einen gleichmäßigen Verschleiß zu erreichen (dieser kann durch einen auf den Führungszapfen klemmenden Bremssattel entstehen).
6 Reinigen Sie den Bremssattel und den Halter mit einem feuchten Lappen oder einem alten Pinsel. Inspizieren Sie die

Bremssattel-Kolben und die Staubmanschetten auf ausgetretene Bremsflüssigkeit. Kontrollieren Sie auch die Gummifaltenbälge der Führungszapfen. Reparieren und ersetzen Sie schadhafte Teile (siehe Sektion 8).

7 Entfernen Sie mit einer Drahtbürste oder einer Feile Ablagerungen und Rost vom Rand der Bremsscheibe und führen Sie eine Sichtprüfung durch: falls sie stark riefig ist, Risse oder Einkerbungen aufweist oder zuvor rubbelndes Bremsverhalten auftrat, müssen die Bremsscheiben genauer überprüft werden (siehe Sektion 6).

8 Wenn neue Bremsbeläge installiert werden sollen, müssen die Kolben per Zange tiefer in den Sattel gedrückt werden – beschädigen Sie dabei nicht die Staubmanschetten. Hierbei wird der Pegel im Ausgleichsbehälter ansteigen – um ihn dabei nicht überlaufen zu lassen, muss eventuell etwas Bremsflüssigkeit abgesaugt werden.

Praxis-Tipp ***Bremsflüssigkeit lässt sich gut mit einer größeren Einwegspritze aus dem Ausgleichsbehälter saugen – diese sind preiswert in der Apotheke erhältlich.***

9 Tragen Sie Kupferpaste oder Scheibenbremsen-Montagepaste auf die Rückseiten der Bremsbeläge und an den Bremssattel-Führungszapfen auf – lassen Sie keinen Schmierstoff auf das Belagmaterial oder die Bremsscheibe gelangen. Schmieren Sie ebenfalls beide Seiten der ggf. vorhandenen Antiquietsch-Bleche, bevor Sie diese an die Rückseiten der Beläge setzen.

10 Schieben Sie den Bremssattel auf den oberen Führungszapfen und installieren Sie die Faltenbälge. Positionieren Sie die Bremsbeläge mit dem Belagmaterial zur Bremsscheibe zeigend in den Halter und schwenken Sie den Bremssattel herunter – die Bleche müssen dabei hinter den Belägen verbleiben.

11 Versehen Sie das Gewinde der Führungszapfenschraube mit Sicherungspaste, installieren Sie die Schraube und ziehen Sie sie mit 34 Nm an. Ziehen Sie bei Girling-Bremssätteln auch die Schraube des oberen Führungszapfens an.

12 Betätigen Sie mehrmals das Bremspedal, um die Beläge an die Bremsscheibe anzulegen.

13 Wiederholen Sie die Tätigkeiten an der anderen Vorderradbremse.

14 Montieren Sie die Räder, senken Sie das Fahrzeug ab und ziehen Sie die Radmuttern mit 85 Nm an.

15 Prüfen Sie den Bremsflüssigkeitspegel und füllen Sie ggf. nach.

16 Wenn neue Bremsbeläge installiert wurden, sollten diese zunächst möglichst ohne Vollbremsungen »eingebremst« werden, damit sie sich den Bremsscheiben anpassen können.

5 Hinterrad-Bremsbeläge – Ersetzen

Modelle mit Starrachse

1 Lockern Sie die Hinterradmuttern, heben Sie das Fahrzeug hinten an und stützen Sie es sicher ab. Nehmen Sie die Räder ab.

Warnung: Ersetzen Sie immer alle Bremsbeläge beider Hinterradbremsen; der Austausch der Beläge nur an einer Seite würde zu ungleichmäßigem Bremsen führen. Der beim Verschleiß der Bremsbeläge entstehende Staub kann krebserregendes Asbest enthalten und darf daher nicht mit Druckluft ausgeblasen und eingeatmet werden. Entfernen Sie den Staub KEINESFALLS mit Benzin oder Lösungsmittel auf Petroleumbasis. Verwenden Sie Bremsenreiniger oder Spiritus, um Bremsenteile zu reinigen. Lassen Sie weder Bremsflüssigkeit noch Öle oder Fette mit den Bremsbelägen oder der Bremsscheibe in Kontakt kommen. Beachten Sie die Warnhinweise in Sektion 2, um weitere Informationen zu Bremsflüssigkeit zu erhalten.

2 Treiben Sie die zwei Bremsbelagstifte mithilfe eines Hammers und eines Treibdorns heraus (siehe Abbildung). Entfernen Sie die Geräuschdämm-Federn – beim Einbau müssen neue Federn verwendet werden.

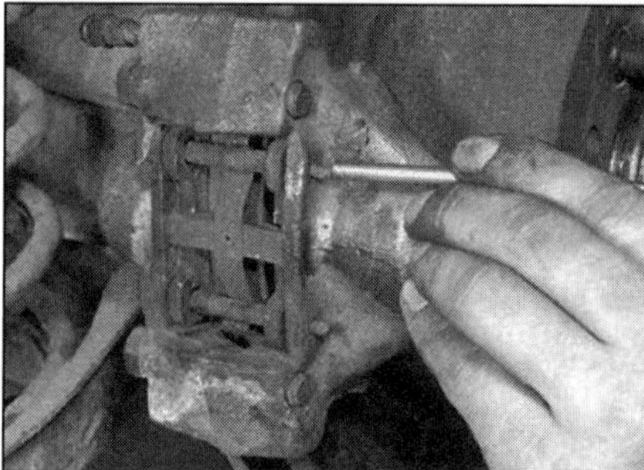

5.2 Treiben Sie die Bremsbelagstifte heraus.

3 Drücken Sie beide Bremsbeläge mit einer Zange von der Bremsscheibe weg – hebeln Sie sie nicht ab.

4 Ziehen Sie die Bremsbeläge samt der ggf. vorhandenen Antiquietsch-Bleche aus dem Bremssattel, beachten Sie ihre Positionen, falls sie wiederverwendet werden sollen. Betätigen Sie nicht die Bremse, solange die Bremsbeläge demontiert sind.

5 Messen Sie die Stärke des Belagmaterials – falls ein Belag die Verschleißgrenze von e mm erreicht hat, müssen alle vier Bremsbeläge der Hinterradbremsen ersetzt werden. Tauschen Sie Bremsbeläge nicht gegeneinander aus, um einen gleichmäßigen Verschleiß zu erreichen (dieser kann durch einen klemmenden Kolben entstehen).

6 Reinigen Sie den Bremssattel und den Halter mit einem feuchten Lappen oder einem alten Pinsel. Inspizieren Sie die Bremssattel-Kolben und die Staubmanschetten auf ausgetretene Bremsflüssigkeit. Reparieren und ersetzen Sie schadhafte Teile (siehe Sektion 9).

7 Führen Sie an der sichtbaren Seite der Bremsscheibe eine Sichtprüfung durch; falls sie stark riefig ist, Risse oder Einkerbungen aufweist oder zuvor rubbelndes Bremsverhalten auftrat, müssen die Bremsscheiben genauer überprüft werden (siehe Sektion 7). Entfernen Sie nötigenfalls den Bremssattel, um Zugang zur Innenseite der Bremsscheibe zu erhalten

8 Antiquietsch-Bleche dürfen auch verwendet werden, wenn die alten Bremsbeläge nicht damit ausgerüstet waren.

9 Wenn neue Bremsbeläge installiert werden sollen, müssen die Kolben per Zange tiefer in den Sattel gedrückt werden –

beschädigen Sie dabei nicht die Staubmanschetten. Hierbei wird der Pegel im Ausgleichsbehälter ansteigen – um ihn dabei nicht überlaufen zu lassen, muss eventuell etwas Bremsflüssigkeit abgesaugt werden.

Praxis-Tipp ***Bremsflüssigkeit lässt sich gut mit einer größeren Einwegspritze aus dem Ausgleichsbehälter saugen – diese sind preiswert in der Apotheke erhältlich.***

10 Tragen Sie Kupferpaste oder Scheibenbremsen-Montagepaste auf die Rückseiten der Bremsbeläge und an den Bremssattel-Führungszapfen auf – lassen Sie keinen Schmierstoff auf das Belagmaterial oder die Bremsscheibe gelangen. Schmieren Sie ggf. beide Seiten der Antiquietsch-Bleche, bevor Sie diese an die Rückseiten der Beläge setzen.
11 Positionieren Sie die Bremsbeläge mit dem Belagmaterial zur Bremsscheibe zeigend in den Sattel (siehe Abbildung).

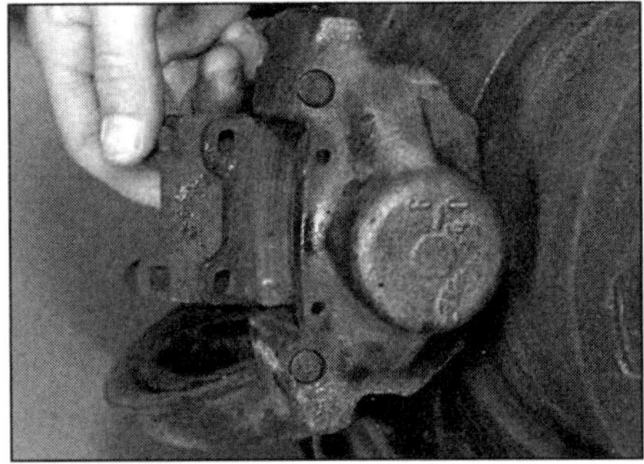

5.11 Einbau eines Hinterrad-Bremsbelags samt Antiquietsch-Blech

12 Installieren Sie einen der Belagstifte und klopfen Sie ihn vollständig ein. Installieren Sie eine neue Geräuschdämm-Feder und dann den anderen Stift – beide Stifte müssen über den Laschen der Feder sitzen (siehe Abbildung).

5.12 Schieben Sie den Bremsbelagstift über der Feder ein.

Modelle mit Einzelradaufhängung

13 Lockern Sie die Hinterradmuttern, heben Sie das Fahrzeug hinten an und stützen Sie es sicher ab. Nehmen Sie die Räder ab.
14 Drücken Sie den Bremssattelkolben in seine Bohrung, indem Sie zwischen der Rückseite des äußeren Bremsbelags und dem Bremssattelgehäuse einen Hebel ansetzen. Hierbei wird der Pegel im Ausgleichsbehälter ansteigen – um ihn dabei nicht überlaufen zu lassen, muss eventuell etwas Bremsflüssigkeit abgesaugt werden.

Bremsflüssigkeit lässt sich gut mit einer größeren Einwegspritze aus dem Ausgleichsbehälter saugen – diese sind preiswert in der Apotheke erhältlich.

15 Lösen Sie die Schraube des unteren Bremssattel-Führungsbolzens, kontern Sie dabei den Führungszapfen mit einem Maulschlüssel. Lockern aber entfernen Sie nicht die Schraube des oberen Führungszapfens (siehe Abbildung).

5.15 Lockern Sie die obere Führungszapfen-Schraube.

16 Schwenken Sie das Bremssattelgehäuse hoch und entnehmen Sie die Bremsbeläge (siehe Abbildung). Betätigen Sie nicht die Bremse, solange der Bremssattel demontiert ist.

5.16 Schwenken Sie das Bremssattelgehäuse hoch und entnehmen Sie die Bremsbeläge.

17 Reinigen und inspizieren Sie den Bremssattel und die Bremsscheibe wie in den Schritten 6 und 7 beschrieben. Kontrollieren Sie auch, ob die Faltenbälge der Führungszapfen in Ordnung sind.
18 Installieren Sie die Bremsbeläge mit dem Belagmaterial zur Bremsscheibe zeigend und schwenken Sie das Bremssattelgehäuse herunter.
19 Installieren Sie die untere Führungszapfen-Schraube. Ziehen Sie beide Schrauben mit 34 Nm an – kontern Sie dabei nötigenfalls die Zapfen.

Alle Modelle

20 Betätigen Sie mehrmals das Bremspedal, um die Beläge an die Bremsscheibe anzulegen.
21 Wiederholen Sie die Tätigkeiten an der anderen Vorderradbremse.
22 Montieren Sie die Räder, senken Sie das Fahrzeug ab und ziehen Sie die Radmuttern mit 85 Nm an.
23 Prüfen Sie den Bremsflüssigkeitspegel und füllen Sie ggf. nach.

24 Wenn neue Bremsbeläge installiert wurden, sollten diese zunächst möglichst ohne Vollbremsungen »eingebremst« werden, damit sie sich den Bremsscheiben anpassen können.

6 Vorderrad-Bremsscheibe – Kontrolle, Ausbau und Einbau

Anmerkung: *Beachten Sie vor Arbeitsbeginn die Warnhinweise bzgl. Asbeststaub am Anfang von Sektion 4.*

Kontrolle

Anmerkung: Falls eine Bremsscheibe ersetzt werden muss, sind immer beide Vorderrad-Bremsscheiben auszutauschen, um eine gleichmäßige Bremswirkung sicherzustellen. Beim Austausch von Bremsscheiben müssen auch die Bremsbeläge erneuert werden.

1 Lockern Sie die Vorderradmuttern, heben Sie das Fahrzeug vorne an und stützen Sie es ab. Nehmen Sie die Räder ab.

2 Begutachten Sie den Zustand der Bremsscheiben-Oberfläche auf Kerben und andere Beschädigungen. Leichte Kratzer sind nach Gebrauch normal und behindern nicht die Funktion der Bremse, tiefe Kerben und starker Abrieb reduzieren jedoch die Bremswirkung und erhöhen den Belagverschleiß. Wenn eine Scheibe stark riefig ist, kann sie ggf. geschliffen werden, solange dabei nicht ihre Mindeststärke unterschritten wird (siehe technische Daten).

3 Prüfen Sie mit einer nahe des Außenrands positionierten Messuhr die Bremsscheibe auf Verzug. Falls mehr als 0,08 mm (Modelle bis 1988) bzw. 0,6 mm (Modelle ab 1988) festgestellt werden, muss zunächst sichergestellt werden, dass die Radlager in Ordnung sind (siehe Kapitel 10); sind diese in Ordnung, muss die Bremsscheibe ersetzt werden.

Praxis-Tipp

Falls keine Messuhr zur Hand ist, kann ein fester Zeiger nahe des Außenrands befestigt werden, der so ausgerichtet wird, dass er die drehende Scheibe nur in einem kleinen Bereich berührt. Drehen Sie dann die Scheibe, bis der Zeiger maximalen Abstand zu ihr hat, und ermitteln Sie den Verzug mit einer dazwischen gehaltenen Fühlerlehre.

4 Abweichungen in der Bremsscheiben-Stärke von über 0,015 mm kann zu Bremsen-Rubbeln führen; prüfen Sie dies mit einer Mikrometerschraube.

Ausbau

Modelle vor 1988 mit fest verbundener Bremsscheiben/Radnaben-Baugruppe

5 Die Vorderrad-Bremsscheiben bilden einen Teil der Radnaben und können nicht separat demontiert werden. Der Ausbau der Radnaben ist in Kapitel 10 beschrieben.

6 Falls die Bremsscheiben/Radnaben-Baugruppe erneuert werden muss, sind möglicherweise keine Original-Ersatzteile mehr erhältlich. Stattdessen gibt es aber Reparaturkits mit separater Bremsscheibe und Nabe, sodass das Fahrzeug auf die spätere Version umgerüstet werden kann. Nach der Montage und der Einstellung kann die Bremsscheibe separat ausgetauscht werden.

Modelle ab 1988 mit separaten Bremsscheiben

7 Entfernen Sie den Bremssattel samt Halter (siehe Sektion 8), aber trennen Sie nicht die Bremsleitung(en); sichern Sie den Sattel so, dass keine Leitung unter Last gesetzt wird.

8 Entfernen Sie den Arretierstift, der die Bremsscheibe an der Nabe sichert, und heben Sie sie ab (siehe Abbildungen).

6.8a Entfernen Sie den Arretierstift . . .

6.8b . . . und heben Sie die Bremsscheibe ab.

Einbau

Modelle vor 1988 mit fest verbundener Bremsscheiben/Radnaben-Baugruppe

9 Der Einbau der Radnaben-Baugruppe ist in Kapitel 10 beschrieben. Falls eine neue Bremsscheibe verwendet wird, müssen funktionsfähige Lagerringe zu dieser übertragen oder neue installiert werden. Ersetzen Sie in jedem Fall den Dichtring. Reinigen Sie neue Bremsscheiben mit Aceton oder Bremsenreiniger, um den Schutzüberzug zu entfernen.

Modelle ab 1988 mit separaten Bremsscheiben

10 Die Kontaktflächen der Bremsscheibe und der Radnabe müssen absolut sauber sein. Reinigen Sie neue Bremsscheiben mit Aceton oder Bremsenreiniger, um den Schutzüberzug zu entfernen.

11 Richten Sie die Bremsscheibe zur Radnabe aus und installieren Sie den Arretierstift.

12 Montieren Sie den Bremssattel samt Halter (siehe Sektion 8).

7 Hinterrad-Bremsscheibe – Kontrolle, Ausbau und Einbau

Anmerkung: *Beachten Sie vor Arbeitsbeginn die den Asbeststaub betreffenden Warnhinweise am Anfang von Sektion 5.*

Kontrolle

1 Die Prozedur entspricht derjenigen an den Vorderrad-Bremsscheiben – beachten Sie dazu Sektion 6, Schritte 1 bis 4. Kontrollieren Sie zusätzlich die Handbremsen-Trommeln. Alle Verschleißgrenzen sind in den technischen Daten angegeben. Die Bremstrommeln verschleißen üblicherweise nicht, solange die Handbremse nicht gewohnheitsmäßig zum Verzögern des Fahrzeugs eingesetzt oder die Warnleuchte für angezogene Handbremse längere Zeit ignoriert wird.

Ausbau

2 Entfernen Sie den Bremssattel (siehe Sektion 9), aber trennen Sie nicht die Bremsleitung(en); sichern Sie den Sattel so, dass keine Leitung unter Last gesetzt wird.
3 Falls ein Arretierstift für das Rad vorhanden ist, muss dieser aus der Bremsscheibe geschraubt werden.
4 Sichergehend, dass die Handbremse gelöst ist, wird die Bremsscheibe abgezogen – klopfen Sie sie nötigenfalls mit einem weichen Hammer frei (siehe Abbildung).

7.4 Ziehen Sie die Bremsscheibe ab.

Einbau

5 Der Einbau entspricht der umgekehrten Ausbaureihenfolge. Reinigen Sie neue Bremsscheiben mit Aceton oder Bremsenreiniger, um den Schutzüberzug zu entfernen.

8 Vorderrad-Bremssattel – Ausbau, Überholung und Einbau

Anmerkung: *Beachten Sie vor Arbeitsbeginn die Warnhinweise am Anfang der Sektionen 2 und 4.*

Ausbau

Modelle ohne ABS

1 Gehen Sie wie beim Ausbau der Bremsbeläge vor (siehe Sektion 4), aber trennen Sie zusätzlich am Innenkotflügel-Halter die Bremsschläuche von den Rohrleitungen. Markieren Sie die Schläuche, um sie später wieder an das gleiche Rohr anzuschließen. Seien Sie auf austretende Bremsflüssigkeit vorbereitet und achten Sie darauf, dass kein Schmutz in die offenen Anschlüsse eindringt.
2 Falls der Bremssattelhalter entfernt werden soll, müssen die zwei Inbusschrauben gelöst werden, die ihn am Achsschenkel sichern (siehe Abbildung) – beim Zusammenbau müssen neue Schrauben verwendet werden.

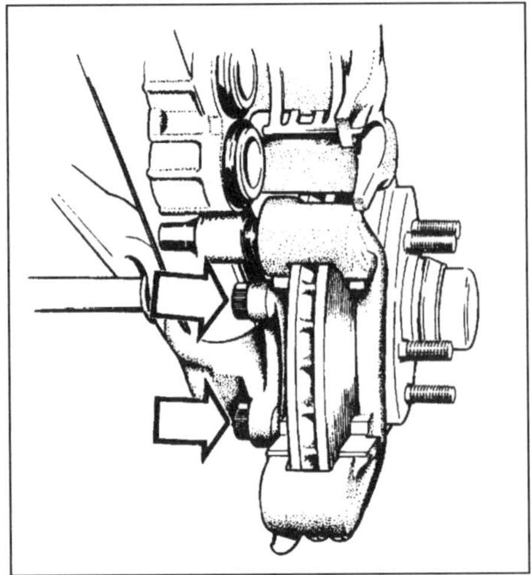

8.2 Zwei Inbusschrauben sichern den vorderen Bremssattel-Halter.

ABS-Modelle

3 Gehen Sie wie oben beschrieben vor, hier gibt es allerdings nur einen Bremsschlauch pro Bremssattel und die Verbindung zwischen Schlauch und Rohrleitung muss nicht getrennt werden. Lockern Sie den Schlauchanschluss am Bremssattel, ziehen Sie diesen von den Führungszapfen und drehen Sie ihn vom Schlauch ab.

Überholen

4 Reinigen Sie den demontierten Bremssattel äußerlich mit Spiritus und einem weichen Pinsel.
5 Lösen Sie alle noch vorhandenen Bremsleitungen sowie die Entlüftungsschrauben. Entleeren Sie den Bremssattel.
6 Entfernen Sie die Geräuschdämm-Feder.
7 Entfernen Sie eine der Kolben-Staubmanschetten und ziehen Sie den Kolben aus seiner Bohrung (siehe Abbildungen).

Falls ein Bremssattel-Kolben jede Bewegung verweigert, werden die Entlüftungsschrauben wieder installiert, ggf. der zweite Bremsleitungs-Anschluss mit einer Schraube verschlossen und am offenen Anschluss äußerst vorsichtig Druckluft angesetzt, um den/die Kolben herauszupressen; sorgen Sie mit einem Holz dafür, dass er/sie ggf. gleichmäßig herauskommen und nicht beschädigt werden.

8.7a Entfernen Sie die Staubmanschette . . .

8.7b . . . und ziehen Sie den Kolben heraus.

8 Hebeln Sie mit einem stumpfen Werkzeug den Dichtring aus der Nut der Kolbenbohrung (Abb. 8.13).

9 Wiederholen Sie die Prozedur mit dem zweiten Kolben – markieren Sie beide Kolben, falls sie wiederverwendet werden sollen.

10 Reinigen Sie die Kolben und ihre Bohrungen mit einem fusselfreien Lappen und Spiritus oder frischer Bremsflüssigkeit. Kleine Schleifspuren können mit Stahlwolle wegpoliert werden; Ausbrüche, Riefen oder Verschleißkanten an den Bohrungen oder Kolben bedeuten, dass der komplette Bremssattel erneuert werden muss.

11 Alle Gummiteile (Dichtringe, Staubmanschetten und Faltenbälge) müssen selbstverständlich ersetzt werden. Blasen Sie alle Bohrungen und Kanäle mit Druckluft aus.

12 Prüfen Sie, ob die Gleitzapfen gut in ihren Sitzen gleiten können, Reinigen oder ersetzen Sie entsprechende Teile und schmieren Sie sie mit Kupferpaste.

13 Schmieren Sie neue Kolben-Dichtringe mit frischer Bremsflüssigkeit und drücken Sie sie von Hand in ihre Nuten (siehe Abbildung).

8.13 Installieren Sie den neuen Kolben-Dichtring in seine Nut.

14 Installieren Sie eine neue Staubmanschette an das am weitesten von der Kolbennut entfernte Ende. Ziehen sie die Manschette für den Einbau zurecht.

15 Schmieren Sie den Kolben und die Bohrung mit frischer Bremsflüssigkeit oder der ggf. dem Reparaturset beigefügten Montagepaste.

16 Richten Sie den Kolben samt Manschette zur Bohrung aus. Richten Sie die Manschette in der Nut des Kolbengehäuses aus und drücken Sie den Kolben durch die Manschette in die Bremssattel-Bohrung. Richten Sie die Manschette in der Nut des Kolbens aus.

17 Wiederholen Sie die Prozedur mit dem anderen Kolben.

18 Installieren Sie alle Bremsleitungen und Entlüftungsschrauben.

Einbau

19 Versehen Sie die Gewinde der neuen Inbusschrauben mit Sicherungspaste, sichern Sie damit den Bremssattelhalter und ziehen Sie sie mit 100 Nm an.

20 Montieren Sie den Bremssattel wie in Sektion 4 beschrieben und schließen Sie die Bremsleitung(en) an – ein ABS-Bremssattel muss ggf. vorher auf den Bremsschlauch-Anschluss geschraubt werden. Prüfen Sie, ob kein Schlauch verdreht oder geknickt ist.

21 Entlüften Sie die Bremse (siehe Sektion 2).

9 Hinterrad-Bremssattel – Ausbau, Überholung und Einbau

Anmerkung: *Beachten Sie vor Arbeitsbeginn die Warnhinweise am Anfang der Sektionen 2 und 5.*

Ausbau

Modelle mit Starrachse

1 Entfernen Sie die Hinterrad-Bremsbeläge vor (siehe Sektion 5).

2 Reinigen Sie den Bereich um den Hydraulikanschluss. Lockern Sie den Anschluss eine halbe Umdrehung (siehe Abbildung).

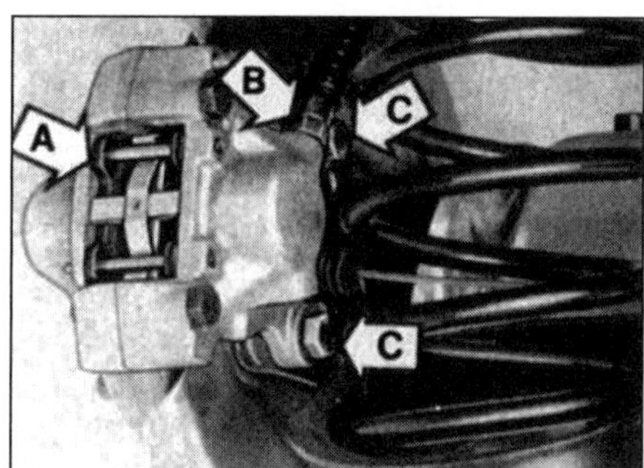

9.2 Ausbau des Hinterrad-Bremssattels

A Hinterrad-Bremsbeläge
B Hydraulikanschluss
C Bremssattel-Befestigungsschrauben

3 Lösen Sie die zwei Schrauben, die den Bremssattel sichern (von den vier Schrauben des Sattels sind dies diejenigen, die näher an der Radnabe sitzen). Lösen Sie nicht die anderen zwei Schrauben, da diese die Bremssattel-Hälften zusammenhalten. Beschaffen Sie für den Einbau neue Schrauben.

4 Ziehen Sie den Bremssattel von der Bremsscheibe und drehen Sie ihn vom Bremsschlauch-Anschluss. Seien Sie auf austretende Bremsflüssigkeit vorbereitet und achten Sie darauf, dass kein Schmutz in die offenen Anschlüsse eindringt.

Modelle mit Einzelradaufhängung

5 Lockern Sie die Hinterradmuttern, heben Sie das Fahrzeug hinten an und stützen Sie es sicher ab. Nehmen Sie die Räder ab.

6 Falls der Bremssattel komplett entfernt werden soll, muss der Bereich um den Hydraulikanschluss gereinigt und der Anschluss eine halbe Umdrehung gelockert werden.

7 Lösen Sie die zwei Schrauben, die den Bremssattelhalter am Radnabenträger sichern. Beschaffen Sie für den Einbau neue Schrauben.
8 Ziehen Sie den Bremssattel samt Halter und Belägen von der Bremsscheibe und drehen Sie ihn ggf. vom Bremsschlauch-Anschluss – seien Sie auf austretende Bremsflüssigkeit vorbereitet und achten Sie darauf, dass kein Schmutz in die offenen Anschlüsse eindringt. Falls der Bremsschlauch nicht getrennt wird, muss darauf geachtet werden, diesen nicht unter Last zu setzen.

Überholen (alle Modelle)

9 Das Überholen entspricht im Wesentlichen der Arbeit am Vorderrad-Bremssattel (siehe Sektion 8). Beachten Sie zusätzlich die folgenden Punkte:

a) *Versuchen Sie nicht, den Bremssattel zu trennen.*
b) *Beachten Sie die Stufe am Kolben – sie muss im Winkel von 20° zur Unterseite des Bremssattels stehen.*
c) *Einige spätere Modelle sind mit Einkolben-Bremssätteln ausgerüstet – auch hier ist das Überholen grundlegend gleich.*

Einbau (alle Modelle)

10 Drehen Sie zuerst den Bremssattel auf den Schlauchanschluss – ziehen Sie diesen aber noch nicht an.
11 Schieben Sie den Bremssattel über die Bremsscheibe und sichern Sie ihn mit zwei neuen Schrauben am Achsträger. Ziehen Sie die Schrauben mit 58 Nm an.
12 Ziehen Sie die Schlauchanschlüsse am Bremssattel an. Prüfen Sie, ob kein Schlauch verdreht oder geknickt ist und keine anderen Teile berührt. Lockern Sie nötigenfalls den Schlauchanschluss am Rohranschluss-Halter, positionieren Sie den Schlauch neu und ziehen Sie den Anschluss wieder an.
13 Installieren Sie ggf. die Bremsbeläge (siehe Sektion 5).
14 Entlüften Sie den entsprechenden Bremskreis (siehe Sektion 2).

10 Hauptbremszylinder – Ausbau, Überholung und Einbau

Anmerkung: *Beachten Sie vor Arbeitsbeginn die Warnhinweise am Anfang von Sektion 2.*

Ausbau

1 Saugen Sie möglichst viel Bremsflüssigkeit aus dem Ausgleichsbehälter – beachten Sie den Praxis-Tipp in Sektion 4.
Achtung: *Saugen Sie Bremsflüssigkeit niemals mit dem Mund an – sie ist giftig!*
2 Schrauben Sie ggf. den Hitzeschild vom Hauptbremszylinder.
3 Lösen Sie seitlich am Ausgleichsbehälter das Zulaufrohr des Kupplungs-Geberzylinders – seien Sie auf austretende Bremsflüssigkeit vorbereitet. Verstopfen Sie das offene Rohr.
4 Trennen Sie die Hydraulikanschlüsse vom Hauptbremszylinder – seien Sie auf austretende Bremsflüssigkeit vorbereitet. Verstopfen Sie alle offene Anschlüsse, um keinen Schmutz eindringen zu lassen (siehe Abbildung).
5 Lösen Sie die Muttern, die den Hauptbremszylinder am Bremskraftverstärker sichern, und ziehen Sie ihn von den Stehbolzen (siehe Abbildung) – achten Sie darauf, keine Bremsflüssigkeit auf Lackflächen zu verspritzen.

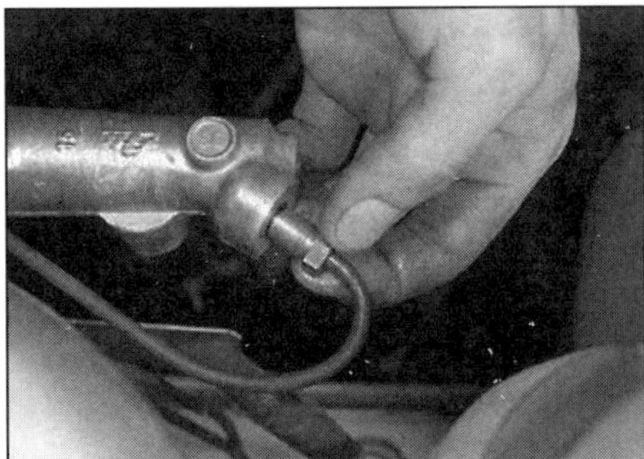

10.4 Hydraulikanschluss am Hauptbremszylinder

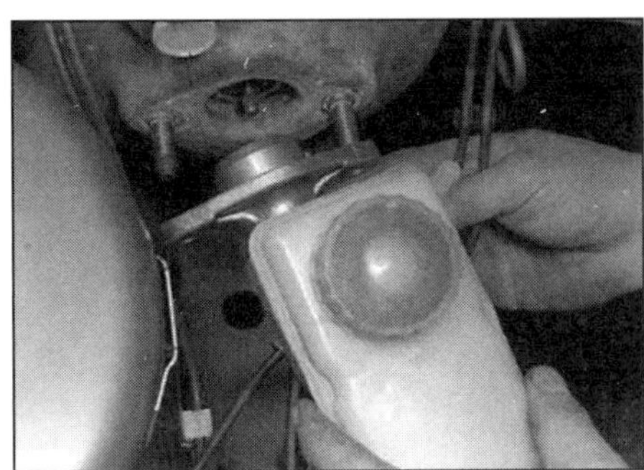

10.5 Entfernen Sie den Hauptbremszylinder.

Überholen

6 Entleeren Sie den Hauptbremszylinder, indem Sie die Kolben mit einem Schraubendreher bewegen. Reinigen Sie den Hauptbremszylinder äußerlich.
7 Ziehen Sie den Ausgleichsbehälter vom Hauptbremszylinder und entnehmen Sie die Dichtungen.

Modelle ohne ABS

8 Drücken Sie die Kolben ein und befreien Sie den Sicherungsdraht aus der Nut in der Zylinderöffnung (siehe Abbildung).

10.8 Entfernen Sie den Sicherungsdraht, um die Kolben zu befreien.

9 Klopfen Sie die Kolben, den Federsitz und die Feder aus dem Zylinder.
10 Kontrollieren Sie die Hauptbremszylinder-Bohrung. Falls sie stark korrodiert oder riefig ist, muss der gesamte Hauptbremszylinder ersetzt werden. Kleine Schleifspuren können mit Stahlwolle und Spiritus wegpoliert werden.
11 Beschaffen Sie ein Reparaturset, das neue Kolben mit bereits montierten Dichtungen enthält.

12 Reinigen Sie alle wiederzuverwendenden Teile sorgfältig mit Spiritus und blasen Sie Kanäle mit Druckluft aus.
13 Schmieren Sie die Zylinderbohrung und den Kolben samt Dichtungen mit frischer Bremsflüssigkeit oder der ggf. dem Reparaturset beigefügten Montagepaste.
14 Setzen Sie die Feder, den Federsitz und die Kolben zusammen – alle Teile müssen absolut sauber sein. Schieben Sie die Baugruppe mit der Feder voran in den Zylinder, drücken Sie den Kolben ein und installieren Sie den Sicherungsdraht (siehe Abbildungen).

10.14a Montieren Sie den Federsitz . . .

10.14b . . . und die Feder, . . .

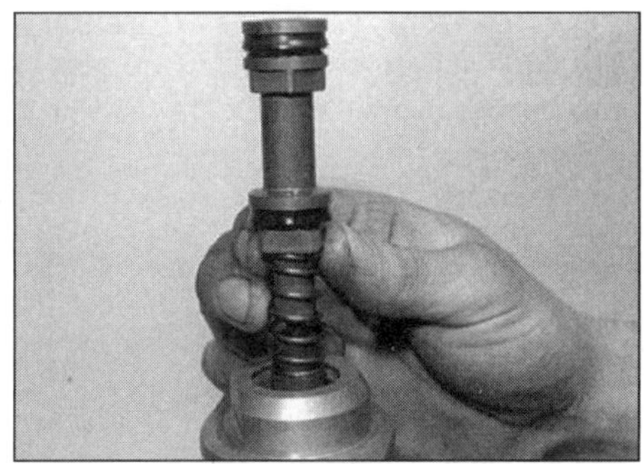

10.14c . . . und installieren Sie die Kolben mit der Feder voran in den Zylinder.

15 Montieren Sie den Ausgleichsbehälter ggf. mit neuen Dichtungen. Prüfen Sie, ob die Belüftungsbohrung im Behälterdeckel frei ist.

ABS-Modelle

16 Die Prozedur ähnelt der oben beschriebenen, nur sind hier die Kolben nicht nur mit einem Sicherungsdraht, sondern auch mit einer Spannhülse.

Einbau

17 Der Einbau entspricht der umgekehrten Ausbaureihenfolge. Entlüften Sie anschließend die komplette Bremshydraulik (siehe Sektion 2) und nötigenfalls auch die Kupplungshydraulik (siehe Kapitel 6).

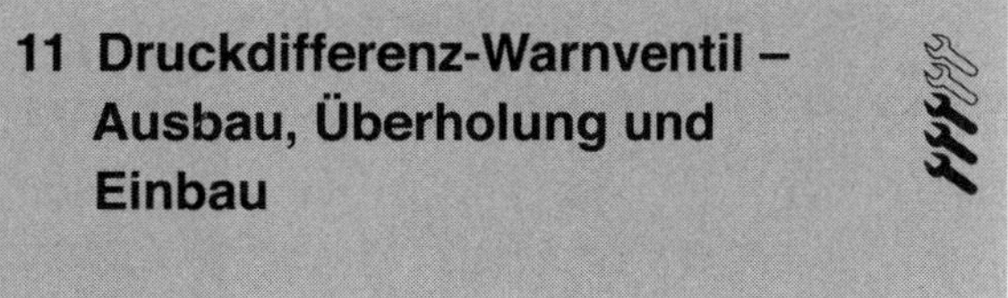

11 Druckdifferenz-Warnventil – Ausbau, Überholung und Einbau

Anmerkung: *Bei einigen Modellen ist kein Druckdifferenz-Warnventil vorhanden, und seine Funktion wird von einem per Schwimmer gesteuerten Schalter im Deckel des Ausgleichsbehälters übernommen.*

Ausbau

1 Dichten Sie den Ausgleichsbehälter ab, indem Sie die Belüftungsbohrung des Deckels verstopfen oder diesen mit einer Plastikfolie unterlegen.
2 Reinigen Sie das am linken Innenkotflügel sitzende Ventil und seine Anschlüsse – der Zugang ist sehr begrenzt (siehe Abbildung).

11.2 Das Druckdifferenz-Warnventil

3 Trennen Sie alle acht Hydraulikanschlüsse vom Ventil – bringen Sie ggf. Markierungen an, um sie wieder korrekt verbinden zu können. Seien Sie auf austretende Bremsflüssigkeit vorbereitet; verstopfen Sie offene Anschlüsse.
4 Trennen Sie das Kabel vom Ventil.
5 Lösen Sie die einzelne Befestigungsschraube und entnehmen Sie das Ventil – achten Sie darauf, keine Bremsflüssigkeit auf Lackflächen zu verspritzen.

Überholen

6 Reinigen Sie das Ventil äußerlich.
7 Schrauben Sie den Schalter vom Ventil. Entnehmen Sie die Feder und den Kontaktstift (siehe Abbildung).
8 Lösen Sie die zwei seitlichen Verschlussschrauben und entnehmen Sie die O-Ringe.
9 Entfernen Sie den Kolben, die Feder, die Stößel und die O-Ringe – beachten Sie deren Einbaureihenfolge.
10 Reinigen Sie alle Teile mit Spiritus und kontrollieren Sie sie. Falls die Ventilbohrung stark korrodiert oder riefig ist, muss das gesamte Ventil ersetzt werden. Ansonsten können kleine Schleifspuren mit Stahlwolle und Spiritus wegpoliert werden. Beschaffen Sie ein Reparaturset, das neue O-Ringe enthält.

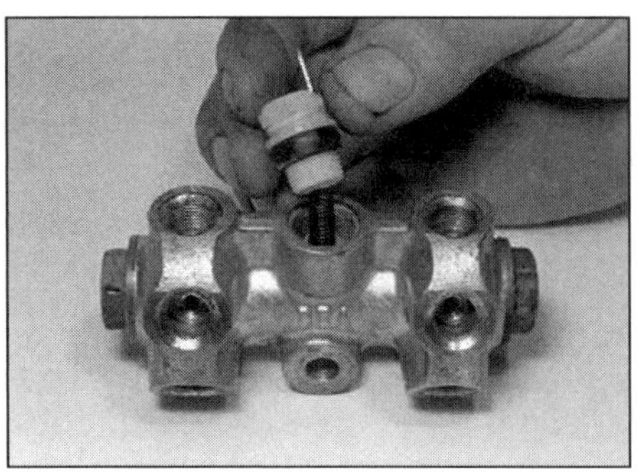

11.7 Schrauben Sie den Schalter oben aus dem Ventil.

11 Installieren Sie eine mit einem neuen O-Ring ausgerüstete Verschlussschraube und ziehen Sie sie an.
12 Setzen Sie den Kolben, die Stößel und die Feder zusammen. Schmieren Sie den Kolben und die neuen O-Ringe mit frischer Bremsflüssigkeit. Installieren Sie einen der O-Ringe an einen Stößel und schieben Sie die Baugruppe mit dem O-Ring voran in die Ventilbohrung.
13 Setzen Sie den anderen O-Ring in die Bohrung und drücken Sie ihn z.B. mit einem kleinen Rohr hinein.
14 Installieren sie die andere mit einem neuen O-Ring ausgerüstete Verschlussschraube und ziehen Sie sie an.

Einbau

15 Der Einbau entspricht der umgekehrten Ausbaureihenfolge, aber installieren Sie noch nicht den Schalter. Entlüften Sie die komplette Bremshydraulik (siehe Sektion 2) und prüfen Sie, ob die Überholung erfolgreich war:
16 Lassen Sie einen Assistenten etwa eine Minute lang heftig auf das Bremspedal drücken. Beobachten Sie das Ventil – wenn aus der Schalter-Bohrung Bremsflüssigkeit austritt, muss das Ventil erneuert werden. Tritt keine Flüssigkeit aus, werden der Kontaktstift, die Feder und der Schalter installiert und das Kabel angeschlossen.

12 Bremspedal – Ausbau und Einbau

Der Aus- und Einbau des Bremspedals entspricht der Arbeit am Kupplungspedal (siehe Kapitel 6, Sektion 3).

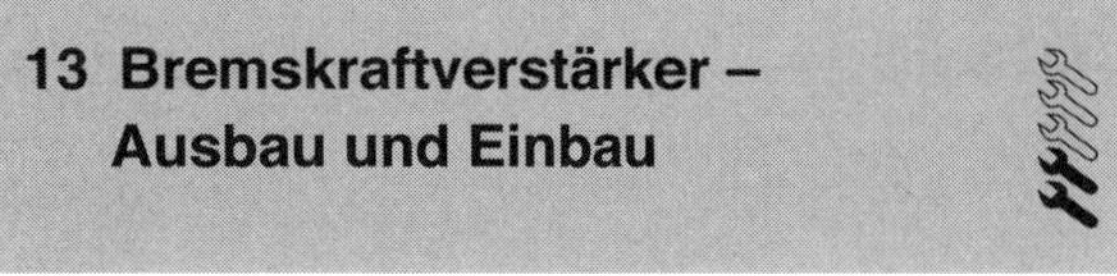

13 Bremskraftverstärker – Ausbau und Einbau

Ausbau

1 Entfernen Sie den Hauptbremszylinder (siehe Sektion 10); mit etwas Sorgfalt kann dieser vom Bremskraftverstärker getrennt werden, ohne dafür die Hydraulikanschlüsse trennen zu müssen. Allerdings muss das Zufuhr-Rohr des Kupplungs-Geberzylinders getrennt werden.
2 Trennen Sie den Unterdruckanschluss des Bremskraftverstärkers – entweder durch Abziehen des Schlauchs oder durch Heraushebeln des Rückschlagventils.
3 Entfernen Sie im Fußraum die Lenksäulen-Verkleidung und befreien Sie das Bremskraftverstärker-Gelenk vom Bremspedal.
4 Lösen Sie die vier Muttern, mit denen der Bremskraftverstärker gesichert ist.
5 Ziehen Sie den Bremskraftverstärker von der Spritzwand.

Einbau

6 Der Einbau entspricht der umgekehrten Ausbaureihenfolge. Falls ein neuer Bremskraftverstärker installiert wird, muss das Gestänge ggf. eingestellt werden, damit in der Grundstellung zwischen ihm und dem Hauptbremszylinder-Kolben etwas Spiel vorhanden ist.
7 Entlüften Sie ggf. die komplette Bremshydraulik (siehe Sektion 2).

14 Unterdruckpumpe – Ausbau, Überholung und Einbau

Ausbau

1 Ziehen Sie den Schlauch von der Unterdruckpumpe.
2 Lösen Sie die vier Muttern und heben Sie die Pumpe ab (siehe Abbildung). Entnehmen Sie die Dichtung.

14.2 Unterdruckpumpen-Befestigungsmuttern

Überholen

3 Entfernen Sie den mit zwei Schrauben gesicherten oberen Pumpendeckel. Entnehmen Sie die Dichtung, die Federn, die Ventile und die Dichtringe – beachten Sie die Einbaurichtung der Ventile.
4 Bringen Sie an den Gehäusehälften Ausrichtmarkierungen an. Lösen Sie die acht Schrauben und trennen Sie die Pumpen-Hälften.
5 Lösen Sie die in der Mitte sitzende Schraube, mit der die Membran gesichert ist, und entfernen Sie die Membran samt Scheiben und Feder – beachten Sie die Einbaureihenfolge der Scheiben.
6 Lösen Sie die vier Schrauben des unteren Deckels und entnehmen Sie diesen.
7 Führen Sie Fühlerlehrenblätter zwischen dem Betätigungshebel und dem Hebellager-Arm ein, um den Arm zu stützen. Treiben Sie den Hebel-Lagerstift heraus und ziehen Sie dann die Fühlerlehren heraus.
8 Entfernen Sie die Betätigungsstange samt Hebel.

9 Reinigen Sie alle Teile und ersetzen Sie sie nötigenfalls. Alle Dichtungen sollten generell ersetzt werden.
10 Beginnen Sie den Zusammenbau, indem Sie die Betätigungsstange und den Hebel ins Pumpengehäuse installieren. Stützen Sie den Hebellager-Arm mit Fühlerlehrenblättern und treiben Sie den Lagerstift ein; versehen Sie sein Ende mit einem Tropfen Sicherungspaste. Ziehen Sie die Fühlerlehren heraus.
11 Installieren Sie den unteren Deckel mit einer neuen Dichtung und sichern Sie ihn mit den vier Schrauben.
12 Setzen Sie die Membran, die Feder, die Scheiben und die Schraube zusammen. Halten Sie die Pumpe verkehrt herum, installieren Sie die Baugruppe und sichern Sie sie mit der Schraube.
13 Montieren Sie die obere Hälfte der Pumpe, beachten Sie dabei die Ausrichtmarkierungen. Installieren Sie die acht Schrauben.
14 Installieren Sie die Ventile richtig herum und mit neuen Dichtringen. Installieren Sie die Federn und den mit einer neuen Dichtung ausgerüsteten oberen Deckel. Sichern Sie ihn mit den zwei Schrauben.

Einbau

15 Der Einbau entspricht der umgekehrten Ausbaureihenfolge – verwenden Sie ggf. eine neue Dichtung.

15 Handbremsbacken – Kontrolle und Ersetzen

Kontrolle

1 Lockern Sie den Bremsseil-Einsteller (siehe Kapitel 1).
2 Entfernen Sie die Hinterrad-Bremsscheibe (siehe Sektion 7).
3 Inspizieren Sie die Bremsbacken auf Verschleiß, Beschädigungen oder Verölung; ersetzen Sie sie nötigenfalls und beseitigen Sie die Ursache von Verunreinigungen. Wie bei den anderen Bremsen müssen auch bei der Handbremse alle Bremsbacken auf beiden Seiten gleichzeitig ersetzt werden.

Ersetzen

4 Hebeln Sie die Bremsbacken auseinander und befreien Sie hinten den Bremsmechanismus sowie vorne die Strebe (siehe Abbildungen).

15.4a Vorne sitzt eine Strebe zwischen den Handbremsen-Backen

5 Hängen Sie bei frühen Modellen eine der Bremsbacken-Federn aus – erledigen Sie dies durch das Loch im Achswellen-Flansch. Bei späteren Modellen ist eine hufeisenförmige Rückholfeder installiert, deren offene Enden in Bohrungen der Bremsbacken greifen und deren geschlossenes Ende mit einem Clip gesichert ist (siehe Abbildung). Die Feder wird entfernt, indem ihre offenen Enden mit einem großen Schraubendreher aus Bohrungen der Bremsbacken gehebelt werden.

15.4b Befreien Sie die Bremsbacken hinten vom Bremsmechanismus.

15.5 Ausbau der Bremsbackenfeder bei späteren Modellen

6 Befreien Sie die Bremsbacken aus den U-Clips der Bremsankerplatte und entfernen Sie sie (bei frühen Modellen samt Federn) (siehe Abbildung).

15.6 Die in einem U-Clip geführte Bremsbacke

7 Installieren Sie die Bremsbacken in der umgekehrten Ausbaureihenfolge. Stellen Sie zum Schluss die Handbremse ein (siehe Kapitel 1).

16 Handbremsen-Seilzug (Modelle mit Starrachse) – Ausbau und Einbau

Ausbau

Kurzer Bremszug (rechts)

1 Entfernen Sie am rechten Rad die Bremsbacken (siehe Sektion 15).
2 Befreien Sie den Seilzug aus dem Bremsmechanismus, indem Sie den Gelenkstift herausdrücken.
3 Entfernen Sie den Gelenkstift aus dem äußeren Ende des Zugseils. Befreien Sie den Bowdenzug aus den Führungen oder Halteclips und entnehmen Sie ihn.
4 Kontrollieren Sie die Gummimanschette und ersetzen Sie sie nötigenfalls (siehe Abbildung).

16.4 Handbremsseil mit Gummimanschette

Langer Bremszug (links)

5 Lockern Sie innerhalb des Fahrzeugs den Handbremsen-Einsteller so weit wie möglich (siehe Kapitel 1). Befreien Sie den Bowdenzug vom Handbremshebel.
6 Entfernen Sie am linken Rad die Bremsbacken (siehe Sektion 15).
7 Befreien Sie den Seilzug aus dem Bremsmechanismus, indem Sie den Gelenkstift herausdrücken.
8 Befreien Sie den Bremszug von der Bremsankerplatte und der Hinterachse.
9 Lösen Sie den Bremszug aus allen Klemmen und Befestigungen am Unterboden und entfernen Sie ihn. Installieren Sie alle Befestigungsteile an den neuen Bremszug. Kontrollieren Sie die Gummimanschette und ersetzen Sie sie nötigenfalls.

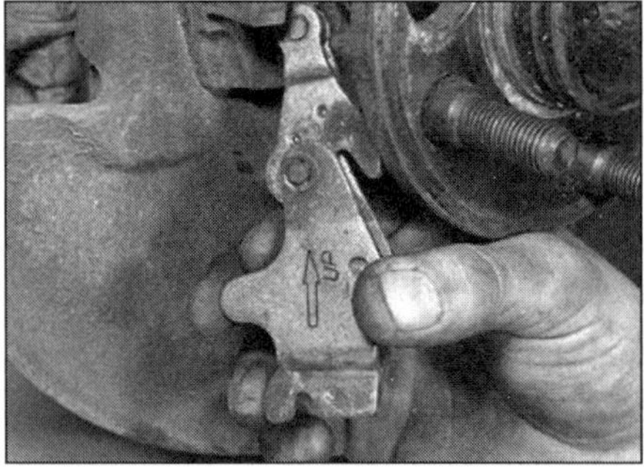

16.10 Einbau des Handbremsmechanismus – der Pfeil zeigt nach oben.

Einbau (beide Bremszüge)

10 Der Einbau entspricht der umgekehrten Ausbaureihenfolge – beachten Sie dabei folgende Punkte:
a) Tragen Sie Bremsen-Montagepaste an den Gleitflächen des Bremsmechanismus und der Bremsankerplatte auf – sie darf nicht auf das Belagmaterial gelangen.
b) Installieren Sie den Bremsmechanismus mit dem Pfeil nach oben (siehe Abbildung).
c) Stellen Sie zum Schluss die Handbremse ein (siehe Kapitel 1).

17 Handbremsen-Seilzug (Modelle mit Einzelradaufhängung) – Ausbau und Einbau

Ausbau

1 Hier kommen drei Bremszüge zum Einsatz: ein langer vom Handbremshebel zu den Hinterachsträgern und zwei kurze, die von dort zum Bremsmechanismus am jeweiligen Hinterrad führen.

Langer Bremszug

2 Entfernen Sie den hinteren Teil der Mittelkonsole, lockern Sie den Bremszug-Einsteller und trennen Sie das Bremsseil vom Handbremshebel.
3 Entfernen Sie das Rücksitzpolster und ziehen Sie den Teppich zurück. Befreien Sie den Bremszug-Gummistopfen aus dem Boden.
4 Heben Sie das Fahrzeug an und stützen Sie es ab. Lockern, aber entfernen Sie nicht die Schrauben der Tankhalterung (siehe Kapitel 4), sodass der Tank um 10 bis 15 mm abgesenkt werden kann.
5 Lösen Sie die Klemme, die den Bremszug am Unterboden sichert.
6 Trennen Sie den langen Bremszug aus den Verbindungen zu den kurzen Bremszügen. Entfernen Sie den langen Bremszug, indem Sie ihn über den Tank herausziehen.

Kurzer Bremszug

7 Entfernen Sie den hinteren Teil der Mittelkonsole und lockern Sie den Bremszug-Einsteller.
8 Entfernen Sie am entsprechenden Rad die Bremsbacken (siehe Sektion 15).
9 Trennen Sie den kurzen Bremszug aus den Verbindungen zum langen Bremszug (dies geht einfacher, wenn beide kurze Bremszüge getrennt werden).
10 Ziehen Sie die Bremszugklemme aus der Bremsankerplatte.
11 Ziehen Sie den Bremsmechanismus aus der Bremsankerplatte und trennen Sie den Bremszug-Nippel. Beachten Sie den Pfeil am Mechanismus. Entfernen Sie den Bremszug.

Einbau (alle Bremszüge)

12 Der Einbau entspricht der umgekehrten Ausbaureihenfolge – beachten Sie dabei folgende Punkte:

a) Tragen Sie Bremsen-Montagepaste an den Gleitflächen des Bremsmechanismus und der Bremsankerplatte auf – sie darf nicht auf das Belagmaterial gelangen.
b) Installieren Sie den Bremsmechanismus mit dem Pfeil in die ursprüngliche Richtung zeigend (siehe Abbildung).
c) Am neuen langen Bremszug wird die korrekte Position der Bodenklemme mit einer Farbmarkierung angezeigt.
d) Stellen Sie vor der Montage der Konsole die Handbremse ein (siehe Kapitel 1).

18 Antiblockiersystem (ABS) – Allgemeine Informationen

1 Das bei einigen Modellen vorhandene Antiblockiersystem überwacht beim Bremsen die Drehzahl aller Räder. Wenn ein Rad plötzlich deutlich langsamer wird (und damit zu blockieren droht), wird an dieser Bremse der Hydraulikdruck reduziert oder kurzzeitig unterbrochen. Die Überwachung und das Regulieren findet mehrmals pro Sekunde statt und erzeugt im Bremspedal eine »pulsierende« Wirkung, wenn der Druck geändert wird. Das System bietet auch ungeübten Fahrern eine gute Chance, auf rutschigem Untergrund die Kontrolle über das Fahrzeug zu behalten.
2 Die Hauptkomponenten des Systems sind die Sensoren, das Steuergerät und der Hydraulik-Modulator. Manche ABS-Komponenten kommen auch bei der ggf. vorhandenen elektronischen Traktionskontrolle (TRACS) zum Einsatz.
3 An jedem Vorderrad sitzt ein Sensor, der über einen an der Bremsscheibe sitzenden Sensorring Informationen über die Rad-Drehzahl erhält. Informationen über die Hinterräder sammelt der im Differenzial sitzende Geschwindigkeitssensor; beim ABS werden beide Hinterräder also als eine Einheit betrachtet.
4 Die Sensoren leiten ihre Informationen an das Steuergerät weiter, das sich bei früheren Modellen im Kofferraum und bei späteren Modellen im Fußraum befindet. Das Steuergerät aktiviert Magnetventile im Hydraulik-Modulator (bei früheren Modellen ebenfalls im Kofferraum, bei späteren Modellen im Motorraum), die nötigenfalls den Druck zum jeweiligen Vorderradbremssattel oder zu den Hinterrad-Bremssätteln verringern. Das Steuergerät aktiviert bei Fehlfunktionen auch die Warnleuchten im Armaturenbrett.
5 Der Modulator beinhaltet neben den Magnetventilen auch eine Pumpe. Er ist eine semiaktive Vorrichtung und wirkt auch als Bremskraftverstärker. Falls der Modulator ausfällt, funktioniert das ABS nicht mehr, doch es bleibt eine ausreichende Bremswirkung aus dem servounterstützten Hauptbremszylinder erhalten.
6 Bei Modellen mit ABS teilt sich das Zweikreissystem auf die Vorder- und Hinterachse auf.
7 Um Schäden am ABS-Steuergerät zu vermeiden, darf es weder Spannungen über 16 Volt noch Temperaturen über 80 °C ausgesetzt werden.

19 Antiblockiersystem-Komponenten – Ausbau und Einbau

Ausbau

Vorderradsensor

1 Verfolgen Sie das Sensorkabel zum Federbein-Dom zurück und trennen Sie dort den Stecker. Drücken Sie das Kabel aus dem Stecker und führen Sie es zum Radhaus zurück.
2 Lösen Sie die Inbusschraube, die den Sensor am Achsschenkel sichert. Ziehen Sie den Sensor samt Kabel heraus.

Vorderrad-Sensorring

Anmerkung: Der ABS-Sensorring kann nur bei frühen Modellen mit integrierten Bremsscheiben/Radnaben-Baugruppe aus- und eingebaut werden.
3 Entfernen Sie die Bremsscheiben/Radnaben-Baugruppe (siehe Kapitel 10).
4 Ziehen Sie mit einem Zweiarmabzieher den Sensorring von der Bremsscheibe – beschädigen Sie dabei nicht den Radnaben-Dichtring.

Hinterradsensor (Modelle mit Starrachse)

5 Dieser Sensor dient auch als Geschwindigkeitssensor (siehe Kapitel 12, Sektion 7), kann aber mit einer Inbusschraube statt einer Ringmutter gesichert sein. Der Abstand dieses Sensors zum Sensorring muss zwischen 0,35 und 0,75 mm liegen, die Zielvorgabe beträgt 0,60 mm.

Hinterradsensor (Modelle mit Einzelradaufhängung)

6 Dieser Sensor dient auch als Geschwindigkeitssensor (siehe Kapitel 12, Sektion 7). Er ist wie folgt zugänglich:
7 Entnehmen Sie das Reserverad aus dem Kofferraum und falten Sie den Teppich zurück. Entfernen Sie die Schutzabdeckung vom Tank-Einfüllrohr, um die ABS-Anschlussbox freizulegen.
8 Öffnen Sie die Box, brechen Sie das Siegel auf und trennen Sie den Stecker. Befreien Sie das ABS-Sensorkabel, wo es durch eine Gummiöse im Kofferraumboden geführt ist.
9 Heben Sie das Fahrzeug hinten an und stützen Sie den unteren Achsträger sicher ab.
10 Lösen Sie die vier Schrauben, die den oberen Hinterachsträger an der Karosserie sichern. Senken Sie vorsichtig die Achsträger samt Differenzialgehäuse ab, bis der ABS-Sensor zugänglich ist. Achten Sie darauf, dass die Kardanwelle nicht gegen den Tank stößt.
11 Brechen Sie das Siegel des Sensors, lösen Sie die Inbusschraube und ziehen Sie den Sensor heraus. Merken Sie sich die Verlegung des Kabels und befreien Sie es aus allen Befestigungen. Der Zugang kann verbessert werden, indem der rechte kurze Handbrems-Seilzug getrennt wird.

Steuergerät (bis 1988)

12 Die Zündung muss abgeschaltet sein.
13 Entfernen Sie die rechte Kofferraum-Verkleidung.
14 Heben Sie das Steuergerät aus seinem Halter, trennen Sie dabei den Kabelstecker.

Steuergerät (ab 1988)

15 Trennen Sie den Masseanschluss (–) von der Batterie.
16 Entfernen Sie rechts im Fußraum die Verkleidung unter dem Armaturenbrett.
17 Identifizieren Sie das Steuergerät, befreien Sie es und ziehen Sie es heraus (siehe Abbildung) – trennen Sie dabei den Kabelstecker.

Hydraulik-Modulator (bis 1988)

Anmerkung: Beachten Sie vor Arbeitsbeginn die Warnhinweise am Anfang von Sektion 2.
18 Entfernen Sie die rechte Kofferraum-Verkleidung.
19 Entfernen Sie die Modulator-Abdeckung. Trennen Sie die zwei Relais und den Kabelstecker vom Modulator. Lösen Sie das Massekabel.

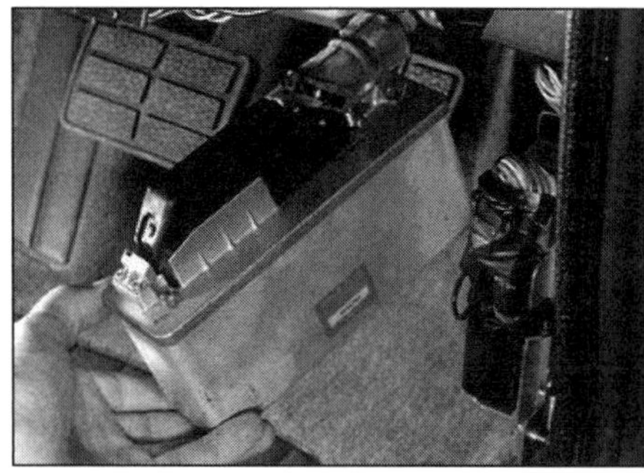

19.17 Das ABS-Steuergerät sitzt bei späteren Modellen rechts im Fußraum – hier gezeigt an einem Rechtslenker-Modell.

20 Reinigen Sie die Bereiche um die Hydraulikanschlüsse. Bringen Sie Markierungen an, um später alles wieder korrekt anschließen zu können.
21 Lösen Sie die drei Muttern der Modulator-Halterungen.
22 Legen Sie einige Lappen unter den Modulator, um austretende Bremsflüssigkeit aufzunehmen. Trennen Sie die Anschlüsse und heben Sie den Modulator heraus. Verstopfen Sie offene Anschlüsse.
23 Falls ein neuer Modulator eingebaut werden soll, müssen die Rohranschlüsse und Haltegummis an diesen übertragen werden.

Hydraulik-Modulator (ab 1988)

24 Trennen Sie den Masseanschluss (–) von der Batterie. Lösen Sie die Sicherungsschraube und heben Sie die Abdeckung des Modulators ab.
25 Trennen Sie die zwei Relais, lösen Sie die Kabel-Klemmschraube und ziehen Sie den Kabelstecker vom Modulator. Lösen Sie das Massekabel.
26 Falls an den Hydraulikleitungen keine Markierungen vorhanden sind, müssen sie ggf. entsprechend der Buchstaben am Modulator markiert werden:
a) V = Einlass vorderer Bremskreis
b) H = Einlass hinterer Bremskreis
c) l = Auslass links vorne
d) r = Auslass rechts vorne
e) h = Auslass hinten
27 Legen Sie einige Lappen unter den Modulator, um austretende Bremsflüssigkeit aufzunehmen. Trennen Sie die Anschlüsse.
28 Lösen Sie die zwei Muttern und eine Schraube, die den Modulator sichern. Heben Sie den Modulator heraus – achten Sie darauf, keine Bremsflüssigkeit auf Lackflächen tropfen zu lassen.

Einbau

29 Der Einbau sämtlicher Komponenten entspricht der umgekehrten Ausbaureihenfolge – beachten Sie dabei folgende Punkte:
a) Versehen Sie beim Einbau des Vorderradsensors dessen Gehäuse mit etwas Fett (Volvo-Nr. 1 161 037-5).
b) Bringen Sie den Vorderrad-Sensorring mit einem Rohr in Position und montieren Sie die Bremsscheiben/Radnaben-Baugruppe (siehe Kapitel 10).
c) Ziehen Sie die Sensorschraube mit 8 bis 12 Nm an.
d) Verwenden Sie bei Modellen mit Einzelradaufhängung neue Schrauben, um den oberen Hinterachsträger zu befestigen, und ziehen Sie diese in zwei Schritten zunächst mit 70 Nm an und dann um 60° weiter.
e) Entlüften Sie zum Schluss das gesamte Bremshydraulik (siehe Sektion 2).

Kapitel 10

Radaufhängung und Lenkung

Inhalt — Sektion

Schwierigkeitsgrade

Leicht. Geeignet für Anfänger mit wenig Erfahrung. 	**Relativ leicht.** Geeignet für Anfänger mit etwas Erfahrung. 	**Relativ schwierig.** Geeignet für geübte Selbstschrauber. 	**Schwer.** Geeignet für Selbstschrauber mit viel Erfahrung. 	**Sehr schwer.** Geeignet für Experten und Profis. 

Technische Daten

Lenkung

Servolenkung-Hydraulikflüssigkeit	Automatik-Getriebeöl Typ A, F oder G
Radspur	
Vorderrad-Spureinstellung	
Alle Modelle außer 760 Limousine ab 1988	2,0 ± 0,5 mm Vorspur
760 Limousine ab 1988	2,5 ± 0,5 mm Vorspur
Hinterrad-Spureinstellung (Modelle mit Einzelradaufhängung)	2,5 ± 0,5 mm Vorspur

Technische Daten

Räder

Seitlicher Verzug
- Alufelgen .... 0,8 mm (max.)
- Stahlfelgen .... 1,0 mm (max.)

Radialer Verzug (Höhenschlag)
- Alufelgen .... 0,6 mm (max.)
- Stahlfelgen .... 0,8 mm (max.)

Anzugsdrehmomente

Vorderradaufhängung

Radnabenmutter (ab 1988 mit Schrägkugellager)
- Schritt 1 .... 100 Nm
- Schritt 2 .... 45° weiter

Querlenker-Kugelbolzenmutter .... 60 Nm

Kugelgelenk an Stoßdämpfer
- Schritt 1 .... 30 Nm
- Schritt 2 .... 90° weiter

Spurstangenkopf-Kugelbolzenmutter .... 60 Nm
Querlenker an Querträger* .... 85 Nm
Querlenker-Strebe an Querlenker* .... 95 Nm

Querlenker-Strebe an Hilfsrahmen*
- M 12 .... 85 Nm
- M 14 .... 140 Nm

Stoßdämpfer oben an Karosserie .... 40 Nm

Stoßdämpferstangen-Mutter
- bis 1984 .... 150 Nm
- ab 1985 .... 70 Nm

Querträger an Karosserie .... 95 Nm

* *Verwenden Sie nach jedem Lösen neue Schrauben.*

Hinterradaufhängung (Starrachse)

Längslenker an Achse .... 45 Nm
Längslenkerträger-Schrauben .... 45 Nm
Längslenkerträger-Muttern .... 85 Nm
Feder-Befestigung oben .... 48 Nm
Stoßdämpferaufnahmen .... 85 Nm
Panhardstab-Schrauben .... 85 Nm
Drehmomentstützen .... 140 Nm
Hilfsrahmen – vordere Halterung .... 85 Nm
Hilfsrahmen – hinterer Buchsenträger .... 48 Nm

Hinterradaufhängung (Einzelradaufhängung)

Antriebswellenmutter*
- Schritt 1 .... 190 Nm
- Schritt 2 .... 60° weiter

Längslenker vorne an Karosserie
- Schrauben .... 48 Nm
- Mutter, Schritt 1* .... 70 Nm
- Mutter, Schritt 2* .... 60° weiter

Oberer Querlenker an Radträger .... 115 Nm

Oberer Querlenker an Achsschemel
- Vorne, Schritt 1* .... 70 Nm
- Vorne, Schritt 2* .... 60° weiter
- Hinten .... 85 Nm

Spurstange an Radträger .... 85 Nm
Spurstange an Achsschemel .... 70 Nm
Stoßdämpfer an Längsträger .... 56 Nm
Stoßdämpfer an Karosserie .... 85 Nm

Längsträger an Radträger*
- Schritt 1 .... 60 Nm
- Schritt 2 .... 90° weiter

Technische Daten

Längsträger an Halterung*
Schritt 1. . . . 125 Nm
Schritt 2. . . . 120° weiter
Unterer Querlenker an Radträger oder Achsschemel*
Schritt 1. . . . 50 Nm
Schritt 2. . . . 90° weiter
Hinterachsschemel an Karosserie*
Schritt 1. . . . 70 Nm
Schritt 2. . . . 60° weiter
Hinterachsschemel – oberen an unteren Schemel*
Schritt 1. . . . 70 Nm
Schritt 2. . . . 30° weiter

* *Verwenden Sie bei allen Befestigungen mit Winkel-Anzug nach jedem Lösen neue Schrauben.*

Lenkung
Lenkradschraube . . . . 32 Nm
Lenksäulenlager-Schrauben (nur 760 ab 1988). . . . 24 Nm
Lenksäulen-Mittelsegment-Klemmschraube (nur 760 ab 1988). . . . 24 Nm
Lenksäulen-Kreuzgelenke . . . . 21 Nm
Lenkgetriebe an Querträger . . . . 44 Nm
Spurstangenkopf-Kugelgelenkmutter. . . . 60 Nm
Spurstangenkopf-Kontermutter . . . . 70 Nm
Hydraulik-Anschlussschrauben . . . . 42 Nm

Räder
Radmuttern. . . . 85 Nm

1 Allgemeine Informationen

Die einzeln aufgehängten Vorderräder werden mit MacPherson-Federbeinen (Teleskop-Stoßdämpfer in Schraubenfeder) geführt. Die Federbeine sitzen unten in Kugelgelenken an Querlenkern. Die Querlenker sind mit dem vorderen Querträger, der Querlenker-Strebe und dem Querstabilisator verbunden.
Bei den meisten Modellen sitzen die Hinterräder an einer Starrachse, die mit zwei Längslenkern, zwei Drehmomentstützen und einem Panhardstab geführt ist. Die Drehmomentstützen sind mit einem zentralen Hilfsrahmen verbunden und die Längslenker stützen sich mit je einer Schraubenfeder und einem Teleskop-Stoßdämpfer gegen die Karosserie ab. Ein Querstabilisator kann ebenfalls montiert sein. Einige hochwertig ausgestattete Kombi-Modelle sind mit einer Niveauregulierung ausgerüstet.
760er-Limousinen sind ab 1988 hinten mit einer Mehrlenkerachse ausgerüstet, bei der die einzeln aufgehängten Räder in oberen und unteren Querlenkern, Spurstangen und Längslenkern geführt sind. Die Federung übernehmen Schraubenfedern und Teleskop-Stoßdämpfer. Das in die Starrachse integrierte oder separat aufgehängte Differenzial und die Achs- oder Antriebswellen werden in Kapitel 8 beschrieben.
Die Lenkung erfolgt bei allen Modellen über eine servounterstützte Zahnstangenlenkung. Die dafür benötigte Hydraulikpumpe wird von der Kurbelwelle über einen Riemen angetrieben.

2 Vorderradlager – Kontrolle und Einstellung

Kontrolle

1 Heben Sie das Fahrzeug an und stützen Sie es so ab, dass die Räder nicht den Boden berühren.
2 Halten Sie das Rad oben und unten und versuchen Sie, daran zu wackeln. Drehen Sie das Rad und achten Sie auf rumpelnde oder schleifende Geräusche. Spiel sollte kaum wahrnehmbar sein, Geräusche dürfen keine auftreten.
3 Die in diesem Buch behandelten Modelle sind mit zwei Radlager-Typen ausgerüstet: Vor 1988 gebaute Fahrzeuge sind mit einstellbaren Kegelrollenlagern versehen – erkennbar an den mit Splinten gesicherten Nabenmuttern; spätere Modelle sind mit nicht einstellbaren Schrägkugellagern ausgerüstet – ihre Nabenmuttern sind nicht mit Splinten gesichert.
4 Falls Spiel oder Geräusche festgestellt werden, können die bis 1988 verwendeten Kegelrollenlager wie unten beschrieben eingestellt werden. Bringt eine Einstellung keine Verbesserungen, müssen die Lager ersetzt werden (siehe Sektion 3). Schrägkugellager können nicht eingestellt werden, sodass diese bei Spiel oder Geräuschen nur ausgetauscht werden können (siehe Sektion 3).

Einstellung (nur bei Kegelrollenlagern möglich)

5 Lockern Sie die Vorderradmuttern. Heben Sie das Fahrzeug an und stützen Sie es so ab, dass die Räder nicht den Boden berühren. Demontieren Sie das Rad.
6 Hebeln Sie die Fettkappe von der Nabenmutter (siehe Abbildung); falls die Kappe beschädigt ist, muss sie später durch ein Neuteil ersetzt werden.

2.6 Entfernen Sie die Fettkappe der Vorderradnabe.

7 Biegen Sie den Splint gerade und ziehen Sie ihn heraus – er muss später durch ein Neuteil ersetzt werden.
8 Lockern Sie die Mutter ein kleines Stück und ziehen Sie sie dann mit 57 Nm an, während Sie gleichzeitig an der Bremsscheibe drehen.
9 Lockern Sie die Mutter eine halbe Umdrehung und drehen Sie sie nur mit den Fingern wieder fest (1,5 Nm).
10 Stecken Sie einen neuen Splint durch die zur Bohrung ausgerichteten Kronenmutter – ziehen Sie sie nötigenfalls etwas an, bis die nächste Lücke mit der Bohrung fluchtet. Biegen Sie die Enden des Splints auseinander, um ihn zu sichern.
11 Füllen Sie die Fettkappe zur Hälfte mit Fett und stecken Sie sie auf die Radnabe.
12 Montieren Sie das Rad, senken Sie das Fahrzeug ab und ziehen Sie die Radmuttern mit 85 Nm an.

3 Vorderradlager – Ersetzen

Anmerkung: *Die in diesem Buch behandelten Modelle sind mit zwei Radlager-Typen ausgerüstet: Vor 1988 gebaute Fahrzeuge sind mit einstellbaren Kegelrollenlagern versehen – erkennbar an den mit Splinten gesicherten Nabenmuttern; spätere Modelle sind mit nicht einstellbaren Schrägkugellagern ausgerüstet – ihre Nabenmuttern sind nicht mit Splinten gesichert.*

Modelle vor 1988 mit Kegelrollenlagern

1 Entfernen Sie den Vorderrad-Bremssattel samt Halter (siehe Kapitel 9, Sektion 8), aber trennen Sie nicht die Bremsleitung; sichern Sie den Sattel so, dass der Bremsschlauch nicht unter Last gesetzt wird.
2 Hebeln Sie die Fettkappe von der Nabenmutter (Abb. 2.6); falls die Kappe beschädigt ist, muss sie später durch ein Neuteil ersetzt werden.
3 Biegen Sie den Splint gerade und ziehen Sie ihn heraus – er muss später durch ein Neuteil ersetzt werden. Lösen Sie die Mutter und entfernen Sie sie.
4 Ziehen Sie die Nabe und die Bremsscheibe nach außen, um den außen liegende Lagerring freizulegen. Entnehmen Sie den Lagerring und ziehen Sie dann die Baugruppe vom Achszapfen.
5 Hebeln Sie den Dichtring ab und ziehen Sie den Lager-Innenring ab; nötigenfalls muss er abgehebelt werden.

6 Treiben Sie das Lager mit einem geeigneten Messing- oder Kupferdorn aus der Nabe (siehe Abbildung).

3.6 Treiben Sie den Lagerring aus.

7 Reinigen Sie die Lagerringe mit Petroleum und inspizieren Sie sie auf Riefen, Blauverfärbung und andere Schäden. Ersetzen Sie die Lager ggf. als Set.

8 Beim Austausch von Lagern muss beachtet werden, dass das äußere Lager von SKF oder von Koyo hergestellt sein kann. Lager unterschiedlicher Hersteller dürfen nicht gleichzeitig installiert sein.

9 Reinigen Sie die Lagersitze in der Radnabe.

10 Klopfen Sie die Lagerringe senkrecht in die Radnabe (siehe Abbildung) – verwenden Sie dazu einen passenden Steckschlüssel, ein Rohr oder den alten Lagerring.

3.10a Legen Sie den Lagerring auf . . .

3.10b . . . und treiben Sie ihn senkrecht ein.

11 Versehen Sie die Lagerkäfige mit reichlich Fett und arbeiten Sie es von Hand zwischen den Rollen ein. Verteilen Sie auch ausgiebig Fett zwischen den Lagerringen (siehe Abbildung).

12 Installieren Sie das innere Lager in die Radnabe. Fetten Sie die Dichtlippen des neuen Dichtrings und installieren Sie ihn bündig in die Nabe (siehe Abbildung).

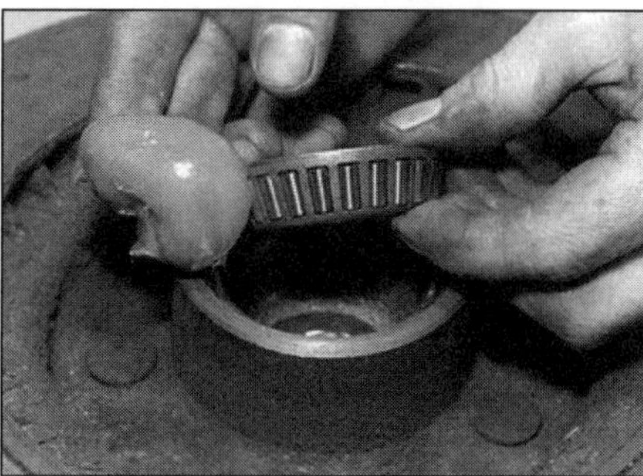

3.11 Fetten Sie die Lagerrollen ausgiebig.

3.12 Installieren Sie den Dichtring.

13 Installieren Sie die Radnaben/Bremsscheiben-Baugruppe auf den ebenfalls gut gefetteten Achszapfen. Schieben Sie die Baugruppe auf und installieren Sie das äußere Lager sowie die Kronenmutter (siehe Abbildung).

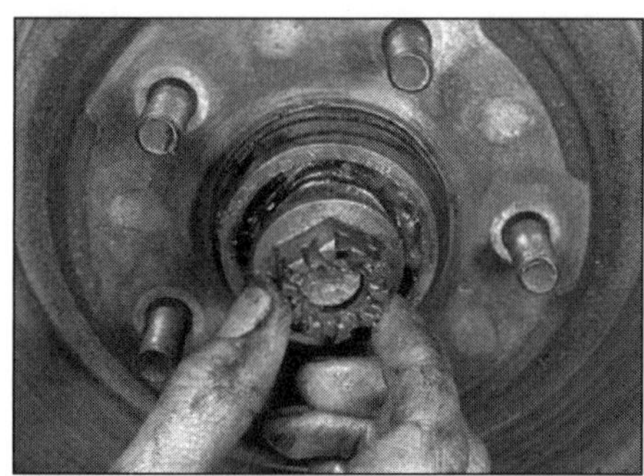

3.13 Drehen Sie die Kronenmutter auf.

14 Stellen Sie das Lager ein (siehe Sektion 2).

15 Montieren Sie den Vorderrad-Bremssattel samt Halter (siehe Kapitel 9, Sektion 8).

Modelle ab 1988 mit Schrägkugellagern

Anmerkung: *Für den Einbau wird eine neue Radnabenmutter benötigt.*

16 Die Lager sind hier in die Radnabe integriert, sodass bei Verschleiß die gesamte Radnabe ersetzt werden muss.

17 Entfernen Sie den Vorderrad-Bremssattel samt Halter (siehe Kapitel 9, Sektion 8), aber trennen Sie nicht die Bremsleitung; sichern Sie den Sattel so, dass der Bremsschlauch nicht unter Last gesetzt wird.

18 Entfernen Sie den Arretierstift, der die Bremsscheibe an der Nabe hält, und nehmen Sie die Bremsscheibe ab (siehe Abbildung).

3.18a Entfernen Sie den Arretierstift . . .

3.18b . . . und heben Sie die Bremsscheibe ab.

19 Hebeln Sie die Staubkappe vom Lager – sie muss später durch ein Neuteil ersetzt werden.

20 Die jetzt freiliegende Nabenmutter kann gelöst werden – sie sitzt sehr fest, sodass auf ein sicher abgestütztes Fahrzeug geachtet werden muss.

21 Ziehen Sie die Nabe samt Lager vom Achszapfen (siehe Abbildung). Der Innenring des inneren Lagers kann auf dem Achszapfen verbleiben, sodass er abgezogen werden muss.

3.21 Ziehen Sie die Radnabe (hier mit ABS-Rotor) vom Achszapfen.

22 Reinigen Sie den Achszapfen und versehen Sie ihn dünn mit Fett, bevor die neue Nabe samt Lagern aufgeschoben wird.

23 Installieren Sie die neue Mutter und ziehen Sie sie zunächst mit 100 Nm an. Beschaffen Sie nötigenfalls eine Gradscheibe und ziehen Sie die Mutter dann um 45° weiter (siehe Abbildung).

24 Montieren Sie alle verbliebenen Komponenten in der umgekehrten Ausbaureihenfolge.

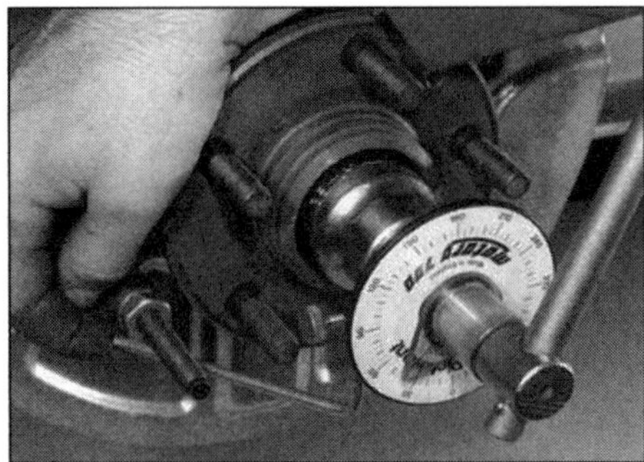

3.23 Anzug der Radnabenmutter mithilfe einer Gradscheibe

4 Querlenker vorne – Ausbau und Einbau

Anmerkung: *Einige 740-Modelle von 1987 sind vorne mit Querlenkern aus Aluminium statt aus Stahl ausgerüstet. Diese beiden Ausführungen dürfen nicht vertauscht werden. Als Ersatz muss stets die gleiche Ausführung beschafft werden.*

Anmerkung: *Alle Schrauben und Muttern, die in zwei Schritten zunächst mit einem Drehmomentschlüssel und anschließend mithilfe einer Gradscheibe angezogen werden müssen (siehe technische Daten), müssen nach dem Ausbau erneuert werden.*

Ausbau

1 Lockern Sie die Vorderradmuttern. Heben Sie das Fahrzeug an und stützen Sie es so ab, dass die Räder nicht den Boden berühren. Demontieren Sie das Rad.

2 Entfernen Sie den Splint und die Mutter von der Kugelbolzenmutter (siehe Abbildung) – der Splint muss später erneuert werden.

4.2 Querlenker-Kugelgelenk – der Splint ist teilweise entfernt.

3 Lösen Sie die Querstabilisator-Verbindung und die Querlenker-Strebe vom Querlenker – die Schraube muss später erneuert werden.

4 Trennen Sie den Querlenker vom Kugelgelenk – nötigenfalls mithilfe eines Kugelgelenk-Abziehers – ohne dies zu beschädigen.

5 Lösen Sie die Mutter und Schraube, mit denen der Querlenker am Querträger gesichert ist (siehe Abbildung) und befreien Sie ihn – Mutter und Schraube müssen später erneuert werden.

4.5 Querlenker-Befestigung an der Querstrebe

Einbau

6 Der Einbau entspricht der umgekehrten Ausbaureihenfolge. Ziehen Sie die Verbindung des Querlenkers am Querträger erst an, wenn das Fahrzeug mit dem gesamten Gewicht auf seinen Rädern steht und einige Male daran gewackelt wurde, damit sich alle Radaufhängungen setzen; ziehen Sie dann alles mit den in den technischen Daten angegebenen Werten an.

5 Querlenker-Kugelgelenk – Ausbau und Einbau

Ausbau

Anmerkung: *Alle Schrauben und Muttern, die in zwei Schritten zunächst mit einem Drehmomentschlüssel und anschließend mithilfe einer Gradscheibe angezogen werden müssen (siehe technische Daten), müssen nach dem Ausbau erneuert werden.*

1 Führen Sie die in den Schritten 1 bis 4 von Sektion 4 beschriebenen Arbeiten durch, aber trennen Sie nicht die Querlenkerstrebe.

2 Lösen Sie die zwei Schrauben, die das Kugelgelenk am Federbein sichern (siehe Abbildung) und entnehmen Sie das Gelenk.

5.2 Zwei Schrauben sichern das Kugelgelenk am Stoßdämpfer – hier ausgebaut gezeigt.

Einbau

3 Sichern Sie das Kugelgelenk mit neuen Schrauben, deren Gewinde mit Loctite bestrichen sind. Ziehen Sie die Schrauben zunächst mit 30 Nm an und dann um 90° weiter – das Kugelgelenk muss dabei korrekt sitzen.

4 Der Rest des Einbaus entspricht der umgekehrten Ausbaureihenfolge.

6 Querlenker-Strebe – Ausbau und Einbau

Ausbau

Anmerkung: Alle Schrauben und Muttern, die in zwei Schritten zunächst mit einem Drehmomentschlüssel und anschließend mithilfe einer Gradscheibe angezogen werden müssen (siehe technische Daten), müssen nach dem Ausbau erneuert werden.

1 Lockern Sie die Vorderradmuttern. Heben Sie das Fahrzeug an und stützen Sie es so ab, dass die Räder nicht den Boden berühren. Demontieren Sie das Rad.

2 Schrauben Sie die Querlenkerstrebe vom Querlenker und vom Hilfsrahmen und entnehmen Sie sie.

Einbau

3 Der Einbau entspricht der umgekehrten Ausbaureihenfolge. Verwenden Sie neue Muttern und Schrauben. Ziehen Sie die Verbindung der Querlenkerstrebe am Hilfsrahmen erst an, wenn das Fahrzeug mit dem gesamten Gewicht auf seinen Rädern steht und einige Male daran gewackelt wurde, damit sich alle Radaufhängungen setzen; ziehen Sie dann alles mit den in den technischen Daten angegebenen Werten an.

7 Querstabilisator vorne – Ausbau und Einbau

Ausbau

1 Heben Sie das Fahrzeug vorne an oder fahren Sie es auf Rampen oder über eine Grube.

2 Lösen Sie die zwei Haltebügel, die den Querstabilisator sichern (siehe Abbildung).

7.2 Querstabilisator-Haltebügel

3 Lösen Sie den Querstabilisator von seinen Anlenkungen oder schrauben Sie diese vom Querlenker (siehe Abbildung).

Einbau

4 Der Einbau entspricht der umgekehrten Ausbaureihenfolge. Ersetzen Sie nötigenfalls die Haltegummis (diejenigen im Haltebügel sind geteilt, sodass sie ohne die Demontage des Stabilisators ausgetauscht werden können).

7.3 Querstabilisator-Anlenkung

5 Ziehen Sie die oberen der Anlenkung so an, dass der Abstand zwischen den Scheiben 42 mm beträgt (siehe Abbildung).

7.5 Ziehen Sie die Mutter der Querstabilisator-Anlenkung soweit an, bis der gezeigte Abstand entsteht.

8 Federbein vorne – Ausbau und Einbau

Ausbau

1 Lockern Sie die Vorderradmuttern. Heben Sie das Fahrzeug an und stützen Sie es so ab, dass die Räder nicht den Boden berühren. Demontieren Sie das Rad.
2 Entfernen Sie den Vorderrad-Bremssattel samt Halter (siehe Kapitel 9, Sektion 8), aber trennen Sie nicht die Bremsleitung; sichern Sie den Sattel so, dass der Bremsschlauch nicht unter Last gesetzt wird.
3 Bei Modellen mit ABS muss der Radsensor getrennt oder entfernt werden.
4 Falls das Federbein durch ein Neuteil ersetzt werden soll, müssen die Radnaben-Baugruppe (siehe Sektion 3) und die Bremsen-Rückplatte demontiert werden.
5 Entfernen Sie am unteren Federbein-Kugelgelenk den Splint, lösen Sie die Mutter und drehen Sie sie bis ans Ende des Gewindes. Befreien Sie mit einem Kugelgelenkabzieher den Kugelbolzen aus dem Querlenker und entfernen Sie die Mutter.
6 Trennen Sie auf die gleiche Weise das Kugelgelenk des Spurstangenkopfes vom Spurhebel.
7 Hebeln Sie den Querlenker herunter und befreien Sie ihn vom unteren Kugelgelenk. Falls hierfür nicht genügend Platz besteht, muss die Querstabilisator-Anlenkung abgeschraubt werden.
8 Entfernen Sie die Abdeckung von der oberen Federbein-Aufnahme – beachten Sie deren Einbaurichtung: sie ist nicht symmetrisch.
9 Falls das Federbein zerlegt werden soll, muss bei gekonterter Kolbenstange deren Mutter gelockert werden (siehe Abbildung).

Achtung: *Entfernen Sie nicht die Mutter, sondern lockern Sie sie nur ein bis zwei Umdrehungen!*

8.9 Lösen Sie die Kolbenstangen-Mutter (gezeigt am ausgebauten Stoßdämpfer).

10 Lassen Sie einen Assistenten das Federbein halten. Prüfen Sie, ob alle Befestigungen entfernt sind und lösen Sie die zwei oberen Haltemuttern. Befreien Sie das Federbein anschließend nach unten aus dem Fahrzeug.

Einbau

11 Der Einbau entspricht der umgekehrten Ausbaureihenfolge – beachten Sie dabei folgende Punkte:

a) Beachten Sie die korrekte Einbaurichtung der oberen Federbein-Aufnahme (siehe Abbildung).
b) Ziehen Sie alle Befestigungen mit den in den technischen Daten angegebenen Werten an.

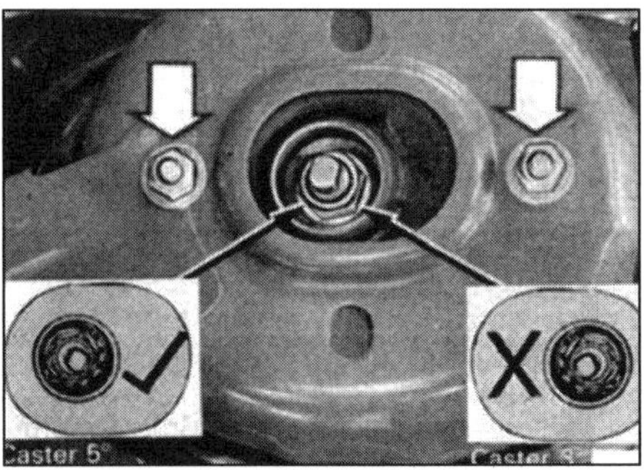

8.11 Die korrekte Montage des Stoßdämpfers sorgt für einen korrekten Sturz (linkes Bild) – gezeigt am rechten Stoßdämpfer. Obere Befestigungsmuttern (Pfeile)

9 Federbein vorne – Zerlegung und Zusammenbau

Warnung: Bevor versucht wird, die aus dem Stoßdämpfer und der Feder bestehende Baugruppe zu zerlegen, muss eine geeignete Vorrichtung zum Spannen der Feder beschafft werden – im Fachhandel gibt es einstellbare Werkzeuge. Jeder Zerlegungsversuch ohne ein solches Werkzeug kann zu schweren Verletzungen und großen Schäden führen!

Zerlegung

1 Bauen Sie das Federbein aus (siehe Sektion 8).

2 Setzen Sie die Federvorspanner so an, dass sie mindestens drei Windungen komprimieren können. Ziehen Sie die Spanner an, bis die Federsitze entlastet sind. Achten Sie auf einen sicheren Sitz der Vorspanner.

3 Entfernen Sie die (bereits gelockerte) Kolbenstangenmutter und die obere Federbein-Aufnahme. Beachten Sie die Positionen aller Scheiben (siehe Abbildung).

9.3a Lösen Sie die Kolbenstangenmutter . . .

9.3b . . . und entfernen Sie die obere Stoßdämpferhalterung.

4 Entfernen Sie den oberen Federsitz, die Feder selbst, die Scheibe, das Anschlaggummi und den Faltenbalg (Gasdruck-Federbeine haben kein Anschlaggummi). Lassen Sie die komprimierte Feder nicht fallen.

5 Entfernen Sie ggf. den Gummiring vom unteren Federsitz.

6 Lösen Sie mithilfe eines Hakenschlüssels oder ähnlichen Werkzeugs den Stoßdämpfer-Haltering (siehe Abbildung).

7 Ziehen Sie den Stoßdämpfer aus seinem Rohr.

8 Die Zerlegung des Federbeins ist hiermit beendet. Ersetzen Sie alle erforderlichen Teile – die Federn und Stoßdämpfer sollten stets paarweise erneuert werden.

9 Falls die Feder ersetzt werden soll, müssen die Spanner vorsichtig von der alten Feder gelockert und die neue Feder damit komprimiert werden.

9.6 Lösen Sie den Stoßdämpfer-Sicherungsring mit einem Hakenschlüssel.

Zusammenbau

10 Der Zusammenbau entspricht der umgekehrten Zerlegungsreihenfolge. Beachten Sie bei Gasdruck-Federbeinen den Zusammenhang zwischen der Scheibe und dem Faltenbalg (siehe Abbildung). Ziehen Sie die Kolbenstangenmutter erst an, wenn die obere Federbein-Aufnahme befestigt ist.

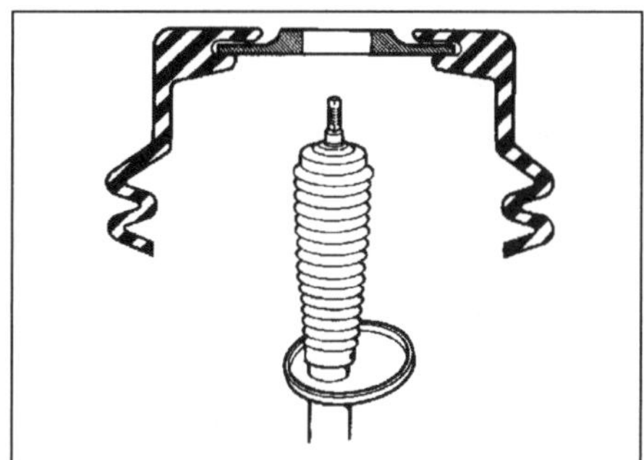

9.10 Faltenbalg und Scheibe bei Gasdruck-Stoßdämpfern

11 Falls die obere Federbein-Aufnahme ein Axialkugellager enthält (Modelle ab 1985), muss sichergestellt sein, dass das Lager mit der gelben Seite nach oben und der grauen oder orangen Seite nach unten installiert wird; ein falsch montiertes Lager würde dazu führen, dass es zu fest eingeklemmt wird, was eine schwergängige und geräuschvolle Lenkung zur Folge hätte.

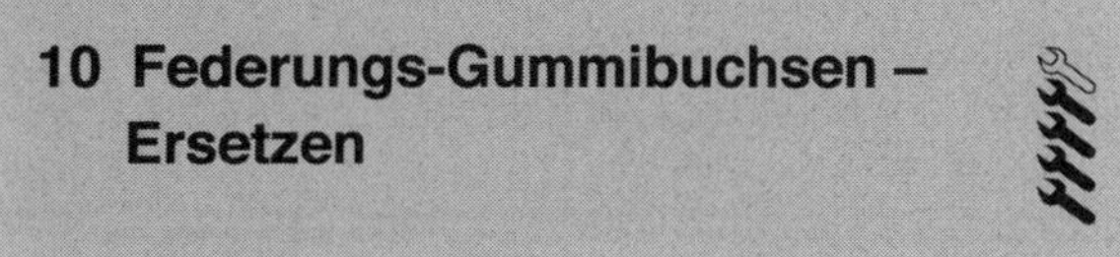

10 Federungs-Gummibuchsen – Ersetzen

1 Das Prinzip des Gummibuchsen-Austauschs ist einfach: die alten werden herausgedrückt und die neuen eingepresst. In der Praxis ist dies jedoch nicht so einfach.

2 Zum Austauschen vom Gummibuchsen sind verschiedene Spezialwerkzeuge erhältlich. Dies sind im Wesentlichen Spindel und Rohre unterschiedlicher Größen, die zusammen mit geeigneten Pressen oder auch mit Prismen eingesetzt werden. Der Hobbyschrauber kann mit einem Schraubstock und

Ringschlüsseln oder Rohren experimentieren und Flüssigseife oder Vaseline als Schmiermittel verwenden. Wenn dies jedoch keine Erfolge bringt, muss die Buchse von einer entsprechend ausgerüsteten Fachwerkstatt erneuert werden.

3 Vom Austausch nicht freigelegter Gummibuchsen wird abgeraten.

11 Hinterachsen-Drehmomentstützen (Modelle mit Starrachse) – Ausbau und Einbau

Ausbau

1 Heben Sie das Fahrzeug hinten an und stützen Sie es ab.

2 Lösen Sie die vorderen Befestigungsschrauben beider Drehmomentstützen, auch wenn nur eine entfernt werden soll.

3 Lösen und entfernen Sie die Drehmomentstützen. Entfernen Sie die Kreuzverbindung.

Einbau

4 Lösen Sie beim Einbau die vordere Befestigung des Hilfsrahmens, um diesen beweglich zu machen. Installieren Sie die Drehmomentstützen zuerst an die Hinterachse, aber ziehen Sie die Befestigungen noch nicht an; installieren Sie sie dann an mit der Kreuzverbindung an den Hilfsrahmen.

5 Ziehen Sie die Drehmomentstützen-Befestigungen am Hilfsrahmen mit 140 Nm an.

6 Die vordere Hilfsrahmen-Befestigung mit 85 Nm an.

7 Sobald das Fahrzeug wieder auf seinen Rädern steht, werden die Drehmomentstützen-Befestigungen an der Achse mit 140 Nm angezogen.

12 Heck-Hilfsrahmen und Aufnahmen (Modelle mit Starrachse) – Ausbau und Einbau

Ausbau

1 Heben Sie das Fahrzeug hinten an und stützen Sie es ab.

2 Lösen Sie die vorderen Befestigungsschrauben und Muttern des Hilfsrahmens (siehe Abbildung).

3 Das vordere Haltegummi kann jetzt samt Halterung demontiert werden – für das Gummi werden ein Meißel und reichlich Schmiermittel benötigt (beachten Sie seine Ausrichtung).

4 Um den Hilfsrahmen komplett zu entfernen, müssen die Drehmomentstützen und die Kreuzverbindung abgeschraubt werden. Befreien Sie auch das Handbremsseil aus seiner Halterung.

5 Installieren Sie eine der vorderen Befestigungsschrauben, hängen Sie eine Schraubzwinge hinter der Schraube ein und ziehen Sie damit den Hilfsrahmen aus den hinteren Aufnahmen.

6 Die hintere Aufnahme kann jetzt abgeschraubt werden.

Einbau

7 Der Einbau entspricht der umgekehrten Ausbaureihenfolge – beachten Sie dabei folgende Punkte:

a) Installieren Sie die Haltegummis mithilfe von Vaseline.

b) Ziehen Sie die vorderen Befestigungen vorschriftsmäßig an, bevor die Drehmomentstützen befestigt werden.

13 Hinterachsen-Längslenker (Modelle mit Starrachse) – Ausbau und Einbau

Ausbau

1 Beginnen Sie wie beim Ausbau der Hinterrad-Feder (siehe Sektion 14, Schritte 1 bis 3).

2 Lösen Sie die Kardanwelle vom Differenzialflansch – bringen Sie Ausrichtmarkierungen an.

3 Stützen Sie den Längslenker unterhalb des Federtellers mit einem Rangierwagenheber ab.

4 Schrauben Sie den Querstabilisator (falls vorhanden) von beiden Längslenkern. Falls kein Querstabilisator vorhanden ist, wird an der entsprechenden Seite die untere Stoßdämpfer-Befestigung gelöst; lockern Sie die Befestigung auf der anderen Seite.

5 Senken Sie den Rangierwagenheber ab, um die Feder zu entspannen.

6 Lockern Sie über Kreuz die Muttern, mit denen der Längslenker an der Achse befestigt ist. Entfernen Sie die Muttern,

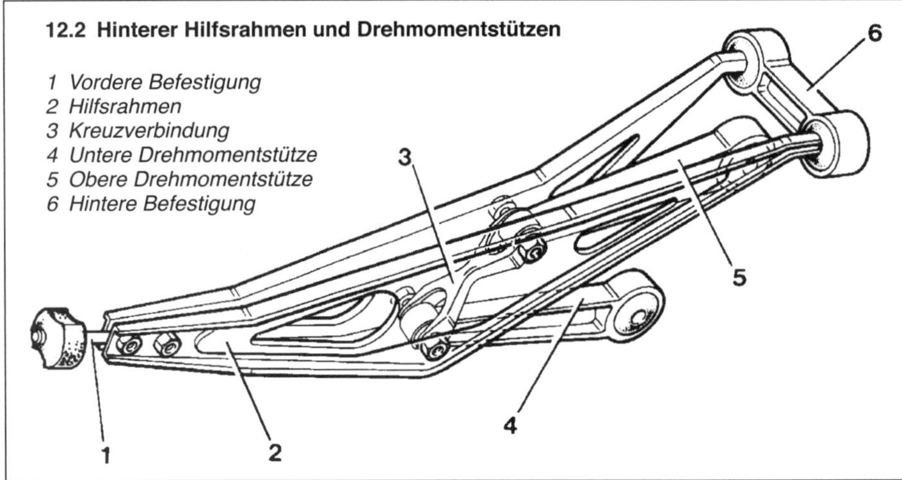

12.2 Hinterer Hilfsrahmen und Drehmomentstützen

1 Vordere Befestigung
2 Hilfsrahmen
3 Kreuzverbindung
4 Untere Drehmomentstütze
5 Obere Drehmomentstütze
6 Hintere Befestigung

die Achsklemme und die Haltegummis. Entfernen Sie ggf. die Halterung des Querstabilisators.
7 Entfernen Sie die Muttern und Schrauben des Längslenker-Halters. Hebeln Sie die vordere Halterung aus der Karosserie und entfernen Sie den Längslenker.

Einbau

8 Der Einbau entspricht der umgekehrten Ausbaureihenfolge. Ziehen Sie alle Befestigungen mit den in den technischen Daten angegebenen Werten an.

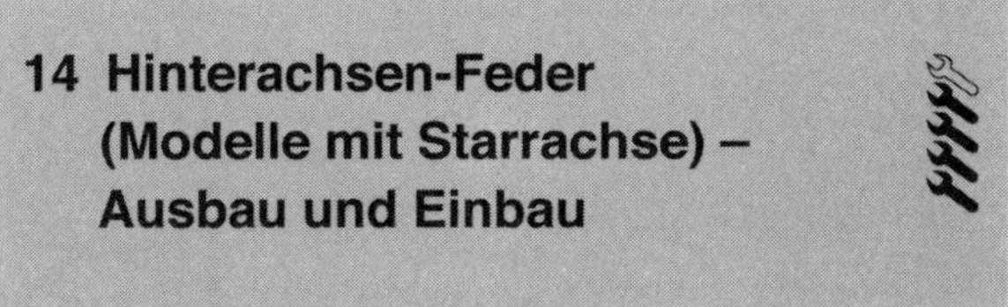

14 Hinterachsen-Feder (Modelle mit Starrachse) – Ausbau und Einbau

Anmerkung: *Die Befestigungsschrauben des Hinterrad-Bremssattels müssen nach dem Ausbau erneuert werden.*

Ausbau

1 Lockern Sie die entsprechenden Hinterradmuttern. Heben Sie das Fahrzeug an und stützen Sie es so ab, dass beide Hinterräder nicht den Boden berühren. Demontieren Sie das Rad.
2 Lösen Sie die zwei Schrauben, die den Hinterrad-Bremssattel sichern. Ziehen Sie den Sattel von der Bremsscheibe, aber trennen Sie nicht die Bremsleitung; sichern Sie den Sattel so, dass der Bremsschlauch nicht unter Last gesetzt wird. Für die Montage werden neue Schrauben benötigt.
3 Falls die Auspuffanlage im Weg ist, muss sie an ihren Halterungen ausgehängt und abgesenkt oder beiseite genommen werden.
4 Heben Sie den Längslenker etwas an, um den Stoßdämpfer zu entlasten. Lösen Sie dann unten am Stoßdämpfer die Mutter und die Schraube und senken Sie den Wagenheber ab.
5 Lösen Sie die Mutter des oberen Federtellers (siehe Abbildung).

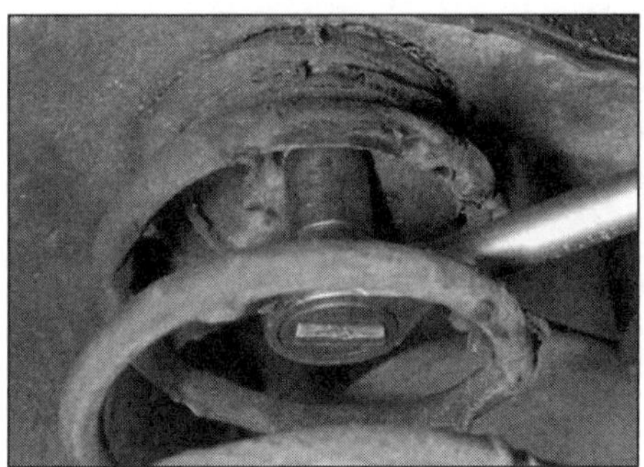

14.5 Lösen Sie die Mutter am oberen Federsitz.

6 Ziehen Sie den Längslenker so weit wie möglich herunter. Ziehen Sie die Oberseite der Feder herunter, bis der obere Sitz aus der Haltestrebe befreit ist, und entnehmen Sie die Feder samt Sitz nach hinten. Falls dies nicht möglich ist, muss entweder die Feder mit einer Vorspann-Vorrichtung komprimiert werden (siehe Sektion 9), um sie zu entlasten, oder der hintere Querstabilisator wird gelöst, um den Längslenker weiter herunterschwenken zu können (siehe Abbildung).

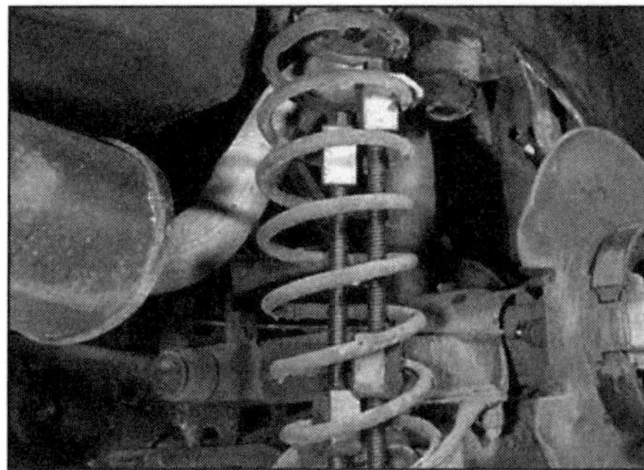

14.6 Die Feder muss mit eventuell mit Vorspannern komprimiert werden, um ausgebaut werden zu können.

7 Inspizieren Sie die Federsitz-Gummis und ersetzen Sie sie nötigenfalls.

Einbau

8 Der Einbau entspricht der umgekehrten Ausbaureihenfolge. Sichern Sie den Bremssattel mit neuen Schrauben. Ziehen Sie alle Befestigungen mit den in den technischen Daten angegebenen Werten an.

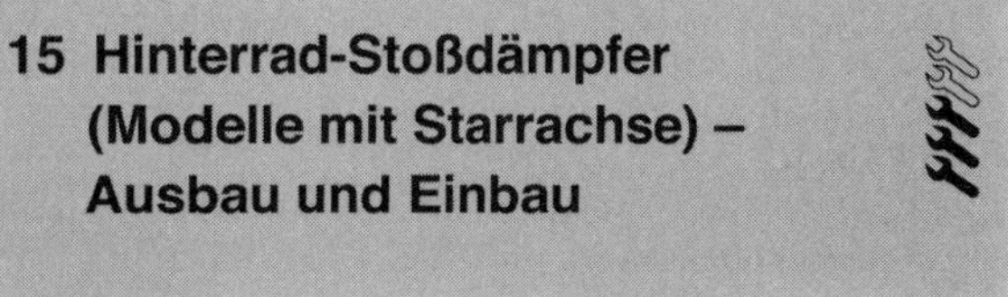

15 Hinterrad-Stoßdämpfer (Modelle mit Starrachse) – Ausbau und Einbau

Ausbau

1 Lockern Sie die entsprechenden Hinterradmuttern. Heben Sie das Fahrzeug an und stützen Sie es so ab, dass beide Hinterräder nicht den Boden berühren. Demontieren Sie das Rad.
2 Heben Sie den Längslenker etwas an, um den Stoßdämpfer zu entlasten. Lösen Sie dann unten am Stoßdämpfer die Mutter und die Schraube (siehe Abbildung) und senken Sie den Wagenheber ab.

15.2 Untere Befestigungsschraube des Hinterradstoßdämpfers

3 Entfernen Sie im Radkasten den Gummistopfen, der die obere Stoßdämpferschraube verdeckt (siehe Abbildung). Lösen Sie die Schraube.
4 Ziehen Sie den Stoßdämpfer nach unten aus dem Fahrzeug und entfernen Sie ihn.

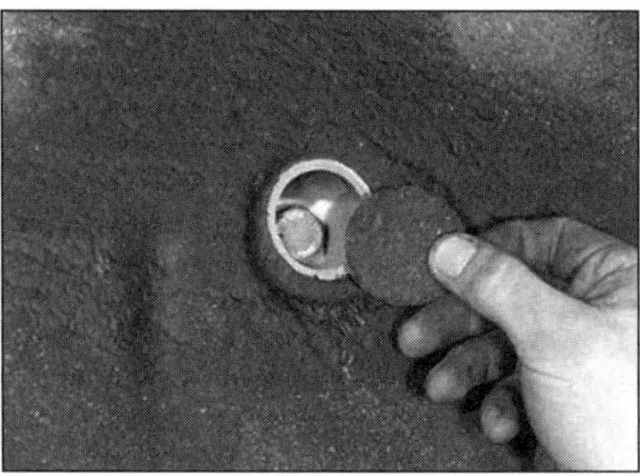

15.3 Die obere Befestigungsschraube sitzt hinter einem Gummistopfen.

Einbau

5 Der Einbau entspricht der umgekehrten Ausbaureihenfolge. Ziehen Sie alle Befestigungen mit den in den technischen Daten angegebenen Werten an.

16 Querstabilisator hinten (Modelle mit Starrachse) – Ausbau und Einbau

Ausbau

1 Heben Sie das Fahrzeug hinten an oder fahren Sie es auf Rampen oder über eine Grube.
2 Lösen Sie an jeder Seite die zwei Muttern und Schrauben, die den Querstabilisator sichern. Die vorderen Schrauben sichern auch die untere Halterung des Stoßdämpfers – nötigenfalls muss der Längslenker leicht angehoben werden, um diese Schrauben zu entlasten.
3 Entnehmen Sie den Querstabilisator.

Einbau

4 Der Einbau entspricht der umgekehrten Ausbaureihenfolge.

17 Panhardstab (Modelle mit Starrachse) – Ausbau und Einbau

Ausbau

1 Heben Sie das Fahrzeug hinten an, sodass die Hinterräder frei vom Boden sind.
2 Schrauben Sie den Panhardstab an der Karosserie und an der Hinterachse ab (siehe Abbildung) und entfernen Sie ihn.
3 Falls die Buchsen erneuert werden müssen, müssen sie ausgepresst und die neuen eingepresst werden – lassen Sie dies von einer Fachwerkstatt erledigen.

Einbau

4 Der Einbau entspricht der umgekehrten Ausbaureihenfolge. Ziehen Sie alle Befestigungen mit den in den technischen Daten angegebenen Werten an.

17.2 Panhardstab-Anschluss an der Hinterachse

18 Hinterrad-Querlenker unten (Modelle mit Einzelradaufhängung) – Ausbau und Einbau

Ausbau

Anmerkung: Alle Schrauben und Muttern, die in zwei Schritten zunächst mit einem Drehmomentschlüssel und anschließend mithilfe einer Gradscheibe angezogen werden müssen (siehe technische Daten), müssen nach dem Ausbau erneuert werden.
1 Lockern Sie die Hinterradmuttern der entsprechenden Seite. Heben Sie das Fahrzeug an und stützen Sie es so ab, dass die Räder nicht den Boden berühren. Demontieren Sie das Rad.
2 Markieren Sie die Position des Querlenker-Aufnahmeexzenters am Achsschemel, um beim Zusammenbau eine halbwegs korrekte Einstellung zu gewährleisten (siehe Abbildungen).

18.2b Innerer Aufnahmeexzenter des unteren Querlenkers

3 Lösen Sie die Muttern und Schrauben, mit denen der untere Querlenker am Achsschemel und dem Radnabenträger befestigt ist (siehe Abbildung) und entfernen Sie ihn.

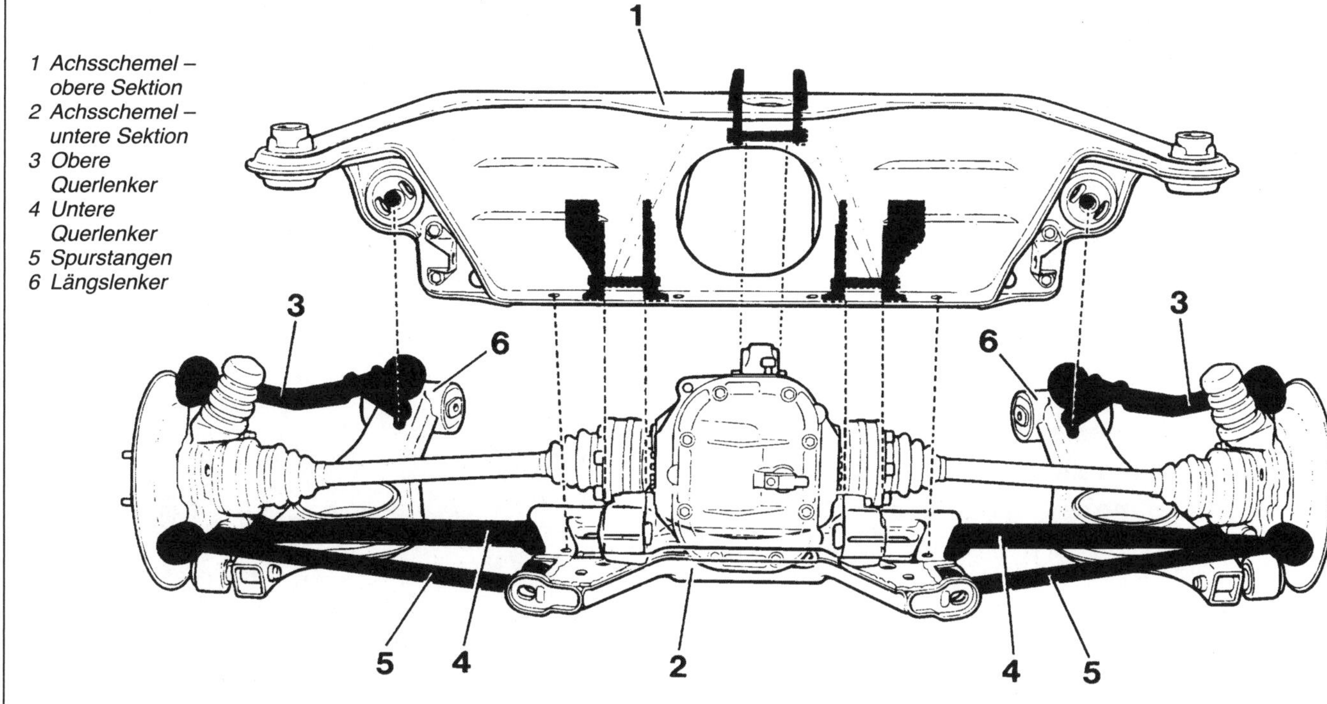

18.2a Bauteile der Mehrlenker-Hinterachse

18.3 Befestigung des unteren Querlenkers am Radnabenträger

Einbau

4 Der Einbau entspricht der umgekehrten Ausbaureihenfolge. Verwenden Sie an den Querlenker-Befestigungen neue Schrauben und Muttern. Ziehen Sie alle Befestigungen mit den in den technischen Daten angegebenen Werten an. Lassen Sie die Einstellung der Hinterräder kontrollieren (siehe Sektion 34).

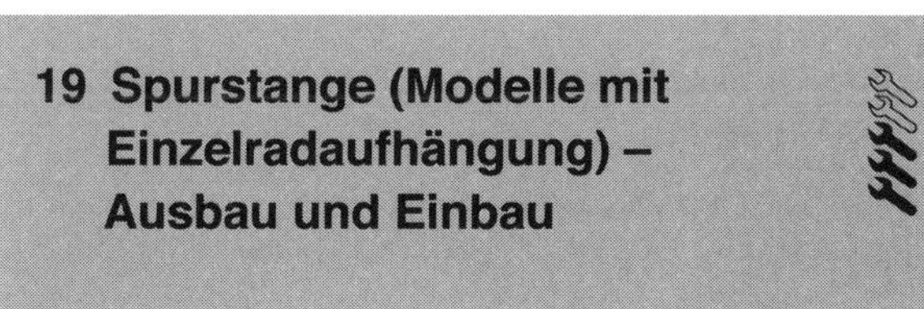

19 Spurstange (Modelle mit Einzelradaufhängung) – Ausbau und Einbau

Ausbau

1 Lockern Sie die Hinterradmuttern der entsprechenden Seite. Heben Sie das Fahrzeug an und stützen Sie es so ab, dass die Räder nicht den Boden berühren. Demontieren Sie das Rad.

2 Markieren Sie die Position des Spurstangen-Aufnahmeexzenters am Achsschemel, um beim Zusammenbau eine halbwegs korrekte Einstellung zu gewährleisten (siehe Abbildung).

19.2 Aufnahmeexzenter der Spurstange

3 Lösen Sie die Muttern und Schrauben, mit denen die Spurstange am Achsschemel und dem Radnabenträger befestigt ist (siehe Abbildung) und entfernen Sie sie.

Einbau

4 Der Einbau entspricht der umgekehrten Ausbaureihenfolge. Ziehen Sie alle Befestigungen mit den in den technischen Daten angegebenen Werten an. Lassen Sie die Einstellung der Hinterräder kontrollieren (siehe Sektion 34).

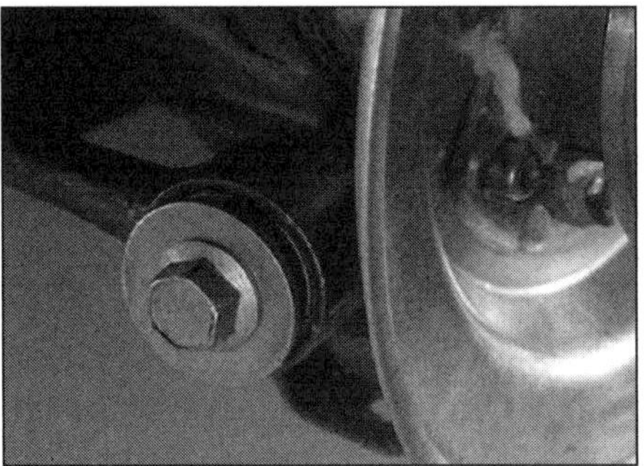

19.3 Befestigung der Spurstange am Radnabenträger

20 Hinterrad-Längslenker (Modelle mit Einzelradaufhängung) – Ausbau und Einbau

Ausbau

Anmerkung: *Alle Schrauben und Muttern, die in zwei Schritten zunächst mit einem Drehmomentschlüssel und anschließend mithilfe einer Gradscheibe angezogen werden müssen (siehe technische Daten), müssen nach dem Ausbau erneuert werden.*

1 Lockern Sie die Hinterradmuttern der entsprechenden Seite. Heben Sie das Fahrzeug an und stützen Sie es so ab, dass der Längslenker frei ist. Demontieren Sie das Rad.

2 Lösen Sie die Schraube, die den Längslenker am Radnabenträger sichert (siehe Abbildung). Lösen Sie die Muttern und Schrauben, die die vordere Längslenker-Halterung an der Karosserie sichern. Schrauben Sie auch das Schutzblech vom Längslenker.

20.2 Die Schraube sichert den Längslenker am Radnabenträger

3 Hebeln Sie den Längslenker vom Radnabenträger. Beachten Sie die Kontaktflächen der Buchse und des Längslenker-Zapfens.

4 Nehmen Sie das Gewicht des Längslenkers mit einem Rangierwagenheber und einem Stück Holz auf.

5 Schrauben Sie die obere Stoßdämpferhalterung ab (siehe Abbildungen). Senken Sie den Wagenheber ab und entnehmen Sie den Längslenker samt Feder und Stoßdämpfer.

6 Die Feder und der Stoßdämpfer können jetzt vom Längslenker demontiert werden – der Stoßdämpfer ist mit zwei Schrauben gesichert.

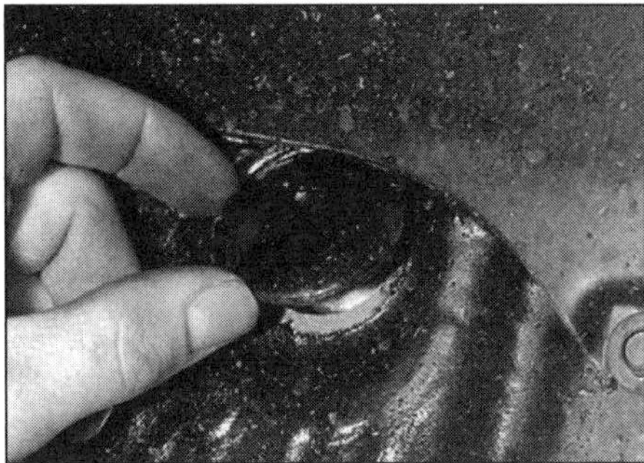

20.5a Entfernen Sie die Kappe, . . .

20.5b . . . um Zugang zur oberen Stoßdämpferaufnahme zu erhalten.

Einbau

7 Der Einbau entspricht der umgekehrten Ausbaureihenfolge. Ziehen Sie alle Befestigungen mit den in den technischen Daten angegebenen Werten an.

21 Hinterachsschemel unten (Modelle mit Einzelradaufhängung) – Ausbau und Einbau

Ausbau

Anmerkung: *Alle Schrauben und Muttern, die in zwei Schritten zunächst mit einem Drehmomentschlüssel und anschließend mithilfe einer Gradscheibe angezogen werden müssen (siehe technische Daten), müssen nach dem Ausbau erneuert werden.*

1 Der untere Hinterachsschemel kann zusammen mit den unteren Querlenkern und den Spurstangen demontiert werden – auf diese Weise wird wird die Ausrichtung der Hinterräder nicht verändert.

2 Lockern Sie an beiden Seiten die Hinterradmuttern. Heben Sie das Fahrzeug an und stützen Sie es so ab, dass die Längslenker frei sind. Demontieren Sie die Hinterräder.

3 Schrauben Sie die unteren Querlenker von den Radnabenträgern.

4 Schrauben Sie die Längslenker von den Radnabenträgern und hebeln Sie sie ab.

5 Schrauben Sie die Spurstangen von den Radnabenträgern. Ziehen Sie die Spurstangen ab – entweder von Hand oder mithilfe eines kleinen Abziehers.

6 Lösen Sie die acht Muttern und Schrauben, mit denen der obere und untere Achsschemel verbunden sind – beachten Sie die Handbremsseil-Führung unter einer der hinteren Schrauben.

7 Stützen Sie den unteren Achsschemel ab. Schwenken Sie die Radnabenträger nach außen und befreien Sie die unteren Querlenker und Spurstangen von ihnen. Entfernen Sie den Achsschemel zusammen mit den unteren Querlenkern und den Spurstangen.

Einbau

8 Zunächst wird der untere Achsschemel grob positioniert und mit einigen der neuen Schrauben und Muttern am oberen Achsschemel gesichert – ziehen Sie diese noch nicht an.

9 Stecken Sie zwei Schrauben, Treibdorne oder ähnliches mit 12 mm Durchmesser in die zwei Zentrierbohrungen vorne an den Achsschemeln (siehe Abbildung).

21.9 Ein durch die Zentrierbohrungen der Achsschemel geführter Dorn

10 Installieren Sie alle neuen Schrauben und Muttern (vergessen Sie nicht die Handbremsseil-Führung) und ziehen Sie sie schrittweise und über Kreuz zunächst mit 70 Nm an und dann 30° weiter. Entfernen Sie die Zentrierstücke.

11 Verbinden Sie die unteren Querlenker mit dem Radnabenträgern. Ziehen Sie die Befestigungen zunächst mit 70 Nm an und dann 30° weiter – ziehen Sie dabei den Radnabenträgern nach innen.

12 Verbinden Sie die Längslenker und Spurstangen mit dem Radnabenträgern und ziehen Sie sie vorschriftsmäßig an.

13 Montieren Sie die Hinterräder, senken Sie das Fahrzeug ab und ziehen Sie die Radmuttern mit 85 Nm an.

22 Hinterrad-Querlenker oben (Modelle mit Einzelradaufhängung) – Ausbau und Einbau

Ausbau

Anmerkung: *Alle Schrauben und Muttern, die in zwei Schritten zunächst mit einem Drehmomentschlüssel und anschließend mithilfe einer Gradscheibe angezogen werden müssen (siehe technische Daten), müssen nach dem Ausbau erneuert werden.*

1 Beginnen Sie wie für die Demontage des unteren Hinterachsschemels (siehe Sektion 21, Schritte 2 bis 5). Lösen Sie auch den Bremssattel und sichern Sie ihn außerhalb des Arbeitsbereichs.

2 Schrauben Sie den oberen Querlenker vom Radnabenträger und trennen Sie beide Teile – stellen Sie dabei alle Distanzscheiben sicher (siehe Abbildungen).

22.2a Befestigung des oberen Querlenkers am Radnabenträger

22.2b Distanzscheiben zwischen Querlenker und Radnabenträger

3 Schrauben Sie den oberen Querlenker vom oberen Achsschemel und entnehmen Sie ihn.

Einbau

4 Der Einbau entspricht der umgekehrten Ausbaureihenfolge – beachten Sie dabei folgende Punkte:

a) Ersetzen Sie alle Schrauben und Muttern, die auch per Gradscheibe angezogen werden müssen, durch Neuteile.

b) Ziehen Sie die Oberseite des Radnabenträgers beim Anziehen der oberen Querlenker-Befestigung nach außen.

c) Ziehen Sie die Unterseite des Radnabenträgers beim Anziehen der unteren Querlenker-Befestigung nach innen.

23 Hinterrad-Nabenträger (Modelle mit Einzelradaufhängung) – Ausbau und Einbau

Ausbau

Anmerkung: *Alle Schrauben und Muttern, die in zwei Schritten zunächst mit einem Drehmomentschlüssel und anschließend mithilfe einer Gradscheibe angezogen werden müssen (siehe technische Daten), müssen nach dem Ausbau erneuert werden.*

1 Entfernen Sie die Radkappe des entsprechenden Hinterrads. Betätigen Sie die Handbremse, legen Sie den ersten Gang oder »P« ein und blockieren Sie die Räder.

2 Lockern Sie die Antriebswellenmutter – sie sitzt sehr fest, sodass die 36er-Nuss besser mit einem 3/4-Zoll-Antrieb ausgerüstet sein sollte.
3 Lockern Sie die Radmuttern, heben Sie das Fahrzeug hinten an und entfernen Sie das Hinterrad. Die Abstützung darf nicht die Radaufhängungen behindern.
4 Demontieren Sie den Bremssattel (aber lassen Sie die Bremsleitung angeschlossen), die Bremsscheibe und die Handbremsbacken. Trennen Sie das Handbremsseil (siehe Kapitel 9).
5 Entfernen Sie die Antriebswellenmutter (siehe Abbildung).

23.5 Entfernen Sie die Antriebswellenmutter.

6 Lösen Sie die Muttern und Schrauben, die den oberen und unteren Querlenker, die Spurstange und den Längslenker am Radnabenträger sichern. Befreien Sie den Träger von allen Lenkern und Stangen und stellen Sie dabei alle Distanzscheiben an der Aufnahme des oberen Querlenkers sicher. Die Längslenker-Befestigung muss nötigenfalls abgehebelt werden.
7 Stützen Sie die Antriebswelle und entfernen Sie den Radnabenträger – klopfen Sie nötigenfalls auf das Ende der Welle, um ihn zu befreien (siehe Abbildung).

23.7 Entfernen Sie den Radnabenträger.

Einbau

8 Der Einbau entspricht der umgekehrten Ausbaureihenfolge. Ersetzen Sie alle Schrauben und Muttern, die auch per Gradscheibe angezogen werden müssen, durch Neuteile.
9 Falls neue Buchsen, Verbindungselemente usw. installiert wurden, muss die Einstellung der Hinterräder kontrolliert werden (siehe Sektion 34).

24 Hinterradlager (Modelle mit Einzelradaufhängung) – Ersetzen

1 Entfernen Sie den Hinterrad-Nabenträger (siehe Sektion 23).
2 Stützen Sie den Radnabenträger und treiben oder pressen Sie den Wellenstumpf aus dem Lager – der Innenring wird wahrscheinlich auf der Welle verbleiben und muss dort ggf. abgezogen werden (siehe Abbildung).

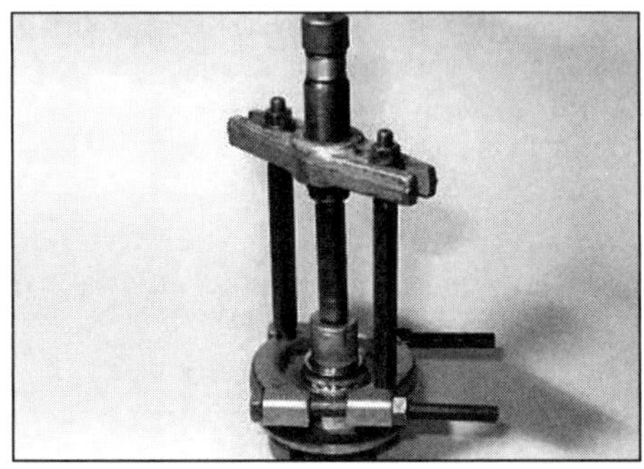

24.2 Ziehen Sie den Lager-Innenring vom Wellenstumpf.

3 Entfernen Sie an der Außenseite des Radnabenträgers den Seegerring (siehe Abb. 24.7).
4 Entfernen Sie die Bremsen-Rückplatte und den Anschlag, um die Handhabung zu erleichtern. Pressen oder treiben Sie das Lager von innen aus dem Radnabenträger.
5 Reinigen Sie die Lagersitze im Radnabenträger und tragen Sie dünn Fett auf. Reinigen und fetten Sie auch den Wellenstumpf.
6 Setzen Sie das neue Lager außen am Radnabenträger an (es ist symmetrisch, sodass die Einbaurichtung egal ist) und pressen Sie es – ggf. mithilfe des alten Lager-Außenrings – senkrecht ein, bis die Seegerringnut frei ist.
7 Installieren Sie den Seegerring (siehe Abbildung).

24.7 Das Lager wird mit dem Seegerring gesichert.

24.8 Tragen Sie an der Verbindung zwischen dem Radnabenträger und der Rückplatte Dichtmasse auf.

8 Installieren Sie die Bremsen-Rückplatte; tragen Sie an ihrer Verbindung zum Radnabenträger Silikon-Dichtmasse auf (siehe Abbildung).
9 Stützen Sie den Lager-Innenring und pressen Sie den Wellenstumpf ein.
10 Montieren Sie den Radnabenträger (siehe Sektion 23).

25 Hinterrad-Stoßdämpfer und Feder (Modelle mit Einzelradaufhängung) – Ausbau und Einbau

Die Prozeduren entsprechen im Wesentlichen denen von den Sektionen 14 und 15, beachten Sie jedoch folgende Punkte:
a) Die Feder kann erst nach dem Ausbau des Stoßdämpfers entfernt werden.
b) Es gibt keine obere Federteller-Mutter.
c) Falls durch das Trennen des Längslenkers vom Radnabenträger nicht genug Platz erzeugt werden kann, muss der Längslenker vollständig ausgebaut werden.

26 Lenkrad – Ausbau und Einbau

***Warnung:** Bei Modellen mit Airbag darf das Lenkrad nicht demontiert werden, da der Airbag plötzlich auslösen und schwere Verletzungen hervorrufen kann. Lassen Sie das Lenkrad von einer entsprechend ausgerüsteten Volvo-Werkstatt demontieren.*

Ausbau

1 Trennen Sie den Masseanschluss (–) von der Batterie.
2 Drehen Sie das Lenkrad in die Geradeaus-Position.
3 Hebeln Sie die Abdeckung der Lenkradnabe ab (siehe Abbildung).

26.3 Hebeln Sie die Abdeckung der Lenkradnabe ab.

4 Lösen Sie die zentrale Lenkradschraube (siehe Abbildung).
5 Bringen Sie zwischen dem Lenkrad und der Lenksäule Ausrichtmarkierungen an und ziehen Sie das Lenkrad ab.

26.4 Lösen Sie die Lenkradschraube.

Praxis-Tipp

Falls das Lenkrad fest sitzt, muss es nahe der Nabe mit den Handballen abgeklopft oder beim Abziehen von einer Seite zur anderen gedreht werden, um es von der Kerbverzahnung der Lenksäule zu befreien.

Einbau

6 Der Einbau entspricht der umgekehrten Ausbaureihenfolge – beachten Sie die zuvor angebrachten Ausrichtmarkierungen und ziehen Sie die Lenkradschraube mit 32 Nm an.

27 Lenksäule – Ausbau und Einbau

***Warnung:** Bei Modellen mit Airbag darf das Lenkrad nicht demontiert werden, da der Airbag plötzlich auslösen und schwere Verletzungen hervorrufen kann. Lassen Sie das Lenkrad von einer entsprechend ausgerüsteten Volvo-Werkstatt demontieren.*

Ausbau

1 Trennen Sie den Masseanschluss (–) von der Batterie.
2 Lösen Sie im Motorraum die Klemmschraube samt Mutter, die das obere Kreuzgelenk am Mittelsegment der Lenkwelle sichern – die Mutter ist mit einem Federclip gesichert (siehe Abbildung).

27.2 Oberes Kreuzgelenk der Lenkwellen-Mittelsegments

3 Entfernen Sie das Lenkrad (siehe Sektion 26) und die an der Lenksäule befestigten Schalter samt Grundplatte und Hupen-Kontaktring (siehe Abbildung).

27.3 Ausbau des Hupen-Kontaktrings

4 Entfernen Sie die Verkleidung unterhalb der Lenksäule. Sie ist mit zwei Schrauben und zwei Clips gesichert. Trennen Sie den Heizungskanal, während die Verkleidung abgezogen wird.
5 Entfernen Sie die Schaltertafel nach rechts zum Lenkschloss.
6 Trennen Sie den Zündschloss-Stecker
7 Lösen Sie die drei Schrauben, mit denen die untere Lagerplatte der Lenksäule an der Spritzwand gesichert ist (siehe Abbildung).

27.7 Untere Lenksäulen-Lagerplatte

8 Lösen Sie die zwei Schrauben, die das obere Lenksäulen-Lager an der Haltestrebe sichern (siehe Abbildung). Bei manchen Modellen finden sich hier Abscher-Schrauben, die ausgebohrt und mit einem Linksausdreher entfernt oder mit einem Meißel gelöst werden müssen.

27.8 Das obere Lenksäulen-Lager ist mit drei Schrauben an der Querstrebe gesichert.

9 Lösen Sie die dritte Schraube des oberen Lagers und stellen Sie das Distanzrohr sicher (siehe Abbildung).

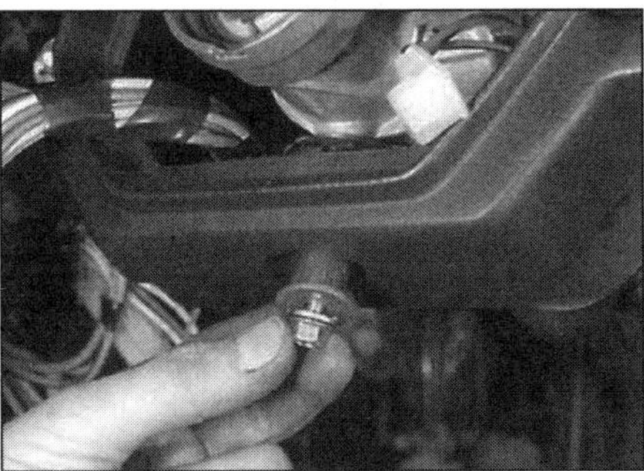

27.9 Ausbau der dritten Schraube samt Distanzrohr

10 Lösen Sie die drei Schrauben, mit denen die Lenksäulen-Haltestrebe gesichert ist.
11 Entfernen Sie die Lenkschloss/Zündschloss-Baugruppe (siehe Sektion 28).
12 Befreien Sie die Lenksäule und ziehen Sie sie in den Innenraum. Stellen Sie die Scheibe vom oberen Stützlager sicher.
13 Jetzt kann nötigenfalls das Lenksäulen-Lager entfernt werden – beschädigen Sie dabei nicht die Schiebekupplung in der oberen Sektion. Die Gesamtlänge der Lenksäule muss 727,2 ± 1 mm betragen.

Einbau

14 Der Einbau entspricht der umgekehrten Ausbaureihenfolge – beachten Sie dabei folgende Punkte:

a) *Ziehen Sie alle Muttern und Schrauben mit den in den technischen Daten angegebenen Drehmomenten an.*
b) *Falls Abscher-Schrauben verwendet werden, dürfen diese zunächst nur handfest eingedreht werden. Erst wenn fest steht, dass alles korrekt installiert ist, werden sie angezogen, bis ihre Köpfe abscheren.*

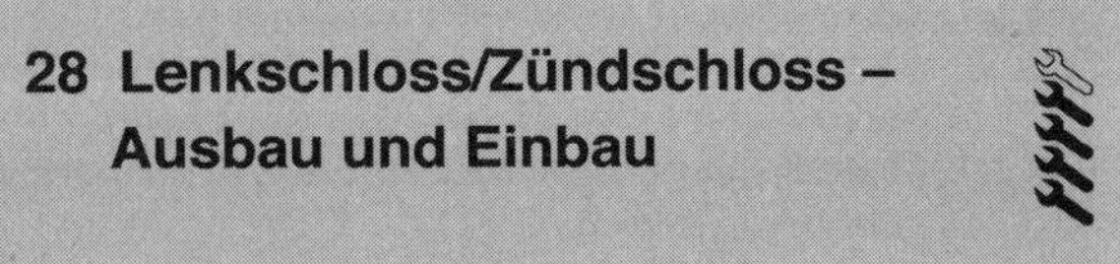

28 Lenkschloss/Zündschloss – Ausbau und Einbau

Warnung: Bei Modellen mit Airbag darf das Lenkrad nicht demontiert werden, da der Airbag plötzlich auslösen und schwere Verletzungen hervorrufen kann. Lassen Sie das Lenkrad von einer entsprechend ausgerüsteten Volvo-Werkstatt demontieren.

Ausbau

1 Trennen Sie den Masseanschluss (–) von der Batterie.
2 Führen Sie die in Sektion 27, Schritte 3 bis 10 beschriebenen Arbeiten durch.
3 Entfernen Sie die Klemmschraube vom oberen Lagergehäuse (siehe Abbildung).
4 Stecken Sie den Zündschlüssel ins Schloss und drehen Sie ihn auf Position II. Drücken Sie den Schließknopf und beginnen Sie, das Schloss aus dem Lagergehäuse zu ziehen (siehe Abbildung).

28.3 Lenkschloss-Klemmschraube

28.4 Drücken Sie den Schließknopf – gezeigt bei ausgebauter Lenksäule.

5 Der Zündschlüssel und der Schließzylinder stoßen bald gegen die umgebende Verkleidung. Entfernen Sie deswegen den Schlüssel und befreien Sie das obere Lagergehäuse aus der Querstrebe – verlieren Sie nicht die Scheibe. Durch die Bewegung des Lagergehäuses kann genügend Platz erzeugt werden, um das Lenkschloss samt Zündschloss und Anlasser-Schalter zu entfernen (siehe Abbildung).

28.5 Ziehen Sie das Lenkschloss heraus – der Schließknopf (Pfeil) ist noch eingedrückt.

6 Entfernen Sie das Zündschloss vom Lenkschloss, indem Sie die zwei Schrauben lösen.

Einbau

7 Der Einbau entspricht der umgekehrten Ausbaureihenfolge.

29 Servolenkungsgetriebe – Ausbau und Einbau

Ausbau

Anmerkung: *Beim Anschließen der Hydraulikleitungen müssen neue Kupfer-Dichtscheiben verwendet werden.*
1 Heben Sie das Fahrzeug vorne an und entfernen Sie die Unterwanne.
2 Entfernen Sie in der Mitte der Front-Querstrebe die Abdeckung.
3 Lösen Sie am unteren Kreuzgelenk die Federclips und lockern Sie die Klemmschrauben (siehe Abbildung). Ziehen Sie das Kreuzgelenk samt Zwischenwelle hoch, um es vom Lenkgetriebe zu befreien.

29.3 Unteres Kreuzgelenk der Lenkwellen-Mittelsegments

4 Befreien Sie die Spurstangenköpfe vom Lenkhebel (siehe Sektion 33).
5 Reinigen Sie die Bereiche um die Hydraulikanschlüsse und trennen Sie sie (siehe Abbildung) – seien Sie auf austretende Hydraulikflüssigkeit vorbereitet. Verstopfen Sie offene Anschlüsse, damit kein Schmutz eindringt.

29.5 Hydraulik-Anschlussschrauben am Lenkgetriebe

6 Lösen Sie die zwei Befestigungsschrauben samt Muttern und befreien Sie das Lenkgetriebe von der Querstrebe (siehe Abbildung); möglicherweise muss dazu der vordere Querstabilisator beiseite genommen werden (siehe Sektion 7).

Einbau

7 Der Einbau entspricht der umgekehrten Ausbaureihenfolge – beachten Sie dabei folgende Punkte:

a) *Ziehen Sie alle Muttern und Schrauben mit den in den technischen Daten angegebenen Drehmomenten an.*

b) *Rüsten Sie die Hydraulikanschlüsse mit neuen Kupfer-Dichtscheiben aus.*

c) *Entlüften Sie die Servolenkungs-Hydraulik (siehe Sektion 31).*

d) *Kontrollieren Sie die Spur-Einstellung der Vorderräder (siehe Sektion 34).*

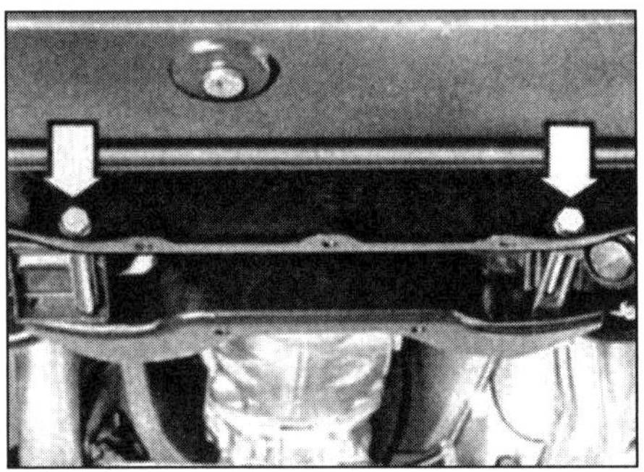

29.6 Befestigungsschrauben des Lenkgetriebes

30 Lenkmanschette – Ausbau und Einbau

Ausbau

1 Entfernen Sie den entsprechenden Spurstangenkopf (siehe Sektion 33). Lösen Sie auch dessen Kontermutter.

2 Lösen Sie die zwei Schellen, mit denen die Manschette gesichert ist. Ziehen Sie die Manschette ab (siehe Abbildungen).

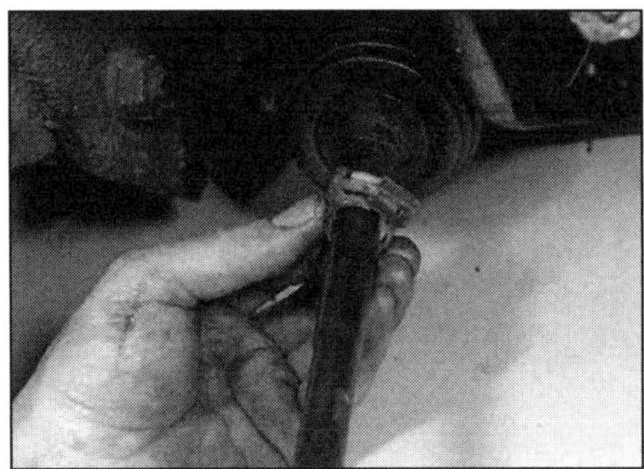

30.2a Lösen Sie die Schellen der Lenkmanschette . . .

30.2b . . . und ziehen Sie diese ab.

Einbau

3 Entfernen Sie Schmutz und Ablagerungen vom inneren Ende der Spurstange und (falls zugänglich) vom Lenkgestänge. Versehen Sie diese Komponenten mit frischem Fett.

4 Schieben Sie die neue Manschette auf, sichern Sie ihn mit den Schellen und montieren Sie den Spurstangenkopf (siehe Sektion 33).

31 Servolenkung – Entlüften

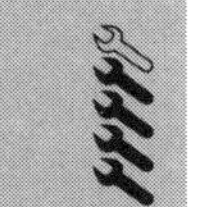

1 Der Ausgleichsbehälter der Servolenkungs-Hydraulik kann direkt an der Pumpe oder aber am Kühler oder am Innenkotflügel sitzen; er kann mit einem Peilstab ausgerüstet sein oder am transparenten Behälter sind nur Markierungen angebracht.

2 Der Flüssigkeitspegel darf die »MAX«-Markierung nicht übersteigen, aber auch nicht unter die »ADD«- oder »LOW«-Markierungen fallen. Der Peilstab kann mit Markierungen für warme oder kalte Hydraulikflüssigkeit versehen sein – verwenden Sie die richtige.

3 Falls Flüssigkeit nachgefüllt werden muss, darf dafür nur frisches Automatik-Getriebeöl vom Typ A, F oder G verwendet werden. Falls regelmäßig nachgefüllt werden muss, ist das System auf Undichtigkeiten zu untersuchen. Lassen Sie niemals die Pumpe ohne Hydraulikflüssigkeit laufen – entfernen Sie nötigenfalls den Antriebsriemen.

4 Nach einer fachkundigen Überholung oder falls Luft ins Hydrauliksystem eingedrungen ist, muss eine Entlüftung durchgeführt werden:

5 Füllen Sie den Ausgleichsbehälter bis zur »MAX«-Markierung auf (siehe »Wöchentliche Kontrollen«). Starten Sie den Motor und lassen Sie ihn im Standgas laufen.

6 Drehen Sie das Lenkrad einige Male von Anschlag zu Anschlag – aber halten Sie es dort nicht länger fest.

7 Füllen Sie den Behälter nötigenfalls auf.

8 Wiederholen Sie die Schritte 6 und 7, bis der Pegel nicht mehr abfällt. Schalten Sie den Motor ab und installieren Sie den Behälterdeckel.

32 Servolenkungspumpe – Ausbau und Einbau

Ausbau

Anmerkung: *Beim Anschließen der Hydraulikleitungen müssen neue Kupfer-Dichtscheiben verwendet werden.*

1 Lockern Sie die Muttern und Schrauben am Pumpengelenk und an der Haltestrebe. Drücken Sie die Pumpe zum Motor und heben Sie den Antriebsriemen ab (siehe Abbildungen).

32.1a Servopumpen-Schraube – gezeigt am Vierzylindermotor

32.1b Heben Sie den Servopumpen-Riemen ab.

2 Trennen Sie die Hydraulikrohre – entweder von unten (entfernen Sie dazu die Unterwanne) oder von hinten (siehe Abbildung) – seien Sie auf austretende Hydraulikflüssigkeit vorbereitet. Verstopfen Sie offene Anschlüsse, damit kein Schmutz eindringt.

32.2 Servopumpen-Hydraulikanschlüsse am V6-Motor – von unten betrachtet (Unterwanne entfernt)
1 Zulaufleitung 2 Rücklaufleitung

3 Entfernen Sie die Muttern und Schrauben vom Pumpengelenk und der Haltestrebe (siehe Abbildung).

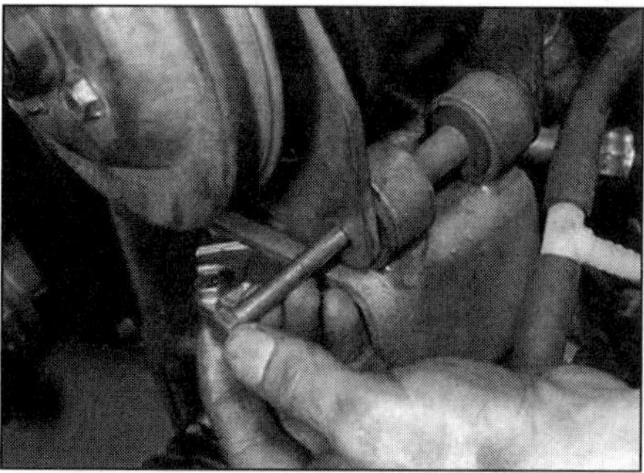

32.3 Lösen Sie die Schraube des Pumpen-Gelenks.

4 Heben Sie die Pumpe ab. Bei einem entfernt liegenden Ausgleichsbehälter wird dieser entweder mit der Pumpe entfernt oder sein Schlauch von ihr getrennt.

5 Falls eine neue Pumpe installiert werden soll, müssen die Riemenscheibe und die Halterungen auf diese übertragen werden.

Einbau

6 Der Einbau entspricht der umgekehrten Ausbaureihenfolge. Rüsten Sie die Hydraulikanschlüsse mit neuen Kupfer-Dichtscheiben aus und ziehen Sie die Anschlussschrauben mit 42 Nm an..

7 Spannen Sie den Antriebsriemen (siehe Kapitel 1).

8 Füllen Sie den Ausgleichsbehälter auf und entlüften Sie die Servolenkungs-Hydraulik (siehe Sektion 31).

33 Spurstangenkopf – Ausbau und Einbau

Ausbau

1 Heben Sie das Fahrzeug vorne an und demontieren Sie an der entsprechenden Seite das Rad.

2 Kontern Sie die Spurstange und lockern Sie die Kontermutter des Kopfes eine halbe Umdrehung.

3 Drehen Sie die Spurstangenkopf-Kugelbolzenmutter bis zum Ende ihres Gewindes. Trennen Sie den Kugelbolzen mithilfe eines geeigneten Kugelgelenk-Abziehers vom Lenkhebel, entfernen Sie die Mutter und befreien Sie den Kugelbolzen vom Hebel (siehe Abbildung).

33.3 Befreien Sie die Spurstangenköpfe mit einem Kugelgelenk-Abzieher.

4 Schrauben Sie den Spurstangenkopf von der Spurstange – zählen Sie dabei die benötigten Umdrehungen mit und notieren Sie diese Zahl.

Einbau

5 Drehen Sie den Spurstangenkopf um die beim Ausbau notierte Zahl an Umdrehungen auf die Spurstange.
6 Installieren Sie den Kugelbolzen in den Lenkhebel. Installieren Sie die Mutter und ziehen Sie sie mit 60 Nm an.
7 Kontern Sie die Spurstange und ziehen Sie die Kontermutter mit 70 Nm an.
8 Montieren Sie das Vorderrad, senken Sie das Fahrzeug ab und ziehen Sie die Radmuttern mit 85 Nm an.
9 Lassen Sie die Spur der Vorderräder bei nächster Gelegenheit überprüfen (siehe Sektion 34) – besonders falls Neuteile installiert wurden.

34 Fahrwerkseinstellungen – Allgemeine Informationen

Allgemeines

1 Die Lenk- und Fahrwerksgeometrie eines Automobils wird durch vier Grundeinstellungen definiert. Alle Winkel werden in Grad ausgedrückt, nur die Spur-Einstellungen werden auch als Längenmaß angegeben. Die relevanten Einstellungen sind: Sturz, Nachlauf, Lenkachsensturz und Spureinstellung. Bei Modellen mit starrer Hinterachse ist die Spur nur an den Vorderrädern einstellbar; bei Modellen mit Einzelradaufhängung ist auch die Geometrie der Hinterräder komplett einstellbar.

Spureinstellung an den Vorderrädern – Kontrolle und Einstellung

2 Aufgrund spezieller Messausrüstungen, die für eine akkurate Kontrolle der Rad-Einstellung benötigt wird, sollte die Kontrolle und Einstellung besser einer Fachwerkstatt überlassen werden. Heute bieten auch viele Reifenhändler einen solchen Service an. Die folgenden Schritte können als Hinweise genutzt werden, falls ein Hobbyschrauber entscheiden sollte, die Kontrolle selbst durchzuführen.
3 Die Spureinstellung an den Vorderrädern wird durch das Ermitteln des Abstands zwischen den vorderen und hinteren Rändern der Felgen ermittelt – entsprechende Messgeräte sind im Fachhandel erhältlich. Einstellungen erfolgen durch Verdrehen der Spurstangenköpfe auf den Spurstangen, um die effektive Länge dieser Baugruppen zu verändern.
4 Für eine akkurate Kontrolle muss das Fahrzeug vollgetankt, aber ansonsten unbeladen sein.
5 Prüfen Sie zunächst, ob die Reifen und Reifengrößen den Vorgaben entsprechen, der Reifendruck in Ordnung ist, die Reifen nicht verschlissen sind, die Felgen nicht verzogen sind, die Radlager und das Lenkrad-Spiel in Ordnung sind und alle Fahrwerks-Komponenten der Vorderachse in einem guten Zustand sind (siehe Kapitel 1 und »Wöchentliche Kontrollen«). Beheben Sie sämtlichen Verschleiß und alle Schäden.
6 Parken Sie das Fahrzeug auf einer absolut ebenen Fläche, stellen Sie die Lenkung geradeaus und wackeln Sie vorne und hinten am Auto, damit sich alle Fahrwerkselemente setzen. Lösen Sie die Handbremse und rollen Sie das Fahrzeug einen Meter nach hinten und wieder nach vorne, um sämtliche Spannungen aus der Lenkung und den Fahrwerkskomponenten zu befreien.
7 Messen Sie den Abstand zwischen den vorderen Rändern der Felgen und den hinteren Rändern der Felgen. Subtrahieren Sie die vordere Messung von der hinteren – es müssen etwa 2 mm festgestellt werden (bei 760-Limousinen: 2,5 mm).
8 Falls das Ergebnis um mehr als 0,5 mm von den Vorgaben abweicht, wird die Handbremse angezogen und das Fahrzeug vorne angehoben und sicher abgestützt. Drehen Sie das Lenkrad bis zum Anschlag nach links und notieren Sie die Anzahl der sichtbaren Gewindegänge an der rechten Spurstange. Drehen Sie jetzt das Lenkrad bis zum Anschlag nach rechts und notieren Sie die Anzahl der sichtbaren Gewindegänge an der linken Spurstange. Falls an beiden Seiten die gleiche Anzahl sichtbar ist, müssen die folgenden Einstellungen an beiden Seiten durchgeführt werden. Sind an einer Seite mehr Gewindegänge zu sehen als an der anderen, muss dieser Unterschied bei den folgenden Einstellungen angeglichen werden.
Anmerkung: *Es ist sehr wichtig, dass nach der Einstellung an beiden Spurstangen die gleiche Anzahl an Gewindegängen sichtbar ist.*
9 Reinigen Sie zuerst die Spurstangen-Gewinde; falls sie korrodiert sind, müssen sie vor der Einstellung mit Kriechöl behandelt werden. Lösen Sie die äußeren Schellen der Lenkmanschetten und ziehen Sie diese zurück, um sie innen zu fetten; so sind die Manschetten frei und klemmen oder verdrehen nicht, während die entsprechenden Spurstangen gedreht werden.
10 Markieren Sie dann mithilfe eines Lineals und einer Reißnadel die Ausrichtung der jeweiligen Spurstange zu ihrem Spurstangenkopf. Halten Sie die Spurstangen und lösen Sie ihre Kontermuttern.
11 Ändern Sie die Länge der Spurstangen (beachten Sie die Hinweise in Schritt 8); drehen Sie die Spurstange mithilfe entsprechender Werkzeuge aus dem Kopf heraus oder hinein. Durch Verkürzen der Spurstange – Drehen in den Spurstangenkopf – wird der Vorspur-Wert vergrößert.
12 Wenn die Einstellung korrekt ist, werden die Spurstangen gehalten und die Kontermuttern angezogen. Zählen Sie die sichtbaren Gewindegänge, um die Länge beider Spurstangen zu kontrollieren. Falls sie nicht gleich lang sind, war die Einstellung nicht gleichmäßig und es werden unter anderem Probleme mit in Kurven rubbelnden Reifen und einem nicht korrekt ausgerichteten Lenkrad auftreten.
13 Wenn die Spurstangen die gleiche Länge haben, wird das Fahrzeug abgesenkt und erneut die Spur kontrolliert; stellen Sie nötigenfalls erneut nach. Wenn die Einstellungen korrekt sind, werden die Spurstangenkopf-Kontermuttern mit 70 Nm angezogen. Die Lenkmanschetten müssen korrekt sitzen und dürfen nicht verdreht sein – sichern Sie sie mit den Schellen.

Spureinstellung an den Hinterrädern – Kontrolle und Einstellung

14 Um bei Modellen mit Einzelradaufhängung die Spur und den Sturz akkurat einzustellen, wird eine spezielle optische Ausrüstung benötigt, sodass diese Arbeit einer Fachwerkstatt überlassen werden muss.

Kapitel 11

Karosserie und Innenausstattung

Inhalt — Sektion

Schwierigkeitsgrade

Leicht. Geeignet für Anfänger mit wenig Erfahrung. 	**Relativ leicht.** Geeignet für Anfänger mit etwas Erfahrung. 	**Relativ schwierig.** Geeignet für geübte Selbstschrauber. 	**Schwer.** Geeignet für Selbstschrauber mit viel Erfahrung. 	**Sehr schwer.** Geeignet für Experten und Profis. 

1 Allgemeine Informationen

Die in diesem Buch behandelten Modelle waren in den Karosserievarianten Limousine (4-Türer) und Kombi (5-Türer) erhältlich. Die Karosserie und das Bodenblech bestehen aus miteinander verschweißten Stahlblechen, die eine sehr solide Einheit bilden. Bei einem Unfall nehmen Knautschzonen vorne und hinten reichlich Energie auf und schützen die Fahrgastzelle. Die Türen sind gegen Seitenaufpralle verstärkt. Die Heckklappe von Kombi-Modellen besteht aus Aluminium.
Die stabilen Stoßstangen vorne und hinten sitzen an Energieabsorbierenden Puffern, die die Karosserie bei geringen Geschwindigkeiten vor Beschädigungen durch Kollisionen zu schützen.
Die vorderen Kotflügel sind für einen einfachen Austausch angeschraubt. Die Motorhaube hat zwei Öffnungspositionen: halb offen für normale Arbeiten und ganz offen für größere Arbeiten.
Die Innenausstattung gilt für ein Fahrzeug dieser Klasse als sehr hochwertig.

2 Karosserie und Fahrgestell – Wartung und Pflege

Der Allgemeinzustand einer Fahrzeugkarosserie ist der entscheidende Punkt bei der Bestimmung seines Werts. Wartung ist einfach, muss aber regelmäßig durchgeführt werden. Vernachlässigungen können besonders nach kleinen Beschädigungen rasch zu weiterem Verfall und entsprechend hohen Reparaturkosten führen. Wichtig ist, auch auf Fahrzeugteile zu achten, die nicht auf den ersten Blick erkennbar sind – also die Unterseite, die Radkästen und der untere Bereich des Motorraums.
Die grundlegende Wartungstätigkeit im Bereich der Karosserie ist eine perfekte Wäsche mit reichlich Wasser aus dem Schlauch. Hierdurch werden alle lockeren Festkörper entfernt, die am Fahrzeug haften geblieben sind; durch Abwaschen besteht wenig Risiko, dass dabei der Lack zerkratzt wird. Die Radkästen und der Unterboden müssen auf die gleiche Weise gewaschen werden, damit Schlamm und Dreck entfernt werden, die sonst Feuchtigkeit speichern und so die Rostbildung beschleunigen. Paradoxerweise ist schlechtes Wetter die beste Zeit zum Reinigen des Unterbodens und der Radkästen, da der Matsch und Schlamm gut durchfeuchtet und weich sind. Bei Regenfahrten reinigt sich der Unterboden üblicherweise automatisch, sodass anschließend ein guter Zeitpunkt für eine Inspektion ist.
Außer bei mit Unterbodenschutz auf Wachsbasis behandelten Modellen ist es eine gute Idee, regelmäßig das gesamte Fahrgestell und den Motorraum mit einem Dampfstrahler zu reinigen, damit bei einer Inspektion auch kleine Schäden entdeckt werden, die repariert oder restauriert werden müssen. Viele Tankstellen halten Dampf- oder Hochdruckreiniger bereit, um damit auch verölte Ablagerungen entfernen zu können, die in manchen Bereichen sehr dick werden können. Falls kein Dampfreiniger zur Hand ist, können hervorragende Lösungsmittel und Entfetter mit Bürsten und Pinseln eingesetzt werden; anschließend kann der Schmutz mit dem Wasserschlauch beseitigt werden. Falls der Unterboden mit Wachs geschützt ist, darf diese Methode nicht angewendet werden, da die Schutzschicht dabei ebenfalls entfernt wird; solche Fahrzeuge sollten einmal jährlich – möglichst vor dem Winter – genau überprüft werden. Dabei wird der Unterboden gewaschen und beschädigter oder fehlender Unterbodenschutz ausgebessert. Im Idealfall wird eine komplette neue Wachsschicht aufgetragen. Auch Hohlraumversiegelungen für Türen, Schweller, Kastenprofile und andere Bereiche sind sehr empfehlenswert, da der Hersteller hier keine zusätzlichen Schutzmaßnahmen gegen Rostschäden eingeleitet hat.
Nachdem Lackflächen gewaschen sind, werden sie mit einem Fensterleder abgerieben, um fleckenfreien Glanz zu erzeugen. Eine Schicht Schutzwachspolitur schützt den Lack zusätzlich vor Umweltbelastungen. Falls die Lackschicht stumpf und oxidiert ist, kann eine Kombination aus Reiniger und Politur den alten Glanz wieder herstellen. Diese Arbeit ist zwar mühsam, doch der trübe Lack hat sich nur gebildet, weil das Fahrzeug nicht regelmäßig gewaschen wurde. Vorsicht ist bei Metallic-Lackierungen geboten: Spezielle Reinigungs- und Poliermittel greifen nicht den obere Klarlack an.
Kontrollieren Sie stets, ob die Ablaufbohrungen der Türen und der Belüftungsöffnungen frei sind, damit Wasser abtropfen kann. Verzierungen müssen genauso behandelt werden wie lackierte Flächen. Windschutzscheiben und Fenster müssen von Schmierfilmen freigehalten werden, wie sie oft durch normalen Fensterreiniger hervorgerufen werden. Verwenden Sie auf Glas niemals Wachs- oder Chrompolitur.

3 Polster und Teppiche – Wartung und Pflege

Matten und Teppiche sollten regelmäßig abgebürstet oder gesaugt werden, damit sich kein Sand und Dreck darin ansammelt. Wenn sie stark verschmutzt sind, müssen sie ausgebaut und ausgeklopft oder abgewaschen werden; vor dem Einbau müssen sie unbedingt trocken sein. Sitze und Verkleidungen können durch Abwischen mit einem feuchten Tuch sauber gehalten werden. Falls sie stärker verschmutzt sind (bei hellen Oberflächen besser sichtbar), muss etwas Flüssig-Reinigungsmittel und eine weiche Nagelbürste eingesetzt werden, um den Dreck aus dem Gewebe zu bekommen. Der Himmel kann auf die gleiche Weise wie die Polster gesäubert werden. Bei der Verwendung von Flüssigreinigern im Innenraum dürfen die behandelten Flächen nicht zu nass werden. Feuchtigkeit zieht durch Nähte ein und kann Flecken, starke Gerüche und sogar Fäulnis verursachen. Falls der Innenraum des Fahrzeugs versehentlich nass wird, sollte er gut getrocknet werden – besonders wenn Teppiche betroffen sind. Belassen Sie hierfür jedoch keine mit Strom oder gar Kraftstoff betriebenen Heizgeräte im Fahrzeug.

4 Karosserie – Kleinere Reparaturen

Kratzer in der Karosserie

Wenn der Kratzer nur oberflächlich ist und nicht bis zum Blech reicht, ist die Reparatur sehr einfach: Reiben Sie den Bereich um den Kratzer mit Lackreiniger oder sehr feiner

Schneidpaste ab, um lockere Lackpartikel aus dem Kratzer zu entfernen und die Umgebung von Wachspolitur zu befreien. Spülen Sie alles mit klarem Wasser ab.
Tragen Sie mithilfe eines feinen Pinsels Tupflack auf dem Kratzer auf – dies muss solange in dünnen Schichten geschehen, bis die Höhe des umgebenden Lacks erreicht ist. Lassen Sie die neue Farbe mindestens zwei Wochen Zeit zum Aushärten, dann wird sie mit Lackreiniger oder sehr feiner Schneidpaste in die umgebende Lackschicht eingearbeitet. Tragen Sie zum Schluss Wachspolitur auf.
Wo ein Kratzer bis aufs Karosserieblech geht und das Blech zu rosten beginnt, muss eine andere Reparaturmethode angewendet werden. Entfernen Sie mit einer spitzen Klinge sämtlichen Rost aus dem Kratzer und tragen Sie Rostschutzfarbe auf. Füllen Sie anschließend den Kratzer mithilfe eines Gummi- oder Kunststoff-Spachtels mit Glasfaser-Spachtelmasse. Diese Paste kann nötigenfalls mit Nitroverdünnung gemischt werden, um auch in kleine Kratzer einzudringen. Bevor die Spachtelmasse aushärtet, wird ein weiches Baumwolltuch um eine Fingerspitze gewickelt, in den Verdünner getunkt und dann rasch über die Spachtelmasse im Kratzer gewischt, um die Oberfläche leicht auszuhöhlen. Jetzt kann der Kratzer wie oben beschrieben mit Lack betupft werden.

Beulen in der Karosserie

Beulen im Blech müssen zunächst so weit herausgezogen werden, bis die ursprüngliche Form möglichst wieder erreicht ist. Versuche, die Originalform komplett zu restaurieren, bringen nicht viel, da das Metall im beschädigten Bereich gestreckt oder gestaucht ist und nicht mehr in seine ursprüngliche Kontur zurückgeführt werden kann. Es ist besser, die Oberfläche der Beule bis ca. 3 mm unterhalb der umliegenden Fläche herauszuziehen. Sehr flache Beulen sollten möglichst von der Rückseite (soweit zugänglich) mit einem weichen Hammer herausgeklopft werden; halten Sie dabei von außen ein Stück Holz davor, um die Schläge aufzufangen und Ausbeulungen zu verhindern. (Ein nicht unerheblicher Faktor hierbei ist die Zeit: direkt nach dem Einbeulen lässt sich Stahlblech oft deutlich besser wieder in seine ursprüngliche Form bringen als nach einigen Tagen.)
Falls die Beule in einem Karosseriebereich sitzt, wo Doppelbleche vorhanden sind oder andere Gründe vorliegen, warum sie nicht von hinten zugänglich ist, muss eine andere Technik eingesetzt werden: Bohren Sie einige kleine Löcher in die Beulen – möglichst in den tiefsten Stellen. Drehen Sie dann lange selbstschneidende Schrauben so weit ein, dass sie gerade fest genug sitzen. Jetzt wird der Schraubenkopf mit einer Zange gegriffen und die Beule herausgezogen.
Als nächstes wird im beschädigten Bereich und einem Umkreis von 2 bis 3 cm der Lack entfernt – entweder mit einer Drahtbürste oder Schleifpapier, gerne mit einer entsprechend ausgerüsteten Maschine. Zur Vollendung der Vorbereitung werden mit einer Feile oder anderen Werkzeugen Riefen ins Blech gekratzt oder kleine Löcher gebohrt, damit die Spachtelmasse wirklich guten Halt bekommt.
Weiter geht es mit der Sektion »Füllern und Lackieren«.

Rostlöcher

Entfernen Sie mit einer Drahtbürste oder Schleifpapier (oder einer entsprechend ausgerüsteten Maschine) den Lack im beschädigten Bereich und einem Umkreis von 2 bis 3 cm. Jetzt lässt sich auch besser der Umfang der Korrosion erkennen – und entscheiden, ob das gesamte Blech ersetzt (falls möglich) oder der schadhafte Bereich repariert wird. Reparaturbleche sind nicht sehr teuer und ihre Montage ist oft schneller und zufriedenstellender als das Reparieren größerer korrodierter Flächen.
Entfernen Sie sämtliche Befestigungen vom betroffenen Bereich (außer solchen, die als Hinweis auf die Originalform gelten (z.B. Scheinwerfergehäuse). Entfernen Sie dann mit einer kleinen Blechschere oder einem Sägeblatt sämtliches lockeres sowie stark korrodiertes Metall. Klopfen Sie mit einem Hammer die Räder der Löcher nach innen, um eine leichte Vertiefung für die Spachtelmasse zu erhalten.
Reinigen Sie den betroffenen Bereich mit einer Drahtbürste, um vom verbliebenen Metall sämtlichen Flugrost zu entfernen, und tragen Sie Rostumwandler auf – falls die Rückseite des verrosteten Bereichs zugänglich ist, sollte dies auch hier geschehen.
Bevor Spachtelmasse aufgetragen wird, muss das Loch irgendwie verstopft werden – beispielsweise mit einem Aluminium- oder Kunststoffgitter oder Aluminiumband.
Alu- oder Plastikgitter oder Glasfasermatten sind wahrscheinlich das beste Material für größere Löcher. Schneiden Sie ein entsprechendes Teil zurecht und positionieren Sie es so im Loch, dass seine Ränder unterhalb der umgebenden Karosserie liegt. Mit einigen Klecksen Spachtelmasse kann es rundherum in Position gehalten werden.
Aluminiumband kann bei kleineren oder sehr schmalen Löchern verwendet werden. Ziehen Sie ein Stück von der Rolle, bringen Sie es auf die gewünschte Größe und in Form, ziehen Sie dann ggf. die Schutzfolie ab und kleben Sie das Band über das Loch – es darf überlappen, falls eine Lage nicht ausreicht. Drücken Sie die Ränder des Bands z.B. mit einem Schraubendrehergriff herunter, um sicherzugehen, dass es fest auf dem Untergrund klebt.

Füllern und Lackieren

Sie sind mit den Reparaturen aus den vorherigen Sektionen soweit fertig? Dann geht es hier weiter.
Auf dem Markt sind zahlreiche Spachtelmassen erhältlich, doch generell eignen sich für solche Reparaturen noch immer Zweikomponenten-Kits mit Füllspachtel und einer Tube Härter am besten. Um eine glatte und korrekt geformte Oberfläche zu erzeugen, wird ein breiter Spachtel aus Plastik oder Nylon benötigt.
Mischen Sie eine kleine Menge Spachtelmasse auf einem sauberen Stück Pappe oder einem Brett an – beachten Sie genau das vorgeschriebene Mischungsverhältnis, damit die Masse nicht zu schnell oder zu langsam aushärtet. Tragen Sie die Masse mit dem Spachtel auf der vorbereiteten Fläche auf; ziehen Sie den Spachtel über die Masse, um die korrekte Kontur und Höhe zu erreichen. Sobald die Form in etwa dem Original entspricht, wird aufgehört, da die Masse bei zu langer Arbeit klebrig wird und am Spachtel haften bleibt. Tragen Sie in zwanzigminütigen Intervallen weitere dünne Schichten Spachtelmasse auf, bis die Höhe knapp über der umgebenden Karosserie liegt.
Sobald die Spachtelmasse ausgehärtet ist, kann überschüssiges Material mit einem Metallhobel oder einer Feile entfernt werden. Von da an wird immer feineres Sandpapier verwendet – beginnend mit 40er-Körnung und endend mit 400er-Nass-Schleifpapier. Legen Sie das Schleifpapier stets um einen Gummi-, Kork- oder Holzblock, da ansonsten die Oberfläche der Spachtelmasse nicht komplett eben wird. Während des Glättens der Oberfläche mit dem Nass-Schleifpapier sollte der Bereich regelmäßig mit Wasser abgespült werden, um sicherzugehen, dass die Fläche ein besonders glattes Finish erhält.

Eine Beule sollte jetzt von einem Ring aus blankem Metall umgeben sein, der wiederum von einem feinen »gefiederten« Rand aus gutem Lack umrandet ist. Spülen Sie den Bereich mit klarem Wasser ab, bis sämtlicher Schleifstaub verschwunden ist.
Sprühen Sie den gesamten Bereich dünn mit Grundierung ein – dies zeigt alle Mängel in der Oberfläche der Spachtelmasse. Reparieren Sie diese Fehler mit frischer Spachtelmasse und glätten Sie die Oberfläche erneut mit Schleifpapier. Falls Glasfaser-Spachtelmasse verwendet wird, kann diese nötigenfalls mit Nitroverdünner gemischt werden, um auch in kleine Löcher einzudringen. Wiederholen Sie den Grundierungs-Auftrag und die Reparatur, bis eine perfekte Oberfläche entstanden ist und auch der »gefiederte« Rand gut aussieht. Waschen Sie erneut alles mit klarem Wasser ab und lassen Sie es komplett abtrocknen.
Der reparierte Bereich ist jetzt bereit für die Endlackierung. Sprühlacke müssen in einer warmen, trocknen, staubfreien und windsicheren Umgebung aufgetragen werden. Dieser Zustand kann künstlich erzeugt werden, wenn Zugang zu einer ausreichend dimensionierten Halle besteht; »Outdoor«-Lackierungen müssen dagegen sorgfältig mit dem Wetterdienst abgesprochen werden. In einer Halle hilft das Befeuchten des Bodens gegen aufgewirbelten Staub. Falls sich die Reparatur auf ein Karosserieteil beschränkt, müssen die umliegenden Bereiche abgeklebt werden; dies hilft bei der Minimierung der Wirkung einer leichten Farbdiskrepanz. Auch Anbauteile wie Zierleisten, Türgriffe usw. müssen abgedeckt werden; verwenden Sie hierzu Kreppband und mehrere Schichten Zeitungspapier.
Vor dem Lackieren muss die Sprühdose gut geschüttelt werden, dann werden Probestücke – z.B. alte Bleche – besprüht, bis die Technik beherrscht wird. Sprühen Sie den zu reparierenden Bereich zunächst dick mit Grundierung ein; die Stärke der Grundierung muss sich dabei aus mehreren dünnen Schichten zusammensetzen. Glätten Sie die Oberfläche mit 400er-Nass-Schleifpapier und spülen Sie dabei immer wieder die Fläche mit klarem Wasser ab. Lassen Sie alles trocknen, bevor weitere Farbschichten aufgetragen werden.
Sprühen Sie den eigentliche Lack ebenfalls in dünnen Schichten auf; beginnen Sie dabei stets in der Mitte und schwenken Sie die Sprühdose im konstanten Abstand etwa 5 cm über den Originallack hinaus. Entfernen Sie die Abdeckungen 10 bis 15 Minuten nach dem Auftragen der letzten Farbschicht.
Lassen Sie den neuen Lack mindestens zwei Wochen aushärten, dann wird mit Lackreiniger oder sehr feiner Schneidpaste ein weicher Übergang in die umgebende Lackschicht hergestellt. Tragen Sie schließlich Wachspolitur auf.

Kunststoff-Komponenten

Mit der Verwendung von immer mehr Karosserieteilen aus Plastik durch die Hersteller (Stoßstangen, Spoiler und manchmal sogar größere Karosserieteile) muss die Reparatur ernsthafter Schäden an solchen Dingen entweder einer Fachwerkstatt überlassen werden oder die Teile werden einfach ausgetauscht. Angesichts der Kosten für die Ausrüstung und erforderliche Materialien sind solche Reparaturen für den Hobbyschrauber nicht wirklich praktikabel. Die Grundtechnik besteht bei Thermoplasten darin, mit einer entsprechenden Maschine entlang des Risses im Kunststoff eine Kerbe herzustellen, um dann mithilfe eines Heißluftgebläses und einer Kunststoffstange die beiden Hälften zu »verschweißen«. Überschüssiges Plastik wird dann abgeschliffen, bis eine glatte Oberfläche entsteht. Wichtig ist dabei, dass die »Schweißstange« aus exakt dem gleichen Kunststoff besteht wie das zu reparierende Teil (dies kann aus Polycarbonat, ABS oder Polypropylen bestehen).
Kleinere Schäden (Scheuerstellen, kleine Risse usw.) können relativ leicht mit Zweikomponenten-Epoxidspachtelmasse repariert werden. Wenn diese Masse aus zwei gleichen Teilen vermischt ist, kann sie genauso verwendet werden wie Glasfaser-Spachtelmasse auf Blechen. Der Füllspachtel härtet normalerweise in 20 bis 30 Minuten aus, um dann geschliffen und lackiert werden zu können.
Wer eine komplette Komponente selbst ersetzen will oder eine Reparatur mit Epoxid-Spachtel durchgeführt hat, hat das Problem, einen geeigneten Lack zu finden, der auf diesem Kunststoff hält. Irgendwann war die Verwendung normaler Lacke dank der verschiedenen Kunststoffe bei Karosserie-Komponenten nicht mehr möglich, da Standard-Lacke nicht gut darauf halten. Heute es jedoch Kunststoff-Präpariersets, die aus einer Vorgrundierung, einer Grundierung und einer Farb-Endschicht bestehen. Die Vorgrundierung wird zuerst aufgetragen und darf etwa eine halbe Stunde trocknen, dann kommt die Grundierung, der etwa eine Stunde Zeit gegeben wird, bevor schließlich die eigentliche Lackschicht aufgebracht wird. Das Resultat ist eine korrekt lackierte Komponente, bei der Farbschicht elastisch genug ist, um nicht bald wieder abzublättern – eine Eigenschaft, die normaler Lack nicht aufweist.

Aluminium-Komponenten

Die Heckklappe der Kombi-Modelle und die Motorhaube späterer 760-Modelle besteht aus Aluminium. Seien Sie beim Ausklopfen von Beulen vorsichtig, da das Material leicht reißt. Schleifarbeiten müssen äußerst vorsichtig erledigt werden, da Aluminium deutlich weicher als Stahl ist.

5 Karosserie – Größere Reparaturen

Falls größere Schäden aufgetreten sind oder größere Bereiche aufgrund Vernachlässigung ersetzt werden müssen, müssen komplette neue Sektionen oder Reparaturbleche eingeschweißt werden – was besser einer Fachwerkstatt überlassen werden sollte. Falls die Schäden durch einen Unfall entstanden sind, muss die Ausrichtung der gesamten Karosserie-Struktur überprüft werden. Bei selbsttragenden Karosserien kann die Stabilität und Form der gesamten Konstruktion durch einen Schaden in einem bestimmten Bereich beeinträchtigt werden. In solchen Fällen ist der Besuch einer mit speziellen Prüfgeräten ausgerüsteten Volvo-Werkstatt unerlässlich. Falls mit einer verzogenen Karosserie weitergefahren wird, besteht die größte Gefahr darin, dass sich das Fahrverhalten ändert. Aber auch die höhere Belastung der Lenkung, des Motors und des Antriebs sorgen für erhöhten Verschleiß oder den kompletten Ausfall einzelner Komponenten. Der Reifenverschleiß wird deutlich ansteigen.

6 Motorhaube – Ausbau und Einbau

Ausbau

1 Trennen Sie das Massekabel (–) der Batterie.

2 Trennen Sie am T-Stück den Waschwasser-Schlauch von der Motorhaube; befreien Sie den Schlauch von der Spritzwand.
3 Entfernen Sie die Motorraum-Leuchte (falls vorhanden) und trennen Sie ihr Kabel. Verbinden Sie ein Seil mit dem Kabel und ziehen Sie dies durch den Hohlraum der Motorhaube in den Motorraum. Trennen Sie dann das Seil und belassen Sie es in der Motorhaube – so kann das Kabel später wieder eingezogen werden.
4 Falls die Motorhaube mit Gasdruckfedern abgestützt wird, muss sie in der geöffneten Position gehalten werden, um diese an ihren oberen Enden zu lösen.
5 Markieren Sie den Bereich um die Scharnierschrauben mit einem weichen Bleistift, um beim Einbau die Positionierung zu erleichtern.
6 Lassen Sie einen Assistenten die Motorhaube halten und lösen Sie die Schrauben (siehe Abbildung). Heben Sie dann gemeinsam die Haube ab.

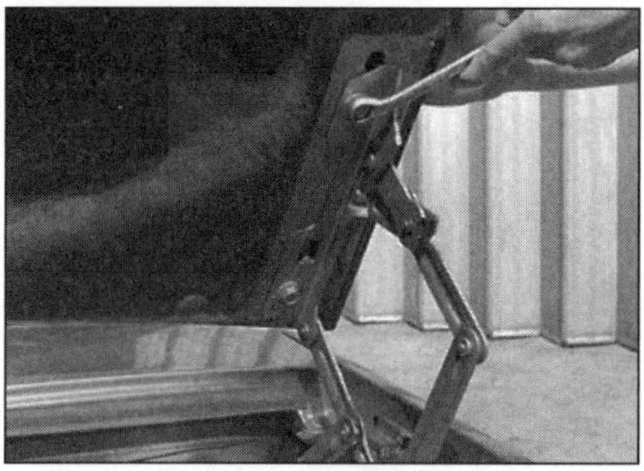

6.6 Lösen Sie die Scharnierschrauben der Motorhaube.

Einbau

7 Legen Sie zunächst im Bereich der Scharniere Lappen oder andere weiche Unterlagen unter die Ecken der Motorhaube, um keine Lackschäden zu riskieren.
8 Bringen Sie mithilfe des Assistenten die Haube in Position und installieren Sie die Scharnierschrauben, bringen Sie dann in die zuvor markierten Positionen. Falls vorhanden, werden die Gasdruckfedern an die Haube montiert.
9 Ziehen Sie ggf. das Kabel mit dem Seil durch den Hohlraum, schließen Sie es an die Lampe an und installieren Sie diese.
10 Verbinden Sie Waschwasser-Schlauch und klemmen Sie ihn im Clip der Spritzwand ein.
11 Schließen Sie die Motorhaube und prüfen Sie, ob sie korrekt sitzt. Nötigenfalls kann sie nach dem Lösen der Scharnierschrauben vor und zurück sowie seitlich bewegt werden; ihre vordere Höhe wird durch die Positionen der Anschlaggummis festgelegt – drehen Sie diese ggf. hinein oder heraus. Die hintere Höhe wird an den Scharnier-Befestigungsschrauben neben den Radkästen eingestellt.
12 Ziehen Sie nach allen Einstellungen die Scharnierschrauben sorgfältig an. Schließen Sie die Batterie an.

7 Türen – Ausbau und Einbau

Ausbau

1 Öffnen Sie die Tür und stützen Sie sie mit einem Wagenheber oder Stützbock ab – legen Sie Lappen dazwischen, um den Lack zu schützen.
2 Trennen Sie die Tür-Elektrik – entfernen Sie dazu entweder der Türverkleidung oder die Verkleidung der entsprechenden Türsäule. Führen Sie die Kabel hindurch, sodass sie frei hängen.
3 Markieren Sie den Bereich um die Scharnierschrauben, um beim Einbau die Positionierung zu erleichtern (bei späteren Modellen ist ein Führungsstift in das Scharnier integriert, um die korrekte Ausrichtung zu gewährleisten. Lösen Sie mithilfe eines Assistenten die Scharnierschrauben und heben Sie die Tür ab (siehe Abbildung); mögliche Distanzscheiben müssen dabei sichergestellt werden.

7.3a Bei späteren Modellen wird die Position der Tür durch einen Führungsstift festgelegt.

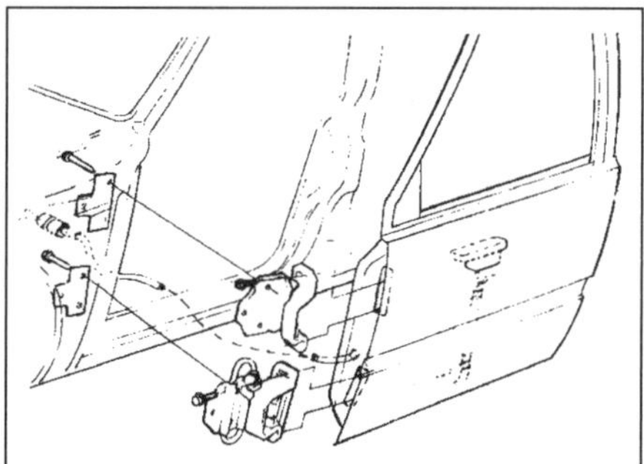

7.3b Türscharniere im Detail

Einbau

4 Der Einbau entspricht der umgekehrten Ausbaureihenfolge. Bei früheren Modellen muss die Tür ggf. eingestellt werden – entweder mit Distanzscheiben oder den in Langlöchern sitzenden Scharnierschrauben. Versuchen Sie nicht, die Position der Schlossfalle zu verändern, um die Tür gut schließen zu lassen.

8 Kofferraumdeckel – Ausbau und Einbau

Ausbau

1 Öffnen Sie den Kofferraum. Trennen Sie das/die Kabel der Zentralverriegelung und/oder der Kofferraumbeleuchtung.
2 Markieren Sie den Bereich um die Scharnierschrauben, um beim Einbau die Positionierung zu erleichtern. Lassen Sie einen Assistenten den geöffneten Deckel halten, trennen Sie die Gasdruckfeder am Gelenk, lösen Sie die Scharnierschrauben und heben Sie gemeinsam den Kofferraumdeckel ab (siehe Abbildung).

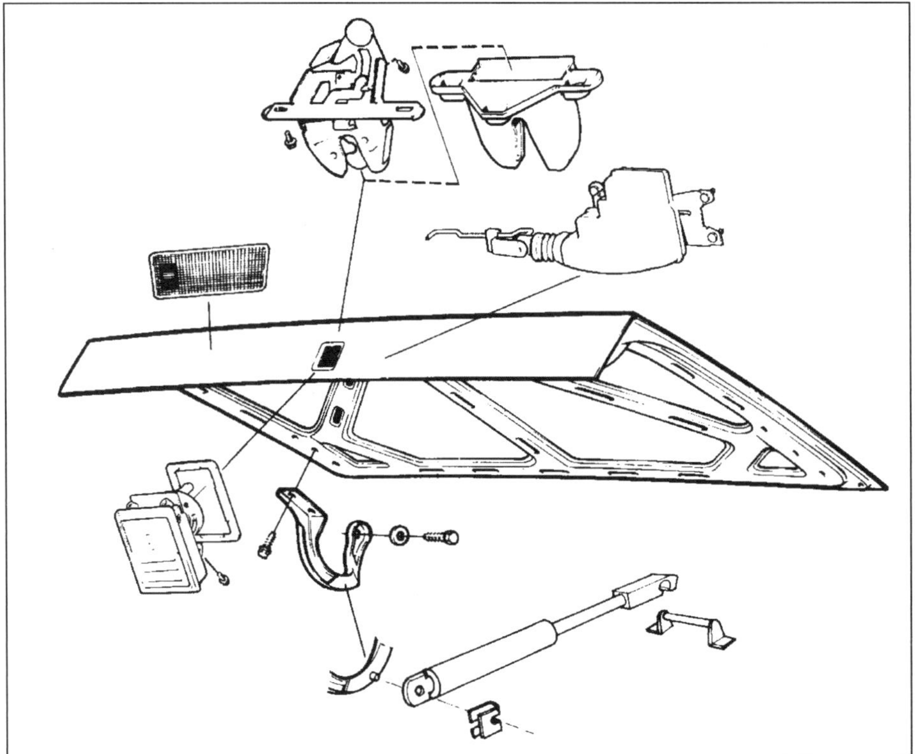

8.2 **Bauteile des Kofferraumdeckels**

Einbau

3 Der Einbau entspricht der umgekehrten Ausbaureihenfolge. Falls die Höhe eingestellt werden muss, wird dies hinten am Schlossträger und vorne durch Verstellen der Scharniere erledigt. Der Zugang zu den vorderen Scharnierschrauben erfolgt durch die Abdeckungen in der C-Säulenverkleidung.

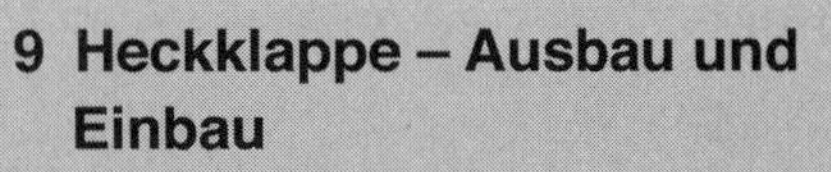

9 Heckklappe – Ausbau und Einbau

Ausbau

1 Trennen Sie das Massekabel (–) der Batterie.
2 Öffnen Sie den Laderaum. Trennen Sie den Waschwasser-Schlauch an der Verbindung nahe des rechten Scharniers.
3 Hebeln Sie die Stöpsel heraus, mit denen die zwei Scharnierschrauben verdeckt sind. Lockern Sie die Schrauben, aber entfernen Sie sie noch nicht (siehe Abbildung).
4 Entfernen Sie den Rahmen der Laderaumbeleuchtung. Neben den sichtbaren Befestigungen ist eine weitere hinter der Lampe selbst versteckt (siehe Abbildung).
5 Trennen Sie die jetzt freiliegenden Kabelstecker – notieren Sie nötigenfalls, wie sie angeschlossen sind. Führen Sie die Kabel zur Heckklappe zurück.
6 Lassen Sie einen Assistenten die geöffnete Klappe halten, trennen Sie die Gasdruckfedern, indem Sie die Drahtklemmen lösen und die Kugelgelenke befreien.
7 Lösen Sie die Scharnierschrauben und heben Sie gemeinsam die Heckklappe ab.

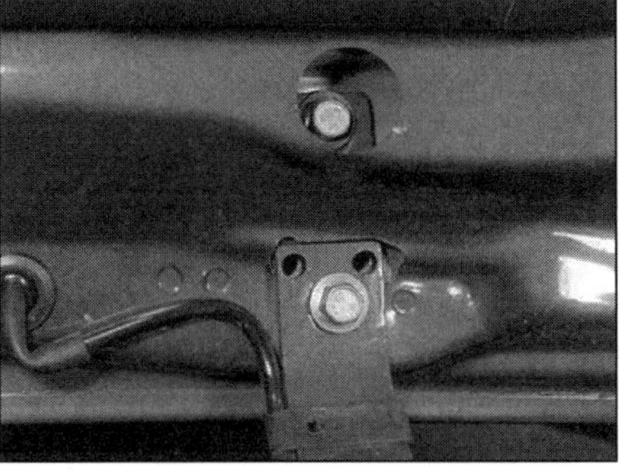

9.3 Scharnierschrauben der Heckklappe

9.4 Verkleidungs-Befestigung hinter der Laderaum-Beleuchtung

Einbau

8 Der Einbau entspricht der umgekehrten Ausbaureihenfolge. Drehen Sie die Scharnierschrauben zunächst nur locker ein und ziehen Sie sie erst an, wenn die Heckklappe richtig ausgerichtet ist – stellen Sie nötigenfalls die Schlossfalle und die seitlichen Führungsstücke ein.

10 Motorhauben-Öffnerzug – Ausbau und Einbau

Ausbau

1 Öffnen Sie die Motorhaube. Falls der Bowdenzug gerissen ist, müssen die Arretierungen von unten gelöst werden – andernfalls kann nur durch eine Zerstörung der Scheinwerfer Zugang geschaffen werden.
2 Schrauben Sie den Öffner-Riegel ab – dieser liegt am weitesten vom Öffnerhebel entfernt. Trennen Sie den Bowdenzug-Nippel vom Riegel (siehe Abbildung).

10.2a Schrauben Sie die Motorhauben-Öffnerlasche ab . . .

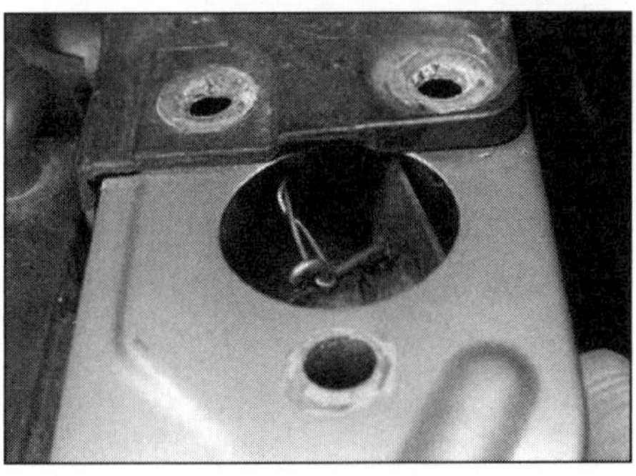

10.2b . . . und trennen Sie den Seilzugnippel.

3 Befreien Sie die Bowdenzughülle aus dem anderen Riegel. Ziehen Sie den Zug heraus.
4 Befreien Sie im Innenraum den Bowdenzug vom Hebel, indem Sie den Nippel aushängen und die Schiebeklemme von der Hülle entfernen.
5 Führen Sie den Öffnerzug in den Motorraum und entfernen Sie ihn von dort.

Einbau

6 Der Einbau entspricht der umgekehrten Ausbaureihenfolge. Stellen Sie am Einstellgewinde des Hebels den Bowdenzug so ein, dass in der Ruheposition möglichst wenig Spiel besteht.

11 Türverkleidungen vorne – Ausbau und Einbau

Ausbau

Modelle bis 1985

1 Trennen Sie das Massekabel (–) der Batterie.
2 Hebeln Sie an der Armlehne die drei Schraubstopfen heraus. Entfernen Sie die drei Schrauben (siehe Abbildung).

11.2 Entfernen Sie den Schraubstopfen aus der Armlehne.

3 Befreien Sie das Glas der Tür-Warnleuchte – beachten Sie den nach außen zeigenden Pfeil.
4 Befreien Sie das Lautsprecher-Gitter. Lösen Sie die vier Schrauben des Lautsprechers, ziehen Sie diesen aus seinem Sitz und trennen Sie die Kabelstecker. Entfernen Sie die jetzt sichtbaren vier Armlehnen-Schrauben.
5 Hebeln Sie an der Beifahrertür die Blende ab und lösen Sie die zwei dahinter liegenden Schrauben des Schließgriffs.
6 Befreien Sie die Armlehne aus ihren Klemmen, indem Sie kräftig daran ziehen. Entfernen Sie das Schalterfeld aus der Armlehne. Trennen Sie den Stecker der Tür-Warnleuchte und entnehmen Sie die Armlehne (siehe Abbildung).

11.6 Entfernen Sie die Armlehne.

7 Schrauben Sie den Knopf der Innenraumverriegelung ab.
8 Hebeln Sie an der Unterseite der Haupt-Türverkleidung die zwei Clips heraus (siehe Abbildung). Befreien Sie die Verkleidung von den Tür-Klemmen, indem Sie sie abziehen oder abhebeln, und entfernen Sie sie.
9 Entfernen Sie die große und kleine Türfolie (siehe Abbildungen).

Modelle von 1985 bis 1989

10 Trennen Sie das Massekabel (–) der Batterie.
11 Hebeln Sie vorsichtig das Lautsprecher-Gitter ab. Hebeln Sie auf der Beifahrerseite vorsichtig die Türschließer-Blende ab und entfernen Sie den Türöffner (2 Schrauben).

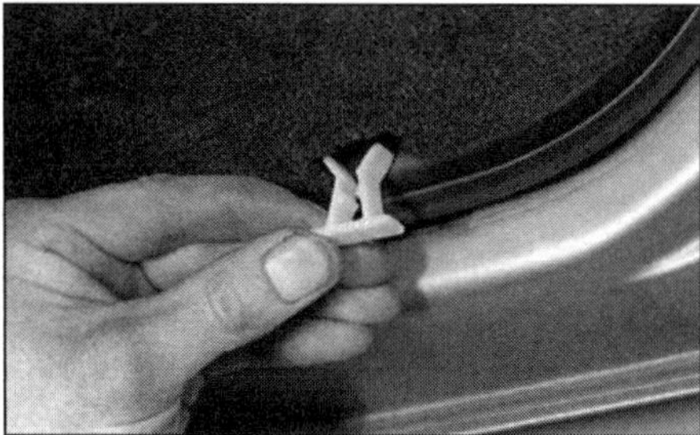

11.8 Türverkleidungs-Clip

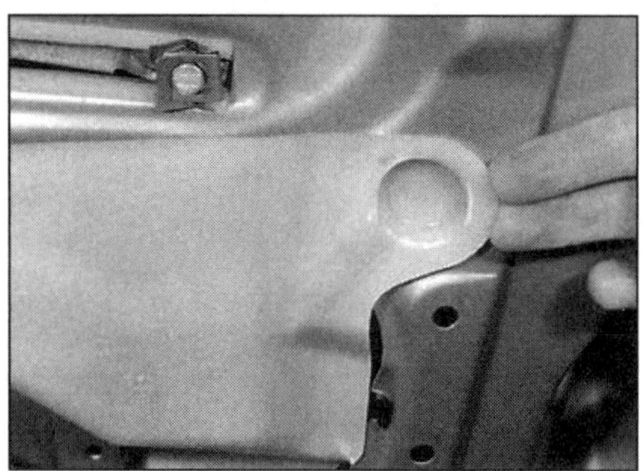

11.9a Entfernen Sie die große Türfolie . . .

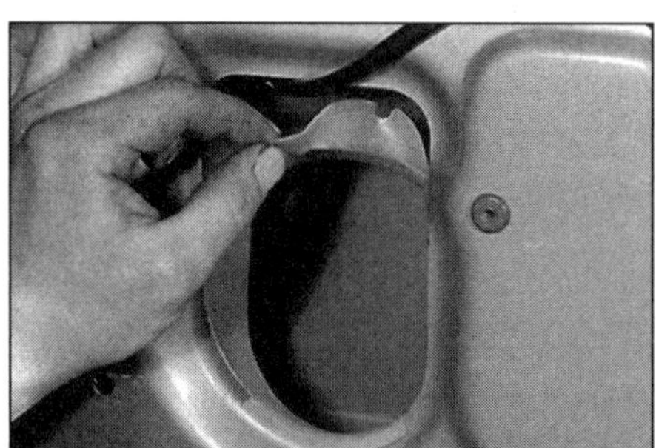

11.9b . . . und die kleine Türfolie.

12 Lösen Sie die vier Lautsprecher-Schrauben und die einzelne jetzt sichtbare Schraube der Türverkleidung. Ziehen Sie den Lautsprecher heraus und trennen Sie die zwei Kabel.
13 Schrauben Sie den Knopf der Innenraumverriegelung ab und entfernen Sie den Türgriff (nach dem Entfernen der Gummikappe wird eine Schraube zugänglich).
14 Entfernen Sie bei Modellen mit Kurbelfenstern die Fensterkurbel.
15 Verdrehen Sie bei allen Modellen den Stopfen im Türfach (nahe des Türgriffs) um 90° und hebeln Sie das Fach hoch und von der Verkleidung weg. Falls vorhanden, wird der Fensterheber-Schalter angehoben.
16 Hebeln Sie vorsichtig das Glas der Tür-Warnleuchte heraus und ziehen Sie dann den jetzt sichtbaren Türverkleidungs-Halteclip heraus.
17 Hebeln Sie an der Unterseite der Türverkleidung vorsichtig die zwei Clips herunter und ziehen Sie die Verkleidung an beiden Seiten und unten ab.
18 Heben Sie die Verkleidung an und von der Tür weg – trennen Sie dabei den Stecker der Tür-Warnleuchte.

Modelle ab 1989

19 Trennen Sie das Massekabel (–) der Batterie.
20 Hebeln Sie die Schaltertafel aus der Armlehne und trennen Sie alle Stecker (siehe Abbildung).

11.20 Ausbau einer Schaltertafel aus der Armlehne

21 Entfernen Sie die Lautsprecherverkleidung, indem Sie sie nach vorne schieben (siehe Abbildung).

11.21 Demontage der Lautsprecherverkleidung

22 Drehen Sie den Clip hinter dem Türgriff eine Viertelumdrehung mit dem Schraubendreher, um ihn zu entfernen (siehe Abbildung).

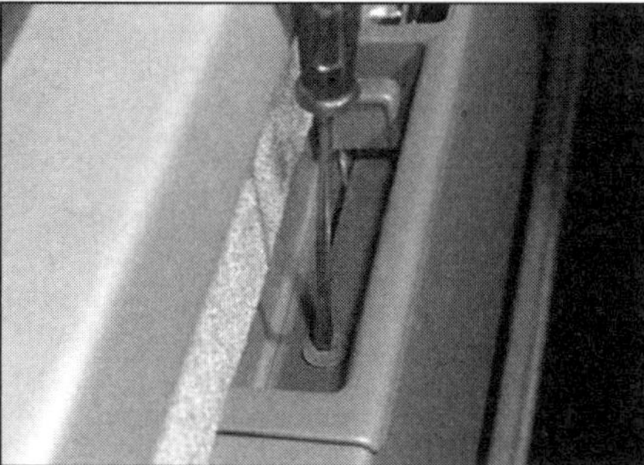

11.22 Drehen Sie die Clips eine Viertelumdrehung, um sie zu befreien.

23 Befreien Sie das Glas der Tür-Warnleuchte.
24 Hebeln Sie am unteren Rand der Türverkleidung die drei Clips heraus.
25 Ziehen Sie die Verkleidung kräftig ab, um sie zu befreien. Trennen Sie die Lautsprecher- und Warnleuchten-Kabel und entnehmen Sie die Verkleidung.
26 Um den Armlehnen-Rahmen zu entfernen, muss zuerst der Stopfen aus der Türöffner-Kappe gehebelt werden (siehe

Abbildung). Lösen Sie die dahinterliegende Schraube und entnehmen Sie die Kappe.

11.26 Entfernen Sie den Stopfen, um Zugang zur Schraube der Türöffner-Kappe zu erhalten.

27 Befreien Sie die alle Kabel vom Armlehnen-Rahmen. Lösen Sie die zwei Schrauben und heben Sie den Rahmen ab (siehe Abbildung).

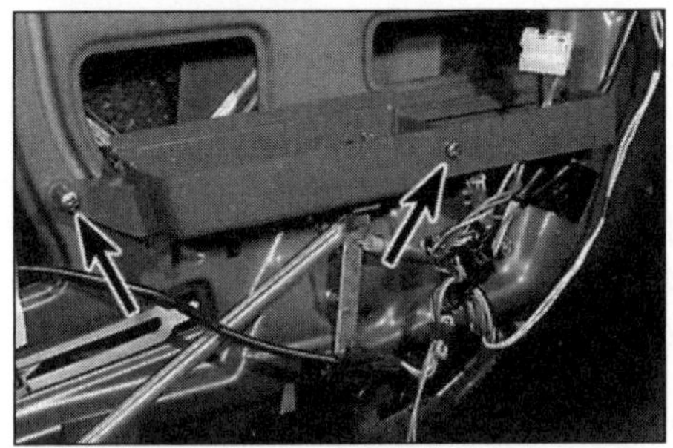

11.27 Die Armlehne ist mit zwei Schrauben gesichert.

Einbau

28 Der Einbau entspricht in allen Fällen der umgekehrten Ausbaureihenfolge.

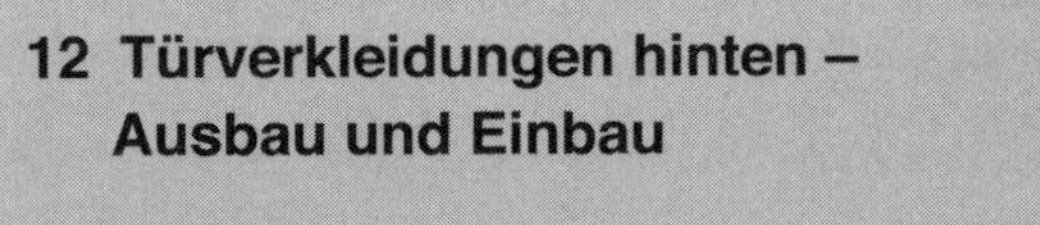

12 Türverkleidungen hinten – Ausbau und Einbau

Ausbau

Modelle bis 1985

1 Trennen Sie das Massekabel (–) der Batterie.
2 Hebeln Sie an der Armlehne die zwei Schraubstopfen heraus. Entfernen Sie die zwei Schrauben.
3 Hebeln Sie vorsichtig die Blende aus dem Türschließer, um die zwei Schrauben freizulegen. Lösen Sie diese Schrauben und entfernen Sie den Schließgriff (siehe Abbildung).
4 Befreien Sie das Lautsprecher-Gitter und entfernen Sie den Lautsprecher (falls vorhanden) sowie die zwei jetzt sichtbaren Armlehnen-Schrauben.
5 Ziehen Sie die Armlehne von der Tür. Trennen Sie die Stecker der Fensterschalter (falls vorhanden) und der Tür-Warnleuchte und entnehmen Sie die Armlehne.
6 Schrauben Sie den Knopf der Innenraumverriegelung ab.
7 Befreien Sie die Verkleidungs-Clips, indem Sie kräftig daran ziehen oder die Verkleidung mit einem kleinen Spachtel abhebeln. Heben Sie die Verkleidung ab.
8 Jetzt können die Türfolien von der Tür gezogen werden.

12.3 Ziehen Sie die Türschließer-Blende ab.

Modelle ab 1985

9 Die Ausbauprozedur ähnelt stark derjenigen bei vorderen Türen ab 1985 (siehe Sektion 11, ab Schritt 10); nur sind hier beide Türen mit einem Schließgriff ausgerüstet und die Verkleidungen sind unten nicht mit Clips gesichert.

Einbau

10 Der Einbau entspricht in allen Fällen der umgekehrten Ausbaureihenfolge.

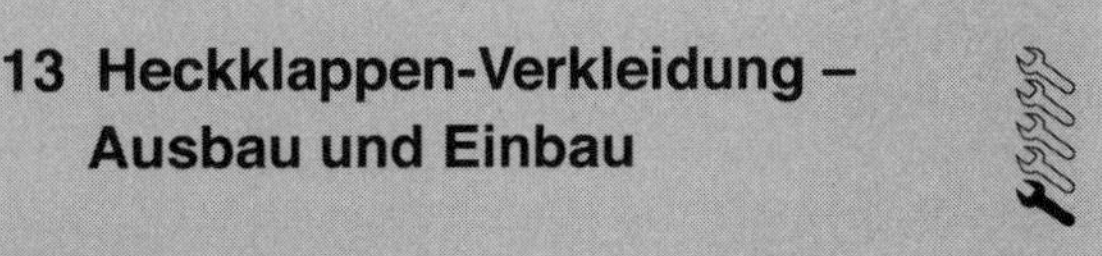

13 Heckklappen-Verkleidung – Ausbau und Einbau

Ausbau

1 Öffnen Sie den Laderaum. Entfernen Sie an der Unterseite der Verkleidung die vier Befestigungen, indem Sie sie um 90° drehen (siehe Abbildung).

13.1 Ausbau einer Befestigung der Heckklappenverkleidung

2 Befreien Sie den Kunststoffrahmen des Innengriffs aus seinen Klemmen. Lösen Sie die zwei jetzt sichtbaren Schrauben – diese sichern auch das Verkleidungsteil des Griffs (siehe Abbildung).
3 Ziehen Sie die Verkleidung nach oben (hinsichtlich der geschlossenen Heckklappe), um die »Schlüsselloch«-Befestigungen des oberen Rands zu befreien. Entfernen Sie die Verkleidung.

Einbau

4 Der Einbau entspricht der umgekehrten Ausbaureihenfolge.

13.2 Demontage der Verkleidung des Heckklappen-Innengriffs

14 Windschutzscheibe und andere fest montierte Fenster – Ausbau und Einbau

Für einen erfolgreichen Austausch der Windschutzscheibe, der Heckscheibe und fest installierter Seitenfenster werden spezielle Werkzeuge und Techniken benötigt. Lassen Sie die Arbeit von einer Volvo-Werkstatt oder einem Autoglas-Fachbetrieb erledigen.

15 Türfenster vorne – Ausbau und Einbau

Ausbau

1 Entfernen Sie die Türverkleidung (siehe Sektion 11).
2 Heben oder senken Sie das Fenster so , dass die Heber-Arme zugänglich sind. Entfernen Sie die Klemmen, die beide Arme in den Führungen sichern (siehe Abbildung).

15.2 Fensterheber-Arm im Führungsschlitz. Der Clip sitzt an der Rückseite der Arm-Spitze.

3 Lassen Sie einen Assistenten das Fenster halten oder verkeilen Sie es in dieser Position. Befreien Sie die Hebearme aus der Fenster-Führung und heben Sie das Glas aus der Tür.
4 Falls das neue Fenster nicht mit einer Führung ausgerüstet ist, muss die alte umgesetzt werden – beachten Sie dabei die Position der Führung zum hinteren Kante des Glases. Die Führung wird mit dem sanften Einsatz eines Gummihammers vom Glas befreit. Falls die Einbauposition der Führung nicht bekannt ist, muss sie wie gezeigt an das neue Glas gesetzt werden (siehe Abbildung).

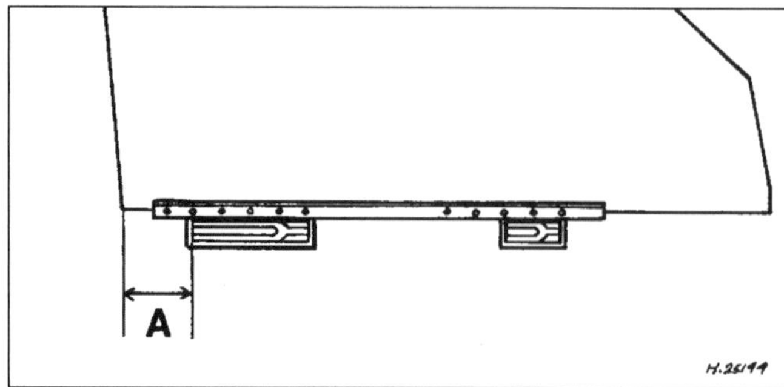

15.4 Position der vorderen Fensterführung
A = ca. 70 mm

Einbau

5 Der Einbau entspricht der umgekehrten Ausbaureihenfolge.

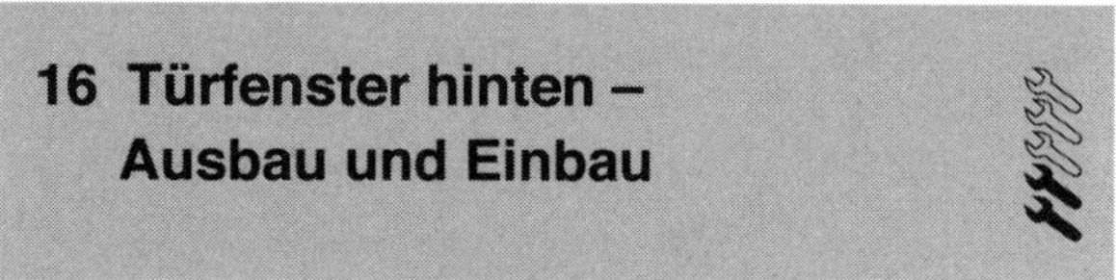

16 Türfenster hinten – Ausbau und Einbau

Ausbau

1 Entfernen Sie die Türverkleidung (siehe Sektion 12).
2 Entfernen Sie die beweglichen Fensterelemente wie diejenigen der vorderen Türen (siehe Sektion 15).
3 Die feststehenden Fenster können nach dem Ausbohren der die Fensterstrebe sichernden Blindniete entfernt werden.

Einbau

4 Vor dem Einsetzen der feststehenden Fenster wird ihr Gummirahmen mit Schmierseife versehen.
5 Drücken Sie das Glas in den Rahmen und installieren Sie die Fensterstrebe – sichern Sie sie mit neuen Blindnieten.
6 Falls entfernt, wird die Führungsschiene wie gezeigt an das Kurbelfenster montiert (siehe Abbildung).

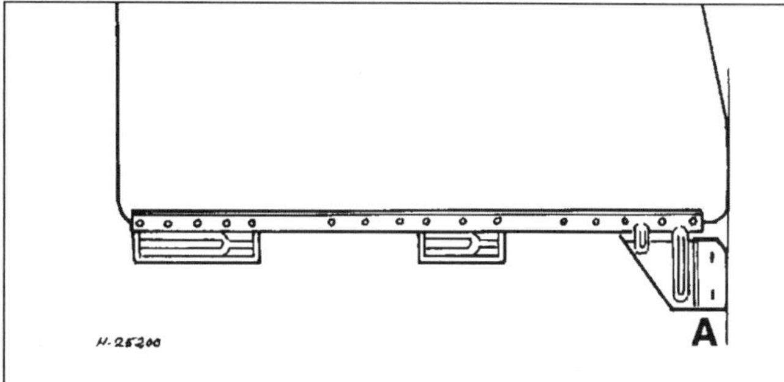

16.6 Position der hinteren Fensterführung
A = 0 bis 1 mm

7 Installieren Sie das Kurbelfenster und die Innenverkleidung in der umgekehrten Ausbaureihenfolge.

17 Fenster-Hebemechanismus – Ausbau und Einbau

Ausbau

1 Beginnen Sie wie beim Ausbau der Türfenster (siehe Sektion 15 oder 16), aber demontieren Sie das Fenster nicht vollständig; sichern Sie es mit Klebeband oder Keilen in der vollständig angehobenen Position.

2 Entfernen Sie den Clip, der den Hebearm in der Führung sichert (siehe Abbildung).

17.2 Der Clip, mit dem der Fensterheber-Arm im Führungsschlitz gesichert ist.

3 Bei elektrischen Fensterhebern müssen die Motor-Anschlüsse aus dem Kabelstecker befreit werden – beispielsweise mit einem kleinen Schraubendreher (siehe Abbildung); dies ist ohne eine Zerstörung des Steckers etwas schwierig, doch wenn ein neuer Motor installiert werden soll, ist dies egal. Bei späteren Modellen ist der Kabelbaum mit einem zusätzlichen Stecker ausgerüstet, der einfach getrennt wird.

17.3 Befreien Sie die Steckkontakte des Fensterheber-Motors aus dem Kabelstecker.

4 Lösen Sie die Muttern, die den Mechanismus an der Tür sichern.

5 Drücken Sie den Mechanismus in den Tür-Hohlraum und entfernen Sie ihn durch das große Loch im unteren Bereich – um hindurchzupassen, muss er etwas verdreht werden; achten Sie bei einem elektrischen Fensterheber darauf, dass die stromführenden Kabel nicht mit sich selbst oder dem Türblech in Berührung kommen und einen Kurzschluss verursachen.

6 Der Motor kann vom Mechanismus abgeschraubt werden – achten Sie dabei darauf, dass der unter Federdruck stehende verzahnte Viertelkreis nicht plötzlich in Bewegung gerät und Verletzungen verursacht.

Einbau

7 Der Einbau entspricht der umgekehrten Ausbaureihenfolge. Stellen Sie vor dem Einbau der Türverkleidung die Anschlagschraube wie folgt ein (siehe Abbildung).

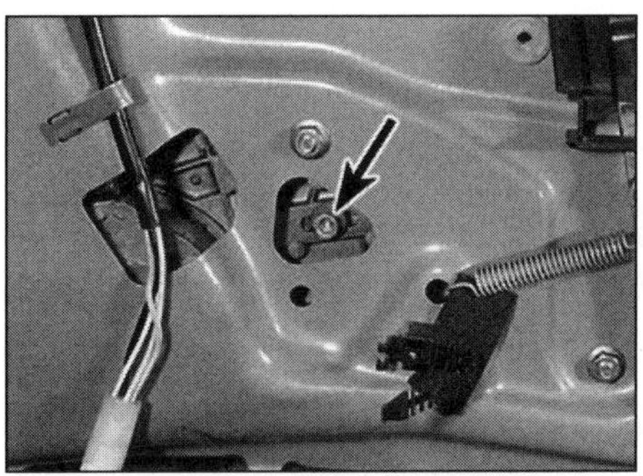

17.7 Fensterheber-Anschlagschraube

8 Lockern Sie die Anschlagschraube und drücken Sie sie nach vorne. Kurbeln Sie das Fenster vollständig hoch, drücken Sie die Anschlagschraube nach hinten und ziehen Sie sie an.

18 Türgriffe, Schlösser und Riegel – Ausbau und Einbau

Ausbau

1 Entfernen Sie die Türverkleidung (siehe Sektion 11 oder 12).

Schließzylinder

2 Befreien Sie bei früheren Modellen den Zentralverriegelungs-Schalter vom Zylinder, indem Sie den Sicherungsclip lösen.

3 Lösen Sie in der Türinnenfläche die zwei Schrauben, die den Schließzylinder-Clip sichern (siehe Abbildung).

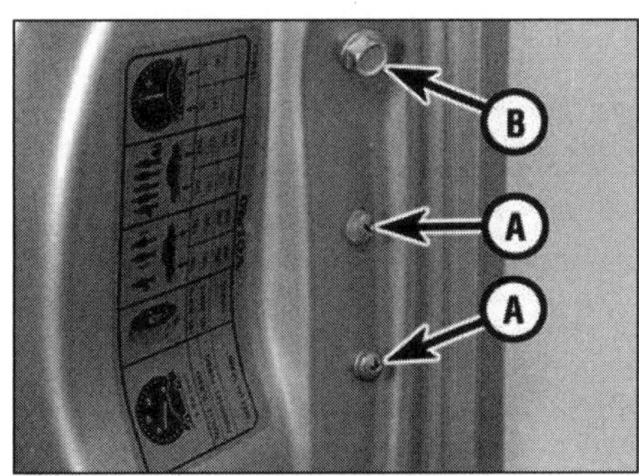

18.3 Schrauben des Schließzylinder-Clips (A); Eine der Außentürgriff-Schrauben (B)

4 Hängen Sie das Gestänge zwischen dem Schloss und Schließmechanismus aus – merken Sie sich die Einbaurichtung. Ziehen Sie den Clip vom Schloss und entfernen Sie beide Teile (siehe Abbildung).

Außen-Türgriff

5 Lösen Sie die zwei Schrauben, die den Griff sichern. Hängen Sie das Gestänge aus und entfernen Sie den Griff.

Schließmechanismus

6 Trennen Sie die Gestänge des Türschlosses und des Außen-Türgriffs vom Schließmechanismus.

7 Entfernen Sie den mit zwei Inbusschrauben gesicherten Riegel aus der Tür.

18.4 Der ausgebaute Tür-Schließzylinder

8 Lösen Sie die einzelne Schraube, die nach dem Ausbau des Riegels zugänglich wird.

9 Befreien Sie das Gestänge des inneren Türöffners und entfernen Sie den Schließmechanismus (siehe Abbildung).

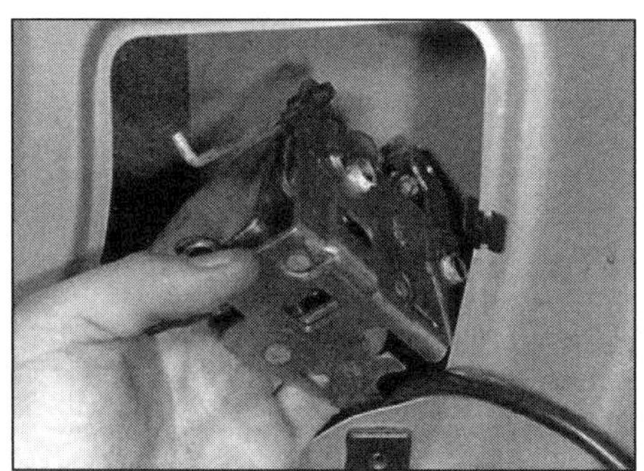

18.9 Ausbau des Schließmechanismus

Einbau

10 Der Einbau entspricht in allen Fällen der umgekehrten Ausbaureihenfolge. Prüfen Sie die Funktion aller Bauteile, bevor Sie die Türverkleidung installieren.

11 Das Gestänge des äußeren Türgriffs beinhaltet eine einstellbare Sektion, deren Länge so eingestellt werden muss, dass der Anschlag des Schließers dessen Basis berührt und der Handgriff mindestens 22 mm heraussteht.

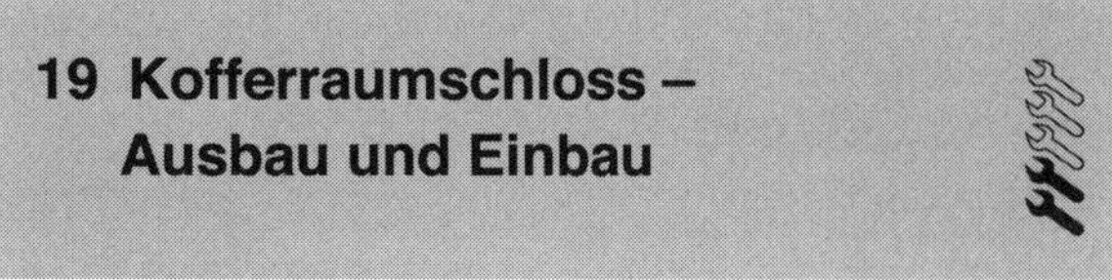

19 Kofferraumschloss – Ausbau und Einbau

Ausbau

1 Entfernen Sie die Verriegelung und hängen Sie die Verbindung des Schließmotors am Riegel-Mitnehmer aus (siehe Abbildung).

2 Lösen Sie die Abscher-Schrauben des Schlosses – entweder mit einem Stehbolzenausdreher oder einem Hammer samt Dorn.

3 Befreien Sie das Schloss aus der Kofferraumhaube.

Einbau

4 Verwenden Sie neue Abscher-Schrauben und ziehen Sie diese zunächst nur leicht an, bis sie mit der Funktion des Schlosses zufrieden sind; ziehen Sie sie anschließend soweit an, bis ihre Köpfe abscheren.

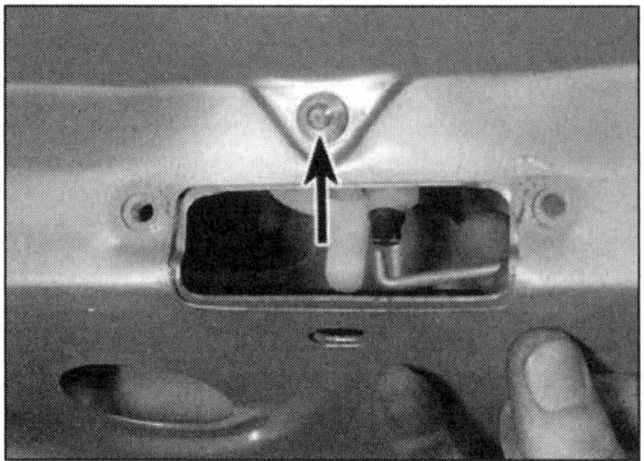

19.1 Hängen Sie das Gestänge des Kofferraumdeckel-Motors aus. Abscher-Schraube (Pfeil)

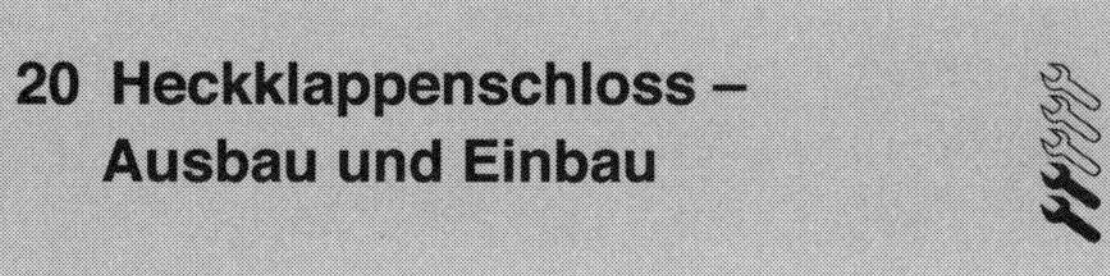

20 Heckklappenschloss – Ausbau und Einbau

Ausbau

1 Entfernen Sie die Heckklappenverkleidung (siehe Sektion 13).

2 Trennen Sie die Gestänge des Außen-Türgriffs, des Schließzylinders und ggf. des Schloss-Motors.

3 Entfernen Sie die mit zwei Schrauben und zwei Muttern gesicherte Baugruppe aus Außen-Türgriff und Kennzeichenbeleuchtung – trennen Sie dabei die Verkabelung.

4 Der Schließzylinder und die Hebel können nach dem dem Befreien der Sicherungsscheibe samt Sicherungsblech entnommen werden.

Einbau

5 Der Einbau entspricht der umgekehrten Ausbaureihenfolge. Stellen Sie das Gestänge des Außengriffs nötigenfalls so ein, dass der Griff etwa 3 mm Spiel hat.

21 Zentralverriegelungs-Komponenten – Ausbau und Einbau

Ausbau

Fahrertür-Schalter

1 Entfernen Sie die Türverkleidung (siehe Sektion 11).

2 Befreien Sie bei früheren Modellen den um den Schließzylinder liegenden Schalter und entfernen Sie ihn – beachten Sie, wie seine Nut zur Lasche des Schlosses ausgerichtet ist.

3 Bei späteren Modellen sitzt der Schalter in der Nähe des Schließmechanismus. Lösen Sie die einzelne Schraube und heben Sie den Schalter heraus – beachten Sie, wie seine Zunge zum Klinkengestänge ausgerichtet ist (siehe Abbildungen).

4 Trennen Sie den Kabelstecker des Schalters. Falls auch andere Vorrichtungen über diesen Stecker versorgt werden, müssen die entsprechenden Steckkontakte herausgehebelt werden. Bei späteren Modellen ist der Kabelbaum mit einem zusätzlichen Stecker ausgerüstet, der einfach getrennt wird.

Türschließmotor (Modelle bis 1989)

5 Entfernen Sie die Türverkleidung (siehe Sektion 11 oder 12).

21.3a Lösen Sie die Schraube . . .

21.3b . . . und heben Sie den Zentralverriegelungs-Schalter heraus.

6 Befreien Sie das Motorgestänge vom Umlenkhebel (vordere Türen) oder dem Schließknopf-Gestänge (hintere Türen) (siehe Abbildung).

21.6 Umlenkhebel des Schließmotors

7 Lösen Sie die Befestigungsmuttern des Motors und entfernen Sie diesen samt seines Gestänges aus der Tür – bei manchen Modellen ist das Gestänge von einem Kunststoffrohr umgeben (siehe Abbildungen).

21.7a Schließmotor-Sicherungsmuttern

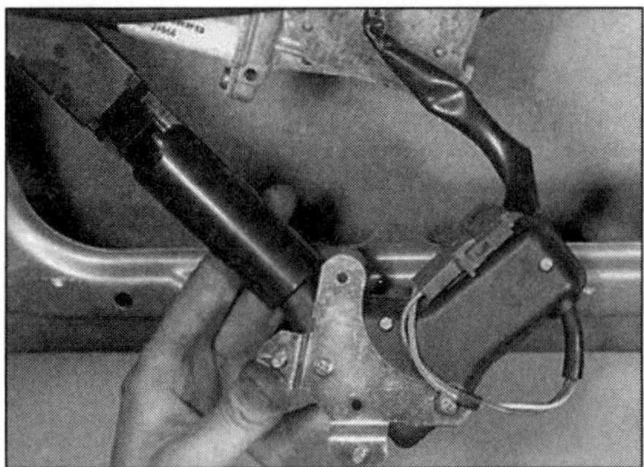

21.7b Entfernen Sie den Motor, das Gestänge und das Rohr.

8 Trennen Sie den Kabelstecker (siehe Schritt 4).

9 Falls ein neuer Motor installiert wird, müssen das Gestänge, die Halteplatte und alle anderen Komponenten auf diesen übertragen werden.

Türschließmotor (Modelle ab 1989)

10 Entfernen Sie die Türverkleidung (siehe Sektion 11 oder 12).

11 Lösen Sie die zwei Schrauben unterhalb des Riegels und die einzelne Schraube neben dem Innenverriegelungs-Knopf, um die hintere Fensterführung zu befreien (siehe Abbildungen).

21.11a Lösen Sie die zwei Schrauben unter dem Riegel.

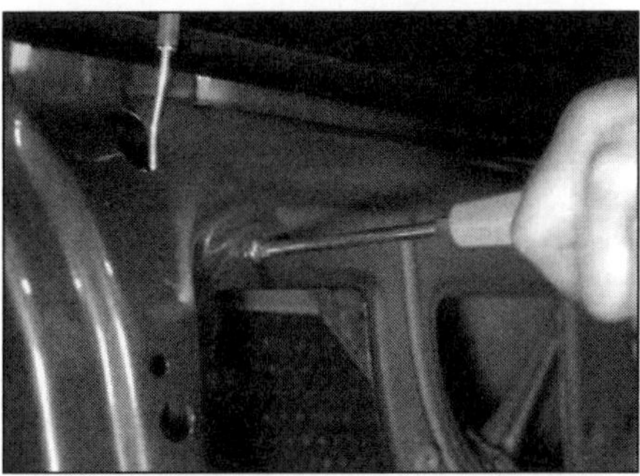

21.11b Fensterführungs-Schraube neben dem Innenverriegelungs-Knopf

12 Lösen Sie die zwei Torxschrauben des Riegels, entfernen Sie diesen und lösen Sie die jetzt zugängliche einzelne Schraube (siehe Abbildung).

13 Entfernen Sie die hintere Fensterführung (siehe Abbildung).

14 Befreien Sie die Türöffner. Hängen Sie den Motor aus und entfernen Sie ihn samt Gestänge zum Innenverriegelungs-Knopf (siehe Abbildung).

21.12 Die einzelne vom Riegel verdeckte Schraube

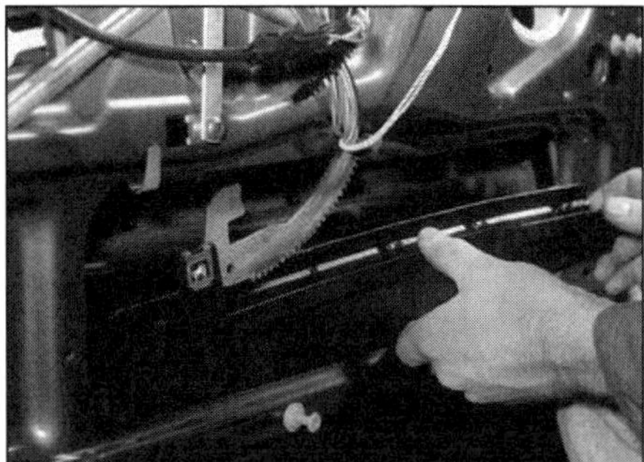

21.13 Entfernen Sie die hintere Fensterführung.

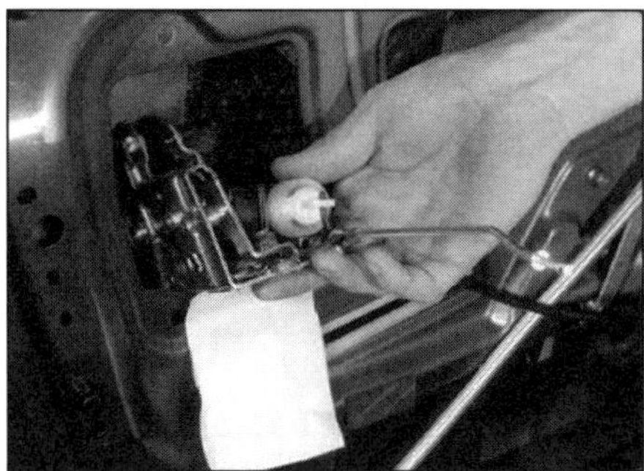

21.14 Ausbau des Türschloss-Motors

15 Der Motor selbst kann nach dem Lösen der zwei Schrauben vom Schließmechanismus entfernt werden. (siehe Abbildung).

21.15 Befestigungsschrauben des Türschloss-Motors

Kofferraumdeckel-Schließmotor

16 Entfernen Sie die Abdeckung der Verriegelung und schrauben Sie diese ab (siehe Abbildungen).

21.16a Demontage der Abdeckung . . .

21.16b . . . und der darunter liegenden Kofferraum-Verriegelung

17 Hängen Sie das Motorgestänge an der Verriegelung aus.
18 Lösen Sie die drei Befestigungsmuttern, trennen Sie die Verkabelung und entfernen Sie den Motor (siehe Abbildung).

21.18 Ausbau des Kofferraumschloss-Motors

Heckklappen-Schließmotor

19 Entfernen Sie die Heckklappenverkleidung (siehe Sektion 13).
20 Der Motor kann jetzt auf ähnliche Weise wie der Laderaumdeckel-Schließmotor ausgebaut werden (Schritte 16 bis 18).

Relais

21 Bei Modellen bis 1983 steuern zwei Relais in der Zentralelektrik die Schließ- und Öffnungsfunktionen – Informationen hierzu finden sich in Kapitel 12, Sektion 3.
22 Bei späteren Modellen ist die Zentralverriegelung nicht mit Relais ausgerüstet.

Einbau

23 Der Einbau entspricht in allen Fällen der umgekehrten Ausbaureihenfolge.

22 Außenspiegel – Ausbau und Einbau

Ausbau

Elektrisch verstellbare Rückspiegel

1 Entfernen Sie die Türverkleidung (siehe Sektion 11).

2 Hebeln Sie die Abdeckung von der Außenspiegel-Befestigung (siehe Abbildung).

22.2 Entfernen Sie die Abdeckung der Außenspiegel-Befestigung.

3 Trennen Sie den Kabelstecker des Rückspiegels und befreien Sie den Kabelbaum aus der Tür (siehe Abbildung).

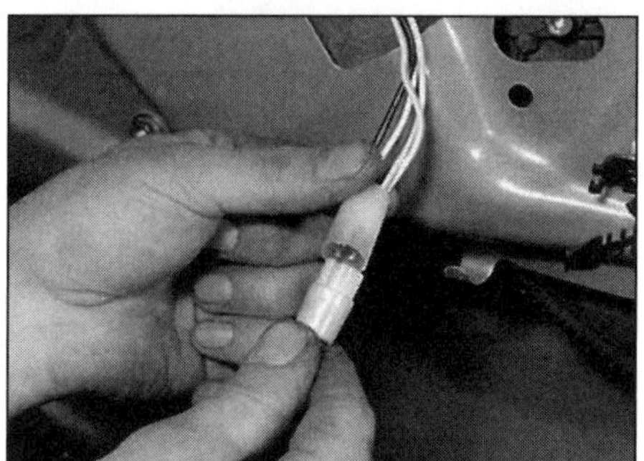

22.3 Trennen Sie den Kabelstecker des Rückspiegels.

4 Halten Sie den Spiegel und läsen Sie die Befestigungsschrauben; heben Sie den Spiegel dann aus seiner Halterung.

Manuell verstellbare Rückspiegel

5 Der Ausbau ähnelt dem elektrisch verstellbarer Rückspiegel. Weil jedoch keine Kabel getrennt werden müssen, braucht die Türverkleidung nicht entfernt zu werden.

Einbau

6 Der Einbau entspricht in allen Fällen der umgekehrten Ausbaureihenfolge.

23 Außenspiegel-Glas und -Motor – Ausbau und Einbau

Anmerkung: *Für diese Operationen muss der Rückspiegel nicht von der Tür entfernt werden.*

Ausbau

1 Drücken Sie das Spiegelglas unten ein, bis durch die Bohrung die Zähne des Sicherungsrings sichtbar werden.

2 Drücken Sie die Zähne mit einem Schraubendreher auseinander, um den Ring gegen den Uhrzeiger zu drehen und ihn so aus der Halteplatte zu befreien (siehe Abbildung). Entfernen Sie das Glas und den Ring. Trennen Sie ggf. die Kabel des Heizelements.

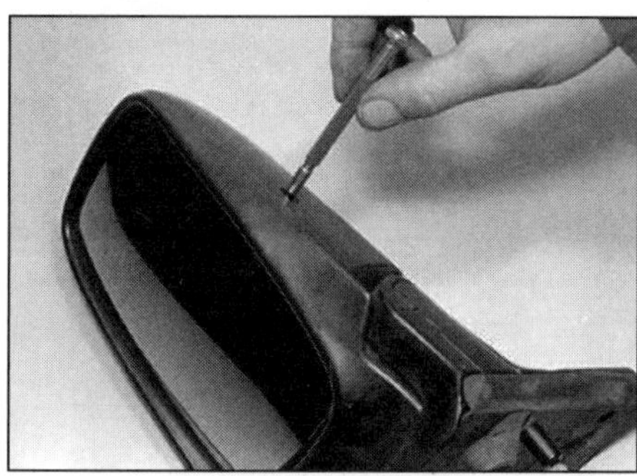

23.2 Befreien Sie den Spiegelglas-Sicherungsring.

3 Nach dem Lösen der vier Schrauben und dem Trennen des Steckers kann jetzt der Motor entfernt werden; falls die Kabel nicht vom Motor getrennt werden können, muss die Türverkleidung entfernt und der Kabelstecker des Rückspiegels getrennt werden (siehe Abbildung).

23.3 Rückspiegel-Motor mit Schrauben

Einbau

4 Der Einbau entspricht der umgekehrten Ausbaureihenfolge. Beachten Sie die »TOP«-Markierung m Motor und die »UNTEN«-Markierung am Spiegelglas (siehe Abbildungen).

23.4a Der Rückspiegel-Motor ist oben mit »TOP« markiert . . .

23.4b . . . und das Spiegelglas ist unten mit »UNTEN« beschriftet.

24 Türdichtung – Ausbau und Einbau

Ausbau

1 Entfernen Sie den Trittschutz vom Türschweller (siehe Abbildung).

24.1 Abdeckung und Schraube des Trittschutzes

2 Hebeln Sie die Türdichtung frei – beginnen Sie unten; verwenden Sie dazu einen breiten Schraubendreher und schützen Sie den Lack mit einem unterlegten Holzstück.

Einbau

3 Klopfen Sie die Türdichtung mit einem Gummihammer ein – beginnen Sie in der oberen Ecke.
4 Installieren Sie den Trittschutz.

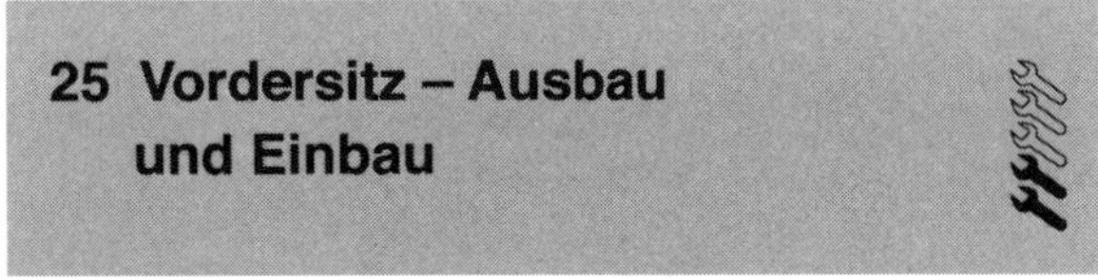

25 Vordersitz – Ausbau und Einbau

Ausbau

1 Entfernen Sie außen am Sitzgestell die Verkleidung oder das Fach. Lösen Sie die jetzt zugängliche Gurtbefestigung (siehe Abbildung).

2 Verschieben Sie den Sitz nach vorne. Lösen Sie hinten an jeder Schiene die einzelne Schraube – sie kann unter einer Abdeckung versteckt sein (siehe Abbildung).

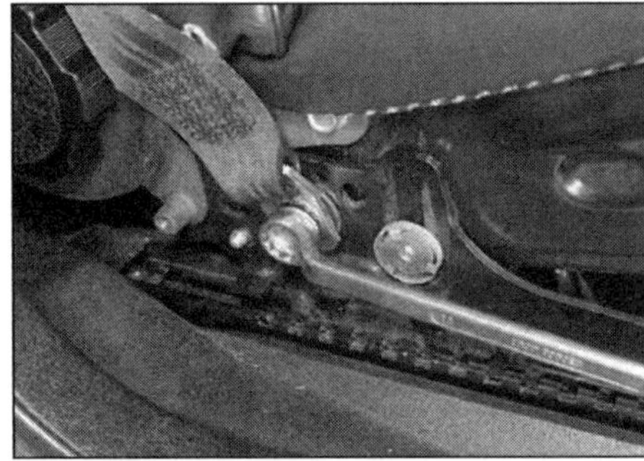

25.1 Lösen Sie die Gurtbefestigung am Sitzgestell.

25.2 Eine hintere Sitzschienen-Schraube . . .

3 Schieben Sie den Sitz nach hinten. Entfernen Sie sämtliche Abdeckungen und dann die einzelne Schraube vorne an jeder Schiene (siehe Abbildung).

25.3 . . . und eine vordere Sitzschienen-Schraube

4 Trennen Sie je nach Ausstattung den/die Stecker der Sitzheizung, der Gurt-Warnleuchte und des Verstellmotors.
5 Heben Sie den Sitz vorne an und drücken Sie ihn gleichzeitig nach hinten, um die Schienen aus ihren »Schlüssellöchern« im Boden zu befreien; entnehmen Sie den Sitz samt Schienen aus dem Fahrzeug.

Einbau

6 Der Einbau entspricht der umgekehrten Ausbaureihenfolge.

26 Vordersitz – Ausbau und Einbau

Ausbau

Limousine

1 Befreien Sie das Sitzpolster aus seinen Halteklemmen, indem Sie den vorderen Rand herunterdrücken und nach hinten ziehen. Heben Sie das Sitzpolster aus dem Fahrzeug.
2 Biegen Sie die Zungen der Clips gerade, mit denen die Rückenlehne unten gesichert ist. Klopfen Sie die Rückenlehne hoch, um sie aus den oberen Clips zu befreien, und heben Sie sie aus dem Fahrzeug.
3 Die Armlehnen können jetzt abgeschraubt und entfernt werden.

Kombi

4 Klappen Sie das Sitzpolster nach vorne. Lösen Sie die Scharniermuttern und heben Sie das Polster aus dem Fahrzeug (siehe Abbildung).

26.4 Zwei Sitzpolster-Scharniere bei Kombi-Modellen

5 Klappen Sie die Rückenlehnen herunter. Ziehen Sie die Stifte aus der mittleren Halterung (siehe Abbildung) und befreien Sie die Stifte der seitlichen Halterungen, indem Sie sie mit einer Zange verdrehen. Heben Sie die Rückenlehne aus dem Fahrzeug.

26.5 Mittlere Rücklehnen-Halterung (Kombi) mit Stiften (Pfeile)

Einbau

6 Der Einbau entspricht der umgekehrten Ausbaureihenfolge.

27 Kopfstützen – Ausbau und Einbau

Ausbau

1 Drücken Sie etwa 90 mm unter dem oberen Rand vorne gegen die Rückenlehne und ziehen Sie gleichzeitig die Kopfstütze nach oben, um sie zu befreien.
2 Ziehen Sie die Kopfstütze aus den Führungen und entnehmen Sie sie.

Einbau

3 Drücken Sie die Kopfstütze fest in ihre Führung, bis sie einrastet.

28 Vordersitz-Verstellungen – Ausbau und Einbau

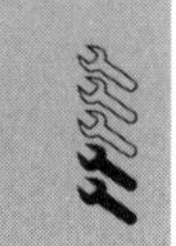

Ausbau

1 Bauen Sie den Sitz aus (siehe Sektion 25).

Manuelle Höhenverstellung

2 Bringen Sie den Einsteller auf den höchsten Punkt und lösen Sie die Inbusschrauben, die ihn am Sitz sichern.
3 Pressen Sie den Verstellhebel nach vorne und drücken Sie auf den Sitz. Trennen Sie den Sitz von den Stangen.
4 Die Höhenverstellungs-Komponenten können jetzt ausgetauscht werden.

Manuelle Rückenlehnenverstellung

5 Gehen Sie vor wie beim Austausch der Rückenlehnen-Heizung (siehe Sektion 29), aber schrauben Sie auch den Verstellmechanismus vom Sitzgestell. Der komplette Rückenlehnenrahmen und der Verstellmechanismus können nur gemeinsam erneuert werden.

Elektrischer Sitzpositions- und Höhenversteller

6 Drehen Sie den Sitz auf einem sauberen Untergrund um, sodass die Unterseite zugänglich ist.
7 Lösen Sie die vier kleinen Schrauben, mit denen die Motorhalteplatte gesichert ist.
8 Befreien Sie die Halteplatte vom Sitz. Lösen Sie die vier Schrauben des in Frage kommenden Motors – beachten Sie die Distanzstücke am vorderen Höhenverstell-Motor.
9 Entfernen Sie den Motor vom Halter und ziehen Sie sein Kabel hindurch.
10 Trennen Sie den Kabelstecker, den sich alle drei Motoren teilen. Um einen einzelnen Motor zu entfernen, müssen seine Steckkontakte befreit werden.

Elektrische Rückenlehnenverstellung

11 Entfernen Sie den Lendenstützen-Einstellknopf. Entfernen Sie auch an beiden Seiten die Abdeckungen unten an der Rückenlehne.
12 Neigen Sie die Rückenlehne so weit wie möglich herunter – stecken Sie dazu z.B. einen Schraubendreher in das Loch des Verstellmechanismus unten an der Rückenlehne.

13 Trennen Sie an der Sitzunterseite die Kabelstecker des Heizkissens und des Rückenlehnenmotors. Auch das schwarze Kabel des Dreifachsteckers muss befreit oder anderweitig getrennt werden. Öffnen Sie alle erforderlichen Kabelbinder.
14 Lösen Sie die vier Schrauben, mit denen die Rückenlehne gesichert ist, und heben Sie diese vom Sitzgestell.
15 Schneiden Sie die Ringe auf, mit denen der Polsterbezug an der Rückenlehne gesichert ist. Ziehen Sie den Bezug ab und hängen Sie die darunter die Clips aus, um Zugang zum Motor zu erhalten.
16 Lösen Sie die Mutter, die den Motorhalter am Rücklehnenrahmen sichert. Ziehen Sie den Motor samt Kabeln und Halterung ab.
17 Schrauben Sie den Halter vom Motor und befreien Sie ihn von den Kabeln. Trennen Sie die Kabelstecker und entfernen Sie sie.

Sitzverstellungs-Schaltertafel

18 Öffnen Sie die Kabelbinder, die den Kabelbaum an der Motorhalteplatte sichern.
19 Trennen Sie die Kabelstecker der Motoren.
20 Lösen Sie die zwei Schrauben der Schaltertafel.
21 Ziehen Sie die Schaltertafel ab – führen Sie dabei die Kabel und Stecker seitlich durch den Sitz.

Einbau

22 Der Einbau entspricht in allen Fällen der umgekehrten Ausbaureihenfolge – verwenden Sie dabei neue Kabelbinder, Polsterbezug-Ringe usw.

29 Sitzheizungs-Elemente – Ausbau und Einbau

Ausbau

1 Bauen Sie den Sitz aus (siehe Sektion 25).
2 Neigen Sie die Rückenlehne so weit wie möglich herunter. Drehen Sie den Sitz um und befreien Sie die Kabel aus allen Befestigungen.

Rückenlehnen-Heizung

3 Entfernen Sie die Kopfstütze (siehe Sektion 27).
4 Entfernen Sie den Rückenlehnen-Einstellknopf und den Lendenstützen-Einstellknopf samt Führung.
5 Entfernen Sie die Polsterbezug-Haltestange. Schneiden Sie die Klemmringe auf, die den unteren Rand des Polsterbezugs sichern. Ziehen Sie das Polster ab, um die zentralen Halteklemmen zu befreien.
6 Das Heizelement kann jetzt entfernt werden.

Sitzpolster-Heizung

7 Entfernen Sie die Polsterbezug-Haltestangen. Hängen Sie die seitlichen Federn aus und entfernen Sie den Polsterbezug.
8 Schneiden Sie die Klemmringe auf, die den Polsterbezug sichern. Ziehen Sie das Polster ab, um die zentralen Halteklemmen zu befreien.
9 Heizelement und Thermostat können jetzt entfernt werden.

Sitzheizungs-Steuergerät

10 Bis 1988 wurde die Sitzheizung lediglich durch einen Thermostaten und einen Schalter geregelt. Ab 1988 ist jeder Vordersitz mit einem eigenen Steuergerät ausgerüstet, das die Heizleistung entsprechend der Temperatur regelt. Die maximale Leistung wird nur geliefert, wenn unter dem Sitz nicht mehr als 10 °C herrschen; zwischen 10 und 18 °C wird die Heizleistung reduziert, und bei höheren Temperaturen wird die Sitzheizung nach dem Einschalten der Zündung nur für wenige Sekunden aktiviert.
11 Falls sich die Sitzheizung nicht wie beschrieben verhält, kann das Steuergerät defekt sein. Für den Zugang muss der entsprechende Sitz ausgebaut werden (siehe Sektion 25), dann wird das Halteband geöffnet und der Stecker getrennt.
12 Ein defektes Steuergerät kann nur durch den Austausch gegen ein funktionsfähiges Ersatzteil ermittelt werden: Tauschen Sie es gegen das Steuergerät des anderen Sitzes aus – wenn die Sitzheizung jetzt funktioniert, war das alte Steuergerät defekt und muss ersetzt werden.

Einbau

13 Der Einbau entspricht in allen Fällen der umgekehrten Ausbaureihenfolge – verwenden Sie dabei neue Kabelbinder, Polsterbezug-Ringe usw.

30 Sicherheitsgurte – Ausbau und Einbau

Ausbau

Vordersitz-Gurte

1 Schieben Sie den Sitz nach vorne. Entfernen Sie außen am Sitzgestell die Verkleidung oder das Fach. Lösen Sie die jetzt zugängliche Gurtbefestigung (Abb. 25.1).
2 Entfernen Sie die B-Säulenverkleidung – sie ist mit zwei hinter Stopfen versteckten Schrauben gesichert (siehe Abbildung). Befreien Sie die Gurtführung aus dem Schlitz der Verkleidung.

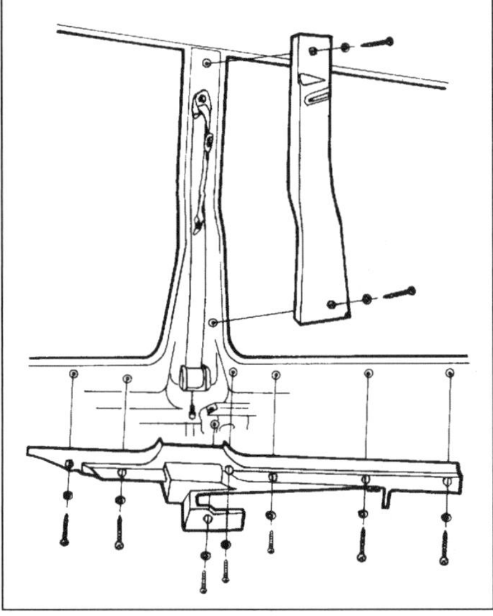

30.2 Entfernen Sie die B-Säulenabdeckungen, um Zugang zu den Vordersitz-Gurten zu erhalten.

3 Entfernen Sie die mit sieben versteckten Schrauben gesicherte Gurtrollen/Schweller-Verkleidung.

4 Schrauben Sie die obere Gurtführung und die Gurtrolle ab – beachten Sie die Positionen aller Scheiben und Distanzhülsen. Entfernen Sie den Gurt samt Rolle.
5 Um die Gurtpeitsche demontieren zu können, muss zunächst der Sitz ausgebaut werden (siehe Sektion 25).

Rücksitz-Gurte – Limousine

6 Entfernen Sie die Rücksitzbank (siehe Sektion 26).
7 Die Gurtpeitschen und die Bodenverankerungen können jetzt aus der Sitzmulde geschraubt werden.
8 Um Zugang zu den Gurtrollen zu erhalten, müssen zunächst ggf. die Hutablagen-Lautsprecher entfernt werden – der Zugang zu ihren Steckern und Befestigungen erfolgt durch den Kofferraum.
9 Entfernen Sie die Hutablagen-Sicherungsclips und die Hutablage selbst.
10 Entfernen Sie die Clips der Gurtrollen-Abdeckungen und dann die Abdeckungen.
11 Schrauben Sie die Gurtrollen ab – beachten Sie die Positionen aller Distanzscheiben.

Rücksitz-Gurte – Kombi

12 Die Gurtpeitschen und Bodenbefestigungen sind zugänglich, sobald das Sitzpolster nach vorne geklappt ist.
13 Die Gurtrollen sind nach dem Entfernen der C-Säulenverkleidungen zugänglich – diese ist oben mit einer Schraube, unten mit dem Rückenlehnen-Anschlag und hinten mit einem Clip gesichert.

Einbau

14 Der Einbau entspricht in allen Fällen der umgekehrten Ausbaureihenfolge.

31 Lenksäulen-/Pedal-Verkleidung – Ausbau und Einbau

Ausbau

1 Die große Verkleidung unterhalb der Lenksäule ist mit zwei Schrauben und zwei Clips gesichert. Lösen Sie die Schrauben und verdrehen Sie die Clips um 90°, um sie zu entfernen.
2 Senken Sie die Verkleidung ab und befreien Sie den Lüftungskanal. Entfernen Sie die Verkleidung aus dem Fahrzeug.

Einbau

3 Der Einbau entspricht der umgekehrten Ausbaureihenfolge.

32 Handschuhfach – Ausbau und Einbau

Ausbau

Alle Modelle außer 760 ab 1988

1 Öffnen Sie das Handschuhfach. Hebeln Sie die zwei Abdeckungen am Rand des Handschuhfachs ab und lösen Sie die zwei darunter liegenden Schrauben (siehe Abbildung).
2 Entfernen Sie die Verkleidung unterhalb des Handschuhfachs – sie ist mit drei Clips gesichert, die um 90° verdreht werden müssen, um entfernt werden zu können.
3 Lösen Sie die Mutter links unten am Handschuhfach (siehe Abbildung).

32.1 Demontage der Abdeckung einer Handschuhfach-Schraube

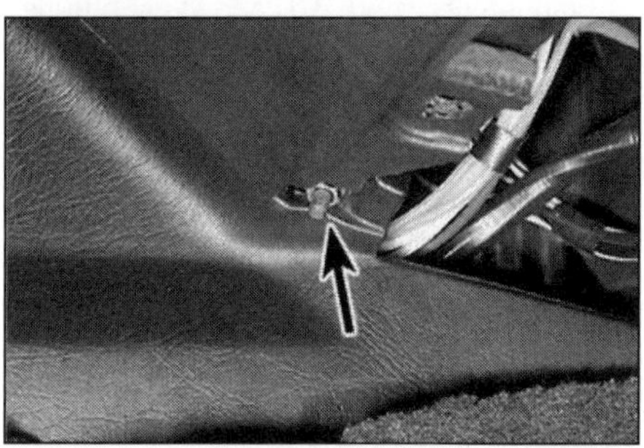

32.3 Mutter an der Unterseite des Handschuhfachs

4 Senken Sie das Handschuhfach ab, trennen Sie das Kabel und entfernen Sie es .

Volvo 760 ab 1988

5 Entfernen Sie die Verkleidung unterhalb des Handschuhfachs – sie ist oben Clips gesichert, die um 90° verdreht werden müssen, um entfernt werden zu können; unten ist sie mit Schrauben gesichert.
6 Lösen Sie unten am Handschuhfach-Deckel die zwei Schrauben an jeder Seite.
7 Öffnen Sie das Handschuhfach. Entfernen Sie die Abdeckungen an den Deckel-Bändern und lösen Sie die darunter liegenden Schrauben.
8 Befreien Sie das Handschuhfach aus seinen Halteclips und entfernen Sie es.

Einbau

9 Der Einbau entspricht der umgekehrten Ausbaureihenfolge.

33 Mittelkonsole (vorderer Teil) – Ausbau und Einbau

Ausbau

1 Trennen Sie das Massekabel (–) der Batterie.
2 Entfernen Sie die Lenksäulen-/Pedal-Verkleidung (siehe Sektion 31) und das Handschuhfach (siehe Sektion 32) – dies ist nicht zwingend nötig, verbessert aber den Zugang.

33.4 Ausbau des Aschenbecher-Trägers

3 Demontieren Sie das Radio (siehe Kapitel 12).
4 Entfernen Sie den Aschenbecher samt Halterung (siehe Abbildung).
5 Entfernen Sie den Steckdosen-Einsatz; dieser wird von einer oder zwei Schrauben gesichert, die nach dem Entfernen des Zünders und der Abdeckung zugänglich sind. Trennen Sie die Stromversorgung und ziehen Sie den Lampenhalter heraus, sobald der Einsatz entfernt ist (bei manchen Modellen enthält dieser auch Audio-Equipment).
6 Entfernen Sie den Radio-Einsatz – dieser ist an der Rückseite mit einer Schraube gesichert (siehe Abbildung).

33.6 Schraube des Radio-Einsatzes

7 Lösen Sie unterhalb der Heizungsregelung die Schrauben der Seitenverkleidung (siehe Abbildung).

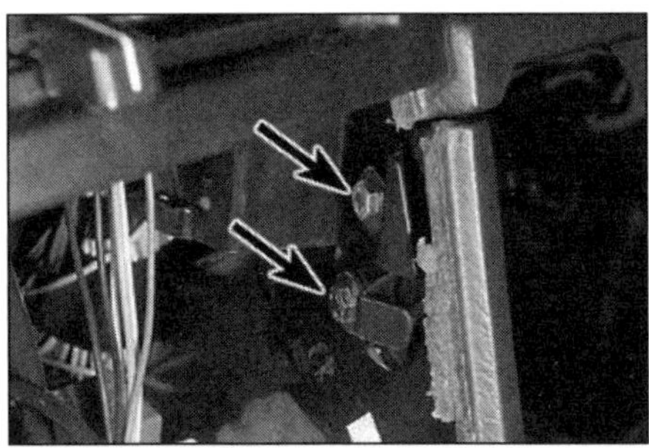

33.7 Seitenverkleidungs-Schrauben unter den Heizungsreglern

8 Lösen Sie an jeder Seite die zwei Schrauben, die den hinteren Rand der Mittelkonsolen-Seitenteile sichern. Um Zugang zu diesen Schrauben zu erhalten, muss der hintere Teil der Mittelkonsole befreit und nach hinten gezogen werden (siehe Abbildung).
9 Ziehen Sie den Teppich vom vorderen Rand des Kardantunnels zurück und lösen Sie auf jeder Seite die Schraube am vorderen Ende des Seitenteils (siehe Abbildung).

33.8 Schrauben am hinteren Seitenverkleidungs-Rand

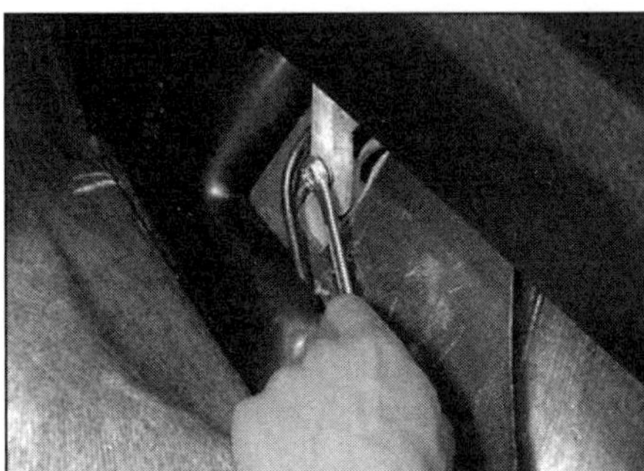

33.9 Entfernen Sie die vordere Seitenverkleidungs-Schraube.

10 Lockern Sie die Schrauben, mit der die Seitenteil-Verbindungsstrebe gesichert ist. Befreien Sie die Strebe – sie hat geschlitzte Befestigungslöcher (siehe Abbildung).

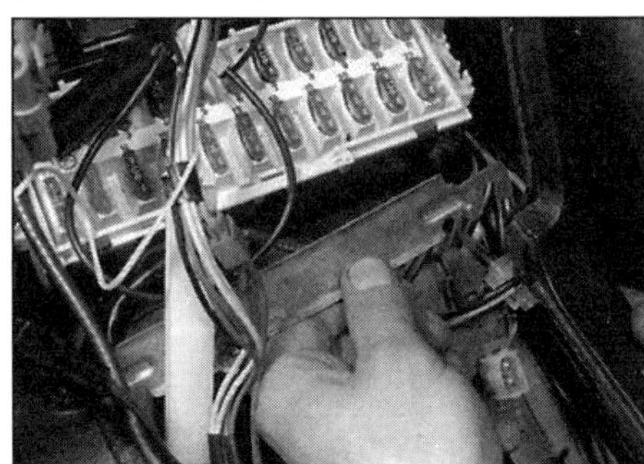

33.10 Demontieren Sie die Seitenverkleidungs-Verbindungsstrebe.

11 Entfernen Sie die Mittelkonsolen-Seitenteile.

Einbau

12 Der Einbau entspricht der umgekehrten Ausbaureihenfolge.

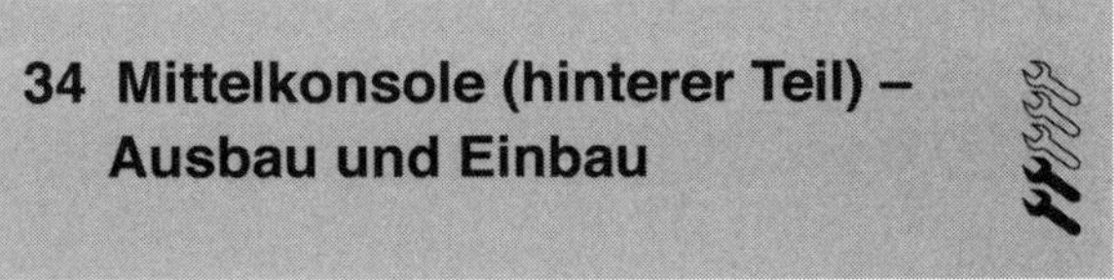

34 Mittelkonsole (hinterer Teil) – Ausbau und Einbau

Ausbau

1 Heben Sie die Armlehne ab, entleeren Sie den Staukasten und hebeln Sie an deren Boden die Abdeckplatte heraus; lösen Sie dann die zwei darunter sitzenden Schrauben (siehe Abbildung).

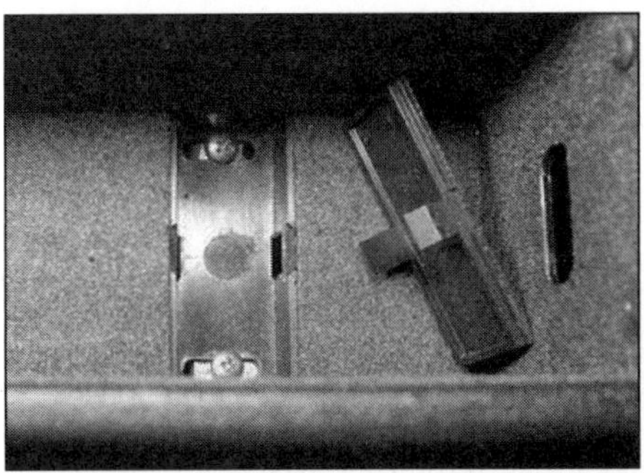

34.1 Unter der Abdeckung im Staufach sitzen zwei Schrauben

2 Entfernen Sie bei Modellen mit Schaltgetriebe die mit zwei Schrauben gesicherte Schalthebel/Handbremsen-Abdeckung. Trennen Sie alle Schalterkabel.
3 Entfernen Sie bei Automatikmodellen die Wahlhebel-Abdeckung.
4 Heben Sie die hintere Konsole ab. Trennen Sie die aus dem Aschenbecher, der Steckdose und der Gurt-Warnleuchte bestehende Tafel von der Konsole. Entfernen Sie die Konsole, während die Tafel zurückbleibt.

Einbau

5 Der Einbau entspricht der umgekehrten Ausbaureihenfolge.

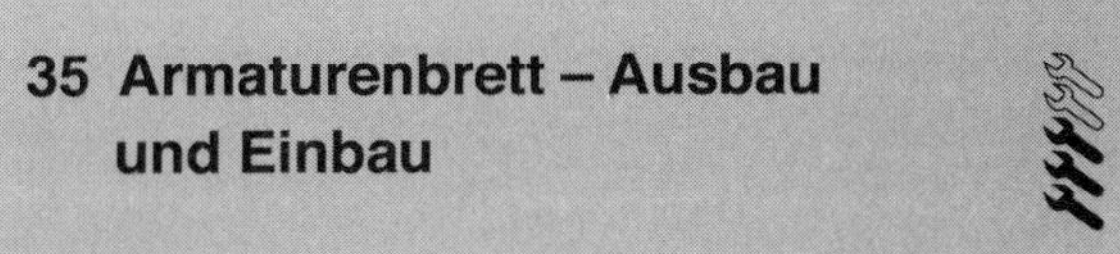

35 Armaturenbrett – Ausbau und Einbau

Ausbau

1 Trennen Sie das Massekabel (–) der Batterie.
2 Entfernen Sie das Lenkrad, die an der Lenksäule sitzenden Schalter und die Instrumentenkonsole (siehe Kapitel 10 und 12).
3 Entfernen Sie die die Lenksäulen-/Pedal-Verkleidung, das Handschuhfach und die komplette Mittelkonsole (Sektionen 31 bis 34).
4 Entfernen Sie die seitlichen Verkleidungsteile im Fußraum (siehe Abbildung) sowie die A-Säulenverkleidung.

35.4 Schrauben der Fußraumverkleidung

5 Trennen Sie die Kabelstecker aller Schalter und Kontrolllampen.
6 Lösen Sie die Schraube, mit der das obere Lenkwellenlager am Armaturenbrett gesichert ist. Entfernen Sie das Distanzrohr.
7 Entfernen Sie die mittleren Lüftungsschächte (siehe Abbildung). Lösen Sie die Schraube des Luftmischgehäuses und trennen Sie die Luftschächte.

35.7 Ausbau der mittleren Lüftungsschächte

8 Befreien Sie den Kabelbaum vom Armaturenbrett.
9 Entfernen Sie bei Modellen mit Klimaautomatik den Innentemperatursensor.
10 Entfernen Sie das Armaturenbrett samt aller Schalter, Gebläsekanälen usw. Falls ein neues Armaturenbrett installiert werden soll, müssen alle Einzelteile übertragen werden.

Einbau

11 Der Einbau entspricht der umgekehrten Ausbaureihenfolge.

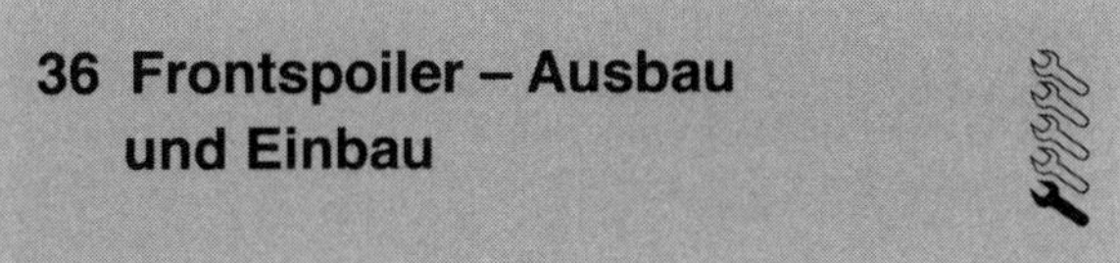

36 Frontspoiler – Ausbau und Einbau

Ausbau

1 Lassen Sie einen Assistenten den Spoiler halten. Entfernen Sie die sechs Schrauben und D-förmigen Scheiben, mit denen der Spoiler an der Stoßstange gesichert ist.
2 Befreien Sie den Spoiler von den Seitenteilen der Stoßstange und entfernen Sie ihn.

Einbau

3 Der Einbau entspricht der umgekehrten Ausbaureihenfolge.

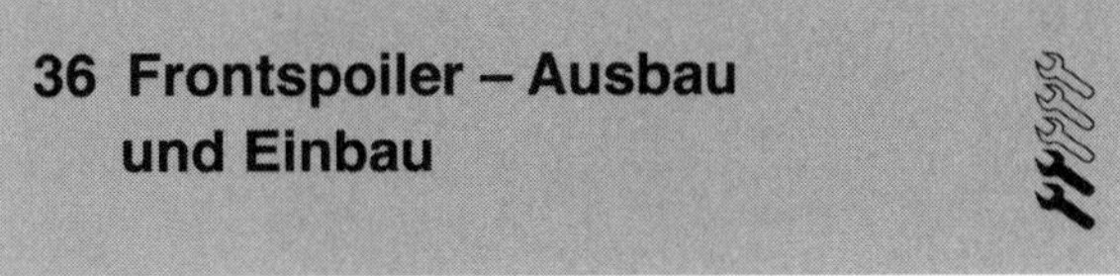

36 Frontspoiler – Ausbau und Einbau

Ausbau

Vordere Stoßstange

1 Lösen Sie die drei Muttern, mit denen jedes Seitenteil gesichert ist (siehe Abbildungen). (Je nach Modell und Ausstattung muss für den Zugang eventuell die Batterie, der Waschwasser-Behälter und/oder der Luftfilter entfernt werden.)
2 Entfernen Sie den einzelnen Stopfen, der das hintere Ende jedes Seitenteils sichert (siehe Abbildung).
3 Entfernen Sie den Frontspoiler (siehe Sektion 36).

4 Trennen oder entfernen Sie die Zusatzscheinwerfer (falls vorhanden).
5 Lösen Sie innen an der Stoßstange die vier Muttern, mit denen sie an den Puffern gesichert ist, und entnehmen Sie die Stoßstange.

Hintere Stoßstange

6 Die hintere Stoßstange wird auf ähnliche Weise demontiert wie die vordere, allerdings erfolgt der Zugang zu den Muttern der Seitenteile durch den Kofferraum oder die Laderaum-Wannen.

Stoßstangen-Puffer

7 Entfernen Sie die entsprechende Stoßstange.
8 Lösen Sie die zwei Muttern und Schrauben sowie die einzelne Mutter, die den Puffer sichern. Die einzelne Mutter ist durch den Motorraum bzw. den Kofferraum oder die Laderaum-Wanne zugänglich (siehe Abbildung).
9 Ziehen Sie den Puffer aus seinem Halter.
10 Die Puffer dürfen nicht durchbohrt werden. Auch Schweißarbeiten in ihrer Nähe sind untersagt. Sie enthalten unter Druck stehendes Gas, das bei einer plötzlichen Freisetzung zu Verletzungen führen kann.

Einbau

11 Der Einbau entspricht in allen Fällen der umgekehrten Ausbaureihenfolge.

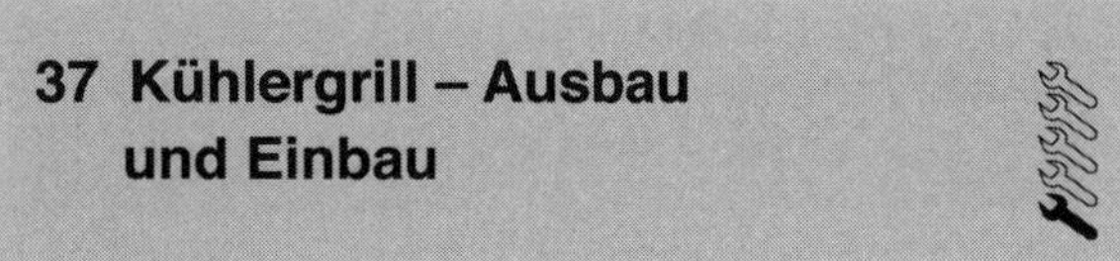

37 Kühlergrill – Ausbau und Einbau

Ausbau

1 Öffnen Sie die Motorhaube. Drücken Sie die oberen Halteclips des Kühlergrills zusammen und entfernen Sie diese (siehe Abbildung).

37.1a Das Stoßstangen-Seitenteil ist mit drei Muttern gesichert – hier wurde der Luftfilter für den Zugang entfernt.

2 Befreien Sie den Kühlergrill aus den unteren Halterungen und entfernen Sie ihn (siehe Abbildung).

Einbau

3 Der Einbau entspricht der umgekehrten Ausbaureihenfolge.

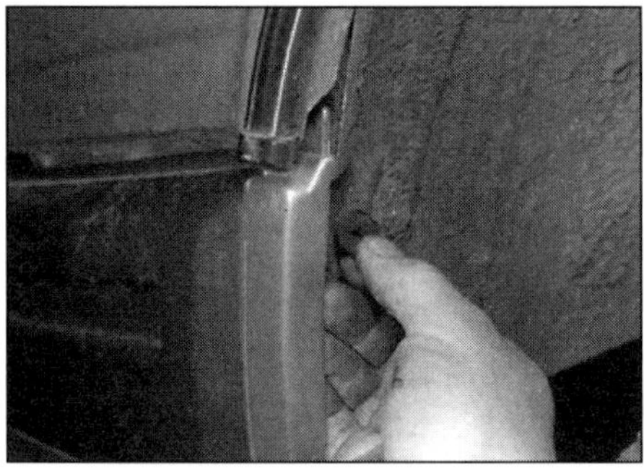

37.2 Das Stoßstangen-Seitenteil ist hinten mit einem Stopfen gesichert.

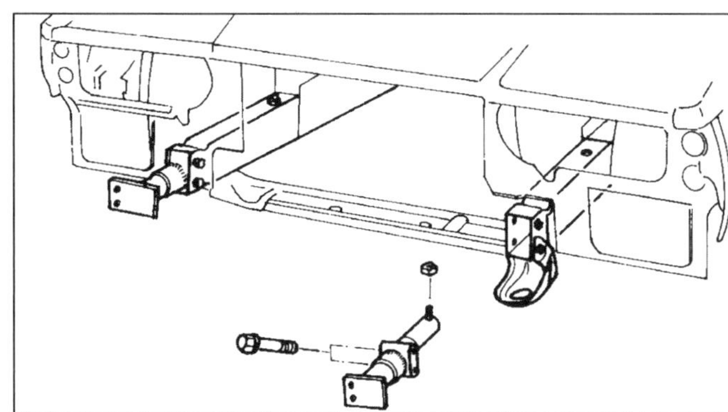

37.8 Befestigungen der Stoßstange an den Puffern

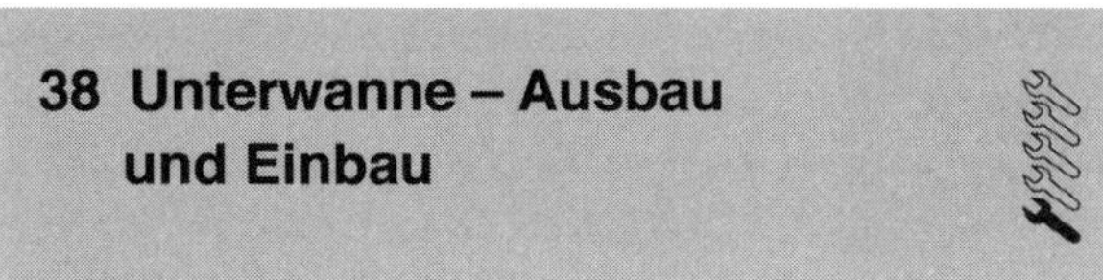

38 Unterwanne – Ausbau und Einbau

Ausbau

1 Heben Sie das Fahrzeug vorne an und stützen Sie es sicher ab.
2 Lösen Sie die Unterwannen-Schrauben und befreien Sie die Wanne aus den Ösen. Falls in diesem Bereich ein Unterdruckbehälter vorhanden ist, können einige der Schrauben auch diesen sichern.

38.1 Entfernen Sie die Halteclips des Kühlergrills.

Einbau

3 Der Einbau entspricht der umgekehrten Ausbaureihenfolge.

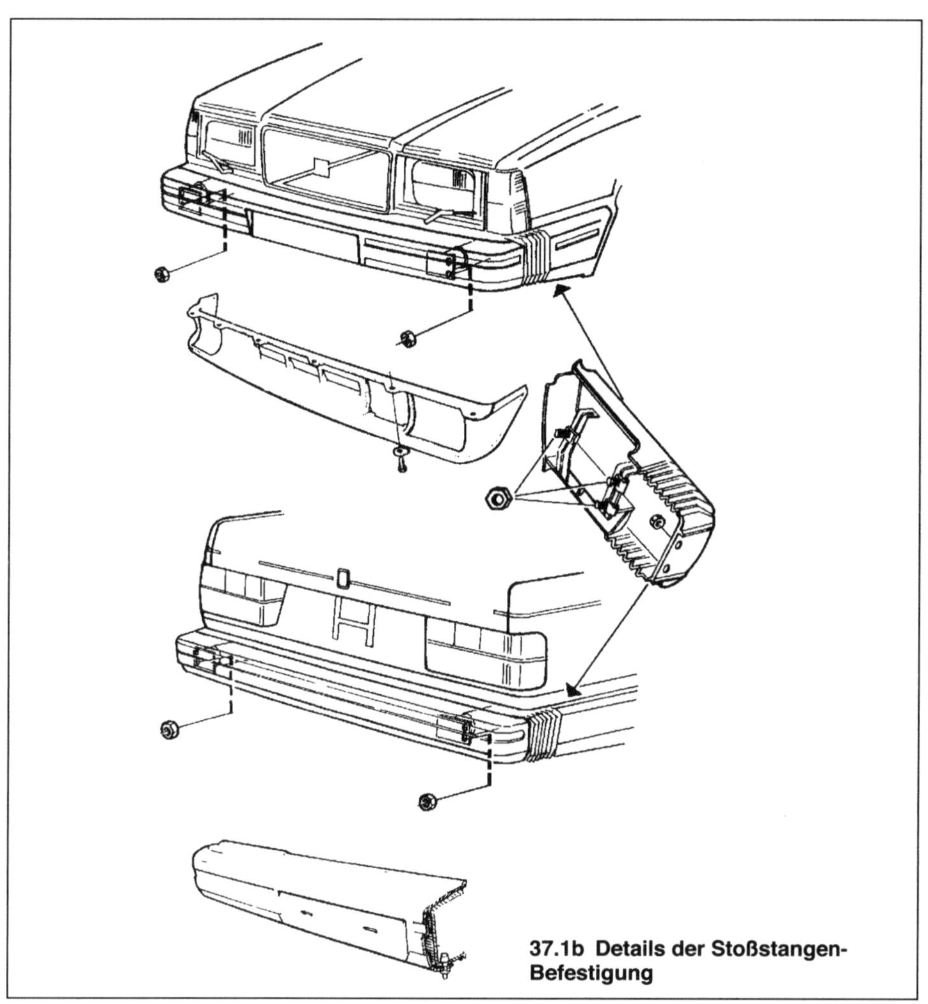

37.1b Details der Stoßstangen-Befestigung

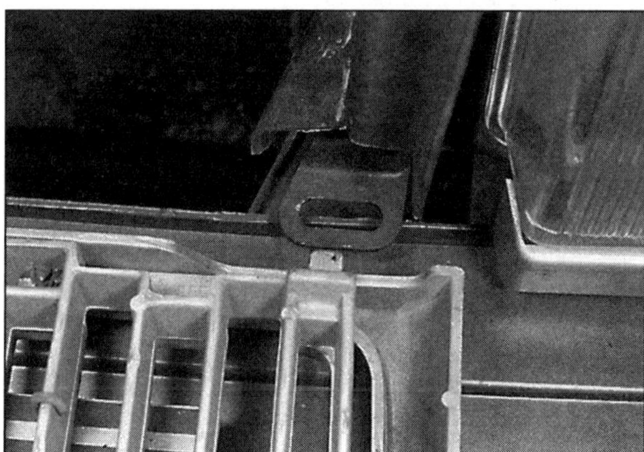

38.2 Der Kühlergrill ist unten nur eingehängt.

39 Schiebedach – Allgemeine Informationen

Je nach Modell und Ausstattung kann ein manuell oder elektrisch betriebenes Schiebedach serienmäßig oder optional installiert sein.

Das Schiebedach ist im Prinzip wartungsfrei und alle Einstellungsarbeiten oder der Austausch sollten von einer Fachwerkstatt erledigt werden, da die Baugruppe sehr komplex ist und für den Zugang viele Teile der Innenausstattung und des Himmels demontiert werden müssen. Gerade Arbeiten am Himmel erfordern großes Fachwissen und Sorgfalt, um keine Schäden anzurichten.

Kapitel 12

Fahrzeug-Elektrik

Inhalt **Sektion**

Schwierigkeitsgrade

Leicht. Geeignet für Anfänger mit wenig Erfahrung. 	**Relativ leicht.** Geeignet für Anfänger mit etwas Erfahrung. 	**Relativ schwierig.** Geeignet für geübte Selbstschrauber. 	**Schwer.** Geeignet für Selbstschrauber mit viel Erfahrung. 	**Sehr schwer.** Geeignet für Experten und Profis. 

Technische Daten

Sicherungen – Modelle bis 1983

Nr.	Absicherung (Ampere)	Geschützter Stromkreis
F1 (oder 2)	25	Haupt-Kraftstoffpumpe
F2 (oder 1)	25	Warnblinker, Lichthupe, Zentralverriegelung
F3	15	Nebelscheinwerfer, Zusatzscheinwerfer
F4	15	Bremsleuchten
F5	15	Uhr, Innenbeleuchtung, Antennenmotor, Radio (permanent), Tür-Warnleuchten
F6	25	Kühler-Ventilator
F7	30	Fensterheber-Motoren
F8	15	Blinker, Standgasregelung, Overdrive-Relais
F9	30	Heckscheibenheizung, Schiebedach-Motor
F10	15	Instrumente, Rückfahrleuchte, Sitzheizungen, Gurt-Warner, Benzinpumpenrelais, Fensterheber-Relais, Kühlventilator-Relais, Klimaanlagen-Intervallrelais, Ölpegelsensor, Lampenausfall-Warnsystem
F11	25	Tagfahrlicht, Tempomat, Heizgebläse (niedrige Stufe), Klimaautomatik
F12	25	Steckdose, Radio (mit Zündung), Außenspiegel-Motoren, Sitzmotoren
F13	25	Hupe, Windschutzscheiben-Waschsystem, Scheinwerfer-Waschsystem
F14	30	Heizgebläse (hohe Stufe)
F15	15	Zusatz-Kraftstoffpumpe

Technische Daten

F16	15	Nebelschlussleuchte und Relais
F17	15	Fernlicht (links), Fernlicht-Kontrollleuchte
F18	15	Fernlicht (rechts), Zusatzscheinwerfer-Relais
F19	15	Abblendlicht (links)
F20	15	Abblendlicht (rechts)
F21	15	Instrumentenbeleuchtung, Kontrollleuchten, Rücklicht/ Standlicht (links), Kennzeichenbeleuchtung, Warn-Summer, Aschenbecherbeleuchtung vorne
F22	15	Aschenbecherbeleuchtung hinten, Mittelkonsolen-Beleuchtung, Rücklicht/Standlicht (rechts), Nebelscheinwerfer-Relais

Sicherungen – 1984er-Modelle

Nr.	Absicherung (Ampere)	Geschützter Stromkreis
F1	25	Haupt-Kraftstoffpumpe, Einspritzanlage
F2	25	Warnblinker, Lichthupe, ABS, Zentralverriegelung
F3	15	Nebelscheinwerfer, Zusatzscheinwerfer
F4	15	Bremsleuchten
F5	15	Uhr, Innenbeleuchtung, Antennenmotor, Radio (permanent), Tür-Warnleuchten
F6	25	Kühler-Ventilator, Gurt-Warner, Sitzheizungen
F7	30	Fensterheber-Motoren
F8	15	Tagfahrlicht, Lampenausfall-Warnsystem, Fensterheber-Relais, Kühlventilator-Relais
F9	25	Heckscheibenheizung, Schiebedach-Motor, Klimaanlage
F10	15 oder 25	Instrumente, Rückfahrleuchte, Zündsystem, Tempomat, Ölpegelsensor, ABS
F11	15 oder 25	Blinker, Standgasregelung, Overdrive-Relais, Einlassvorwärmungs-Relais
F12	15	Steckdose, Radio (mit Zündung), Außenspiegel-Motoren, Sitzmotoren
F13	25	Hupe, Windschutzscheiben-Waschsystem, Scheinwerfer-Waschsystem
F14	30	Heizgebläse, Klimaanlage
F15	15	Zusatz-Kraftstoffpumpe
F16	15	Nebelschlussleuchte und Relais
F17	15	Fernlicht (links), Fernlicht-Kontrollleuchte
F18	15	Fernlicht (rechts), Zusatzscheinwerfer-Relais
F19	15	Abblendlicht (links)
F20	15	Abblendlicht (rechts)
F21	15	Instrumentenbeleuchtung, Kontrollleuchten, Rücklicht/ Standlicht (links), Kennzeichenbeleuchtung
F22	15	Aschenbecherbeleuchtung hinten, Mittelkonsolen-Beleuchtung, Rücklicht/Standlicht (rechts), Nebelscheinwerfer-Relais

Sicherungen – 1985/86er-Modelle

Nr.	Absicherung (Ampere)	Geschützter Stromkreis
F1	25	Haupt-Kraftstoffpumpe, Einspritzanlage
F2	25	Warnblinker, Lichthupe, ABS, Zentralverriegelung
F3	15	Nebelscheinwerfer/Zusatzscheinwerfer-Relais, Nebelschlussleuchten-Relais
F4	15	Bremsleuchten
F5	15	Uhr, Innenbeleuchtung, Antennenmotor, Radio (permanent), Tür-Warnleuchten
F6	15	Sitzheizungen
F7	25	Kühlerventilator
F8	30	Fensterheber-Motoren
F9	15	Blinker, Gurt-Warner, Sitzheizungs-Relais, Fensterheber-Relais, Klimaanlagen-Relais, Kühlerventilator-Relais

Technische Daten

F10	30	Heckscheibenheizung, Schiebedach-Motor, Außenspiegel-Heizung
F11	15	Zusatz-Kraftstoffpumpe
F12	15	Rückfahrleuchte, Ölpegelsensor, Overdrive, Zündsystem, Tempomat, ABS
F13	15	Einspritzanlage
F14	15	Außenspiegel-Motoren, Steckdose, Radio (mit Zündung), Heckscheibenwischer
F15	25	Hupe, Windschutzscheiben-Waschsystem, Scheinwerfer-Waschsystem
F16	30	Heizgebläse, Klimaanlage
F17	15	Fernlicht (links), Fernlicht-Kontrollleuchte
F18	15	Fernlicht (rechts), Zusatzscheinwerfer
F19	15	Abblendlicht (links)
F20	15	Abblendlicht (rechts)
F21	15	Instrumentenbeleuchtung, Kontrollleuchten, Rücklicht/ Standlicht (links), Kennzeichenbeleuchtung
F22	15	Aschenbecherbeleuchtung hinten, Mittelkonsolen-Beleuchtung, Rücklicht/Standlicht (rechts)
F23	15	Sitzmotor-Relais
F24	-	Ersatz
F25	15	Tagfahrlicht
F26	30	Sitzmotoren

Sicherungen – Volvo 760 ab 1988

Nr.	**Absicherung (Ampere)**	**Geschützter Stromkreis**
F1	10	Rücklicht/Standlicht (links), Kennzeichenbeleuchtung
F2	10	Rücklicht/Standlicht (rechts)
F3	15	Fernlicht (links)
F4	15	Fernlicht (rechts)
F5	-	Ersatz
F6	15	Abblendlicht (links)
F7	15	Abblendlicht (rechts)
F8	15	Nebelscheinwerfer
F9	10	Nebelschlussleuchten
F10	5	Instrumentenbeleuchtung, Kontrollleuchten
F11	15	Rückfahrleuchte, Blinker, Tempomat
F12	15	ohne Verwendung
F13	25	Heckscheibenheizung, Außenspiegel-Heizung
F14	10	Lampenausfall-Warnsystem, Overdrive-Relais, Fensterheber-Relais, Schiebedachmotor-Relais, Gurtwarner
F15	-	Ersatz
F16	-	Ersatz
F17	-	Ersatz
F18	5	Radio
F19	15	Klimaautomatik, Außenspiegelmotoren, Heckscheibenwischer, Sitzmotor-Relais, Steckdose
F20	25	Hupe, Windschutzscheiben-Scheibenwischer, Scheinwerfer-Wischer
F21	5	Elektronische Traktionskontrolle, Standgasregelung
F22	5	ABS
F23	-	Ersatz
F24	-	Ersatz
F25	25	Warnblinker, Zentralverriegelung
F26	10	Uhr, Innenbeleuchtung, Tür-Warnleuchten
F27	15	Bremsleuchten
F28	30	Heizgebläse, Klimaautomatik
F29	30	Antennenmotor, Anhänger-Steckdose
F30	10	Zusatz-Kraftstoffpumpe
F31	25	Haupt-Kraftstoffpumpe, Einspritzanlage
F32	10	Radio-Verstärker

Technische Daten

F33	10	Radio
F34*	30	Fensterheber-Motoren, Schiebedachmotor
F35*	30	Sitzheizungen, Sitzmotoren
-	10	ABS (an Einschwingstoß-Schutzrelais)

* *Überlastschalter*

Lampen (typisch)	**Watt**	**Sockel**
Scheinwerfer	60/55	P 45t-38 (H4)
Tagfahrlicht/Standlicht	21/5	BA7 15d
Blinker	21	BA 15s
Blinker-Seitenleuchte	5	W 2.1x9.5d
Nebelscheinwerfer/Zusatzscheinwerfer	55	PK 22s (H3)
Rückleuchten	5	BA 15s
Bremsleuchten	21	BA 15s
Zusatz-Bremsleuchte		
bis 1986	20	BA 9s
ab 1987	21	BA 15s
Kombinierte Brems/Rückleuchten	21/5	BA7 15d
Nebelschlussleuchte/Rückfahrleuchte	21	BA 15s
Kennzeichenbeleuchtung	5	BA 9s
Innenbeleuchtung	10	SV 8.5
Leseleuchte	5	W 2.1x9.5d
Motorraum/Laderaum-Leuchte	10	SV 8.5
Handschuhfach-Leuchte	2	BA 9s
Schminkspiegel-Leuchte	3	SV 7
Tür-Warnleuchte	3	W 2.1x9.5d
Warn- und Kontrollleuchten	1,2	integriert
Instrumentenbeleuchtung	3	W 2.1x9.5d
Schalter-Beleuchtung	1,2	W 2x4.6d

1 Allgemeine Informationen und Vorsichtsmaßnahmen

Allgemeine Informationen

Die Fahrzeug-Elektrik wird mit 12 Volt Spannung versorgt, Minus geht an Masse. Die Stromversorgung übernimmt ein Blei/Säure-Akkumulator, der von der Lichtmaschine geladen wird.

Dieses Kapitel beinhaltet Reparaturen und Wartungsarbeiten an den verschiedenen elektrischen Systemen, die nicht mit dem Ladesystem und der Motorsteuerung zu tun haben – diese finden sich in den Kapitel 5A und B).

Warnhinweise

Warnung: Bevor an der Elektrik gearbeitet wird, müssen die Hinweise in der Sektion »Sicherheit geht vor!« am Anfang dieses Handbuchs sowie am Anfang von Kapitel 5A durchgelesen werden.

Warnung: Bevor an der Elektrik gearbeitet wird, muss das Massekabel (–) der Batterie getrennt werden, um Kurzschlüsse und dadurch entstehende Brände zu verhindern. Falls ein Radio/Kassettengerät mit Diebstahl-Sicherheitscode eingebaut ist, muss zuvor sichergestellt sein, dass der Freischalt-Code vorhanden ist.

2 Elektrik-Fehlersuche – Allgemeine Informationen

Warnung: Beachten Sie vor Arbeitsbeginn die Warnhinweise in »Sicherheit geht vor!« und in Sektion 1 dieses Kapitels. Die folgenden Tests beziehen sich auf Kontrollen der Haupt-Stromkreise und dürfen nicht bei Elektronik-Bauteilen wie Steuergeräten durchgeführt werden!

Allgemeines

1 Ein typischer Stromkreis besteht aus einem Verbraucher, entsprechenden Schaltern, Relais und Motoren sowie Kabeln und Steckern, die das Bauteil mit der Batterie und der Karosserie (Masse) verbinden. Zur Lokalisierung eines Problems und als Hilfe bei den Kabelfarben können die Schaltpläne am Ende des Kapitels beachtet werden.

2 Bevor Sie einen defekten Stromkreis untersuchen, müssen Sie den Schaltplan studieren, um ein vollständiges Bild über die Bestandteile des Stromkreises zu erhalten. Probleme können beispielsweise dadurch eingekreist werden, indem man andere zum Stromkreis gehörende Komponenten auf ihre Funktion überprüft. Wenn mehrere Komponenten eines Stromkreises gleichzeitig ausfallen, ist es sehr wahrscheinlich, dass der Fehler in der Sicherung oder einem defekten Masseanschluss liegt, da mehrere Stromkreise oftmals an derselben Sicherung oder Masse angeschlossen sind.

3 Elektrikprobleme sind oftmals auf Kleinigkeiten wie lockere oder korrodierte Stecker oder eine durchgebrannte Sicherung zurückzuführen. Bevor Sie sich auf die Fehlersuche begeben, sollten Sie stets die Sicherungen, Kabel und Stecker des betroffenen Stromkreises einer Sichtkontrolle unterziehen. Wackelkontakte können besonders frustrierend sein, da der Defekt niemals auftritt, wenn man ihn untersuchen will. In solchen Situationen macht es sich gut, alle Verbindungen des betreffenden Stromkreises unabhängig ihres optischen Zustandes zu reinigen. Wackeln Sie an allen Verbindungen und Kabeln, um lockere Stellen zu finden, die Wackelkontakte hervorrufen können.

4 Für Kontrollen am elektrischen System empfiehlt sich ein Multimeter – ein Mehrfachmessgerät, mit dem sich Spannungs-, Stromstärken- und Widerstandsmessungen durchführen lassen. Leicht ablesbare digitale Ausführungen sind nicht teuer. Für einfache Prüfungen reicht auch ein Durchgangstester oder eine Prüflampe, doch können hiermit keine Messungen vorgenommen werden. Für manche Messungen werden zudem Überbrückungskabel benötigt, mit denen Verbraucher direkt an die Batterie geklemmt werden können. Bevor versucht wird, ein Problem mit Prüfgeräten zu lokalisieren, muss mithilfe der Schaltpläne herausgefunden werden, wo diese angeschlossen werden müssen.

Durchgangsprüfungen

5 Bei diesem Test wird ermittelt, ob der Strom durch einen Stromkreis fließen kann. Zum Testen eignen sich ein Durchgangsprüfer (der bei geschlossenem Stromkreis piept) oder das auf den Ohm-Messbereich geschaltete Multimeter. Beide Geräte arbeiten mit einer eigenen Stromversorgung, sodass die Zündung abgeschaltet sein muss. Zur Sicherheit sollte auch der Masseanschluss (–) der Batterie getrennt werden – ganz besonders, wenn das Zündsystem überprüft wird.

6 Schalten Sie das Multimeter auf die Durchgangs-Funktion (falls vorhanden) oder den Ohm-Messbereich. Halten Sie die beiden Spitzen der Prüfkabel zusammen – das Gerät sollte jetzt durch Piepen oder eine angezeigte Null Durchgang erkennen lassen. Schalten Sie nach dem Prüfen das Gerät aus, damit sich die Batterie nicht entlädt.

7 Ein Durchgangsprüfer kann auf die gleiche Weise benutzt werden – entweder piept er oder eine Lampe leuchtet auf, wenn Durchgang besteht.

8 Bei normalen Durchgangsprüfungen ist die Polarität des Messgerätes egal, allerdings muss beim Prüfen von Dioden oder Magnetschaltern darauf geachtet werden, den genauen Hinweisen über das Verbinden des Plus- und des Minus-Kabels zu folgen.

Durchgangsprüfung am Schalter

9 Scheint ein Schalter defekt zu sein, müssen seine Kabel bis zum Stecker verfolgt werden. Trennen Sie den Stecker und überprüfen Sie, ob seine Kontakte in Ordnung sind. Verschmutzte oder korrodierte Kontakte können Gründe für das Problem sein – reinigen Sie sie und versehen Sie sie mit etwas wasserverdrängendem Lösungsmittel wie WD40 oder Kontaktreiniger und geeignetem Schutzspray.

10 Wird ein Multimeter verwendet, muss es entweder auf die Durchgangs-Funktion (falls vorhanden) oder den Ohm-Messbereich geschaltet werden, dann werden die Prüfkabel-Spitzen mit den Stecker-Kontakten verbunden. Einfache An/Aus-Schalter wie Bremslichtschalter haben nur zwei Kontakte, während kombinierte Schalter wie diejenigen am Armaturenbrett oft über mehrere Kabelkontakte verfügen. Studieren Sie den entsprechenden Schaltplan (am Ende dieses Kapitels), um sicherzustellen, dass an den korrekten Kabelkontakten geprüft wird. Bei eingeschaltetem Schalter muss

Durchgang bestehen, bei ausgeschaltetem Schalter darf kein Durchgang bestehen.

Durchgangsprüfung bei Kabeln

11 Viele elektrische Probleme sind auf beschädigte Kabel zurückzuführen, was oft an einer falschen Verlegung, Quetschung bei falscher Montage von Teilen sowie lockere oder korrodierte Stecker liegt.

12 Eine Durchgangsprüfung kann an einem einzelnen Kabel durchgeführt werden, nachdem man es an beiden Enden getrennt und hier die Prüfklemmen angeschlossen hat. Ist ein Kabel in Ordnung, wird Durchgang angezeigt – besteht dieser nicht, wird das Kabel irgendwo gebrochen sein.

13 Um den Durchgang eines Massekabels zu Masse zu prüfen, wird eine Prüfklemme an den Massekontakt des Steckers und die andere an die Karosserie, den Motor oder (bei angeschlossenem Massekabel) an den Minuspol der Batterie gehalten. Ist das Kabel und sein Massekontakt in Ordnung, wird Durchgang angezeigt. Wird kein Durchgang festgestellt, wird ein Kabel gebrochen sein oder einen schlechten Massekontakt haben (siehe unten).

Spannungs-Prüfungen

14 Eine Spannungsprüfung kann belegen, ob der Strom einen Verbraucher erreicht. Schalten Sie das Multimeter auf den Volt-Messbereich für Gleichstrom (DC), um die Spannung hinter der Batterie oder des Gleichrichters zu prüfen, schalten sie es auf AC (Wechselstrom), um die Spannung der Lichtmaschine zu messen. Für den Gleichstrom-Bereich kann auch eine einfache Prüflampe verwendet werden, doch das Messgerät hat den Vorteil, den Wert der Spannung anzuzeigen.

15 Verbinden Sie die Prüfklemmen parallel zur vorhandenen Verkabelung.

16 Identifizieren Sie zuerst den entsprechenden Stromkreis mithilfe des Schaltplans am Ende dieses Kapitels.

17 Wird ein Messgerät eingesetzt, muss zunächst sichergestellt sein, dass die Prüfklemmen korrekt daran angeschlossen sind – rot an Plus (+), schwarz an Minus (–). Schalten Sie das Messgerät auf den gewünschten Bereich (z.B. 0 bis 20 Volt DC). Verbinden Sie die rote Plusklemme mit dem stromführenden Kabel und die schwarze Minusklemme mit Masse am Motor oder der Karosserie oder dem Minuspol der Batterie. Bei eingeschalteten Schaltern muss beispielsweise Batteriespannung oder ein anderer in den technischen Daten angegebener Wert angezeigt werden.

18 Wird eine Prüflampe eingesetzt, muss die Plusklemme mit dem stromführenden Kabel und die Minusklemme mit Masse am Motor oder Karosserie oder dem Minuspol der Batterie verbunden werden – bei eingeschaltetem Stromkreis muss die Lampe leuchten.

19 Liegt keine Spannung an, muss man sich zur Stromquelle (z.B. der Batterie) vorarbeiten, um herauszufinden, wo das Problem liegt.

Masse-Prüfung

20 Masseverbindungen gibt es entweder direkt zur Befestigung an der Karosserie oder Motor (wie z.B. den Anlasser oder Zündspulen, die nur einen Steckerkontakt für Plus haben) oder über Kabel zum Massekabel an der Batterie. Auch kann ein kurzes Kabel vom Verbraucher direkt zur Karosserie verlegt sein.

21 Korrosion ist genauso ein verbreiteter Grund für eine schlechte Masseverbindung, wie es lockere Anschlüsse sind.

22 Fallen alle oder mehrere Verbraucher gleichzeitig aus, muss die Festigkeit des Haupt-Massekabels (–) an der Batterie überprüft werden, außerdem sind das an den Motor geschraubte Massekabel sowie die Massepunkte an der Karosserie zu kontrollieren. Bei Korrosion muss der Anschluss freigelegt und gereinigt werden, bis wieder blankes Metall zum Vorschein kommt. Verbinden Sie den Anschluss und tragen Sie etwas Polfett auf, um weiterem Rost vorzubeugen.

23 Um einen Verbraucher auf guten Masseschluss zu prüfen, muss sein Massekontakt oder sein Gehäuse übergangsweise mithilfe eines Überbrückungskabels mit der Karosserie verbunden werden – arbeitet der Verbraucher jetzt, ist sein Masseschluss defekt.

24 Prüfen Sie bei einem Massekabel zunächst seine Anschlüsse auf Korrosion und lockere Kontakte, kontrollieren Sie dann das Kabel auf Durchgang (siehe Schritt 13).

Praxis-Tipp

Bedenken Sie immer: Ein elektrischer Stromkreis soll Strom von der Quelle (der Batterie) durch Kabel, Schalter, Relais usw. zum Verbraucher (Lampe, Anlasser etc.) leiten, von dort aus geht es über die Masseverbindung zurück zur Batterie. Elektrische Probleme sind im Wesentlichen Unterbrechungen dieses Stromflusses.

3 Sicherungen und Relais – Allgemeine Informationen

Sicherungen

1 Die Sicherungen sitzen bei vielen Modellen an der schrägen Seite der Zentralelektrik-Einheit, hinter dem vorderen Aschenbecher, der für den Zugang samt Halter entfernt werden muss – drücken Sie dazu den mit »Electrical Fuses – Press« markierten Bereich nach oben. Bei 760-Modellen ab 1988 befinden sich die Sicherungen links im Armaturenbrett. Öffnen Sie für den Zugang die Fahrertür und befreien Sie den Deckel des Sicherungsfachs (siehe Abbildung). Eine separate Sicherung schützt den ABS-Stromkreis – sie sitzt am sog. Einschwingstoß-Schutzrelais, das bei frühen Modellen neben dem ABS-Steuergerät (siehe Kapitel 9, Sektion 18) im Kofferraum sitzt und bei späteren Modellen rechts im Armaturenbrett angeordnet ist (siehe Abbildung).

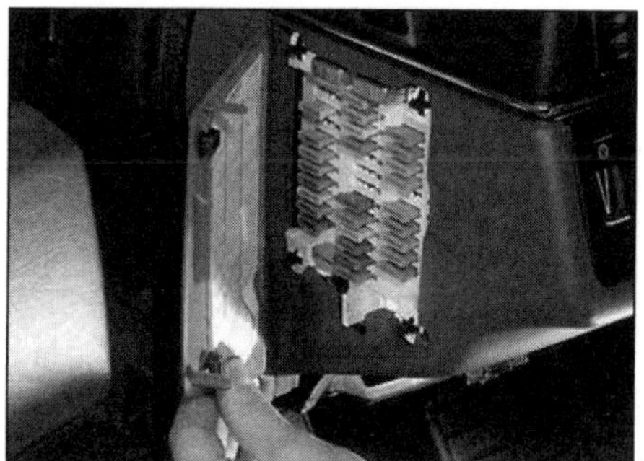

3.1a Sicherungsfach links am Armaturenbrett

3.1b ABS-Sicherung am Einschwingstoß-Schutzrelais

2 Falls eine Sicherung durchbrennt, fallen die von ihr geschützten Stromkreise aus. In den technischen Daten finden sich Listen der entsprechenden Stromkreise; ein Aufkleber hinter dem Aschenbecher bzw. im Deckel des Sicherungsfachs verrät Details über das spezielle Fahrzeug. Bei 760-Modellen ab 1988 sind die Sicherungen 34 und 35 als Überlastschalter ausgeführt, die sich nach etwa 20 Sekunden wieder zuschalten. Falls er den Stromkreis nicht wieder schließt, muss zuerst die Ursache der Überlast gefunden und behoben werden; springt die Sicherung immer wieder heraus, muss der Überlastschalter ersetzt werden.
3 Um eine durchgebrannte Sicherung zu kontrollieren, muss sie entweder herausgezogen und ihre Drahtverbindung einer Sichtprüfung unterzogen werden; oder bei eingeschalteter Zündung wird eine 12-Volt-Prüflampe zwischen Masse und nacheinander beide Sicherungs-Stifte geklemmt – wenn sie bei beiden Stiften leuchtet, ist die Sicherung in Ordnung, bei nur einem Stift ist sie defekt.
4 Ziehen Sie die Sicherung mit den Fingern oder dem beiliegenden Werkzeug heraus. Drücken Sie eine neue Sicherung mit der gleichen Absicherungsrate (gleiche Farbe und Zahl) in ihren Sitz. Ersatzsicherungen finden sich an beiden Seiten der Zentralelektrik-Einheit oder bei späteren 760-Modellen in einer Lade unterhalb des Sicherungsfachs.

Warnung: Setzen Sie niemals eine stärkere Sicherung ein und überbrücken Sie die Anschlüsse niemals mit Draht oder Ähnlichem, für wie kurz auch immer. Die elektrische Anlage kann stark beschädigt werden oder in Brand geraten.

5 Falls mehr als ein Stromkreis von der durchgebrannten Sicherung betroffen ist, wird immer nur ein Teil nach dem anderen eingeschaltet, bis die Sicherung wieder durchbrennt – so kann das Problem lokalisiert werden.
6 Falls eine neue Sicherung sofort wieder durchbrennt, muss der Kabelbaum sorgfältig auf den Grund des Kurzschlusses überprüft werden. Achten Sie auf blanke Leitungen und abgeriebene, geschmolzene oder verbrannte Isolationen.
7 Gelegentlich wird eine Sicherung ohne offensichtlichen Grund durchbrennen oder den Stromkreis unterbrechen. Der Grund hierfür liegt in korrodierten Kontakten der Sicherung oder ihrer Halterung. Entfernen Sie diese Kontaktschwächen mit einer Drahtbürste oder Schleifpapier und sprühen Sie die Anschlüsse mit Kontaktspray ein.

Relais – Allgemeine

8 Ein Relais ist ein elektrisch betätigter Schalter, der aus folgenden Gründen zum Einsatz kommt:

a) Ein Relais kann abseits vom Stromkreis hohe Stromstärken steuern, sodass kleinere Schalterkontakte und dünnere Kabel zum Schalter und ggf. zum Armaturenbrett verwendet werden können.
b) Ein Relais kann anders als ein mechanischer Schalter mehr als einen Steuerimpuls empfangen.
c) Ein Relais kann eine Zeitschaltfunktion haben – beispielsweise das Blinkrelais oder die Intervallschaltung des Scheibenwischers.

9 Wenn ein Stromkreis, der ein Relais enthält, einen Defekt aufweist, kann auch das Relais selbst die Ursache hierfür sein. Die einfachste Kontrolle ist der Austausch gegen ein erwiesenermaßen funktionsfähiges Relais. Achtung: Niemals darf davon ausgegangen werden, dass ein ähnlich aussehendes Relais gegen das vorhandene Relais ausgetauscht werden darf.

Relais – Identifikation und Einbauposition

Alle Modelle außer Volvo 760 ab 1988

10 Die meisten Relais befinden sich in der Zentralelektrik-Einheit vor den Sicherungen. Entfernen Sie für den Zugang den Aschenbecher und seinen Halter, befreien Sie dann die Clips und ziehen Sie die Einheit in den Innenraum (siehe Abbildungen).

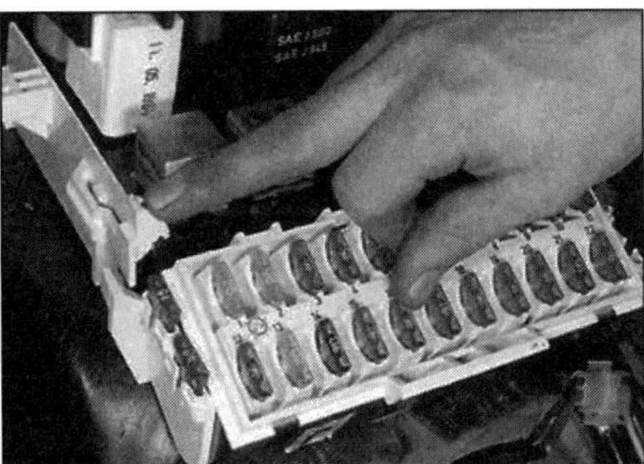

3.10a Lösen Sie die Clips . . .

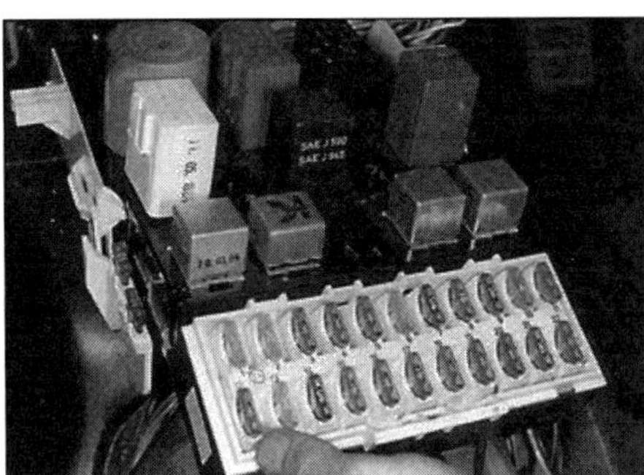

3.10b . . . und ziehen Sie die Zentralelektrik-Einheit heraus (Mittelkonsole entfernt).

11 Weitere Relais des Kraftstoff- und Zündsystems befinden sich in Motorraum. Zwei Klimaanlagen-Relais sind ggf. hinter dem Armaturenbrett angeordnet.

Volvo 760 ab 1988

12 Hier sind einige Relais rechts in der Mittelkonsole angeordnet – entfernen Sie deren Seitenverkleidung, um Zugang zu erhalten (siehe Abbildung).

3.12 Haupt-Relaistafel

13 Die Relais haben folgende Funktion:
A Haupt-Lichtrelais (Teil)
B Motronic/Jetronic-Relais
C Zentralverriegelungs-Relais
D Nebelleuchten-Relais
E Haupt-Lichtrelais (Teil)
F Lampenausfall-Warnsystem-Relais (vorne)
G Overdrive-Relais
J Leistungsverstärker-Relais
K Heckscheibenwischer-Intervallrelais
L Frontscheibenwischer-Intervallrelais
M Gurtwarn-Relais
14 Relais in den Positionen A, B, F, J, L und M sind permanent vorhanden. Je nach Ausstattung sind nicht alle Relais an allen Modellen vorhanden.
15 Lampenausfälle an den Heckleuchten von 760-Modellen werden von einem Relais kontrolliert, das sich links im Kofferraum oder Laderaum hinter einer Abdeckung befindet (siehe Abbildung).

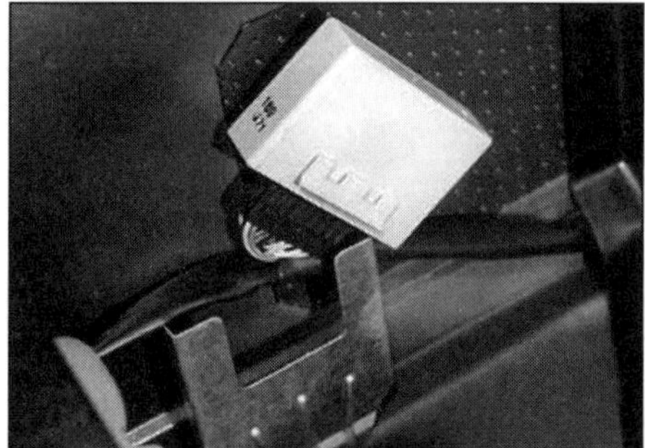
3.15 Das Heckleuchtenausfall-Warnrelelais

16 Das Kühlventilator-Relais sitzt bei 760-Modellen im Motorraum vor einem der Federbeingehäusen (siehe Abbildung).

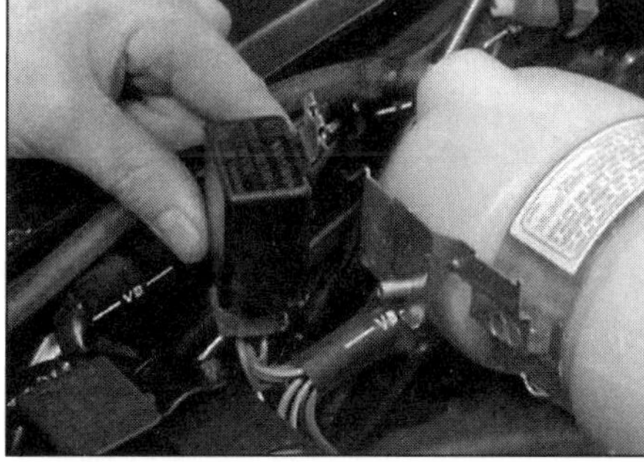
3.16 Relais des elektrischen Kühlerventilators

17 Das Relais für die Heckscheibenheizung ist jetzt in deren Schalter integriert.
18 Das Blink- und Warnblink-Relais ist in den Warnblinkschalter integriert.
19 Der Zugang zu den in die Schalter integrierten Relais erfolgt nach dem Befreien der Schalttafel, dem Trennen der Kabelstecker und dem Befreien der Schalter aus ihren Sitzen (siehe Abbildung).

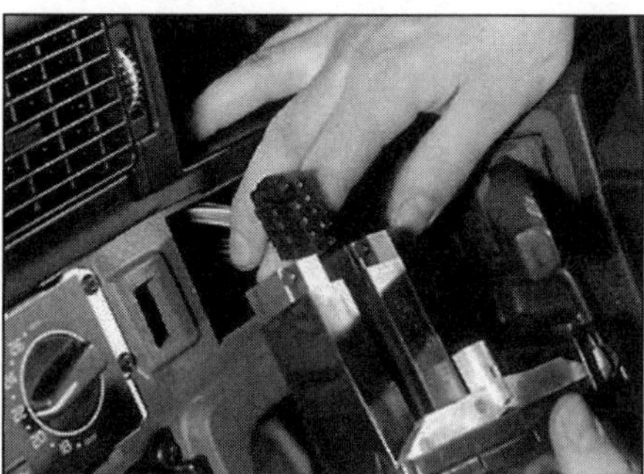
3.19 Ausbau des Heckscheibenheizungs-Schalters samt Relais und des Warnblinkschalters samt Blinkelais

4 Schalter – Ausbau und Einbau

Lenksäulen-Schalter

Alle Modelle außer Volvo 760 ab 1988

1 Trennen Sie das Massekabel (–) der Batterie.
2 Demontieren Sie das Lenkrad (siehe Kapitel 10).
3 Entfernen Sie die mit je zwei Schrauben gesicherten Lenksäulen-Abdeckungen (siehe Abbildung).

4.3 Ausbau der Lenksäulenverkleidung

4 Entfernen Sie den infrage kommenden Schalter – jeder von ihnen ist mit zwei Schrauben gesichert. Lösen Sie die Schrauben, ziehen Sie den Schalter heraus und trennen Sie den Kabelstecker (siehe Abbildungen).
5 Der Einbau entspricht der umgekehrten Ausbaureihenfolge.

Volvo 760 ab 1988

6 Trennen Sie das Massekabel (–) der Batterie.
7 Lösen Sie die Inbusschraube, die den Knopf des Lenkrad-Höhenverstellers sichert (siehe Abbildung) und entfernen Sie diesen.

4.4a Lösen Sie die Schrauben des entsprechenden Lenksäulenschalters . . .

4.4b . . . und trennen Sie dessen Kabelstecker.

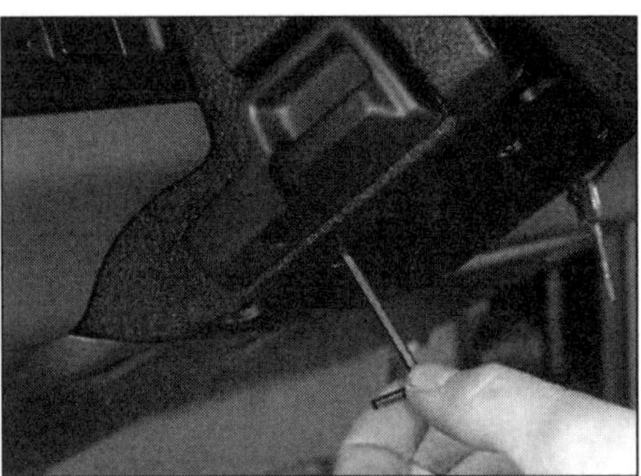

4.7 Lösen Sie die Schrauben des Lenksäulen-Höhenverstellers – Volvo 760 ab 1988.

8 Entfernen Sie die mit sechs Schrauben gesicherten Lenksäulen-Abdeckungen.

9 Lösen Sie die zwei Schrauben des infrage kommenden Schalters, ziehen Sie ihn heraus und trennen Sie seinen Kabelstecker (siehe Abbildung).

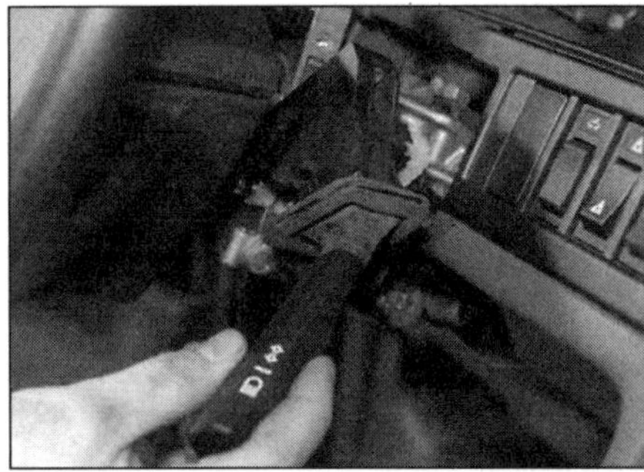

4.9 Ausbau eines Lenksäulenschalters – Volvo 760 ab 1988

10 Der Einbau entspricht der umgekehrten Ausbaureihenfolge.

Zündschloss/Startschalter

11 Trennen Sie das Massekabel (–) der Batterie.

12 Entfernen Sie die Abdeckung unterhalb der Lenksäule.

13 Trennen Sie den Kabelstecker vom Zündschloss (siehe Abbildung).

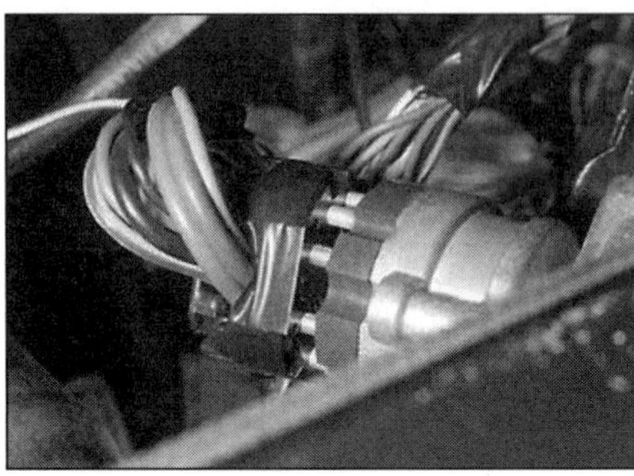

4.13 Ziehen Sie den Zündschloss-Stecker ab.

14 Lösen Sie die zwei Schrauben, die das Zündschloss am Lenkschloss sichern, und ziehen Sie es ab.

4.15 Der Zündschloss-Schalter passt nur in einer Position auf die Lenkschloss-Spindel.

15 Der Einbau entspricht der umgekehrten Ausbaureihenfolge. Beachten Sie das speziell geformte Loch in der Mitte des Zündschlosses, das nur korrekt ausgerichtet auf die Spindel passt (siehe Abbildung).

Hupenknöpfe

16 Diese werden aus dem Lenkrad gehebelt – was allerdings kaum ohne Beschädigungen möglich ist (siehe Abbildung).

4.16 Ausbau des Hupenknopfs

Armaturenbrett-Schalter

17 Befreien Sie die Schaltertafel (und ggf. deren Rahmen) und ziehen Sie sie aus dem Armaturenbrett (siehe Abbildung).

4.17 Befreien Sie die Abdeckung vom Armaturenbrett – Beispiel.

18 Trennen Sie die Kabelstecker der Schalter – markieren Sie sie nötigenfalls (siehe Abbildung).

4.18 Trennen eines Schaltersteckers

4.19 Ausbau eines Schalters aus der Abdeckung

19 Entfernen Sie den entsprechenden Schalter, indem Sie seine Sicherungslaschen zusammendrücken (siehe Abbildung).
20 Der Einbau entspricht der umgekehrten Ausbaureihenfolge.

Schalter hinten an der Mittelkonsole

21 Beachten Sie die Hinweise in Kapitel 11, Sektion 34.

Fensterheber/Außenspiegel-Schalter

22 Entfernen Sie die Armlehne von der Tür und befreien Sie die Schaltertafel (siehe Kapitel 11, Sektion 11).
23 Trennen Sie den Kabelstecker des infrage kommenden Schalters (siehe Abbildung).

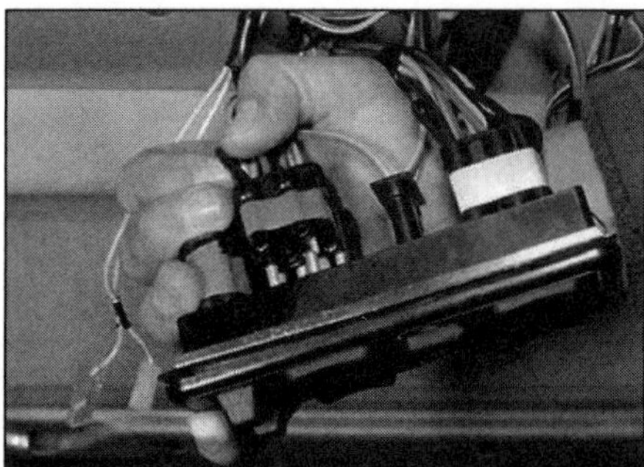

4.23 Trennen von Steckern an der Armlehnen-Schaltertafel

24 Hebeln Sie vorsichtig die Sicherungslaschen heraus und entfernen Sie den Schalter von unten aus der Tafel.
25 Der Einbau entspricht der umgekehrten Ausbaureihenfolge.

Innenbeleuchtungs-Schalter

26 Öffnen Sie die Tür oder die Heckklappe. Lösen Sie die Schraube des Schalters und ziehen Sie diesen heraus (siehe Abbildung).

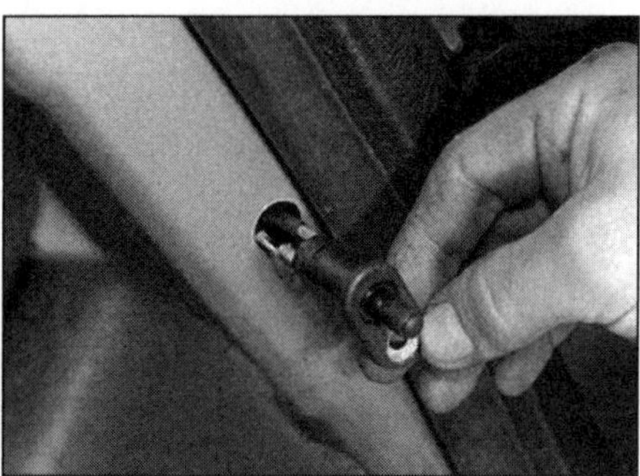

4.26 Ausbau eines Innenbeleuchtungs-Schalters

27 Sichern Sie die Kabel vor dem Trennen mit einer Wäscheklammer, damit sie nicht in der Karosserie verschwinden.
28 Der Einbau entspricht der umgekehrten Ausbaureihenfolge.

Bremslichtschalter

29 Entfernen Sie die Lenksäulen/Pedalerie-Verkleidung.
30 Trennen Sie das Kabel des Schalters, lösen Sie die Kontermutter und schrauben Sie den Schalter heraus.
31 Drehen Sie den Schalter beim Einbau soweit hinein, dass er schaltet, nachdem das Pedal 8 bis 14 mm gedrückt wurde. Schließen Sie die Kabel an und ziehen Sie die Kontermutter an.
32 Prüfen Sie die korrekte Funktion des Schalters und installieren Sie die Verkleidung.

Handbremsen-Warnlichtschalter

33 Entfernen Sie den hinteren Teil der Mittelkonsole (siehe Kapitel 11, Sektion 34).
34 Entfernen Sie die Sicherungsschraube des Schalters (siehe Abbildung). Heben Sie den Schalter heraus, trennen Sie sein Kabel und entfernen Sie ihn.
35 Der Einbau entspricht der umgekehrten Ausbaureihenfolge. Prüfen Sie die korrekte Funktion des Schalters und installieren Sie die Mittelkonsole.

4.34 **Handbremsen-Warnlichtschalter, Befestigungsschraube (Pfeil)**

Andere Schalter

36 Viele Schalter werden in anderen Kapiteln beschrieben, die sich mit der entsprechenden Baugruppe beschäftigen – beispielsweise temperaturgesteuerte Schalter in Kapitel 3 und Getriebeschalter in Kapitel 7A oder B.

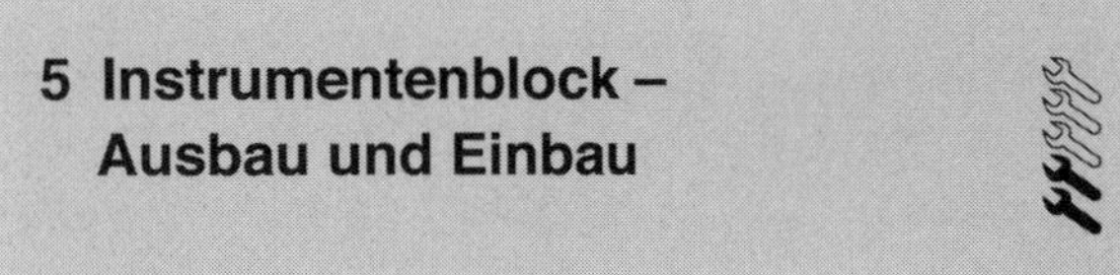

5 Instrumentenblock – Ausbau und Einbau

Ausbau

Alle Modelle außer Volvo 760 ab 1988

1 Trennen Sie das Massekabel (–) der Batterie.
2 Lösen Sie die zwei Schrauben an den unteren Ecken des Instrumentenblocks – dies können unter Abdeckungen sitzen, die zuvor abgezogen werden müssen (siehe Abbildung).

5.2 Befreien Sie mögliche Abdeckungen der Instrumentenblock-Schrauben.

3 Ziehen Sie den Block zum Lenkrad (falls dies schwierig ist, muss die Lenksäulen/Pedalerie-Verkleidung entfernt werden, um Zugang zur Rückseite zu erhalten.
4 Trennen Sie hinten am Instrumentenblock alle Kabelstecker und ggf. das Ladedruckanzeigen-Rohr (siehe Abbildung).
5 Heben Sie den Instrumentenblock vorsichtig heraus – er ist sehr empfindlich.

Volvo 760 ab 1988

6 Trennen Sie das Massekabel (–) der Batterie.
7 Hebeln Sie links am Instrumentenblock die Zierleiste heraus.

5.4 Trennen Sie den/die Kabelstecker vom Instrumentenblock.

8 Lösen Sie die durch das Handschuhfach zugängliche rechte Schraube der Zierleiste (siehe Abbildung) und hebeln Sie diese heraus.

5.8 Lösen Sie die Zierleisten-Schrauben.

9 Befreien Sie die Schaltertafeln, trennen Sie die Kabelstecker und entfernen Sie die Tafeln (der Haupt-Lichtschalter kann an seiner Position verbleiben).
10 Entfernen Sie die Belüftungsdüsen, indem Sie sie so weit wie möglich nach oben drehen und sie dann mit festem Handdruck aus ihren Scharnieren befreien.
11 Lösen Sie die sieben Schrauben des Instrumentenblock-Rahmens; diese sind wie folgt angeordnet: eine in jedem Belüftungsdüsen-Gehäuse, zwei (verdeckt) unterhalb der Belüftungsdüsen-Gehäuse und zwei (verdeckt) an der Unterseite der Instrumentenhaube (siehe Abbildungen). Entfernen Sie den Rahmen.
12 Lösen Sie die vier Schrauben – in jeder Ecke eine – des Instrumentenblocks und ziehen Sie diesen heraus, um alle Stecker trennen zu können; heben Sie ihn dann vorsichtig heraus – er ist sehr empfindlich.

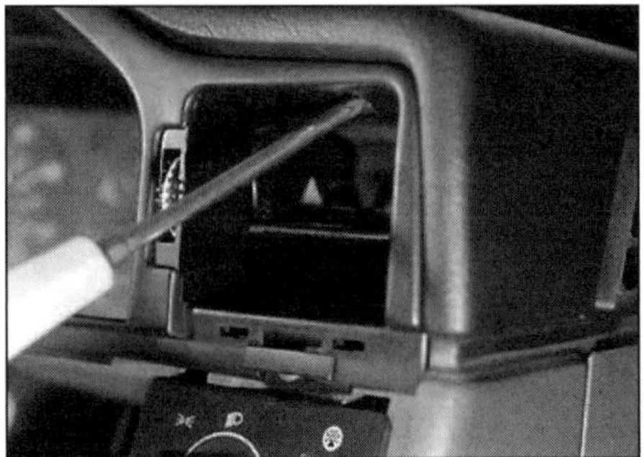

5.11a Die Schraube innerhalb des Belüftungsdüsen-Gehäuses

5.11b Befreien Sie unter dem Belüftungsdüsen-Gehäuse die Schrauben-Abdeckung.

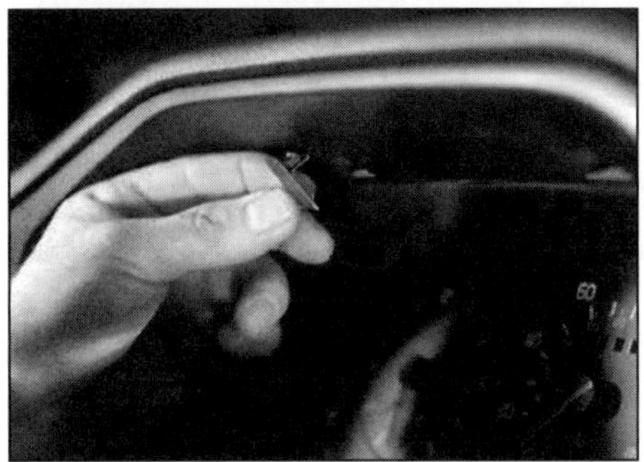

5.11c Schrauben-Abdeckung in der Instrumentenhaube

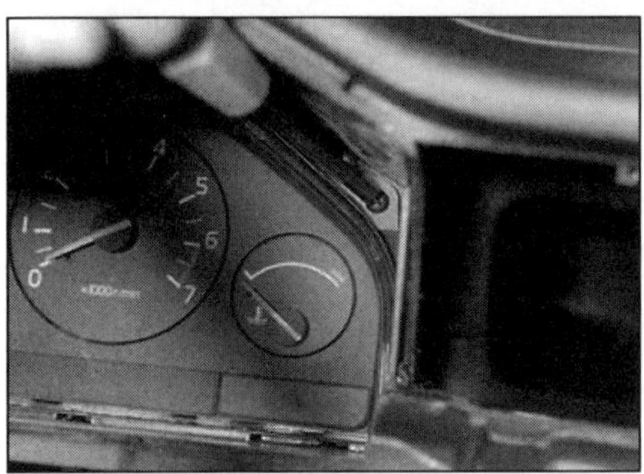

5.12 Lösen Sie die Schrauben des Instrumentenblocks.

Einbau

13 Der Einbau entspricht in allen Fällen der umgekehrten Ausbaureihenfolge.

6 Instrumentenblock – Zerlegung und Zusammenbau

Zerlegen

1 Lösen Sie die Schrauben, die den Instrumentenblock an der transparenten Abdeckung und dem Rahmen sichern und entfernen Sie die Instrumente vorsichtig.

2 Jetzt können einzelne Instrumente entnommen werden, nachdem ihre Muttern oder Schrauben gelöst sind (siehe Abbildung) – die Schrauben sind nicht identisch: diejenigen für Anschlüsse sind plattiert.

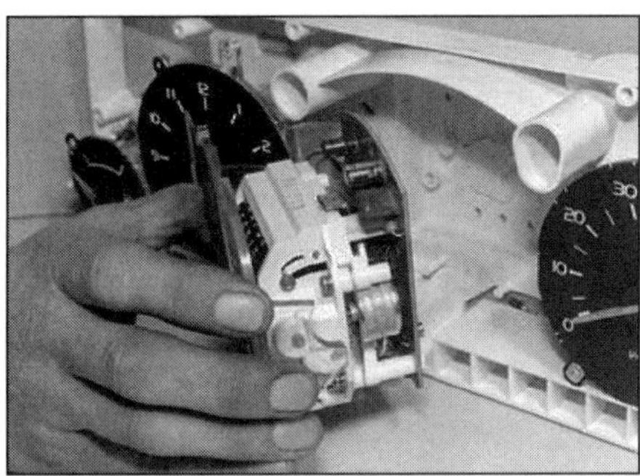

6.2 Demontage des Tachometers

3 Lampenhalter können entfernt werden, indem sie um 90° verdreht und herausgezogen werden. Manche Leuchten können aus ihren Haltern befreit und ersetzt werden; andere müssen samt Halter erneuert werden (siehe Abbildungen).

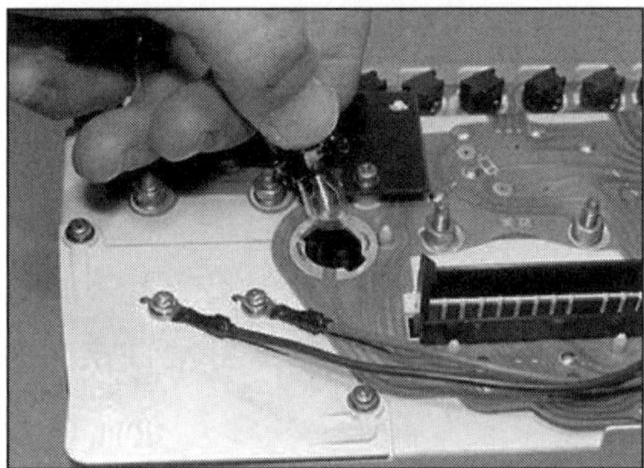

6.3a Ausbau einer Lampe samt Halter aus der Platine.

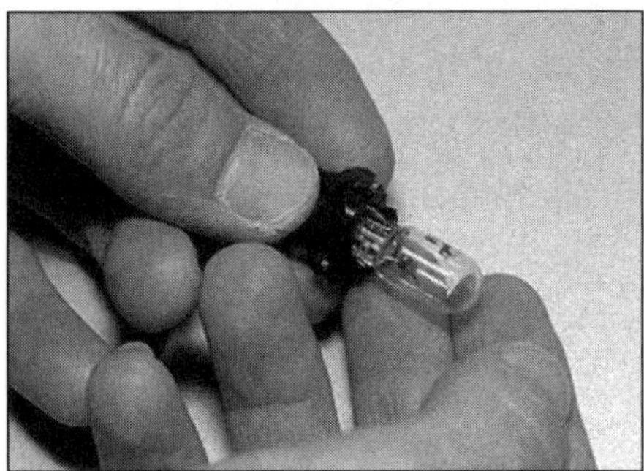

6.3b Ziehen Sie die sockellose Lampe aus dem Halter.

4 Die Platine kann nach dem Ausbau aller Instrumente, Leuchten und Stecker vorsichtig entfernt werden – sie ist sehr empfindlich.

5 Manche Instrumente haben eine in die Platine integrierte Schmelzbandleitung (siehe Abbildung). Falls diese unterbrochen ist, kann ein Reparatur-Streifen oder entsprechendes Platinen-Segment beschafft und dort installiert werden. Die Ursache für das Durchbrennen der ursprünglichen Verbindung muss gefunden und beseitigt werden.

Zusammenbau

6 Der Zusammenbau entspricht in allen Fällen der umgekehrten Zerlegungsreihenfolge.

6.5 Die Schmelzbandleitung innerhalb der Platine

7 Geschwindigkeits-Sensor – Ausbau und Einbau

Ausbau

1 Heben Sie das Fahrzeug hinten an oder fahren Sie es auf Rampen.
2 Obwohl nicht zwingend nötig, verbessert der Ausbau des Differenzial-Öleinfüllstopfens und des Panhardstabs den Zugang – siehe Kapitel 10.
3 Falls der Stecker des Sensors mit einem Dichtungsdraht ausgerüstet ist, muss dieser abgeschnitten und entfernt werden.
4 Ziehen Sie den Sensor-Stecker ab (siehe Abbildung).

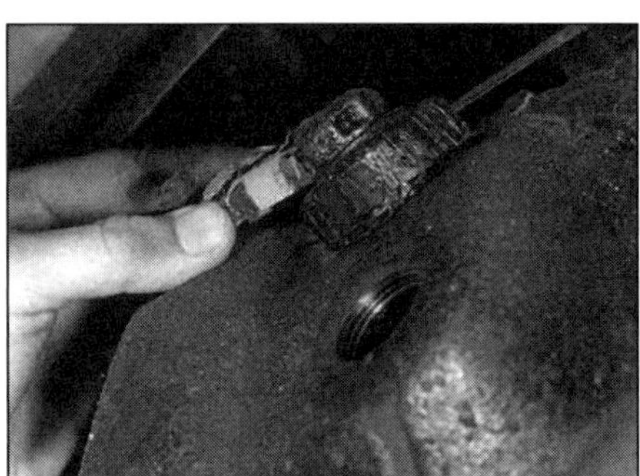

7.4 Trennen Sie den Stecker des Geschwindigkeitssensors.

5 Lösen Sie die Ringmutter (oder Inbusschraube), die den Sensor sichert – verwenden Sie für die Ringmutter ggf. einen selbstklemmenden Schraubenschlüssel; sie sitzt sehr fest und darf nicht zerquetscht werden, da sie sich dann gar nicht lösen lässt. Als letzte Option bleibt das Ablassen des Differenzial-Öls und die Demontage des Differenzialdeckels samt Sensor, um die Arbeit auf der Werkbank zu erledigen.
6 Entfernen Sie den Sensor und alle Distanzscheiben.

Einbau

7 Der Einbau entspricht in allen Fällen der umgekehrten Ausbaureihenfolge. Falls ein neuer Sensor installiert wird oder eine andere Komponente ersetzt wurde, muss der Abstand des Sensors zum Zahnrad wie folgt kontrolliert werden:
8 Führen Sie durch die Öleinfüllbohrung eine Fühlerlehre zwischen den Sensor und dem Zahnrad ein, um den Abstand zu ermitteln. Bei Modellen ohne ABS liegt der gewünschte Wert bei 0,85 ± 0,35 mm; bei Modellen mit ABS sind es 0,60 ± 0,15 mm. Der Abstand kann durch Hinzufügen oder Entfernen von Distanzscheiben zwischen dem Sensor und dem Differenzialdeckel verändert werden.
9 Installieren Sie den Öleinfüllstopfen und schließen Sie den Sensor-Stecker an. Prüfen Sie die Funktion des Sensors, bevor Sie den Stecker mit einem neuen Dichtungsdraht ausrüsten.

8 Leuchten – Ersetzen

Allgemein

1 Wie alle Glühfadenlampen sind auch die am Auto direkt nach dem Betrieb sehr heiß. Schalten Sie die Stromversorgung ab, bevor Sie eine Lampe ersetzen.
2 Halogenlampen (z.B. in Scheinwerfern) dürfen nicht am Glas angefasst werden, da Flecken das Leben der Lampe verkürzen. Wenn sie doch einmal berührt worden ist, muss sie (im kalten Zustand) sorgfältig mit einem in Spiritus getränkten Lappen abgewischt und vor dem Einbau getrocknet werden. Fassen Sie Lampen immer mit einem Taschentuch oder trockenem Lappen an, um ihre Lebensdauer zu verlängern.
3 Solange nicht anders erwähnt, erfolgt der Einbau einer neuen Lampe in der umgekehrten Ausbaureihenfolge.

Ersetzen

Scheinwerfer

4 Öffnen Sie die Motorhaube. Lösen Sie den Bügel der Abdeckung hinten am Scheinwerfer und entfernen Sie diese (siehe Abbildung) – der Kabelstecker muss nicht getrennt werden.

8.4 Lösen Sie den Bügel und befreien Sie die hintere Scheinwerfer-Abdeckung (hier ausgebaut gezeigt)

5 Ziehen Sie den Lampenstecker ab. Befreien Sie den Lampenhalter, indem Sie ihn eindrücken und gegen den Uhrzeigersinn drehen; entnehmen Sie ihn samt Feder und Lampe (siehe Abbildungen).
6 Fassen Sie die neue Lampe nicht am Glas an (s. Schritt 2). Richten Sie die Laschen korrekt zu den Nuten im Sitz aus.
7 Beachten Sie bei der Montage der Abdeckung die »OBEN/TOP«-Markierung.

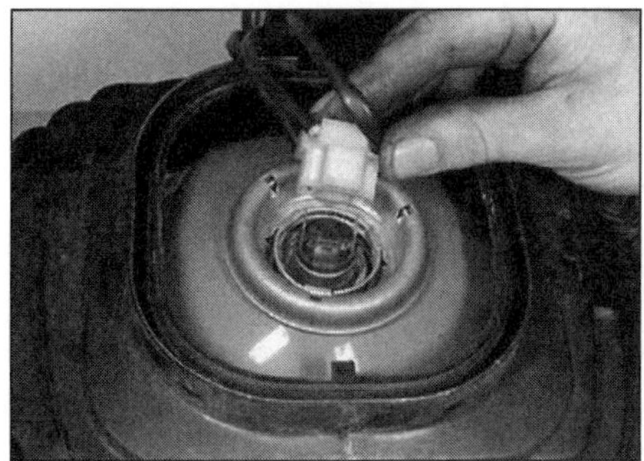

8.5a Ziehen Sie den Lampenstecker ab, . . .

8.5b . . . entfernen Sie den Halter und die Feder . . .

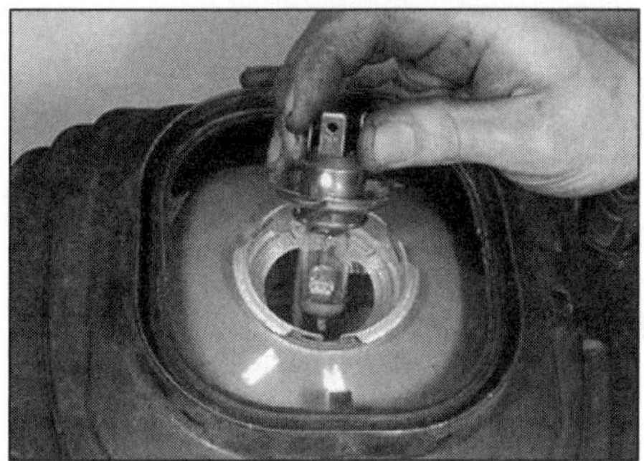

8.5c . . . und entnehmen Sie die Lampe – fassen Sie nicht das Glas an.

Zusatzscheinwerfer

8 Entfernen Sie den mit zwei Schrauben und Leisten gesicherten Scheinwerfereinsatz (siehe Abbildung).

8.8 Schraube und Leiste des Zusatzscheinwerfers

9 Trennen Sie den Lampenstecker, befreien Sie den Federclip und ziehen Sie die Lampe heraus (siehe Abbildungen).

8.9a Befreien Sie den Federclip . . .

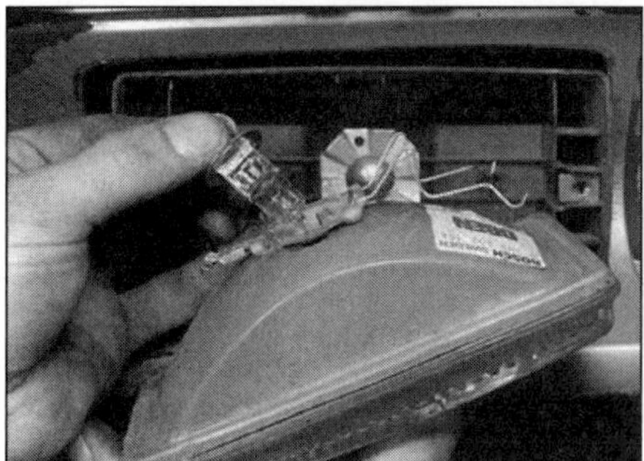

8.9b . . . und ziehen Sie die Lampe heraus.

10 Fassen Sie die neue Lampe beim Einbau nicht am Glas an (siehe Schritt 2). Verbinden Sie den Stecker.
11 Installieren Sie den Scheinwerfereinsatz – beachten Sie die »TOP«-Markierung.

Vordere Blinker/Tagfahrlicht/Standlicht-Lampen

12 Öffnen Sie die Motorhaube. Drehen Sie den entsprechenden Lampenhalter (samt angeschlossenem Stecker) gegen den Uhrzeigersinn und ziehen Sie ihn heraus (siehe Abbildung).

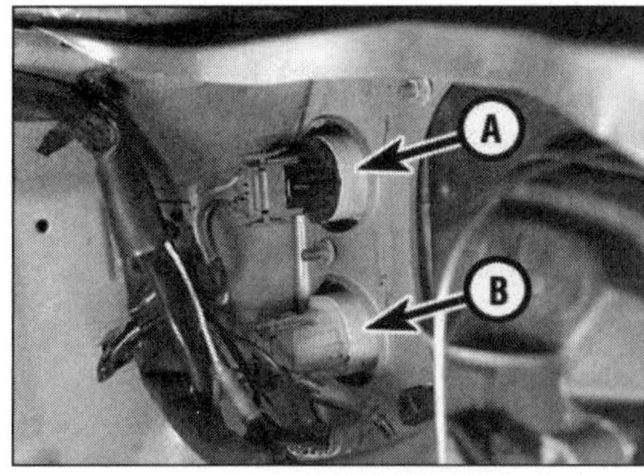

8.12 Halter der Tagfahrlampe (A) und der vorderen Blinkleuchte (B)

13 Entfernen Sie die Lampe aus dem Halter (siehe Abbildung).
14 Achten Sie beim Ausbau der kombinierten Tagfahrlicht/Standlicht-Lampe auf die versetzt angeordneten Stifte, die nur eine eine Einbaurichtung erlauben.

Seitliche Blinkerlampe

15 Schieben Sie das Lampenglas nach vorne und befreien Sie es hinten. Ziehen Sie den Lampenhalter aus dem Glas, ohne den Stecker zu trennen.

8.13 Ausbau einer Tagfahr/Standlicht-Lampe

16 Achten Sie beim Einbau darauf, dass die Gummidichtung korrekt in der Bohrung sitzt.

Rücklicht-Einheit (Limousine)

17 Öffnen Sie den Kofferraum. Lösen Sie die Rändelschraube an der Rücklicht-Abdeckung und schwenken Sie diese herunter.
18 Drehen Sie den entsprechenden Lampenhalter gegen den Uhrzeigersinn und ziehen Sie ihn heraus (siehe Abbildung).

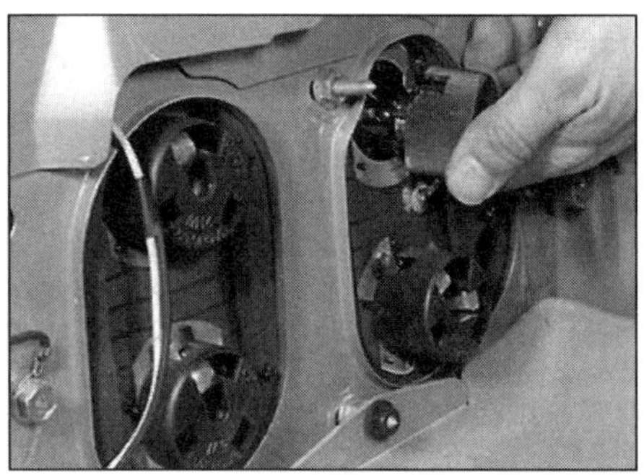

8.18 Befreien Sie den Halter samt Lampe aus der Rücklicht-Einheit (Limousine) . . .

19 Drücken Sie die Lampe herunter, drehen Sie sie nach links und ziehen Sie sie aus dem Halter (siehe Abbildung).

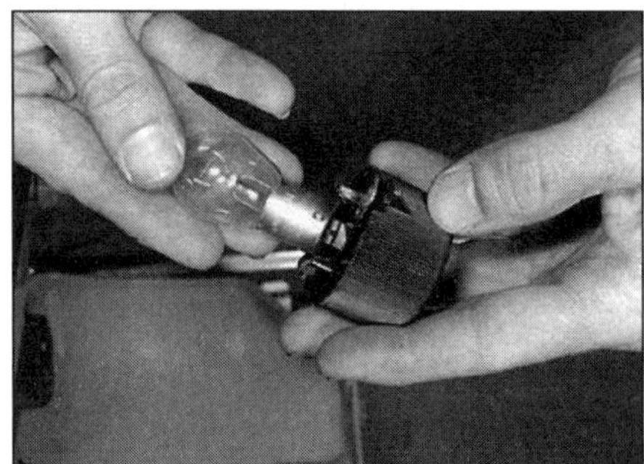

8.19 . . . und trennen Sie beide.

Rücklicht-Einheit (Kombi)

20 Öffnen Sie die Heckklappe und befreien Sie die Rücklicht-Abdeckung (siehe Abbildung). Die weitere Prozedur entspricht den Schritten 18 und 19.

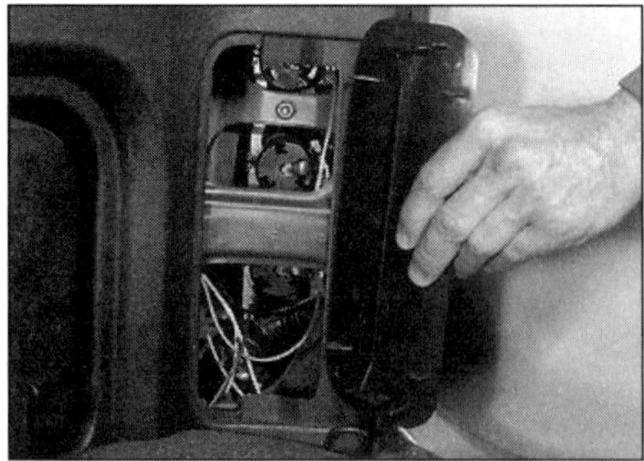

8.20 Abdeckung der Rücklicht-Einheit – Kombi

Zusatzbremslicht

21 Entfernen Sie die Bremslichtabdeckung; beim Kombi wird sie einfach abgezogen, bei der Limousine muss die Lasche an der Unterseite mit einem Schraubendreher eingedrückt werden (siehe Abbildung).

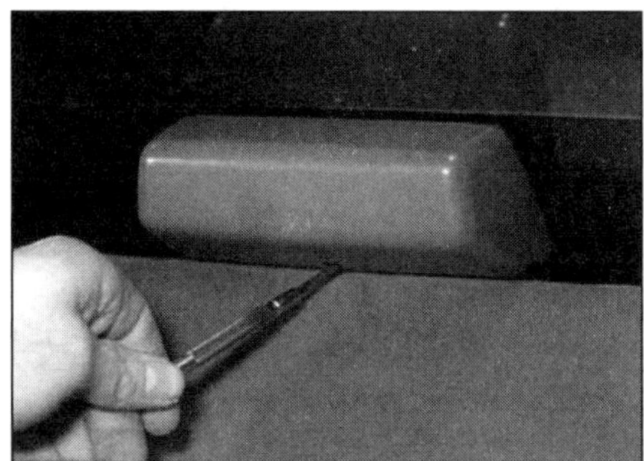

8.21 Befreien Sie die Abdeckung der Zusatz-Bremsleuchte – Limousine

22 Drücken Sie die Lachen an beiden Seiten des Reflektors zusammen und ziehen Sie ihn heraus (siehe Abbildung).

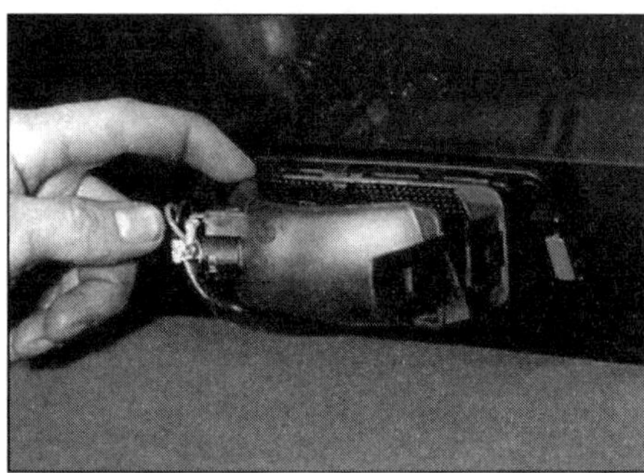

8.22 Ausbau des in den Reflektor integrierten Lampenhalters

23 Ziehen Sie die Lampe heraus und installieren Sie eine neue.
24 Drück Sie den Reflektor ein, bis er einrastet. Prüfen Sie die Funktion des Bremslichts und installieren Sie die Abdeckung.

Kennzeichenbeleuchtung

25 Befreien Sie die komplette Leuchte, indem Sie sie nach hinten ziehen.
26 Schwenken Sie die Kontaktlasche vom Lampenkontakt und ziehen Sie die Lampe heraus (siehe Abbildung).

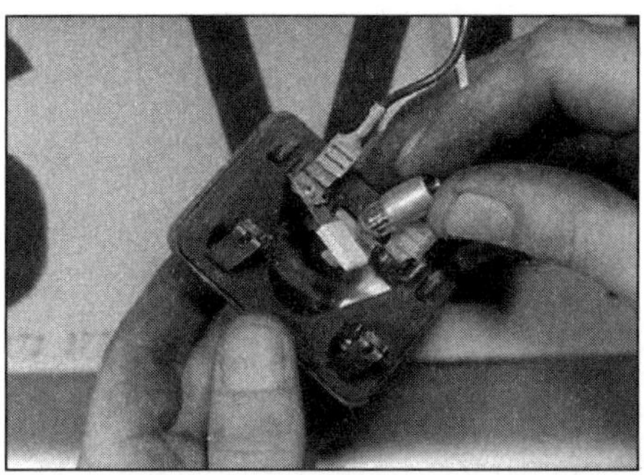

8.26 Ausbau einer Kennzeichenbeleuchtungs-Lampe

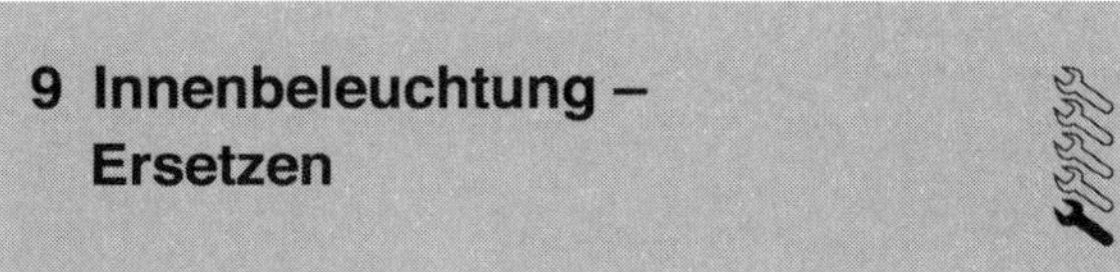

9 Innenbeleuchtung – Ersetzen

Allgemein

1 Beachten Sie die Hinweise in Sektion 8, Schritte 1 bis 3.
2 Einige Schalterleuchten sind in den Schalter integriert und können nicht separat ersetzt werden.

Ersetzen

Innenraumlampen

3 Ziehen oder hebeln Sie die komplette Lampe aus ihrer Halterung.
4 Entfernen Sie die Lampe(n), indem Sie sie herunterdrücken, nach links drehen und herausziehen (siehe Abbildung).

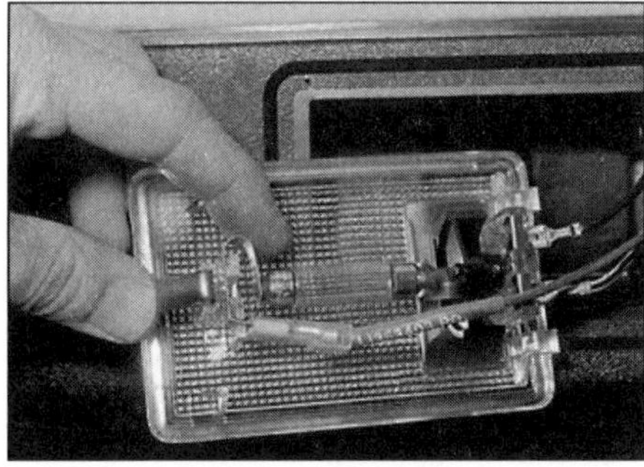

9.4 Eine Laderaum-Leuchte mit Sofitte

Handschuhfach-Leuchte

5 Befreien Sie den kombinierten Lampenhalter/Schalter oben aus dem Handschuhfach, um Zugang zur Lampe zu erhalten (siehe Abbildung).
6 Falls Schminkspiegel-Leuchten vorhanden sind, können diese nach dem Abhebeln des Streuglases entfernt werden (siehe Abbildung).

Tür-Warnleuchten

7 Hebeln Sie das Glas ab, um Zugang zu erhalten. Die Lampe hat keinen Sockel und wird einfach herausgezogen (siehe Abbildung).

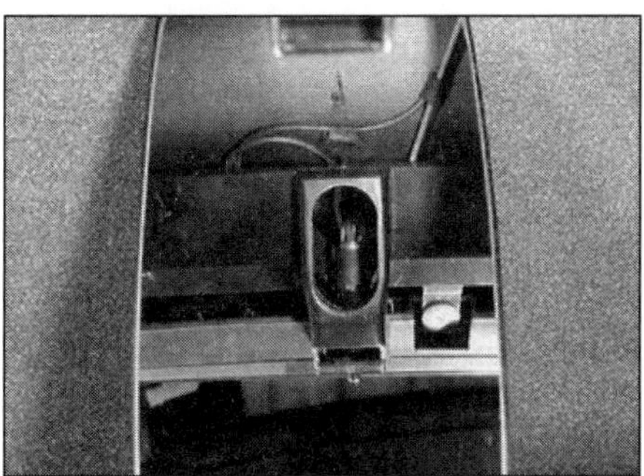

9.5 Handschuhfach-Leuchte mit Schalter (im Spiegel betrachtet)

9.6 Schminkspiegel-Lampen

9.7 Einbau einer Tür-Warnlampe

Automatik-Wahlfeld-Lampe

8 Demontieren Sie die Wahlhebel-Abdeckung, um Zugang zum Anlasser-Sperrschalter zu erhalten (siehe Kapitel 7B, Sektion 6). Die Lampe und ihr Halter können dann herausgezogen werden (siehe Abbildung).

Gurtschloss-Lampe

9 Befreien Sie den Lampenhalter aus dem Gurtschloss, um Zugang zur Lampe zu erhalten.

Schalterbeleuchtung

10 Wo die Lampen vom Schalter getrennt werden können, werden sie einfach herausgezogen (siehe Abbildung).

Instrumentenbeleuchtung

11 Beachten Sie die Sektionen 5 und 6. Mit kleinen Händen und etwas Geschick können die Lampen nach dem Entfernen der Lenksäulen/Pedalerie-Verkleidung im eingebauten Zustand ersetzt werden.

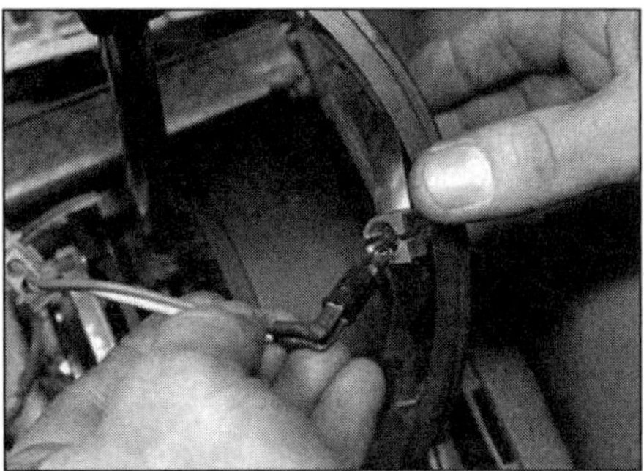

9.8 **Ausbau einer Wahlfeld-Beleuchtung – Automatikmodelle**

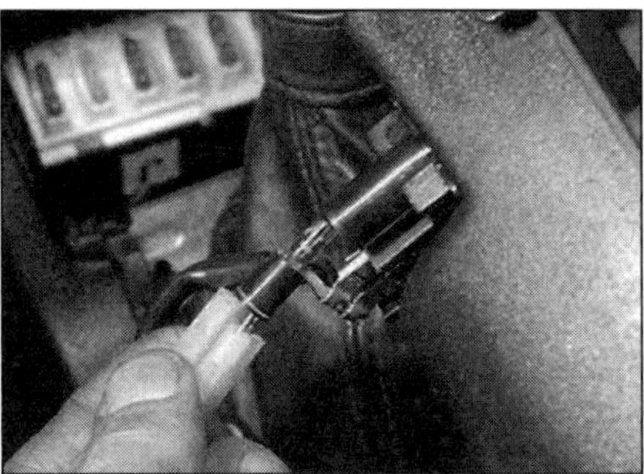

9.10 **Ausbau der Schalterbeleuchtung im hinteren Teil der Mittelkonsole**

Motorraum-Beleuchtung

12 Hebeln Sie das Lampenglas mit einem Schraubendreher ab – darunter befindet sich eine Sofitte, die einfach aus beiden Klemmen gezogen wird (siehe Abbildung).

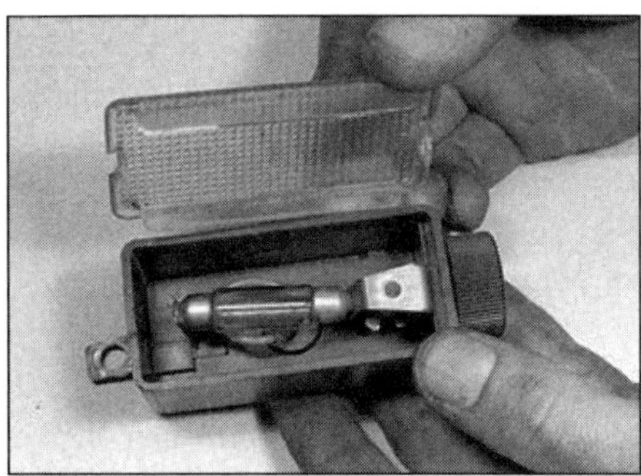

9.12 **Motorraumbeleuchtung mit Sofitte**

Steckdose/Aschenbecher-Beleuchtung

13 Beachten Sie die Sektion 19.

Sonnenblenden-Beleuchtung (Volvo 760)

14 Verschieben Sie den Schalter nach links (»OFF«).
15 Hebeln Sie den Spiegel-Rahmen von der Sonnenblende ab – beginnen Sie rechts und arbeiten Sie sich gegen den Uhrzeigersinn vor; er muss dabei davon abgehalten werden, wieder in der Sonnenblende einzurasten. Beim Abhebeln an der Oberseite muss dies mindestens 10 mm unterhalb des oberen Randes geschehen.
16 Wenn die zwei Clips an der Oberseite befreit sind, wird der Spiegel samt Rahmen heruntergeschwenkt und abgehoben (siehe Abbildung).

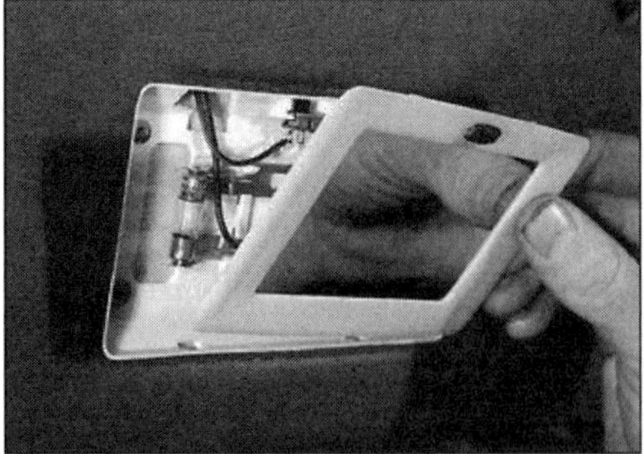

9.16 **Ausbau einer Sonnenblenden-Beleuchtung**

17 Ersetzen Sie die entsprechende Lampe (siehe Abbildung).

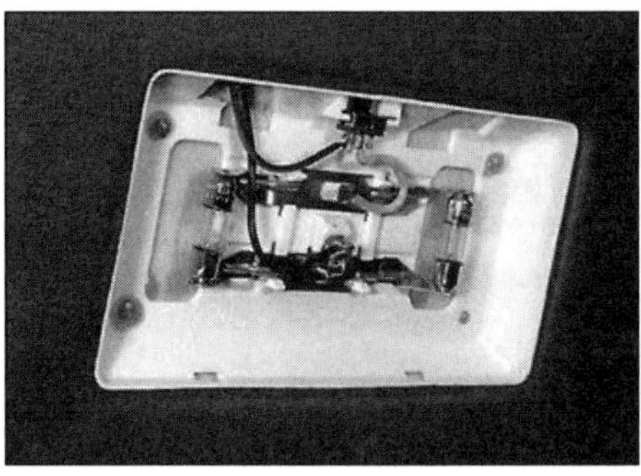

9.17 **Sonnenblenden-Lampen**

18 Stecken Sie die unteren Laschen des Spiegel-Rahmens in seine Nuten, drücken Sie den oberen Rand – aber nicht den Spiegel selbst – fest ein, um die Clips einrasten zu lassen.

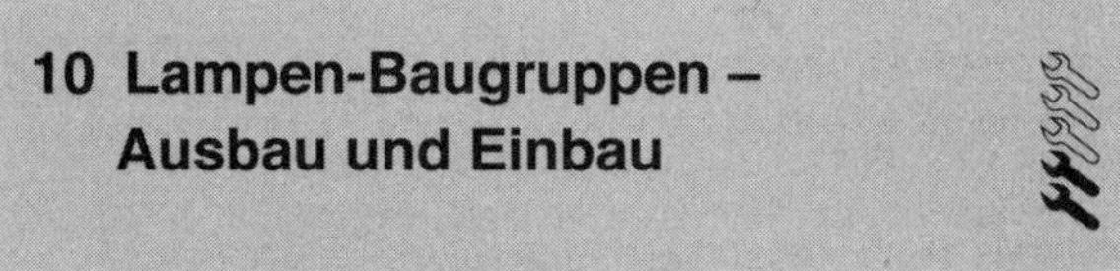

10 Lampen-Baugruppen – Ausbau und Einbau

Anmerkung: *Alle Lampen müssen ausgeschaltet sein, bevor Kabelstecker getrennt werden dürfen.*

Scheinwerfer-Einheit

Alle Modelle außer Volvo 760 ab 1988

1 Entfernen Sie den Kühlergrill und die Scheibenwischerarme.
2 Trennen Sie die Scheinwerfer-, Tagfahrlicht/Standlicht- und Blinkerlampen-Stecker (siehe Abbildung). Entfernen Sie das mit einer Mutter gesicherte Blinkergehäuse.

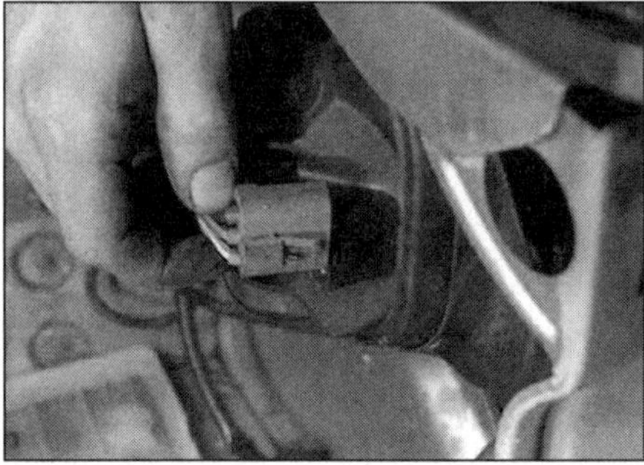

10.2 **Trennen Sie den Scheinwerfer-Stecker.**

3 Lösen Sie die vier Muttern der Scheinwerfer-Einheit. Trennen Sie den Waschwasserschlauch vom Scheibenwischerarm (falls noch nicht geschehen) und entfernen Sie die Baugruppe.
4 Das Streuglas und die Dichtung können nach dem dem Lösen der Zierleiste und des Halteclips befreit werden (siehe Abbildungen).

10.4a Entfernen Sie die Zierleiste . . .

10.4b . . . und den Halteclip.

5 Der Einbau entspricht der umgekehrten Ausbaureihenfolge. Vergessen Sie nicht, den Waschwasserschlauch durch die Zierleiste zu führen.
6 Lassen Sie nach dem Einbau die Einstellung der Scheinwerfer kontrollieren (siehe Abbildung).

10.6 Scheinwerfer-Einstellschrauben (Pfeile)

Volvo 760 ab 1988

7 Entfernen Sie den Kühlergrill. Entfernen Sie für den linken Scheinwerfer auch das Luftfiltergehäuse.
8 Drücken Sie am Blinker/Standlicht-Gehäuse die Lampenhalter ein und verdrehen Sie sie, um sie zu samt Lampen zu befreien (siehe Abbildung).
9 Befreien Sie das Blinker/Standlicht-Gehäuse aus seinen Clips und entfernen Sie es (siehe Abbildung).

10.8 Ausbau eines Halters samt Lampe aus dem Blinker/Parklicht-Gehäuse

10.9 Demontage eines Blinker/Parklicht-Gehäuses

10 Ziehen Sie den Scheinwerfer- und den Zusatzscheinwerfer-Stecker ab (siehe Abbildung).

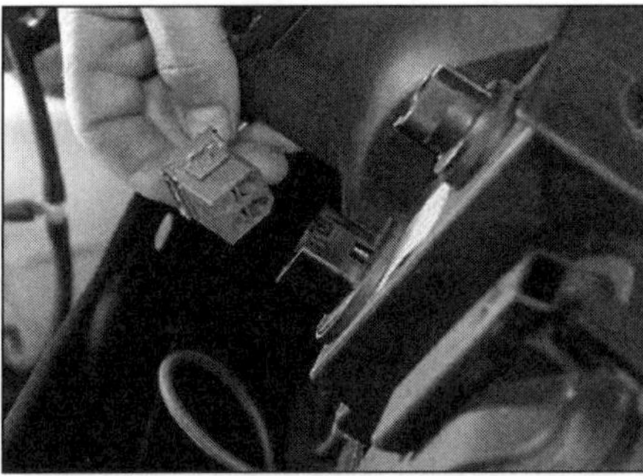

10.10 Scheinwerfer/Zusatzscheinwerfer-Stecker bei 760-Modellen ab 1988

11 Ziehen Sie den Stecker des Wischermotors ab und trennen Sie den Waschwasserschlauch (siehe Abbildungen).

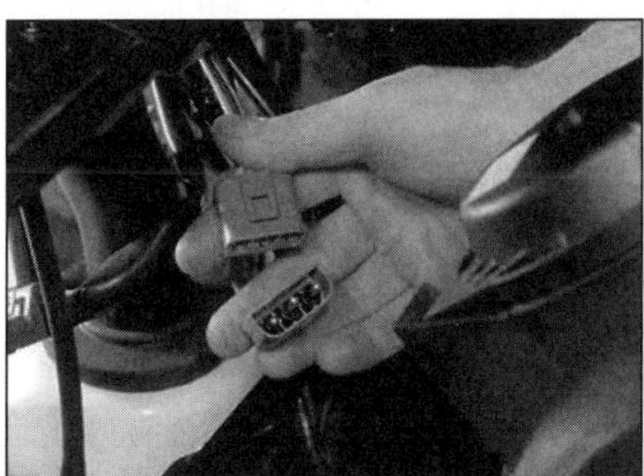

10.11a Stecker des Scheinwerfer-Wischers

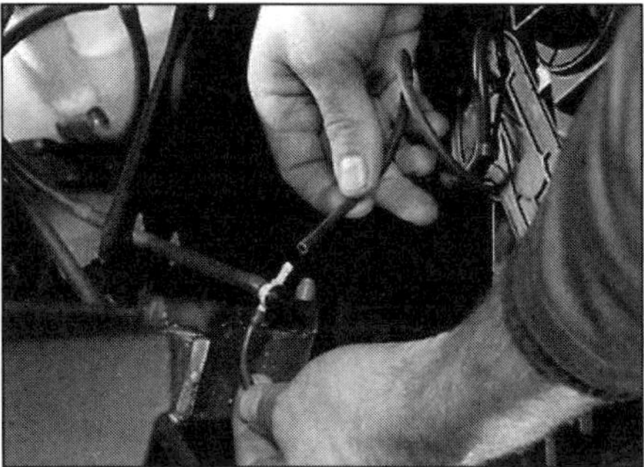

10.11b Anschluss des Scheibenwaschsystem-Schlauchs

12 Lösen Sie an jeder Seite des Scheinwerfergehäuses die zwei Schrauben – diejenigen am Kühlergrill sichern auch ein Spritzblech; diejenigen des linken Scheinwerfers sichern zudem den Ansaugstutzen des Luftfilters (siehe Abbildungen).

10.12a Der Scheinwerfer ist an der Innenseite . . .

10.12b . . . und an der Außenseite mit zwei je Schrauben gesichert.

13 Entfernen Sie den kompletten Scheinwerfer samt der Scheibenwischer-Baugruppe.

14 Um den Scheinwerfer zu zerlegen, werden zunächst die zwei Schrauben des Wischermotors gelöst. Befreien Sie dann die Zierleiste und entfernen Sie den Motor samt Wischerarm, Wischerblatt und Zierleiste (siehe Abbildungen).

16 Entfernen Sie die acht Clips, die das Streuglas am Reflektor sichern.

17 Heben Sie das Streuglas ab und befreien Sie die Dichtung.

18 Entfernen Sie an der Rückseite die Lampen-Abdeckungen. Trennen und entfernen Sie die Lampen – fassen Sie sie dabei nicht mit den Fingern an.

19 Ersetzen Sie alle schadhaften Komponenten und bauen Sie alles in der umgekehrten Zerlegungsreihenfolge wieder zusammen – achten Sie besonders auf den Zustand der Streuglas-Dichtung.

10.14a Lösen Sie die Schrauben des Scheinwerfer-Wischers.

10.14b Befreien Sie die vordere Zierleiste.

15 Entfernen Sie die vier mit je einer Schraube gesicherten Wischerblatt-Anschläge (siehe Abbildung).

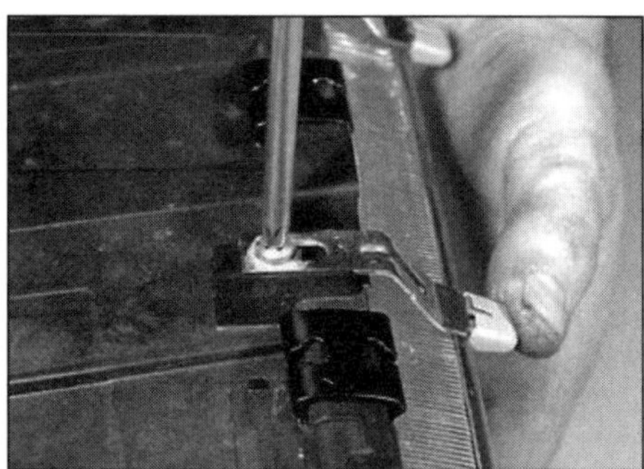

10.15 Demontage eines Wischer-Anschlags

20 Der Einbau entspricht der umgekehrten Ausbaureihenfolge. Beachten Sie, dass die Befestigungsschrauben auch für die korrekte Ausrichtung des Scheinwerfers zur Karosserie, zur Stoßstange und zum anderen Scheinwerfer zuständig sind; ziehen Sie sie erst an, wenn der Scheinwerfer korrekt positioniert ist. Falls der Scheinwerfer zu hoch montiert wird, kann die Motorhaube dagegen schlagen.

21 Lassen Sie nach dem Einbau die Einstellung der Scheinwerfer kontrollieren – die Einstellschraube sitzt oben am Scheinwerfergehäuse (siehe Abbildung).

Zusatzscheinwerfer

22 Verfolgen Sie das Kabel bis zum Stecker und trennen Sie diesen.

23 Lösen Sie entweder die Mutter, die das Lampengehäuse am Halter sichert, oder schrauben Sie den Halter samt Scheinwerfer ab (siehe Abbildung).

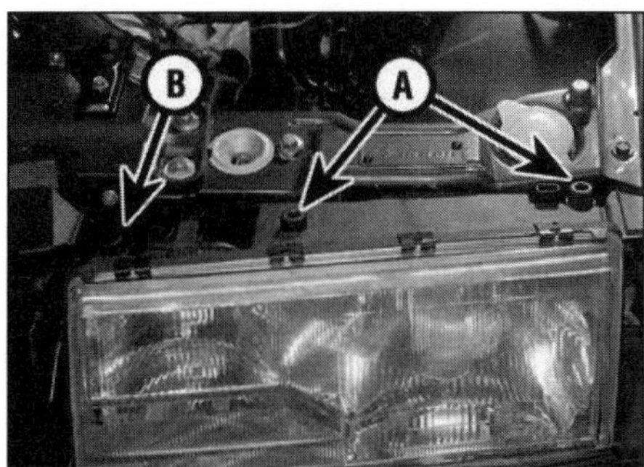

10.21 Einstellschrauben des Scheinwerfers (A) und des Zusatzscheinwerfers (B)

10.23 Zusatzscheinwerfer-Befestigungsmutter

24 Der Einbau entspricht der umgekehrten Ausbaureihenfolge.

Blinker/Tagfahrlicht-Einheit

25 Öffnen Sie die Motorhaube. Trennen Sie hinten am Gehäuse die zwei Kabelstecker von den Lampenhaltern.
26 Lösen Sie die einzelne Mutter hinten am Gehäuse, befreien Sie dies aus dem Laschen des Scheinwerfergehäuses und ziehen Sie es ab (siehe Abbildung).

10.26 Befreien Sie Blinker/Tagfahrlicht-Baugruppe vom Scheinwerfer.

27 Der Einbau entspricht der umgekehrten Ausbaureihenfolge.

Rücklicht-Einheit (Limousine)

28 Gehen Sie wie beim Austausch der Lampen vor (siehe Sektion 8), aber demontieren Sie die Rücklicht-Abdeckung komplett – sie ist mit zwei Muttern gesichert.
29 Trennen Sie den Rückleuchtenstecker (siehe Abbildung).

10.29 Trennen Sie den Stecker der Rücklichteinheit . . .

30 Lösen Sie die Bundmuttern und die einzelne Schraube, mit denen die Einheit befestigt ist – die Schraube sichert auch Massebänder.
31 Befreien Sie die Rücklichteinheit aus der Karosserie (siehe Abbildung).

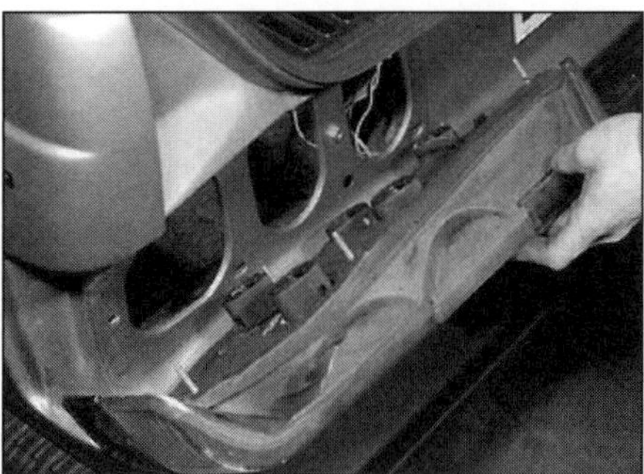
10.31 . . . und befreien Sie diese – Limousine.

32 Der Einbau entspricht der umgekehrten Ausbaureihenfolge.

Rücklicht-Einheit (Kombi)

33 Die weitere Prozedur entspricht weitgehend den Schritten 28 bis 32.

11 Scheinwerfer-Ausrichtung – Kontrolle und Einstellung

Die Ausrichtung der Scheinwerfer sollte von einer speziell ausgerüsteten Fachwerkstatt vorgenommen werden.
Im Notfall können selbst Einstellungen an den zwei Schrauben an der Rückseite oder der Oberseite des Scheinwerfers vorgenommen werden – fahren Sie dazu auf einer absolut ebenen Fläche vor eine lichtgeschützte helle Wand und stellen Sie die Scheinwerfer grob ein, für exakte Einstellungen werden spezielle Instrumente benötigt.

12 Lampenausfall-Warnsystem – Allgemeine Informationen

1 Dieses System arbeitet mit einem speziellen Relais, das an der Zentralelektrik-Einheit sitzt.

2 Dieses Relais enthält einige Reed-Schalter, die mit Spulen umwickelte sind, durch die der Strom zu den Lampen fließt. Die Spulen sind paarweise angeordnet, wobei jedes Paar den Strom eines Lampenpaares überträgt.
3 Wenn beide Lampen eines Paares leuchten, heben sich die Magnetfelder durch die zwei Spulen gegenseitig auf. Wenn eine Lampe ausfällt, erzeugt die Spule des entsprechenden Stromkreises ein nicht annulliertes Magnetfeld, das den Reed-Schalter aktiviert und so die Warnlampe zum leuchten bringt.
4 Hieraus ergibt sich, dass beim gleichzeitigen Ausfall eines Lampenpaares keine Warnung gegeben wird. Falscher Alarm kann dagegen auftreten, wenn Lampen unterschiedlicher Wattleistungen oder auch nur unterschiedlicher Hersteller verwendet werden.
5 Die Verkabelung für eine Anhänger-Steckdose muss »vor« dem Lampenausfall-Relais angeschlossen werden, da dies sonst durch zu große Stromstärken beschädigt werden kann. Lassen Sie sich hierzu bei einer Volvo-Werkstatt oder einem Auto-Elektriker beraten.

13 Hupe – Ausbau und Einbau

Ausbau

1 Heben Sie das Fahrzeug vorne an oder fahren Sie es auf Rampen.
2 Trennen Sie hinter der vorderen Stoßstange die Stecker der Hupe (siehe Abbildung).

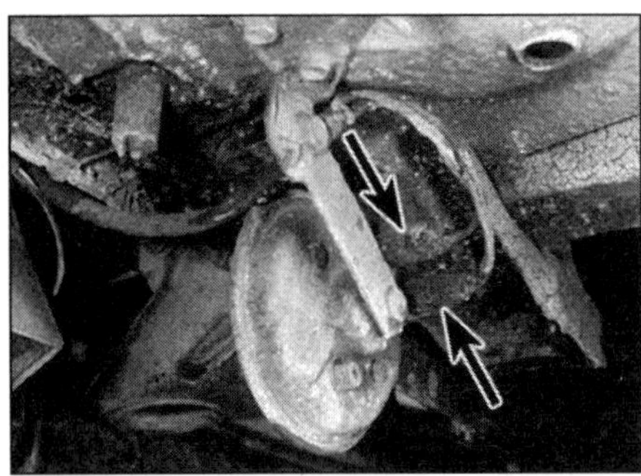

13.2 Hupenstecker

3 Schrauben Sie die Hupe von ihrem Halter und entfernen Sie sie.

Einbau

4 Der Einbau entspricht der umgekehrten Ausbaureihenfolge.

14 Wisch-Waschsystem – Allgemeine Informationen

1 Das Waschsystem teilt sich einen gemeinsamen im Motorraum sitzenden Waschwasserbehälter. Um Zugang zur/zu den Pumpe(n) und der Pegel-Geber zu erhalten, muss eventuell das Luftfiltergehäuse entfernt werden.
2 Der Pegel-Geber ist ein per Schwimmer betätigter Schalter, der sich nach dem Lösen des Sicherungsrings entfernen lässt (siehe Abbildung).

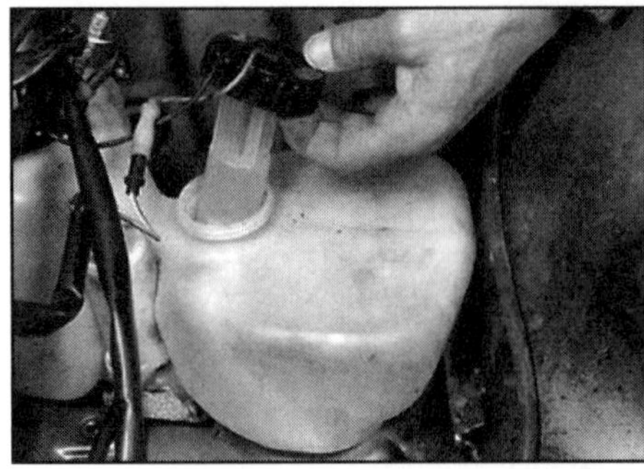

14.2 Waschsystem-Pegelgeber

3 Um eine Waschsystem-Pumpe entfernen zu können, müssen der Stecker und der Schlauch getrennt und die Pumpe aus ihrem Halterohr gezogen werden (siehe Abbildung) – seien Sie auf austretendes Waschwasser vorbereitet.

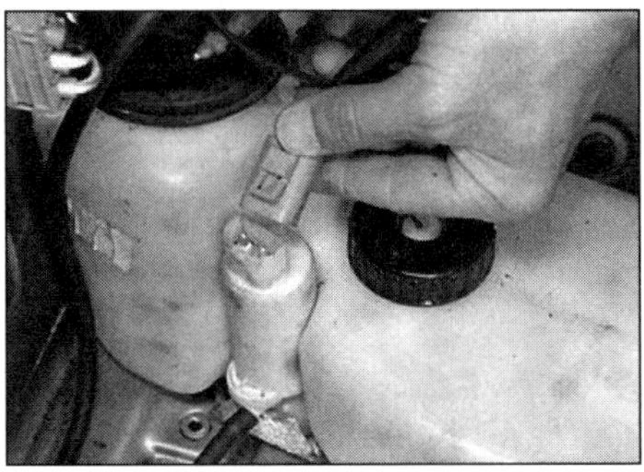

14.3 Ausbau der Wasserpumpe.

4 Falls eine Pumpe nicht korrekt funktioniert, muss sie ersetzt werden.
5 Füllen Sie nur klares Wasser und speziellen Scheibenreiniger auf, der auch als Frostschutzmittel fungiert – mischen Sie beides nach den Vorgaben auf dem Behälter. Verwenden Sie keinesfalls Kühlerfrostschutzmittel!

15 Scheibenwischerarme – Ausbau und Einbau

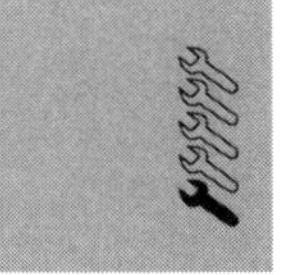

Ausbau

1 Entfernen Sie die Wischerblätter (siehe »Wöchentliche Kontrollen«).
2 Lösen Sie die Mutter unten am Wischerarm und ziehen Sie diesen von der Welle (siehe Abbildung).

Einbau

3 Der Einbau entspricht der umgekehrten Ausbaureihenfolge. Beachten Sie bei den Scheinwerfer-Wischern, dass das längere Ende zum Kühlergrill zeigen muss.
4 Richten Sie die Scheinwerfer-Wischer so aus, dass die Wischerblätter knapp unter den Anschlägen liegen. Sichern Sie die Arme und heben Sie dann die Wischerblätter über die Anschläge.

15.2 Lösen Sie die Wischerarm-Mutter.

16 Scheibenwischermotor und Gestänge – Ausbau und Einbau

Ausbau

Alle Modelle außer Volvo 760 ab 1988

1 Trennen Sie das Massekabel (–) der Batterie.

2 Entfernen Sie die Windschutzscheiben-Wischerarme (siehe Sektion 15) und die Dichtkappen (siehe Abbildung).

16.2 Entfernen Sie die Dichtung der Scheibenwischerwelle.

3 Öffnen Sie die Motorhaube bis zum Anschlag.

4 Entfernen Sie die mit drei Schrauben und einigen Clips gesicherten Lüftungsgitter (siehe Abbildung). Schließen Sie die Motorhaube.

16.4 Ausbau einer der Lüftungsgitter-Schrauben

5 Befreien Sie die Abdeckung des Heizungs-Einlasses und trennen Sie den Kabelstecker des Wischermotors (siehe Abbildung).

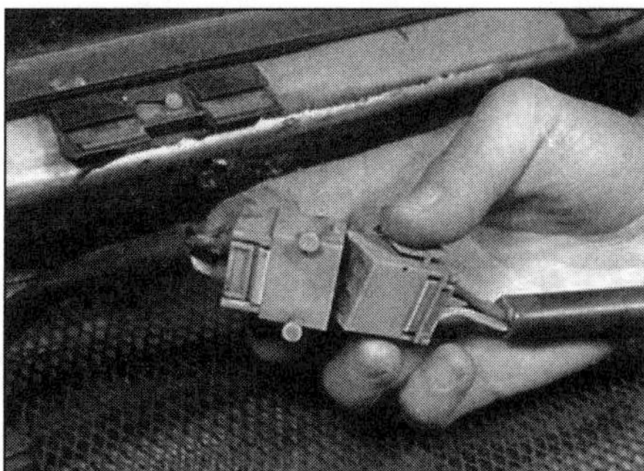

16.5 Trennen Sie den Scheibenwischer-Kabelstecker.

6 Lösen Sie die zwei Schrauben und heben Sie den Motor samt Gestänge und Abdeckung heraus (siehe Abbildung).

16.6 Schrauben Sie die Scheibenwischer-Baugruppe ab.

7 Der Motor kann nach dem Lösen der Wellenmutter und der drei Schrauben vom Gestänge getrennt werden (siehe Abbildung). Der Motor selbst kann nicht repariert werden, da keine Ersatzteile erhältlich sind.

16.7 Befestigungsschrauben des Scheibenwischer-Motors

8 Teile des Gestänges und der Seilzug können nötigenfalls ausgetauscht werden. An einem Ende des Seilzugs sitzt eine Spannmutter (siehe Abbildung).

Volvo 760 ab 1988

9 Trennen Sie das Massekabel (–) der Batterie.

10 Lösen Sie die Muttern der Wischerarme und markieren Sie nötigenfalls deren Positionen auf der Windschutzscheibe, bevor Sie sie von den Wellen ziehen.

11 Lösen Sie die sechs Schrauben vor dem Wasserschutz – die zwei Schrauben an den Enden sind länger als die anderen (siehe Abbildung).

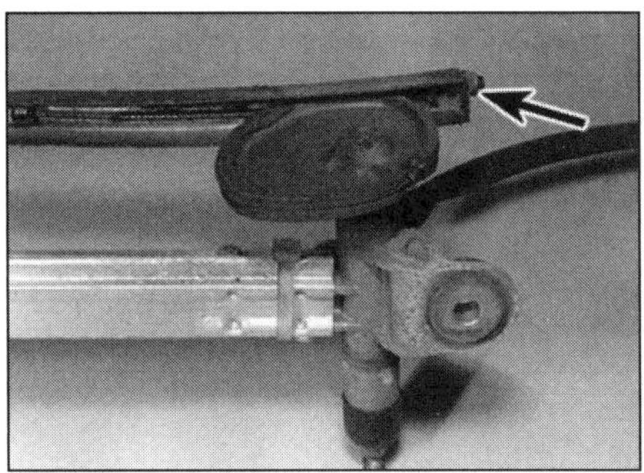

16.8 Teile des Scheibenwischer-Gestänges mit Seilzug-Spannmutter (Pfeil)

16.11 Lösen Sie die Schrauben des Wasserschutzes – die äußeren sind länger.

12 Ziehen Sie an beiden Enden des Wasserschutzes die Schläuche ab.
13 Entfernen Sie den Wasserschutz – beachten Sie, wie die Clips an seinem hinteren Rand unten in die Windschutzscheibe greifen.
14 Trennen Sie den Kabelstecker des Wischermotors (siehe Abbildung).

16.14 Scheibenwischer-Kabelstecker – die Schraube links sichert auch ein Masseband.

15 Lösen sie die vier Schrauben, die den Motor und das Gestänge an der Spritzwand sichern (siehe Abbildungen). Lösen Sie auch die Schraube des vom Motor kommenden Massekabels. Heben Sie den Motor samt Gestänge heraus – beachten Sie die Positionen aller Distanzscheiben.

Einbau

16 Der Einbau entspricht bei allen Modellen der umgekehrten Ausbaureihenfolge. Bevor die Wischerarme montiert werden, sollte der Scheibenwischer ein- und wieder ausgeschaltet werden, um die Wellen in die Ruhestellung zu bringen.

16.15a Das Scheibenwischer-Gestänge ist auf jeder Seite . . .

16.15b . . . mit zwei Schrauben gesichert.

17 Scheinwerfer-Wischermotor – Ausbau und Einbau

Anmerkung: *Bei 760er-Modellen ab 1988 wird der Wischermotor zusammen mit der Scheinwerfer-Einheit demontiert (siehe Sektion 10) und kann dann davon getrennt werden.*

Ausbau

1 Demontieren Sie die entsprechende Scheinwerfer-Einheit (siehe Sektion 10).
2 Verfolgen Sie das Wischer-Kabel und trennen Sie es am Kabelstecker.
3 Lösen Sie die zwei Muttern, die den Motor sichern (siehe Abbildung). Ziehen Sie den Motor heraus.

17.3 Der freigelegte Scheinwerfer-Wischermotor; die Muttern sitzen auf den Rückseiten der zwei Stehbolzen (Pfeile).

Einbau

4 Der Einbau entspricht der umgekehrten Ausbaureihenfolge. Schalten Sie den Scheibenwischer ein und wieder aus, um ihn zweifellos in die Ruhestellung zu bringen.

18 Heckscheiben-Wischermotor – Ausbau und Einbau

Ausbau

1 Entfernen Sie die Heckklappen-Verkleidung (s. Kapitel 11).
2 Hebeln Sie das Kugelgelenk des Scheibenwischergestänges ab (siehe Abbildung).

18.2 Heckscheibenwischermotor mit Kugelgelenk (Pfeil)

3 Lösen Sie die drei Schrauben, die den Motor sichern. Ziehen Sie den Motor heraus (dazu muss ggf. sein Kurbelarm gedreht werden) und trennen seinen Stecker (s. Abbildung).

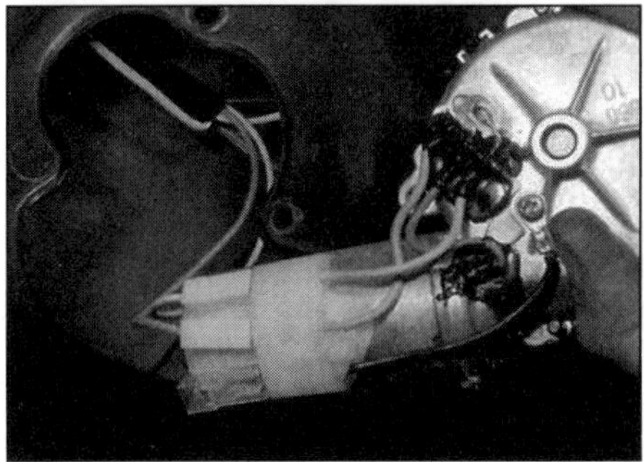

18.3 Ausbau des Heckscheibenwischermotors

Einbau

4 Der Einbau entspricht der umgekehrten Ausbaureihenfolge. Schalten Sie den Scheibenwischer ein und wieder aus, um ihn zweifellos in die Ruhestellung zu bringen.

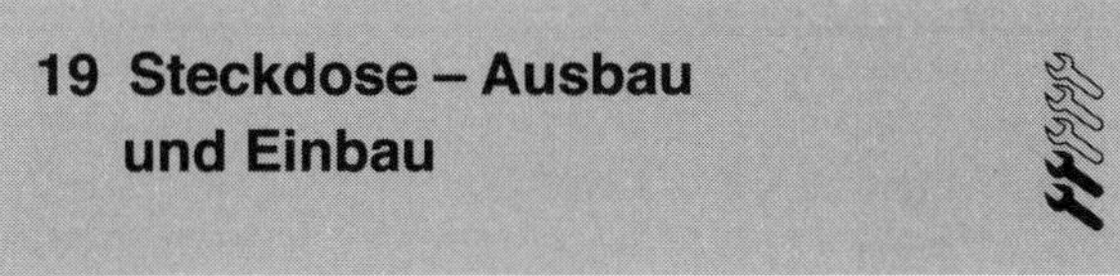

19 Steckdose – Ausbau und Einbau

Ausbau

Vordere Steckdose

1 Die Zündung muss ausgeschaltet sein.
2 ES den Zigarettenanzünder und befreien Sie die um die Steckdose liegende Abdeckung.
3 Lösen Sie die jetzt sichtbaren Schrauben (siehe Abbildung).

19.3 Schrauben der Steckdosen-Blende

4 ES die Steckdose samt Einsatz, trennen Sie das Kabel und den Lampenhalter an dessen Rückseite (siehe Abbildung). Trennen Sie auch sämtliche Audio-Systeme, die mit diesem Einsatz verbunden sind.

19.4 Ausbau der Steckdosen-Lampe samt Halter – sie beleuchtet auch den Aschenbecher.

5 Das Steckdosen-Element kann jetzt vom Einsatz befreit werden.

Hintere Steckdose

6 Diese wird zusammen mit dem hinteren Teil der Mittelkonsole ausgebaut (siehe Kapitel 11, Sektion 34).

Einbau

7 Der Einbau entspricht der umgekehrten Ausbaureihenfolge.

20 Heckscheibenheizung – Allgemeine Informationen

Ausbau

1 Alle Modelle sind mit einer beheizbaren Heckscheibe ausgerüstet. Auf die Innenseite der Scheibe sind Heizdrähte aufgeklebt, die sich bei eingeschaltetem Strom durch ihren Innenwiderstand erwärmen.

2 Lassen Sie keine harten Gegenstände gegen die Heckscheibe scheuern. Reinigen Sie die Scheibe innen mit einem weichen Tuch oder Fensterleder, indem Sie damit entlang der Drähte entlang reiben.

Praxis-Tipp

Kleinere Unterbrechungen der Heizdrähte können mit speziellem Leitlack repariert werden, der im Autozubehörhandel erhältlich ist. Richten Sie sich bei der Verarbeitung nach den Hinweisen auf der Verpackung.

3 Die Heckscheibenheizung hat einen relativ hohen Stromverbrauch, sodass sie nicht länger als nötig eingeschaltet werden sollte. Bei einigen Modellen ist der Stromkreis mit einem Relais ausgerüstet, das die Heizung nach einigen Minuten unterbricht.
4 Falls auch die Außenspiegel mit Heizelementen ausgerüstet sind, werden diese zusammen mit der Heckscheibenheizung aktiviert.

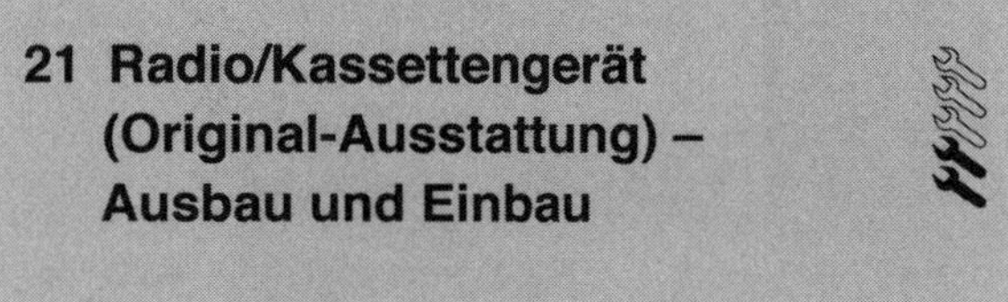

21 Radio/Kassettengerät (Original-Ausstattung) – Ausbau und Einbau

Ausbau

Fest installiertes Gerät

1 Das hier abgebildete Audiosystem wird wie folgt demontiert – bei anderen Systemen können Unterschiede auftreten.
2 Trennen Sie den Masseanschluss (–) der Batterie.
3 Ziehen Sie vorne am Gerät die beiden Drehknöpfe ab (siehe Abbildung).

21.3 Ziehen Sie die Drehknöpfe heraus, . . .

4 Ziehen Sie mithilfe umgebogenen Drähte, die zwischen den Wellen und der Blende eingeführt werden, die Sicherungsclips zurück, und ziehen Sie gleichzeitig das Gerät heraus (siehe Abbildungen).
5 Sobald das Audiosystem aus seinem Sitz gezogen ist, werden alle Kabelstecker getrennt.

Abnehmbares Gerät

6 Bei manchen Modellen ist zum Schutz vor Diebstahl ein leicht abnehmbares Audiosystem vorhanden, das wie folgt demontiert wird:
7 Das Audiosystem muss ausgeschaltet sein.
8 Drücken Sie die zwei Sicherungs-Clips ein und lassen Sie sie los, um sie anzuheben.

21.4a . . . führen Sie einen umgebogenen Draht ein . . .

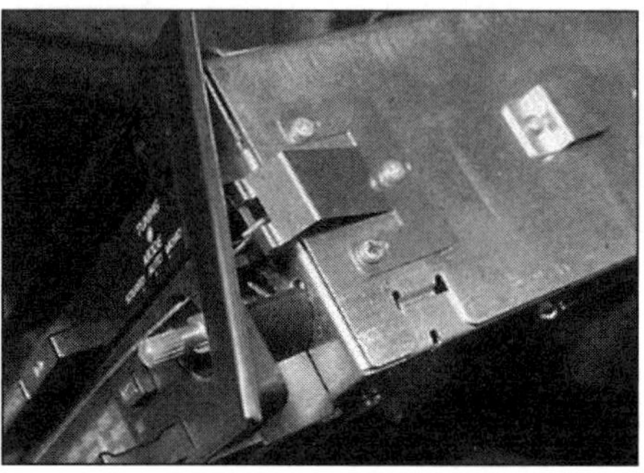

21.4b . . . und ziehen Sie damit die Laschen ein (gezeigt am ausgebauten Radio), . . .

21.4c . . . um das Radio/Kassettengerät herausziehen zu können.

9 Ziehen Sie das Radio mithilfe der zwei Clips aus seinem Sitz. Trennen Sie die Kabel von seiner Rückseite und entfernen Sie es (siehe Abbildungen).

Einbau

10 Verbinden Sie alle Kabel und drücken Sie das Gerät in seinen Sitz, bis es einrastet.
11 Installieren Sie bei einem fest installierten Gerät die Drehknöpfe und schließen Sie die Batterie an.

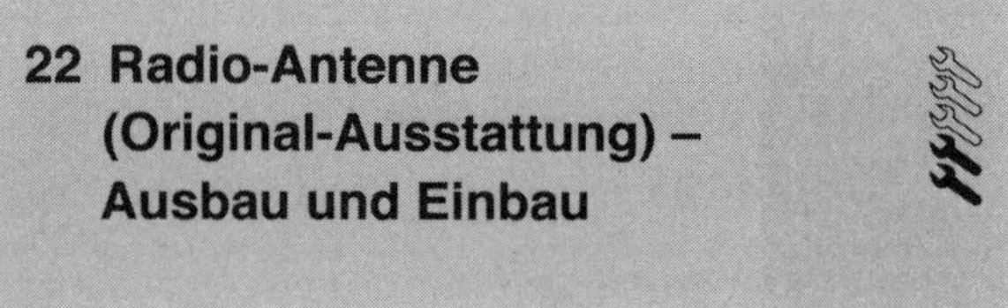

22 Radio-Antenne (Original-Ausstattung) – Ausbau und Einbau

Anmerkung: *In den folgenden Abbildungen sind zwei verschiedene Original-Antennen zu sehen; es können aber auch andere Antennen zum Einsatz kommen.*

Ausbau

Limousine – automatische Antenne im Kofferraum

1 Trennen Sie den Masseanschluss (–) der Batterie.

2 Öffnen Sie den Kofferraum und entfernen Sie die linke Innenverkleidung.

3 ES außen am Fahrzeug die Mutter und die Abdeckung des Antennenrohrs (siehe Abbildung).

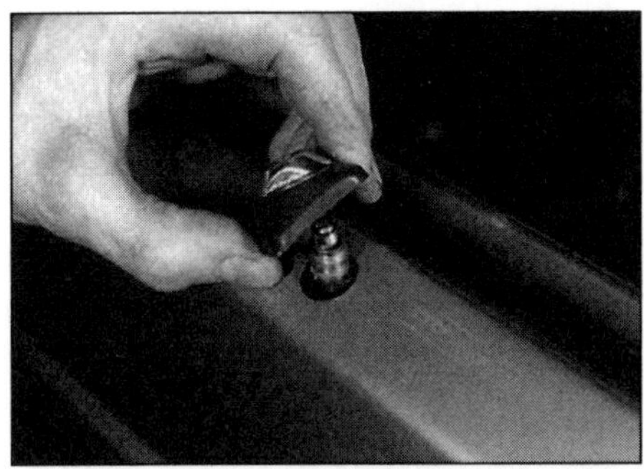

22.3 Entfernen Sie die Antennenmutter und die Abdeckung.

4 Trennen Sie das Antennenkabel und den Stecker der Stromversorgung.

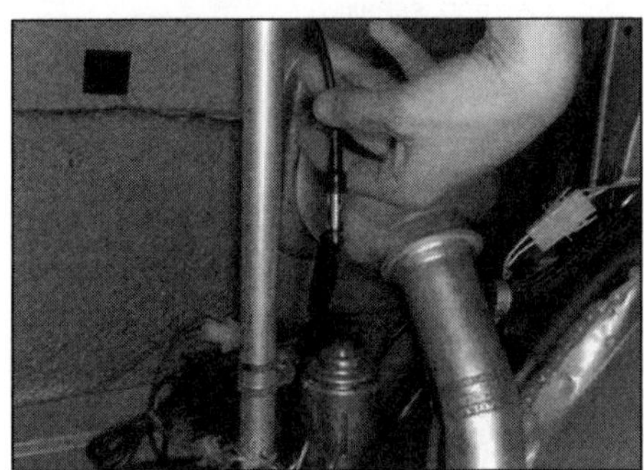

22.4a Trennen Sie das Antennenkabel . . .

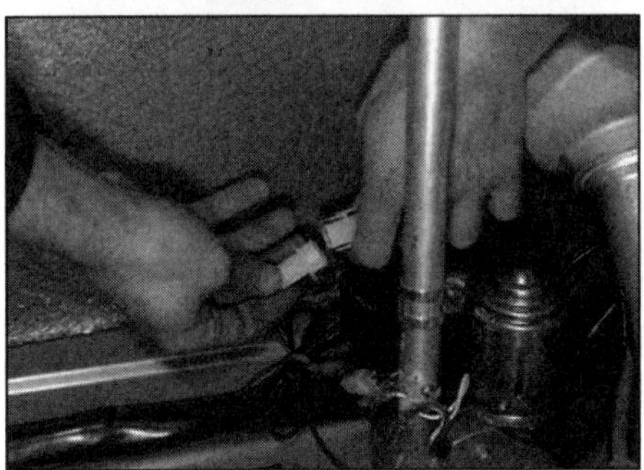

22.4b . . . und die Stromzufuhr des Antennenmotors.

5 ES das Rohr und die Muttern und Schrauben des Antriebs. Ziehen Sie die Antenne in den Kofferraum herunter und entnehmen Sie sie.

Kombi – feste Antenne an D-Säule

6 Öffnen Sie die Heckklappe. Befreien Sie die Abdeckung der Antennenbefestigung und des Kabelanschlusses.

7 Trennen Sie das Antennenkabel (siehe Abbildung).

8 Drehen Sie außen am Fahrzeug die Antenne von ihrem Stutzen (siehe Abbildung). Entnehmen Sie die Distanzhülse.

22.7 Beim Kombi kann der Antennenkabel-Stecker mit Isolierband umwickelt sein.

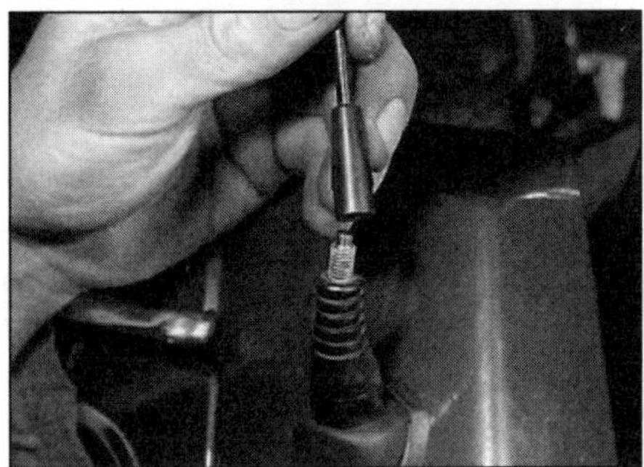

22.8 Drehen Sie die Antenne vom Sockel.

9 Schrauben Sie die Mutter des Antennenrohrs ab. Stellen Sie die untere Distanzhülse und die Dichtung sicher und ziehen Sie die Antenne in den Laderaum herunter, um sie zu entnehmen.

Einbau

10 Der Einbau entspricht bei allen Modellen der umgekehrten Ausbaureihenfolge. Prüfen Sie die Funktion der Antenne, bevor entfernte Abdeckungen wieder montiert werden.

22.9a Lösen Sie die Antennenmutter . . .

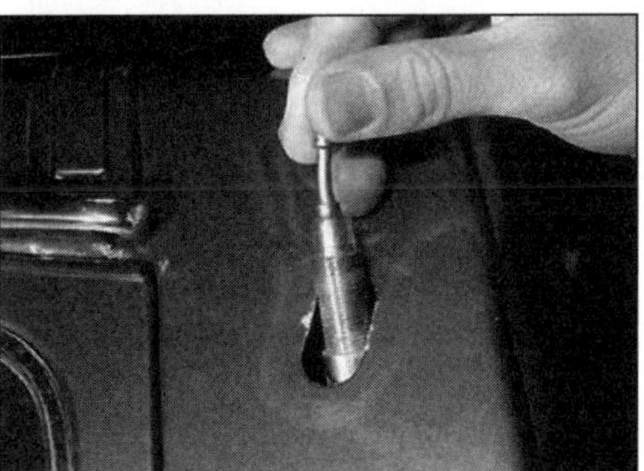

22.9b . . . und ziehen Sie die Antenne ins Fahrzeug.

Legende zu Schaltplänen WD1 bis WD4

Nr.	Bauteil/Bezeichnung	Planquadrat
1	Batterie	B2
2	Zündschloss	D3
3	Instrumententafel-Stecker (3-polig)	N3
4	Zündspule	B4
5	Zündverteiler	B3
6	Zündkerzen	C3
7	Instrumententafel-Stecker (7-polig)	N3
8	Instrumententafel-Stecker (8-polig)	M3
9	Anlasser	B3
10	Lichtmaschine und Spannungsregler	B3
11	Sicherungsbox	B1, E1, H1
12	Instrumententafel-Stecker (12-polig)	M3
13	Scheinwerfer, Fernlicht	A2, A4, A5
14	Scheinwerfer, Abblendlicht	A2, A5
15	Anschluss 15 (in Zentraleinheit)	K4
16	Standlicht	A2, A5, J2, J5
17	Tagfahrlicht	A2, A5
18	Blinker	A1, A2, A5, B5, J2, J5
19	Rückfahrlicht	J2, J5
20	Nebelschlusslicht	J2, J5
21	Rücklicht	J2, J5
22	Bremslicht	J5
23	Nebelscheinwerfer/Zusatzscheinwerfer	N5, O5, Q1
24	Kennzeichenbeleuchtung	J3, J4
25	Innenbeleuchtungs-Einheit	H3
26	Kartenleselampe	H3
27	Innenbeleuchtung	H3
28	Leselampe hinten	H3, H4
29	Plus-Anschluss	C2
30	Anschluss 30 (in Zentraleinheit)	K4
31	Masseanschluss (in Zentraleinheit)	K2
32	Handschuhfachbeleuchtung	D2, E2, M4
33	Aschenbecherbeleuchtung vorne	E2
34	Aschenbecherbeleuchtung hinten	H4
35	Schalterbeleuchtung	H4
36	Schalterbeleuchtung	H4
37	Wahlfeld-Beleuchtung (Automatikmodelle)	H4
38	Instrumentenbeleuchtung	F3, F4
39	Motorraumbeleuchtung	B2
40	Kofferraumbeleuchtung	H4
41	Tür-Warnleuchte	L3, L4
42	Heizungsregler-Beleuchtung	F3, F1
43	Schminkspiegelbeleuchtung	M5
45	Gurt-Kontrollleuchte Fahrerseite	H3, L3
46	Gurt-Kontrollleuchte Beifahrerseite	H3
47	Scheibenwischerschalter	F2
48	Lichtschalter	F3
49	Blinker/Warnblinker/Lichthupen-Schalter	F3
50	Hupenknopf	B4
51	Heckscheibenheizungs-Schalter	J3
52	Nebelschlussleuchten-Schalter	H5
53	Beifahrersitz-Heizungsschalter	H3
54	Overdrive-Schalter (Automatikmodelle)	M3
55	Heizgebläseschalter	N1
56	Fensterheberschalter (vorne rechts)	O3
57	Fensterheberschalter (vorne links)	P4
58	Fensterheberschalter (hinten rechts)	P4
59	Fensterheberschalter (linten links)	O4
60	Außenspiegel-Schalter (rechts)	N4
61	Außenspiegel-Schalter (links)	O4
62	Zentralverriegelungsgestänge-Schalter	O4
63	Zentralverriegelung-Schlossschalter	O4
64	Schiebedach-Schalter	M2
65	Nebel-/Zusatzscheinwerfer-Schalter	N5, P5, Q1
66	Bremslichtschalter	F3
67	Choke-Schalter	D2
68	Handbremsenschalter	D2
69	Bremsdefekt-Warnleuchte	E2
70	Rückfahrlicht-Schalter	H5
71	Anlasser-Sperrschalter (Automatikmodelle)	B2
72	Tür-Schalter vorne rechts	H5, L4
73	Tür-Schalter vorne links	H2, J5, L3
74	Tür-Schalter hinten	J2, M3

Legende zu Schaltplänen WD1 bis WD4 (Fortsetzung)

Nr.	Bauteil/Bezeichnung	Planquadrat
75	Beifahrersitz-Schalter	H3
77	Overdrive-Schalter (Schaltgetriebe)	H2
78	Mikroschalter (K-Jetronic)	K1, N3
79	Lambdasonden-Mikroschalter	L2
80	Thermozeitschalter	C5
81	Klimaanlagen-Drucksensor	N2, O1
82	Klimaanlagen-Schalttafelsensor	O1
83	Klimaanlagenkühlmittel-Thermoschalter	O2
85	Tachometer	E3, N3
86	Drehzahlmesser	D3
87	Uhr	D3, D4
88	Kühltemperaturanzeige	E3
89	Tankanzeige	F3
90	Spannungsmesser (Voltmeter)	E4
91	Öldruckanzeige	E3
92	Außentemperaturanzeige	D3
93	Instrumenten-Spannungsregler	E3
94	Instrumentenbeleuchtungs-Rheostat	E3
95	Instrumentenbeleuchtung	E3
96	Ölpegel-Warnleuchte	D3
97	Öldruck-Warnleuchte	D3
98	Choke-Warnleuchte	D3
99	Handbremsen-Warnleuchte	D3
100	Bremsausfall-Warnleuchte	E3
101	Waschwasserpegel-Warnleuchte	E3
102	Ersatz	E3
103	Lampenausfall-Warnleuchte	E3
104	Glühkerzen-Kontrollleuchte (Diesel)	E3
105	Ladekontrollleuchte	D4
106	Overdrive-Kontrollleuchte (Automatik)	D4
107	Abgastemperatur-Kontrollleuchte (Japan)	D4
108	Blinker-Kontrollleuchte links	D4
109	Fernlicht-Kontrollleuchte	E4
110	Blinker-Kontrollleuchte rechts	E4
111	Lambdasonden-Kontrollleuchte	E4
112	Overdrive-Kontrollleuchte (Schaltgetriebe)	E4
113	Anschnall-Warnleuchte vorne	E4, L3
114	Anschnall-Warnleuchte vorne hinten	H3, L3
115	Lampenausfall-Sensor	G3
116	Anschnall-Erinnerungssummer	F3, L2
117	Scheibenwischer-Intervallrelais	F3
119	Kraftstoffpumpenrelais	D4
120	Einspritzanlagen-Impulsrelais	D5
121	Blinkrelais	F3
122	Abgastemperatur-Sensor (Japan)	N5
123	Overdrive-Relais	H3
124	Fensterheber/Kühlerventilator-Relais	P3
125	Zentralverriegelungs-Relais (Öffner)	N3
126	Zentralverriegelungs-Relais (Schließer)	O3
127	Zusatzscheinwerfer-Relais	O5, P5, Q2
129	Nebelscheinwerfer-Relais	O5, Q1
130	Glühkerzen-Relais (Diesel)	L4
131	Heizgebläse-Relais	N1, P1
132	Klimaanlagen-Verzögerungsrelais	N1, O1
133	Ölpegel-Relais	D3
136	Overdrive-Relais (Automatikmodelle)	M4
137	Fernlicht-Relais	F4
138	Sitzheizungs-Relais Fahrerseite	H4
139	Rückenlehnenheizungs-Relais Fahrerseite	H4
140	Sitzheizungs-Relais, Beifahrerseite	H2
141	Rückenlehnenheizungs-Relais Beifahrerseite	H2
142	Sitzheizungs-Thermostat	H2, H4
143	Lautsprecher links vorne	M1
144	Lautsprecher rechts vorne	M1
145	Lautsprecher links hinten	M1
146	Lautsprecher rechts hinten	M1
147	Antenne (fest)	L1
148	Antenne (automatisch)	M1
149	Radio	L1
150	Fensterhebermotor vorne rechts	P3
151	Fensterhebermotor vorne links	P4
152	Fensterhebermotor hinten rechts	P4
153	Fensterhebermotor hinten links	O4
154	Außenspiegel rechts	N4

Legende zu Schaltplänen WD1 bis WD4 (Fortsetzung)

Nr.	Bauteil/Bezeichnung	Planquadrat
155	Außenspiegel links	P4
156	Kühlventilator-Motor	K1
157	Scheinwerfer-Wischermotor	A3, A4
158	Schiebedach-Motor	M3
159	Schließmotor Beifahrertür	N4
160	Schließmotor Tür rechts hinten	N4
161	Schließmotor Tür links hinten	N4
162	Schließmotor Kofferraum	N4
163	Scheibenwischermotor	F3
164	Scheibenwasch-Motor	F3
165	Heizgebläsemotor	N1, P1
166	Störschutz-Kondensator	B3
167	Störschutz-Kondensatoren (Zündkerzen)	C3
168	Zündspulen-Vorwiderstand	B3
169	Heizgebläse-Widerstand	N1, P1
170	Katalysator-Element (Japan)	M5
171	Lambdasonden-Thermostat	L2
173	Innenbeleuchtungs-Verzögerung	H3
174	Ölpegel-Steuergerät	C3
175	Zündsteuergerät	C4
176	Motorsteuergerät (K-Jetronic)	O2
177	Lambdasonden-Steuergerät	L2
178	Waschwasserpegel-Geber	E2
179	Ölpegelsensor	C4
180	Geschwindigkeitssensor	E5
181	Kühltemperatursensor	E5
182	Tankuhr-Geber	E5
183	OT-Sensor	P4
184	Einspritzanlagen-Temperatursensor	N3
187	Lambdasonde	L2
188	Start-Einspritzdüse	C5
189	Systemdruckregler	B5
190	Zusatzluftventil	C5
191	Frequenzventil	L2
192	Druckdifferenzschalter	M2

Nr.	Bauteil/Bezeichnung	Planquadrat
193	Warmstart-Einspritzdüse	B2
194	Standgasanhebungs-Magnetschalter	K4
195	Krafstoffabschalt-Magnetschalter	B2
196	Standgasventil (K-Jetronic)	O3
197	Öldrucksensor	D2
199	Temperatursensor (Diesel)	L5
200	Klimaanlagenkompressor-Magnetschalter	K5
201	Overdrive-Magnetschalter	H2, N4
202	Heizungsregler	N2
203	Klimaanlagen-Temperaturregler	O2
204	Klimaanlagen-Umgebungstemperatursensor	O2
205	Klimaanlagen-Innenraumtemperatursensor	O2
206	Klimaanlagen-Programmierung	P2
207	Hupe	A4
208	Glühkerzen (Diesel)	L4
210	Tankpumpe	H2
211	Haupt-Kraftstoffpumpe	C5
212	Anlasserkontakt	C2
219	Lambdasonden-Prüfpunkt	L2
220	Prüfpunkt – K-Jetronic	N3
221	Heckscheibenheizung	J3
222	Tempomat-Tachoanschluss	E3
223	Steckdose	E2
224	Ventilator-Thermostat	K1
225	Tempomat-Schalter	K1
226	Tempomat-Steuergerät	K2
227	Unterdruckpumpe	K2
228	Kupplungsschalter	K2
229	Bremsenschalter	K2
231	Nebelschlusslicht-Relais	O5, Q1
233	Drucksensor (Turbodiesel)	D2
236	Drucksensor-Relais (Diesel)	K1
237	Drucksensor (Diesel)	K1
250	Tankuhrgeber-Zusatztank	E4
251	Anschluss	D4

** Die Planquadrat-Hinweise beziehen sich auf den 1982er-Schaltplan.*

Farbcodes

BL = blau	GR = grau	R = rot	W = weiß
BN = braun	OR = orange	SB = schwarz	Y = gelb
GN = grün	P = pink	VO = violett	

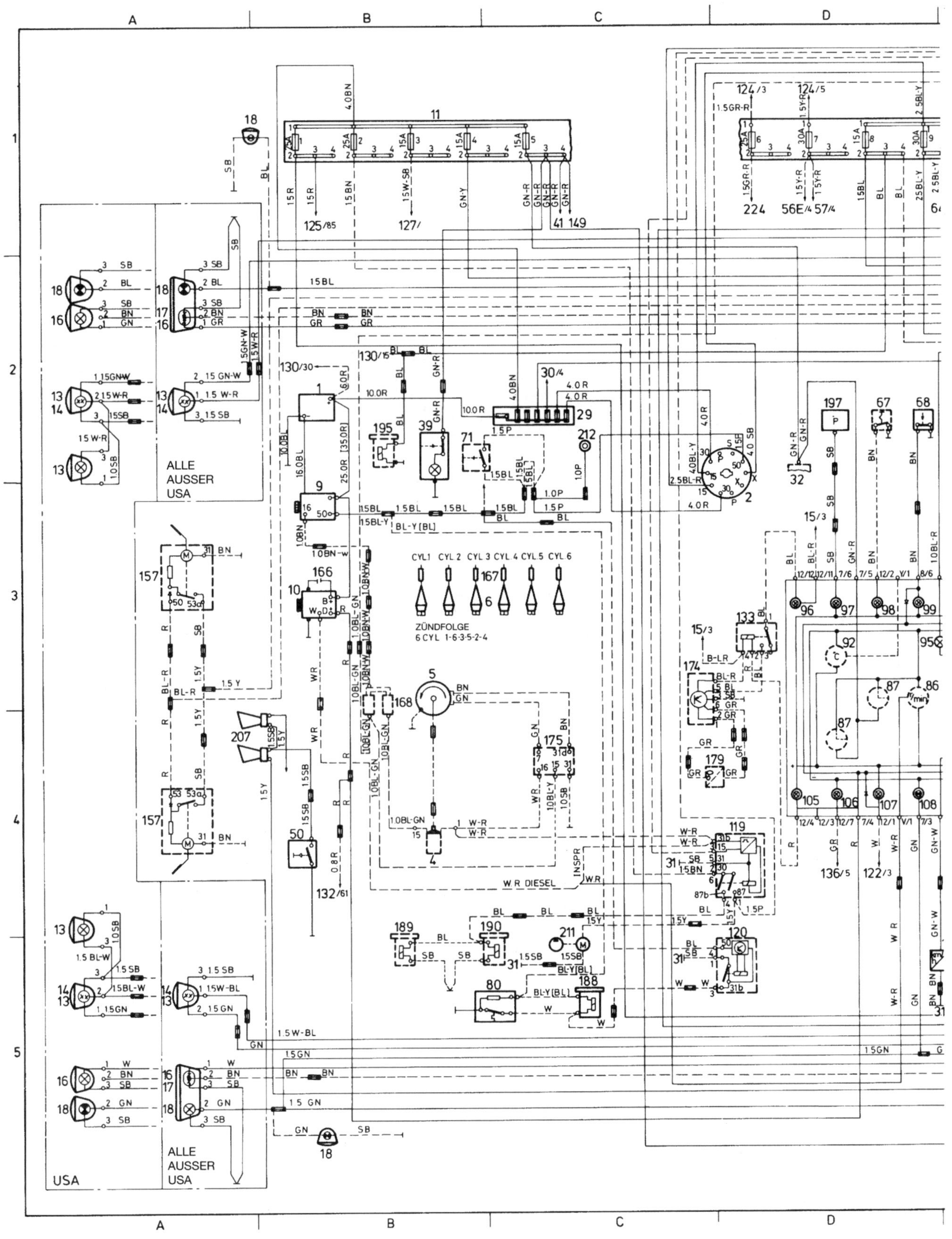

WD1: Haupt-Schaltplan für 1982er-Modelle

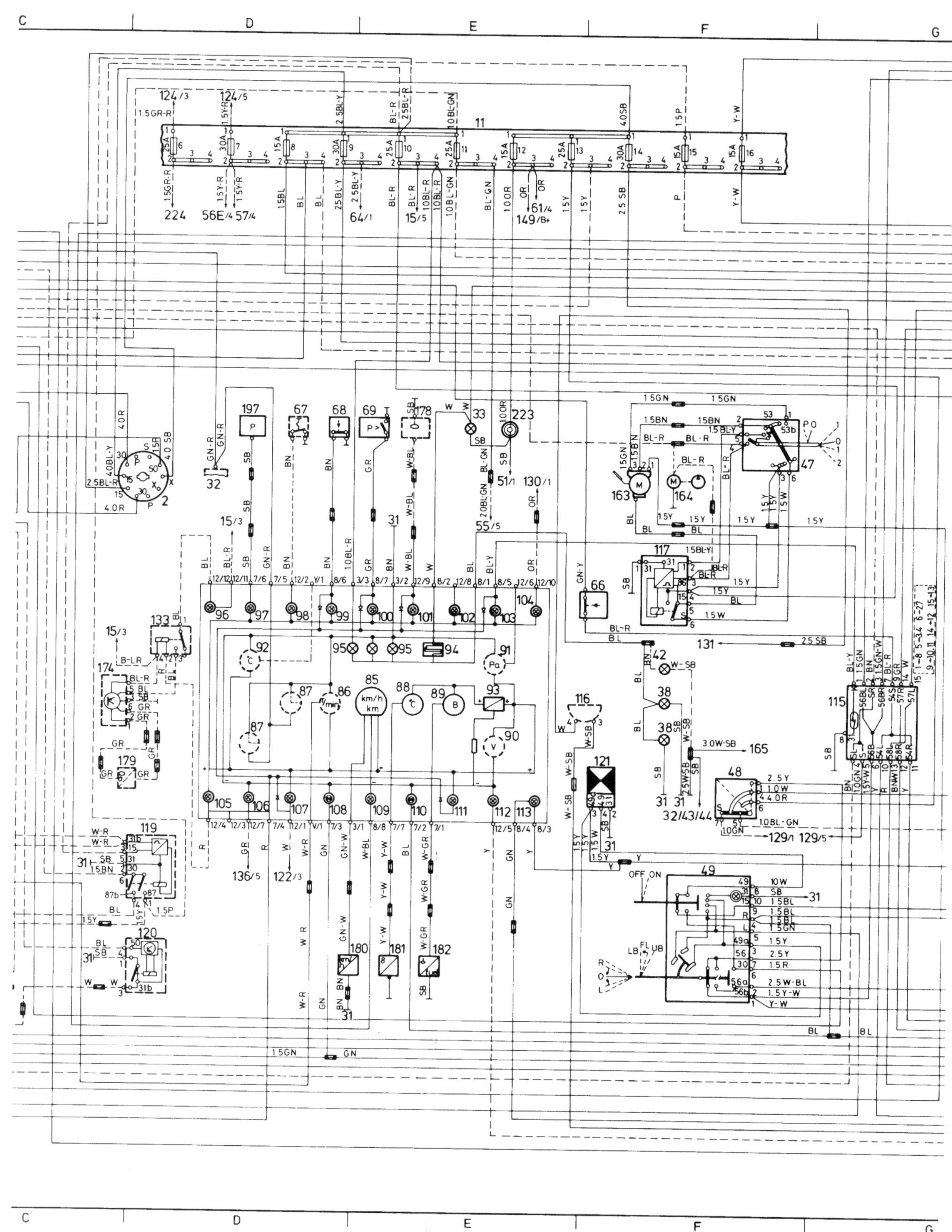

WD1: Haupt-Schaltplan für 1982er-Modelle (Fortsetzung)

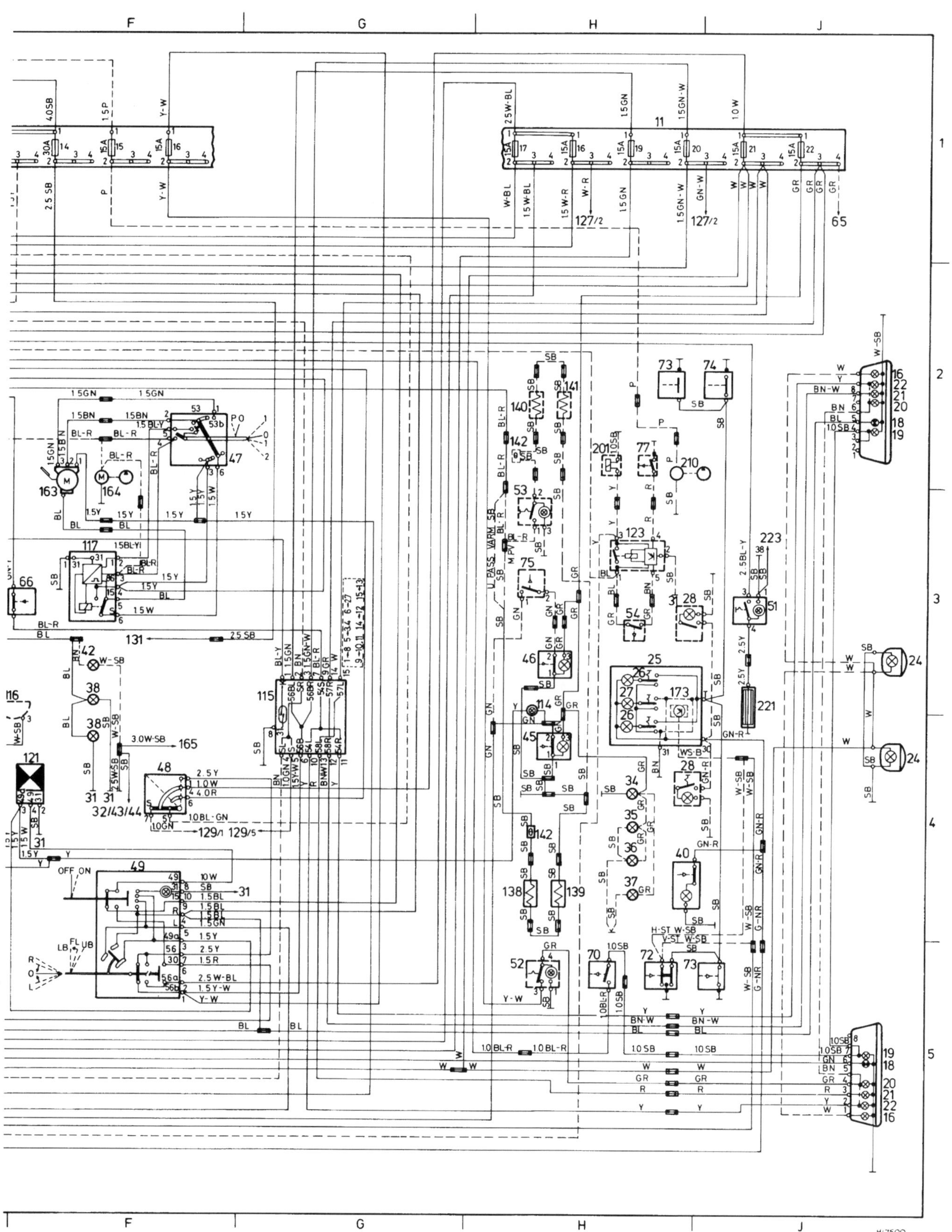

WD1: Haupt-Schaltplan für 1982er-Modelle (Fortsetzung)

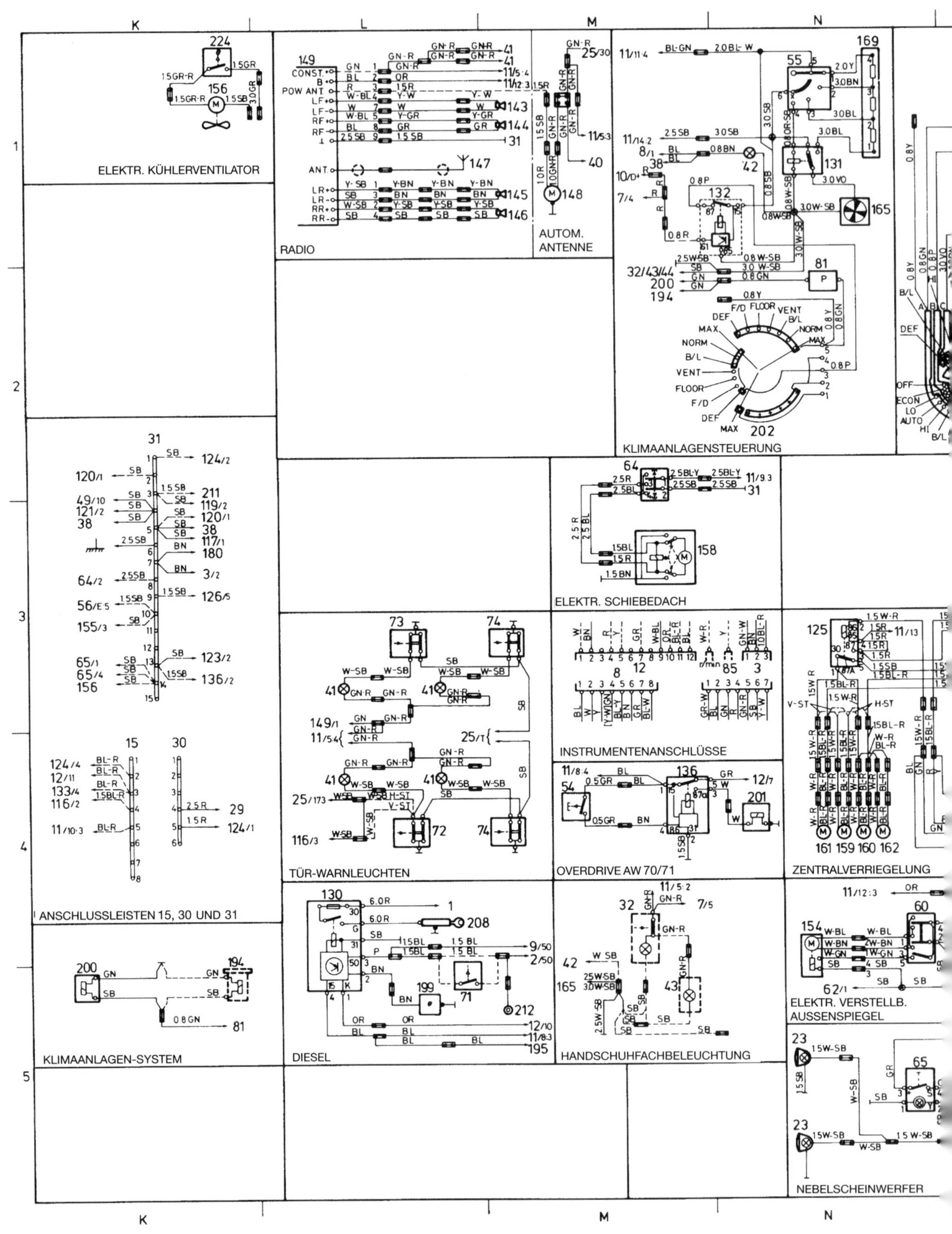

WD2: Zusatz-Schaltplan für 1982er-Modelle

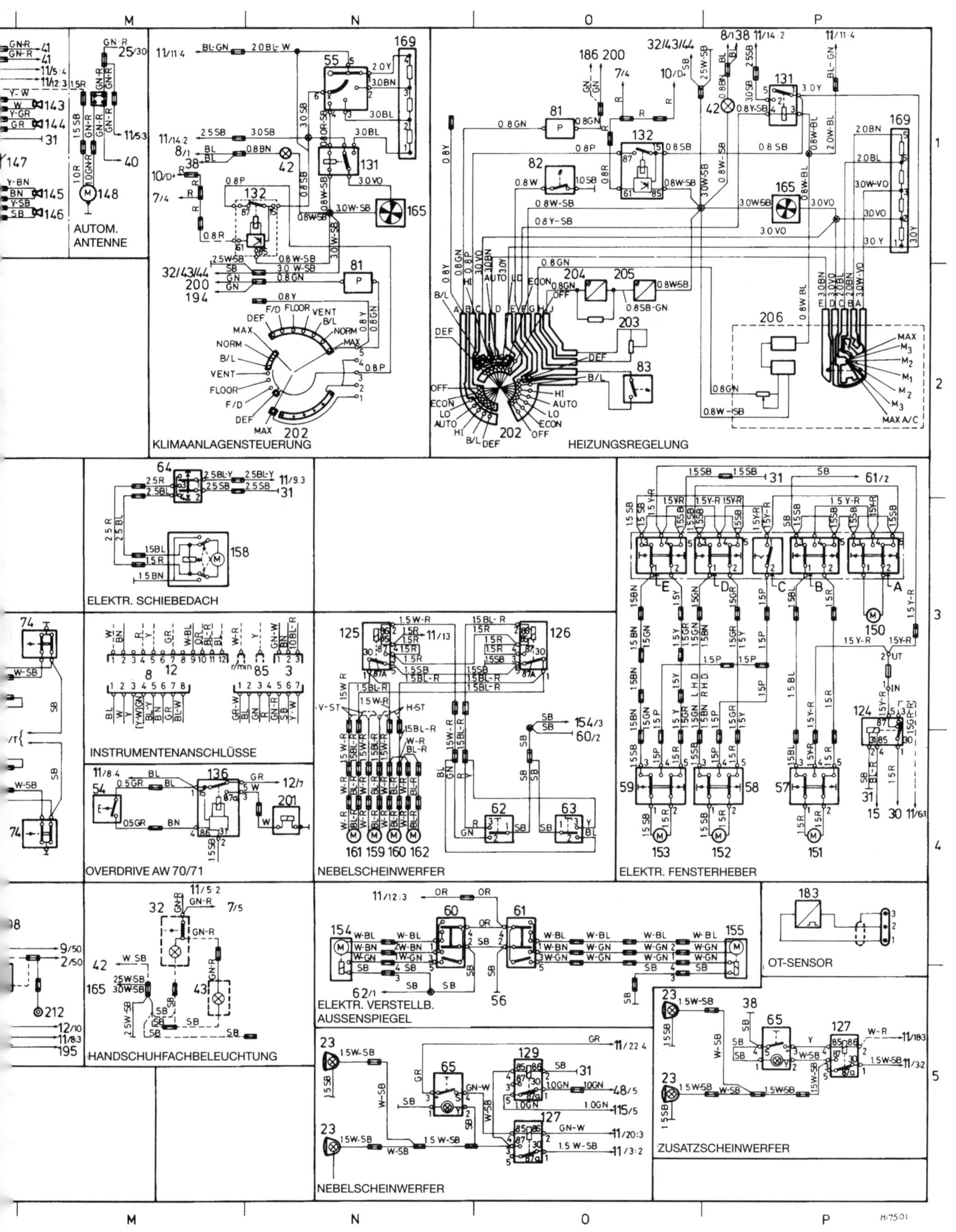

WD2: Zusatz-Schaltplan für 1982er-Modelle (Fortsetzung)

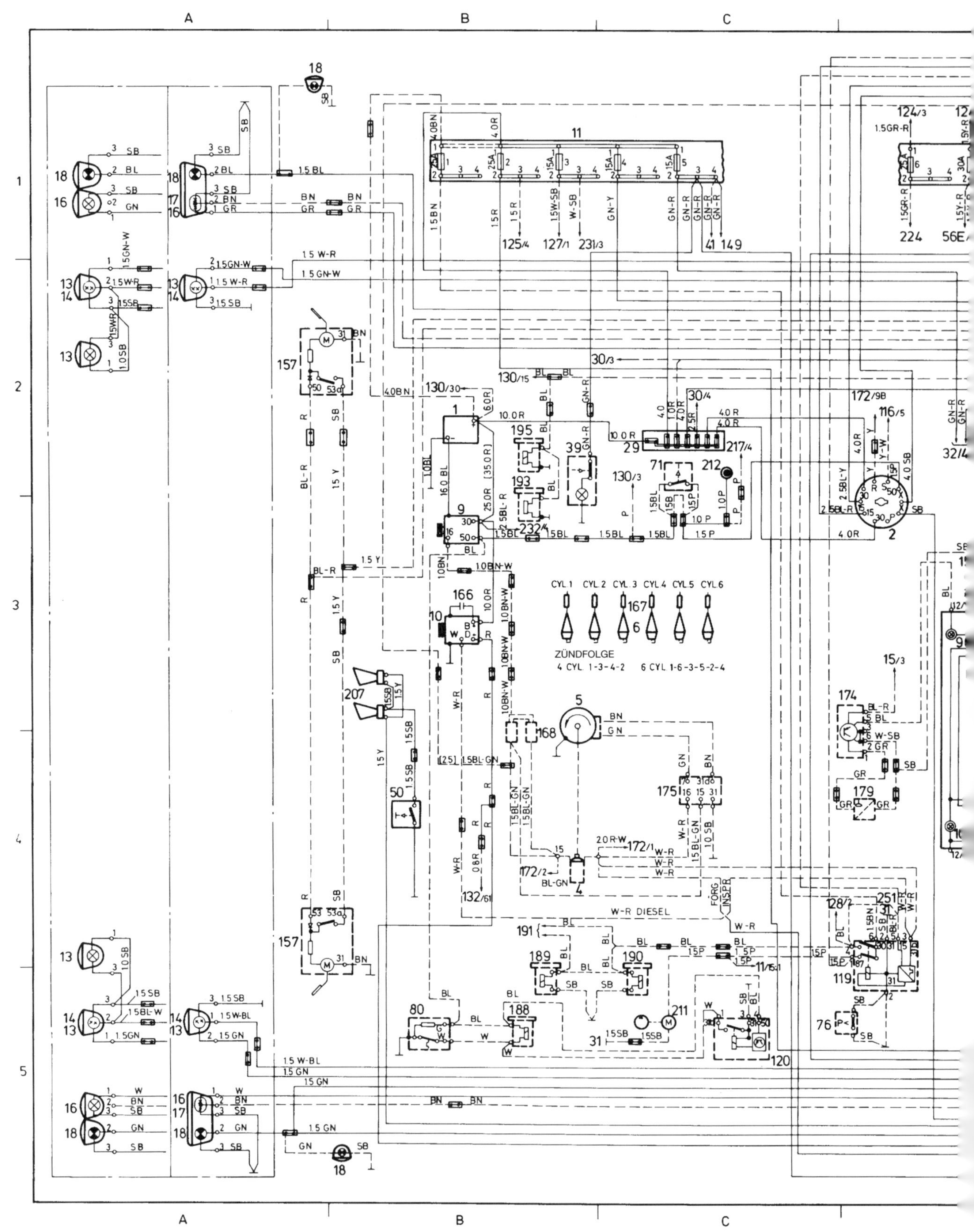

WD3: Haupt-Schaltplan für 1983er-Modelle

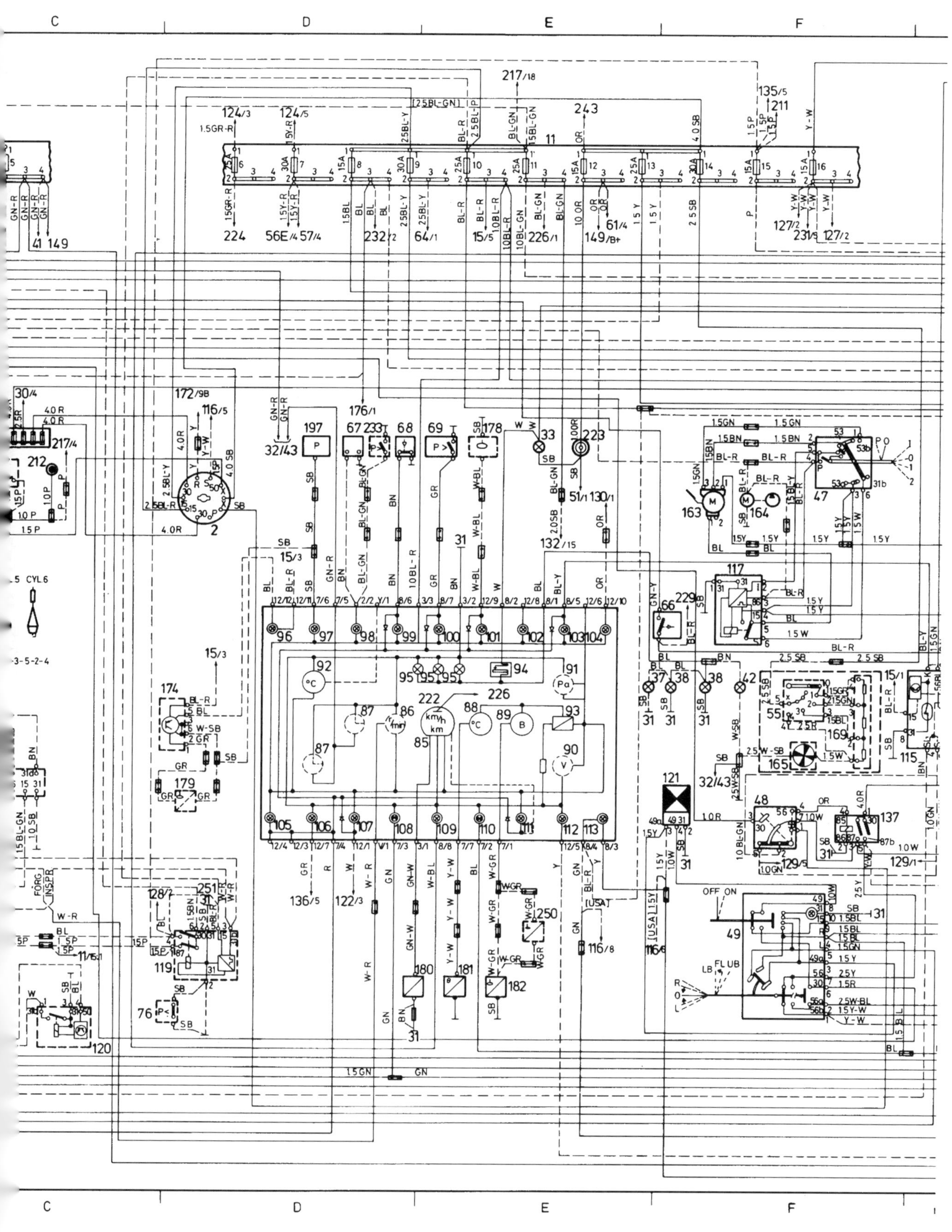

C D E F

C D E F

WD3: Haupt-Schaltplan für 1983er-Modelle (Fortsetzung)

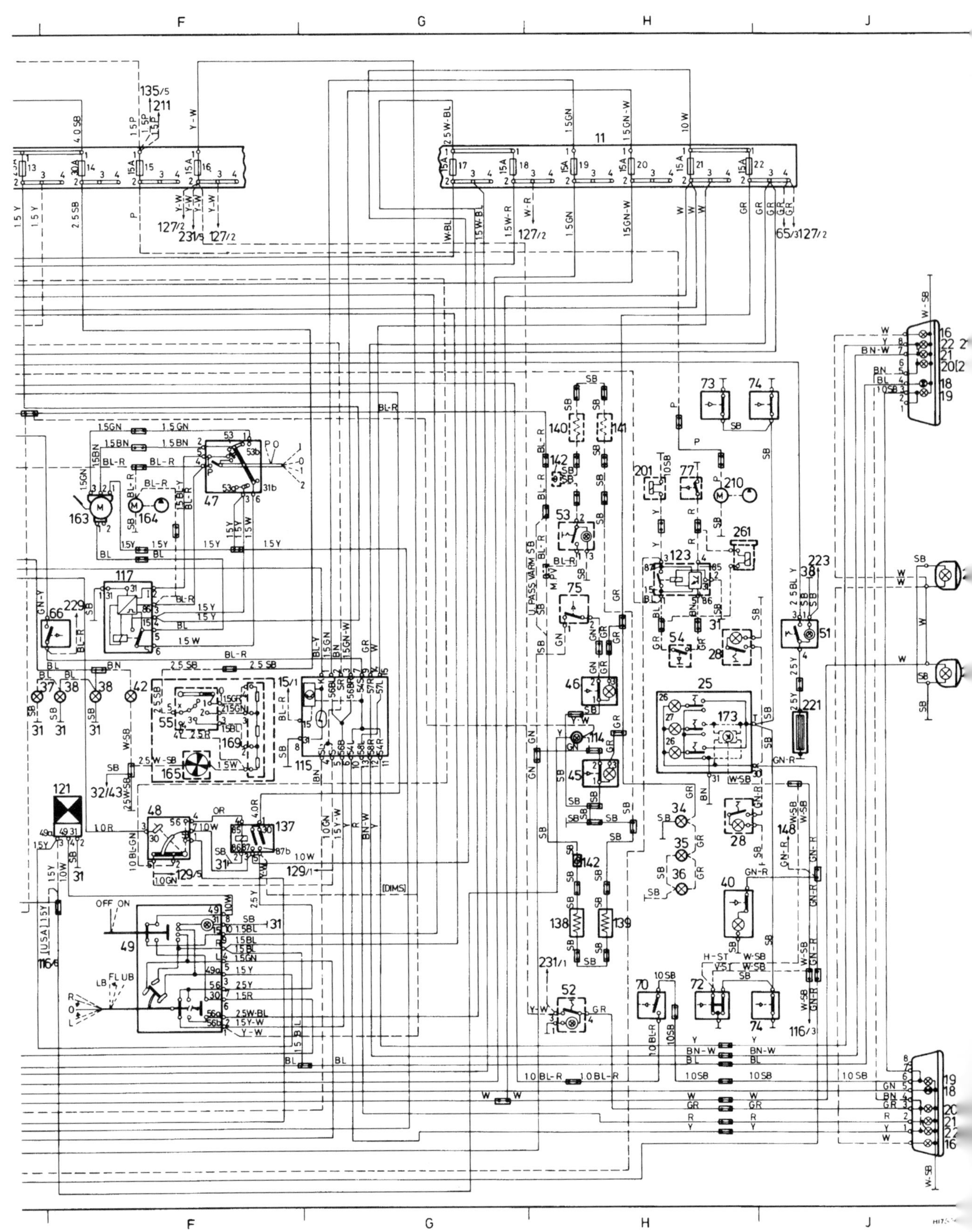

WD3: Haupt-Schaltplan für 1983er-Modelle (Fortsetzung)

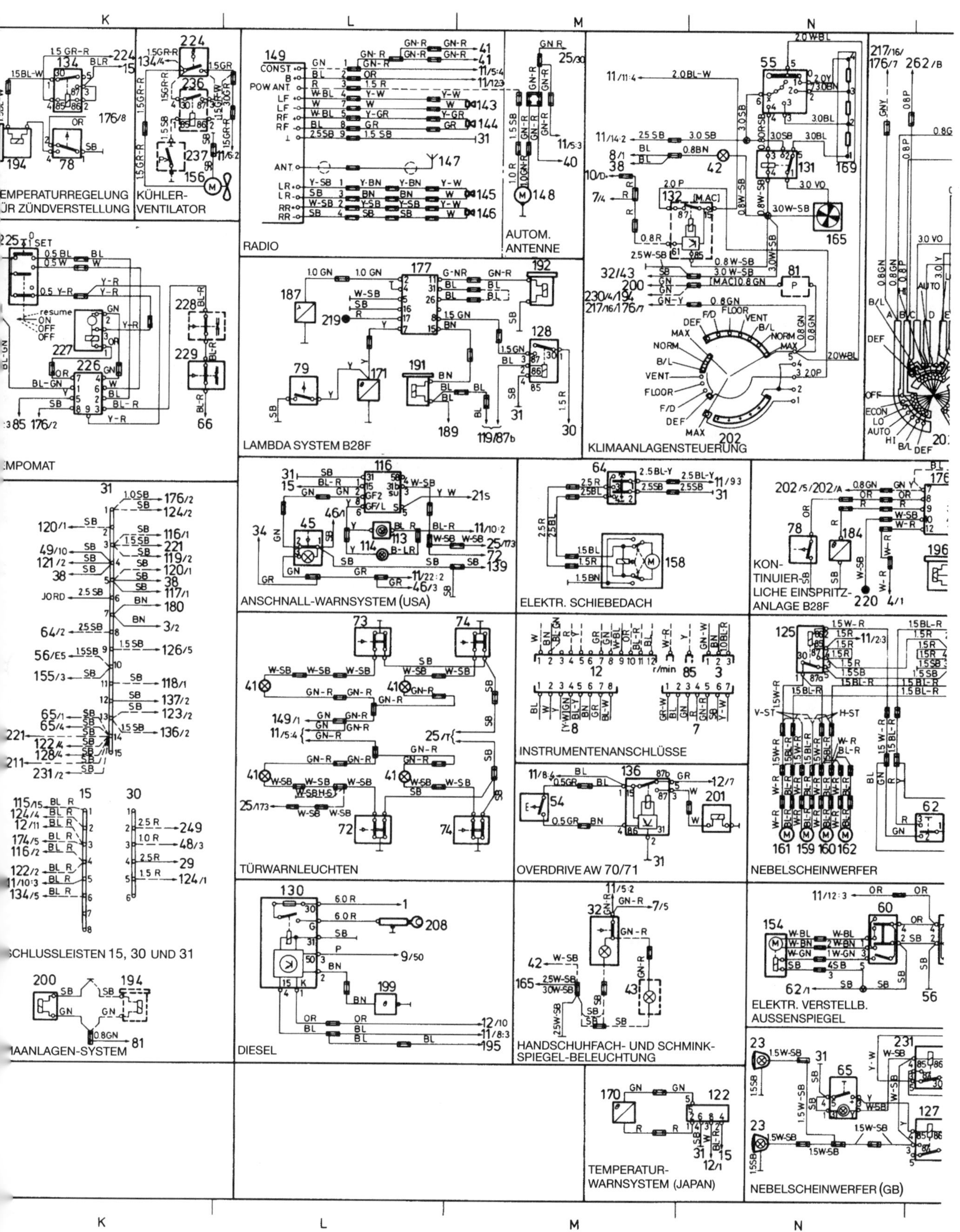

WD4: Zusatz-Schaltplan für 1983er-Modelle

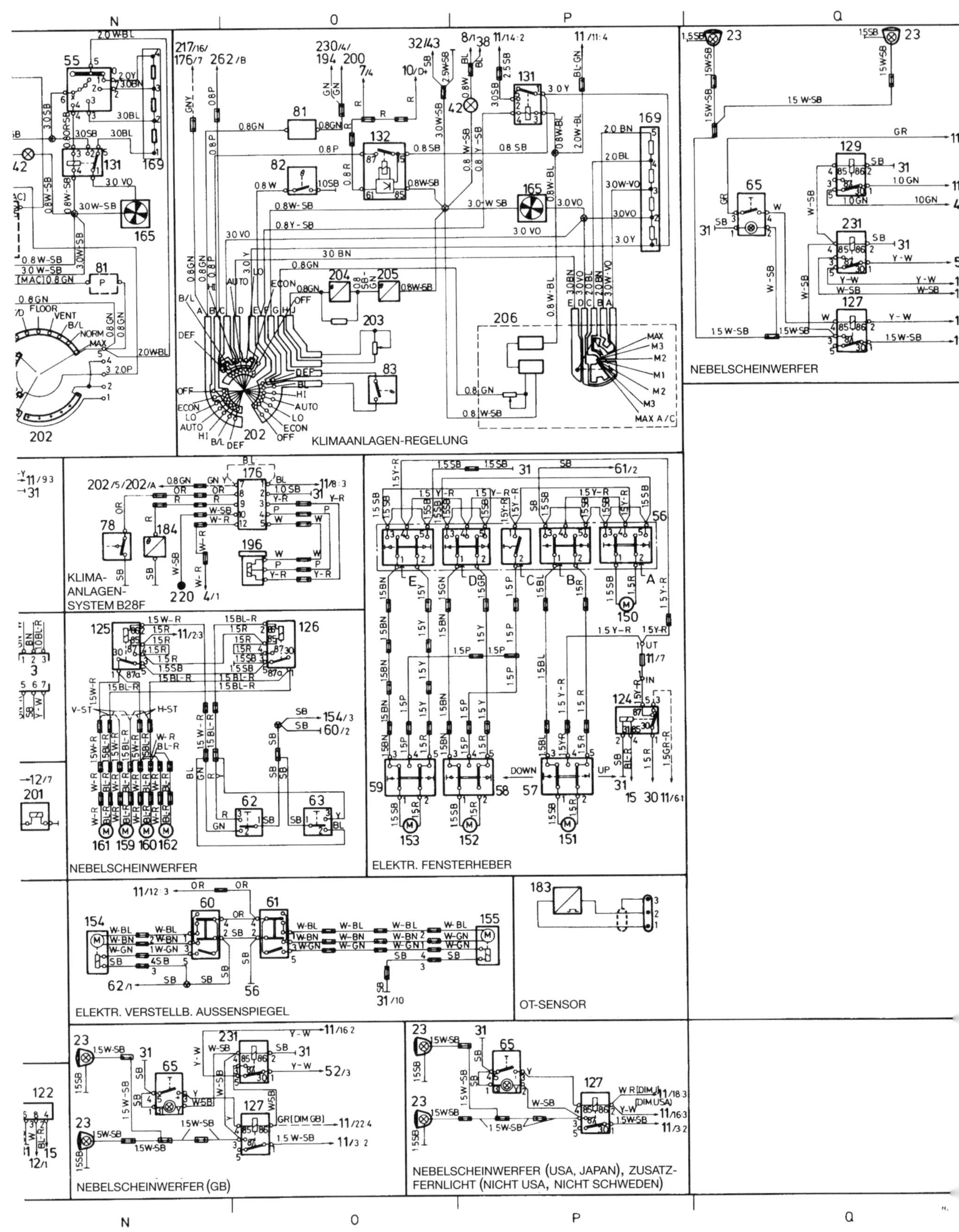

WD4: Zusatz-Schaltplan für 1983er-Modelle (Fortsetzung)

Legende zu Schaltplänen WD5 und WD6

Nr.	Bauteil/Bezeichnung	Planquadrat
1	Batterie	C2
2	Zündschloss/Anlasserschalter	E3
3	Instrumententafel-Stecker (3-polig)	W4
4	Zündspule	C5, N3
5	Zündverteiler	C4, M5, N3, 55
6	Zündkerzen	C4
7	Instrumententafel-Stecker (7-polig)	W4
8	Instrumententafel-Stecker (8-polig)	W4
9	Anlasser	C3
10	Lichtmaschine und Spannungsregler	B3
11	Sicherungsbox	C1, E1, H1
12	Instrumententafel-Stecker (12-polig)	W4
13	Scheinwerfer, Fernlicht	A2, A5, A6
14	Scheinwerfer, Abblendlicht	A2, A6
15	Anschluss 15 (in Zentraleinheit)	T4
16	Standlicht	A1, A6, L1, M6
17	Tagfahrlicht	A1, A6
18	Blinker	A1, B1, L1, M1, M6
19	Rückfahrlicht	L1, M1, M6
20	Nebelschlusslicht	L1, M1, M6
21	Rücklicht	L1, M1, M6
22	Bremslicht	L1, M1, M6
23	Nebelscheinwerfer/Zusatzscheinwerfer	X6, Y6
24	Kennzeichenbeleuchtung	M3, M4
25	Innenbeleuchtungs-Einheit	K4
26	Kartenleselampe	K4
27	Innenbeleuchtung	K4
28	Leselampe hinten	K4
29	Plus-Anschluss	D3
30	Anschluss 30 (in Zentraleinheit)	T3
31	Masseanschluss (in Zentraleinheit)	T4
32	Handschuhfachbeleuchtung	K3
33	Aschenbecherbeleuchtung vorne	G3
34	Aschenbecherbeleuchtung hinten	K5
35	Schalterbeleuchtung	F3
36	Schalterbeleuchtung	K5
37	Wahlfeld-Beleuchtung (Automatikmodelle)	K5
38	Instrumentenbeleuchtung	F3
39	Motorraumbeleuchtung	C2
40	Kofferraumbeleuchtung	K5
41	Tür-Warnleuchte	U4, V4
42	Heizungsregler-Beleuchtung	G3, W1, Y1
43	Schminkspiegelbeleuchtung	K3
44	Einspritzdüsen	N2, T2, T3, T4
45	Gurt-Kontrollleuchte Fahrerseite	K4, U3
46	Gurt-Kontrollleuchte Beifahrerseite	K4
47	Scheibenwischerschalter	H3
48	Lichtschalter	G4
49	Blinker/Warnblinker/Lichthupen-Schalter	G5
50	Hupenknopf	B4
51	Heckscheibenheizungs-Schalter	L3
52	Nebelschlussleuchten-Schalter	X6, Z6
53	Beifahrersitz-Heizungsschalter	J3
54	Overdrive-Schalter (Automatikmodelle)	V4, W6
55	Heizgebläseschalter	G4, W1
56	Fensterheberschalter (vorne rechts)	Y3
57	Fensterheberschalter (vorne links)	Z4
58	Fensterheberschalter (hinten rechts)	Z4
59	Fensterheberschalter (linten links)	Y4
60	Außenspiegel-Schalter (rechts)	X4
61	Außenspiegel-Schalter (links)	X4
62	Zentralverriegelungsgestänge-Schalter	Y4
64	Schiebedach-Schalter	W3
65	Nebel-/Zusatzscheinwerfer-Schalter	Y6, Z6
66	Bremslichtschalter	G3
67	Choke-Schalter	E3
68	Handbremsenschalter	F3
69	Bremsdefekt-Warnleuchte	F3
70	Rückfahrlicht-Schalter	K5
71	Anlasser-Sperrschalter (Automatikmodelle)	D3
72	Tür-Schalter vorne rechts	K5, V5
73	Tür-Schalter vorne links	K2, V4
74	Tür-Schalter hinten	K5, V4, V5
75	Beifahrersitz-Schalter	K3
76	Turboladerüberdruck-Schalter	D6, R1
77	Overdrive-Schalter (Schaltgetriebe)	W5
78	Mikroschalter (K-Jetronic)	T1, X3
79	Lambdasonden-Mikroschalter	U2
80	Thermozeitschalter	B6
81	Klimaanlagen-Drucksensor	X2, V1
82	Klimaanlagen-Schalttafelsensor	Y1
83	Klimaanlagenkühlmittel-Thermoschalter	Y2
84	Kühltemperatur-Sensor	R2, T3
85	Tachometer	F4, W4
86	Drehzahlmesser	F4
87	Uhr	F4
88	Kühltemperaturanzeige	F4
89	Tankanzeige	E4
90	Spannungsmesser (Voltmeter)	E4
93	Instrumenten-Spannungsregler	G4
94	Instrumentenbeleuchtungs-Rheostat	F4
95	Instrumentenbeleuchtung	F4
96	Ölpegel-Warnleuchte	E4
97	Öldruck-Warnleuchte	E4
98	Choke/Ladedruck-Warnleuchte	E4

Legende zu Schaltplänen WD5 und WD6 (Fortsetzung)

Nr.	Bauteil/Bezeichnung	Planquadrat
99	Handbremsen-Warnleuchte	E4
100	Bremsausfall-Warnleuchte	F4
101	Waschwasserpegel-Warnleuchte	E3
102	Ganganzeige	F4
103	Lampenausfall-Warnleuchte	F4
104	Glühkerzen-Kontrollleuchte (Diesel)	G4
105	Ladekontrollleuchte	E5
106	Overdrive-Kontrollleuchte (Automatik)	E5
107	Abgastemperatur-Kontrollleuchte (Japan)	E5
108	Blinker-Kontrollleuchte links	F5
109	Fernlicht-Kontrollleuchte	F5
110	Blinker-Kontrollleuchte rechts	F5
111	Lambdasonden-Kontrollleuchte	F5
112	Overdrive-Kontrollleuchte (Schaltgetriebe)	F5
113	Anschnall-Warnleuchte vorne	G5, V3
114	Anschnall-Warnleuchte vorne hinten	V3, J4
115	Lampenausfall-Sensor	H4
116	Anschnall-Erinnerungssummer	V3
117	Scheibenwischer-Intervallrelais	G3
118	Heckscheibenwischer-Intervallrelais	P4
119	Kraftstoffpumpenrelais	E5
120	Einspritzanlagen-Impulsrelais	D6
121	Blinkrelais	G4
122	Abgastemperatur-Sensor (Japan)	Z5
123	Overdrive-Relais (Schaltgetriebe)	W5
124	Fensterheber/Kühlerventilator-Relais	Z4
127	Zusatzscheinwerfer-Relais	Y6, Z6
128	Lambdasonden-Relais	V2
129	Nebelscheinwerfer-Relais	V5
130	Glühkerzen-Relais (Diesel)	L4
131	Heizgebläse-Relais	X1, Z2
132	Klimaanlagen-Verzögerungsrelais	W1, Y1
133	Zündbox (T2 28)	N3, R6
134	Zündungs-Frühverstellungsrelais	T1
135	Motronic / LH Jetronic-Relais	R2, R5
136	Overdrive-Relais (Automatikmodelle)	W4
137	Fernlicht-Relais	H5
138	Sitzheizungs-Relais Fahrerseite	J5
139	Rückenlehnenheizungs-Relais Fahrerseite	K5
140	Sitzheizungs-Relais, Beifahrerseite	J3
141	Rückenlehnenheizungs-Relais Beifahrerseite	K3
142	Sitzheizungs-Thermostat	J3, K5
143	Lautsprecher links vorne	V1
144	Lautsprecher rechts vorne	V1
145	Lautsprecher links hinten	V1
146	Lautsprecher rechts hinten	V1
147	Antenne (fest)	V1
148	Antenne (automatisch)	V1
149	Radio	U1

Nr.	Bauteil/Bezeichnung	Planquadrat
150	Fensterhebermotor vorne rechts	Z4
151	Fensterhebermotor vorne links	Z5
152	Fensterhebermotor hinten rechts	Y5
153	Fensterhebermotor hinten links	Y5
154	Außenspiegel rechts	L3, X4
155	Außenspiegel links	L3, Z5
156	Kühlventilator-Motor	U1
157	Scheinwerfer-Wischermotor	B2, B5
158	Schiebedach-Motor	W3
159	Schließmotor Beifahrertür	Y5
160	Schließmotor Tür rechts hinten	W4
161	Schließmotor Tür links hinten	W5
162	Schließmotor Kofferraum	W4
163	Scheibenwischermotor	G3
164	Scheibenwasch-Motor	G3
165	Heizgebläsemotor	G4, X1, Z1
166	Störschutz-Kondensator	C3
167	Störschutz-Kondensatoren (Zündkerzen)	C3
168	Zündspulen-Vorwiderstand	C4
169	Heizgebläse-Widerstand	X1, Z1
170	Katalysator-Thermoelement	Z5
171	Lambdasonden-Thermostat	V2
173	Innenbeleuchtungs-Verzögerung	K4
174	Ölpegel-Steuergerät	D4
175	Zündsteuergerät (Bosch)	D4
176	Motorsteuergerät (K-Jetronic)	X3
177	Lambdasonden-Steuergerät	R5, V2
178	Waschwasserpegel-Geber	F3
179	Ölpegelsensor	E4
180	Geschwindigkeitssensor	F5
181	Kühltemperatursensor	F5
182	Tankuhr-Geber	F5
184	Einspritzanlagen-Temperatursensor	X3
185	Ladelufttemperatur-Sensor	S2
186	Luftmengenmesser	T1
187	Lambdasonde	R4, U2
188	Start-Einspritzdüse	C6
189	Systemdruckregler	C5
190	Zusatzluftventil	C5
191	Frequenzventil	V2
192	Druckdifferenzschalter	V2
193	Warmstart-Einspritzdüse	C3
194	Standgasanhebungs-Magnetschalter	T5, T1
195	Kraftstoffabschalt-Magnetschalter	C3
196	Standgasventil (K-Jetronic)	R4, X3
197	Öldrucksensor	E3
198	Drosselklappenschalter (LH Jetronic)	S4
199	Temperatursensor (Diesel)	V5

Legende zu Schaltplänen WD5 und WD6 (Fortsetzung)

Nr.	Bauteil/Bezeichnung	Planquadrat
200	Klimaanlagenkompressor-Magnetschalter	T6
201	Overdrive-Magnetschalter	V5, W4
202	Heizungsregler	W3, X3
203	Klimaanlagen-Temperaturregler	Y2
204	Klimaanlagen-Umgebungstemperatursensor	P5, Y2
205	Klimaanlagen-Innenraumtemperatursensor	Y2
206	Klimaanlagen-Programmierung	Z2
207	Hupe	B4
208	Glühkerzen (Diesel)	V5
210	Tankpumpe	K2
211	Haupt-Kraftstoffpumpe	D6
212	Anlasserkontakt	D3
213	Drosselklappenschalter (Motronic)	S1
214	Kurbelwellensensor	R1
215	Drehzahlsensor	R1
216	Motronic-Steuergerät	S1
217	LH-Jetronic-Steuergerät	S3
218	Klopfsensor	S6
219	Lambdasonden-Prüfpunkt	U2
220	Prüfpunkt – K-Jetronic	S4, X3
221	Heckscheibenheizung	L2
223	Steckdose	F3
224	Ventilator-Thermostat	U1
225	Tempomat-Schalter	T1
226	Tempomat-Steuergerät	T2
227	Unterdruckpumpe	T2
228	Kupplungsschalter	U2
229	Bremsenschalter	G3, U2
231	Nebelschlusslicht-Relais	X6
232	Luftvorwärmungs-Relais	T5
233	Drucksensor (Turbodiesel)	E3
234	Luftvorwärmungs-Thermosat	U5
235	Luftvorwärmungs-Kaltleiter	U5
236	Drucksensor-Relais (Diesel)	U1
237	Drucksensor (Diesel)	U1
238	Waschwasserpumpe hinten	P4
239	Heckscheibenwischer-Stecker	P3
240	Heckscheibenwischer-Schalter	P3
241	Heckscheibenwischermotor	P3
242	Sitzverstellung-Notschalter	Q4
243	Sitzverstellung-Einschalter	Q4
244	Sitzverstellung-Steuergerät	Q3
245	Sitzverstellmotor – vor/zurück	R4
246	Sitzverstellmotor – auf/ab (vorne)	R3
247	Sitzverstellmotor – auf/ab (hinten)	R3
248	Sitzverstellmotor – Rückenlehnen-Neigung	R4
250	Tankuhrgeber-Zusatztank	F5
251	Anschluss	E5
252	ABS-Steuergerät	R1

Nr.	Bauteil/Bezeichnung	Planquadrat
253	ABS-Modulator	Q3
254	ABS-Überspannungsschutz	Q2
255	ABS-Wandler	Q1
256	ABS-Sensor vorne links	P2, Q1
257	ABS-Sensor vorne rechts	P2, Q1
258	ABS-Sicherungsbox	Q2
259	Ladedruck-Sensor	R4
260	Zündbox (EZ-K)	S6
261	AGR-MAgnetschalter	W5
262	Klimaanlagen-Unterdruckventil	X1
263	Overdrive-Öldruckschalter	S3
264	Ladedruckschalter	S3
265	Drehmomentbegrenzungs-Relais	P2, S3
266	Heckscheibenheizungs-Zeitschalter	L3
267	EZ-K-Prüfpunkt	S6
268	Gangsensor	R3
270	ABS-Geschwindigkeitssensor	Q1
271	Kraftstoff-Abschaltventil	V6
272	Drosselklappen-Schalter	S6
273	EZ-K-Temperatursensor	S6
274	AGR-Relais	Q6
275	AGR-Standgasschalter	Q5
277	AGR-Dreiwegeventil	R5
278	Umgebungsluftdruck-Schalter	P6
279	Höhenausgleichs-Magnetventil	P6
280	Fahrersitzheizungs-Relais	J3
284	Luftmassenmesser	S4
286	Traktionskontrollen-Sensor hinten links	N1
287	Traktionskontrollen-Sensor hinten rechts	N1
288	Traktionskontrollen-Drucksensor	P1
289	Traktionskontrollen-Leistungsstufe	N1, T3
290	Traktionskontrollen-Steuergerät	P1
292	Standgasfrühverstellungs-Magnetventil	T6, W6
293	Standgasfrühverstellungs-Relais	P5, T6, U6, V6, W6
295	Ganganzeige-Relais	Q5
298	Traktionskontrolle-Relais	N1
349	Instrumentenstecker (6-polig)	P5
375	Sitzheizungs-Schalter	J5
376	Lastwiderstand (Jetronic)	N1, S2
378	Plus-Anschluss (Motorraum)	C2
379	Fahrdaten-Computer	P5
384	Bremsflüssigkeits-Pegelsensor	Q1, F3
395	Traktionskontrollen-Schalter	P1
403	Temperatursensor-Batterie	C3
404	Unterdruckschalter	R6
405	Choke-Heizung	C3
406	Zündbox (Renix)	P5
407	Impulsgeber (Renix)	P5
408	Ganganzeige-Schalter	Q5

Farbcodes

BL = blau	GR = grau	R = rot	W = weiß
BN = braun	OR = orange	SB = schwarz	Y = gelb
GN = grün	P = pink	VO = violett	

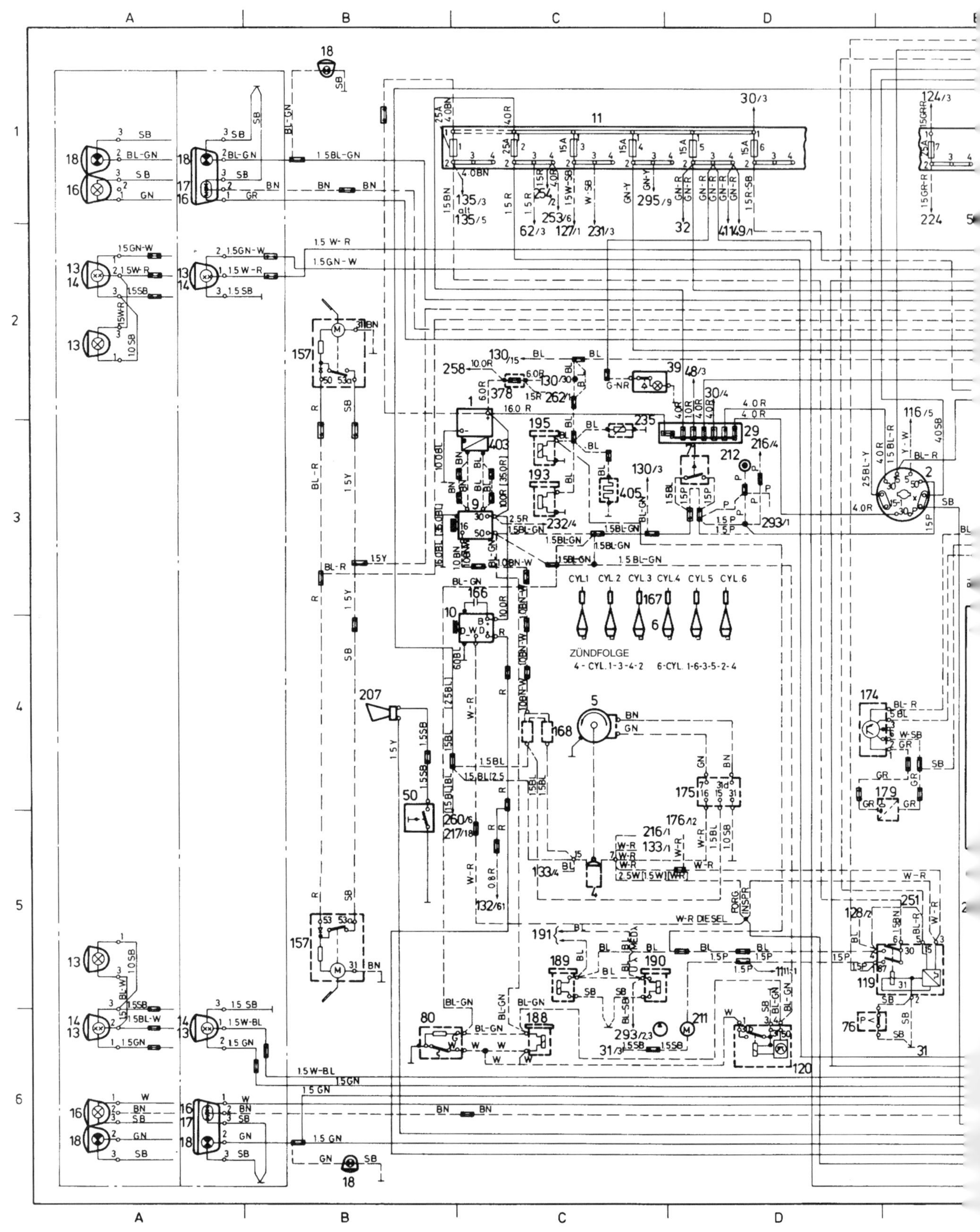

WD5: Haupt-Schaltplan für 1984er- bis 1988er-Modelle

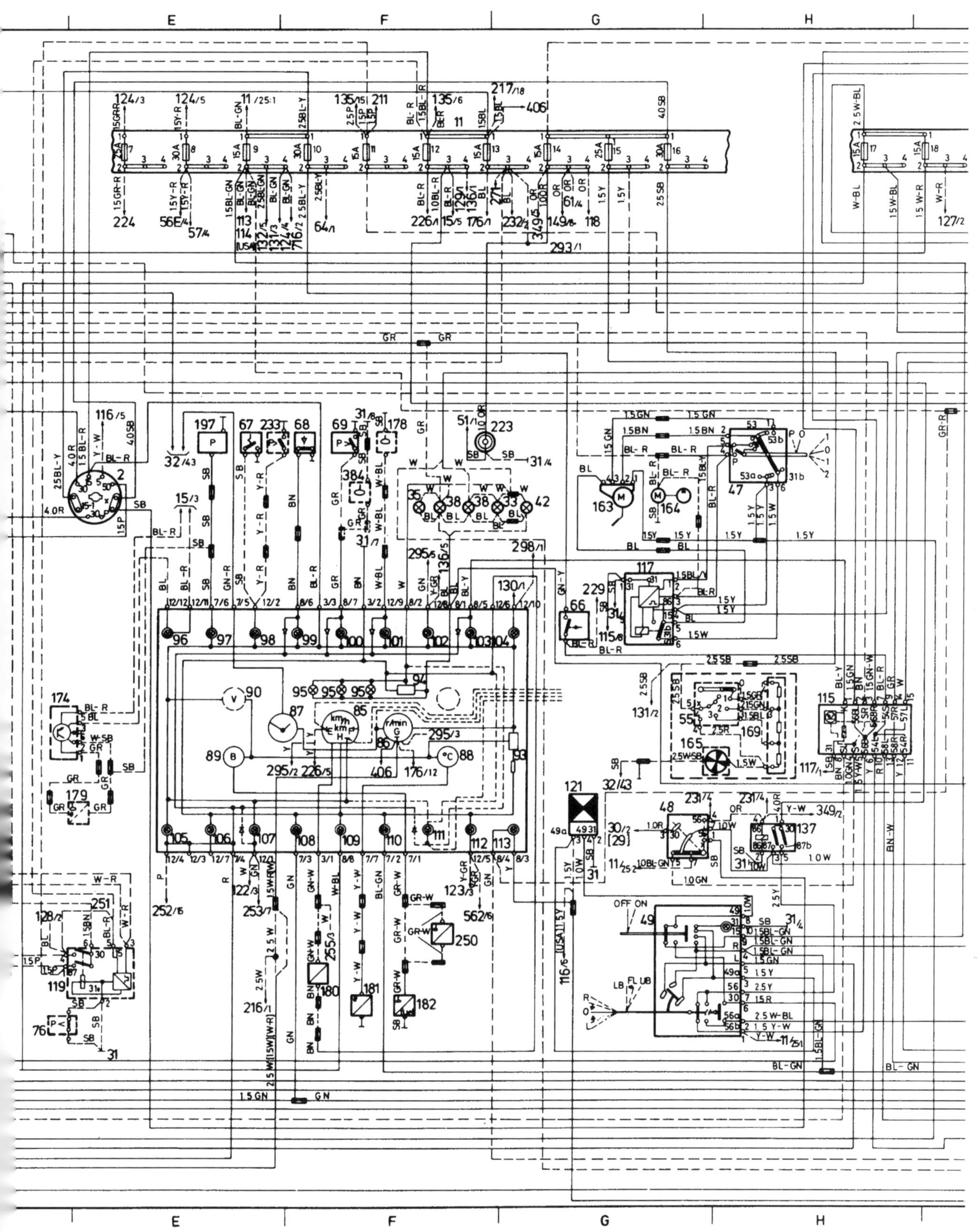

WD5: Haupt-Schaltplan für 1984er- bis 1988er-Modelle (Fortsetzung)

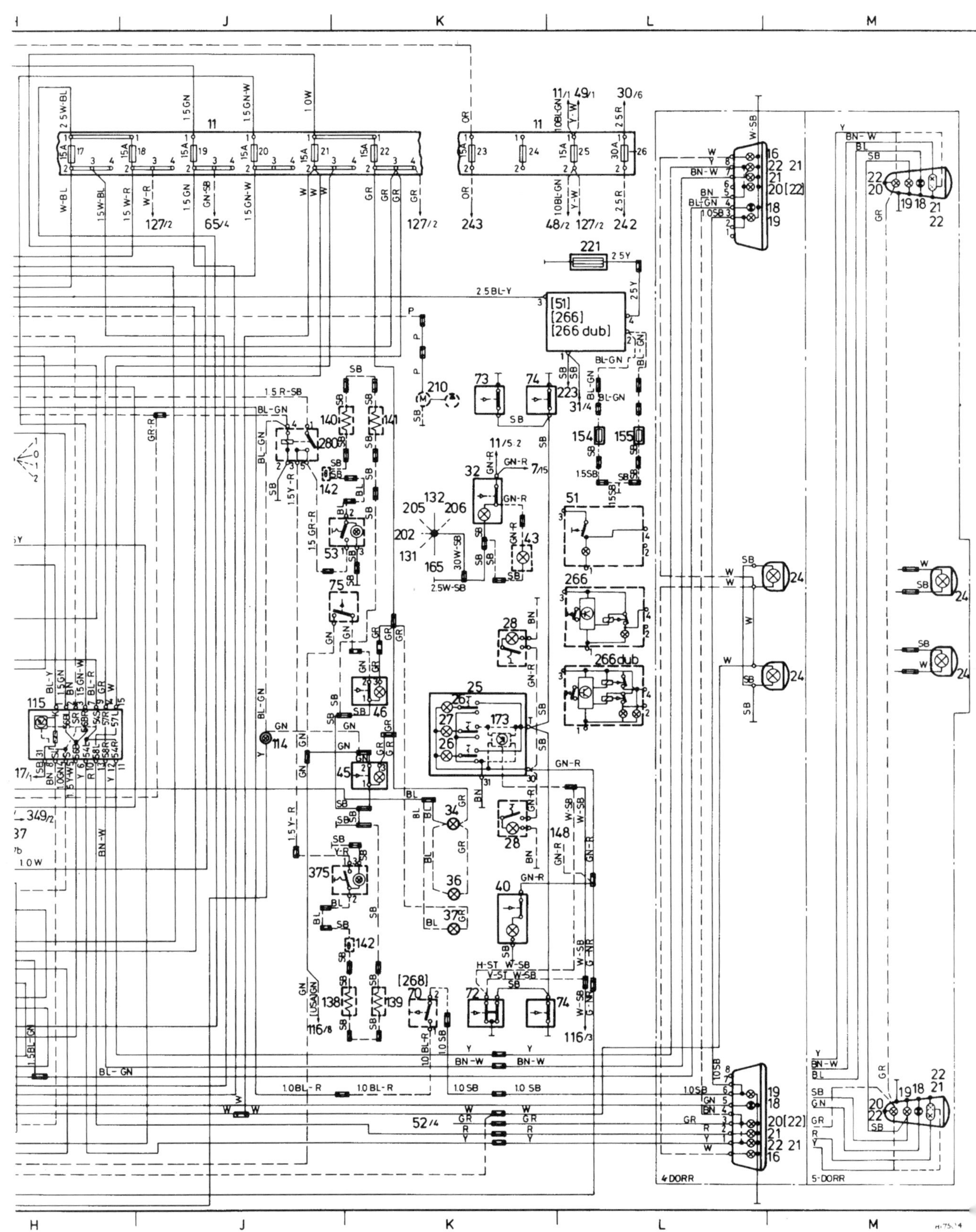

WD5: Haupt-Schaltplan für 1984er- bis 1988er-Modelle (Fortsetzung)

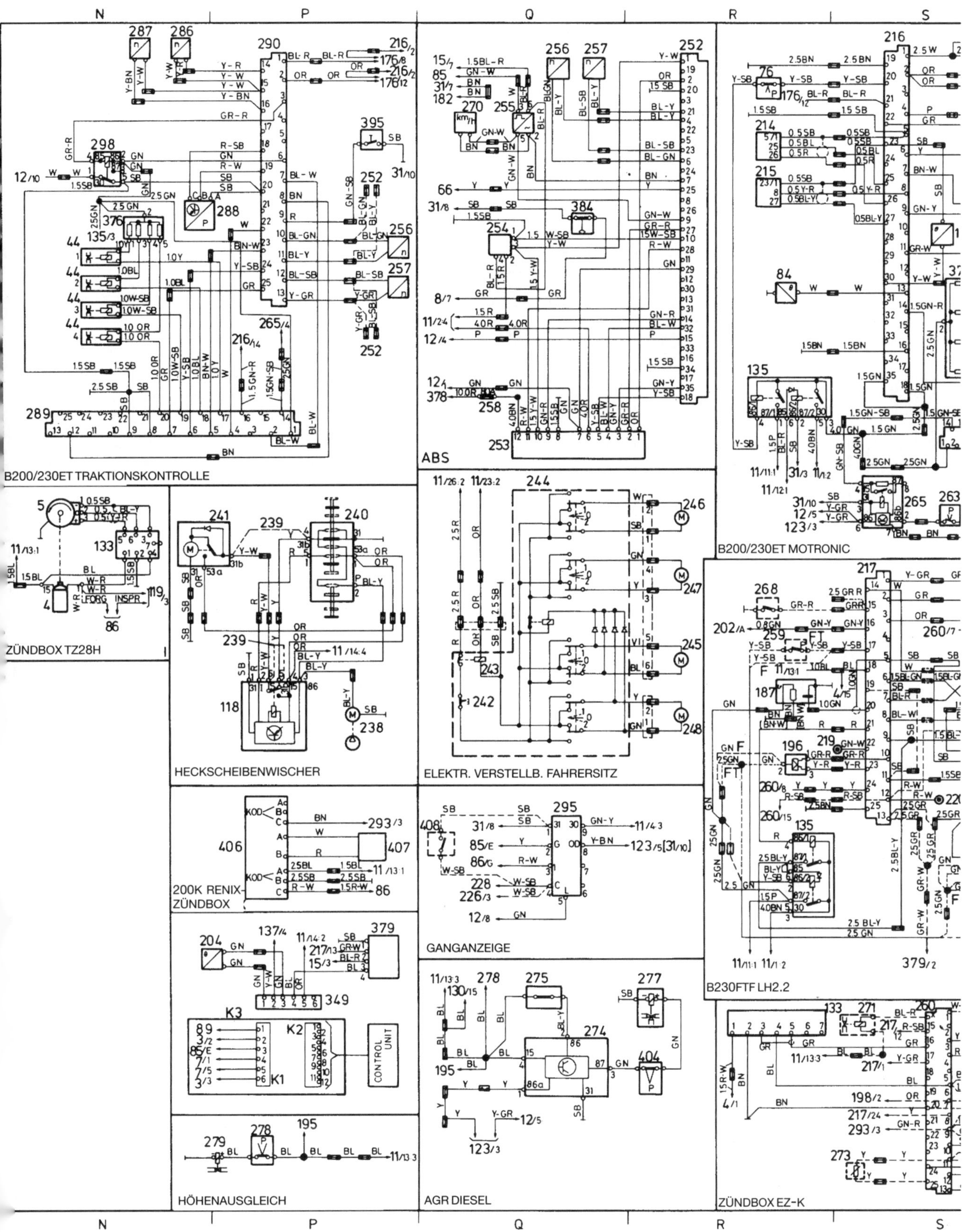

WD6: Zusatz-Schaltplan für 1984er- bis 1988er-Modelle

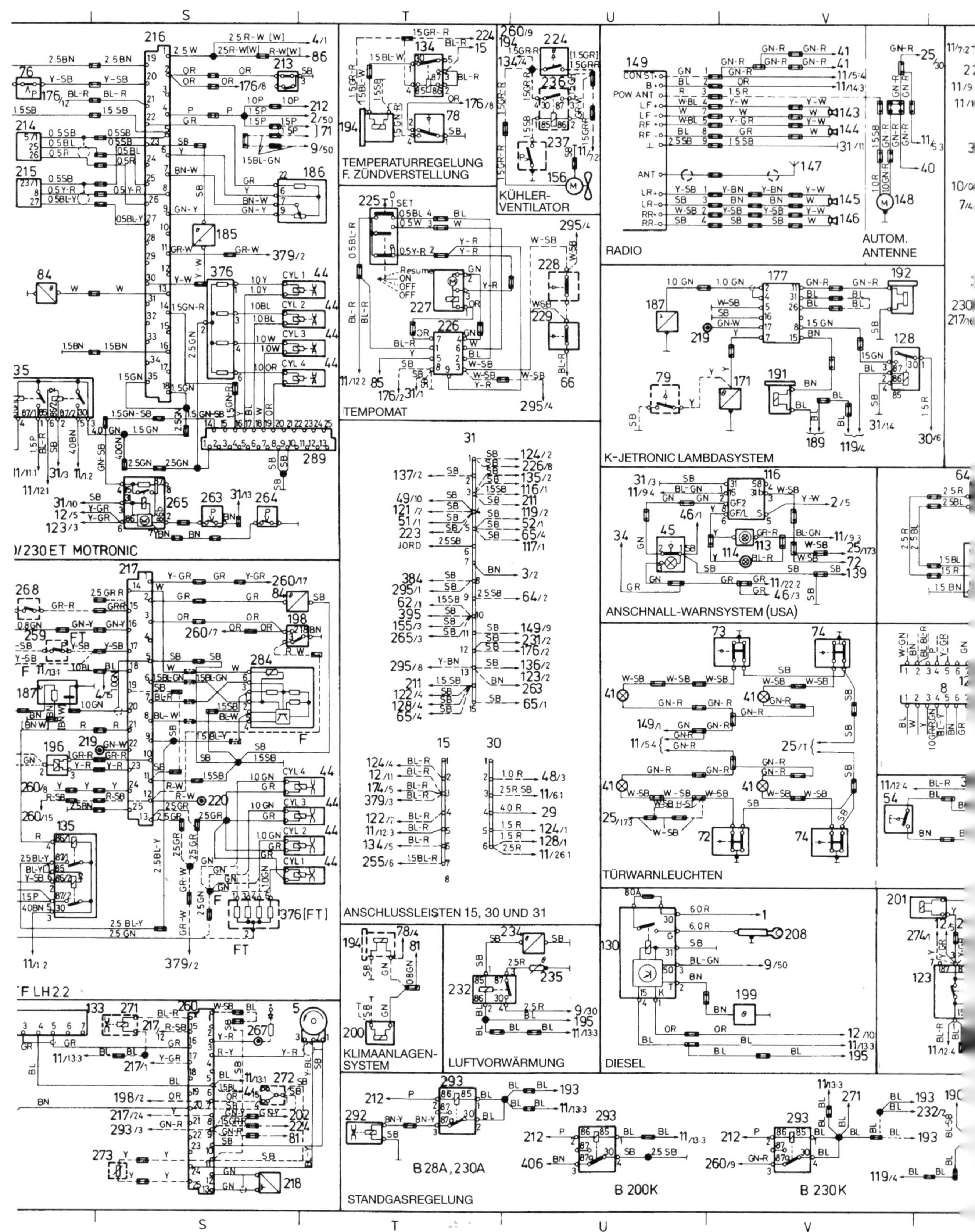

WD6: Zusatz-Schaltplan für 1984er- bis 1988er-Modelle (Fortsetzung)

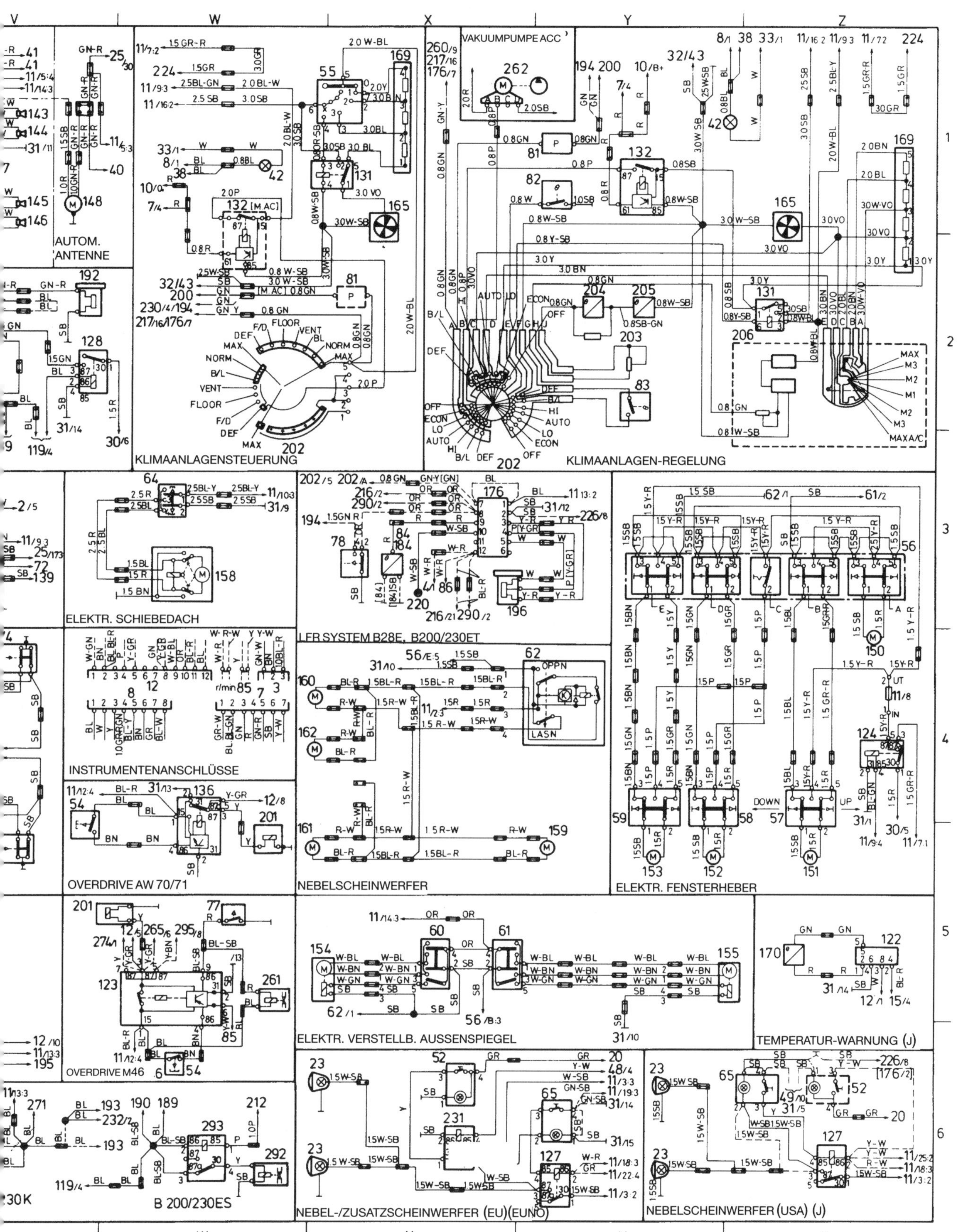

WD6: Zusatz-Schaltplan für 1984er- bis 1988er-Modelle (Fortsetzung)

Legende zu Schaltplänen WD7 und WD8

Nr.	Bauteil/Bezeichnung	Planquadrat
1	Batterie	B2
2	Zündschloss/Anlasserschalter	E3
3	Instrumententafel-Stecker (4-polig)	Z4
4	Zündspule	C5
5	Zündverteiler	C4, R4
6	Zündkerzen	C3
7	Instrumententafel-Stecker (7-polig)	Z4
8	Instrumententafel-Stecker (8-polig)	Z4
9	Anlasser	B3
10	Lichtmaschine und Spannungsregler	B3
11	Sicherungsbox	B-K1
12	Instrumententafel-Stecker (12-polig)	Z4
13	Scheinwerfer, Fernlicht	A2, A5
14	Scheinwerfer, Abblendlicht	A2, A5
15	Relais-Anschluss 15 (in Zentraleinheit)	W4
16	Standlicht (USA: auch hinten)	A1, A6, L1, L6
17	Tagfahrlicht	A1, A6
18	Blinkerlampe	A1, A6, B1, B6, L1, L6
19	Rückfahrlicht	L1, L6
20	Nebelschlusslicht	L1, L6
22	Bremslicht	L1, L4, L6
23	Nebelscheinwerferlampe	A2, A5
24	Kennzeichenbeleuchtung	L3, L4
25	Innenbeleuchtungs-Einheit	N5
26	Leselampe vorne	N5
27	Innenbeleuchtung	N5
29	Plus-Anschluss	D2
30	Relais-Anschluss 30 (in Zentraleinheit)	W4
31	Relais-Anschluss 31 (in Zentraleinheit)	W3
32	Handschuhfachbeleuchtung	M4
33	Aschenbecherbeleuchtung vorne	G3
34	Aschenbecherbeleuchtung hinten	J4
35	Schiebedachschalter-Beleuchtung	F3
36	Sitzheizungsschalter-Beleuchtung links	J4
37	Wahlfeld-Beleuchtung (Automatikmodelle)	J4
38	Instrumentenbeleuchtung	F3, G3
39	Motorraumbeleuchtung	C2, N3
40	Kofferraumbeleuchtung	M5
41	Tür-Warnleuchte	M5, N5
42	Heizungsregler-Beleuchtung	G3, Z1, AB1
43	Schminkspiegelbeleuchtung	N4
45	Gurt-Kontrollleuchte Fahrerseite	J5, X4
46	Gurt-Kontrollleuchte Beifahrerseite	J4, X4
47	Scheibenwischerschalter	H3
48	Lichtschalter	H4
49	Blinker/Warnblinker/Fern/Abblend-Schalter	H5
50	Hupenknopf	A5
51	Heckscheibenheizungs-Schalter	K2, K3
52	Nebelschlussleuchten-Schalter	T5, AB6, AC6
53	Beifahrersitz-Heizungsschalter	J3, Q3
54	Overdrive-Schalter	Z4, Z5
55	Heizgebläseschalter	J3, Z1
56	Fensterheberschalter (vorne rechts)	A3
57	Fensterheberschalter (vorne links)	AC4
58	Fensterheberschalter (hinten rechts)	AB4
59	Fensterheberschalter (linten links)	AB4
60	Außenspiegel-Schalter (rechts)	AA5
61	Außenspiegel-Schalter (links)	AA5
62	Zentralverriegelungsgestänge-Schalter	Z4
64	Schiebedach-Schalter	Z3
65	Nebelscheinwerfer-Schalter	T6, AA6, AC6
66	Bremslichtschalter	G3, T5, W2
67	Choke-Schalter	E3
68	Handbremsenschalter	F3
70	Rückfahrlicht-Schalter	J6
71	Anlasser-Sperrschalter (Automatikmodelle)	D3
72	Tür-Schalter vorne rechts	M4
73	Tür-Schalter vorne links	N4
74	Tür-Schalter hinten	M6, N6

Nr.	Bauteil/Bezeichnung	Planquadrat
75	Beifahrersitz-Schalter	J4
76	Turbolader-Druckregler	U4
77	Overdrive-Schalter (M46)	Z5
80	Thermozeitschalter	B6
81	Klimaanlagen-Drucksensor	AC1, A2
82	Heizgebläse-Temperatursensor	AB2
84	Kühltemperatur-Sensor	P5, Q1, U2, V3, AA3, N2, AE2, AF5
85	Tachometer	F4
86	Drehzahlmesser	F4
87	Uhr	F4
88	Kühltemperaturanzeige	F4
89	Tankanzeige	E4
90	Spannungsmesser (Voltmeter)	E4
91	Wartungshinweis-Leuchte	F5
92	Diagnose-Anzeigeleuchte	E5
94	Instrumentenbeleuchtungs-Rheostat	F4
95	Instrumentenbeleuchtung	F4
96	Abgastemperatur-Warnleuchte (Japan)	E4
97	Öldruck-Warnleuchte	E4
98	Choke/Ladedruck-Warnleuchte	E4
99	Handbremsen-Warnleuchte	F4
100	Bremsausfall-Warnleuchte	F4
101	Waschwasserpegel-Warnleuchte	F4
102	Overdrive-Leuchte (Automatikgetr. AW70/71)	F4
103	Lampenausfall-Warnleuchte	G3
104	Glühkerzen-Kontrollleuchte (Diesel)	G3
105	Ladekontrollleuchte	E5
107	ABS-Kontrollleuchte	E5
108	Blinker-Kontrollleuchte links	F5
109	Fernlicht-Kontrollleuchte	F5
110	Blinker-Kontrollleuchte rechts	F5
112	Overdrive-Kontrollleuchte (Schaltgetriebe M46)	F5
113	Anschnall-Warnleuchte vorne	F5, X3
114	Anschnall-Warnleuchte vorne hinten	J5, X3
115	Lampenausfall-Sensor	I4
116	Anschnall-Erinnerungssummer	X3
117	Scheibenwischer-Intervallrelais	G3
118	Heckscheibenwischer-Intervallrelais	R4
119	Kraftstoffpumpenrelais	E5
121	Blinkrelais	G4
122	Abgastemperatur-Relais (Japan)	O5
123	Overdrive-Relais (Schaltgetriebe M46)	Z5
124	Fensterheber-Relais	AC4
125	Zentralverriegelungs-Relais	AA4
127	Zusatzscheinwerfer-Relais	I6, AB6, AC6
130	Glühkerzen-Relais (Diesel)	R5
131	Ventilator-Relais	AA1, AC2
132	Klimaanlagen-Verzögerungsrelais	Z1
135	Motronic / LH Jetronic-Relais	M1, U2, U5, AC4
136	Overdrive-Relais (Automatik AW 70/71)	Z4
137	Scheinwerfer-Relais	H4
138	Sitzheizungs-Relais Vordersitze	J2, K5, R3
139	Rückenlehnenheizungs-Relais Vordersitze	K2, K5, P3, Q3
142	Sitzheizungs-Thermostat	J2, J5, P3, Q3
143	Lautsprecher links vorne	Y1, Y2
144	Lautsprecher rechts vorne	Y1, Y2
145	Lautsprecher links hinten	Y1, Y2
146	Lautsprecher rechts hinten	Y1, Y2
147	Antenne (fest)	Y1, Y3
148	Antenne (automatisch)	Y1, Y2
149	Radio	X1, X2
150	Fensterhebermotor vorne rechts	AC3
151	Fensterhebermotor vorne links	AC5
152	Fensterhebermotor hinten rechts	AB5
153	Fensterhebermotor hinten links	AB5
154	Außenspiegel rechts	K2, Z5
155	Außenspiegel links	K2, A5

Legende zu Schaltplänen WD7 und WD8 (Fortsetzung)

Nr.	Bauteil/Bezeichnung	Planquadrat	Nr.	Bauteil/Bezeichnung	Planquadrat
156	Kühlventilator-Motor	W1	235	Luftvorwärmungs-Kaltleiter	X5
157	Scheinwerfer-Wischermotor	B2, B5	238	Waschwasserpumpe hinten	S4
158	Schiebedach-Motor	Z3	239	Heckscheibenwischer-Stecker	R4
159	Schließmotor Beifahrertür	AB4	240	Heckscheibenwischer-Schalter	S3
160	Schließmotor Tür rechts hinten	Z5	241	Heckscheibenwischermotor	R3
161	Schließmotor Tür links hinten	AB5	251	Kickdown-Einheit	E5
162	Schließmotor Kofferraum	AA5	252	ABS-Steuergerät	T1
163	Scheibenwischermotor	G3	253	ABS-Modulator	T3
164	Scheibenwasch-Motor	G3	254	ABS-Überspannungsschutz	S2
165	Heizgebläsemotor	AA2, AB1	256	ABS-Sensor vorne links	T1
166	Störschutz-Kondensator	C3	257	ABS-Sensor vorne rechts	T1
169	Heizgebläse-Widerstand	AA1, AB1	258	ABS-Hydraulikpumpe	T3
170	Katalysator-Thermoelement	AC5	260	Zündbox (EX-K)	P1, Q4, AD2
173	Innenbeleuchtungs-Verzögerung	N4	262	Klimaanlagen-Unterdruckpumpe	AA1
176	Motorsteuergerät (K-Jetronic)	AA3	263	Klimaanlagen-Unterdruckpumpenrelais	AA1
178	Waschwasserpegel-Geber	F3	266	Heckscheibenheizungs-Zeitschalter	K2, K4
180	Geschwindigkeitssensor	F5,T2	267	EZ-K-Prüfpunkt	Q5
181	Kühltemperatursensor	F5	271	Kraftstoff-Abschaltventil	P4
182	Tankuhr-Geber	F5	272	Motor-Mikroschalter	Q5
185	Ladelufttemperatur-Sensor	AF4	274	AGR-Relais	T3
186	Luftmengenmesser	V1	275	AGR-Standgasschalter	T3
187	Lambdasonde	AD2	276	AGR-Wandler	Q1
188	Start-Einspritzdüse	AD5, M2	277	AGR-Dreiwegeventil	T3
189	Systemdruckregler	C5	278	Umgebungsluftdruck-Schalter	T4
190	Zusatzluftventil	C5	279	Höhenausgleichs-Magnetventil	T4
193	Warmstart-Einspritzdüse	B5	280	Fahrersitzheizungs-Relais	P2
194	Standgasanhebungs-Magnetschalter	X4	284	Luftmassenmesser	N1, V4
195	Kraftstoffabschalt-Magnetschalter	S5	289	Leistungsstufe	P3
196	Standgasventil	AD5	290	Traktionskontrollen-Steuergerät	P1
197	Öldrucksensor	E3	292	Standgasfrühverstellungs-Magnetventil	Z6
198	Drosselklappenschalter (LH Jetronic)	AF4	293	Standgasfrühverstellungs-Relais	W6, X6, Z6
199	Temperatursensor (Diesel)	S5	295	Ganganzeige-Relais	S5
200	Klimaanlagenkompressor-Magnetschalter	X4	346	Laderaumbeleuchtung (Dach)	M6
201	Overdrive-Magnetschalter	Y5, Z4	347	Türkontakt hinten	N6
202	Heizungsregler	Z3, AA2	361	Einspritzdüse 1	N3, V2, V6, AF6
203	Klimaanlagen-Temperaturregler	A2, AB2	362	Einspritzdüse 2	N3, V2, V6, AF6
204	Klimaanlagen-Umgebungstemperatursensor	A2, AB2	363	Einspritzdüse 3	N3, V2, V6, AF6
			364	Einspritzdüse 4	N3, V2, V6, AF6
205	Klimaanlagen-Innenraumtemperatursensor	A2, AB2	375	Sitzheizungs-Schalter rechts	L5, P3
206	Klimaanlagen-Programmierung	O2, AC2	376	Lastwiderstand (Jetronic)	U6, V2
207	Hupe	A4	378	Plus-Anschluss (Motorraum, ABS)	T2
208	Glühkerzen (Diesel)	S5	384	Bremsflüssigkeits-Pegelsensor	F1, T3
210	Tankpumpe	F5	403	Temperatursensor-Batterie	B2
211	Haupt-Kraftstoffpumpe	D5	404	Unterdruckschalter	T6
212	Wartungs-Anschlüsse	D3, S5, W6, X6, AD5	405	Choke-Heizung	B5
213	Drosselklappenschalter (Motronic)	P1	406	Zündbox (Renix)	Q3
214	Kurbelwellensensor	U1	407	Impulsgeber (Renix)	R3
215	Drehzahlsensor	U1	413	Impulsgeber (EZ-K)	Q2, AE2
216	Motronic-Steuergerät	U1	419	Leistungsstufe EZ-K	P1, P4
217	LH-Jetronic-Steuergerät	U3	420	Leistungsstufe REX-I	AD2
218	Klopfsensor	Q2, Q6, AE3	424	Ladedruckbegrenzer-Magnetventil	R6
219	Lambdasonden-Prüfpunkt	U4	438	Sitzheizungsschalter	J3
220	Standgasregelung-Prüfpunkt	V4, AA3	440	Drucksensor REX-I	AF4
221	Heckscheibenheizung	K2	464	Einspritzdüsen-Relais	N3, U6, V3, AE6
223	Steckdose	G3	472	Steuergerät LH-2.4	M1, M2
224	Ventilator-Thermostat	W1	473	Steuergerät Rex-Regina	AE4
225	Tempomat-Schalter	W1	479	Steuergerät Dim-Dip (nur GB)	G5
226	Tempomat-Steuergerät	W2	482	Diagnose-Anschluss	N2, Q2, P2, AD3
227	Tempomat-Unterdruckpumpe	W2	488	Warnblink-Relais	T5
228	Kupplungs-Brückenstecker	T5, W2	490	Antennenmotor-Schalter	Y2
229	Bremsen-Brückenstecker	T5, W2	886	Verteilergehäuse 1234705	N1, V4
231	Nebelschlusslicht-Relais	T5, AA6	901	Radio-Verstärker	X2
232	Luftvorwärmungs-Relais	X5	928	SRS (Airbag)	B4
233	Drucksensor (Turbodiesel)	E3, R6	929	Zündmodul SRS	B5
234	Luftvorwärmungs-Thermosat	Y5	931	Sicherheits-Stromkreis SRS	G4

Farbcodes

BL = blau	GR = grau	R = rot	W = weiß
BN = braun	OR = orange	SB = schwarz	Y = gelb
GN = grün	P = pink	VO = violett	

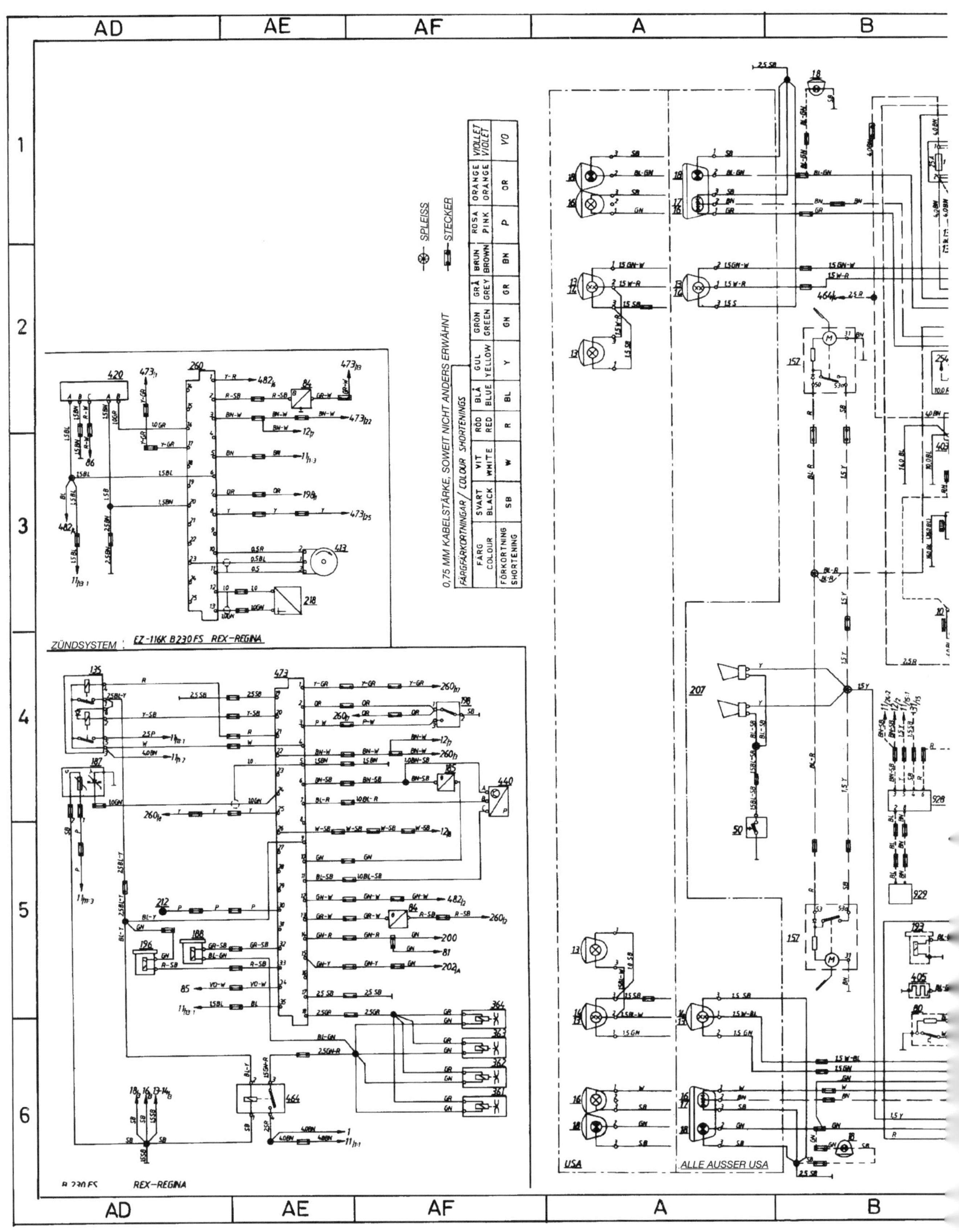

WD7: Haupt-Schaltplan für 1989er Volvo 740

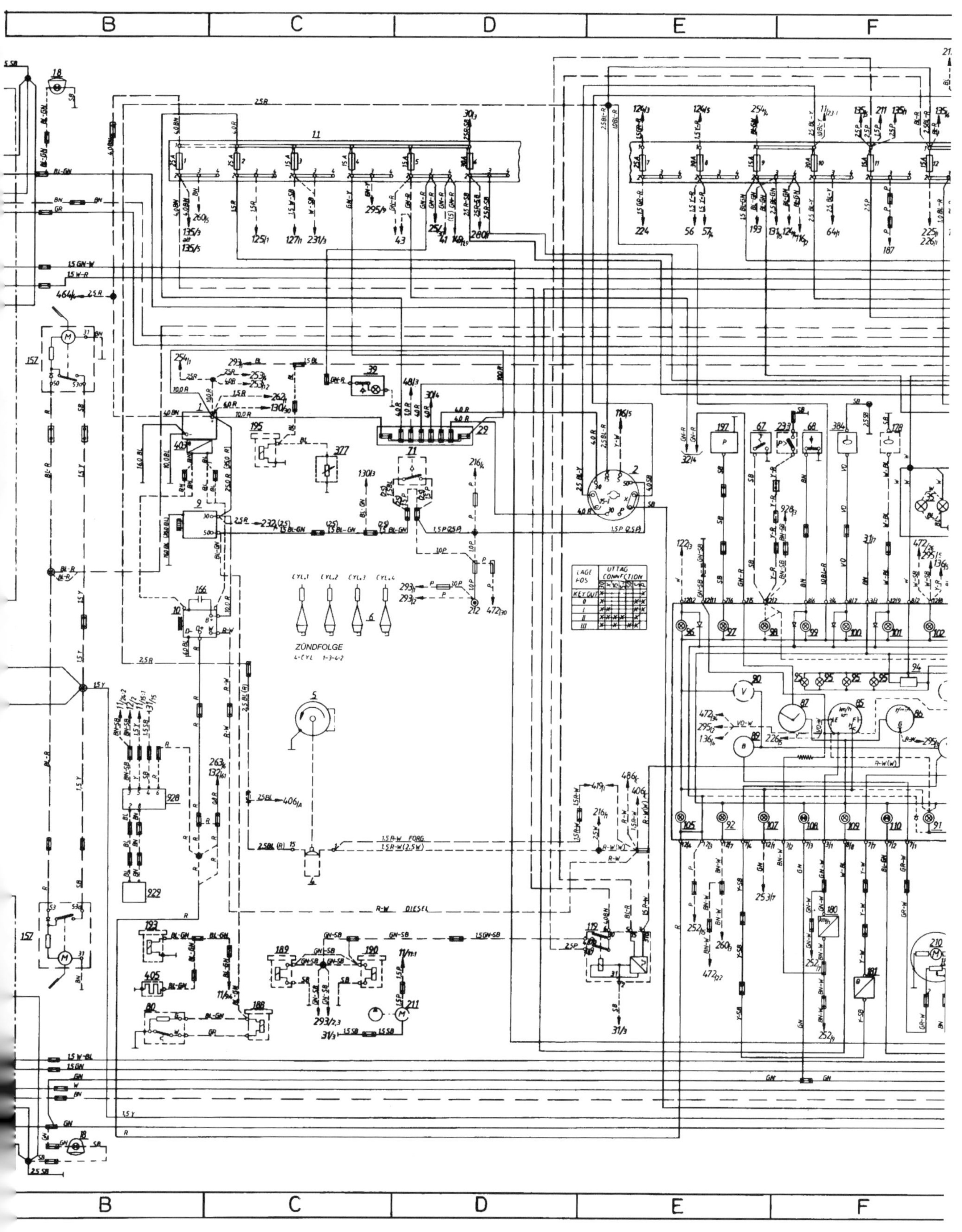

WD7: Haupt-Schaltplan für 1989er Volvo 740 (Fortsetzung)

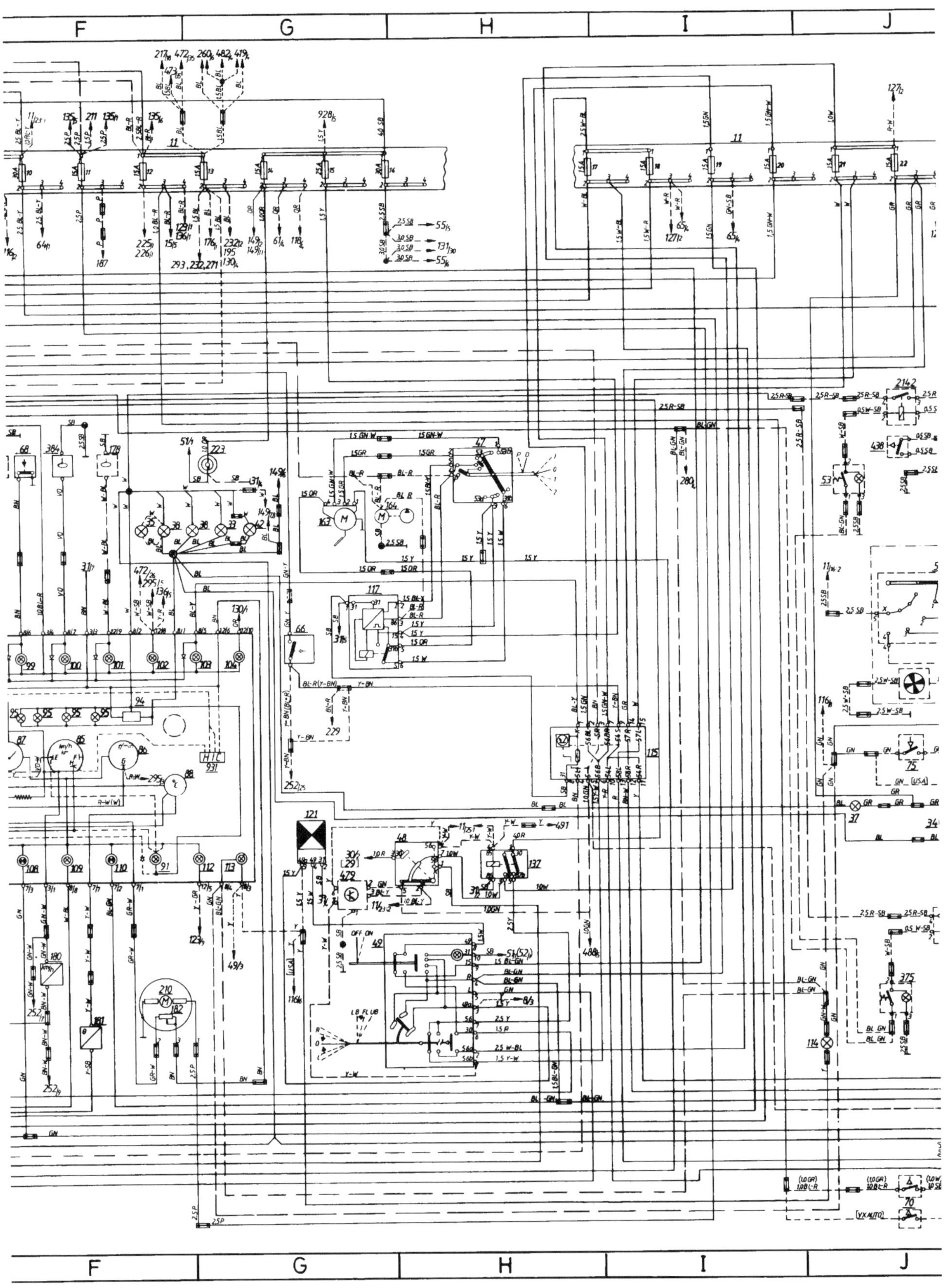

WD7: Haupt-Schaltplan für 1989er Volvo 740 (Fortsetzung)

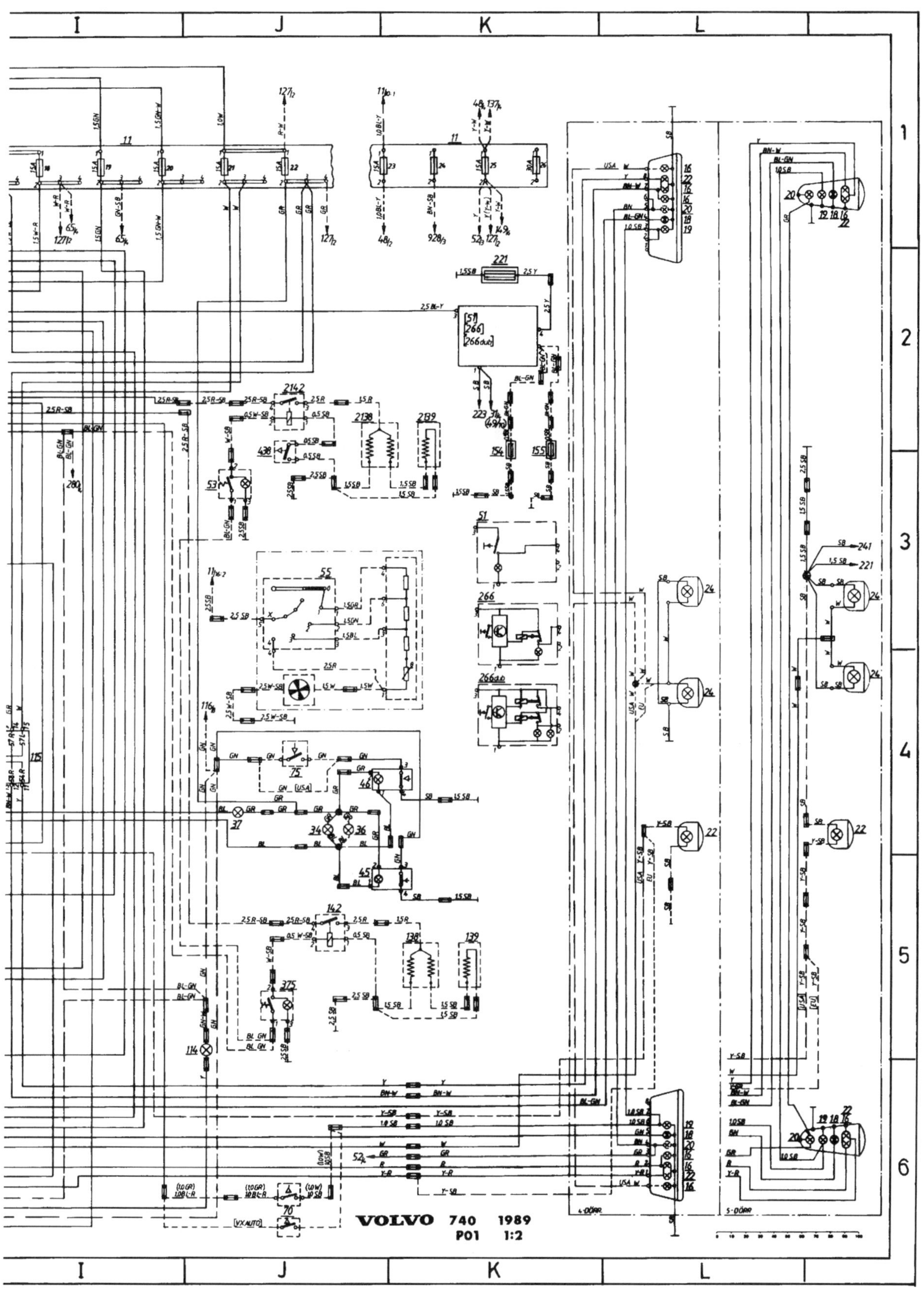

WD7: Haupt-Schaltplan für 1989er Volvo 740 (Fortsetzung)

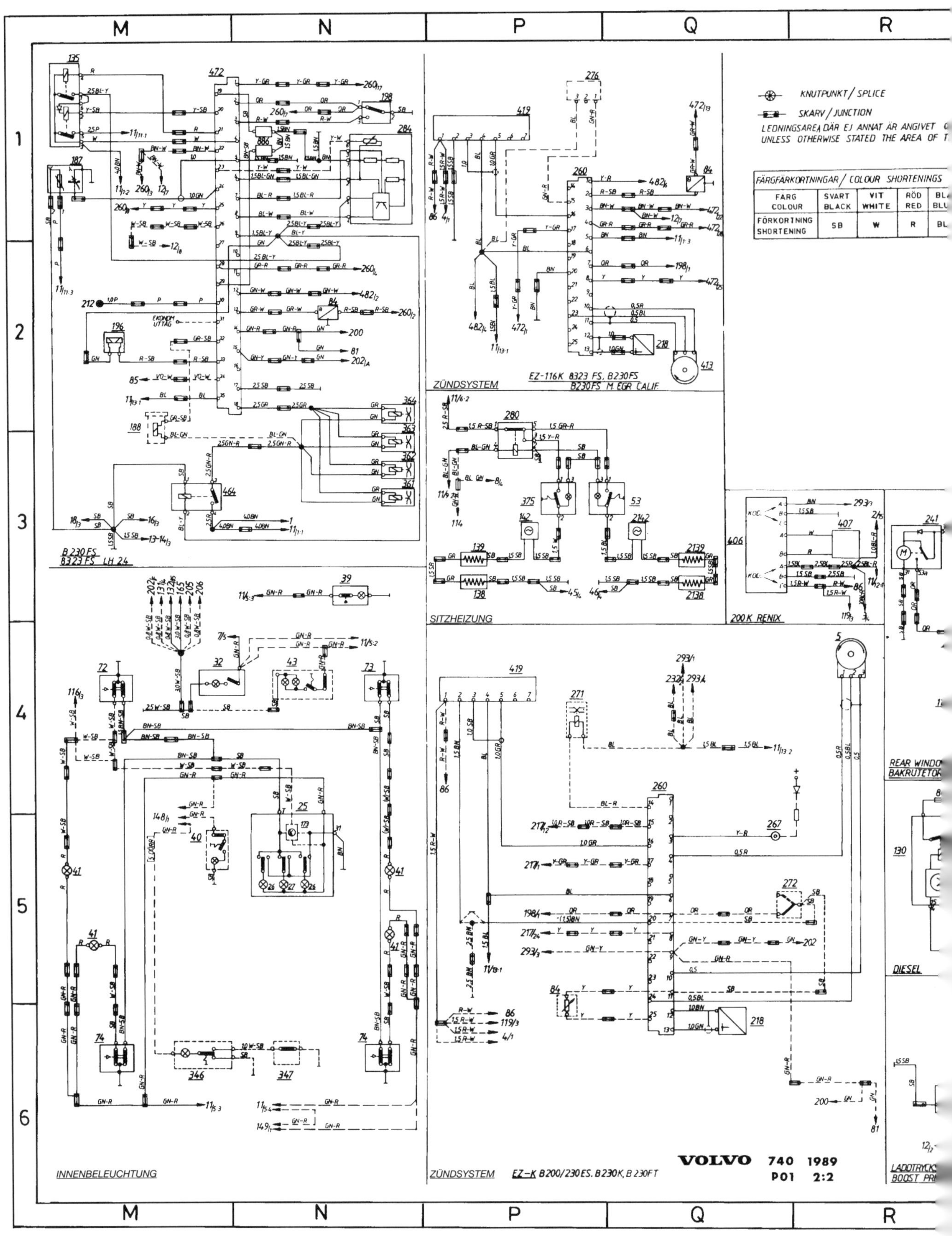

WD8: Zusatz-Schaltplan für 1989er Volvo 740

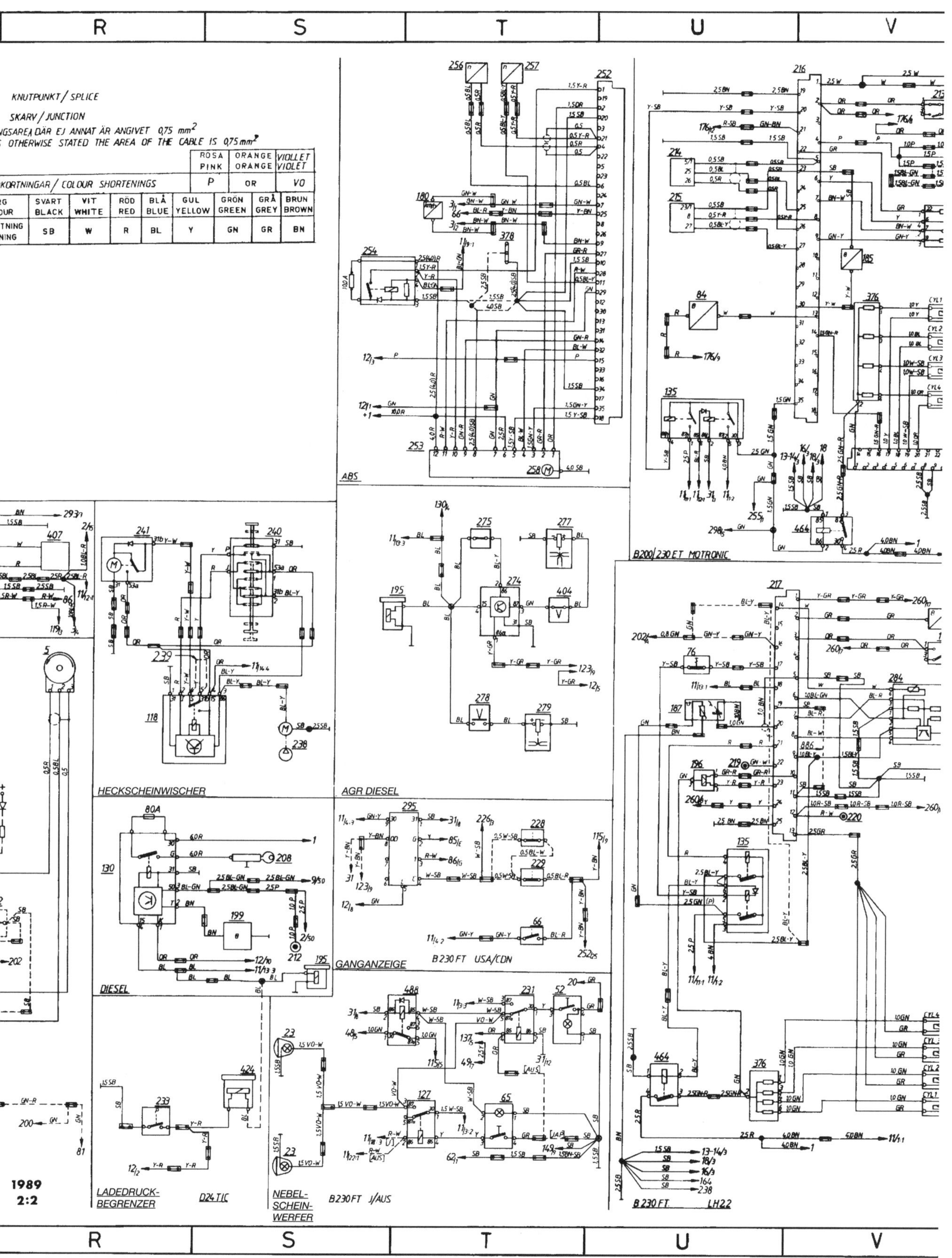

	ROSA PINK	ORANGE ORANGE	VIOLLET VIOLET
KORTNINGAR / COLOUR SHORTENINGS	P	OR	VO

	SVART BLACK	VIT WHITE	RÖD RED	BLÅ BLUE	GUL YELLOW	GRÖN GREEN	GRÅ GREY	BRUN BROWN
TNING NING	SB	W	R	BL	Y	GN	GR	BN

WD8: Zusatz-Schaltplan für 1989er Volvo 740 (Fortsetzung)

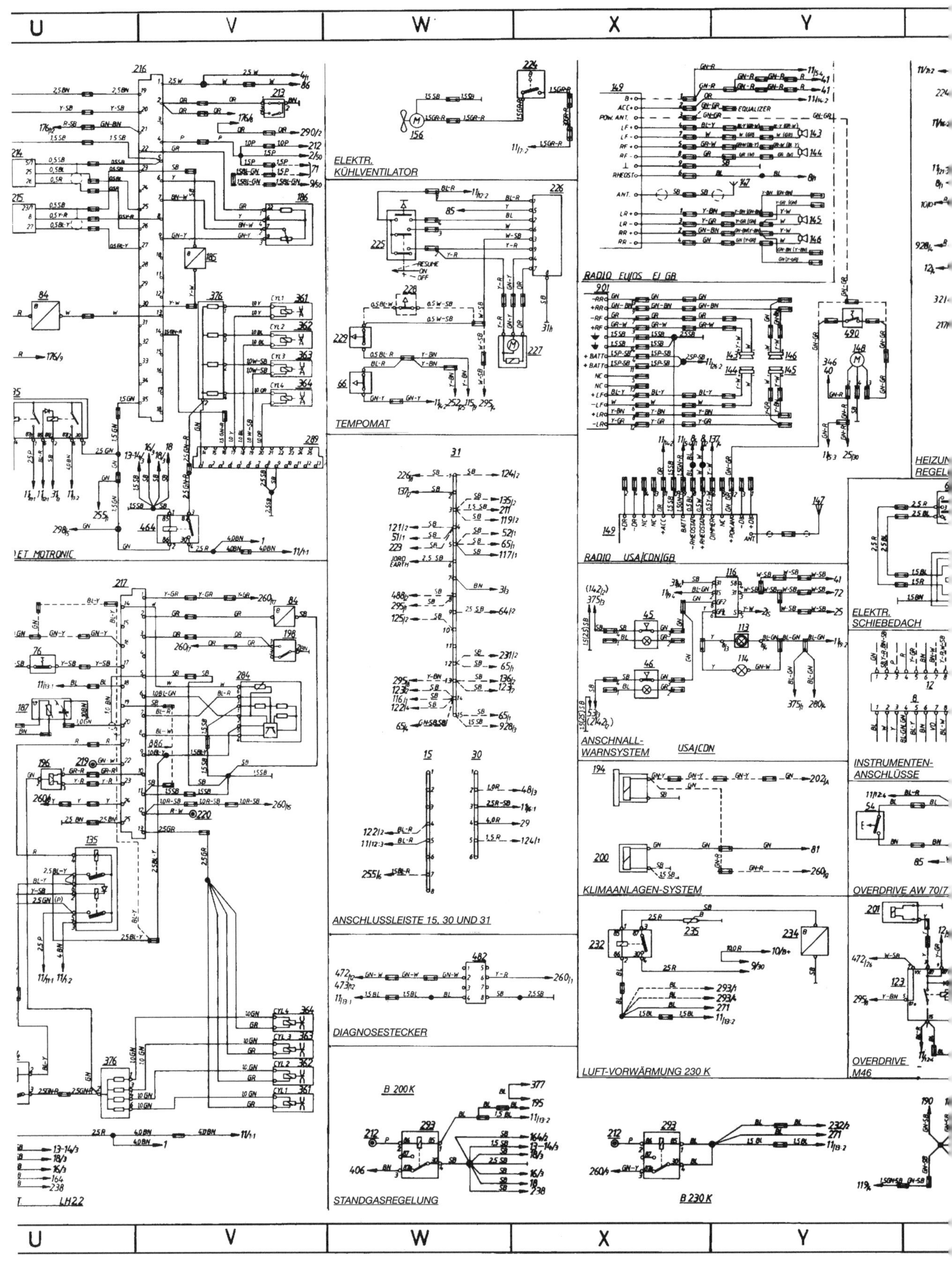

WD8: Zusatz-Schaltplan für 1989er Volvo 740 (Fortsetzung)

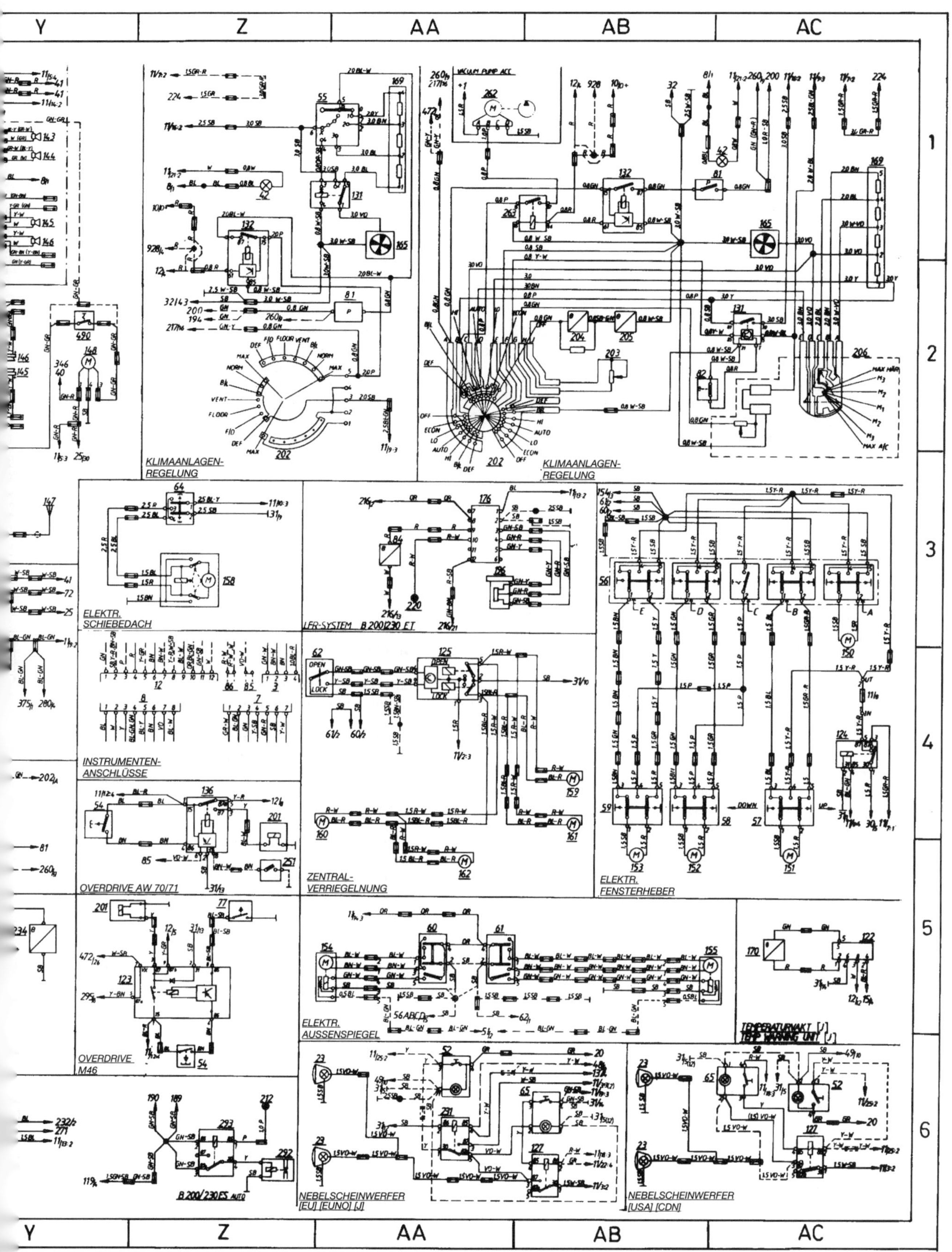

WD8: Zusatz-Schaltplan für 1989er Volvo 740 (Fortsetzung)

Legende zu Schaltplänen WD9 und WD10

Nr.	Bauteil/Bezeichnung	Planquadrat
1	Batterie	D3
2	Zündschloss	E3
3	Instrumententafel-Stecker (4-polig)	T5
4	Zündspule 12V	D6, N5, P5
5	Zündverteiler	D5, R5
6	Zündkerzen	E5
8	Instrumententafel-Stecker (8-polig)	T5
9	Anlasser 800W	Q3
10	Lichtmaschine und Spannungsregler	Q4
11	Sicherungsbox	B-K1
12	Instrumententafel-Stecker (12-polig)	T5
13	Fernlicht 60W	A1, A6
14	Abblendlicht 55W max.	A1, A6
15	Relais-Anschluss 15 (in Zentraleinheit)	T4
16	Standlicht (USA: auch hinten)	A1, A6, L1, L6
17	Blinkleuchten 32CP/21W	A1, A6
18	Instrumententafel-Stecker (18-polig)	T6
21	Rücklicht 4CP/5W	L2, L6
22	Bremslicht 23CP/21W	L1, L5, L6
23	Nebelscheinwerferlampe 55W	A1, A6, L1, L6
24	Kennzeichenbeleuchtung 4CP/5W	L4
25	Innenbeleuchtung	W5
26	Leselampe vorne 5W	W5
27	Leselampe vorne 5W	W5
27	Innenbeleuchtung 10W	W5
28	Leselampe hinten 5W	V5, W5
29	Blinkleuchte 32CP/21W	A1, A6, B1, B6, L2, L6
30	Relaiseinheit (Anschluss 30)	T4
31	Relaiseinheit (Anschluss 21)	T4
32	Handschuhfachbeleuchtung 2W	W4
33	Aschenbecherbeleuchtung vorne 1,2W	I3
34	Aschenbecherbeleuchtung hinten 1,2W	I3
35	Schiebedachschalter-Beleuchtung 1,2W	I3
36	Sitzheizungsschalter-Beleuchtung links 1,2W	I3
37	Wahlfeld-Beleuchtung (Automatik) 1,2 W	I3
38	Instrumentenbeleuchtung 1,2W	H3
39	Motorraumbeleuchtung 15W	W3
40	Kofferraumbeleuchtung	V5
41	Tür-Warnleuchte	V4, V5, W4, W5
42	Heizungsregler-Beleuchtung	H3
43	Sonnenblendenbeleuchtung	W4
44	Handschuhfach-Lichtschalter	W4
45	Gurt-Kontrollleuchte Fahrerseite 1,2W	J4
46	Gurt-Kontrollleuchte Beifahrerseite 1,2W	J3
47	Scheibenwischerschalter	B4
48	Lichtschalter	B2
49	Blinker/Warnblinker/Fern/Abblend-Schalter	C4
50	Hupenknopf	A4
51	Heckscheibenheizungs-Schalter	K2
52	Sitzheizungsschalter vorne rechts	J4
53	Sitzheizungsschalter vorne links	J3
54	Overdriveschalter M46	P6
56	Fensterheberschalter vorne rechts	X3
57	Fensterheberschalter vorne links	Y5
58	Fensterheberschalter hinten rechts	Y5
59	Fensterheberschalter hinten links	X5
60	Außenspiegel-Schalter (rechts)	X5
61	Außenspiegel-Schalter (links)	X5
62	Zentralverriegelungsgestänge-Schalter	W6
64	Schiebedach-Schalter	T6
65	Nebellampen-Schalter vorne/hinten	B3
66	Bremslichtschalter	J5, R6, S5
68	Handbremsenschalter	G5
70	Rückfahrlicht-Schalter	J6
71	Anlasser-Sperrschalter (Automatikmodelle)	E3
72	Türschalter vorne rechts	V3
73	Türschalter vorne rechts	X3
74	Türschalter hinten	V4, X4
75	Beifahrersitzschalter	I4

Nr.	Bauteil/Bezeichnung	Planquadrat
76	Turbolader-Drucksensor	N3
77	Overdriveschalter (M46)	P6, R6
78	Plus-Anschluss	E2
79	Sicherungsbox-Beleuchtung	W4
80	Thermozeitschalter	O4
81	Klimaanlagen-Drucksensor	U3
84	Kühltemperatursensor	Q2, P3, P5, R3, S3, V1
85	Tachometer	G4, Z4
86	Drehzahlmesser	H4
87	Uhr	F4
88	Motor-Temperaturanzeige	H4
89	Tankanzeige	F4
90	Nebelschlusslampen-Kontrollleuchte	F5
91	Wartungshinweis-Leuchte	F5
92	Diagnose-Anzeigeleuchte	F5
93	Geschwindigkeits-Warnsignal	G4
94	Instrumentenbeleuchtungs-Rheostat	H4
95	Instrumentenbeleuchtung	G4
96	Temperatur-Warnleuchte	H5
97	Öldruck-Warnleuchte	G5
98	Ladedruck-Warnlampe (Turbo)	H5
99	Handbremsen-Warnlampe	G5
100	Bremsausfall-Warnleuchte	G5
101	Waschwasserpegel-Warnleuchte	F5
102	Overdrive-Kontrollleuchte (W70/71 Automatik)	H5
103	Lampenausfall-Warnleuchte	F5
104	Glühkerzen-Kontrollleuchte (Diesel)	H5
105	Ladekontrollleuchte	F5
106	Anhänger-Kontrollleuchte	F5
107	ABS-Kontrollleuchte	G5
108	Blinker-Kontrollleuchte links	G4
109	Fernlicht-Kontrollleuchte	G5
110	Blinker-Kontrollleuchte rechts	G4
112	Overdrive-Kontrollleuchte (Schaltgetriebe M46)	G5
113	Anschnall-Warnleuchte vorne	H5
114	Anschnall-Warnleuchte hinten	I4
115	Lampenausfall-Sensor (14-polig)	K5
116	Anschnall-Warnleuchte (USA)	I4
117	Scheibenwischer-Intervallrelais	B5
118	Heckscheibenwischer-Intervallrelais	U6
120	Lampenausfall-Sensor (9-polig)	C2
121	Blink/Warnblink-Relais	C4
122	Temperatur-Warnrelais (Japan)	R5
123	Overdrive-Relais (M46)	N6
124	Fensterheber/Kühlventilator-Relais	Y5
125	Zentralverriegelungs-Relais	X6
127	Zusatzscheinwerfer-Relais	C3
130	Glühkerzen-Relais (Diesel)	S5
131	Ventilator-Relais	V2
135	Motronic LH-2.2-Relais	N3, Q2, Q3
136	Overdrive-Relais (AW70/71)	Q6
137	Scheinwerfer-Relais	C3
138	Sitzheizungs-Relais Vordersitze 30/130W	K3, K4
139	Rückenlehnenheizungs-Relais Vordersitze	K3, K4
140	Armaturenbrett-Lautsprecher links	U2
141	Armaturenbrett-Lautsprecher rechts	U2
142	Sitzheizungs-Thermostat	J3, J4
143	Lautsprecher (4Ω), Tür vorne links	U1
144	Lautsprecher (4Ω), Tür vorne rechts	U2
145	Lautsprecher (4Ω), Tür hinten links	U2
146	Lautsprecher (4Ω), Tür hinten rechts	U1
147	Antenne	T2
148	Antenne (automatisch)	U3
149	Radio	T2
150	Fensterhebermotor (5A) vorne rechts	Y4
151	Fensterhebermotor (5A)vorne links	Y5
152	Fensterhebermotor (5A) hinten rechts	X5
153	Fensterhebermotor (5A) hinten links	X5
154	Außenspiegel rechts	W5

Legende zu Schaltplänen WD9 und WD10 (Fortsetzung)

Nr.	Bauteil/Bezeichnung	Planquadrat
155	Außenspiegel links	Y5
156	Kühlventilatormotor (13A)	W2
157	Scheinwerfer-Wischermotor (1A)	A2, A5
158	Schiebedach-Motor	T6
159	Schließmotor Beifahrertür	Y6
160	Schließmotor Tür rechts hinten	W6
161	Schließmotor Tür links hinten	Y6
162	Schließmotor Kofferraum	Y6
163	Scheibenwischermotor (3,5A)	B4
164	Scheibenwasch-Motor (2,6A)	A2
166	Störschutz-Kondensator	D4
167	Endstörwiderstand	E4
170	Katalysator-Thermoelement	R5
176	Motorsteuergerät (K-Jetronic)	S3
178	Waschwasserpegel-Geber	F5
182	Tankuhr-Geber	R3
185	Ladelufttemperatur-Sensor	Q2
186	Luftmengenmesser	R1
187	Lambdasonde	N3, Q4
188	Start-Einspritzdüse	E4
195	Kraftstoffabschalt-Magnetschalter	S5
195	(alternativ) Kraftstoffventil – Diesel	S5
196	Standgasventil	N4, Q4, S3
197	Öldrucksensor	G6
198	Drosselklappen-Schalter	P3, P5, R3, R5
199	Temperatursensor (Diesel)	S5
200	Klimaanlagen-Kompressor (3,9A)	U3
201	Overdrive-Magnetschalter	P6, R6
207	Hupen (5A + 5A)	A3
208	Glühkerze (Diesel)	S5
210	Tankpumpe	F3
211	Kraftstoffpumpe (6,5A)	N4, Q2, Q4
212	Wartungs-Anschluss	E4
213	Drosselklappen-Schalter Motronic	R1
214	Kurbelwellensensensor	Q1
215	Drehzahlsensor	Q1
216	Steuergerät Motronic	Q1
217	Steuergerät LH-2.2-Jetronic	N3, R3
218	Klopfsensor	N4, Q4
219	Lambdasonden-Prüfpunkt	N4, Q4
220	Standgasregelung-Prüfpunkt	P4, R4, S3
221	Heckscheibenheizung 150W	L2
222	Steckdose (7A)	I3
223	Steckdosen-Beleuchtung	I2
224	Ventilator-Termostat	W3
225	Tempomat-Schalter	S4
226	Tempomat-Steuergerät	T4
227	Tempomat-Unterdruckpumpe	S5
228	Kupplungspedal-Überbrückungsstecker	R6, S5
229	Bremspedal-Überbrückungsstecker	S5
231	Nebelschlusslicht-Relais	C3
233	Drucksensor (Turbodiesel)	S6
238	Waschwasserpumpe hinten (2,6A)	U6
240	Heckscheibenwischer-Schalter	U5
241	Heckscheibenwischer-Motor	U5
242	Sitzverstellung-Notschalter	V6
243	Sitzverstellung-Relais	V6
244	Sitzverstellung-Steuergerät	V5
245	Sitzverstellmotor – vor/zurück	W6
246	Sitzverstellmotor auf/ab (vorne)	W5
247	Sitzverstellmotor auf/ab (hinten)	W5
248	Sitzverstellmotor Rückenlehnen-Neigung	W6
251	Kickdown-Einheit	R6
252	ABS-Steuergerät	T1
253	ABS-Modulator	S3
254	ABS-Überspannungsschutz	S2
256	ABS-Sensor vorne links	S1
257	ABS-Sensor vorne rechts	S1
260	Zündbox EZ-K	N5, Q4
265	Heckscheibenheizung-Verzögerungsrelais	K2
266	Heckscheiben-/Außenspiegelheizung-Verzögerungsrelais	K3
267	EZ-K-Prüfpunkt	Q5
270	Geschwindigkeitssensor	S1
284	Luftmassenmesser	R4
289	Leistungsstufe DME	R2
295	Ganganzeige-Relais	G5, R5
296	DIM-DIP-Steuergerät (nur GB)	T3
346	Laderaumbeleuchtung (Dach)	W5
347	Türkontakt hinten	W5
361	Einspritzdüse 1	P4, R2, R4
362	Einspritzdüse 2	P4, R2, R4
363	Einspritzdüse 3	P4, R2, R4
364	Einspritzdüse 4	P4, R2, R4
365	Einspritzdüse 5	R4
366	Einspritzdüse 6	R4
376	Serien-Widerstand	P4, 32
378	Masse (ABS)	S1
384	Bremsflüssigkeits-Pegelsensor	G5, S1
413	Impulsgeber EZ-K	P5
416	Zündkabel-Sensor	N5
417	Wartungsstecker EZ-K	P5
419	Leistungsstufe EZ-K	N4, Q4
424	Ladedruckbegrenzer-Magnetventil	S6
425	Ladedruckbegrenzer-Temperatursensor	S6
438	Sitzheizungsschalter	L3
456	Relaiseinheit (Stromkreis 30)	J4
457	Relaiseinheit Sicherungsbox	W4
458	Relaiseinheit (Stromkreis 30) Sicherungsbox	W4
464	Einspritzdüsen-Relais	N3, Q4, R2
490	Antennenmotor-Schalter	U2
491	Dimmer	B3
495	ECC 130-Heizungsregelung	Y1
496	ECC-Heizungsregelung-Sensor	W1
497	ECC-Magnetschalter	W1
498	ECC-Heizungs-Servomotor	Y3
499	ECC-Leistungsstufe	X2
501	ECC-Ventilatormotor	X2
502	ECC-Umgebungstemperatursensor	V1
503	ECC-Sonneneinstrahlungssensor	W1
504	ECC-Innentemperatursensor	V1
870	Uhrschalter	H3
886	Verteilerbox 1234705	P4, R4
900	Zubehör-Anschluss	H3
901	Radio-Verstärker	T1
928	Airbag-System (SRS)	C5
929	SRS-Zündmodul	C5
930	SRS-Kontrollleuchte	H5
931	SRS-Sicherheitsstromkreis	H5

Farbcodes

BL = blau	GR = grau	R = rot	W = weiß
BN = braun	OR = orange	SB = schwarz	Y = gelb
GN = grün	P = pink	VO = violett	

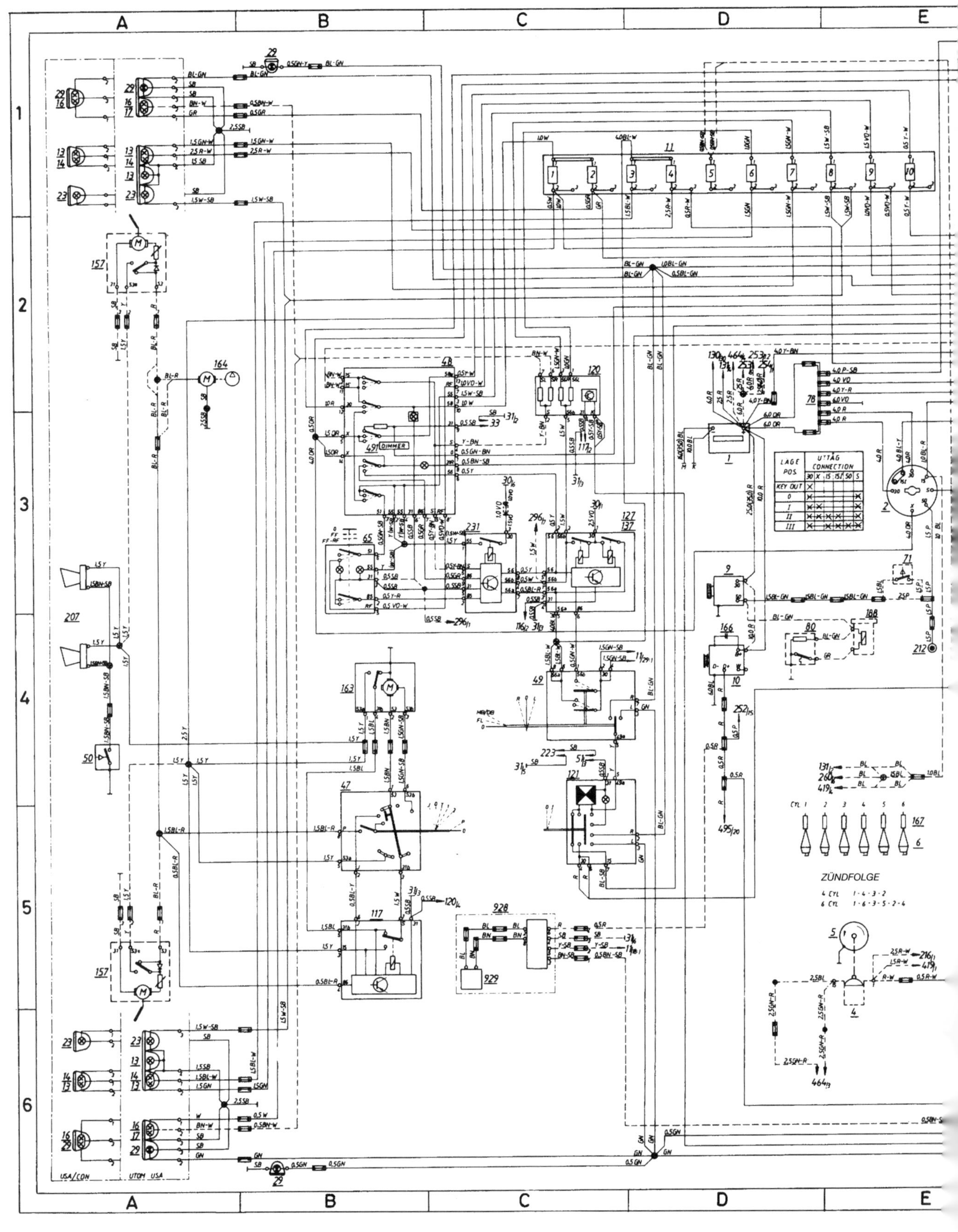

WD9: Haupt-Schaltplan für 1989er Volvo 760

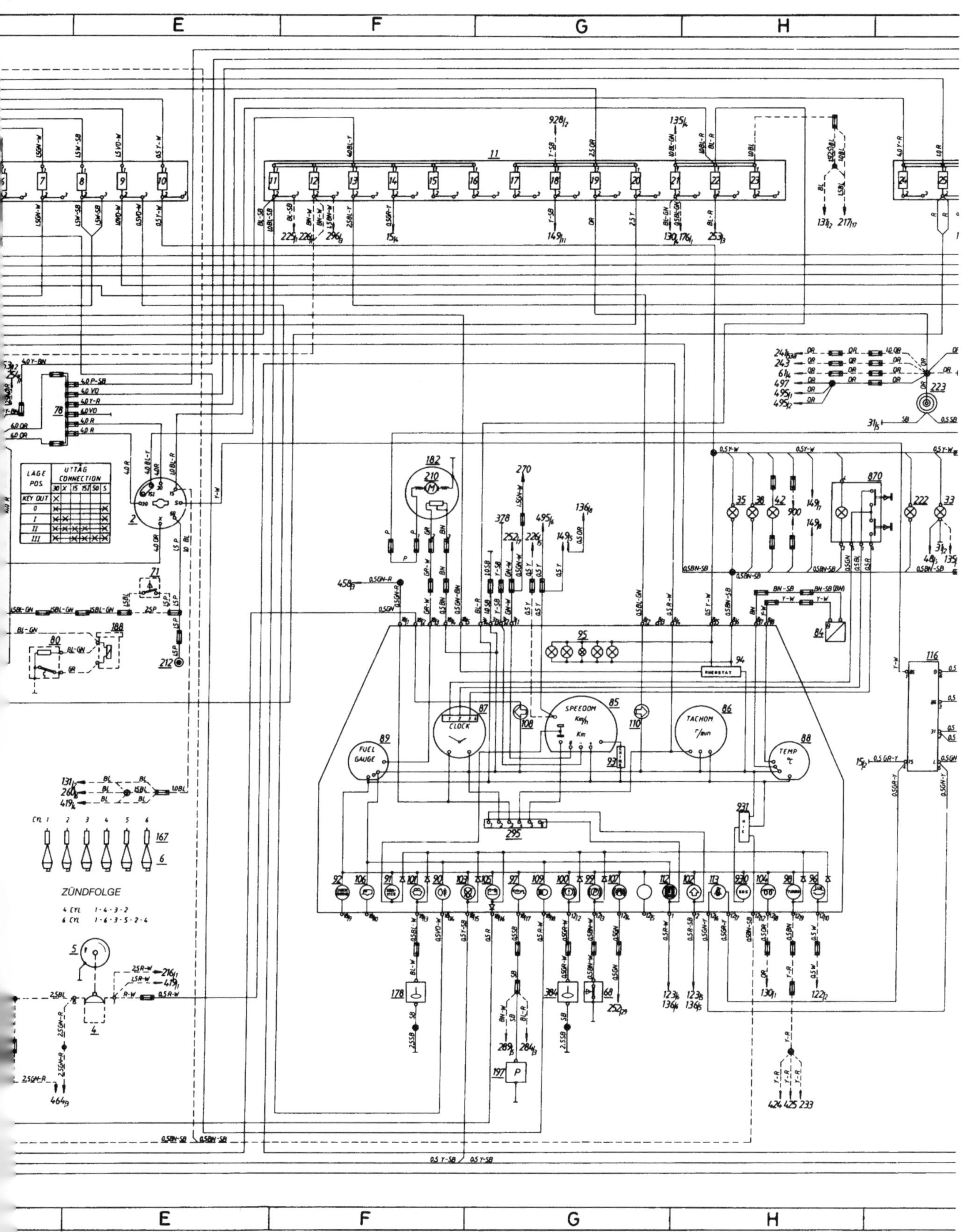

WD9: Haupt-Schaltplan für 1989er Volvo 760 (Fortsetzung)

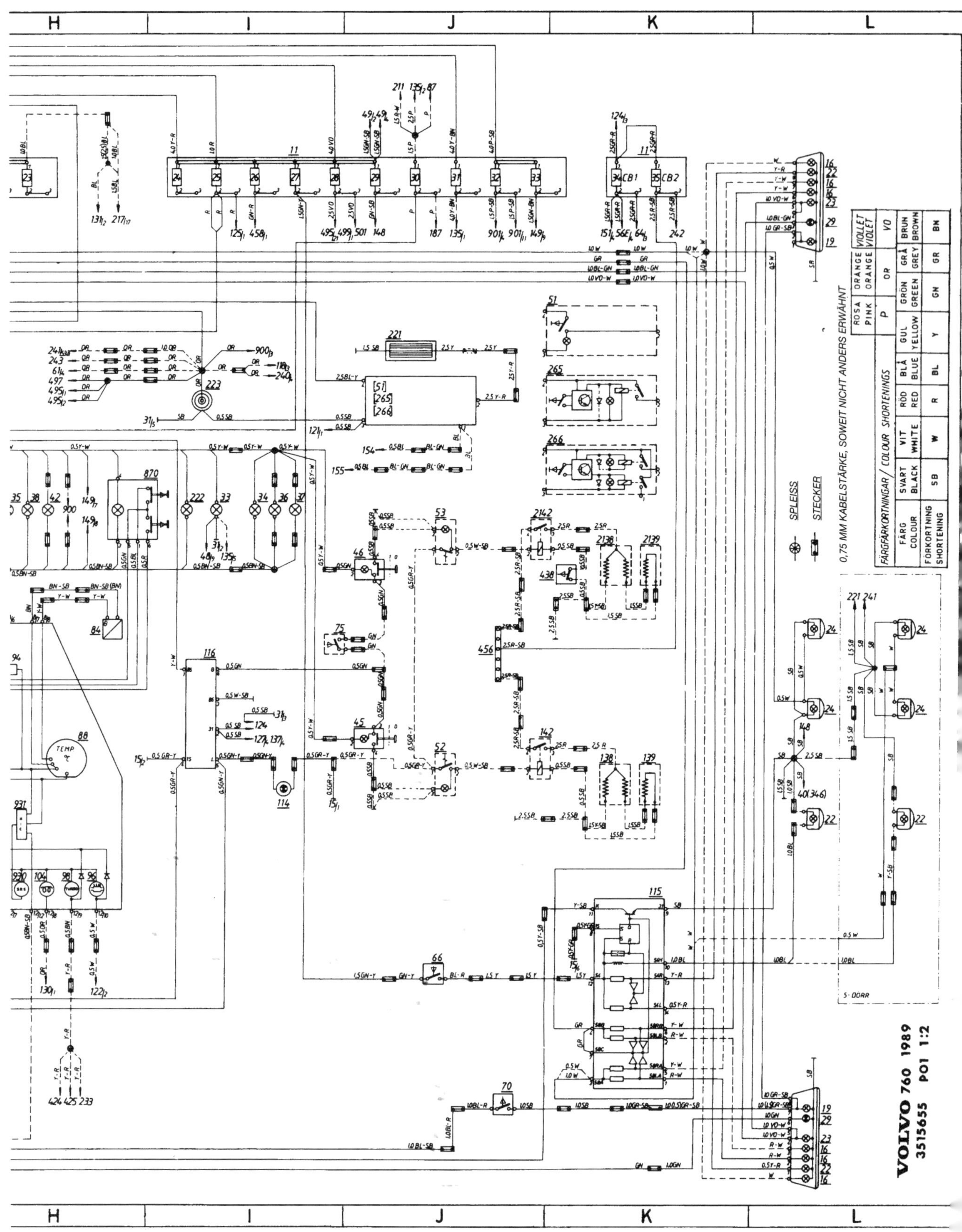

WD9: Haupt-Schaltplan für 1989er Volvo 760 (Fortsetzung)

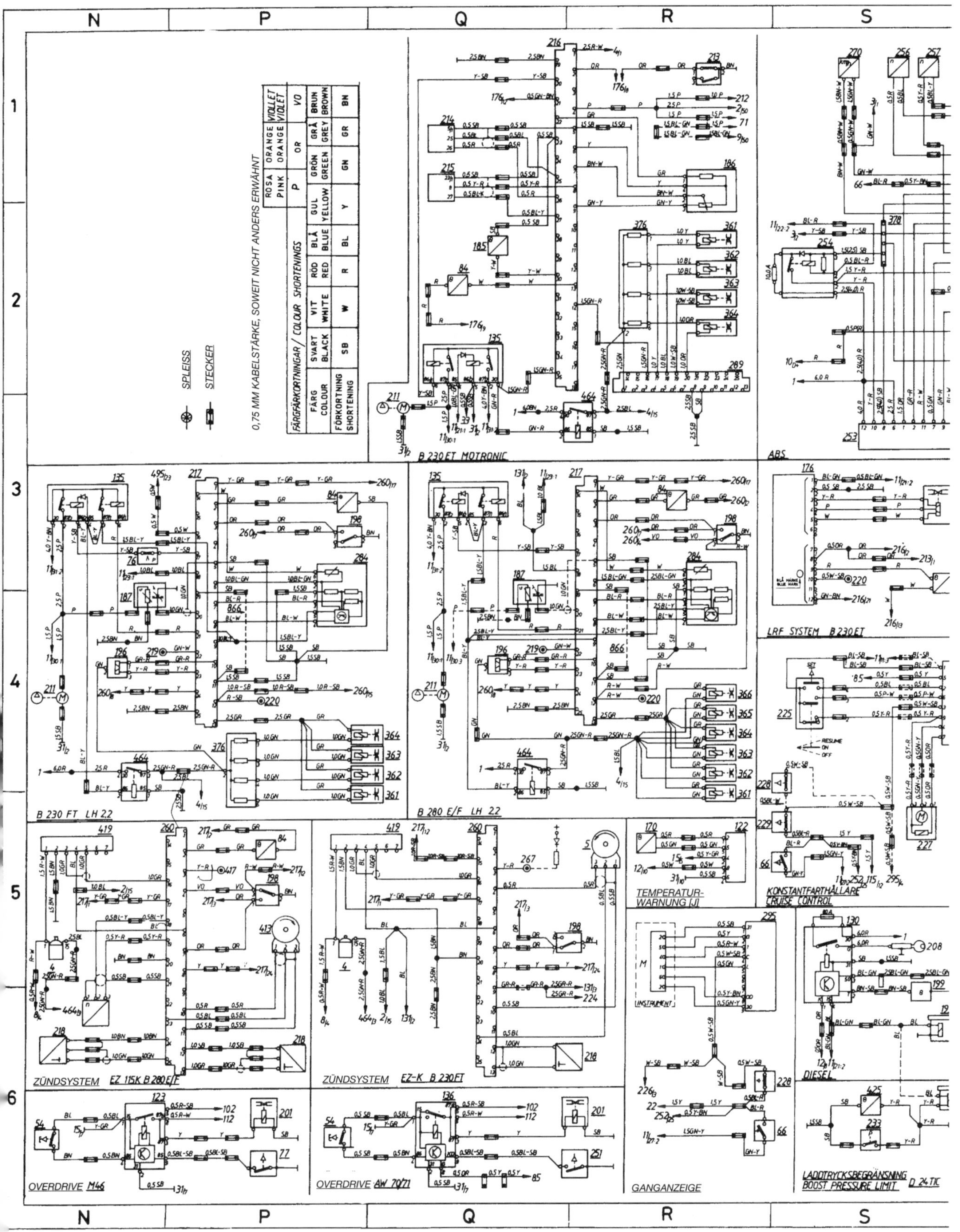

FÄRG COLOUR	SVART BLACK	VIT WHITE	RÖD RED	BLÅ BLUE	GUL YELLOW	GRÖN GREEN	GRÅ GREY	BRUN BROWN
FÖRKORTNING SHORTENING	SB	W	R	BL	Y	GN	GR	BN

ROSA PINK	ORANGE ORANGE	VIOLETT VIOLET
P	OR	VO

WD10: Zusatz-Schaltplan für 1989er Volvo 760

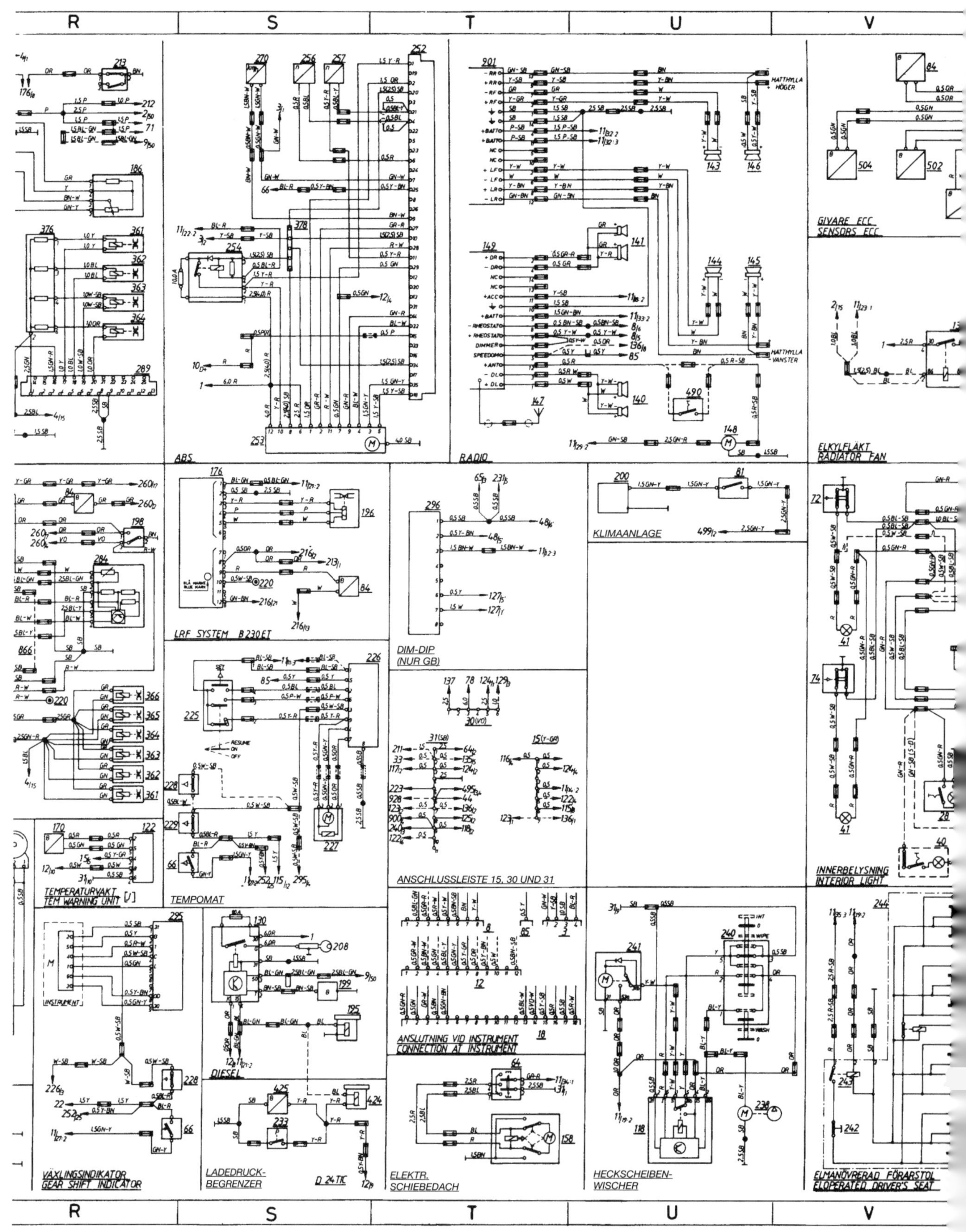

WD10: Zusatz-Schaltplan für 1989er Volvo 760 (Fortsetzung)

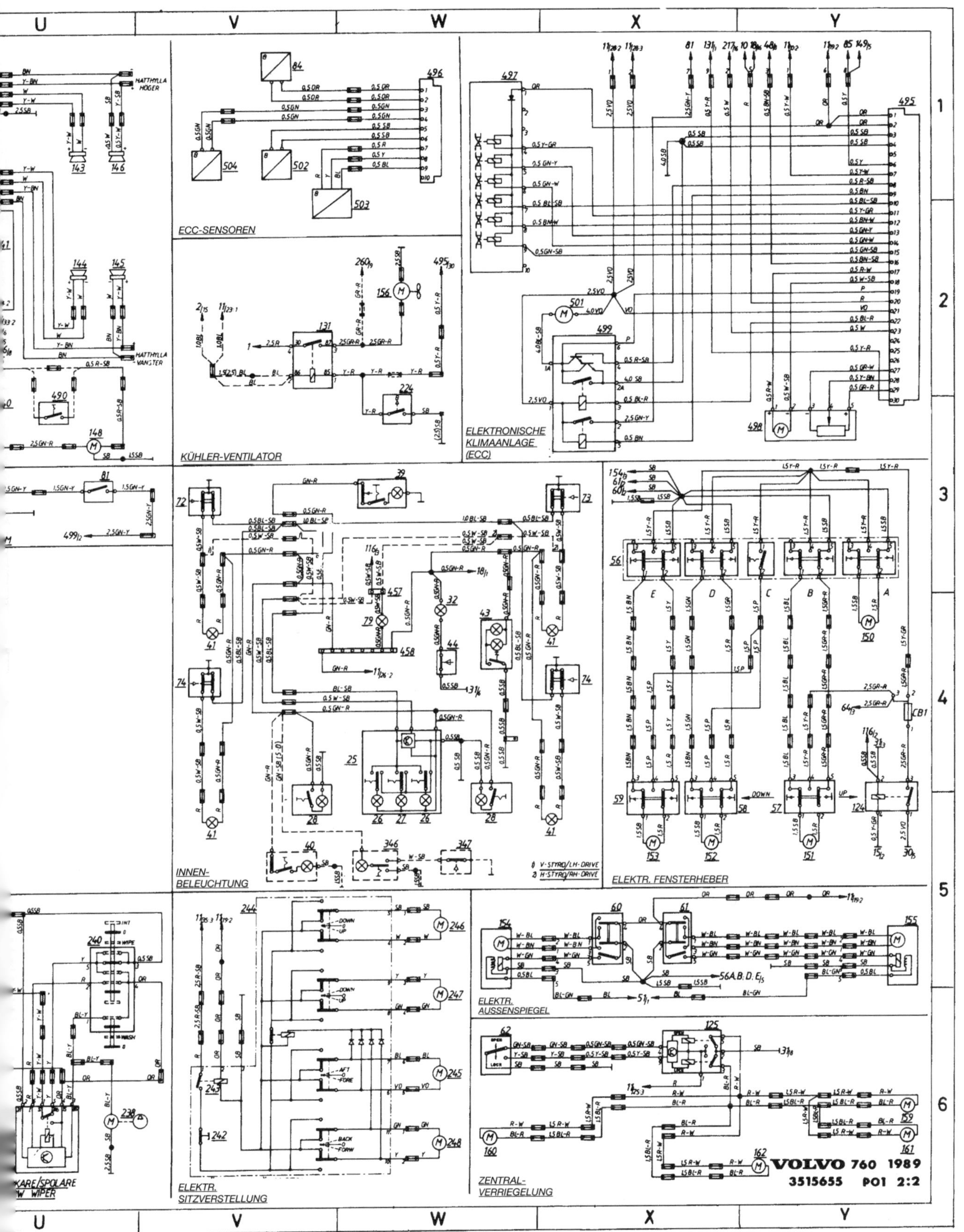

WD10: Zusatz-Schaltplan für 1989er Volvo 760 (Fortsetzung)

Inhalt Seite

Maße und Gewicht

Anmerkung: *Alle Angaben sind grobe Richtwerte; die tatsächlichen Werte variieren je nach Modell und Ausstattung. Beachten Sie für exakte Werte die Hinweise des Fahrzeugherstellers.*

Maße

Gesamtlänge . . . . 4785 mm
Gesamtbreite . . . . 1760 mm
Gesamthöhe . . . . 1430 mm
Radstand . . . . 2770 mm

Gewicht

Leergewicht (je nach Ausstattung)
740-Modelle . . . . 1270 bis 1460 kg
760-Modelle . . . . 1330 bis 1500 kg
Zulässiges Gesamtgewicht . . . . siehe Typenschild im Motorraum und Hinweise in den Fahrzeugpapieren

Ersatzteilkauf

Ersatzteile sind aus unterschiedlichen Quellen erhältlich: über den offiziellen Volvo-Ersatzteilkatalog, aus dem Zubehörhandel, von Fachwerkstätten, vom Autoverwerter usw. Um sicherzugehen, das richtige Teil zu bekommen, sollten die Fahrzeugs-Identifikations-, die Fahrgestell- und ggf. die Motornummer bereitgehalten werden; es kann auch hilfreich sein, das alte Teil zum Händler mitzunehmen. Dinge wie der Anlasser und die Lichtmaschine sind oft als Austauschteile erhältlich, sodass die Altteile gesäubert abgegeben werden müssen.
Unsere Ratschläge zum Thema Ersatzteil-Quellen lauten:

Offizielle Vertragshändler

Hier bekommt man Original-Ersatzteile und muss nicht dar Risiko eingehen, minderwertige Nachbauten zu erhalten. Dies hat zwar seinen Preis, doch bei sicherheitsrelevanten Bauteilen darf Geld keine Rolle spielen. Bei neueren Fahrzeugen gilt zudem, dass Nachbauteile die Garantie erlöschen lassen.

Zubehörhandel

Hier können Teile gekauft werden, die bei der Wartung benötigt werden: Öle, Kraftstoff- und Luftfilter, Zündkerzen, Lampen, Antriebsriemen, Schmierstoffe, Bremsbeläge, Reparaturlack usw. Achten Sie darauf, dass das Material qualitativ hochwertig ist.

Fachwerkstatt

Gute Werkstätten haben die wichtigsten Verschleißteile auf Lager und können Komponenten zum Überholen von Baugruppen beschaffen. Sie erledigen auch Arbeiten wie das Schleifen von Zylinderbohrungen, das Einpressen vom Bauteilen usw.

Reifen- und Auspuff-Spezialisten

Oft bieten Spezialbetriebe den Austausch entsprechender Dinge zu besonders günstigen Konditionen an. Allerdings muss genau auf das Angebot geachtet werden, da beispielsweise bei einem Reifenwechsel das Auswuchten oder ein neues Ventil zusätzlich bezahlt werden müssen.

Andere Quellen

Wer Ersatzteile günstig im Internet, auf dem Flohmarkt oder bei ähnlichen Gelegenheiten kaufen will, darf sich nicht wundern, wenn ein niedriger Preis auch minderwertige Qualität bedeutet. Bei allen sicherheitsrelevanten Bauteilen wie Bremsbelägen sollte hier kein Risiko eingegangen werden.

Fahrzeug-Identifikation

Beim Bestellen von Ersatzteilen müssen stets so viele Informationen wie möglich bereitgehalten werden: das Fahrzeug-Modell, das Modelljahr (nicht unbedingt identisch mit dem Baujahr und der Erstzulassung!) und ggf. die Fahrgestellnummer.
Die Positionen der verschiedenen Typenschilder, auf denen diese Identifikationsmerkmale angegeben sind, sind in der folgenden Abbildung gezeigt (SA). Die Informationen auf Wartungs-Aufklebern reichen üblicherweise für Wartungsarbeiten und einfache Reparaturen aus (SA) – sie müssen wie folgt interpretiert werden:

Bauteil	Hersteller	Code
Bremsen	Girling vorne/hinten	1
	Girling vorne, ATE hinten	2
	DBA vorne, ATE hinten	3
Vergaser	SU	2
	Pierburg	3
	Solex	5
Bemzinpumpe	Bosch	3
	AC Delco	4
	Sofabex	5
Kupplung	Fichtel & Sachs	2
	Verto/Valco	3
Lichtmaschine	Bosch	1
Lenkgetriebe	Cam Gear	2
	ZF	3

Manche Modelle haben keinen Wartungs-Aufkleber – hier finden sich die Informationen für Wartungs- und Reparaturarbeiten auf dem Typenschild (SA).

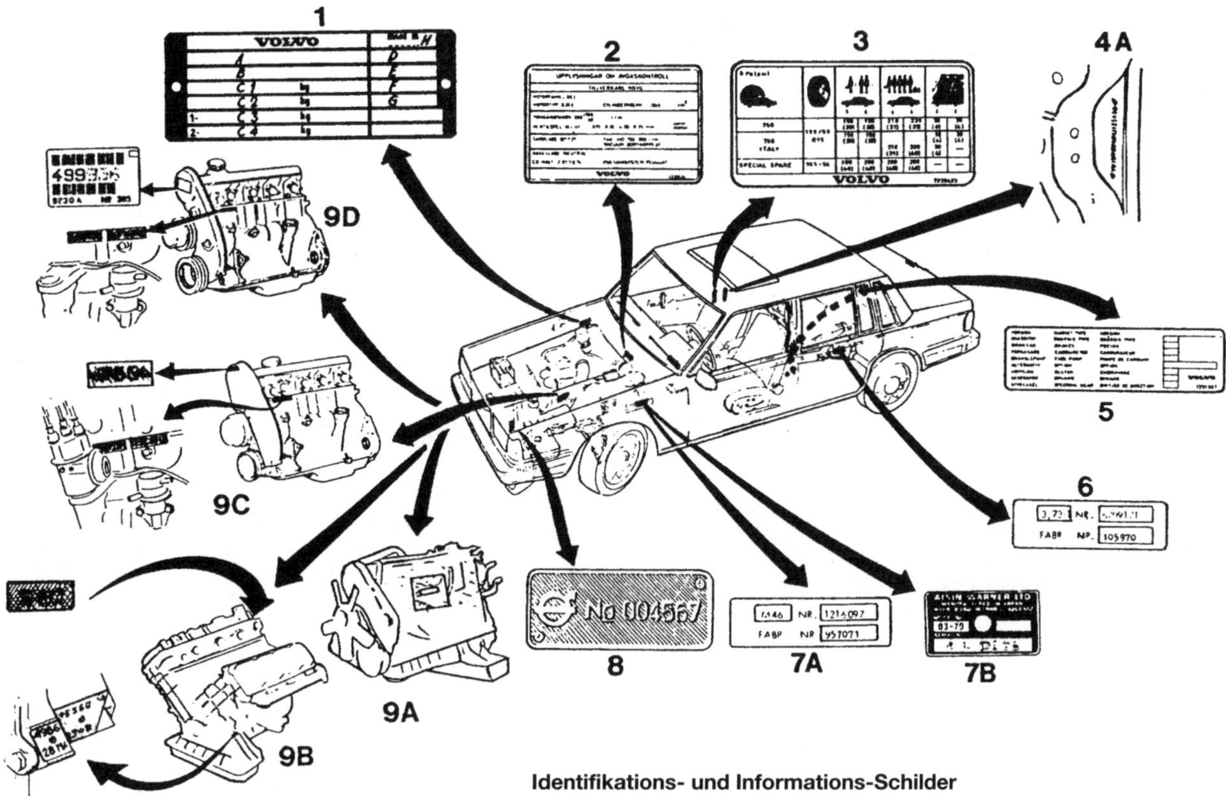

Identifikations- und Informations-Schilder

1 Typen-Bezeichnung
- *A Typenschild*
- *B Fahrzeug-Identifikationsnummer*
- *C1 Leergewicht*
- *C2 Zulässiges Gesamtgewicht*
- *C3 Achslast vorne*
- *C4 Achslast hinten*
- *D Sonderausstattung*
- *E Ländercode*
- *F Farbcode*
- *G Ausstattungsstufe*
- *H Herstellungsland*

2 Abgasreinigungs-Aufkleber
3 Reifendruck-Informationen
4 Typenbezeichnung, Modelljahr und Fahrgestellnummer
5 Kundendienst-Schild
6 Differenzial-Untersetzung, Typ und Seriennummer
7A Schaltgetriebe-Nummer
7B Automatikgetriebe-Nummer
8 Karosserienummer
9A Motornummer (Diesel)
9B Motornummer (B 28)
9C Motornummer (B 23)
9D Motornummer (B 230)

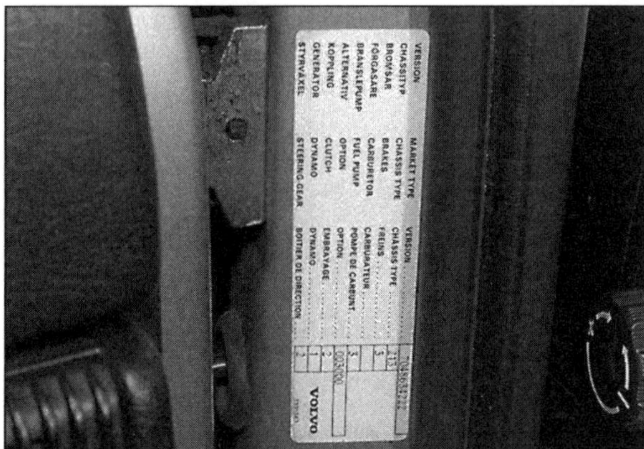

Auf dem Kundendienst-Schild finden sich Informationen zum Kauf bestimmter Ersatzteile.

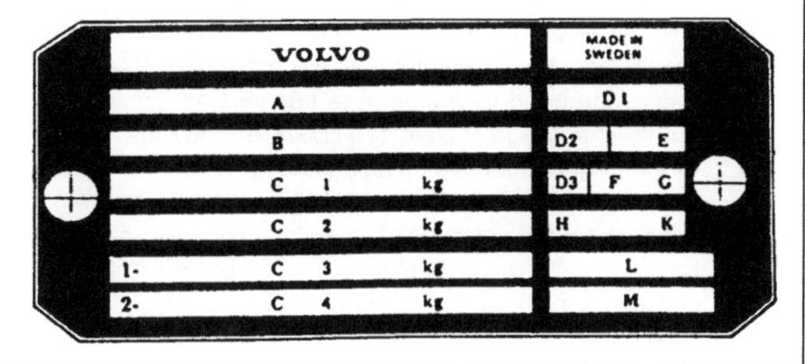

Typenbezeichnungs-Schild bei späteren Modellen

A bis C4 – wie zuvor
D1 Typ, Anzahl der Türen, Motor, Ausrüstung
D2 Karosserietyp, Getriebe, Links- oder Rechtslenker
D3 Ländercode
E Fahrgestelltyp
F Abgasreinigung
G Lenkgetriebe:
- *Cam Gear = 2*
- *ZF = 3*

H Bremsen:
- *Girling vorne / ATE hinten = 2*
- *DBA vorne / ATE hinten= 3*
- *Girling vorne und hinten= 4*
- *DBA vorne, Girling hinten = 5*

K Innenausstattungs-Code
L Farbcode
M Sonderausstattung

Allgemeine Reparaturarbeiten

Wenn am Auto Wartungs-, Überhol- oder Reparaturarbeiten erledigt werden müssen, sollten die folgenden Hinweise und Anleitungen beachtet werden, um sämtliche Prozeduren effizient und professionell durchführen zu können.

Dichtflächen und Dichtungen

Zum Trennen von Komponenten an ihren Dichtflächen dürfen diese niemals mit einem Schraubendreher oder anderen Hilfsmittel an diesen Kontaktbereichen auseinander gehebelt werden, da hierbei schwere Schäden entstehen können, die zu austretenden Betriebsflüssigkeiten (Öl, Kühlmittel) führen kann. Zum Trennen müssen die Teile im Bereich der Dichtflächen mit einem weichen Hammer abgeklopft werden, um sie voneinander zu lösen. Diese Methode ist jedoch an Verbindungen, die mit Passhülsen gesichert sind, nicht immer wirkungsvoll; bei solchen finden sich oft außerhalb der Dichtflächen spezielle Angüsse, an denen gehebelt werden darf.
Wo zwischen zwei Komponenten eine Dichtung (aus Papier, Metall oder anderen Materialien) vorhanden ist, muss diese generell ersetzt werden. Solange nicht anders erwähnt, müssen die Dichtflächen trocken und sauber sein und die Dichtungen trocken aufgelegt werden. Falls eine Dichtfläche von altem Dichtmaterial befreit werden muss, dürfen dazu nur mechanische Hilfsmittel verwendet werden, die kein Gehäusematerial abtragen oder ihm Riefen zufügen. Falls Kerben oder Grate vorhanden sind, müssen diese vorsichtig mit einem Abziehstein oder einer feinen Feile beseitigt werden.
Gewindebohrungen sollten mit einem Pfeifenreiniger von Dichtungsresten befreit werden; ein Gewindebohrer kann auch die Reste alter Gewinde-Sicherungspaste beseitigen.
Alle Bohrungen, Kanäle und Rohre müssen sauber sein und möglichst mit Druckluft ausgeblasen werden.

Wellendichtringe

Diese auch »Simmerringe« genannten Dichtringe können z.B. mit einem breiten Schlitzschraubendreher aus ihren Sitzen gehebelt werden. Alternativ können selbstschneidende Blechschrauben in vorgebohrte Löcher gedreht werden, um daran eine Zange anzusetzen und den Ring herauszuziehen. Ein einmal ausgebauter Wellendichtring muss auf jeden Fall durch ein Neuteil ersetzt werden.
Die sehr feine Dichtlippe eines Wellendichtrings ist empfindlich und wird eine Welle, die nicht völlig frei von Kratzern oder Riefen ist, nicht lange abdichten können. Falls die originale Dichtfläche des Bauteils nicht wiederhergestellt werden kann und der Hersteller keine Angaben dazu macht, ob der Dichtring vielleicht etwas tiefer eingebaut werden darf, muss die Welle ersetzt werden.
Falls ein Dichtring z.B. über die Kerbverzahnung einer Welle geschoben werden muss, sollte diese mit Kreppband abgeklebt werden; an scharfen Kanten einer Welle sollte möglichst eine konische Hülse angesetzt werden. Schmieren Sie die Dichtlippe vor dem Einbau mit Öl; bei Doppel-Dichtlippen sollte der Bereich zwischen den beiden Lippen mit Fett gefüllt werden.
Soweit nicht anders erwähnt, müssen Wellendichtringe immer mit der Dichtlippe in Richtung der Flüssigkeit eingebaut werden.
Treiben Sie den Dichtring mit einem passenden Holzstück in seinen Sitz. Soweit der Sitz nicht in einer Vertiefung liegt und soweit nicht anders erwähnt, werden Dichtringe stets bündig zum Gehäuse installiert.

Schraubengewinde und Befestigungen

Festsitzende Muttern und Schrauben sind bei Korrosion ein unvermeidlicher Nebeneffekt. Kriechöl oder Rostlöser kann dieses Problem oft verringern, wenn ihm genügend Zeit zum Einwirken gegeben wird. Auch der Einsatz eines Schlagschraubers kann festsitzende Verbindungen lösen. Falls keine dieser Methoden Wirkung zeigt, muss das Glück mithilfe von Hitze und/oder einem Mutternsprenger gesucht werden; manchmal hilft nur noch eine Säge bzw. ein Winkelschleifer.
Stehbolzen werden üblicherweise mithilfe zwei gegeneinander verkonterter Muttern herausgeschraubt – der Schlüssel wird hierbei an der unteren Mutter angesetzt. Schrauben oder Stehbolzen, die bündig oder unterhalb der Kontaktfläche abgerissen sind, können manchmal mit einem Linksausdreher entfernt werden – hierzu gehört allerdings etwas Geschick.
Gewinde-Sacklöcher müssen frei von Öl, Wasser, Fett und Schmutz sein, bevor die Schraube oder der Stehbolzen wieder eingedreht wird – andernfalls kann der dabei entstehende hydraulische Druck Risse im Gehäuse erzeugen.
Eine Kronenmutter, die mit einem Splint gesichert wird, muss zunächst bis zum vorgeschriebenen Drehmoment und dann weitergedreht werden, bis die nächste Kerbe zur Bohrung ausgerichtet ist, um den Splint zu installieren.
Ob Schrauben oder Muttern mit dem korrekten Drehmoment angezogen sind, kann geprüft werden, indem man sie um eine Viertelumdrehung lockert und dann wieder mit dem korrekten Wert anzieht; dies gilt nicht für Befestigungen, die nach dem Anziehen per Drehmomentschlüssel in einem zweiten Schritt per Gradscheibe angezogen werden müssen.
Viele Befestigungen – z.B. bei Zylinderköpfen – werden in mehreren Schritten (und einer vorgeschriebenen Reihenfolge!) angezogen, bei der im letzten Schritt die Mutter oder Schraube in einem bestimmten Winkel per Gradscheibe weitergedreht werden muss.

Sicherungsmuttern, Sicherungsscheiben, Sicherungsbleche

Bei Befestigungen, die beim Anziehen gegen ein Gehäuse oder ein anderes Bauteil gedreht werden, muss stets eine Scheibe untergelegt werden.
Federringe oder Federscheiben müssen immer erneuert werden, wenn sie wichtige Komponenten wie z.B. Pleuelschrauben sichern. Auch Sicherungsbleche, bei denen Laschen gegen Muttern gebogen werden, müssen ersetzt werden.
Selbstsichernde Muttern können in unkritischen Bereichen wiederverwendet werden, solange beim Aufdrehen ein gewisser Widerstand fühlbar ist; die Nylon-Einsätze verlieren allerdings mit den Jahren ihre Spannkraft, sodass die Muttern hin und wieder ersetzt werden müssen.
Splinte, deren Enden umgebogen werden, müssen nach jedem Ausbau durch Neuteile ersetzt werden.
Falls eine Schraube mit Sicherungspaste (»Loctite«) versehen wurde, muss ihr Gewinde mit einer Drahtbürste und Lösungsmittel gereinigt werden (die Bohrung möglichst mit

einem Gewindebohrer), bevor direkt vor dem Einsetzen frische Dichtmasse aufgetragen wird.

Spezialwerkzeuge

Manche Reparaturmethoden in diesem Handbuch erfordern spezielle Werkzeuge wie eine Hydraulik-Presse, einen Zwei- oder Dreiarmabzieher, Federpressen usw. Soweit möglich, werden Alternativen zu den Spezialwerkzeugen des Herstellers beschrieben und im Einsatz gezeigt. Manchmal ist jedoch aus Gründen der Sicherheits- oder der Wirksamkeit oder keine Alternative möglich. Solange man nicht Profi ist und die durchzuführende Prozedur komplett verstanden hat, darf niemals versucht werden, ein Spezialwerkzeug zu umgehen, wenn dies verlangt ist; neben Gefahren für die Gesundheit besteht ansonsten auch das Risiko teurer Schäden.

Umweltschutz

Öle, Bremsflüssigkeit und Kühlmittel dürfen weder im Boden versickern noch in die Kanalisation gelangen. Füllen Sie alle Betriebsflüssigkeiten (separat!) in auslaufsichere Behälter. Jeder Händler, der technische Öle verkauft, ist auch dazu verpflichtet, entsprechende Mengen Altöl zurückzunehmen. Bringen Sie andere Flüssigkeiten zur fachgerechten Entsorgung oder zum Recyclinghof.
Um die Abgasvorschriften einzuhalten, sind viele Einstellschrauben am Kraftstoffsystem mit Antimanipulations-Stopfen ausgerüstet, die davor schützen sollen, dass unqualifiziertes Personal das Kraftstoff/Luft-Gemisch verstellen, sodass giftige Abgase entstehen. Falls solche Stopfen bei der Wartung oder bei Reparaturen vorgefunden werden, sollten sie möglichst erneuert oder entsprechend der Herstellervorgaben wieder installiert werden.

Anheben und Abstützen

Der dem Bordwerkzeug beigefügte Wagenheber sollte nur bei Reifenpannen am Straßenrand verwendet werden, um das Reserverad zu montieren – siehe Seite 0.8. Für andere Arbeiten sollte das Fahrzeug unter den vorgegebenen Punkten mit einer hydraulischen Vorrichtung angehoben und mit Böcken abgestützt werden (SA).
Um das Fahrzeug vorne anzuheben, muss die Unterwanne entfernt und der Wagenheber mittig unter der Vorderachse angesetzt werden. Heben Sie das Fahrzeug KEINESFALLS unter der Ölwanne oder an Lenkungs- oder Federungs-Komponenten an.
Um das Fahrzeug hinten anzuheben, wird der Wagenheber mit einem Stück Holz unter dem Differenzialgehäuse angesetzt.
Der Wagenheber aus dem Bordwerkzeug darf nur an den dafür vorgesehenen Punkten unten an den Türschwellern angesetzt werden. Achten Sie darauf, dass er korrekt eingerastet ist, bevor mit dem Anheben begonnen wird.
Arbeiten Sie niemals unter oder neben einem nur angehobenen, aber nicht abgestützten Auto!

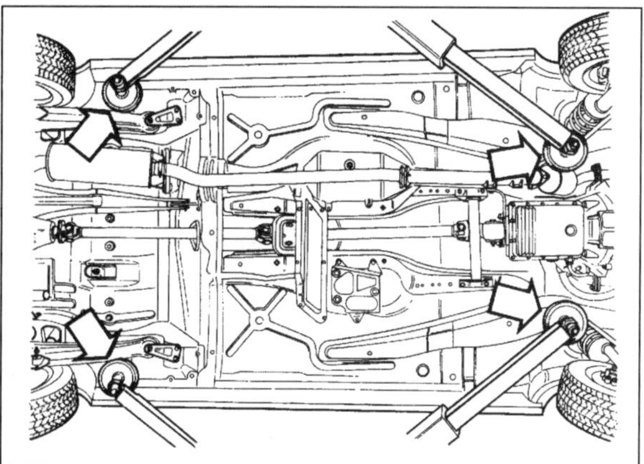

Aufnahmepunkte für einen Vierpunkt-Wagenheber oder vier Stützböcke.

Radio-Diebstahlsicherung

Das serienmäßige Radio/Kassettengerät kann als Diebstahlschutz mit einem Sicherheitscode ausgerüstet sein. Falls die Stromversorgung des Geräts auch nur für kurze Zeit unterbrochen wird, lässt es sich erst wieder nach der Eingabe des korrekten Codes aktivieren.
Wer nicht den Code weiß, sollte weder die Batterie trennen noch das Radio/Kassettengerät ausbauen.
Um den korrekten Sicherheitscode einzugeben, müssen die Hinweise im zugehörigen Handbuch beachtet werden.

Falls mehrmals ein falscher Code eingegeben wird, kann das Gerät komplett gesperrt und nur vom Hersteller wieder entsperrt werden.
Falls dies geschieht oder der korrekte Code verloren gegangen ist oder vergessen wurde, muss Rat beim Volvo-Händler gesucht werden.

Werkzeug und Werkstatt-Ausrüstung

Einleitung

Ein gutes Werkzeugsortiment ist für jedermann, der Wartungs- und Reparaturarbeiten an seinem Fahrzeug durchführen möchte, eine grundlegende Voraussetzung. Wer kein oder nur sehr wenig Werkzeug zu Hause hat, muss zunächst in Werkzeug investieren, um durch Eigenleistung das Geld wieder einzusparen. Hochwertiges Werkzeug hält jahrzehntelang und macht sich bei regelmäßigem Gebrauch mehrfach bezahlt.

Um den Fahrzeugbesitzer besser entscheiden zu lassen, welche Werkzeuge er für die verschiedenen in diesem Buch beschriebenen Aufgaben benötigt, haben wir drei Listen erstellt: Wartung und kleinere Reparaturen; Reparaturen und Überholung sowie Spezialwerkzeug. Wer neu im Schrauber-Sektor ist, sollte mit dem Werkzeugsatz Wartung und kleinere Reparaturen beginnen und sich zunächst mit einfacheren Aufgaben am Fahrzeug vertraut machen. Sobald die Erfahrungen und das Vertrauen wachsen, können schwierigere Arbeiten verrichtet werden – mit den entsprechenden zusätzlichen Werkzeugen. Auf diese Weist kann ein Wartung und kleinere Reparaturen-Set mit der Zeit und ohne große Ausgaben zu einem Reparaturen und Überholung-Kit ausgebaut werden. Der erfahrene Hobbyschrauber hat dann eine Werkzeug-Ausstattung für die meisten Reparaturen und Überholtätigkeiten und muss nur noch dann Werkzeuge aus der letzten Kategorie dazukaufen, wenn er der Meinung ist, dass sich der finanzielle Aufwand zur Häufigkeit des Einsatzes lohnt.

Wartung und kleinere Reparaturen

Die hier aufgelisteten Werkzeuge können als Minimalausstattung für routinemäßige Wartungsarbeiten, die Instandhaltung und kleine Reparaturen betrachtet werden. Wir empfehlen den Kauf von kombinierten Ring/Maul-Schlüsseln – diese sind zwar teurer als reine Maulschlüssel, hinterlassen bei richtigem Gebrauch aber auch weniger Schäden an Muttern und Schrauben.

- ☐ *Schraubenschlüssel-Set 8 bis 19 mm*
- ☐ *Rollgabelschlüssel bis ca. 35 mm*
- ☐ *Zündkerzenschlüssel (mit Gummieinsatz)*
- ☐ *Drahtlehre für Zündkerzen-Elektroden*
- ☐ *Fühlerlehren-Set*
- ☐ *Ringschlüssel für Entlüftungsnippel (falls kleiner als 8 mm)*
- ☐ *Schraubendreher: Schlitz – 100 mm lang, 6 mm breit Phillips (Kreuzschlitz) – 100 mm lang 6 mm breit*
- ☐ *Inbus-Schlüssel, 4–10 mm Größen – je nach Fahrzeugtyp*
- ☐ *Torx-Schlüssel, verschiedene Größen – je nach Fahrzeugtyp*
- ☐ *Kombizange*
- ☐ *Metall-Bügelsäge*
- ☐ *Reifen-Luftpumpe*
- ☐ *Luftdruckprüfer*
- ☐ *Ölkanne*
- ☐ *Ölfilterschlüssel (Bandschlüssel)*
- ☐ *Feines Schleifpapier*
- ☐ *Drahtbürste (klein)*
- ☐ *Trichter (mittelgroß)*
- ☐ *Ablassschrauben-Schlüssel (je nach Fahrzeug)*

Reparaturen und Überholung

Diese Werkzeuge sind – zusammen mit denen für Wartung und kleinere Reparaturen – für Reparaturen und andere Arbeiten am Fahrzeug unerlässlich. Zu dieser Liste gehört ein umfangreicher Steckschlüsselsatz; auch wenn er relativ teuer ist, ist er aufgrund seiner Vielseitigkeit unbezahlbar – besonders, wenn darin verschiedene Antriebe enthalten sind. Wir empfehlen einen Knarrenkasten mit Halbzoll-Antrieb, weil diese Steckschlüssel auch auf die meisten Drehmomentschlüssel passen.

Die Werkzeuge aus dieser Liste müssen manchmal durch Teile aus der Spezialwerkzeug-Liste ergänzt werden:

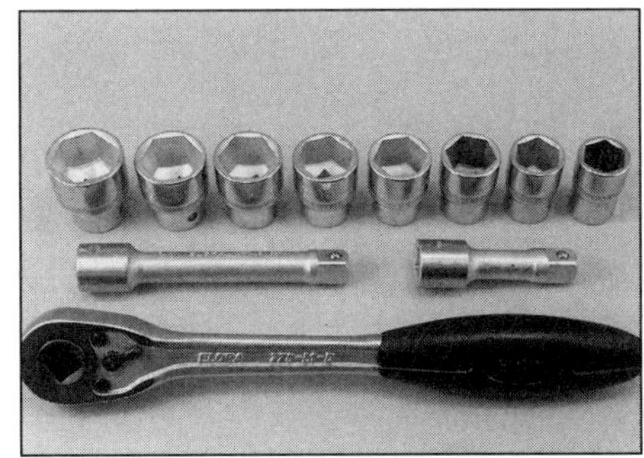

Steckschlüssel mit Ratsche und Verlängerungen

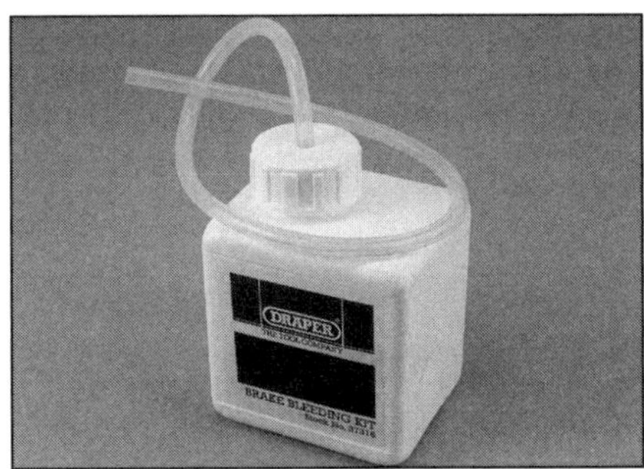

Bremsen-Entlüftungskit

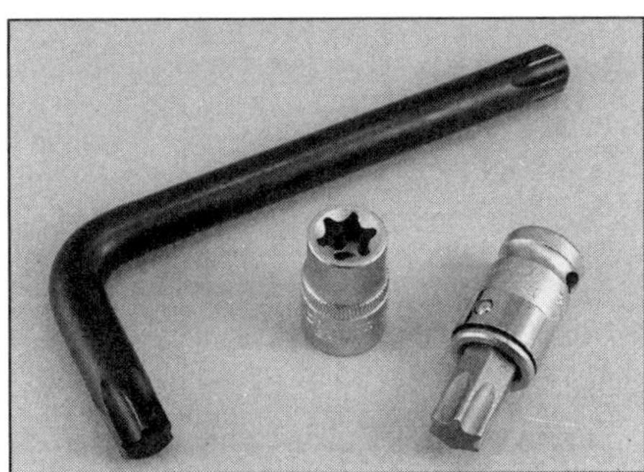

Torx-Schlüssel, -Steckschlüssel und -Bit

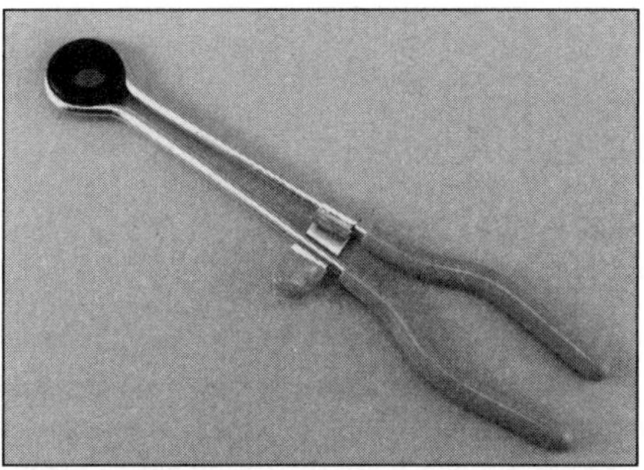

Schlauchklemme

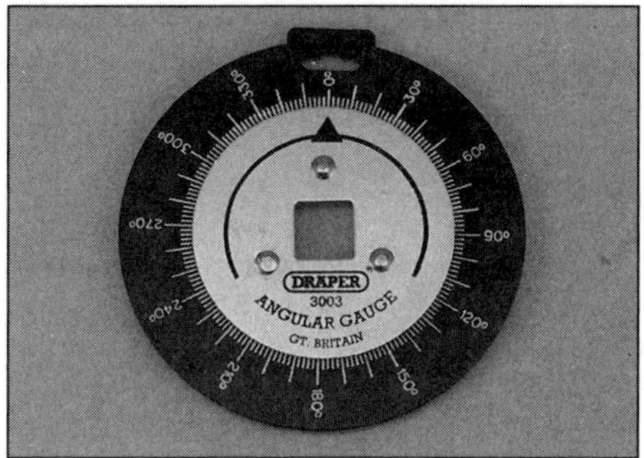

Gradscheibe mit Vierkant für Steckschlüssel-Antrieb

- ☐ *Steckschlüsselkasten mit*
  Sechskantschlüsseln (6 bis 24 mm)
  Inbus-Einsätzen
  Torx-Einsätzen
  Ratsche
  Verlängerung 250 mm
  Kreuzgelenk
  Verstellbarem T-Griff
- ☐ *Drehmomentschlüssel*
- ☐ *Gripzange*
- ☐ *Schlosserhammer mit Kugelkopf*
- ☐ *Kunststoff- oder Gummihammer*
- ☐ *Schlitzschraubendreher (verschiedene Größen)*
- ☐ *Phillips-Kreuzschlitzschraubendreher (verschiedene Größen)*
- ☐ *Zangen:*
  Spitzzange
  Wasserpumpenzange
  Seitenschneider
  Seegerringzange (innen und außen)
- ☐ *Flachmeißel*
- ☐ *Reißnadel*
- ☐ *Schaber*
- ☐ *Körner*
- ☐ *Treibdorn*
- ☐ *Metallsäge*
- ☐ *Bremsschlauch-Klemme*
- ☐ *Bremsen/Kupplungs-Entlüftungskit*
- ☐ *Bohrer-Set*
- ☐ *Metall-Lineal/Richtwinkel*
- ☐ *Feilen-Sortiment*
- ☐ *Drahtbürsten*
- ☐ *Stützbock*
- ☐ *Hydraulischer Heber oder Rangierwagenheber*
- ☐ *Lampe mit Verlängerungskabel*
- ☐ *Multimeter (Volt AC/DC, Ohm, Ampere)*

Spezialwerkzeug

Die in dieser Liste aufgeführten Werkzeuge werden nicht regelmäßig benötigt, sind teuer oder müssen entsprechend der Anweisungen ihrer Hersteller eingesetzt werden. Solange nicht regelmäßig schwierige Reparaturarbeiten verrichtet werden, ist der Kauf vieler dieser Werkzeuge nicht wirtschaftlich. In solchen Fällen kann man das Werkzeug entweder mit Freunden zusammen kaufen, einem Club beitreten oder das Teil bei einer Werkstatt oder einem Werkzeugverleiher mieten. Auch viele Baumärkte vermieten Werkzeug zu moderaten Konditionen.

Die folgende Liste enthält nur frei verkäufliche Werkzeuge und Instrumente, aber keine Spezialwerkzeuge, die vom Fahrzeughersteller für sein Händlernetz produziert werden. Im Handbuch wird gelegentlich auf solche Werkzeuge verwiesen und oft wird auch eine Alternative dazu angegeben, doch manchmal ist das Hersteller-Spezialwerkzeug unerlässlich, sodass es beim Hersteller gekauft oder der Fachwerkstatt des Vertrauens ausgeliehen werden muss.

Mikrometerschraube (Bügelmessschraube)

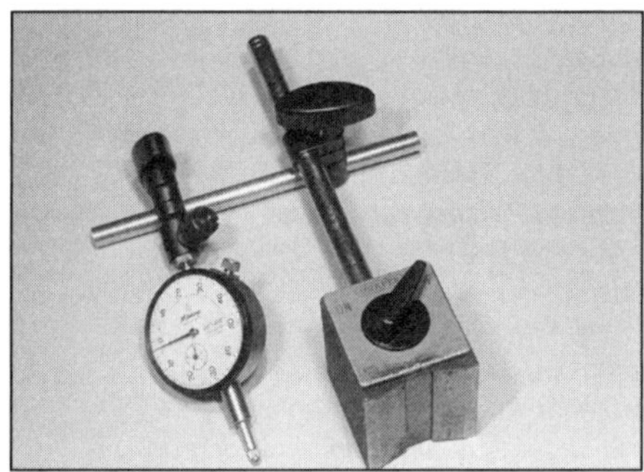

Messuhr

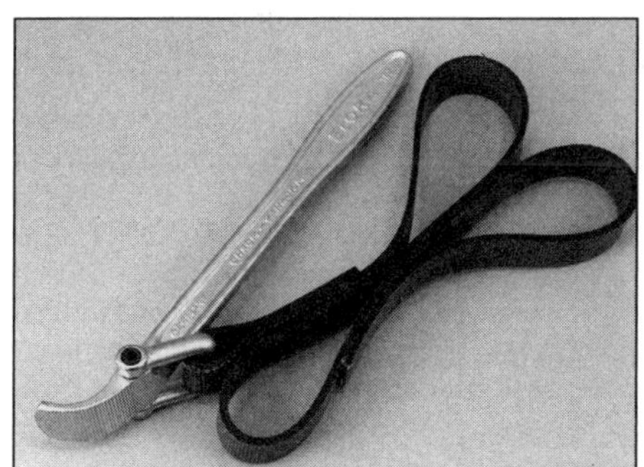

Bandschlüssel

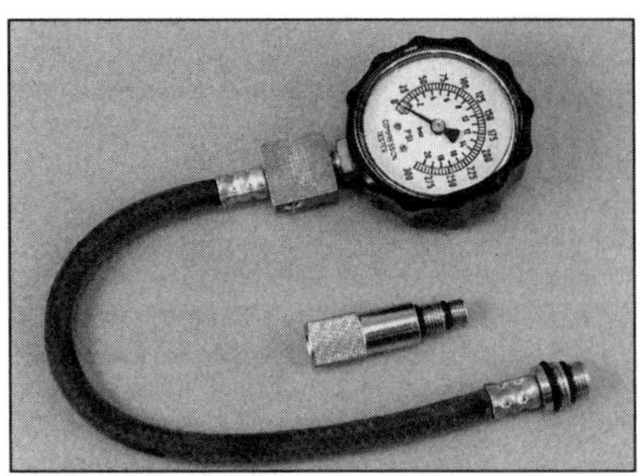

Kompressionsprüfer

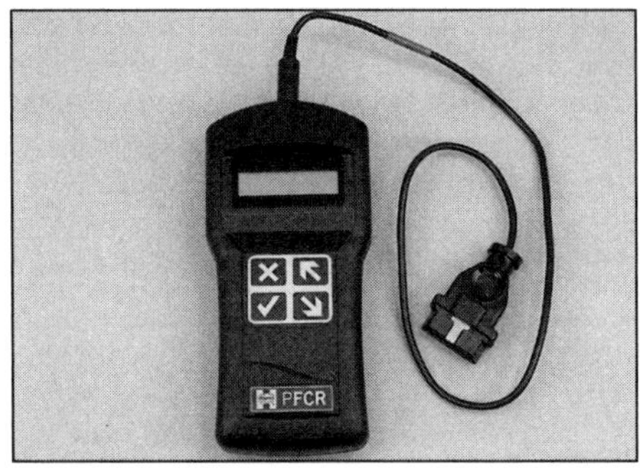

Fehlercode-Auslesegerät

- ☐ *Gradscheibe*
- ☐ *Ventilfederpresse*
- ☐ *Ventil-Einschleif-Ausrüstung*
- ☐ *Kolbenringzange*
- ☐ *Zylinderbohrungs-Honwerkzeug*
- ☐ *Kolbenring-Aus- und Einbauwerkzeug*
- ☐ *Federpresse für Fahrwerk-Federn*
- ☐ *Zwei- und Dreiarmabzieher*
- ☐ *Schlagschrauber*
- ☐ *Messschieber und/oder Mikrometerschraube*
- ☐ *Messuhr*
- ☐ *Stroboskoplampe für Zündeinstellung*
- ☐ *Schließwinkelmesser / Drehzahlmesser*
- ☐ *Fehlercode-Auslesegerät*
- ☐ *Kompressionsprüfer*
- ☐ *Unterdruckpumpe und Druckprüfer*
- ☐ *Kupplungsscheiben-Zentrierwerkzeug*
- ☐ *Bremsbackenfeder-Ausbauwerkzeug*
- ☐ *Buchsen- und Lager-Aus- und Einbauwerkzeug*
- ☐ *Stehbolzenausdreher*
- ☐ *Werkstattkran*
- ☐ *Rangierwagenheber*

Werkzeug-Kauf

Im Autozubehör- und Werkzeugfachhandel wird oft hochwertiges Werkzeug zu günstigen Preisen angeboten, sodass sich der Preisvergleich lohnt.
Man muss nicht das teuerste Werkzeug kaufen, doch es ist auch ratsam, nicht das billigste Werkzeug zu nehmen. Vorsicht ist auf Flohmärkten und bei »Kofferraum«-Geschäften auf Automärkten geboten. Es gibt zahlreiche Marken, die hochwertiges Werkzeug produzieren, doch stets sollte vor allem darauf geachtet werden, dass das Material alle wichtigen Sicherheits-Standards erfüllt. Im Zweifelsfall sollten vor einer Kaufentscheidung Fachleute zu Rate gezogen werden.

Werkzeug – Sorgfalt und Pflege

Nachdem ein akzeptables Werkzeug-Sortiment erworben wurde, ist es wichtig, die Werkzeuge in einem sauberen und brauchbaren Zustand zu erhalten. Nach jedem Einsatz müssen Schmutz, Fett und Metallpartikel mit sauberen und trockenen Lappen abgewischt werden, bevor das Werkzeug weggepackt wird. Niemals sollte man Werkzeug herumliegen lassen. Ein einfaches Regal an der Garagen- oder Werkstatt-Wand ist für die meisten Werkzeuge völlig ausreichend. Ein Knarrenkasten sollte stets vollständig sein und Messinstrumente, Messuhren und andere sensible Geräte müssen sorgfältig gelagert werden, sodass sie weder Stöße abbekommen noch rosten.
Werkzeuge verschleißen mit der Zeit: ein Hammerkopf bekommt unweigerlich Riefen und Schraubendreher-Klingen werden mit der Zeit rund. Der gelegentliche Einsatz von Schleifleinen oder einer Feile kann solche Dinge wieder in einen guten Zustand versetzen.

Arbeitsplatz

Beim Thema Werkzeug darf die Werkstatt nicht vergessen werden. Sobald mehr als routinemäßige Wartungsarbeiten verrichtet werden sollen, kommt man um einen brauchbaren Arbeitsplatz nicht herum.
Viele Fahrzeugbesitzer sind gezwungen, Bauteile ihres Autos – bis hin zum Motor – im Freien auszubauen, doch dann sollten Reparaturen stets unter einem schützenden Dach stattfinden.
Sämtliche Zerlegungen sollten stets auf einer sauberen und ebenen Arbeitsfläche durchgeführt werden, die sich in einer angenehmen Arbeitshöhe befindet.
Jede Werkbank benötigt einen Schraubstock; mit einem Öffnungsbereich von 100 mm sollten sich die meisten Arbeiten erledigen lassen. Wie bereits erwähnt, werden auch saubere und trockene Lagerflächen für Werkzeug, aber auch für Schmiermittel, Reinigungsmittel, Lacke usw. benötigt.
Das wichtigste Elektrowerkzeug ist eine gute Bohrmaschine mit Drehzahl-Einstellung; in diese können außer Bohrern viele andere Werkzeuge eingespannt werden, die die Arbeit erleichtern.
Schließlich muss eine Sammlung alter Zeitungen und sauberer, nicht fusselnder Lappen bereitgehalten werden, um den Arbeitsplatz, das Werkzeug und die zu reparierenden Dinge möglichst sauber zu halten.

Hauptuntersuchungs-Vorbereitungen

Diese Hinweise sollen helfen, das Fahrzeug durch die alle zwei Jahre anstehende Hauptuntersuchung (HU) zu führen. Natürlich kann der Hobbyschrauber sein Auto nicht genauso kontrollieren wie der Prüfer beim TÜV, bei der DEKRA oder anderen Organisationen. Wer sich jedoch durch die folgenden Prüfpunkte arbeitet, sollte alle Probleme erkannt haben, bevor das Fahrzeug vorgeführt wird.

Wenn der Zustand einer zu prüfenden Komponente grenzwertig ist, liegt es im Ermessen des Prüfers, ob er sie beanstandet oder durchgehen lässt. Die Grundlage dieses Ermessens liegt darin, ob der Prüfer gut damit leben könnte, das Fahrzeug in diesem Zustand einem Freund oder Verwandten anzuvertrauen. Wenn das Auto sauber und offenbar gut gepflegt vorgestellt wird, wird der Prüfer vielleicht eher geneigt sein, eine grenzwertige Komponente durchgehen zu lassen, als dies bei einem ungepflegten und offensichtlich vernachlässigten Fahrzeug der Fall wäre.

Die hier beschriebenen Anforderungen können nur den aktuellen Stand beim Verfassen des Buchs wiedergeben. Prüfstandards werden immer strenger, doch für ältere Fahrzeuge gelten oft Ausnahmen.

Für einige Kontrollen wird ein Assistent benötigt.

Die Kontrollen wurden in vier Kategorien unterteilt:

1 Die Prüfung erfolgt: Im Innenraum

2 Die Prüfung erfolgt: Bei auf dem Boden stehenden Fahrzeug

3 Die Prüfung erfolgt: Bei angehobenem Fahrzeug mit freien Rädern

4 Die Prüfung erfolgt: Am Abgassystem

1 Die Prüfung erfolgt: Im Innenraum

Handbremse

☐ Prüfen Sie die Funktion der Handbremse. Zu viele Klicks weisen auf eine schlecht eingestellte Bremse hin. Die Wirkung lässt sich behelfsweise im Fahrversuch prüfen: Lassen Sie das Fahrzeug rollen und bremsen Sie es mit der Handbremse ab – die Räder müssen zum Blockieren gebracht werden können.

☐ Prüfen Sie, ob die Handbremse nicht durch seitliches Drücken des Hebels gelöst wird. Kontrollieren Sie die Festigkeit der Hebelaufnahme.

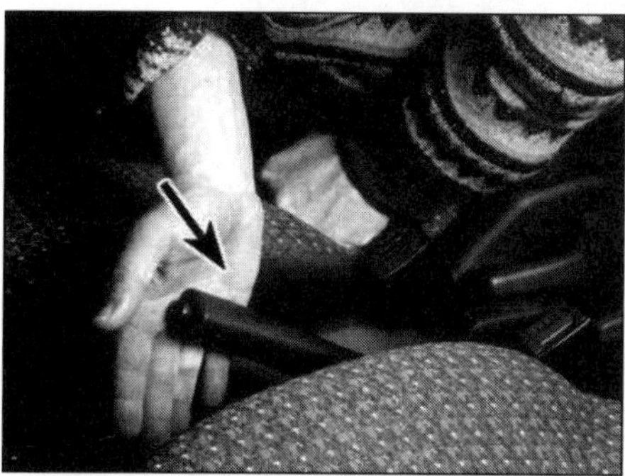

Fußbremse

☐ Treten Sie auf das Pedal und prüfen Sie, ob es sich nicht bis zum Boden durchdrücken lässt (was auf einen Defekt im Hauptbremszylinder hinweist). Lassen Sie das Pedal zurückkehren, warten Sie einige Sekunden und treten Sie es erneut. Falls es sich fast durchtreten lässt, bevor Widerstand spürbar wird, sind Einstellungen oder Reparaturen erforderlich. Falls sich das Pedal schwammig anfühlt und/oder sich »aufpumpen« lässt, befindet sich Luft im System, die befreit werden muss.

☐ Prüfen Sie, ob das Bremspedal sicher befestigt und nicht ausgeschlagen ist. Kontrollieren Sie auch den Bereich um das Pedal herum auf ausgetretene Bremsflüssigkeit – dies weist auf einen defekten Dichtring im Hauptbremszylinder hin.

☐ Kontrollieren Sie den Bremskraftverstärker, indem Sie das Bremspedal mehrmals durchtreten, dann gedrückt halten und den Motor starten – hierbei muss es sich etwas weiter herunterdrücken lassen; andernfalls kann der Unterdruckschlauch oder der Bremskraftverstärker selbst defekt sein. Schalten Sie bei getretenem Bremspedal den Motor ab: wird der Unterdruck nicht gehalten, so sind Bremskraftverstärker und/oder Schlauch defekt.

Lenkrad und Lenksäule

☐ Begutachten Sie das Lenkrad auf Brüche, lockeren Sitz oder lockere Teile.

☐ Drücken Sie das Lenkrad nach links und rechts sowie auf und ab – es darf kein Spiel aufweisen. Kontrollieren Sie ggf. das Lenksäulen-Lager und die Lenkradschraube.
☐ Drehen Sie das Lenkrad – es darf weder Spiel aufweisen noch rau laufen, ansonsten können Lager, Kreuzgelenke oder das Lenkgetriebe verschlissen sein.

☐ Bei abgezogenem Zündschlüssel muss beim Drehen des Lenkrads das Lenkschloss einrasten.

Windschutzscheibe, Rückspiegel und Sonnenblende

☐ Die Windschutzscheibe darf im Sichtbereich des Fahrers keine Kratzer, Risse oder Steinschlag-Löcher aufweisen. Als grobe Einschätzung für das Sichtfeld kann behelfsmäßig ein hochkant vor die Scheibe gelegtes DIN-A4-Blatt genommen werden. Die Rückspiegel müssen funktionsfähig und einstellbar sein.
☐ Die Sonnenblende des Fahrers darf nicht von alleine herunter klappen.

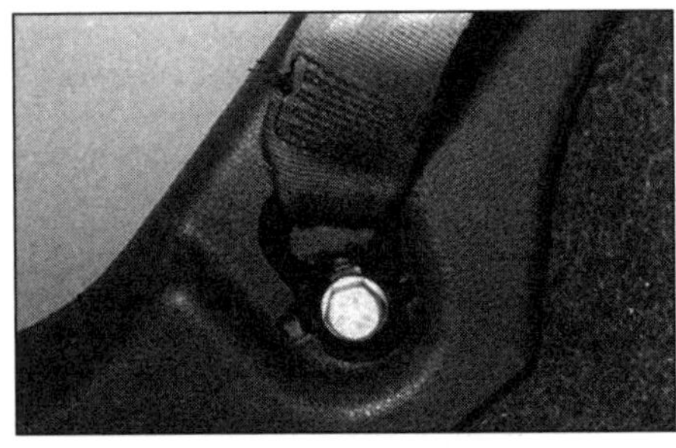

Sicherheitsgurte und Sitze

☐ Kontrollieren Sie das Gewebe aller Gurte auf Risse, Ausfransungen oder andere Beschädigungen. Prüfen Sie bei allen Gurten die Funktion der Gurtschlösser und – falls vorhanden – der Gurtrollen-Sperren. Prüfen Sie die Festigkeit aller von innen zugänglichen Gurt- und Gurtpeitschen-Befestigungen.
☐ Gurte mit Gurtstraffer-Vorrichtungen haben an der Gurtpeitsche eine Kennzeichnung – die Gurtstraffer selbst können nicht getestet werden.
☐ Die Vordersitze müssen sicher befestigt sein und die Rückenlehne muss in jeder Position arretierbar sein.

Türen

☐ Alle Türen müssen sich von innen und außen öffnen und schließen lassen. Beim Zudrücken müssen sich sicher einrasten.

2 Die Prüfung erfolgt: Bei auf dem Boden stehenden Fahrzeug

Fahrzeug-Identifikation

☐ Die Kennzeichen müssen sich in einem guten Zustand befinden und in ihren Maßen den Vorschriften entsprechen.
☐ Das Typenschild und die eingeschlagene Fahrgestellnummer müssen lesbar sein.

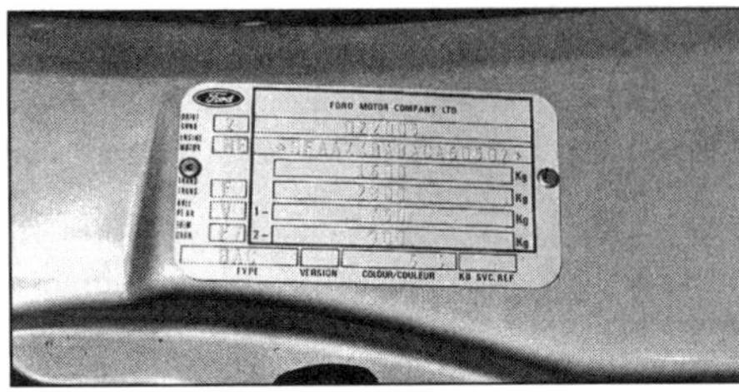

Fahrzeug-Elektrik

☐ Schalten Sie die Zündung ein und prüfen Sie die Funktion der Hupe.
☐ Prüfen Sie die Funktion aller Scheibenwischer und der Scheibenwaschanlage. Ersetzen Sie beschädigte oder verschlissene Wischerblätter.

☐ Prüfen Sie die komplette Beleuchtungseinrichtung
☐ Prüfen Sie die Funktion der Bremsleuchten.
☐ Prüfen Sie die Funktion der Standleuchten und Rücklichter. Lampengläser und Reflektoren müssen fest sitzen, sauber sein und dürfen keine Risse aufweisen.
☐ Prüfen Sie bei eingeschalteter Zündung die Funktion und Ausrichtung der Scheinwerfer. Die Reflektoren dürfen nicht matt sein und die Lampengläser dürfen weder matt sein noch Risse aufweisen.
☐ Achten Sie bei der Kontrolle des Abblendlichts darauf, dass die Leuchtweitenregelung funktioniert (Anpassung der Scheinwerfereinstellung an eventuelle Beladung). Die Einstellung des Abblendlichts ist für den Gegenverkehr von entscheidender Bedeutung und ist daher immer genau zu überprüfen (korrekte Asymmetrie und Höhe der Einstellung)
☐ Prüfen Sie bei eingeschalteter Zündung die Funktion aller Blinker einschließlich der Kontrollleuchten im Armaturenbrett. Prüfen Sie die Funktion des Warnblinkers. Die Blinker dürfen nicht die Standlicht- oder Rücklichtlampen beeinträchtigen – ansonsten liegt ein Massefehler vor. Falls die Blinkfrequenz ungewöhnlich schnell oder langsam ist, kann das Blinkrelais defekt sein oder ebenfalls ein Massefehler vorliegen.
☐ Prüfen Sie die Funktion der Nebelschlussleuchte(n) und ihrer Kontrollleuchte im Armaturenbrett oder im Schalter.

☐ Alle Kontrollleuchten müssen nach dem Einschalten der Zündung entsprechend der Herstellervorgaben aufleuchten. Nach dem Starten des Motors müssen die meisten Leuchten wieder erlöschen, die ABS-Kontrollleuchten müssen spätestens nach einigen Metern Fahrt erlöschen.

Bremsen

☐ Begutachten Sie den Hauptbremszylinder, den Bremskraftverstärker, den ABS-Modulator (falls vorhanden) und alle Bremsleitungen auf korrekte Verlegung/Befestigung, Undichtigkeit, lockere Anschlüsse, Korrosion und andere Schäden.

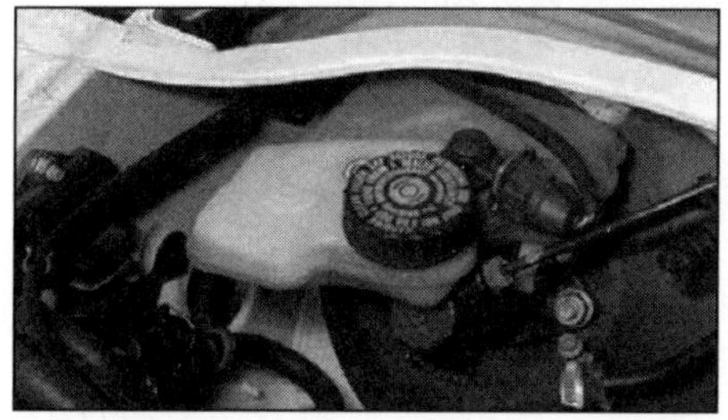

☐ Der Ausgleichsbehälter am Hauptbremszylinder muss fest sitzen und der Pegel muss zwischen der MAX- (A) und MIN-Markierung (B) liegen (ein kurz vor Minimum stehender Bremsflüssigkeitsstand deutet auf verschlissene Scheibenbremsbeläge hin, eventuell auch auf eine Undichtigkeit).

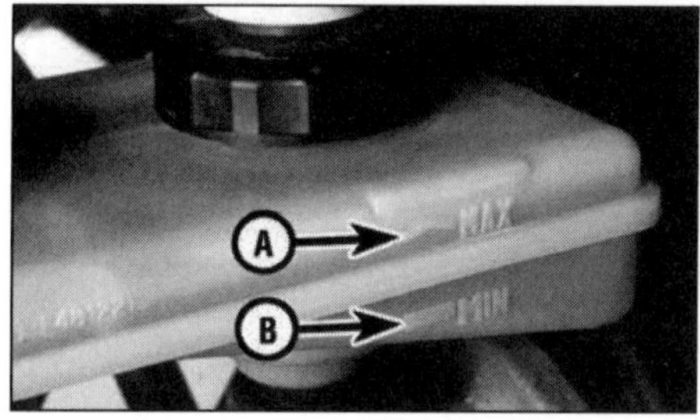

☐ Kontrollieren Sie alle Bremsschläuche auf Risse und Alterungserscheinungen. Drehen Sie die Lenkung von Anschlag zu Anschlag, um zu prüfen, ob die vorderen Schläuche nicht die Räder, Reifen oder andere Teile der Lenkung oder der Radaufhängung berühren. Bei fest gedrücktem Bremspedal muss kontrolliert werden, ob die Schläuche ausbeulen oder Lecks aufweisen. Treten Sie bei laufendem Motor ohne Gasgeben (also aktivem Bremskraftverstärker) mehrfach schlagartig und kräftig auf das Pedal, um eine Extrembelastung zu simulieren, der eine intakte Bremsanlage gewachsen sein muss.

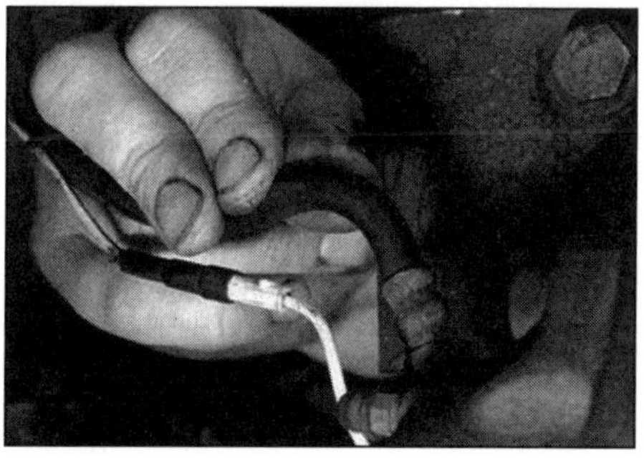

Lenkung und Radaufhängungen

☐ Lassen Sie einen Assistenten das Lenkrad leicht zwischen den Punkten, an denen die Bewegung auf die Räder übertragen wird, hin und her drehen, um sein Spiel zu ermitteln.
☐ Lassen Sie den Assistenten das Lenkrad kräftig in beide Richtungen drehen, sodass sich die Vorderräder zu bewegen beginnen. Kontrollieren Sie hierbei alle Verbindungselemente, Befestigungen und Anschlüsse (also Spurstangenköpfe, Spurstangen, Lenkhebel, Lenkschubstangen, Trag- und Führungsgelenke etc.). Ersetzen Sie alle Bauteile, die Verschleiß (also unzulässiges Spiel) oder Schäden aufweisen. Prüfen Sie die Funktion und den Zustand aller Komponenten der Servounterstützung (Antriebsriemen, Servopumpe und Hydraulikleitungen).
☐ Prüfen Sie, ob das auf einer ebenen Fläche stehende Fahrzeug nicht an einer Seite oder vorne bzw. hinten herunterhängt.

Stoßdämpfer

☐ Drücken Sie das Fahrzeug nacheinander an jeder Ecke herunter und lassen Sie es wieder los – es muss wieder ausfedern und seine Ruheposition zurückkehren. Falls es nachschaukelt, ist der Stoßdämpfer defekt; dieser Zustand kann zu gefährlichem Fahrverhalten führen. Zudem sind alle Stoßdämpfer auf Dichtigkeit zu überprüfen.

Auspuffanlage

☐ Starten Sie den Motor und lassen Sie einen Assistenten das Auspuffrohr mit einem Lappen verstopfen. Prüfen Sie jetzt die gesamte Auspuffanlage auf Undichtigkeit und reparieren oder ersetzen Sie entsprechende Bauteile.

3 Die Prüfung erfolgt: Bei angehobenem Fahrzeug mit freien Rädern

Heben Sie das Fahrzeug vorne und hinten an und stützen Sie es so auf Böcken ab, dass diese nicht die Federelemente behindern. Die Räder müssen frei drehbar und die Lenkung von Anschlag zu Anschlag zu drehen sein.

Lenkung

☐ Lassen Sie einen Assistenten das Lenkrad von Anschlag zu Anschlag drehen. Prüfen Sie, ob sich die Lenkung frei drehen lässt und keine Teile der Lenkung (einschließlich der Räder und Reifen) mit Bremsleitungen oder andere Bauteilen in Kontakt kommen.

☐ Kontrollieren Sie die Gummimanschetten des Lenkgestänges auf Beschädigungen oder lockere Schellen. Prüfen Sie, ob irgendwo Hydraulikflüssigkeit der Servolenkung austritt. Kontrollieren Sie, ob die Lenkung schwergängig ist, ob irgendwo Splinte fehlen oder Befestigungen locker sind, und ob im Umkreis von 30 cm um irgendwelche Befestigungspunkte der Lenkung an der Karosserie starke Korrosion auftritt.

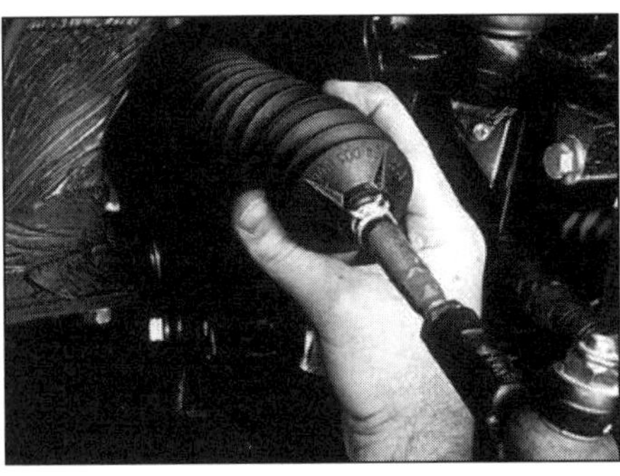

Vorder- und Hinterradfederung sowie Radlager

☐ Beginnen Sie an der vorderen rechten Ecke, greifen Sie das Vorderrad in der 3- und 9-Uhr-Position und versuchen Sie, daran zu wackeln. Prüfen Sie, ob Spiel in den Radlagern, an den Federungs-Kugelgelenken, den Aufhängungen, Gelenken und Befestigungen festzustellen ist.

☐ Greifen Sie jetzt das Rad in der 12- und 6-Uhr-Position und wiederholen Sie die Prüfung. Drehen Sie das Rad, um im Radlager Schwergängigkeit oder rauen Lauf festzustellen.

☐ Falls an einem Gelenk übermäßiges Spiel vermutet wird, kann dies mit einem zwischen der Halterung und dem angeschlossenen Teil als Hebel eingeführten großen Schraubendreher festgestellt werden; so lässt sich ermitteln, ob der Verschleiß in den Lagerbuchsen, seiner Befestigung oder in der Halterung selbst liegt (oft schlagen die Schraubenlöcher aus).

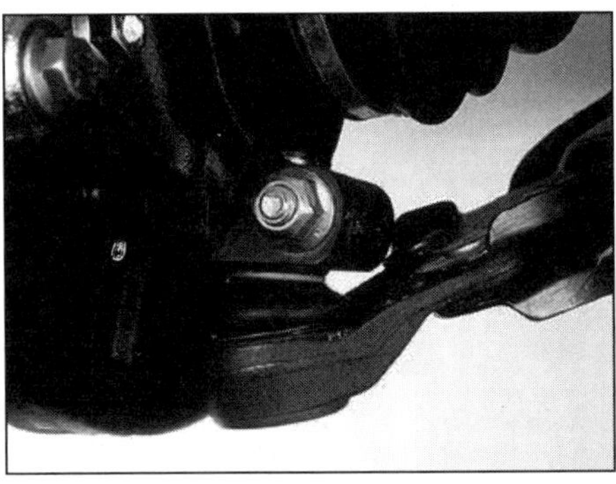

☐ Führen Sie alle beschriebenen Kontrollen am anderen Vorderrad und dann an den Hinterrädern durch.

Federn und Stoßdämpfer

☐ Begutachten Sie die Federbeine (soweit vorhanden) auf austretendes Öl, Korrosion oder ein beschädigtes Gehäuse. Prüfen Sie auch die Festigkeit aller Aufnahmen.

☐ Die Enden von Schraubenfedern müssen in ihren Sitzen liegen und die Feder selbst darf nicht korrodiert, gerissen oder gebrochen sein.

☐ Falls Blattfedern vorhanden sind, muss geprüft werden, dass keine Federn gebrochen sind, dass die Achse fest mit ihr verbunden ist und dass die Aufnahmen der Feder-Enden sowie alle Buchsen und Schäkel nicht ausgeschlagen sind.

☐ Ebensolche Kontrollen müssen an Fahrzeugen mit anderen Federsystemen (Drehstabfedern, Hydraulik- oder Luftdruckfedern) durchgeführt werden. Alle Anschlüsse und Befestigungen müssen fest verbunden sein und es dürfen weder übermäßiger Verschleiß, Korrosion oder Beschädigungen festgestellt werden. Bei Hydrauliksystemen darf keine Flüssigkeit austreten. Bei Fahrzeugen mit Luftfederung schreiben die Hersteller oftmals bestimmte Algorithmen vor, bevor die Räder entlastet werden dürfen. Bei Nichtbeachtung drohen teure Schäden.

☐ Kontrollieren Sie die Stoßdämpfer auf Undichtigkeit. Anschlaggummis sowie Gummibuchsen in den Aufnahmen dürfen nicht spröde oder beschädigt sein.

Antriebswellen

☐ Drehen Sie die angetriebenen Räder und überprüfen Sie dabei die Manschetten der Gleichlaufgelenke auf Risse und Beschädigungen. Die Antriebswellen selbst dürfen nicht verbogen oder beschädigt sein.

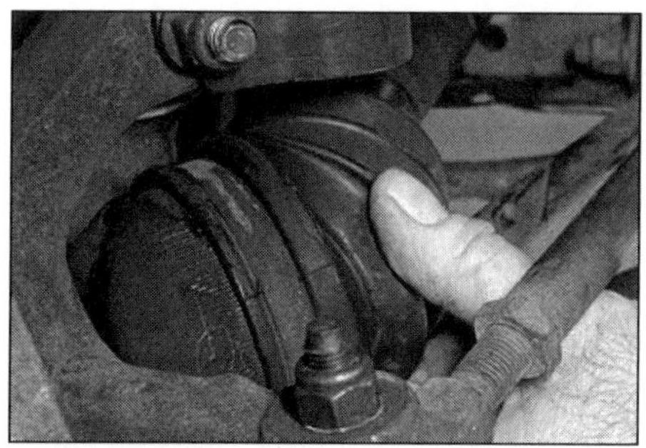

Bremssystem

☐ Prüfen Sie die Bremsbelag-Stärke und den Zustand der Bremsscheiben möglichst im eingebauten Zustand. Das Belagmaterial (A) und die Bremsscheibe (B) dürfen nicht unter die in Kapitel 9 angegebenen Werte verschlissen sein. Die Bremsscheibe darf weder gebrochen noch gerissen sein oder starke Riefen oder Ausbrüche aufweisen.

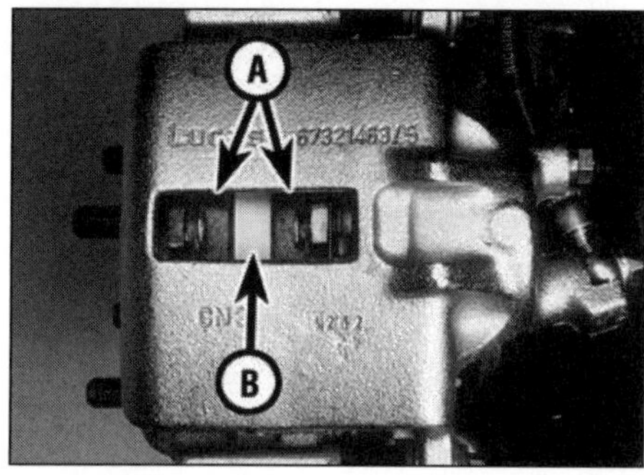

☐ Kontrollieren Sie alle Bremsleitungen und Bremschläuche unter dem Fahrzeug auf Undichtigkeit und/oder andere Schäden. Die Leitungen dürfen nicht verrostet oder geknickt sein, die Schläuche dürfen keine Risse oder Blasen aufweisen.
☐ An den Bremssätteln und den Bremsankerplatten dürfen keine Flüssigkeiten austreten. Reparieren oder erneuern Sie undichte Bauteile.
☐ Drehen Sie jedes Rad langsam von Hand, während der Assistent das Bremspedal gleichmäßig herunterdrückt und wieder löst. Jede Bremse muss korrekt funktionieren und das Rad muss sich nach dem Lösen wieder frei drehen lassen.

☐ Kontrollieren Sie den Handbremsmechanismus auf ausgefranste oder gerissene Seilzüge, starke Korrosion oder Verschleiß und übermäßiges Spiel am Gestänge. Prüfen Sie, ob die Bremse auf beide Hinterräder wirkt und diese sich nach dem Lösen wieder frei drehen lassen (es gibt auch Fahrzeuge, bei denen die Handbremse bzw. Feststellbremse auf die Vorderräder wirkt).
☐ Die Bremswirkung ist ohne einen Prüfstand nicht kontrollierbar, aber bei einer Probefahrt kann später getestet werden, ob das Fahrzeug beim Bremsen nicht zu einer Seite zieht.

Kraftstoff- und Auspuffsystem

☐ Kontrollieren Sie den Tank (einschließlich Tankdeckel), alle Kraftstoffleitungen und ihre Anschlüsse. Alle Komponenten müssen sicher befestigt sein und dürfen nicht lecken.
☐ Begutachten Sie die Auspuffanlage von vorne bis hinten auf Beschädigungen, gerissene oder fehlende Befestigungen, fest sitzende Schellen und Durchrostungen.

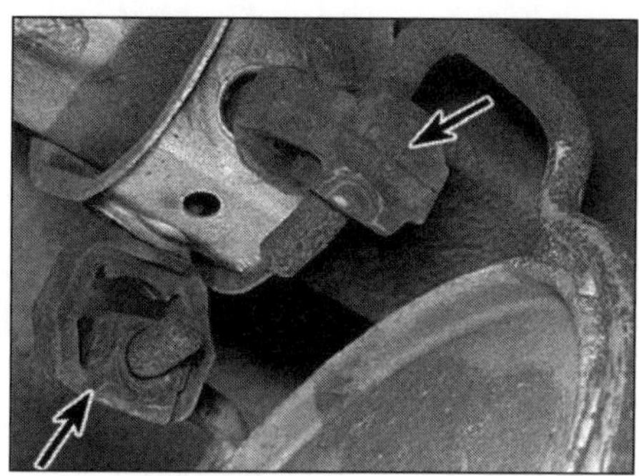

Räder und Reifen

☐ Kontrollieren Sie die Flanken und Laufflächen aller Reifen. Achten Sie auf Schnitte, Risse, Beulen, Auswölbungen, sich lösende Profilblöcke und durch Beschädigungen oder Verschleiß sichtbares Gewebe. Der Reifenwulst muss korrekt auf der Felge sitzen, das Ventil muss dicht sein und korrekt sitzen.
☐ Die Felge darf nicht verzogen, verbogen, gerissen oder stark korrodiert sein. Alle Radmuttern oder Bolzen müssen fest sitzen.
☐ Die Reifen müssen die in den Fahrzeugpapieren angegebene Größen haben. Reifen auf einer Achse sollten baugleich sein (empfehlenswert, aber nicht vorgeschrieben). Der Luftdruck aller Reifen muss in Ordnung sein.
☐ Kontrollieren Sie die Profiltiefe. Aktuell darf an keiner Stelle weniger als 1,6 mm gemessen werden. Ungleichmäßig verschlissene Reifen weisen auf falsch eingestellte Radaufhängungen hin.

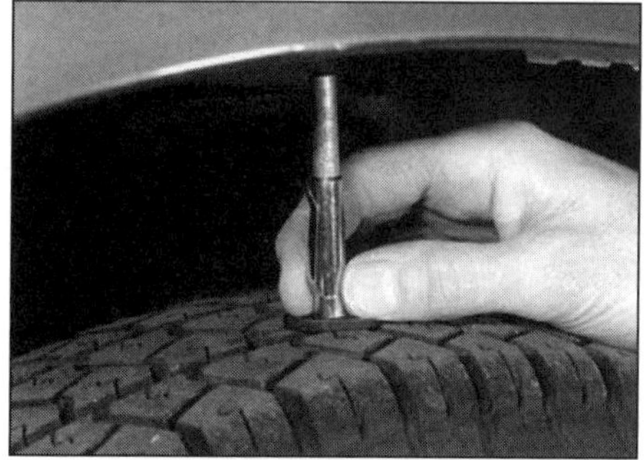

Korrosion

☐ Überprüfen Sie die gesamte Fahrzeug-Struktur auf Korrosion an tragenden Teilen (Kastenprofile des Chassis, Schweller, Querträger, Säulen und sämtliche Radaufhängungen,

Federelemente, Lenkungs- und Bremsenteile sowie Gurtbefestigungen und Verankerungen). Jede Korrosion, die die Materialstärke tragender Teile verringert, stellt eine ernsthafte Gefahr dar, sodass sie professionelle Reparaturmaßnahmen eingeleitet werden müssen. Bei einer selbsttragenden Karosserie (um solche Karosserien handelt es sich bei heutigen PKW's in 99 % aller Fälle) sind alle Blechteile als tragend zu betrachten. Eine durchgerostete Tür kann also durchaus dafür sorgen, dass eine HU nicht positiv abgeschlossen wird.

☐ Beschädigungen oder Korrosion, die zu scharfkantigen Rändern führen, können dazu führen, dass die HU nicht bestanden wird.

4 Die Prüfung erfolgt: Am Abgassystem

Benzinmotor

☐ Bringen Sie den gut gewarteten Motor (Zündsystem in Ordnung, Luftfilter sauber usw.) auf Betriebstemperatur.

☐ Lassen Sie den Motor zunächst rund 20 Sekunden mit etwa 2500/min drehen und dann auf Standgasdrehzahl abfallen; beobachten Sie dabei, ob aus dem Auspuff Rauch austritt. Falls das Standgas offensichtlich zu hoch ist oder länger als fünf Sekunden dichter blauer oder schwarzer Rauch austritt, kann dies dazu führen, dass die HU nicht bestanden wird. Als Faustregel gilt, dass blauer Rauch für verbranntes Öl und damit Motorverschleiß steht, während schwarzer Rauch auf unverbrannten Kraftstoff hinweist (verschmutzter Luftfilter oder Schäden bzw. Verschleiß im Kraftstoff- oder Zündsystem.

☐ Für weitere Kontrollen wird ein Abgas-Analysegerät benötigt, das den Gehalt an Kohlenmonoxid (CO) und Kohlenwasserstoff (CH) ermitteln kann. Falls dies nicht gemietet oder ausgeliehen werden kann, sollte die Prüfung gegen ein kleines Entgelt von einer Fachwerkstatt durchgeführt werden.

CO-Emissionen (Gemisch)

☐ Der HU-Prüfer hat Zugang zu den erlaubten CO-Abgaswerten aller Fahrzeuge. Der CO-Wert wird bei Standgas und »erhöhtem Standgas« (2500 bis 3000/min) gemessen. Die folgenden Werte sind nur Anhaltswerte:
Bei Standgas – weniger als 0,5 % CO
Bei erhöhtem Standgas – weniger als 0,3 % CO
Lambda-Messung – 0,97 bis 1,03

☐ Falls der CO-Wert zu hoch ist, kann dies ein Hinweis auf schlechte Wartung, ein Problem in der Gemischaufbereitung (Vergaser oder Einspritzanlage), eine defekte Lambdasonde oder einen schadhaften Katalysator sein. Probieren Sie eine Einspritzdüsen-Reinigung aus und lesen Sie ggf. das Steuergerät auf Fehlercodes aus.

CH-Emissionen

☐ Der HU-Prüfer hat Zugang zu den erlaubten CH-Abgaswerten aller Fahrzeuge. Der CH-Wert wird bei »erhöhtem Standgas« (2500 bis 3000/min) gemessen. Als Anhaltswerte gilt: weniger als 200 ppm.

☐ Zu hohe CH-Emissionen weisen auf verbranntes Motoröl hin. Der Grund hierfür kann ein verschlissener Motor, eine verstopfe Motorentlüftung oder zu altes und verdünntes Motoröl sein, sodass ein Ölwechsel hilft. Falls der Motor insgesamt schlecht läuft, sollte ggf. das Steuergerät auf Fehlercodes ausgelesen werden.

Im Normalfall sind die CH-Emissionen zwar ermittelbar, im Rahmen der Abgasuntersuchung gibt es jedoch derzeit keine Grenzwerte. Gemessen werden CO, CO_2 O_2, HC und Lambda, wobei es lediglich für CO und Lambda vom Gesetzgeber bzw. Fzg.-Hersteller einzuhaltende Vorgaben gibt. Hohe CO-Werte haben aber für sich allein auch schon eine hohe Aussagekraft über die Funktion der Abgasreinigung.

Zudem gelten die groben Faustregeln: Lambda-Werte über 1 (bei intakter Gemischaufbereitung) deuten auf eine undichte Auspuffanlage hin, Lambda unter 1 (fettes Gemisch) lassen auf eine defekte Gemischaufbereitung schließen. Hohe CO-Werte bei Lambda 1 deuten auf einen verschlissenen Katalysator hin.

Dieselmotor

☐ Hier wird lediglich der Anteil der Rußpartikel gemessen. Bei diesem Test wird der Motor je nach Herstellervorgabe für ein paar Sekunden mit Maximaldrehzahl betrieben. Bei der »freien Beschleunigung« wird die sogenannte Rauchgastrübung gemessen, die weder die vom Fahrzeug-Hersteller vorgegebenen noch die gesetzlichen Grenzwerte übersteigen darf.

Anmerkung: Bei Modellen mit Steuerriemen (»Zahnriemen«) muss dieser in einem perfekten Zustand sein, damit der Motor den Test übersteht. Im permanenten Stadtverkehr zugesetzte Dieselmotoren sollten vor der Abgasuntersuchung auf einer längeren Strecke »freigefahren« werden.

☐ Der aufgewärmte Motor wird zunächst maximal 5 Sekunden nach Herstellervorgabe (meistens Abregeldrehzahl) »gespült«, dann wird der Motor langsam auf seine maximale Drehzahl gebracht, um zu sehen, ob er dies aushält. Anschließend wird das Abgasmessgerät angeschlossen und der Motor wird dreimal hintereinander rasch auf Höchstdrehzahl beschleunigt. Liegt dabei die Rußentwicklung unter dem Maximalwert von 2,5 m^{-1} (Saugmotoren) bzw. 3,0 m^{-1} (Turbomotoren), hat das Fahrzeug die Prüfung bestanden (bei aktuellen Fahrzeugen liegen sie eher im Bereich zwischen 0,5 m^{-1} und 1,5 m^{-1}). Falls zu viel Ruß produziert wird, kann ein neuer Luftfilter oder eine Einspritzdüsen-Reinigung helfen. Falls der Motor insgesamt schlecht läuft, sollte ggf. das Steuergerät auf Fehlercodes ausgelesen werden. Kontrollieren Sie ggf. auch das Abgasrückführungs-System. Nach einer hohen Laufleistung müssen eventuell die Einspritzdüsen professionell kontrolliert werden.

Fehlersuche

Motor

- ☐ Motor lässt sich nicht per Anlasser durchdrehen
- ☐ Motor dreht, springt aber nicht an
- ☐ Motor springt kalt schlecht an
- ☐ Motor springt warm schlecht an
- ☐ Anlasser macht laute Geräusche oder rückt übermäßig hart ein
- ☐ Motor startet und geht gleich wieder aus
- ☐ Motor läuft im Standgas ungleichmäßig
- ☐ Motor produziert im Standgas Fehlzündungen
- ☐ Motor produziert im Fahrbetrieb Fehlzündungen
- ☐ Motor beschleunigt schlecht
- ☐ Motor stirbt ab
- ☐ Motorleistung mangelhaft
- ☐ Motor erzeugt Auspuffknallen
- ☐ Öldrucklampe leuchtet bei laufendem Motor auf
- ☐ Motor läuft nach dem Abschalten weiter
- ☐ Motor macht ungewöhnliche Geräusche

Kühlsystem

- ☐ Kühlmittel überhitzt
- ☐ Kühltemperatur zu gering
- ☐ Kühlmittel läuft aus
- ☐ Kühlmittel gelangt in den Motor
- ☐ Korrosion

Kraftstoff- und Auspuffsystem

- ☐ Übermäßiger Kraftstoffverbrauch
- ☐ Kraftstoff läuft aus und/oder verursacht Gerüche
- ☐ Rauch aus dem Auspuff
- ☐ Laute Geräusche aus dem Auspuff

Kupplung

- ☐ Kupplungspedal lässt sich bis zum Boden durchtreten – kein Druck oder geringer Widerstand
- ☐ Kupplung trennt nicht (Gänge lassen sich nicht einlegen)
- ☐ Kupplung rutscht (Motordrehzahl steigt, Geschwindigkeit aber nicht)
- ☐ Kupplung vibriert beim Einrücken
- ☐ Geräusche beim Einrücken oder Ausrücken der Kupplung

Schaltgetriebe

- ☐ Geräusche im Leerlauf bei laufendem Motor
- ☐ Geräusche in einem bestimmten Gang
- ☐ Gänge lassen sich schwierig einlegen
- ☐ Gang springt heraus
- ☐ Vibrationen
- ☐ Getriebeöl tritt aus

Automatikgetriebe

- ☐ Getriebeöl tritt aus
- ☐ Getriebeöl ist braun oder riecht verbrannt
- ☐ Allgemeine Gangauswahl-Probleme
- ☐ Getriebe schaltet bei Kickdown (Gaspedal vollständig durchgedrückt) nicht herunter
- ☐ Motor startet in keiner Wahlhebel-Position oder startet außerhalb von P und N
- ☐ Getriebe rutscht durch, schaltet rau, macht Geräusche oder erzeugt vorwärts und rückwärts keinen Vortrieb.

Kardanwelle

- ☐ Vibrationen beim Beschleunigen oder im Schiebebetrieb
- ☐ Geräusche (Schleifen oder Quietschen) bei langsamer Fahrt
- ☐ Geräusche (Klopfen oder Klicken) beim Beschleunigen oder im Schiebebetrieb

Hinterachse

- ☐ Rauer Lauf oder Rumpeln aus dem Fahrzeugheck (bei leicht gezogener Handbremse evtl. weniger)
- ☐ Geräusche (hochfrequentes Heulen) – mit der Geschwindigkeit zunehmend
- ☐ Geräusche (Klopfen oder Klicken) beim Beschleunigen oder im Schiebebetrieb
- ☐ Differenzialöl tritt aus

Bremssystem

- ☐ Fahrzeug zieht beim Bremsen zu einer Seite
- ☐ Geräusche (Schleifen oder Quietschen) beim Bremsen
- ☐ Langer Bremspedal-Weg
- ☐ Bremspedal fühlt sich beim Treten schwammig an
- ☐ Zum Verzögern ist übermäßige Kraft beim Treten des Bremspedals nötig
- ☐ Beim Bremsen treten im Bremspedal oder im Lenkrad Vibrationen auf
- ☐ Bremsen schleifen
- ☐ Hinterräder blockieren beim normalen Bremsen

Radaufhängungen und Lenkung

- ☐ Fahrzeug zieht zu einer Seite
- ☐ Räder flattern oder vibrieren
- ☐ Starkes Einsinken und/oder Schlingern in Kurven oder beim Bremsen
- ☐ Fahrzeug bleibt nicht in der Spur oder ist generell instabil
- ☐ Schwergängige Lenkung
- ☐ Übermäßiges Spiel in der Lenkung
- ☐ Mangelnde Servo-Unterstützung
- ☐ Starker Reifenverschleiß

Elektrik

- ☐ Batterie entlädt nach wenigen Tagen
- ☐ Ladekontrollleuchte leuchtet nach dem Starten des Motors weiter
- ☐ Ladekontrollleuchte leuchtet beim Einschalten der Zündung nicht
- ☐ Licht funktioniert nicht
- ☐ Instrumente zeigen falsch oder ungleichmäßig an
- ☐ Hupe funktioniert nicht oder nur unzuverlässig
- ☐ Scheibenwischer funktionieren nicht oder nur unzuverlässig
- ☐ Scheibenwaschanlage funktioniert nicht oder nur unzuverlässig
- ☐ Elektrische Fensterheber funktionieren nicht oder nur unzuverlässig
- ☐ Zentralverriegelung funktioniert nicht oder nur unzuverlässig

Einleitung

Fahrzeugbesitzer, die alle Wartungsarbeiten entsprechend der Vorgaben erledigen, müssen in diese Sektion nicht allzu oft hineinschauen. Vorausgesetzt, dass Verschleiß und Alterung regelmäßig überprüft und entsprechende Teile erneuert werden, muss dank der Zuverlässigkeit moderner Komponenten heute kaum noch mit plötzlichen Ausfällen gerechnet werden; allerdings steigt die Wahrscheinlichkeit mit zunehmendem Alter und hoher Laufleistung immer mehr an. Störungen entstehen üblicherweise nicht als Ergebnis eines plötzlichen Ausfalls, sondern entwickeln sich mit der Zeit. Gerade größeren technischen Defekten gehen oft charakteristische Symptome über hunderte oder gar tausende Kilometer voraus. Bauteile, die gelegentlich ohne Vorwarnung ausfallen, sind oft klein und können leicht repariert oder ausgetauscht werden.

Bei jeder Fehlersuche liegt der erste Schritt in der Entscheidung, wo mit der Untersuchung begonnen werden soll. Manchmal ist dies offensichtlich, doch hin und wieder ist auch etwas Detektivarbeit nötig. Besitzer, die ein halbes Dutzend planlose Einstellungen vornehmen oder willkürlich Teile tauschen, mögen beim Behandeln von Ausfällen (oder deren Symptomen) erfolgreich sein, sind aber nicht klüger, wenn der Defekt zurückkehrt; zudem haben sie am Ende mehr Geld und Zeit als nötig investiert. Eine ruhige und logische Herangehensweise ist langfristig gesehen deutlich zufriedenstellender. Stets müssen Warnsignale und Abnormalitäten aller Art berücksichtigt werden, die in der Zeit vor dem Ausfall bemerkt wurden: Leistungsmangel, hohe oder niedrige Anzeigewerte, ungewöhnliche Gerüche usw. Zudem muss bedacht werden, dass Ausfälle von Bauteilen wie Sicherungen oder Zündkerzen zumeist nur Hinweise auf tatsächliche Defekte sind.

Die folgenden Seiten stellen einen einfachen Leitfaden zu den üblichen Problemen dar, die im normalen Fahrbetrieb auftreten können. Diese Probleme und ihre möglichen Ursachen sind nach den verschiedenen Komponenten oder Systemen (Motor, Kühlung usw.) eingeordnet. Das Kapitel, in dem das Problem behandelt wird, ist in Klammern angegeben. Wo auch immer der Defekt liegt – es gelten stets gewisse Grundprinzipien:

Überprüfen Sie den Defekt. Hier geht es einfach darum, vor Arbeitsbeginn die Symptome mit Sicherheit zu erkennen. Dies ist besonders wichtig, falls man einen Fehler für jemand anderes finden muss, der das Problem vielleicht nicht exakt beschreiben konnte.

Übersehen Sie nicht das Wesentliche. Lässt sich das Fahrzeug beispielsweise nicht starten, sollte auch überprüft werden, ob Kraftstoff im Tank ist (Vertrauen Sie gerade hierbei nie den Worten anderer oder der Tankanzeige). Falls ein Elektrik-Ausfall festgestellt wird, muss zuerst auf getrennte Stecker oder lockere Kabel geachtet werden, bevor die Prüfausrüstung ausgepackt wird.

Heilen Sie das Leiden, nicht die Symptome. Eine entladene Batterie durch eine vollständig geladene zu ersetzen, kann einen zunächst einmal wieder nach Hause bringen, doch wenn die zugrundeliegende Ursache nicht behandelt wird, ist die neue Batterie auch bald wieder leer. Genauso macht der Austausch verölter Zündkerzen durch Neuteile das Auto erst einmal wieder mobil, doch auch der Grund für diese Verschmutzung (solange es nicht ein falscher Wärmewert war) muss rasch gefunden und behoben werden.

Nehmen Sie nichts als gegeben hin. Vergessen Sie vor allem niemals, dass auch eine »neue« Komponente defekt sein kann (besonders, wenn sie schon monatelang im Kofferraum durchgeschüttelt wurde). Schließen Sie auch keine Komponenten bei der Fehlerdiagnose aus, nur weil sie neu sind oder erst kürzlich installiert wurden. Wenn schließlich ein schwieriger Defekt diagnostiziert wurde, wird man möglicherweise feststellen, dass alle Beweise von Anfang an darauf hingewiesen haben.

Diagnose-Einheit

Modelle mit B 234F-Motoren sind auch mit einer LH 2.4-Jetronic-Einspritzanlage und einer EZ 116K-Zündbox ausgerüstet, die sich eine gemeinsame Diagnose-Einheit teilen, die Fehlercodes anzeigen und Funktionsprüfungen durchführen können. Durch diese fortschrittliche Technik lassen sich eine Vielzahl von Fehlern diagnostizieren, sodass niemand davor zurückschrecken sollte, diese auch zu benutzen – beachten Sie hierzu die Hinweise in den Kapiteln 4B und 5B.

Motor

Motor lässt sich nicht per Anlasser durchdrehen

- ☐ Batterieanschlüsse locker oder korrodiert (»Wöchentliche Kontrollen«)
- ☐ Batterie entladen oder defekt (Kapitel 5A)
- ☐ Verkabelung im Anlasserstromkreis gebrochen, locker oder getrennt (Kapitel 5A)
- ☐ Anlasser-Magnetschalter defekt (Kapitel 5A)
- ☐ Anlasser defekt (Kapitel 5A)
- ☐ Zähne am Anlasser-Zahnrad oder Schwungscheiben-Zahnkranz gebrochen (Kapitel 2A, 2B, 2C und 5A)
- ☐ Massekabel des Motors gebrochen oder getrennt (Kapitel 5A)
- ☐ Automatikgetriebe nicht in Position P oder N; Wahlhebel-Sensor defekt (Kapitel 7B)

Motor dreht, springt aber nicht an

- ☐ Tank leer
- ☐ Batterie entladen (Anlasser dreht langsam) (Kapitel 5A)
- ☐ Batterieanschlüsse locker oder korrodiert (»Wöchentliche Kontrollen«)
- ☐ Zündungs-Komponenten feucht oder beschädigt (Kapitel 1 und 5B)
- ☐ Verkabelung im Zündstromkreis gebrochen, locker oder getrennt (Kapitel 1 und 5A)
- ☐ Zündkerzen verschlissen, defekt oder mit falschem Elektrodenabstand (Kapitel 1)
- ☐ Motorkompression niedrig (Kapitel 2A oder 2B)
- ☐ Größerer technischer Defekt (z.B. Nockenwellen-Antrieb) (Kapitel 2A, 2B oder 2C)

Motor springt kalt schlecht an

- ☐ Batterie entladen (Kapitel 5A)
- ☐ Batterieanschlüsse locker oder korrodiert (»Wöchentliche Kontrollen«)
- ☐ Zündkerzen verschlissen, defekt oder mit falschem Elektrodenabstand (Kapitel 1)
- ☐ Andere Zündsystem-Defekte (Kapitel 1 und 4B)
- ☐ Motorsteuerung defekt (Kapitel 1 und 4B)
- ☐ Ventilspiel nicht korrekt (Kapitel 1)
- ☐ Motorkompression niedrig (Kapitel 2A oder 2B)

Motor springt warm schlecht an

- ☐ Luftfilter verschmutzt oder verstopft (Kapitel 1)
- ☐ Motorsteuerung defekt (Kapitel 1 und 4B)
- ☐ Ventilspiel nicht korrekt (Kapitel 1)
- ☐ Motorkompression niedrig (Kapitel 2A oder 2B)

Anlasser macht laute Geräusche oder rückt übermäßig hart ein

- ☐ Zähne am Anlasser-Zahnrad oder Schwungscheiben-Zahnkranz gebrochen (Kapitel 2A, 2B, 2C und 5A)
- ☐ Anlasser-Befestigungsschrauben locker oder verloren gegangen (Kapitel 5A)
- ☐ Interne Anlasser-Komponenten verschlissen oder defekt (Kapitel 5A)

Motor startet und geht gleich wieder aus

- ☐ Anschlüsse im Zündstromkreis locker oder defekt (Kapitel 1 und 5A)
- ☐ Motorsteuerung defekt (Kapitel 1 und 4B)
- ☐ Unterdruck-Leck im Einlassstutzen (Kapitel 1 und 4A oder 4B)

Motor läuft im Standgas ungleichmäßig

- ☐ Motorsteuerung defekt (Kapitel 1 und 4B)
- ☐ Luftfilter verstopft (Kapitel 1)
- ☐ Unterdruck-Leck im Einlassstutzen oder angeschlossenen Schläuchen (Kapitel 1 und 4A oder 4B)
- ☐ Zündkerzen verschlissen, defekt oder mit falschem Elektrodenabstand (Kapitel 1)
- ☐ Ventilspiel nicht korrekt (Kapitel 1)
- ☐ Motorkompression ungleichmäßig oder niedrig (Kapitel 2A oder 2B)
- ☐ Nockenwellen-Nocken stark verschlissen (Kapitel 2A oder 2B)
- ☐ Nockenwellen-Steuerriemen unkorrekt gespannt (Kapitel 2A)
- ☐ Steuerkette oder Kettenspanner verschlissen (Kapitel 2B)

Motor produziert im Standgas Fehlzündungen

- ☐ Zündkerzen verschlissen, defekt oder mit falschem Elektrodenabstand (Kapitel 1)
- ☐ Zündkabel oder Kerzenstecker defekt (Kapitel 1).
- ☐ Zündzeitpunkt unkorrekt (Kapitel 5B)
- ☐ Motorsteuerung defekt (Kapitel 1 und 4B)
- ☐ Unterdruck-Leck im Einlassstutzen oder angeschlossenen Schläuchen (Kapitel 1 und 4A oder 4B)
- ☐ Ventilspiel nicht korrekt (Kapitel 1)
- ☐ Motorkompression ungleichmäßig oder niedrig (Kapitel 2A oder 2B)
- ☐ Motorentlüftungsschläuche getrennt, undicht oder beschädigt (Kapitel 1 und 4A oder 4B)

Motor produziert im Fahrbetrieb Fehlzündungen

- ☐ Kraftstofffilter verstopft (Kapitel 1)
- ☐ Kraftstoffpumpe defekt (Kapitel 4A oder 4B)
- ☐ Tankentlüftung oder Kraftstoffleitungen verstopft (Kapitel 4A oder 4B)
- ☐ Unterdruck-Leck im Einlassstutzen oder angeschlossenen Schläuchen (Kapitel 1 und 4A oder 4B)
- ☐ Zündkerzen verschlissen, defekt oder mit falschem Elektrodenabstand (Kapitel 1)
- ☐ Zündkabel oder Kerzenstecker defekt (Kapitel 1).
- ☐ Zündspule defekt (Kapitel 5B)
- ☐ Motorsteuerung defekt (Kapitel 1 und 4B)
- ☐ Ventilspiel nicht korrekt (Kapitel 1)
- ☐ Motorkompression ungleichmäßig oder niedrig (Kapitel 2A oder 2B)

Motor beschleunigt schlecht

- ☐ Zündkerzen verschlissen, defekt oder mit falschem Elektrodenabstand (Kapitel 1)
- ☐ Motorsteuerung defekt (Kapitel 1 und 4B)
- ☐ Unterdruck-Leck im Einlassstutzen oder angeschlossenen Schläuchen (Kapitel 1 und 4A oder 4B)

Motor stirbt ab

- ☐ Motorsteuerung defekt (Kapitel 1 und 4B)
- ☐ Unterdruck-Leck im Einlassstutzen oder angeschlossenen Schläuchen (Kapitel 1 und 4A oder 4B)
- ☐ Kraftstofffilter verstopft (Kapitel 1)
- ☐ Kraftstoffpumpe defekt (Kapitel 4A oder 4B)
- ☐ Tankentlüftung oder Kraftstoffleitungen verstopft (Kapitel 4A oder 4B)

Motorleistung mangelhaft

- ☐ Zündzeitpunkt unkorrekt (Kapitel 5B)
- ☐ Motorsteuerung defekt (Kapitel 1 und 4B)
- ☐ Nockenwellen-Steuerriemen falsch montiert oder unkorrekt gespannt (Kapitel 2A)
- ☐ Steuerkette falsch montiert (Kapitel 2B)
- ☐ Kraftstofffilter verstopft (Kapitel 1)
- ☐ Kraftstoffpumpe defekt (Kapitel 4A oder 4B)
- ☐ Ventilspiel nicht korrekt (Kapitel 1)
- ☐ Motorkompression ungleichmäßig oder niedrig (Kapitel 2A oder 2B)
- ☐ Zündkerzen verschlissen, defekt oder mit falschem Elektrodenabstand (Kapitel 1)
- ☐ Unterdruck-Leck im Einlassstutzen oder angeschlossenen Schläuchen (Kapitel 1 und 4A oder 4B)
- ☐ Bremsen schleifen (Kapitel 1 und 9)
- ☐ Kupplung rutscht durch (Kapitel 6)
- ☐ Automatikgetriebe-Ölpegel unkorrekt (Kapitel 1)

Motor erzeugt Auspuffknallen

- ☐ Zündzeitpunkt unkorrekt (Kapitel 5B)
- ☐ Motorsteuerung defekt (Kapitel 1 und 4B)
- ☐ Nockenwellen-Steuerriemen falsch montiert oder unkorrekt gespannt (Kapitel 2A)
- ☐ Steuerkette falsch montiert (Kapitel 2B)
- ☐ Unterdruck-Leck im Einlassstutzen oder angeschlossenen Schläuchen (Kapitel 1 und 4A oder 4B)
- ☐ Abgasregelung defekt (Kapitel 4C)

Öldrucklampe leuchtet bei laufendem Motor auf

- ☐ Ölpegel oder Viskosität niedrig oder Ölsorte falsch (»Wöchentliche Kontrollen«)
- ☐ Öldruckschalter defekt (Kapitel 5A)
- ☐ Ölpumpe und/oder Gleitlager im Motor verschlissen (Kapitel 2C)
- ☐ Motortemperatur zu hoch (Kapitel 3)
- ☐ Öl-Überdruckventil defekt (Kapitel 2A, 2B oder 2C)
- ☐ Öl-Ansaugsieb verstopft (Kapitel 2A, 2B oder 2C)

Motor läuft nach dem Abschalten weiter

- ☐ Standgasdrehzahl deutlich zu hoch (Kapitel 1)
- ☐ Motorsteuerung defekt (Kapitel 1 und 4B)
- ☐ Erhebliche Kohleablagerungen im Motor (Kapitel 2A, 2B oder 2C)
- ☐ Motortemperatur zu hoch (Kapitel 3)

Motor macht ungewöhnliche Geräusche

Klingeln oder Klopfen beim Beschleunigen oder unter Last

- ☐ Zündzeitpunkt unkorrekt (Kapitel 5B)
- ☐ Kraftstoff-Sorte falsch (Kapitel 4A oder 4B)
- ☐ Unterdruck-Leck im Einlassstutzen oder angeschlossenen Schläuchen (Kapitel 1 und 4A oder 4B)
- ☐ Erhebliche Kohleablagerungen im Motor (Kapitel 2A, 2B oder 2C)

Pfeifen oder Zischen

- ☐ Einlassstutzen-Dichtung undicht (Kapitel 4A oder 4B)
- ☐ Auspuffstutzen-Dichtung oder Krümmerrohr-Anschluss undicht (Kapitel 1, 4A oder 4B)
- ☐ Unterdruckschlauch undicht (Kapitel 1, 2B, 2B, 4A, 4B oder 9)
- ☐ Zylinderkopfdichtung defekt (Kapitel 2A, 2B oder 2C)

Pochen oder Klappern

- ☐ Ventilspiel nicht korrekt (Kapitel 1)
- ☐ Ventiltrieb oder Nockenwelle(n) verschlissen (Kapitel 2A, 2B oder 2C)
- ☐ Steuerriemen oder Spanner verschlissen (Kapitel 2A)
- ☐ Steuerkette(n) oder Spanner verschlissen (Kapitel 2B)
- ☐ Nebenaggregate (Wasserpumpe, Lichtmaschine usw.) defekt (Kapitel 3 und 5A)

Klopfen oder Schlagen

- ☐ Pleuelfußlager verschlissen (gleichmäßiges starkes Klopfen, unter Last eventuell leiser) (Kapitel 2C)
- ☐ Kurbelwellen-Hauptlager verschlissen (Rumpeln und Klopfen, unter Last eventuell stärker) (Kapitel 2C)
- ☐ Kolben-Kippen (bei kaltem Motor am lautesten) (Kapitel 2C)
- ☐ Nebenaggregate (Wasserpumpe, Lichtmaschine usw.) defekt (Kapitel 3 und 5A)

Kühlsystem

Kühlmittel überhitzt

- ☐ Kühlmittel-Pegel zu niedrig (»Wöchentliche Kontrollen«)
- ☐ Thermostat defekt (Kapitel 3)
- ☐ Wasserkühler verstopft oder Rippen stark verschmutzt (Kapitel 3)
- ☐ Elektrischer Kühlerventilator(en) oder Kühltemperatursensor defekt (Kapitel 3)
- ☐ Motorsteuerung defekt (Kapitel 1 und 4B)
- ☐ Überdruckventil defekt (Kapitel 3)
- ☐ Nebenaggregate-Riemen verschlissen oder nicht gespannt (Kapitel 1)
- ☐ Zündzeitpunkt unkorrekt (Kapitel 5B)
- ☐ Kühltemperatur-Geber sendet falsche Werte (Kapitel 3)
- ☐ Luftblasen im Kühlsystem (Kapitel 1)

Kühltemperatur zu gering

- ☐ Thermostat defekt (Kapitel 3)
- ☐ Kühltemperatur-Geber sendet falsche Werte (Kapitel 3)

Kühlmittel läuft aus

- ☐ Schläuche porös oder beschädigt, Schellen defekt (Kapitel 1)
- ☐ Wasserkühler oder Heizungs-Wärmetauscher undicht (Kapitel 3)
- ☐ Überdruckventil defekt (Kapitel 3)
- ☐ Wasserpumpendichtung defekt (Kapitel 3)
- ☐ Kühlmittel kocht bei Überhitzung auf (Kapitel 3)
- ☐ Froststopfen undicht (Kapitel 2C)

Kühlmittel gelangt in den Motor

- ☐ Zylinderkopfdichtung defekt (Kapitel 2A, 2B oder 2C)
- ☐ Zylinderkopf oder Zylinder-Laufbuchse gerissen (Kapitel 2C)

Korrosion

- ☐ Kühlmittel wurde nicht regelmäßig ersetzt (Kapitel 1)
- ☐ Falsches Frostschutz-Gemisch oder falscher Frostschutzmittel-Typ (Kapitel 1)

Kraftstoff- und Auspuffsystem

Übermäßiger Kraftstoffverbrauch

- ☐ Unökonomischer Fahrstil oder ungünstige Bedingungen (Kälte, starker Gegenwind usw.)
- ☐ Luftfilter verschmutzt oder verstopft (Kapitel 1)
- ☐ Motorsteuerung defekt (Kapitel 1 und 4B)
- ☐ Zündzeitpunkt unkorrekt (Kapitel 5B)
- ☐ Reifendruck zu gering (»Wöchentliche Kontrollen«)

Kraftstoff läuft aus und/oder verursacht Gerüche

- ☐ Tank, Kraftstoffleitungen oder Anschlüsse verrostet oder beschädigt (Kapitel 1)

Rauch aus dem Auspuff

- ☐ Luftfilter oder Einlasstrakt verstopft – schwarzer oder blauer Rauch (Kapitel 1 und 4A oder 4B)
- ☐ Kraftstoffsystem defekt – schwarzer Rauch (Kapitel 4A oder 4B)
- ☐ Motoröl mit falscher Viskosität oder von schlechter Qualität – blauer Rauch (Kapitel 1)
- ☐ Kraftstoff drückt an verschlissenen Kolbenringen/Zylinderbohrungen ins Motorgehäuse (Kapitel 4A oder 4B)
- ☐ Vergaser oder Einspritzdüse(n) defekt – blauer Rauch (Kapitel 4A oder 4B)
- ☐ Abgasregelungs-Bauteile oder Schläuche verstopft oder defekt – blauer Rauch (Kapitel 4C)
- ☐ Motor verschlissen (Kolben und/oder Bohrungen, Ventilschäfte, Schaftdichtungen usw.) – blauer Rauch (Kapitel 2C)
- ☐ Zylinderkopfdichtung undicht – weißer Rauch (Kapitel 2A oder 2B)

Laute Geräusche aus dem Auspuff

- ☐ Auspuffanlage oder Auspuffstutzen undicht (Kapitel 1, 4A oder 4B)

- ☐ Schalldämpfer oder Endrohr korrodiert oder beschädigt (Kapitel 1)
- ☐ Lambdasonde locker oder beschädigt (Kapitel 4B)
- ☐ Halterungen gebrochen oder gerissen, sodass Kontakt zu Karosserie oder Fahrgestell entsteht (Kapitel 1, 4A oder 4B)

Kupplung

Kupplungspedal lässt sich bis zum Boden durchtreten – kein Druck oder geringer Widerstand

- ☐ Kupplungshydraulik enthält Luft (Kapitel 6)
- ☐ Ausrückzylinder defekt (Kapitel 6)
- ☐ Geberzylinder defekt (Kapitel 6)
- ☐ Kupplungszug gerissen (Kapitel 6)
- ☐ Kupplung falsch eingestellt (Kapitel 6)
- ☐ Tellerfeder in Druckplatte gebrochen (Kapitel 6)

Kupplung trennt nicht (Gänge lassen sich nicht einlegen)

- ☐ Kupplungshydraulik enthält Luft (Kapitel 6)
- ☐ Ausrückzylinder defekt (Kapitel 6)
- ☐ Geberzylinder defekt (Kapitel 6)
- ☐ Kupplungszug gerissen (Kapitel 6)
- ☐ Kupplung falsch eingestellt (Kapitel 6)
- ☐ Mitnehmerscheibe klemmt auf Getriebewellen-Kerbverzahnung (Kapitel 6)
- ☐ Mitnehmerscheibe klemmt in Schwungscheibe oder an Druckscheibe (Kapitel 6)
- ☐ Druckscheiben-Baugruppe defekt (Kapitel 6)
- ☐ Ausrückmechanismus verschlissen oder falsch montiert (Kapitel 6)

Kupplung rutscht (Motordrehzahl steigt, Geschwindigkeit aber nicht)

- ☐ Druckscheiben-Beläge extrem verschlissen (Kapitel 6)
- ☐ Druckscheiben-Beläge verölt (Kapitel 6)
- ☐ Druckscheiben-Baugruppe defekt oder Tellerfeder ermüdet (Kapitel 6)

Kupplung vibriert beim Einrücken

- ☐ Druckscheiben-Beläge verölt (Kapitel 6)
- ☐ Druckscheiben-Beläge extrem verschlissen (Kapitel 6)
- ☐ Druckscheibe oder Tellerfeder defekt oder verzogen (Kapitel 6)
- ☐ Motor/Getriebe-Aufnahmen verschlisse oder locker (Kapitel 2A oder 2B)
- ☐ Druckscheiben-Nabe oder Getriebewellen-Kerbverzahnung verschlissen (Kapitel 6)

Geräusche beim Einrücken oder Ausrücken der Kupplung

- ☐ Ausrücklager verschlissen (Kapitel 6)
- ☐ Kupplungspedal-Buchse verschlissen oder trocken (Kapitel 6)
- ☐ Druckscheiben-Baugruppe defekt (Kapitel 6)
- ☐ Tellerfeder gebrochen (Kapitel 6)
- ☐ Druckscheiben-Dämpferfedern gebrochen (Kapitel 6)

Schaltgetriebe

Geräusche im Leerlauf bei laufendem Motor

- ☐ Hauptwellen-Lager verschlissen (wird beim Treten der Kupplung leiser) (Kapitel 7A)*
- ☐ Kupplungs-Ausrücklager verschlissen (wird beim Treten der Kupplung lauter) (SK6)

Geräusche in einem bestimmten Gang

- ☐ Zahnrad-Zähne verschlissen oder ausgebrochen (Kapitel 7A)*
- ☐ Getriebelager verschlissen (Kapitel 7A)*

Gänge lassen sich schwierig einlegen

- ☐ Kupplung defekt (Kapitel 6)
- ☐ Schaltgestänge verschlissen oder defekt (Kapitel 7A)
- ☐ Synchronringe verschlissen (Kapitel 7A)*

Gang springt heraus

- ☐ Schaltgestänge verschlissen oder defekt (Kapitel 7A)
- ☐ Synchronringe verschlissen (Kapitel 7A)*
- ☐ Schaltgabeln verschlissen (Kapitel 7A)*

Vibrationen

- ☐ Getriebeöl-Mangel (Kapitel 1)
- ☐ Getriebelager verschlissen (Kapitel 7A)*

Getriebeöl tritt aus

- ☐ Der säuerliche Geruch von Getriebeöl sollte dafür sorgen, dass es nicht mit Motoröl verwechselt werden kann, welches durch den Luftstrom ans Getriebe gelangt ist.
- ☐ Wellendichtring am Kardanwellenflansch undicht (Kapitel 7A)
- ☐ Wellendichtring am Schaltgestänge oder Tachowellenantrieb undicht (Kapitel 7A)
- ☐ Getriebegehäuse-Dichtfläche undicht (Kapitel 7A)*
- ☐ Eingangswellen-Dichtring defekt (Kapitel 7A)*

* *Obwohl die notwendigen Arbeitsschritte zur Beseitigung der beschriebenen Symptome außerhalb der Fähigkeiten eines Hobbyschraubers liegen, können die Informationen helfen, die Ursache zu isolieren, sodass bei einer Fachwerkstatt klare Aussagen gemacht werden können.*

Automatikgetriebe

Anmerkung: *Aufgrund der Komplexität eines Automatikgetriebes ist es für den Hobbyschrauber schwierig, eine klare Diagnose zu stellen. Bei anderen Problemen als den folgenden sollte das Fahrzeug zu einer Fachwerkstatt gebracht werden.*

Getriebeöl tritt aus

- ☐ ATF-Öl ist im Neuzustand kirschrot und nach einer gewissen Laufleistung üblicherweise sehr dunkel. Vor allem sein säuerlicher Geruch sollte dafür sorgen, dass es nicht mit Motoröl verwechselt werden kann, welches durch den Luftstrom ans Getriebe gelangt ist.
- ☐ Um die Ölquelle zu entdecken, muss zunächst das Getriebegehäuse mit Entfetter oder einem Dampfstrahler äußerlich gereinigt werden. Fahren Sie dann eine gewisse Strecke mit niedrigem Tempo, sodass der Fahrtwind das Öl nicht allzu stark verteilen kann. Heben Sie das Fahrzeug

an und stützen Sie es ab, um herauszufinden, wo das Öl austritt. Hier die wahrscheinlichsten Stellen:
a) Getriebe-Ölwanne (Kapitel 1 und 7B)
b) Peilstab-Rohr (Kapitel 1 und 7B)
c) Getriebeölkühler und Leitungen/Anschlüsse (Kapitel 1 und 7B)
d) Wellendichtringe (Kapitel 7B)

Getriebeöl ist braun oder riecht verbrannt

☐ Ölpegel zu niedrig oder Öl muss gewechselt werden (Kapitel 1)

Allgemeine Gangauswahl-Probleme

☐ Wahlhebel-Seilzüge falsch eingestellt oder verschlissen (Kapitel 7B). Folgende Probleme können durch schlecht eingestellte Züge auftreten:
a) Motor lässt sich auch außerhalb von P oder N starten
b) Anzeige am Wahlhebel zeigt andere Gänge an, als tatsächlich eingelegt sind
c) Fahrzeug bewegt sich in P- oder N-Stellung
d) Gänge wechseln schlecht oder ungleichmäßig

Getriebe schaltet bei Kickdown (Gaspedal vollständig durchgedrückt) nicht herunter

☐ Ölpegel zu niedrig (Kapitel 1)
☐ Kickdown-Seilzug falsch eingestellt (Kapitel 7B)
☐ Wahlhebel-Seilzüge falsch eingestellt (Kapitel 7B)

Motor startet in keiner Wahlhebel-Position oder startet außerhalb von P und N

☐ Wahlhebel-Seilzüge falsch eingestellt (Kapitel 7B)
☐ Anlasser-Sperrschalter falsch eingestellt (Kapitel 7B)

Getriebe rutscht durch, schaltet rau, macht Geräusche oder erzeugt vorwärts und rückwärts keinen Vortrieb.

☐ Diese Probleme können zahlreiche Ursachen haben; der Hobbyschrauber kann jedoch nur den Ölpegel und den Zustand des ATF-Öls kontrollieren und ggf. korrigieren bzw. das Öl austauschen (Kapitel 1). Bringt dies keine Veränderungen, muss das Fahrzeug zu einer Fachwerkstatt gebracht werden.

Kardanwelle

Vibrationen beim Beschleunigen oder im Schiebebetrieb

☐ Kardanwelle nicht gewuchtet oder falsch montiert (Kapitel 8)
☐ Flansch-Schrauben locker (Kapitel 8)
☐ Kreuzgelenk(e) stark verschlissen (Kapitel 8)

Geräusche (Schleifen oder Quietschen) bei langsamer Fahrt

☐ Kreuzgelenk(e) stark verschlissen (Kapitel 8)
☐ Mittellager stark verschlissen (Kapitel 8)

Geräusche (Klopfen oder Klicken) beim Beschleunigen oder im Schiebebetrieb

☐ Flansch-Schrauben locker (Kapitel 8)
☐ Kreuzgelenk(e) stark verschlissen (Kapitel 8)

Hinterachse

Rauer Lauf oder Rumpeln aus dem Fahrzeugheck (bei leicht gezogener Handbremse evtl. weniger)

☐ Hinterradlager verschlissen (Kapitel 8)

Geräusche (hochfrequentes Heulen) – mit der Geschwindigkeit zunehmend

☐ Differenzial-Antriebsrad und Tellerrad falsch eingestellt oder verschlissen (Kapitel 8)
☐ Differenzial-Lager verschlissen (Kapitel 8)

Geräusche (Klopfen oder Klicken) beim Beschleunigen oder im Schiebebetrieb

☐ Antriebswellenverzahnung verschlissen (Kapitel 8)
☐ Differenzial-Eingangsflansch-Schrauben locker (Kapitel 8)
☐ Differenzial-Antriebsrad und Tellerrad falsch eingestellt (Kapitel 8)
☐ Radmuttern locker (Kapitel 10)

Differenzialöl tritt aus

☐ Wellendichtring defekt (Kapitel 8)
☐ Gehäuse- oder Deckel-Dichtung defekt (Kapitel 8)

Bremssystem

Anmerkung: *Bevor von einem Bremsen-Problem ausgegangen wird, muss überprüft werden, ob die Reifen in Ordnung und korrekt aufgepumpt sind, die Spur der Vorderräder korrekt eingestellt ist und das Fahrzeug nicht ungleichmäßig beladen ist. Abgesehen von den Überprüfungen aller Bremsleitungen sollten alle Mängel am ABS von einer Fachwerkstatt diagnostiziert und behoben werden.*

Fahrzeug zieht beim Bremsen zu einer Seite

☐ Bremsbeläge einer Seite sind verschlissen, beschädigt oder verölt (Kapitel 9)
☐ Bremssattelkolben schwergängig oder fest (Kapitel 9)
☐ Bremsbelag-Material unterscheidet sich zwischen beiden Seiten (Kapitel 9)
☐ Bremssattel-Befestigung locker (Kapitel 9)
☐ Lenkungs- oder Radaufhängungs-Komponenten verschlissen oder beschädigt (Kapitel 10)

Geräusche (Schleifen oder Quietschen) beim Bremsen

☐ Bremsbeläge bis auf Trägerplatte verschlissen (Kapitel 9)
☐ Bremsscheiben stark korrodiert (z.B. nach langer Standzeit) (Kapitel 9)

Langer Bremspedal-Weg

☐ Hauptbremszylinder defekt (Kapitel 9)
☐ Luft in Bremshydraulik (Kapitel 9)

Bremspedal fühlt sich beim Treten schwammig an

☐ Luft in Bremshydraulik (Kapitel 9)
☐ Bremsschläuche stark gealtert (Kapitel 9)
☐ Hauptbremszylinder-Muttern locker (Kapitel 9)
☐ Hauptbremszylinder defekt (Kapitel 9)

Zum Verzögern ist übermäßige Kraft beim Treten des Bremspedals nötig

- ☐ Bremskraftverstärker defekt (Kapitel 9)
- ☐ Bremskraftverstärker-Unterdruckschlauch getrennt, beschädigt oder schlecht gesichert (Kapitel 9)
- ☐ Einer der Bremskreise defekt (Kapitel 9)
- ☐ Bremssattelkolben schwergängig oder fest (Kapitel 9)
- ☐ Bremsbeläge falsch montiert (Kapitel 9)
- ☐ Bremsbelag-Material falsch (Kapitel 9)
- ☐ Bremsbeläge verölt (Kapitel 9)

Beim Bremsen treten im Bremspedal oder im Lenkrad Vibrationen auf

- ☐ Bremsscheibe(n) stark verzogen oder verformt (Kapitel 9)
- ☐ Bremsbeläge verschlissen (Kapitel 9)
- ☐ Bremssattel-Befestigung locker (Kapitel 9)
- ☐ Lenkungs- oder Radaufhängungs-Komponenten verschlissen (Kapitel 10)

Bremsen schleifen

- ☐ Bremssattelkolben schwergängig oder fest (Kapitel 9)
- ☐ Handbremsmechanismus defekt (Kapitel 9)
- ☐ Hauptbremszylinder defekt (Kapitel 9)

Hinterräder blockieren beim normalen Bremsen

- ☐ Hinterradbremsbeläge verschmutzt (Kapitel 9)

Radaufhängungen und Lenkung

Anmerkung: *Bevor von einem Problem an den Radaufhängungen oder der Lenkung ausgegangen wird, muss überprüft werden, ob das Problem nicht durch falschen Reifendruck, falsche Reifen oder eine schleifende Bremse entstanden ist.*

Fahrzeug zieht zu einer Seite

- ☐ Reifen defekt (»Wöchentliche Kontrollen«)
- ☐ Lenkungs- oder Radaufhängungs-Komponenten stark verschlissen (Kapitel 10)
- ☐ Spur und Sturz nicht korrekt eingestellt (Kapitel 10)
- ☐ Unfallschaden an Lenkungs- oder Radaufhängungs-Komponenten (Kapitel 10)

Räder flattern oder vibrieren

- ☐ Vorderräder nicht gewuchtet (Vibrationen vor allem im Lenkrad spürbar) (»Wöchentliche Kontrollen«)
- ☐ Hinterräder nicht gewuchtet (Vibrationen im Fahrzeug spürbar) (»Wöchentliche Kontrollen«)
- ☐ Räder beschädigt oder verzogen (Kapitel 1 und »Wöchentliche Kontrollen«)
- ☐ Reifen beschädigt oder defekt (»Wöchentliche Kontrollen«)
- ☐ Radmuttern locker (Kapitel 10)

Starkes Einsinken und/oder Schlingern in Kurven oder beim Bremsen

- ☐ Stoßdämpfer defekt (Kapitel 10)
- ☐ Federn und/oder Federelemente ermüdet oder gebrochen (Kapitel 10)
- ☐ Querstabilisator-Befestigungen verschlissen oder beschädigt (Kapitel 10)

Fahrzeug bleibt nicht in der Spur oder ist generell instabil

- ☐ Spur und Sturz nicht korrekt eingestellt (Kapitel 10)
- ☐ Lenkungs- oder Radaufhängungs-Gelenke, Buchsen und Komponenten verschlissen (Kapitel 10)
- ☐ Räder nicht gewuchtet (»Wöchentliche Kontrollen«)
- ☐ Reifen beschädigt oder defekt (»Wöchentliche Kontrollen«)
- ☐ Radmuttern locker (Kapitel 10)
- ☐ Stoßdämpfer defekt (Kapitel 10)

Schwergängige Lenkung

- ☐ Servolenkungspumpen-Antriebsriemen falsch eingestellt oder gerissen (Kapitel 1)
- ☐ Servolenkungspumpe defekt (Kapitel 10)
- ☐ Spurstangenkopf- oder Federbein-Kugelgelenk klemmt (Kapitel 10)
- ☐ Spur und Sturz der Vorderräder nicht korrekt eingestellt (Kapitel 10)
- ☐ Lenkgestänge oder Lenksäule verbogen oder beschädigt (Kapitel 10)

Übermäßiges Spiel in der Lenkung

- ☐ Lenksäulen-Kreuzgelenk(e) verschlissen (Kapitel 10)
- ☐ Lenkgestänge und Kugelgelenke verschlissen (Kapitel 10)
- ☐ Lenkgetriebe verschlissen (Kapitel 10)
- ☐ Lenkungs- oder Radaufhängungs-Gelenke, Buchsen und Komponenten verschlissen (Kapitel 10)

Mangelnde Servo-Unterstützung

- ☐ Servolenkungspumpen-Antriebsriemen falsch eingestellt oder gerissen (Kapitel 1)
- ☐ Hydrauliköl-Pegel nicht korrekt (»Wöchentliche Kontrollen«)
- ☐ Hydraulikschläuche verstopft oder beschädigt (Kapitel 10)
- ☐ Servolenkungspumpe defekt (Kapitel 10)
- ☐ Lenkgetriebe verschlissen (Kapitel 10)

Starker Reifenverschleiß

Verschleiß an den Innen- oder Außenrädern

- ☐ Luftdruck zu gering (»Wöchentliche Kontrollen«)
- ☐ Spur und Sturz nicht korrekt eingestellt (Verschleiß nur an einer Seite) (Kapitel 10)
- ☐ Lenkungs- oder Radaufhängungs-Gelenke, Buchsen und Komponenten verschlissen (Kapitel 10)
- ☐ Sportliche Fahrweise
- ☐ Unfallschaden

Reifenprofil bildet »Sägezähne«

- ☐ Spur nicht korrekt eingestellt (Kapitel 10)

Reifenverschleiß in der Profil-Mitte

- ☐ Luftdruck zu hoch (»Wöchentliche Kontrollen«)

Verschleiß an den Innen- und Außenrädern

- ☐ Luftdruck zu gering (»Wöchentliche Kontrollen«)

Ungleichmäßiger Verschleiß

- ☐ Reifen schlecht oder nicht gewuchtet (»Wöchentliche Kontrollen«)
- ☐ Reifen oder Felge stark verschlissen (»Wöchentliche Kontrollen«)
- ☐ Stoßdämpfer verschlissen (Kapitel 1 und 10)
- ☐ Reifen defekt (»Wöchentliche Kontrollen«)

Elektrik

Anmerkung: *Probleme mit dem Anlasser werden unter dem Stichpunkt »Motor« behandelt.*

Batterie entlädt nach wenigen Tagen

- ☐ Batterie stark verschmutzt, sodass Kriechströme entstehen (»Wöchentliche Kontrollen«)
- ☐ Batterie hat internen Defekt (Kapitel 5A)
- ☐ Batterie-Säurepegel zu niedrig (»Wöchentliche Kontrollen«)
- ☐ Batterieanschlüsse locker oder korrodiert (»Wöchentliche Kontrollen«)
- ☐ Nebenaggregate-Antriebsriemen locker oder verschlissen (Kapitel 1)
- ☐ Lichtmaschine lädt nicht mit korrekter Leistung (Kapitel 5A)
- ☐ Lichtmaschine oder Spannungsregler defekt (Kapitel 5A)
- ☐ Kurzschluss verursacht dauerhafte Entladung (Kapitel 5A und 12)

Ladekontrollleuchte leuchtet nach dem Starten des Motors weiter

- ☐ Nebenaggregate-Antriebsriemen locker oder verschlissen (Kapitel 1)
- ☐ Lichtmaschinen-Kohlebürsten klemmen, sind verschlissen oder verschmutzt (Kapitel 5A)
- ☐ Lichtmaschinen-Kohlebürstenfedern ermüdet oder gebrochen (Kapitel 5A)
- ☐ Lichtmaschine oder Spannungsregler defekt (Kapitel 5A)
- ☐ Kabel des Ladestromkreises getrennt, locker oder gebrochen (Kapitel 5A)

Ladekontrollleuchte leuchtet beim Einschalten der Zündung nicht

- ☐ Kontrollleuchte durchgebrannt (Kapitel 12)
- ☐ Kabel des Kontrollleuchten-Stromkreises getrennt, locker oder gebrochen (Kapitel 5A)
- ☐ Lichtmaschine defekt (Kapitel 5A)

Licht funktioniert nicht

- ☐ Lampe durchgebrannt (Kapitel 12)
- ☐ Lampen- oder Sockel-Kontakt korrodiert (Kapitel 12)
- ☐ Sicherung durchgebrannt (Kapitel 12)
- ☐ Relais defekt (Kapitel 12)
- ☐ Kabel getrennt, locker oder gebrochen (Kapitel 12)
- ☐ Schalter defekt (Kapitel 12)

Instrumente zeigen falsch oder ungleichmäßig an

Anzeige steigt mit Motordrehzahl

- ☐ Instrumentenspannungs-Stabilisator defekt (Kapitel 12)

Tankuhr oder Temperaturanzeige zeigt nichts an

- ☐ Instrumentenspannungs-Stabilisator defekt (Kapitel 12)
- ☐ Geber defekt (Kapitel 3, 4A oder 4B)
- ☐ Stromkreis unterbrochen (Kapitel 12)
- ☐ Anzeige defekt (Kapitel 12)

Tankuhr oder Temperaturanzeige zeigen ständig Maximalwerte an

- ☐ Instrumentenspannungs-Stabilisator defekt (Kapitel 12)
- ☐ Geber defekt (Kapitel 3, 4A oder 4B)
- ☐ Kurzschluss im Stromkreis (Kapitel 12)
- ☐ Anzeige defekt (Kapitel 12)

Hupe funktioniert nicht oder nur unzuverlässig

Hupe funktioniert nicht

- ☐ Sicherung durchgebrannt (Kapitel 12)
- ☐ Lenkrad-Kabelstecker getrennt, locker oder gebrochen (Kapitel 10)
- ☐ Hupe defekt (Kapitel 12)

Hupe arbeitet unzuverlässig oder erzeugt krächzende Töne

- ☐ Lenkrad-Kabelstecker getrennt, locker oder gebrochen (Kapitel 10)
- ☐ Hupen-Befestigung locker (Kapitel 12)
- ☐ Hupe defekt (Kapitel 12)

Hupe arbeitet ständig

- ☐ Hupenknopf klemmt oder hat Dauer-Massekontakt (Kapitel 12)
- ☐ Lenkrad-Kabelstecker hat Massekontakt (Kapitel 10)

Scheibenwischer funktionieren nicht oder nur unzuverlässig

Scheibenwischer funktioniert gar nicht oder nur sehr langsam

- ☐ Wischerblätter kleben auf Scheibe
- ☐ Wischergestänge klemmt, Scharniere stark verrostet (Kapitel 12)
- ☐ Sicherung durchgebrannt (Kapitel 12)
- ☐ Kabel getrennt, locker oder gebrochen (Kapitel 12)
- ☐ Relais defekt (Kapitel 12)
- ☐ Scheibenwischermotor defekt (Kapitel 12)

Wischerblätter wischen über zu großen oder zu kleinen Bereich der Glasscheibe

- ☐ Wischerarm falsch auf Welle positioniert (Kapitel 12)
- ☐ Wischergestänge stark verschlissen (Kapitel 12)
- ☐ Scheibenwischermotor- oder Wischerarm-Befestigungen locker (Kapitel 12)

Wischerblätter können Glasscheibe nicht wirkungsvoll reinigen

- ☐ Wischerblätter verschlissen oder eingerissen (»Wöchentliche Kontrollen«)
- ☐ Wischerarm-Feder gebrochen oder Scharniere verrostet (Kapitel 12)
- ☐ Waschwasser-Zusatz zu gering, fehlt oder falsch (»Wöchentliche Kontrollen«)

Scheibenwaschanlage funktioniert nicht oder nur unzuverlässig

Eine oder mehrere Düsen funktionieren nicht

- ☐ Düse verstopft – mit Nadel reinigen
- ☐ Schlauch abgezogen, abgeknickt oder verstopft (Kapitel 1)
- ☐ Waschwasser-Behälter leer (»Wöchentliche Kontrollen«)

Waschsystem-Pumpe arbeitet nicht

- ☐ Kabel getrennt, locker oder gebrochen (Kapitel 12)
- ☐ Sicherung durchgebrannt (Kapitel 12)
- ☐ Schalter defekt (Kapitel 12)
- ☐ Pumpe defekt (Kapitel 12)

Elektrische Fensterheber funktionieren nicht oder nur unzuverlässig

Fensterheber arbeitet nur in eine Richtung

- ☐ Schalter defekt (Kapitel 12)

Fensterheber arbeitet sehr langsam

- ☐ Fenster-Führungsschiene falsch eingestellt (Kapitel 11)
- ☐ Fensterheber-Mechanismus festgegangen, Schmiermangel (Kapitel 11)
- ☐ Türverkleidung oder andere Komponenten behindern Fensterheber-Mechanismus (Kapitel 11)
- ☐ Motor defekt (Kapitel 12)

Fensterheber arbeitet nicht

- ☐ Fenster-Führungsschiene falsch eingestellt (Kapitel 11)
- ☐ Sicherung durchgebrannt (Kapitel 12)
- ☐ Relais defekt (Kapitel 12)
- ☐ Kabel getrennt, locker oder gebrochen (Kapitel 12)
- ☐ Motor defekt (Kapitel 12)

Zentralverriegelung funktioniert nicht oder nur unzuverlässig

Zentralverriegelung ausgefallen

- ☐ Sicherung durchgebrannt (Kapitel 12)
- ☐ Relais defekt (Kapitel 12)
- ☐ Kabel getrennt, locker oder gebrochen (Kapitel 12)

Zentralverriegelung schließt, aber öffnet nicht oder umgekehrt

- ☐ Hauptschalter defekt (Kapitel 12)
- ☐ Ver- und Entriegelungs-Gestänge oder Hebel ausgehängt oder gebrochen (Kapitel 11)
- ☐ Relais defekt (Kapitel 12)